S. 128/129
S. 66/67
S. 112/113
S. 68/69
S. 34/35
4/165
S. 220/221
S. 272/273
S. 156/157
S. 96/97
S. 160-163
S. 218/219
S. 226/227
S. 274/275
S. 86/87
31
S. 246/247
S. 292/293
S. 128/129
S. 122/123
S. 114/115
S. 90/91
S. 78/79
23
S. 54-65
S. 116/117
S. 222/223
S. 150/151
S. 298/299
S. 276/277
S. 126/127
S. 24/25
S. 18/19
S. 140/141
S. 176-179
S. 92/93
S. 288/289
S. 310/311
S. 22/23
S. 102/103
S. 158/159
S. 116/117
S. 46/47
Raumbeispiele in der
Einführungs- und Qualifikationsphase
Einführungsphase
Qualifikationsphase
23711EX
© westermann

Diercke
Praxis

Arbeits- und Lernbuch

Qualifikationsphase

Herausgeber:
Wolfgang Latz

Autorinnen und Autoren:
Andreas Bremm
Ursula Brinkmann-Brock
Erik Elvenich
Guido Hoffmeister
Christine Kreuzberger
Dr. Norma Kreuzberger
Wolfgang Latz
Dr. Lars Schmoll
Björn Schray
Silke Weiß
Guido Zakrzewski

unter Mitwirkung
der Verlagsredaktion

westermann

Ⓦ **Wahlaufgaben**
Je nach Interesse kann hier eine Teilaufgabe wahlweise bearbeitet werden.

Ⓩ **Ergänzungsaufgaben**
Die Aufgaben festigen das vorhandene Wissen und können zusätzlich zu den vorangehenden Aufgaben bearbeitet werden.

M1* **Impulse und Hilfen** zu komplexen Materialien. Tipps zur Auswertung und Interpretation der mit * gekennzeichneten Materialien finden Sie im Anhang.

→ wichtige **Grund- und Fachbegriffe**

www.diercke.de
100800-040
Durch Eingabe des Web-Codes unter der Adresse **www.diercke.de** gelangt man auf die passende Seite im Diercke Weltatlas. Dort erhält man Hinweise zu ergänzenden Atlaskarten mit Informationen zu den Karten sowie weiterführende Materialien.

westermann GRUPPE

Druck A[1] / Jahr 2016
Alle Drucke der Serie A sind im Unterricht parallel verwendbar.

Redaktion: Lektoratsbüro Eck, Berlin: Kristin Blechschmidt; Steffen Stierhof, Braunschweig
Umschlaggestaltung: JANSSEN KAHLERT Design & Kommunikation GmbH, Hannover
Layout: JANSSEN KAHLERT Design & Kommunikation GmbH, Hannover; Yvonne Behnke, Berlin
Druck und Bindung: westermann druck GmbH, Braunschweig

ISBN 978-3-14-**115234**-0

I Landwirtschaftliche Produktion 8

Im Spannungsfeld von Ernährung und Versorgung einer wachsenden Weltbevölkerung

Einführung in das Thema
Landwirtschaft in den Tropen – Grundlage für die Ernährung einer wachsenden Weltbevölkerung? 10

Subsistenzwirtschaft in den Tropen – über Jahrhunderte bewährt
Das Milpa-Solar-System in Yucatan, Mexiko – Tradition mit Zukunft? 12

Kleinbäuerliche Landwirtschaft in den wechselfeuchten Tropen
Baumwollanbau in Burkina Faso – Lebensgrundlage mit Zukunft? 14

Plantagenwirtschaft in den Tropen – Produktion für den Weltmarkt
Bananenanbau in Kolumbien – wer profitiert? 16

Anbauflächen in den Tropen – knapp und begehrt
Land Grabbing als Beitrag zur Ernährungssicherheit? 18

Konflikte durch die Ausbreitung großflächiger Monokulturen
Sojaanbau in Argentinien – wirtschaftlicher Erfolg mit Nebenwirkungen? 20

Produktionssteigerung vor dem Hintergrund der Nachhaltigkeit
Produktionssteigerung nachhaltig möglich? Ölpalmenanbau in Indonesien 22

Gentechnik auf dem Vormarsch
Ertragssteigerung durch Gentechnik – sinnvoll? 24

Das Thema im Überblick
Das Wichtigste in Kürze 26
KOMPETENZ-CHECK 27

II Markt- und exportorientiertes Agrobusiness 28

Ein zukunftsfähiger Lösungsansatz?

Einführung in das Thema
Agrobusiness – Lösung des Welternährungsproblems? 30

Strukturwandel in der US-amerikanischen Landwirtschaft
Von der Family-Farm zum agrarindustriellen Großbetrieb 32
Bewässerungslandwirtschaft als Auslöser tief greifender agrarstruktureller Prozesse – Great Plains (USA) 34

Anstieg der Agrarproduktion durch Spezialisierung und Intensivierung?
Industrielle Geflügelproduktion auf dem Vormarsch 36
Die Agrarindustrie verändert Räume – das Oldenburger Münsterland 38
Gewächshausanbau in den Niederlanden 40

Intensivierung auch im Meer?
Aquakulturen als Beitrag zur Ernährungssicherung? Das Beispiel der Lachszucht in Norwegen 42

Agrarpolitik – Strukturwandel durch Regulierung und Deregulierung
Die deutsche Milchviehhaltung im Strukturwandel 44

Nachhaltige Landwirtschaft – Landwirtschaft der Zukunft?
Ökologischer Fußabdruck und ökologischer Landbau 46

Agrobusiness oder kleinbäuerliche Betriebe?
Wer sichert die Ernährung der Menschheit? 48

Das Thema im Überblick
Das Wichtigste in Kürze 50
KOMPETENZ-CHECK 51

KLAUSURTRAINING
Agrobusiness, wirtschaftlich und ökologisch zukunftsfähig? – das Beispiel des Tomatenanbaus in Kalifornien 52

III Wirtschaftsregionen im Wandel 54

Einflussfaktoren und Auswirkungen

Einführung in das Thema
Wirtschaft im Wandel 56

Raum- und Strukturwandel eines Altindustriegebietes
Das Ruhrgebiet – ein Montanrevier im Wandel 58
Das CentrO Oberhausen – Beispiel für einen gelungenen Strukturwandel? 60

Standortfaktoren und Standortentscheidungen
Die Qual der Wahl 62

Der sekundäre Sektor – innovativ und global
Die deutsche Textilindustrie – mit Innovationen überlebensfähig 64
Global Player Volkswagen – Zukunft durch neue Produktionsstandorte? 66
Bremen – ein deutscher Automobilstandort mit Zukunft? 68

Cluster – die Hotspots der Innovation
Silicon Valley – ein Hightech-Standort mit Zukunft? 70
Cluster-Offensive Bayern 72

Tertiärisierung der Wirtschaft
Der Dienstleistungssektor – Wirtschaftsmotor in Deutschland 74
Region Frankfurt am Main – ein Zentrum für Dienstleistungen 76

Das Thema im Überblick
Das Wichtigste in Kürze 78
KOMPETENZ-CHECK 79

KLAUSURTRAINING
Die Automobilindustrie im Wandel – das Beispiel USA 80

IV Förderung von Wirtschaftszonen 82

Notwendig im globalen Wettbewerb der Industrieregionen?

Einführung in das Thema 84
Länder und Regionen global in Konkurrenz

Sonderwirtschaftszonen zur Förderung des wirtschaftlichen Wachstums
Die Freihandelszone in Shanghai (China) 86

Sonderwirtschaftszonen in Afrika
China exportiert sein Erfolgsmodell – die EPZ Lekki (Nigeria) 88

Spezialisierung auf bestimmte Branchen
Der IT-Standort Hyderabad (Indien) 90

Wirtschaftsbündnisse – gemeinsame Förderung wirtschaftlichen Wachstums
Regionale Integration in Asien – ASEAN 92

Strategien zur Beeinflussung des Handels
Freihandel und Protektionismus 94

Das Thema im Überblick
Das Wichtigste in Kürze 96
KOMPETENZ-CHECK 97

V Globale Disparitäten 98

Ungleiche Entwicklungsstände von Räumen als Herausforderung

Einführung in das Thema
Entwicklung überall – Disparitäten überall 100

Entwicklungsstände vergleichen
Ökonomische Indikatoren 102
Soziale und mehrperspektivische Indikatoren 104
Entwicklungsländer, Schwellenländer, Länder des Südens – Abgrenzungen 106

Unterschiedliche Länder – unterschiedliche Entwicklungsbedingungen
Ein Sahelstaat mit kolonialem Erbe – Mali 108
Bodenschätze als möglicher Entwicklungsschub – Chile 110
Drogenhandel und Korruption als Hemmschuhe für Entwicklung – Kolumbien 112

Extreme Disparitäten innerhalb von Ländergrenzen
Fragmentierung in Indien 114

Ursachen für Unterentwicklung
Unterschiedliche Theorien – verschiedene Antworten 116

Das Thema im Überblick
Das Wichtigste in Kürze 118
KOMPETENZ-CHECK 119

KLAUSURTRAINING
Ursachen für Unterentwicklung – das Beispiel Niger 120

VI Bevölkerungsentwicklung und Migration 122

Ursachen räumlicher Probleme

Einführung in das Thema
Weltweit unterwegs 124

Grenzüberschreitungen – internationale Migration
Ursachen von Migration 126
Einwanderung – immer der Arbeit nach 128
Auswanderung – Migration als Entwicklungschance? 130
Europas Grenzen 132

Entwicklung der Weltbevölkerung
Immer mehr Menschen 134
Bevölkerungsentwicklung im Modell 136
Alterung und Schrumpfung – demographischer Wandel in Industrieländern 138
Wachstum – demographische Entwicklung in Entwicklungsländern 140

Das Thema im Überblick
Das Wichtigste in Kürze 142
KOMPETENZ-CHECK 143

VII Ähnliche Probleme, ähnliche Lösungsansätze? 144

Strategien und Instrumente zur Reduzierung von Disparitäten in unterschiedlich entwickelten Räumen

Einführung in das Thema
Lösungsansätze auf dem Prüfstand – Chancen und Probleme auf dem Weg zur Beseitigung von Disparitäten 146

Globale Disparitäten ausgleichen
Strategien und Ideen der Entwicklungszusammenarbeit 148

„Entwicklung von unten"
Mikrokredite für die arme Landbevölkerung – Bangladesch 150

Entwicklungszusammenarbeit – Katastrophenhilfe
Je mehr Hilfe, desto besser? – Hilfe nach der Erdbebenkatastrophe in Haiti 152

Entwicklungen einzelner Wirtschaftsbereiche
Entwicklungen in der Agrarwirtschaft – Brasilien 154
Ausbau des sekundären Sektors – Südkorea 156
Mauritius – mit einer Sonderwirtschaftszone zum Erfolg? 158

Ausgleich regionaler Disparitäten
Regionale Wirtschaftsförderung als Wachstumsmotor – China 160
Modelle zur Förderung regionalen Wachstums 162
Regionalförderung in der Europäischen Union 164

Das Thema im Überblick
Das Wichtigste in Kürze 166
KOMPETENZ-CHECK 167

VIII Dienstleistungen in ihrer Bedeutung für periphere und unterentwickelte Räume 168

Einführung in das Thema
Tourismus – eine Dienstleistung zur Entwicklung peripherer und unterentwickelter Räume? 170

Die Alpen – touristische Erschließung als Erfolgsgeschichte?
Ein peripherer Raum – das Kaunertal in den Alpen 172
Veränderungen durch Tourismus 174

Tourismus als Entwicklungsmotor in einem Entwicklungsland
Eine Insel entwickelt sich zum Fernreiseziel – Phuket (Thailand) 176
Zwischen Massentourismus und nachhaltigem Tourismus 178

Das Thema im Überblick
Das Wichtigste in Kürze 180
KOMPETENZ-CHECK 181

IX Städte als komplexe Lebensräume zwischen Tradition und Fortschritt 182

Einführung in das Thema
Städte – Erbe der Vergangenheit und Lebenswelt der Gegenwart 184

Historisch-genetische Stadtentwicklung in Europa
Seit 2000 Jahren von überregionaler Bedeutung – Köln 186
Auferstanden aus Ruinen – Köln 188

Funktionale Gliederung von Städten in Europa
Viele Funktionen, eine Stadt – Köln 190

Sozialräumliche Gliederung von Städten in Europa
Die Boomtown München 192

Stadtentwicklung in Deutschland im Modell
Stadtmodelle der Chicagoer Schule – übertragbar auf Deutschland? 194

Dienstleistungsschwerpunkt City
In der Innenstadt von Bremen 196

Wohnen im Kern der Stadt
Der Schmelztiegel Berlin-Kreuzberg 198

Wirtschaftsfaktor Städtetourismus
Das Reiseziel Hamburg 200

METHODE: Stadtexkursion
Dortmund – Wirtschaftszentrum Westfalens 202

Stadtentwicklung in Nordamerika
Die Siedlungsgeschichte Nordamerikas 204
Funktionale Differenzierung und Suburbanisierung – Chicago 206
Ethnische und soziale Segregation – Los Angeles 208

Das Thema im Überblick
Das Wichtigste in Kürze 210
KOMPETENZ-CHECK 211

KLAUSURTRAINING
Historisch-genetische Entwicklung und funktionaler Wandel von Städten – das Beispiel Regensburg 212

X Metropolisierung und Marginalisierung 214

Unvermeidliche Prozesse im Rahmen einer weltweiten Verstädterung?

Einführung in das Thema
Die Welt der Städte 216

Ursachen für das Wachstum der Megastädte
Der Sog der Städte – China 218

Primatstädte – Dominanz in allen Bereichen
Unipolare Ausrichtung in Südkorea – die Seoul Metropolitan Area 220

Marginalisierung in Megastädten
Der informelle Sektor prägt das Stadtbild – Mumbai 222
Fragmentierung – Elendsviertel und Gated Communities in Buenos Aires 224

Megastädte – mit hoher Vulnerabilität
Bedrohung durch natürliche und anthropogen verursachte Gefahren – Tokio 226
Gefährdung und Wachstum von Städten weltweit 228

Lösungsstrategien in Megastädten und Metropolen
Die Handlungsfelder Verkehr, Emissionen und Marginalisierung 230

Das Thema im Überblick
Das Wichtigste in Kürze 232
KOMPETENZ-CHECK 233

KLAUSURTRAINING
Probleme von Megastädten – das Beispiel Lagos (Nigeria) 234

XI Die Stadt als lebenswerter Raum für alle? 236

Probleme und Strategien einer zukunftsorientierten Stadtentwicklung

Einführung in das Thema
Städte als Lebensräume – unterschiedliche Ansprüche – unterschiedliche Funktionen 238

Ehemalige Hafengebiete – Probleme und Perspektiven
Die Revitalisierung des Londoner East Ends 240

Bevölkerungsschwund und Lösungskonzepte
Schrumpfende Stadt Wittenberge – Problemlösung durch Rückbau 242

Millionenstadt im Niedergang?
Shrinking City Detroit 244

Neue Millionenstädte entstehen
Stadtneugründungen in China 246

Einfluss überregionaler Planungen
Stuttgart 21 – Bürgerbeteiligung als Mittel nachhaltiger Planung 248

Raumordnung und Landesplanung in Deutschland
Das punkt-axiale Raumkonzept 250
Landesentwicklungsplan Nordrhein-Westfalen 252
Die Region und Metropolregion Hannover 254

Ökologische Stadtentwicklung
Freiburg-Vauban – ein Musterbeispiel für eine ökologische Stadtentwicklung? 256

METHODE: Ein Raum, verschiedene Bewertungen
Die mehrperspektivische Raumanalyse unter Nutzung neuer Medien 258
Eine mehrperspektivische Raumbewertung von Köln-Riehl und Köln-Niehl 260

Das Thema im Überblick
Das Wichtigste in Kürze 262
KOMPETENZ-CHECK 263

XII Moderne Städte 264

Ausschließlich Zentren des Dienstleistungssektors?

Einführung in das Thema
Moderne Städte – mehr als Zentren des Dienstleistungssektors 266

Global Cities – moderne Zentren der Weltwirtschaft
New York – Global City Number One? 268
Mainhattan – Deutschlands Global City? 270

Moderne Städte – nachhaltige Planungskonzepte?
Seoul – eine Sharing City 272
Fujisawa – eine „intelligente" Stadt in der Stadt 274
Lavasa – eine multifunktionale Stadt 276

Das Thema im Überblick
Das Wichtigste in Kürze 278
KOMPETENZ-CHECK 279

XIII Waren und Dienstleistungen – immer verfügbar? 280

Bedeutung von Logistik und Warentransport

Einführung in das Thema
Waren und Dienstleistungen in einer globalen Weltwirtschaft 282

Nahrungsmittel aus aller Welt – immer verfügbar
Apfel ist nicht gleich Apfel – global versus regional 284

Global Sourcing – eine Herausforderung für Logistik und Warentransport
Transportketten im globalen Warenverkehr 286

Märkte müssen erreichbar sein
Häfen passen sich an – Singapur 288
Kanäle passen sich an – Panama und Nicaragua 290
Flughäfen passen sich an – Dubai 292
Das internationale Luftverkehrsnetz im Umbruch 294

Einkaufen weltweit – Tag und Nacht – WorldWideWeb
Leipzig – Zentrum im Warenversandhandel 296

Callcenter – Vernetzung globaler Dienste
Calling Manila – Dienstleistungen rund um die Uhr 298

Der ökologische Rucksack im Warentransport
Wohin führt der Weg? 300

Die Welt im Globalisierungsprozess
Vernetztes Denken – Globalisierung 302

Das Thema im Überblick
Das Wichtigste in Kürze 304
KOMPETENZ-CHECK 305

KLAUSURTRAINING
Häfen als Drehscheibe im Warentransport – das Beispiel Duisburg 306

Anhang 308

Abiturprüfungen und Facharbeit
Schriftliches Abitur (Kompetenzen und Operatoren) 308
Mündliches Abitur 310
Facharbeit 312
Methodenlexikon 314
Hilfen und Impulse zu den Materialien 324
Glossar 328
Bildquellenverzeichnis 336

Modelle und Theorieansätze

Ökologischer Fußabdruck 46
Industriestandorttheorie nach Weber 62
Produktlebenszyklus 64
Theorie der langen Wellen nach Kondratieff 64
Diamant-Modell nach Porter 72
Modell der globalen Fragmentierung 114
Push- und Pullmodell der Migration 126
Demographischer Übergang 136
Wachstumspol / kumulatives Wachstum (Myrdal) 162
Polarisationsumkehr (Richardson) 163
Destinationslebenszyklus nach Butler 174
Modell der raum-zeitlichen Entfaltung nach Vorlaufer 176
Modelle der funktionalen Gliederung – Chicagoer Schule 194
Entstehungs- und Gliederungsmodelle der deutschen Stadt 194
Verlaufsmodell der Gentrifizierung 198
Modell der nordamerikanischen Stadt 206
Modell der fragmentierten Stadt 224
Modell der lateinamerikanischen Stadt 224
Wiege-zu-Wiege-Konzept (cradle to cradle) 300

Landwirtschaftliche Produktion

Im Spannungsfeld von Ernährung und Versorgung einer wachsenden Weltbevölkerung

Nebeneinander von großen Monokulturen und kleinbäuerlich bewirtschafteten Flächen; hier in der Nähe von Maputo, Mosambik

M1 Palmöl enthaltende Produkte

M3 Kautschuk enthaltende Produkte

Landwirtschaft in den Tropen – Grundlage für die Ernährung einer wachsenden Weltbevölkerung?

Landwirtschaftliche Produkte aus den Tropen sind aus unserem Leben nicht mehr wegzudenken. Produkte ,die, wie Pfeffer, früher gegen Gold aufgewogen wurden, oder, wie Zucker, in kleinen Mengen in „Kolonialwarenläden“ gekauft wurden, gehören heute zum Alltag.

Längst haben tropische Agrarprodukte den Anstrich von Luxus verloren und sind Bestandteil unseres alltäglichen Konsums geworden.

Angesichts der wachsenden Weltbevölkerung und des wachsenden Wohlstands in einigen Teilen der Welt steigt die globale Nachfrage nach agrarischen Rohstoffen.

Gleichzeitig wächst die Weltbevölkerung gerade in vielen Ländern des Südens, innertropischen und randtropischen Ländern besonders schnell. In diesen oft agrarisch geprägten Volkswirtschaften sind kleinbäuerliche Landwirtschaft und Subsistenzwirtschaft die Lebensgrundlage für einen großen Teil der Bevölkerung. Angesichts steigender lokaler und globaler Nachfrage tritt die Konkurrenz zwischen der Produktion für den Weltmarkt und der Ernährungssicherung der lokalen Bevölkerung immer schärfer zutage.

Wird in Zukunft für beides genug Platz sein?

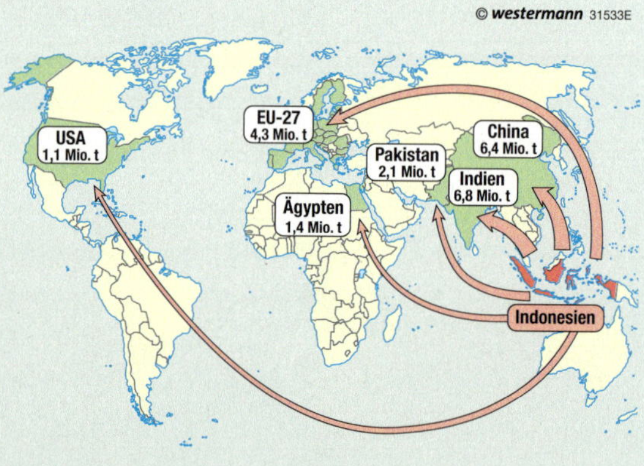

M4 Handelsströme aus Indonesien für Palmöl (2011)

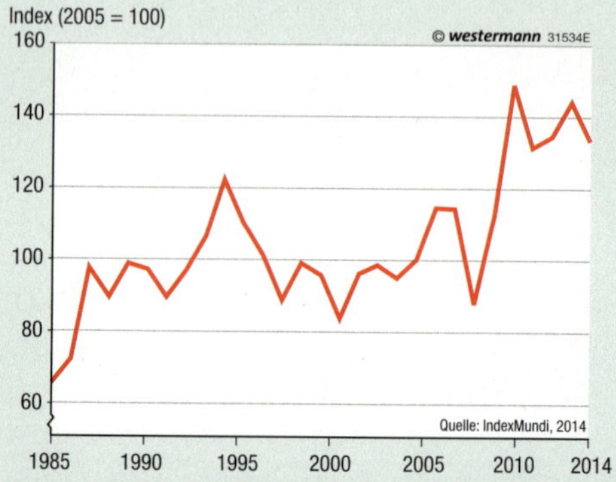

M5 Entwicklung der Preise für landwirtschaftliche Rohstoffe

M2 Ölpalmplantagen werden stetig ausgeweitet

M6 Kleinbäuerliche Landwirtschaft

M7 Futter- und Nahrungsmittel

M10 Südfrüchte

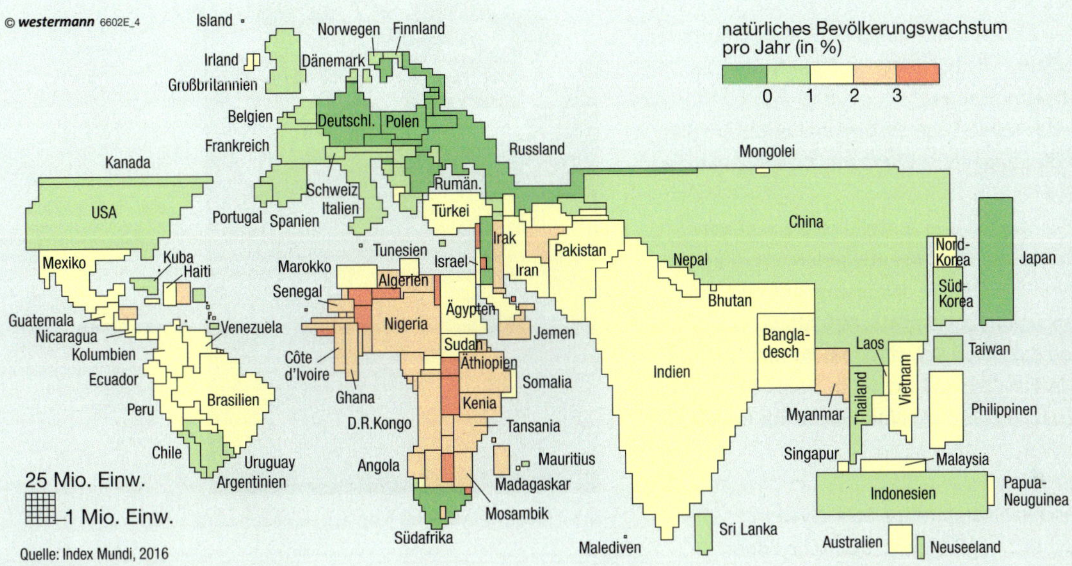

Quelle: Index Mundi, 2016

M8 Bevölkerungswachstum (2014)

Mais	814
Weizen	645
Reis	452
Sojabohnen	256
Zucker	153
Rapssaat	58
Palmöl	48
Baumwolle	25
Kautschuk	10
Kaffee	8

Quelle: destatista.com

M9 Weltweite Produktion ausgewählter landwirtschaftlicher Erzeugnisse 2010/2011 (in Mio. Tonnen)

China	204
Indien	153
Indonesien	69
Vietnam	43
Thailand	37
Bangladesch	34
Myanmar	33
Philippinen	18
Brasilien	11
Japan	10

Quelle: destatista.com

M11 Top-10 Länder für die Reisproduktion weltweit 2012 (in Mio. Tonnen, Rohreis)

1. **Nennen Sie Beispiele für von Ihnen täglich verwendete Produkte, die ganz oder zu Teilen aus in den Tropen produzierten Rohstoffen bestehen.**
2. **Zeigen Sie Beispiele für Länder der Tropen oder Subtropen, die besonders schnelles natürliches Bevölkerungswachstum verzeichnen.**
3. **Überlegen Sie, welche Herausforderungen diese Länder bewältigen müssen.**
4. **Die Karte M4 zeigt am Beispiel Palmöl die Herkunfts- und Zielgebiete der Produktion. Nennen Sie mögliche Landnutzungskonflikte, die durch den großflächigen Anbau landwirtschaftlicher Produkte für den Export entstehen.**

Subsistenzwirtschaft in den Tropen – über Jahrhunderte bewährt

Das Milpa-Solar-System in Yucatán, Mexiko – Tradition mit Zukunft?

Subsistenzwirtschaft und kleinbäuerliche Landwirtschaft spielen in tropischen Regionen Lateinamerikas eine überragende Rolle. Trotz oft sehr ungerechter Besitzverteilung bildet Landwirtschaft auf kleinen Flächen die Lebensgrundlage für Millionen von Menschen. Ist diese Art der Landwirtschaft ein „Auslaufmodell" oder kann nachhaltige kleinbäuerliche Landwirtschaft einen sinnvollen Beitrag zur Ernährungssicherheit und zur Verlangsamung der Landflucht leisten?

1. Ordnen Sie Yucatán topographisch ein und charakterisieren Sie das Klima (M1, Atlas).
2. Nennen Sie Gunst- und Ungunstfaktoren für die Landwirtschaft in Yucatán.
3. Reaktivieren Sie Ihr Wissen zu tropischen Böden. Erläutern Sie typische Probleme, die bei der Bewirtschaftung tropischer Böden auftreten können.
4. Beschreiben Sie das Milpa-Solar-System und erläutern Sie, wie es an die Bedingungen von Klima und Boden angepasst ist (M2, M3, M5, M7).
5. Das Milpa-Solar-System, das in Mittelamerika weit verbreitet war, ist heute nur noch in entlegenen Gebieten zu finden. Diskutieren Sie, ob man das System auf weitere Teile Mexikos ausweiten könnte (M6, M8, Atlas).
6. ② Beurteilen Sie, ob das Milpa-Solar-System Vorbild für nachhaltige kleinbäuerliche Landwirtschaft in tropischen Gebieten sein kann. Erstellen Sie dazu eine Tabelle mit Pro- und Kontra-Argumenten.

→ Kationenaustauschkapazität, Milpa-Solar-System, Subsistenzwirtschaft, Tragfähigkeit, tropische Böden

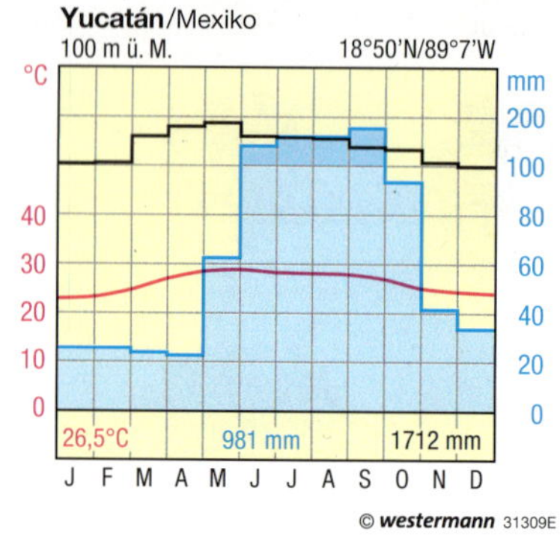

M1 Klimadiagramm Yucatán (Mexiko)

M2 Stockwerkbau im tropischen Regenwald

→ tropische Böden

Die Bodenfruchtbarkeit ist die Fähigkeit eines Bodens, den Pflanzen Nährstoffe zur Verfügung zu stellen. Sie wird v. a. bestimmt durch die Verwitterungstiefe, die Kationenaustauschkapazität und den Humusgehalt des Bodens sowie die Verfügbarkeit von Wasser. Für die tiefgründig verwitterten tropischen Böden gilt, dass das Ausgangsgestein als Lieferant von Mineralien für die Pflanzen unerreichbar ist. Aufgrund der schnellen Zersetzung organischen Materials und regelmäßiger heftiger Niederschläge kann sich keine dicke Humusschicht bilden. Die Kationenaustauschkapazität tropischer Böden ist durch das Vorherrschen von Zweischichttonmineralen sehr gering. Die immerfeuchten Tropen werden daher manchmal als „von Bäumen bedeckte Wüste" bezeichnet. Die extrem hohe Primärproduktion der tropischen Regenwälder wird nicht durch fruchtbare Böden, sondern durch den kurzgeschlossenen Nährstoffkreislauf ermöglicht. Abgestorbene Blätter und anderes totes organisches Material werden von Destruenten (Zersetzern) wie Bakterien und Pilzen sofort mineralisiert und durch ein fein verästeltes Wurzelsystem in Symbiose mit Mykorrhiza-Pilzen den Pflanzen zugeführt, bevor die Nährstoffe ausgewaschen oder oberflächlich weggespült werden können.

Das traditionelle, mittelamerikanische Milpa-Solar-System ist gekennzeichnet durch zwei verschiedene Typen von Anbaufeldern: Das erste Feld ist die „Milpa" – ein Feld, das nach der Brandrodung mit drei Haupt-Anbaufrüchten bebaut wird: Mais, Bohnen und Kürbissen. Dazu kommen regional verschieden noch weitere Feldfrüchte oder Sträucher, wie z. B. Paprika, Pfeffer oder Kräuter.
Mais ist sinnvoll, da er den Bohnen als Rankhilfe dient. Die Bohnen gehören zur Familie der Leguminosen und sind daher in der Lage, Luftstickstoff zu fixieren und so den Boden anzureichern. Die Kürbisse dazwischen dienen mit ihren Blättern als Bodendecker und wirkungsvoller Erosionsschutz.
Das zweite Feld ist eine Art großer Hausgarten – „Solar" –, in dem eine Vielzahl von Pflanzen angebaut werden, z. B. verschiedene Maissorten, Amarant, Quinoa, Kartoffeln, Erbsen, Avocados, Kürbisse, Kaffee und Vanille, und in dessen Nähe Tiere, wie z. B. Kühe, Hühner, Puten oder Schweine, gehalten werden. Die Tiere werden mit den für Menschen nicht essbaren Teilen der geernteten Pflanzen und mit Unkraut gefüttert. Ihr Dung dient als Dünger. Die Erträge aus Milpa und Solar dienen dem eigenen Bedarf. Fleisch, Milch und Milchprodukte sowie ausgewählte Früchte werden verkauft.

M3 Das Milpa-Solar-System

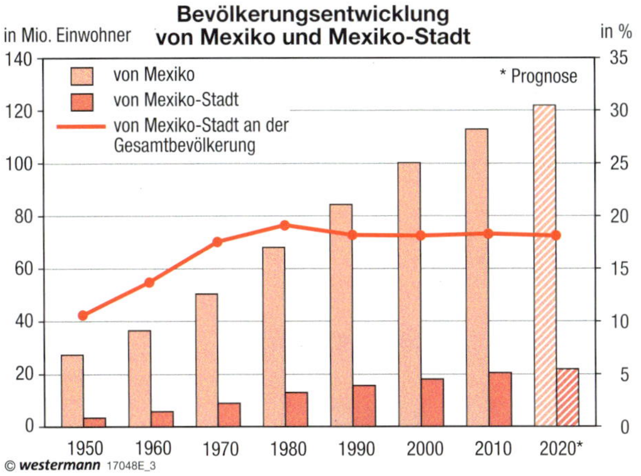

M4 Bevölkerungsentwicklung in Mexiko

M7 Milpa auf Yucatan

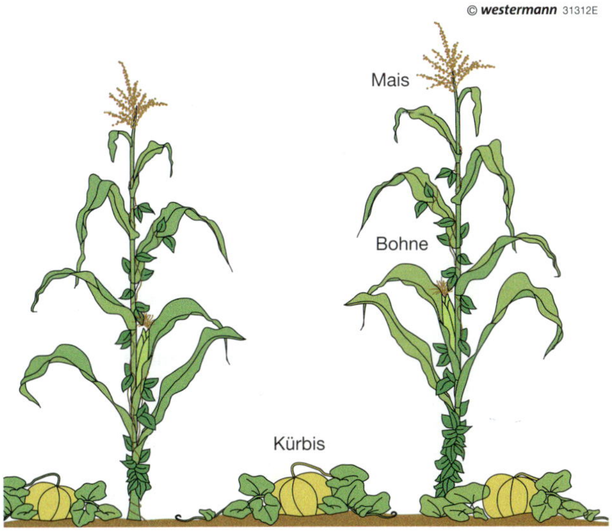

M5 Herzstück des Milpa-Solar-Systems: Die Kombination aus Bohnen, Mais und Kürbissen

Mais ist das wichtigste Grundnahrungsmittel in Mexiko. Mit 23,3 Mio. Tonnen Mais war Mexiko 2014 der siebtgrößte Maisproduzent der Welt.
Der Druck der Regierung und großer Agrarunternehmen auf die Bauern, Mais oder andere Produkte wie Zuckerrohr oder Tabak in Monokultur anzubauen, um auf größeren Flächen effizienter arbeiten zu können, ist groß. Die mexikanische Regierung, die die Agrarunternehmen subventioniert, verspricht sich davon höhere Erträge bei geringerem Arbeitseinsatz. Die Unternehmen hoffen auf neue Abnehmer von Saatgut, Dünger und Pestiziden.

M8 Maisanbau in Mexiko

	Milpa-Solar-System	Maisanbau in Monokultur oder Rinderweide
Netto-Primärproduktion	stetig sehr hoch	anfangs hoch, dann absinkend
Arbeitsaufwand	sehr hoch	hoch, steigend durch zunehmenden Bedarf an Dünger und Agrochemikalien
Input (Saatgut, Agrochemikalien)	gering (Teile der Ernte können wieder ausgesät werden)	sehr hoch (Hybridsorten – keine Wieder-Aussaat; 2,5 – 3 Tonnen Dünger / ha / Jahr, Pestizide, Herbizide)
Feldfrüchte	Polykultur (bis zu 244 verschiedene Pflanzen)	Monokultur (Gefahren: hohes Risiko von sich schnell ausbreitenden Pflanzenkrankheiten, einseitiges Auslaugen des Bodens)
Erntemenge (im Vergleich mit dem Input)	200 %	140 % (anfangs, später weniger, da entweder die Erträge sinken oder der Input an Dünger und Pestiziden erhöht werden muss)
Risiko von Missernten	gering durch Polykultur	hoch
Wirtschaftssystem	v. a. Subsistenzwirtschaft, bestimmte Feldfrüchte und Überschüsse werden verkauft	kommerzielle Landwirtschaft, bei guten Ernten und hohen Weltmarktpreisen hohe Gewinne
Einkommen für Farmer (Geld)	gering	deutlich mehr
Tragfähigkeit	mehrere Großfamilien auf 4 ha (Größe einer „Milpa")	eine Familie pro Plantage (ca. 200 ha)
Platzbedarf für Rinderhaltung	1 Rind / ha	1 Rind / 20 ha auf nach kurzer Zeit degradierten Böden

Quelle: A comparison between the milpa system and new forms of agriculture. In: Nagle, Garret / Guinness, Paul: Cambridge International A and AS Level Geography. London 2011, S. 223

M6 Vergleich des Milpa-Solar-Systems mit Monokultur oder Rinderweide

Kleinbäuerliche Landwirtschaft in den wechselfeuchten Tropen

Baumwollanbau in Burkina Faso – Lebensgrundlage mit Zukunft?

In Burkina Faso leben 90 Prozent der Menschen von der Landwirtschaft. Baumwolle ist nach Gold das wichtigste Exportprodukt des Landes. Sie wird in kleinbäuerlicher Landwirtschaft oft im Wechsel mit anderen Feldfrüchten, die der Selbstversorgung dienen, angebaut. Kann diese Wirtschaftsform auch in Zukunft eine Einkommensgrundlage für die wachsende Bevölkerung sein?

Ⓦ **1.** **A** Lokalisieren Sie Burkina Faso (Atlas).
B Zeichnen Sie die acht wichtigsten Baumwoll-Exportländer in eine Weltkarte ein (Atlas, M6).
2. Charakterisieren Sie das Klima Burkina Fasos und prüfen Sie die Eignung des Landes für den Baumwollanbau (M3, M5).
3. Erläutern Sie die Bedeutung der Baumwolle für den Außenhandel Burkina Fasos und für die Farmer in Burkina Faso. Beziehen Sie die Schwankungen der Weltmarktpreise in Ihre Überlegungen ein (M2, M6–M9).
4. Beschreiben Sie den Anbau von Baumwolle in Burkina Faso. Nennen Sie Vor- und Nachteile des Fruchtwechsels für die Bauern (M8–M10).
5. Erläutern Sie Chancen für CMIA aus Sicht der Bauern und der Unternehmen. Diskutieren Sie, ob diese oder ähnliche Ansätze eine Perspektive für die Zukunft der burkinischen Landwirtschaft sein können (M10, M11).
6. Informieren Sie sich über fair gehandelte Baumwolle und zertifizierte Bio-Baumwolle aus Afrika. Stellen Sie die Vor- und Nachteile dieser Label und der CMIA aus Sicht von Bauern und Verbrauchern gegenüber.

→ Agrochemikalien, Cash Crop, Food Crop, kleinbäuerliche Landwirtschaft, Wechselwirtschaft / Fruchtwechsel

M1 Baumwollpflanze

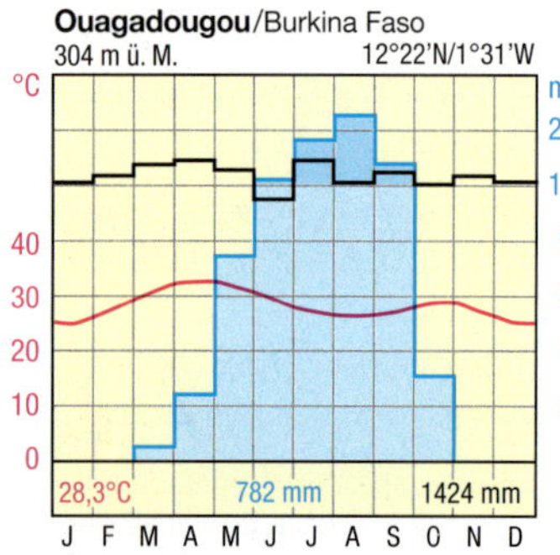

M3 Klimadiagramm Ouagadougou (Burkina Faso)

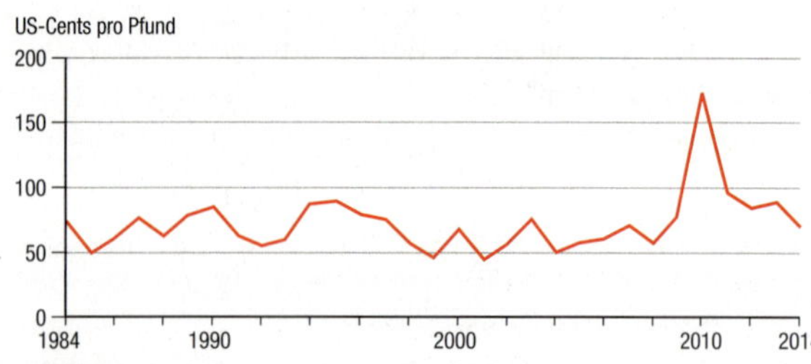

M2* Entwicklung der Weltmarktpreise für Baumwolle

M4 Baumwollernte per Hand

Die Baumwolle ist eine circa 1,5 m hoch wachsende, sehr alte Kulturpflanze. Für optimales Wachstum braucht die Baumwolle feuchte Böden bei heißem Klima mit mindestens 200 frostfreien Tagen. Bei der Aussaat ist eine Temperatur von 30–35°C optimal. Im ersten Abschnitt der Vegetationsperiode wird reichlich Feuchte benötigt. Nach der Blüte verwandelt sich der im Kelch sitzende Fruchtknoten in eine eiförmige Kapsel, die aufspringt und ihre Samenhaare herausquellen lässt. Die Zeitspanne von der Aussaat bis zur Reife beträgt 175–225 Tage.
Im Stadium der Reife braucht die Pflanze viel Wärme und Sonne. Die Erntequalität sinkt deutlich, wenn nach dem Aufspringen der ersten Kapseln Regen fällt.
Problematisch für die Ernte ist, dass die Baumwollkapseln über einen Zeitraum von mehreren Wochen versetzt reifen. Überreife ist genauso wie unreife Baumwolle qualitativ minderwertig. Maschinelle Einmalernten sind daher immer ein Kompromiss aus überreif, reif und unreif. Das Pflücken per Hand bringt höhere Qualität hervor, benötigt aber viele Arbeitskräfte, da mehrere Durchgänge notwendig sind. Viele Erntemaschinen können nur blattfreie Baumwollpflanzen abernten. Daher werden hier vor der Ernte Entlaubungsmittel eingesetzt. Handgepflückte Baumwolle kommt ohne diese chemische Behandlung aus.
Baumwolle ist das Anbauprodukt, das weltweit die höchsten Gaben an Agrochemikalien, vor allem an Pestiziden, benötigt. Besonders wenn Baumwolle in großen Monokulturen angebaut wird, ist sie sehr anfällig gegen Pilzbefall und Schadinsekten. Große Pflanzungen werden in einer Saison bis zu 30-mal mit Gift behandelt.

M5 Informationen zum Baumwollanbau

Rang	Land	Menge (in Tonnen)
1	USA	2 774 193
2	Indien	1 871 156
3	Australien	796 624
4	Brasilien	758 328
5	Usbekistan	240 495
6	Burkina Faso	158 793
7	Togo	142 476
8	Pakistan	142 378

Quelle: faostat.fao.org 2011

M6 Die acht größten Baumwoll-Exportländer (2011)

Bevölkerung	18,3 Mio.
Geburtenrate / Sterberate	42,42 ‰/ 11,96 ‰
Bevölkerungswachstum	3,05 %
Verstädterungsgrad	26,5 %
Lebenserwartung	55 Jahre
Anteil der Landwirtschaft am BIP	34 %
Bevölkerung unter der Armutsgrenze	47 %

M7 Sozio-ökonomische Daten Burkina Faso (2014)

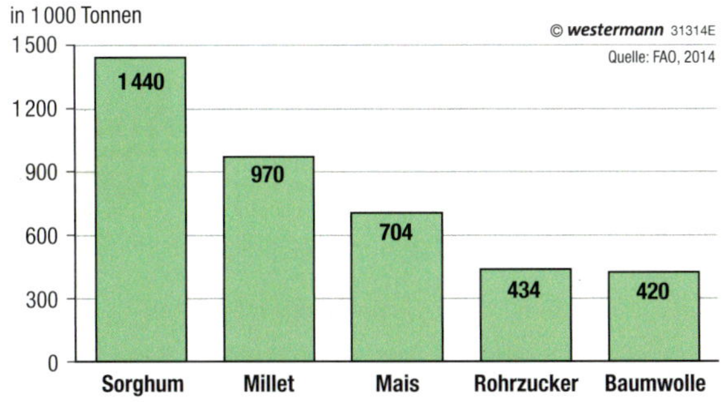

Sorghum und Millet sind verschiedene Hirsesorten. Bis auf Baumwolle, die für den Weltmarkt bestimmt ist (Cash Crops), sind alle genannten Anbaupflanzen hauptsächlich zur Selbstversorgung bestimmt (Food Crops). Überschüsse werden ggf. auf lokalen Märkten verkauft oder getauscht.

M8 Wichtigste Anbaupflanzen in Burkina Faso (2013)

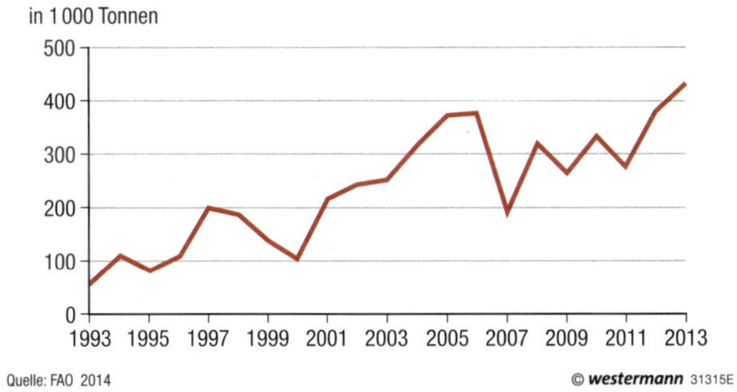

M9 Entwicklung der Baumwollproduktion in Burkina Faso

Ein Großteil der Baumwolle wird von Kleinbauern angebaut. Der Anbau ist kaum mechanisiert und daher sehr arbeitsintensiv. In der Erntezeit werden viele Helfer gebraucht, sodass in dieser Zeit Kinderarbeit weit verbreitet ist. Traditionell bauen viele Kleinbauern Baumwolle im Fruchtwechsel mit anderen Produkten, meist Food Crops für den Eigenbedarf, an. Sie erzielen mit dieser Wirtschaftsweise nur sehr kleine Gewinne, ihre Ernährung ist jedoch durch den Anbau von Food Crops weitgehend gesichert.
Eine Steigerung der kommerziellen Baumwollproduktion durch eine Ausweitung der Flächen und die Intensivierung des Anbaus – besseres Saatgut, Mineraldüngung, Pestizide – eröffnet einigen Bauern die Perspektive, mehr Geld zu verdienen. Gleichzeitig steht die Ausweitung der Baumwollproduktion in direkter Konkurrenz zur Produktion von Nahrungsmitteln für den Eigenbedarf, denn die intensiv genutzten Felder werden ausschließlich für die Baumwollproduktion genutzt. Brachjahre und Fruchtwechsel werden dann nicht mehr praktiziert. Viele Bauern sind für die Vermarktung auf Baumwollgesellschaften angewiesen, die den Verkauf organisieren und die Preise diktieren. Dadurch erhalten die Bauern oft nur circa 20 Prozent des Weltmarktpreises – ungeachtet der sehr guten Qualität ihrer handgepflückten Baumwolle und ungeachtet eventueller Preissteigerungen. Ein Großteil dieses Geldes müssen die Bauern für Saatgut, Düngemittel und Pestizide ausgeben.

Quelle: www.letsmakemoney.at und Caritas: Unfair trade and cotton

M10 Baumwolle in Burkina Faso

„Baumwolle von Kleinbauern in Afrika ist ökologisch und sozial verträglicher"

[...] Während Baumwollbauern in Burkina Faso oder Indien um ihr Überleben kämpfen, erhalten jene in den USA oder Spanien Subventionen, um auf dem Weltmarkt bestehen zu können. [...] Im Norden bewirtschaften vom Staat subventionierte Baumwollbauern riesige Flächen mit dem Einsatz von Maschinen, [intensiver Bewässerung und] aufwändiger Technik. Im Süden wird auf kleiner Fläche hauptsächlich von Hand gepflanzt und geerntet. Große Baumwoll-Monokulturen wie in den USA oder Usbekistan sind oft ökologisch und sozial sehr bedenklich.
Verbraucher haben aber jetzt die Möglichkeit, gezielt Baumwolle aus fairem Handel, aus biologischem Anbau oder von Kleinbauern in Afrika (Cotton Made in Africa, CMIA) zu kaufen. Roger Peltzer erklärt, wie das funktioniert und warum er sich für CMIA einsetzt. [...]

Mit welchen ökologischen und sozialen Problemen ist der Anbau von Baumwolle verbunden?
[Verschiedene Probleme] können auftreten. Das erste ist der Wasserverbrauch dort, wo die Felder bewässert werden. Hier kann der Wasserverbrauch für die Baumwollproduktion dramatische Folgen haben. [...] In Afrika südlich der Sahara wird aber kaum bewässert. [...]
Das zweite Problem ist der hohe Einsatz von Schädlingsbekämpfungsmitteln, außer bei Bio-Baumwolle. Er ist umso nötiger, je mehr Baumwolle in Monokultur produziert wird. Wo sie in der Fruchtfolge angebaut wird, wie in Afrika südlich der Sahara [...], treten weniger Schädlinge auf [...]

Wie wollen fair gehandelte Baumwolle oder Cotton Made in Africa (CMIA), für die Sie sich einsetzen, diese Probleme angehen?
CMIA will für Baumwolle aus Afrika südlich der Sahara den textilen Massenmarkt in Europa und in den USA erschließen. Diese Baumwolle wird nicht bewässert, nicht subventioniert und in Fruchtfolge mit anderen Produkten angebaut. Der Anbau konkurriert nicht mit dem von Nahrungsmitteln, sondern ergänzt ihn. Diese Baumwolle ist per se ökologisch und sozial verträglicher als in vielen anderen Teilen der Welt. [...] Es gelten Mindeststandards bei den Arbeitsbedingungen.

Was haben die Bauern dann davon, sich den Anforderungen von CMIA zu unterwerfen?
CMIA hilft ihnen mit speziellen Programmen, nachhaltiger und produktiver anzubauen. Zweitens gibt CMIA der afrikanischen Baumwolle ein Gesicht, sie kann gezielt nachgefragt und so [können] ihre Chancen auf dem Weltmarkt verbessert werden. [...] Der höhere Preis wird dann auch den Bauern zu Gute kommen.

Wer vertreibt CMIA-Produkte?
Der größte Abnehmer ist Tchibo, gefolgt von der Otto-Gruppe, die unter der Führung von Dr. Michael Otto CMIA initiiert und auf den Weg gebracht hat [...]

Roger Peltzer vertritt die Deutsche Investitions- und Entwicklungsgesellschaft (DEG) im Beirat der „Aid by Trade Foundation", die Cotton Made in Africa aufbaut und vertreibt.

Quelle: www.welt-sichten.org, Sept. 2014

M11 Interview mit Roger Peltzer, einem Vertreter der Organisation Cotton made in Africa (CMIA)

Plantagenwirtschaft in den Tropen – Produktion für den Weltmarkt

Bananenanbau in Kolumbien – wer profitiert?

Ein Großteil der Agrarprodukte, die in den Tropen für den Export produziert werden, stammt von Plantagen – z. B. Kaffee, Kakao, Zucker, Ananas oder Palmöl.
Was kennzeichnet die Plantagenwirtschaft? Welche Chancen und Risiken birgt sie für Hersteller und Konsumenten? Kann Bio-Anbau eine Lösung für Probleme sein, die mit der Plantagenwirtschaft verbunden sind? Am Beispiel des Bananenanbaus in Kolumbien sollen hier die wichtigsten Strukturen und Prozesse der Plantagenwirtschaft aufgezeigt werden.

1. Lokalisieren Sie Kolumbien und prüfen Sie, wo die klimatischen Bedingungen für den Bananenanbau geeignet sind (M3, M4, Atlas).
2. Erläutern Sie die Verteilung der wichtigsten Bananenproduzenten und der wichtigsten Bananen exportierenden Länder. Beziehen Sie dabei die Zusammensetzung des Bananenpreises mit ein (M2, M5).
3. Stellen Sie die Merkmale der Plantagenwirtschaft stichwortartig zusammen. Überprüfen Sie, welche dieser Merkmale auf den Bananenanbau in Kolumbien zutreffen (M1, M2, M6, M8).
4. Erläutern Sie am Beispiel des Bananenanbaus die ökologischen Probleme, die mit dem Anbau in Monokulturen verbunden sind (M4, M7).
5. Recherchieren Sie, ob/wo in Ihrer Nähe Bio-Bananen zu kaufen sind. Diskutieren Sie, ob Bio-Anbau die ökologischen Folgen des Anbaus in Monokulturen abmildern kann (M10).
6. Diskutieren Sie, ob die Ausweitung des Öko-Anbaus von Bananen zu einer nachhaltigeren Produktion führt.
7. Führen Sie eine Umfrage durch, in der Sie herausfinden, ob Ihre Mitschülerinnen und Mitschüler/Lehrer/Eltern... bereit wären, mehr Geld für ökologisch angebaute Bananen auszugeben. Diskutieren Sie die Ergebnisse.

→ Bio-Anbau, Kationenaustauschkapazität, Monokultur, Nachhaltigkeit, Plantage

Die Plantagenwirtschaft hat ihre Anfänge im Kolonialzeitalter, v. a. im 17. und 18. Jahrhundert, als die Kolonialmächte mithilfe afrikanischer Sklaven z. B. den Tabak-, Zuckerrohr- oder Kaffeeanbau für die europäischen Märkte betrieben.
Einige der Merkmale der kolonialen Plantagenwirtschaft treffen auch heute noch zu: So ist der Anbau arbeitsintensiv (heute mithilfe oft schlecht bezahlter, einheimischer Plantagenarbeiter) und erfolgt auf sehr großen Flächen. Auch werden damals wie heute Cash Crops nicht für die Ernährung der lokalen Bevölkerung angebaut, sondern marktorientiert – meist für den Weltmarkt. Damals wie heute stand die Plantagenwirtschaft in Flächenkonkurrenz zum Anbau von Lebensmitteln für den Eigenbedarf. Viele Plantagen sind heute im Besitz oder unter der Verwaltung multinationaler Konzerne, deren Hauptquartiere nur teilweise in den Herstellerländern liegen. Die Konzerne stellen Maschinen, Hochleistungssaatgut und Agrochemikalien. Verarbeitung, Transport und Vertrieb sind ebenfalls oft in der Hand weniger großer, multinationaler Konzerne. So fließt ein großer Teil der Gewinne ins Ausland ab.

M1 Plantagenwirtschaft

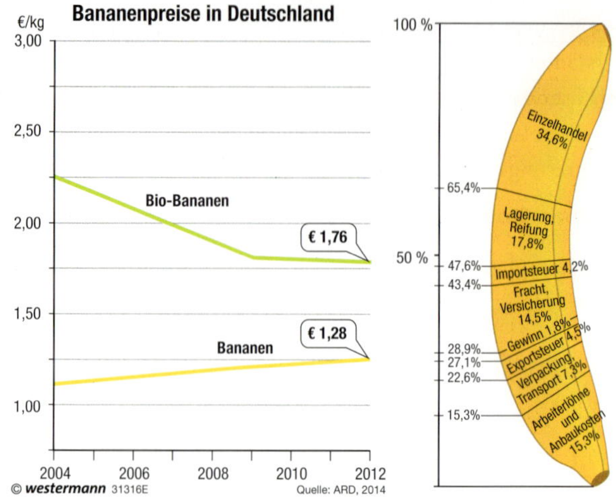

M2* Entwicklung und Zusammensetzung der Bananenpreise in Deutschland

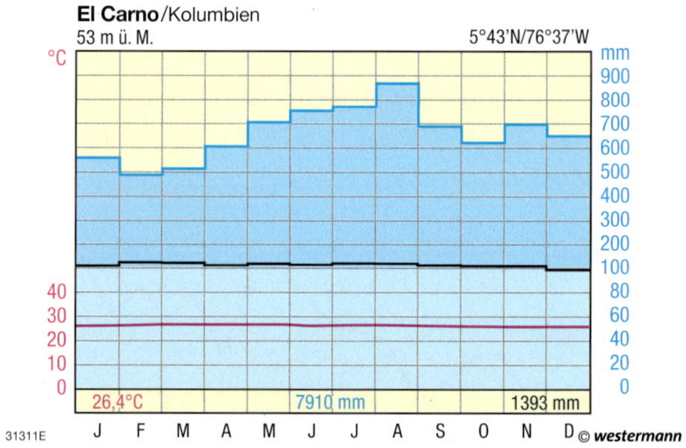

M3 Klimadiagramm von El Carno (Kolumbien)

Nach Angaben der Food and Agriculture Organization der Vereinten Nationen gehört die Banane zu den acht wichtigsten Lebensmitteln weltweit. Sie wird in 135 Ländern angebaut, vor allem von Kleinbauern, die sie zur Selbstversorgung und zum Verkauf auf lokalen Märkten nutzen. Gleichzeitig sind Bananen ein wichtiges Exportprodukt. Deutschland z. B. hat einen Pro-Kopf-Verbrauch von 10,5 kg pro Jahr. Bananen brauchen für optimales Wachstum warmes, vollhumides Klima mit Temperaturen über 20° C und gleichmäßig verteilten Niederschlägen nicht unter 100–200 mm pro Monat. Bananen werden vegetativ vermehrt. Vom Einpflanzen des Schösslings bis zur Ernte dauert es circa 7–9 Monate.
In tropischen Gebieten können Bananen das ganze Jahr über geerntet werden. Dabei wird eine Bananenplantage nicht auf einmal abgeerntet, vielmehr müssen die einzelnen Bananenbüschel sorgfältig auf ihre Reife überprüft werden. Nach der Ernte werden die Bananenstauden umgehauen und als Dünger verwendet. Eine Bananenpflanzung kann mehr als 20 Jahre genutzt werden.
Der Anbau von Bananen ist sehr arbeitsintensiv. Die Schösslinge müssen mehrmals umgepflanzt und zurückgeschnitten werden. Es sind regelmäßige Düngergaben wichtig. Darüber hinaus erfordert der Bananenanbau umfassende Schädlings- und Unkrautbekämpfungsmaßnahmen.

M4 Bananenanbau als Cash Crop

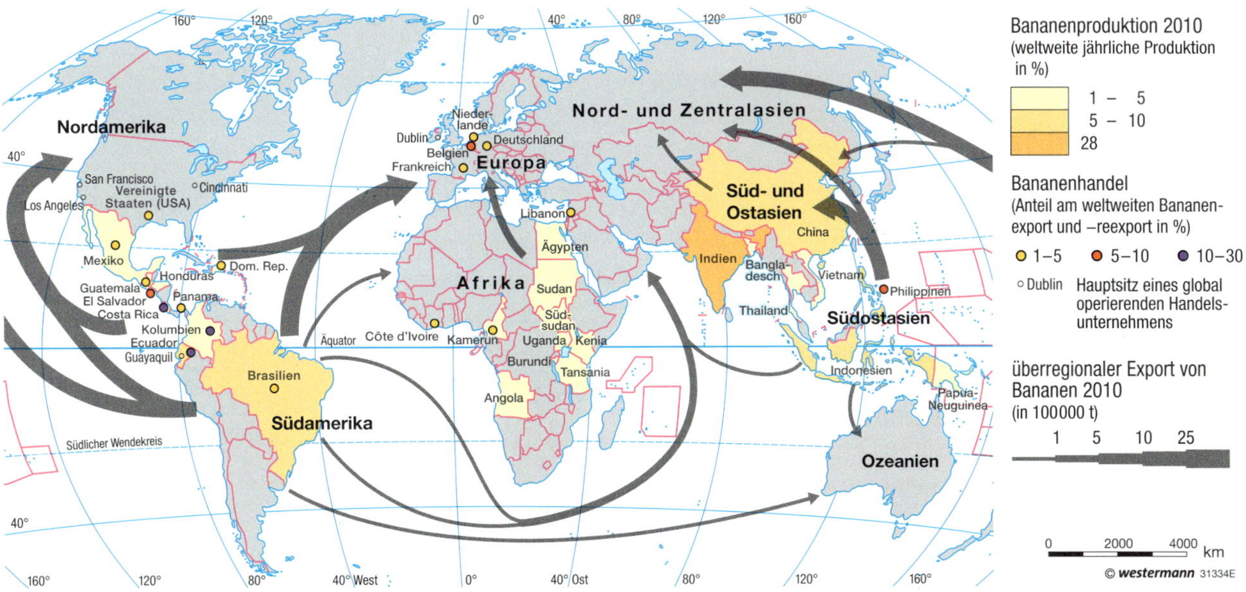

M5* Bananenproduktion und -handel

Trotz erheblicher Effizienzsteigerungen ist der Bananenanbau sehr arbeitsintensiv. Die Arbeit ist körperlich extrem anstrengend. Die Arbeiterinnen und Arbeiter kommen mit giftigen und krebserregenden Agrochemikalien in Berührung. Einige Arbeitgeber haben bereits reagiert und es gibt positive Ansätze zur Verbesserung der Situation. So statten sie z. B. ihre Arbeiter mit Schutzkleidung aus und sorgen dafür, dass Sprühflugzeuge außerhalb der Arbeitszeit fliegen. Nationale Gesetze haben dazu geführt, dass Kinderarbeit von den Plantagen verschwunden ist und v. a. in Kolumbien, wo die Gewerkschaften eine wichtige Rolle spielen, meist ein Mindestlohn gezahlt wird. Dennoch reichen die Löhne oft zur Existenzsicherung nicht aus.

M6 Arbeitsbedingungen im Bananenanbau

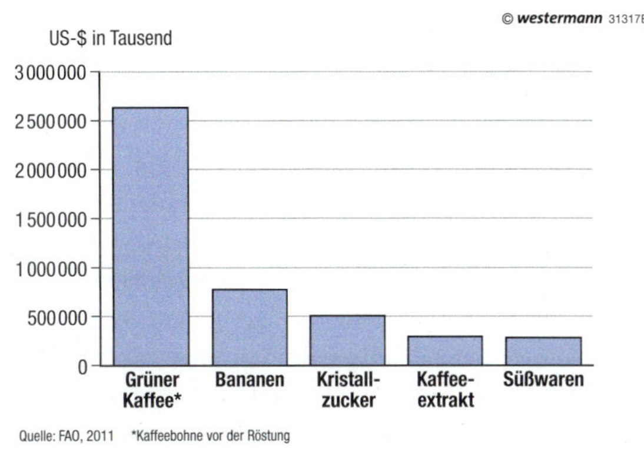

M8 Die wichtigsten landwirtschaftlichen Exportprodukte Kolumbiens (2011)

Der Anbau in Monokulturen ist ein wichtiges Element der Plantagenwirtschaft. Er ermöglicht durch die Industrialisierung des Anbaus eine Produktivitätssteigerung. Pro Hektar und pro Arbeiter können mehr Bananen geerntet werden.
Bananenplantagen bieten für Pflanzenschädlinge (Insekten, Pilze und Fadenwürmer) paradiesische Verhältnisse. Weil dicht an dicht, über Jahre hinweg immer die gleichen Früchte angebaut werden, können sich die Schädlinge leicht vermehren. Um dies zu verhindern, sind massive Gaben von Agrochemikalien (Herbiziden, Insektiziden, Fungiziden, Nematiziden) nötig. Circa 30 Prozent des Preises, den die Bananenproduzenten erhalten, werden für Pflanzenschutzmaßnahmen ausgegeben.
Die Pestizide sind in hohem Maße gesundheitsschädlich für die Arbeiter, die sie ausbringen. Sie können Krebserkrankungen, Nervenschäden, Sterilität und Deformationen bei Neugeborenen auslösen. Die starken Niederschläge waschen die Gifte schnell aus, wodurch Böden, Grundwasser und Wasserläufe belastet werden. Beim Einsatz von Sprühflugzeugen wird ein Teil der Pflanzengifte verweht und auch angrenzende Siedlungen, Gärten und Waldflächen sowie die Menschen, die sich dort aufhalten, werden besprüht.
Bananen sind schnellwüchsige Pflanzen und entziehen dem Boden viele Nährstoffe. Dadurch und durch die hohe Rate an Auswaschung und die geringe Kationenaustauschkapazität tropischer Böden sind hohe Mineraldüngergaben nötig.

M7 Monokulturen im Bananenanbau

M9 Bananentransport per Seilbahn

- kein Einsatz von Pestiziden
- Mischkultur mit anderen Pflanzen
- Gründüngung, kein leicht löslicher Mineraldünger
- mechanische Methoden der Unkrautbekämpfung
- Öko-Zertifizierung (dadurch höhere Preise erforderlich)

M10 (Anbau-)bedingungen von Bio-Bananen

Anbauflächen in den Tropen – knapp und begehrt

Land Grabbing als Beitrag zur Ernährungssicherheit?

Der Erwerb großer landwirtschaftlicher Flächen vor allem in den Tropen hat in den letzten Jahren stark zugenommen. Die Weltbank schätzt, dass bis 2030 im Rahmen großer Landakquisitionen jährlich sechs Millionen Hektar Agrarflächen umgenutzt oder neu erschlossen werden (zum Vergleich: die Agrarfläche Deutschlands beträgt etwa 17 Millionen Hektar). Die Motive für diese großmaßstäblichen Landkäufe sind vielfältig – ebenso die Akteure.
Wo wird im großen Maßstab mit Land gehandelt? Wer sind die Akteure bei den großen Landkäufen? Welche Motive stehen dahinter? Welche Vorteile erhoffen sich z. B. Staaten des subsaharischen Afrikas von Landverkäufen? Welche Folgen haben die Verkäufe für die lokale Bevölkerung?

1. Tragen Sie die in M1 dargestellten Länder in eine Kartenskizze ein (M1, Atlas).
2. Beschreiben Sie die globale Verteilung der Landkäufe (M1).
3. Beschreiben Sie mit eigenen Worten, was Land Grabbing bedeutet. Nennen Sie Beispiele, in denen in der Vergangenheit ähnliche Prozesse stattgefunden haben.
4. Erläutern Sie, wer die Hauptakteure beim Landkauf sind und welche Motive hinter den Landkäufen stehen (M1–M5).
5. Recherchieren Sie mithilfe geeigneter Atlaskarten die Ernährungslage und den Beschäftigtenanteil in der Landwirtschaft in den Ländern mit den größten Landverkäufen (M1, Atlas).
6. Oft führen Landverkäufe zu Protesten der einheimischen Bevölkerung. Stellen Sie in einer Mindmap dar, wie Land Grabbing zu Armut und Hunger in der lokalen Bevölkerung führen kann (M2–M7).
7. Formulieren Sie Voraussetzungen, die erfüllt werden müssen, damit großflächige Landverkäufe – vor allem für die betroffene lokale Bevölkerung – eine Verbesserung der Lebenssituation bringen können (M7).
8. Ⓩ Recherchieren Sie anhand eines konkreten Beispiels die Bedingungen und Folgen eines „Landgrabs“ (M7, Internet).

→ Land Grabbing, Landakquisition

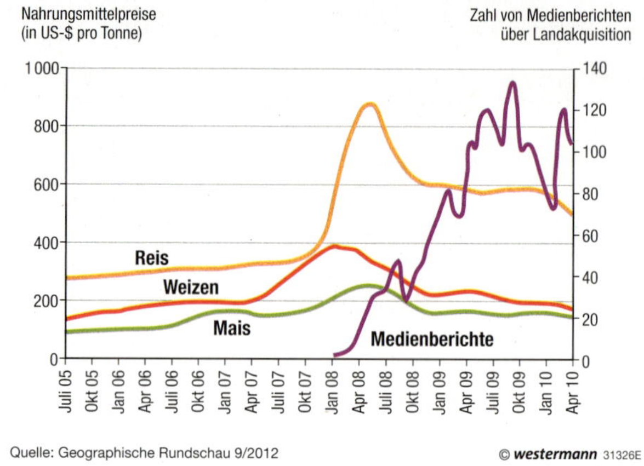

M2* Entwicklung der Nahrungsmittelpreise und Medienberichte über Landakquisitionen

→ Land Grabbing

„[Land Grabbing bezeichnet] großflächige Käufe hauptsächlich von privaten, aber auch staatlichen Investoren und Agrarunternehmen, die Agrarflächen kaufen oder langfristig pachten, um sie in eigener Regie zur Herstellung von Agrarrohstoffen zu nutzen. Dabei bewegen sich die [...] Investoren ebenso wie die [...] Verkäufer oft in Grauzonen des Rechts und in einem Niemandsland zwischen traditionellen Landrechten und modernen Eigentumsverhältnissen. [...]“ *Quelle: www.weltagrarbericht.de/themen/*

Akteursgruppen	Zweck
Industriestaaten (Energiekonzerne, Investmentfonds etc.)	Produktion von Agrarrohstoffen (Futtermittel, Agrartreibstoffe), Land als Spekulationsobjekt
Bevölkerungsreiche Staaten mit hohem Bevölkerungswachstum (Indien, China, Vereinigte Arabische Emirate, Ägypten)	Produktion von Nahrungsmitteln, Futterpflanzen und Agrarrohstoffen für eigenen Bedarf
Staaten mit sehr begrenzten Land- bzw. Wasserressourcen, aber hoher Kapitalverfügbarkeit (Kuwait, Katar, Saudi-Arabien)	Verringerung der Abhängigkeit vom Weltmarkt bei Lebensmittelproduktion
Nationale Unternehmen in Zielländern (häufig in Kooperation mit ausländischen Investoren)	Gewinnmaximierung

M3 Investoren/Akteursgruppen bei Land Grabbing-Verträgen

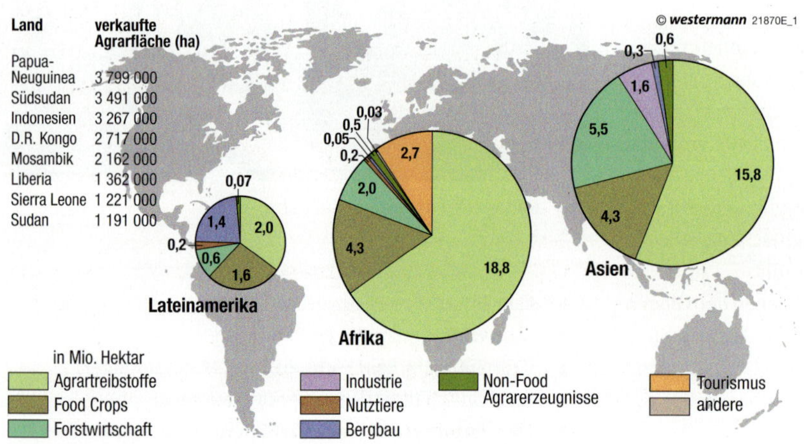

M1 Landkäufe (2001–2011): Investitionen in Afrika, Lateinamerika und Asien nach Nutzung

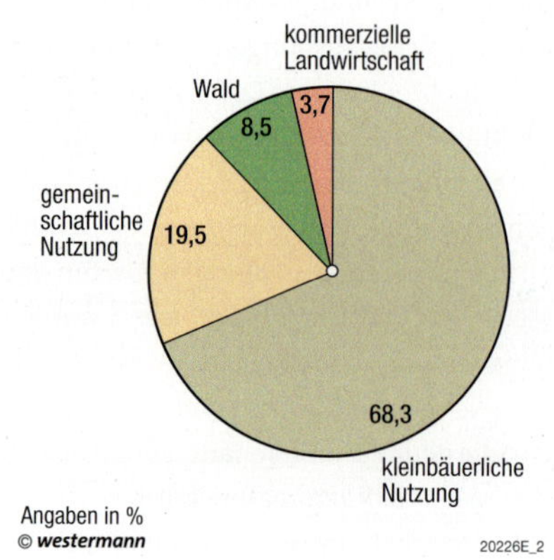

M4 Vorherige Nutzung der erworbenen Landflächen

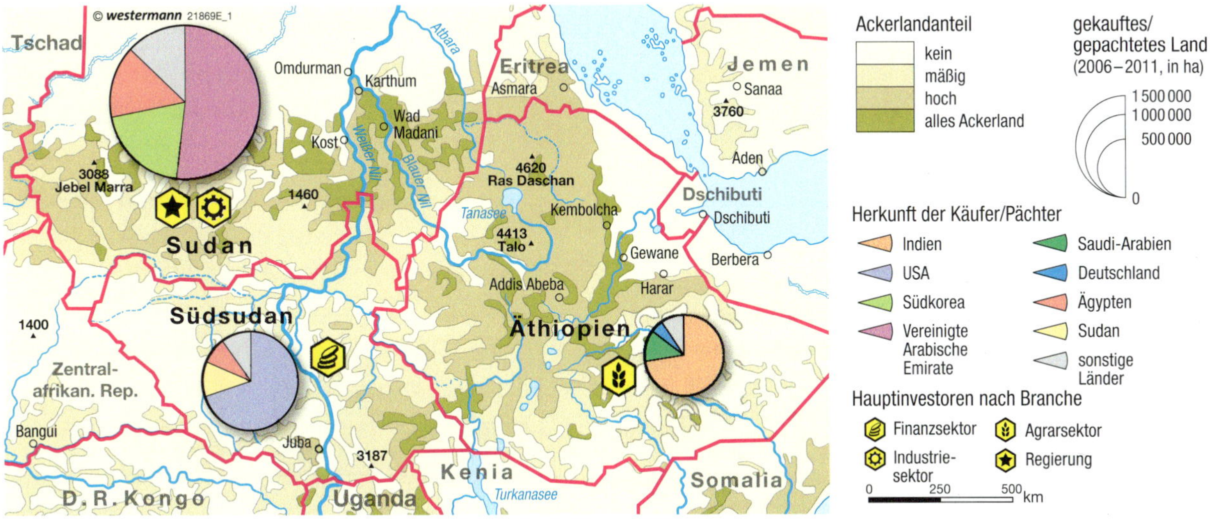

M5* Land Grabbing in Ostafrika

M6 Karikatur in einer angolanischen Zeitung

M8 Proteste gegen Land Grabbing in Papua-Neuguinea

[...] Dabei bieten landwirtschaftliche Investitionen für Entwicklungsländer enorme Chancen, wenn hierbei grundlegende menschenrechtliche, soziale, wirtschaftliche und ökologische Prinzipien befolgt werden. Solche Investitionen können zu Kapital- und Technologietransfer, erleichtertem Marktzugang und besserer Infrastruktur, Produktivitätssteigerung, Einkommensgenerierung und somit zur Verbesserung der Ernährungssicherheit führen.

Quelle: www.bmz.de/de/mediathek/publikationen/reihen/strategiepapiere/Strategiepapier316_2_2012.pdf

Berichte häufen sich, dass viele dieser großflächigen Landkäufe und -pachten erhebliche Nachteile für die betroffenen Länder und die ortsansässige Bevölkerung mit sich bringen. Sie gehen mit Vertreibungen einher, belasten die Umwelt und gefährden die lokale und nationale Ernährungssicherheit. [...] Aufgrund der besonderen Rolle, die der Ressource Wasser in diesem Kontext zukommt, wird zunehmend auch von Land- and Water Grabbing gesprochen.

Quelle: www.bmz.de/de/mediathek/publikationen/reihen/strategiepapiere/Strategiepapier316_2_2012.pdf

M7 Statements zum Land Grabbing

„Niemand hat uns informiert. Kein Wort. Sie nahmen sich das Land mit Gewalt. [...] Die aus dem Nachbardorf haben demonstriert. Man sagte ihnen, dass der Staat das Land an die Inder gegeben hat und dass sie nichts zurückfordern und nicht protestieren dürfen. Einige sind deswegen ins Gefängnis gekommen. [...] Ich werde weggehen und [die Familie] zurücklassen."

Aussage eines betroffenen Bauern aus der Region Gambella, Äthiopien. Das traditionell von der indigenen Gruppe der Anuak genutzte Land und der Zugang zum Wasser wurde an einen indischen Großinvestor verkauft.
Quelle: www.planete-a-vendre.arte.tv/de/athiopien/

Land Grabbing ist vorrangig ein Problem in Staaten mit schlechter Regierungsführung, da Investoren aufgrund niedriger rechtsstaatlicher Standards leicht Land kaufen und pachten können. Oxfam wertete zwischen 2000 und 2011 abgewickelte Landgeschäfte aus 56 Ländern aus – drei Viertel der Länder wiesen Defizite im Bereich Mitspracherecht, Rechenschaftspflicht und Korruptionskontrolle auf.

Quelle: www.weltagrarbericht.de/fileadmin/files/weltagrarbericht/GlobalAgriculture/OxfamPoorGovernance.pdf

weblinks

- http://landmatrix.org/en/get-the-idea/dynamics-overview/
- http://landmatrix.org/en/get-the-detail/
- www.weltagrarbericht.de/themen-des-weltagrarberichts/landgrabbing.html
- http://land-grabbing.de/land-grabbing/
- www.oxfam.de/informieren/landgrabbing
- http://planete-a-vendre.arte.tv/de/athiopien/

Konflikte durch die Ausbreitung großflächiger Monokulturen

Sojaanbau in Argentinien – Wirtschaftlicher Erfolg mit Nebenwirkungen?

Eine Pflanze, die großflächig in den Tropen und Subtropen angebaut wird, ist die Sojabohne. Die weltweite Anbaufläche hat sich von 1993 bis 2013 von 59 Millionen auf 111 Millionen Hektar fast verdoppelt (Fläche Deutschlands: 35,7 Millionen Hektar). Der überwiegende Teil der Sojapflanze (80 Prozent) wird aufgrund des hohen Eiweißgehaltes exportiert und zu Tierfutter vor allem für die Massentierhaltung von Hühnern, Schweinen und Rindern aufbereitet.
Die drei größten Sojaproduzenten USA, Brasilien und Argentinien haben einen Anteil von 79 Prozent (2013) an der Weltproduktion. Sie bauen Soja mithilfe industrieller Methoden auf großen Flächen und im großen Maßstab an.
Am Beispiel von Argentinien soll untersucht werden, unter welchen Bedingungen Soja angebaut wird und welche Folgen die Sojaproduktion auf nationaler und lokaler Ebene hat.

1. Beschreiben Sie die Bedeutung der Sojaproduktion für Argentinien (M2, M3, M5).
2. Erklären Sie den Wandel in der argentinischen Landwirtschaft (M2, M4, M7).
3. Nennen Sie Aspekte des Sojaanbaus, die ihn als industrialisierte Landwirtschaft kennzeichnen (M1, M3, M6, M7).
4. Erläutern Sie die Nutzungskonflikte, die durch die Ausweitung und Intensivierung des Sojaanbaus in Argentinien entstehen (M1, M4, M6).
5. Erörtern Sie die Veränderungen der argentinischen Landwirtschaft vor dem Hintergrund der Nachhaltigkeit (M2–M8).

→ Pestizid, Totalherbizid

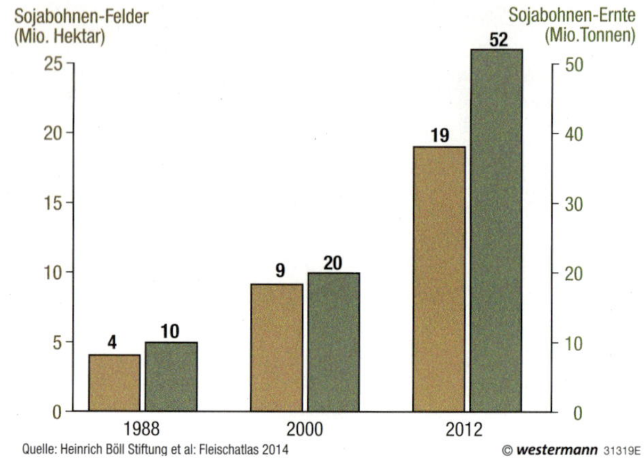

M2 Entwicklung der Anbaufläche für Soja und der Sojabohnenernte in Argentinien

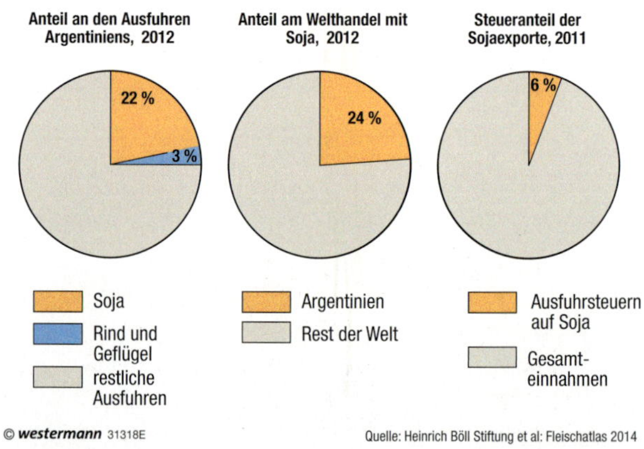

M3 Wirtschaftliche Bedeutung von Soja für Argentinien

M1 Sojaanbau im Norden Argentiniens

Land- und Forstwirtschaft	Einheit	1995	2000	2005	2010
Landwirtschaftlich genutzte Fläche	% der Landfläche	46,7	47,1	49,1	51,3 (2009)
Bewaldete Fläche	% der Landfläche	12,2	11,6	11,2	10,8 (2009)
Erwerbstätige im Sektor Landwirtschaft	1000	1 462	1 458	1 442	1 405
Index der landwirtschaftlichen Produktion	2004 bis 2006 = 100	74	86	103	115
Holzeinschlag: Industrierundholz	Mill. m³	6 916	9 005	9 846	9 841

Quelle: www.destatis.de/DE/Publikationen/Thematisch/Internationales/Laenderprofile/Argentinien2012.pdf?__blob=publicationFile/FAO

M4 Entwicklungen in der Landwirtschaft Argentiniens

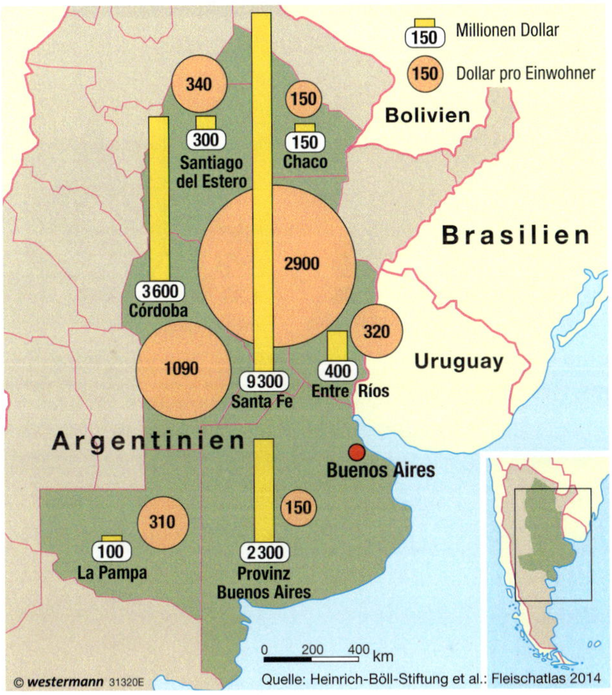

M5 Einnahmen aus Sojaexporten in den Provinzen Argentiniens (2010)

„Soja ist eines der sich weltweit am schnellsten ausbreitenden Anbauprodukte [...]. Die Abholzung für die Sojaexpansion gilt als eine bedeutende Umweltbedrohung in Argentinien, Brasilien, Bolivien und Paraguay. Die Anbauflächen wurden teils in Gegenden ausgedehnt, die zuvor für andere landwirtschaftliche Aktivitäten oder als Weideland genutzt wurden, aber auch die zusätzliche Umwandlung der natürlichen Vegetation spielt eine große Rolle."

Quelle: www.weltagrarbericht.de/fileadmin/files/weltagrarbericht/IAASTD Berichte/GlobalReport.pdf, September 2014

„Die Monokulturen verdrängen den Urwald und die Ureinwohner. Mancherorts werden vor allem indigene Einheimische regelrecht gejagt. Die Böden werden ausgelaugt. Und weil der Sojaanbau immer weitergeht und sich Unkraut und Insekten an die chemischen Mittel gewöhnen, wird immer mehr und in immer neuen Kombinationen verspritzt. 1990 waren es 34 Millionen Liter Herbizide, Pestizide und Fungizide in Argentinien, 2013 317 Millionen Liter. Sie benutzen außer Gensoja auch Genmais und Genreis."

Quelle: Burghardt, P.; Vernaschi, M.: Der Tod kommt mit dem Wind. Süddeutsche Zeitung Magazin 47, 2014.

M6 Folgen der Ausbreitung des Sojaanbaus

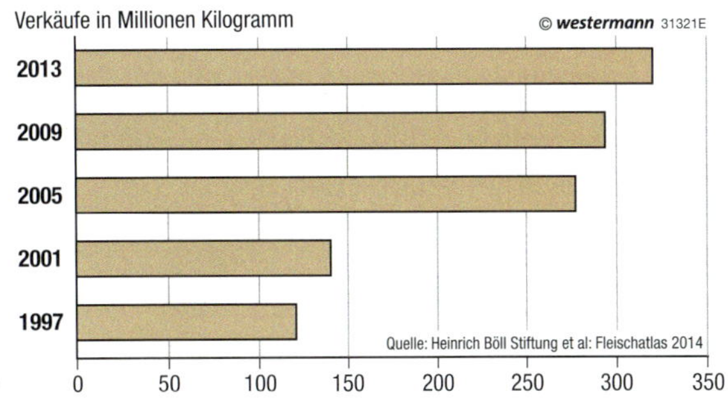

M7 Entwicklung des Pestizideinsatzes in Argentinien

Soja, Soja und nochmals Soja...

In Argentinien werden beim Soja-Anbau fast einhundert Prozent gentechnisch veränderte Sorten eingesetzt. Das Land ist [...] der drittgrößte Lieferant für Sojaprodukte weltweit. Gleichzeitig wurde in den vergangenen Jahren von hungernden Bevölkerungsgruppen berichtet. Der GID (Genetischer Informationsdienst) hatte Gelegenheit, mit der argentinischen Molekularbiologin Lilian Joensen über die Hintergründe zu sprechen. [...]

Es sind hauptsächlich drei Firmen, die sich diesen Markt in Argentinien teilen. Zwei davon haben die Rechte an der Roundup-Technologie von Monsanto gekauft. [Anmerkung: Roundup ist ein Totalherbizid, das alle Pflanzen abtötet, bis auf jene, denen vorher mithilfe gentechnischer Methoden eine Resistenz gegen das Herbizid eingepflanzt wurde. Wenn das Herbizid funktioniert, muss nur ein einziges Mittel gesprüht werden.]

Mittlerweile haben wir vierzehn verschiedene Unkräuter, die gegen das Roundup resistent geworden sind, der Verbrauch des Herbizids ist seit dem ersten Anbau 1997 um das Fünffache angestiegen.

Die Reduzierung der eingesetzten Spritzmittel ist immer eines der zentralen Argumente für den Einsatz gentechnisch veränderter Pflanzen gewesen...

... und Argentinien ist der Beweis, dass dieses Argument nicht haltbar ist. [...]

Wie war die Situation, bevor in Argentinien in großem Maße Soja angebaut wurde?

Es gab ein extensives Agrar-System, in dem sich eine Bewirtschaftung mit Tieren und der Anbau von Pflanzen abwechselten. Die Böden konnten sich regenerieren. [...]

Wer sind die Bauern, die das Soja für den Weltmarkt anbauen?

Es sind nicht Landwirte im europäischen Sinne. Es sind große Unternehmen, die das Land der verarmten Landbevölkerung pachten. In Argentinien sind dies oft Firmen aus anderen Ländern [...] Sie besitzen nicht das Land, sie besitzen die Infrastruktur für Handel und Vertrieb, sie bringen das gentechnisch veränderte Saatgut und die Chemikalien, Spritz- und Düngemittel, mit und sie besitzen die Maschinen. [...]

Argentinien ist bei uns traditionell bekannt für seine Exporte von Rindfleisch, das sich auch in Europa großer Beliebtheit erfreut.

Die argentinische Landwirtschaft hat sich in dieser Hinsicht sehr verändert. Tatsächlich exportieren wir jetzt in erster Linie Soja, Soja und nochmals Soja. Und [...] wir sind nicht mehr in der Lage, unsere eigene Bevölkerung zu ernähren.

Quelle: Gen-ethischer Informationsdienst Nr. 164 (Juni 2004), S. 21-23 (www.gen-ethisches-netzwerk.de)

M8 Interview mit Lilian G. Joensen, einer Vertreterin der Grupo de Reflexion Rural, einer Gentechnik-kritischen NGO, zu Sojaanbau in Argentinien

Produktionssteigerung vor dem Hintergrund der Nachhaltigkeit

Produktionssteigerung nachhaltig möglich? – Ölpalmenanbau in Indonesien

Die weltweite Nachfrage nach Nahrungsmitteln und Energie steigt. Ein Produkt, dessen Produktion stark zugenommen hat, sind die Früchte der Ölpalme. Palmöl und Palmkernöl sind Bestandteile vieler täglich verwendeter Produkte. Darüber hinaus können sie als Biotreibstoff verwendet werden.
Ölpalmen wachsen nur in den feuchten Tropen. Angesichts des steigenden Flächenbedarfs für den Anbau von Ölpalmen und damit verbundener Landnutzungskonflikte sollen an einem „Runden Tisch" Wege zu einer nachhaltigen Palmölproduktion gefunden werden.
Wie hat sich die Palmölproduktion entwickelt? Ist es möglich und realistisch, Palmöl nachhaltig zu produzieren?

Ⓦ **1. A** Erklären Sie die Zunahme der für Ölpalmen verwendeten Fläche (M1, M3–M5).
B Erstellen Sie ein Wirkungsschema, in dem Sie die Zunahme der für Ölpalmen verwendeten Fläche darstellen und begründen (M1–M5).
2. Erstellen Sie eine Liste von Produkten (Supermarkt, Haushalt), auf deren Zutatenliste Palmöl enthalten ist.
3. Nennen Sie Probleme, die durch die Zunahme des Ölpalmenanbaus in den Anbauländern entstehen (M8–M10).
4. Erläutern Sie, was „nachhaltige Produktion" im Hinblick auf den Ölpalmenanbau konkret bedeutet (M6, M7, M9, M10).
5. Diskutieren Sie, ob nachhaltige Palmölproduktion möglich ist und inwieweit Sie praktiziert wird (M6–M10).
6. Stellen Sie einen Katalog von Forderungen auf, die geeignet wären, die Produktion nachhaltiger zu machen und die bei der Genehmigung neuer Palmölplantagen erfüllt werden müssten.

→ Greenwashing, Nachhaltigkeit, Palmöl, Primärwald, Zertifizierung

M2 Ernte der Ölpalmfrüchte auf einer Plantage

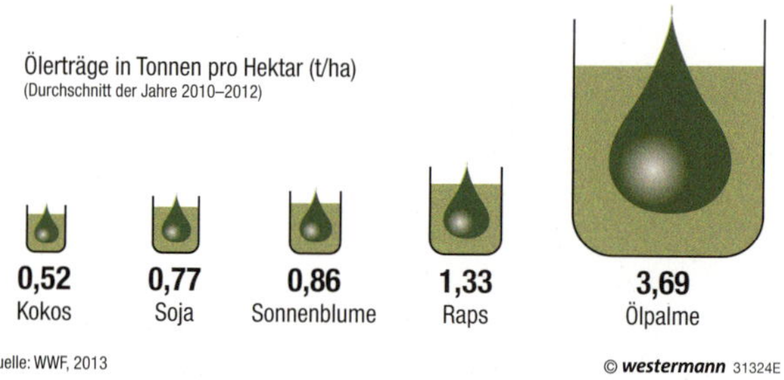

M3 Ölerträge ausgewählter Pflanzen

	1983–1984	1993–1994	2003–2004	2013–2014
Welt	4144	9759	22578	43191
Indonesien	247	1930	7856	21719
Malaysia	2819	6500	12234	17344
Benin	17	5	32	600
Papua-Neuguinea	125	223	339	537
Thailand	5	17	133	222

Quelle: app.fas.usda.gov

M4 Entwicklung des Palmölexports (in 1000 t)

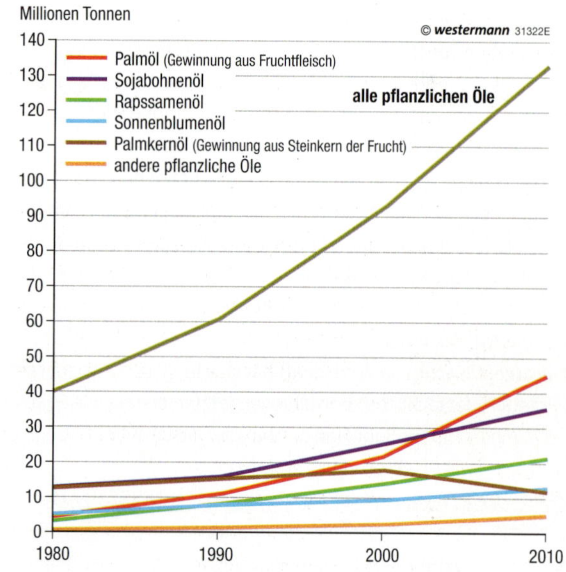

M1 Entwicklung der Produktion pflanzlicher Öle

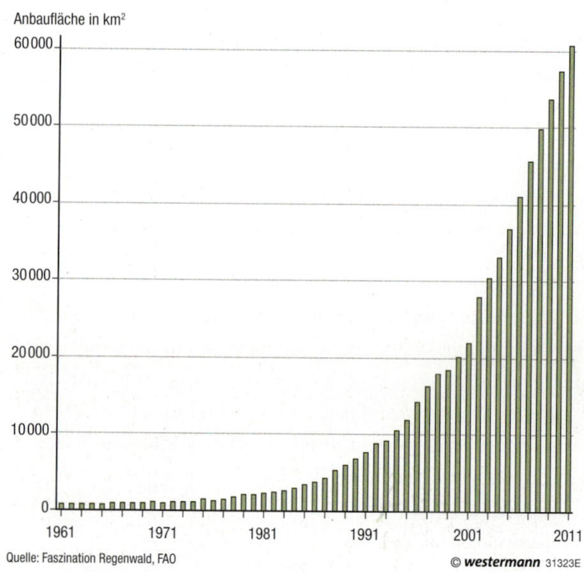

M5 Entwicklung der Anbaufläche für Ölpalmen in Indonesien

Runder Tisch für Palmöl ...
... Kein Öko-Label, sondern Mindestanforderung

Weil die wachsende Nutzung von Palmöl zur Rodung tropischer Wälder beiträgt, hat der WWF 2004 den Roundtable on Sustainable Palm Oil (RSPO) ins Leben gerufen. Die Mitglieder sind auf verschiedene Weise in die Palmölproduktion involviert oder von ihr betroffen: Palmöl-Anbauer, Händler, Konsumgüterhersteller, Banken sowie Nichtregierungsorganisationen wie der WWF und Oxfam. Ziel des Runden Tisches ist es, möglichst viele zur Einhaltung der Mindeststandards zu bewegen.
Der RSPO ist also kein Öko-Label. Er signalisiert, dass auf den Plantagen freiwillig mehr für Naturschutz und Menschenrechte getan wird als gesetzlich vorgeschrieben. Was nicht viel klingt, ist in Entwicklungs- und Schwellenländern wie Indonesien und Malaysia ein wichtiger erster Schritt.
Der WWF setzt als Mitglied des Runden Tisches auf den kritischen Dialog mit Unternehmen aus der Palmölindustrie. Der Gedanke dahinter: Die am Problem Beteiligten müssen mithelfen, Lösungen zu entwickeln. Die Mitgliedschaft im RSPO allein belegt kein verantwortliches Handeln. Dafür muss ein Unternehmen zertifiziertes Palmöl produzieren oder kaufen. Dennoch ist klar: Am Runden Tisch vertritt jedes Mitglied seine eigenen Interessen. Der WWF versucht, möglichst viel für die Natur zu erreichen, andere Mitglieder wollen möglichst viel Ertrag pro Hektar oder mehr Gewinn.

Quelle: www.wwf.de/themen-projekte/landwirtschaft/produkte-aus-der-landwirtschaft/runde-tische/runder-tisch-palmoel/ Zugriff 05.09.2014

M6 Roundtable on Sustainable Palm Oil (RSPO)

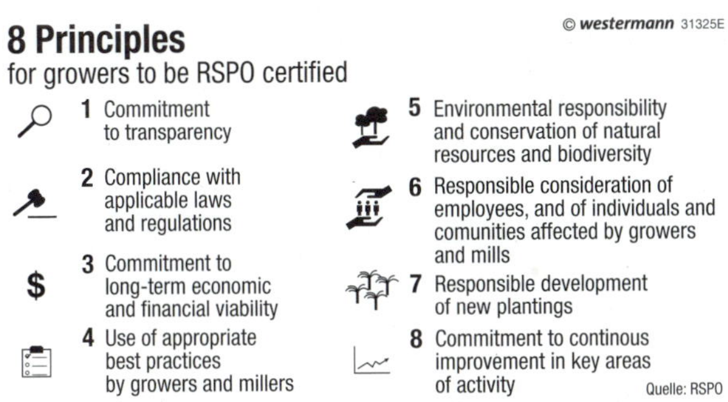

M7 Voraussetzungen zur RSPO-Zertifizierung

Der RSPO (Roundtable on Sustainable Palm Oil/ Runder Tisch für nachhaltiges Palmöl) ist eine von der Industrie dominierte Zertifizierungsinitiative. 581 Unternehmen aus der Palmölwirtschaft stehen lediglich 26 Nichtregierungsorganisationen gegenüber. Dementsprechend lax sind die Standards: Der RSPO erlaubt das Umwandeln von Tropenwäldern in Ölpalmen-Monokulturen. Lediglich so genannte Wälder „mit hohem Schutzwert" (High Conservation Value Forests) werden geschützt.
„In der Praxis führt das zu großflächigen Kahlschlägen, unterbrochen von winzigen, nicht miteinander vernetzten Schutzgebieten", kritisiert Tropenwaldreferent Peter Gerhardt. „Die RSPO-Kontrolleure sind außerdem nicht unabhängig, sondern werden von den Konzernen, die sie kontrollieren sollen, direkt bezahlt." Indonesische Umweltschutzorganisationen wie Save our Borneo empfinden den RSPO deshalb als verlängerten Arm der Palmöl-Konzerne.

Quelle: http://palmoilleaks.org/index.php/rspo-label, Zugriff 05.09.2014

M9 RSPO – grüner Deckmantel zur Regenwaldzerstörung

Umweltschutz- und Menschenrechtsorganisationen, wie z. B. Greenpeace, Friends of the Earth oder Brot für die Welt, prangern an, dass mithilfe des RSPO nur Primärwälder und „Waldgebiete mit hohem Schutzwert" nicht in Palmölplantagen umgewandelt werden. Jedoch verfügt auch Sekundärwald meist über eine hohe Artenvielfalt und dient vor allem Millionen von Menschen als Wohnraum und Nahrungsquelle. Darüber hinaus können auch Firmen RSPO-zertifiziert werden, die nur einen Teil ihrer Produktion „nachhaltig" produzieren, andere Teile jedoch auf herkömmliche Weise, also durch Roden von Regenwald, Austrocknen von Mooren (Ursache für sechs Prozent des globalen CO_2-Ausstoßes) und unter Missachtung der Landrechte der ansässigen Bevölkerung.
Weiterhin ist nur für einen kleinen Teil des zertifizierten Palmöls eine lückenlose Rückverfolgung möglich.
Auch auf RSPO-zertifizierten Flächen werden, so Greenpeace und andere Umweltorganisationen, hochtoxische Pflanzenschutzmittel eingesetzt.

M10 RSPO – richtiger Schritt in die richtige Richtung oder Greenwashing?

M8 Ölpalmenplantage und Setzlinge von Ölpalmen im tropischen Regenwald

weblinks

- www.google.com/maps/preview?ll=-2.367229,111.954989&z=17&t=h&hl=de&gl=US&mapclient=embed
- www.betterpalmoildebate.org/about-us
- www.rspo.org/file/QuickFacts_Feb_2013.pdf
- www.wwf.de
- http://vimeo.com/51980676 ARD Film zu Palmöl
- http://palmoilleaks.org/
- www.greenpeace.de
- www.robinwood.de
- www.brot-für-die-welt.de

Gentechnik auf dem Vormarsch

Ertragssteigerung durch Gentechnik – sinnvoll?

Nachdem in den 1960er-Jahren bei der Grünen Revolution eine Hochertragsreissorte die wachsende Bevölkerung vor allem in Asien ausreichend ernähren sollte, heißt das Zauberwort der konventionellen Landwirtschaft seit einigen Jahren „Grüne Gentechnik". Doch wie sehr hat die Gentechnik die landwirtschaftlichen Flächen bereits erobert? Wo wird sie verstärkt eingesetzt und auf welche Pflanzenarten angewandt? Und wie „grün" ist die Gentechnik wirklich?

1. Reaktivieren Sie Ihr Wissen zur Grünen Revolution. Erläutern Sie die Anbautechniken, die während der Grünen Revolution angewandt wurden.
2. Lokalisieren Sie die Länder, in denen gentechnisch verändertes Saatgut in der Landwirtschaft verwendet wird (M2, M4).
3. Beschreiben Sie die Entwicklung der Anbaufläche gentechnisch veränderter Pflanzen (M2, M3).
4. Benennen Sie die Pflanzenarten, für die gentechnisch verändertes Saatgut angewendet wird (M3).
5. Erläutern Sie mögliche Gefahren, die gentechnisch manipuliertes Saatgut und dessen Entwicklung in sich birgt (M5).
6. Während die Anbaufläche genmanipulierter Pflanzen steigt, steigen auch die kritischen Vorbehalte gegenüber genmanipulierten Pflanzen (M1).
   a) Bilden Sie zwei Gruppen, in denen Sie jeweils die Rolle der Befürworter sowie die Rolle der Kritiker einnehmen. Recherchieren Sie die Vorteile und Risiken der Gentechnik.
   b) Führen Sie eine Diskussion, in der Sie Ihre Ergebnisse gegenüberstellen.
7. Stellen Sie unterschiedliche Ansätze zur optimierten Nutzung der landwirtschaftlich verfügbaren Anbaufläche gegenüber.
   a) Beschreiben Sie die Herangehensweisen der G-8-Staaten (M6).
   b) Beschreiben Sie den agrarökologischen Ansatz am Beispiel des nachhaltigen Reisanbaus in Vietnam (M8).
   c) Diskutieren Sie, inwiefern beide Ansätze ökologisch, ökonomisch und sozial für eine wachsende Bevölkerung und steigenden Nahrungsmittelbedarf nachhaltig sind (M2, M3, M5, M6, M8).

Ⓩ 8. Interpretieren Sie die Karikatur (M7).

→ Grüne Gentechnik, Grüne Revolution

→ Grüne Gentechnik
Gentechnisches Verfahren im Bereich der Pflanzenzüchtung. Dabei werden gezielt Gene in das Erbgut der Pflanze geschleust, wodurch diese resistent gegen bestimmte Krankheiten und widerstandsfähiger wird (z. B. gegenüber Unkraut).

M1 Protest gegen Gentechnik anlässlich einer Sitzung der EU-Landwirtschaftsminister in Brüssel

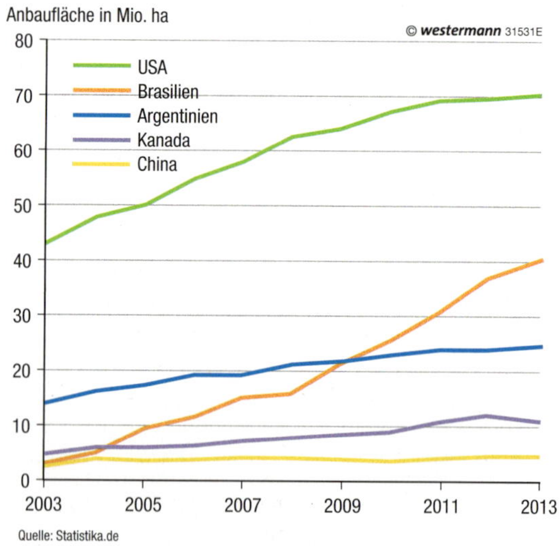

M2 Anbaufläche gentechnisch veränderter Pflanzen in ausgewählten Ländern weltweit

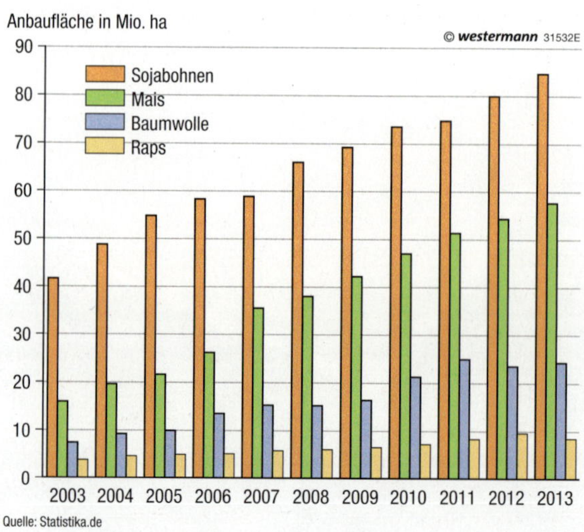

M3 Entwicklung der Anbaufläche gentechnisch veränderter Pflanzen weltweit

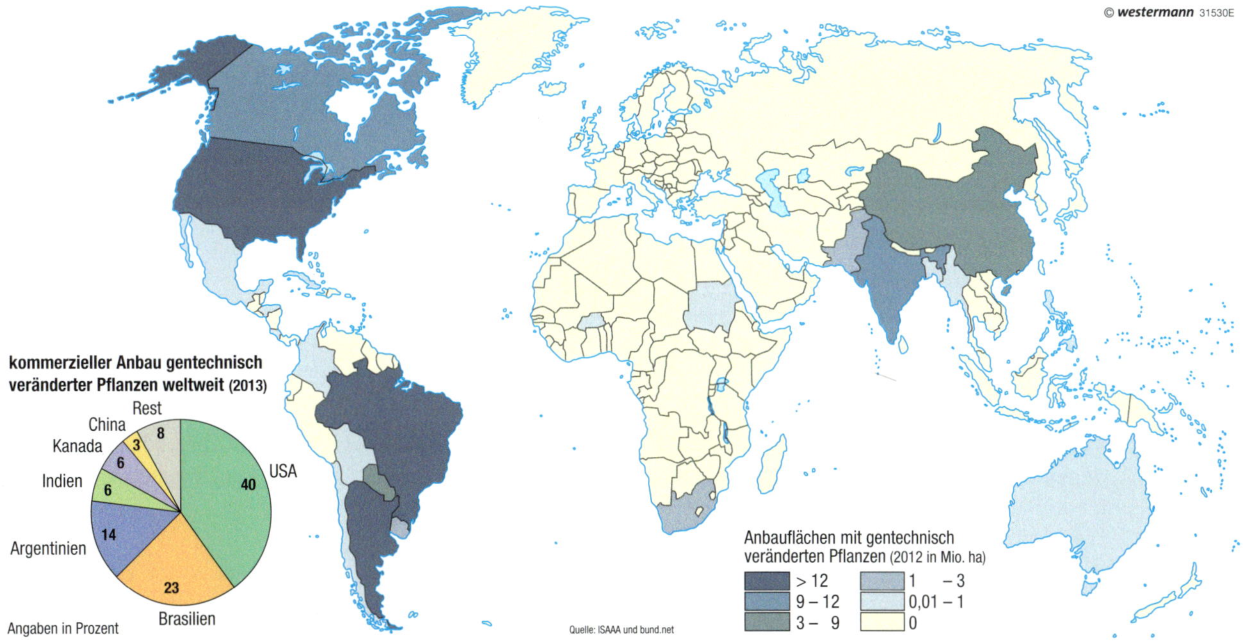

M4 Anbau gentechnisch veränderter Pflanzen

Der Großteil der weltweit angebauten gentechnisch manipulierten Pflanzen ist herbizidresistent, d. h. Herbizide können auf die Pflanze aufgebracht werden, ohne dass die Pflanze Schaden nimmt. Aber alles andere Grün um sie herum stirbt ab. Das Gentechnik-Saatgut für die Pflanzen sowie die Spritzmittel werden meist vom selben Hersteller angeboten. So ist die gentechnisch veränderte RoundupReady-Sojabohne von Monsanto resistent gegen Glyphosat, den Wirkstoff ihres hauseigenen Breitbandherbizids Roundup. Auch Bayer verfügt über ein solches Totalherbizid (Glufosinat) und über gentechnisch veränderte, Glufosinat-resistente Pflanzen. In der EU droht Glufosinat ab 2017 ein Verbot, da die Risiken für die menschliche Gesundheit als zu groß erachtet werden. Totalherbizide wie Glyphosat sind nicht nur für die Umwelt hochproblematisch, sie gefährden auch die Gesundheit von Menschen. Nach Angaben des BUND gilt Glyphosat als schädlich für ungeborenes Leben, erhöht das Krebsrisiko und kann das menschliche Hormonsystem negativ beeinflussen.

Quelle: Oxfam Deutschland: Gefährliche Partnerschaft, 2014

M5 Ein gefährlicher Mix: Gentechnik und Totalherbizide

M7 Karikatur

[...] Da rufen die USA und andere große Agrarexportländer gemeinsam mit Saatgutkonzernen und Wissenschaftlern eine „neue grüne Revolution" aus, die sie sogar als „evergreen" anpreisen. Dabei setzen sie ähnlich wie in den 1960er-Jahren vor allem darauf, unter Einsatz von Kunstdünger und leistungsfähigem Saatgut mehr Nahrungs- und Energiepflanzen für die „Bioökonomie" der Zukunft anzubauen. Auch die Gentechnik soll helfen, neue Pflanzen zu entwickeln, die selbst auf strapazierten Flächen gedeihen oder Dürren und Überschwemmungen überstehen können. Um Böden und Wasservorräte zu schonen, will man ohne Pflügen auskommen und neue, hocheffiziente Bewässerungstechniken einsetzen.

Die entwicklungspolitischen Aktivitäten konzentrieren sich dabei auf jene Regionen der armen Länder, in denen günstige klimatische Bedingungen und fruchtbare Böden Aussicht auf rasche Produktionssteigerung schaffen. [...] Vermehrter technologischer Input plus höherer Output ergeben im Resultat Wohlstand und Entwicklung.

Quelle: Le monde diplomatique: Atlas der Globalisierung, 2012

M6 Vision der Regierungen und interessierten Unternehmen der G-8-Staaten

Das System of Rice Intensification (SRI) ist ein agroökologisches Anbauverfahren für Reis. SRI zielt darauf, die Produktivität des Reisanbaus nicht wie in der konventionellen Praxis durch mehr Inputs, sondern durch eine bessere Pflanztechnik zu erhöhen. SRI ist flexibel, es wird von Bäuerinnen und Bauern getestet und je nach lokalem Kontext angepasst und weiterentwickelt. In der Regel werden Reissetzlinge früher als üblich umgepflanzt, die Versetzung erfolgt einzeln und nicht in Bündeln. Die Setzlinge werden mit größerem Abstand voneinander und in Reihen statt zufällig eingepflanzt, und die Felder werden feucht, aber nicht überflutet gehalten. In Vietnam wenden inzwischen mehr als eine Million Kleinbäuerinnen und -bauern das Verfahren an, die Resultate sind beeindruckend. Studien zeigen: SRI steigert die Ernten um durchschnittlich 47 Prozent, benötigt 80 bis 90 Prozent weniger Saatgut, 20 bis 50 Prozent weniger Wasser und weniger Stickstoffdünger. Die Kosten sind dadurch um durchschnittlich 23 Prozent niedriger, die Einkommen um durchschnittlich 68 Prozent höher.

Quelle: Oxfam Deutschland: Gefährliche Partnerschaft, 2014

M8 Nachhaltiger Reisanbau mit SRI in Vietnam

Das Wichtigste in Kürze

Produkte aus den Tropen sind zu einem Bestandteil unseres täglichen Lebens geworden. Gleichzeitig weisen gerade viele Länder in den Tropen hohe Geburtenraten auf.
Beide Sachverhalte – global steigende Nachfrage nach Agrarrohstoffen (auch) aus den Tropen sowie Bevölkerungswachstum und damit steigende lokale Nachfrage in den Tropen – führen zu steigenden Raumansprüchen.
Viele Länder des Südens sind durch eine dominante Stellung des Agrarsektors gekennzeichnet. Kleinbäuerliche Landwirtschaft ist ein sehr bedeutender Beschäftigungsfaktor. Die ökologische Bilanz dieser traditionellen Landwirtschaft ist oft dann gut, wenn verschiedene Früchte in Wechselwirtschaft angebaut werden und / oder Agroforstwirtschaft praktiziert wird. Die Kombination von Cash- und Food Crops garantiert dabei ein (geringes) Einkommen und eine Sicherung der Nahrungsgrundlage für die Familien.
Gleichzeitig ist diese Art der Landwirtschaft sehr arbeitsintensiv, oft fehlt Geld für Modernisierung, Dünger und Pflanzenschutz und die Flächenproduktivität ist in der Regel gering. Auch fehlt es vielerorts an Wissen über Möglichkeiten der Intensivierung. Daher bleibt bei steigendem Bedarf an Nahrungsmitteln in vielen Fällen nur die Ertragssteigerung über eine Ausweitung der Flächen. Zusätzlich werden oft nötige Brachezeiten nicht eingehalten, was zu dauerhaften Ertragsrückgängen führt.
Die große Nachfrage nach Nahrungsmitteln und agrarischen Rohstoffen sowie Preissteigerungen in diesem Sektor haben vor dem Hintergrund zu erwartender Knappheit von Nahrungsmitteln und Trinkwasser Investitionen im Bereich der Landwirtschaft immer attraktiver werden lassen. Landakquisitionen sind darüber hinaus attraktiv für Staaten, die Teile ihrer Agrarproduktion in andere Regionen verlagern.
Auch hier sind Landnutzungskonflikte zwischen industrialisierter, weltmarktorientierter Landwirtschaft und traditioneller Land- oder Weidewirtschaft an der Tagesordnung.
Landakquisitionen können für die lokale Bevölkerung nur dann entwicklungsfördernd sein, wenn die Verträge transparent sind, die Bevölkerung Mitspracherechte hat und die Interessen lokaler Gruppen sowie traditionelle Nutzungsrechte beachtet werden.
Es gibt viele Ansätze, die Produktion von Agrarprodukten nachhaltiger zu gestalten.
Verschiedene Siegel garantieren Standards im Bereich der Ökologie und der Arbeitsbedingungen sowie faire Handelsprinzipien. Auch einige Nahrungsmittel- und andere Konzerne arbeiten an einer Verbesserung im Sinne der Nachhaltigkeit und etablieren auf ihren Plantagen Sozialstandards und ökologische Standards. Es wird kontrovers diskutiert, wie wirksam und überprüfbar die jeweiligen Siegel sind.
Ein besonderer Ansatz wird mit dem Roundtable on Sustainable Palm Oil (RSPO) verfolgt. Hier wurde versucht, die verschiedenen Interessengruppen im Bereich der Palmölproduktion an einen Tisch zu bringen, um verbindliche Standards für die nachhaltige Palmölproduktion zu verhandeln. Ob durch dieses Instrument tatsächliche Verbesserungen für die lokale Bevölkerung und die Umwelt erzielt werden oder ob es sich um einen „grünen Deckmantel" zu Werbezwecken handelt, ist strittig.
Angesichts sich verschärfender Konflikte in den genannten Bereichen stellt sich die drängende Frage, wie die Zukunft der Landwirtschaft in den Tropen aussehen wird und – noch wichtiger – wie sie aussehen sollte. Es ist in diesem Kapitel deutlich geworden, dass von Weichenstellungen in diesem Bereich die globale Ernährungssicherheit ebenso abhängt wie das Schicksal vieler Millionen Menschen im ländlichen Raum der Länder des Südens. Nicht zuletzt müssen in diesem Zusammenhang auch Fragen der ökologischen Nachhaltigkeit vor dem Hintergrund schrumpfender Lebensräume und abnehmender Biodiversität beantwortet werden.

	+	–
Wirtschaftlich	– effiziente Produktion und Verarbeitung aufgrund von Spezialisierung und Skaleneffekten – zentrales, professionelles Management – einheitliche Qualitätsstandards – gute Vermarktungsmöglichkeiten (u. a. aufgrund eines größeren Marktgewichtes und einer stärkeren Verhandlungsposition) – großes Produktionsvolumen und damit verlässliche Belieferung der Abnehmer – hohe Exporteinnahmen bei steigenden Weltmarktpreisen für Lebensmittel und Agrarrohstoffe	– saisonal sehr unausgeglichener Bedarf an Arbeitskräften – große Abhängigkeit von z. T. stark schwankenden Weltmarktpreisen – Risiko von Klimaschwankungen und Ernteausfällen – Konzentration im Agrarsektor, Großplantagen oft in der Hand Weniger, Zunahme sozialer Disparitäten – Beschäftigungseffekt geringer als bei kleinbäuerlicher Landwirtschaft, Arbeitslosigkeit führt zu Landflucht – internationale Investoren im Agrarsektor – große Teile der Gewinne fließen ins Ausland ab
Sozial	– Die Produktion vieler Plantagenprodukte ist trotz fortschreitender Mechanisierung noch arbeitsintensiv – lokale Arbeitskräfte werden benötigt. – Einige Konzerne haben Sozialstandards in ihren Richtlinien verankert und unterstützen darüber hinaus z. B. Bildungsprojekte.	– Arbeit auf den Plantagen ist oft saisonal, schlecht bezahlt, körperlich hart und vor allem bei intensivem Pestizideinsatz gesundheitsgefährdend. – Die Ausweitung der Anbauflächen in Gebiete, die traditionell für Subsistenzwirtschaft bzw. kleinbäuerliche Landwirtschaft genutzt wurden, entzieht der lokalen Bevölkerung die Existenzgrundlage.
Ökologisch	– Hohe Flächenproduktivität kann zu insgesamt geringerem Flächenverbrauch führen. – Es gibt Ansätze, Prinzipien ökologischer Landwirtschaft in den Plantagenanbau zu integrieren. Es werden Mischkulturen gepflanzt, Agrochemikalien gespart und so die Gefährdung für Umwelt und Mensch reduziert.	– Monokulturen laugen den Boden einseitig aus und begünstigen die massenhafte Ausbreitung von Schädlingen – großflächiger, intensiver Einsatz von Dünger und Pestiziden ist nötig. – Monokulturen reduzieren die Artenvielfalt.

M1 Plantagenwirtschaft vor dem Hintergrund der Nachhaltigkeit

Kompetenz-Check

Hier sind alle Kompetenzen, die Sie in diesem Kapitel erwerben konnten, aufgelistet.
Sie können selbst beantworten, wie Sie die Kompetenz beherrschen: ***sicher***, ***mäßig*** oder ***kaum***.

Sachkompetenz

Kann ich		Unsicher? Schlagen Sie nach auf Seite
1.	Plantagenwirtschaft und Subsistenzwirtschaft hinsichtlich ihrer Betriebsstrukturen und Marktausrichtung sowie ihrer Beschäftigungswirkung und ökonomischen Bedeutung vergleichen?	12–14
2.	vor dem Hintergrund der Begrenztheit agrarischer Anbauflächen und des steigenden Bedarfs an Agrargütern zunehmende Nutzungskonkurrenzen darstellen?	10–23
3.	Wechselwirkungen zwischen lokaler und regionaler Agrarproduktion und dem Weltagrarmarkt darstellen?	14–17 20–21
4.	die Gefährdung des tropischen Regenwaldes aufgrund der Eingriffe des Menschen in Nährstoff- und Wasserkreislauf sowie die daraus resultierenden Veränderungen erläutern?	12–17
5.	Bodendegradierung als Folge einer unangepassten landwirtschaftlichen Nutzung darstellen?	12/13, 16/17
6.	Prinzipien der Nachhaltigkeit am Beispiel der ökologischen Landwirtschaft erläutern?	14–17

Methodenkompetenz

Kann ich		
7.	Fragestellungen zu Landnutzungskonflikten durch die Konkurrenz von Subsistenzwirtschaft / kleinbäuerlicher Landwirtschaft und großmaßstäblicher, weltmarktorientierter Landwirtschaft entwickeln?	12/13, 18/19, 20–23
8.	am Beispiel von Land Grabbing problemhaltige geographische Sachverhalte identifizieren und unter Nutzung des problemorientierten, analytischen Weges der Erkenntnisgewinnung selbstständig entsprechende Fragestellungen und Hypothesen entwickeln?	18/19
9.	verschiedene, auch komplexe Darstellungs- und Arbeitsmittel, wie z. B. statistische Daten, Grafiken und Texte, analysieren, um auf dieser Grundlage Aussagen zu Entwicklungen der Landwirtschaft v. a. in den Tropen zu machen?	16–19
10.	selbstständig Informationen in Bibliotheken und im Internet recherchieren und diese fragengeleitet auswerten?	18/19, 24/25

Urteilskompetenz

Kann ich		
11.	das Spannungsfeld von Intensivierung der landwirtschaftlichen Produktion und Notwendigkeit zur Versorgungssicherung erörtern?	12–15
12.	Maßnahmen zur Verringerung von Bodendegradation hinsichtlich ökonomischer, ökologischer und sozialer Aspekte bewerten?	12/13, 22–25
13.	den Zielkonflikt zwischen der steigenden Nachfrage nach Agrargütern einer wachsenden Weltbevölkerung und den Erfordernissen nachhaltigen Wirtschaftens erörtern?	20–25
14.	selbstkritisch meine Rolle als Verbraucher hinsichtlich der ökologischen, ökonomischen und sozialen Folgen meines Konsumverhaltens bewerten?	16/17, 22/23

Handlungskompetenz

Kann ich		
15.	Arbeitsergebnisse zu verschiedenen Anbau- und Wirtschaftsformen vor allem in den Tropen vor dem Hintergrund wachsender lokaler und globaler Nachfrage fachsprachlich angemessen und sachbezogen präsentieren?	12/13, 16/17, 20/21, 24/25
16.	in Raumnutzungskonflikten zum Beispiel zwischen kleinbäuerlicher oder agrarindustrieller Landnutzung unterschiedliche Perspektiven und Positionen einnehmen und diese differenziert vertreten?	12/13, 18/19, 22/23
17.	am Beispiel der Frage nach nachhaltiger Palmölproduktion differenzierte Lösungsansätze für komplexere raumbezogene Probleme entwickeln?	22/23

II Markt- und exportorientiertes Agrobusiness

Ein zukunftsfähiger Lösungsansatz?

Eine US-amerikanische Farm in Colorado.
Hochtechnisierung und Monokultur ermöglichen die Bewirtschaftung riesiger Flächen.

M1 Sellerieernte in Kalifornien

M2 Schweinemast in Deutschland

Agrobusiness – Lösung des Welternährungsproblems?

Nicht nur die wachsende Bevölkerungszahl und der damit verbundene höhere Nahrungsbedarf stellt die Landwirtschaft vor große Herausforderungen, sondern auch der wachsende Wohlstand, der in vielen Teilen der Welt zu veränderten Essgewohnheiten führt. Steigt die Nachfrage nach Fleisch, Eiern und Milchprodukten, was unter anderem in den bevölkerungsreichsten Staaten Indien und China derzeit zu beobachten ist, müssen mehr Getreide und Soja angebaut werden, um Schweine, Rinder und Hühner zu füttern.
Aufgrund von Bevölkerungswachstum und veränderten Essgewohnheiten wird erwartet, dass sich die Pflanzenproduktion bis zum Jahr 2050 verdoppeln muss. Doch die Möglichkeiten der Ausweitung der Agrarflächen sind begrenzt.

Sind es vor allem Großbetriebe, die mit modernen und effizienten Anbaumethoden die erforderliche globale Produktionssteigerung sichern können? Welche Rolle spielt die kleinbäuerliche Landwirtschaft für die zukünftige Versorgung der Weltbevölkerung? Kann sie überhaupt einen nennenswerten Beitrag zur Welternährung leisten?

Schon heute gibt es vielfältige Probleme in der Agrarwirtschaft. Etwa 70 Prozent des weltweiten Süßwasserverbrauchs gehen derzeit auf das Konto der Landwirtschaft. Zudem tragen der Abfluss von Kunstdünger und Gülle weltweit zur Belastung von Flüssen, Seen und Meeren bei. Die zunehmende Rodung von Waldflächen und Umwandlung von Grünflächen zur Gewinnung von Ackerland führt zum Aussterben vieler Pflanzen- und Tierarten und somit zu einer Verringerung der Biodiversität. Auch wird die Erderwärmung durch Ackerbau und Viehzucht, die Quellen von Treibhausgasen sind, beschleunigt. Durch die Abholzung von Wäldern wird der Kohlenstoffdioxidausstoß erhöht.

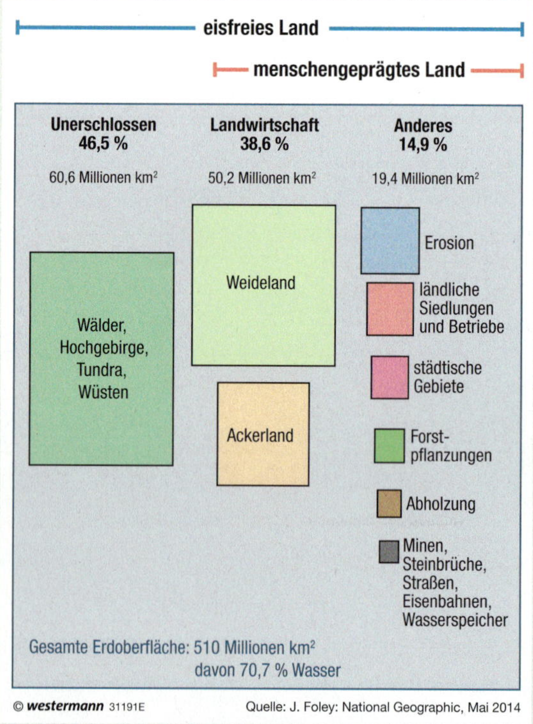

M3 Nutzung der eisfreien Landfläche

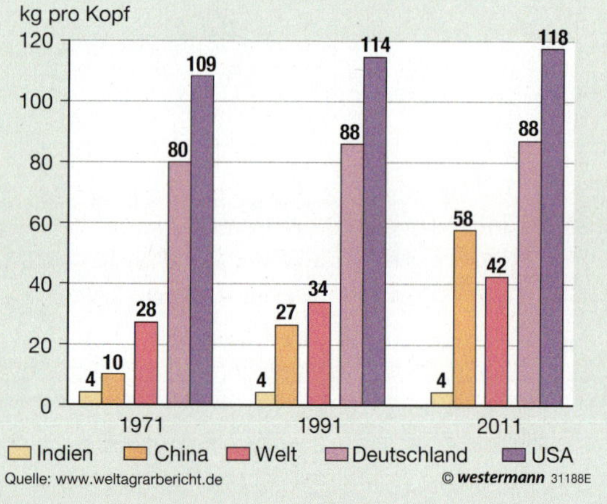

M4 Fleischverbrauch in Kilogramm pro Kopf

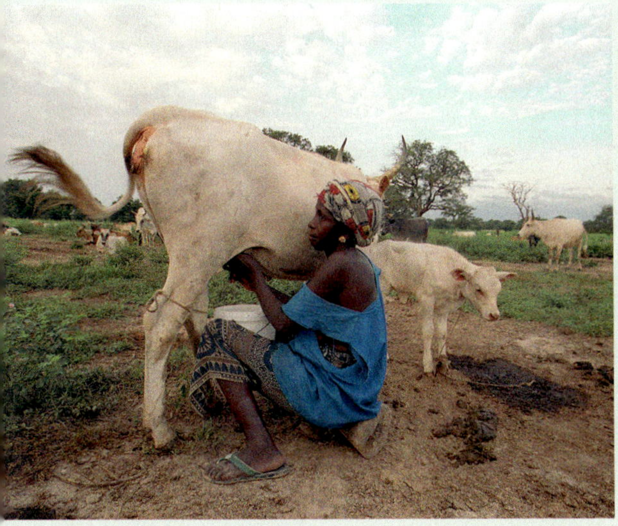

M5 Milchbäuerin im Senegal

M7 Reisanbau in Indonesien

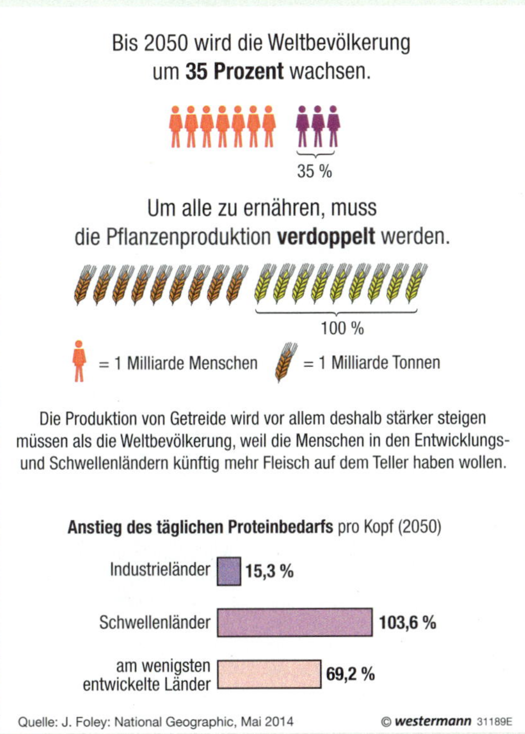

M6 Weltbevölkerung und Nahrungsbedarf

Die Frage nach der Lösung des Welternährungsproblems ist sehr komplex und wird zudem sehr kontrovers diskutiert:

- *Ist eine Zunahme der Nahrungsmittelproduktion nur durch eine Ausweitung agrarindustrieller Massenproduktion zu erreichen?*
- *Müssen Mechanisierung, moderne Bewässerungsmethoden und Intensivierung durch Kunstdünger und gentechnisch veränderte Pflanzen vorangetrieben werden?*
- *Reichen die zur Verfügung stehenden Ackerflächen zur Produktion von Nahrungsmitteln und gleichzeitig von Energierohstoffen aus?*
- *Welchen Beitrag können kleinbäuerliche Betriebe zur Versorgung der Weltbevölkerung leisten?*
- *Kann eher die konventionelle oder die ökologische Landwirtschaft die Versorgung einer wachsenden Weltbevölkerung sichern?*
- *Welche Formen der Landwirtschaft sind langfristig nachhaltig?*

M8 Komplexität des Welternährungsproblems

1. a) Beschreiben Sie anhand der Fotos M1, M2, M5, M7 die unterschiedlichen Formen der Landwirtschaft.
   b) Verdeutlichen Sie anhand dieser Beispiele exemplarisch die Kennzeichen der unterschiedlichen Formen der Landwirtschaft.
2. Untersuchen Sie den prognostizierten Nahrungsmittelbedarf und die Verfügbarkeit von Agrarflächen weltweit (M3, M4, M6).
3. Ausweitung der agrarindustriellen Massenproduktion oder Stärkung der kleinbäuerlichen Produktion? Sammeln Sie Argumente für beide Wege!
4. Formulieren Sie Hypothesen zum Themenkomplex: Agrobusiness – Lösung des Welternährungsproblems?

Strukturwandel in der US-amerikanischen Landwirtschaft

Von der Family-Farm zum agrarindustriellen Großbetrieb

In den USA sind viele der traditionellen Familienfarmen (family-size farms), die vom Farmer und seiner Familie bewirtschaftet wurden, großen, teilweise global agierenden agrarindustriellen Unternehmen gewichen. Was sind die Ursachen dieser Entwicklung und wodurch ist die US-amerikanische Agrarlandschaft heute gekennzeichnet?

1. Zeigen Sie die Veränderungen in der US-amerikanischen Landwirtschaft auf und begründen Sie diese Entwicklungen (M1–M3).

2. Vergleichen Sie die Farmgrößen in den USA mit den Größen von Agrarbetrieben in Deutschland und ausgewählten Staaten Europas (M3, Internet).

3. Kennzeichnen Sie die heutige US-amerikanische Agrarstruktur (M4, M5, M8)

Ⓦ **4.** Monfort of Colorado ist ein Beispiel für einen Rindermastbetrieb in Massentierhaltung.

A Erläutern Sie die Entwicklungen im Bereich der Viehwirtschaft am Beispiel der Rindermast in Colorado (M6, M7).

B Erläutern Sie am Beispiel des Produktionsverbundes „Monfort of Colorado" die Begriffe „vertikale und horizontale Integration" (M7, Glossar).

Ⓩ **5.** Der Strukturwandel in der US-amerikanischen Landwirtschaft bringt vielfältige Probleme mit sich. Erläutern Sie.

→ Agrobusiness, Feedlot, Integration (vertikale und horizontale), Mechanisierung, Strukturwandel

Die Zahl der Farmbevölkerung, die direkt oder indirekt von der Landwirtschaft lebte, nahm im Lauf von nur 2 Generationen von über 30 Mio. Menschen in den 1930er-Jahren auf rund 4,6 Mio. Menschen zu Beginn der 1990er-Jahre ab. 2010 waren nur noch zwei Prozent der Erwerbstätigen in der Landwirtschaft beschäftigt. Trotz dieses deutlichen Rückgangs war im 20. Jahrhundert ein dauerhafter und beträchtlicher Anstieg der Produktionsmengen festzustellen. Dieses Wachstum war in erster Linie auf Produktivitätssteigerungen und nicht auf die Ausweitung der Ackerflächen zurückzuführen.

Die heutige duale Struktur des Agrarsektors ist ein Ergebnis effizienzsteigernder Maßnahmen seitens der amerikanischen Bundesregierung seit den 1950er-Jahren. In fast allen Regionen trug direkte oder indirekte Farmpolitik seit den 1930er-Jahren mit dazu bei, dass Farmen aufgegeben wurden. Seit den 1980er-Jahren betraf dies nach Auslaufen der Subventionsprogramme vor allem marginal wirtschaftende Farmen. Dieses Farmsterben ist nicht etwa Kennzeichen eines schwachen, sondern im Gegenteil eines starken Agrarsektors, dessen Output in immer weniger Betrieben fortwährend gesteigert und den modernen Konsumgewohnheiten einerseits, den Weltmarkt- sowie geo- und wirtschaftsstrategischen Bedürfnissen der USA andererseits angepasst werden kann.

Die hohen Produktivitätssteigerungen in der US-Landwirtschaft haben zu zeitweiser hoher Überproduktion landwirtschaftlicher Produkte und dem damit einhergehenden Preisverfall vieler Agrargüter geführt. Viele Farmer mussten ihre landwirtschaftlichen Betriebe aufgrund von Überschuldung aufgeben.

Quelle: Schneider-Sliva, R.: USA, 2005, Fischer Weltalmanach 2014

M1 Strukturwandel in der Landwirtschaft

M2 Familienfarm in den USA in den 1950er-Jahren

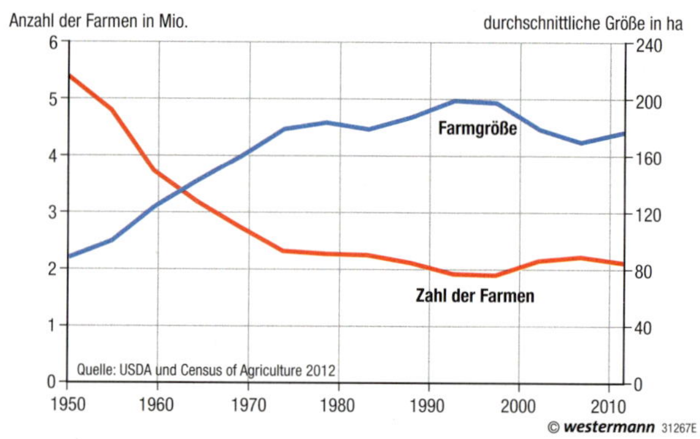

M3 Entwicklung der Farmgrößen in den USA

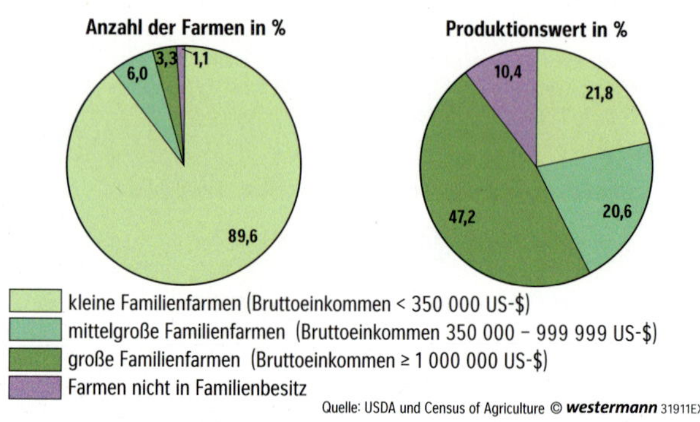

M4 Anteil großer Farmen an der Gesamtzahl der Farmen und am Produktionswert in den USA (2012)

Verkaufsvolumen von ... bis ... US-$	Anteil (%) Farmen	Anteil (%) Verkaufserlös
unter 1 000	28,5	k.A.
1 000–4 999	17,9	0,3
5 000–24 999	21,8	1,4
25 000–99 999	13,3	3,6
100 000–999 999	14,7	28,3
1 Mio.–4,99 Mio.	3,4	34,7
5 Mio. und mehr	0,4	31,7
	100	100

M5 Größenstruktur der US-amerikanischen Farmen

M6 Auf dem 200 Hektar großem Gelände des Kuner Feedlot in Colorado werden jährlich bis zu 120 000 Rinder gemästet.

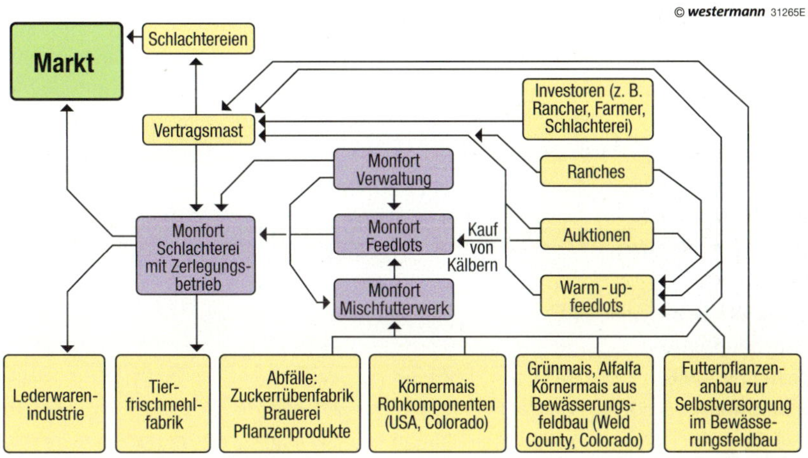

Durch zunehmende Konzentrationsprozesse in der Agrarwirtschaft entstehen agrarindustrielle Großbetriebe. Deren Produktionsverflechtungen lassen vertikale und horizontale Verflechtungen mit einem räumlichen Schwerpunkt erkennen. Ein Beispiel hierfür ist Monfort of Colorado (Grafik), ein Rindermastbetrieb in Massentierhaltung aus der Weld County (Colorado), bei dem sich der Produktionsverbund in einzelne Elemente gliedern lässt. Kennzeichen der vertikalen Gliederung, also der vor- oder nachgelagerten Produktionsprozesse, sind die eigene Schlachterei sowie der angeschlossene Zerlegebetrieb. Betriebseigene „Feedlots", Rindermastbetriebe in Offenhaltung, liefern 38 Prozent der Schlachttiere. Ein Beispiel ist das Kuner Feedlot (Diercke Weltatlas 2008/2015, S. 204,2/220,2). Zusätzlich benötigte Kälber werden hinzugekauft, die zum Teil eine Vormast in „Warm-up feedlots" erhalten. Die zur Mast erforderlichen Futtermittel Grünmais und Alfalfa stammen aus dem Vertragsanbau. Um die Kapazität der Schlachterei auszulasten, müssen Mastrinder von Familienfarmen erworben werden. Die Tiere werden bereits vor der Mastperiode zum Festpreis gekauft und zum festen Schlachttermin angeliefert.

M7 Monfort of Colorado – Produktionsverbund der Mastrinderproduktion

Farmtyp	Anzahl	%	Durchschnittliche Farmgröße (ha)
Ölsaaten, Getreide	369 332	17,5	318
Gemüse, Melonen	43 021	2,0	77
Früchte, Baumnüsse	93 020	4,4	57
Gartenbauprodukte	52 777	2,5	34
Andere pflanzl. Produkte oder pflanzl. Gemischtbetriebe	496 837	23,6	113
Rinderhaltung (Ranching)	619 172	29,4	220
Rinderhaltung (Feedlots)	13 734	0,6	350
Milchviehhaltung	46 005	2,2	164
Schweinehaltung	21 687	1,0	97
Geflügelhaltung, Eiererzeugung	52 849	2,5	49
Schaf-, Ziegenhaltung	73 272	3,5	65
Aquakulturen, andere tier. Produkte oder tier. Gemischtbetriebe	227 597	10,8	124
Alle Farmen	*2 109 303*	*100,0*	*176*

M8 Farmen in den USA nach Hauptproduktionsrichtung und durchschnittlicher Farmgröße (2012)

Strukturwandel in der US-amerikanischen Landwirtschaft

Bewässerungslandwirtschaft als Auslöser tief greifender agrarstruktureller Prozesse – die Great Plains (USA)

Aufgrund der Lage der Great Plains im Regenschatten der Rocky Mountains sind die Niederschlagsmengen gering. Doch unter den Great Plains liegt das größte Grundwasservorkommen der USA, der Ogallala Aquifer. Die intensivere Nutzung dieser Wasservorräte wurde erst in den 1950er-Jahren möglich, da leistungsfähige Pumpen und billiges Erdgas zur Verfügung standen. Wie hat sich die Agrarwirtschaft in den Great Plains seitdem verändert? Welche wirtschaftlichen, aber auch ökologischen Folgen bringt der agrarstrukturelle Wandel mit sich?

1. Wiederholen Sie die naturgeographischen Voraussetzungen für eine agrarische Nutzung in den Great Plains (Atlas).

2. Beschreiben Sie die Lage und Mächtigkeit des Ogallala Aquifers (M1, M2, Atlas).

Ⓦ **3.** Erläutern Sie das heutige Bild der Agrarlandschaft in den Great Plains (M5).

A Verfassen Sie einen Text.

B Erstellen Sie eine Skizze, die wesentliche Kennzeichen der Agrarlandschaft enthält.

4. Untersuchen Sie am Beispiel von zwei Counties in Kansas die agrarische Entwicklung.

a) Zeigen Sie am Beispiel von Finney County (M3) und Haskell County (M4) die Entwicklungen in der Landwirtschaft auf. Ermitteln Sie jeweils auch die Flächenproduktivität (t/ha). Stellen Sie Zusammenhänge her (M2, M6).

b) Vergleichen Sie Ihre Ergebnisse, erklären Sie Unterschiede und Gemeinsamkeiten. Ordnen Sie die Ergebnisse in die Gesamtentwicklung ein (M6).

Ⓩ **5.** Erörtern Sie Probleme der Grundwassernutzung und Lösungsansätze aus unterschiedlichen Perspektiven (M1, M2, M7).

→ Aquifer, Flächenproduktivität

Jahr	Körnermais		Bewässertes Farmland (in ha)	Rindviehbestände
	Anbaufläche (ha)	Erntemenge (t)		
1954	203	372	22169	35322
1964	2000	12861	41987	55478
1974	22600	180962	61018	122554
1982	26787	282325	83891	148106
1987	20403	213831	74536	193533
1992	28121	380110	90955	204369
1997	41565	569949	93218	278105
2002	31433	402356	80344	300121
2007	36916	519522	72559	264133
2012	37448	410824	75566	212712

Quelle: Klohn, W., Windhorst, H.W.: Die Landwirtschaft der USA, VMG, H. 1, 2005/2011; USDA Census of Agriculture 2012.

M3 Finney County in SW-Kansas: Entwicklung der Landwirtschaft

Jahr	Körnermais		Bewässertes Farmland (in ha)	Rindviehbestände
	Anbaufläche (ha)	Erntemenge (t)		
1954	6	3	4786	14249
1964	875	5533	32256	27552
1974	34395	328079	64036	102885
1982	24448	267536	73106	160068
1987	22649	235352	62516	134383
1992	39629	597332	78168	161280
1997	47519	725527	71327	221184
2002	41067	564522	65456	281883
2007	37073	593082	63327	350395
2012	24439	308263	47243	400552

Quelle: Klohn, W., Windhorst, H.W.: Die Landwirtschaft der USA, VMG, H. 1, 2005/2011; USDA Census of Agriculture 2012

M4 Haskell County in SW-Kansas: Entwicklung der Landwirtschaft

Der Ogallala Aquifer ist eine Wasser gesättigte geologische Formation, die sich im späten Tertiär (vor etwa 10 Mio. Jahren) gebildet hat und überwiegend aus oberflächennahen Sand- und Kiesablagerungen besteht. Diese weisen eine hohe Porösität auf und enthalten einen hohen Anteil an förderbarem Wasser. Die Wasserspeicherkapazität variiert jedoch sehr stark, weil die Zusammensetzung der Formation sehr unterschiedlich ist. Auch die Mächtigkeit der grundwasserführenden Schichten ist sehr unterschiedlich. Der Aquifer enthält schätzungsweise vier Billionen m³ Wasser. Da der Aquifer sich nur in sehr geringem Umfang durch einsickernde Niederschläge erneuert, wird sein Wasser häufig als fossiles Wasser bezeichnet.

Quelle: Klohn, W. und H. W. Windhorst: Die Landwirtschaft der USA, VMG, H. 1, 2005

M1 Der Ogallala Aquifer

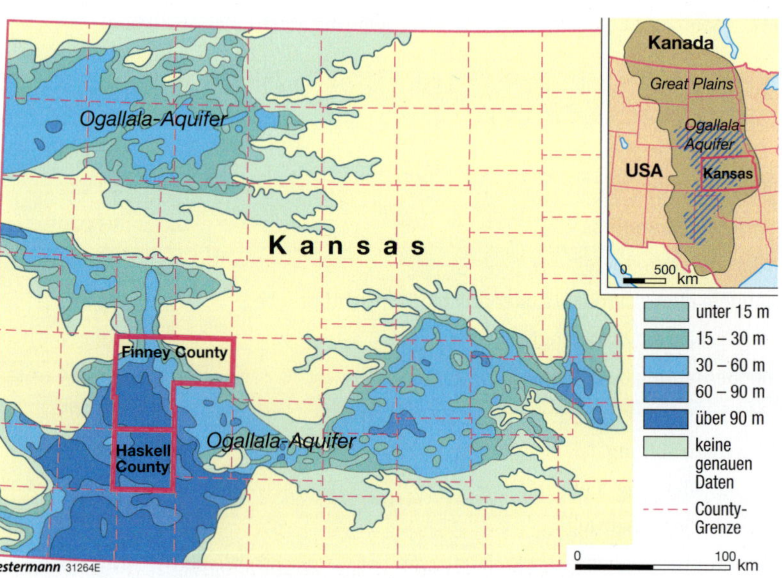

M2 Ursprüngliche Mächtigkeit der wasserführenden Schicht im zentralen Bereich des Ogallala Aquifers in Kansas

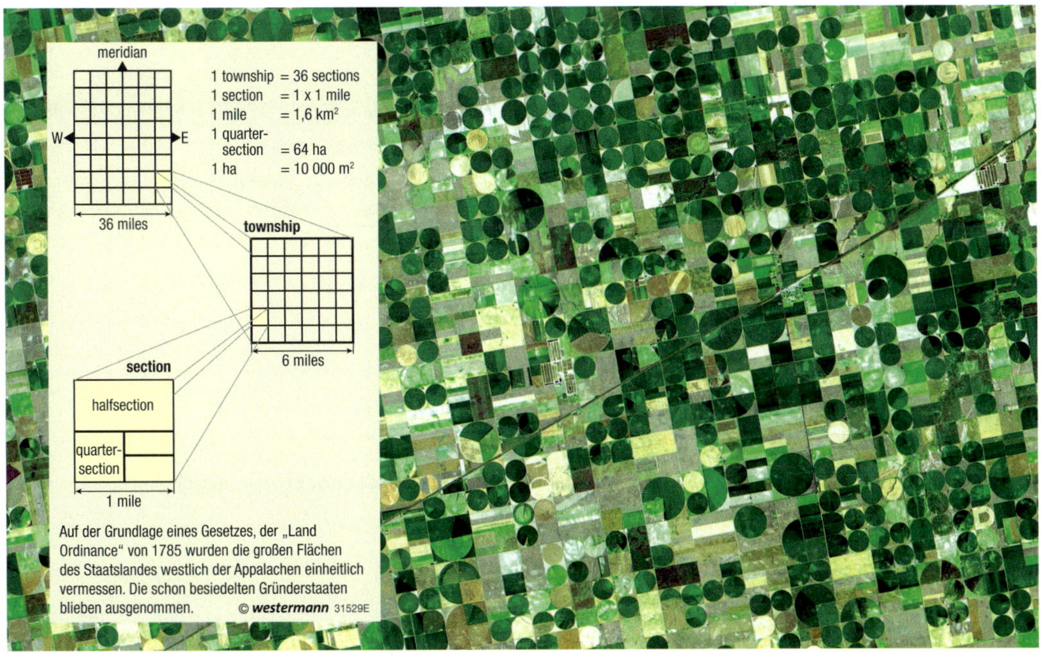

Die grünen Flächen entsprechen den bewässerten Flächen. Das zugrunde liegende Schachbrettmuster der quadratischen Landvermessung wird überlagert durch das von den Kreisberegnungsanlagen stammende Muster runder bewässerter Flächen (Karussellbewässerung). 400 m lange Ausläufer der Bewässerungsanlagen sind am gebräuchlichsten. Damit können ca. 53 ha einer 64 ha großen Quarter Section bewässert werden. Mit einem 800 m langen Ausläufer können über 200 ha bewässert werden.

M5 Bewässerungslandwirtschaft in den Great Plains

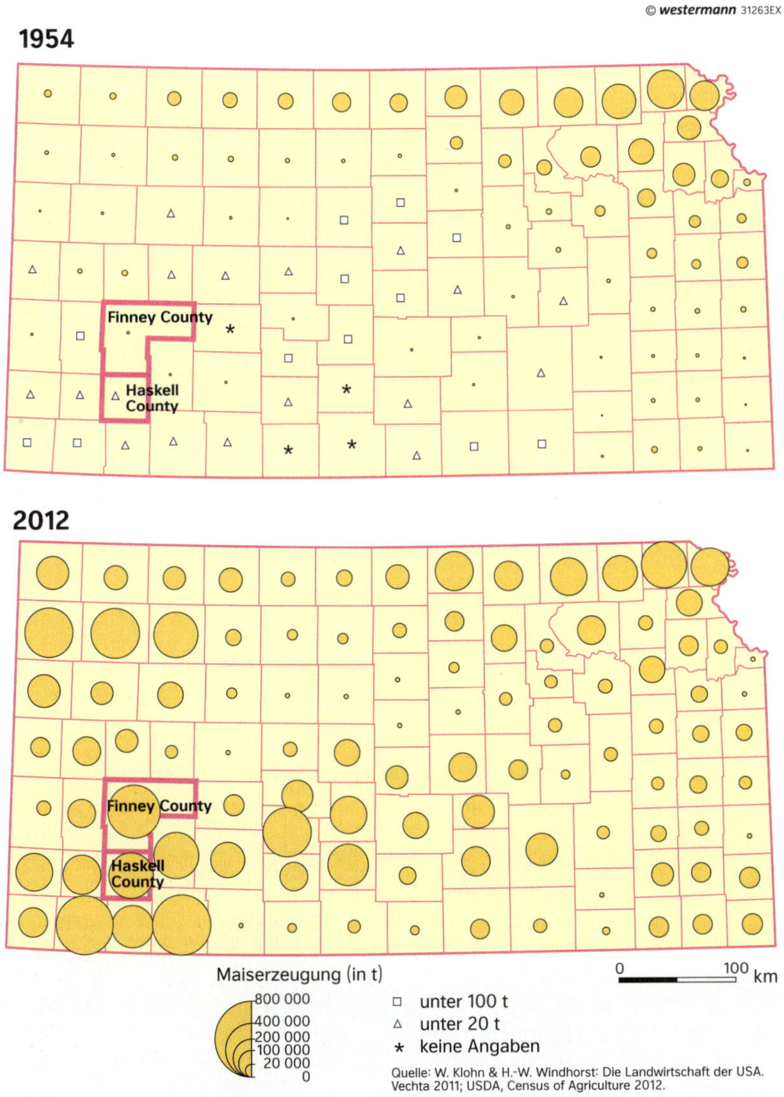

M6 Maiserzeugung in Kansas 1954 und 2012. Im Jahr 2007 wurden in Kansas insgesamt 15,9 Mio.t Mais geerntet. Aufgrund der großen Dürre im Jahr 2012 ging dieser Wert auf 10,7 Mio. t zurück. Ernteeinbußen waren in fast allen Counties zu verzeichnen.

Die Mächtigkeit der mit Wasser gesättigten Schicht des Ogallala Aquifers hat sich in Kansas seit Beginn der Ausbeutung beträchtlich verringert. Die Werte müssen jedoch auch im Zusammenhang mit der ursprünglichen Mächtigkeit der wasserführenden Schicht gesehen werden. Bei hoher ursprünglicher Mächtigkeit können auch größere Abnahmen verkraftet werden, wohingegen bei geringer natürlicher Mächtigkeit bereits geringere Absenkungen gravierende Beeinträchtigungen der Bewässerung mit sich bringen können. Für die Farmer ergeben sich aus der Absenkung des Grundwasserspiegels des Ogallala Aquifers beträchtliche Probleme. Das benötigte Wasser muss aus größerer Tiefe heraufgepumpt werden, was angesichts der gestiegenen Energiekosten zu beträchtlicher Kostenbelastung führt. Teilweise reicht die zu fördernde Menge nicht mehr aus, um eine bedarfsgerechte Bewässerung durchzuführen.
Wollte man eine nachhaltige Nutzung des Aquifers erreichen, so wäre eine beträchtliche Reduzierung der geförderten Wassermenge erforderlich. Das Ausmaß der erforderlichen Reduzierung der Wassernutzung ist besonders hoch in Regionen mit derzeit sehr starker Wassernutzung bzw. in Gebieten mit einer hohen Dichte an vergebenen Wasserrechten. Im Zentrum der Bewässerungsregion im westlichen und südwestlichen Kansas liegt die geförderte Wassermenge drei bis vier mal so hoch wie die Erneuerungsmenge.

Quelle: Klohn, W. und H. W. Windhorst: Die Landwirtschaft der USA, VMG, H. 1, 2005/2011

M7 Übernutzung des Ogallala Aquifers

Anstieg der Agrarproduktion durch Spezialisierung und Intensivierung?

Industrielle Geflügelproduktion auf dem Vormarsch

Die Weltfleischerzeugung hat sich seit 1970 verdreifacht, von 100,7 Mio. t im Jahr 1970 auf 308,2 Mio. t im Jahr 2013. Die weltweite Nachfrage nach Fleisch steigt weiter. Bis 2022 wird fast die Hälfte des zusätzlich konsumierten Fleisches Geflügelfleisch sein (Fleischatlas, 2014).
Was sind die Gründe für diese Entwicklung? Haben alle Regionen der Erde gleichmäßig Anteil am Anstieg des Konsums und der Produktion? Welche regionalen Auswirkungen ergeben sich? Aufgrund der zukünftig hohen Bedeutung der Hühnerfleischproduktion soll die Entwicklung in diesem Sektor genauer untersucht werden.

1. a) Erläutern Sie die Entwicklung der globalen Fleischproduktion (M2, M3).
   b) Vergleichen Sie die Aussagekraft der Statistik (M2) und der Grafik (M3). Zeigen Sie jeweils Vorzüge und Nachteile der Darstellungsart auf.
2. Untersuchen Sie die globale Entwicklung der Hühnerfleischerzeugung und begründen Sie diese (M1, M4, M5, M8).
3. Kennzeichnen Sie die regionale Verteilung und die Struktur der Geflügelmast in Deutschland. Geben Sie Gründe für die regionale Konzentration an (M6, M7, M9).
4. Auf die asiatischen Boomländer werden bis 2022 rund 80 Prozent des Wachstums im Fleischsektor entfallen. Erläutern Sie mögliche Auswirkungen für die Produktion.
5. Die industrielle Geflügelproduktion in Europa hat Auswirkungen auf die Geflügelproduktion in afrikanischen Ländern. Erläutern Sie und recherchieren Sie nach aktuellen Entwicklungen im Internet (M10).
6. (Z) Erstellen Sie eine Mindmap (Strukturschema), in der Sie die Entwicklungen der Geflügelproduktion auf globaler, nationaler und regionaler Ebene sowie einzelne Verflechtungen darstellen.

→ Intensivierung, Spezialisierung

Produkt	1962	1990	2012	2021*
Rindfleisch	29 203	53 051	63 289	75 422
Schweinefleisch	26 056	69 867	109 122	125 322
Geflügelfleisch	9 206	41 426	105 636	126 502

Quelle: Windhorst, H.-W. (2014):

a) Aktuelle Trends in der Geflügelhaltung auf globaler Ebene und in der EU, Vortrag am 07.03.2014 in Jena;

b) Zur Dynamik der globalisierten Geflügelwirtschaft, Vortrag am 05.06.2014 in Vechta

c) Prognose aus: Windhorst, K.-H.: Die Globalisierung der Fleischproduktion. Räumliche Verlagerungsprozesse und ihre Ursachen. In: gh, H. 319, 2014, S. 28–31; Materialheft, S. 23.

* Prognose

M2 Entwicklung der globalen Fleischproduktion (in 1000 t)

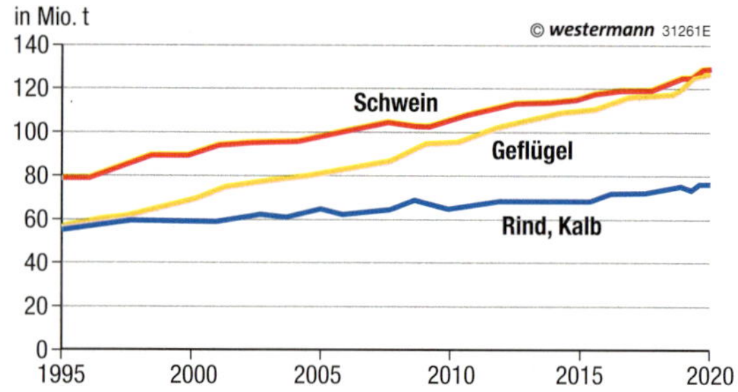

M3 Trends in der Fleischerzeugung (in Mio. t)

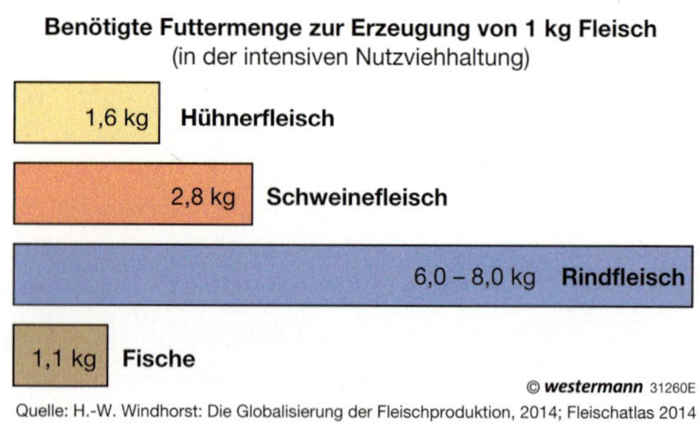

M4 Futtermengen in der Nutztierhaltung

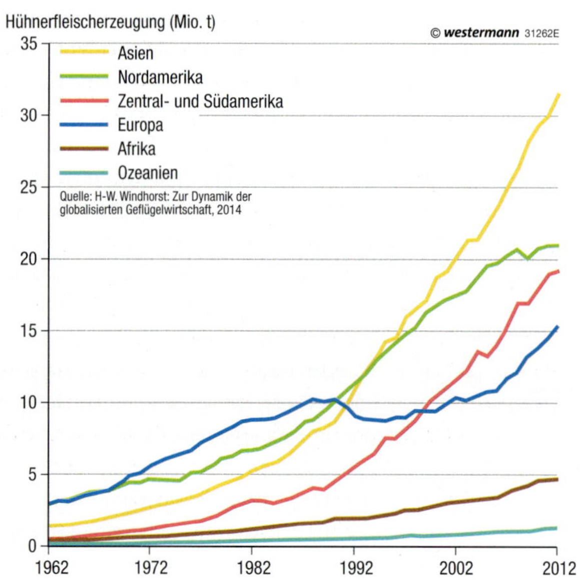

M1 Entwicklung der Welterzeugung von Hühnerfleisch

1962			2012		
Land	Produktion (1 000 t)	Anteil (%)	Land	Produktion (1 000 t)	Anteil (%)
USA	2 626	33,3	USA	17 035	18,4
UdSSR *)	822	10,4	China	12 661	13,6
China	460	5,8	Brasilien	11 553	12,4
Frankreich	458	5,8	Russland	3 299	3,6
Ver. Königreich	307	3,9	Mexiko	2 792	3,0
Italien	293	3,7	Indien	2 219	2,4
Kanada	187	2,4	Iran	1 950	2,1
Japan	155	2,0	Indonesien	1 752	1,9
Deutschland	150	1,9	Türkei	1 724	1,9
Brasilien	130	1,6	Argentinien	1 665	1,8
10 Länder	5 588	70,9	10 Länder	56 630	61

*) Union der Sozialistischen Sowjetrepubliken, 1991 aufgelöst

Quelle: Windhorst, H.-W.: Zur Dynamik der globalisierten Geflügelwirtschaft, Vortrag am 05.06.2014 in Vechta

M5 Führende Länder in der globalen Hühnerfleischerzeugung

M6 Jungmasthähnchen

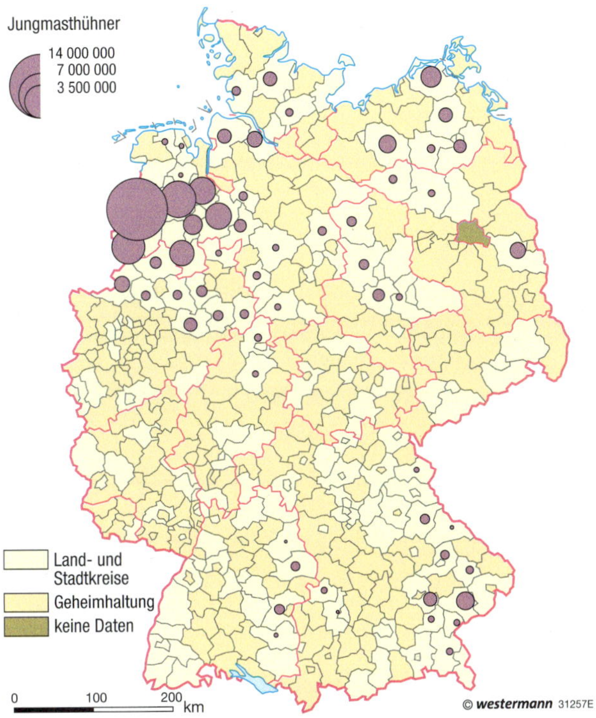

M7 Jungmasthühnerhaltung in Deutschland, 2010

M9 Die Hühnerhochburg Westniedersachsen

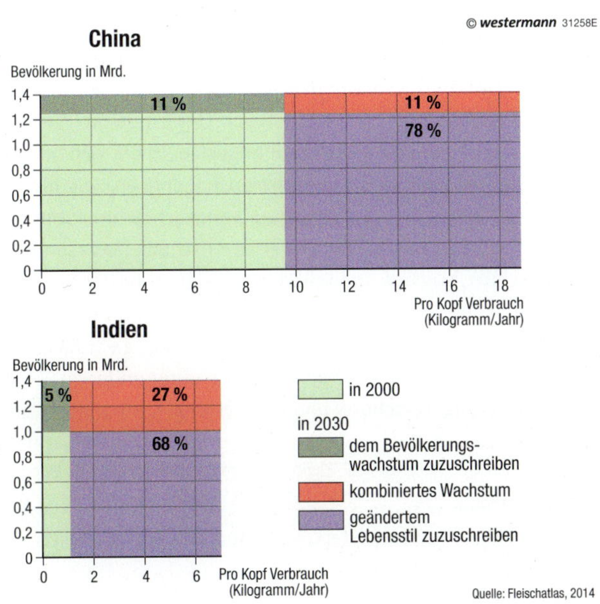

M8* Nachfrage nach Geflügelfleisch in Indien und China (in Prozent)

[Angola], Benin, D.R. Kongo, Ghana und Südafrika sind die größten afrikanischen Importländer für europäisches Geflügelfleisch. Auslöser für die Exporte war der Rinderwahnsinn. In der EU wurde wegen der BSE-Seuche von 1996 an das Verfüttern von Tiermehl immer stärker eingeschränkt und schließlich ganz verboten. Und genau das löste den Boom aus. Brustfilets werden in Deutschland so gewinnträchtig verkauft, dass sie den ganzen Rest des Tieres samt Hühnerbeinen und -flügeln mitfinanzieren. Für die Erzeuger ist alles, was nicht Filet ist, Abfall. Den hatte ihnen lange Zeit die Futtermittelindustrie abgenommen. Mit dem Verbot, Tiere an Tiere zu verfüttern, verloren nun die Erzeuger ihren alten Abnehmer. [...] Nahezu kostenlos übernehmen seither Exporteure diese durchaus noch für den menschlichen Verzehr geeigneten Hühnerteile. Einschließlich der Frachtkosten liegt ihr Preis bei Ankunft in Westafrika zwei Drittel unter den lokalen Preisen für Hühner [...]. In den afrikanischen Ländern war der Geflügelsektor für viele Kleinbauern eine stabile zusätzliche Einnahmequelle geworden. In Ghana und Benin allerdings gibt es überhaupt keine Geflügelmast mehr.

Quelle: Heinrich Böll Stiftung et. al: Fleischatlas, 2013

M10 Westafrikanische Krisen durch Europas Hühnerfleischreste

Anstieg der Agrarproduktion durch Spezialisierung und Intensivierung?

Die Agrarindustrie verändert Räume – das Oldenburger Münsterland

Jedes dritte Mastschwein, jede siebente Legehenne und jedes zehnte Masthuhn Deutschlands wuchs 2010 im Oldenburger Münsterland auf, einer Region mit unfruchtbaren Böden, die flächenmäßig gerade einmal 0,6 Prozent der Landesfläche Deutschlands ausmacht.

Was hat dazu geführt, dass sich in Deutschland eine Agrarregion mit einer so hohen Konzentration an Viehbeständen herausgebildet hat?

Welche Auswirkungen haben die Veränderungen für die Region?

1. Beschreiben sie die Lage des Oldenburger Münsterlandes und die frühe Entwicklung der Agrarregion (M1, Atlas).
2. Erläutern Sie die Entwicklung der Viehhaltung (M3).
3. In der Region des Oldenburger Münsterlandes hat sich heute ein agrarindustrieller Cluster herausgebildet.
   a) Kennzeichnen Sie wesentliche Merkmale und begründen Sie die Entwicklung.
   b) Stellen Sie die Struktur des Clusters in einem Schema dar (M4, M5, M7).
4. Zeigen Sie die vertikale Integration eines Geflügelzuchtunternehmens auf (M5).
5. ② Recherchieren Sie die Unternehmensstruktur der PHW-Gruppe in Visbek-Rechterfeld (Markenname Wiesenhof) und der EW-Group (Internet).
6. Die Prozesse der Konzentration, Spezialisierung und Intensivierung blieben nicht folgenlos. Zeigen Sie die Auswirkungen mehrperspektivisch auf und erörtern Sie Nachhaltigkeit und Zukunftsfähigkeit der Agrarwirtschaft in der Region (M5, M6, M8, Atlas).

→ Cluster, regionale Konzentration, Veredlungswirtschaft

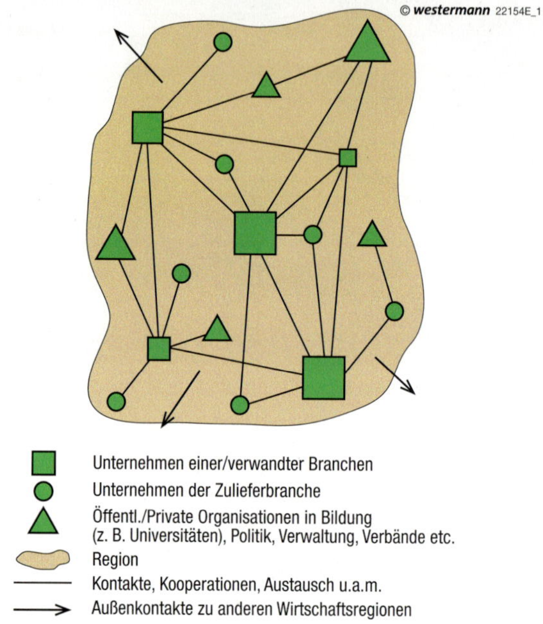

M2 Clustermodell

Jahr	Schweine		Masthühner *)	
	Anzahl Betriebe	Anzahl Tiere	Anzahl Betriebe	Anzahl Tiere
1960	14655	470090	6244	9578
1980	7835	1356794	89	2948976
2001	2706	1834705	62	2558798
2010	1904	2300850	33 LK CLP 100	1451180 LK CLP 4833969

*) Werte nur für den Landkreis Vechta

Quellen: Klohn, W. und A. Voth: Das Oldenburger Münsterland. VMG H. 2, Bäurle, H., Tamásy, Chr.: Regionale Konzentrationen der Nutztierhaltung in Deutschland. Mitteilungen ISPA, H. 79, 2012, Angaben Hr. Klohn, Vechta (22.08.2014)

M3* Viehhaltung im Oldenburger Münsterland (Landkreise Vechta und Cloppenburg)

Vor 1865 war die Landwirtschaft im Oldenburger Münsterland ganz überwiegend auf Selbstversorgung ausgerichtet. Minderwertige Sandböden, die geringe Erträge lieferten, niedrige Tierbesatzzahlen, weil die Futtergrundlage fehlte und eine mangelhafte Verkehrsanbindung kennzeichneten die Situation um 1880.
Mit der Anbindung an die Eisenbahn ab 1895 konnten von den nahe gelegenen Überseehäfen an der Nordsee Futter und Mineraldünger eingeführt und das schlachtreife Vieh in die industriellen Ballungsräume an Rhein und Ruhr abtransportiert werden.
Ab den 1950er-Jahren begann eine weitere Intensivierungsphase, ausgelöst durch den wachsenden Wohlstand, einen Anstieg der Nachfrage nach tierischen Nahrungsmitteln, nahezu unbegrenzte Importmöglichkeiten für Futter, Innovationen in der Agrartechnik und der Produktion, wie z. B. computergesteuerte Fütterungsanlagen und Hybridtiere, sowie der Ausbau der Infrastruktur.

Quelle: Klohn, W. und A. Voth: Das Oldenburger Münsterland. Entwicklung und Strukturen einer Agrar-Kompetenzregion. Vechtaer Materialien zum Geographieunterricht (VMG), H. 2, 2008, 4. Neu bearbeitete Auflage, S. 16–2-9

M1 Die agrarwirtschaftliche Entwicklung im Oldenburger Münsterland

Regionale Konzentrationsgebiete stellen zumeist auch Beschäftigungs- und Innovationsmotoren dar. Im Oldenburger Münsterland hat sich beispielweise eine Vielzahl von Unternehmen aus den vor- und nachgelagerten Branchen angesiedelt, die sich auf die Bedarfe der Landwirtschaft spezialisiert haben. Beispiele hierfür sind Unternehmen aus den Bereichen Agrartechnik und Stallausrüstung, Saatgut, Düngemittel und Pflanzenschutz, Tiergesundheit und Tierschutz, Hygiene und Schädlingsbekämpfung, Futtermittel und Zusatzstoffe, Schlachtung, Zerlegung und Fleischverarbeitung sowie Handel und Logistik. Des Weiteren finden sich auch staatliche und private Dienstleister, deren Angebote unter anderem Felder wie Finanzierung, Forschung und Entwicklung, Vermarktung und Beratung abdecken.

Quelle: Bäurle, H. und Chr. Tamásy: Regionale Konzentrationen der Nutztierhaltung in Deutschland. Mitteilungen ISPA, H. 79, 2012, S. 85

M4 Das Oldenburger Münsterland als Agrar-Kompetenzregion

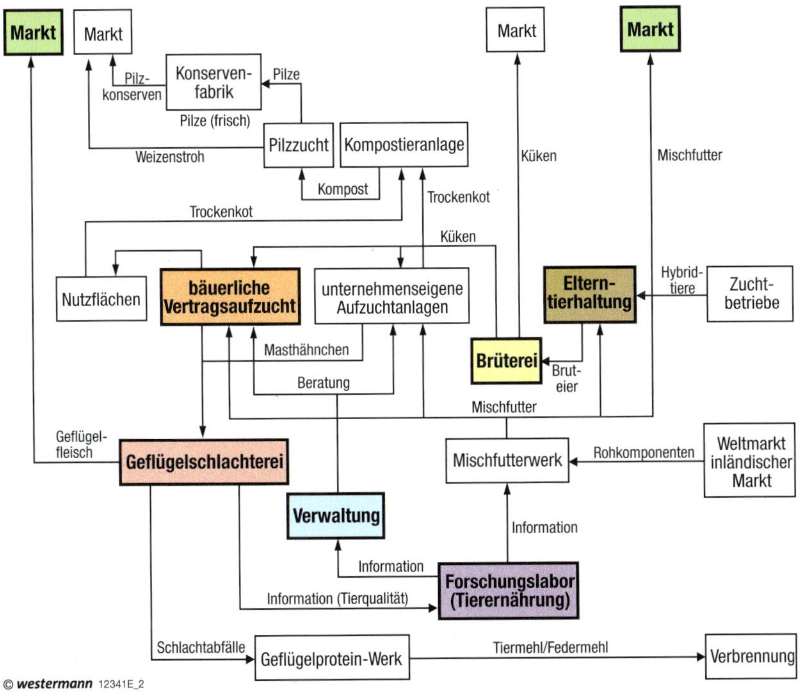

M5 Produktionsverbund in einem vertikal integrierten Unternehmen im Bereich Geflügelfleischerzeugung in Südoldenburg

Speziell das Anwachsen von Schweine- und/oder Geflügelbeständen in agrarischen Intensivgebieten, wie z. B. dem Oldenburger Münsterland, hat in den letzten Jahren zu einer Erhöhung des Wirtschaftsdüngeraufkommens aus der Tierhaltung geführt. Bereits seit Jahren können die anfallenden Mengen nicht mehr gänzlich in diesen Regionen verwertet werden und müssen deshalb zum Teil überregional verbracht werden. [...] Mittlerweile ist „in Niedersachsen nach Aussagen des Umweltministeriums die vermehrte Ausbringung von Wirtschaftsdüngern auf landwirtschaftliche Nutzflächen dafür verantwortlich, dass die Grundwasservorkommen auf etwa 27 % der Landesfläche hinsichtlich Nitrat oder Pestiziden als belastet angesehen werden können" (agrarheute.com 2012, verändert). In einigen Landkreisen kommt zumindest auf kommunaler Ebene hinzu, dass durch eine Vielzahl an Betriebserweiterungen oder Stallneubauten die Möglichkeiten der Baubehörden hinsichtlich der Ausweisung von Flächen, z. B. für Wohn- oder Gewerbegebiete, im Sinne einer geordneten städtebaulichen Entwicklung bereits eingeschränkt werden. Nicht zuletzt regt sich vor allem (aber nicht nur) in besonders viehdichten Regionen vermehrt Widerstand in der Bevölkerung hinsichtlich der Geruchsbelästigung und möglicherweise auch Gesundheitsgefährdung (Stichwort Bioaerosole) durch Emissionen aus der Nutztierhaltung. [...]

Aber auch Akzeptanzprobleme der Intensivtierhaltung (z. B. erhöhte Seuchenrisiken, Aspekte des Tierwohls) stehen im Focus vielfältiger Diskussionen.

Quelle: Bäurle, H. und Chr. Tamásy: Regionale Konzentrationen der Nutztierhaltung in Deutschland. Mitteilungen ISPA, H. 79, 2012, S. 5, 83–84

M6 Probleme in agrarischen Intensivgebieten

Die in Cluster eingebundenen Unternehmen profitieren in dreifacher Hinsicht:

1. durch informelle Kontakte. Aufgrund des regional vorliegenden Milieus, in das die Akteure eingebunden sind, findet ein informeller Austausch von Informationen statt. Dieses nicht frei zugängliche Wissen wird über persönlichen Austausch weitergegeben und führt zu einem Wissens- bzw. Informationsvorsprung gegenüber Unternehmen, die außerhalb des Clusters gelegen sind.
2. durch Konkurrenz. Die regionale Konzentration und räumliche Nähe von Unternehmen mit gleicher oder ähnlicher Angebotspalette führt zu verstärktem Wettbewerb der Unternehmen miteinander, da diese durch die räumliche Nähe zueinander stets gut über die Aktivitäten ihrer Konkurrenz informiert sind und ihrerseits verstärkte Anstrengungen für die eigene Wettbewerbsfähigkeit unternehmen.
3. durch Kooperation. Die enge Zusammenarbeit von Unternehmen innerhalb einer regional konzentrierten Wertschöpfungskette initiiert innovative Netzwerke und zieht Innovationen nach sich.

Quelle: Pantazis, N. und E. Schricke: Clusterentwicklung und Unternehmensgründungen am Beispiel der Optischen Technologien in Südostniedersachsen. In: Kiese, M. und L. Schätzl (Hrsg.): Cluster und Regionalentwicklung. Theorie, Beratung und praktische Umsetzung. Dortmund, 2008, S. 71.

M7 Konkurrenzvorteile wirtschaftlicher Cluster

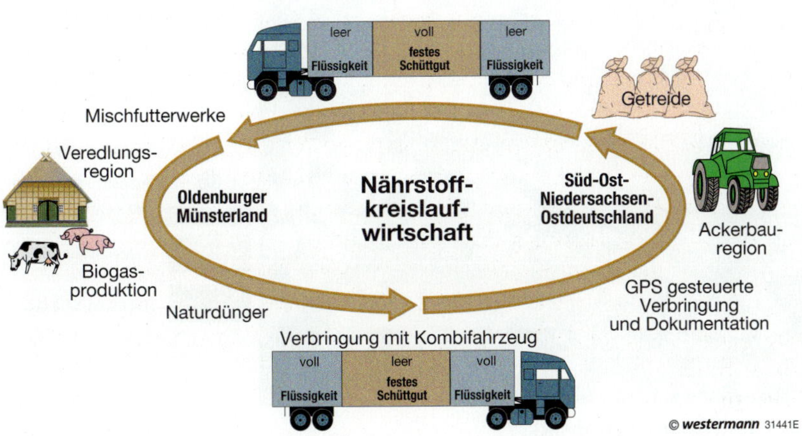

Jeden Tag werden in den Landkreisen Vechta und Cloppenburg ca. 15 000 t Getreide benötigt, um die Tiere mit Futter zu versorgen. Der größte Teil der Anlieferung erfolgt mit Lkw, welche anschließend oftmals leer in die Getreidebau-Regionen Südostniedersachsen und Ostdeutschland zurückfahren. Mithilfe der neu entwickelten Kombifahrzeuge ist eine Rückfracht mit flüssigen Naturdüngern in Ackerbauregionen möglich. Somit gibt es keine unnötigen Leerfrachten.

◁ **M8** Getreide- und Naturdüngertransport

Anstieg der Agrarproduktion durch Spezialisierung und Intensivierung?

Gewächshausanbau in den Niederlanden

In Bezug auf die Intensität und Produktivität in der Landwirtschaft nehmen die Niederlande in der EU eine Spitzenstellung ein und sind zudem größter Agrarexporteur der EU.
54,6 Prozent der Landesfläche der Niederlande werden agrarisch genutzt, das sind ca. 1,9 Mio. ha. Mit 72 300 Landwirtschaftsbetrieben stellen die Niederlande nur ca. 0,6 Prozent der Betriebe der EU, bei der Bruttowertschöpfung der Landwirtschaft erwirtschaften diese Betriebe jedoch 6,5 Prozent des EU-Wertes (2011). 2013 exportierten die Niederlande im Wert von 79,2 Mrd. Euro so viele landwirtschaftliche Produkte wie noch nie. Neben Milchprodukten, Schweinen und Schweinefleisch werden vor allem Gartenbauproduke wie Gemüse, Schnittblumen und Zierpflanzen exportiert. Doch warum kann der niederländische Gewächshausanbau so produktiv produzieren?

1. Zeigen Sie die Verbreitung der Gewächshauskulturen in den Niederlanden auf (M1, M9, Atlas).
2. Gewächhausbetriebe werden als bodenunabhängige, spezialisierte Gartenbaubetriebe bezeichnet. Erläutern Sie diese Kennzeichnung (M2, M3, M4, M7).
3. Erläutern Sie mit Blick auf die Entwicklung der Produktivität die Entwicklung der Gewächshausbetriebe (M8).
4. Erläutern Sie am Beispiel der Region Naaldwijk die Clusterstruktur des niederländischen Gewächshausgartenbaus (M1, M6).
5. Stellen Sie dar, in welcher Hinsicht die Ausweisung von Greenports zur Förderung von Gartenbauregionen beiträgt (M5, M9).
6. (W) Ist der niederländische Gewächshausanbau zukunftsfähig?
   - **A** Stellen Sie tabellarisch Vor- und Nachteile des Gewächshausanbaus gegenüber.
   - **B** Können niederländische Gartenbaubetriebe mit Betrieben in für den Gartenbau klimatisch günstigeren Regionen (z. B. in Spanien) konkurrieren?

→ Gewächshausanbau, Gartenbau

M2 Gewächshausflächen in den Niederlanden

M1 Bodenunabhängiger Gewächshausanbau in den Niederlanden (Naaldwijk)

M3 Tomatenanbau auf Steinwolle

M7 Gewächshauskulturen: Blumenanbau

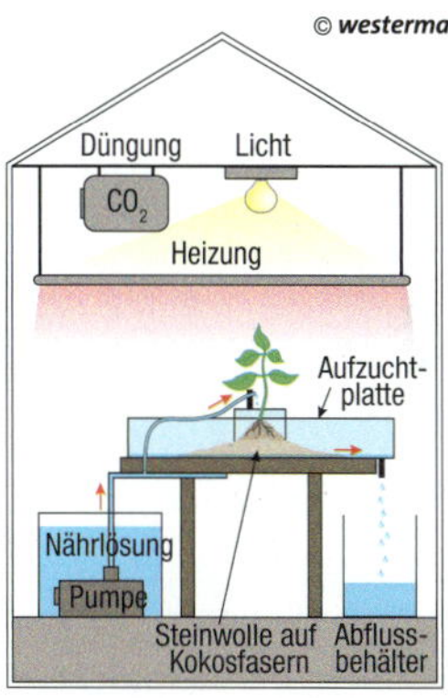

M4 Substratbasierter Gartenbau unter Glas

	Gewächshausbetriebe insgesamt		davon: Gewächshausbetriebe mit Gemüseanbau	
	2000	2013	2000	2013
Anzahl Gewächshausbetriebe	8182	3600	2558	1100
Fläche unter Glas (in ha)	17333	13000	6163	5300
Durchschnittliche Betriebsgröße (ha/Betrieb)	0,34	0,36	0,41	0,38
Standardertrag (in €/pro Betrieb)	102000	129000	96000	119000

Quelle: CBS (Centraal Bureau voor de Statistiek), www.cbs.nl, Artikel vom 30.01.2014

M8 Entwicklung der Gewächshausbetriebe

In den Niederlanden werden 6 Greenports ausgewiesen, in denen der für den internationalen Handel der Niederlande bedeutsame Agrobusiness-Komplex des Gartenbaus schwerpunktmäßig vom niederländischen Staat, z.T. auch von der EU gefördert wird, insbesondere durch den Ausbau der wirtschaftsnahen Infrastruktur. Ein Greenport wird folgendermaßen definiert: „ein großes Gartenbaucluster, in dem Pflanzen, Bäume, Blumenzwiebeln, Blumen und Gemüsesorten produziert und vermarktet werden. Dies betrifft sowohl die Produktion unter Glas (den Gewächshausanbau) als auch im Freiland (hier vor allem den Blumenzwiebelanbau und Baumschulen für Ziergewächse). Neben Produktion und Handel ist von einer ganzen Kette von Aktivitäten die Rede, darunter Glashausbau, Technik, Transport, Ausbildung, Forschung und Veredlung".

Quelle: Wieger, A. und L. Wieger-Schlungs: Höchste Effizienz auf engem Raum. In: PG, H. 4, 2013, Förderung regionaler Cluster in den Niederlanden: die Greenports, S. 33–39

M5 Die Greenports – Förderung regionaler Cluster

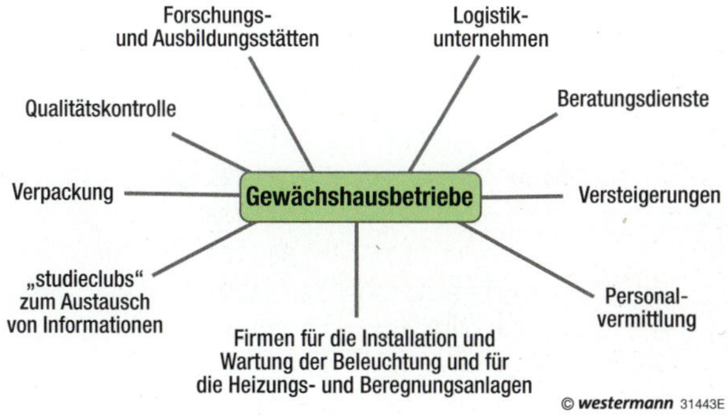

M6 Cluster im niederländischen Gewächshausanbau

M9 Gewächshausanbau in den Niederlanden

Intensivierung auch im Meer?

Aquakulturen als Beitrag zur Ernährungssicherung? Das Beispiel der Lachszucht in Norwegen

Schon heute ist Fisch weltweit der wichtigste Proteinlieferant für die menschliche Ernährung, noch vor Geflügel- und Schweinefleisch. Rund 17 Prozent der Menschen decken ihren Eiweißbedarf hauptsächlich über Fisch. Durch die wachsende Weltbevölkerung wird die Nachfrage steigen – doch ein Großteil der Meere ist bereits überfischt. Warum also die Fische nicht einfach züchten? Kann man mit der Aquakultur nicht nur die Meere schonen, sondern auch die wachsende Weltbevölkerung ernähren?
Die Zucht von Süßwasserfischen in Teichen ist eine uralte Kulturtechnik, die vor allem in Asien von Kleinbauern praktiziert wird. Ende des 20. Jahrhunderts begann man, in großem Umfang auch Meeresfische zu züchten. Heute werden vor allem Lachse in Offshore-Anlagen in Küstengewässern gezüchtet. Einer der führenden Produzenten ist Norwegen.

1. Zeigen Sie die Entwicklung des Fischfangs und der Aquakultur weltweit auf (M3).
2. Kennzeichnen Sie die weltweit bedeutendsten Aquakulturproduzenten und untersuchen Sie jeweils die Art der Produktion. Erläutern Sie die Bedeutung Norwegens als Aquakulturproduzent im globalen Maßstab (M1).
3. Erläutern Sie die Entwicklung der Lachszucht sowie die räumliche Verteilung in Norwegen (M4, M5, M7).
4. Erklären Sie die Aufzucht von Lachsen in Fischfarmen (M2, M6).
5. Hightech – Fischzucht in industriellen Fischfarmen – nicht ohne Probleme! Erörtern Sie (M8, Internet).
6. ⓩ Erörtern Sie, ob nachhaltige Fischzucht möglich ist. Recherchieren Sie (M8, Internet).
7. Die „blaue Revolution“ – ein Beitrag zur Lösung der Nahrungsprobleme? Sammeln Sie Argumente für eine Pro- und Kontra-Diskussion.
8. ⓩ Untersuchen Sie für ein weiteres Land (einer der 10 führenden Aquakulturproduzenten, vgl. M1) die Entwicklung, Art und Bedeutung der Aquakultur (M1, Atlas, Internet).

→ Aquakultur

M2 Aquakulturbetrieb in Nordnorwegen (Lofoten)

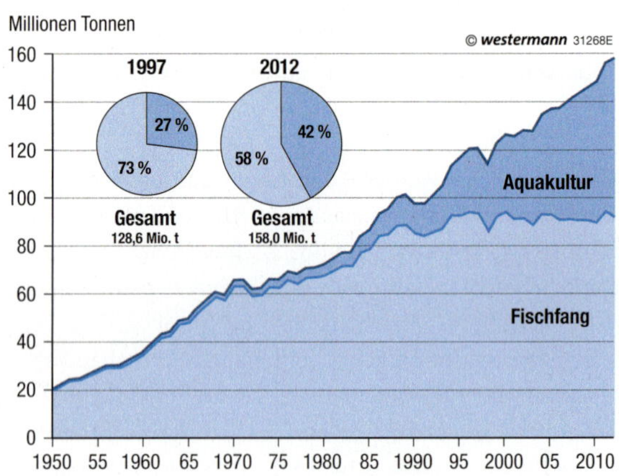

Quelle: FAO: The State of World. Fisheries and Aquaculture. 2014 verändert.

M3 Entwicklung von Fischfang und Produktion in Aquakulturen

Produzent	Fisch: Zucht im Binnenland	Fisch: Zucht in Küstengewässern	Krustentiere (z. B. Garnelen, Krebse, Hummer)	Schalentiere (z. B. Schnecken, Muscheln)	andere Arten	Gesamt	Anteil an Weltproduktion in %
China	23 341 134	1 028 399	3 592 588	12 343 169	803 016	41 108 306	61,7
Indien	3 812 420	84 164	299 926	12 905	–	4 209 415	6,3
Vietnam	2 091 200	51 000	513 100	400 000	30 020	3 085 500	4,6
Indonesien	2 097 407	582 077	387 698	–	477	3 067 660	4,6
Bangladesch	1 525 672	63 220	137 174	–	–	1 726 066	2,6
Norwegen	85	1 319 033	–	2 001	–	1 321 119	2,0
Thailand	380 986	19 994	623 660	205 192	4 045	1 233 877	1.9
Chile	59 527	758 587	–	253 307	–	1 071 421	1,6
Ägypten	1 016 629	–	1 109	–	–	1 017 738	1,5
Myanmar	822 589	1 868	58 981	–	1 731	885 169	1,3
10 führende Staaten	35 147 649	3 908 342	5 614 236	13 216 574	839 289	58 762 271	88,1
Übrige Staaten	3 451 871	1 643 563	832 582	1 954 164	25 253	7 870 987	11,9
Welt	38 599 520	5 551 905	6 446 818	15 170 738	864 542	66 633 253	100

Quelle: FAO (Hrsg.) (2014): The State of World. Fisheries and Aquaculture. Opportunities and challenges. Rom, S. 3.

M1 Aquakulturen weltweit: Fische, Schalen- und Krustentiere in Tonnen (2012)

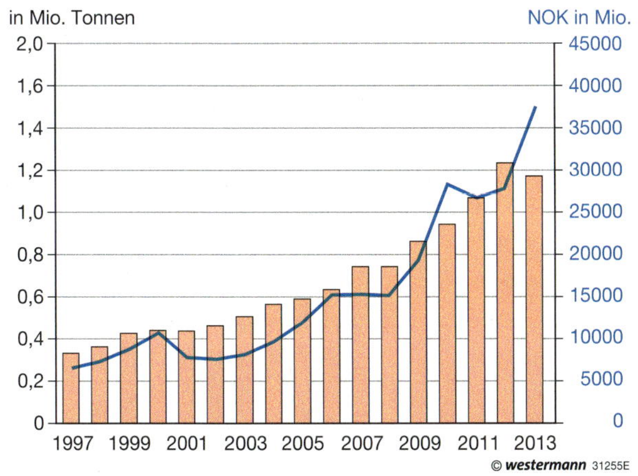

M4 Entwicklung von Verkaufsmengen und -erlösen von Lachs aus Aquakulturen, Norwegen (1 Euro = 8,4 NOK (norwegische Krone))

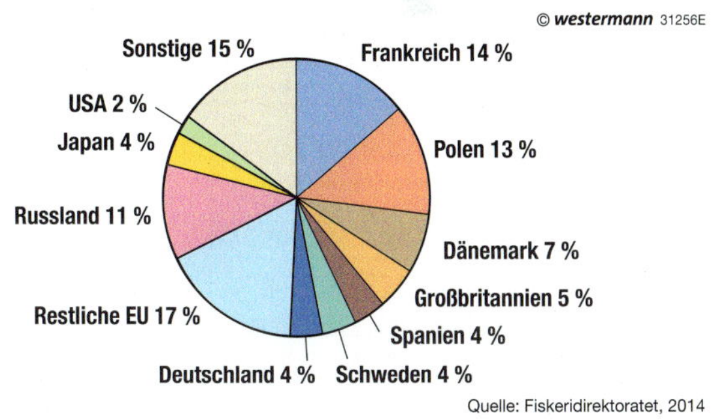

M5 Hauptexportländer von norwegischem Lachs (2014)

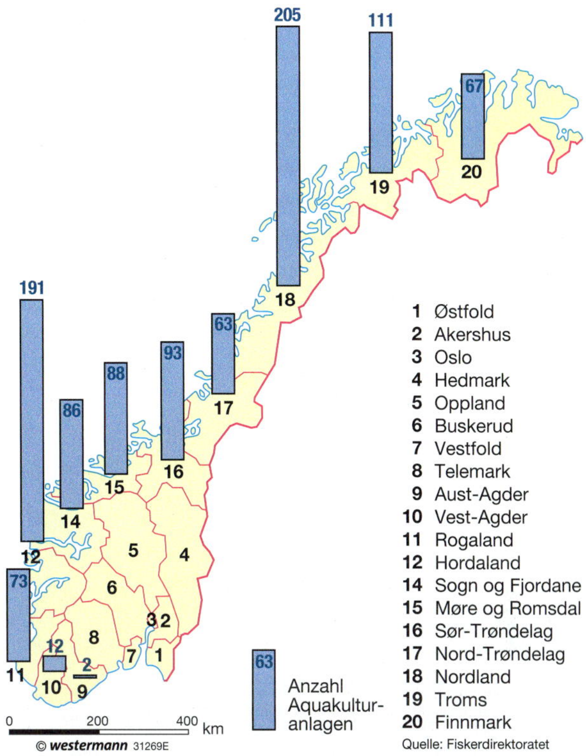

M7 Aquakulturanlagen (Lachs und Regenbogenforellen) in Norwegen (Anlagen verteilt nach Fylkern) (2013)

Wildlachs: Lachse sind Wanderfische. Sie verbringen den größten Teil ihres Lebens im Meer. Mit Beginn der Fortpflanzungsperiode wandern sie die Flüsse hoch, um dort abzulaichen. Die Junglachse (Parr) verbringen dann 1-2 Jahre im Süßwasser, mit Erreichen ihrer artspezifischen Größe wandern die Junglachse (Smolt) dann ins Meer ab.

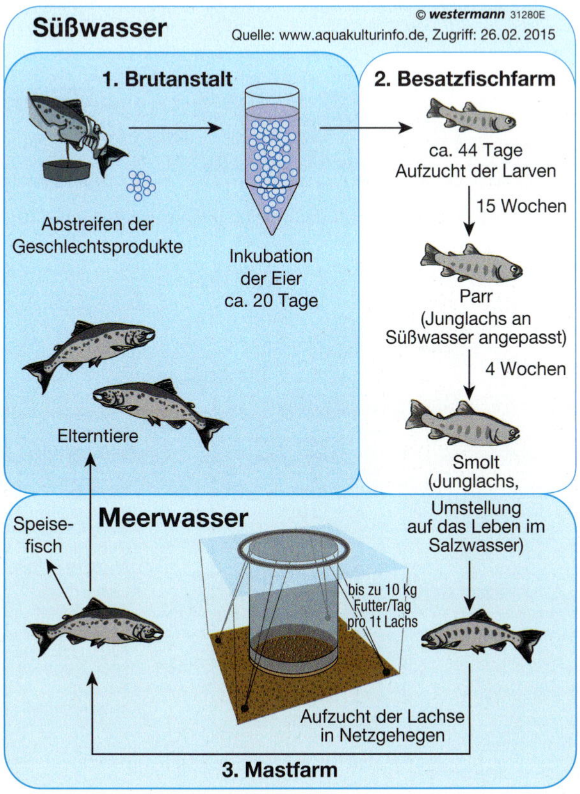

M6 Lachszucht

Lachs, der heute auf den Markt kommt, stammt mit großer Wahrscheinlichkeit aus Zuchtfarmen in Norwegen oder Chile.

Anfangs erhofften sich alle Beteiligten von der Aquakultur nicht nur wirtschaftlichen Erfolg, sondern sie sahen auch große Chancen für den Umweltschutz: Die Nachfrage wird gedeckt, während sich gleichzeitig die bedrohten Fischbestände erholen – so der Gedanke. Nachhaltige Fischerei schien damit möglich.

Doch jede Massentierhaltung birgt Tücken. Tiere auf engstem Raum zu halten, fördert Parasiten und Krankheiten. Zugabe von Pestiziden und Antibiotika wird nötig. Auch Exkremente, die die Lachse hinterlassen, belasten das Meeresökosystem.

Nicht selten entkommen Zuchtlachse aus der Gefangenschaft und pflanzen sich mit ihren wilden Verwandten fort. Die Wildlachspopulation ist damit bedroht. Denn Zuchtlachse sind auf schnelle Fleischvermehrung getrimmt.

Besonders Norwegen bemüht sich seit langem, die Probleme der Aquakultur zu lösen. Intensive Forschung und strenge Gesetze sollen die Lachszucht zu einem gesunden und umweltfreundlichen Aushängeschild des Landes machen. Fisch ist schließlich der drittgrößte Exportartikel Norwegens.

Inzwischen können norwegische Lachsfarmer erste Erfolge vorweisen: Die Fische bekommen statt Antibiotika rechtzeitig Impfungen verpasst. Auch die Zahl der Fische im Käfig ist gesetzlich begrenzt: Etwa 25 Kilogramm Lachs sind pro Kubikmeter Wasser erlaubt. Schwimmende Käfige werden regelmäßig verlegt, damit sich der Meeresboden und dessen Bewohner von den Exkrementen der Lachse erholen können.

Quelle: Bredlow, S.: Lachs aus dem Käfig. www.mdr.de/lexi-tv/Lachs104.htmln, Zugriff: 26.02.2015

M8 Lachs aus dem Käfig

Agrarpolitik – Strukturwandel durch Regulierung und Deregulierung

Die deutsche Milchviehhaltung im Strukturwandel

Die Milchviehhaltung und Milchwirtschaft in Deutschland waren in den vergangenen Jahren durch große strukturelle Veränderungen gekennzeichnet, die u.a. durch staatliche Regulierungen bedingt waren. Dabei hat die Agrarpolitik der EU auch für deutsche Milchviehhalter eine große Bedeutung, während der Einfluss der nationalen Agrarpolitik immer geringer wird. Von zunehmender Bedeutung sind jedoch auch globale Entwicklungen, insbesondere ab 2015, da in der EU weitere Liberalisierungsprozesse in der Milcherzeugung stattfinden.
Wie hat die Agrarpolitik der EU die Entwicklung der Milchwirtschaft in Deutschland beeinflusst und welche Perspektiven bieten sich zukünftig für die milcherzeugenden Betriebe in Deutschland?

1. Zeigen Sie die Entwicklung der Milchviehhaltung in Deutschland und deren Bedeutung auf (M1, M3–M5).
2. Erläutern Sie, inwieweit die europäische Milchpolitik die Entwicklung der Milchviehhaltung in Deutschland beeinflusst hat, und kennzeichnen Sie Phasen der Regulierung und Deregulierung (M1, M2, M6, M7).
Ⓦ **3. A** Benennen Sie Faktoren, die die Entwicklung der Milchpreise in Deutschland beeinflussen (M2, M7).
B Im Jahr 2009 sank der Milchpreis drastisch. Benennen Sie Gründe für den Rückgang und stellen Sie diese in einem Strukturdiagramm zusammen.
4. Die Liberalisierung des Milchmarktes ab 2015 wird weitere Veränderungen nach sich ziehen.
a) Benennen Sie mögliche Folgen.
b) Beurteilen Sie die Zukunftsfähigkeit der deutschen Milchwirtschaft (M7, M8).
Ⓩ **5.** Erörtern Sie unterschiedliche Zukunftsszenarien aus der Perspektive eines milcherzeugenden Betriebs in Deutschland.

→ Deregulierung , EU-Marktregelungen, GAP, Interventionsregelung, Quotenregelung, Regulierung, Subventionspolitik

M3 Milchviehstall

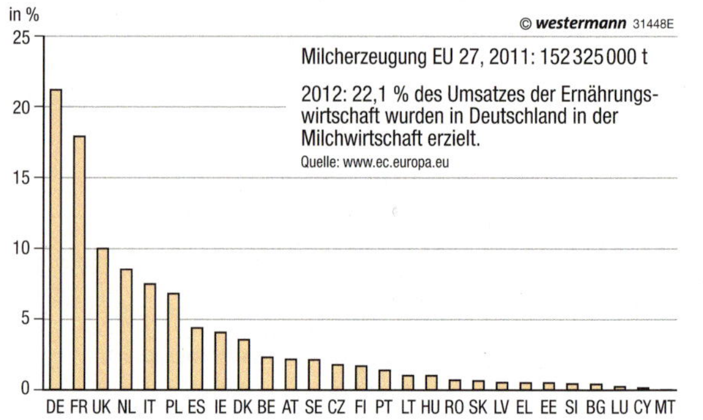

M4 Anteile der EU-Mitgliedsstaaten an der Milchproduktion

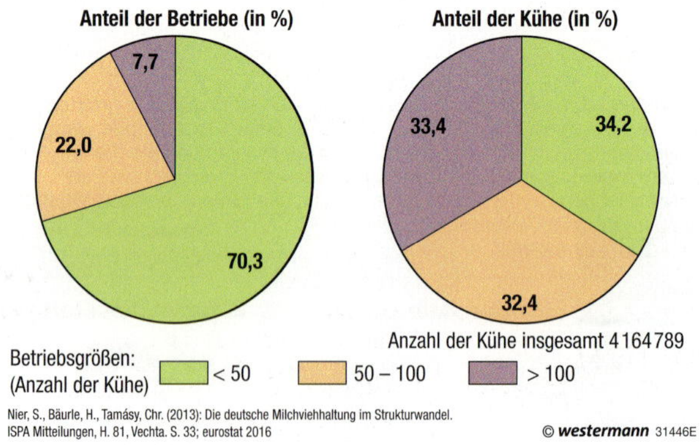

M5 Betriebsgrößenstruktur der milcherzeugenden Betriebe (2010)

Jahr	Milchleistung je Kuh (kg)	Kuhmilchproduktion (Mio. t)
1950	2 600	14,6
2000	6 122	28,3
2011	7 240	30,3

Jahr	Anzahl Milchkühe	Anzahl milcherzeugende Betriebe
1996	5 192 303	185 902
2001	4 548 587	131 807
2007	4 071 199	101 202
2010	4 164 789	89 763

M1 Milchviehhaltung in Deutschland

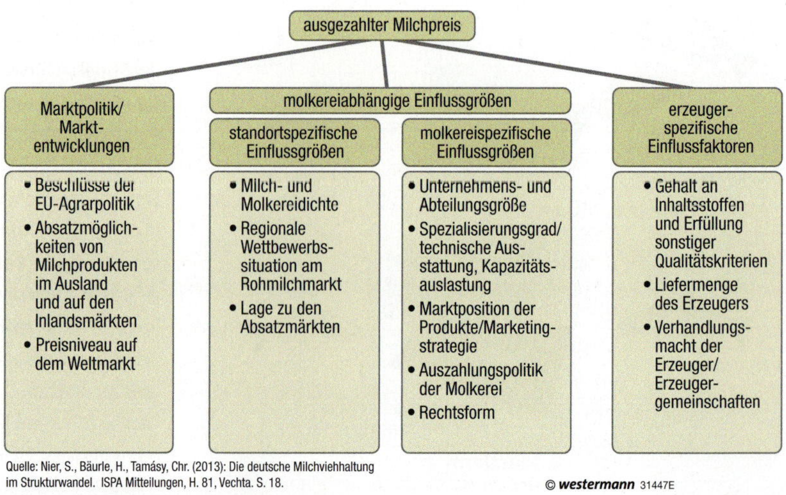

M2 Einflussfaktoren auf die Milchpreisbildung

M6* Die Gemeinsame Agrarpolitik (GAP) der Europäischen Union

1957	Gründung der Europäischen Wirtschaftsgemeinschaft (EWG) Gesichertes Einkommen für Landwirte, unabhängig von der Marktsituation (ab 1992 Gründung der Europäischen Union (EU) durch die EG-Mitgliedsstaaten)
1968	***Milchmarktordnung*** Milcherzeuger können ihre gesamte Milch zu genau festgelegten Mindestpreisen verkaufen keine Mengenbegrenzung ***Folgen*** Überangebot, Rückgang der Milchpreise unter den von der EU festgelegten Mindestpreis ***Interventionsregelung*** Bei Unterschreiten des Interventionspreises Aufkauf von Produkten (Butter, Milchpulver) zu einem Mindestpreis durch die EU, Anstieg der Interventionsbestände („Butterberg“, „Milchseen“) ***Exportsubventionen (Erstattungen)*** Entlastung des europäischen Milchmarktes durch Export Erstattung der Preisdifferenz zwischen dem niedrigeren Weltmarktpreis und den in der Regel höheren EU-Binnenmarktpreisen
1984	Einführung de Milchquote (Quotenregelung) Begrenzung der Milcherzeugung, Zuteilung von Milchkontingenten an einzelne Mitgliedsstaaten, national: Aufteilung des Kontingentes auf die einzelnen Milchbauern
ab 2000	Festlegung einer Obergrenze bei der Intervention (Butter 30 000 t, Milchpulver 109 000 t) (Modifikationen der Obergrenzen in den folgenden Jahren) Rückgang der Interventionsmengen bis 2007 Ausgleichszahlungen an Milcherzeuger in einer Übergangsphase
2007	Einstellung der Exportsubventionen
2009	großer Milchpreisverfall Aufkauf von Milchprodukten zur Sicherung des Milchmarktes durch die EU, vorübergehende Einführung der Exporterstattungen
31.3.2015	Auslaufen der Milchquote, erwartete Auswirkungen: zunehmende Liberalisierungs- und Internationalisierungsprozesse in der Milchwirtschaft

Quelle: Nier, S., Bäurle, H. und Chr. Tamásy: Die deutsche Milchviehhaltung im Strukturwandel, 2013, Vechta.

M7 Instrumente der europäischen Milchpolitik

China ist das neue Dorado für Deutschlands Milchwirtschaft. Ein riesiger, wie irre wachsender Absatzmarkt. Millionen neuer Konsumenten, die dürsten nach Milchprodukten Made in Germany. Erst recht nach dem jüngsten Skandal um bakterienverseuchte Säuglingsnahrung des neuseeländischen Marktführers Fonterra.

Vervierzehnfacht haben die deutschen Molkereien ihre Trinkmilch-Exporte in die Volksrepublik zwischen 2010 und 2012. Und in den ersten fünf Monaten 2013 waren die Lieferungen schon wieder fast zweieinhalb mal so hoch wie im Vorjahreszeitraum. Mit mehr als 38 000 Tonnen ist China schon Deutschlands größter Abnehmer außerhalb der EU. [...]

Nun, da Fonterra gerade eine internationale Rückrufaktion durchgeführt, die Pekinger Führung die Einfuhr von Milchpulver aus Neuseeland vorübergehend gestoppt hat, ist der nächste Nachfrageschub in Sicht. Denn Chinas neue Mittelschicht hat sich ans Milchtrinken gewöhnt, und den deutschen Herstellern vertraut sie noch.

Mit einem Skandal hat alles angefangen: Ende 2008 starben in China sechs Säuglinge, 300 000 Babys erkrankten teilweise schwer, als lokale Erzeuger Milch mit der Chemikalie Melamin verpanschten, um einen höheren Proteinwert vorzutäuschen. Immer wieder fanden die Lebensmittelkontrolleure seither verbotene Zusätze und Verunreinigungen in chinesischer Ware; Millionen verunsicherter Eltern verlangten bald nur noch nach ausländischem Milchpulver, Zwischenhändler kauften weltweit die Babynahrungs-Regale leer – vor allem in Deutschland. Und die hiesige Milchindustrie entdeckte einen neuen Markt.

Quelle: Hecking, C.: 3,50 Euro pro Liter: Chinesen zahlen Höchstpreise für deutsche Milch. www.spiegel.de/wirtschaft/milch-china-ist-deutschlands-wachsender-absatzmarkt-a-916711.html, 16.08.2013, Zugriff 13.11.2014

M8 Milchexporte nach China

Nachhaltige Landwirtschaft – Landwirtschaft der Zukunft?

Ökologischer Fußabdruck und ökologischer Landbau

2014 und 2015 fanden in Deutschland in verschiedenen Städten wieder Protestkundgebungen unter dem Motto „Wir haben es satt! Agrarindustrie abwählen.“ statt.
Verschiedene Organisationen, Initiativen und Projekte setzten sich hier gemeinsam für eine zukunftsfähige Landwirtschaft und Ernährung ein. Doch welche Form der Landwirtschaft ist zukunftsfähig und kann nachhaltig gestaltet werden?

1. Erläutern Sie die Wirtschaftsweise des ökologischen Landbaus (M1).
2. Erläutern Sie die Prinzipien der Nachhaltigkeit am Beispiel des ökologischen Landbaus (M3, M4).
3. Zeigen Sie die Entwicklung und Stellung des ökologischen Landbaus in Deutschland auf und recherchieren Sie nach Biobetrieben in Ihrer Stadt bzw. Ihrer Region (M6).
4. Zeigen Sie auf, wie durch nachhaltige Landwirtschaft der Wert des ökologischen Fußabdrucks in Deutschland verringert werden kann (M3–M5, M7).
5. Im Internet gibt es eine ganze Reihe an Rechnern, mit denen Sie Ihren persönlichen ökologischen Fußabdruck berechnen können. Finden Sie Ihren persönlichen Wert heraus und berechnen Sie auch den Anteil der Ernährung.

→ ökologischer Fußabdruck, ökologischer Landbau

Der Hauptgedanke der ökologischen Landwirtschaft ist ein Wirtschaften im Einklang mit der Natur. Der landwirtschaftliche Betrieb wird dabei vor allem als Organismus mit den Bestandteilen Mensch, Tier, Pflanze und Boden gesehen. Die ökologischen Landbaumethoden wollen – stärker als andere Anbaumethoden –

- einen möglichst geschlossenen betrieblichen Nährstoffkreislauf erreichen. Futter- und Nährstoffgrundlage soll der eigene Betrieb sein,
- die Bodenfruchtbarkeit erhalten und mehren und
- Tiere besonders artgemäß halten.

Folgende Maßnahmen stehen dabei im Vordergrund:

- kein Pflanzenschutz mit chemisch-synthetischen Mitteln, Anbau wenig anfälliger Sorten in geeigneten Fruchtfolgen;
- keine Verwendung leicht löslicher mineralischer Düngemittel, Ausbringen von organisch gebundenem Stickstoff vorwiegend in Form von Mist oder Mistkompost, Gründüngung durch Stickstoff sammelnde Pflanzen (Leguminosen) und Einsatz langsam wirkender natürlicher Düngestoffe;
- Pflege der Bodenfruchtbarkeit durch ausgeprägte Humuswirtschaft;
- Fruchtfolgen, viele Fruchtfolgeglieder, Zwischenfrüchte;
- keine Verwendung von chemisch-synthetischen Wachstumsregulatoren;
- begrenzter, streng an die Fläche gebundener Viehbesatz;
- Fütterung der Tiere möglichst mit hofeigenem Futter;
- weitgehender Verzicht auf Antibiotika.

Quelle: BMEL – Ökologischer Landbau – Ökologischer Landbau in Deutschland www.bmel.de/DE/Landwirtschaft/Nachhaltige-Landnutzung/... and.html;jsessionid=B87C0918A695E4A4C85DFBDF293163AD.2_cid367

M1 Ökologischer Landbau

M2 Protest gegen die Agrarindustrie (Demonstranten ziehen zum Kanzleramt in Berlin)

Der ökologische Landbau erhält und schont die natürlichen Ressourcen in besonderem Maße und hat vielfältige positive Auswirkungen auf die Umwelt, zum Beispiel:

Biosiegel (Auswahl)

Bodenschutz
Ökologische Landbaumethoden fördern die Humusbildung und das Bodenleben. In den Feldern und Wiesen der Ökobauern sind Biomasseanteile und mikrobielle Aktivität in der Regel höher als im konventionellen Landbau. Die natürliche Bodenfruchtbarkeit steigt an. Krumenverluste durch Erosion werden weitgehend vermieden.

Gewässerschutz
Ökologischer Landbau belastet das Grund- und Oberflächenwasser in der Regel weniger mit Nährstoffen, z. B. Nitrat, als der konventionelle Landbau. Der Verzicht auf chemisch-synthetische Mittel schließt den Eintrag solcher Pflanzenschutzmittel aus. Weil die Viehhaltung an die Fläche gebunden ist, fallen meist nicht mehr Nährstoffe durch Mist und Gülle an, als den Pflanzen auf den hofeigenen Flächen problemlos zugeführt werden können.

Artenschutz
Durch den Verzicht auf chemisch-synthetische Pflanzenschutzmittel und das niedrige Düngeniveau wird die Vielfalt des Tier- und Pflanzenlebens gefördert. Auf den Öko-Flächen finden sich häufig mehr Arten als auf den konventionell bewirtschafteten Flächen.

Tierschutz
Eine artgerechte Haltung der Tiere entspricht den Prinzipien des ökologischen Landbaus und wird garantiert. Den Tieren wird unter anderem genügend Auslauf gewährt. Die Haltungsbedingungen werden regelmäßig überprüft.

Quelle: BMEL – Ökologischer Landbau – Ökologischer Landbau in Deutschland www.bmel.de/DE/Landwirtschaft/Nachhaltige-Landnutzung/... and.html;jsessionid=B87C0918A695E4A4C85DFBDF293163AD.2_cid367

M3 Ökologischer Landbau – ausgelegt auf Nachhaltigkeit

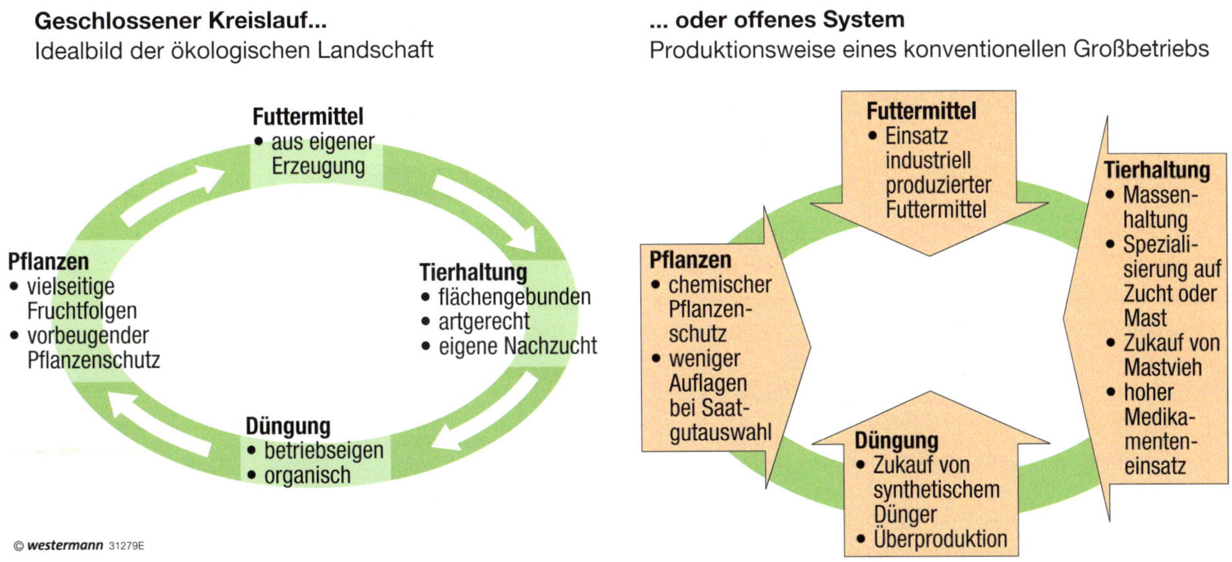

M4 Geschlossener und offener Kreislauf

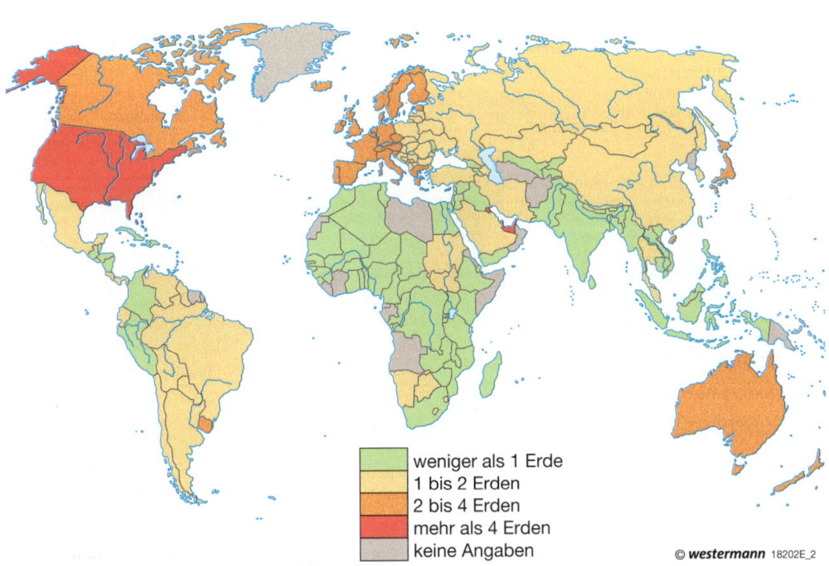

M5 Der ökologische Fußabdruck – Flächenbedarf

1994 wurde das Konzept des „Ökologischen Fußabdrucks“ von W. E. Rees und M. Wackernagel entwickelt. Der ökologische Fußabdruck ist ein Bild, das für unseren Ressourcenverbrauch steht. Er bezieht sich auf die Leistungsfähigkeit des Systems Erde und sagt aus, wie viel Biokapazität gemessen in globale Hektar (gha) bereitgestellt werden muss, um die Ressourcen für eine Nation, eine Region, eine Stadt, einen Haushalt, ein Unternehmen oder eine Person bereitzustellen und ihre Abfälle aufzunehmen. Damit fungiert der ökologische Fußabdruck als ein Indikator der Nachhaltigkeit oder Nicht-Nachhaltigkeit im Falle ökologischer Defizite.

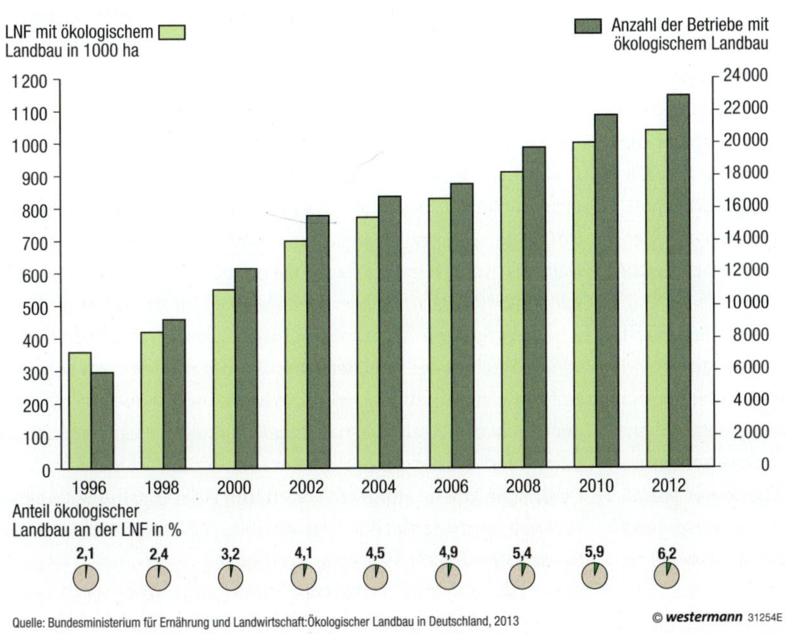

M6 Ökologischer Landbau in Deutschland (LNF = Landwirtschaftliche Nutzfläche)

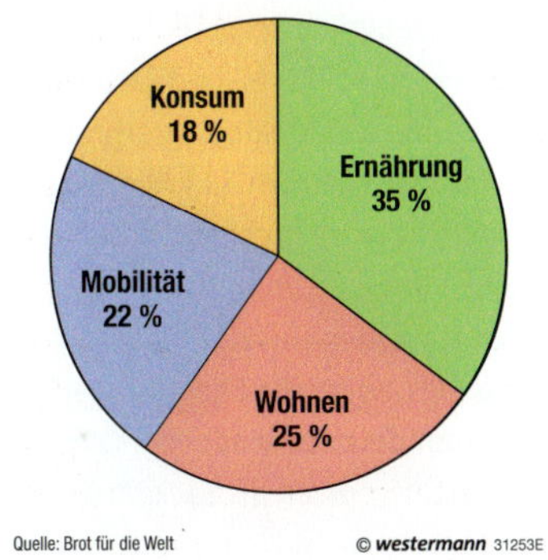

In Deutschland beträgt der ökologische Fußabdruck ca. 4,2 gha („globale Hektar“), im Weltdurchschnitt liegt er bei ca. 2,7 gha pro Person. Davon stehen rund 80 % für tierische Lebensmittel. Werden z. B. für die Produktion von 1 kg Kartoffel 290 l Wasser benötigt, so macht dieser Wert für 1 kg Rindfleisch schon 15 000 l aus. Gebraucht werden die Wassermengen v. a. für den Futtermittelanbau.

M7 Zusammensetzung des ökologischen Fußabdrucks in Deutschland

Agrobusiness oder kleinbäuerliche Betriebe?

Wer sichert die Ernährung der Menschheit?

Einleitend (S. 30) wurde die Frage aufgeworfen, ob durch Agrobusiness die Lösung des Welternährungsproblems erfolgen kann. Sie haben eine Reihe unterschiedlicher Beispiele agrarindustrieller Betriebe und von Agrarindustrie geprägten Regionen kennengelernt. Dabei wurde deutlich, dass ein hohes Maß an Produktivitätssteigerung in der Landwirtschaft erzielt werden konnte, diese Entwicklung jedoch auch mit ökologischen und sozioökonomischen Problemen verbunden ist.

Können – trotz allem – die markt- und exportorientierten agrarindustriellen Betriebe die zukünftige Ernährung der Menschheit sichern oder werden auch kleinbäuerliche Betriebe einen Beitrag hierzu leisten müssen?

1. Untersuchen Sie die Verteilung von Großbetrieben und kleinbäuerlichen Betrieben (nach Flächengröße) weltweit (M3, M4).
2. Stellen Sie Zusammenhänge zwischen Betriebsgrößen und Beschäftigtenzahlen in der Landwirtschaft dar. Nennen Sie auch Beispiele für den Zusammenhang zwischen Betriebsgröße und Produktivität (M1, M4, M7).
3. ⓩ Stellen Sie anhand der Beispiele auf den vorangegangenen Seiten (S. 28–45) Probleme zusammen, die mit der Agrarindustrie verbunden sind.
4. Geben Sie die wesentlichen Aussagen des aktuellen Weltagrarberichts zur bäuerlichen und industriellen Landwirtschaft wieder (M1, M6).
5. Erläutern Sie die Konzepte der Agrarökologie und das Entwicklungskonzept zu nachhaltigen Systemen in der Landwirtschaft (M7, M8).
6. Nehmen Sie Stellung zur übergeordneten Fragestellung „Markt- und exportorientiertes Agrobusiness oder kleinbäuerliche Betriebe: Wer sichert die Ernährung der Menschheit?“ (M1–M8).

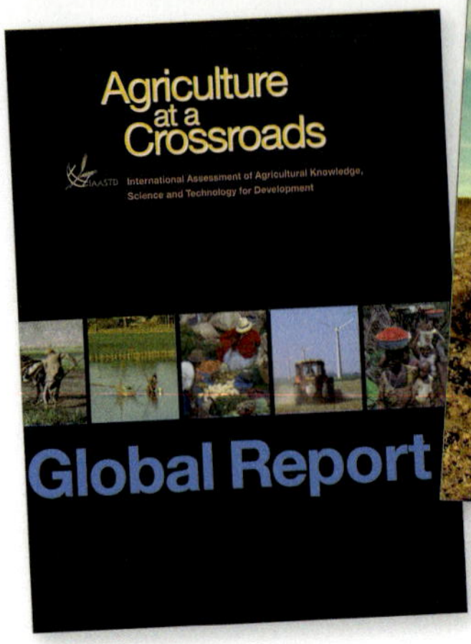

M2 IAASTD-Bericht 2009

M5 UNCTAD-Bericht 2013

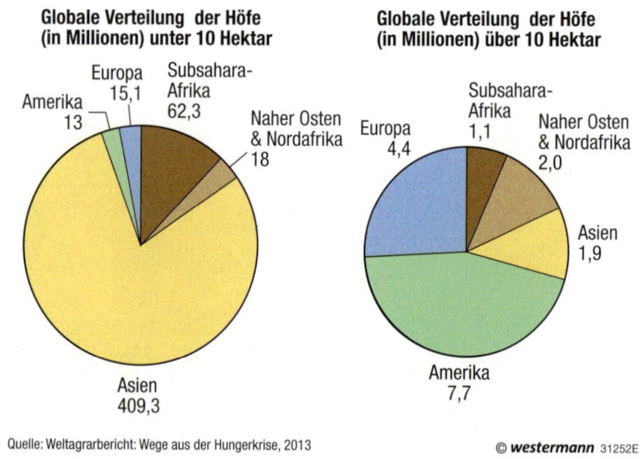

M3 Globale Verteilung der Höfe (2010)

→ agrarökologisches Konzept

Insgesamt kann die großflächige Industrialisierung der Landwirtschaft in Nord- und Südamerika, Australien und Europa und die kleinflächigere „grüne Revolution“ in Asien seit über 50 Jahren beeindruckende Produktivitäts- und Rationalisierungserfolge vorweisen. Die Steigerung der globalen Agrarproduktion lag deutlich über dem Bevölkerungswachstum. [...] Allerdings nutzt die auf Produktivitätssteigerung ausgerichtete industrialisierte Landwirtschaft die natürlichen Ressourcen auf eine nicht nachhaltige Weise aus. Die Grundstrategie, den Einsatz menschlicher Arbeit durch Großtechnik, Agrarchemie und fossile Energie zu ersetzen, erweist sich in Zeiten des Klimawandels, schwindender Ölreserven und überstrapazierter natürlicher Ressourcen als Sackgasse.

Der Weltagrarbericht räumt mit dem Mythos der Überlegenheit industrieller Landwirtschaft aus volkswirtschaftlicher, sozialer und ökologischer Sicht gründlich und ehrlich auf. Als neues Paradigma der Landwirtschaft des 21. Jahrhunderts formuliert er stattdessen: Kleinbäuerliche, arbeitsintensivere und auf Vielfalt ausgerichtete Strukturen sind die Garanten und Hoffnungsträger einer sozial, wirtschaftlich und ökologisch nachhaltigen Lebensmittelversorgung durch hinlänglich widerstandfähige Anbau- und Verteilungssysteme.

Quelle: Zukunftsstiftung Landwirtschaft (Hrsg.): Wege aus der Hungerkrise. 2013; www.weltagrarbericht.de, Zugriff 10.10.2014

M1 Bäuerliche und industrielle Landwirtschaft

2,6 Milliarden Menschen, fast 40% der Weltbevölkerung, leben von der Landwirtschaft, knapp die Hälfte der Menschheit lebt auf dem Lande. 83% der weltweit 537 Millionen Höfe bewirtschaften unter 2 Hektar Land und 97% weniger als 10 Hektar. Kleinbauern produzieren den größten Teil aller Lebensmittel (in Asien und Afrika rund 80%) und bewirtschaften etwa 60% der weltweiten Ackerflächen, häufig schlechtere, nicht bewässerte Böden. Auch wenn der prozentuale Anteil der Bauern an der Weltbevölkerung abnimmt, steigt ihre absolute Anzahl, besonders in Asien. Dort sinkt die durchschnittliche Hofgröße, während sie in Europa und Amerika steigt.

Der Durchschnitt in Lateinamerika ergibt sich aus einer großen Zahl von Kleinstbauern, die weniger als 2 Hektar bewirtschaften, und wenigen riesigen Agrarunternehmen, die die industrialisierteste Landwirtschaft der Welt betreiben. In Argentinien etwa beträgt die Hofgröße im Schnitt 582 Hektar. In Nordamerika und Europa erfasst der Durchschnitt auch viele Kleinbetriebe, deren Besitzer nicht mehr oder nur im Nebenerwerb von der Landwirtschaft leben.

Durchschnittliche Hofgröße: Nordamerika: 186,0 ha, Südamerika: 50,7 ha, Zentralamerika und Karibik: 22,2 ha, Europa: 14,7 ha, Subsahara-Afrika: 1,3 ha, Asien: 1,06 ha

Quelle: Zukunftsstiftung Landwirtschaft (Hrsg.): Wege aus der Hungerkrise, 2013, S. 22. www.weltagrarbericht.de, 10.10.2014

M4 Durchschnittliche Hofgröße in Hektar

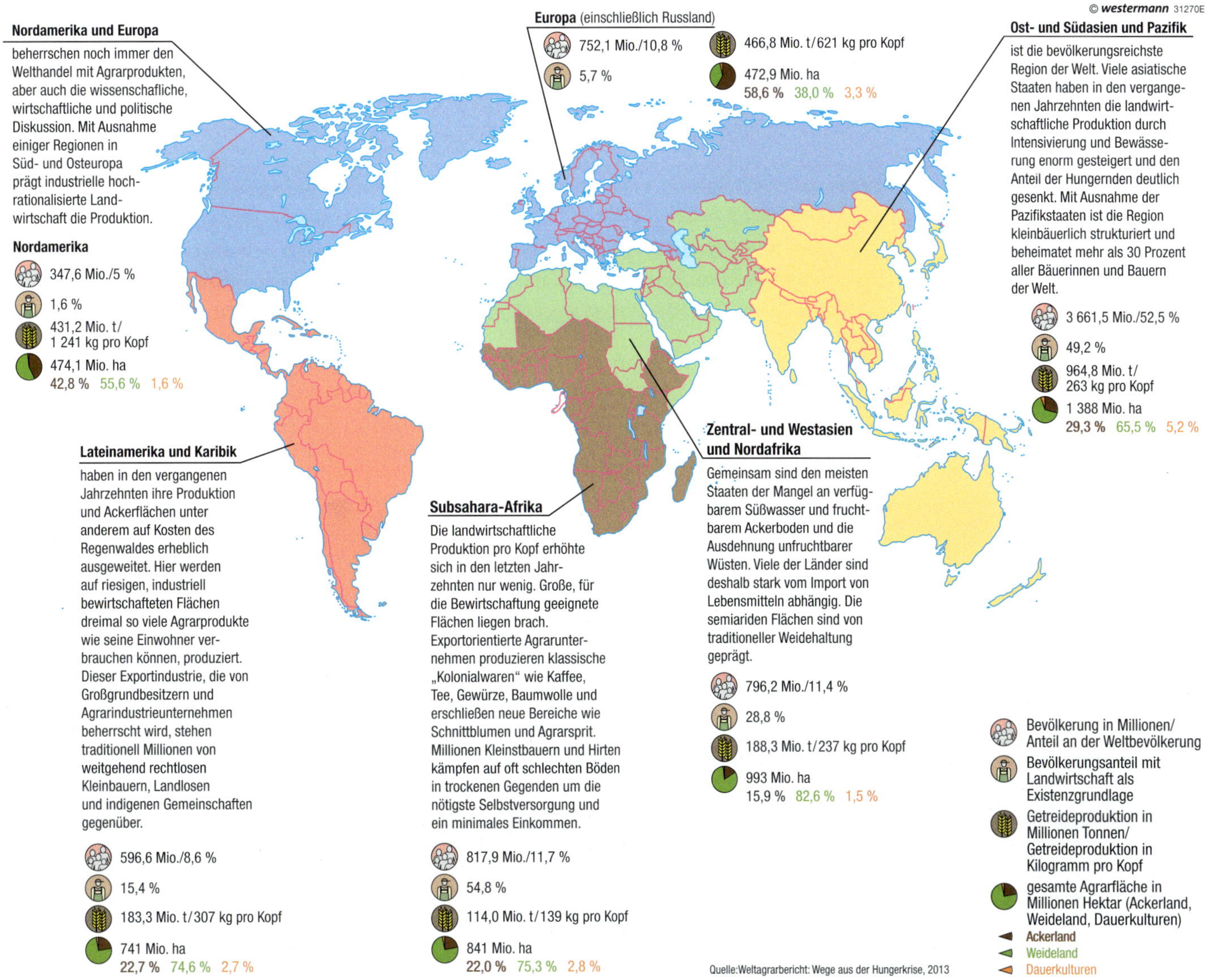

M6 Regionen des Weltagrarberichts

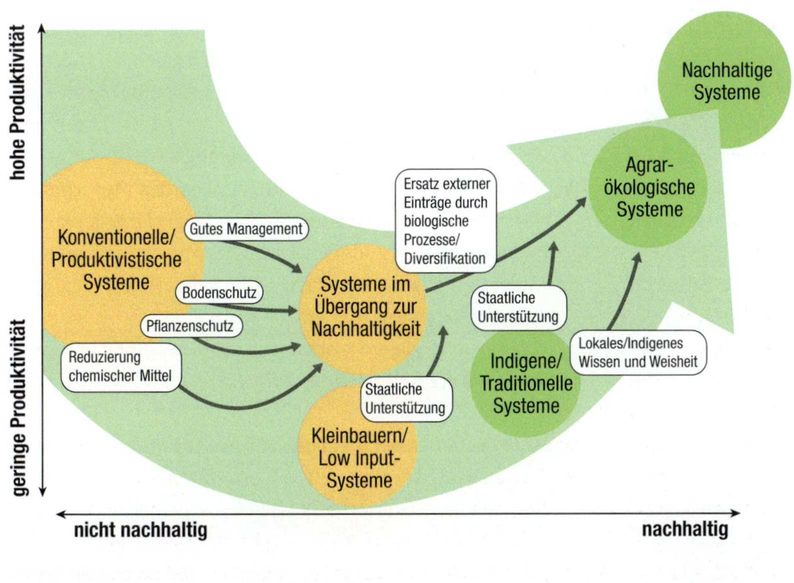

Quelle: Weltagrarbericht: Wege aus der Hungerkrise, 2013

© westermann 31251E

M7 Entwicklungskonzept und Bewertung unterschiedlicher Anbausysteme nach Ertrag und Nachhaltigkeit

Agrarökologische Konzepte gründen auf traditionellem und lokalem Wissen und seinen Kulturen und verbinden es mit Erkenntnissen und Methoden moderner Wissenschaft. Ihre Stärke liegt in der Verbindung von Ökologie, Biologie und Agrarwissenschaften, aber auch von Ernährungskunde, Medizin und Sozialwissenschaften. Agrarökologie setzt auf die Einbeziehung des Wissens aller Beteiligten. Entscheidend ist deren praktischer Beitrag zur Lösung komplexer Probleme mit den vor Ort verfügbaren Ressourcen. Dazu gehören neben Sonne, Wasser und Boden die natürliche und kultivierte Arten- und Sortenvielfalt und das Wissen von Menschen über ihr Zusammenspiel.

Quelle: Zukunftsstiftung Landwirtschaft (Hrsg.): Wege aus der Hungerkrise. Die Erkenntnisse und Folgen des Weltagrarberichts, 2013; www.weltagrarbericht.de, 10.10.2014

M8 Agrarökologische Konzepte

Das Wichtigste in Kürze

Bis zum Jahr 2050 werden Prognosen zufolge mehr als neun Milliarden Menschen auf unserem Globus leben, die Bevölkerungszahl wird somit um mehr als zwei Milliarden Menschen ansteigen. Der rasante Bevölkerungsanstieg und die veränderten Essgewohnheiten einer wachsenden Wohlstandsschicht machen es erforderlich, noch mehr Nahrung zu produzieren. Schon heute hungert fast eine Milliarde Menschen, während in einigen Regionen ein Überfluss an Nahrung vorhanden ist.

Seit den 1950er-Jahren findet in Industrieländern ein einschneidender Strukturwandel in der Landwirtschaft statt. Durch moderne und rationelle Anbaumethoden, vor allem durch einen erhöhten Chemie- und Maschineneinsatz, gelang es, die Produktivität um ein Vielfaches zu steigern. Die großflächige Industrialisierung der Landwirtschaft in Nord- und Südamerika, Australien und Europa und die kleinflächigere „Grüne Revolution" in Asien können seit über 50 Jahren beeindruckende Produktivitäts- und Rationalisierungserfolge vorweisen. Die Beispiele aus den USA (Great Plains), den Niederlanden und dem Oldenburger Münsterland zeigen auf, wie extrem produktiv Agrarbetriebe durch Spezialisierung und Intensivierung arbeiten können.

Die komplexen Probleme aber, die mit einer Zunahme des markt- und exportorientierten Agrobusiness verbunden sind, werden inzwischen deutlich. Das Prinzip der industriellen Erzeugung (hohe Produktivität durch hohen Ressourcenverbrauch) kommt aufgrund steigender Ressourcenpreise und sich verschärfender Umweltprobleme an seine Grenzen. Zudem ergeben sich durch die globale Weltmarkteinbindung (z. B. Abhängigkeit von Futterzukäufen, Abhängigkeit von globalen Abnehmern) teilweise auch wirtschaftliche Probleme. Ein weiteres Problem stellt die Verringerung des Artenreichtums (Pflanzen und Tiere) dar. Aus durchrationalisierten Monokulturen mit wenigen Hochleistungspflanzen werden riesige Mengen an Agrarrohstoffen gewonnen. Auch in der Tierhaltung bringen Züchtungen Hochleistungstiere hervor, die in kurzer Zeit z. B. viel Fleisch, viel Milch oder Eier liefern. Vor welchen Problemen Agrarregionen mit Intensivlandwirtschaft heute stehen, zeigen die Beispiele aus den Great Plains und dem Oldenburger Münsterland. Dabei sind es häufig massive staatliche Subventionen und Interventionen, die in diesen Regionen die agrarindustrielle Entwicklung vorangetrieben und letztlich die Agrarbetriebe von Zuwendungen abhängig gemacht haben.

„Wachse oder weiche" lautete über 50 Jahre die Devise, die in den USA für ein hohes Farmsterben, aber auch in Europa zur Aufgabe vieler kleiner Agrarbetriebe geführt hat. Nicht nur der Weltagrarbericht oder aktuelle Studien der UNCTAD, sondern viele Fachleute aus Wissenschaft und Politik sehen inzwischen die kleinbäuerliche, ökologisch orientierte Landwirtschaft als Lösungsweg zu einer höheren Nahrungsmittelsicherheit, bei gleichzeitiger Umweltschonung und sozioökonomischen Vorteilen. Der nachhaltigen Landwirtschaft und der Förderung ökologisch orientierter Kleinbetriebe wird eine Schlüsselrolle bei der zukünftigen Lösung des Welternährungsproblems zugewiesen.

Der 5-Punkte Plan zur Ernährung der Welt

1. Stopp des zusätzlichen Flächenverbrauchs durch die Landwirtschaft

- Bisher haben wir immer, wenn wir mehr Nahrung produzieren mussten, einfach mehr Wälder und Grünflächen gerodet, um Ackerland zu gewinnen. Die Landwirtschaft hat weltweit Ökosysteme zerstört, von den Prärien und Savannen in Nordamerika und Afrika bis hin zu tropischen Regenwäldern. Und die Abholzung geht weiter. Doch wir können es uns nicht mehr leisten, mehr Natur für den Anbau von Getreide und die Erzeugung von Fleisch zu opfern. [...] Auf vielen neuen landwirtschaftlichen Flächen werden Rinder für die wachsende Nachfrage nach Fleisch gezüchtet oder Soja für ihre Mast.

2. Steigerung der Erträge in bestehenden Betrieben

- In der zweiten Phase kann sich die Welt den übrigen, wenig produktiven Ackerflächen zuwenden, besonders in Afrika, Lateinamerika und Osteuropa. Hier klaffen zwischen realen Ernten und möglichen Erträgen gewaltige Lücken. Mithilfe verbesserter Anbaupraktiken sowie Verfahren aus der ökologischen Landwirtschaft kann man in diesen Regionen die Erträge um ein Mehrfaches steigern – ohne die ökologischen Fehler der Vergangenheit zu wiederholen.

3. Effizientere und nachhaltige Nutzung von Wasser und Dünger

- Die konventionelle Landwirtschaft macht heute große Fortschritte bei der Suche nach innovativen Wegen, Düngemittel und Pestizide sparsam und zielgerichtet auszubringen. Dabei helfen computergesteuerte Maschinen, die auf jeder Fläche die Erträge automatisch erfassen und die dazugehörige Position mit GPS abgleichen. So können maßgeschneiderte Düngermischungen exakt auf die jeweiligen Bodenbedingungen abgestimmt werden. In der Folge geraten auch weniger Chemikalien in umliegende Gewässer. Daneben wächst der ökologische Landbau. Er verbessert die Böden durch Gründüngung, das Aufbringen von Mulchmaterial und Kompost. [...] Neue Bewässerungsmethoden verschwenden zudem weniger Wasser; sie setzen auf zielgenaue Tropfbewässerung.

4. Umstellung der Ernährungsgewohnheiten

- Die Welt kann im Jahr 2050 neun Milliarden Menschen ernähren, wenn wir nicht so viele pflanzliche Produkte an Tiere verfüttern. Zudem wird ein Zehntel der weltweit produzierten pflanzlichen Kalorien zu Biokraftstoff und Industrieprodukten verarbeitet.
  Wenn wir weniger Fleisch essen, wird das große Mengen an Nahrung freisetzen.

5. Stopp der Verschwendung genießbarer Lebensmittel

- Etwa ein Viertel aller weltweit erzeugten Nahrungskalorien gehen verloren oder landen auf dem Müll, ehe es konsumiert werden kann. In reichen Ländern geht die Verschwendung zu großen Teilen auf das Konto von Supermärkten, Restaurants und Haushalten, in armen Ländern sind Mängel bei Lagerung und Transport vom Erzeuger zum Markt die Ursache großer Verluste ...

Quelle: Foley, J.: Der 5-Punkte Plan zur Ernährung der Welt. In: National Geographic, H. 5, 2014, S. 36–59

Kompetenz-Check

Hier sind alle Kompetenzen, die Sie in diesem Kapitel erwerben konnten, aufgelistet.
Sie können selbst beantworten, wie Sie die Kompetenz beherrschen: ***sicher***, ***mäßig*** oder ***kaum***.

Sachkompetenz

Kann ich		Unsicher? Schlagen Sie nach auf Seite
1.	Kennzeichen des landwirtschaftlichen Strukturwandels wie Mechanisierung, Intensivierung und Spezialisierung erläutern?	28–43
2.	den landwirtschaftlichen Strukturwandel mit sich verändernden ökonomischen und technischen Rahmenbedingungen erklären?	28–43
3.	Zusammenhänge zwischen Konsumgewohnheiten und Veränderungen in der Landwirtschaft herstellen?	30/31, 36–39, 42–45
4.	politische Rahmenbedingungen als Einflussfaktoren auf die agrarstrukturelle Entwicklung darstellen?	44/45
5.	Auswirkungen des landwirtschaftlichen Strukturwandels auf den Agrarraum erläutern?	34/35, 38/39, 40/41
6.	vor dem Hintergrund der Begrenztheit agrarischer Anbauflächen und dem steigenden Bedarf an Agrargütern zunehmende Nutzungskonkurrenzen darstellen?	30/31, 38/39
7.	Bewässerungslandwirtschaft zur Überwindung der klimatischen Trockengrenze und als Auslöser tiefgreifender agrarstruktureller Prozesse darstellen?	34/35
8.	Prinzipien der Nachhaltigkeit am Beispiel der ökologischen Landwirtschaft erläutern?	46–49

Methodenkompetenz

Kann ich		
9.	mithilfe von thematischen Karten den agrarischen Strukturwandel und Veränderungen in Agrarräumen beschreiben und erläutern?	34–43
10.	Fragestellungen zur Verbreitung, Entwicklung und Bedeutung agrarindustrieller Landwirtschaft und deren Zukunftsfähigkeit entwickeln?	30–31, 46–49
11.	unterschiedliche Darstellungs- und Arbeitsmittel wie z. B. statistische Daten, Grafiken und Texte analysieren, um auf dieser Grundlage Fragestellungen zum markt- und exportorientierten Agrobusiness zu beantworten?	28–45 48/49
12.	aus Modellen Kernaussagen zum Ertrag und zur Nachhaltigkeit konventioneller und ökologischer Anbausysteme herausarbeiten?	48/49

Urteilskompetenz

Kann ich		
13.	die Auswirkungen des agraren Strukturwandels mit dem Schwerpunkt der Beschäftigungswirksamkeit und der Veränderungen der Kultur- und Naturlandschaft bewerten?	28–41
14.	das Spannungsfeld von Intensivierung der landwirtschaftlichen Produktion und Notwendigkeit zur Versorgungssicherung erörtern?	28–43
15.	den Zielkonflikt zwischen der steigenden Nachfrage nach Agrargütern einer wachsenden Weltbevölkerung und den Erfordernissen nachhaltigen Wirtschaftens erörtern?	30/31, 42–45
16.	Möglichkeiten und Grenzen ökologischer Landwirtschaft aus unterschiedlichen Perspektiven beurteilen?	46–49
17.	Zukunftsperspektiven des Agrobusiness und der kleinbäuerlichen Betriebe gegenüberstellen und bewerten	30/31, 48/49
18.	selbstkritisch meine Rolle als Verbraucher hinsichtlich der ökologischen, ökonomischen und sozialen Folgen des eigenen Konsumverhaltens bewerten?	30/31, 36–39, 46–50

Handlungskompetenz

Kann ich		
19.	Arbeitsergebnisse zum markt- und exportorientiertem Agrobusiness als zukunftsfähigem Lösungsansatz fachsprachlich angemessen und sachbezogen präsentieren?	28–45

Klausurtraining

Agrobusiness, wirtschaftlich und ökologisch zukunftsfähig? – das Beispiel des Tomatenanbaus in Kalifornien

1. Lokalisieren Sie Kalifornien und beschreiben Sie die klimatischen Voraussetzungen für den Anbau von Tomaten und die Verbreitung des Tomatenanbaus in Kalifornien.
2. Erläutern Sie die Entwicklung des Anbaus von Tomaten.
3. Beurteilen Sie die Zukunftsperspektiven des agroindustriellen Tomatenanbaus in Kalifornien aus wirtschaftlicher und ökologischer Sicht.

Diese Materialien benötigen Sie ergänzend zur Lösung der Aufgaben:

M1 Atlaskarten nach Wahl

M2 Kalifornien – Landwirtschaft, Diercke Weltatlas (2015), S. 221,5

M3 Kalifornien – Wasserwirtschaft, Diercke Weltatlas (2015), S. 221,6

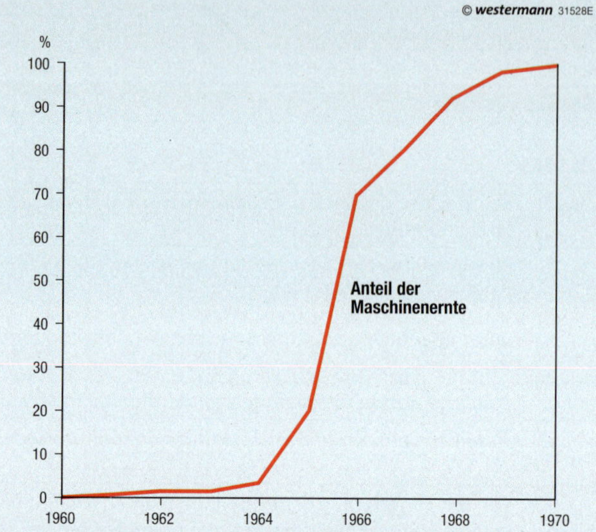

M5 Die Adaption des mechanisierten Tomaten-Vollernters in Kalifornien

Tomaten-Vollernter

Zeitraum	Entwicklung des Vollernters
2. Weltkrieg	Verknappung der Arbeitskräften lässt die Frage nach der Mechanisierbarkeit der Tomatenernte aufkommen.
1942	Ein kalifornischer Tomatenbauer schlägt Prof. Hanna (Universität Davis) vor, eine Tomate zu züchten, die mit der Maschine geerntet werden kann.
1949	Prof. Hanna stellt die Ergebnisse seiner Züchtung vor. Die Entwicklungsarbeit am Tomaten-Vollernter beginnt.
1959	Die Universität in Davis baut einen Prototyp des Vollernters.
1961	Erster Einsatz des Vollernters auf Farmen
1964	Ende des Bracero-Programs (ein Vertrag zwischen den USA und Mexiko, der die Versorgung der Farmer mit billigen mexikanischen Arbeitern regelte)
1966	Mindestlohn wird auch für Landarbeiter festgesetzt.
1970	Umstellung der Industrietomaten-Ernte auf mechanische Vollernter abgeschlossen
1976	Einsatz des elektronischen Sortierers; 20 % der Vollernter sind damit ausgestattet.

M4 Entwicklung des Tomatenvollernters

Jahr	Erntekosten US-$/Acre		Anteil der Maschinenernte in %
	Handarbeit	Vollernter	
1960	467,1	–	0,0
1962	530,4	407,5	1,3
1964	573,7	458,6	3,5
1966	626,9	509,6	70,0
1968	680,9	560,6	92,0
1970	–	611,7	100,0

Quelle: Klohn, W., Windhorst, H.-W.: Die Landwirtschaft der USA. VMG 1. Vechta, 2005

M6 Entwicklung der Erntekosten für Industrietomaten und der Anteil der Maschinenernte

Jahr	Anbaufläche (%)
1952–1956	33,4
1962–1966	52,1
1972–1976	74,2
1982–1986	81,1
1994	87,6
2002	93,3
2007	93,1
2012*	92,3

Quellen: Klohn, W., Windhorst, H.-W.: Die Landwirtschaft der USA. VMG 1. Vechta, 2005, S. 75. *USDA, Census of Agriculture, 2012.

M7 Anteil Kaliforniens an der Anbaufläche von Industrietomaten in den USA

Jahr	Anzahl der-Farmen	Anbaufläche (ha)	Durchschnitts-größe (ha)
1954	2 896	37 595	13,0
1964	1 883	64 421	34,2
1974	1 493	104 942	70,3
1982	1 558	102 159	65,6
1992	1 441	102 857	71,4
2002	1 769	134 780	76,2
2007	1 782	135 628	76,1
2012*	3 176	119 483	37,6

Quellen: Klohn, W., Windhorst, H.-W.: Die Landwirtschaft der USA. VMG 1. Vechta, 2005, S. 773. * USDA, Census of Agiculture, 2012

Anmerkung: Werte von M8, M9 und M10 im Zusammenhang auswerten, insbesondere für 2012. Kleine Farmen sind meist Gemüsetomatenbetriebe (Fresh Market), die Variabilität kann von Jahr zu Jahr sehr groß sein; z. B. durch Marktpreise bzw. Überproduktion und durch Zuteilung der Wasserverbrauchsrechte, weshalb sich Farmen auch aufspalten.

M8 Veränderung der Struktur des Tomatenanbaus in Kalifornien (Industrie- und Gemüsetomaten)

Jahr	Anzahl der Farmen	Durchschnittliche Anbaufläche (in ha)
1956	nicht ausgewiesen	34,6
1964	1 072	52,8
1975	845	144,8
1987	445	188,8
2002	596	197,5
2007	490	245,6
2012*	631	164,2

Quellen: Klohn, W., Windhorst, H.-W.: Die Landwirtschaft der USA. VMG 1. Vechta, 2005, S. 77. * USDA, Census of Agiculture, 2012.

M9 Veränderung der Anzahl von Farmen mit Industrietomaten und die durchschnittlichen Betriebsgrößen in Kalifornien

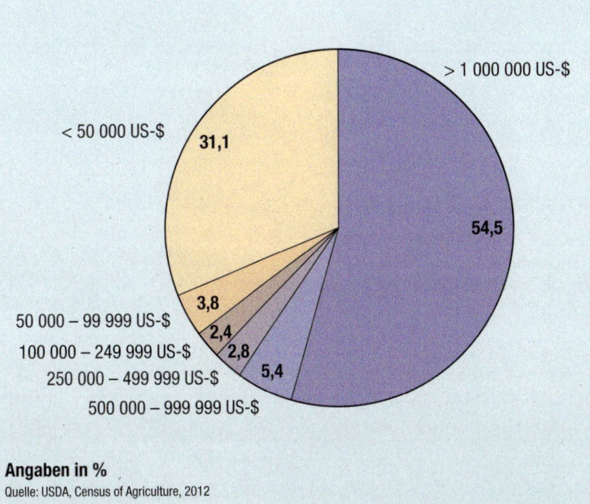

M10 Betriebsgrößenstruktur der Farmen mit Industrietomatenanbau (nach Höhe des Verkaufswertes) (2012)

Jahrhundertdürre trocknet Südwesten der USA aus

Von Markus Becker

Der Süden und der Westen der USA leiden unter einer rekordverdächtigen Dürre. Felder verdorren, Stauseen leeren sich, in Kalifornien und anderen Bundesstaaten wurde der Notstand ausgerufen. Das alles könnte ein Vorgeschmack auf die Zukunft in der riesigen Region sein.

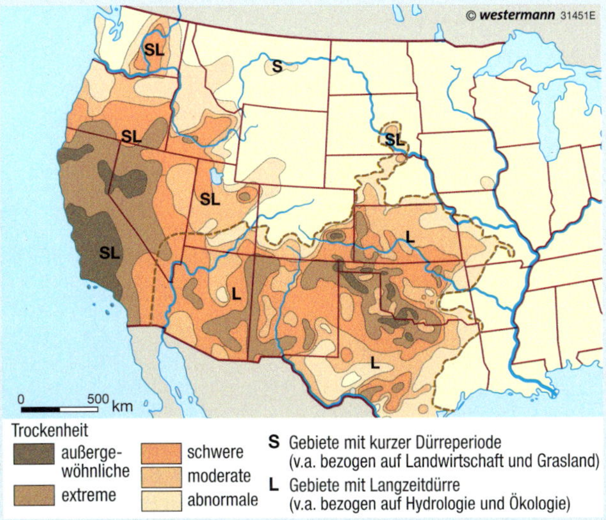

Aus dem All ist die Misere deutlich erkennbar: Im Januar 2013 war die Sierra Nevada von dichtem Schnee bedeckt, ebenso wie das kalifornische Kaskaden- und das Küstengebirge. Jetzt, ein Jahr später, ist auf dem Satellitenbild der US-Weltraumbehörde Nasa kaum ein weißer Fleck zu sehen. Wo sonst Schnee liegt, gibt es nur ausgedörrtes Land. Am 17. Januar hat Gouverneur Jerry Brown den Notstand in Kalifornien ausgerufen. Bürger und Kommunen sind aufgerufen, Wasser zu sparen, wo es eben geht. Um mindestens 20 Prozent müsse der Verbrauch sinken, erklärte Brown. Und die Lage könnte sich in den kommenden Monaten noch verschärfen. Kalifornien deckt nach Angaben der Nasa ein Drittel seines Wasserbedarfs mit Schmelzwasser aus den Bergen. Doch die Schneebedeckung liege nur zwischen 10 und 30 Prozent des Normalwerts.

Rekorde gab es auch bei den Temperaturen: In San Francisco erreichten sie vergangene Woche 22 Grad, in Oakland sogar 28 Grad. Nie zuvor war dort Mitte Januar eine derartige Wärme gemessen worden. Entsprechend sieht auf dem Satellitenbild die Vegetation im kalifornischen Central Valley aus. Im Januar 2013 leuchtete das 600 Kilometer lange Tal prallgrün, heute ist es fast komplett bräunlich. In der Region greift die Befürchtung um sich, dass die aktuelle Situation nur ein Vorgeschmack auf die Zukunft sein könnte. Denn die Hoffnung auf eine Normalisierung der Lage könnte trügerisch sein: „Normal" muss nicht unbedingt feuchter bedeuten, wie inzwischen klar wird. Jüngste Studien legen nahe, dass das 20. Jahrhundert zu den drei feuchtesten der vergangenen 13 Jahrhunderte gehörte. Sollte das stimmen, könnten der Süden und der Westen der USA vor erheblichen Problemen bei der Wasserversorgung stehen, zumal die Bevölkerung in der Region rapide wächst.

Unsicher ist, ob die globale Erwärmung die Lage in der Region zusätzlich verschärfen wird. Klimasimulationen haben zunehmende Trockenheit für die Region vorausgesagt: 18 Modelle haben gezeigt, dass der Südwesten der USA im Laufe des Jahrhunderts erheblich trockener werden könnte; nur eines zeigte ein feuchteres Klima für die Region, berichteten Forscher 2007 im Wissenschaftsmagazin „Science". Die Entwicklung sei bereits im Gange, schrieben die Autoren.

Quelle: www.spiegel.de/wissenschaft/natur/notstand-in-kalifornien-rekord-duerre-trifft-suedwesten-der-usa-a-945235.html, Zugriff 19.01.2015

M11 Notstand in Kalifornien

Moß
Abbruch
Erdbau
Recycling

III Wirtschaftsregionen im Wandel

Einflussfaktoren und Auswirkungen

Ehemalige Kokerei Kaiserstuhl:
Die Sprengung des Kohleturms

M1 Die Textilindustrie war in der Nachkriegszeit ein wichtiger Arbeitgeber

M3 Textilindustrie in Asien: China? Viel zu teuer!

Wirtschaft im Wandel

Von der Agrar- zur Dienstleistungsgesellschaft

Wer wirtschaftlich erfolgreich bleiben möchte, muss sich stetig wandeln. Diese simple Maxime gilt auf allen Ebenen: für Staaten, Regionen, Branchen und einzelne Unternehmen.

Um dieser Maxime gerecht zu werden, haben sich in den letzten Jahren ganze Branchen und Wirtschaftsregionen verändert. Teilweise sind sogar ganz neue Branchen, wie z. B. im Bereich der Hightech-Industrie, entstanden. Die Gründe dafür liegen bei der zunehmenden Veränderung der Produktionsbedingungen, dem technischen und gesellschaftlichen Wandel, aber auch bei sich wandelnden politischen Einflüssen.

Beispiele für aufstrebende, stagnierende und schrumpfende Branchen in Deutschland oder auch in anderen Staaten der Erde gibt es viele. Hatten vor 50 Jahren Betriebe aus der Textil- und Montanindustrie noch eine große Bedeutung für Deutschland, so sind diese Branchen heute deutlich weniger hier vertreten. Die Bedeutung von modernen und jungen Start-Up-Unternehmen aus der Hightech-Branche nimmt auf dem Arbeitsmarkt deutlich zu. Produzierte VW früher vor allem in Deutschland, so hat dieses Unternehmen heute Standorte auf der ganzen Welt. Diese Unternehmensstrategie von VW ist auf viele andere weltweit agierende Unternehmen übertragbar. Die Veränderungen in der Wirtschaft haben somit nicht nur direkte Auswirkungen auf Unternehmensstrategien der Unternehmen, sondern auch auf ganze Wirtschaftsregionen. Die Thematik „Wirtschaftsregionen im Wandel" wirft viele Fragen auf:

In welchen Branchen und Sektoren hat in den letzten Jahren ein Wandel stattgefunden?
Wo liegen genau die Ursachen für den Wandel der Wirtschaft?
Welche Zusammenhänge gibt es zwischen dem Wandel von Wirtschaftsregionen und der globalisierten Weltwirtschaft?
Welche Probleme entstehen durch die Veränderungen in der Weltwirtschaft für Wirtschaftsregionen?
Welche Auswirkungen hat der Wandel auf Wirtschaftsregionen?
Welche Strategien verfolgen Unternehmen, um Ihre Konkurrenzfähigkeit zu erhöhen?
Welche Bedeutung hat der Standort Deutschland für Unternehmen?
Wie beeinflusst die Politik wirtschaftliche Entscheidungen?

„Oberhausen hat durch den Strukturwandel erheblich an Lebensqualität gewonnen"
(12.09.2014, WAZ)

„Milliarden-Verlust: Russische Investoren meiden Standort Deutschland"
(27.08.2014, Deutsche Wirtschafts Nachrichten)

„Daimler baut erstes Pkw-Werk in Mexiko"
(22.06.2014, Stuttgarter-Zeitung)

„Volkswagen Konzern produziert 700 000stes Fahrzeug in Kaluga"
(26.11. 2013, Volkswagen AG)

„Daimler steckt Milliarden in deutsche Mercedes-Werke"
(10.09.2014, Reuters)

„Da geht noch was"
(11.09.2014, SEAT-Produktionschef Andreas Tostmann)

„Viele Gründer in Berlin und im Silicon Valley fahnden nach der nächsten großen Software-Idee"
(15.09.2014, Manager Magazin)

„Apple lädt zur Show ein"
(28.09.2014, Neue Züricher Zeitung)

M2 Schlagzeilen zur Wirtschaft im Wandel

M4 PHOENIX – über hundert Jahre Stahl- und Eisenstandort in Dortmund

M7 TechnologieZentrumDortmund – Europas erste Adresse für Forscher und Unternehmer (2013)

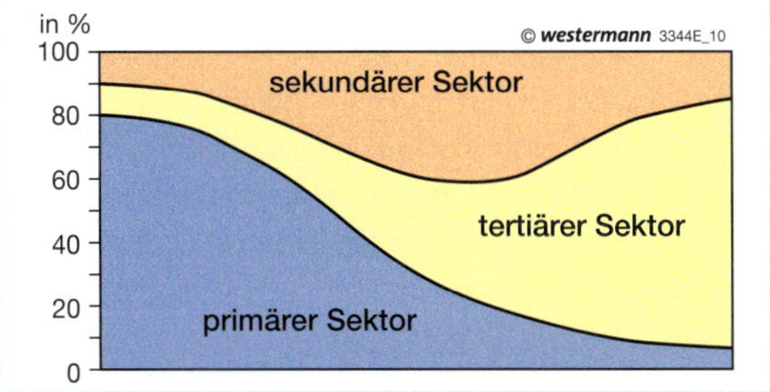

M5* Beschäftigte nach Wirtschaftssektoren nach dem Modell von Fourastié

primärer Sektor (Urproduktion)
Land- und Forstwirtschaft, Fischerei
sekundärer Sektor (Güterproduktion)
Verarbeitendes Gewerbe/Herstellung von Waren
Bergbau
Energie-/Wasserversorgung; Abwasser- und Abfallentsorgung und Beseitigung von Umweltverschmutzungen
Baugewerbe / Bau
tertiärer Sektor (Dienstleistungen)
Handel; Instandhaltung und Reparatur von Kraftfahrzeugen
Gastgewerbe
Verkehr und Logistik
Information und Kommunikation
Erbringung von Finanz- und Versicherungsdienstleistungen
Grundstücks- und Wohnungswesen
Erbringung von freiberuflichen, wissenschaftlichen und technischen Dienstleistungen
Erbringung von sonstigen wirtschaftlichen Dienstleistungen
Öffentliche Verwaltung, Verteidigung, Sozialversicherung
Erziehung und Unterricht
Gesundheits- und Sozialwesen
Kunst, Unterhaltung und Erholung
Erbringung von sonstigen Dienstleistungen
Private Haushalte mit Hauspersonal

Quelle: Statistisches Bundesamt, www.destatis.de

M6 Systematik der Wirtschaftszweige

Die Wirtschaftsstruktur, also die Bedeutung und der Anteil der jeweiligen Sektoren an der Gesamtwirtschaft, hat sich im Laufe der Geschichte stark gewandelt. Sie kann als Verteilung der Erwerbstätigen auf die Sektoren und als Anteil der jeweiligen Sektoren an der gesamten Wertschöpfung gemessen werden. Erstmals beschrieb und erklärte Jean Fourastié im Jahr 1954 in der Sektoren-Theorie grundlegende langfristige Veränderungen in Wirtschaft und Gesellschaft. Nach dieser Theorie verschieben sich die Schwerpunkte der wirtschaftlichen Tätigkeit in allen Gesellschaften zunächst vom primären zum sekundären Sektor und anschließend vom sekundären zum tertiären Sektor.

Quelle: Schöpke, H.: Wirtschaftsräume in Deutschland. Braunschweig 2008, S. 8

M8 Sektorale Gliederung der Wirtschaft

→ Strukturwandel

Der Begriff Strukturwandel beschreibt die langfristige und häufig unabwendbare Veränderung der Struktur eines Raumes im sozioökonomischen Bereich.
Der Strukturwandel lässt sich wie folgt gliedern:
Der **sektorale Strukturwandel** steht für die ökonomischen Umbrüche im Verhältnis der großen Wirtschaftssektoren, also den Übergang von der Agrar- in eine Industrie- und schließlich in eine Dienstleistungsgesellschaft. Bedingt durch die zunehmende Bedeutung der Informationstechnologie spricht man heute auch oft von einem Strukturwandel zur Informationsgesellschaft.
Beim **intrasektoralen Wandel** kommt es nicht nur zwischen den Sektoren, sondern auch innerhalb der Sektoren zu Verschiebungen in der Organisationsstruktur der Unternehmen.
Schließlich ändern sich die ökonomischen Strukturen auch innerhalb regionaler Wirtschaftsräume. Dieser **regionale Strukturwandel** ist dabei oft eine Folge des sektoralen Strukturwandels. Insbesondere ist dies der Fall, wenn in einer Region stagnierende und schrumpfende Branchen gehäuft auftreten.

→ Agrargesellschaft, Dienstleistungsgesellschaft, Industriegesellschaft, Informationsgesellschaft, Strukturwandel (sektoraler, intrasektoraler, regionaler), Wirtschaftssektor (primärer, sekundärer, tertiärer)

1. **Werten Sie die Schlagzeilen und Bilder (M1–M4, M7) unter Berücksichtigung des Themas „Wirtschaft im Wandel“ aus.**
2. **Formulieren Sie Hypothesen und Fragen zum Thema „Wirtschaftsregionen im Wandel“ (M1–M4, M7).**
3. **Beschreiben Sie das Modell von Fourastié (M5, M6, M8).**
4. **Nennen Sie beispielhaft Industriezweige, bei denen ein wirtschaftlicher Strukturwandel stattgefunden hat (M6, Fachbegriffe).**

Raum- und Strukturwandel eines Altindustriegebietes

Das Ruhrgebiet – ein Montanrevier im Wandel

„Tief im Westen, wo die Sonne verstaubt, ist es besser, viel besser, als man glaubt! Tief im Westen. Du bist keine Schönheit, vor Arbeit ganz grau! Liebst dich ohne Schminke; bist'ne ehrliche Haut; leider total verbaut, aber gerade das macht dich aus! Du hast'n Pulsschlag aus Stahl. Man hört ihn laut in der Nacht. Bist einfach zu bescheiden! Dein Grubengold hat uns wieder hochgeholt, du Blume im Revier! Bochum, ich komm aus dir! Bochum ich häng' an dir! Ahh Glück auf."
Dieser Liedtext von Herbert Grönemeyer stammt aus dem Jahre 1984 und weckt bei vielen Menschen Assoziationen zum Ruhrgebiet. Sind aber diese Assoziationen überhaupt noch aktuell? Was verbinden Sie aus heutiger Sicht mit dem Ruhrgebiet? Wie und in welcher Weise hat sich das Ruhrgebiet seit der Entstehung des Liedes entwickelt?

1. Erläutern Sie Ihre Assoziationen, die Sie zum Ruhrgebiet haben und vergleichen Sie diese mit M1.
2. (W) **A** Beschreiben Sie die Wirtschaftsentwicklung des Ruhrgebietes (M2–M4, Atlas).
   B Stellen Sie die Wirtschaftsentwicklung des Ruhrgebietes durch eine Mindmap dar (M2–M4, Atlas).
3. Der jüngste Strukturwandel des Ruhrgebietes wurde durch die Kohle- und Stahlkrise ausgelöst. Stellen Sie Ursachen und Gegenmaßnahmen in einem Wirkungsgefüge dar. Verwenden Sie dabei u.a. die Schlagwörter „Monostruktur, Deindustrialisierung, Reindustrialisierung, Tertiärisierung" (M2–M9).
4. Erörtern Sie, weshalb die Diversifizierung der Branchen- und Betriebsstruktur eine wichtige Basis für einen Strukturwandel ist (M2, M3, M6–M9).
5. (Z) Erläutern Sie die Bezeichnung „Symbol des Strukturwandels" für die Zeche Zollverein.

→ altindustrialisierter Raum, Deindustrialisierung, Diversifizierung, Industrialisierung, Monostruktur, Montanindustrie, Reindustrialisierung, Strukturwandel (sektoraler), Tertiärisierung, Wirtschaftssektor (primärer, sekundärer, tertiärer)

M1 Typische Assoziationen zum Raum Ruhrgebiet

Die Industrialisierung und Deindustrialisierung des Ruhrgebietes

Die wirtschaftliche Bedeutung des Ruhrgebietes geht auf die weitreichenden Steinkohlevorkommen zurück und erlebte seinen wirtschaftlichen Boom während der Industrialisierung um die vorletzte Jahrhundertwende. Nach dem Zweiten Weltkrieg wurde in Zeiten des Wiederaufbaus an der alten Wirtschaftsform und der Dominanz der Kohle- und Stahlindustrie festgehalten.
Infolge der Öffnung der Kohle-Märkte und der Absatzschwierigkeiten der teuren Ruhrgebietskohle geriet das Ruhrgebiet ab 1958 zunehmend in eine „Kohlekrise". Innerhalb eines Jahrzehnts reduzierte sich die Zahl der Zechen und der Beschäftigten um die Hälfte. Auch die Stahlindustrie geriet durch die zunehmende Substitution des Stahls durch Kunststoffe und durch die wachsende Konkurrenz von Billiganbietern auf dem Weltmarkt in den 1970er-Jahren in eine „Stahlkrise", in deren Folge Hüttenwerke vollständig dicht machten und Tausende von Stahlarbeiter arbeitslos wurden. Das monostrukturierte Ruhrgebiet befand sich spätestens jetzt in einer Phase massiver Deindustrialisierung, die mit Rationalisierungen und Unternehmensfusionen begann und schließlich in der Stilllegung ganzer Stahlstandorte mündete.

M2 Von der Boomphase zur Strukturkrise

Die Reindustrialisierung des Ruhrgebietes

Dass der Industriesektor im Ruhrgebiet trotz der guten Standortbedingungen in die Krise geriet, lässt sich grundsätzlich mit der monostrukturellen Ausrichtung auf die Montanindustrie und der globalen Krise dieses Wirtschaftsbereichs, verbunden mit den teuren hiesigen Produktionsbedingungen, erklären. [...] Es fehlte fast vollständig ein Mittelstand mit Flexibilität und unternehmerischer Risikobereitschaft. Auch Bildungseinrichtungen, die einen innovationsfreudigen Nachwuchs ausbilden, waren kaum vorhanden. [...] Das schlechte Image und das oftmals wenig kooperative Verhalten der einzelnen Städte machten das Ruhrgebiet für neue Unternehmen zudem wenig attraktiv. [...] So verpasste das Ruhrgebiet die zeittypische innerindustrielle Modernisierungsentwicklung. Stattdessen wurde die Montanindustrie mit staatlichen Subventionen lange am Leben erhalten [...]. Die verbliebenen und zum Teil fusionierten Großbetriebe wie ThyssenKrupp haben mittlerweile reagiert und sich von der Massenproduktion billiger Stähle verabschiedet. Stattdessen produzieren sie heute hochwertige Stähle und Folgeprodukte. [...] Eine veränderte Strukturpolitik hatte [ab Ende der 1980er-Jahre] die Weichen gestellt, eine Neu-Industrialisierung zumindest in vielversprechenden Ansätzen umzusetzen und eine vollständige Deindustrialisierung zu verhindern. Hierzu trugen vor allem die neuen Hochschul- und Forschungseinrichtungen bei, aus denen heraus viele kleine innovative Unternehmen gegründet wurden. So entstanden [...] erste High-Tech-Cluster [, in denen] man sich auf Zukunftstechnologien wie Logistik, Mikrosystemtechnik, Informationstechnologie und Biomedizin konzentrierte. So haben sich langsam auch mittelständische Unternehmen einen Platz im Ruhrgebiet erobert, wenn auch immer noch die großen Unternehmen [Energie- und Chemiewirtschaft] dominieren. [...] Trotz positiver Entwicklungen haben es die Nachfolgeindustrien allerdings nicht geschafft, den Beschäftigungsabbau im Industriesektor zu stoppen.

Quelle: Hoppe, W. u.a.: Das Ruhrgebiet im Strukturwandel. Braunschweig 2010, S. 30f

M3 Industrie im Wandel

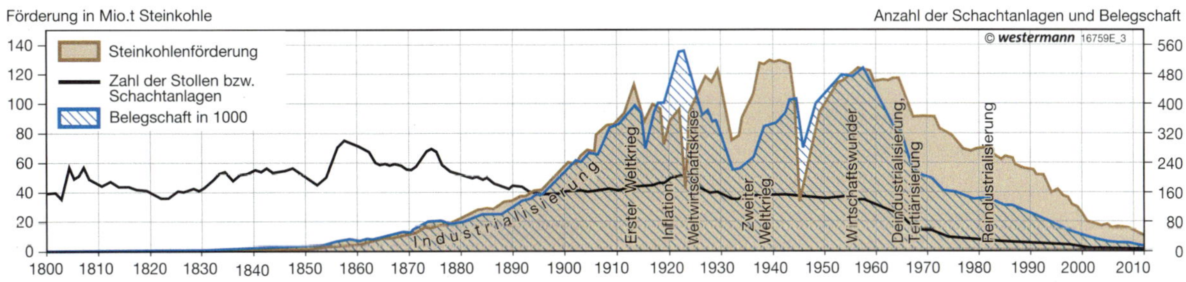

M4* Steinkohleförderung im Ruhrgebiet

- Monostruktur mit Verbundwirtschaft
- Großbetriebe mit jeweils Tausenden von Arbeitsplätzen
- fehlender Mittelstand mit Flexibilität und unternehmerischer Risikobereitschaft
- hohe Umweltbelastung durch Industrie/Siedlungen/ Verkehr
- starke Konzentration von Industrieanlagen und Siedlungen mit Agglomerationsnachteilen durch Flächennutzungskonkurrenz und Mängel in der Infrastruktur
- wenige Bildungs- und Kultureinrichtungen
- fehlende Wachstumsbranchen / Spitzentechnologien
- hohe Subventionsleistungen des Staates

Quelle: Schöpke, H.: Wirtschaftsräume in Deutschland. Braunschweig 2008, S. 74

M5 Merkmale altindustrialisierter Räume

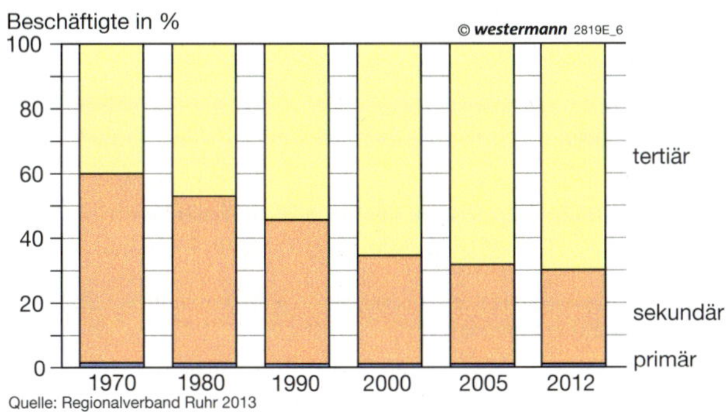

M6 Beschäftigte nach Wirtschaftssektoren im Ruhrgebiet

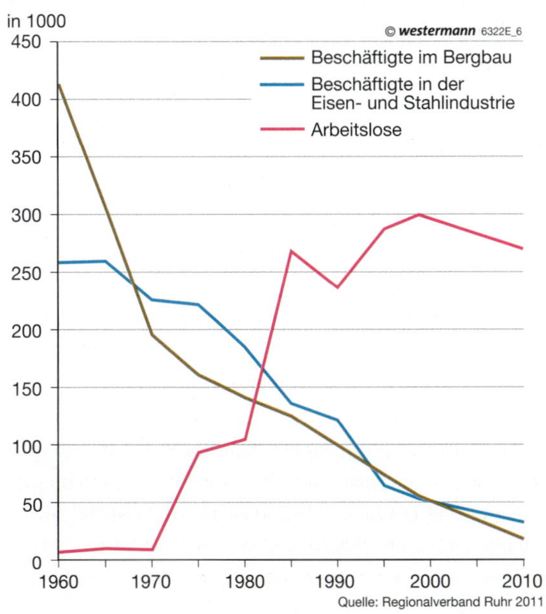

M7 Beschäftigte im Montanbereich des Ruhrgebiets

Die Tertiärisierung des Ruhrgebietes

Von den Kommunen wurden große Anstrengungen zu einer Diversifizierung in den bislang monostrukturierten Räumen unternommen. Neue Industriezweige wurden angesiedelt und neue Erwerbsmöglichkeiten in Bereichen außerhalb der Montanindustrie geschaffen. So förderte man die Ansiedlung von Dienstleistungsbetrieben, von Forschungs- und Entwicklungseinrichtungen, von Gewerbeparks mit hoch diversifizierter Branchenstruktur sowie von Einkaufszentren oder Freizeit- und Sportanlagen. [Heute zählt das Ruhrgebiet zu den Regionen mit der größten Hochschuldichte in Europa.] [...] Ersatz wurde [...] durch Einkaufszentren geschaffen, die heute selbst Kunden aus den Niederlanden und Belgien anziehen (z. B. CentrO Oberhausen). Um die Kernzone ökologisch aufzuwerten, entwarf und verwirklichte der damalige Kommunalverband Ruhrgebiet ein Konzept zur Erhaltung und Schaffung regionaler Grünzüge. Zur Zeit dieser „Internationalen Bauausstellung (IBA) Emscher Park" wurde in den 1990er-Jahren auch der öffentliche Personennahverkehr ausgebaut und ein dichtes Autobahnnetz geschaffen. [...] Alte Gebäude und ehemalige Industriegelände wurden und werden umgestaltet. Sie bleiben der Nachwelt erhalten, sei es ein stillgelegte Hüttenwerk in Duisburg („Landschaftspark Nord"), die 2001 zum UNESCO-Weltkulturerbe erklärte Essener Zeche Zollverein oder der für Konzerte und Ausstellungen umgebaute Gasometer in Oberhausen. Nicht mehr benötigte Hafenanlagen wurden zu Restaurants, Museen, Bürogebäuden und Wohnungen umgestaltet [...].

Quelle: Schöpke, H.: Wirtschaftsräume in Deutschland. Braunschweig 2008, S. 75

M8 Das Ruhrgebiet als Dienstleistungsstandort

M9 Die Zeche Zollverein in Essen war von 1847 bis 1986 als Steinkohlenbergwerk in Betrieb. Heute werden die Anlagen als Teil des UNESCO-Weltkulturerbes genutzt.

Raum- und Strukturwandel eines Altindustriegebietes

Das CentrO Oberhausen – Beispiel für einen gelungenen Strukturwandel?

Der Weg von der Montanindustrie zu einem modernen Dienstleistungs- und Industriestandort war im Ruhrgebiet steinig und ist immer noch nicht abgeschlossen. Kaum eine Industrieregion im Westen Deutschlands hat in den letzten Jahrzehnten einen solchen Strukturwandel erlebt wie das Ruhrgebiet. Das Beispiel des Einkaufs- und Freizeitparks CentrO in Oberhausen zeigt, wie sich ein solcher Wandel vollziehen kann, wie vielschichtig und tiefgreifend die Veränderungen nach der Ära „Kohle und Stahl" sind, aber auch, mit welcher Geschwindigkeit sie ablaufen.

Ⓦ **1.** Stellen Sie den Strukturwandel am Beispiel des CentrO in Oberhausen dar (M1–M4, M7, M8), indem Sie
   A die Veränderungen von 1965 bis heute in einem Text beschreiben.
   B eine Tabelle zu den Veränderungen von 1965 bis heute anfertigen.

2. Kennzeichnen Sie den Aufbau und die Dimensionen des CentrO in Oberhausen (M3–M6, M8).

3. Fassen Sie die Meinungen zum CentrO zusammen und nehmen Sie kritisch Stellung dazu (M5).

4. Beantworten Sie mithilfe der Materialien M1–M8 die Leitfrage: „Das CentrO Oberhausen – ein Beispiel für einen gelungenen Strukturwandel?"

Ⓦ **5.** Recherchieren Sie nach weiteren Projekten, die für den Strukturwandel im Ruhrgebiet stehen, wie zum Beispiel
   A den PHOENIX-See in Dortmund.
   B den Emscher Landschaftspark.

Ⓩ **6.** Sie sind Journalist/in einer überregionalen Tageszeitung. Verfassen Sie einen neutralen Artikel zum CentrO in Oberhausen.

→ Dienstleistungsgesellschaft, Montanindustrie, Strukturwandel (sektoraler, intrasektoraler, regionaler), Wirtschaftssektor (primärer, sekundärer, tertiärer)

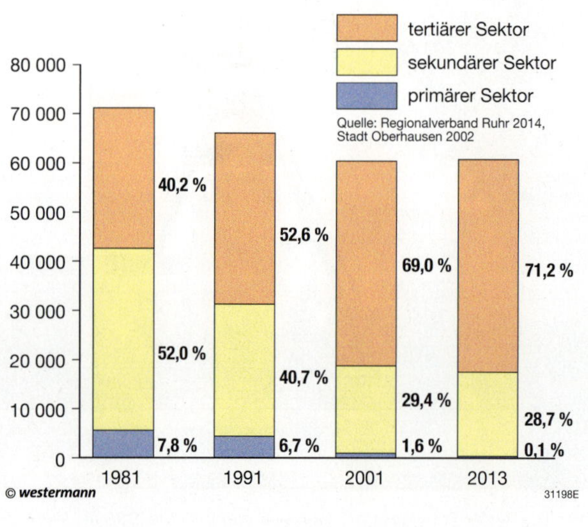

M1 Die Beschäftigtenzahlen nach Wirtschaftssektoren in Oberhausen

1929	Zusammenschluss der Orte Sterkrade, Osterfeld und Oberhausen zur Stadt Oberhausen. Im Zentrum der drei Stadtteile lag das Werksgelände der Gutehoffnungshütte (gegründet 1873)
1968	Übernahme der Gutehoffnungshütte (Eisen- und Stahlproduktion) in Oberhausen durch die Thyssen AG
ab Mitte 1980er-Jahre	Rückgang der Produktion in der Gutehoffnungshütte, sodass die Fläche nur noch in geringem Umfang betrieblich genutzt wurde
1988	Stilllegung des Gasometers
1991	britische Investorengruppe kauft das Areal der ehemaligen Gutehoffnungshütte
24.09.1992	Beginn der Abbrucharbeiten alter Werksanlagen auf einem 83 ha großen Areal der ehemaligen Gutehoffnungshütte
24.09.1994	Grundsteinlegung für das CentrO
12.09.1996	Eröffnung des Einkaufszentrums CentrO
27.09.2012	Eröffnung der Erweiterungsfläche im CentrO (ca. 17 000 m² Verkaufsfläche)

(Quelle: CentrO Management GmbH: Oberhausen – eine Stadt im Strukturwandel. www.centro.de, Zugriff 13.02.2015)

M2 Vom Stahlwerk zur „Neuen Mitte" Oberhausen

Das CentrO ist eines der größten Strukturwandelprojekte des Ruhrgebietes. Es besteht aus verschiedenen Projektteilen – dem Einkaufszentrum, der Coca-Cola Oase, der Promenade, dem Freizeitpark und dem Business-Park. Das CentrO ist das Herzstück der Neuen Mitte, in der Sie auch den Gasometer, die [...] ARENA (mit 12 000 Sitzplätzen), das Multiplexkino CineStar, den Abenteuer Park, das SEA LIFE Oberhausen, das LEGOLAND Discovery Centre, die Marina, ein smart Center und das Metronom Theater finden. Über 250 Einzelhandelsgeschäfte verteilen sich auf zwei Ebenen auf einer Nettoverkaufsfläche von 116 000 Quadratmeter. Auf Grund der gesamten Areal-Größe von 83 ha ist das CentrO das größte Einkaufs- und Freizeitzentrum in Europa. Jährlich wird es hierbei von Millionen Gästen besucht. [...] Für Kunden mit PKW stehen 14 000 kostenlose Parkplätze zur Verfügung. Eine eigens von der Stadt gebaute Verkehrstrasse garantiert eine schnelle und komfortable Anreise mit Bus und Bahn. [...]
Die im mediterranen Stil gestaltete Coca-Cola Oase ist direkt an das Einkaufszentrum angeschlossen. Mehr als 20 Gastronomiestände bieten ein vielfältiges Angebot von Speisen und Getränken. In der Oase finden 1100 Gäste Platz. [...]

Quelle: CentrO Mangement GmbH: CentrO – Daten & Fakten. 11/2014, www.centro.de, Zugriff: 13.02.2015

M3 Das CentrO im Überblick

Gesamt-Investitionsvolumen	
private und öffentliche Mittel	**über 1,15 Mrd. €**
Einkaufszentrum	460 Mio.
Arena Oberhausen	51 Mio.
Freizeit-Park	36 Mio.
Business-Park	153 Mio.
Sportanlage des OTHC	10 Mio.
Promenade mit Multiplex-Kino	51 Mio.
Innenausbau der Mieter und Partner	163 Mio.
Infrastruktur (intern)	64 Mio.
Trasse für den öffentlichen Personennahverkehr	141 Mio.
Ausbau Anschlussstelle Neue Mitte	22,5 Mio.
Verkehrstechnische Optimierung Essener Straße und Erstellung weiterer 2000 Parkplätze P9/P10	11 Mio.

Quelle: CentrO Management GmbH: CentrO – Daten & Fakten. 11/2014, www.centro.de, Zugriff: 13.02.2015)

M4 CentrO – Investitionen seit Baubeginn

„Oberhausen in drei Tagen" heißt eines der Pauschalangebote, die die örtlichen Touristiker jüngst aufgelegt haben. Wer „Oberhausen in drei Tagen" erleben will, muss – abgesehen von einer Rundfahrt über den Rhein-Herne-Kanal – die Neue Mitte scheinbar gar nicht verlassen. [...]
Gut 15 Jahre nach Eröffnung ist das CentrO längst viel mehr als ein Einkaufszentrum. Es ist Kern dessen, was Fachleute ein „Urban Entertainment Center" nennen und Kritiker eine seelenlose Konsumlandschaft. Ein Ballungsraum von Geschäften, Gastronomie, Unterhaltung. [...]
Bei der Stadt Oberhausen betrachtet man das CentrO als ein Vorzeigeprojekt des Strukturwandels. Heute ist aus Oberhausen, der „Wiege der Ruhrindustrie", die Industrie weitgehend verschwunden. Für das CentrO als Job- und Tourismusmotor ist man da dankbar, trotz Wermutstropfen. Der Niedergang der „alten Mitte", den das CentrO sicher befördert hat, ist einer davon. Auch was die Beschäftigung angeht, blieb der Konsumtempel hinter den Erwartungen zurück. Das CentrO gibt die Zahl der entstandenen Arbeitsplätze heute mit 4000 an. Nehme man Zulieferer und andere Dienstleister hinzu, komme man aber in die Nähe jener 10 000, mit denen das Projekt seinerzeit angepriesen wurde. Kritiker sprechen dagegen von Verlagerungen und bemängeln die Qualität der Jobs. [...]
Rund 23 Millionen Gäste kommen laut Management jedes Jahr ins CentrO. Von einer „magnetischen Wirkung" schwärmen die städtischen Touristiker. Dass die Übernachtungszahlen in Oberhausen deutlich ansteigen, schreibt man nicht zuletzt der Neuen Mitte zu. Manch Oberhausener dagegen hadert weiter mit der „Stadt in der Stadt". Das CentrO macht es den Alteingesessenen aber auch nicht leicht, es zu lieben. Als die örtliche Anti-Atomkraft-Initiative nach der Katastrophe von Fukushima ihre regelmäßige Mahnwache vor den Toren des Einkaufszentrums abhalten wollten, weil der dortige „Platz der guten Hoffnung" heute nun mal der meist frequentierte Oberhausens ist, wurde sie brüsk abgewiesen: Privatgelände.

Quelle: Sibum, H.: Das Centro ist das ungeliebte Vorzeigeprojekt Oberhausens. 22.05.2012, www.derwesten.de, Zugriff: 09.11.2014

M5 Das CentrO ist das ungeliebte Vorzeigeprojekt Oberhausens

Verkehrsverbindung

- Direkter Anschluss an die Autobahn A2, A3, A42, A40, A516
- Neue Straßenbahn- und Bustrasse mit eigener Haltestelle
- Fahrzeit zum internationalen Flughafen Düsseldorf: 30 min
- 14 000 kostenlose Parkplätze

Einzugsgebiet

- 3 Mio. Menschen erreichen CentrO in 30 min Fahrzeit
- 12 Mio. Menschen erreichen CentrO in 60 min Fahrzeit
- 30 Mio. Menschen erreichen CentrO in 2 h Fahrzeit
- 60 Mio. Menschen leben im Umkreis von 250 km

Quelle: Knetsch, J.: CentrO Management GmbH: CentrO – Daten & Fakten. 11/2014, www.centro.de, Zugriff: 13.02.2015

M6 CentrO – Verkehrsanbindung und Einzugsgebiet

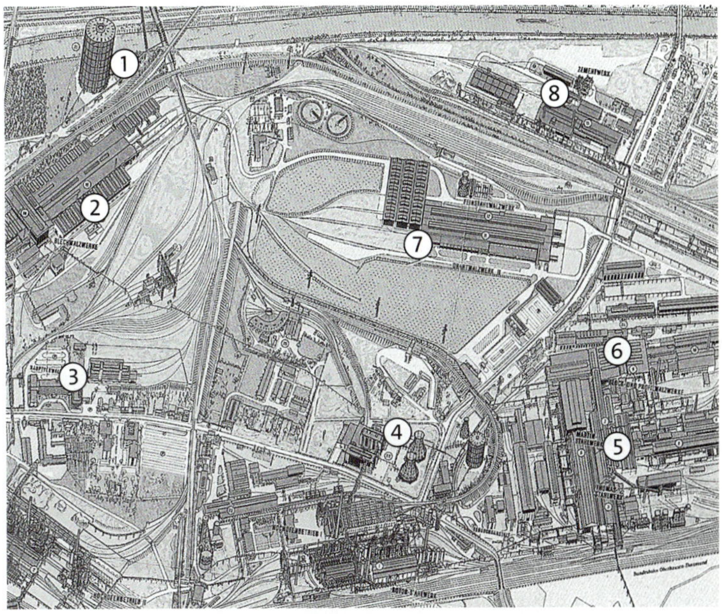

1 Gasbehälter, 2 Blechwalzwerke, 3 Hauptverwaltung, 4 Dampfkraftwerk, 5 Stahlwerke, 6 Block- und Profilwalzwerke, 7 Draht- und Feinwalzwerke, 8 Zementwerk

M7 Oberhausen – Hüttenwerk 1965

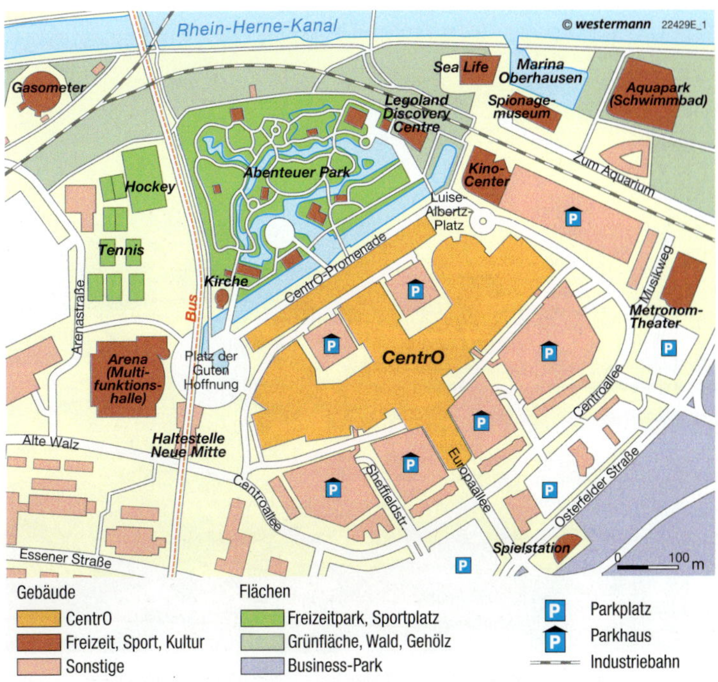

M8* Oberhausen – Einkaufs- und Freizeitpark CentrO 2014

Standortfaktoren und Standortentscheidungen

Die Qual der Wahl

Würden Sie ein Geschäft mit Regenmänteln in der Sahara eröffnen? Wo sollte sich ein Bäcker ansiedeln? Wo würden Sie sich als Besitzer eines Sportladens niederlassen?
Die Wahl des richtigen Standorts kann für den Erfolg eines bestimmten Unternehmens entscheidend sein. Ein Unternehmer wird seinen Betrieb nur dort errichten, wo er wirtschaftlich vorteilhaft produzieren kann. Er muss die Vor- und Nachteile des zukünftigen Standortes genau prüfen. Die Gründe für die Standortwahl eines Betriebes werden allgemein als Standortfaktoren bezeichnet. Wie sehen solche Standortfaktoren für Betriebe aus unterschiedlichen Branchen aus? Treten sie räumlich differenziert in Erscheinung oder sind sie überall in gleicher Weise vorhanden? Verlieren einzelne Standortfaktoren im Laufe der Zeit an Bedeutung?

1. Arbeiten Sie am Beispiel des neu erschlossenen Industriegebietes Star Park Halle A 14 Gründe heraus, warum sich dort ein Industriebetrieb aus der Hightech-Branche niederlassen könnte (M1–M5, Atlas).
2. Erläutern Sie, warum heute in der Regel mehrere Standortfaktoren entscheidend für die Standortwahl eines Unternehmens sind (M3–M6).
3. Stellen Sie die Grundideen der Standorttheorie Webers an einem Beispiel dar und erörtern Sie, inwieweit diese noch heute gültig sind (M7–M8).

Ⓦ 4. Geben Sie mithilfe der Materialien M3–M5 eine begründete Standortempfehlung für
   A einen Zeitungskiosk in Ihrem Schulort.
   B ein Möbelgeschäft in Ihrem Schulort.

Ⓩ 5. Gestalten Sie eine Werbebroschüre zur Ansiedlung eines Industriebetriebes in Ihrem Schulort.

→ Absatzmarkt, Globalisierung, Industriestandorttheorie (nach A. Weber), Standortfaktor (weicher, harter)

M1 Das Industriegebiet Star Park Halle A 14 – Halle (Saale)

Industriegebiet Star Park Halle A 14 – Großflächig, perfekt gelegen, komplett erschlossen.

230 ha aus einer Hand +++ Top-Lage und Top-Infrastruktur +++ maximale Baufreiheit +++ planungs- und rechtssicher +++ kurzfristige Baugenehmigung +++ sofort verfügbar +++ für großflächige Industrieansiedlungen besonders geeignet +++ Förderpriorität

Perfekte Bedingungen für Ihren Produktionsstandort:
Ein ausgedehntes Areal im Wirtschaftsraum Halle, im Zentrum Mitteldeutschlands und in bester Lage: Direkt an der A14, unmittelbar am Interkontinentalflughafen Leipzig-Halle und in der Nähe bedeutender Industrieunternehmen ist der Star Park logistisch und verkehrsstrategisch bestens angebunden. Das Gelände bietet ausgesprochen gute Bau- und Abwicklungsbedingungen, [und] ist technisch komplett erschlossen [...].

Ihrer Vorteile bei der Arbeitsproduktivität:
In der Region sind industrieerfahrene Arbeitskräfte ebenso wie gut ausgebildete Hochschulabsolventen verfügbar. Hier trifft Know-how auf moderate Lohnkosten, kombiniert mit flexiblen 24/7- Betriebszeiten – ideale Voraussetzungen für Ihre Produktivitätseffizienz. [...]

International erfolgreiche Ansiedlungen
IT Solar aus Norwegen und GA Pack aus China haben ihre Produktionszentralen im Star Park errichtet. Sie gelten als Stars ihrer Branche und profitieren vom Spitzenstandort an der Orion- und Polarisstraße. Mit Enka Tecnica, einem Unternehmen das Spinndüsen für die Herstellung von Kunstfasern produziert und einem Logistik-Zentrum von eBay, als Anbieter von eCommerce-Lösungen im Fulfillment-Geschäft, füllt sich der „walk of fame" im Star Park und verstärkt die Leuchtkraft dieser Premium-Location im Zentrum Europas.

Quelle: EVGmbH – Entwicklungs- und Verwaltungsgesellschaft Halle-Saalkreis mbH: Industriegebiet Star Park Halle A 14. www.starpark-halle.de, Zugriff: 17.11.2014

M2 Werbung der Stadt Halle (Saale) für das Industriegebiet Star Park Halle A 14

Bevor sich ein Betrieb an einem Ort ansiedelt, werden die dortigen Konditionen für diesen Betrieb unter die Lupe genommen und bewertet. Diese müssen zwei Bedingungen erfüllen, [...]. Erstens muss der Standortfaktor Einfluss auf die Kosten des Betriebes haben. Es muss am Ort zum Beispiel billiger produziert werden können als anderswo oder zeitliche Vorteile geben. Zweitens muss jeder Standort eigene räumliche Eigenschaften haben. Er muss sich also hinsichtlich der Größe, seines Preises und der Qualität erkennbar von anderen Standorten unterscheiden. Standortfaktoren werden in harte und weiche Faktoren unterteilt. Harte Standortfaktoren sind mehr oder weniger kalkulierbar und schlagen sich unmittelbar in der Bilanz eines Unternehmens nieder. [...] Weiche Standortfaktoren sind nur schwer quantifizierbar und haben nur indirekte Effekte auf den Betrieb. Sie werden durch subjektive Präferenzen geprägt und lassen keine unmittelbare Kosten-Nutzen-Analyse zu.

Quelle: Schöpke, H.: Wirtschaftsräume in Deutschland. Braunschweig 2008, S. 12f

M3 Passt jedes Unternehmen an jeden Ort?

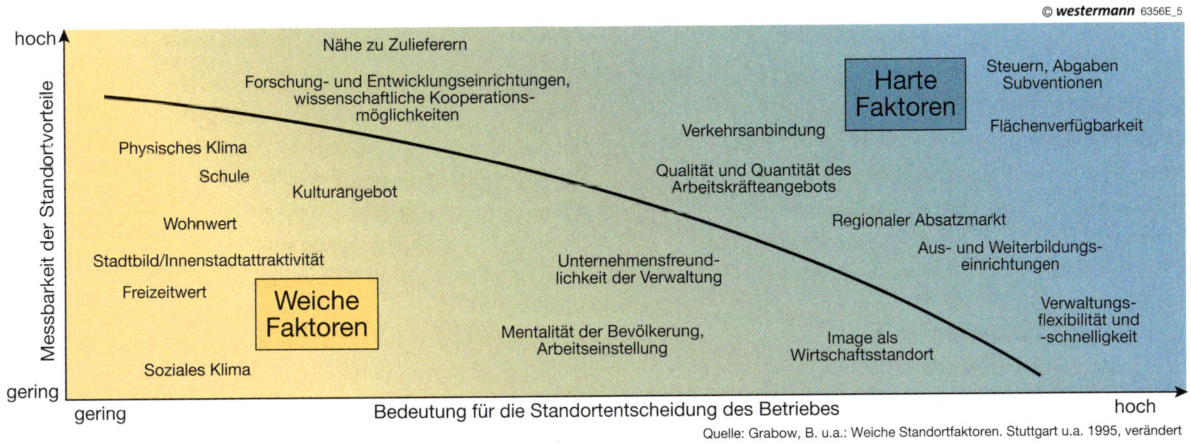

Quelle: Grabow, B. u.a.: Weiche Standortfaktoren. Stuttgart u.a. 1995, verändert

M4 Die Bedeutung der Standortfaktoren am Beispiel der Hightech-Industrie

Harte Standortfaktoren	Weiche Standortfaktoren
– Rohstoffversorgung – Ver- und Entsorgung – Angebot an Flächen und Immobilien – Verkehrsinfrastruktur – Nähe zu Forschungseinrichtungen – Energiekosten – Arbeitskräfte (Quantität, Qualität, Lohnniveau) – Bodenpreis/Immobilienpreis – Marktvolumen – Kaufkraft – Verfügbare Dienstleistungen – Umweltauflagen – Persistenz – Steuern/Abgaben – Staatliche/Kommunale Vergünstigungen – Agglomerationsvorteile/Fühlungsvorteile – politische, ökonomische, soziale Stabilität – Klima	**– personenbezogen** • Wohnqualität (Mieten, Verkehrsanbindung) • Freizeitwert und Naherholungsmöglichkeiten • Bildungs- und Fortbildungsangebot • Kulturelles Angebot • Medizinische Versorgung • Einkaufsmöglichkeiten • Umweltqualität (landschaftliche Schönheit, ökologische Situation) • Mentalität der Bevölkerung (soziale Offenheit, Kinder- und Gastfreundlichkeit etc.) **– unternehmensbezogen** • Image des Standorts • Wirtschaftsklima und Unternehmensfreundlichkeit

© westermann 31521E

M5 Harte und weiche Standortfaktoren

Zu den frühen Standorttheorien aus Sicht eines einzelnen Betriebes zählt die von Alfred Weber von 1909, der [...] die Minimierung der Transportkosten in den Mittelpunkt seiner Überlegungen stellte. Demnach siedelt sich ein Industriebetrieb dort an, wo zwischen Rohstoffvorkommen und Absatzmarkt am kostengünstigsten produziert werden kann. Sind die Materialkosten durch große Verluste an Mengen, Gewicht und Wert bei der Verarbeitung der entscheidende Standortfaktor, so wird der Produktionsstandort dicht an den Rohstoffquellen angesiedelt (rohstofforientiert). Sind jedoch die Transportkosten gering, wird die Absatzlage zur bestimmenden Einflussgröße und der Standort rückt näher an den Absatzmarkt (marktorientiert).
So einfach mag das in der Zeit der frühen Industrialisierung gewesen sein. Im letzten Jahrhundert hat sich die wirtschaftliche Landschaft jedoch gewandelt und mit ihr Standortwahl und Standorttheorien.

Quelle: Schöpke, H.: Wirtschaftsräume in Deutschland. Braunschweig 2008, S. 10f

M7 Industriestandorttheorie nach Alfred Weber

Im Zeitalter der Globalisierung gelten teilweise alte Standortüberlegungen nicht mehr: Die Neuerungen in Kommunikation und Verkehr (z. B. Bedeutungszunahme des Internets, Zunahme des Welthandels), der technische Fortschritt in der Produktion und Organisation (z. B. globale Produktionskonzepte und -netze), Veränderungen des weltpolitischen Rahmens (z. B. Wirtschaftsbündnisse) führen zu einer Neubewertung der Standorte. Infolge der Globalisierung verlagern Unternehmen ihre Standorte ins Ausland, teilweise erfolgt die Produktion an mehreren Standorten. Häufig stellen auch mehrere Unternehmen ein Produkt in einer internationalen Arbeitsteilung her.

M6 Standortfaktoren im Zeichen der Globalisierung

→ Globalisierung

Die Globalisierung ist ein dynamischer Prozess einer weltweiten Integration von Wirtschaftsbeziehungen, der durch die Veränderung politischer, sozialer, institutioneller, technologischer und ökonomischer Rahmenbedingungen ausgelöst worden ist. Die Globalisierung lässt sich durch das Wachstum von Auslands- gegenüber Inlandsaktivitäten messen. Der Bedeutungsverlust politischer Grenzen führt zu einer verschärften globalen Standortkonkurrenz.

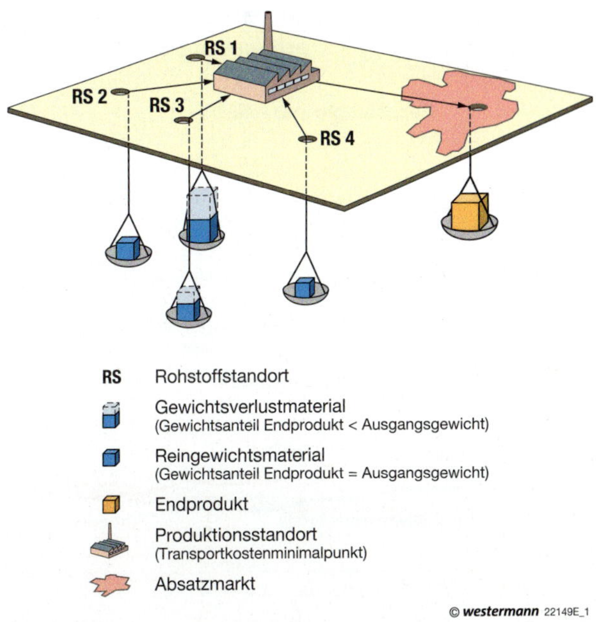

M8* Transportkostenminimalpunkt nach A. Weber

Der sekundäre Sektor – innovativ und global

Die deutsche Textilindustrie – mit Innovationen überlebensfähig

Aus welchen Ländern stammt die Mode in Ihrem Kleiderschrank? In welchen Ländern wurden beispielsweise Ihr T-Shirt und Ihre Jeans produziert? Vermutlich stammen sie aus ostasiatischen oder südasiatischen Ländern.
Zählte Deutschland lange Zeit zu den bedeutendsten Textilstandorten – beispielsweise wurde in Baden-Württemberg und in Ostwestfalen produziert – so sind heute viele heimische Betriebe von der Bildfläche verschwunden. Allein die EU importierte 2012 aus Asien Kleider und Accessoires im Gegenwert von mehr als 45 Milliarden Euro. 42 Prozent aller importierten Kleider stammen aus China und zwölf Prozent aus Bangladesch.
Welche Bedeutung hat im globalen Wettbewerb heutzutage überhaupt noch der Standort Deutschland bei der Textilproduktion? Welche Textilien werden noch in Deutschland produziert?

1. Beschreiben Sie die Entwicklungen in der deutschen Textilindustrie (M1–M5).
2. „Die Entwicklungen in der deutschen Textilindustrie sind eine Frage des Standortes". Nehmen Sie kritisch Stellung dazu (M1–M5).
3. Erklären Sie die Theorie der langen Wellen von Kondratieff (M7).
4. Beurteilen Sie, inwiefern die 6. Kondratieff-Welle bereits angefangen hat (M7).
5. (W) Analysieren Sie die Phasen des Produktlebenszyklus (M6, M8) am Beispiel eines Produktes aus der
   A Textilindustrie.
   B Automobilindustrie.
   C Elektronikindustrie.
6. Erörtern Sie an einem Beispiel, wie ein Produktlebenszyklus verlängert werden kann (M8).
7. (Z) Ordnen Sie den Kondratieff-Zyklen mit ihren Basisinnovationen wichtige Wirtschaftsräume zu.

→ Basisinnovation, Niedriglohnland, Produktlebenszyklus, Theorie der langen Wellen nach Kondratieff

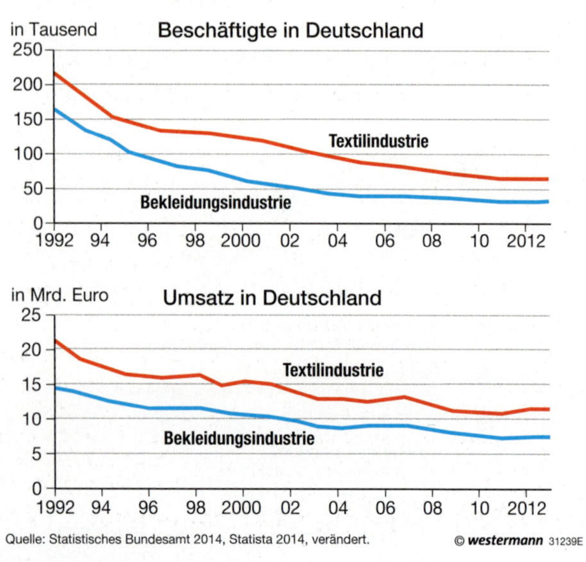

M1 Beschäftigte und Umsätze in der Textil- und Bekleidungsindustrie

Die deutsche Textil- und Bekleidungsindustrie befindet sich seit 1970 in einem nachhaltigen Strukturwandel, der mit einer relativen Verschlechterung ihrer Position auf dem Weltmarkt [...] einherging. Die Zahl der Unternehmen und Beschäftigten ist seit Jahren rückläufig. So verringerte sich die Anzahl der Betriebe von 7704 im Jahre 1970 auf 545 in 2013, ein Rückgang von rund 93 %. [...] Neben den Produktivitätsfortschritten ist die fortschreitende Internationalisierung der Textil- und Bekleidungsindustrie, die in Bezug auf Produktion, Im- und Export unvermindert anhält, eine Ursache für den Produktions- und Beschäftigungsabbau in Deutschland. Treiber dieser Entwicklung ist der durch die internationale Wettbewerbssituation verursachte Kostendruck, dem die Bekleidungsindustrie durch Verlagerung der Produktion ins kostengünstige Ausland (v.a. Mittel- und Osteuropa) zu begegnen versucht. [...] Die deutsche Textil- und Bekleidungsindustrie wird sich in diesem Umfeld auf ihre besonderen Stärken konzentrieren müssen. [...] Starke und innovative Marken und Designs deutscher Textil- und Bekleidungsunternehmen werden weltweit nachgefragt und sind ein Garant für den Erfolg im Außenhandel [...]. Daneben wird in Forschung und Entwicklung investiert. Aufgrund ihrer Flexibilität und Innovationskraft ist es der Textilindustrie in den zurückliegenden Jahren gelungen, ihre Marktposition in zukunftsträchtigen Geschäftsfeldern, z. B. den technischen Textilien, auszubauen und ihren Exportanteil zu erhöhen.

Quelle: Bundesministerium für Wirtschaft und Energie: Textil und Bekleidung. www.bmwi.de, Zugriff: 25.09.2014

M2 Die Textil- und Bekleidungsindustrie im Strukturwandel

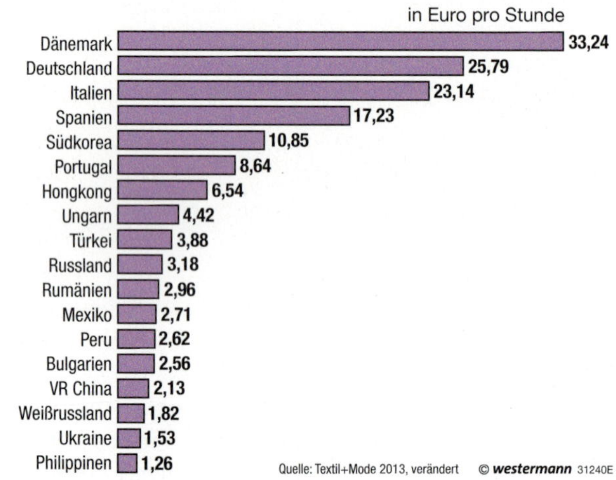

M3 Arbeitskosten in der Textilindustrie (2011)

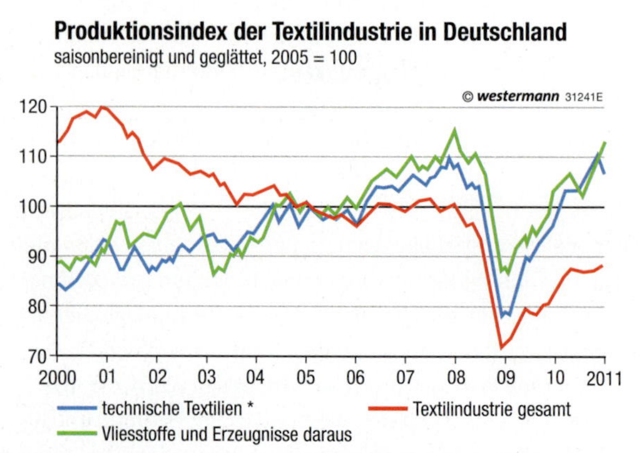

* Nach Abgrenzung des Gesamtverbandes der deutschen Textil- und Modeindustrie zählt Vliesstoff ebenfalls zu den technischen Textilien.
Quelle: DB Research 2011, Statistisches Bundesamt 2011, verändert

M4 Technische Textilien wachsen gegen den Trend

Die deutsche Textil- und Bekleidungsindustrie hat schon frühzeitig erkannt, dass Innovationen einen wesentlichen Beitrag dazu leisten können, neue Wachstumspotenziale zu erschließen, den Kostendruck in der Branche abzumildern und Produktionsstätten auch in Deutschland langfristig erfolgreich zu betreiben. [...] Von besonderer Bedeutung sind dabei die technischen Textilien. Ihr Anteil am Umsatz der deutschen Textilindustrie liegt nach Verbandsangaben bei über 50%. [...]
Die Fertigung technischer Textilien in Deutschland wird dadurch begünstigt, dass viele Abnehmerbranchen vor Ort produzieren und dass die deutsche Industrie besonders gut verschiedene industrielle Sparten für komplexe Produktlösungen integrieren kann; dieser branchenübergreifende Produktionsverbund ist ein strategischer Vorteil Deutschlands gegenüber anderen Standorten. [...]
Die Bandbreite möglicher Anwendungsgebiete für technische Textilien ist immens und wächst stetig. [...] Recht naheliegend ist der Einsatz von technischen Textilien in der Bekleidungsindustrie. Die auf technischen Textilien basierenden Bekleidungsstücke schützen deren Träger vor äußeren Einflüssen [...] oder helfen, die Körperfunktionen zu regulieren (z. B. Schutz- und Arbeitskleidung oder Sportbekleidung). [...] Im Fahrzeugbau werden technische Textilien beispielsweise eingesetzt, um die Sicherheit und den Komfort der Fahrgäste zu erhöhen oder um den Energieverbrauch der Fahrzeuge zu reduzieren. Bekannte Beispiele für technische Textilien in der Automobilindustrie sind der Airbag, Sicherheitsgurte, Sitzbezüge [...].
Quelle: Deutsche Bank Research: Textil und Bekleidungsindustrie. 2011, S. 4ff

M5 Technische Textilien als Wachstumstreiber

Aus Mitte der 1960er-Jahre stammt eine dynamisch-zyklische Standorttheorie. Bei der **Produktionslebenszyklustheorie** (nach Vernon) ist die Standortentwicklung auch der Zeit als dynamischem Faktor unterworfen: Ein Produkt durchläuft verschiedene Alterungsprozesse, in denen der herstellende Betrieb unterschiedliche Standortansprüche stellt und seinen Standort entsprechend verändern kann. Bei der Einführung eines Produkts sind zum Beispiel Fachpersonal und Zulieferer wichtig, sodass der Standort im Heimatland angemessen erscheint. In der Wachstumsphase orientiert sich das Unternehmen auch ins Ausland. Billige Arbeitskräfte und kostengünstige Produktionsbedingungen gewinnen nun an Wert, eine Standortverlagerung ins Ausland ist denkbar.

M6 Produktlebenszyklus

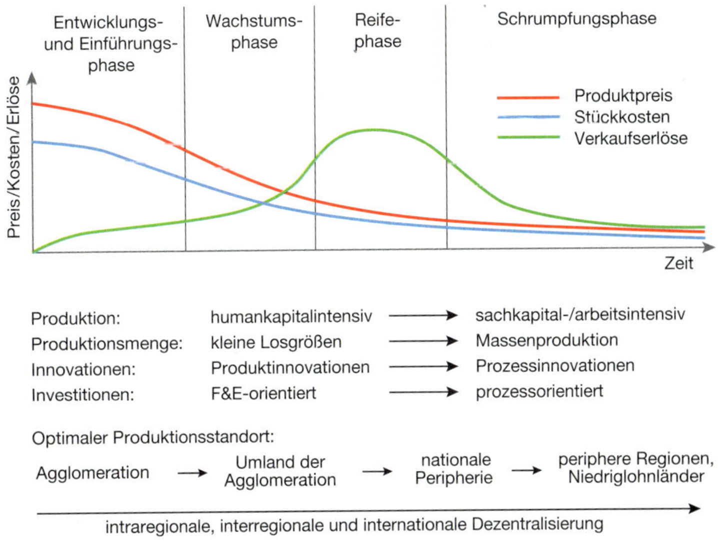

Quelle: E. Kulke: Wirtschaftsgeographie, Paderborn 2013, verändert.

M8* Phasen des Produktlebenszyklus

→ Theorie der langen Wellen nach Kondratieff

In der Vergangenheit führten immer wieder Erfindungen und die durch sie ausgelösten Basisinnovationen zu wirtschaftlichen Aufschwüngen, wie z. B. im 19. Jahrhundert die Spinnmaschine in der Textilindustrie. Technische Innovationen ließen neue Industriezweige wie die Kunststoffindustrie oder die Mikroelektronik entstehen. Aufschwünge bedeuten häufig Abschwünge für andere Bereiche oder sogar den Niedergang von ganzen Regionen. Der russische Wissenschaftler Nikolai Dmitrijewitsch Kondratieff (1882–1938) erkannte, dass diese Innovationsprozesse wellenförmige Phasen wirtschaftlichen Auf- und Abschwungs auslösen. Die Kondratieff-Wellen können sich über mehrere Jahrzehnte erstrecken. Der Abstand, der zwischen dem Auftreten von Basisinnovationen liegt, wird auch als Kondratieff-Zyklus bezeichnet. Dieser scheint sich in letzter Zeit durch schneller aufeinanderfolgende Basisinnovationen zu verkürzen.
Im Laufe der Kondratieff-Zyklen kommt es auch zu einer geographischen Standortverlagerung. Durch eine Basisinnovation bilden sich neue Wachstumsregionen heraus, während die alten Zentren an Bedeutung verlieren. Ebenso wie ein Produkt kann eine Region so einen Lebenszyklus durchlaufen, in dem Einkommen, Beschäftigung und Wohlstand zuerst zu- und später wieder abnehmen.

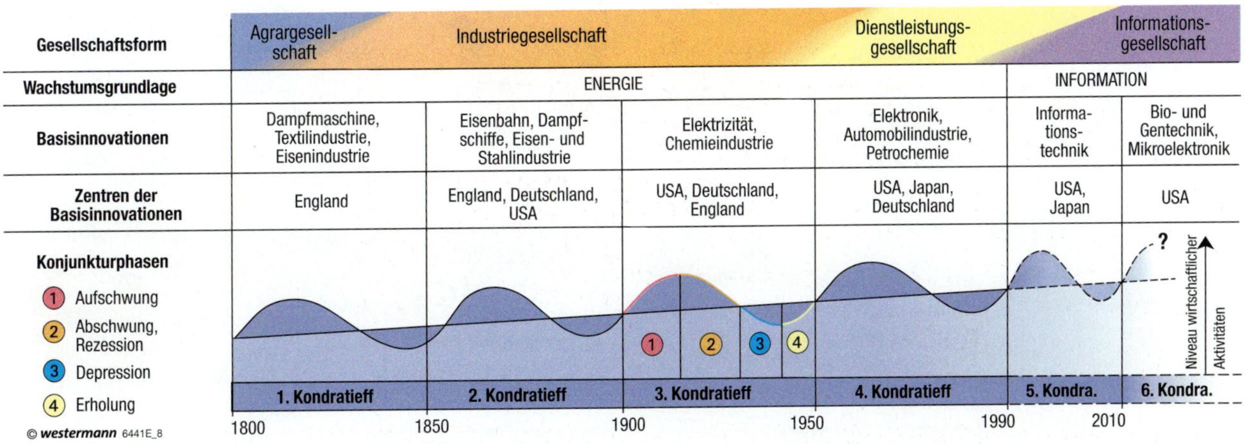

M7 Basisinnovationen geben den Anstoß für Industrialisierungszyklen (Theorie der langen Wellen nach Kondratieff)

Der sekundäre Sektor – innovativ und global

Global Player Volkswagen – Zukunft durch neue Produktionsstandorte?

„Immer größer, effektiver und schneller" lautet ein Motto auf dem Weltmarkt. In diesem Sinne entstehen große Weltkonzerne. Nahezu jedes zweite deutsche Industrieunternehmen will nach einer Umfrage des Deutschen Industrie- und Handelskammertages (DIHK, 2013) im Ausland investieren. Die Auslandsproduktion der deutschen Autoindustrie ist beispielsweise 2012 auf einen neuen Rekordwert gestiegen. Insgesamt wurden 7,8 Mio. Pkw deutscher Marken außerhalb des Landes produziert. Die Unternehmen besitzen Produktionsstätten und Tochtergesellschaften weltweit und können aufgrund ihrer Größe und ihres Kapitals große wirtschaftliche Macht erlangen und unter Umständen sogar Einfluss auf politische Entscheidungen ausüben.

1. Stellen Sie am Beispiel von VW die Strategien und Strukturen eines Global Players dar (M1, M2, Atlas).
2. Erörtern Sie Motive, die das Unternehmen VW veranlasst haben, einen Produktionsstandort im russischen Kaluga zu errichten (M1–M7, Atlas).
3. Ⓦ Diskutieren Sie, welche Vor- und Nachteile der neue VW-Produktionsstandort in Kaluga hat (M3–M7), indem Sie die Perspektive
   - **A** des Werkleiters in Kaluga einnehmen.
   - **B** eines Arbeitnehmers in Kaluga einnehmen.
   - **C** eines Politikers in Kaluga einnehmen.
4. Erörtern Sie kritisch die Leitfrage „Global Player VW – Zukunft durch neue Produktionsstandorte?" (M1–M7).
5. Ⓩ Entwickeln Sie einen Fragebogen, den Sie für eine Betriebserkundung zu dem Thema „Expansion ins Ausland" verwenden können.

→ ausländische Direktinvestition, Global Player, multinationales Unternehmen

→ Multinationales Unternehmen
Multinationale Unternehmen, die sogenannten Global Player, sind Unternehmen, die weltweit mit Tochterunternehmen, Zweigstellen oder Produktionseinrichtungen tätig sind. Zur Gründung von ausländischen Tochterunternehmen sind Direktinvestitionen in den jeweiligen Ländern erforderlich. Die multinationalen Unternehmen nutzen günstige Produktionsbedingungen wie niedrige Löhne, geringe Umweltauflagen, und niedrige Energiekosten, profitieren von Markt- und Kundennähe und verringern Transportkosten sowie Einfuhrzölle.

1937	Gründung der „Gesellschaft zur Vorbereitung des Deutschen Volkswagens mbH".
1947	Start des Exports: Überführung von fünf Limousinen in die Niederlande
1952	Gründung der Verkaufsgesellschaft „Volkswagen Canada Ltd."
1953	Gründung der Verkaufsgesellschaft „Volkswagen do Brasil Ltda."
1955	Niederlassung der Vertriebsgesellschaft „Volkswagen of America, Inc."
1964	Gründung der „Volkswagen de Mexico, S.A. de C.V."
1985	Gründung der „Shanghai-Volkswagen Automotive Company, Ltd." und Produktionsbeginn
1991	Gründung des Joint Ventures FAW-Volkswagen in Changchun (VR China)
2007	Inbetriebnahme des Produktionsstandorts in Kaluga (Russland)
2009	Eröffnung eines neuen Volkswagen-Werks im indischen Pune
2011	Eröffnung des neuen Volkswagen-Werks in Chattanooga/Tennessee (USA)
von 2014 bis 2018	Investition weiterer 1,2 Milliarden Euro in Russland geplant

Quelle: Volkswagen AG, www.volkswagen.de, Zugriff: 17.11.2014

M2 VW – einige Meilensteine auf dem Weg zum Weltkonzern

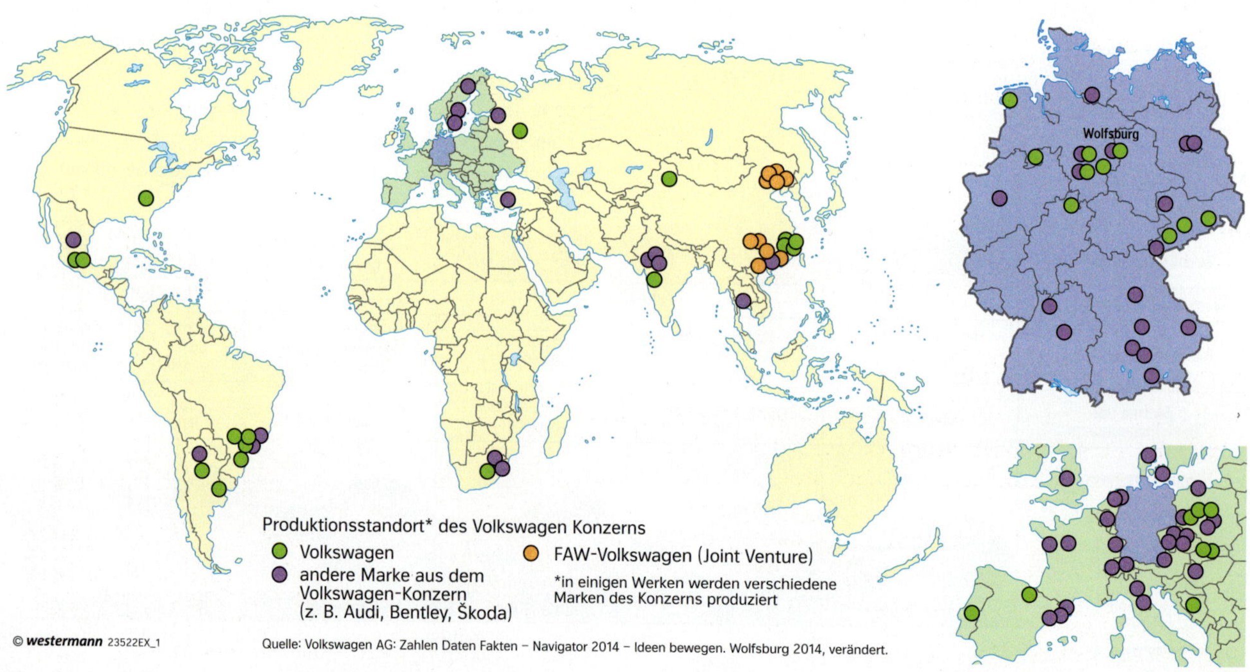

M1 Die Produktionsstandorte des Volkswagen Konzerns (2013)

M3 Fließbandfertigung im Werk Kaluga

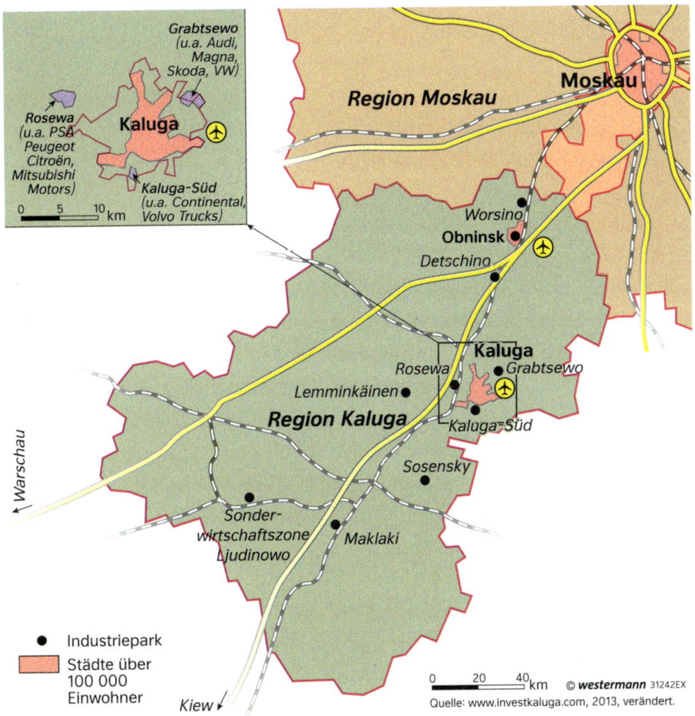

M5 Die Wirtschaftsregion Kaluga

Der Volkswagen Konzern

ist einer der größten ausländischen Automobilinvestoren in Russland. Zwischen 2006 und 2013 sind insgesamt bereits rund 1,3 Milliarden Euro in die lokale Produktion und neue Modelle für Russland geflossen [allein in das Werk in Kaluga rund 170 Kilometer südlich von Moskau investiert der Volkswagen Konzern bis 2018 weitere 1,2 Milliarden Euro].

„Volkswagen in Kaluga

ist mit 5500 direkten Arbeitsplätzen und dem hohen Engagement für Qualifizierung und Ausbildung der Mitarbeiter ein wichtiges Ziel unserer Wirtschaftsdelegationsreise und ein eindrucksvolles Beispiel für erfolgreiches niedersächsisches Engagement in Russland", sagte Ministerpräsident und Aufsichtsratsmitglied Stephan Weil im Rahmen seines Besuches [Nov. 2013]. [...]

Bereits seit November 2007

produzierte Volkswagen am Standort Kaluga Fahrzeuge für den russischen Markt, [um beispielsweise die hohen Importzölle von damals 25 % durch Produktion vor Ort zu sparen. Das Werk, das im Technopark „Grabzevo" angesiedelt ist, erstreckt sich über eine Grundstücksfläche von 400 ha]. Derzeit werden dort drei Modelle von Volkswagen produziert: Volkswagen Tiguan und Polo sowie ŠKODA Fabia. Ende 2012 startete der Konzern zudem die Auftragsfertigung beim Partner GAZ am Standort Nischni Nowgorod. Ab 2015 folgt mit einem neuen Motorenwerk in Kaluga auch eine lokale Komponentenfertigung. Darüber hinaus plant der Konzern, ein Logistikzentrum in der Nähe von Moskau zu errichten.

Die Volkswagen Group Rus

vereint die Aktivitäten der sieben Konzernmarken Volkswagen Pkw, Audi, ŠKODA, SEAT, Volkswagen Nutzfahrzeuge, Bentley und Lamborghini auf dem russischen Markt. Im Gesamtjahr 2012 stiegen die Verkaufszahlen in Russland um 38 Prozent gegenüber dem Vorjahr auf 316 000 Fahrzeuge. Davon wurden rund 175 000 Fahrzeuge am Standort Kaluga gebaut.

Quelle: Volkswagen AG: Volkswagen Konzern produziert 700 000stes Fahrzeug in Kaluga. Pressemitteilung 26.11.2013, www.volkswagen-media-services.com, Zugriff: 24.02.2015

M4 Volkswagen Konzern produziert in Kaluga

Volkswagen hat einem Zeitungsbericht zufolge wegen der Schwäche des Rubels und der Auswirkungen der Ukraine-Krise seine Produktion in Russland zurückgefahren. Im Werk in Kaluga sollen 2014 nur noch 120 000 Fahrzeuge statt der ursprünglich geplanten 150 000 vom Band rollen, wie die Branchen-und Wirtschaftszeitung „Automobilwoche" berichtet hat. [...]

Der Absatz von Volkswagen in Russland schrumpfte bis Ende Juli um 10 Prozent, die Auslieferungen aller deutschen Hersteller waren in den ersten sieben Monaten 2014 um 14 Prozent zurückgegangen. Ein VW-Sprecher wollte den Bericht nicht kommentieren. Er betonte jedoch, dass die Produktion im Werk Kaluga ab Montag für zehn Tage ruhen wird.

Quelle: Industriemagazin: VW fährt Produktion in Russland zurück. 08.09.2014, www.industriemagazin.at, Zugriff: 19.09.2014

M6 VW fährt Produktion in Russland zurück

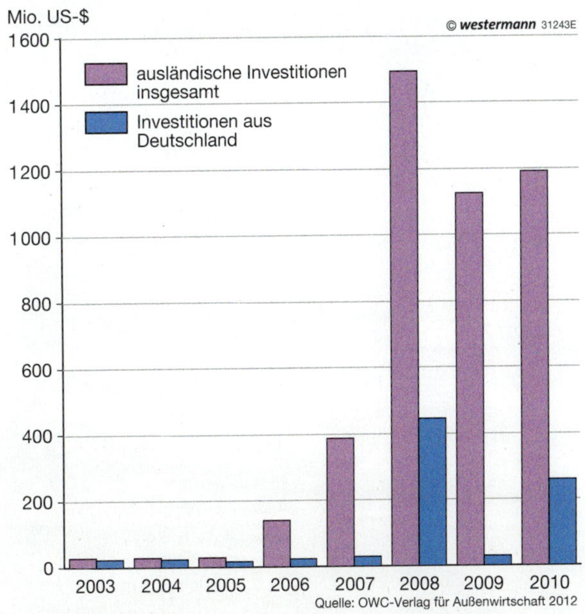

M7 Investitionen aus Deutschland und der Welt in der Region Kaluga

Der sekundäre Sektor – innovativ und global

Bremen – ein deutscher Automobilstandort mit Zukunft?

Die Automobilindustrie gehört zu den wichtigsten Industriebranchen Deutschlands und prägt in einigen Regionen maßgeblich deren Wirtschaftsstruktur. Von diesem Industriezweig gehen nicht nur starke Impulse für Innovation, Wachstum und Beschäftigung aus. Um im globalen Wettbewerb zu bestehen, vollzog sich bei deutschen Automobilherstellern und Zulieferern ein weitreichender Wandel: Produktionsprozesse und -ketten wurden neu organisiert und als Folge wurden unter anderem Standorte in das Ausland verlagert. Welche innovativen Konzepte haben deutsche Automobilkonzerne entwickelt, um im weltweiten Konkurrenzkampf bestehen zu können? Welche Bedeutung hat in dieser globalisierten Welt der Automobilstandort Deutschland?

Ⓦ **1. A** Erläutern Sie Strategien, mit denen Mercedes-Benz in Bremen auf die Herausforderungen des 21. Jahrhunderts reagiert (M1–M6).

B Erstellen Sie eine Mindmap zum Thema „innovatives unternehmerisches Handeln" am Beispiel des Mercedes-Benz Werkes in Bremen (M1–M6).

2. Erörtern Sie Probleme, die im Zusammenhang mit den neuen Produktionskonzepten, wie beispielsweise der Just-in-time-Lieferung, bei Zulieferfirmen und der Allgemeinheit auftreten können (M1–M7, M8).

3. Nehmen Sie kritisch Stellung zur Leitfrage „Bremen – ein deutscher Automobilstandort mit Zukunft?" (M1–M9).

Ⓩ **4.** Erstellen Sie eine Präsentation zum Thema „Zukunft des Automobilstandortes Deutschland".

→ Arbeitsorganisation, Fertigungstiefe, Just-in-sequence, Just-in-time, Lean Production, Wertschöpfung, Zulieferindustrie

M1* Die Stadt in der Stadt: das Mercedes-Benz Werk Bremen

Mercedes-Benz in Bremen

Als größter privater Arbeitgeber ist das Werk tief in der Region verwurzelt. Seit 1978 wurden über 7 Mio. Mercedes-Benz Pkw in Bremen produziert. In den Montagehallen können bis zu fünf Modelle flexibel von einer Linie laufen. Das Werk ist das Kompetenzzentrum für die C-Klasse und steuerte 2014 den weltweiten Anlauf dieser volumenstarken Baureihe.

Quelle: Daimler AG, www.daimler.com

Der Markterfolg gründet sich vorrangig auf die permanente „Modellpflege", weshalb stets technologisch aktuell, wirtschaftlich und ökologisch zunehmend effizientere Pkw-Modelle entwickelt werden. Aber auch die Arbeitsorganisationen (zum Beispiel Gruppenarbeit) und Konzepte der industriellen Produktion machen das Werk zu einer der innovativsten Automobilproduktionen weltweit. Durch Verkürzung und Flexibilisierung der Produktionsabläufe werden bei Mercedes-Benz entbehrliche Arbeitsschritte vermieden und so eine höhere Produktivität bei großer Variantenvielfalt und Qualität erzielt. Dadurch kann unter anderem schnell auf veränderte Marktbedürfnisse reagiert werden. Diese Maßnahmen, die der Strategie „Lean Production" (schlanke Produktion) zuzuordnen sind, schließen alle Unternehmensbereiche ein, vom Einkauf und der Produktionsentwicklung über die Verwaltung und das Management bis zum Betrieb.

M2 Standort moderner Industrieproduktion – Mercedes-Benz Werk Bremen

Die Zulieferindustrie bildet einen wesentlichen Teil der Automobilwirtschaft. Für die Erfolge der Hersteller sind die Flexibilität, Kreativität und Innovationskraft der Zulieferer mit entscheidend. Immer mehr Leistungen bei Produktion und Entwicklung werden von Zulieferern übernommen. Fertigungstiefe und Wertschöpfungsgrad haben sich deutlich verändert, Automobilzulieferer zeichnen mittlerweile für rund drei Viertel der Wertschöpfung eines durchschnittlichen Pkw verantwortlich. Zudem übernehmen auch mehr und mehr Logistikunternehmen die Koordinierung der System- und Einzelteillieferungen, um die Produktion zu optimieren (Just-in-time, Just-in-sequence). [...] In Bremen ist eine stattliche Reihe international renommierter und technologisch führender Zulieferer – genannt seien beispielsweise Hella [Werk für Sensoren], Lear [Werk für Sitzanlagen], [...] oder ZF Services [zentrales Logistiklager]. Hinzu kommen viele Automobilausrüster, Werkstätten und Dienstleister.

Quelle: WFB Wirtschaftsförderung Bremen GmbH: Das Land Bremen: im Automobilbau ganz oben. Bremen 2013, S. 3ff

M3 Automobilzulieferer – Innovation im Team

Werksgründung:	1938
Werksgelände:	1 527 271 m²
Bebaute Grundfläche:	690 781 m²
Anzahl der Mitarbeiter:	12 672 (Stand 2014)
Jahresproduktionszahl:	338 495 Fahrzeuge (Stand 2014)
Produktion:	C-Klasse (Limousine, Kombi, Coupé), E-Klasse (Coupé, Cabrio), SLK, SL, GLK

(Quelle: Daimler AG: www.daimler.com)

M4 Mercedes-Benz Werk Bremen: Daten und Fakten (2014)

M5 Gewerbegebiet Hansalinie (im Vordergrund): Das Werk von Mercedes-Benz liegt nur wenige Kilometer entfernt und ermöglicht so produktionssynchrone Zulieferungen. So werden Just-in-time oder Just-in-sequence System- oder Bauteile direkt ins Werk geliefert. Im Gewerbepark befindet sich unter anderem eine komplette Rohbau-Fertigungslinie von Mercedes-Benz.

Teile und Komponenten eines Fahrzeugs kommen oft aus verschiedenen Kontinenten und werden von den Zulieferbetrieben erst bei Bedarf (Just-in-time oder Just-in-sequence) direkt ans Montageband [...] geliefert. Das erfordert hocheffiziente Schnittstellen zwischen externer Logistik und Produktion [...].
Auf rund 57 000 Quadratmetern bündelt Schenker Montage- und Bauteile von rund 60 Zulieferern für die nahe gelegene Mercedes-Benz Produktion. Rund 280 Mitarbeiter nehmen täglich mehr als 100 Lkw-Ladungen von Lieferanten aus Deutschland und Europa entgegen und lagern Lenkräder, Achsen, Federbeine und andere Komponenten zwischen. Auf Abruf werden die gewünschten Module exakt in der Reihenfolge der Montage zusammengestellt und ausgeliefert. Seit 2007 hat sich die Logistikfläche von DB Schenker nahezu versechsfacht. Im PCC der Daimler AG [Logistikzentrum im Gewerbegebiet Hansalinie] werden auf einer Fläche von 50 000 Quadratmetern produktionsrelevante Montageteile – Scheinwerfer, Fahrzeugaußenspiegel, Fußmatten, Türgriffe, Pedalanlagen, Lenkräder, Verkleidungsteile, Zierleisten und mehr – von mehr als 200 Lieferanten gelagert [...].

Quelle: WFB Wirtschaftsförderung Bremen GmbH: Das Land Bremen: im Automobilbau ganz oben. Bremen 2013, S. 9

M6 Bremen – ein leistungsfähiger Standort der Produktionslogistik

Mit Mercedes ist Bremen Standort einer der stärksten Automobilmarken der Welt. Die Daimler AG hat im Zuge veränderter Märkte ihr Produktionsprogramm neu konfiguriert: Das Werk in Bremen wird die globale Produktion der C-Klasse in vier Werken in Asien, Afrika, Nordamerika und Deutschland moderieren. Bremen wird der Nabel der Mercedes C-Klasse-Welt. Dies wird auch die dynamische Zuliefererindustrie beeinflussen, die in den vergangenen Jahren in Bremen stetig expandiert hat und auf gute Perspektiven blickt. Alle Augen richten sich auf die Wachstumsmärkte in den BRIC-Staaten (Brasilien, Russland, Indien und China).
Folglich ist Bremerhaven immer stärker zu einem Exporthafen geworden, die Autoimporte sind sukzessive zurückgegangen. Asiatische Hersteller etwa haben Produktionen in Osteuropa aufgebaut, beliefern von dort auch die westeuropäischen Märkte [...].

Quelle: WFB Wirtschaftsförderung Bremen GmbH: Das Land Bremen: im Automobilbau ganz oben. Bremen 2013, S. 14

M7 Zukunft des Automobilstandorts Deutschland

Autos, soweit das Auge reicht: Am Auto-Terminal Bremerhaven gibt es Verkehrs- und Stellplätze für rund 120 000 Pkw – davon 45 000 überdacht. Mit einer Fläche von fast einer Million Quadratmeter bilden Kaiserhäfen, Nord- und Osthafen in der Seestadt den größten Auto-Umschlagplatz Europas – mit ausgefeilter Logistik, guten Verkehrsanbindungen und umfassendem Service. [...]
Nirgendwo in Europa werden mehr Fahrzeuge umgeschlagen als in den bremischen Häfen, 2012 waren es 2,2 Millionen. Auch im Weltmaßstab spielt Bremerhaven eine führende Rolle.
Bremerhaven ist ein herstellerunabhängiger, vor allem exportorientierter Automobilhafen. Europäische Hersteller verschiffen ihre Autos von hier aus in die USA, nach Ostasien und in den Nahen Osten. Zudem werden Fahrzeuge aus südostasiatischer Produktion (Japan, Korea) und deutscher Überseefertigung (USA) importiert. [...]
Die bremischen Häfen sind Logistik-Drehscheibe für die gesamte Automobilindustrie. Teile und Bausätze werden von hier aus zu Montagestätten in aller Welt gesandt (Fahrzeug-Teilelogistik). Neben der BLG Logistics Group als führender Automobillogistiker Europas sind ein gutes Dutzend Unternehmen in dieser Sparte tätig [...].

Quelle: WFB Wirtschaftsförderung Bremen GmbH: Das Land Bremen: im Automobilbau ganz oben. Bremen 2013, S. 8

M8 Automobillogistik – Umschlag und Transport

	Pkw-Produktion		Pkw-Exporte		Pkw-Neuzulassungen	
	2000	2013	2000	2011	2000	2013
China	0,6	18,1	0,005	0,5	0,6	18,0
Japan	8,4	8,2	3,8	3,9	4,3	4,6
Deutschland	5,1	5,4	3,5	4,5	3,4	3,0
USA	5,5	4,3	0,9	1,3	8,8	7,6
Südkorea	2,6	4,1	1,5	3,0	1,1	1,2
Indien	0,5	3,1	0,025	0,5	0,7	2,6
Brasilien	1,4	2,7	0,3	0,4	1,2	2,8
Italien	1,4	0,4	0,7	0,2	2,4	1,3
Frankreich	2,9	1,4	3,2	4,3	2,1	1,8
Spanien	2,4	1,7	2,0	1,6	1,4	0,7

Quelle: OICA 2014

M9 Wirtschaftszahlen zum Pkw nach Ländern (in Mio.)

Cluster – die Hotspots der Innovation

Silicon Valley – ein Hightech-Standort mit Zukunft?

Das Silicon Valley, dessen Name auf das bei der Halbleiterproduktion benötigte Silicium zurückgeht, liegt südöstlich von San Francisco im Bereich der südlichen San Francisco Bay und ihrer Fortsetzung im breiten Tal des Santa Clara Valley zwischen zwei Gebirgszügen der kalifornischen Küstenketten.
Aufgrund seines historischen Entwicklungsprozesses gilt das Silicon Valley als der Vorzeigecluster schlechthin. Der Kooperationsraum wurde vor allem durch seine Schnittstellen zwischen Wissenschaft und Wirtschaft zu einem weltweit beachteten Vorbild für Cluster. Die Vielfalt und Vernetzung an Technologie- und Wissenschaftsfeldern vor Ort ist außergewöhnlich groß. Wo liegen die Stärken der Region? Gibt es auch eine Schattenseite der wirtschaftlichen Entwicklung? Was bedeutet diese Konzentration von Betrieben aus der Hightech-Branche für die Menschen, die dort leben?

1. Beschreiben Sie die Industriestruktur des Silicon Valley (M1–M4, Atlas).
2. Nennen Sie die Standortfaktoren der Hightech-Industrie im Silicon Valley (M1–M8, Atlas).
3. Analysieren Sie die Entwicklung und Bedeutung des Silicon Valley als Hightech-Standort (M1–M8).
4. (W) **A** Erarbeiten Sie Stärken und Schwächen des Silicon Valley im Hinblick auf die starke Konzentration von Hightech-Unternehmen (M1–M11, Internet).
   B Führen Sie eine SWOT-Analyse zum Hightech-Standort Silicon Valley durch (M1–M11, Internet).
5. Diskutieren Sie die Leitfrage „Silicon Valley – Ein Hightech-Standort mit Zukunft?" (M1–M11, Internet).
6. (Z) Ordnen Sie das Silicon Valley begründet in die Theorie der langen Wellen von Kondratieff ein.

→ Agglomerationsvorteil/-nachteil, Cluster, Hightech-Branche, Hightech-Region, Wertschöpfungskette

Unternehmen	Jahresumsatz 2013 (in Mio. US-$)	Umsatzveränderungen zum Vorjahr (in %)	Jahresgewinn 2013 (in Mio. US-$)
Apple	173992	+ 6 %	37031
Hewlett-Packard	112093	– 6 %	5306
Google	59825	+ 16 %	12920
Intel	52708	– 1 %	9620
Cisco Systems	47873	+ 1 %	8173
Oracle	37901	+ 2 %	11116
eBay	16047	+ 14 %	2856
Gilead Sciences	11202	+ 15 %	3075
Synnex	10845	+ 5 %	152
Applied Materials	8126	0 %	475
Facebook	7872	+ 55 %	1490
Symantec	6799	+ 1 %	869
Agilent Technologies	6781	+ 2 %	740
NetApp	6393	+ 1 %	614
SanDisk	6170	+ 22 %	1043
Sanmina-SCI	5870	+ 4 %	102
Advanced Micro Devices	5299	+ 2 %	83
VMware	5207	+ 13 %	1014
Yahoo	4680	+ 6 %	1366
Juniper Networks	4669	+ 7 %	440

Quelle: Bloomberg Financial Markets 2014, verändert © westermann 31580E

M1 Die zwanzig größten Computerfirmen nach Umsatz im Silicon Valley

M2 Hightech-Industrie im Silicon Valley

Seinen Anfang nahm das Silicon Valley mit zwei Absolventen der renommierten Stanford University in Palo Alto bei San Francisco, die in einer Garage den Vorläufer des ersten PC entwickelten. Die beiden, William Hewlett und David Packard, gründeten wenig später am selben Standort die Firma Hewlett-Packard, die heute rund 321 000 Mitarbeiter in 170 Ländern beschäftigt. Gespeist durch das forschungsintensive Milieu der umliegenden Universitäten ließen sich weitere Softwareentwicklungsfirmen hier nieder, die die Agglomerationsvorteile des Hightech-Clusters nutzten und in enger Interaktion Forschung und Entwicklung vorantrieben.
Quelle: Waldeck, W.: Angloamerika. Braunschweig 2011, 74f

M3 Wirtschaftsmotor Hightech-Branche – Silicon Valley

Berufszweig	Beschäftigte 2013	Anteil an allen Beschäftigten im Silicon Valley	Veränderungen der Beschäftigten (in %) von 2007 bis 2013	Veränderungen der Beschäftigten (in %) von 2012 bis 2013
Internet & Information services	35356	2,5 %	72,7 %	19,1 %
Software	27333	1,9 %	33,3 %	5,8 %
Technical & Management Consulting Services	25101	1,8 %	31,4 %	9,9 %
Technical Research & Development (incluses life sciences)	32621	2,3 %	22,8 %	5,0 %
Personal Services	14760	1,0 %	22,3 %	3,4 %
Computer Hardware Design & Manufacturing	128155	9,0 %	17,8 %	3,8 %
Healthcare & Social Services	132797	9,3 %	15,8 %	4,2 %

Quelle: www.siliconvalleyindex.org, Zugriff: 20.11.2014

M4* Die am schnellsten wachsenden Berufszweige zwischen 2007 und 2013

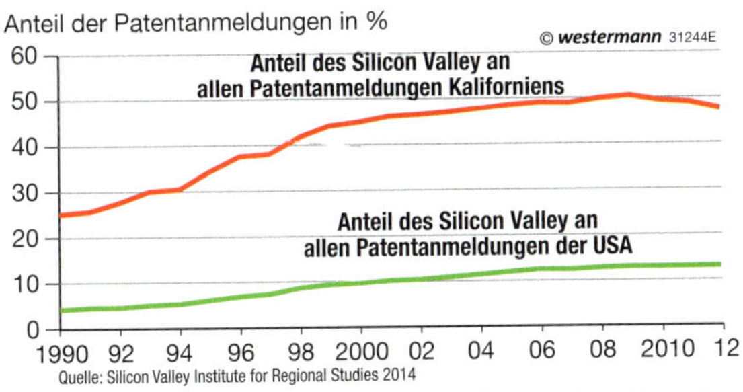

M5 Prozentualer Anteil der Patentanmeldungen des Silicon Valley in Bezug auf Kalifornien (rot) und in Bezug auf die USA (grün)

Sun Microsystems, Inc.	International Business Machines Corp.	Agilent Technologies, Inc.	Marvell International LTD.
Applied Materials, Inc.	Hewlett-Packard Development Co., L.P.	Broadcom Corporation	Genentech, Inc.
Advanced Micro Devices, Inc.	Apple, Inc.	National Semiconductor Corp.	Micron Technology, Inc.
Cisco Technology, Inc.	University of California	Xilinx, Inc.	Stanford University
Intel Corp.	Hitachi Global Storage Technologies Netherlands B.V.	Altera Corporation	LSI Logic Corporation

© westermann 31588E Quelle: Silicon Valley Institute für Regional Studies 2014

M6 Unternehmen mit den meisten Patentanmeldungen (2001–2011) im Silicon Valley

M7 Arbeitslosenquote in Santa Clara County, Kalifornien (1990–2014)

Es gehört zu den grundsätzlichen Problemen von Hightech-Regionen, dass sie sich eine hohe Flexibilität und stetige Innovationsbereitschaft bei der Entwicklung neuer Produkte erhalten müssen, um ihre ökonomische Spitzenstellung dauerhaft zu sichern. Deshalb ist auch das Silicon Valley einem ständigen Wandel unterworfen. Spielte anfangs noch die Produktion von Mikrochips und Computern eine große Rolle, so hat sich die Fertigung von ausgereiften Produkten in Großserien unter dem Druck der hohen Produktionskosten in Niedriglohnregionen der USA oder ins Ausland verlagert. Waren in der Frühzeit noch alle Stadien der Wertschöpfungskette vertreten, so spaltete sich diese bei den großen Firmen zunehmend auf, wobei die wissensintensiven und kundenspezifischen Aufgaben im Silicon Valley verblieben. In der jüngeren Vergangenheit wird die Entwicklung vor allem durch den Aufstieg von Internetdienstleistern wie Google, eBay oder Yahoo bestimmt. Dennoch blieb auch das Silicon Valley nicht frei von Krisenphänomen. Die Krise der „New Economy“ zu Beginn des neuen Jahrtausends führte bis 2004 zu einem starken Einbruch der Beschäftigtenzahlen im Bereich der Informationstechnologie und zu einem deutlichen Anstieg der Arbeitslosigkeit.

Quelle: Laux, H. D., Thieme, G.: Diercke Handbuch. Braunschweig 2008, S. 357

M8 Wandel im Silicon Valley

Der Boom in der Bay Area um San Francisco brachte aber auch Agglomerationsnachteile mit sich. Aufgrund der hohen Nachfrage und des Zuzugs von Personen zählt der Immobilienmarkt von San Francisco zu den teuersten der gesamten USA: Die Mieten haben sich innerhalb kurzer Zeit verdreifacht. Viele Stadtteile, in denen sich mittlere und untere Einkommensschichten auf niedrigem Mietniveau eingerichtet hatten, werden durch moderne Wohn- und Bürokomplexe aufgewertet und die ansässige Bevölkerung somit verdrängt.

Quelle: Waldeck, W.: Angloamerika. Braunschweig 2011, S. 74f

M9 Die Schattenseiten im Silicon Valley

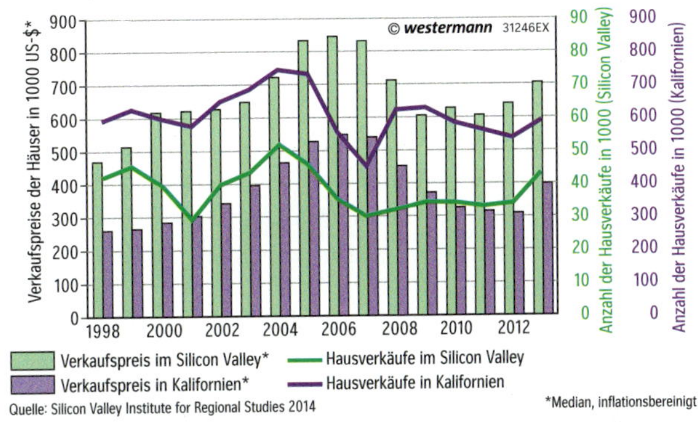

M10 Verkaufspreis von Häusern und Hausverkäufe (absolut) im Silicon Valley

Wo die jungen Mitarbeiter von Google oder Apple hinziehen, schnellen die Mietpreise in die Höhe. Das führt zu sozialen Konflikten rund um San Francisco. Sogar einen Angriff auf einen Google-Bus hat es bereits gegeben.

Am 20. Dezember 2013 eskalierte die lange aufgestaute Wut. Demonstranten hatten an einem Stopp in Oakland einen der klimatisierten Luxusbusse umzingelt, die morgens die Mitarbeiter des Webriesen Google kostenlos in die Zentrale ins Silicon Valley bringen. Steine flogen, eine Scheibe ging zu Bruch, Störer verschafften sich Zugang zum Bus, die Situation drohte außer Kontrolle zu geraten.

Zur gleichen Zeit wurde im Mission Distrikt in San Francisco ein Bus mit Apple-Mitarbeitern aufgebracht. Die meist weißen Busse ohne jede Kennzeichnung mit dunkel getönten Scheiben sind mittlerweile zum Symbol für die Einkommens- und Vermögensungerechtigkeit in den USA geworden. Neben New York ist diese wohl kaum irgendwo so drastisch ausgeprägt wie im Silicon Valley und in San Francisco. Und jetzt auch in Oakland. Eine arme Stadt nur zehn Minuten von San Francisco entfernt. Hierhin flohen alle, die ihre Wohnung in San Francisco verlassen mussten. Doch nun holen sie die jungen Techworker wieder ein und verdrängen sie auch hier.

Jetzt will Google seine Mitarbeiter aus der Schusslinie nehmen. Ab Montag werden morgens zwei Fähren vom Hafen San Francisco die kurze Strecke bis nach Redwood City zurücklegen, von wo aus dann die Fahrt in neutralen Bussen bis nach Mountain View in die Google-Zentrale weitergeht. [...] Seit Montag müssen die Unternehmen auch dafür zahlen, wenn sie ihre Luxusliner an öffentlichen Bushaltestellen Mitarbeiter einsammeln lassen. Das ist kein kleines Problem: Insgesamt 30 Busunternehmer kutschieren mit rund 4000 Bussen ihre Klientel zu den Arbeitsplätzen in der kalifornischen Denkfabrik.

Quelle: Postinett, A.: Der Sozialneid erfasst das Silicon Valley. 09.01.2014, www.handelsblatt.com, Zugriff: 28.09.2014

M11 Soziale Probleme erfassen das Silicon Valley

Cluster – die Hotspots der Innovation

Cluster-Offensive Bayern

Der Begriff des Clusters ist mittlerweile u.a. durch den großen ökonomischen Erfolg mehrerer Hightech-Cluster weitgehend etabliert. Fälschlicherweise wird darunter jedoch häufig nur eine rein räumliche Konzentration von Industrie- und Dienstleistungsunternehmen verstanden, mit der unmittelbar positive ökonomische Effekte verbunden werden. Daraus resultiert die Frage, „welche Merkmale müssen Wirtschaftsräume aufweisen, um als Cluster bezeichnet zu werden?“ Wegen der zahlreichen Standortvorteile und der damit zunehmenden Bedeutung von Clustern sind sogenannte Cluster-Initiativen inzwischen ein beliebtes Instrument der Wirtschafts- und Regionalförderung wie beispielsweise die Cluster-Offensive in Bayern.

1. Reaktivieren Sie Ihr Vorwissen zum Begriff „Cluster“ und werten Sie den Cartoon M1 aus.
2. Ⓦ Erläutern Sie den Begriff „Cluster“ unter Berücksichtigung des Modells „Porter-Diamant“ (M1–M4), indem Sie
   - **A** die Kennzeichen eines Clusters durch eine Mindmap veranschaulichen.
   - **B** über die Kennzeichen eines Clusters einen Text schreiben.
3. Analysieren Sie, inwieweit das Medical Valley in der Europäischen Metropolregion Nürnberg die Kennzeichen eines Clusters erfüllt (M1–M8).
4. Erläutern Sie die Bedeutung von Clustern für die Regionalentwicklung von Räumen am Beispiel des Freistaates Bayern (M6–M8).
5. Informieren Sie sich über ein Cluster in Nordrhein-Westfalen und stellen Sie dessen Organisationsstruktur vor (Internet).
6. Ⓩ Erörtern Sie Argumente, die für oder gegen eine verstärkte Clusterbildung zur Wirtschaftsförderung sprechen.

→ Cluster, Porter-Diamant, Wirtschaftsförderung

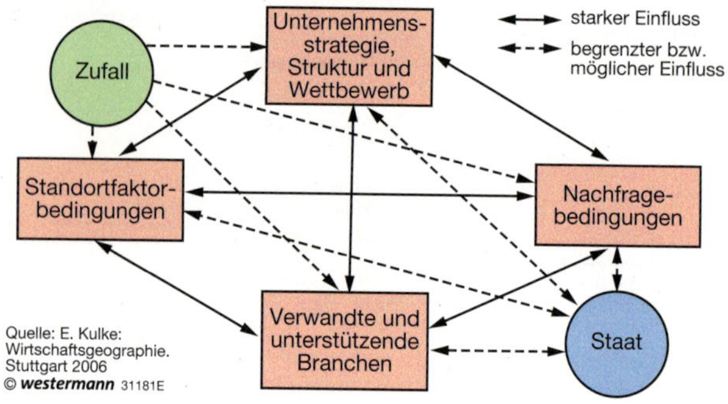

M2* Modell der Standortwahl nach Porter – der „Porter-Diamant“

Das Modell „Porter-Diamant“ (nach E. Porter) dient als Erklärungsansatz für die Innovations- und Wettbewerbsfähigkeit von Unternehmen innerhalb einer Volkswirtschaft. Dafür sind vor allem vier Faktoren von Bedeutung: Vorhandensein von Ressourcen und Infrastrukturen (Standortbedingungen), Präsenz konkurrierender Unternehmen (Unternehmensstrategie, Struktur und Wettbewerb), spezifische Präferenzen anspruchsvoller inländischer Konsumenten (Nachfragebedingungen) und das Vorhandensein verwandter Branchen zum Beispiel in Forschung und Entwicklung, aber auch die Verfügbarkeit von leistungsfähigen Zulieferern und Dienstleistern (Präsenz verwandter und unterstützender Branchen). Zudem können zwei externe Determinanten die vier Faktoren beeinflussen. Zum einen zufällige Ereignisse wie Innovationen oder Konflikte und zum anderen der Staat, der beispielsweise durch Subventionen einwirken kann. Auf den regionalen und lokalen Kontext übertragen begründet dieses Modell die Entstehung von Clustern. Ein Cluster bezeichnet eine räumliche Konzentration kooperierender und rivalisierender Unternehmen und Institutionen (u.a. Forschungseinrichtung, Hochschulen) innerhalb einer bestimmten Branche. Die Akteure des Clusters stehen dabei über Liefer- und Wettbewerbsbeziehungen oder gemeinsamen Interessen in Beziehung zueinander.

M3 Modell der Standortwahl „Porter-Diamant“: Der Cluster

M1* Regionale Wirtschaftsförderung – was Berater versprechen

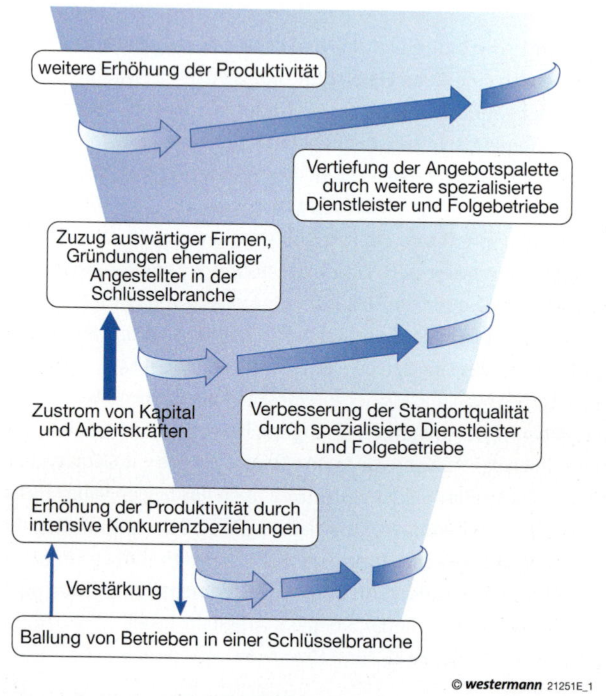

M4 Wachstumsspirale im Cluster

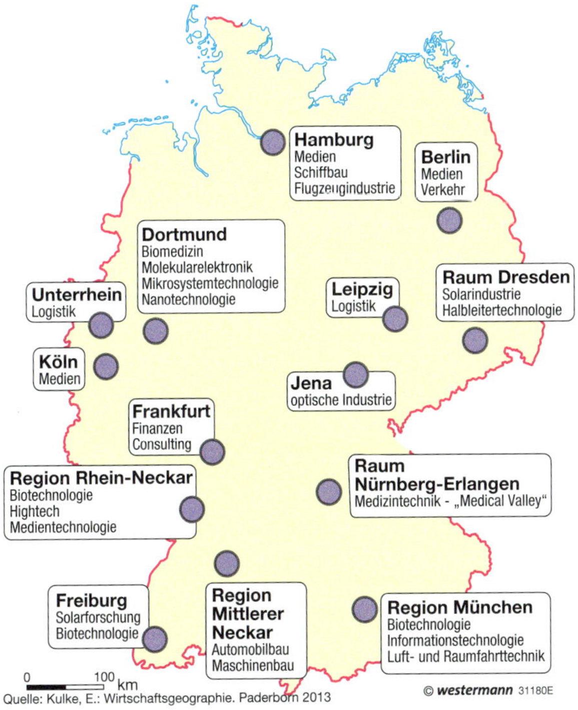

M5 Beispiele für Cluster in Deutschland

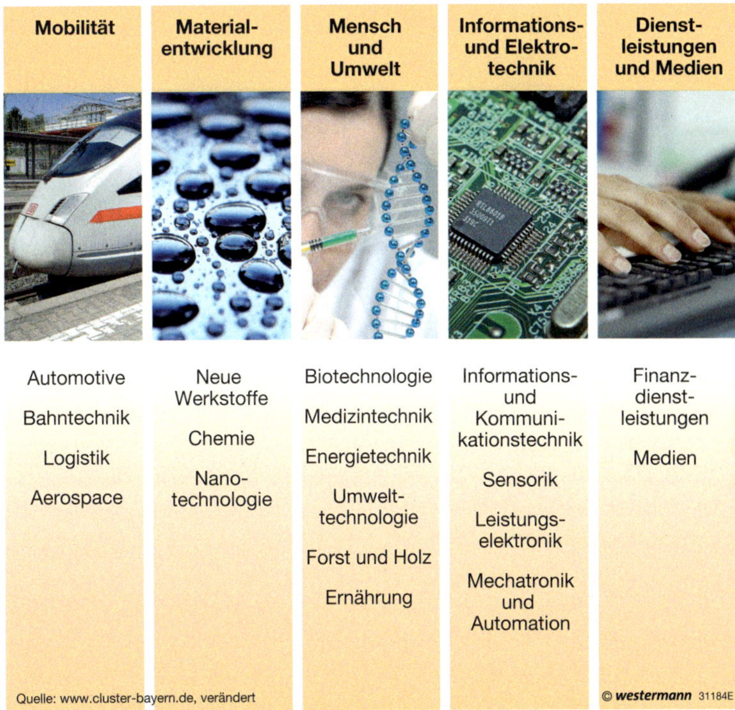

M7 Cluster-Offensive Bayern

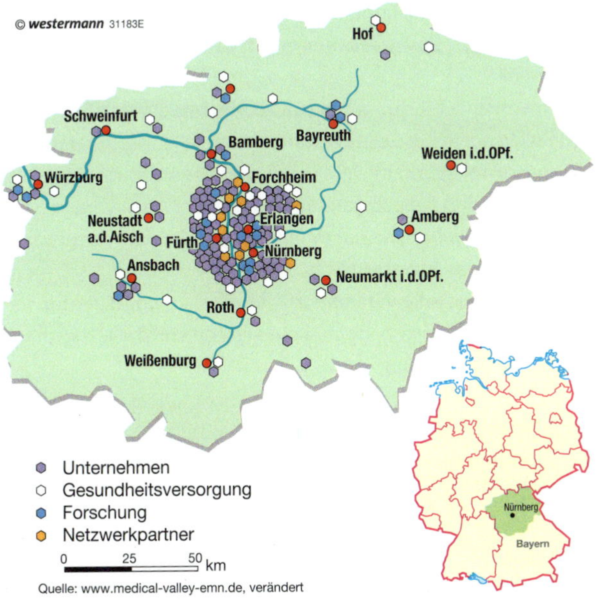

Bayern übernimmt mit über 250 innovativen Unternehmen in der Medizintechnik eine Führungsrolle in Deutschland und Europa. Dabei deckt der Freistaat über 60 % der elektromedizinischen Geräteproduktion und etwa 30 % der gesamten medizintechnischen Produktion Deutschlands ab. Eine hochkarätige medizinisch-klinische Infrastruktur ergänzt die medizintechnische Kompetenz.
Gerade in der Medizintechnik als technologischer Querschnittsbranche sind Kooperationen und Vernetzung von großer Bedeutung. [...] Das Medical Valley Europäische Metropolregion Nürnberg (EMN) ist ein international führender Cluster im Bereich Medizintechnik. Hier sind hoch spezialisierte Forschungseinrichtungen, international führende und zugleich auch viele heranwachsende Unternehmen aktiv. Diese kooperieren eng mit weltweit renommierten Einrichtungen der Gesundheitsforschung im Cluster [...].

Quelle: Bayerisches Staatsministerium für Wirtschaft und Medien, Energie und Technologie, www.cluster-bayern.de, Zugriff: 17.11.2014

M6 Spitzencluster Medical Valley

Der Weg zu Innovation und Wachstum

Der Clusterpolitik liegt der Grundsatz zugrunde, dass die Wettbewerbsfähigkeit von Unternehmen in einer globalen Wirtschaftsordnung auch ganz klar von lokalen Faktoren abhängt: räumliche Nähe, persönlicher Austausch und informelle Treffen. Unternehmen in Clustern sind innovativer und produktiver, weil sie auf ein dichtes Netz von spezialisierten Zulieferern, einschlägigen Forschungseinrichtungen und spezialisierten Fachkräften in räumlicher Nähe zugreifen können. [...]

Wettbewerbsfähiger Mittelstand

„Die Staatsregierung hat die Cluster-Offensive gestartet, um den Clusteransatz vor allem für den bayerischen Mittelstand praktisch nutzbar zu machen. Herausragendes Ziel ist, die Wettbewerbsfähigkeit der Unternehmen zu verbessern. Dafür wurden Clustermanagementteams in 19 besonders bedeutsamen Kompetenzfeldern der bayerischen Wirtschaft eingerichtet. Die einzelnen Clusterteams stärken und erweitern das Netzwerk von Unternehmen, Forschungseinrichtungen, Kapitalgebern und weiteren Dienstleistern. Sie tragen dazu bei, aus Ideen noch schneller als bisher marktfähige Produkte zu entwickeln. Dadurch helfen die Cluster, Arbeitsplätze in allen Landesteilen zu sichern und zu schaffen. [...]

Cluster

Mit der Cluster-Offensive intensiviert die Staatsregierung die landesweite Netzwerkbildung zwischen Unternehmen, Forschungseinrichtungen, Dienstleistern und Kapitalgebern. Die Staatsregierung stellte für den Fünf-Jahres-Zeitraum 2006 – 2011 den Betrag von 45 Millionen Euro zur Verfügung. Für die zweite Förderperiode von 2012 bis 2015 werden insgesamt 21,6 Millionen Euro zur Verfügung gestellt.

Quelle: Bayerisches Staatsministerium für Wirtschaft und Medien, Energie und Technologie, www.cluster-bayern.de, Zugriff: 17.11.2014

M8 Ziele und Struktur der Cluster-Offensive

Tertiärisierung der Wirtschaft

Der Dienstleistungssektor – Wirtschaftsmotor in Deutschland

Industrie- oder Dienstleistungsland Deutschland? Längst ist Deutschland ein Dienstleistungsland. Dienstleistungen erlangen in Deutschland genauso wie in anderen hoch entwickelten Staaten eine immer größere Bedeutung. Sowohl der Anteil der Beschäftigten in diesem Wirtschaftsbereich als auch der Beitrag zum Bruttonationaleinkommen steigen stetig an. Dieser Prozess wird als Tertiärisierung bezeichnet. Zum tertiären Sektor zählen Branchen, die keine materiellen Güter produzieren, sondern immaterielle Leistungen erbringen.
Welche Bedeutung hat dieser äußert heterogene Sektor für die deutsche Wirtschaft? Welche aktuellen und zukünftigen Entwicklungen gibt es im Dienstleistungsbereich?

1. Erstellen Sie eine Liste von Dienstleistungen, die Sie täglich beanspruchen.
2. Beschreiben Sie die Wirtschaftsstruktur Deutschlands unter besonderer Beachtung der Dienstleistungen (M1–M6).
3. (W) Erläutern Sie anhand eines Beispiels mögliche Standortfaktoren eines
   A personenbezogenen Dienstleistungsunternehmens (M4, M7).
   B unternehmensorientierten Dienstleistungsunternehmens (M4, M6, M9).
4. (W) Stellen Sie die Wechselwirkungen des tertiären Sektors mit dem sekundären Sektor am Beispiel der
   A Branchen Handel und Verkehr dar (M4–M7, M9).
   B personenbezogenen und unternehmensorientierten Dienstleistungen dar (M4–M7, M9).
5. Erörtern Sie kritisch aktuelle und zukünftige Entwicklungen im Bereich der Dienstleistungen (M1–M9).
6. (Z) Vergleichen Sie die Entwicklung der Beschäftigten nach Sektoren in Deutschland mit dem Modell von Fourastié.

→ Dienstleistung (personenbezogene und unternehmensorientierte), Outsourcing, Standortfaktor, Tertiärisierung, Wirtschaftssektor (primärer, sekundärer, tertiärer, quartärer)

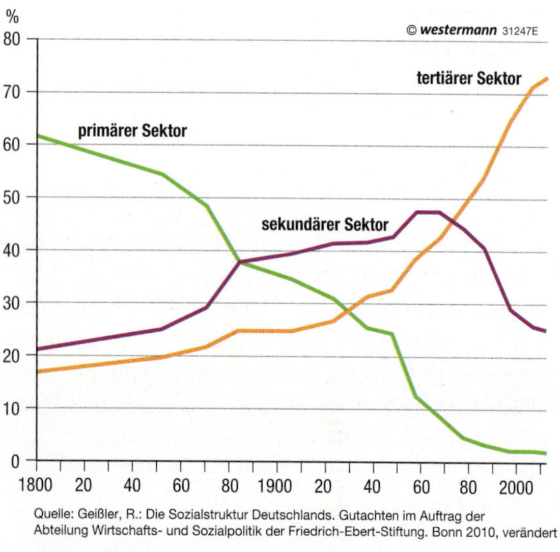

M1 Erwerbstätige nach Wirtschaftssektoren in Deutschland (1800–2012)

M2 Personenbezogene und unternehmensorienterte Dienstleistung

In Deutschland sowie in anderen Industriestaaten hat sich die wirtschaftliche Leistung immer mehr vom primären Sektor über den sekundären Sektor zum tertiären Sektor verlagert. Gründe für den Aufschwung des Dienstleistungssektors (Prozess der Tertiärisierung) gibt es viele. [...] So ersetzte eine verbesserte Technik und Automatisierung im Arbeitsprozess manuelle Tätigkeiten. Gefragt sind heute hoch qualifizierte Mitarbeiter, die entweder in der Forschung kreativ sind oder die Überwachung von Geräten übernehmen, um gegebenenfalls in stockende Arbeitsprozesse reparierend und regulierend einzugreifen.
Mit zunehmender Technisierung und der Entwicklung und Nutzung technisch modernster Geräte gewann aber vor allem auch der Dienstleistungssektor eine immer größere Bedeutung. Mit zunehmendem Einkommen und Lebensstandard wurde der Mensch bequemer und anspruchsvoller und nahm immer mehr Dienste der privaten Dienstleistungen in Anspruch. [...]
Daneben ist auch die Veränderung der Bevölkerungsstruktur von Bedeutung: Mit wachsendem Bildungsstand steigt die Nachfrage nach Kultur und Bildung.

Quelle: Schöpke, H.: Wirtschaftsräume in Deutschland. Braunschweig. 2008, S. 8f

M3 Ursachen der Tertiärisierung

Der Dienstleistungsbereich wird häufig gegliedert nach Art der Nachfrage in unternehmensorientierte Dienstleistungen, die hauptsächlich von Unternehmen nachgefragt werden, und personenbezogene Dienstleistungen, die individuell von den Konsumenten nachgefragt werden. Personenorientierte Dienstleister sind beispielsweise Fitnessstudios, Friseure, Supermärkte. Zu den unternehmensorientierten Dienstleistern zählen unter anderem Sicherheitsdienste, Gebäudereinigung, Logistikunternehmen und Bereiche der Werbung.
Der Dienstleistungssektor umfasst hinsichtlich der von den Beschäftigten ausgeübten Tätigkeiten einfache Dienstleistungen (Tätigkeiten im Einzelhandel oder in der Gastronomie) als auch höherwertige Dienstleistungen, wie beispielsweise Tätigkeiten im Management oder in Rechtsberatungen. Für die einfachen Dienstleistungen ist in der Regel kein hohes Bildungsniveau erforderlich und diese Tätigkeiten weisen meistens ein niedriges Lohnniveau auf.
Die hoch qualifizierten Dienstleistungen werden mitunter auch als quartärer Sektor bezeichnet; dazu gehören beispielsweise Dienstleistungen aus dem Bereich Forschung und Entwicklung.

M4 Die Struktur des Dienstleistungssektors

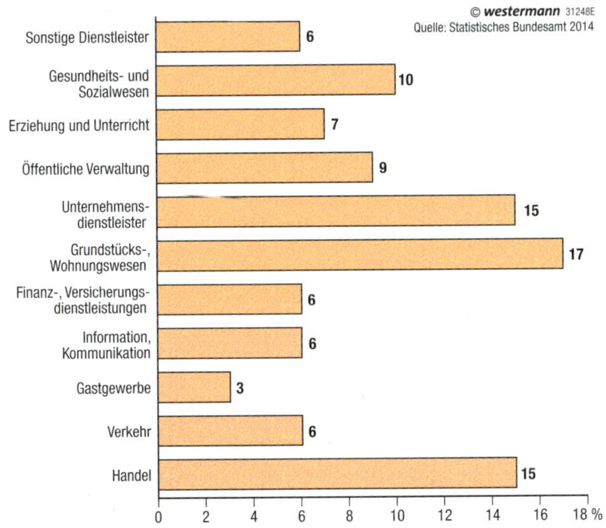

M5* Anteil der Bruttowertschöpfung im Dienstleistungsbereich im Jahr 2013 (in Prozent; insgesamt 2453,8 Mrd. Euro)

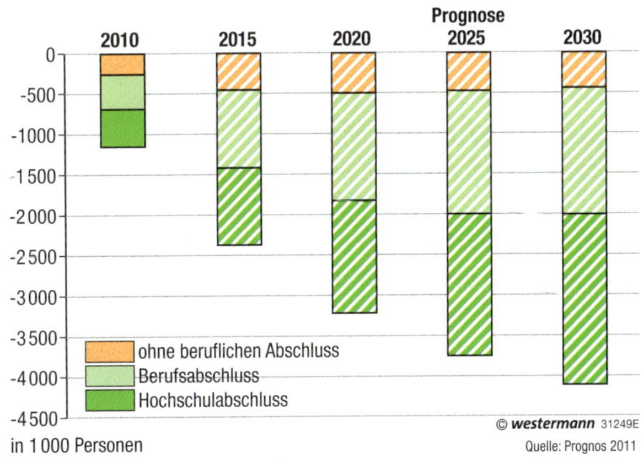

M8 Arbeitskräftemangel im Dienstleistungssektor nach Qualifikation 2010–2030

1. Die Statistik ordnet die Beschäftigten nicht nach ihrer Tätigkeit, sondern nach ihrer Arbeitsstätte zu, sodass beispielsweise ein Jurist einer Anwaltskanzlei zum Dienstleistungssektor, derjenige im Management eines Industriebetriebes zur Industrie gehört. Der Anteil der Dienstleistungsbeschäftigten ist folglich tatsächlich höher als in den Statistiken ausgewiesen. Die Zunahme des Dienstleistungssektors resultiert auch aus der Auslagerung von Tätigkeiten aus Industrieunternehmen: Zur Verschlankung ihrer Betriebe werden insbesondere Dienstleistungen (z. B. Wachdienst, Kantine) in selbstständige Unternehmen ausgelagert [...].
2. Die Globalisierungstendenzen in der Wirtschaft führen zu einer Steigerung der Nachfrage nach unternehmensorientierten Dienstleistungen. So benötigen etwa multinationale Unternehmen eine umfassendere Beratung durch Juristen, Management- oder Steuerberater, um erfolgreich neue Standorte im Ausland zu etablieren. Die Zunahme des Welthandels hat zudem die Nachfrage nach Logistikdiensten erhöht.
3. Die Dienstleister entwickeln auch selbst neue Dienstleistungen und bieten diese auf dem Markt an (z. B. Finanzprodukte) [...].

Quelle: Fischer Weltalmanach 2013, S. 679

M6 Wachstum der unternehmensorientierten Dienstleistungen

Unternehmen beziehen externe Dienstleistungen (Outsourcing) mit dem Ziel, langfristig bessere Wettbewerbspositionen einzunehmen. Dabei sollen hauptsächlich vorhandene Ressourcen ergänzt, neue Potenziale (intern wie extern) besser genutzt und auch Umstrukturierungen umgesetzt werden [fremdbezogene Dienstleistungen sind beispielsweise Reinigungsdienste oder Beratungsleistungen]. Die Absicht, durch Outsourcing Personal abzubauen, wird nur von wenigen Unternehmen verfolgt. Es wird vielmehr versucht, durch Outsourcing die Flexibilität zu steigern, die eigenen Ressourcen konzentrierter einzusetzen, Know-how zu erweitern, Technologiezugang zu erhalten und die eigene Qualität von Produkten und Prozessen zu optimieren. Insbesondere bei anspruchsvollen Dienstleistungen haben die genannten Faktoren einen deutlichen Bedeutungszuwachs erfahren. Gerade die anspruchsvollen Dienstleistungen müssen allerdings auch den sehr hohen Anforderungen der Bezieher dieser Leistungen gerecht werden, was laut den erhobenen Daten nicht immer gelingt. [...]
Wenn anspruchsvolle Dienstleistungen benötigt werden, die hohen Qualitätsanforderungen gerecht werden müssen, wenn spezifisches Know-How gefragt ist und wenn ein hoher Abstimmungsbedarf bzw. eine intensive Zusammenarbeit zur Erstellung nötig ist, werden regionale Anbieter von Dienstleistungen bevorzugt.

Quelle: IHK Region Stuttgart: Outsourcing von Dienstleistungen. Stuttgart 2007, S. 2

M9 Outsourcing von Dienstleistungen

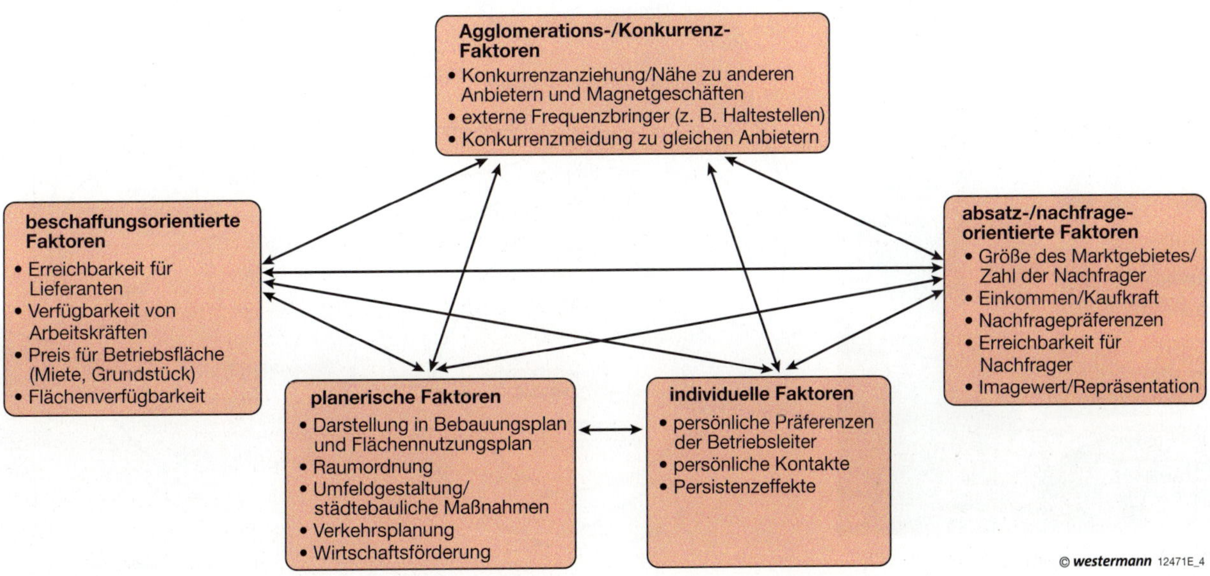

M7 Standortfaktoren personenbezogener Dienstleistungsunternehmen

Tertiärisierung der Wirtschaft

Region Frankfurt am Main – ein Zentrum für Dienstleistungen

In Großstädten wie beispielsweise Frankfurt am Main gibt es ein sehr differenziertes Angebot von personenbezogenen und unternehmensorientierten Dienstleistungen. Frankfurt am Main hat sich insbesondere durch seine hohe Konzentration von Unternehmen der Finanzbranche als der führende Finanzplatz in Deutschland etabliert und zählt zu den wichtigsten internationalen Finanzzentren weltweit. Die herausragende Stellung von Frankfurt am Main ist vor allem durch den starken Bankensektor (größte deutsche Wertpapierbörse), die internationale Ausrichtung der Stadt sowie als Standort europäischer Aufsichtsbehörden geprägt. Diese starke Konzentration hat mittlerweile aber auch starke Auswirkungen auf den peripheren Raum von Frankfurt am Main.

1. Beschreiben Sie Merkmale, die Frankfurt am Main als Finanzzentrum kennzeichnen (M1–M3).
2. Erklären Sie den Cluster des Finanzplatzes Frankfurt am Main (M1–M3).
3. Ⓦ Erörtern Sie mögliche Auswirkungen des Finanzclusters Frankfurt, indem Sie
   - **A** einen Bericht für die Frankfurter Allgemeine Zeitung schreiben (M1–M5, Internet).
   - **B** ein Wirkungsgefüge erstellen (M1–M5, Internet).
4. Erläutern Sie Gründe, die für die Ansiedlung eines Dienstleistungsunternehmens in Eschborn bedeutsam sind (M4, M5, Atlas, Internet).
5. Diskutieren Sie: „Eschborn – ein Standort für unternehmensorientierte Dienstleistungen mit Perspektiven?" (M4–M8).
6. Ⓩ Erstellen Sie einen Steckbrief über das Finanz- und Dienstleistungszentrum Frankfurt am Main (M1–M8).

→ Cluster, Dienstleistung (unternehmensorientierte), Tertiärisierung

Neben London und New York ist Frankfurt am Main einer der wichtigsten Finanzplätze weltweit. Die wirtschaftliche Bedeutung der Region FrankfurtRheinMain ist aus internationaler Sicht eng mit der Bedeutung der Finanzwirtschaft verknüpft. Der Sitz der Europäischen Zentralbank (EZB) verleiht Frankfurt am Main zudem den Status als Euro-Hauptstadt. Daneben sind die Sitze der Bundesbank, der Deutschen Börse und der Bundesanstalt für Finanzdienstleistungsaufsicht (BaFin) in der Region angesiedelt.

Im Vergleich zu anderen deutschen Metropolregionen weist FrankfurtRheinMain die höchste Konzentration an Beschäftigten im Finanzsektor auf […]. Auf mehr als 4 600 Betriebe, zum Großteil Unternehmenszentralen, kommen 138 000 Beschäftigte. Nur in der bevölkerungsreicheren Region Rhein-Ruhr sind absolut mehr Beschäftigte in der Finanzwirtschaft tätig. […]

Betrachtet man die innerregionalen Ballungen des Clusters, fällt zunächst auf, dass sich in der Frankfurter City die größte Beschäftigungskonzentration befindet. Hier kommt die Logik des Finanzplatzes zum Tragen, die sich zunächst an der räumlichen Konzentration der Frankfurter Banken festmachen lässt. Spezialisierte Akteure des Finanzclusters konzentrieren sich in Frankfurt am Main sowie im angrenzenden Main-Taunus- und Hochtaunuskreis. Die Regionalisierung des Finanzclusters wird nicht zuletzt durch den Standortwechsel der Deutsche Börse AG von Frankfurt am Main nach Eschborn verdeutlicht. […]

Die Unternehmen des Finanzwirtschaftsclusters in FrankfurtRheinMain verfügen über ein reichhaltiges Ensemble an öffentlichen und privaten Unterstützungsleistungen. So dient die regionale Hochschullandschaft mit ihren vielfältigen Angeboten im Bereich der Finanzwirtschaft als eine wichtige Basis zur Rekrutierung von Fachkräften.

Quelle: Ebner, A., Raschke, W.: Clusterstudie FrankfurtRheinMain. Frankfurt am Main 2013, S. 51ff

M3 Finanzplatz Frankfurt am Main

M1 Dienstleistungszentrum Frankfurt am Main

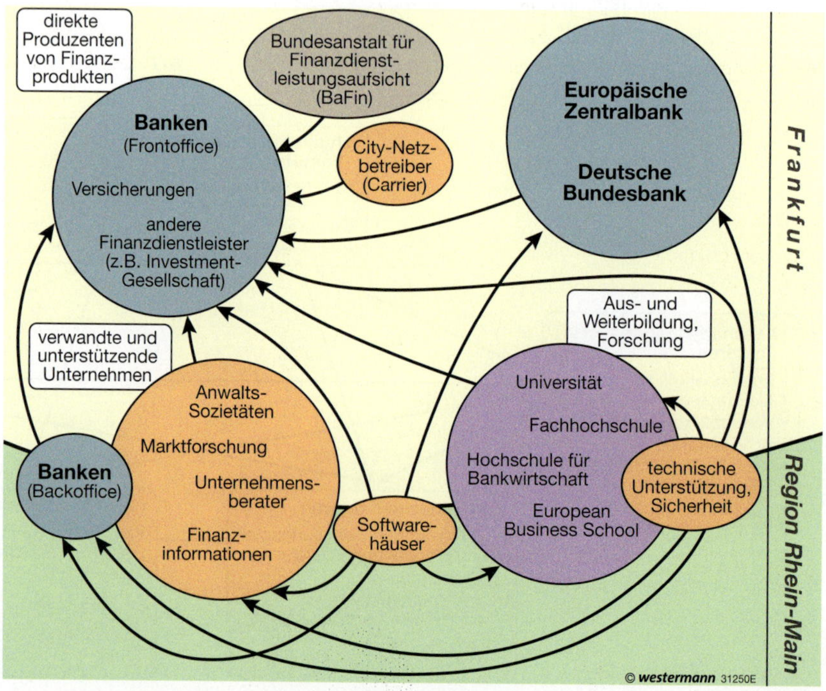

M2* Der Cluster des Finanzplatzes Frankfurt am Main

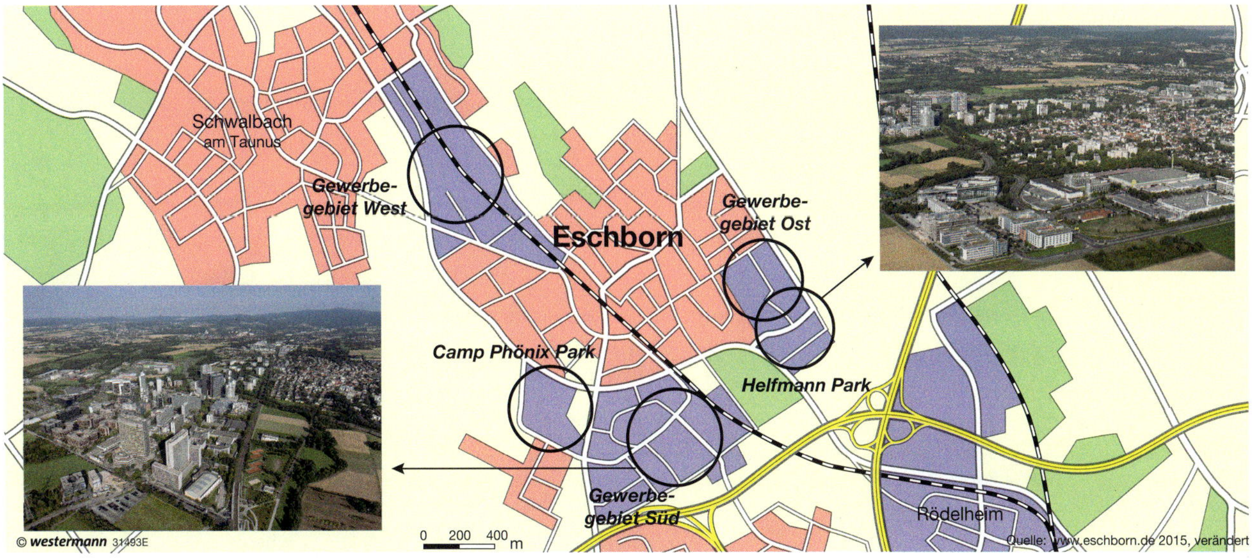

M4 Wirtschaftsstandort für Dienstleistungen in Eschborn

Eschborn liegt am östlichen Rand des Main-Taunus-Kreises in direkter Nachbarschaft zur Kernstadt Frankfurt am Main. Einerseits modernes Büro- und Handelszentrum mit der höchsten Zahl der Arbeitskräfte im Kreis, ist Eschborn andererseits eine Stadt im Grünen mit ländlichem Charakter und attraktiver Wohnqualität.
Das rasche Wirtschaftswachstum im Rhein-Main-Gebiet, knapper werdende Grundstücke in Frankfurt und die äußerst günstige geographische Lage der Stadt ziehen seit Anfang der 1960er-Jahre zahlreiche Unternehmen nach Eschborn. Auch der günstige Gewerbesteuerhebesatz von 280 Prozent begünstigt das Wirtschaftswachstum und den Zuzug internationaler Unternehmen. Die Bedeutung der Wirtschaft für die Stadt spiegelt sich am hohen Gewerbesteueranteil der gesamten Steuereinnahmen wieder.
Die nächsten Autobahnanschlüsse (A 66, A 5) sind circa. 1,5 km, die Frankfurter Innenstadt circa 10 km und der Frankfurter Flughafen circa. 15 km entfernt. Im öffentlichen Nahverkehr ist mit zwei S-Bahn-Linien eine direkte Verbindung bis Darmstadt möglich.
Parallel zu der gewerblichen Entwicklung wuchs die Einwohnerzahl um ein Vielfaches. Es entstanden neue Wohngebiete, Schulen, Sportanlagen, Kindergärten, Spielplätze und Grünanlagen sowie alle sonstigen kulturellen Einrichtungen.
Quelle: Stadt Eschborn, www.eschborn.de, Zugriff: 02.10.2014

M5 Dienstleistungszentrum Stadt Eschborn

Fläche des gesamten Stadtgebiets	12,14 km²
Einwohner 2012	20 486
Beschäftigte 2012	30 828
Zahl der Unternehmen	4 265
Dienstleistungsanteil	97,8 %
Kaufkraft je Einwohner in € (2012)	27 543
Kaufkraftindex 2012 (Deutschland = 100 %)	137,6
Steuereinnahmen in Mio. € (2012)	121,9
Gewerbesteueranteil	83 %
Mietpreis für Bürofläche in €/m²	5,50 – 14,50
Kaufpreis für Gewerbegrundstücke in €/m²	270 – 630

Quelle: Stadt Eschborn, www.eschborn.de, 02.10.2014

M6 Strukturdaten von Eschborn im Überblick

- **Gewerbegebiet Süd:** Das Gewerbegebiet Süd umfasst 50 Hektar und grenzt an die A66 sowie die Bahnlinie. Einen Großteil der 19 000 Arbeitsplätze bieten Unternehmen wie Vodafone, Deutsche Bank AG, BAFA, British Telecom, Deutsche Börse AG, Ernst & Young, Deutsche Telekom, Samsung, Huawei, Infosys, Rödl und Partner [...]
- **Gewerbegebiet Ost:** Bei den 10 Hektar des Gewerbegebiets Ost liegt der Schwerpunkt auf Großmärkten wie SELGROS, Real, [...] Möbel Boss, Reddy Küchen, Aldi sowie Lidl und auch das Zentrallaboratorium der Deutschen Apotheker sowie die Bundesvereinigung Deutscher Apothekerverbände finden hier Platz.
- **Camp Phönix-Park:** Das Gewerbegebiet umfasst 24 Hektar und liegt an der A66. Hier sind unter anderem XXXL Mann Mobilia, NSK-Europe, Autohaus Nix, Sanitär Richter & Frenzel, Rewe, dm-Drogerie, KFC, Aldi, Fressnapf, Vino, denn's Biomarkt, Burger King tätig.
- **Gewerbegebiet West:** Das Gewerbegebiet umfasst 40 Hektar und grenzt direkt an die L3006 sowie die S-Bahnlinie mit zwei Haltestellen. Hier sind unter anderem IBM, Cisco Systems, VR LEASING, Deutsche Telekom, techem, Yaskawa, Monster.de, die Swatch Group Deutschland und die Gesellschaft für Internationale Zusammenarbeit (giz) tätig.
- **Helfmann-Park:** Der 7,7 Hektar kleine, aber moderne Helfmann-Park ist Sitz der Hypothekenbank Frankfurt AG, Compass Group, Accovion, Randstad, St. Jude Medical, Waters, ConCardis sowie von zwei Mercure Hotels.

Quelle: Stadt Eschborn, www.eschborn.de, Zugriff: 02.10.2014

M7 Dienstleistungsstruktur in Eschborn

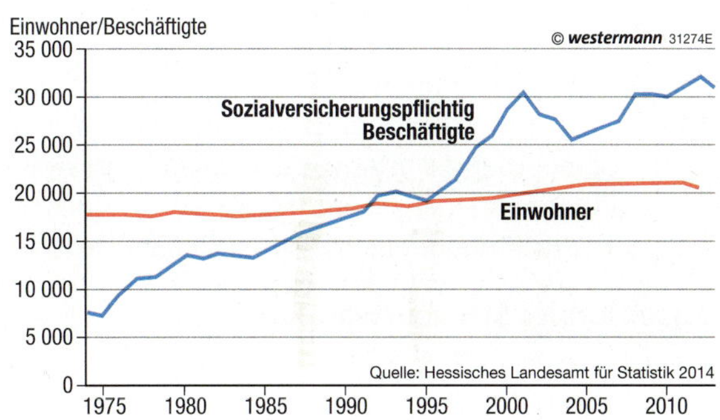

M8 Einwohner und Beschäftigte in Eschborn (1974 – 2013)

Das Wichtigste in Kürze

M1 Wirtschaftsregionen im Wandel: Die 1996 eröffnete Neue Mitte Oberhausen auf dem Gelände der früheren Gutehoffnungshütte ist heute eines der größten und erfolgreichsten Projekte des Strukturwandels im Ruhrgebiet.

Wer wirtschaftlich erfolgreich bleiben möchte, muss sich stetig wandeln. Diese simple Maxime gilt auf allen Ebenen: für Staaten, Regionen, Branchen und einzelne Unternehmen.
Wirtschaftsräume durchlaufen langfristige Entwicklungspfade und sind einem ständigen Wandel unterworfen. Ihre ökonomische Bedeutung, Funktion und demographische Größe im System der Wirtschaftsräume verändern sich ebenso wie ihre innere funktionale Gliederung.

Sektoraler Strukturwandel

Vor wenigen Jahrzehnten hätten die Bewohner des Ruhrgebietes nicht geglaubt, dass sich ihre wirtschaftsstarke Region in einen Problemraum verwandeln würde. Der lange Weg von der alles dominierenden Montanindustrie zu einem modernen Dienstleistungsstandort ist im Ruhrgebiet immer noch nicht abgeschlossen. Seit den 1970er-Jahren haben sich nicht nur die traditionellen Großunternehmen gewandelt, auch eine Menge neuer Unternehmen und Branchen haben sich im Revier angesiedelt. Neben modernen Hightech-Betrieben sind heute vor allem die Gesundheits-, Energie-, Freizeit- und Kulturindustrie sowie die Logistik stark vertreten. Dieser Wandel im Ruhrgebiet zählt als Paradebeispiel für den sektoralen Strukturwandel.
In Deutschland wie auch in anderen Industriestaaten hat sich die wirtschaftliche Leistung immer mehr vom primären Sektor über den sekundären Sektor zum tertiären Sektor verlagert. Dieser Prozess wird als Tertiärisierung bezeichnet. Mit zunehmender Technisierung und der Entwicklung und Nutzung technisch modernster Geräte gewann der Dienstleistungssektor immer mehr an Bedeutung. Mit zunehmendem Einkommen und Lebensstandard wurde der Mensch auch bequemer und nahm immer mehr personenbezogene Dienste in Anspruch. Sowohl der Anteil der Beschäftigten im Dienstleistungsbereich als auch der Beitrag zum Bruttonationaleinkommen steigen stetig an.

Intrasektoraler Strukturwandel

Der Prozess der Tertiärisierung führt nicht nur zu einer Bedeutungsverschiebung zwischen den einzelnen Wirtschaftssektoren, sondern hat gleichzeitig Auswirkungen auf die gesamte Wirtschaft und Gesellschaft. Viele Wirtschaftszweige haben in den letzten Jahren auch einen intrasektoralen Strukturwandel vollzogen, das heißt, dass es auch innerhalb der Sektoren zu Veränderungen gekommen ist. Insbesondere durch die zunehmende Globalisierung gelten teilweise alte Standortüberlegungen von Unternehmen heute nicht mehr: Die Neuerungen in Kommunikation und Verkehr (z. B. Bedeutungszunahme des Internets, Zunahme des Welthandels), der technische Fortschritt in der Produktion und Organisation (z. B. globale Produktionskonzepte und -netze), Veränderungen des weltpolitischen Rahmens (z. B. Wirtschaftsbündnisse) führen zu einer Neubewertung der Standorte. Infolge der Globalisierung verlagern Unternehmen ihre Standorte ins Ausland, teilweise erfolgt die Produktion an mehreren Standorten. Häufig stellen auch mehrere Unternehmen ein Produkt in einer internationalen Arbeitsteilung her.
Innerhalb bestimmter Wirtschaftszweige kommt es vermehrt auch zu einer räumlichen Konzentration miteinander verbundener Unternehmen und Institutionen. Diese sogenannten Cluster (z. B. Silicon Valley, Finanzplatz Frankfurt) beinhalten neben Unternehmen vernetzter Branchen auch weitere für den Wettbewerb relevante Organisationseinheiten (z. B. Universitäten, Behörden). Als räumliche Zusammenballung von Menschen, Ressourcen, Ideen und Infrastruktur stellt sich ein Cluster als hoch komplexes Netzwerk mit dynamischen internen Interaktionen dar. Die Unternehmen erhoffen sich dadurch eine weitere Erhöhung der Produktivität und Konkurrenzfähigkeit.

Regionaler Strukturwandel

Schließlich ändern sich die ökonomischen Strukturen auch innerhalb regionaler Wirtschaftsräume. Dieser regionale Strukturwandel ist dabei oft eine Folge des sektoralen Strukturwandels. Insbesondere ist dies der Fall, wenn in einer Region stagnierende und schrumpfende Branchen gehäuft auftreten.
Der Wandel der Wirtschaft ist ein stetiger Prozess, der heute noch nicht beendet ist und auch in Zukunft immer wieder Auswirkungen auf einzelne Volkswirtschaften, Wirtschaftsregionen, Branchen und Unternehmen haben wird.

Kompetenz-Check

Hier sind alle Kompetenzen, die Sie in diesem Kapitel erwerben konnten, aufgelistet.
Sie können selbst beantworten, wie Sie die Kompetenz beherrschen: ***sicher***, ***mäßig*** oder ***kaum***.

Sachkompetenz

Kann ich		Unsicher? Schlagen Sie nach auf Seite
1.	den Strukturwandel industriell geprägter Räume mit sich wandelnden Standortfaktoren erklären?	58–61
2.	die Reindustrialisierung, Diversifizierung und Tertiärisierung als Strategien zur Überwindung von Strukturkrisen beschreiben?	58–61
3.	Beispiele für harte und weiche Standortfaktoren nennen und den Wandel von Standortfaktoren als Folge technischen Fortschritts, veränderter Nachfrage und politischer Vorgaben erklären?	62–65
4.	die Orientierung moderner Produktionsbetriebe an leistungsfähigen Verkehrsstandorten aufgrund der wachsenden Bedeutung von Just-in-time-Produktion und Lean Production erklären?	66–69
5.	Wachstumsregionen anhand von wirtschaftlichen Indikatoren analysieren?	67–73
6.	wesentliche Voraussetzungen für die Entwicklung von Hightech-Clustern darstellen?	70–73
7.	den fortschreitenden Prozess der Tertiärisierung mit sich verändernden sozioökonomischen und technischen Gegebenheiten erklären?	58–61, 74/75
8.	den tertiären Sektor und seine Wechselwirkungen mit dem sekundären Sektor am Beispiel der personen- und unternehmensorientierten Dienstleistungen darstellen?	74–77

Methodenkompetenz

Kann ich		
9.	mich mithilfe von physischen und thematischen Karten sowie digitalen Kartendiensten orientieren?	66/67, 73
10.	problemhaltige geographische Sachverhalte identifizieren und entsprechende Fragestellungen zum Thema „Wirtschaftsregionen im Wandel" entwickeln?	56–77
11.	unterschiedliche Darstellungs- und Arbeitsmittel, wie z. B. Karten, statistische Daten, Grafiken und Texte, analysieren?	56–77
12.	Modellen allgemeingeographische Kernaussagen entnehmen und diese mit konkreten Raumbeispielen vergleichen?	63, 65, 72
13.	mittels geeigneter Suchstrategien im Internet Informationen recherchieren und diese fragebezogen auswerten?	60/61, 70–73
14.	geographische Informationen grafisch beispielsweise als Wirkungsgefüge darstellen?	58/59, 72/73, 76/77

Urteilskompetenz

Kann ich		
15.	den Bedeutungswandel von harten und weichen Standortfaktoren für die wirtschaftliche Entwicklung eines Raumes beurteilen?	58–65
16.	die Aussagekraft von Modellen (z. B. Theorie der langen Wellen, Produktlebenszyklusmodell, Standorttheorie nach Weber) zur Erklärung des wirtschaftsstrukturellen Wandels beurteilen?	63, 65, 72
17.	die Bedeutung von Wachstumsregionen für die Entwicklung einer Region aus wirtschaftlicher, technologischer und gesellschaftlicher Perspektive beurteilen?	67–73
18.	die Bedeutung staatlicher Institutionen und politischer Entscheidungen für die Ausprägung von Wachstumsregionen und Hightech-Clustern beurteilen?	72–73
19.	die Bedeutung des Bildungswesens für die soziale und ökonomische Entwicklung einer Region erörtern?	70–77

Handlungskompetenz

Kann ich		
20.	mich aktiv und fundiert an Diskussionen beteiligen?	66/67, 70/71, 76/77
21.	Arbeitsergebnisse zum Thema „Wirtschaftsregionen im Wandel" fachsprachlich angemessen und sachbezogen präsentieren?	60/61, 68/69
22.	themenbezogen Elemente von Unterrichtsgängen planen und organisieren?	66/67

Klausurtraining

Die Automobilindustrie im Wandel – das Beispiel USA

1. Lokalisieren Sie die Automobilstandorte in den USA und kennzeichnen Sie deren Entwicklung.
2. Erläutern Sie die Entwicklungen der Automobilindustrie in den USA.
3. Erörtern Sie Zukunftsperspektiven des Automobilstandortes in den USA.

Diese Materialien benötigen Sie ergänzend zur Lösung der Aufgaben:

M1 Atlaskarten nach Wahl

M2 USA – Entwicklung der Automobilindustrie, Diercke Weltatlas (2015), S. 217

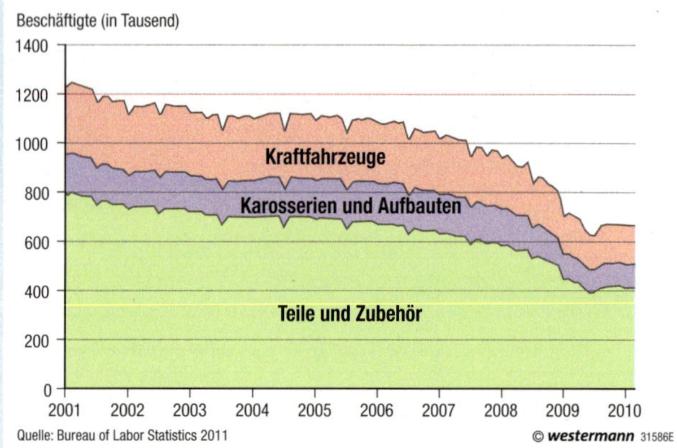

M5 Beschäftigte in der US-amerikanischen Automobilindustrie

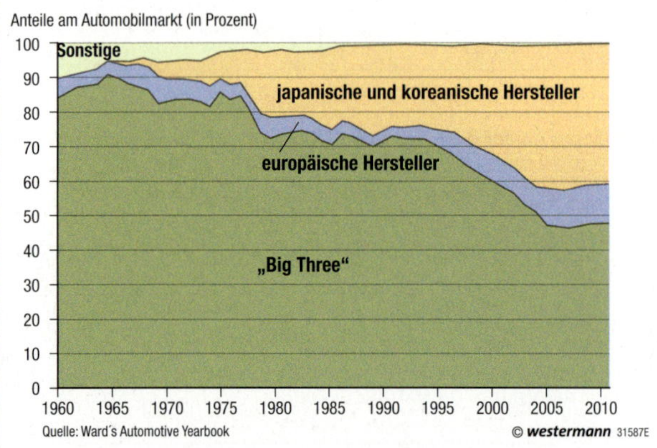

M3 Anteile am Markt für Kraftfahrzeuge in den USA (Big Three – General Motors, Ford, Chrysler)

Bundesstaat	Arbeitslosenquote in %	Beschäftigtenanteil in Gewerkschaften in %	Wochenlöhne von Industriearbeitern in US-$
North Carolina	10,6	3,2	642
Florida	11,5	5,6	755
South Carolina	11,2	4,6	689
Pennsylvania	9,7	4,7	619
Tennessee	8,7	14,7	672
Illinois	10,3	15,5	672
Indiana	10,2	10,9	776
Michigan	12,5	16,5	958
Ohio	10,1	13,7	752

M6 Strukturdaten ausgewählter Bundesstaaten der USA

Die hohe Attraktivität des Südostens für deutsche und andere ausländische Unternehmen der Kfz-Branche hat mehrere Gründe. Die Bundesstaaten betreiben eine ambitionierte Ansiedlungspolitik und bieten gerade für Betriebe, die lokal viele Arbeitsplätze schaffen, attraktive Investitionsanreize. Dazu gehören etwa Steuervorteile, die Bereitstellung günstiger Grundstücke oder die Organisation spezieller Ausbildungsprogramme. Darüber hinaus locken aber auch die verglichen mit anderen Teilen der USA noch recht moderaten Lohnkosten. Ein weiterer Faktor sind die in der Region bereits vorhandenen Branchennetzwerke, die den örtlichen Produzenten und Zulieferbetrieben vielfältige Möglichkeiten eröffnen. [...] Vorteilhaft ist neben der Nähe zu den traditionellen Zentren der US-Automobilindustrie auch die gute Erreichbarkeit von Mexiko, das zusätzliche Optionen zur Auslagerung besonders arbeitskostenintensiver Prozesse bietet. [...] Die Fühlungsvorteile sind somit groß und die Bedingungen für Just-in-time-Produktionen sind [...] auch wegen der guten Verkehrslage günstig. [...] Probleme gibt es in der Region allerdings auch. Stefanie Jehlitschka, stellvertretende Geschäftsführerin der AHK USA-Süd, weist darauf hin, dass die Knappheit an qualifizierten Fachkräften wie auch in anderen Gegenden der USA eine Herausforderung darstellt.

Quelle: Germany Trade & Invest: Automobilindustrie im Südosten der USA setzt Expansionskurs fort. 05.03.2013, www.gtai.de, Zugriff: 01.02.2015

M4 Der Automobilstandort im Südosten der USA

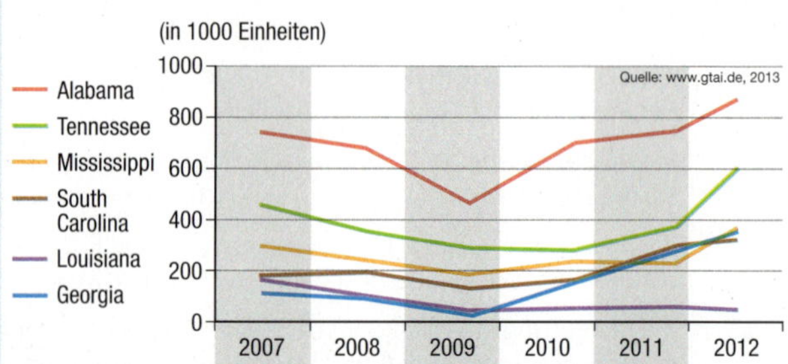

	2007	2008	2009	2010	2011	2012
Summe	1933,9	1623,6	1113,8	1576,1	1971,9	2541,4
Veränderung der Produktion gegenüber dem Vorjahr	-15,8 %	-16,0 %	-31,4 %	41,5 %	25,1 %	28,9 %
USA gesamt	10584,9	8520,9	5611,8	7636,2	8470,9	10140,8
Anteil der 6 Staaten an der US-amerikanischen Leichtfahrzeugproduktion	18,3 %	19,1 %	19,8 %	20,6 %	23,3 %	25,1 %

* Pkw und leichte Lkw (SUVs, Pick-ups) bis 6,35 t

© westermann 31585E

M7 Produktion von Leichtfahrzeugen* im Südosten der USA (in 1000 Einheiten, Veränderungen und Anteile in %)

BMW-Chef Norbert Reithofer ruft die Politik trotz teils harter öffentlicher Kritik dazu auf, zügig das Freihandelsabkommen zwischen Europa und den USA zu verabschieden. „Handelsbarrieren verursachen hohe Kosten", sagte der Vorstandschef auf der Konzern-Hauptversammlung in der Münchener Olympiahalle. „Sie passen nicht ins 21. Jahrhundert. Sie passen schon gar nicht zu der Realität in den beiden Automobilmärkten USA und Europa." [...]
Die Automobilindustrie würde durch das Freihandelsabkommen stark profitieren. Autohersteller wie BMW produzieren für einen globalen Markt. So bauen die Münchener aktuell alle Sportgeländewagen im US-Werk Spartanburg. Werden diese Fahrzeuge nach Europa exportiert, werden zehn Prozent Zölle fällig. Das fällt bei BMW schwer ins Gewicht. Denn Sportgeländewagen werden immer beliebter.

Quelle: Tauber, A.: BMW pocht auf Freihandelsabkommen mit den USA. 15.05.2014, www.welt.de, Zugriff: 01.02.2015

M8 BMW pocht auf Freihandelsabkommen mit den USA

M12 Spartanburg überholt Dingolfing – Die größte BMW-Fabrik steht demnächst in South Carolina. Der bayerische Autohersteller will bis 2016 eine Milliarde Dollar in den Ausbau seines US-Standortes investieren.

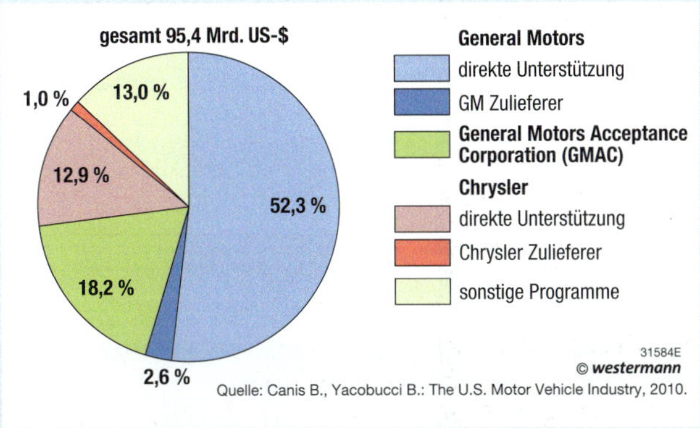

M9 Unterstützungsprogramme der US-Regierung für die Automobilindustrie von 2008–2009 (in Mrd. US-$)

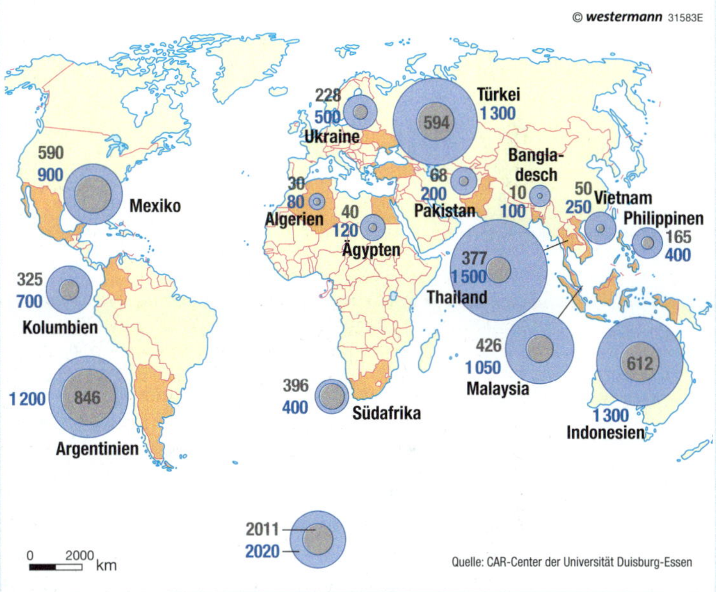

M13 Die Automärkte der Zukunft

Antriebsart	2011	2012	Jan. – Mai 2013	Veränderung Jan. – Mai 2013 (im Vergleich zum Zeitraum Jan. – Mai 2012 in %)
Hybrid	269,2	434,5	212,7	16,1 %
Clean Diesel	101,6	125,5	48,1	-5,0 %
Plug-In-Light Vehicles*	17,8	53,2	32,7	129,9 %

*Plug-in-Hybrids sowie reine Elektromobile

M10 Absatz von Leichtfahrzeugen mit alternativen Antriebstechnologien (in 1000 Einheiten)

Akteur	Investitionssumme	Projektstand	Anmerkungen
General Motors	1,3	Ankündigung im Dezember 2013	Ausbau und Modernisierung von fünf US-Werken. Fast 500 Mio. US-$ davon sind für Ausrüstungen zur Produktion einer neuen 10-Gang-Automatikschaltung in Romulus (Michigan) vorgesehen. Investition von 322 Mio. US-$ in die Entwicklung kraftstoffsparender Motoren
Ford	1,1	Mitte 2013 verkündet	Ausbau und Modernisierung eines Werkes in Kansas City (Missouri)
Fuji Heavy Industries (Marke Subaru)	0,4	Investment zur Jahresmitte 2013 vorgestellt	Kapazitätserweiterung in Lafayette (Indiana)
Toyota	0,36	Pläne im Frühjahr 2013 veröffentlicht	Fertigungslinie zur Produktion der Luxuslimousine „Lexus ES" in Georgetown (Kentucky)

Quelle: www.gtai.de

M11 Wichtige Investitionsprojekte in der KFZ-Industrie in den USA (in Mrd. US-$)

IV Förderung von Wirtschaftszonen

Notwendig im globalen Wettbewerb der Industrieregionen?

Projektpräsentation der Lekki Free Trade Zone
nahe der nigerianischen Stadt Lagos

Länder und Regionen global in Konkurrenz

→ Freihandelsabkommen, regionale Integration, Sonderwirtschaftszone

Die Wirtschaftsregionen der Erde stehen zunehmend untereinander im Wettbewerb um Investitionen und um Kapital. Es hat sich ein Wettlauf der Standorte entwickelt, der Nationalstaaten und Regionen unter Erfolgsdruck setzt. Vor allem multinationale Unternehmen als wichtige Treiber der Globalisierung der Wirtschaft suchen immer wieder neue und kostengünstige Standorte, um Märkte zu erschließen und Kosten zu senken. Stimmen die Bedingungen für die Unternehmen nicht mehr, wird der Standort ins nächstgünstigere Land verlagert. Die einzelnen Länder weisen sehr deutliche Unterschiede in Wettbewerbsfähigkeit und in Standortbedingungen auf. Dadurch haben sie unterschiedliche Voraussetzungen zur Teilnahme an der Globalisierung.

Um im Wettbewerb der Regionen den eigenen Standort attraktiver zu machen und Kapital anzuziehen, führen Regierungen unterschiedliche Maßnahmen zur Wirtschaftsförderung durch. Dazu richten sie zum einen Sonderwirtschaftszonen ein, wodurch Direktinvestitionen aus dem Ausland angezogen werden sollen. Die erste Sonderwirtschaftszone entstand bereits 1959 in Shannon/ Irland. Seither hat das Konzept weltweite Verbreitung gefunden. Zum anderen betreiben viele Staaten eine aktive Außenhandelspolitik: Man verstärkt die regionale Integration. Das heißt, man schließt Freihandelsabkommen oder schließt sich zu Wirtschaftsbündnissen zusammen, um den Handel und den Kapitalverkehr zu vereinfachen und dadurch zu steigern. Oder man schottet das eigene Land zum Beispiel durch Zollgesetze gegenüber dem Ausland ab, um so die eigene Industrie vor ausländischer Konkurrenz zu schützen.

Sind diese Strategien erfolgreich? Welche Vor- und Nachteile bringen sie den Beteiligten? Diesen Fragen wollen wir in diesem Kapitel nachgehen.

M2 Fertigung in einer Sonderwirtschaftszone in Südchina

- Sonderwirtschaftszone (SWZ)
- Free Production Zone (FPZ)
- Exportproduktionszone (EPZ)
- Freihandelszone / Free Trade Zone (FTZ)
- IT-Zone
- Industriezone
- Finanzdienstleistungszone

M3 Sonderwirtschaftszonen – viele Begriffe, ähnliche Bedeutung

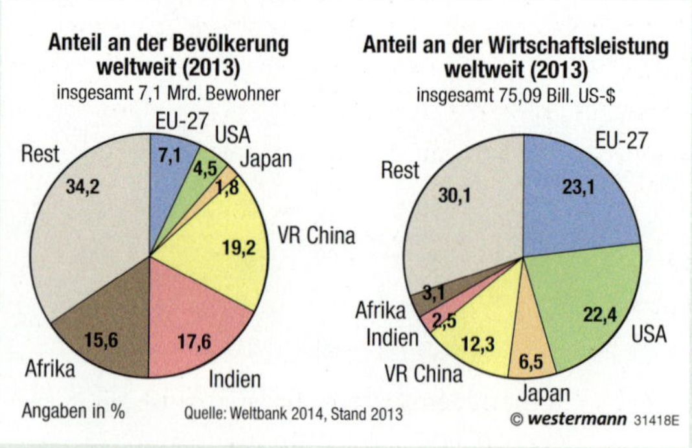

M4 Bevölkerung weltweit und Wirtschaftsleistung im Vergleich

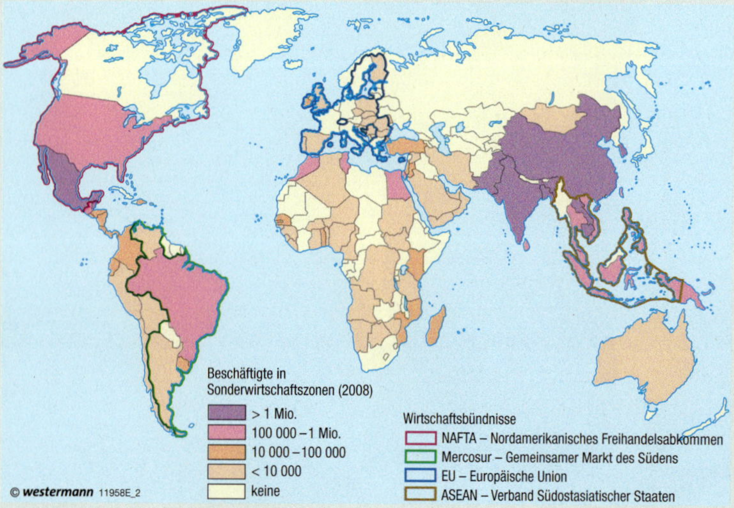

M1 Weltkarte der Wirtschaftszonen und der Beschäftigten in Zonen

Rang 2013/2014	Land	Rang 2012/2013
1	Schweiz	1
2	Singapur	2
3	Finnland	3
4	Deutschland	6
5	USA	7
6	Schweden	4
7	Hongkong	9
8	Niederlande	5
9	Japan	10
10	Großbritannien	8
29	VR China	29
60	Indien	59

(FAZ-Institut für Management-, Markt- und Medieninformationen GmbH: Außenwirtschaft. Jahrbuch 2014. Frankfurt am Main, S. 77)

M5 Rangliste der globalen Wettbewerbsfähigkeit

Sonderwirtschaftszonen haben keine einheitliche Struktur. Es bestehen große Unterschiede in den Erscheinungsformen und den Anreizpaketen, die Unternehmen geboten werden. Dies erschwert verallgemeinernde Aussagen über diese Zonen. Aus dem deutschen Wort geht hervor, dass es sich um besondere Gebiete handelt, die sich vom Rest der Wirtschaft eines Landes unterscheiden. [...]
Um ausländisches Investitionskapital in ihr Land zu holen, haben Regierungen überall auf der Welt Sonderwirtschaftszonen (SWZ) eingerichtet. Die Internationale Arbeitsorganisation (ILO) schätzt ihre Zahl mittlerweile auf über 3 800 in 130 Ländern. In ihnen werden – mehr oder weniger gezielt – transnationale Unternehmen angesiedelt, die in der Regel für den Export produzieren. Die Regierungen versprechen sich davon Beschäftigungseffekte, Wachstumsimpulse für die heimische Wirtschaft und Zugang zu Technologien.
Den Firmen werden in diesen Zonen vielfältige „Investitionsanreize" geboten. Dazu zählen die kostenfreie Bereitstellung von Infrastruktur, Zollbefreiung für Im- und Exporte, eingeschränkte Gewerkschaftsrechte, niedrige Umwelt- und Sozialstandards sowie diverse steuerliche Vergünstigungen. Meist garantieren die Regierungen den Investoren eine vollständige Steuerbefreiung (Tax Holidays) für mindestens fünf bis zehn Jahre. Auch danach werden ihnen häufig wesentlich niedrigere Steuern auferlegt als den einheimischen Unternehmen, die für den Bedarf im eigenen Land produzieren.
Aus entwicklungspolitischer Sicht problematisch ist darüber hinaus die Tatsache, dass Kapital und Gewinne aus Sonderwirtschaftszonen in der Regel ungehindert abfließen können. Wenn die Karawane der Investoren weiterzieht, um ihr Kapital in einem anderen Land zu noch günstigeren Bedingungen anzulegen, kann die ökonomische Gesamtbilanz für das ursprüngliche Land daher sogar negativ ausfallen.

Quelle: DGB Bildungswerk BUND u.a.: Sonderwirtschaftszonen: Entwicklungsmotoren oder teure Auslaufmodelle der Globalisierung? 2010, S. 4f

M6 Sonderwirtschaftszonen

- Staatlich getragene externe Infrastrukturkosten
- Beratungs- und Verwaltungskosten
- Soziale Opportunitätskosten für Boden und Infrastrukturen
- Wert entgangener Einnahmen aus Steuern und Zöllen durch Errichtung von Wirtschaftszonen:
  1. lediglich Verlagerung bereits bestehender Unternehmen ohne Betriebserweiterung
  2. Mitnahmeeffekt: Ausmaß, bis zu welchem ein neuer Investor seine Aktivitäten auch ohne ein Wirtschaftszonenprojekt begonnen hätte

(Quelle: Weltbank: Chinese Investments in Special Economic Zones in Africa: Progress, Challenges and Lessons Learned. Washington 2011, S. 36)

M7* Entwicklungskosten von Wirtschaftszonen für Staaten

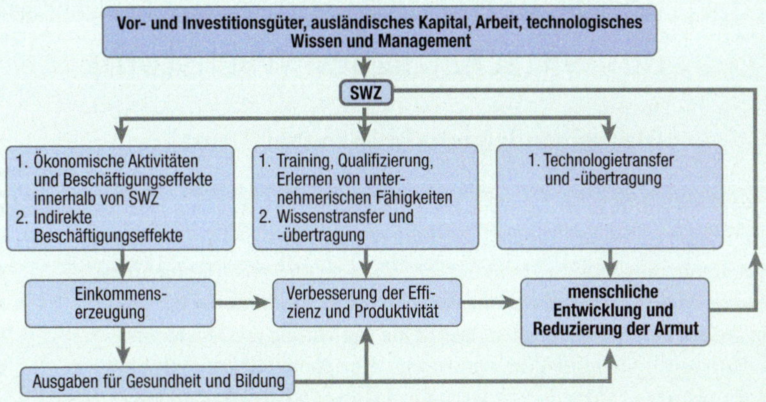

Quelle: Aggarwal, A.: Impact of Special Economic Zones on Employment, Poverty and Human Development. ICRIER Working Paper No. 194, 2007

31417E
© westermann

M8 Wirkungszusammenhang zwischen Wirtschaftszonen und der sozioökonomischen Entwicklung

- ***Freihandelsabkommen***: schrittweiser Abbau aller Zölle und Kontingente zwischen Partnern. Unterschied zur ***Zollunion:*** Mitglieder behalten Autonomie bei Handelspolitik gegenüber Drittstaaten
- ***Zollunion***: zusätzlich gemeinsame Zollpolitik gegenüber Drittstaaten
- ***Gemeinsamer Markt:*** Freihandel sowie ungehinderte Mobilität der Produktionsfaktoren Arbeit, Boden und Kapital
- ***Wirtschaftsgemeinschaft (oder Wirtschaftsunion):*** geht über gemeinsamen Markt hinaus. Abstimmung der nationalen Wirtschaftspolitik zwischen Mitgliedern

M9 Stufen regionaler Integration

Sonderwirtschaftszonen in vielen Ländern haben sich auf arbeitsintensive Produktionsbereiche und die Herstellung standardisierter Produkte für den Export konzentriert. Internationale Unternehmen verlagern besonders arbeitsintensive Teile des Produktionsprozesses oder fertigen vollständig an Standorten mit geringen Lohnkosten, aber auch schlechten Arbeitsbedingungen, niedrigen Umwelt-, Sicherheit- oder Sozialstandards, wie z. B. in Bangladesch. Dazu zählen die Bekleidungs-, Textil- und Lederindustrie. In fast einem Drittel der Zonen werden elektronische Geräte oder Bauteile bis hin zu Computern produziert. Eine ebenso große Rolle spielt der Agrar- und Nahrungsmittelbereich, gefolgt von Handel und Finanzdienstleistungen. Weitere Branchen sind Automobil(-zulieferer), Chemie und Pharma. In vielen Ländern haben sich Zonen allerdings zu Dienstleistungs- und Logistikzentren oder IT-Parks weiterentwickelt.

M10 Branchenstruktur in Sonderwirtschaftszonen

1. **Erklären Sie den Erfolgsdruck, der sich für die Länder und Regionen ergibt (M4, M5).**
2. **Nennen Sie mögliche Gründe für die Rangfolge der globalen Wettbewerbsfähigkeit und stellen Sie die Konsequenzen für die Attraktivität von Standorten dar (M5).**
3. **Erstellen Sie eine Übersicht zu den 10 wichtigsten Ländern mit Sonderwirtschaftszonen (M1).**
4. **Erläutern Sie die Zielsetzung von Wirtschaftsbündnissen (Text, S. 92/93).**
5. **Erstellen Sie eine Tabelle der Länder, die gleichzeitig Mitglied in unterschiedlichen Wirtschaftsbündnissen sind (M1, Atlas).**
6. **Erläutern Sie die Stufen der regionalen wirtschaftlichen Integration. Nennen Sie Unterschiede (M9).**

Sonderwirtschaftszonen zur Förderung des wirtschaftlichen Wachstums

Die Freihandelszone in Shanghai (China)

China hat sich zu einer der stärksten Industriemächte mit hohen Wachstumsraten entwickelt. Dieser Erfolg basiert auf zahlreichen Reformen wie der Etablierung marktwirtschaftlicher Prinzipien und der Öffnung für internationale Unternehmen. Eine der wichtigsten staatlichen Maßnahmen in diesem Zusammenhang war und ist die Einrichtung von Sonderwirtschaftszonen für ausländische Investoren. Eine dieser Sonderwirtschaftszonen entstand Mitte der 1990er-Jahre in Shanghais Stadtteil Pudong. Sie wird seit 2013 durch eine Freihandelszone ergänzt. Shanghai soll eine Vorbildfunktion für ganz China haben. Wie hat sich Pudong entwickelt? Welche Vorteile bringt eine solche Sonderwirtschaftszone den Investoren, welche Auswirkungen hat sie auf die Region, welche auf den Staat?

1. Lokalisieren Sie Pudong und beschreiben Sie die Sonderwirtschaftszone und Freihandelszone (M9, Atlas).
2. (W) **A** Erläutern Sie Struktur und Entwicklung der Sonderwirtschaftszone Pudong (M1–M3, Atlas).
   B Bewerten Sie die Bedeutung Pudongs für Chinas Wirtschaftsentwicklung.
3. Stellen Sie aus Sicht der internationalen Investoren die Standortfaktoren
   a) des Makrostandortes China dar (M5–M8).
   b) des Mikrostandortes Pudong dar (M2, M3, M9, M11).
4. Erläutern Sie Ziele, die Staaten mit der Einrichtung von Sonderwirtschaftszonen erreichen wollen (M4).
5. Erläutern Sie die Funktion von Joint Ventures aus der Perspektive Chinas und der ausländischer Unternehmen (M7).
6. Begründen Sie die Bedingungen, die es für Investoren gibt, aus der Sicht Chinas und diskutieren Sie diese aus der Sicht der Investoren (M7).
7. Inzwischen wurden zahlreiche weitere Sonderwirtschaftszonen an der chinesischen Küste eingerichtet. Recherchieren Sie die Auswirkungen dieser Zonen auf den Küstenraum. Berichten Sie (Atlas, Internet).
8. (Z) „Die Einrichtung von Sonderwirtschaftszonen erhöht die Attraktivität für internationale Investoren und verbessert die wirtschaftliche Entwicklung". Überprüfen Sie die Aussage. Beziehen Sie Stellung.

→ Joint Venture, Sonderwirtschaftszone, Standortfaktor

1990 deklarierte die chinesische Regierung den Stadtteil Pudong, ein früheres Gemüseanbaugebiet östlich des Huangpu-Flusses, zur Sonderwirtschaftszone und leitete den Aufschwung der Wirtschaftsregion Shanghais zum Wirtschafts- und Finanzzentrum Chinas ein. Auf 520 km² entstanden Handelszentrum, Zhangjiang Hightech-Park, Universitäten und Forschungseinrichtungen, Kongresszentrum, Freizeiteinrichtungen und Wohnungen. Angezogen wurden internationale Unternehmen auch durch den Ausbau der Infrastruktur. Die Zone war zunächst auf den Logistikbereich konzentriert, bevor sich Industrie- und weitere Dienstleistungsbetriebe ansiedelten. Das Bruttoinlandsprodukt von Pudong ist von sechs Milliarden Yuan 1990 bis 2013 auf 645 Milliarden gewachsen und wächst weiter. Mit einem BIP pro Kopf von 89 444 Yuan ist Shanghai eine der reichsten Städte Chinas.

M1 Sonderwirtschaftszone und Boomtown Pudong

- Überdurchschnittliches Wirtschaftswachstum
- Handels-, Finanz- und Dienstleistungszentrum
- Größter Containerhafen Chinas
- Zwei Flughäfen
- Transrapid
- 50 Universitäten
- 4 000 Forschungsinstitute
- Fach- und Führungskräfte
- Standort von 15 000 Industrieunternehmen
- Wohnort von 20 % der Einwohner Shanghais
- Anteil von 25 % am BNE von Shanghai
- Ziel von einem Drittel aller aus- und inländischen Investitionen, die nach Shanghai fließen
- Anteil von 50 % am Außenhandel Shanghais

(Quelle: Tichauer, P.: Shanghais Drachenkopf: Pudong, 9/2014, www.owc.de, Zugriff: 19.11.2014)

M2 Steckbrief Pudong 2013

Neue Freihandelszone Shanghai 2013

- BSP-Wachstum zu 2012: 8,75 %
- Industrieproduktion: 149,3 Mrd. US-$
- Volumen des Dienstleistungssektors: 67,9 Mrd. US-$
- Wachstum im Dienstleistungsbereich zu 2012: 16,18 %
- Realisierte Direktinvestitionen: 77,69 Mrd. US-$
- Zuwachs zu 2012: 10,51 %
- Außenhandelsvolumen: 249,61 Mrd. US-$

(Quelle: Tichauer, P.: Shanghais Drachenkopf: Pudong, 9/2014, www.owc.de, Zugriff: 19.11.2014)

M3 Wirtschaftsdaten Pudong 2013

1. Ausländische Direktinvestitionen; Stimulierung inländischer Investitionen
2. Schaffung von Arbeitsplätzen
3. Wirtschaftswachstum, Diversifizierung
4. Unterstützung von Wirtschaftsreformen/ „Testlabor" für neue Instrumente der Wirtschaftspolitik
5. Technologische Entwicklung und Know-how
6. Förderung der Exporte und der Wettbewerbsfähigkeit heimischer Unternehmen
7. Erhöhung der Steuereinnahmen und anderer Einkünfte
8. Förderung neuer Wachstumszentren/-regionen
9. Kapitalbindung (Infrastruktur, Betriebe)

M4 Sonderwirtschaftszonen – Vorteile für China

Bevölkerung (in Mio.)	1361
Erwerbspersonen (Bevölkerung älter als 15 und jünger als 65 Jahre in Mio.)	1004
Erwerbstätige (in Mio.)	770
Arbeitslosenquote, offizielle (in %)*	4,1
Universitätsabschluss (in Mio.)	6,7

*Statistik erfasst nur städtische Arbeitslosigkeit.
Quelle: National Bureau of Statistics of China 2013

M5 Arbeitsmarktdaten China 2012

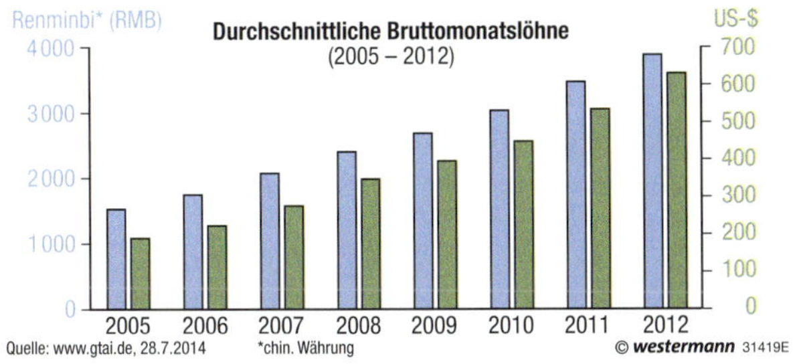

M6* Entwicklung der durchschnittlichen Bruttomonatslöhne

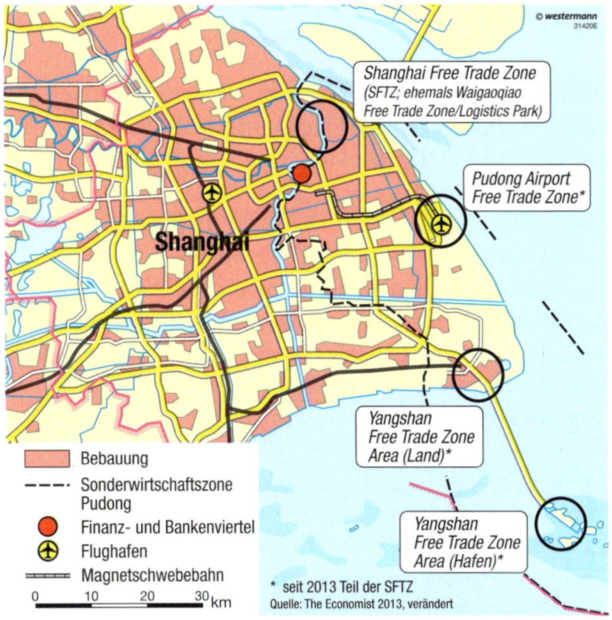

M9 Übersichtskarte Shanghai: Pudong und neue Freihandelszone

Wer in China investieren will, muss klare Bedingungen akzeptieren: In einigen für die chinesische Wirtschaft zentralen Branchen wie der Automobilindustrie dürfen ausländische Unternehmen nur als Joint Venture auf dem Markt agieren. Einige Branchen sind für ausländische Investoren sogar verboten. Das legt ein Lenkungskatalog für Investitionen fest, man will damit den ausländischen Einfluss auf die chinesische Wirtschaft begrenzen. Bei einem Joint Venture gründen ausländische Unternehmen mit einem chinesischen Partner ein gemeinsames Unternehmen, bei dem diese dann aber nicht mehr als 50 Prozent der Anteile besitzen dürfen. Damit will China den Technologietransfer fördern und die heimische Industrie stärken. Vorteile von Joint Ventures sind die gemeinsame Nutzung von Ressourcen und Netzwerken. Oft kommt es beim Joint Venture zum Streit zwischen den Partnern über die Höhe der Beteiligung, das Ausmaß des Einflusses der beteiligten Partner sowie unterschiedliche Interessen. Dabei sehen sich die ausländischen Investoren häufig benachteiligt. Weitere Probleme bei Joint Ventures sind Bürokratiekosten, unklare Rechtsverhältnisse, erzwungene Informations- und Technologieweitergabe und schließlich Produktpiraterie.

M7 Joint Ventures als Bedingungen für ausländische Investitionen

M8 Deutsch-chinesisches Joint Venture in der Automobilindustrie

China steht vor großen Herausforderungen: Die internationale Wettbewerbsfähigkeit leidet unter steigenden Löhnen, einer aufwertenden Währung und strukturellen Ungleichgewichten. [...] Chinas Führung will das Land daher durch marktwirtschaftliche Reformen auf eine neue Wertschöpfungsebene bringen. Der Shanghaier Freihandelszone kommt eine wichtige Pilotfunktion zur Erprobung von Reformen zu, die auf ganz China ausgeweitet werden könnten. Weitreichende Reformen wurden bei der Ausrufung der China (Shanghai) Pilot Free Trade Zone (SFTZ) im September 2013 versprochen. Nicht alle Erwartungen wurden bislang erfüllt. Bereits in der schrittweisen Umsetzung befinden sich eine verbesserte Registrierung und Verwaltung für Unternehmen, Liberalisierungen des Finanzmarktes sowie mehr Freiheiten für ausländische Firmen vor allem im Dienstleistungssektor. [...] Als zweites großes Reformsegment sollen Bürokratiehemmnisse reduziert [...] werden. [...] Der dritte Reformbereich umfasst die Erleichterung von grenzüberschreitenden Investitionen im Inland wie im Ausland. [...] In der SFTZ erfuhren bislang einzelne Branchen des Dienstleistungssektors eine stückweite Öffnung.

Quelle: Haug, A.: Testlauf für Reformen in Shanghais neuer Freihandelszone. 17.04.2013, www.gtai.de, Zugriff: 28.07.2014

M10 Öffnungsmaßnahmen in der Freihandelszone Shanghai

Als erstes europäisches Geldhaus hat die Deutsche Bank [...] eine Filiale in der neuen Freihandelszone von Shanghai eröffnet. Das Institut und seine Kunden könnten in Zukunft erheblich von der Liberalisierung der Finanzgeschäfte [...] profitieren [...].
[Die Öffnung ist auch ein wichtiger] Schritt für die Internationalisierung und für die volle Umtauschbarkeit (Konvertibilität) der chinesischen Währung Renminbi (Yuan). Bisher steuert die Zentralbank in Peking den Wechselkurs, zudem herrschen strenge Kapitalverkehrskontrollen. [...] Die Deutsche Bank spürt in Shanghai eine große Nachfrage nach Leistungen, welche die neuen Regelungen in der Freihandelszone zulassen. Viele internationale Konzerne seien dort schon vertreten oder planten eine Niederlassung [...].
Quintessenz der Neuerungen ist es, ausländischen Unternehmen die Finanzierung von Handelsgeschäften und Investitionen in China zu erleichtern.

Quelle: Geinitz, C: Deutsche Bank zieht es nach Shanghai. 08.05.2014, www.faz.net, Zugriff: 28.07.2014

M11 Deutsche Bank öffnet in neuer Freihandelszone

Sonderwirtschaftszonen in Afrika

China exportiert sein Erfolgsmodell – die EPZ Lekki (Nigeria)

Nach Erfolgen im eigenen Land betreibt China die Einrichtung von Sonderwirtschaftszonen unter anderem in Afrika. Hier investieren chinesische und einheimische Unternehmen. So wurde mit chinesischer Hilfe in der Nähe der größten nigerianischen Stadt Lagos die Lekki Free Zone (LFZ) errichtet (auch Lekki Free Trade Zone, LFTZ). Welche Ziele verfolgt man mit diesen Sonderwirtschaftszonen? Was sind die Beweggründe Chinas und der chinesischen Unternehmen, dort zu investieren?

1. Beschreiben Sie die Lage Nigerias, der Stadt Lagos und der Sonderwirtschaftszone Lekki (M2, Atlas).
2. Erklären Sie, warum China in Nigeria investiert (M7).
3. Stellen Sie die Standortfaktoren, die Nigeria als Wirtschaftsstandort bietet, in einer Tabelle zusammen (M2, M4–M6).
4. (W) A Beschreiben Sie die Struktur und Ziele der Lekki Sonderwirtschaftszone (M8, M9).
   B Erläutern Sie, welche Anreize Lekki für Investoren bietet (M6–M8).
5. Analysieren Sie die geplante Branchenstruktur und die Infrastrukturvorhaben anhand des Masterplanes Lekki (M5).
6. (Z) China wird „Neokolonialismus“ durch seinen Einfluss auf die Entwicklung Afrikas vorgeworfen. Schreiben Sie einen Kommentar, ob die Kritik berechtigt ist.

→ Neokolonialismus, Sonderwirtschaftszone, Standortfaktor

Fläche: 923,8 km²
Einwohner 2014: 173,9 Millionen (Schätzung)
BIP (nominal in Mrd. US-$): 2013*: 521,8; 2014*: 594,3
BIP je Einwohner (nominal in US-$): 2013: 3082,5; 2014: 3416,5
Wirtschaftsstruktur 2012 (Anteil am BIP in Prozent):
Bergbau/ Industrie 39,3, **Landwirtschaft:** 33,1, **Handel/ Hotels:** 15,9, **Transport:** 2,5, **Andere:** 9,2
Ausländ. Direktinvestitionen (Mrd. US-$):
2010: 6,1, 2011: 8,9, 2012: 7,1
*(*Prognose; Quelle: www.gtai.de, 28.07.2014)*

M1 Wirtschaftsdaten Nigeria

China, die Wirtschaftsgroßmacht aus Asien, ist hungrig nach Bodenschätzen, Energie, Nahrungsmitteln und Absatzmärkten. Afrika hat all das zu bieten: rund 40 Prozent der weltweiten Rohstoffreserven, 60 Prozent des unkultivierten Agrarlandes, eine Milliarde Einwohner mit steigender Kaufkraft und eine Reservearmee billiger Lohnarbeiter. [...] Chinas ökonomische Offensive in Afrika begann vor der Jahrtausendwende, zunächst ganz langsam und unmerklich. Seit 2000 aber verzwanzigfachte sich das chinesisch-afrikanische Handelsvolumen; 2012 betrug es an die 200 Milliarden Dollar. Das Reich der Mitte stieg zum wichtigsten Wirtschaftspartner Afrikas auf, es hat die alten Großmächte – Großbritannien, Frankreich, die USA – überholt. [...] Mittlerweile sind mehr als 2 000 chinesische Firmen und weit über eine Million chinesische Staatsbürger in den Subsahara-Staaten aktiv. [...]
Allerorten setzen die Chinesen unübersehbare Zeichen ihrer Präsenz: Präsidentenpaläste, Ministerien und Kasernen, Kongresshallen, Museen, Sportstadien, Rundfunkanstalten, Hotelkomplexe und agroindustrielle Großbetriebe. Sie renovieren Eisenbahnlinien, asphaltieren Tausende Straßenkilometer, bauen Flughäfen, Staudämme, Kraftwerke, Krankenhäuser. Sie erneuern einen Großteil der Infrastruktur des Kontinents [...]. Für den Ausbau der Infrastruktur erhalten sie im Gegenzug lukrative Lizenzen zur Ausbeutung von Rohstoffen und fossilen Energieträgern.
Quelle: Grill, B.: Der Drache und der Strauß. In: DER SPIEGEL 47/2013, S. 108ff

M3 Chinas zunehmendes Engagement in Afrika

Die Wirtschaft Nigerias ist mit einem BIP von 369 Mrd. Euro die größte Ökonomie Afrikas. Mit einem Wachstum des BIP von 6,5 Prozent, 180 Millionen Einwohnern und einer wachsenden Mittelschicht ist Nigeria ein attraktiver Investitionsstandort. 80 Prozent der ausländischen Direktinvestitionen fanden im Öl- und Gassektor statt. Eine zunehmende Diversifizierung der Wirtschaft eröffnet jedoch auch in anderen Sektoren Investitionschancen. Deutschland lieferte 2013 Waren im Wert von 1,36 Milliarden Euro. Wachstum gibt es in vielen Branchen, z. B. Baugewerbe, Telekommunikation, Handel und Industrie. Von Vorteil ist das große und günstige Arbeitskräftepotenzial. Den positiven Entwicklungen stehen Instabilität, Korruption und Stromknappheit gegenüber. Zudem verzeichnet Nigeria zunehmend terroristische Anschläge und Entführungen von Ausländern.

M4 Standortfaktoren Nigerias für ausländische Investoren

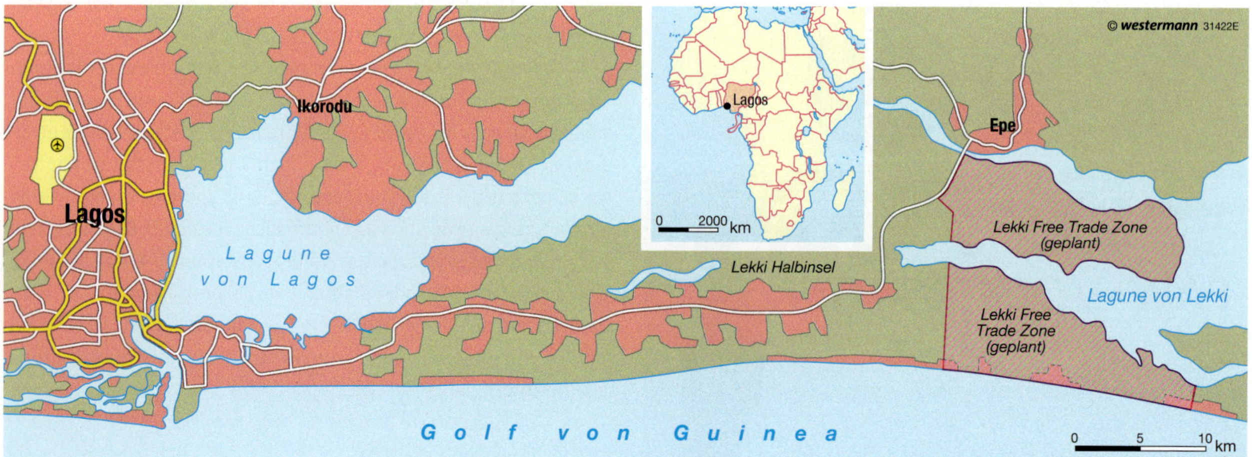

M2 Übersichtskarte

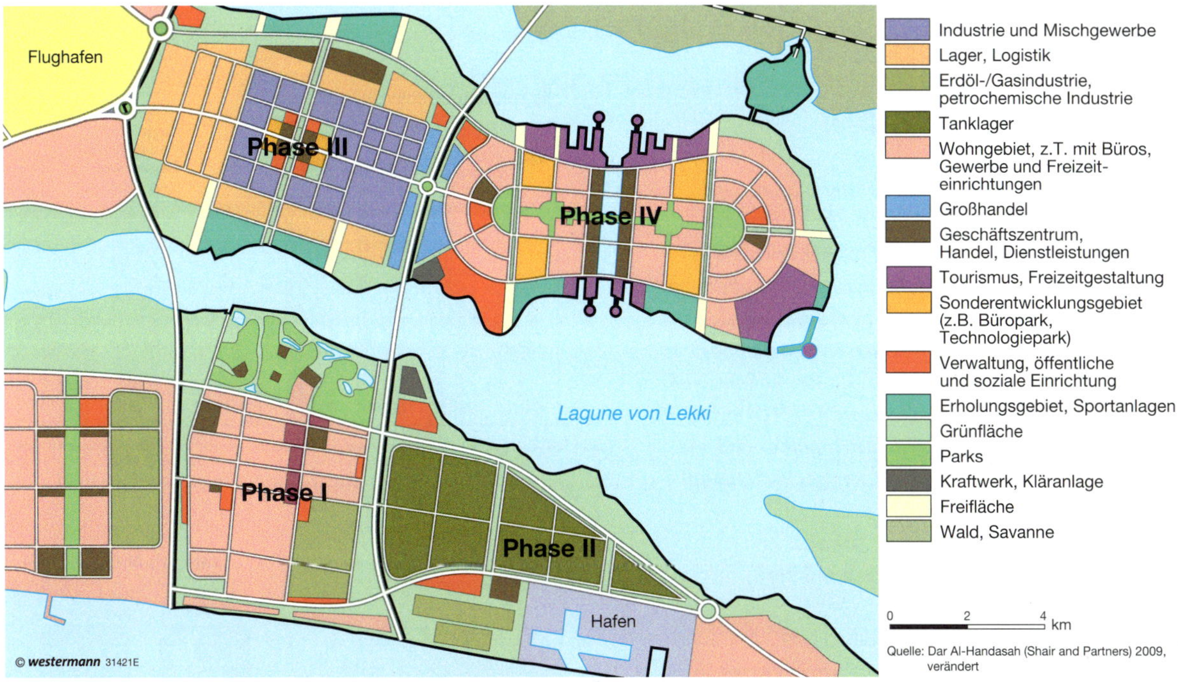

M5* Masterplan der Lekki Wirtschaftszone

LFZ Benefits

- Unlimited Market Potential
- Unique Geographic Location
- Safe and Secure Environment
- Worldclass Infrastructure
- Largest Free Zone in West Africa
- Diverse Investment Opportunities
- Fastest Growing Economy

Our Mission

To develop an offshore economic growth zone, promote export, minimize capital and establish a global business haven.

(Quelle: Lekki Free Zone Development Company, www.lfzdc.org, Zugriff: 28.07.2014)

M6 Marketing der Betreibergesellschaft der LFZ Lekki

- 100 % Steuerbefreiung
- Einfache Genehmigungsverfahren
- Zoll- und steuerfreier Import von Rohmaterialien und Komponenten für Waren, die dem Re-Export dienen
- Erlaubnis, 100 % hergestellte, montierte oder importierte Güter in den Inlandsmarkt Nigerias zu verkaufen
- Möglichkeit zu 100 % ausländischem Eigentum/ Besitz
- 100% Repatriierungsmöglichkeit von Kapital, Profiten und Dividenden
- Streik- und Aussperrungsverbot für 10 Jahre
- Zollbehörde, Immigrationsbüro und Polizei auf dem Gelände
- One-stop-Service für Investoren

(Quelle: Weltbank: Chinese Investments in Special Economic Zones in Africa. Washington 2011, S. 18)

M8* Anreize für Investoren in der Lekki Freihandelszone

China and Nigeria are building one of Africa's largest free trade zones in the commercial capital, Lagos. [...] On the tip of the Lekki Peninsula in Lagos, Nigeria and China are building a 16,000 hectare free trade zone to develop local manufacturing and reduce Nigeria's dependence on imported consumer goods. It [...] will soon have a new deep water port, an international airport and new hotels [...]. [The Deputy Managing Director of the Lekki FTZ Development Company] says the Nigerian free trade zone gives Chinese companies greater access to growing African markets for consumer goods, electrical equipment, and industrial products. „Part of the reason why Lekki Free Zone is so attractive to the Chinese is that, the Chinese government is encouraging those companies which are shutting down in China to move out [...] to come and set up their factories in other parts of the world", he added. [...] The free trade zone will allow Nigerians to buy many of the same products now produced in China without the cost of importing them, while creating jobs for Nigerian workers. Chinese firms gain both more immediate access to African markets and far cheaper routes to ship their „Made in Nigeria" exports to Europe.

Quelle: Stearns, S.: China and Nigeria Building Huge Free Trade Zone in Lagos. 2010, www.voanews.com, Zugriff: 29.07.2014

M7 Erwartungen an die Lekki Wirtschaftszone

[...] Free Trade Zones have been part of Nigeria's development strategy to increase industrialization, create new jobs, and attract FDI since the early 1990s. The zones in Nigeria, including the Lekki FTZ [...], are licensed and regulated by the Nigerian Export Processing Zones Authority (NEPZA) [...]. An assessment of the Nigerian Free Trade Zone program found that companies in Nigeria's Free Trade Zones operate in an environment that is substantially more attractive than that faced by companies outside the Free Trade Zones. [...] The LFTZ is part of the overall multi-use development plan for a new city on the Lekki peninsula which includes residential, commercial, industrial, logistics and recreational development as well as a new airport and deep water port. [...] The project started as a joint venture between a consortium of four Chinese companies (60 percent), the Lagos State Government (20 percent) and its sub-entity, Lekki Worldwide Investment Ltd (20 percent).

Quelle: Weltbank: Chinese Investments in Special Economic Zones in Africa: Washington 2011, S. 41ff

M9 Vorteile für Nigeria durch Sonderwirtschaftszonen Chinas

Spezialisierung auf bestimmte Branchen

Der IT-Standort Hyderabad (Indien)

Indien setzt wie kaum ein anderes Land bei der Liberalisierung und Öffnung seiner Wirtschaft auf die Einrichtung von Sonderwirtschaftszonen. Meist durch private Initiative wurden knapp tausend solcher Wirtschaftszonen mit unterschiedlicher Ausprägung und Größe errichtet. Vor allem im Bereich der IT-Industrie haben sich internationale Konzerne angesiedelt. Die Entwicklung der IT-Industrie ging von wenigen Standorten aus, z. B. der Stadt Hyderabad. Dort sind der zweitgrößte IT-Cluster Indiens und ein Zentrum für Callcenter und Business Process Outsourcing (BPO) entstanden. Welche Standortbedingungen für die IT-Industrie gibt es und wie sehen die Strukturen aus? Wie entwickelt sich der IT-Standort Hyderabad?

1. Lokalisieren Sie die Region Hyderabad (Atlas).
2. Begründen Sie die Spezialisierung Indiens auf die IT-Branche (M4–M9).
3. Kennzeichnen Sie den IT-Cluster Hyderabad (M3, M5).
4. ⓦ Beurteilen Sie die Bedeutung von Wachstumsregionen in Indien und die Auswirkungen, indem Sie
   A positive und negative Folgen in einer Tabelle darstellen (M10).
   B einen Wikipedia-Eintrag formulieren (M8–M10).
5. ⓦ **A** Erläutern Sie das Konzept und die Vorteile der verlängerten Werkbank (Outsourcing) anhand der IT-Branche (M9).
   B Erörtern Sie die Folgen für die globale Standortstruktur der IT-Branche (M2, M8, M9).
6. ⓩ Erstellen Sie eine Standortbroschüre für die Region Hyderabad.

→ Business Process Outsourcing (BPO), Cluster, Sonderwirtschaftszone, verlängerte Werkbank

M1 IT-Studierende in Indien

Position IT	2013 (in Euro)
Mitarbeiterin IT-Support (Desktop Engineer)	180 – 233
IT-Ingenieurin	203 – 296
SAP-Entwicklerin	253 – 412
Systemadministratorin	288 – 345

Quelle: www.gtai.de, 28.07.2014

M2 Durchschnittliche Bruttomonatslöhne in der IT in Indien

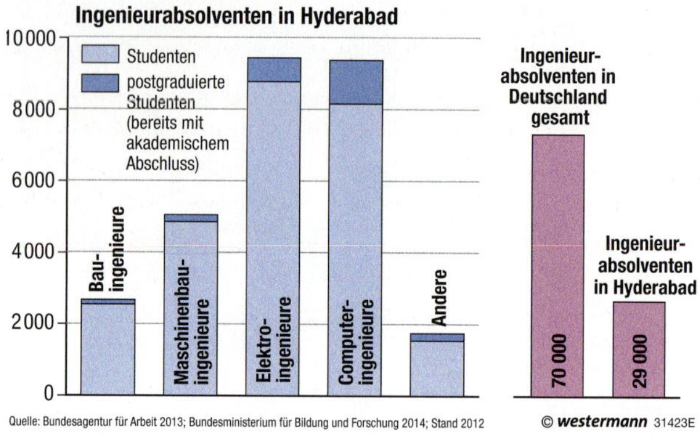

M3 Absolventen verschiedener Fachrichtungen in Hyderabad

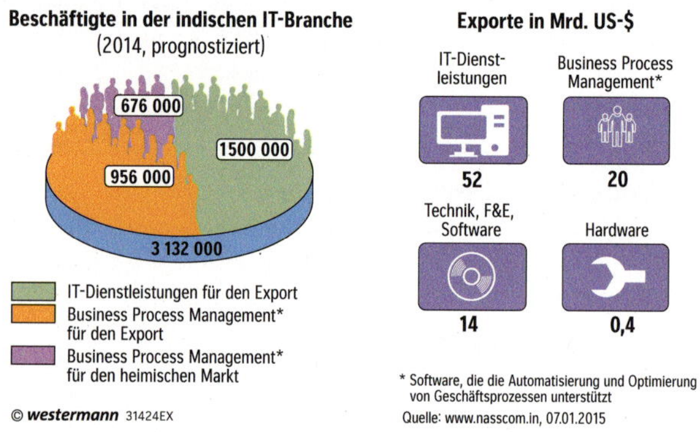

M4 Beschäftigte und Exporte der indischen IT-Industrie

Mit 6,8 Mio. Einwohnern ist Hyderabad Indiens sechstgrößte Stadt und Hauptstadt des neu gegründeten Bundesstaates Telangana und des Bundesstaates Andhra Pradesh. Die Stadt hat die meisten Sonderwirtschaftszonen Indiens. Der Cluster ist globales Zentrum der Informationstechnologie. Das BIP der Stadt liegt bei rund 74 Milliarden US-$. Allein von 2012 – 2013 verzeichnete Hyderabad ausländische Direktinvestitionen von rund 1,16 Milliarden US-$. Der Anteil an allen indischen FDI*-Projekten lag von 2007 – 2012 bei 6,8 Prozent. 70 000 Arbeitsplätze wurden durch ausländische Direktinvestitionen geschaffen. Andhra Pradesh liegt bei Auslandsinvestitionen landesweit auf Platz 6. Seit den 1990er-Jahren siedelten sich im Zuge des Internetbooms in Hyderabad Software- und IT-Firmen an. Insgesamt gibt es 500 000 Beschäftigte in über 1 000 IT-Unternehmen in Hyderabad. Das Angebot an Fachkräften und niedrige Lohnkosten haben multinationale Unternehmen wie Google, Microsoft (das in Hyderabad eines von weltweit vier Entwicklungszentren betreibt) und Amazon zu einer Ansiedlung bewogen. Die Bedingungen für ausländische Unternehmen am Standort sind gut – eine „Doing Business in India"-Studie der Weltbank bewertet Hyderabad als Stadt mit den zweitbesten wirtschaftlichen Bedingungen in Indien. Über 12 Prozent aller indischen IT-Exporte kamen im Jahr 2013 aus Hyderabad. Herz der IT-Branche ist eine 61 Hektar große „HITEC-City". Dort gibt es IT-Parks und Zonen wie die „Mindspace Cyberabad SEZ". Die Regierung hat 2013 die Einrichtung einer großen „Investment Region Hyderabad" beschlossen. Dort sollen weitere Forschungszentren, Sonderwirtschaftszonen und IT-Parks entstehen. Um mehr Hardwareindustrie anzusiedeln, werden Investitionen in Zonen wie dem „e-City Manufacturing Cluster" gefördert.

*FDI = Foreign Direct Investment = ausländische Direktinvestition

M5 IT-Standort Hyderabad

Der Bereich IT-Dienstleistungen ist eine der Boombranchen Indiens. Die Branche bietet Unternehmen aus dem englischsprachigen Raum Programmierung, Callcenter-Dienste sowie Buchhaltungsservices an. Der Export solcher Dienstleistungen hat sich seit Ende der 1990er-Jahre von 2 Mrd. auf über 60 Mrd. US-$ gesteigert. Von diesen weltweit gefragten Dienstleistungen werden 44 Prozent in Indien erledigt. Die Zahl der IT-Jobs hat im Jahr 2011 11 Mio. überschritten, von der IT hängen 2,23 Mio. Menschen direkt und 9 Mio. indirekt ab. Grundlage des Booms sind gut ausgebildete und preiswerte Arbeitskräfte, die von ausländischen Unternehmen nachgefragt werden. Jährlich beenden Tausende eine Ausbildung im Bereich IT. Weiterer Standortvorteil sind die guten englischen Sprachkenntnisse der Bevölkerung (Englisch ist eine der Amtssprachen) sowie das „Follow the sun"-Prinzip, die Ausnutzung der Unterschiede der Zeitzonen. Globale Unternehmen können mehrere Standorte in verschiedenen Zeitzonen betreiben, um 24-Stunden-Service zu bieten. Kundenanfragen werden in Echtzeit, also z. B. Anrufe um 3 Uhr nachts aus den USA um 3 Uhr nachmittags in Indien, bearbeitet. Mithilfe der indischen Niederlassung können Firmen die Arbeitszeit verlängern. Standortnachteile sind Bürokratie, Korruption sowie ungenügende Infrastruktur. Die Rolle des IT-Sektors ist sozial nicht problemlos, da er vor allem der gebildeten, städtischen Bevölkerung Arbeitsplätze bietet.

M6 Standortfaktoren des indischen IT-Sektors

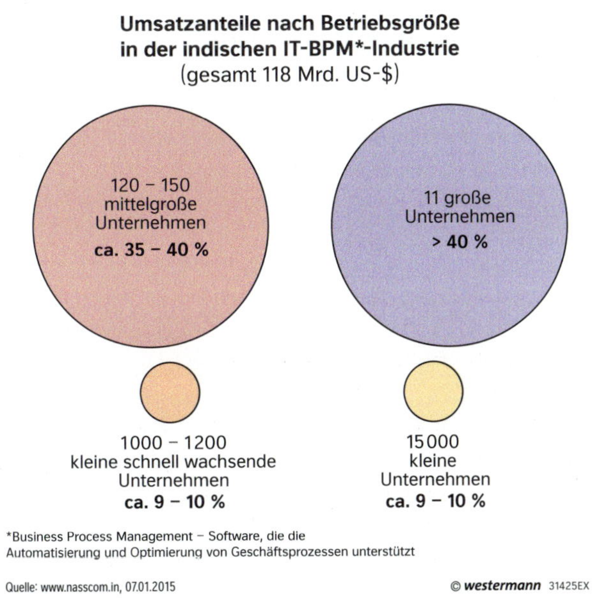

M7 Umsatzanteile nach Betriebsgrößenklassen indischer IT-Firmen

- Umsatz IT-Branche: über 100 Milliarden US-$
- 5,5 Prozent des indischen BIP
- Wachstumsrate 16 Prozent
- Umsatz in den letzten 20 Jahren vertausendfacht
- Umsatzziel im Jahr 2020: 225 Milliarden US-$
- Mangel an Arbeitskräften zwingt Unternehmen aus Europa, auf Outsourcing in Indien zu setzen

(Quelle: Mauer, S.: Indiens IT-Branche erlebt einen Boom. 05.08.2012, www.handelsblatt.de, Zugriff: 28.07.2014)

M8 Entwicklung der IT-Branche in Indien

Europäische und amerikanische Firmen verlagern die Abwicklung betrieblicher Prozesse immer häufiger in asiatische Länder wie Indien oder China. IBM, SAP, Capgemini und auch Microsoft beschäftigen in modernen Computerzentren tausende von Spezialisten. Allein 300 000 Ingenieure verlassen in Indien jährlich die Universitäten [...]. Nach anfänglichem Widerstand haben amerikanische und europäische IT-Anwender Vertrauen in die asiatische Werkbank gefasst. [Mit der Wirtschaftskrise musste überall] gespart und Prozesse mit weniger teurem Personal [mussten] bewältigt werden. [Die] indischen Trümpfe: Steuerfreiheit, Investitionszuschüsse, die niedrigen Stundensätze asiatischer Informatiker [...]. „Ein Informatiker frisch von der Hochschule kann mit etwa 200 € im Monat rechnen", sagt Salil Parekh von Capgemini in Mumbai, „das macht die etwa 5 % Mehrkosten eines Outsourcing nach Indien für Kommunikation und Reiseaufwand mehr als wett." Matthias Hartmann, Geschäftsführer von IBM Deutschland, sagt, wie heute gedacht wird: „Wir müssen in Deutschland mit globalen Kapazitäten arbeiten, um international wettbewerbsfähig zu sein." Das geht besonders leicht bei standardisierbaren Abläufen wie Call-Center-Betrieb, Operating, Research, Dokumentation und Softwareentwicklung.

Quelle: Demmer, C.: Indien als verlängerte Werkbank. 26.10.2007, www.ingenieur.de, Zugriff: 29.08.2014

M9 Verlängerte Werkbank Indien

Während die städtischen Mittelschichten die Öffnung zum Weltmarkt unterstützen, erweisen sich Wirtschaftszonen in den Augen der Dorfbevölkerung und der Arbeiter als Bedrohung. In Indien sind Sonderwirtschaftszonen ausländisches Gebiet, in dem spezielle Regelungen gelten. Die bürokratischen Vorgänge sind deutlich vereinfacht, man kann zollfrei Rohstoffe in die Zone einführen und hat Zugang zum Arbeitsmarkt. Das Lohnniveau ist unterschiedlich: In vielen Firmen arbeiten Unqualifizierte für Niedriglöhne, in anderen gut bezahlte Spezialisten. Bei Software hat Indien einen großen Wettbewerbsvorteil: Selbst Hochqualifizierte verlangen vergleichsweise niedrige Löhne. Zudem gelten Arbeitsgesetze in den Zonen nur auf dem Papier. Die Sonderwirtschaftszonen sollen der heimischen Wirtschaft den Weltmarkt öffnen. Arbeitslosigkeit lasse sich nur durch Industrialisierung beseitigen. Unklar ist, wie viele neue Arbeitsplätze durch die Zonen entstehen. Bewohnern des Dorfes Nandigram waren Enteignungen für eine Zone mitgeteilt worden. Daraufhin riegelten diese das Gebiet ab, weil ihnen die Enteignung ihre Lebensgrundlage raubt.

M10 Negative Auswirkungen von Wirtschaftszonen in Indien

Wirtschaftsbündnisse – gemeinsame Förderung wirtschaftlichen Wachstums

Regionale Integration in Asien – ASEAN

Um ihre Wirtschaft zu stärken, arbeiten viele Staaten in der Außenwirtschaftspolitik zusammen und gehen Wirtschaftsbündnisse und Handelsabkommen ein. Damit will man eine staatenübergreifende Zusammenarbeit erreichen, den Handel miteinander forcieren und für ausländische Direktinvestitionen attraktiver werden. Beispiel eines solchen Wirtschaftsbündnisses ist der ASEAN-Staatenbund in Südostasien.
Welche Vorteile hat das Bündnis für die Mitgliedsstaaten? Wieso ist es attraktiv für Investoren aus dem Ausland?

1. Vergleichen Sie ASEAN mit EU, NAFTA und SADC hinsichtlich der räumlichen Ausdehnung, Bevölkerung und Wirtschaftskraft (M3, Atlas).
2. Stellen Sie Funktion, Ziele und Vorteile von ASEAN für die Mitglieder dar (M2, M4, M7).
3. Diskutieren Sie mögliche Gründe für die Entwicklung der Direktinvestitionen in den ASEAN-Staaten (M5).
4. Ⓦ Erläutern Sie die Vorteile der regionalen Integration am Beispiel ASEAN
   A aus Sicht der beteiligten Länder (M7).
   B aus Sicht ausländischer Investoren (M6, M8).
5. Ⓩ Erstellen Sie eine Liste mit den wichtigsten wirtschaftlichen, politischen und militärischen Bündnissen. Fassen Sie nach Möglichkeit die Mitgliedsstaaten nach Lage auf dem jeweiligen Kontinent zusammen.

→ ausländische Direktinvestition (ADI), Freihandelszone, gemeinsamer Wirtschaftsraum, regionale Integration

Land	Landfläche (km²)	Bevölkerung (Mio.) Schätzung 2013	BIP (Mrd. US-$) Schätzung 2012
Brunei	5765	0,4	16,6
Kambodscha	181035	15,2	14,2
Indonesien	1904569	251,2	878,2
Laos	236800	6,7	9,2
Malaysia	329847	29,6	303,5
Myanmar	676577	55,2	53,1
Philippinen	300000	105,7	250,4
Singapur	697	5,5	276,5
Thailand	513120	67,5	365,6
Vietnam	331051	92,5	138,1

Quelle: CIA World Factbook 2013, IMF Forecast 2013

M2 Strukturdaten der ASEAN-Staaten

	Bevölkerung in Mio. (2013)	BIP in Mrd. US-$ (2013)	Zahl der Mitglieder (2014)	Fläche in Mio. km²
ASEAN	629,4	2305,5	10	4,44
EU-27	503,9	16360,0	27 (28 seit 7/2013)	4,30
NAFTA	472,7	19883,3	3	21,6
SADC	277,0	575.5	15	9,9

Quelle: www.gtai.de, 27.05.2014, Internetseiten der Wirtschaftsbündnisse 2014

M3* Wichtige Wirtschaftsbündnisse im Vergleich

M1 Treffen der ASEAN-Staaten

M4 ASEAN-Free-Trade-Area (ACFTA): Freihandelszone China und ASEAN-6

	2013 (in Mio US-$)	Anteil in %
ASEAN	122 376	100,0
darunter aus		
EU	26 979	22,0
ASEAN	21 322	17,4
Japan	22 904	18,7
USA	3 758	3,1
Hongkong	4 517	3,7
Indien	1 318	1,1
China	8 644	7,1
Sonstige	32 934	26,9

Quelle: www.gtai.de, 13.11.2014

M5 Ausländische Direktinvestitionen nach Herkunft

2010 ist die größte Freihandelszone der Welt ACFTA geschaffen worden – zumindest gemessen an ihrer Bevölkerung. China und die sechs führenden ASEAN-Länder hatten beschlossen, gut 90 Prozent aller Zölle zu streichen. Dank weiterer Abkommen mit Australien und Neuseeland, Japan, Indien und Südkorea hat sich Südostasien zur Kernregion einer Zone entwickelt, die die halbe Welt umspannt. Gemessen am Handelsvolumen bildet das Abkommen zwischen China und Südostasien die drittgrößte Freihandelsregion der Erde, nach der EU und der Nordamerikanischen Freihandelszone. Die beteiligten Länder kommen auf knapp 200 Milliarden US-$ Handelsvolumen. Vor zehn Jahren hatte es erst 39,5 Milliarden US-$ betragen.

Quelle: Hein. C: Ostasien schafft größte Freihandelszone der Welt. 03.01.2010, www.faz.net, Zugriff: 29.07.2014

M6 Größte Freihandelszone der Welt geschaffen (ACFTA)

Das Freihandelsabkommen ASEAN–China Free Trade Area (ACFTA) lässt Mittelständler bares Geld sparen. [...] In den ASEAN-Staaten und China leben mit rund 2 Milliarden Verbrauchern 27 Prozent der Weltbevölkerung. Das Bruttosozialprodukt macht rund zwei Drittel der Wirtschaftsleistung der EU aus.[...] Denn die ASEAN-Märkte werden immer größer und mit der wachsenden Mittelschicht steigt auch die Nachfrage nach Waren und Dienstleistungen. Bis 2030 soll das BIP der Mitgliedstaaten auf 10 Billionen US-$ steigen. „Bisher exportieren deutsche Mittelständler nur ihre Waren nach Asien und sind häufig noch nicht vor Ort mit einer Produktion vertreten", sagt Gunter Denk vom Strategic Alliance Network in Thailand. Aber das wird in Zukunft laut dem Experten nicht mehr so funktionieren, [...]. Im Zuge des Freihandelsabkommens ACFTA wollen Thailand, Vietnam, Indonesien, Laos, Malaysia, Myanmar, Singapur, Brunei, Kambodscha und die Philippinen ihre Handelsschranken bis 2015 mehrheitlich fallen lassen. Bis 2015 sollen 95 Prozent der Zölle für den Warenhandel innerhalb des ASEAN-Gebietes abgeschafft werden. [...] „Für nahezu alle Waren aus dem deutschen Mittelstand fallen die Zölle ganz", sagt Asien-Experte Denk. [...] Nur wer vor Ort produziert, profitiert. [...] Viele ASEAN-Staaten wollen ihre Wirtschaft ankurbeln und ausländische Investoren anziehen. Sie bieten deutschen Mittelständlern deshalb zusätzliche Anreize, Produktionsstätten im Land, aufzubauen. [...] „Dadurch können deutsche Mittelständler sich den billigsten und besten Standort aussuchen [...]." Die Unternehmen können Hightech-Komponenten in Deutschland fertigen und einfache Bauteile günstig in den ASEAN-Staaten fertigen lassen, da die Arbeitskosten dort viel niedriger als in Deutschland sind.

Quelle: Senfter, S.: Marktchance in ASEAN-Staaten nutzen. 08.02.2013, www.marktundmittelstand, Zugriff: 29.07.2014

M8 Chancen für deutsche Unternehmen

Der Verband der Südostasiatischen Staaten (ASEAN) strebt einen gemeinsamen Wirtschaftsraum nach europäischem Vorbild an. Die zehn ASEAN-Staaten wollen von den Erfolgen, aber auch von Fehlern der Europäer lernen. [...]
Zehn Staaten, 600 Millionen Menschen und ein gemeinsames Bruttoinlandsprodukt von fast 2 000 Milliarden US Dollar – das sind einige Eckdaten für den Verband der Südostasiatischen Nationen (ASEAN). Der Verband wurde 1967 gegründet und hat heute zehn Mitglieder. [...] Ursprünglich entstanden, um die wirtschaftliche, politische und soziale Zusammenarbeit in der Region zu stärken, haben sich die zehn Mitgliedsstaaten vor einigen Jahren ein neues Ziel auf die Fahnen geschrieben: einen gemeinsamen Wirtschaftsraum nach europäischem Vorbild zu gründen.
Die Wirtschaftskraft der ASEAN-Staaten ist nicht zu verachten. [...], sagt Surin Pitsuwan, Generalsekretär der ASEAN. [...] "Unser Motto ist: wenn China und Indien wachsen, dann wachsen wir mit ihnen," erklärt Surin Pitsuwan.[...]
ASEAN strebt einen gemeinsamen Wirtschaftsraum an. Eine einheitliche Wirtschaftspolitik wird es allerdings nicht geben, betont Surin Pitsuwan. Dafür sind die Mitgliedsstaaten mit ihren unterschiedlichen politischen Systemen und Wirtschaftsleistungen einfach zu verschieden. „Die EU ist unser Vorbild, aber es ist kein Modell für uns," so Pitsuwan. Deshalb wird es vorerst auch keine gemeinsame Währung in Südostasien geben. „Wir werden erst einmal abwarten, wie die Eurozone mit der Krise umgeht", so der ASEAN-Generalsekretär.
[...] ASEAN sei keine Union, sondern ein Verband, betonte Surin. Damit dieser Zusammenschluss funktioniert, müsse das Prinzip der Nicht-Einmischung beachtet werden, auch wenn diese Regel viel Kritik eingebracht habe. Zum Beispiel im Fall Myanmar: Die Militärjunta des Landes wird im Westen wegen Menschenrechtsverletzungen und fehlender Demokratie angeprangert. [...] Er sei dennoch überzeugt, dass Myanmar sich nach und nach dem sanften Druck der ASEAN beugen werde. „Die Entwicklung mag manchen nicht schnell genug gehen, aber Anzeichen einer Veränderung sind zu erkennen." Außerdem, so Surin Pitsuwan, sei aus wirtschaftlicher Sicht eine offene Demokratie nicht zwingende Voraussetzung für mehr Auslandsinvestitionen. Viele Unternehmer wollten in erster Linie Stabilität und Sicherheit. China könne dies zum Beispiel bieten, [...] 60 Prozent der in die ASEAN-Staaten fließenden Investitionen gehen in den Dienstleistungsbereich wie Gesundheit, Bildung und Telekommunikation. Zurzeit konzentrieren sich die ASEAN-Staaten darauf, diese Bereiche auszubauen, damit in Zukunft mehr Investitionen in die Region fließen können.

Surin Pitsuwan, Generalsekretär der ASEAN

Quelle: Robina, Z. E.: Neues Selbstbewusstsein der ASEAN-Staaten. 07.09.2011, www.dw.de, Zugriff: 14.12.2014

M7 Neues Selbstbewusstsein der ASEAN-Staaten

Strategien zur Beeinflussung des Handels

Freihandel und Protektionismus

Länder wenden verschiedene wirtschaftspolitische Strategien an und gestalten so auch ihre Handelsbeziehungen. Innerhalb von Ländern und Bündnissen versucht man, die Außenhandelspolitik zu steuern, um die eigene Wirtschaft zu fördern. Bei Wirtschaftsbündnissen kooperieren zwei oder mehr Staaten und bauen Handelsbeschränkungen ab, um den Handel untereinander zu steigern und die wirtschaftliche Entwicklung zu verbessern. Damit öffnen diese ihre Märkte. Gleichzeitig gibt es aber auch Strategien, heimische Märkte abzuschotten und mit protektionistischen Maßnahmen vor ausländischer Konkurrenz zu schützen. Welche Mittel der Wirtschaftspolitik gibt es, um den Außenhandel zu steuern, Exporte zu erleichtern und die Produktion zu steigern?

1. Beschreiben Sie anhand eines Beispiels die Zielsetzungen von Handelshemmnissen und deren Funktion (M1 – M4).
2. a) Vergleichen Sie die wirtschaftspolitischen Konzepte von Freihandel und Protektionismus.
   b) Erörtern Sie die Vor- und Nachteile von Freihandel und Protektionismus.
3. (W) A Stellen Sie die Ziele der Importsubstitution den Zielen der Exportförderung gegenüber.
   B Vergleichen Sie die Vorteile der beiden Konzepte.
4. „Handelshemmnisse sind ein Nachteil für deutsche Unternehmen und deren Wettbewerbsfähigkeit". Begründen Sie.
5. Recherchieren Sie im Internet aktuelle Fälle zu Protektionismus sowie Handelskonflikten (z. B. China, Russland, USA und EU im Bereich der Auto- oder Solarindustrie, Seltene Erden).
6. (Z) Diskutieren Sie, inwieweit sich Staaten gegen Protektionismus wehren können.

→ Freihandel, Importsubstitution, Protektionismus

Ob bei Zucker, Bioethanol, Kaffee oder Reis – die Europäische Union schottet ihren Markt ab. Jetzt wehren sich die betroffenen Länder. Leiden müssen deutsche Unternehmen, die dorthin exportieren. Die Chemie-Produktions- und Handelsgesellschaft (CPH) ist überall in der Welt dabei, wo Etiketten auf PET- oder Glasflaschen geklebt werden. Sie mischen einen Extrakleber für Malaysia, das keine Standardware aus Deutschland akzeptiert. Zollvorschriften zwingen CPH, die Rezeptur abzuwandeln. Die Behörden wollen das so, sonst bleibt der Markt verschlossen. Das Problem in Malaysia ist eine Zollvorschrift, die festlegt, dass Lebensmittelklebstoff nicht mehr als 49 Prozent Reisstärke enthalten darf. Wenn doch, sind 25 Prozent Zoll fällig. Wenn nicht, keiner. Der normale Klebstoff enthält aber 51 Prozent Reisstärke. Also muss zusätzlich gearbeitet werden, wenn eine Klebstoffbestellung aus Malaysia hereinkommt. Für Reis aus Malaysia muss der Lieferant Zölle, die wertmäßig im dreistelligen Bereich liegen, zahlen. In Malaysia gelten strenge Regeln. Das Land will seinen Agrarsektor schützen. Also mischen CPH-Mitarbeiter Klebstoff nur für Malaysia mit einem aus Milch gewonnenen Protein. In Malaysia gibt es keine Milchbauern, also keine Schutzmaßnahmen für sie. In jüngster Zeit tauchen die Handelshemmnisse auf, als Mittel der Schwellenländer, die ihre eigenen Märkte schützen.

Quelle: Litz, C.: Rache ist süß. 20.10.2010, www.impulse.de, Zugriff: 23.07.2014

M1 Protektionismus – Schwellenländer wehren sich

Indien

31426E_5

75 Prozent beträgt der Zolltarif, den Indien auf Premiumautos erhebt. In Indien sind für Investoren aus dem Ausland ganze Branchen tabu: Den Einzelhandel schottet die Regierung zugunsten der Straßenhändler ab, indem Ausländern keine Lizenz erteilt wird. Der Staat schreibt die Preise für manche Medikamente vor und vergrault damit Pharmahersteller wie Bayer.

Europa

31426E_4

Die EU leistet sich jährlich Hilfszahlungen an Bauern im zweistelligen Milliardenbereich und bietet einen geschützten Markt. Rohkakao darf zollfrei in die EU. Für Kakaobutter sind 7,7 Prozent Zoll fällig, für fertige Schokolade gibt es ein Kontingent mit 43 Prozent Zoll. Ist das ausgeschöpft, steigt der Zollsatz.

China

31426E_1

83 Milliarden Euro lautet der Umfang an öffentlichen Aufträgen, die Peking jedes Jahr vergibt – allerdings nur für heimische Unternehmen. Die systematisch benachteiligten Investoren aus dem Ausland müssen vor Ort mit lokalen Partnern Fabriken bauen und ihre Patente einbringen. Aus China stammen 90 Prozent der Spezialrohstoffe, die für Hightech-Industrien so wichtig sind. Der Export Seltener Erden ist eingeschränkt.

Brasilien

31426E_2

13,7 Prozent beträgt der durchschnittliche Zollsatz, womit Brasilien zu den Ländern mit den weltweit höchsten Einfuhrzöllen zählt. Auf diese Weise will die Regierung die Unternehmen zur Ansiedlung im Inland zwingen und den Währungskurs drücken. Der starke Real ist Folge hoher Rohstoffexporte und verhagelt der brasilianischen Industrie die Exportchancen.

Argentinien

31426E_3

35 Prozent beträgt der Zolltarif auf deutsche Autos, die nach Argentinien eingeführt werden. Trotzdem verpflichtet sich jeder Autobauer, seine Handelsbilanz auszugleichen: Wer Fahrzeuge aus ausländischen Werken einführt, muss argentinische Produkte wie Wein, Reis oder Leder ausführen.

M2 Protektionismus weltweit

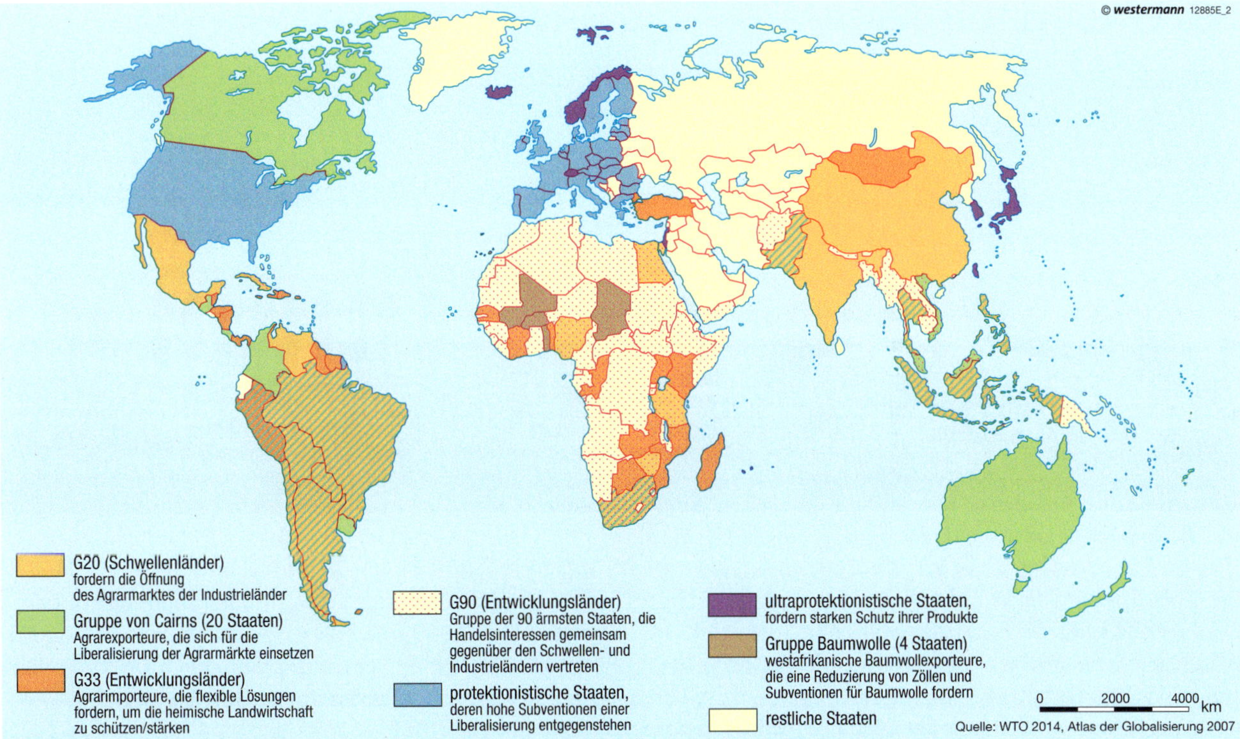

M3 WTO-Interessengruppen

1. ***Vermeidung von einseitigen Produktionsstrukturen***
   Einnahmen aus Exportgeschäften wären gefährdet, wenn die einseitige Spezialisierung zu einer starken Abhängigkeit von schwankenden Weltmarktpreisen führt.
2. ***Sicherung der Versorgung***
   Verzichtet ein Land auf die Herstellung wichtiger Güter, kann die Sicherheit der Versorgung gefährdet sein. Unabhängigkeit von Einfuhren wird angestrebt.
3. ***Sicherung der Arbeitsplätze***
   Freihandel kann Arbeitsplätze gefährden, wenn Branchen einen relativen Preisnachteil haben. Man nutzt dann Zölle oder Subventionen zum Schutz des Sektors.
4. ***Verbraucher- bzw. Umweltschutzgründe***
   Vorschriften für Gesundheits- und Umweltschutz werden so eingesetzt, dass ausländische Anbieter höheren Anforderungen unterliegen.

M4 Vorteile von Protektionismus

Bei der Importsubstitution werden Importe durch die eigene inländische Produktion ersetzt. Das Gegenteil ist die Exportförderung. Bei der Importsubstitution wird der Aufbau von Industrien, die nachhaltige Entwicklungseffekte entfalten sollen, zeitlich begrenzt subventioniert. Gefördert werden junge Industrien, die der ausländischen Konkurrenz zunächst unterlegen sind, aber längerfristig wettbewerbsfähig werden sollen. Dadurch erwartet man die Einsparung teurer Devisen für Importe sowie Wachstum. Maßnahmen sind Einfuhrrestriktionen für ausländische Güter wie Zölle sowie Produktions- und Investitionsförderung durch Subventionen und Steuervergünstigungen. Nachteil: Entstehung einer abgeschotteten Wirtschaft, die ineffizient und zu überhöhten Kosten produziert. Bei der Förderung der Exporte hingegen soll eine „künstliche" Verbilligung der Exporte erzielt werden, um den Außenhandel anzukurbeln. Exportsubventionen sind nur sinnvoll, wenn sie zeitlich begrenzt sind und jungen Industrien zugutekommen. Maßnahmen sind günstige Kreditbedingungen für Exportgeschäfte, Abwertung der Währung, Auslandswerbung oder Ausfuhrprämien.

M6 **Importsubstitution und Exportförderung als wirtschaftspolitische Maßnahmen auf nationaler Ebene**

Importbeschränkungen schützen die heimische Wirtschaft. Sagen die Protektionisten. In Wahrheit zahlen die Verbraucher mehr Geld für schlechtere Ware [...]. [Protektionismus] will staatlich verordnen, dass die Bürger im Inland kaufen – oder ausländische Waren durch Zölle so weit verteuern, dass das gleiche herauskommt. [...] Letztlich kostet nicht der freie Warenverkehr mit dem Ausland Arbeitsplätze, sondern der Protektionismus. [...] Es gehe doch nur um ein bisschen mehr Schutz vor Auslandskonkurrenz – wo Arbeitsplätze auf der Kippe stehen. Das wäre jedoch ein gefährliches Spiel. Dann würden bald alle Branchen den Schutz vor dem Ausland wollen. [...] Am Ende hätte niemand etwas von einem solchen Handelskrieg. Im Gegenteil, alle Länder verlören Wohlstand und Arbeitsplätze. [...] Was bleibt von den Argumenten der Protektionisten? Letztlich geht es ihnen selten um das Wohl der Allgemeinheit, obwohl sie das meist behaupten. In Wirklichkeit steht praktisch immer der Versuch dahinter, sich selbst vor der Konkurrenz zu schützen. Das geht zu Lasten anderer. Geschickt verdrehen die Protektionisten dabei nicht nur die Tatsachen, sondern auch die Worte. Man sei natürlich für Wettbewerb, nur „fair" müsse er sein. Der angestrebte Schutz vor dem lästigen Wettbewerb wird als „internationale Wettbewerbsordnung" bezeichnet, preiswertere Konkurrenten aus dem Ausland werden als „Schmutzkonkurrenz" und „Billiganbieter" verunglimpft. Dabei prangert man umwelt- und sozialpolitische Missstände in den Konkurrenzländern an, obwohl diese oft nur Bruchteile der Preisdifferenzen ausmachen.

Quelle: Van Suntum, U. : Warum schadet Protektionismus? 08.01.2007, www.faz.net, Zugriff: 24.07.2014

M5 Protektionismus und Freihandel – unterschiedliche Perspektiven

Das Wichtigste in Kürze

M1 Eingangstor der Lekki Free Zone (Nigeria)

Die Globalisierung der Wirtschaft nimmt an Intensität und Geschwindigkeit ständig zu: der weltweite Austausch von Waren, Dienstleistungen und Kapital, die globale Vernetzung und die internationale Arbeitsteilung.
Viele Staaten versuchen, von der Globalisierung und dem weltweiten Wachstum zu profitieren, indem sie Sonderwirtschaftszonen einrichten. Diese bieten besonders günstige Bedingungen für Direktinvestitionen. Ausländische Investoren sollen angeregt werden, neue Betriebe aufzubauen oder Betriebsteile aus dem Ausland in die Sonderwirtschaftszone zu verlegen.
Das Förderinstrument der Sonderwirtschaftszonen gibt es weltweit seit mehreren Jahrzehnten und in unterschiedlicher Ausprägung. Besonders Schwellen- und Entwicklungsländer versuchen, sich als Investitionsstandort zu positionieren und richten immer mehr Sonderwirtschaftszonen ein: zum einen an bevorzugten, verkehrsgünstig gelegenen Wachstumsstandorten und zum anderen in strukturschwachen Regionen. Dort soll dann wirtschaftliches Wachstum induziert werden. In großer Zahl werden derzeit Sonderwirtschaftszonen unterschiedlicher Prägung in Asien und Afrika errichtet. Der Zugang zu den dortigen Wachstumsmärkten ist für ausländische Investoren besonders attraktiv.

In Asien hat vor allem China zahlreiche Sonderwirtschaftszonen errichtet und zum Erfolgsmodell gemacht. Sie sind global verkehrsgünstig gelegen und vor allem an der Ostküste zu Keimzellen wirtschaftlichen Wachstums und zum Symbol von Wandel und Fortschritt geworden. Internationale Unternehmen haben sich in den Zonen angesiedelt, expandieren und haben Arbeitsplätze geschaffen. In einigen Branchen sind die Betriebe verpflichtet, Joint Ventures mit einheimischen Unternehmen einzugehen.

In Indien werden Sonderwirtschaftszonen häufig im Rahmen von sektoralen Clustern entwickelt. Von besonderer Bedeutung ist hier der IT-Sektor. Aufgrund der guten Standortfaktoren nutzen zahlreiche international bedeutende Firmen Indien als verlängerte Werkbank. So haben sich mehrere indische Sonderwirtschaftszonen zu global bedeutenden Hochburgen der Dienstleistungen und der Hightech-Industrie entwickelt.

Wie China versucht, sein Erfolgsmodell Sonderwirtschaftszone auf Afrika zu übertragen, zeigt das Beispiel Nigeria. Chinesische Firmen versuchen hier, durch umfangreiche Direktinvestitionen in einem afrikanischen Wachstumsmarkt Fuß zu fassen.

Die Zukunft wird zeigen, inwieweit Sonderwirtschaftszonen langfristig erfolgreich zur Stimulierung von Investitionen und wirtschaftlichem Wachstum sowie zur Schaffung von Beschäftigung wirksam sind. In Ländern wie China sind die Erfolge nicht von der Hand zu weisen – in anderen Ländern zeigen sich jedoch auch erhebliche Nachteile. Fraglich ist, ob Sonderwirtschaftszonen und die dadurch ausgelösten Wirtschaftsaktivitäten auch in allen Dimensionen nachhaltig sind und wirklich der heimischen Wirtschaft und Bevölkerung und damit der Regionalentwicklung dienen – und nicht nur internationalen Investoren nutzen.

Der internationale Wettbewerb hat auch Einfluss auf die Handelspolitik. Viele Staaten bemühen sich um die Stärkung regionaler Integration und um die Schaffung eines gemeinsamen Wirtschaftsraumes. Dabei kommt es häufig zum Zusammenschluss in Wirtschaftsbündnissen wie z. B. Freihandelszonen. Ziel ist die Intensivierung des wirtschaftlichen Austausches und damit die Steigerung des Wirtschaftswachstums in den beteiligten Ländern. Ein erfolgreiches Beispiel zunehmender regionaler Integration ist das ASEAN-Bündnis in Südostasien. ASEAN ist auf dem Weg, sich zu einer Wirtschaftsgemeinschaft nach Vorbild der EU zu entwickeln und weitere Mitgliedsstaaten aufzunehmen. Neben der Tendenz zu freiem Handel gibt es weltweit auch eine Tendenz zur Abschottung des heimischen Marktes, vor allem durch Handelsbarrieren. Dieser Protektionismus dient dem Schutz der nationalen Industrie vor internationaler Konkurrenz und fördert den Aufbau importsubstituierender Industrien.
Das Für und Wider von Freihandel und Protektionismus wird auch in Zukunft die politischen Entscheidungen im Rahmen des globalen Handels prägen.

Kompetenz-Check

Hier sind alle Kompetenzen, die Sie in diesem Kapitel erwerben konnten, aufgelistet.
Sie können selbst beantworten, wie Sie die Kompetenz beherrschen: ***sicher***, ***mäßig*** oder ***kaum***.

Sachkompetenz

Kann ich		Unsicher? Schlagen Sie nach auf Seite
1.	die Veränderung von lokalen Standortgefügen aufgrund der Einrichtung von Sonderwirtschaftszonen an Beispielen erläutern?	86/87, 90/91
2.	Funktion und Ziele von Joint Ventures aus unterschiedlichen Perspektiven erklären?	86/87
3.	die Veränderung von globalen Standortgefügen aufgrund der Einrichtung von Sonderwirtschaftszonen an Beispielen erläutern?	88/89, 94/95
4.	am Beispiel der chinesischen Direktinvestitionen in Nigeria die Bedeutung Afrikas als Wirtschaftsstandort darstellen?	88/89
5.	die Vielfalt des tertiären Sektors am Beispiel der Branchen Handel, Verkehr sowie unternehmensorientierter Dienstleistungen darstellen?	90–93
6.	Funktion und Ziele von Wirtschaftsbündnissen am Beispiel von ASEAN erläutern?	92/93
7.	die Vielfalt des tertiären Sektors und seine Wechselwirkungen mit dem sekundären Sektor am Beispiel der Branchen Handel, Verkehr sowie unternehmensorientierter Dienstleistungen darstellen?	90–93

Methodenkompetenz

Kann ich		
8.	auch komplexere Darstellungs- und Arbeitsmittel (Karte, Bild, statistische Angaben, Grafiken und Text) in Materialzusammenstellungen analysieren?	86–95
9.	weitgehend selbstständig mittels geeigneter Suchstrategien in Bibliotheken, im Internet und in internetbasierten Geoinformationsdiensten Informationen zu Sonderwirtschafts-, Freihandels- und wirtschaftlichen Integrationszonen recherchieren und diese fragebezogen auswerten?	86–95
10.	die Veränderung von lokalen und globalen Standortgefügen aufgrund der Einrichtung von Sonderwirtschaftszonen mündlich und schriftlich unter Verwendung der Fachsprache problembezogen, sachlogisch strukturiert und differenziert darstellen?	86–91

Urteilskompetenz

Kann ich		
11.	Funktion und Ziele von Joint Ventures aus unterschiedlichen Perspektiven beurteilen?	86/87
12.	die Bedeutung von Wachstumsregionen für die Entwicklung eines Landes aus wirtschaftlicher, technologischer und gesellschaftlicher Perspektive am Beispiel Indien und China beurteilen?	86/87, 90/91
13.	konkrete Maßnahmen zur Entwicklung von Wirtschaftsräumen hinsichtlich der Entwicklungsstrategien an Beispielen erörtern?	86–91, 94/95
14.	Chancen und Risiken, die sich in ökonomischer, ökologischer und sozialer Hinsicht aus der Einrichtung von Sonderwirtschafts-, Freihandels- und wirtschaftlichen Integrationszonen ergeben, erörtern?	86–91
15.	die Bedeutung einer leistungsfähigen Infrastruktur für die Herausbildung einer synergetisch vernetzten Wirtschaft bewerten?	86–91

V Globale Disparitäten

Ungleiche Entwicklungsstände von Räumen als Herausforderung

Olympische Sommerspiele in Peking 2008: Ein Sichtschutz verwehrt Passanten den Blick auf einen Slum in direkter Nachbarschaft der Sportstätten

Entwicklung überall – Disparitäten überall

M1 Menschen in Afrika und Asien

→ Disparitäten
In der Geographie versteht man unter Disparitäten ungleiche Lebensbedingungen innerhalb eines genau definierten Raumes bzw. im Vergleich von zwei oder mehreren Regionen. Die Disparitäten beziehen sich auf gesellschaftlich bedeutsame Merkmale. Man spricht von globalen, nationalen oder regionalen Disparitäten. Die Beseitigung regionaler Disparitäten ist Aufgabe der Regionalpolitik.

Die „Eine Welt" ist eine Illusion

Der Begriff der „Einen Welt", der nicht selten in Forderungen von Entwicklungspolitikern genannt wird, ist bei näherem Hinsehen eine Illusion. Bei der Betrachtung von Staaten, Regionen oder einzelnen Städten werden immense Unterschiede offenkundig. Insbesondere im Hinblick auf den wirtschaftlich-technischen Entwicklungsstand und auf den Lebensstandard sind die Unterschiede riesig. So muss nach jüngsten Schätzungen der Weltbank jeder fünfte Mensch der Erde mit weniger als 1,25 Dollar pro Tag auskommen.
Aufgrund regionaler Disparitäten innerhalb einzelner Staaten bleibt ein Ländervergleich häufig ungenau. Zu groß sind in den Ländern die regionalen Unterschiede zwischen den wohlhabenden Bevölkerungsschichten und den Menschen, die in Armut leben. Somit werden Einteilungen nach Entwicklungs-, Schwellen- und Industrieländern den tatsächlichen Situationen in den Ländern nicht gerecht. Gleichwohl helfen solche Einteilungen, einen ersten Überblick über globale Disparitäten zu gewinnen. In jedem Fall stehen Städte, Länder und auch die Weltgemeinschaft vor der großen Herausforderung, die globalen Disparitäten auszugleichen und die Entwicklung von Regionen und Ländern voranzutreiben.

Was ist Entwicklung?

Unter Entwicklung kann ganz allgemein verstanden werden: „eine Veränderung eines Ausgangszustandes nach einem bestimmten Zeitabschnitt". In Diskussionen wird Entwicklung häufig auf rein ökonomische Aspekte reduziert. Soziale Indikatoren, wie Gesundheit oder Bildung, werden oft nicht berücksichtigt. Interessant ist dabei immer die Frage, wer solche Einteilungen festlegt. Je nach Region, Kultur oder Religion werden die zentralen Dinge, die Lebensqualität definieren, immer andere sein.
In jedem Fall ist zu hinterfragen, wie es zu einer sogenannten Unterentwicklung in verschiedenen Bereichen in Städten, Regionen, Ländern oder ganzen Staatengruppen kommen konnte bzw. warum es noch immer so große Unterschiede gibt. Denn nur durch die Betrachtung der Ursachen lassen sich sinnvolle Maßnahmen zur positiven Entwicklung ergreifen. Anspruchsvoll wird eine solche Betrachtung durch die zunehmende Globalisierung in den letzten zwei Jahrzehnten und die weitreichenden Verflechtungen in allen Bereichen von Wirtschaft und Gesellschaft. Für die Beschäftigung mit globalen Disparitäten ergeben sich somit folgende Fragen: Welche globalen und regionalen Disparitäten gibt es? Wie lassen sich Entwicklungsstände differenziert vergleichen? Welche inneren, äußeren oder natürlichen Einflüsse beeinflussen Entwicklungsprozesse von Regionen und Ländern? Wie sind positive bzw. negative Entwicklungen zu erklären?

Über das Thema Grundbedürfnisse wird in verschiedenen wissenschaftlichen Disziplinen diskutiert. Entwicklungspolitisch sind es dabei vor allem materielle Bedürfnisse, die befriedigt werden müssen, damit der Mensch sein Überleben sichern kann: Ernährung, Unterkunft und Bekleidung, Trinkwasser, sanitäre Einrichtungen, Transportmittel, Gesundheits- und Bildungseinrichtungen. Mit der Sicherung der Befriedigung der Grundbedürfnisse kann auch das Existenzminimum beschrieben werden. Allerdings gibt es auch immaterielle Grundbedürfnisse, die für die Lebensqualität sehr entscheidend sind: z. B. Teilhabe an der Gesellschaft, Geborgenheit, Anerkennung.

M2 Grundbedürfnisse des Menschen

In den letzten Jahren ist die sogenannte Glücksforschung immer mehr in den Fokus gerückt. Seriöse und umfassende Studien vergleichen Regionen und Länder. Dabei zeigt sich zwar, dass mit einem gewissen Wohlstand auch die Lebenszufriedenheit steigt, dies aber nicht proportional. Die glücklichsten Menschen leben nach dem World Happiness Report der UN in Dänemark, Norwegen und der Schweiz. Deutschland rangiert auf Rang 26. Noch hinter Ländern wie Panama (15) oder Mexiko (16). Allerdings weit vor Ländern wie Japan (43) oder Portugal (85).

M4 Entwicklung ist nicht gleich Glück

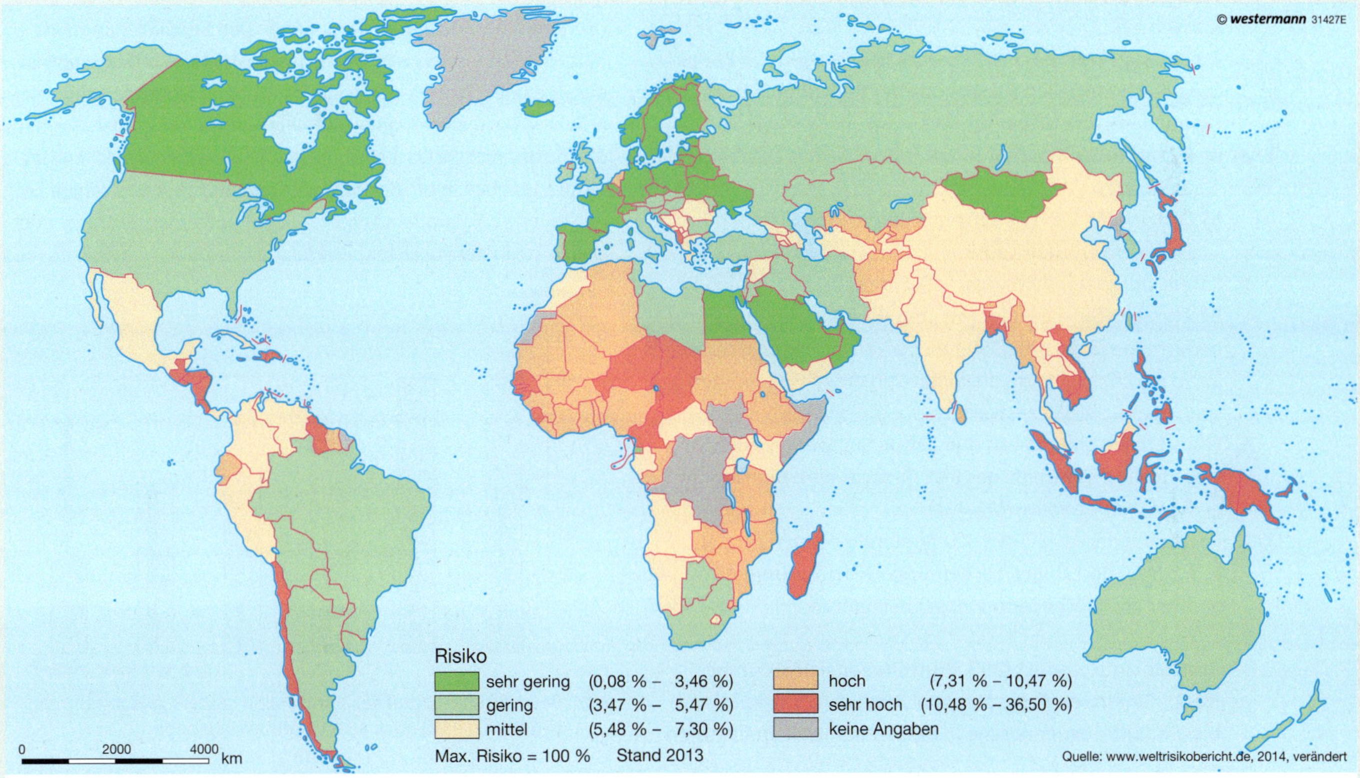

Anmerkung: Der Weltrisikoindex versucht, durch die Kombination verschiedener Aspekte das Risiko negativer Entwicklungen bzw. die Vulnerabilität in einzelnen Ländern darzustellen. Das Risikopotenzial setzt sich aus vier Indikatoren zusammen:

- Gefährdung gegenüber Naturgefahren (z. B. Erdbeben, Wirbelstürme etc.)
- Anfälligkeit in Abhängigkeit von Infrastruktur, Ernährung, Wohnsituation und ökonomischen Rahmenbedingungen
- Bewältigungskapazitäten im Hinblick auf Regierungsführung, Vorsorge und Frühwarnung, medizinischer Versorgung sowie sozialer und materieller Absicherung
- Anpassungskapazitäten bezogen auf Naturereignisse und Klimawandel

M3 Globale Übersicht über das Risiko einer negativen Entwicklung: der Weltrisikoindex

1. Stellen Sie mögliche Merkmale ungleicher Lebensbedingungen bei Menschen in Ihrer Stadt dar.
2. Beschreiben Sie die Bilder in Bezug auf die menschlichen Grundbedürfnisse (M1, M2).
3. Erläutern Sie den Begriff Disparitäten, indem Sie auf für Sie gesellschaftlich bedeutsame Merkmale eingehen.
4. Der Weltrisikoindex teilt die Staaten der Erde in Klassen ein. Erklären Sie die Vorgehensweise bei der Festlegung des Index (M3).
5. Ordnen Sie die in M4 genannten Länder in den Weltrisikobericht ein. Was stellen Sie fest (M3, M4)?
6. Ein hoher Entwicklungsstand ist nicht mit Glück gleichzusetzen. Nehmen Sie Stellung zu dieser These.

Entwicklungsstände vergleichen

Ökonomische Indikatoren

Anhand bestimmter ökonomischer Indikatoren werden die Entwicklungsstände von Ländern und Regionen häufig miteinander verglichen. Welche Rückschlüsse kann man aufgrund ökonomischer Indikatoren auf den Entwicklungsstand ziehen? Wie aussagekräftig sind die Indikatoren?

Ⓦ **1.** Vergleichen Sie den ökonomischen Entwicklungsstand einzelner Länder bzw. Ländergruppen anhand des Bruttonationaleinkommens (M1), indem Sie
A eine Kartenskizze mit dem Titel „Reiche Welt – arme Welt" erstellen.
B einen Bericht für ein Nachrichtenmagazin verfassen.

2. Erstellen Sie mithilfe des DierckeWebGis eine möglichst aktuelle Karte zur Wirtschaftskraft der Staaten der Erde. Teilen Sie die Staaten einmal in zwei und einmal in sechs Klassen ein.

3. Die Aussagekraft des BNE ist umstritten wegen der Bedeutung des informellen Sektors und der fehlenden Berücksichtigung der Kaufkraftparität (M2 – M4). Erklären Sie.

4. a) Erläutern Sie den Gini-Index, indem Sie das Lesebeispiel auswerten (M3).
b) Diskutieren Sie: Wie sähe eine Kurve mit extremer Ungleichverteilung aus?

5. Entwicklungsstände sind auf der Erde sehr unterschiedlich. Beschreiben Sie die Bilder (M5) mit Rückgriff auf die Grundbedürfnisse (S. 101 M2). Stellen Sie Vermutungen darüber an, in welchen Ländern die Bilder aufgenommen worden sind, indem Sie M6 auswerten.

6. Erläutern Sie anhand von drei Beispielen, warum eine Klassifizierung mithilfe des BNE durch andere Indikatoren ergänzt werden sollte (M2, M4).

Ⓩ **7.** Beschreiben Sie die Entwicklungsstände der drei Länder X, Y, Z (M4) und stellen Sie begründete Vermutungen darüber an, welche Länder das sein könnten.

→ Bruttoinlandsprodukt (BIP), Bruttonationaleinkommen (BNE), Gini-Index, Gross National Product (GNP), Kaufkraftparität (KKP), ökonomische Indikatoren, soziale Indikatoren

→ Bruttoinlandsprodukt (BIP)

Das Bruttoinlandsprodukt (BIP; englisch Gross Domestic Produkt, GDP) gibt den Gesamtwert aller Güter, Waren und Dienstleistungen an, die im Laufe eines Jahres innerhalb der Landesgrenzen einer Volkswirtschaft hergestellt wurden, nach Abzug aller Vorleistungen. Aufbauend auf dem BIP lässt sich durch Reduktion um die Einkommen, die ins Ausland gewandert sind sowie der Addition solcher Einkommen, die aus dem Ausland ins Inland geflossen sind, das Bruttonationaleinkommen (BNE, englisch Gross National Product (GNP) bzw. Gross National Income (GNI) berechnen.

→ Bruttonationaleinkommen (BNE)

Das Bruttonationaleinkommen ist demnach der Wert aller im Laufe eines Jahres von den Bewohnern eines Landes (auch im Ausland) produzierten Waren und erbrachten Dienstleistungen. Das BNE hat seit 1999 den Begriff des Bruttosozialproduktes (BSP) abgelöst. Einschränkend muss allerdings festgestellt werden, dass ökonomische Indikatoren nur die formalen Beschäftigungsverhältnisse mit ihren Leistungen erfassen. Nicht miteinbezogen ist der – gerade in Entwicklungsländern sehr bedeutende – informelle Sektor. Dazu zählt man die Beschäftigungs- und Arbeitsformen, die formell nicht erfasst sind. Sie genießen keinen Versicherungsschutz, tauchen in offiziellen Statistiken nicht auf und zahlen keine Steuern, z. B. Straßenverkäufer, Schuhputzer, Lastenträger oder Landwirte in der Subsistenzwirtschaft.

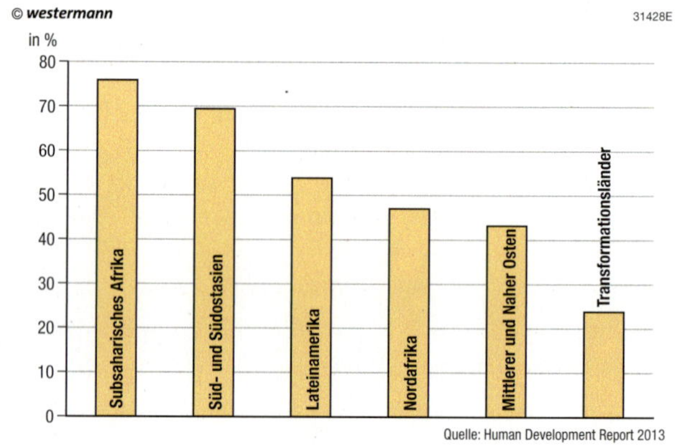

M2 Beschäftigtenanteil des informellen Sektors (ausgenommen Landwirtschaft) nach ausgewählten Regionen

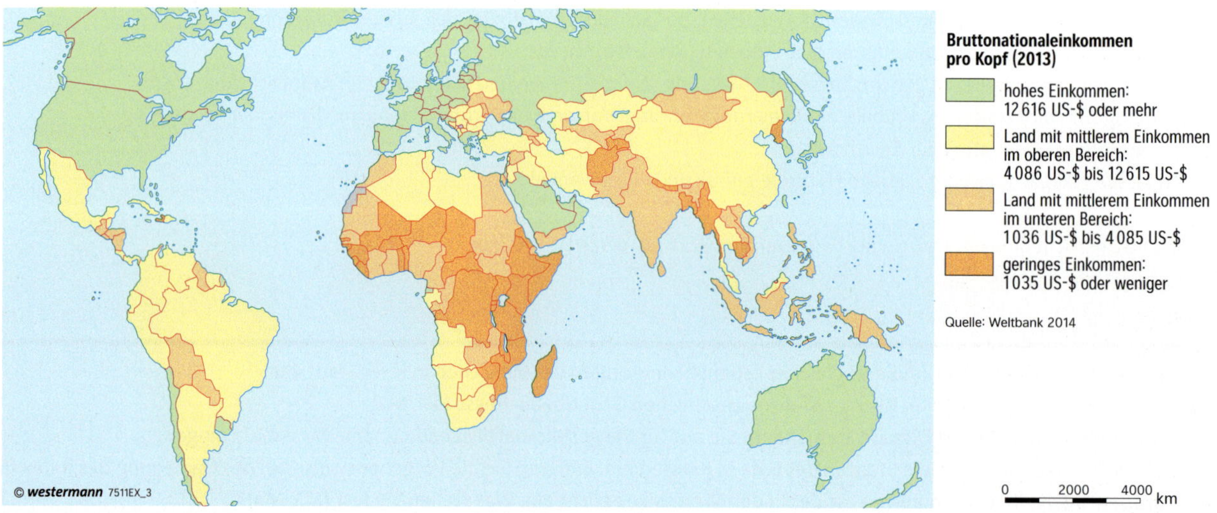

M1 Bruttonationaleinkommen pro Kopf (Weltbankklassifikation)

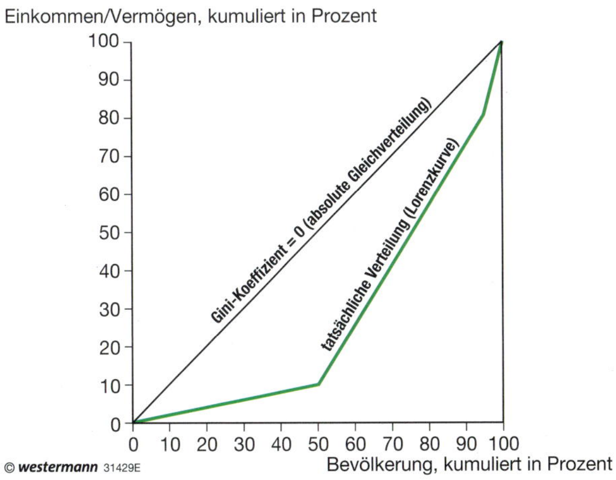

In der Grafik ist die absolute Gleichverteilung eingezeichnet, was bedeutet, dass das Vermögen gleichmäßig auf alle Bevölkerungsmitglieder verteilt wird (Gini-Index/-Koeffizient = 0). Bei der im Beispiel eingezeichneten „tatsächlichen Verteilung" (grün) haben 50 Prozent der Bevölkerung nur einen ganz kleinen Anteil des Vermögens. Dagegen hat ein ganz kleiner Teil der Bevölkerung 20 Prozent des gesamten Vermögens. Die restlichen 45 Prozent teilen sich 70 Prozent des Vermögens. Norwegen glänzt etwa mit einem Gini-Index unter 0,30. Experten weisen darauf hin, dass Werte über 0,40 als extrem zu werten sind und die Gefahr sozialer Spannungen sehr groß ist.

M3* Der Gini-Index – Lesebeispiel

→ Gini-Index

Der Gini-Index (oder auch Gini-Koeffizient), nach dem italienischen Statistiker Corrado Gini, ist ein statistisches Maß zur Berechnung von Ungleichverteilungen. Dazu wird auf der X-Achse die Bevölkerung eingetragen, auf der Y-Achse z. B. das Einkommen oder das Vermögen. Die Darstellung in einer solchen Lorenzkurve gibt Antwort auf die Frage, wie viel Prozent der Bevölkerung jeweils wie viel Prozent des Einkommens erhalten. Bei absoluter Gleichverteilung errechnet sich eine Varianz/ ein Gini-Index von 0, bei totaler Ungleichverteilung hat der Gini-Index den Wert 1. Bezogen auf das Einkommen liegt der Gini-Index für Deutschland bei 0,28, für die USA bei 0,41 und für Südafrika gar bei 0,60.

M5 Unterschiedliche Länder – unterschiedliche Entwicklung

***Hinweise zu den Bildern:* In den beiden Bildern werden große Entwicklungsunterschiede deutlich. Betrachtet man nur das Bruttonationaleinkommen, so sind die Menschen im oberen Bild fast 40 000 US-$ reicher als die Frau im unteren Bild. So groß ist nämlich der Unterschied des BNE pro Kopf zwischen den Vereinigten Staaten von Amerika (oberes Bild = Slum in Louisiana/ USA) und Brasilien (unteres Bild = Boutique in Rio de Janeiro/ Brasilien).**

M6 Der BNE – ein ungenaues Maß für tatsächliche Entwicklung (Hinweise zu den Bildern in M5)

Land	BNE pro Einw. (in US-$)	BNE pro Einw. nach KKP* (in US-$)	Gini-Index (auf Basis des Einkommens)	Lebenserwartung in Jahren	Mittlere Schulbesuchsdauer (in Jahren)	Anzahl der Ärzte pro 1 000 Einw.
Ägypten	3 000	6 640	0,344	73,5	6,4	2,8
Äthiopien	410	1 140	0,298	59,7	2,2	0,0
Argentinien	9 740	18 745	0,445	76,1	9,3	3,2
Australien	59 570	43 170	0,352	82,0	12,0	3,0
Brasilien	11 630	11 720	0,547	73,8	7,2	1,7
China	21 080	9 210	0,474	73,7	7,5	1,4
Deutschland	44 010	41 370	0,284	80,6	12,2	3,5
Frankreich	41 750	36 460	0,327	81,7	10,6	3.5
Indien	1 530	3 840	0,334	65,8	4,4	0,6
Kenia	840	1 670	0,425	57,7	7,0	0,1
Mexiko	9 740	16 630	0,483	77,1	8,5	2,9
Mosambik	510	1 020	0,456	50,7	1,2	0,0
Russland	12 700	22 760	0,401	69,1	11,7	4,3
X	51 120	50 610	0,408	78,7	13,3	2,7
Y	47 210	61 100	0,425	81,2	10,1	1,8
Z	8 420	16 300	0,300	74,2	10,4	1,9

*Die Kaufkraftparität drückt den realen Geldwert einer Region aus und bereinigt damit die Preisunterschiede, die in einer alleinigen Betrachtung des BNE vorhanden sind. So ist eine Summe X in Deutschland weniger Wert als in vielen Entwicklungsländern. Quelle: Fischer Weltalmanach 2014; UNDP, 2013

M4* Länderdaten

Entwicklungsstände vergleichen

Soziale und mehrperspektivische Indikatoren

Beim Vergleich von Entwicklungsständen kommen ökonomische Indikatoren an ihre Grenzen. Welche Indikatoren können dabei helfen, einen differenzierten Blick auf Entwicklungsstände zu erlangen?

1. Erläutern Sie den Big Mac Index (M1) mithilfe Ihrer bisherigen Kenntnisse zu Entwicklungsständen.
2. Ⓦ **A** Informieren Sie sich über die genaue Bedeutung der Begriffe Hunger, Fehl- und Mangelernährung und grenzen Sie diese gegeneinander ab.
   B Formulieren Sie auf der Basis Ihrer bisherigen Kenntnisse mögliche Gründe für Ernährungsprobleme (M2, Internet).
3. Vergleichen Sie den Index für menschliche Entwicklung (HDI) mit dem Index für mehrdimensionale Armut (MPI) (M3, M4).
4. Beschreiben Sie die globale Situation der Lebensverhältnisse und deren Entwicklung mithilfe des HDI (M3, M5–M7).
5. **a)** Erstellen Sie mithilfe des DierckeWebGis eine möglichst aktuelle Weltkarte zum HDI.
   b) Drucken Sie diese Karte aus und schraffieren Sie in der Karte die zehn Länder mit dem höchsten BNE und die mit dem niedrigsten BNE.
   c) Weichen Sie von der vorgegebenen Klassifizierung zugunsten einer detaillierteren ab und drucken Sie diese aus.
6. Ⓩ Vergleichen Sie die Schilderung einer/s durchschnittlichen Deutschen (M8) mit Ihren eigenen Erfahrungen und erstellen Sie einen ähnlichen Bericht für einen Jugendlichen in einem Entwicklungsland.

→ Human Development Index (HDI), Multidimensional Poverty Index (MPI)

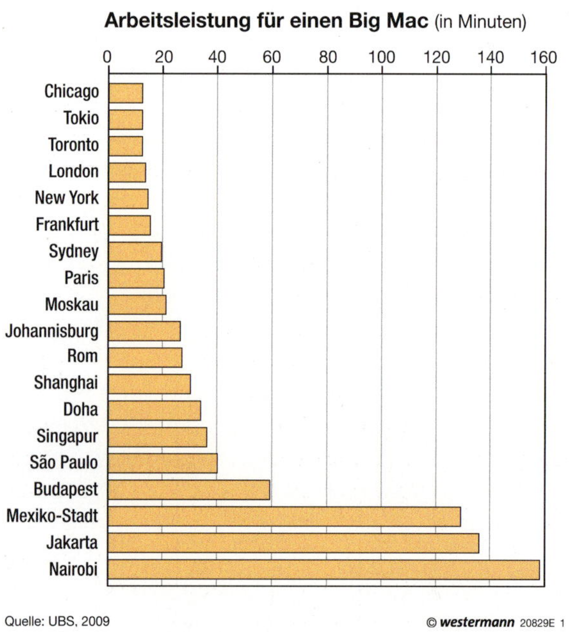

M1 Big Mac Index 2009

M2 Grundbedürfnis Nahrung

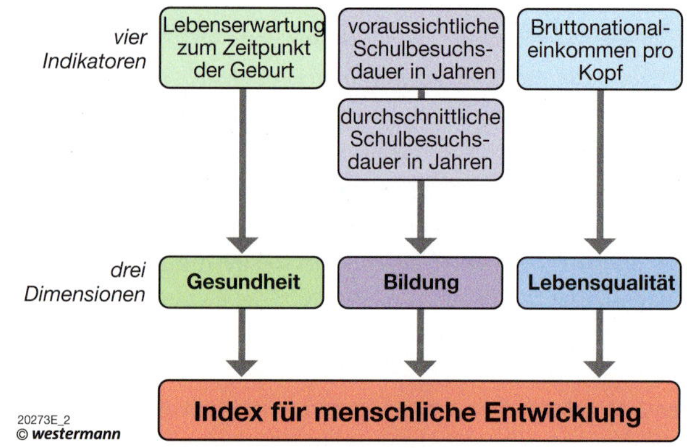

M3 Der Human Development Index (HDI)

→ Human Development Index (HDI)

Der Index für menschliche Entwicklung (HDI) ist ein generalisierter Maßstab zur Berechnung der Lebensverhältnisse. Dieser wird seit 1990 von der UN jährlich festgelegt. Der HDI liegt zwischen 0 (gar nicht entwickelt) und 1 (sehr hoch entwickelt). Dabei werden vier Entwicklungsstufen unterschieden (niedrig, mittel, hoch, sehr hoch).

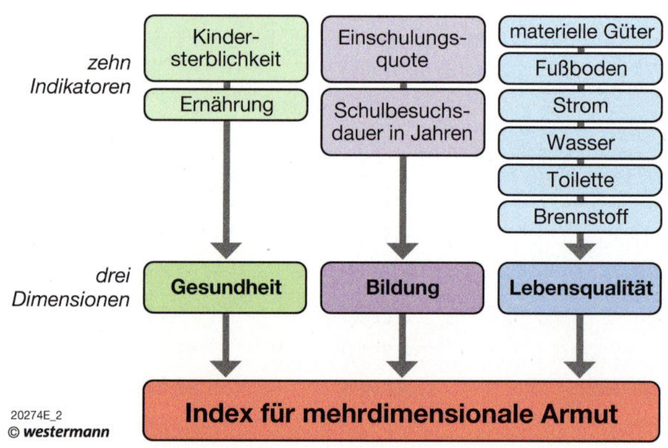

M4 Multidimensional Poverty Index (MPI)

→ Mulitdimensional Poverty Index (MPI)

Der Multidimensional Poverty Index verzeichnet die Armut in ausgewählten Entwicklungsländern. Er wurde 2010 an der Universität Oxford für das Entwicklungsprogramm der Vereinten Nationen (UNDP) entwickelt und kann als Ergänzung zum HDI gesehen werden. Auf den ersten fünf Plätzen rangieren Niger, Guinea, Äthiopien, Mali und Burkina Faso (UN 2014).

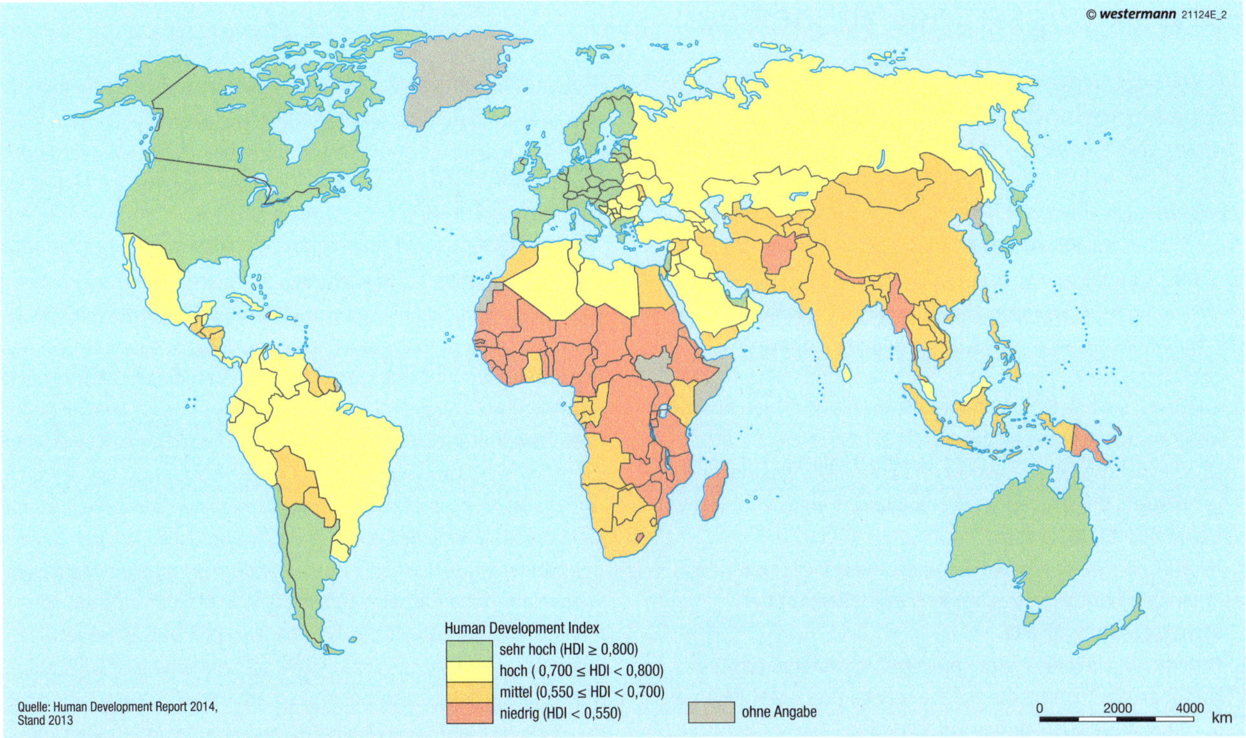

M5 Human Development Index 2013 (HDI)

Regionen	HDI	Lebenserwartung bei der Geburt (Jahre)	Mittlere Schulbesuchsdauer (Jahre)	BNE pro Einw. in KKP
Arabische Staaten	0,652	71,0	6,0	8317
Ostasien und Pazifik	0,683	72,7	7,2	6874
Europa und Zentralasien	0,771	71,5	10,4	12243
Lateinamerika und Karibik	0,741	74,7	7,8	10300
Südasien	0,558	66,2	4,7	3343
Afrika südlich der Sahara	0,475	54,9	4,7	2010

Quelle: HDR der UN

M6 HDI und Komponenten (Indikatoren) nach Regionen 2012

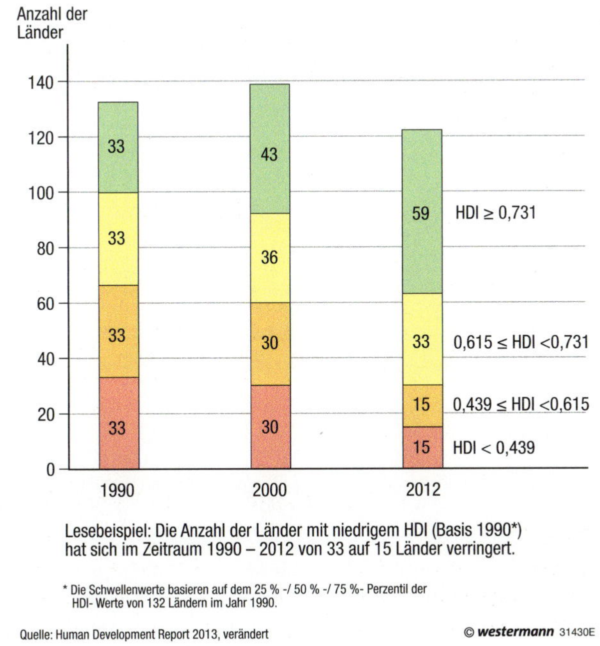

M7 Veränderung von Ländern beim HDI

Ich bin die/der Durchschnittsdeutsche. Ich bin 1,71 Meter groß und wiege 74 Kilogramm. Mit drei Jahren komme ich in den Kindergarten, mit sechs Jahren in die Grundschule. Anschließend lerne ich auf einer weiterführenden Schule und verlasse mit 16,8 Jahren die Schule. Aus jedem Jahrgang fangen ca. 35 Prozent ein Studium an. Ich gebe im Monat 39 Euro für Kleidung aus und bekomme 0,69 Kinder. Im Laufe meines Lebens lese ich 9 304 Zeitungen. Ich verbrauche 3651 Rollen Toilettenpapier und rauche 107 000 Zigaretten. Ich werde 79,36 Jahre alt und verspeise 45,5 Schweine und 926 Hühner. Am Tag stehen mir 3496 kcal zur Verfügung. Ich verbrauche täglich 126 Liter Wasser. Im Jahr produziere ich 173,4 Kilogramm Hausmüll. In meinem Leben lege ich 819 214 Kilometer im Auto zurück und schaue 6,2 Jahre Fernsehen. Ich gebe jährlich 732 Euro für Urlaubsreisen aus und heirate mit 30,2 Jahren. Ich wohne mit 1,11 Personen auf 89 m². 88 Prozent meiner Mitbürger leben in städtischen Siedlungen. Ich verdiene im Schnitt 1452 Euro netto im Monat und jeder Einzelne erwirtschaftet ca. 24 000 Euro im Jahr. Ich verbrauche im Leben 25 Handys, 7 TV-Geräte und zwölf Computer. 14 Prozent meiner Mitbürgerinnen und Mitbürger sind unter 14 Jahren alt und weitere 20 Prozent über 65.

Quelle: Landesakademie für Fortbildung und Personalentwicklung an Schulen: Fachportal Geographie. Zugriff: 03.12.2014

M8 Der/die durchschnittliche Deutsche

Entwicklungsstände vergleichen

Entwicklungsländer, Schwellenländer, Länder des Südens – Abgrenzungen

Entwicklungsland, Schwellenland, Industrieland, Erste oder Dritte Welt. Es existieren unterschiedliche Begrifflichkeiten, um Gruppen von Ländern mit ähnlichem Entwicklungsstand zu benennen. Wann aber ist ein Land ein Entwicklungsland bzw. ab wann wird es zu einem Schwellenland? Wer braucht solche Einteilungen überhaupt?

1. Erläutern Sie das Bild (M1) mithilfe Ihrer bisherigen Kenntnisse zu Entwicklungsständen.
2. Die Bezeichnungen Industrie- und Entwicklungsland sind umstritten. Begründen Sie dies anhand je eines konkreten Beispiels (M2, M3, M5).
3. Vergleichen Sie den Entwicklungsstand dreier Länder (M3) Ihrer Wahl. Nutzen Sie auch die Materialien auf der vorherigen Doppelseite.
4. Ordnen Sie einzelne Länder nach Kriterien der Vereinten Nationen der Gruppe der LDC-Länder zu (M3–M5, BNE auf S. 102 und Weltrisikoindex auf S. 101).
5. Ⓦ Erläutern Sie den Begriff Schwellenland, indem Sie
   - **A** beispielhaft vier Länder untersuchen.
   - **B** klären, ob die BRICS-Staaten zu den Schwellenländern zu rechnen sind.
   - **C** untersuchen, ob die Tigerstaaten als Schwellenländer zu bezeichnen sind.
6. Ⓩ Bereiten Sie einen Kurzvortrag zum Thema „Entwicklungsstände – weltweit sehr verschieden" vor, in dem alle Fachbegriffe dieser Doppelseite enthalten sind.

→ BRICS-Staaten, Entwicklungsland, Industrieland, informeller Sektor, Landlocked Developing Countries (LLDC), Least Developed Countries (LDC), Newly Industrialized Countries (NIC), Schwellenland, Tigerstaaten

In der öffentlichen Diskussion existieren unterschiedliche Begrifflichkeiten für unterentwickelte Räume. Der Begriff der Dritten Welt ist ein Produkt des „Kalten Krieges" nach 1945. Dabei wurden Länder nach ihren Wirtschafts- und Gesellschaftssystemen gruppiert. So waren die westlich-kapitalistischen Länder die Erste Welt und die östlich-sozialistischen Länder die Zweite Welt. Alle nicht zu diesen Blöcken gehörenden Länder wurden als Dritte Welt bezeichnet. Im alltäglichen Sprachgebrauch wurde der Begriff Dritte Welt zunehmend mit unterentwickelten Räumen gleichgesetzt. Heute gilt der Begriff als überholt. Bereits 1949 sprach die UN von „Underdeveloped Countries". Aufgrund des negativen Klangs wurde dieser bald durch „Less Developed Countries" und später durch „Least Developed Countries"(LDC-Länder) ersetzt. Darüber hinaus weist die UN noch Länder aus, die besonders durch eine Binnenlage benachteiligt sind (Landlocked Developing Countries = LLDC). Im Gegensatz zu Entwicklungsländern haben in den Industrieländern die meisten Menschen einen relativ hohen sozialen Lebensstandard. Die Grundbedürfnisse der meisten sind befriedigt (erkennbar am HDI). Die Länder verfügen zudem über eine hohe Wirtschaftskraft und eine leistungsfähige Wirtschaft, in der der tertiäre Wirtschaftssektor zumeist schon die größte Bedeutung erlangt hat. Im Deutschen werden die Länder der „Dritten Welt", in Anlehnung an die englischen Begriffe, häufig als Entwicklungsländer bezeichnet. In den letzten Jahren ist der Begriff „Entwicklungsland" jedoch immer mehr in die Kritik geraten, vor allem, da er Ausdruck einer eurozentristischen Sichtweise sei. Er wird daher in der Geographischen Entwicklungsforschung von einigen Autoren durch den neutraleren Begriff „Länder des Südens" ersetzt – was natürlich hinsichtlich der Abgrenzung auch nicht unproblematisch ist.

*Anmerkung: Auf den folgenden Seiten wird zumeist der Begriff „Entwicklungsländer" verwendet, da er den in englischsprachigen Veröffentlichungen verwendeten Begriffen „Underdeveloped Countries", „Less" und „Least Developed Countries" am nächsten kommt.

M2 Von der „Dritten Welt" zu den „Ländern des Südens"

M1 Slum Kibera in Nairobi

Land	Bevölkerung unterhalb der Armutsgrenze (%)	Sterblichkeitsrate bei unter 5-Jährigen (pro 1 000 Lebendgeburten)	Außenhandelsbilanz (in Mrd. US-$)
Äthiopien	39,0	106	-9
Australien	0,0	5	19
Brasilien	6,1	19	2
China	13,1	18	260
Deutschland	0,0	4	198
Indien	32,7	63	-129
Kenia	43,4	85	-10
Mexiko	1,2	17	-1
Mosambik	59,6	135	-3
Russland	0,0	12	208
Südafrika	13,8	57	-9

Quelle: HDR, 2013; Fischer Weltalmanach 2014, 2015

M3 Länderdaten 2012

Ein Land ist nach den Kriterien der Vereinten Nationen als LDC-Land zu bezeichnen, wenn

1. das Bruttonationaleinkommen pro Kopf im Drei-Jahres-Mittel unter 905 US-Dollar liegt. Länder, die aufsteigen wollen, müssen mehr als 1086 US-Dollar für die gleiche Dauer vorweisen.
2. ein hoher Prozentsatz der Bevölkerung unterernährt ist, eine hohe Kindersterblichkeit, geringe Schulanfängerquoten und eine hohe Analphabetenrate vorliegen.
3. eine instabile Landwirtschaft und wenig industrielle Produktion zu verzeichnen sind sowie häufige Naturkatastrophen mit anschließenden Flüchtlingswellen auftreten. Des Weiteren ist kaum Export möglich und das BIP ist zum überwiegenden Teil von Landwirtschaft und Fischerei geprägt, wodurch eine wirtschaftliche Abhängigkeit entstanden ist.

M4 UN Kriterien 2011* für Least Developing Countries (LDC)
*Die Werte werden jährlich von der UN angepasst

M6 Treffen der BRICS-Staatschefs 2014 in Fortaleza (Brasilien)

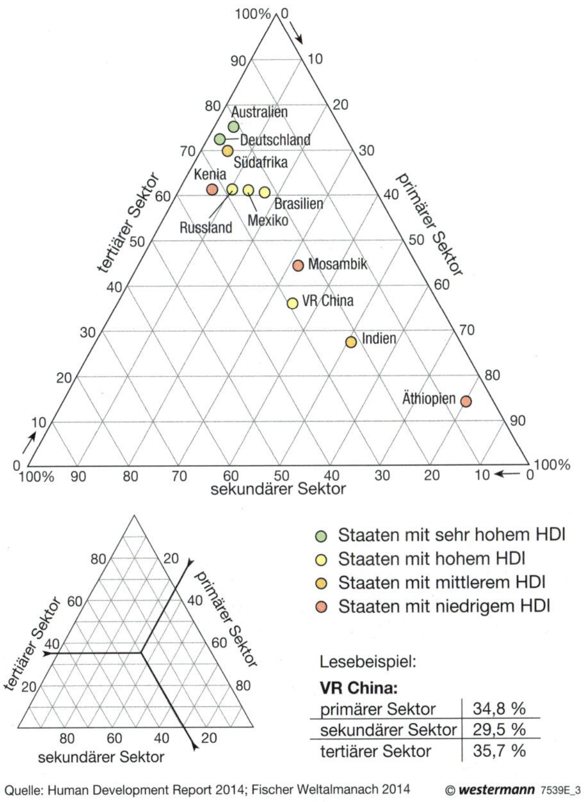

M5 Wirtschaftsstruktur ausgewählter Länder 2012

Absolute Armut

Absolute oder extreme Armut bezeichnet nach Auskunft der Weltbank eine Armut, die durch ein Einkommen von etwa einem Dollar (neuerdings 1,25 US-$) pro Tag gekennzeichnet ist. Auf der Welt gibt es 1,2 Milliarden Menschen, die in diese Kategorie fallen.

Relative Armut

Von relativer Armut spricht man in Wohlstandsgesellschaften, in denen es absolute Armut praktisch kaum gibt, wohl aber eine arme „Unterschicht" (neuerdings auch Prekariat genannt). Als relativ arm gilt hier derjenige, dessen Einkommen weniger als die Hälfte des Durchschnittseinkommens beträgt.

Gefühlte Armut

Gefühlte oder auch sozio-kulturelle Armut lässt sich weniger an konkreten Einkommensgrenzen festmachen. Es ist mehr das Bewusstsein, das diese Art der Armut konstituiert. Sie betrifft diejenigen, die sich aufgrund ihrer allgemeinen gesellschaftlichen Ausgrenzung oder Diskriminierung als „arm" betrachten oder Angst vor einer sich verschlechternden wirtschaftlichen Lage haben bzw. in ständiger Angst vor Armut leben.

Quelle: World Vision Institut für Forschung und Innovation. www.armut.de, Zugriff: 03.12.2014

M7 Drei Arten von Armut

→ Schwellenland

Unter einem Schwellenland versteht man allgemein ein Land, das in seiner Entwicklung verhältnismäßig weit fortgeschritten ist. Seit 1970 etablierte sich dafür der englischsprachige Begriff Newly Industrialized Country (NIC), der sich ursprünglich vor allem auf die asiatischen sogenannten Tigerstaaten richtete (Südkorea, Taiwan, Hongkong, Singapur). Ein Schwellenland befindet sich in einem Industrialisierungsprozess, in welchem die Agrarwirtschaft immer mehr an Bedeutung verliert. Häufig werden solche Länder als „verlängerte Werkbänke" des „Nordens" funktionalisiert. Der wirtschaftliche Aufschwung kann an verschiedenen Indikatoren festgemacht werden. Merkmale, die auf ein Schwellenland hinweisen, sind zum Beispiel überdurchschnittliche Wachstumsraten, hohe Arbeitsproduktivität bei gleichzeitig niedrigem Lohnniveau oder Investitionen in die Infrastruktur und die Bildung. Es gibt keine einheitlichen Kriterien zur Bestimmung, welche Staaten zu Schwellenländern gehören. Die aufstrebenden Staaten der G20 werden zumeist dazugerechnet. Immer werden allerdings die sogenannten BRICS-Staaten genannt (Brasilien, Russland, Indien, China, Südafrika). Die Schattenseiten eines Schwellenlandes liegen darin, dass gesellschaftliche und soziale Entwicklung nicht mit der wirtschaftlichen Entwicklung Schritt halten. Dadurch kommt es zu extremen Disparitäten (vgl. Gini-Index), wodurch die Anfälligkeit für politische Unruhen ansteigt.

Unterschiedliche Länder – unterschiedliche Entwicklungsbedingungen

Ein Sahelstaat mit kolonialem Erbe – Mali

Der Entwicklungsstand der einzelnen Staaten hängt jeweils von einem Bündel von Faktoren ab.
Zum Beispiel sind die Entwicklung und die Entwicklungsperspektiven von Mali geprägt durch seine naturräumliche Lage im Sahel, die Struktur und die Entwicklung der Bevölkerung und seine koloniale Vergangenheit.

Ⓦ **1.** Kennzeichnen Sie die Lage Malis im Hinblick auf das naturräumliche Potenzial für die Landwirtschaft (M1, M2, Atlas), indem Sie
  A eine Kartenskizze erstellen.
  B einen Text schreiben.
2. Beschreiben Sie die Kolonialgeschichte Malis (M3, Internet).
3. Stellen Sie die derzeitige Entwicklungssituation Malis dar (M4). Nutzen Sie dazu auch die vorherigen Doppelseiten.
4. Erläutern Sie, welche Auswirkungen der kolonialen Geschichte in Mali heute noch spürbar sind (M3–M5, M7, M8).
5. a) Beschreiben Sie die demographische Entwicklung in Mali (M4, M7).
  b) „Mali unter Bevölkerungsdruck?" Erörtern Sie, inwieweit die Bevölkerungsentwicklung unter Berücksichtigung des naturräumlichen Potenzials und der aktuellen Bevölkerungsdichte ein Problem darstellen könnte (M2, M4, M5, M6, Atlas).
6. „Malis Zukunft sieht nicht zuletzt wegen der kolonialen Geschichte düster aus." Beurteilen Sie diese These (M1–M8).
7. Analysieren Sie Hemmnisse für eine positive Entwicklung des Staates Mali, indem Sie eine Mindmap oder eine Concept Map erstellen.

→ Bevölkerungsdruck, Kolonialismus, naturräumliches Potenzial

M1 Malische Frau bei der Baumwollernte

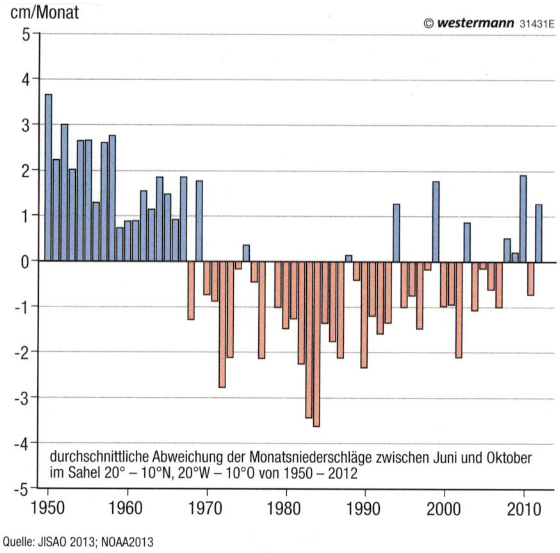

M2 Niederschlagsvariabilität im Sahel

Mali ist, wie viele afrikanische Staaten, in seiner heutigen Form erst aufgrund kolonialer Grenzziehungen entstanden. 1883 drangen französische Kolonialtruppen auf das Gebiet des heutigen Mali vor und besetzten Bamako. Nach den Kolonialkriegen gliederte Frankreich das Territorium 1904 der Kolonie Französisch-Sudan an. Diese war Teil von Französisch-Westafrika. Die Kolonialherren zwangen die Bewohner zum Anbau von landwirtschaftlichen Exportprodukten, wie Erdnüssen oder Baumwolle, die auch heute noch wichtige landwirtschaftliche Produkte darstellen.
1960 wurde Mali in einer Föderation mit dem Senegal unabhängig. Kurz darauf zerbrach die Föderation durch den Austritt des Senegal, sodass das heutige Staatsgebiet Malis seit dem Herbst 1960 besteht. Die Grenzziehung orientierte sich nicht an Traditionen, Ethnien und Sprachen, sondern war durch die französische Kolonialmacht vorgegeben. Dies führt bis heute immer wieder zu Konflikten. Die ersten Jahrzehnte nach der Unabhängigkeit waren geprägt von politischen Unruhen, einer Militärdiktatur und Putschversuchen. Erst seit den 1990er-Jahren setzte langsam ein Demokratisierungsprozess ein. Im Januar 2012 begannen Stammesangehörige der Tuareg im Norden des Landes, dem Azawad (Region Timbuktu, Gao und Kidal), eine Rebellion gegen die malische Regierung. Das Ziel der Tuareg war die Errichtung eines eigenen Staates im Norden Malis. Im Zuge dieser Entwicklung meldeten weitere Gruppierungen Ansprüche an, u.a. die AQMI (Al-Kaida im islamischen Maghreb). Erst durch die Hilfe französischer Truppen konnten die Rebellen zurückgedrängt werden. Allerdings kommt das afrikanische Land nicht zur Ruhe. Anfang 2015 hatten Tuareg-Rebellen im Norden wieder Geländegewinne verzeichnet und die Städte Kidal und Ménaka erobert. Dabei sind mindestens 20 Soldaten der UN-Friedenstruppe für Mali getötet worden. Der mittlerweile ausgehandelte Waffenstillstand zwischen malischer Regierung und den Aufständischen ist brüchig.

M3 Kolonialgeschichte Malis

BNE pro Einw. (2000/2013)	374/ 670 US-$
Bevölkerungsdichte*	12 Einw./ km²
Bevölkerungswachstum	3,0 %
Lebenserwartung (2000/2013)	46,66/ 54,61
Anteil der Bevölkerung mit angemessenem Anschluss an eine Trinkwasserversorgung	67,2 %
Alphabetisierungsrate	33,57 %
Anteil des primären Sektors am BIP	42 %
Anteil der Beschäftigten im primären Sektor, davon ein großer Teil kleine Subsistenzwirtschaftsbetriebe	70 %
Hauptexportprodukte	Gold, Baumwolle
HDI (Rang)	0,344 (Rang 182)

*Durchschnittswert – große Teile des Nordens von Mali sind nahezu menschenleer, Quelle: BMZ

M4 Kenndaten zu Mali 2013

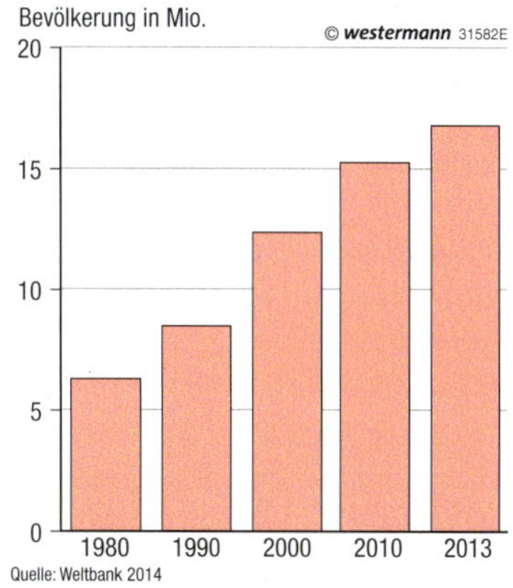

M6 Bevölkerungsentwicklung in Mali

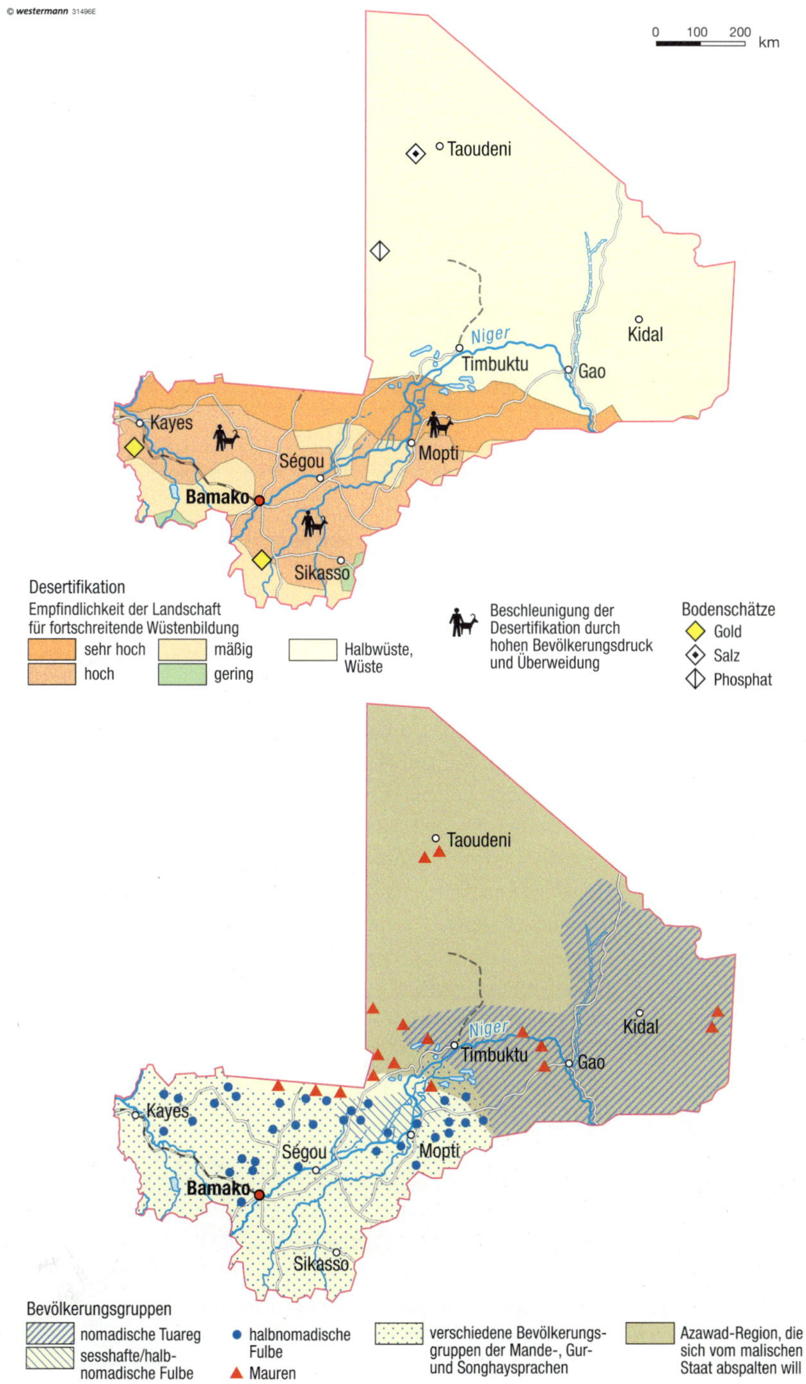

M5* Mali: naturräumliche und soziale Konfliktpotenziale

M7 Schweres Erbe einer Kolonialmacht? Ein französischer Soldat auf dem zentralen Markt in der Stadt Timbuktu.

Bei einer Minenexplosion im Norden Malis ist ein aus dem Tschad stammender Blauhelmsoldat getötet worden. Vier weitere seien bei dem Vorfall in der Unruheregion Kidal verletzt worden, teilte ein Sprecher der UN-Mission in Mali mit. [...] Erst zu Monatsbeginn waren in Kidal bei einer Minenexplosion vier Blauhelmsoldaten getötet und 14 weitere verletzt worden. Mehrere derartige Anschläge in der Vergangenheit wurden mit islamischen Extremisten [...] in Verbindung gebracht. [...] Die UN-Friedensmission versucht, den Norden Malis zu stabilisieren. Dort hatte Frankreich 2013 eine Militäroffensive gegen Al-Qaida-Kämpfer und andere Dschihadisten gestartet, die nach einem Militärputsch 2012 die Macht ergriffen hatten. [...]. Extremisten sind jedoch nach wie vor im Norden des Landes aktiv.

(Quelle: www.nzz.ch: Blauhelmsoldat bei Minenexplosion getötet. 15.09.2014, Zugriff: 16.09.2014)

M8 UN-Mission in Mali

Unterschiedliche Länder – unterschiedliche Entwicklungsbedingungen

Bodenschätze als möglicher Entwicklungsschub – Chile

Wirtschaftliche Entwicklung hängt auch stark von einem anderen Aspekt des naturräumlichen Potenzials ab: der Ausstattung mit Rohstoffen. Insbesondere Bodenschätze können Entwicklungsprozesse anschieben, wie das Beispiel Chile zeigt.

Ⓦ **1.** Lokalisieren Sie Chile und kennzeichnen Sie die Abbaugebiete des Bergbaus (Atlas), indem Sie
- **A** eine Kartenskizze erstellen.
- **B** einen Schulbucheintrag für die Klasse 5 verfassen.

2. Beschreiben Sie die Wirtschaftsstruktur Chiles (M1, M3–M6, Atlas).

3. Beurteilen Sie die wirtschaftliche Entwicklung sowie den derzeitigen Entwicklungsstand Chiles (M1–M5).

4. Bewerten Sie unter besonderer Berücksichtigung des Rohstoffs Kupfer die Bedeutung der Bodenschätze für die wirtschaftliche Entwicklung Chiles (M3–M8).

5. Erklären Sie die Terms of Trade mit Bezug zur Bedeutung des Kupferexports für Chile (M9–M12).

6. „Eine stark monostrukturelle exportorientierte Wirtschaftsentwicklung wie in Chile kann nicht der richtige Weg zu langfristiger Entwicklung sein." Nehmen Sie Stellung zu dieser Aussage (M4–M6, M9–M12).

7. Erläutern Sie, weshalb es für Entwicklungsländer problematisch ist, wenn ein Großteil ihres Exports aus landwirtschaftlichen Gütern und Rohstoffen besteht (M11).

8. Stellen Sie in einer Mindmap die Bedeutung des naturräumlichen Potenzials für die Entwicklung eines Landes dar.

→ Exportorientierung, Monostruktur, naturräumliches Potenzial, Terms of Trade

Anteil der Sektoren am BIP (in %)	
I	3
II	32
III	65
BNE pro Einw. (2000/2013)	4983/ 15230 US-$
Arbeitslosenquote (2000/2012)	9,0%/ 5,9%
HDI (Rang)	0,82 (Rang 40)
Gini-Index (2011)	0,50

Quelle: Fischer Weltalmanach 2015, CIA Factbook 2013

M1 Wirtschaftsdaten Chile 2013

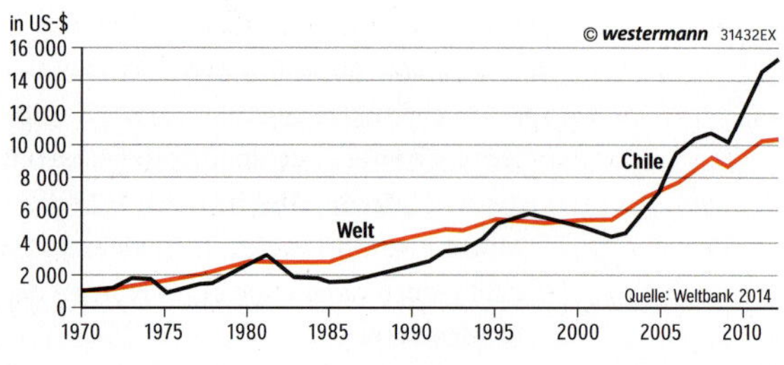

Quelle: Fischer Weltalmanach, verschiedene Jahrgänge

M2 Entwicklung des BIP pro Kopf von 1970 – 2012 in Chile und der Welt im Vergleich

M3 Chuquicamata in Chile – die weltgrößte Kupfermine

	2010	2011	2012
Importe (in Mrd. US-$)	59,4	74,9	79,5
Hauptimportgüter: Erdöl (18,4%), Kfz und -teile (11,6%), Maschinen (11,0%), chemische Erzeugnisse (10,0%)			
Exporte (in Mrd. US-$)	70,9	81,4	78,3
Hauptexportgüter: Kupfer* (35%), sonstige Rohstoffe (32,8%), Nahrungsmittel (15,7%)			

* Kupfer ist ein sogenanntes NE-(= Nichteisen) Metall. Andere NE-Metalle sind Aluminium oder Zink. Wegen ihrer oft auffälligen Farbe werden sie auch als Buntmetalle bezeichnet.

M4 Außenhandel von Chile

Die chilenische Kupferproduktion hat derzeit einen Anteil von 34% an der Weltproduktion. Weitere bedeutende Rohstoffe sind Molybdän, Rhenium, Gold und Lithium. Obwohl die Regierung sich bemüht, die Wirtschaft zu diversifizieren, hat der Bergbau noch immer eine überragende Bedeutung für den Export. [...] Ein wichtiger Wirtschaftszweig ist weiterhin die Forst-, Land- und Fischwirtschaft. Chile verfügt über eine der größten Fischfang-Flotten Lateinamerikas. Darüber hinaus spielt die Aquakultur, v.a. die Lachszucht in Massentierhaltung, eine bedeutende Rolle.

Quelle: Straßner, V.: Chile – Das Wirtschaftssystem und seine Sektoren. GIZ, 12/2014, www.giz.de, Zugriff: 15.12.2015

M5 Chiles Wirtschaft: keine Diversifizierung, nur Export

	Förderung in Mio. t	Reserven in Mio. t
Chile	5,623	160
VR China	1,299	30
Peru	1,235	63
USA	1,110	35

Quelle: Fischer Weltalmanach 2014

M6 Rangliste der wichtigsten Förderländer für Kupfer und deren Reserven in Mio. t. (2011)

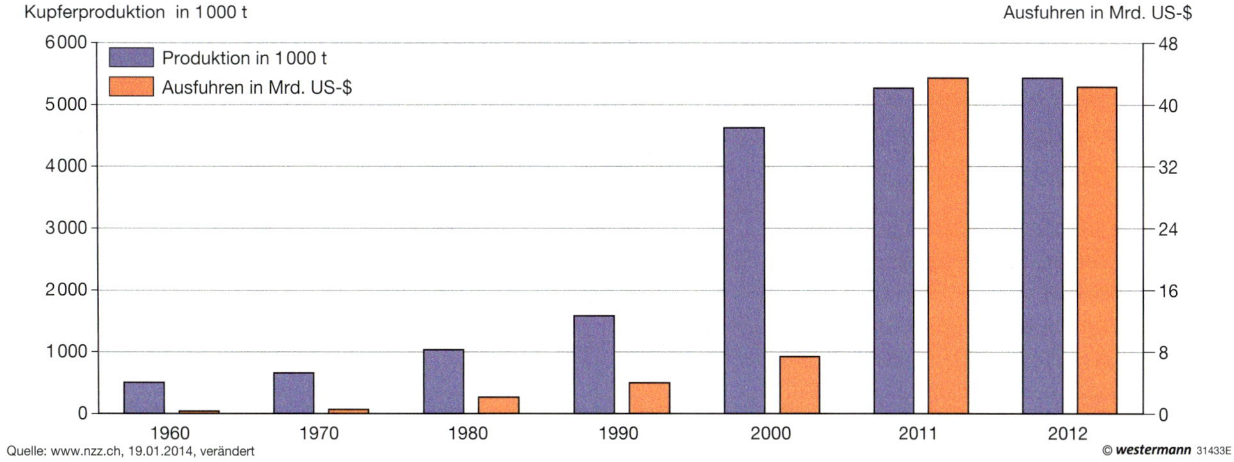

M7 Kupferproduktion und -export in Chile

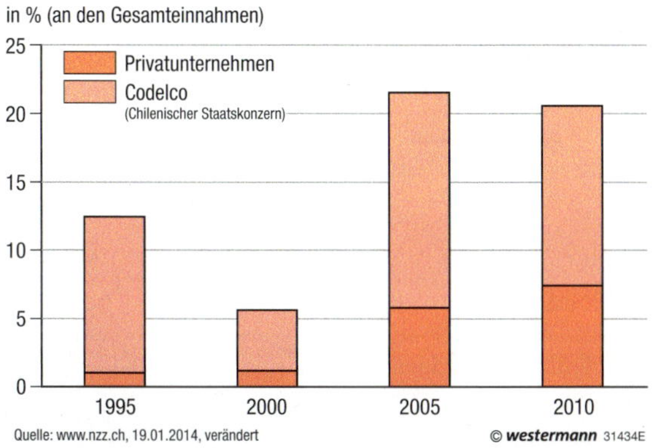

M8 Steuereinnahmen aus dem Kupfergeschäft in Chile

M9 Entwicklung des Kupferpreises

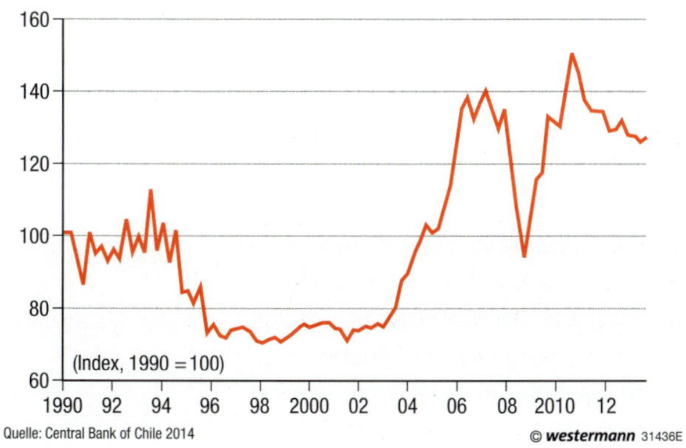

M10 Terms of Trade: Chile

→ Terms of Trade (TOT)

Der Begriff Terms of Trade (TOT) bezeichnet vereinfacht ausgedrückt das internationale Austauschverhältnis zwischen den exportierten und importierten Gütern eines Landes. Steigt der Wert eines exportierten Produktes, etwa durch hohe Preise aufgrund großer Nachfrage oder Währungsveränderungen, verbessern sich die TOT für das Land. Insbesondere für Entwicklungsländer ist es ein Problem, dass ein großer Anteil des Exports aus Rohstoffen besteht.

M11* Die Maßzahl für Exporterfolge: Terms of Trade

Ein schlechtes Omen: Ausgerechnet zum Zeitpunkt, als Michelle Bachelet ihr Amt als chilenische Präsidentin antritt, bricht der Preis des Kupfers zusammen, des wichtigsten Exportguts des Landes. Allein im Februar hat das rote Metall 4,5% verloren und notiert damit auf dem niedrigsten Stand seit sieben Monaten. Die Wahrscheinlichkeit weiterer Preisrückgänge gilt als hoch, denn die Weltproduktion steigt, und die Nachfrage vor allem aus China sinkt. Für Chiles Wirtschaft ist der Kupferpreis existenziell [...]. Der Bergbau und die Zuliefererindustrie sind die wichtigsten Investoren des Landes. Kein anderes Land Lateinamerikas ist so stark von einem Rohstoff [...] abhängig wie das Andenland.

Quelle: Busch, A.: Das Wirtschaftsmodell Chile auf dem Prüfstand. 12.03.2013, www.nzz.ch, Zugriff: 26.02.2015

M12 Die Abhängigkeit vom Kupfer

Unterschiedliche Länder – unterschiedliche Entwicklungsbedingungen

Drogenhandel und Korruption als Hemmschuhe für Entwicklung – Kolumbien

Kolumbien wird seit Jahrzehnten von Unruhen erschüttert. Drogenanbau, Drogenhandel und Korruption dominieren Teile der Wirtschaft. Wie wirkt sich das auf die Entwicklung des Landes aus? Gibt es Wege aus dem Dilemma?

1. Stellen Sie die wirtschaftliche Situation in Kolumbien dar (M1, M3, Atlas).
2. Beschreiben Sie den Ablauf der Kokaproduktion in Kolumbien und erläutern Sie seine Bedeutung für das Land (M3–M5, Atlas, Internet).
3. Ⓦ Erklären Sie das Konfliktmodell Kolumbien (M6), indem Sie
   A das Modell in einer Zeichnung verdeutlichen.
   B einen Beitrag für eine Zeitung verfassen.
4. Erklären Sie, warum Kolumbien für ausländische Direktinvestitionen wenig attraktiv ist.
5. Analysieren Sie die Korruptionsproblematik in Kolumbien (M7, M8).
6. Erläutern Sie die Bedeutung des informellen Sektors und der Drogenwirtschaft für die Entwicklung des BNE Kolumbiens (M2, M4, M9).
7. Werten Sie den Zeitungsartikel aus (M10) und stellen Sie Chancen und Risiken gegenüber.
8. Ⓩ „Kolumbien: Zwischen Wachstum und Kollaps“. Nehmen Sie Stellung zu dieser Überschrift eines Zeitungsartikels.

→ informeller Sektor, Korruptionswahrnehmungsindex

Anteil der Sektoren am BIP (in %)	
I	6
II	37
III	57
BNE pro Einw. (2000/2013)	2 340/ 7 590 US-$
Arbeitslosenquote (2000/2012)	19,5 %/ 9,7 %
HDI (Rang)	0,71 (Rang 98)
Gini-Index (2011)	0,56

Quelle: Fischer Weltalmanach 2015, CIA Factbook 2013

M1 Wirtschaftsdaten Kolumbien 2013

M2 Kokablattpflücker („Raspachines“) bei der Ernte

M3 Kokaanbau, Landflucht und Mineralvorkommen

Das Drogengeschäft in Kolumbien ist ein entscheidender Wirtschaftsfaktor. Das Land gilt trotz der Bekämpfung der Drogenkartelle weiterhin als zentraler Knotenpunkt des internationalen Kokainhandels, wobei die Hauptnachfrage aus den USA kommt. [...] Seit den 90er-Jahren entwickelt sich Kolumbien außerdem zu einem wichtigen Heroinproduzenten. [...] Die 4 000 ha Anbaufläche an Schlafmohn werden in 5 Tonnen Heroin im Jahr umgewandelt. Auch die Marihuanaproduktion erlebt eine neue Renaissance. Der Charakter des Drogenhandels als „Schattenwirtschaft“ macht es unmöglich, den Einfluss auf die Wirtschaft genau zu messen.

Quelle: Bejarano, E. J.: Kolumbien – Wirtschaftsentwicklung. GIZ, 02/2015, www.giz.de, Zugriff: 26.02.2015

M4 Die Bedeutung des Koka-Anbaus für die kolumbianische Wirtschaft

Echte Erfolge gegen den Drogenhandel zu erzielen ist schwierig. Obwohl die kolumbianische Regierung 2011 ca. 130 000 Hektar Kokafelder vernichtete, wurden mehr Kokablätter geerntet als im Jahr davor. Die Mittel der Regierung sind immer die gleichen: Soldaten zerstören Kokapflanzen und Drogenküchen.

M5 Schwieriger Kampf gegen den Drogenhandel

Konflikte zwischen verschiedenen Gruppen gehören in Kolumbien zum Alltag. Seit Ende des zehnjährigen Bürgerkrieges 1958 verschoben sich aufgrund der Schwäche der Staatsgewalt immer wieder die Machtstrukturen. Das Konfliktmodell wird vor allem von sechs Gruppen geprägt. Die linksgerichteten Guerillagruppen ELN (Ejército de Liberación Nacional) und besonders die FARC (Fuerzas Armadas Revolucionarias de Colombia) haben bis heute in einzelnen Regionen des Landes großen Einfluss. Daneben existiert eine Vielzahl paramilitärischer Gruppen. Einst von den USA finanziert haben diese Gruppen noch heute großen Einfluss auf Armee, Polizei und Großgrundbesitzer. 1997 wurde mit dem AUC sogar ein Dachverband aller Gruppen gegründet.
Des Weiteren versuchen immer wieder Kartelle der Drogenmafia und Bürgerwehren, regionalen Einfluss auf Politik und Wirtschaft zu nehmen. Nicht zuletzt gibt es noch private Militärunternehmen (PMC), die einst von den USA zum Schutz von in Kolumbien arbeitenden US-amerikanischen Erdöl- und Minengesellschaften und gegen die Drogenmafia gegründet und finanziert wurden. Aufgrund dieser Gemengelage war es lange Zeit nahezu unmöglich, kontinuierliche Regierungsarbeit zu leisten. Das Vertrauen in den Staat Kolumbien war im In- und Ausland über lange Jahre tief erschüttert. So lagen beispielsweise die Summe der ausländischen Direktinvestitionen bei unter 2 % des BNE.

M6 Konfliktmodell Kolumbien

Land	Rang	Wert (Index)*
Afghanistan	175	8
Nordkorea	175	8
Somalia	175	8
Sudan	174	11
Südsudan	173	14
Libyen	172	15
Irak	171	16
...	...	...
Kolumbien	94	36
...	...	...
Deutschland	12	78
Dänemark	1	91

* Der Index gibt die Wahrnehmung von Korruption an und stützt sich vor allem auf Befragungen von Geschäftsleuten und Länderanalysten. Der Index geht von 0 – 100, wobei 100 die geringstmögliche Korruption angibt.

Quelle: www.laenderdaten.de, Zugriff: 26.02.2015

M7 Korruptionswahrnehmungsindex nach Ländern 2013

Die Korruption ist in Kolumbien nach wie vor allgegenwärtig. Erst vor Kurzem erschütterte ein Korruptionsskandal das Land. So sollen ranghohe Militärs Schmiergelder für Verträge mit Rüstungsfirmen kassiert haben. Die Regierung ist um Verbesserung bemüht und legte sogar ein Anti-Korruptionsgesetz auf. Darüber hinaus wurde Anfang 2013 Kolumbien 40. Mitglied der „Konvention gegen die Bestechung ausländischer Amtsträger“ der OECD. Gleichwohl sind die Entwicklungen im Korruptionswahrnehmungsindex negativ. So lag Kolumbien 2009 im weltweiten Vergleich noch auf Rang 75.

M8 Der Kampf gegen die Korruption

M9 Arbeit im informellen Sektor in Bogotá

→ informeller Sektor

In Lateinamerika hat die informelle Beschäftigung seit 1990 nach Auskunft der NGO „Südwind“ in allen Ländern außer in Chile, El Salvador, Brasilien und Guatemala zugenommen. Besonders stark ausgeweitet wurden informelle Arbeitsverhältnisse in Mexiko, Venezuela und Kolumbien, wo über 50 % der Menschen im informellen Sektor arbeiten. Wie überall ist der informelle Sektor auch in Kolumbien problematisch, da er ungeregelt verläuft und kein direkter Beitrag zur Volkswirtschaft geleistet wird.

Kolumbien nach dem Koks

Der einstige Drogenstaat gilt als Star unter den Schwellenländern. Doch wer zahlt den Preis für den Erfolg?

Ein Grund für den kolumbianischen Aufschwung ist sicher, dass das Militär in den 2000er-Jahren mithilfe der USA den linken Rebellen in den Wäldern empfindlich zusetzen konnte – Präsident Juan Manuel Santos Calderòn führt nun Friedensverhandlungen. Außerdem hat er Unternehmer gefördert, ein gutes Klima für Investoren geschaffen, mit staatlichen-privaten Kooperationen die Infrastruktur ausgebaut und für geringe Inflation gesorgt. Doch diese Reformen aus dem Lehrbuch konservativer Ökonomen, die derzeit offensichtlich erfolgreicher sind als die der links ausgerichteten Nachbarn, haben eine dunkle Seite: Ein Rezept gegen die tiefe Spaltung des Landes in Arm und Reich, Mächtig und Ohnmächtig ist bisher weit und breit nicht in Sicht. (...) Man braucht nur ein oder zwei Stunden aus Bogotá herauszufahren, um zu merken: Es geht nicht voran. (...) Die Einkommens-und Vermögensverteilung in Kolumbien ist bislang eine der ungleichsten auf der ganzen Welt. Die Armut ist zwar gesunken, heute gelten 32,2 Prozent der Menschen als arm, im Jahr 2010 waren es noch 37,2 Prozent. Doch angesichts des Wirtschaftswachstums ist das kein großer Sprung, der neue Wohlstand erreicht also doch nur relativ wenige Menschen, die den Staat tragende Mittelschicht wächst langsamer als erhofft. Riesengroß ist der Graben zwischen den Hängen von Altos de la Florida (Elendsviertel im Südwesten Bogotás) und den exklusiven Restaurants Bogotás am Parque 93, den teuren Nachtclubs des Zentrums und den exklusiven Alumni-Treffs der Eliteuniversitäten.

Quelle: Fischermann, T.: Kolumbien nach dem Koks. In: Die ZEIT, 10/2014

M10 Kolumbien im Wandel

Extreme Disparitäten innerhalb von Ländergrenzen

Fragmentierung in Indien

Indien hat sich in den letzten Jahren rasant entwickelt. Allerdings sind die Unterschiede in dem riesigen Land extrem.

1. Beschreiben Sie die Wirtschaft Indiens mit ihren regionalen Unterschieden (M1, M4, Atlas).
2. Erklären Sie das Modell der globalen und lokalen Fragmentierung nach F. Scholz (M5, M6).
3. Beschreiben Sie die Bilder in M2 und M3 mithilfe des Fragmentierungsmodells.
4. Kennzeichnen Sie die Lage von Bangalore und Chennai (M4).
5. (W) Erläutern Sie die drei Fallbeispiele aus Bangalore (M6, Atlas), indem Sie
   - **A** eine Concept Map (vgl. S. 321) erstellen.
   - **B** einen Beitrag verfassen.
   - **C** einen Kurzvortrag vorbereiten.
6. Ordnen Sie die Fallbeispiele in das Fragmentierungsmodell von Scholz ein (M5–M7, Atlas).
7. „Die Betrachtung globaler und lokaler Disparitäten ist ohne die Berücksichtigung des Fragmentierungsansatzes nicht möglich." Beurteilen Sie diese These.
8. (Z) Prüfen Sie, ob Indien ein Schwellenland ist (M1 sowie S. 107).

→ IT-Industrie, Fragmentierung (lokal und global)

M3 Slum in Kalkutta

Anteil der Sektoren am BIP (Anteil an den Erwerbstätigen) in %	
I	18 (47)
II	25 (25)
III	57 (28)
BNE pro Einw. (2000/2013)	449 US-$ 1 530 US-$
Arbeitslosenquote	4,7 % (offiziell)
Wachstum des BIP von 2000–2014	um ca. 500 %
HDI (Rang)	0,586 (Rang 135)
Exportentwicklung seit 2000	Zuwachs um ca. 600 %
Internetnutzer pro 100 Einw.	12,58
Alphabetisierungsrate	70,4 %

Quelle: Fischer Weltalmanach 2015

M1 Kennzahlen der indischen Wirtschaft 2013

M2 Fragmente ungleicher Entwicklung in Kalkutta: Der Slum (M3) und die im Bau befindlichen Luxusapartments liegen nur 300 m auseinander.

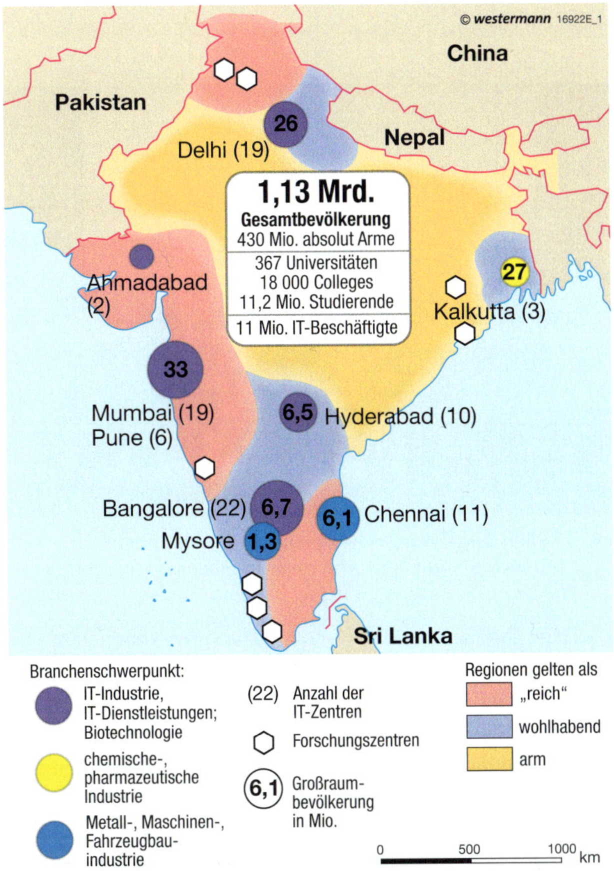

M4* Branchenschwerpunkte und regionale Disparitäten

Im Jahre 2000 veröffentlichte der Berliner Geograph Fred Scholz Arbeiten, die zu einer Neubetrachtung von Unterentwicklung führten. Im „Modell der globalen und lokalen Fragmentierung“ verdeutlicht er seine Hauptaussage, dass Entwicklung fragmentiert abläuft und nur bestimmte Orte bzw. Teile der Bevölkerung von positiven Entwicklungen profitieren. Als Hauptgrund für diese Aussage sieht Scholz die zunehmende Globalisierung. Diese, so Scholz, sei geprägt von exzessivem Wettbewerb in einer globalen Arbeitsteilung. Liberalisierung, Deregulierung und Privatisierungsprozesse beschleunigen diesen Prozess. Das Modell sieht darüber hinaus - insbesondere in weniger entwickelten Ländern - eine lokale Fragmentierung in den größeren und vermeintlich boomenden Städten. In solchen Städten partizipiert nur ein geringer Teil der Bevölkerung an Entwicklungseffekten. Extreme Armut lebt eng neben Wohlstand.

M5 Globale und lokale Fragmentierung nach Scholz

Fallbeispiel 1: Frau Gubta

Um halb fünf Uhr am Morgen, mitten in Bangalore. Asha Gubta wacht in kompletter Dunkelheit auf. Keine Straßenlaterne weit und breit, denn es gibt im Slum keine Straßen. Auch keine Hütte, an der eine Glühbirne brennt. Alle Slumbewohner sparen in der Nacht Strom. Vor der Schwelle stehen fünf Paar Flip-Flops in fünf verschiedenen Farben. Sie gehören Devi, ihrem Mann, den drei Kindern und ihr. Durch einen Schlitz in der schiefen Wand sieht man sie zu viert auf einem einfach gezimmerten Bett liegen. Schon auf den ersten Blick ist die Armut, in der Asha lebt, überwältigend: ein Bett zu fünft, eine Hütte so groß wie ein Pferdestall, kein fließendes Wasser, kein Klo. Aber Asha ist froh, dass Sie seit drei Monaten im nahen Villenviertel eine Arbeit als Hausmädchen hat. Hunger leiden muss ihre Familie zurzeit nicht.

Fallbeispiel 2: Herr Sen

Bageshri Sen hat es geschafft. Seit drei Jahren arbeitet er beim Global Player Hewlett Packard im Herzen von Bangalore. Seit einem Jahr lebt er mit seiner Familie in einer schicken Eigentumswohnung in Koramangala, einem der besten Viertel der Stadt, Sicherheitsservice inklusive. Nach dem von der Familie bezahlten Studium hat es sofort geklappt mit der Anstellung und schnell ist er die Karriereleiter emporgestiegen. Stolz fährt er mit seinem neuen Audi morgens durch die Straßen seiner Heimatstadt. Seine Tochter Maheri wird nächstes Jahr in der Schweiz ihr Studium aufnehmen.

Fallbeispiel 3: Romata

Romatas Kleider liegen auf einem Haufen roter Sandsteine: ein schwarzes Hemd, eine grüne Mütze und Unterwäsche. Mehr Kleider besaß das zwölf Monate alte Mädchen nicht. Sie schmücken jetzt ihr Grab. Darüber steht Romatas Vater und schluchzt. Vor Stunden noch hielt er seine Tochter lebend in den Armen. „Ich hatte keine Ahnung, dass sie sterben würde“, sagt Chunbad Dabi. Voller Hoffnung sind wir vor zwei Jahren aus unserem Dorf weggegangen, um in Bangalore unser Glück zu finden. Aber es ist nicht besser geworden. Die hygienischen Bedingungen im Slum sind katastrophal. Sein Geld verdient Herr Dabi mit dem Säubern von Autoscheiben an den großen Kreuzungen der Stadt. Zur Ernährung seiner Familie reicht das aber nur selten. An einen Arztbesuch ist gar nicht zu denken. Vielleicht hätte Romata dann gerettet werden können.

M7 Drei Lebenswelten in Bangalore

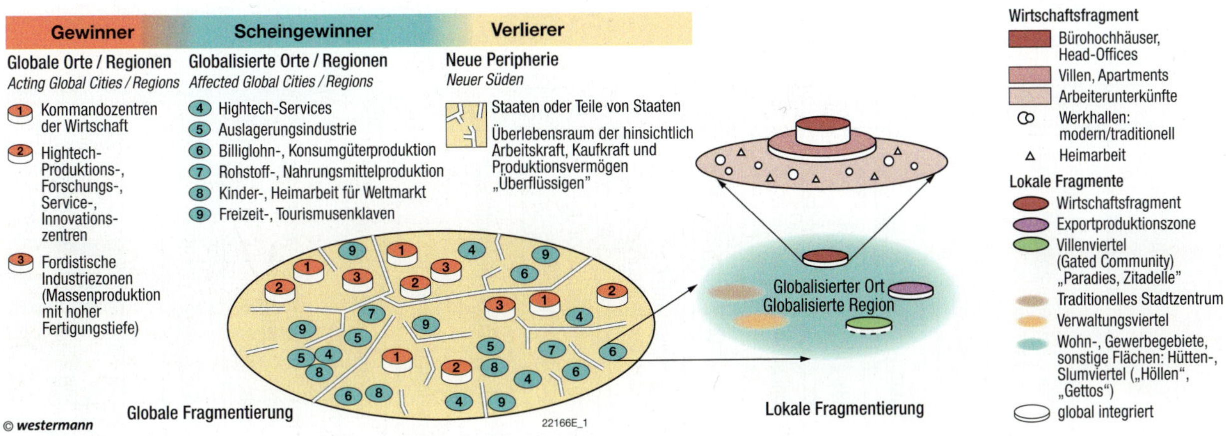

M6* Modell der globalen und lokalen Fragmentierung nach F. Scholz

Ursachen für Unterentwicklung

Unterschiedliche Theorien – verschiedene Antworten

211,2 Milliarden Dollar muss Spanien an Bolivien zurückzahlen – das zumindest fordert Dante Gumiel von der Universität La Paz. Für ihn ist klar: In der Kolonialzeit wurden die Kolonien ausgebeutet. Daher sind sie heute Entwicklungsländer. Doch die Meinungen über die Ursachen der Unterentwicklung gehen weit auseinander.

1. Stellen Sie die unterschiedlichen Theorien zur Unterentwicklung dar (M1, M4).

2. Vergleichen Sie die Theorieansätze mit den möglichen Ursachen für Unterentwicklung und konkretisieren Sie dies exemplarisch an Raumbeispielen aus diesem Kapitel (M1–M4).

Ⓦ **3.** Erläutern Sie das Modell des Wirtschaftswachstums nach Rostow (M5), indem Sie
- **A** die Entwicklung ausgewählter Raumbeispiele dieses Kapitels anhand des Modells nachvollziehen.
- **B** den Entwicklungsstand ausgewählter Länder in das Modell einordnen.

4. Konkretisieren Sie die dargestellten Ursachen für Unterentwicklung (M2). Prüfen Sie dazu, welche der Ursachen auf die Raumbeispiele dieses Kapitels zutreffen.

5. Beschreiben Sie die unterschiedlichen Sichtweisen der Slumbewohner im Hinblick auf Modernisierungs- und Dependenztheorien (M1, M4, M6).

6. Ordnen Sie ausgewählte Raumbeispiele dieses Kapitels in das Modell der globalen Fragmentierung ein (M7).

Ⓩ **7.** Verfassen Sie zum Thema „Reicher Norden, armer Süden" einen Beitrag für eine Schülerzeitung.

→ Dependenztheorien, fragmentierende Entwicklung, Modernisierungstheorien, Triade, Vulnerabilität

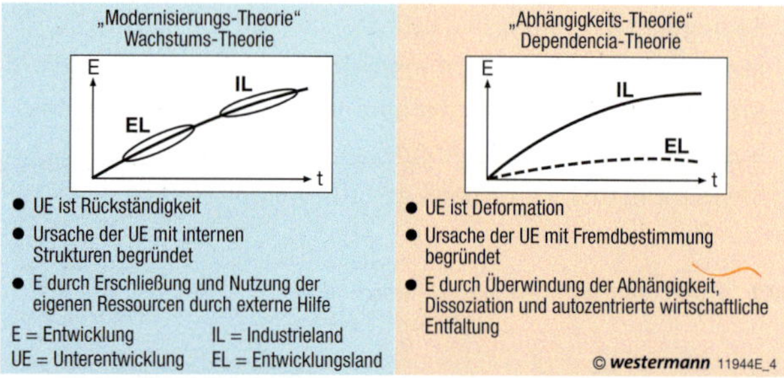

M1 Modernisierungs- versus Dependenztheorien

M3 Treffen der Afrikanischen Union 2015 in Addis Abeba (Äthiopien) – auf der Suche nach Ursachen und Antworten

Die Frage nach den Ursachen für ungleiche Entwicklungsstände im Norden und im Süden beschäftigt die Wissenschaft schon lange. Viele Jahre wurde der wissenschaftliche Diskurs durch zwei Lager bestimmt, die Modernisierungs- und die Dependenztheorien.

Modernisierungs- oder Wachstumstheoretiker gehen davon aus, dass sich alle Länder allmählich von einer Agrar- zu einer Industriegesellschaft entwickeln. Die Entwicklung durchläuft dabei modellhaft einige Entwicklungsstufen. Modernisierungstheoretiker begründen Unterentwicklung mit Problemen in den jeweiligen Ländern (endogene Ursachen).

Die Dependenztheorien sehen die Ursachen in einer fehlgeleiteten Entwicklung von außen (exogene Ursachen). Anhänger dieser Theorien verweisen auf koloniale oder nachkoloniale Ausbeutung und die dadurch zum Teil bis heute bestehenden Fremdbestimmungen und Abhängigkeiten einzelner Länder.

Diese beiden theoretischen Richtungen werden seit Längerem als zu einseitig kritisiert. Eine wichtige Rolle spielen mittlerweile Ansätze, die besondere Ereignisse (z. B. Naturkatastrophen, Kriege) in den Mittelpunkt rücken und sich unter dem Begriff Vulnerabilitätsforschung zusammenfassen lassen. In jüngster Zeit verwies der Entwicklungstheoretiker Fred Scholz mit seiner „Theorie der fragmentierenden Entwicklung" auf die Einflüsse der Globalisierung. Danach profitieren von möglichen Entwicklungsimpulsen in keiner Weise ganze Länder, sondern nur Länderfragmente. Erhoffte Entwicklungen für die breite Bevölkerung (Trickle-Down-Effekte) bleiben zumeist aus. Nicht Staaten, sondern transnationale Unternehmen sind Hauptakteure der Weltwirtschaft.

M4 Ursachen der Unterentwicklung – unterschiedliche Theorien, verschiedene Antworten

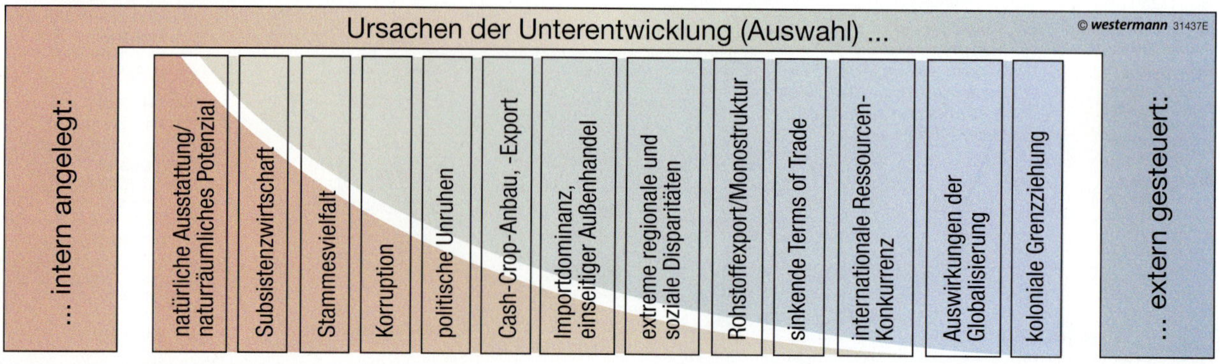

M2 Ursachen der Unterentwicklung (Auswahl)

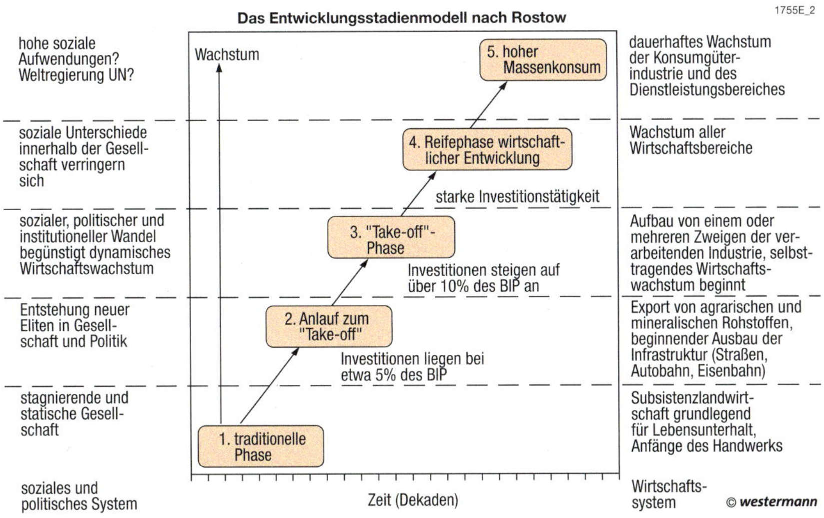

M5 Stufen wirtschaftlichen Wachstums nach Rostow (Wirtschaftsstufenmodell)

Das Wirtschaftsstufenmodell geht auf den US-amerikanischen Ökonom Walt W. Rostow (1916–2003) zurück und besteht aus fünf Stadien. Nach Rostow kann kontinuierliche Entwicklung eines Landes aber nur mit wirtschaftlichem Wachstum entstehen. Das Wachstumsmodell ist ein Klassiker der Modernisierungstheoretiker. Kritiker verweisen auf die zu große Ausrichtung auf westliche Gesellschaften. Darüber hinaus wird bezweifelt, dass ein solch modellhafter Entwicklungsverlauf in der modernen Welt realistisch ist.

M6 Slum in Mumbai: unterschiedliche Sichtweisen

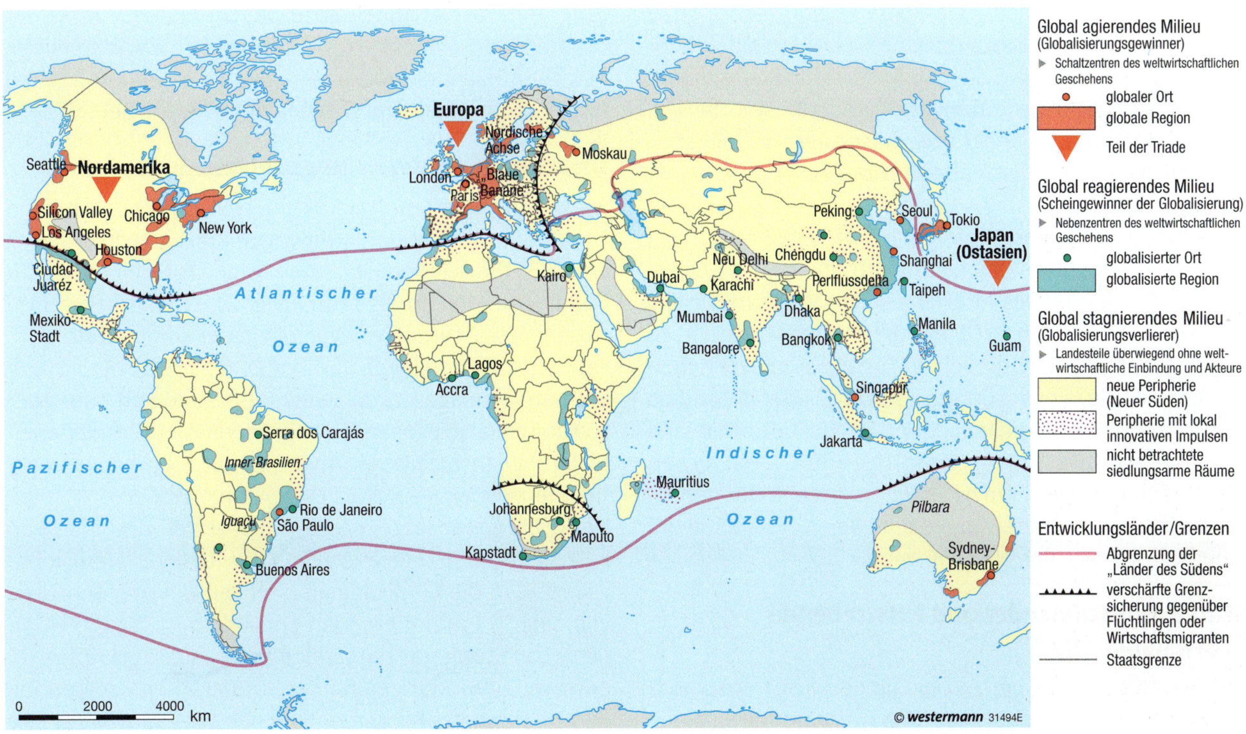

M7 Globale Fragmentierung

Das Wichtigste in Kürze

M1 Villenviertel in Indien

M2 Junge als Straßenverkäufer in Pakistan

Die globalen Disparitäten haben sich in den letzten Jahrzehnten dramatisch verstärkt. Die ungleichen Entwicklungsstände von Ländern, Regionen, ja sogar einzelnen Ortsteilen stellen die Menschheit vor eine gewaltige Herausforderung.

Mit Indikatoren Entwicklungsstände vergleichen

Ein differenzierter Vergleich von Entwicklungsständen kann nur mithilfe geeigneter Indikatoren gelingen. Naheliegend sind zunächst ökonomische Indikatoren, wie das Bruttonationaleinkommen oder der Gini-Index, der die unterschiedliche Vermögensverteilung innerhalb eines Landes zeigt. Gleichwohl ist die Berücksichtigung sozialer Indikatoren unabdingbar, um den Entwicklungsstand eines Raumes und der darin lebenden Menschen beurteilen zu können. Dabei bieten sich mehrdimensionale Indikatoren an, zum Beispiel der Human Development Index (HDI) oder der Multidimensional Poverty Index (MPI). Neben solchen sehr umfassenden Indikatorenbündeln, die den Entwicklungsstand eines Landes oder einer Region recht genau bestimmen können, existieren eine Vielzahl von Kategorien bzw. Bezeichnungen, die den Entwicklungsstand grob kennzeichnen. Die bedeutendste Kategorie ist sicherlich die der Entwicklungsländer bzw. der „Länder des Südens".
Die Vereinten Nationen haben für die besonders wenig entwickelten Länder, die sogenannten Least Developed Countries (LDC), genaue Kriterien entwickelt, wonach sich dann auch die wirtschaftliche Unterstützung zum Beispiel der Weltbank oder des Internationalen Währungsfonds (IWF) richtet. Neben den LDC existieren noch andere Gruppierungen, wie Länder, die keinen Zugang zur Küste haben (Landlocked Developing Countries = LLDC) oder besonders kleine Inseln, die häufig vom Klimawandel betroffen sind (Small Islands Developing Countries = SIDC). Bei diesen Gruppierungen existieren natürlich Überschneidungen. So ist das in diesem Kapitel dargestellte Beispiel Mali sowohl ein LDC-Land als auch ein LLDC-Land.

Starke Industrieländer und aufstrebende Schwellenländer

Auf der anderen Seite gibt es viele Länder, die geographisch häufig auf der nördlichen Hemisphäre zu finden sind, die schon lange wirtschaftlich sehr stark sind oder in den letzten Jahren aufgeholt haben. In vielen dieser Länder zeigen als Folge der wirtschaftlichen Situation auch die sozialen Indikatoren einen positiven Trend auf. Die aufstrebenden Staaten werden häufig als Schwellenländer oder Newly Industrialized Countries (= NIC) bezeichnet. Besonders häufig werden dabei die asiatischen „Tigerstaaten" (Südkorea, Taiwan, Hongkong, Singapur) oder die BRICS-Staaten (Brasilien, Russland, Indien, China, Südafrika) genannt. Allerdings würden sich einige dieser Staaten eher als Industrieland denn als Schwellenland bezeichnen.

Unterschiedliche Entwicklungsbedingungen

In den Industrieländern liegt das BNE pro Kopf weit über dem globalen Durchschnitt. Die Lebensbedingungen der meisten Menschen sind gut, die Wirtschaft ist produktiv. Dominierende Sektoren sind der Dienstleistungs- und der Industriesektor.
In den Entwicklungsländern leben große Teile der Bevölkerung unter der Armutsgrenze, die Grundbedürfnisse der meisten Menschen sind nicht befriedigt, die Wirtschaft ist in weiten Teilen unproduktiv. Große Teile der Bevölkerung finden ihren Lebensunterhalt im informellen Sektor.

Ursachen für Entwicklungsunterschiede

Beim nicht selten monostrukturierten Export dominieren Rohstoffe – bei Preisschwankungen und sinkenden Terms of Trades mit schwerwiegenden Folgen für die Wirtschaft. Nicht selten haben die räumlichen, wirtschaftlichen und sozialen Strukturen ihre Wurzeln in der Kolonialzeit.
Fachleute stritten lange darüber, ob fehlende Entwicklung eher im jeweiligen Land selbst (also endogen) oder eher von außen (also exogen) zu begründen ist. Die endogenen Erklärungsansätze bezeichnet man als Modernisierungstheorien, die exogenen als Dependenztheorien.
Neue Theorieansätze, wie die der lokalen und globalen Fragmentierung, beziehen die Auswirkungen der Globalisierung in die Erklärungsmuster mit ein und sprechen von einer fragmentierenden Entwicklung. Danach ist eine Betrachtung ganzer Länder wenig aussagekräftig, da positive Entwicklungen häufig nur bei einem kleinen Teil der Gesellschaft ankommen und sich auf Raumfragmente konzentrieren.

Kompetenz-Check

Hier sind alle Kompetenzen, die Sie in diesem Kapitel erwerben konnten, aufgelistet.
Sie können selbst beantworten, wie Sie die Kompetenz beherrschen: ***sicher***, ***mäßig*** oder ***kaum***.

Sachkompetenz

Kann ich		Unsicher? Schlagen Sie nach auf Seite
1.	die Begriffe BNE und BIP erläutern und globale Unterschiede des BNE exemplarisch darstellen?	102/103
2.	ökonomische Disparitäten in ausgewählten Ländern anhand des Gini-Index bestimmen?	102/103
3.	soziale Indikatoren von ökonomischen Indikatoren abgrenzen und Entwicklungsstände von Räumen mithilfe der Indikatoren vergleichen?	102–105
4.	den Human Development Index (HDI) und den Multidimensional Poverty Index (MPI) erklären und den Entwicklungsstand von Staaten bzw. Staatengruppen analysieren?	104/105
5.	Länder in die Gruppe der sogenannten LDC-Länder einordnen, indem ich die Kriterien der Vereinten Nationen anwende?	106/107
6.	sich besonders schnell entwickelnde Regionen der Erde anhand geeigneter Indikatoren kennzeichnen?	106/107
7.	die Bedeutung von Ressourcen, naturräumlicher Ausstattung und demographischen Gegebenheiten für die Wirtschaftsentwicklung von Räumen analysieren?	108–113
8.	das Modell der lokalen und globalen Fragmentierung erläutern?	114/115
9.	raumbezogene Phänomene in das Fragmentierungsmodell einordnen?	114–117
10.	mögliche Ursachen für Unterentwicklung einzelner Länder erläutern?	116/117

Methodenkompetenz

Kann ich		
11.	thematische und digitale Karten zur Orientierung und zur Darstellung differenzierter geographischer Sachverhalte nutzen?	102–105, 108–113
12.	komplexe geographische Sachverhalte unter Verwendung von Fachsprache sachlogisch darstellen, indem ich beispielsweise die unterschiedlichen Fachbegriffe zu den Entwicklungsständen unterschiedlicher Länder erläutere?	106/107
13.	meine Aussagen durch differenzierte und korrekte Materialverweise belegen, indem ich etwa Entwicklungen und Entwicklungsstände einzelner Länder, wie Chile oder Indien, darstelle?	110/111, 114/115
14.	schriftliche und mündliche Aussagen durch angemessene und korrekte Materialverweise und Materialzitate belegen, indem ich etwa Entwicklungsstände von Staaten kriteriengeleitet analysiere?	106/107

Urteilskompetenz

Kann ich		
15.	Probleme, die sich aus der Unterentwicklung eines Landes oder einer Region ergeben, beschreiben, indem ich u.a. den Weltrisikobericht auswerte?	100/101
16.	beurteilen, welche Probleme sich aus einer kolonialen Vergangenheit für die Entwicklung eines Landes ergeben können?	108/109
17.	darstellen, welche Risiken eine monostrukturell ausgerichtete Wirtschaftsentwicklung eines Landes birgt?	110–113

Handlungskompetenz

Kann ich		
18.	Arbeitsergebnisse zu Fragen der Disparitäten verschiedener Räume problemorientiert, adressatengerecht und fachsprachlich angemessen präsentieren?	102–107
19.	in Raumnutzungskonflikten unterschiedliche Positionen einnehmen und diese vertreten, etwa zu Fragen der Schattenwirtschaft und des informellen Sektors in Kolumbien oder der Ausbeutung von Bodenschätzen in Chile?	110–113
20.	Lösungsansätze für raumbezogene Probleme entwickeln, indem ich mögliche Hemmnisse für positive Entwicklung in Mali darlege?	108/109

Klausurtraining

Ursachen für Unterentwicklung – das Beispiel Niger

1. Lokalisieren Sie den Staat Niger und erläutern Sie die naturräumlichen Voraussetzungen für die wirtschaftliche Entwicklung des Landes.
2. Erklären Sie die wirtschaftliche Entwicklung und den Entwicklungsstand des Landes.
3. Beurteilen Sie die zukünftigen Entwicklungsmöglichkeiten des Landes.

Diese Materialien benötigen Sie ergänzend zur Lösung der Aufgaben:

M1 Afrika – Klima, Diercke Weltatlas (2015), S. 148
M2 Afrika – Landwirtschaft, Diercke Weltatlas (2015), S. 149
M3 Afrika nördlicher Teil – Wirtschaft, Diercke Weltatlas (2015), S. 158/159

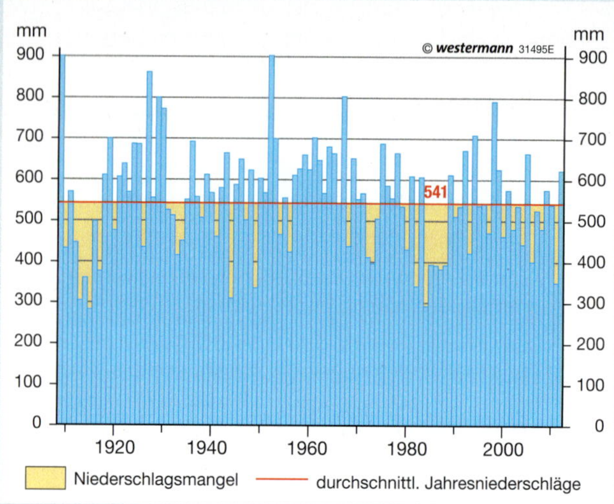

M5 Niederschlagsvariabilität in Niamey

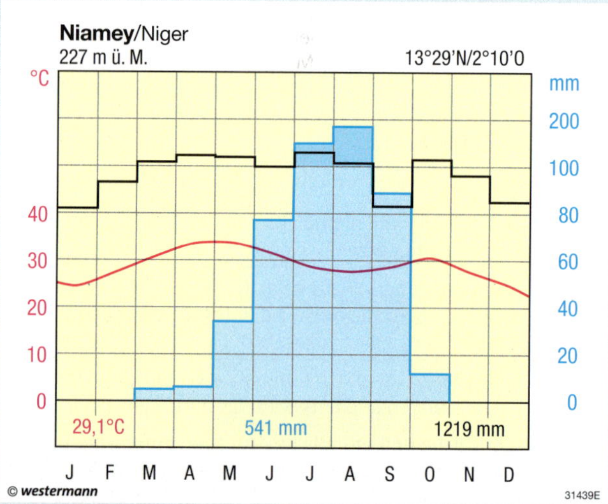

M6 Klimadiagramm Niamey

M4 Ressourcen und wirtschaftliche Nutzung

M7 Koloniale Situation 1914

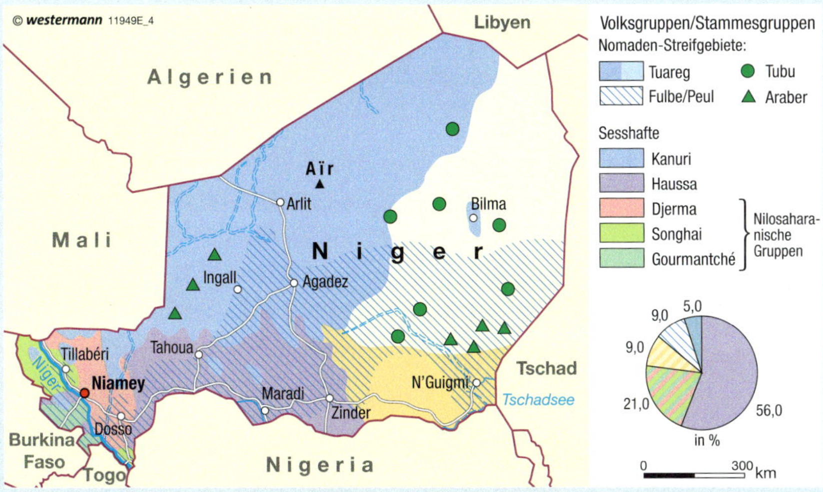

M8 Verbreitung der Stammes- und Volksgruppen im Niger

1960	Unabhängigkeit von Frankreich. Paris hat bis heute einen großen Einfluss, nicht zuletzt durch französische Unternehmen im Uranabbau.
1970er- und 1980er-Jahre	immer wiederkehrende Militärputsche und gewaltsame Unruhen, unzählige Konflikte um ein demokratisches Mehrparteiensystem
1990er- und 2000er-Jahre	Konflikte rivalisierender Stammesgruppen, vor allem zwischen Nomaden (Tuareg) und sesshaften Gruppen. Insgesamt gibt es im Niger sieben große unterschiedliche Stammesgruppen.
2001	Beginn der „Pan-Sahel-Initiative", in der die USA eine Kooperation mit Staaten im Sahel eingehen. Ziel ist die Eindämmung von Terrorismus.
2010	Sturz des Präsidenten Tandja, Einsatz eines Militärrates zur Wiederherstellung der Demokratie
2011	Freie Wahlen auf kommunaler, regionaler und nationaler Ebene. Mahamadou Issoufo wird Präsident.
2012	Der Demokratisierungsprozess wird vorangetrieben. Die neue Regierung erntet für ihre Regierungsarbeit international Anerkennung.
2013	Immer wieder erschüttern Terroranschläge durch islamistische Extremisten, vor allem Al-Kaida im islamischen Maghreb (AQIM), den Niger.

M9 Politische Situation im Niger seit der Unabhängigkeit

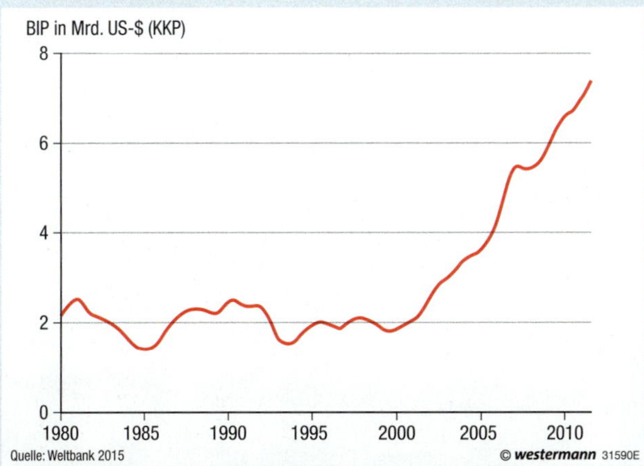

M10 Entwicklung des nigrischen Bruttoinlandsprodukts

Anteil des BIP an den Sektoren (Erwerbstätige in Klammern) (2013) (in %)	
I	38 (39,0)
II	20 (14,2)
III	42 (46,8)
HDI	0,304 (Rang: 186)
Bevölkerung	17 157 042 (2012)
Bevölkerungsdichte	14 Einw. pro km²
Geburtenrate (in ‰)	46,12
Wachstumsrate	3,28
BNE (pro Kopf)	410 US-$
Import	2,9 Mrd. US-$
Export	1,5 Mrd. US-$ (davon ca. 48 % Uran und ca. 10 % landwirtschaftliche Produkte)
Anteil der Bevölkerung unterhalb der Grenze für absolute Armut	43,62 (2008)
Anteil der Bevölkerung mit Anschluss an eine Trinkwasserversorgung	52,33 (2012)

Quelle: CIA Factbook

M11 Daten zu Niger

Lage der Fördergebiete	zwei Minen im Norden des Landes in der Nähe der Stadt Arlit Die Eröffnung einer dritten Mine ist 2015 geplant, 80 km südlich von Arlit.
Fördermenge pro Jahr	ca. 5000 t (= viertgrößtes Uranförderland)
Probleme	aufgrund fehlender Sicherheitsstandards Gesundheitsgefahren für die Minenarbeiter und Verseuchung der Umwelt Kaum Nutzen für Niger, da die ausländischen Firmen das Kapitel abziehen. Vor allem der französische Konzern Areva baut im großen Stil Uran ab. Gefahren durch islamische Terrorgruppen, letzter Bombenanschlag auf die Mine am 23.05.2013
Zukunftsszenarien	Nach massiven Protesten der Bevölkerung in der Hauptstadt Niamey hat die nigrische Regierung Verhandlungen mit Areva aufgenommen. Es soll nicht mehr hingenommen werden, dass pro Jahr ca. 30 Mio. Euro verloren gehen und zu wenig für die Umwelt getan wird.

zusammengefasst nach: Fischer Weltalmanach, www.theglobaleconomy.com, www.dw.de

M12 Infokasten zum Uranabbau im Niger

VI Bevölkerungsentwicklung und Migration

Ursachen räumlicher Probleme

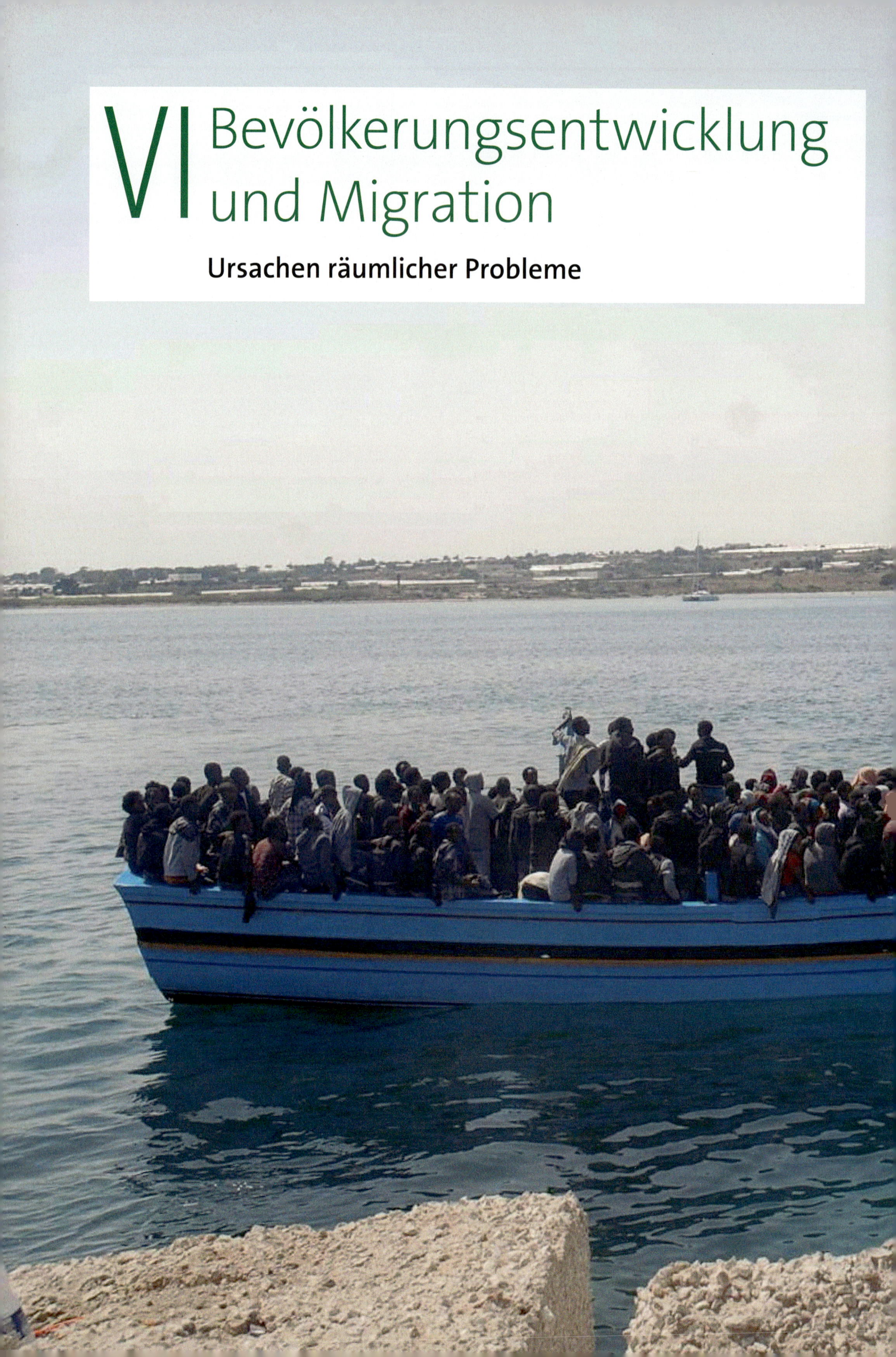

Ankunft von Flüchtlingen an der sizilianischen Küste. Für andere Flüchtlinge endete die gefährliche Überfahrt nach Europa tödlich. In den Jahren 2000 bis 2014 sind vor europäischen Küsten 23 258 Menschen gestorben.

Weltweit unterwegs

Wie in der gesamten Menschheitsgeschichte, so auch in der Gegenwart, prägen Wanderungen über Grenzen die menschliche Lebensweise. Ungleichheiten, Disparitäten zwischen Staaten oder Regionen bewegen Menschen zur Abwanderung auf der einen und zur Zuwanderung auf der anderen Seite.

→ Flucht, Migration

Zu diesen Disparitäten gehören auch beachtliche Unterschiede im Bevölkerungswachstum zwischen weniger und weiter entwickelten Ländern und Regionen. Dieser Demographic Divide soll im zweiten Teil des Kapitels genauer untersucht werden.

Für viele Menschen besteht die beste Möglichkeit, ihre Lebensverhältnisse und Chancen zu verbessern, darin, aus dem Heimatland oder der Heimatstadt wegzuziehen. Geht eine solche Wanderung über Staatsgrenzen hinweg, spricht man von internationaler Migration. Genau genommen sind es zwei Prozesse: die Auswanderung (Emigration) und die Einwanderung (Immigration). Flucht bezeichnet Wanderungen, die etwa durch Kriege, Verfolgung oder Umweltkatastrophen erzwungen werden. Die Grenzen zu freiwilliger Migration sind allerdings kaum scharf zu ziehen, etwa wenn Migration angesichts von Armut und Perspektivlosigkeit zur Überlebensstrategie wird.

Warum Menschen sich zur Migration entscheiden, was die Ursachen von Migrationsbewegungen sind, wie sie sich auf die Herkunfts- und Zielländer auswirken, sind die Themen im ersten Teil des Kapitels. Dabei liegt der Schwerpunkt auf der internationalen Migration.

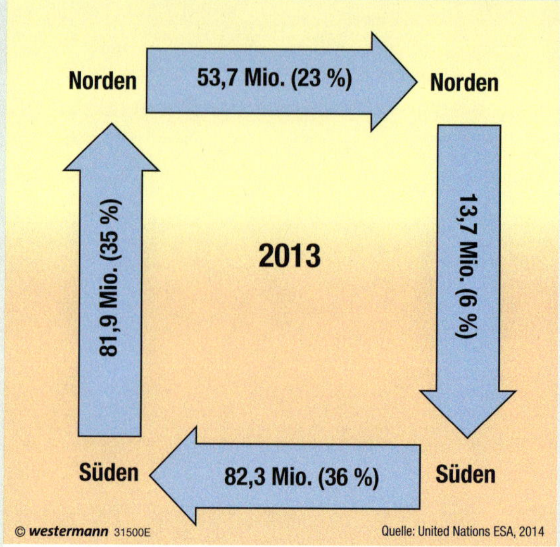

Fakten Migration

Die Zahl der internationalen Migranten – also der Menschen, die in einem anderen Land geboren sind, als sie leben – wird auf über 230 Mio. Menschen geschätzt. Die Zahl dieser Menschen ist in den letzten Jahrzehnten angestiegen. Dabei ist jedoch der Anteil der Migranten an der gesamten Weltbevölkerung seit 1990 (2,9 %) fast konstant geblieben (2013: 3,2 %).

M2 Fakten Migration weltweit

M1 Am Strand von Dschibuti, einem Knotenpunkt für Migranten aus Somalia, Äthiopien und Eritrea. Sie halten ihre Handys in die Luft, in der Hoffnung, ein günstiges Signal aus dem Nachbarland Somalia zu empfangen und Kontakt mit ihren Familien aufnehmen zu können. Sie sind kurz vor dem Aufbruch in ein, wie sie hoffen, besseres Leben.

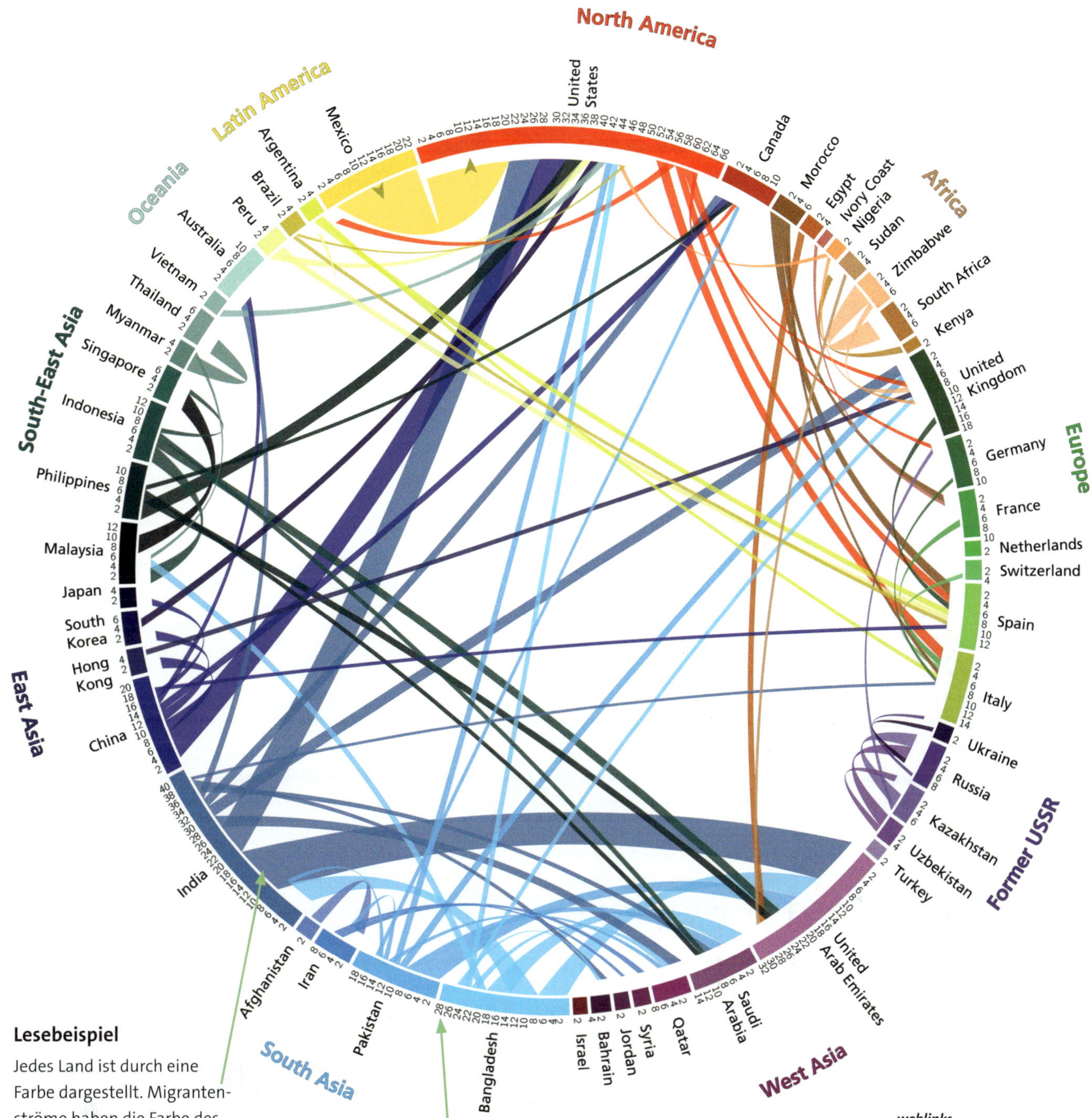

Lesebeispiel

Jedes Land ist durch eine Farbe dargestellt. Migrantenströme haben die Farbe des Herkunftslandes. Die Skala zeigt die Größe der Gesamtmigration (Einwanderung + Auswanderung in 100 000 Personen). Erfasst sind Migrationsströme ab einem Schwellenwert von 70 000 Migranten.

(Quelle: Abel, G. J., Sander, N.: Quantifying Global International Migration Flows. In: Science, Vol. 343 no. 6178, 03/2014, S. 1520ff)

weblinks

The Global Flow of People

- www.global-migration.info
- www.circular-world.com

M3 Die Top-50 Herkunfts- und Zielländer von Migranten (2005 – 2010)

1. Werten Sie M3 aus:

a) Beschreiben Sie die Migrationsströme auf der Erde.

b) Verallgemeinern Sie: Zwischen oder innerhalb welcher Großräume auf der Erde spielte sich das Migrationsgeschehen hauptsächlich ab?

c) Wählen Sie sich einen Migrationsstrom aus, recherchieren Sie Hintergründe und Umstände und bereiten Sie ein Kurzreferat vor.

d) Arbeiten Sie mit dem Atlas: Vergleichen Sie die Art der Darstellung in M3 mit der Darstellung in der Karte „Erde – Migration".

2. Blicken Sie in die Zukunft: Dass Sie Ihren Wohnstandort wechseln werden, ist höchstwahrscheinlich, zum Beispiel nach dem Abitur wegen eines Studiums, wegen einer attraktiven Arbeitsstelle ...

a) Notieren Sie mindestens fünf Standortfaktoren, die Ihr zukünftiger Wohnort erfüllen soll.

b) Bestimmen Sie mindestens drei Wirtschaftsräume, die Ihre Standortansprüche erfüllen, und entscheiden Sie sich für einen Wirtschaftsraum. Begründen Sie Ihre Wahl.

Grenzüberschreitungen – internationale Migration

Ursachen von Migration

Migration entsteht aus dem Zusammenspiel vieler Faktoren. Darunter sind zunächst ungleiche Lebensverhältnisse der Menschen zu nennen, die Menschen in Bewegung zu setzen.
Welche Ursachen Migration und Migrationsbewegungen haben und welche Wege und Ziele die Menschen dabei verfolgen, soll geklärt werden. Dabei werden hier exemplarisch die Migrationsbewegungen auf die arabische Halbinsel in den Blick genommen.

1. a) Stellen Sie Push- und Pull-Faktoren, die für die Auswanderung Gopals entscheidend waren, in einer Tabelle dar (M3).
   b) Beschreiben Sie anhand M3, S. 125 die Migrationsbewegungen in die Länder der arabischen Halbinsel.
2. a) Erläutern Sie das Modell (M6) und wenden Sie es auf das Beispiel Gopals an.
   b) Trifft die Bezeichnung „individualistische Interpretation des Push- und Pull-Paradigmas“ zu? Begründen Sie.
3. In Deutschland haben rund zwanzig Prozent der Bevölkerung einen sogenannten Migrationshintergrund – das heißt, die Menschen selbst, Ihre Eltern oder Großeltern sind zugewandert. Wohnortwechsel gab es allerdings in beinahe jeder Familie.
   a) Erläutern Sie Push- und Pull-Faktoren, die für die Wohnortwahl Ihrer Familie oder von Freunden und Verwandten entscheidend waren.
   b) Bestimmen Sie weitere Räume, die diese Faktoren erfüllt hätten.

Ⓦ 4. A Werten Sie M4 und M5 aus: Inwiefern sind Agenturen und Migrationspolitik Einflussgrößen für Migration?
   B Migration findet fast immer in den Fußstapfen anderer statt. Erläutern Sie.

Ⓩ 5. Erläutern Sie mögliche Push- und Pull-Faktoren des Migrationsstroms aus Aufgabe 1 c), S. 125.

→ Migration, Push- und Pull-Faktoren

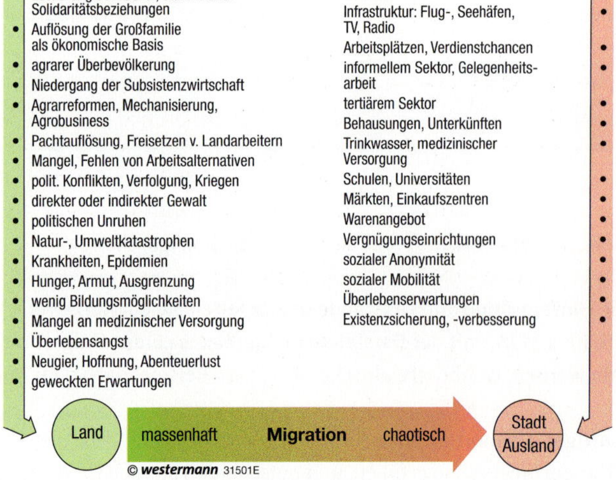

M1 Push- und Pull-Faktoren der Migration

M2 Das Dorf Ithampadal in Tamil Nadu

Die Stadt seiner Träume

Als Gopal ankam, sah er vom Flugzeug aus Hochhäuser und glitzernden Sand. Große Gebäude gibt es auch in Chennai im Süden Indiens, der einzigen Metropole, in der Gopal jemals zuvor war. Sein Dorf liegt tausend Kilometer südlich. In Dubai sind die Häuser höher. Sie schimmern wie Schmuck, als wären sie nur um der Schönheit willen gebaut. Gopal blickte aus dem Flugzeugfenster und dachte an Geld. An die 80 000 Rupien, umgerechnet 1 600 Euro, die er dem Agenten in Indien für Visum, Flugticket und Vermittlung eines Jobs gezahlt hatte. Er wusste nicht, wie viel er verdienen würde, aber er hoffte, die Schulden in ein paar Jahren abzutragen. Er wusste nicht, dass den Armen kaum etwas bleibt von dem Reichtum, den sie vermehren. [...] Er kommt aus dem Dorf Ithampadal in Tamil Nadu, Südindien, seine Vergangenheit hat die Farbe von Staub. [...] Eine einzige geteerte Straße, ein Brunnen, ein Teich mit lehmigem Wasser, an dessen Ufer die Frauen die Wäsche waschen. 3 000 Menschen, sie leben vom Reisanbau. Ihre Not ist eine Laune der Natur, wie der Reichtum Dubais. Es gibt noch ärmere Dörfer in Indien. Es gibt ärmere Familien als die Gopals. Alle im Dorf gehören zur Kaste der Kuh- und Schafzüchter. „Meine Bestimmung ist low level, niedrig“, sagt Gopal und lacht. Es ist ein seltsames, stolzes Lachen. Jeder Mensch muss sich seinem Schicksal fügen, Gopal findet diese Idee nicht erniedrigend. Seine Bestimmung ist ein Ort, an dem er sich geborgen fühlt. Er trägt ihn immer bei sich. In Dubai putzt Gopal Hotelzimmer. Er hat Arbeit, während sie zu Hause den ganzen Sommer nichts tun und auf Regen warten. [...] Dreimal am Tag betet er zu Vakayadi, dem Gott seines Dorfs. [...] Für sich bittet er um jene Zukunft, die er vom Flugzeug aus sah. Gut bezahlte Arbeit. Ein Haus. Eine Frau, seine Eltern werden die richtige für ihn wählen. Fünf Kinder, vielleicht auch nur zwei. Sie sollen Ingenieure werden oder Ärzte.

Quelle: Burger, J.: Tod eines Sklaven. In: Die ZEIT, 09/2008

M3 Aus einer Reportage über Guna Gopal in Dubai

Vermittlungsagenturen

Der IGB (Internationale Gewerkschaftsbund) hat zahlreiche Arbeiter getroffen, die aus dem Ausland nach Katar gekommen sind. Jeder einzelne von ihnen musste eine Ver- mittlungsgebühr entrichten, die im Durchschnitt 1000 US-$ betrug, in extremen Fällen auch ein Vielfaches dieser Summe. Diese Gebühren werden an skrupellose, teilweise nicht lizensierte Agenturen entrichtet, die hohe Löhne und gute Arbeitsbedingungen am Golf versprechen. Diese Versprechen werden natürlich nur selten eingehalten. Häufig leihen sich Beschäftigte viel Geld zu hohen Zinsen, um die Vermittlungsgebühr bezahlen zu können. Die offenen Schulden sind es dann oft, die sie dazu zwingen, Missstände zu ertragen, eine Tatsache, der sich die Arbeitgeber nur zu bewusst sind und die sie ausnutzen. In vielen Fällen dient dabei das Haus der Familie oder Vermögenswerte von Verwandten und Freunden als Sicherheit. Die Regierung in den Heimatländern sind dafür in erheblicher Weise mitverantwortlich.

Quelle: IGB: Die Akte Katar. IGB-Sonderbericht 3/2014. www.dgb.de, Zugriff: 26.02.2015

M5 Wegbereiter

Geziele Emigrationspolitik der Philippinen

Die Philippinen sind eines der wenigen Länder, die schon seit Jahrzehnten die Emigration gezielt steuern. Das Overseas Employment Program fördert und regelt bereits seit 1974 die temporäre Arbeitsmigration. Anfänglich wurden im Zuge des Öl-Booms viele Kontraktarbeiter in den Mittleren Osten entsandt, um damit die Arbeitslosigkeit zu reduzieren und den Zufluss ausländischer Devisen zu steigern. Die heutige Begründung für das bestehende Programm stützt sich auf die Bekämpfung irregulärer Migration und Prostitution sowie auf die Verbesserung der Arbeitsbedingungen im Aufnahmeland. Nach Regierungsangaben hielten sich im Jahr 2004 mehr als 7,3 Mio. Filipinos im Ausland auf. Das entspricht 8 % der nationalen Bevölkerung. [...]

Die Hauptzielländer sind nach wie vor Saudi-Arabien und Kuwait; private und staatliche Einrichtungen vermitteln die Arbeitsemigranten jedoch auch in andere Staaten weltweit. Seit den 1990er-Jahren stärkt die Regierung auf Druck der Bevölkerung und von außen die Rechte und das Sozialwesen für philippinische Arbeitnehmer im Ausland. Es wurden zusätzlich vorbereitende Kurse eingeführt, die über Arbeitsbedingungen und die Rechtslage in den Empfängerländern aufklären, um die Arbeitsmigranten vor Ausbeutung zu schützen. Um weitere Rücküberweisungsaktivitäten zu fördern, wurde ein spezieller Ausweis mit Bankkonto und integrierter Visa-Karte eingeführt, was eine kostengünstige Überweisung ermöglicht. [...]

Quelle: HWWI: Rücküberweisungen – Brückenschlag zwischen Migration und Entwicklung? In: focus MIGRATION, Kurzdossier Nr. 5, 2006, www.focus-migration.de, Zugriff: 26.02.2015

M4 Emigrationspolitik

Das Push- und Pull-Modell der Migration

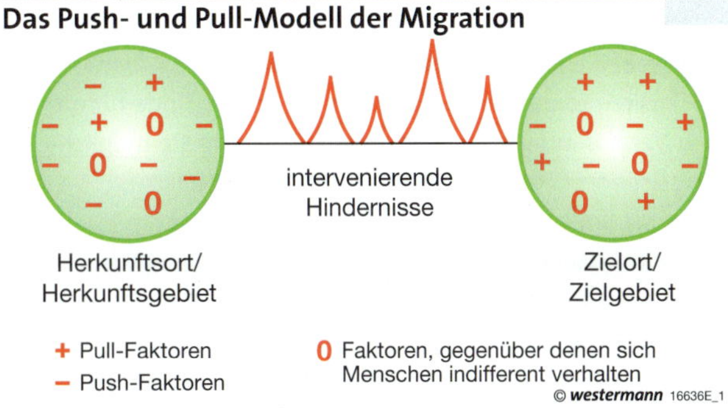

Ein Pluszeichen in der Grafik kennzeichnet in Bezug auf die Herkunfts- und die Zielregion von Wanderungen diejenigen Pull-Faktoren, die im betreffenden Gebiet Menschen entweder halten oder dorthin anziehen. Zu diesen Faktoren zählen z. B. gute Arbeits- und Verdienstmöglichkeiten, aber auch gute klimatische Bedingungen. Ihnen stehen die mit einem Minuszeichen versehenen Push-Faktoren gegenüber, die Personen vom Herkunftsgebiet abstoßen oder vom Zielgebiet fernhalten. Hierunter fallen beispielsweise hohe Arbeitslosigkeit im Herkunftsland, aber auch eine restriktive Zuwanderungspolitik des möglichen Ziellandes von Migranten. [...] Diesen Faktoren oder Bedingungen kommt für jedes einzelne Individuum – jeden Migranten [...] – eine unterschiedliche Bedeutung zu. Denn sowohl die strukturellen Voraussetzungen im Herkunfts- oder Zielgebiet als auch die zusätzlich in Erscheinung tretenden intervenierenden Einflüsse werden individuell wahrgenommen, eingeschätzt und psycho-sozial verarbeitet und können daher auch zu unterschiedlichen Entscheidungen führen. Daher berücksichtigt das Modell außerdem sogenannte persönliche Faktoren, die neben Persönlichkeitsmerkmalen im engeren Sinne auch die Verfügbarkeit bestimmter sozioökonomischer Ressourcen, das Alter, die aktuelle persönliche Lebenslage der betreffenden Person, Informationen, [...], sowie emotionale Bindung an Mitmenschen, den Herkunfts- oder auch den Zielort umfassen.

Quelle: de Lange, N. u.a.: Bevölkerungsgeographie. Paderborn 2014. S. 148f

M6 Faktoren der Wanderungsentscheidung, Push-/Pull-Modell

Grenzüberschreitungen – internationale Migration

Einwanderung – immer der Arbeit nach

In Katar bauen auf gigantischen Baustellen Gastarbeiter die Infrastruktur für die WM 2022. Durch die WM-Vergabe sind die Golfstaaten insgesamt als Zielländer von Arbeitsmigranten in die Diskussion gekommen. Wie in Katar errichteten beispielsweise Migranten auch das neue Dubai. Die Behandlung von Arbeitsmigranten ist in all diesen Staaten ähnlich. Wie die Einwanderung in die Golfstaaten verläuft und welche Hintergründe sie hat, soll nachfolgend erarbeitet werden.

1. Charakterisieren Sie die Arbeitsbedingungen für Migrantinnen und Migranten (M2, M3, M6).
2. Erläutern Sie die Altersstruktur der Bevölkerung Katars. Unterscheiden Sie dabei zwischen Einheimischen und Migranten (M5).
3. Erläutern Sie die Rolle, die die Rentenökonomie in den Golfstaaten für die Zuwanderung spielt (M8).
4. a) Bis in die 1980er-Jahre hinein kamen Arbeitsmigranten in den Golfstaaten vor allem aus den arabischen Nicht-Ölstaaten. Beschreiben Sie die heutigen Herkunftsräume der Migranten.
   b) Neben ökonomischen Gründen – arabische Arbeitskräfte waren teurer – werden auch politische Gründe für diese Veränderung geltend gemacht. Erläutern Sie mögliche Gründe z. B. vor dem Hintergrund des arabischen Frühlings.

Ⓦ 5. „Die Golfstaaten und die dortigen Migrationsmuster können als typisch angesehen werden."
   A Nehmen Sie begründet Stellung zu dieser Aussage.
   B Verfassen Sie einen Kommentar zu dieser Aussage.

Ⓩ 6. Nehmen Sie Stellung: Sollte in einem Staat wie Katar ein Großereignis wie eine Fußball-WM stattfinden?

→ Immigration

WM in Katar

Zehn Kilometer vor den Toren von Doha stampft Katar eine neue Stadt aus dem Wüstenboden. Lusail City wird die glamouröse Metropole einmal heißen, geplant als Drehscheibe für die Fußballweltmeisterschaft 2022 – das erste globale Fußballspektakel auf arabischem Boden. Hier soll die gigantische 90 000-Zuschauer-Arena für das Endspiel errichtet werden, hier entstehen die meisten der 29 neuen Hotels, um die angereisten Fans zu beherbergen. Gleichzeitig will Katars Emirfamilie die gesamte Infrastruktur ihres superreichen Ministaats modernisieren: Mehr als hundert Kilometer Metro sind geplant, eine Autobahnbrücke nach Bahrain, dazu ein komplett neues Schienennetz [...] In Katar starben im vergangenen Jahr rund 200 Arbeiter aus Nepal, viele an Herzversagen nach extrem langen Schichten in der Gluthitze oder durch schwere Arbeitsunfälle. Bei Beschäftigten aus Indien, Bangladesch und Sri Lanka liegen die Zahlen ähnlich hoch, mehr als 1000 wurden auf den Baustellen verletzt.

Quelle: Gehlen, M.: Ist das Sklaverei? 06.10.2013, www.tagesspiegel.de, Zugriff: 26.02.2015

M2 Migranten bauen das neue Katar

Weibliche Haushaltshilfen

Sie werden geschlagen, seelisch terrorisiert oder sexuell missbraucht, weshalb Länder wie die Philippinen, Nepal und Indonesien in den vergangenen beiden Jahren ihren Staatsbürgerinnen verboten, sich weiterhin von arabischen Staaten anwerben zu lassen. „Ich habe immer nur das zu essen bekommen, was die Herrschaften auf ihren Tellern übrig ließen", berichtete eine Philippinerin, die sich in Kuwait City in die Botschaft ihres Landes geflüchtet hatte. Als die Familie dann noch von ihr verlangte, um 3 Uhr früh die Fenster des Hauses zu putzen, entschloss sie sich zur Flucht. Nach dem US-Außenministerium ist die Misshandlung von Haushaltshilfen in Kuwait so verbreitet, dass dies den Tatbestand des Menschenhandels erfüllt.

Quelle: Gehlen, M.: Zwangsarbeit für die Superreichen. In: Die ZEIT, Okt. 2013

M3 Hausangestellte

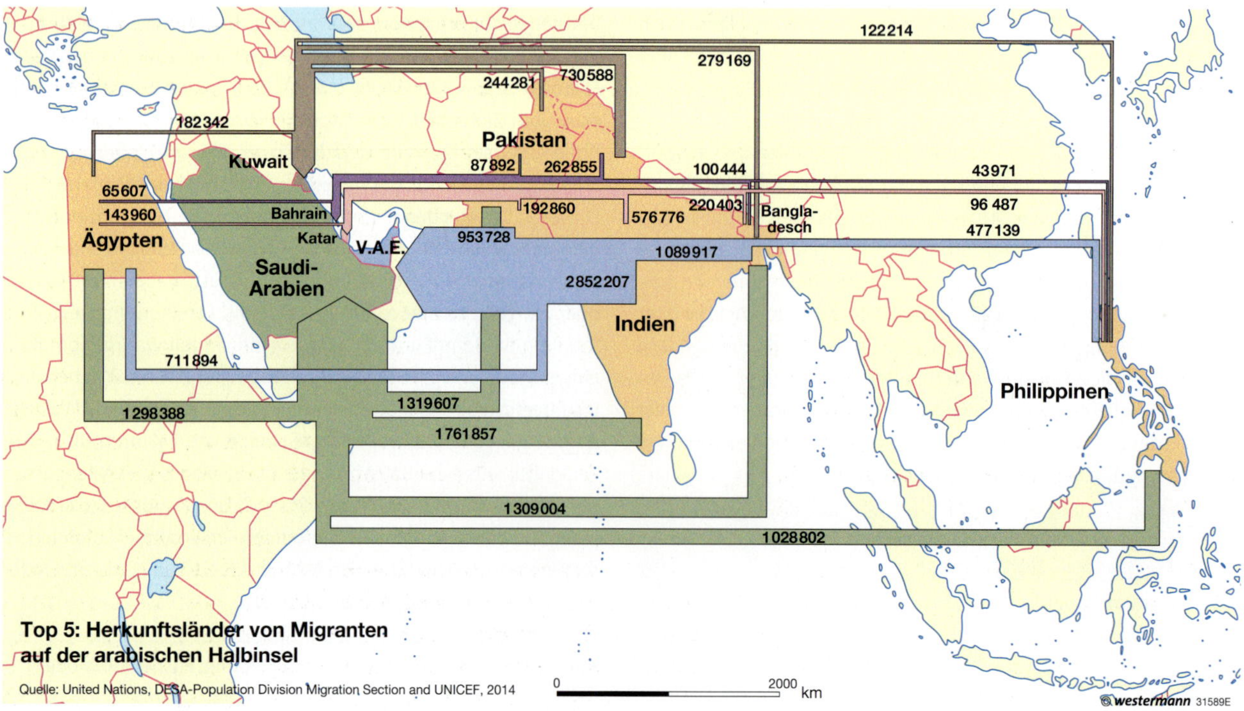

M1 Hauptherkunftsländer von Migranten auf der arabischen Halbinsel (2010)

M4 Arbeiter in Dubai: Ort des Luxus und der Superreichen

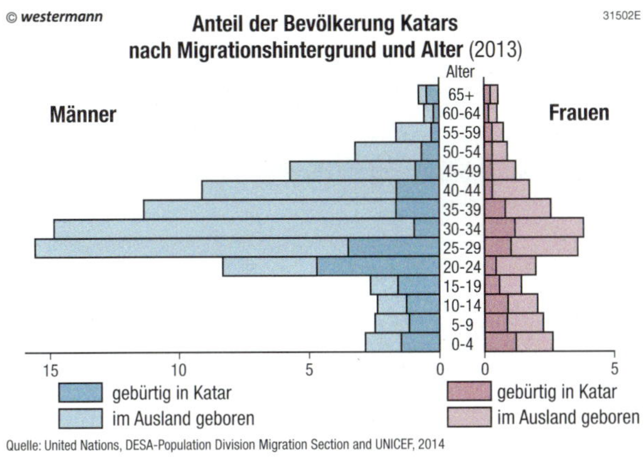

M5 Altersstruktur Katars (in Prozent)

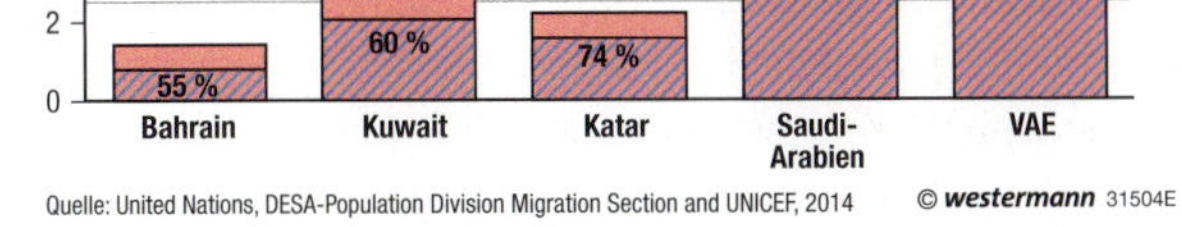

M6 Anteil von Migranten an der Gesamtbevölkerung (2013)

Das Kafala System

Jeder Neuankömmling braucht für sein Arbeitsvisum einen lokalen Sponsor, dem er in der Regel den Pass abgibt. Im Rahmen des Kafala-Systems üben die Arbeitgeber nahezu völlige Kontrolle über ihre Beschäftigten aus und entscheiden u.a. darüber, ob sie sich in Katar aufhalten, ihren Arbeitsplatz wechseln oder das Land verlassen dürfen. Derart kontrollierte Beschäftigte zögern aus Angst vor Vergeltungsmaßnahmen häufig, Missbräuche anzuzeigen oder ihre Rechte zu behaupten.

M7 Arbeitsbedingungen

„Rentenökonomie" und „Rentenmentalität"

Der Ausdruck „Rente" bezeichnet ein „Einkommen als Geschenk der Natur". [...] Die Golf-Ölstaaten [zeichnen sich] dadurch aus, dass sich mindestens 80 Prozent der direkten Staatseinnahmen aus Renteneinkünften zusammensetzen, vor allem aus Öleinnahmen. Essenziell ist die Tatsache, dass die Renteneinkünfte von extern kommen, wodurch die staatliche Wirtschaft auch ohne einen starken und produktiven internen Sektor auskommt. [... Die Regierung] sorgt für die politisch vorteilhafteste Verteilung der externen Renteneinkünfte unter der einheimischen Bevölkerung. Folglich entwickelte sich in den Golf-Staaten eine „Rentenmentalität", wonach die Regierung nicht als repräsentatives Organ des Volkes verstanden wird, sondern vielmehr als Anbieter von Beihilfen, Zuschüssen und verschiedenen Dienstleistungen, die den eigenen Staatsangehörigen kostenlos zur Verfügung gestellt werden. Als Gegenleistung verzichten die Staatsangehörigen auf politische Partizipationsmöglichkeiten. [...] Ein Hauptinstrument zur Verteilung des auf den Renteneinkünften beruhenden Reichtums unter den Staatsangehörigen ist die Anstellung im öffentlichen Sektor, der den einheimischen Arbeitnehmern hohe Gehälter und luxuriöse Arbeitsbedingungen gewährt, ohne dafür eine entsprechende Gegenleistung in Form von Leistung zu erwarten.

Quelle: Winckler, O.: Das Aufkommen struktureller Arbeitslosigkeit und darauf folgende Politiken. 30.11.2012, www.bpb.de, Zugriff: 26.02.2015

M8 Ölstaaten

Grenzüberschreitungen – internationale Migration

Auswanderung – Migration als Entwicklungschance?

In jüngerer Zeit wird (in der Debatte um Migration und Entwicklung) das Potenzial von Migration betont, wirtschaftliche Entwicklung in den Herkunftsländern anzukurbeln. Dabei wird vor allem die Rolle von Rücküberweisungen und Rückkehr der Migranten in ihre Herkunftsregionen diskutiert. Dass Auswanderung jedoch auch Auswirkungen haben kann, die Entwicklung verhindern, wie die Abwanderung von ausgebildeten Arbeitskräften, gerät manchmal aus dem Blick.
Welche Auswirkungen hat Emigration? Ist Emigration gar als eine Entwicklungschance für die Herkunftsländer zu bewerten?

Ⓦ **1. A** Erläutern Sie die Auswirkungen des Braindrains auf die Entwicklungschancen eines Landes am Beispiel verschiedener Berufe.
B Entwickeln Sie ein Wirkungsschema zu den Auswirkungen des Verlustes an Ärzten und Krankenschwestern und für einen anderen Beruf.
2. Beschreiben Sie die Bedeutung der Rücküberweisungen (M1, M2, M4, M6).
3. Erläutern Sie mögliche Auswirkungen der Rücküberweisungen, der Rückwanderung oder zirkulären Migration.
4. „Diasporagemeinden können eine Brückenfunktion beim Aufbau von Handelsbeziehungen, Kapitaltransfer und Technologie zukommen". Erläutern Sie (M3, M5).
5. Stellen Sie die verschiedenen Positionen zu den Auswirkungen von Migration auf die Herkunftsländer einander gegenüber.
Ⓩ **6.** Migration als „Ausdruck von Unterentwicklung, als individuelle Lösung struktureller Probleme" oder Migration als „strukturelle Lösung für die Summe individueller Probleme". Erläutern Sie die Perspektiven, die hier deutlich werden.

→ Braindrain, Braingain, Emigration, Rücküberweisungen (Remissen)

→ Rücküberweisungen (Remissen)
sind Geldzahlungen z. B. an die Familie in der Heimat – wahrscheinlich meist kleine Beträge, in der Summe aber riesige Kapitalströme

→ Braindrain
Der „Braindrain", die Abwanderung der gebildeten, qualifizierten jüngeren Bevölkerung, wird auch von den Ländern des Nordens bewusst forciert. Das gilt insbesondere für IT- Spezialisten, Ärzte, Krankenschwestern und sogar für Geistliche. [...]
Die qualifizierten Migranten erhalten ihre Ausbildung in den Heimatländern, wo dafür erhebliche gesellschaftliche Leistungen erbracht werden müssen. Mit der Abwanderung gehen den Ländern diese Investitionen in die Menschen verloren. Es findet damit aber nicht nur ein Wertetransfer von Süd nach Nord statt. Es wandern ja vor allem auch all jene (akademisch) Gebildeteren ab, die für den Aufbau und das Funktionieren der Länder erforderlich sind. Ganz konkret entstehen Versorgungslücken.
Quelle: Scholz, F.: Entwicklungsländer. Braunschweig 2012, S. 46f

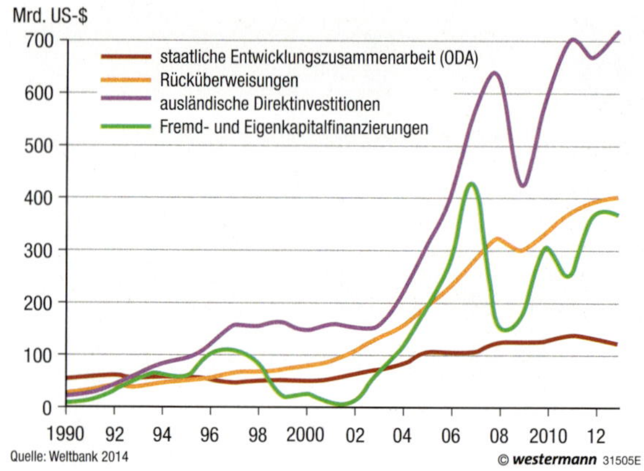

M1 Rücküberweisungen im Vergleich (1990 – 2013)

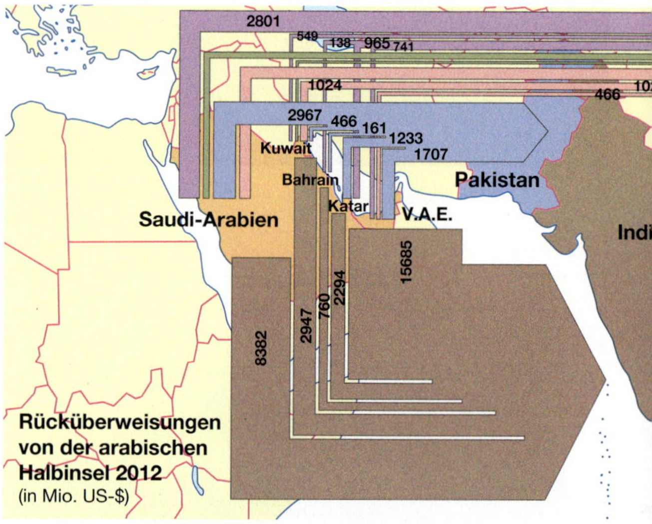

M2 Rücküberweisungen von der arabischen Halbinsel (2012)

Internationale Migration von Hochqualifizierten – Vorteil oder Nachteil?

Sorge bereitet den Politikern die Masse der gut ausgebildeten Arbeitskräfte, die Subsahara-Afrika und die Karibik verlassen („Braindrain"). In Prozent vom Gesamtbestand an Hochqualifizierten ausgedrückt, erscheint die Zahl der gut ausgebildeten Emigranten hoch. Insgesamt gesehen kommen jedoch die meisten qualifizierten Arbeitskräfte, die in einkommensstarke Länder abwandern, aus den größeren Ländern mit mittlerem Einkommensniveau wie Brasilien und Indien. Die Aussicht auf Migration bewirkt in diesen Ländern eine stärkere Akkumulierung von Humankapital [...]. Besorgniserregend sind die schwachen Entwicklungsaussichten einiger Länder Afrikas südlich der Sahara, Zentralamerikas und der Karibik, in denen die Abwanderung von qualifizierten Arbeitskräften viel größere Ausmaße annimmt. [...] Kritiker der Debatte um „Braindrain" und „Braingain" machen darauf aufmerksam, dass die realen Muster internationaler Migration nicht ausreichend Berücksichtigung finden. Gelernte Arbeitskräfte verschwinden nicht einfach, sondern „zirkulieren" zwischen den Ländern der Weltwirtschaft. [...] Abgesehen davon, dass sie für die großen internationalen Geldtransferströme sorgen, arbeiten viele ausgebildete Migranten hart, um später in ihr Land zurückkehren zu können, mit besseren Aussichten als Unternehmer und ausgestattet mit Kapital, neuen Kompetenzen und Ideen.
Quelle: Weltbank: Weltentwicklungsbericht 2009. Wirtschaftsgeographie neu gestalten, 2009. S. 203

M3 Bewertung der Migration Hochqualifizierter

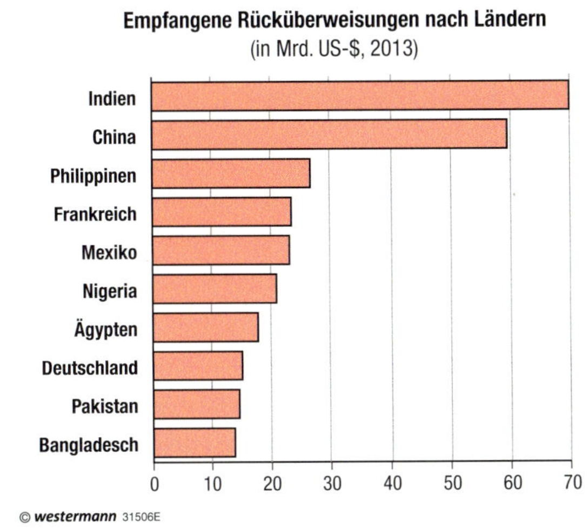

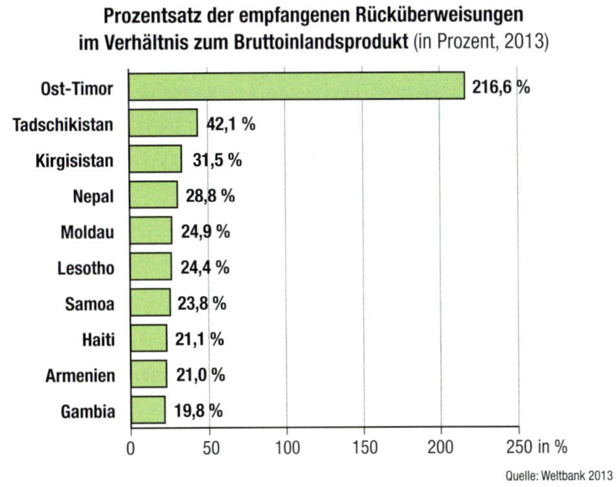

M4 TOP-10 Empfänger von Rücküberweisungen

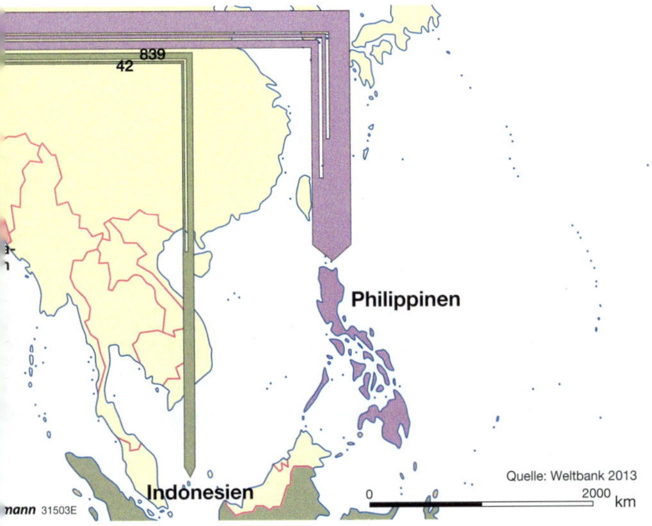

[Der Braindrain wird] auch nicht durch die beträchtlichen Rücküberweisungen der Migranten in ihre Heimatländer aufgewogen, zumal diese Zahlungen die Empfänger daran gewöhnen, dass andere für das Lebensrisiko haften. [...] [Die Rücküberweisungen] verschwinden mehrheitlich im Konsum, in Bildung, Gesundheitsvorsorgung. Sie sichern zwar die Existenz der Familien und heben deren Kaufkraft und Lebensstandard an. Doch tragen sie damit vor Ort zum generellen Anstieg der Preise und damit wieder der Lebenshaltungskosten bei. Darunter haben all diejenigen zu leiden, die keine Geldsendungen aus dem Ausland erhalten. Da die Überweisungen selten in einkommensschaffende Maßnahmen investiert werden, bleiben die Familien von ihren Arbeitsmigranten abhängig und sind zur Entsendung immer neuer Mitglieder gezwungen.

Quelle: Scholz, F.: Entwicklungsländer, Braunschweig 2012. S. 47

M6 Rücküberweisungen

Entwicklungsfaktor Migration

Die Menschen, die innerhalb ihrer Länder und Kontinente in andere Regionen wandern oder in den Industrieländern ihr Glück suchen, haben ihre alte Heimat meist nicht vergessen. Ganz im Gegenteil: Haben sie sich in den Zielländern etabliert, schicken viele von ihnen regelmäßig Geld zu Familie und Freunden in den Heimatländern. [...] Mit dem Geld gründen nicht wenige Angehörige in den Herkunftsländern kleine Betriebe, schicken ihre Kinder in die Schule und können Gesundheitsdienstleistungen bezahlen.

Vereine und Netzwerke von Migranten gleicher Herkunft, oft Diasporagemeinschaften genannt, initiieren in den Zielländern oft gemeinnützige und privatwirtschaftliche Aktivitäten. Damit stärken sie die dortige lokale Infrastruktur und die Wirtschaft im Allgemeinen. In der Fremde gewonnenes Kapital und Know-how kommen so ihren Herkunftsländern wieder zugute.

Migration heißt oft nicht nur Weggehen, sondern auch Wieder-zurückkehren. Denn meistens ist Migration nicht auf Dauer angelegt. [...] Im Berufsleben stehende Menschen kehren zurück, wenn sie eine Grundlage erworben haben, um sich eine Existenz im Heimatland aufzubauen – oder wenn sich die Verhältnisse im Heimatland so geändert haben, dass sie dort wieder eine Lebensperspektive sehen.

Quelle: BMZ: Migration. Chancen für Entwicklung nutzen. BMZ-Informationsbroschüre, 4/2011, S. 8f

M5 Migration als Chance

Effekte von Migration

In der Literatur bildet sich zunehmend der Konsens heraus, dass der [Zusammenhang] von Migration und Entwicklung jeweils vor dem Hintergrund der spezifischen Situation von Herkunftsländern, der Charakteristika von EmigrantInnen und den Möglichkeiten von MigrantInnen in den Aufnahmeländern zu betrachten ist. Wie [...] argumentiert [wird], ist die Wahrscheinlichkeit, dass negative Entwicklungseffekte überwiegen oder Migration jedenfalls keine nennenswerten positiven Effekte zeitigt, am größten in Entwicklungsstaaten, die generell von ungünstigen Entwicklungsbedingungen geprägt sind, in denen soziale Sicherungssysteme und öffentliche Leistungen kaum oder gar nicht vorhanden sind, Märkte dysfunktional sind, wo große Ungleichheit herrscht und das politische System autoritär oder von Staatszerfallsprozessen geprägt ist, und der Zugang zu nicht ausbeuterischen Formen von Arbeit(smigration) schwierig bis unmöglich ist. Umgekehrt sind dort die Entwicklungseffekte von Migration am größten, wo günstige Entwicklungsbedingungen herrschen, Ungleichheit weniger ausgeprägt ist, die Bevölkerung guten Zugang zu einer Grundversorgung mit öffentlichen Dienstleistungen und Systeme sozialer Sicherung hat.

Quelle: Kraler, A., In: Atac, I. u.a. (Hg): Migration und Entwicklung. Wien 2014. S. 13f

M7 Ergebnisse der Wissenschaft

Grenzüberschreitungen – internationale Migration

Europas Grenzen

Die Europäische Union ist ein begehrtes Ziel von Migranten, schließlich besteht zwischen der EU und benachbarten Regionen meist ein enormes Wohlstands- und Entwicklungsgefälle. Kriege und Krisen haben zudem zu großen Fluchtbewegungen geführt.
Im Inneren der Europäischen Union herrscht Freizügigkeit, das heißt Umzugswillige können, ohne auf Binnengrenzen Rücksicht nehmen zu müssen, dorthin ziehen, wohin sie möchten. Deutschland ist so wegen der hohen Arbeitslosigkeit im Süden Europas zum wichtigsten europäischen Einwanderungsland geworden. Dieser mit dem Abkommen von Schengen geschaffene Raum wird zu den Nachbarstaaten massiv abgegrenzt und gegenüber Migranten und Flüchtlingen gesichert. Andererseits öffnen sich die Länder der EU für „erwünschte" Zuwanderer aus Drittstaaten.

1. Beschreiben Sie die Szenerie und interpretieren Sie das Foto (M4).
2. Ⓦ **A** Erklären Sie den Zusammenhang von Rechtlosigkeit und geringer Bezahlung (M3).
   B Nehmen Sie im Hinblick auf M5 zur Bezeichnung „unerwünschte Zuwanderung" für irreguläre oder illegale Migranten Stellung.
3. Stellen Sie auf Basis einer Internetrecherche das aktuelle Migrationsgeschehen in und nach Europa überblicksartig dar (M3, M5).
4. Beschreiben Sie die Maßnahmen der EU und beurteilen Sie, inwiefern die Grenzsicherung dauerhaft die Begrenzung von ungewollter Zuwanderung erreichen kann (M1, M3).
5. Beschreiben und charakterisieren Sie zwei der Subsysteme im europäischen Migrationssystem (M6).
6. Ⓩ Arbeiten Sie mit dem Atlas, Karte „Ceuta –Spanische Exklave": Analysieren Sie die Karte anknüpfend an Aufgabe 1. Bereiten Sie ein Kurzreferat vor.

→ Irreguläre Zuwanderung

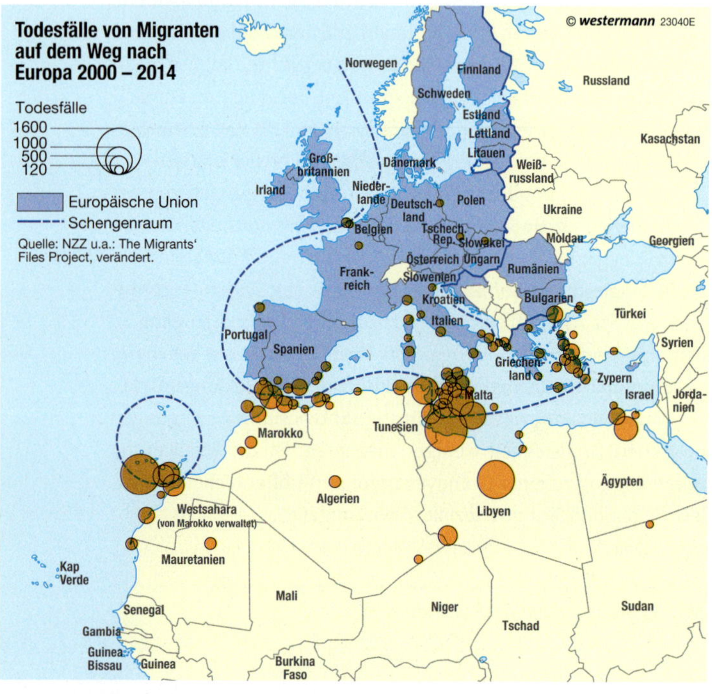

M1 Todesfälle auf dem Weg nach Europa

Um dem aktuellen und zukünftigen Fachkräftemangel entgegenzuwirken, ist man in Deutschland daher bestrebt, neben der gezielten Ausschöpfung des bestehenden Potenzials durch Erhöhung der Erwerbsbeteiligung und der Qualifizierung der Erwerbsbevölkerung auch die Zuwanderung zu fördern. Doch die niedrigen Einwanderungsraten in den Jahren 2008 und 2009 verdeutlichen, dass eine ausreichende Zuwanderung nicht selbstverständlich ist. Dies wird auch durch die Tatsache unterstrichen, dass Deutschland nur eines von vielen Ländern ist, das im Kontext einer alternden Bevölkerung um Zuwanderer wirbt. Insgesamt soll daher die Attraktivität Deutschlands für Fachkräfte gesteigert werden.
So wurde neben der Umsetzung von EU-Richtlinien für Ausländer mit spezifischer beruflicher Qualifikation (wie etwa das Berufsanerkennungsgesetz und die Einführung der „Blauen Karte" die Beschäftigungsverordnung neu geregelt. Die Verordnung ist seit Juli 2013 in Kraft und ermöglicht die Einreise für (nicht-akademische) Fachkräfte mit Berufsabschluss aus Drittstaaten. Voraussetzung für die Zuwanderung ist ein der deutschen Berufsausbildung gleichwertiger Ausbildungsabschluss. Außerdem muss ein Fachkräftebedarf in dem jeweiligen Bereich bestehen. Eine entsprechende Bedarfsanalyse wird von der Bundesagentur für Arbeit vorgenommen und in einer Liste zu Berufen, Branchen und Regionen festgehalten. Die Blaue Karte erlaubt den Zuzug und die Arbeitsaufnahme für hoch qualifizierte Personen aus Nicht-EU-Staaten (sogenannte Drittstaaten) ohne komplizierte Verfahren. Bedingung ist ein abgeschlossenes Hochschulstudium und ein Mindestjahresgehalt von rund 45 000 Euro.

Quelle: Carrel, N.: Anmerkungen zur Willkommenskultur. In: APuZ, 47/2013, S. 32

M2 Zuwanderung Qualifizierter

Was verbirgt sich eigentlich hinter dem Etikett „illegale Migranten"?

Die „Illegalität" macht diese mobilen Weltbürger erpressbar und ausbeutbar. Sie haben keinerlei Rechte. Aber ihre Tätigkeiten und Dienstleistungen sind funktional notwendig, sicher für das eigene Überleben und über Grenzen hinweg für das ihrer Herkunftsfamilien, vor allem aber auch für das Überleben der westlichen Wohlstandsgesellschaften und der sich dahin entwickelnden Länder im Aufbruch. Man kann und muss sich über diese Verzweiflungslage von Menschen – die nichts wollen als gute Arbeit leisten, um ihre Familien zu ernähren, und zumeist überangepasst in den Ländern Europas leben müssen, weil sie oft über Jahrzehnte hinweg jede Auffälligkeit hochsensibel präventiv vermeiden müssen – moralisch empören. Aber das ist nicht die Pointe. Die Pointe ist vielmehr, dass die auftrumpfende Humanität des Westens in ihrem Kern die Inhumanität im Umgang mit den „Illegalen" voraussetzt! Ohne ihre tätige Präsenz, ohne ihre schlechte Bezahlung, die im engen Zusammenhang mit ihrer Rechtlosigkeit steht, ohne ihre aufopfernde Hilfeleistung in der Altenpflege und Kinderversorgung in den um Gleichberechtigung zwischen Männern und Frauen ringenden Privathaushalten brächen diese Gesellschaften zusammen. Illegale sind schlicht „systemnotwendig", wie die Großbanken oder die Gerichte, die sie verurteilen.

Beck, U.: Das Ohn-Machtspiel der Rechtlosen. In: Frankfurter Rundschau, www.fr-online.de, 04.01.2015, Zugriff: 26.02.2015

M3 Zugänge

M4 Golfen in Melilla – Melilla und Ceuta sind spanische Exklaven im Norden Marokkos. Der Zaun bildet Landgrenzen zwischen Europa und Afrika, vor denen Tausende auf die Gelegenheit warten, in die EU zu gelangen. Melilla ist zum Schutz vor illegaler Einwanderung mit drei bis zu sechs Meter hohen Zäunen samt Stacheldraht, Bewegungsmeldern und Nachtsichtgeräten gesichert.

Zwangsläufig irregulär

Ein erheblicher Teil der Migration aus Afrika und dem Nahen Osten ist irregulär: Viele Migranten sind ohne gültige Dokumente unterwegs, sie überqueren Landesgrenzen illegal, sind Opfer von Menschenhändlern und/oder sie verlassen sich auf kriminelle Menschenschmuggler. Offizielle Zuwanderungszahlen zeichnen deshalb ein unvollständiges Bild. [...] Für die irreguläre Zuwanderung existieren verschiedene Kanäle, die meist nicht dauerhaft sind. Sie finden sich stets an den schwächsten Stellen der Schengen- beziehungsweise der EU-Außengrenzen, die aber, sobald sie erkannt sind, in der Folge besser gesichert werden. So gab es lange Zeit eine hohe irreguläre Migration über die Grenze zwischen der Türkei und Griechenland. Nach der Verstärkung der Grenzsicherung durch die europäische Grenzschutzagentur Frontex verlagerte sie sich teilweise auf die Grenze zwischen der Türkei und Bulgarien – bis Frontex auch dort die Sicherung verstärkte.

Quelle: Klingholz, R., Sievert, S.: Krise an Europas Südgrenze. Berlin 2014, S. 12f

M5 Irreguläre Migranten

M6 Europäische Migrationssysteme

Entwicklung der Weltbevölkerung

Immer mehr Menschen

Derzeit leben mehr als 7 Milliarden Menschen auf der Erde und die Weltbevölkerung wächst weiter. So kommen in jeder Sekunde etwa zwei bis drei neue Erdenbürger hinzu, das sind jährlich rund 82 Millionen.
Dabei finden sich beachtliche Unterschiede im Bevölkerungswachstum vor allem zwischen weniger und weiter entwickelten Ländern und Regionen. Dieser Demographic Divide soll im Folgenden genauer untersucht werden. Zunächst sollen die weltweite Bevölkerungsentwicklung und die Möglichkeiten, wie eine Bevölkerungsentwicklung vorausgesagt werden kann, untersucht werden. Weiterhin soll erarbeitet werden, welche Auswirkungen das Bevölkerungswachstum auf Entwicklung hat?

1. Beschreiben Sie die Entwicklung der Weltbevölkerung, deren globale Verteilung und die zukünftige Entwicklung (M2, M6, M7).
2. Erläutern Sie den Begriff Demographic Divide mithilfe von M3.
3. Berechnen Sie ausgehend von 2014 die Bevölkerungszahl Äthiopiens für das Jahr 2030 mit 2 % bzw. 3 % Wachstumsraten (M1).
4. Beschreiben Sie die Entwicklung der Fertilitätsraten (M3).
5. Erstellen Sie ein Schaubild zu den Auswirkung von anhaltendem Bevölkerungswachstum auf Entwicklung (M4, M8–M10).

→ Fertilität, Geburtenrate, Sterberate, Wachstumsrate

→ Fertilität
Kinderzahl pro Frau bezogen auf ein Land oder eine Region

→ Geburtenrate
Geburten pro 1000 Einwohner bezogen auf ein Jahr

→ Sterberate
Sterbefälle pro 1000 Einwohner bezogen auf ein Jahr

→ Wachstumsrate
Geburtenrate abzüglich der Sterberate

weblinks
Weltbevölkerungsuhr
▮ www.weltbevoelkerung.de/meta/whats-your-number.html

	Äthiopien	Deutschland	Südkorea
Bevölkerung (Mio.)	92,2	80,4	50,0
Geburtenrate (‰)	28	8	9
Sterberate (‰)	8	11	5
Bevölkerung 2050 Mio. (mittlere Variante)	187,6	76,2	51,0

Quelle: United Nations, Weltbank 2013

M1 Daten zur Bevölkerungsentwicklung ausgewählter Staaten 2012

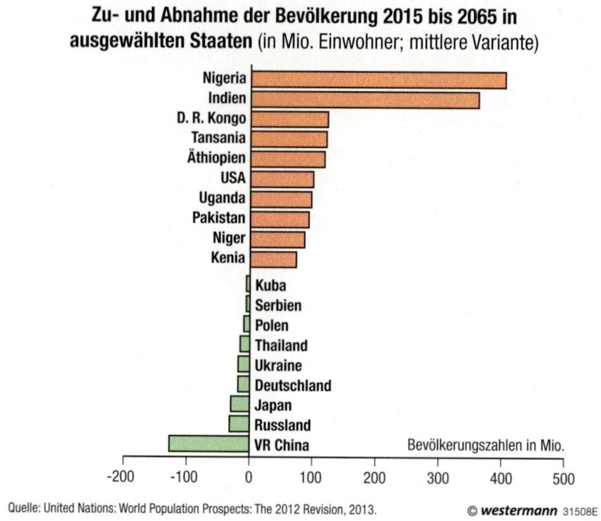

M2 Die größten „Gewinner" und „Verlierer" von 2015 bis 2065 im Vergleich (in Mio.)

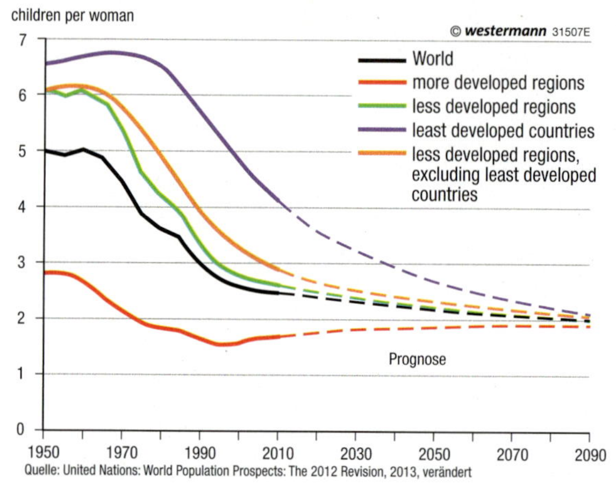

M3 Entwicklung der Fertilität

Wie das Bevölkerungswachstum die Entwicklung bremst

Aus den hohen Fertilitätsraten, dem damit verbundenen hohen Bevölkerungswachstum sowie dem überproportional hohen Anteil an jungen Menschen ergeben sich verschiedene Risiken und Entwicklungshemmnisse.

Gerade in ländlichen Regionen reicht das Angebot an Schulen und Gesundheitseinrichtungen schon jetzt oft nicht aus. Das enorme Bevölkerungswachstum verschärft diese Probleme, denn mit einer größeren Bevölkerung steigt auch der Bedarf an Lehrern, Ärzten und anderen Dienstleistern. Mangelnde Perspektiven auf dem Land führen zu verschärfter Migration in die städtischen Räume, die sich dadurch teilweise zu Megastädten entwickeln. Die Megastädte können ihrerseits den Einwohnerzuwachs kaum bewältigen, weil es ihnen ebenfalls an Infrastruktur mangelt, an Wohnraum, fließendem Wasser und formellen Arbeitsplätzen. So landen die meisten Migranten erst einmal in Slums.

M4 Infrastruktur

Für die Szenarien der Vereinten Nationen werden unterschiedliche Varianten im Hinblick auf die Geburtenrate berechnet. Die UN gehen im Prinzip davon aus, dass sich die Fertilitätsraten in jenen Ländern, in denen die Menschen viele Kinder bekommen, weiter verringern, weil dies dem Trend anderer Länder entspricht.
Bereits geringe Unterschiede der durchschnittlichen Kinderzahl pro Frau haben einen erheblichen Einfluss auf die Bevölkerungsentwicklung. Die mittlere Variante geht davon aus, dass die weltweite durchschnittliche Kinderzahl von 2,5 bis zum Jahr 2100 auf zwei Kinder pro Frau sinken wird. Die niedrigere Variante wird mit einem halben Kind weniger gerechnet, die „Konstante Variante“ (mit konstanter Fertilität) bildet ab, wenn der Wert auf heutigem Niveau bliebe.

M5 Bevölkerungsprojektionen

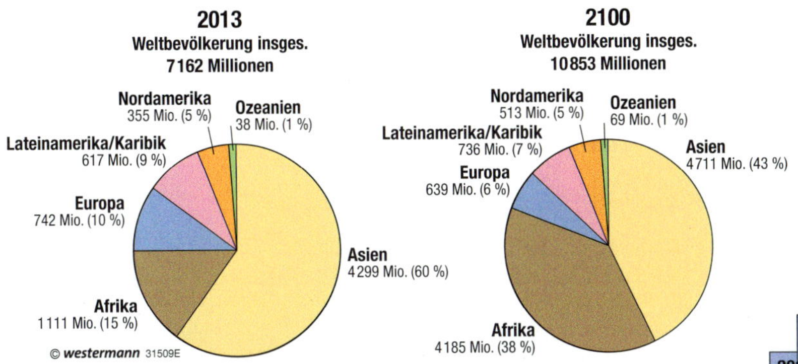

M6 Regionale Verteilung der Weltbevölkerung 2010 und 2100

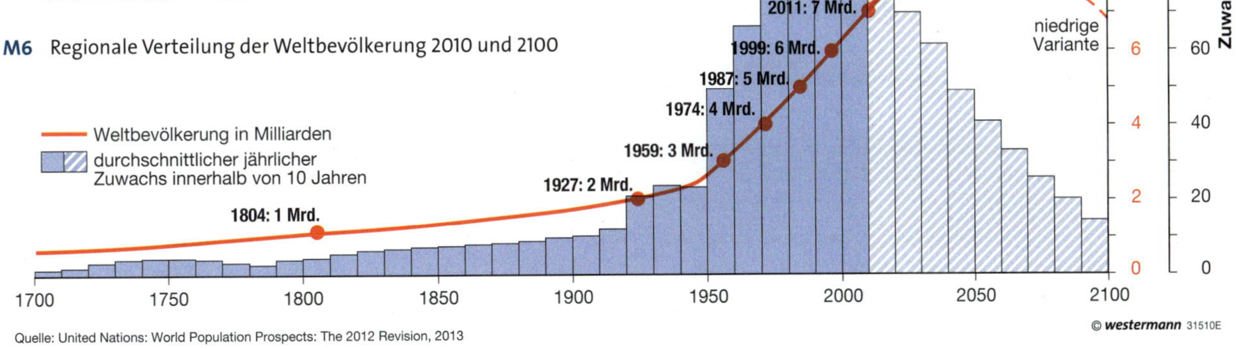

M7 Entwicklung der Weltbevölkerung und Projektionen für das Jahr 2100

Weltweit werden zwar genügend Lebensmittel produziert – nur nicht immer da, wo sie benötigt werden. Gerade in Ländern mit starkem Bevölkerungswachstum finden kaum Ertragssteigerungen durch moderne Anbaumethoden statt. Insgesamt wird geschätzt, dass bis zum Jahr 2080 in den Entwicklungsländern 90 bis 125 Millionen Menschen zusätzlich unter Hunger leiden könnten. Der Klimawandel verschärft die Ernährungsprobleme weiter. Weltweit trifft er die Entwicklungsländer am stärksten, vor allem die Region südlich der Sahara. Gerade die Entwicklungsländer haben aber die geringsten Chancen, sich daran anzupassen. [...]
Projektionen zufolge dürften 2050 allein in Afrika 350 bis 600 Millionen Menschen in Gebieten mit Wasserknappheit leben.

M8 Ernährungssicherheit

In manchen Regionen verringern sich die Erträge in der Landwirtschaft auch deshalb, weil fruchtbare Böden durch falsche Anbautechniken erodieren oder weil durch künstliche Bewässerung der Grundwasserspiegel sinkt und die Böden versalzen. Gerade dadurch wird immer mehr Fläche benötigt, um die hinzukommenden Menschen zu ernähren. Da tropische Länder das stärkste Bevölkerungswachstum verzeichnen, schwinden vor allem die artenreichen Regenwälder. [...] Ein weiteres Beispiel: 80 Prozent der weltweiten Fischbestände, von denen sich mehr als 2,9 Milliarden Menschen ernähren, sind heute überfischt. Außerdem bestehen Mängel bei der umweltgerechten Abwasserentsorgung – vor allem durch die industriellen Abwässer geht der regionale natürliche Lebensraum verloren.

M9 Umwelt

Die Verknappung von lebenswichtigen Ressourcen wie Trinkwasser und fruchtbaren Böden trägt ein großes Konfliktpotenzial in sich und kann grenzüberschreitende Flucht- und Migrationsbewegungen auslösen. Flüchtlinge und Migranten können zu einem Sicherheitsrisiko werden, wenn die Nachbarländer mit der Aufnahme überfordert sind. Studien zeigen außerdem, dass Länder mit einem überproportional hohen Anteil an Jugendlichen anfällig für politische Unruhen und bewaffnete Konflikte sind. 19 Junge Erwachsene, insbesondere junge Männer, neigen zur Gewaltbereitschaft, wenn ihnen Perspektiven, Bildung und Arbeitsplätze verwehrt bleiben. Die meisten gefährdeten Staaten liegen in Afrika und am Hindukusch, also in jenen Regionen mit dem höchsten Bevölkerungswachstum.

Quelle M4, M8–M10: Sippel, L. u.a.: Afrikas demographische Herausforderung, Berlin 2011.

M10 Nationale Sicherheit

Entwicklung der Weltbevölkerung

Bevölkerungsentwicklung im Modell

Im 19. Jahrhundert begann in Europa und in anderen heutigen Industrieländern ein starkes Bevölkerungswachstum. Ursachen waren Veränderungen der Sterblichkeit und der Geburtenzahlen, die durch die Modernisierung ausgelöst wurden. Im Vergleich zeigte sich, dass die Entwicklungen in den verschiedenen Ländern zwar zeitversetzt, aber ähnlich abliefen und auch zu ähnlichen Ergebnissen führten. Die Ähnlichkeiten wurden im „Modell des demographischen Übergangs“ zusammengefasst.
Wie sich Geburten- und Sterberaten veränderten und was hinter diesen Veränderungen stand, wie dieser Prozess im Modell gefasst wird, welche Kritik an diesen Modell besteht und wie die Entwicklung in Deutschland konkret verlaufen ist, soll hier erarbeitet werden.

1. **a)** Beschreiben Sie das Modell M3: Wie verändern sich Geburten- und Sterberate, wie die Wachstumsrate? Was kennzeichnet die einzelnen Phasen? Wie verändert sich die Bevölkerungszahl?
   b) Fassen Sie zusammen: Inwiefern wird hier ein „Übergang“ beschrieben?
2. **a)** Beschreiben Sie den Verlauf von Geburten- und Sterberate in Deutschland und grenzen sie nach dem Modell einzelne Phasen ab. Ergänzen Sie die Kurve des Bevölkerungswachstums (M5).
   b) Entspricht die Entwicklung in Deutschland dem Modell? Begründen Sie (M3, M5).
   c) Ordnen Sie jeder Phase Hintergründe und Ursachen zu, die die jeweilige Entwicklung erklären können (M5).
   d) Erläutern Sie, wie einzelne Aspekte konkret auf Geburtenzahl oder Sterblichkeit wirken.
3. Erläutern Sie die Veränderung der Altersstruktur, wie sie in den Alterspyramiden deutlich wird. Interpretieren Sie in diesem Zusammenhang die Karikatur.

→ Alterspyramide, Altersstruktur, demographischer Übergang

M2 Karikatur

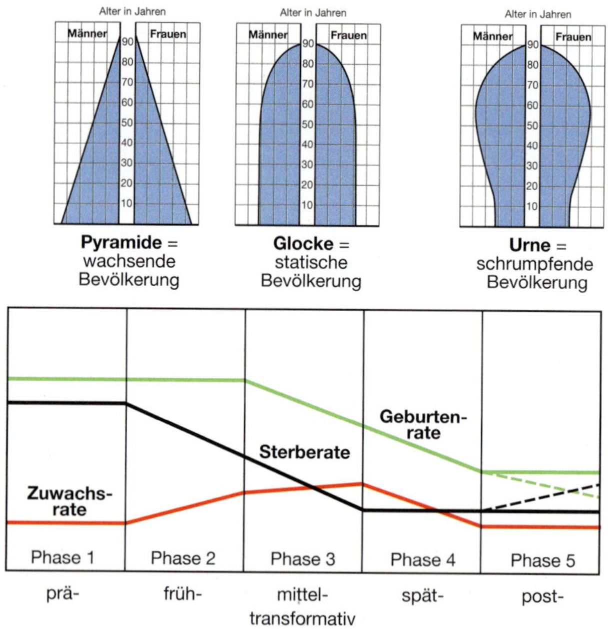

M3 Modell des demographischen Übergangs und Grundformen von Alterspyramiden

→ **Alterspyramide (auch Bevölkerungspyramide)**
Grafische Darstellung der Altersstruktur in einem Diagramm

Anwendung und Grenzen des Modells

Das Modell des demographischen Übergangs besitzt wenigstens vier mögliche Anwendungsbereiche. So wird es zur Beschreibung, Klassifikation, Erklärung und Prognose der Bevölkerungsentwicklung eines Landes herangezogen. Die ersten beiden dieser Funktionen sind unstrittig. Das Modell leistet eine idealtypische Beschreibung der zeitlichen Veränderung von Fertilität und Mortalität, die insbesondere für die westlichen Industrieländer gilt. Ferner gestattet es, verschiedene Länder nach dem Stand ihrer demographischen Entwicklung zu klassifizieren. Hingegen ist der Wert des Modells für die Erklärung von Veränderungen und zur Prognose zukünftiger Bevölkerungsentwicklungen fraglich. Der Kern der Kritik dieser Anwendung setzt daran an, dass das Modell beobachtete Einzelmerkmale europäischer Bevölkerungsbewegungen abstrahiert und Entwicklungstrends idealtypisch zusammenfasst. Selbst für die europäischen Länder wird die demographische Entwicklung in ihrem jeweiligen historischen Verlauf nur stark vereinfacht dargestellt.
Entscheidend für den geringen Prognosewert ist auch, dass die zeitliche Dauer einzelner Teilprozesse nicht genau bestimmt werden kann […].

Quelle: de Lange, N. u.a.: Bevölkerungsgeographie. Paderborn 2014.

M1 Bewertung des Modells

M4 Familie um 1900 und 2014

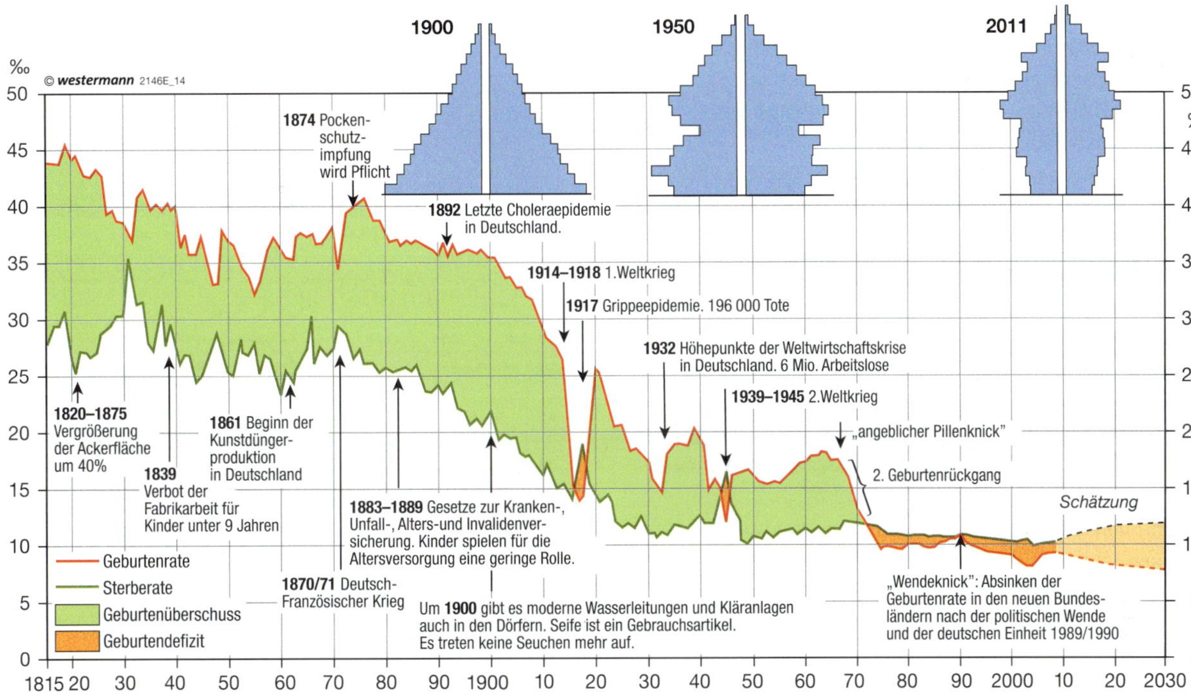

M5 Natürliche Bevölkerungsentwicklung in Deutschland

Ungeachtet der fehlenden Generalisierbarkeit besaß das Modell [...] in seiner grafischen Form eine große Ausstrahlungskraft [...]. Die vordergründige Eingängigkeit der Grafik verführt immer wieder dazu, die beiden grundsätzlichen Kritikpunkte zu übersehen: Das bloße Gegeneinanderauftragen der rohen Fertilitäts- und Mortalitätsraten besitzt für sich genommen keinen Erklärungsgehalt – insofern ist es auch abwegig, von einer „Theorie" des demographischen Übergangs zu sprechen – und es lassen sich keine Prognosen daraus ableiten. Somit ist es nicht berechtigt, zu suggerieren, dass sich der Übergang in Entwicklungsländern automatisch fortsetzt bis zur Phase V (und dann damit auch abgeschlossen wäre) und dass die Frage des Einpendelns von Sterbe- und Geburtenrate auf niedrigem Niveau ursächlich zusammenhängt mit der Modernisierung eines Landes im Sinne der westlichen Gesellschaften, und zwar so, wie diese ihre Entwicklung während der Phase der Industrialisierung genommen haben. Beides ist nicht belegt bzw. sehr stark vereinfacht.

Quelle: Wehrhahn, R.V., Sandner Le Gall, V.: Bevölkerungsgeographie. Darmstadt 2011.

M6 Kritik am Modell

Einflussfaktoren auf die Geburten- und Sterblichkeitsentwicklung in europäischen Ländern im 19. und 20. Jahrhundert:

- Verbesserung der Ernährungssituation: Modernisierung und Intensivierung der Landwirtschaft und expandierender Welthandel sicherten vermehrt die Nahrungsversorgung.
- In den Städten zunächst fehlende Trink- und Abwassersysteme, mangelhafte Hygiene bei der Milchversorgung.
- Medizinische Fortschritte, weiterer Ausbau der Gesundheitsversorgung, Verbesserung der hygienischen Bedingungen.
- Verstädterung und Wandel von der agraren zur industriellen Erwerbsstruktur: Hebung des Lebensstandards, rechtliche Änderung wie die allgemeine Schulpflicht, sozialpolitische Maßnahmen [wie Renten-, Unfall-, Arbeitslosen-, Krankenversicherung], beginnende Emanzipation von Frauen
- Kinder verloren nach und nach die Funktion als billige Arbeitskräfte und soziale Absicherung.
- Gesellschaftlicher Aufstieg hing verstärkt von der individuellen Leistung, damit von der Ausbildung einer Person ab.

M7 Einflussfaktoren auf die Bevölkerungsentwicklung

Entwicklung der Weltbevölkerung

Alterung und Schrumpfung – demographischer Wandel in Industrieländern

Der Begriff „demographischer Wandel" beschreibt die jüngere Bevölkerungsentwicklung in den Industrieländern. Sie ist Teil gesellschaftlicher Veränderungen seit den 1960er-Jahren. „Deutschland stirbt aus", oder „das Methusalem-Problem" sind Szenarien, die damit häufig verbunden werden. Schrumpfung als Chance („Weniger sind mehr") taucht hingegen seltener auf.

1. Werten Sie die Materialien (M2–M6, S. 137 M5) aus: Beschreiben Sie, wie sich der demographische Wandel vollzieht und listen Sie Gründe für diesen Wandel auf.
2. Erklären Sie, warum ein Wert von 2,1 Kindern pro Frau erreicht werden muss, damit der Bevölkerungsbestand allein durch natürliches Wachstum gesichert ist.
3. Arbeiten Sie mit dem Atlas (Karte, Deutschland Bevölkerungsstruktur und -dynamik):
   a) Erläutern Sie die regionale Differenzierung von Alterung und Schrumpfung in Deutschland.
   b) Überprüfen Sie die Aussage, dass Schrumpfung in der Regel zu struktureller Alterung führt.
4. a) Vergleichen Sie die heutige und zukünftige Altersstruktur von Deutschland und Frankreich sowie den jeweiligen Wandel (M1, M2, M4).
   b) Interpretieren Sie in diesem Zusammenhang die Karikatur (M1, M2, M4).
5. Erstellen Sie eine Mindmap zu den Ursachen des demographischen Wandels. Erklären Sie drei der Aspekte genauer.
6. (W) Begründen Sie drei der in M9 genannten Wirkungen des demographischen Wandels und
   A erläutern Sie jeweils, inwiefern dies eine gesellschaftliche Herausforderung darstellt.
   B konkretisieren Sie diese Auswirkungen und bereiten Sie zu einer Auswirkung ein kurzes Referat vor.

→ Bestandserhaltungsniveau, demographischer Wandel

Blick über die Grenze

Frankreich verzeichnet einen stetigen Bevölkerungszuwachs. Dieser ist nicht allein auf Zuwanderungsgewinne zurückzuführen, sondern auch auf eine hohe Fertilität. Seit dem Zweiten Weltkrieg lag die durchschnittliche Kinderzahl je Frau in Frankreich in jedem Jahr höher als in Deutschland. Im Jahr 2010 beispielsweise verzeichnete Deutschland eine Geburtenziffer von 1,39 Kindern je Frau. Deutlich höher fiel sie mit einem Wert von 2,01 in Frankreich aus. [...] Ein Grund dafür ist die französische Familienpolitik. Bereits 1939 existierten in Frankreich umfassende staatliche Maßnahmen zur Unterstützung von Familien. Seit den 1970er-Jahren wird das Zweiverdienermodell unterstützt: Durch ein gutes Kinderbetreuungssystem bereits für Kleinkinder soll die Vereinbarkeit von Familie und Beruf gewährleistet werden. Auch flexible Beschäftigungsmodelle werden explizit staatlich gefördert. In Deutschland sind ähnlich Maßnahmen erst sehr spät ergriffen worden.

Quelle: de Lange, N. u.a.: Bevölkerungsgeographie, Paderborn 2014.

M1 Der Fall Frankreich

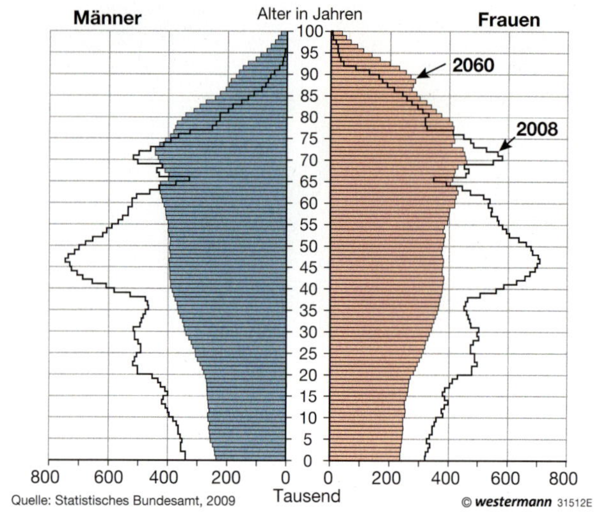

M2 Deutschland – Altersstruktur 2008 und 2060

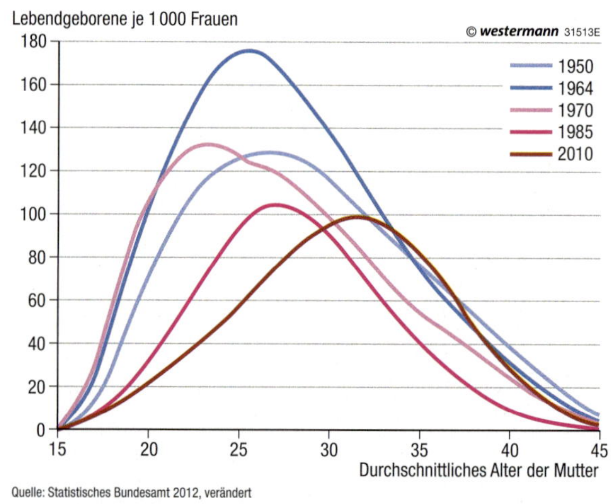

M3 Altersspezifische Fruchtbarkeit in Deutschland

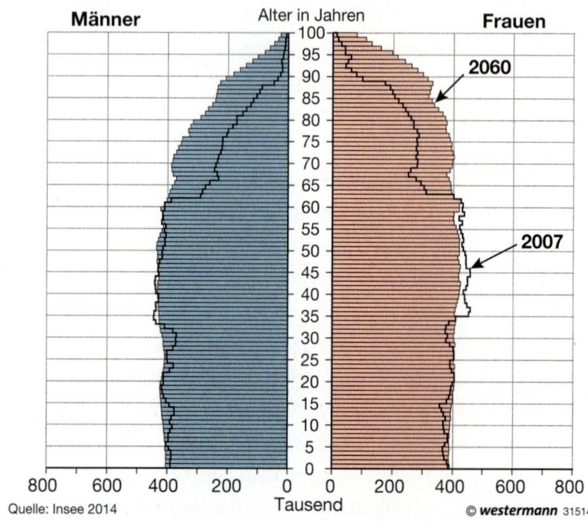

M4 Frankreich – Altersstruktur 2007 und 2060

→ Bestandserhaltungsniveau
entspricht einer Fertilität von 2,1 Kindern pro Frau – so ersetzt jede Generation komplett die ihrer Eltern.

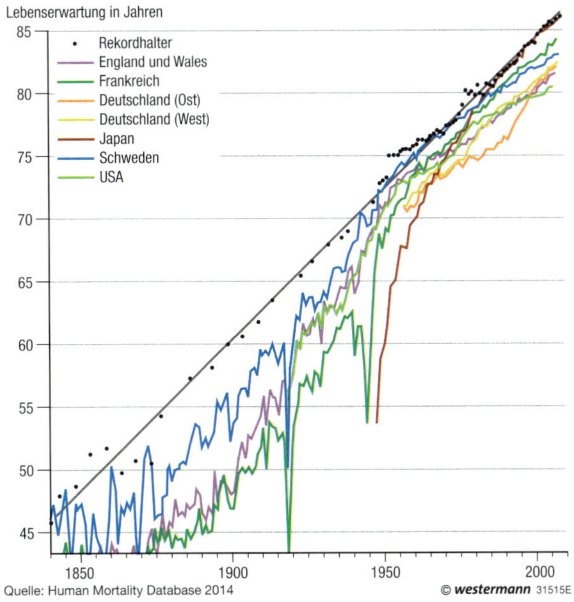

M5 Lebenserwartung bei Geburt

M8 Karikatur „Schöne Aussicht"

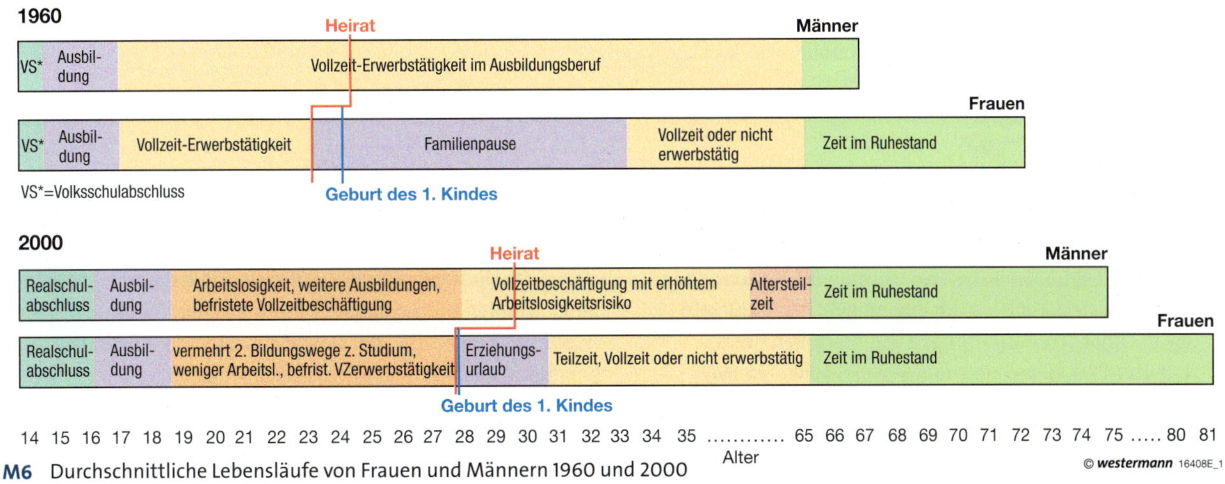

M6 Durchschnittliche Lebensläufe von Frauen und Männern 1960 und 2000

Erklärungsansätze

Voraussetzungen: Es besteht Entscheidungsfreiheit bei den Frauen oder Paaren bezüglich des Kindergebärens, die Option „weniger oder keine Kinder" wird als Vorteil wahrgenommen und kontrazeptive Methoden sind bekannt, beherrscht und werden genutzt.

Dimensionen:

- Säkularisierung, in Verbindung mit der Selbstbestimmtheit des Individuums
- Emanzipation und Stärkung der Rechte von Frauen, insbesondere auch der Entscheidung über den Körper
- Kulturelle Kontexte, die Werte und deren Wandel beeinflussen
- Bildung, (bezahlte) Arbeitschancen
- Sozialer Wandel z. B. individuelle Lebensgestaltung, Familienstrukturen
- Positive oder negative ökonomische Bedingungen, individuelles finanzielles Kapital, die zusammen eine längerfristige ökonomische Sicherheit bieten
- Öffentliche Unterstützung zur Vereinbarung von Familie und Beruf

M7 Mögliche Gründe des Geburtenrückgangs

Wirkungen

- Ökonomische Konsequenzen in Form allgemein und regional differenzierter veränderter Nachfrage und Angebotsstrukturen
- Arbeitsmarktveränderungen (Quantität, Qualifikationen)
- Öffentliche und versicherungswirtschaftliche Haushalte sind in besonderer Weise betroffen
- Technische und soziale Infrastrukturen müssen an geänderte Bedarfe angepasst werden,
- Bildungs-, Aus- und Weiterbildungsinfrastrukturen sind umzugestalten
- Familiäre Lebenswelten ändern sich
- Haushaltsstrukturen ändern sich
- Veränderungen im Mobilitätsverhalten und bezüglich der Verkehrsinfrastrukturen sind zu berücksichtigen
- Freizeit und Tourismusangebote sind dem geänderten Nachfrageverhalten anzupassen
- Gesundheitsversorgung, -vorsorge und Nachsorge wandeln sich
- Siedlungsstrukturell sowie wohnungs- und städtebaulich sind neue Entwicklungen zu gestalten

M9 Konsequenzen des demographischen Wandels

Entwicklung der Weltbevölkerung

Wachstum – demographische Entwicklung in Entwicklungsländern

Im Gegensatz zu vielen Industrieländern, in denen die natürliche Bevölkerungsbewegung durch Schrumpfen gekennzeichnet ist, ist in vielen weniger entwickelten Ländern die Wachstumsrate der Bevölkerung noch sehr hoch. Gerade viele afrikanische Länder südlich der Sahara sind davon betroffen. Welche Gründe das anhaltende hohe Bevölkerungswachstum in weniger entwickelten Ländern hat und welche Veränderungen zu einem Rückgang führen, soll hier geklärt werden.

1. a) Beschreiben Sie die demographische Situation Äthiopiens und vergleichen Sie mit der in Deutschland. (M2, M3).
b) Ordnen Sie Äthiopien begründet in das Modell des demographischen Übergangs ein.
c) Erläutern Sie mit Bezug zu S. 134 M1/M2, M4, M8–M10, Herausforderungen, vor denen Äthiopien aufgrund seiner demographischen Situation steht.

2. a) Erläutern Sie den Einfluss von Schulbildung auf die demographische Entwicklung (M6, M9).
b) Erstellen Sie ein Schaubild zum Thema: „Was führt zu kleineren Familien" (M4).

3. a) Untersuchen Sie die Entwicklung Südkoreas (M7): Erläutern Sie die Altersstruktur, die eine demographische Dividende ermöglicht. Warum konnte dort die junge Bevölkerung zu einem volkswirtschaftlichen Motor werden?
b) Südkoreas Situation war zu Beginn der Entwicklung in einer ähnlichen Ausgangslage wie Äthiopien heute. Erläutern Sie ausgehend vom Beispiel Südkorea (M7) mögliche Maßnahmen, die in Äthiopien ergriffen werden könnten. Beziehen Sie auch M4 ein.

4. Stellen Sie überblicksartig Gründe für Bevölkerungswachstum zusammen. Beachten Sie auch S. 136.

Ⓩ **5.** Vergleichen Sie die Bevölkerungspyramiden Äthiopiens und Deutschlands: Fassen Sie die Ursachen der Unterschiede zusammen und notieren Sie überblicksartig Herausforderungen, vor denen die Länder angesichts der Altersstruktur stehen.

→ Altersstruktureffekt, demographische Dividende

→ Altersstruktureffekt
Wenn geburtenstarke Jahrgänge ins reproduktionsfähige Alter kommen, ist die Geburtenzahl trotz sinkender Fertilität hoch

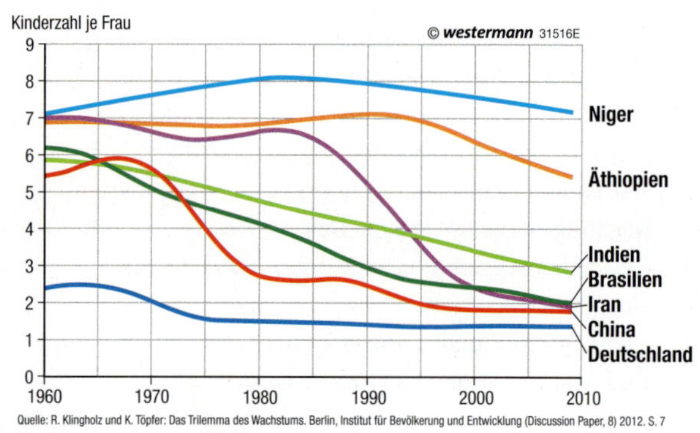

M1 Fertiliät ausgewählter Staaten

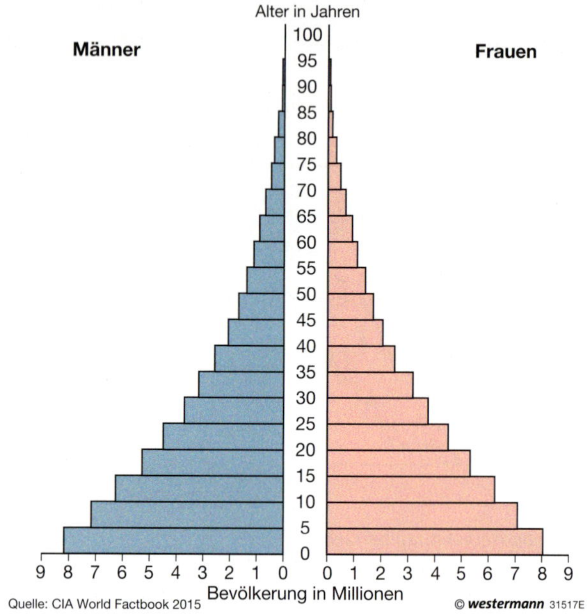

M2 Alterstruktur Äthiopiens

Die äthiopische Bevölkerung wird von derzeit 87 Mio. bis 2050 auf rund 145 Mio. Menschen anwachsen. Dem entspricht ein Bevölkerungswachstum von 2,1 %. Von 1960 bis heute sank die Fertilität von 6,9 auf 3,9 Kinder je Frau. Das Bestandserhaltungsniveau dürfte erst 2040 erreicht werden. Dem Jugendanteil von 41% der Bevölkerung unter 15 Jahren stehen 3% der Bevölkerung über 65 Jahre gegenüber. Die Indikatoren bergen soziale Brisanz aufgrund des wachsenden Bevölkerungsdrucks und des steigenden Migrationspotenzials auch innerhalb des Landes. Bei einem BNE pro Kopf von 1040 US-$ (2010) steht Äthiopien vor großen Herausforderungen.

Quelle: Schmidt, S.: Bevölkerungsentwicklung in Deutschland und weltweit. In: APuZ, 4-5/2013, S. 51f

M3 Fallbeispiel Äthiopien

Was zu kleineren Familien führt

Die Geburtenraten sinken nachweislich,

- wenn Frauen in Familie und Gesellschaft mehr Mitsprachemöglichkeiten erhalten und sich ihnen Alternativen zur reinen Mutterrolle eröffnen.
- wenn Mädchen und Frauen einen ungehinderten Zugang zu Sexualaufklärung, Familienplanung und Verhütungsmitteln haben.
- wenn Mädchen und Frauen eine bessere Bildung erlangen. Insbesondere der Besuch einer weiterführenden Schule führt dazu, dass Frauen später Kinder bekommen und Familienplanung aktiver betreiben.
- wenn sich neue Lebensperspektiven ergeben, etwa durch einen Umzug vom Land in die Stadt, durch bessere Verdienstmöglichkeiten oder durch neue Familienbilder, die von den Medien transportiert werden.
- wenn die Kindersterblichkeit sich verringert. Denn Paare sind erst bereit, weniger Nachwuchs zu bekommen, wenn sich die Überlebenschance für jedes einzelne Kind erhöht.

Quelle: Sippel, L. u.a.: Afrikas demographische Herausforderung. Berlin 2011.

M4 Geburtenrate – Gründe des Sinkens

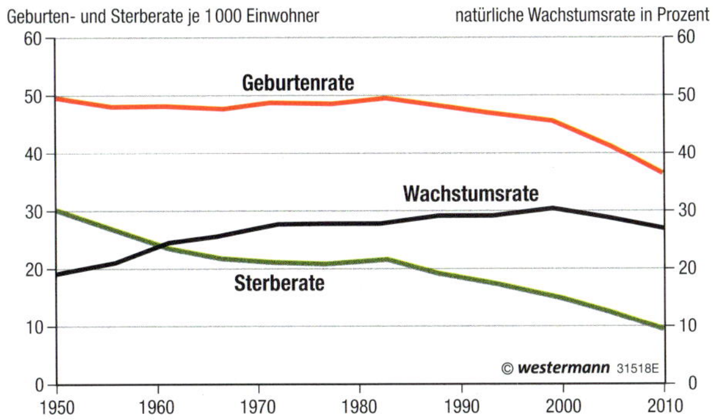

M5 Äthiopien: Geburten- und Sterberate

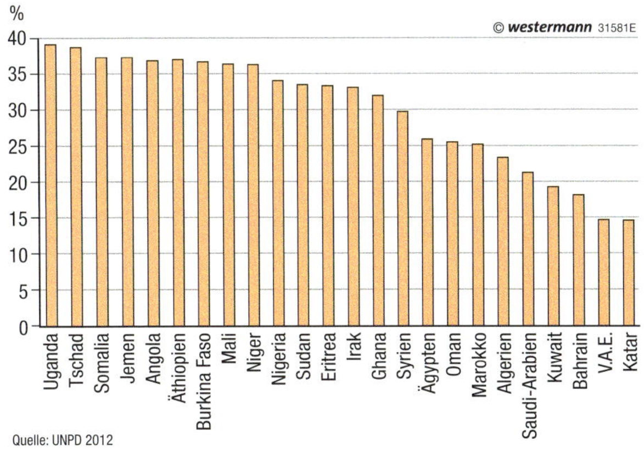

Quelle: UNPD 2012

M8 Anteil der 15 – 24-Jährigen an der erwachsenen Bevölkerung über 15 Jahren in Prozent (2015)

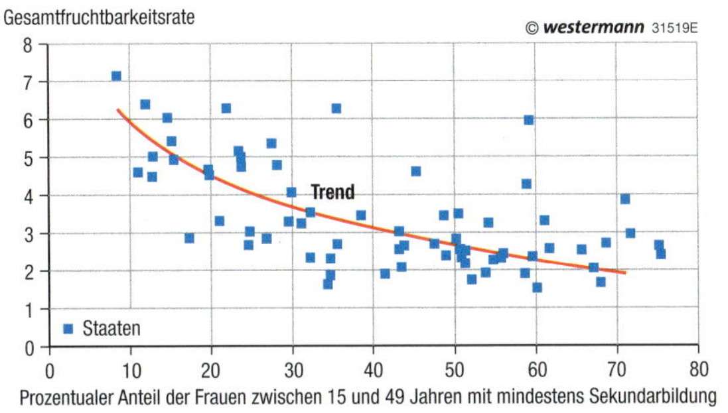

Quelle: R. Klingholz und K. Töpfer: Das Trilemma des Wachstums. Berlin, Institut für Bevölkerung und Entwicklung (Discussion Paper, 8) 2012, S. 7

M6 Geburtenhäufigkeit und Schulbildung von Müttern

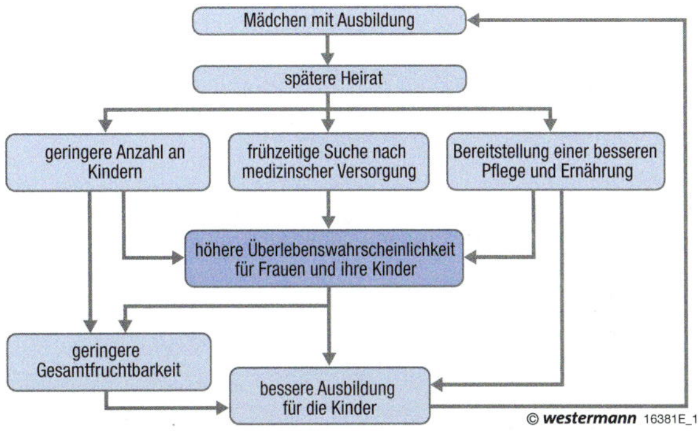

M9 Einfluss der Schulbildung auf die demographische Entwicklung

Das Beispiel Südkorea

Vor 50 Jahren hätte kaum ein Entwicklungsexperte gedacht, dass das vom Korea-Krieg gebeutelte, agrarisch geprägte Südkorea einmal zur neuntgrößten Exportnation heranwachsen und, gemessen am Bruttonationaleinkommen, zu den 20 reichsten Nationen der Welt zählen würde. Angefangen hat diese Erfolgsgeschichte mit massiven Investitionen in die Bildung der breiten Bevölkerung und mit einer effektiven Politik zur Familienplanung, die sowohl die Verbreitung von Verhütungsmethoden als auch eine Verbesserung der Gesundheit von Müttern und Kindern mit einschloss. Als Folge sanken die Geburtenraten drastisch. Hatte ein Anfang der 1960er-Jahre geborener Südkoreaner noch durchschnittlich ungefähr fünf Geschwister, war er 25 Jahre später selbst Vater von höchstens zwei Kindern und hat heute von jedem seiner Kinder sogar nur ein Enkelkind. Damit hat sich zwischen 1970 und heute die erwerbsfähige Bevölkerung in Südkorea im Alter zwischen 15 und 64 Jahren auf 35 Millionen Menschen verdoppelt, während die Bevölkerungszahl in der jüngeren Altersgruppe zurückging. Südkorea hat es verstanden, diesen demographischen Bonus zu nutzen, da es seine Bevölkerung – inklusive der Frauen – frühzeitig ausgebildet und erfolgreich in den Arbeitsmarkt integriert hat. Etwas zeitversetzt zum Geburtenrückgang fing die Wirtschaft Südkoreas an zu wachsen, wodurch immer mehr Kapital zur Verfügung stand, das vom Staat für den weiteren Ausbau des Bildungs- und Gesundheitssystems, der Infrastruktur und der Förderung entlegener Regionen genutzt wurde. Mit seinen immer besser ausgebildeten Einwohnern wurde Südkorea auch für Privat- und Auslandsinvestoren interessant. Die Wachstumsraten der südkoreanischen Wirtschaft erreichten während der letzten dreißig Jahre trotz der Asienkrise von 1997/98 und der Finanzkrise 2008 im Mittel 6,3 Prozent.

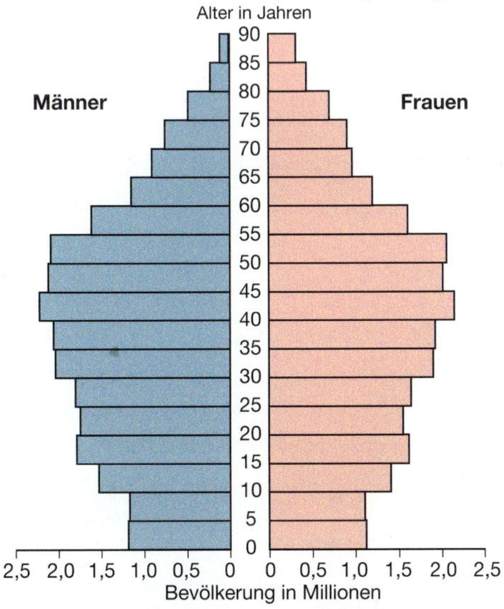

Quelle: Korean Statistical Information Service 2012 © westermann 31520E

Der Preis des demographischen Bonus ist die Alterung der Bevölkerung. Weil in Südkorea die Fertilitätsrate in den 1960er- und 70er-Jahren so schnell gesunken ist wie nirgendwo sonst und nun mit 1,2 Kindern pro Frau auf einem der niedrigsten Niveaus weltweit liegt, altert die Bevölkerung dort gegenwärtig so schnell wie keine andere. Der Anteil der über 64-jährigen Südkoreaner liegt heute zwar erst bei elf Prozent, Vorausberechnungen zufolge dürfte er aber bis 2050 auf 34 Prozent steigen. Immer weniger junge Menschen müssen dann diese alten Menschen versorgen. Darauf muss sich der Staat vorbereiten, indem er beispielsweise rechtzeitig in soziale Sicherungssysteme investiert und dafür sorgt, dass die Menschen länger gesund, qualifiziert und produktiv bleiben können.

Quelle: Sippel, L. u.a.: Afrikas demographische Herausforderung. Berlin 2011.

M7 Die demographische Dividende: Geburtenrückgang und ökonomischer Aufschwung

Das Wichtigste in Kürze

Migration

Ursachen von Migration lassen sich durch Push- und Pull-Faktoren beschreiben. Dies sind einerseits Faktoren, die für das Abwandern von Menschen aus ihrer Heimat verantwortlich sind, und andererseits Faktoren, die zu einem Ziel hinziehen: Die Hoffnung besteht darin, am Ziel die Lebensumstände entscheidend verbessern zu können. Zur Erklärung von Migrationsbewegungen spielen auch „Wegbereiter" wie Schleuser, Vermittlungsagenturen oder Verwandte im Ausland als soziale Netzwerke eine wichtige Rolle.
Das Beispiel der Golfstaaten, die den weltweit größten Anteil an Migranten aufweisen und aktive Anwerbepolitik betreiben, zeigt, welche Rolle Migranten für die Zielländer oder -regionen spielen können: Wirtschaft und Gesellschaft der reichen Ölstaaten sind von ausländischen Arbeitskräften abhängig. Die Entwicklung der Ölstaaten wäre ohne die Millionen von Arbeitsmigranten gar nicht denkbar gewesen. Gleichwohl leben und arbeiten viele der Einwanderer dort unter unmenschlichen, ausbeuterischen Bedingungen.
Immer mehr Menschen suchen den Weg nach Europa und treffen dabei auf verstärkte Grenzbefestigungen. Sie nehmen oft große Gefahren auf sich. Zu den Nachbarregionen besteht oft ein großes Wohlstands-, Sicherheits- und Entwicklungsgefälle. Einwanderung bedeutet für Europa auch in Zukunft eine große Herausforderung.

Demographischer Übergang	Demographischer Wandel
Merkmale bezogen auf die Ehe	
steigende Heiratsrate, sinkendes Erstheiratsalter	sinkende Heiratsrate, steigendes Erstheiratsalter
geringe Bedeutung nichtehelicher Lebensgemeinschaften	wachsende Bedeutung nicht ehelicher Lebensgemeinschaften vor und nach einer Heirat
niedrige Scheidungsrate	steigende Scheidungsrate; Scheidungen kurz nach der Heirat
hohe Wiederverheiratungsrate	rückläufige Wiederverheiratungsquote sowohl nach Scheidung als auch nach Witwenstand
Merkmale bezogen auf die Fruchtbarkeit	
Fruchtbarkeitsrückgang aufgrund weniger Geburten in höherem Alter, sinkendes Durchschnittsalter bei der ersten Elternschaft	weiterer Fruchtbarkeitsrückgang aufgrund des Verschiebens von Geburten in ein höheres Alter
keine sicheren Kontrazeptiva	effiziente Kontrazeptiva
Rückgang der außerehelichen Geburten	Anstieg der außerehelichen Geburten bei nicht ehelichen Partnerschaften
vernachlässigbare Kinderlosigkeit von verheirateten Paaren	deutliche Zunahme der Kinderlosigkeit von Paaren
Merkmale der Gesellschaft	
Normen zugunsten materialistischer Werte (z. B. Einkommen, Wohnbedingungen, Gesundheit)	Werte zugunsten der Selbstverwirklichung und Autonomie
intensive soziale Kohäsion, Mitgliedschaft in Parteien und sozialen Netzwerken	Individualismus, Rückzug aus sozialen Netzwerken
klare gesellschaftsspezifische Rollenverteilung im gesellschaftlichen wie familiären Leben	Rückzug des Staates aus dem alltäglichen Leben; zweite Säkularisierungswelle, sexuelle Revolution, Emanzipation
Festlegung des Lebenslaufes durch Heirat	Lebenslauf wenig vorbestimmt, Offenhalten von Handlungsoptionen

M1 Demographischer Übergang und demographischer Wandel im Vergleich

M2 Karikatur

Wie die Effekte von Migration auf die Herkunftsregionen oder -staaten zu bewerten sind, ist umstritten. Migration kann als Entwicklungshemmnis angesehen werden, weil gerade die jüngeren, gut ausgebildeten Menschen abwandern. Sie fehlen ihren Herkunftsregionen für die Entwicklung, die viel in deren Ausbildung investiert haben. Diesem Braindrain lassen sich Rückflüsse gegenüberstellen, nicht nur von Kapital z. B. in Form von Rücküberweisungen an die Familien, sondern auch in Form von Ideen und Wissen, das Rückkehrer mitbringen. Offenbar müssen Entwicklungseffekte von Migration sehr differenziert betrachtet werden. Positive Effekte sind vor allem dort zu verzeichnen, wo die Entwicklungsvoraussetzungen bereits gut sind.

Bevölkerungsentwicklung

Im letzten Jahrhundert ist die Weltbevölkerung erheblich gewachsen. 2011 wurde die Marke von sieben Milliarden Menschen überschritten. Und sie wächst weiter, vor allem in Entwicklungsländern. Dort vermag das Bevölkerungswachstum die Entwicklung hinsichtlich der infrastrukturellen Ausstattung, der Ernährungssicherung, des Umweltschutzes und der nationalen Sicherheit zu bremsen.
Mit dem demographischen Übergang ist eine idealtypische Beschreibung der Bevölkerungsentwicklung von der vormodernen zur postmodernen Gesellschaft auf Basis der Erfahrungen in Europa entwickelt worden. Dabei sinken Sterbe- und Geburtenrate zeitlich versetzt von einem hohen auf ein niedriges Niveau ab. Damit verbunden ist ein großes Bevölkerungswachstum, weil sich die Schere zwischen Geburten- und Sterberate zeitweilig weit öffnet. Die gegenwärtig in vielen Industrieländern zu beobachtende Entwicklung wird als „demographischer Wandel" bezeichnet. Dessen Merkmale sind die Alterung und Schrumpfung der Bevölkerung, die Individualisierung der Gesellschaft und größere Vielfalt durch Einwanderung. Im Gegensatz dazu zeichnen sich viele Länder des Südens noch durch starkes Bevölkerungswachstum aus. Der Schlüssel für sinkende Geburtenraten liegt insbesondere in der Bildung und Ausbildung von Frauen. Aber auch die Emanzipation und Stärkung der Frauenrechte sind wesentliche Faktoren. Länder, in denen es gelingt, die Geburtenraten zu senken, haben die Möglichkeit in ihrer Entwicklung von einer „demographischen Dividende" zu profitieren. Größeren Jahrgängen der arbeitenden Bevölkerung stehen kleine Jahrgänge von Kindern und Älteren gegenüber, die versorgt werden müssen.

Kompetenz-Check

Hier sind alle Kompetenzen, die Sie in diesem Kapitel erwerben konnten, aufgelistet.
Sie können selbst beantworten, wie Sie die Kompetenz beherrschen: ***sicher***, ***mäßig*** oder ***kaum***.

Sachkompetenz

Kann ich		Unsicher? Schlagen Sie nach auf Seite
1.	Ursachen sowie sozioökonomische und räumliche Auswirkungen von Migration erläutern und dabei Auswirkungen auf Herkunfts- und Zielgebiete unterscheiden?	126–131
2.	die historische und aktuelle Bevölkerungsentwicklung der Industrie- und Entwicklungsländer erläutern und unter Bezug auf das Modell des demographischen Übergangs vergleichen?	136–141
3.	Einflussgrößen auf die demographische Entwicklung erklären und Folgen der jeweiligen Entwicklung erläutern?	135–141

Methodenkompetenz

Kann ich		
4.	komplexe Darstellungs- und Arbeitsmittel wie z. B. Karte, Bild, statistische Angaben, Grafiken und Text analysieren, und damit Fragestellungen zu Ursachen und Folgen von Migration und der Bevölkerungsentwicklung bearbeiten?	124/125, 128–135, 138/139
5.	das Model des demographischen Übergangs erläutern und die Kernaussagen des Modells anhand unterschiedlicher Beispiele überprüfen?	136–141
6.	geographische Informationen beispielsweise als Wirkungsschema grafisch darstellen?	130/131, 134/135, 138–141

Urteilskompetenz

Kann ich		
7.	Aussagemöglichkeiten und -grenzen von Modellen bewerten, beispielsweise des Modells des demographischen Übergangs sowie des Push- und Pull-Faktoren-Modells der Migration?	126/127, 136–141
8.	mit Migration verbundene Entwicklungschancen und Risiken beurteilen?	128–133

Handlungskompetenz

Kann ich		
9.	differenzierte Lösungsansätze für komplexere raumbezogene Probleme entwickeln, z. B. Maßnahmen, die ermöglichen sollen, eine demographische Dividende zu erreichen?	140/141

VII Ähnliche Probleme, ähnliche Lösungsansätze?

Strategien und Instrumente zur Reduzierung von Disparitäten in unterschiedlich entwickelten Räumen

Im Dorf Ogur in Uganda findet ein Workshop der Welthungerhilfe statt.

Lösungsansätze auf dem Prüfstand – Chancen und Probleme auf dem Weg zur Beseitigung von Disparitäten

Disparitäten ausgleichen – global und regional

Seit Jahrzehnten wird in unterschiedlichen Foren von Politik, Wissenschaft und Kultur diskutiert, wie die globalen und regionalen Disparitäten und ihre Auswirkungen zu beseitigen sind.
Doch trotz ernsthafter Bemühungen mit unterschiedlichen Vorgehensweisen: Es gibt zwar in einzelnen Bereichen, in einzelnen Ländern und in einzelnen Regionen Erfolge, doch haben sich die Disparitäten häufig auch verschärft. Zudem haben sich die Grenzen zwischen Industrie- und Entwicklungsländern, armen und reichen Ländern stark verschoben.
Noch immer sind bei Hunderten Millionen die Grundbedürfnisse nicht befriedigt. Trotz steigender Nahrungmittelproduktion stirbt alle 3,5 Sekunden ein Mensch an Unterernährung, zehn Millionen im Jahr, über die Hälfte davon Kinder. Extreme Unterschiede gibt es auch in der medizinischen Versorgung, den Bildungsmöglichkeiten und dem Beschäftigungsangebot.
Doch einige ehemalige Entwicklungsländer wie China, Indien und Brasilien haben erheblich an wirtschaftlicher und politischer Macht gewonnen. In Südkorea ist das BIP heute höher als in Portugal und in Brasilien verdienen die Menschen 45-mal mehr als im afrikanischen Burundi. Global haben sich die Disparitäten verschoben, regional sind sie oft gewachsen. So hat sich der Gini-Index in den letzten zehn Jahren in vielen Staaten erhöht.

Lösungsmöglichkeiten in Sicht?

Die Suche nach geeigneten Lösungsstrategien geht also weiter. Immer wieder stellt sich die Frage: Welche Strategie hat schon einmal zum Erfolg geführt? Und: Ist sie auf andere Räume, andere Bevölkerungsgruppen übertragbar?
In diesem Kapitel wird vor allem folgenden Fragen nachgegangen: Welche Möglichkeiten gibt es, Entwicklungsprozesse anzustoßen und damit Disparitäten zu bekämpfen? Mit welchen Strategien können einzelne Länder wirtschaftliche Entwicklungserfolge verzeichnen? Welche Wirtschaftssektoren können wie gefördert werden? Von wem sollten die Entwicklungsimpulse ausgehen?

M1 Kinder im ländlichen Raum in Indien

Die MDGs [Millennium Development Goals] haben den entwicklungspolitischen Diskurs seit dem Jahr 2000 maßgeblich geprägt. Sie dienten in zahlreichen Ländern des Südens als Referenzrahmen nationaler Entwicklungsstrategien und avancierten für die bi- und multilateralen Geber zum Leitmotiv ihrer Entwicklungspolitik. [...]
Aus der Bilanz der Stärken und Schwächen der MDGs ergeben sich eine Reihe von Schlussfolgerungen für die Post-2015-Entwicklungsagenda. [...]
Indem die Vereinten Nationen von der „Post-2015-Entwicklungsagenda" sprechen, machen sie deutlich, dass es um die grundsätzlichen Prioritäten und Strategien von Entwicklungspolitik nach dem Jahr 2015 geht. Zugleich haben die Regierungen bei der Rio+20-Konferenz im Juni 2012 beschlossen, Ziele für nachhaltige Entwicklung (Sustainable Development Goals, SDGs) zu formulieren. Diese sollen die drei Dimensionen nachhaltiger Entwicklung (ökonomische, ökologische und soziale) umfassen und auf alle Länder der Welt anwendbar sein. Eine zentrale Herausforderung wird darin bestehen, diese beiden Prozesse zu einer widerspruchsfreien Agenda zusammenzuführen. Denn angesichts der ökologischen Herausforderungen und der weltwirtschaftlichen Kräfteverschiebungen wäre eine Entwicklungsagenda, die nur auf die armen Länder abzielt und die reichen Länder ausklammert, den Problemen nicht angemessen.

Quelle: Martens, J.: Die Post-215-Agenda. In: Globale Governance Spotlight, 1/2013, S. 1

M2 Was kommt nach 2015?

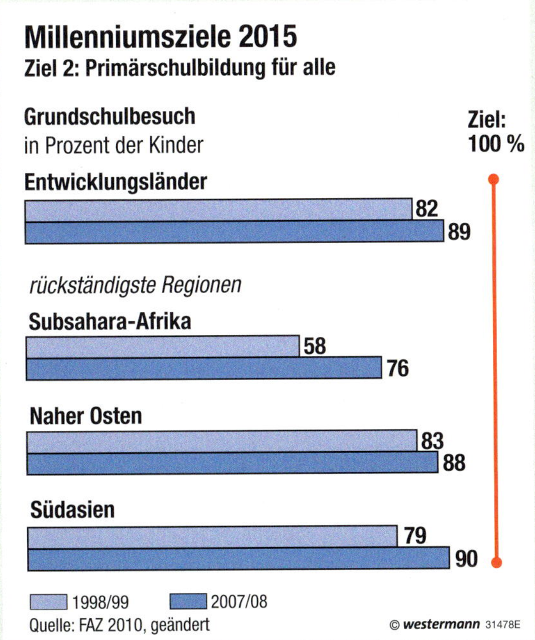

M3 Stand des Millenniumsziels 2

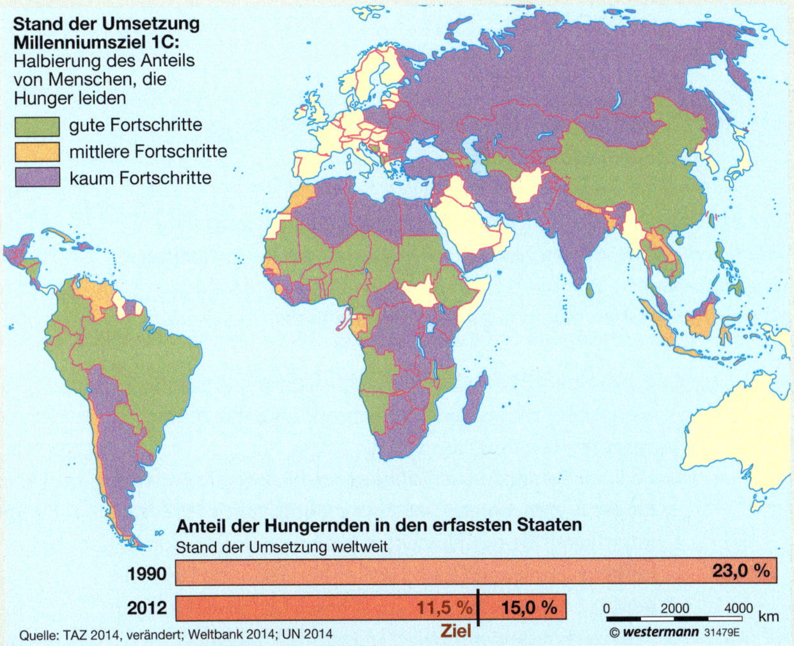

M5 Stand der Umsetzung des Millenniumsziels 1C

MDG 1: Beseitigung der extremen Armut und des Hungers *Zielvorgaben*	
Vorgabe 1A	zwischen 1990 und 2015 den Anteil der Menschen auf die Hälfte reduzieren, deren Einkommen weniger als 1 US-$ pro Tag beträgt (Indikatoren: u.a. Anteil der Bevölkerung mit weniger als 1 US-$ pro Tag, Anteil des ärmsten Fünftels der Bevölkerung am nationalen Konsum)
Vorgabe 1B	produktive Vollbeschäftigung und menschenwürdige Arbeit für alle sicherstellen, einschließlich Frauen und Jugendliche (Indikatoren: u.a. Anteil der Erwerbstätigen, die mit weniger als 1 US-$ pro Tag auskommen müssen, Wachstum des BIP pro Erwerbstätigem)
Vorgabe 1C	zwischen 1990 und 2015 den Anteil der Menschen auf die Hälfte reduzieren, die Hunger leiden (Indikatoren: Anteil der untergewichtigen Kinder unter fünf Jahren, Anteil der Bevölkerung unter dem Mindestniveau des Nahrungsenergieverbrauchs)
MDG 2: Verwirklichung der allgemeinen Grundschulbildung *Zielvorgabe*	
Vorgabe 2A	bis zum Jahr 2015 sicherstellen, dass Kinder in der ganzen Welt, Jungen wie Mädchen, eine Grundschulbildung vollständig abschließen können (Indikatoren: u.a. Nettoeinschulungsquote in der Grundschule, Anteil der Grundschulanfänger, die die letzte Klassenstufe der Grundschule erreichen)

Quelle: UNDP 2014

M4 Zielvorgaben und Indikatoren der ersten beiden Millenniumsziele

Im September des Jahres 2000 fand in New York die 55. Generalversammlung der Vereinten Nationen statt. Heute wird dieses Treffen häufig als „Millenniums-Gipfel" bezeichnet, da sich die Staats- und Regierungschefs zum übergeordneten Ziel setzten, die Armut in der Welt bis zum Jahr 2015 zu halbieren. Die Teilnehmer einigten sich auf einen Maßnahmenkatalog mit konkreten Ziel- und Zeitvorgaben und formulierten in einer Erklärung insgesamt acht Millenniums-Entwicklungsziele (Millennium Development Goals, MDGs) für das Jahr 2015:

Ziel 1: Bekämpfung von extremer Armut und Hunger
Ziel 2: Primärschulbildung für alle
Ziel 3: Gleichstellung der Geschlechter / Stärkung der Rolle der Frauen
Ziel 4: Senkung der Kindersterblichkeit
Ziel 5: Verbesserung der Gesundheitsversorgung der Mütter
Ziel 6: Bekämpfung von HIV/AIDS, Malaria und anderen schweren Krankheiten
Ziel 7: Ökologische Nachhaltigkeit
Ziel 8: Aufbau einer globalen Partnerschaft für Entwicklung

Quelle: World Food Programme: Millennium Development Goals. de.wfp.org, Zugriff: 17.11.2014.

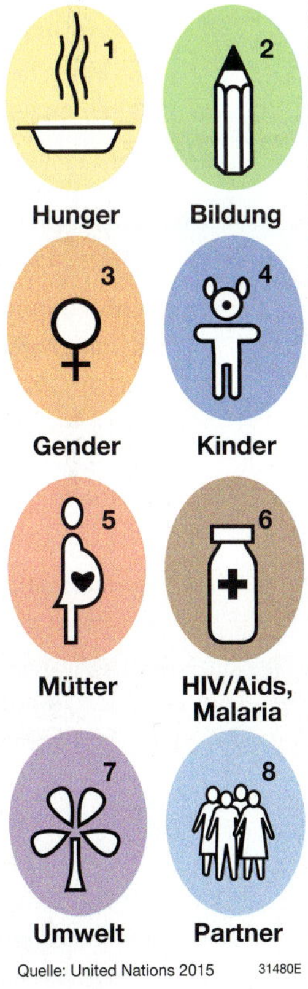

M6 Millenniumsziele

1. Reaktivieren Sie Ihr Wissen zu den Disparitäten auf der Erde (Kapitel 5 und M1).
2. Führen Sie ein Brainstorming durch, welche Lösungsmöglichkeiten es gibt, Disparitäten auszugleichen.
3. Stellen Sie die Millenniumsziele der Vereinten Nationen dar (M4, M6).
4. Was kommt nach 2015? Recherchieren Sie im Internet den aktuellen Stand zur Formulierung und Erfüllung der SDGs (M2).
5. Analysieren Sie die bisherigen Erfolge der Millenniumsziele (M3, M5, Atlas).

Globale Disparitäten ausgleichen

Strategien und Ideen der Entwicklungszusammenarbeit

Was kann gegen Armut, Unterentwicklung und globale Disparitäten getan werden? Diese Frage bewegt Fachleute und Politiker seit Jahrzehnten gleichermaßen. Wie kann ärmeren Regionen bzw. Ländern am effektivsten geholfen werden? Und wer sollte Maßnahmen ergreifen?

1. Lokalisieren Sie die einzelnen Fallbeispiele und erläutern Sie vor dem Hintergrund des Entwicklungsstandes die dargestellten Maßnahmen (M2, Atlas).
2. Erklären Sie anhand der Fallbeispiele die Begriffe Entwicklungszusammenarbeit und Entwicklungspolitik (M2, M3).
3. Informieren Sie sich über Organisationen der Entwicklungszusammenarbeit und stellen Sie zusammen, welche Beiträge die einzelnen Organisationen für Entwicklungen in einzelnen Ländern leisten können (M1, Internet).
4. Stellen Sie den Wandel der Entwicklungsstrategien seit den 1950er-Jahren dar (M4).
5. (W) Analysieren Sie, in welcher Weise sich die Fallbeispiele (M2) einzelnen Entwicklungsstrategien (M4) zuordnen lassen, indem Sie
   A einen Beitrag für eine Fachzeitschrift verfassen.
   B einen Vortrag vorbereiten.
6. (Z) „Es gibt nicht die eine Entwicklungsstrategie, es geht um eine sinnvolle Vernetzung.“ Nehmen Sie Stellung zu dieser Aussage.

→ Entwicklungshilfe, Entwicklungspolitik, Entwicklungszusammenarbeit, Nichtregierungsorganisationen (NRO, engl. NGO), Official Development Assistance (ODA)

- Food and Agricultural Organization **(FAO)**
- International Labour Organization (**ILO**)
- Internationaler Währungsfonds (**IWF**, engl. **IMF**): Sonderorganisation der UN, u.a. zur Überwachung des internationalen Währungssystems
- **Weltbank** (engl. **World Bank**)= unterstützendes Organ des IMF, früheres Ziel war der Aufbau geschädigter Länder nach dem 2. Weltkrieg. Heute vor allem dazu da, das Nord-Süd-Gefälle abzubauen.
- World Health Organization (**WHO**)
- World Trade Organization (**WTO**): Handelsorganisation mit 160 Mitgliedsstaaten. Hauptziele sind der Abbau von Handelshemmnissen und die Handelsliberalisierung.
- United Nations Development Programme (**UNDP**)
- United Nations International Children‘s Emergency Fund (**UNICEF**)

M1 Auswahl an internationalen Organisationen, die in der Entwicklungspolitik tätig sind

Fall 1: Ein internationales Gutachterteam analysiert zusammen mit einheimischen Kolleginnen und Kollegen die technische Machbarkeit, die Kosten sowie den ökonomischen und sozialen Nutzen der Asphaltierung einer Schotterpiste in Sambia, die eine ländliche Region mit den städtischen Zentren verbinden soll.
Fall 2: Eine nepalesische Nichtregierungsorganisation (NRO, engl.: NGO) unterstützt mit lokalen Fachleuten die Bewohner von Bergdörfern beim Aufbau von Dorforganisationen. Dabei sollen u.a. die Wasserversorgung verbessert werden und die Interessen der Bevölkerung gegenüber der Gemeindeverwaltung und den Händlern effektiver vertreten werden.
Fall 3: Vier westafrikanische Baumwollexportländer setzen sich bei einer Verhandlung der Welthandelsorganisation (WTO) dafür ein, dass die USA und die EU die Subventionen für ihre nationalen Baumwollproduzenten abbauen, da deren Überschüsse den Weltmarktpreis drastisch senken.
Fall 4: Deutschland stellt 2004 ca. 670 Millionen Euro Soforthilfe für die Opfer des Tsunamis im Indischen Ozean zur Verfügung. Einen Großteil davon erhält Indonesien.

M2 Entwicklungspolitik und Entwicklungszusammenarbeit in der Praxis

→ EZ (Entwicklungszusammenarbeit, früher Entwicklungshilfe)
bezeichnet alle Maßnahmen zur Unterstützung des wirtschaftlichen Wachstums und der sozialen Entwicklung. Diese kann zwischen zwei Ländern oder Partnern (bilateral), Staatengruppen (multilateral) oder über internationale Organisationen erfolgen. In vielen Veröffentlichungen findet häufig noch der Begriff der Entwicklungshilfe Verwendung.

→ ODA (Official Development Assistance)
(= öffentliche Entwicklungszusammenarbeit) bezeichnet Leistungen öffentlicher Geber, die zur Förderung wirtschaftlicher und sozialer Entwicklung an Entwicklungsländer vergeben werden.

→ Entwicklungspolitik
Entwicklungspolitik meint hier die Gestaltung globaler, nationaler oder regionaler Rahmenbedingungen, zumeist entwickelt von global agierenden Institutionen (Global Governance), z. B. Freihandelsabkommen

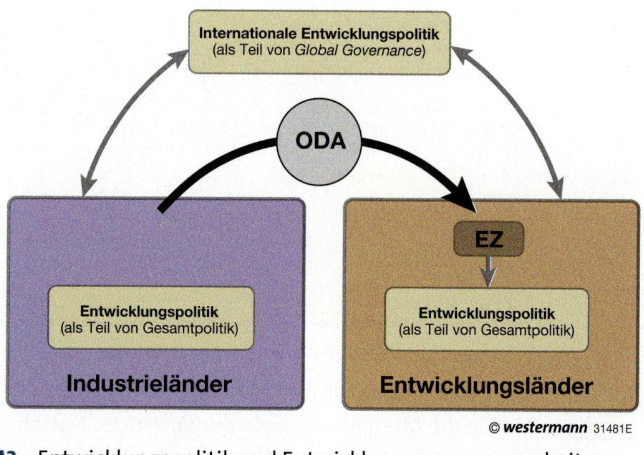

M3 Entwicklungspolitik und Entwicklungszusammenarbeit

	PHASE		
ca. 1950	Wachstumspolitische Phase	**Ziele und Kennzeichen:** Nach der Unabhängigkeit vieler ehemaliger Kolonien wurde von einer nachholenden Entwicklung ausgegangen (Entwicklung in Landwirtschaft und Industrie wurde angestrebt). Ziele waren Vollbeschäftigung und Massenkaufkraft.	 *Die Grüne Revolution in Südasien. Bauer mit Reissetzmaschine in Bangladesch*
ca. 1970	Phase der Grundbedürfnis- und Armutsorientierung	 *Hilfsgüter in Burkina Faso (Obervolta)*	**Ziele und Kennzeichen:** Hauptziel dieser Phase war Wachstum für die Armen (z. B. Hilfen zur Grundsicherung, Slumsanierung oder Alphabetisierungskampagnen). Partizipation und Nachhaltigkeit wurden zu wichtigen Leitbegriffen.
ca. 1980	Phase der neoliberalen Strukturanpassungspolitik	**Ziel und Kennzeichen:** Marktwirtschaft und die Öffnung der Märkte waren die wichtigsten Strategieziele. Entschuldungen durch die Weltbank und den IWF wurden ermöglicht, allerdings an Bedingungen gekoppelt (z. B. Privatisierung, Abbau der Staatsausgaben).	
ca. 1990	Phase der Basispartizipation	**Ziel und Kennzeichen:** Lokale Gemeinschaften sollten in die Lage versetzt werden, ihre Potenziale zu erkennen und Initiativen zu ergreifen (z. B. durch Workshops und Beratung).	 *Entwicklungshelferin im Beratungsgespräch mit Dorfbewohnern in Afghanistan*
	Stärkung der Frauenrolle	**Ziel und Kennzeichen:** Die Frauen sollten gleichberechtigt in alle Bereiche der marktwirtschaftlichen Prozesse integriert werden (z. B.Kredite für Dorfmühlen an Frauengruppen).	
	Das Streben nach Nachhaltigkeit	 *Solarkocher in Tansania*	**Ziel und Kennzeichen:** Der Begriff der Nachhaltigkeit wurde zu einem Leitbild für die Entwicklungszusammenarbeit. Projekte sollten ökologisch und sozialverträglich sein und dauerhaft Bestand haben.
	Die institutionalistische Phase	**Ziel und Kennzeichen:** Ziel dieser Strategie ist unter anderem die Stärkung der Leistung von staatlichen Institutionen. Entwicklungsprogramme werden häufig an demokratische Strukturen gekoppelt (= Good Governance).	
ca. 2000	Wiederentdeckung der Armutsminderung (Millenniumsziele)	**Ziel und Kennzeichen:** Aufgrund fehlender durchgreifender Erfolge in der Armutsbekämpfung änderte sich zu Beginn der 2000er-Jahre der Fokus der Entwicklungspolitiker. Eine Arbeitsgruppe aus Vertretern der UNO, Weltbank, OECD und einiger NGOs erarbeitete eine Liste von acht Zielen (Millennium Development Goals: MDG).	

M4 Wandel der Entwicklungsstrategien nach T. Rauch

„Entwicklung von unten"

Mikrokredite für die arme Landbevölkerung – Bangladesch

Im Jahr 2006 wurde dem Wirtschaftswissenschaftler Muhammad Yunus für die Förderung wirtschaftlicher und sozialer Entwicklung der Friedensnobelpreis verliehen. Sein Entwicklungskonzept der Mikrokredite wird heute noch weltweit von vielen als wirkungsvolles Rezept zum Ausgleich von Disparitäten und für nachhaltige Entwicklung gesehen.
Besonders in einem Land wie Bangladesch, das extrem dicht besiedelt ist, zu den ärmsten Ländern der Welt gehört und immer wieder von Naturkatastrophen betroffen ist, ist die Stärkung der einzelnen Familien von besonderer Bedeutung. Was beinhaltet das Konzept?

1. Erläutern Sie die wirtschaftliche Situation Bangladeschs (M2, Atlas).
2. Stellen Sie das Konzept der Grameen Bank dar (M1, M3–M5).
3. Erläutern Sie mögliche Vorteile des Konzepts der Mikrokredite (M4–M6).
4. Ⓦ Beurteilen Sie das Konzept der Grameen Bank im Hinblick auf nachhaltige Verbesserung der Entwicklung in Bangladesch (M6–M8), indem Sie
   - **A** in einer Tabelle Vor- und Nachteile auflisten.
   - **B** einen Bericht aus Sicht eines Verfechters des Konzepts verfassen.
   - **C** einen Bericht aus der Sicht eines Gegners des Konzepts verfassen.
5. „Das Entwicklungskonzept kann als Beitrag einer nachhaltigen Entwicklung von unten angesehen werden." Erläutern Sie diese Aussage (M9).
6. Recherchieren Sie im Internet die aktuelle Situation der Grameen Bank und verfassen Sie dazu einen kurzen Kommentar (M8, Internet).
7. Ⓩ Die wichtigste Zielgruppe bei Mikrokrediten sind Frauen. Erklären Sie.

→ Entwicklung von unten, Hilfe zur Selbsthilfe, Mikrokredite, nachhaltige Entwicklung

BNE je Einw. (1980/2013)	220 US-$/ 900 US-$
HDI	0,52 (Rang: 146)
Gini-Index (2010)	34,5
Lebenserwartung (2000/2013)	60,16 Jahre/ 70,29 Jahre
Ärzte pro 1000 Einw.	0,3
Analphabetenquote (2011)	gesamt: 52,1 % Frauen: 41,4 %
Bevölkerung unterhalb der absoluten Armutsgrenze (2010)	31,5 %
Export (davon 80% Textilien)	23,0 Mrd. US-$
Import (vor allem Nahrungsmittel)	36,4 Mrd. US-$

Quelle: CIA Factbook, Fischer Weltalmanach 2015

M2 Basisdaten Bangladesch 2013

1976 Chittagong in Bangladesch. Die aktuelle Flutkatastrophe hat das Land fest im Griff und die verarmte Bevölkerung leidet. Diese für viele nahezu ausweglose Situation will der Professor für Ökonomie, Muhammad Yunus, nicht länger hinnehmen. Für Yunus ist eine eigenständige Nutzung der vorhandenen Ressourcen des Landes der Schlüssel. Insbesondere der Landbevölkerung mangelt es an Zugang zu Saatgut, Dünger oder Geräten. Kredite werden den Bauernfamilien wegen fehlender Sicherheit nicht bewilligt. Hier setzt die Idee des Professors an, der die Grameen Bank (= dörfliche Bank) gründet. Ziel der Bank ist die Vergabe von Mikrokrediten an Familien (bis heute überwiegend Frauen) mit weniger als 0,2 ha kultivierbarem Land. Die Kreditsummen liegen bei durchschnittlich 50 €. Der Kredit wird erteilt, wenn der Kreditnehmer in Anwesenheit aller Gruppenmitglieder glaubhaft darstellt, dass die Mittel für eine einkommenschaffende Maßnahme verwendet werden, die eine nachhaltige Entwicklung für die Familie mit sich bringt. Wichtig in diesem Konzept ist die Betreuung der Kreditnehmer auf Dorfebene. Die Grameen Bank unterhält heute landesweit über 2 000 Centern in eigenen Gebäuden. Insgesamt hat die Bank 200 000 Beschäftigte und stellt ein einflussreiches Wirtschaftsunternehmen dar. Die Bank verweist auf eine Rückzahlungsquote von über 90 Prozent.

M3 Die Idee der Mikrokredite und die Gründung einer Entwicklungsbank

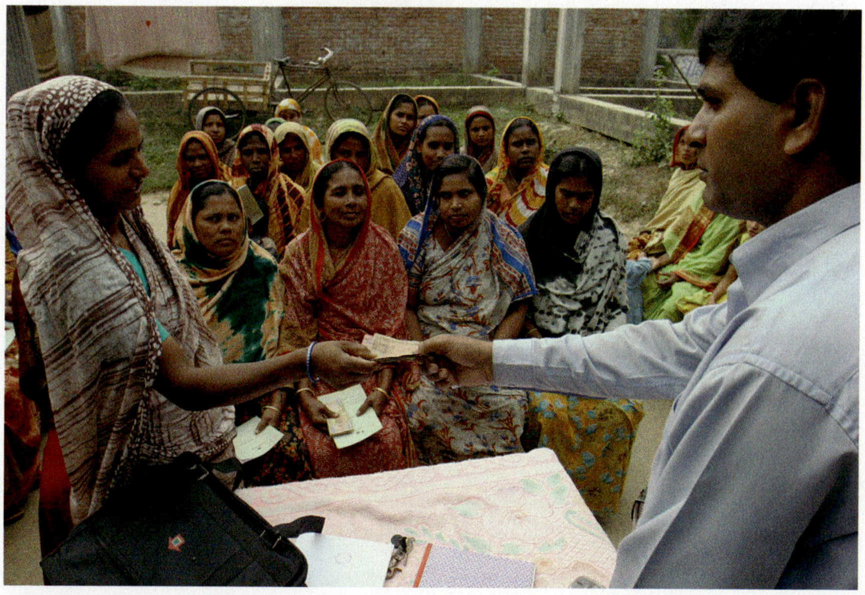

M1 Auszahlung von Mikrokrediten durch einen „Bank Worker"

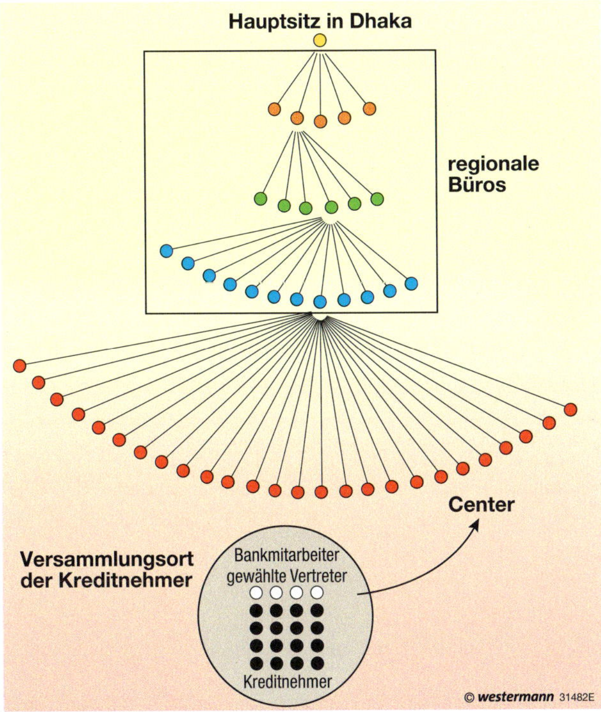

M4 Das Konzept der Grameen Bank

Das Center stellt die wichtigste Säule des Konzepts dar. Hier werden in demokratischen Kleingruppen regelmäßige Zusammenkünfte der Kreditnehmer abgehalten. Gewählte Vertreter erklären z. B. Rückzahlungsmodalitäten, Eigeninitiative und richtiges Sparverhalten. Die Vertreter werden von Mitarbeitern der Grameen Bank (Bank Worker) unterstützt. Diese werden ihrerseits in überregionalen Büros ausgebildet. Nicht selten bieten sich für die Vertreter der Center später Möglichkeiten, als Bank Worker zu arbeiten.

M5 Das Center als konzeptionelles Grundelement

Patma lebt in einem Dorf ca. 150 km westlich von Dhaka. 1993 hörte sie von der Grameen Bank und ging zu einem der Gruppentreffen in ihrem Dorf. Zunächst glaubte Sie nicht, dass jemand sie als „Geschäftsfrau“ ernst nehmen würde. Dabei hatte Sie eine gute Idee und wollte sich eine Aufzucht von Hühnern und Enten aufbauen. Sie stellte ihre Idee vor und bekam umgerechnet 40 €. Heute ist Patma schuldenfrei und verfügt mit dem Verkauf der Tiere über ein Einkommen, mit dem sie alleine die Grundbedürfnisse ihrer Familie befriedigen kann.

M6 Gelungene Hilfe zur Selbsthilfe

So positiv das Mikrokredit-Konzept auch weltweit bewertet wird, gibt es auch kritische Stimmen. Moniert wird die Praxis, dass neue Kredite zur Rückzahlung alter Schulden benutzt werden und darauf die hohe Rückzahlungsmoral basiert. Auch werden die Kredite in steigendem Maße für Zwecke eingesetzt, die keine neuen Einkommensquellen darstellen wie beispielsweise Hausbau, Brautgabe oder Finanzierung von Hochzeiten.

Quelle: Scholz, F.: Entwicklungsländer. Braunschweig 2012, S. 133.

M7 Kritik an der Grameen Bank

Bank entlässt Friedensnobelpreisträger Yunus

Nach langem Streit mit Bangladeschs Premierministerin Skeikh Hasina hat die Zentralbank des Landes den Friedensnobelpreisträger Muhammad Yunus als Direktor der von ihm selbst gegründeten Mikrokredit-Bank entlassen. [...] Seine Unterstützer sprechen von inszenierten politischen Angriffen, seit sich Yunus 2007 mit Regierungschefin Sheikh Hasina überworfen hatte. In einem Interview hatte Yunus gesagt, die Politik in Bangladesch sei im Wesentlichen eine Angelegenheit von „Macht, um Geld zu machen“. Er war daraufhin wegen Verleumdung angeklagt worden. Sheikh Hasina warf dem Ökonomen wiederholt vor, mit Wucherzinsen bei den Mikrokrediten der Grameen Bank die Armen auszunehmen. [...] Im Jahr 1983 hatte die Regierung in Bangladesch Yunus‘ Kreditunternehmen per Gesetz zu einer unabhängigen Bank erklärt. [...] Das Konzept wurde mittlerweile in mehr als 40 Ländern übernommen. Mikrokredite standen jedoch in der Kritik, nachdem sich im vergangenen Jahr in Indien Frauen mit Kerosin überschüttet und angezündet hatten, weil sie ihre Kredite nicht mehr zurückzahlen konnten.

Quelle: ZEIT Online: Bank entlässt Friedensnobelpreisträger Yunus. 02.03.2011, www.zeit.de, 02.03.2011, Zugriff: 28.02.2015

M8 Kritik an Muhammad Yunus

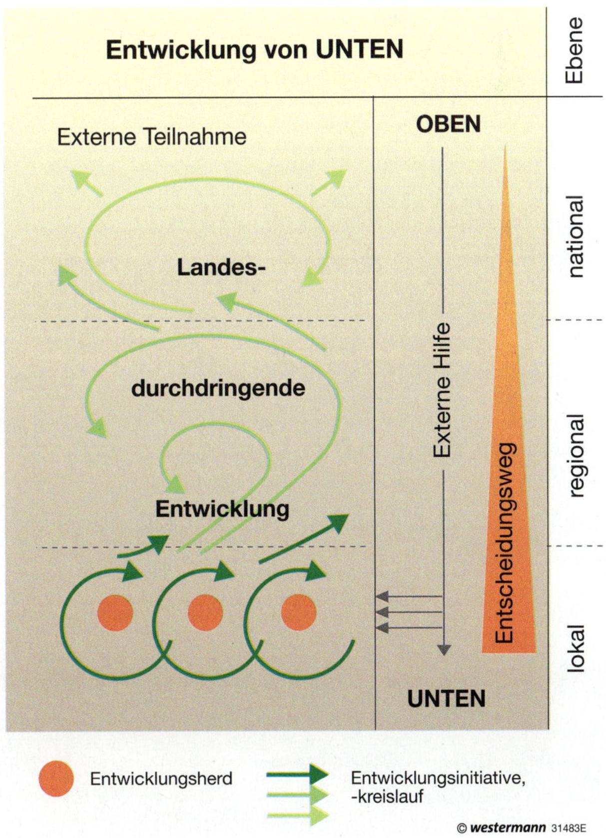

M9* Modell der „Entwicklung von unten“

Entwicklungszusammenarbeit – Katastrophenhilfe

Je mehr Hilfe, desto besser? – Hilfe nach der Erdbebenkatastrophe in Haiti

Das Land Haiti ist nach dem verheerenden Erdbeben 2010 noch mehr auf internationale Hilfe angewiesen, als es vor der Katastrophe der Fall war. Wie wird, wie wurde geholfen? Wie sind die Maßnahmen zu bewerten?

1. Kennzeichnen Sie die geographische Lage von Haiti mit Blick auf die Gefährdung durch Erdbeben (Atlas).
2. Stellen Sie die Folgen des Erdbebens von 2010 für die Lebensbedingungen der Menschen dar (M1, Internet).
3. Beurteilen Sie die sozial-ökonomische Situation Haitis (M3).
4. Beschreiben Sie die dargestellte Hilfe (M2) und ordnen Sie diese in mögliche Formen von Entwicklungszusammenarbeit ein (M4). Berücksichtigen Sie dazu auch Seite 149 M4.
5. Erläutern Sie Formen und Ausmaß der Entwicklungszusammenarbeit großer Industrienationen unter besonderer Berücksichtigung der Nichtregierungsorganisationen (M5, M6, M8, M9).
6. (W) Bewerten Sie die Hilfe von außen, die Haiti in den letzten Jahren bekommen hat (M6, M7), indem Sie
   A in einer Tabelle Vor- und Nachteile auflisten.
   B eine Pro- und Kontra-Diskussion vorbereiten und durchführen.
7. (Z) „Soforthilfe kann nur bei großen Krisenereignissen sinnvoll sein, möglichst schnell muss ‚Hilfe zur Selbsthilfe' geleistet werden." Nehmen Sie Stellung zu dieser Aussage.

→ Entwicklungszusammenarbeit, Nichtregierungsorganisationen (NRO, engl. NGO), Schuldenerlass

M2 Nach dem Erdbeben – internationale Hilfe aus den USA: Ein Rettungsteam aus Florida pausiert nach der Rettung von Verschütteten aus einem eingestürzten Supermarkt.

BNE pro Einw. (2000/2012)	396 US-$/810 US-$
HDI (Rang)	0,456 (Rang 161)
BIP nach Sektoren (in %)	
I	25
II	16
III	59
Anteil der Beschäftigten an den Sektoren (in %)	
I	38,1
II	11,5
III	50,4
Handelsbilanz	-2,1 Mrd. US-$
Hauptexportprodukte	Textilien, Öle, Kakao
Arbeitslosenquote	40,6 %
Bevölkerung unterhalb der Armutsgrenze	80 %
Korruptionswahrnehmungsindex	19 (Rang: 167)

Quelle: Weltbank 2013

M3 Basisdaten Haiti 2012

Datum	12.01.2010
Epizentrum	25 km südwestlich der Hauptstadt
Stärke	7,0
Todesopfer (geschätzt)	316 000
Obdachlose	1,85 Mio.
wirtschaftlicher Schaden (Schätzung)	7,8 Mrd. US-$

M1 Haiti nach dem Erdbeben (Verwüstungen in Port-au-Prince)

Bei der Entwicklungszusammenarbeit unterscheidet man technische Hilfe und Zusammenarbeit (Beratung, Bildung etc.) und Güterhilfe (Investitionsgüter, Nahrung etc.). Des Weiteren fallen auch Kapitalhilfe (z. B. Kredite, Schuldenerlass) und handelspolitische Hilfen (Stabilisierung von Preisen, Abbau von Zöllen etc.) unter Entwicklungszusammenarbeit. Häufig ist eine Hilfe mit (politischen) Auflagen verbunden. Entwicklungshilfe wird durch private, staatliche oder Nichtregierungsorganisationen (engl. NGO) durchgeführt. Zahlreiche nationale und internationale Organisationen der Industrieländer sind in der Entwicklungszusammenarbeit tätig. Grundsätzlich besteht immer das Ziel, die Empfängerländer in die Lage zu versetzen, langfristig von der Hilfe unabhängig zu sein (Hilfe zur Selbsthilfe). Allerdings gibt es auch die sogenannte Soforthilfe, die nach unvorhergesehenen Ereignissen, wie Naturkatastrophen oder kriegerischen Auseinandersetzungen, geleistet wird.

M4 Formen von Entwicklungszusammenarbeit

	Finanzielle Hilfen in Mrd. US-$	Anteil am BNE in Prozent
USA	31,55	0,19
Großbritannien	17,88	0,72
Deutschland	14,06	0,38
Japan	11,79	0,23
Frankreich	11,38	0,41
Schweden	5,83	1,02
Norwegen	5,58	1,07
Niederlande	5,44	0,67
Kanada	4,91	0,27

Anmerkung: Die größten Geberländer verpflichteten sich 1970 dazu, 0,7 % ihres BNE für die Entwicklungshilfe aufzuwenden. Quelle: BMZ 2014

M5 Rangliste der Geberländer 2013

Erst Mitte der 1990er-Jahre begannen Weltbank, IWF und die G7/8-Staaten, sich mit dem Schuldenerlass zu befassen. Eine generelle Entschuldungsinitiative wurde 1999 auf dem G8-Gipfel in Köln beschlossen. Drei Stufen von Bedingungen* müssen dazu von den Schuldnerländern erfüllt werden oder gegeben sein:

- **Stufe 1:** Die Grundvoraussetzung ist die Einstufung (nach Weltbank) als armes Land (z. B.Pro-Kopf-Einkommen unter 925 US-$, hohe Verschuldung).
- **Stufe 2:** Länder, die der Stufe 1 genügen, müssen Konzepte zur Good Governance und zur Armutsbekämpfung vorlegen.
- **Stufe 3:** Nach erfolgreicher Konzeptumsetzung wird der Schuldenerlass vollzogen.

*Abweichend von diesen Bedingungen kann es auch zu einen Schuldenerlass nach besonders schweren Krisen (z. B. nach Naturkatastrophen) kommen.

M7 Schuldenerlass als wichtiges Instrument der Entwicklungspolitik

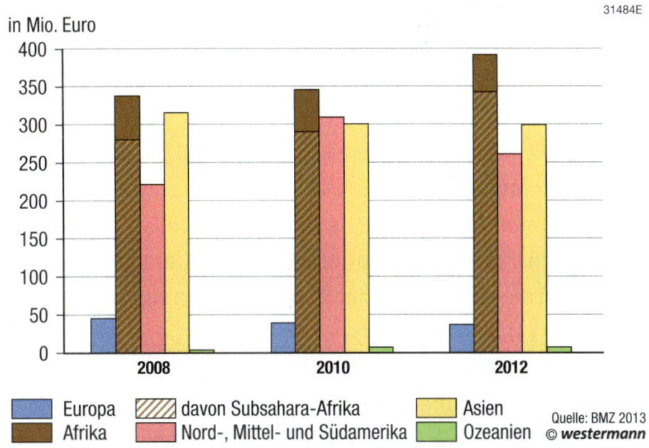

M8 Leistungen von Nichtregierungsorganisationen (NGO) aus Eigenmitteln

Schwacher Staat: Wie die Entwicklungshilfe Haiti schadet

[...] Kaum ein Land erhält, gemessen an der Zahl seiner Einwohner, so viel Entwicklungshilfe wie Haiti. [...] Zwölf Milliarden Dollar betrug das Bruttoinlandsprodukt Haitis im Jahr 2011. Zum Vergleich: Für die Zeit von 2010 bis 2012 sagten öffentliche Geldgeber einen Betrag von etwas mehr als zehn Milliarden Dollar zu, ein Viertel davon für die unmittelbare Nothilfe. Hinzu kommen mindestens drei Milliarden Dollar an privaten Spenden. Doch statt zu helfen, hat das Geld Haiti schwach gehalten. Das behauptet zumindest der langjährige Korrespondent der Nachrichtenagentur Associated Press (AP) in Haiti, Jonathan M. Katz [...]. Ihm zufolge ist ein großer Teil der versprochenen Summen noch gar nicht ausgezahlt worden. Und wo Geld floss, agierten die internationalen Helfer, ohne sich mit der Regierung Haitis oder den Organisationen der haitianischen Zivilgesellschaft abzustimmen. [...] Viel schwerer als die finanziellen Verzögerungen wiegt aber: Der größte Teil des Hilfsgelds in den vergangenen drei Jahren, 99 Prozent der Nothilfe und 86 Prozent der langfristigen Wiederaufbauhilfe, floss völlig an der haitianischen Regierung und ihren Behörden vorbei. [...] Bill Clinton [UN-Sondergesandte für Haiti] forderte in seinem jüngsten Bericht deshalb, Programme zu unterstützen, die unter der Verantwortung und Leitung Haitis durchgeführt werden, mehr Mittel über haitianische Institutionen und nationale Beschaffung abzuwickeln und mehr für den Aufbau von Kapazitäten im Land zu tun. Private Hilfsorganisationen machen dabei keine bessere Figur. Die Studie Haiti: Where Has All the Money Gone? des Center for Global Development (CGD) in Washington vom Juni 2012 spricht von einem quasi-privaten Staat in Haiti. Ihren Autoren zufolge haben die ausländischen Hilfsorganisationen auf lokaler Ebene mitunter einen größeren Einfluss auf die Politik als die Haitianer selbst.

Quelle: Ashoff, G.: Wie Entwicklungshilfe Haiti schadet. 26.02.2013, www.zeit.de, Zugriff: 28.02.2015.

M6 Haiti – abhängig von internationalen Geldgebern

Politische Stiftungen	Friedrich-Ebert-Stiftung, Konrad-Adenauer-Stiftung
Kirchliche Institutionen	Diakonisches Werk, Brot für die Welt, Misereor
Zivilgesellschaftliche Gruppen (NGOs)	Welthungerhilfe, terre des hommes, Ärzte ohne Grenzen
Privatwirtschaft	nationale und transnationale Unternehmen*

* Formen der Entwicklungszusammenarbeit mit Unterstützung von Wirtschaftsunternehmen werden zuweilen kritisiert, da den Unternehmen der gemeinnützige Zweck der Unterstützung abgesprochen wird.

M9 Nichtregierungsorganisationen in Deutschland (Auswahl)

weblinks
- www.bmz.de
- www.oecd.de
- www.giz.de

Entwicklungen einzelner Wirtschaftsbereiche

Entwicklungen in der Agrarwirtschaft – Brasilien

Noch in den 1960er-Jahren machte Brasilien in Europa vor allem durch Hunger und Armut Schlagzeilen. Das BNE lag noch unter 300 US-$ pro Einwohner. Heute gilt Brasilien als aufstrebendes Schwellenland. Insbesondere in der Anfangsphase des wirtschaftlichen Aufstiegs war die Agrarwirtschaft als Entwicklungsmotor von Bedeutung.
Welche Bereiche der Landwirtschaft wurden gefördert? Wie wirkte sich das auf die Agrarstruktur aus, wie auf die Lebensverhältnisse der Bevölkerung?

1. Beschreiben Sie die Entwicklung der Landwirtschaft in Brasilien und ihre wirtschaftliche Bedeutung (M1–M5).
2. Erläutern Sie den Aufstieg der kapitalintensiven Landwirtschaft in Brasilien (M6, M9, Atlas).
3. Stellen Sie die Bemühungen um eine Landreform in Brasilien dar (M7, Internet).
4. Kennzeichnen Sie mögliche Hilfen für die Kleinbauern in Brasilien (M7, M12).
5. Lokalisieren Sie die Beispiele (M10, M11) und analysieren Sie mögliche Probleme der vorgestellten Kleinbauern.
6. (W) Erörtern Sie die Zukunft der brasilianischen Agrarwirtschaft (M6–M13), indem Sie
   A mögliche Szenarien aufstellen.
   B Argumente für eine Debatte notieren.
7. (Z) „Der brasilianische Staat muss stärker die Kleinbauern unterstützen und nicht nur für die Agrarindustrie sorgen." Nehmen Sie Stellung zu dieser Aussage.

→ Agrobusiness, Großgrundbesitz, Kleinbauern, Landreform, Subsistenzwirtschaft

	1960	1970	1980	1990	2000	2013
I	17	13	10	7	6	6
II	36	39	45	33	28	25
III	47	48	45	60	66	69

Quelle: Fischer Weltalmanach. Verschiedene Jahrgänge

M1 Entwicklung des BIP nach Wirtschaftssektoren in Brasilien (in %)

1985	1990	1995	2001	2005	2011	2013
28,6	22,8	26,1	20,6	20,5	15,3	15,0

Quelle: Weltbank

M2 Entwicklung des Anteils der Beschäftigten in der Landwirtschaft in Brasilien (in %)

1961	1970	1980	1990	2000	2005	2011
22118	35000	45000	50681	57776	68023	71930

Quelle: Weltbank

M3 Entwicklung der landwirtschaftlichen Nutzfläche (in 1000 ha) in Brasilien

	Produktion	Export
Zucker	1	1
Kaffee	1	1
Orangensaft	1	1
Soja	2	2
Rindfleisch	2	3
Geflügelfleisch	3	1

Quelle: Agrarministerium Brasilien

M4 Brasiliens Rang in der weltweiten Produktion und bei Exporten (2012)

Anteil am Export	38 % (100 Mrd. US-$)
Anteil der landwirtschaftlichen Fläche an der Gesamtfläche	11,8 %
durchschnittliche Größe von Familienbetrieben (ca. 4,5 Mio.)	18 ha
durchschnittliche Größe von Nicht-Familienbetrieben	313 ha
Einnahmen der größten landwirtschaftliche Betriebe (0,4% aller Betriebe)	49 %

Quelle: Agrarministerium Brasilien

M5 Basisdaten zur Landwirtschaft Brasiliens 2013

M6 Zuckerrohrreste zur Brennstoffgewinnung – kapitalintensive Landwirtschaft ermöglicht die Produktion riesiger Mengen

The MST's [Brazil's Landless Worker's Movement] genesis was shaped, in particular, by the rise of a large contingent of landless farmers in the 1970s. This resulted mostly from population growth in the countryside, the capitalist modernization of agriculture and the state-led construction of large hydroelectric dams.[...]
Officially created in January 1984, in Cascavel, Paraná, [...] [t]he movement's origin in the South was facilitated by the region's relatively high levels of rural development, state capacity, education and social capital. [...] The landless movement expanded to other regions of Brazil through the support of a progressive network of Church and rural trade union activists.[...] From 1985 to 2006 close to 825,000 families received a parcel of land, in an area amounting to a total of 41.3 million hectares; a territory as large as Sweden. Brazilian government spokepersons have often touted these land reform initiatives as "the world's largest".

Quelle: Carter, M.: The Landless Rural Workers Movement and Democracy in Brazil. In: Latin American Research Review, 45 (2010), S. 186 – 217.

M7 Landlosenbewegung und Landreform

M10 Kleinbauer beim Unkrautjäten im Bundesstaat Goiás

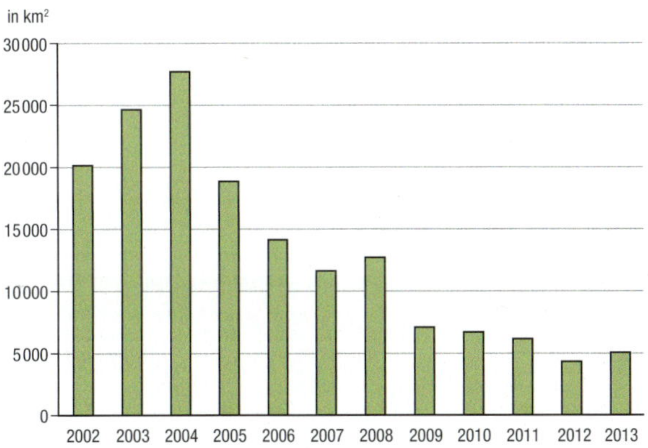

Quelle: Nationales Institut für Weltraumforschung in Brasilien 2014 © westermann 31485E

M8 Entwicklung der jährlichen Regenwaldzerstörung in Brasilien

Pedro Calinte bewirtschaftet seit einem halben Jahr ein Stück Land westlich der Stadt Sinop im Bundesstaat Mato Grosso. Nachdem die erhoffte Zuteilung von Land nicht erfolgte, wurde er selbst aktiv. Er baut heute in Subsistenzwirtschaft Reis und Maniok an. „Es reicht gerade so zum Leben. Gut, dass meine Söhne mittlerweile bei der Feldarbeit helfen können", sagt Pedro. Der Kleinbauer bearbeitet sein Feld mit einfachen Geräten, Maschinen sind für ihn unerschwinglich. Die Vermarktung von überschüssigen Produkten läuft über Zwischenhändler, dadurch bekommt er oft nur ein Zehntel des eigentlichen Verkaufspreises. „Am schlimmsten ist aber die Unsicherheit. Andere Kleinbauern der Gegend wurden vor Kurzem unter Druck gesetzt, ihre Felder zu räumen." Ein Agrarkonzern möchte gerne in dieser Gegend Anbau betreiben.

M11 Kleinbauer Pedro Calinte (Mato Grosso)

Das größte Land Lateinamerikas und 2012 die siebtgrößte Volkswirtschaft der Welt blickt auf eine wechselhafte Geschichte zurück. Insbesondere die fast dreihundertjährige Kolonialzeit, vor allem durch Portugal, hat das Land geprägt. Nach der Unabhängigkeit in der ersten Hälfte des 19. Jahrhunderts sorgten gute Voraussetzungen für landwirtschaftliche Produkte für wirtschaftliche Entwicklung. Zuckerrohr, Kaffee, Kakao und Viehzucht waren schon in der Kolonialzeit bedeutsam und sind bis heute zentrale Produkte. Bis zum Beginn des 20. Jahrhunderts lebte die brasilianische Bevölkerung vom Export der Agrarprodukte. Seitdem hat sich die Landwirtschaft stark verändert. Tiefgreifende Modernisierungstendenzen sind seit 1960 zu verzeichnen. Zunehmende Mechanisierung, Saatgutverbesserung und Einsatz chemischer Produkte sind Kennzeichen dieser ersten Phase der Modernisierung (Grüne Revolution). Die Subsistenzwirtschaft wurde immer mehr verdrängt.
Darüber hinaus sank der Anteil der Erwerbstätigen in der Landwirtschaft. Die Zeit der landwirtschaftlichen Großbetriebe begann. In der zweiten Phase der Modernisierung ab 1980 beschleunigte sich die Kapitalisierung der Landwirtschaft. Die Landwirtschaft intensivierte sich weiter und Großgrundbesitzer schlossen sich zusammen, um eine effiziente Plantagenökonomie voranzutreiben. Heute sind etwa satellitengesteuerte Erntemaschinen Ausdruck von Agrobusiness und einer ausgeprägten Monostruktur.

M9 Aufstieg der kapitalintensiven Landwirtschaft in Brasilien

Das Null-Hunger-Programm, 2003 vom damaligen Präsidenten Lula da Silva eingerichtet, hat Millionen Menschen vom Hunger befreit und vielen Kleinbauern durch die staatlichen Aufkauf-Programme zu bescheidenem Wohlstand verholfen. [...] Familienbetriebe haben so die Möglichkeit, lokale Absatzmärkte zu erschließen [...]. Die stattlichen Unterstützungsprogramme laufen vor allem im Süden Brasiliens. Natürlich nicht ohne Spannungen mit den Großgrundbesitzern. In nördlicheren Regionen berichten Partnerorganisationen von Brot für die Welt, dass die Großgrundbesitzer versuchen, den Zugang von Kleinbauern zu den staatlichen Aufkaufprogrammen zu verhindern. Es ist ein erster Erfolg der Bauernproteste, dass vor allem im Süden Brasiliens ein agrarpolitischer Wandel stattfindet.

Quelle: Volling, A.: Bäuerliche Landwirtschaft im Süden Brasiliens. www.bauernstimme.de, Zugriff: 16.02.2015

M12 Hilfe für Kleinbauern

HDI (Rang)	0,73 (Rang 85)
Gini-Index	0,52
Anteil der Familien, die von extremer Armut betroffen sind	8,5 % ca. 16,2 Mio.

Quelle: www.indexmundi.de 2013

M13 Entwicklungsindikatoren Brasiliens

Entwicklungen einzelner Wirtschaftsbereiche

Ausbau des sekundären Sektors – Südkorea

Südkorea war noch in den 1960er-Jahren ein Entwicklungsland. Das BNE pro Einwohner lag mit 239 US-$ genau so hoch wie das von Ghana. Heute liegt dieser Indikator in Südkorea fast 15-mal höher als in dem westafrikanischen Land. Wie konnte es zu dieser positiven Wirtschaftsentwicklung in Südkorea kommen?

1. Lokalisieren Sie Südkorea und stellen Sie zentrale Ereignisse der jüngeren Geschichte des Landes dar (M1, Atlas, Internet).
2. Beschreiben Sie die wirtschaftliche Entwicklung und die derzeitige ökonomische Situation Südkoreas (M2–M6).
3. Erläutern Sie Gründe für die positive industrielle Entwicklung in Südkorea. Gehen Sie dabei auf einzelne Standortfaktoren ein (M5, M8–M10).
4. Ⓦ Kennzeichnen Sie die Lage wirtschaftlicher Zentren in Südkorea und erläutern Sie die Bedeutung der Global Player für die Wirtschaft (M7, Atlas), indem Sie
   A eine Kartenskizze erstellen.
   B exemplarisch die Bedeutung eines Global Players erläutern.
5. Ⓦ **A** Erläutern Sie die in Südkorea verfolgte Entwicklungsstrategie.
   B Diskutieren Sie, inwieweit es sich in Südkorea und Brasilien um eine „Entwicklung von oben“ handelt.
6. Ⓩ Ordnen Sie die wirtschaftliche Entwicklung Südkoreas in das Modell von Rostow ein (M5 auf S. 117).

→ ausländische Direktinvestition (ADI), Entwicklung von oben, Exportdiversifizierung, Exportorientierung, Forschung und Entwicklung (FuE), Importsubstitution

Nach der Vertreibung der Kolonialmacht Japan [1910 vollständige Annektion Koreas] hatten Amerikaner und Sowjets 1945 die koreanische Halbinsel geteilt, die Demarkationslinie bildete schon damals der bis heute notorische 38. Breitengrad. Während im Süden der von den USA gestützte Diktator Singman Rhee herrschte, regierte im Norden mit stalinistischer Gewalt Kim Il Sung. Im Juni 1950 eskalierten die Spannungen zwischen Nord und Süd. Nordkoreanische Truppen überschritten den 38. Breitengrad und stießen auf eine zunächst wenig kampfkräftige südkoreanische Armee […].
Dann aber wendete sich das Blatt. Der UN-Sicherheitsrat […] verurteilte die Invasion Nordkoreas und rief die UN-Mitgliedsstaaten zur militärischen Hilfe für Südkorea auf. Es landeten Truppen aus vieler Herren Länder auf der Halbinsel; vor allem aber schickten die Amerikaner substantielle Verstärkungen. […] Mao sah die mögliche Niederlage seines nordkoreanischen Verbündeten Kim Il Sung als Bedrohung für China. Ende Oktober ergriffen die Chinesen daher die Initiative gegen die vorrückenden westlichen Alliierten […]. Zwei Jahre lang standen sich danach Nord und Süd in einem weitgehend bewegungslosen Stellungskrieg gegenüber. Der Krieg endete erst im Juli 1953 mit einem Waffenstillstand und der Schaffung der sogenannten Demilitarisierten Zone (DMZ). Sie verläuft am 38. Breitengrad – dort, wo der Krieg einst begann.

Quelle: Kister, K.: „Am Morgen flog alles in die Luft. 31.10.2010, www.sueddeutsche.de, Zugriff: 20.01.2015.

M1 Koreas wechselvolle Geschichte

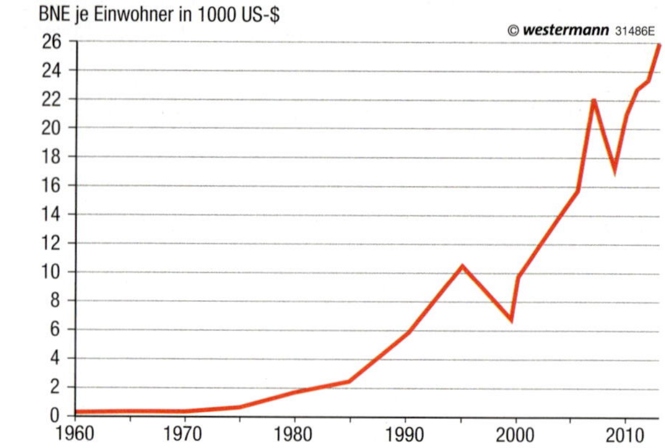

M2 BNE pro Kopf in Südkorea

Einwohner	48,4 Mio. Einw.,
Bevölkerungsdichte	503 Einw./km² (BRD = 229 Einw./km²)
Lebenserwartung	80,6 Jahre
Kindersterblichkeit	0,4 %
Analphabetenquote	2,1 %
Verstädterungsquote	83,3 %
BNE pro Einw.	22 670 US-$
Anteil der Sektoren am BIP (in %)	
I	3
II	39
III	58
Import	520 Mrd. US-$
Export	548 Mrd. US-$, davon Elektrotechnik (16%), Kfz-Teile (13%)
Arbeitslosenquote (1960/1980/2013)	11,8%/5,1%/3,3%
HDI (Rang)	0,91 (Rang 12)
Gini-Index	31,0

Quelle: Fischer Weltalmanach. Verschiedene Jahrgänge

M3 Basisdaten Südkorea 2013

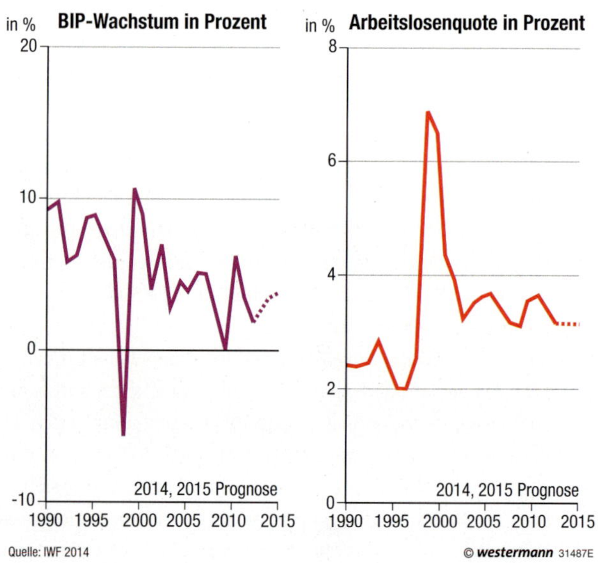

M4 BIP-Wachstum und Arbeitslosenquote in Südkorea

Wenn die Welle rollt

Binnen zwei Generationen ist die Republik Korea von einem bettelarmen Agrarland zur achtgrößten Handelsnation der Welt aufgestiegen. Dabei hat es das Land verstanden, sich auf dem Weg in die Moderne immer wieder neu zu erfinden. Das Bildungssystem gehört in Breite und Leistung zu den effizientesten weltweit. Wissen ist der wichtigste Rohstoff [...] Was früher die Schwerindustrie war und heute die IT ist, soll morgen die Umwelt-, Bio- und Nanotechnologie sein. [...] Koreanische Produkte sind Teil des globalisierten Alltags geworden. Während die großen Elektronikfirmen Samsung und LG mit avancierten Geräten Furore machen und teilweise zu Weltmarktführern aufgestiegen sind, hat die Autoindustrie mit Hyundai und Kia in Qualität und Design Anschluss an jene Weltspitze gefunden, an der Schiffbau und Bauindustrie schon lange stehen. [...] Politisch hat sich Südkorea seit der Überwindung der Militärdiktatur und der Liberalisierung und Öffnung ab Mitte der Achtzigerjahre im Militärbündnis mit den USA als stabile Demokratie etabliert [...].

Quelle: Breitenstein, A.: Wenn die Welle rollt. 10.05.2013, www.nzz.ch, Zugriff: 26.02.2015

M5 Südkoreas Aufstieg

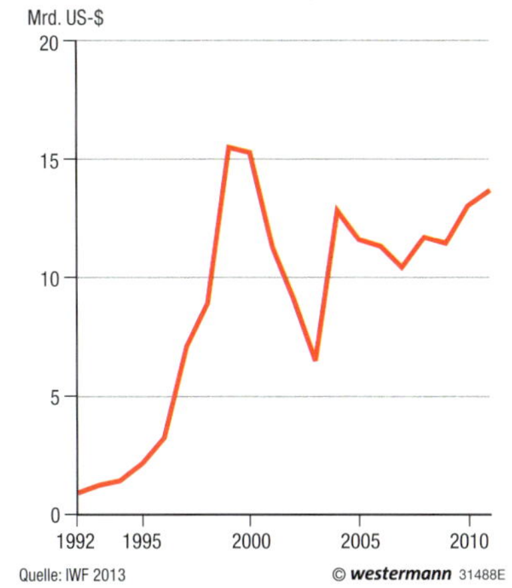

M9 Ausländische Direktinvestitionen nach Südkorea (in Mrd. US-$)

	Ausgaben FuE* 2005–2010 (in % des BIP)	Hochtechnologie-exporte in Mio. US-$	Hochtechnologie-exporte in % der exportierten Warenwerte	Patent-anmeldung	Wissen-schaftler (pro 1 Mio. Einw.)	Personen mit Studium (zwischen 25–34 J. in %)	Öffentliche Bildungs-ausgaben (in % des BNE)
Brasilien	1,16	8415	9,7	2705	3092	k. A.	k.A.
Deutschland	2,80	183371	15,0	46986	68961	26,1	4,55
Japan	3,26	126478	17,5	287570	107898	56,7	3,80
Südkorea	3,74	122021	25,7	138034	133645	65,0	5,00

* FuE = Forschung und Entwicklung

M6 Standortfaktor Forschung, Bildung und Entwicklung 2012

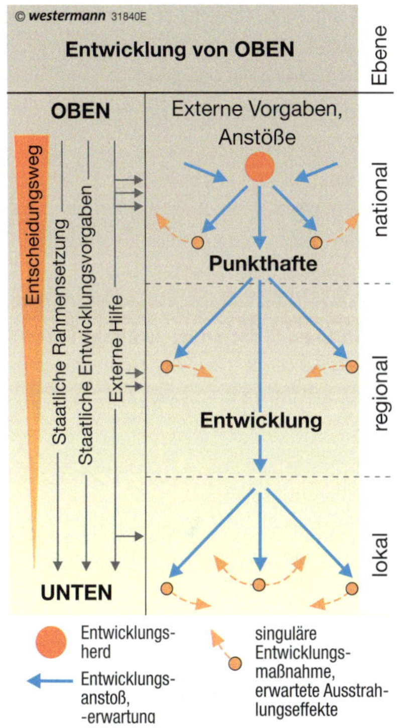

M10* Modell der „Entwicklung von oben"

Unternehmen	Umsatz in Mrd. US-$	Globaler Rangplatz*
Samsung Electronics / Elektronik	208,9	22
Hyundai Motor / Automobil	79,8	87
POSCO / Stahl	56,5	236
Shinhan Financial / Finanzen	19,6	249
Kia Motors / Automobil	43,5	258

Quelle: Forbes Global 2000, 2014 — * Rang basiert neben dem Umsatz auf weiteren Indikatoren

M7 Südkoreanische Global Player 2013

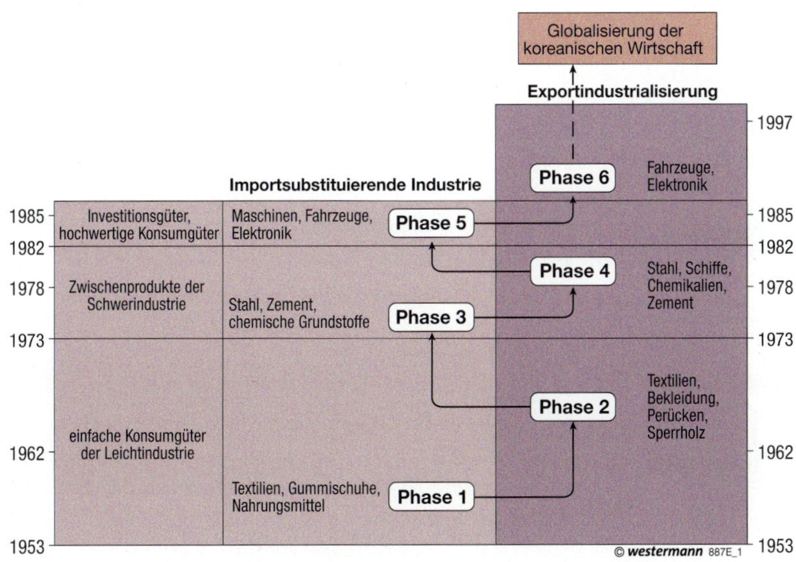

M8 Etappen der wirtschaftlichen Entwicklung in Südkorea

→ Importsubstituierende Industrie oder Importsubstitution

ist eine Industrialisierungsstrategie mit dem Ziel, Importe durch eigene Industrieprodukte zu ersetzen.

→ Exportindustrialisierung oder Exportorientierung

hat zum Ziel, Industrien aufzubauen, deren Erzeugnisse vornehmlich oder ausschließlich ins Ausland verkauft werden können. Dadurch wird der Export, der in vielen Entwicklungsländern monostrukturiert ist, diversifiziert (Exportdiversifizierung).

Entwicklungen einzelner Wirtschaftsbereiche

Mauritius – mit einer Sonderwirtschaftszone zum Erfolg?

Mauritius hatte Ende der 1960er-Jahre wie viele afrikanische Staaten mit gravierenden Problemen zu kämpfen. Die Regierung versuchte, mit einem gewagten Projekt Abhilfe zu schaffen und machte aus der Insel eine Exportproduktionszone, also eine Sonderwirtschaftszone. Welche Auswirkungen hatte dieser Schritt auf die wirtschaftliche Entwicklung?

1. Lokalisieren Sie Mauritius und stellen Sie die wirtschaftliche Situation des Landes dar (Atlas, M1, M4, M5).
2. (W) Analysieren Sie die wirtschaftliche Entwicklung von Mauritius (M2–M4, M7), indem Sie
   A ein Flussdiagramm erstellen.
   B einen Bericht für einen Internetblock verfassen.
3. Stellen Sie das Konzept der Exportproduktionszone (EPZ) Mauritius dar (M6).
4. Erläutern Sie die Entwicklung in der EPZ Mauritius (M5, M9, M10).
5. Beschreiben Sie die aktuelle Raumstruktur der Insel (M5).
6. Beschreiben Sie die Neuorientierung der Wirtschaft Mauritius' und erörtern Sie mögliche Chancen und Probleme (M8, M11).
7. „Mauritius – ein Gewinner der Globalisierung?" Nehmen Sie Stellung zu dieser Frage.

→ Exportproduktionszone, Monokultur, Sonderwirtschaftszone

Einwohner	1291000
Bevölkerungsdichte	633 Einw./km²
BNE je Einw.	9300 US-$
BIP-Wachstum (2000–2010)	3,8 %
Lebenserwartung	73,4 Jahre
Analphabetenquote	12,1 %
Anteil der Wirtschaftssektoren an den Beschäftigten in % (Anteil der Wirtschaftssektoren am BIP 2005/2013 in %)	
I	8 (6/3)
II	28 (28/23)
III	64 (66/74)
Export (2012), davon Textilien (33%), verarbeiteter Fisch (15%), Rohzucker (13%)	2,7 Mrd. US-$
Import (2012)	5,2 Mrd. US-$
Einnahmen aus dem Tourismus (2011)	1,8 Mrd. US-$

M1 Basisdaten von Mauritius 2013

	1980	1990	2000	2005	2013
BIP pro Einw. in US-$	1177	2506	3861	5054	9300
HDI	0,551	0,626	0,676	0,708	0,771

Quelle: Fischer Weltalmanach, verschiedene Jahrgänge

M2 Entwicklung des BIP und des HDI in Mauritius

1968	1983	1991	1996	1999	2004	2009	2011
14	40	2,3	2	6,4	10,8	7,3	7,9

Quelle: Fischer Weltalmanach, verschiedene Jahrgänge

M3 Entwicklung der Arbeitslosenquote in Mauritius

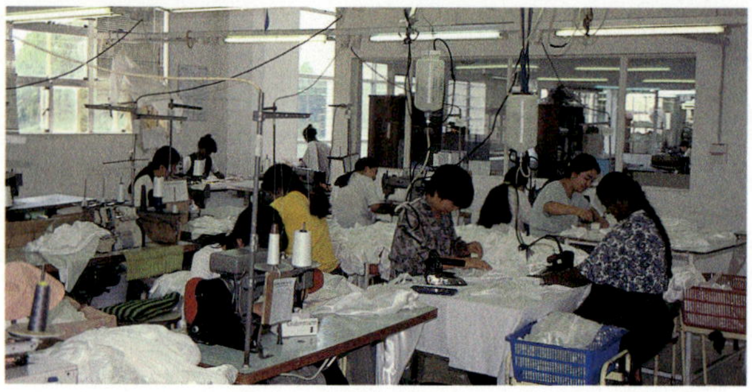

M4 Näherinnen in einer Textilfabrik in der EPZ Mauritius

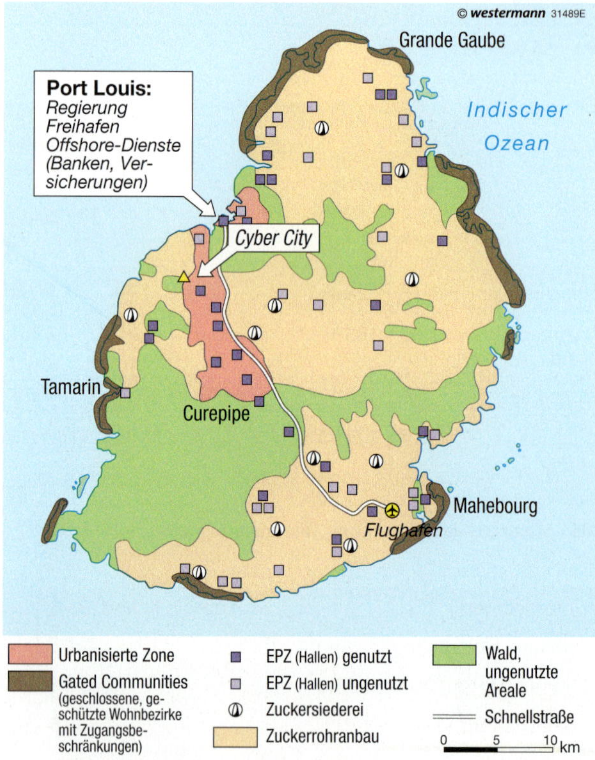

M5 Raumstruktur Mauritius

finanzielle Anreize
- zollfreier Import von Maschinen, Ersatzteilen, etc.,
- Befreiung von Einkommens- und Körperschaftssteuer für die ersten zehn Jahre,
- unbegrenzter steuerfreier Transfer von Gewinnen,
- einfacher Zugang zu Investitionsmitteln,
- Vorzugszinsen bei Krediten und Exportfinanzierung.

infrastrukturelle Anreize
- einfacher Zugang zu Wasser und Elektrizität,
- Bereitstellung von Werkhallen, Lagerflächen, Bauland.

politischer Anreiz
- garantierter Schutz von Nationalisierung/Verstaatlichung,
- Daueraufenthaltsgenehmigung für Unternehmer bzw. Angestellte,
- Aussetzung des nationalen Arbeitsrechtes in der EPZ.

Quelle: Scholz, F.: Entwicklungsländer. Braunschweig 2012, S. 81.

M6 Investitionsanreize der EPZ Mauritius

1968	Mauritius wird unabhängig. Als Erbe der britischen Kolonialmacht wurde eine Monokultur der Zuckerindustrie übernommen (90% der Nutzfläche mit Zuckerrohr bedeckt, Zuckerrohr macht 95% des Exporterlöses aus).
1970er	Weltmarktpreis für Zucker sinkt dramatisch.
	Die Regierung erklärt ganz Mauritius zu einer Exportproduktionszone (EPZ). Außerdem sorgt die Regierung im sogenannten sozialen Konsens für die Beilegung von Spannungen einzelner sozialer Gruppen.
1974	Abschluss eines Abkommens, welches Textilexporte in die Industrieländer beschränkt. Entwicklungsländer aus Afrika, der Karibik und des Pazifiks (AKP-Staaten), darunter Mauritius, sind davon ausgenommen. Besonders asiatische Unternehmen nutzten Mauritius, um Einfuhrbeschränkungen zu umgehen.
1975	Abschluss des sogenannten Lomé-Abkommens. Die AKP-Staaten erhalten einen erleichterten Zugang zum europäischen Markt und bekommen Preisgarantien für ihre Exportprodukte.
1980er	Rekordarbeitslosigkeit. Die Regierung auf Mauritius setzt auf Hilfen der Weltbank und des IWF. Um finanzielle Hilfen zu bekommen, müssen aber Auflagen erfüllt werden (z. B.Stärkung des Binnenmarktes).
2000	Die Abnahme- und Preisgarantien des verhandelten Lomé-Abkommens werden zurückgefahren.
	Abschluss des African Growth and Opportunity Act (AGOA) zwischen den USA und 70 subsaharischen und karibischen Staaten. Mauritius hat zollfreien Zugang zum US-Markt, gerät aber stärker in Konkurrenz zu lohnkostengünstigeren Nachbarstaaten.
	Gemeinsamer Markt für das östliche und südliche Afrika (engl. COMESA). Für Mauritius wird freier Handel in die Mitgliedstaaten erleichtert, es kommt zu Konkurrenz mit anderen Billigstandorten.
2002	Gründung der Technologiestadt Cyber City 15 km südlich von Port Louis.
2004	Erleichterter Zugang zum europäischen Markt endet.
2008	Vertrag mit der Südzucker AG über die jährliche Abnahme von 400 000 Tonnen Zucker (Gesamtproduktion: 0,5 Mio. Tonnen).
2011	Errichtung einer Sonderwirtschaftszone (Jinfei) unter chinesischer Führung.

M7 Wichtige Ereignisse in der Wirtschaftsgeschichte von Mauritius

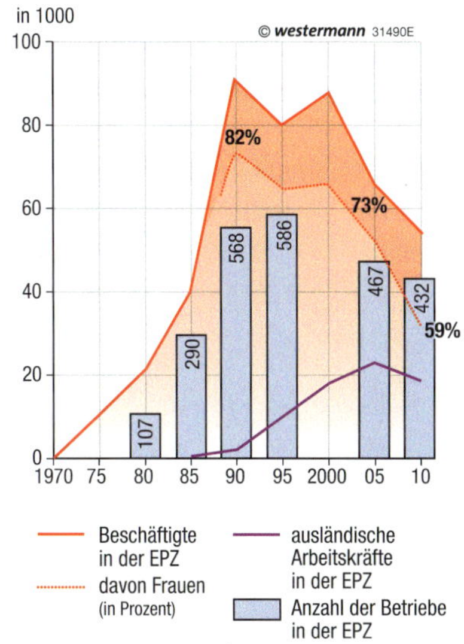

M9 Entwicklungen in der EPZ Mauritius

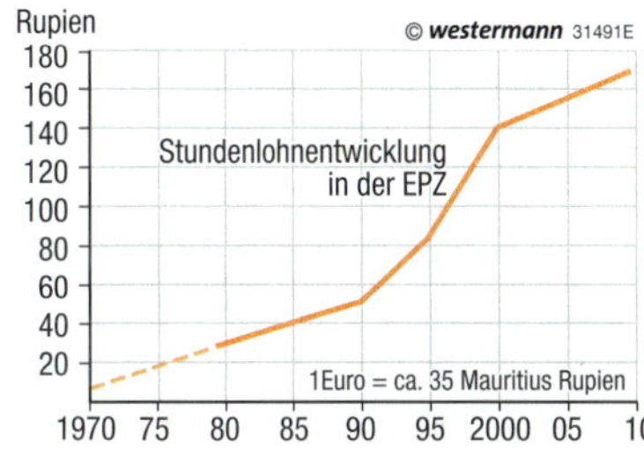

M10 Stundenlohnentwicklung in der EPZ

In short, both the sugar and textile and apparel sectors are in the process of adjustment in order to remain globally competitive, with the textile sector making inroads into fully integrated activities (for example, spinning and weaving) and higher-end manufacturing and the sugar sector increasing its focus on refined sugars. As the sugar and EPZ sectors in Mauritius have struggled in recent years, the tourism sector has expanded rapidly, backed by a master plan reflecting the government's dislike for mass tourism and high-rise buildings. [...]

In addition to tourism, the government of Mauritius has also encouraged diversification of the economy into business process outsourcing (BPO), financial services, and information technology.

Quelle: Zafar, A.: Mauritius: An Economic Success Story, In: Weltbank: Yes Africa Can, 2011.

M8 Neuorientierungen der Wirtschaft in Mauritius

[...] [W]enn Mauritius weiter erfolgreich sein will, muss es zwei drängende Probleme bewältigen. Erstens steht der Inselstaat vor neuen wirtschaftlichen Anforderungen. Das Multifaserabkommen und das Lomé-Abkommen, die einen bevorzugten Zugang zu europäischen Märkten gewährten, sind nicht mehr in Kraft. Die Landwirtschaft und die Fertigungsindustrie sind immer weniger in der Lage, zum Bruttoinlandsprodukt beizutragen. Die Regierung setzt deshalb auf moderne Technologien und will dabei eine Brücke zwischen Afrika und Asien schlagen. Von Indien hat sie einen Kredit zum Bau einer Cyber-City erhalten [...].

Doch es ist fraglich, ob Mauritius sich zu dem regionalen Technologiezentrum entwickeln kann, das es gerne sein möchte. Kritiker monieren, die Cyber-City sei lediglich ein Standort für Callcenter, wo eine geringe Wertschöpfung erzielt und den Mitarbeitern niedrige Löhne gezahlt würden. [...]

Die zweite große Schwierigkeit für Mauritius wird von den wirtschaftlichen Veränderungen und der Arbeitslosigkeit verschärft, sie besteht aber schon seit der Unabhängigkeit: Zwar wird die Insel zu Recht als ein Ort der Toleranz und Kooperation zwischen den verschiedenen Bevölkerungsgruppen gerühmt, aber nicht alle Gruppen sind gleichberechtigt. [...]

Die ethnische Intoleranz scheint zu wachsen, die wirtschaftlichen Unterschiede zwischen den Bevölkerungsgruppen werden deutlicher und nach Einschätzung von Beobachtern schottet sich die indischstämmige politische Elite immer mehr von den anderen ab.

Quelle: Wan, J.: Das Wirtschaftswunder kommt ins Stocken. 9/2012, www.welt-sichten.org, Zugriff: 16.02.2015.

M11 Mauritius Wirtschaft: Wohin führt der Weg?

Ausgleich regionaler Disparitäten

Regionale Wirtschaftsförderung als Wachstumsmotor – China

In China erfolgte die Einrichtung der ersten Sonderwirtschaftszonen an der Ostküste. Dort kam es bald zu einer bislang weltweit einzigartig schnellen wirtschaftlichen Entwicklung (siehe auch S. 86/87, S. 246/247). Wie wirkt sich die Entwicklung an der Ostküste auf das Land aus? Was unternimmt die Regierung, um die Entwicklung zu steuern?

1. Lokalisieren Sie Schwerpunkte der Wirtschaftsentwicklung in China und die Verteilung der Sonderwirtschaftszonen (Atlas, M3).
2. Ⓦ Vergleichen Sie die Standortfaktoren der Wirtschaft und die Lebensbedingungen der Bevölkerung (M1–M3)
   A in der chinesischen Küstenregion und im Binnenland.
   B im urbanen und im ländlichen Raum in China.
3. Ⓦ **A** Kennzeichnen Sie die Migration in China (M3).
   B Nennen Sie Gründe für Ausprägung und Richtung der Arbeitsmigration (M1–M3).
4. Ⓦ **A** Beschreiben Sie die projektierte Entwicklung der SWZ Chengdu Tianfu (M4).
   B Erklären Sie am Beispiel der SWZ Chengdu Tianfu, warum die chinesische Regierung zunehmend auch im Landesinneren Sonderwirtschaftszonen einrichtet (M4).
5. „Sonderwirtschaftszonen – ein Erfolgsmodell für alle Regionen Chinas." Nehmen Sie Stellung.
6. Ⓩ Planen Sie über die in Karte M3 angegebenen Sonderwirtschaftszonen hinaus eine weitere im chinesischen Binnenland. Begründen Sie die jeweilige Standortwahl.

→ ausländische Direktinvestition (ADI), Migration, Sonderwirtschaftszone, Wachstumspol, Wanderarbeiter

→ Wachstumspol
Räumliche Einheit, von der Ausbreitungseffekte auf das Hinterland ausgehen, die dessen Wirtschaftswachstum positiv beeinflussen.

Aufgrund seiner besseren Erreichbarkeit und der frühen außenwirtschaftlichen Öffnung ist Chinas Osten wesentlich weiter entwickelt als Zentral- und Westchina. In den Küstenprovinzen konzentrieren sich rund 85 Prozent der ausländischen Direktinvestitionen. Allerdings steigen dort die Kosten, vor allem in den Metropolen. Provinzhauptstädte und regionale Zentren, die in den vergangenen Jahren gezielt ausgebaut wurden, werden als Investitionsstandort interessant.
Im Rahmen regionaler Programme wie der »Go West«-Kampagne versucht die Regierung, durch Infrastrukturausbau sowie Steuer- und Investitionsanreize die Entwicklung des Binnenlandes zu beschleunigen. [...] So sind in den kommenden Jahren neue Autobahnen, Schnellzugtrassen und Flughäfen geplant. [...] Ziel ist eine ausgeglichenere soziale Entwicklung des Landes und eine Verbesserung des allgemeinen Lebensstandards.

Quelle: German Centre for Industry and Trade Beijing: In China leben und arbeiten – 100 Fragen & 100 Anworten. Peking 2012.

M1 Regionalentwicklung und Disparitäten Chinas

Traditionelle Feldbearbeitung im ländlichen Raum

Haupteinkaufsstraße in Chengdu

Im Zuge des Wachstums und der Transformation der Wirtschaft hat sich die Armut reduziert, doch Unterschiede bei den Einkommen, soziale Probleme sowie regionale Disparitäten zwischen den Küstenregionen und dem rückständigen Binnenland sind in den vergangenen Jahren weiter angewachsen. Der Boom wird vor allem von den Küstenregionen getragen, die eine hohe Nachfrage nach Arbeitskräften haben. Im ländlichen West- und Zentralchina sind Einkommen und Wohlstand auf dem Niveau eines Entwicklungslandes. Fehlende Arbeitsplätze und defizitäre Infrastruktur sind Wachstumsbarrieren. Offiziell liegt die Arbeitslosenquote in China bei rund vier Prozent, auf dem Land ist die Unterbeschäftigung höher. Folge ist die Landflucht vor allem der jungen Bevölkerung. Doch Wanderarbeiter genießen aufgrund des chinesischen Meldesystems nicht dieselben Rechte wie Stadtbewohner und erhalten geringere Löhne. Das durchschnittliche Einkommen in der Stadt ist mehr als dreimal so hoch wie auf dem Land.
Die Migration in die Städte führt zu Einkommenseffekten, aber auch zur Belastung von Infrastruktur und zur Verschlechterung der Lebensbedingungen in den übervölkerten Städten. China fördert Investitionen im Binnenland durch Errichtung neuer Zonen, den Aufbau von Infrastrukturen sowie regionalen Entwicklungsprogrammen. Standortvorteile des ländlichen Raums sind geringe Kosten, Verfügbarkeit von Arbeit und Boden. China plant zudem weitere Retortenstädte für die Landbevölkerung, 250 Millionen Menschen sollen in Städte ziehen. In Provinzen wie Anhui werden Bauerndörfer zwangsaufgelöst und Bauern in Hochhaussiedlungen umgesiedelt. Da befürchtet wird, dass schon jetzt überfüllte Städte den Zufluss von Zuwanderern nicht bewältigen können, steht die Entwicklung von kleineren Städten wie Wuhan oder Shenyang im Fokus. Arbeiter suchen heute öfter in Wohnortnähe Arbeit, statt an die Küste abzuwandern.

M2 Stadt-Land-Gefälle und Migration in China

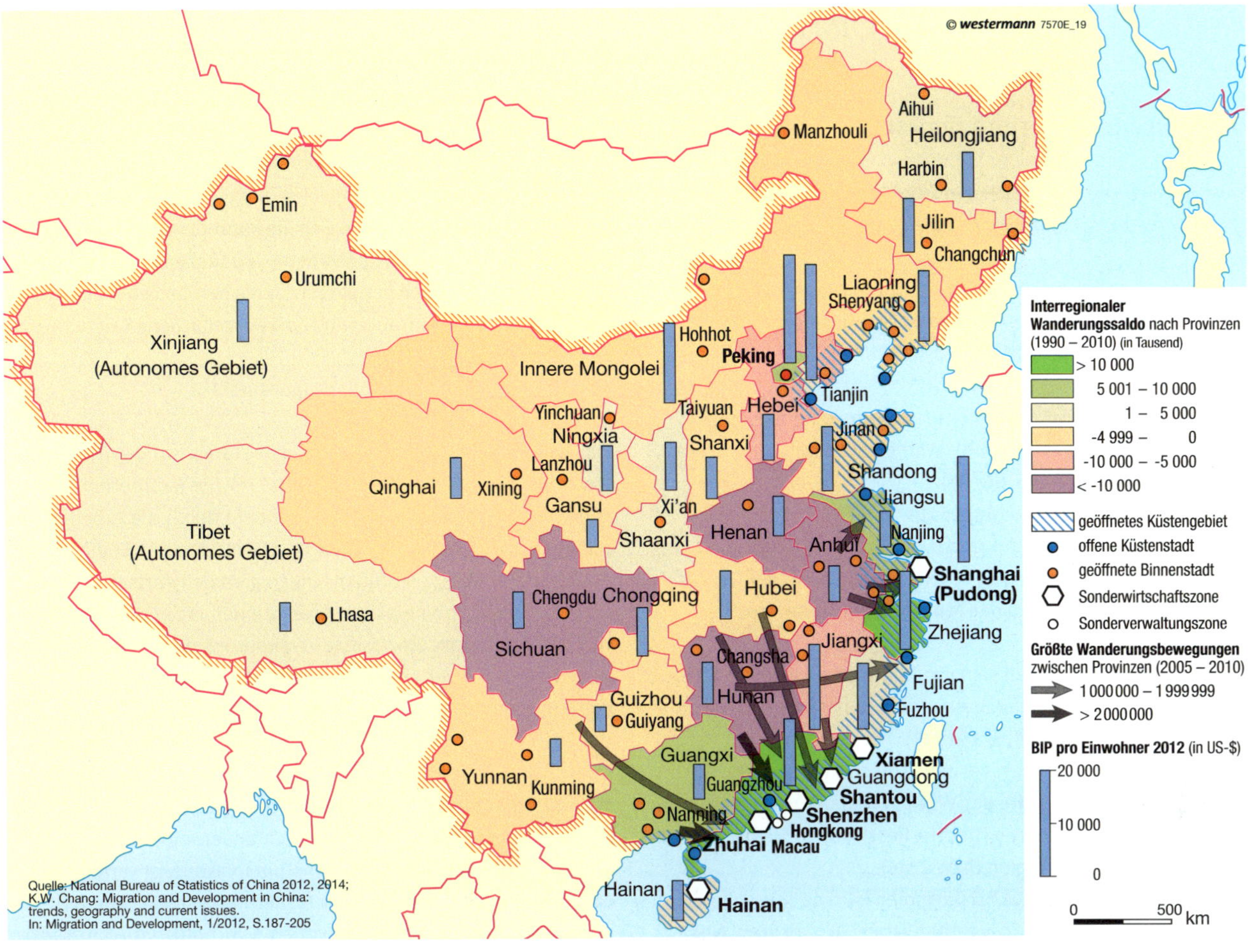

M3 Migration in China

Engine for the West China economic development

The Sichuan Provincial Government approved the construction of Chengdu Tianfu New Area [...]. The new area aims to develop into a national economic development zone following four other state-level development zones, including the Shanghai Pudong economic and development zone [...]. Meng also said the Chengdu Tianfu New Area is an ideal platform for the company to open up the south-western Chinese market. [...] Chengdu provides an optimized transportation and logistics system which can be compared to those in the coastal and riverbank cities in China [...]. With the rapid economic development of the Sichuan province together with its provincial capital Chengdu, the Southwest Chinese food and raw material market is facing an increasing larger gap between the production and consumer needs. [...]
The Chengdu International Automobile Town is one of the key elements for development of the vehicle manufacturing industry of the Chengdu Tianfu New Area. The automobile town is planned to develop a vehicle cluster of tens of billion yuan by the end of 2020, attracting reputed companies like Sichuan Faw Toyota Motor Co Ltd, Faw Volkswagen Automobile Co Ltd, and the Volvo Group. The automobile town is located in the region of Chengdu's Economic and Development Zone that has attracted 38 World Top 500 companies and about 38 billion yuan in foreign directed investments (FDIs) in the recent five years. [...]
The Sichuan Toyota hopes to make good use of Chengdu's unique geographical location and enter the large market in Southwest China. [...] Enjoying favourable government policies, the company will also help boost economic and social developments in the Longquan area. In 2011, the company contributed 2.6 billion yuan in taxes, ranking the third among all companies in the Sichuan province. [...] The company also hosted many social and charity activities including donating a hope school to Xinjin county and funding a class of excellent students from deprived families together with the Chengdu Charity Union. [...] Chengdu is predicting that it will see a stronger development incentive to become one of the most important economic hubs in Southwest China.

Quelle: Zhilin, C.: Engine for the West China economic development. 21.01.2012, www.chinadaily.com.cn, Zugriff: 19.01.2015.

M4 Die Sonderwirtschaftszone bei Chengdu – Wachstumspol und Entwicklungsmotor

Das Wirtschaftswachstum fordert seinen Tribut: [...] Die Umweltverschmutzung hat dramatische Ausmaße angenommen.

Luft

Die Volksrepublik bläst weltweit am meisten CO_2 in die Luft. Das liegt an Kohlekraftwerken und Abgasen der Autos. Smog im Norden Chinas lässt Menschen dort früher sterben.

Wasser

Die Hälfte der größten Seen Chinas ist verschmutzt und um das Grundwasser steht es noch schlechter. Etwa die Hälfte der ländlichen Bevölkerung hat laut Greenpeace keinen Zugang zu Trinkwasser, das internationale Standards erfüllt.

Boden

China hat ein Fünftel seines Agrarlandes durch Erosion und Städtebau verloren. Ein Großteil des Landes gilt als belastet. Eine Fläche von der Größe Belgiens ist so vergiftet, dass dort keine Pflanzen mehr angebaut werden können.

Quelle: Die WELT: China erklärt Umweltverschmutzung den Krieg. 07.03.2014, www.welt.de, Zugriff: 03.12.2014.

M5 Auswirkungen auf die Umwelt

Ausgleich regionaler Disparitäten

Modelle zur Förderung regionalen Wachstums

Weltweit gilt die Ausweisung von Sonderwirtschaftszonen als Königsweg zur Förderung regionalen Wachstums – ganz gleich ob in China, Mauritius, Indien oder Irland.
Welches gemeinsame Konzept, welche Strategie steht dahinter? Gibt es Modellvorstellungen, die die zu erwartenden wirtschaftlichen und räumlichen Folgen im Zusammenhang darstellen?

Ⓦ **1.** Erklären Sie die Strategie der Wachstumspole an einem konkreten Beispiel (M1, M3). Wählen Sie aus:
  A Region Shanghai (S. 86/87).
  B Region Chengdu (S. 160/161).

2. Stellen Sie die Ausbreitungseffekte (Spread-Effekte) und Entzugseffekte (Backwash-Effekte) am Beispiel der Ostküste Chinas dar (vgl. auch das Modell zur Polarisation, S. 220/221).

3. Erläutern Sie, inwieweit sich die Polarisationsumkehr-Theorie in der Ansiedlung der Sonderwirtschaftszonen in China widerspiegelt (M4, M5, S. 161 M3).

4. Schon Myrdal, aber auch aktuelle Forschungen zeigen auch problematische Aspekte des Wachstumspol-Konzeptes und der Polarisationsumkehr-Theorie. Beschreiben Sie diese anhand der Perlfluss-Region (Atlas, M6).

5. Die Einrichtung von Wachstumspolen ist eine sinnvolle Strategie zur Verminderung räumlicher Disparitäten. Nehmen Sie Stellung zu dieser Aussage.

Ⓩ **6.** Das Prinzip der Wachstumspole wird zum Beispiel auch bei der Planung von neuen Gewerbegebieten und Innovationsparks angewendet. Erläutern Sie dies anhand eines Beispiels aus Ihrem Heimatraum.

→ Ausbreitungseffekt, Entzugseffekt, fragmentierende Entwicklung, Polarisationsumkehr-Theorie, Sonderwirtschaftszone, Wachstumspol

Die Entwicklung der peripheren Gebiete ist aus entwicklungspolitischer Sicht eine zentrale Aufgabe für Raumplaner in Entwicklungsländern. Die Polarisationsumkehr-Theorie bietet hierzu ein Konzept. Über die Förderung von Wachstumspolen und die daraus resultierenden Ausbreitungseffekte erhoffen sich die Raumplaner eine Trendwende in der räumlichen Konzentration [...] und die Entstehung neuer Subzentren auch in den peripheren ländlichen Gebieten. Das Ziel ist eine Umkehr der Polarisation und eine ausgeglichene Raumstruktur.
Quelle: Latz, W. (Hg.): Diercke Geographie. 2011, S. 380.

M2 Wachstumspole und Polarisationsumkehr

Das Konzept der Wachstumspole geht zurück auf die Theorie ungleichen ökonomischen Wachstums. Für die Raumordnung und Regionalplanung wurde sie insbesondere durch die Arbeiten des schwedischen Ökonoms Gunnar Myrdal interessant. Er ging davon aus, dass die einzelnen Größen einer regionalen Wirtschaft – Angebot, Nachfrage, Arbeitsplätze, Investitionen etc. – so miteinander verknüpft sind, dass die positive Veränderung einer Größe auch positive Veränderungen anderer Größen nach sich zieht. Das heißt zum Beispiel, dass die Ansiedlung eines Wirtschaftsbetriebes mit hohem Wachstumspotenzial weiteres Wirtschaftswachstum induzieren kann: in anderen Wirtschaftsbereichen und in der gesamten Region. Es kommt zu einem kumulativen Wachstumsprozess.
Umgekehrt beeinflusst die negative Veränderung einer Größe auch andere Größen negativ. Das Wachstumspolkonzept verfolgt somit das Prinzip einer konzentrierten Förderung weniger Standorte bei Ansiedlung von Wachstumsindustrien. Man hofft, dass vom Wachstumspol Ausbreitungseffekte (Spread-Effekte) auf die umliegenden Gebiete ausgehen.
Schon Myrdal stellte jedoch fest, dass es neben den positiven Ausbreitungseffekten auf das Umland auch Entzugseffekte (Backwash Effekte) gebe. Diese seien negativ für das Umland, würden aber den Wachstumspol stärken. Entzugseffekte seien zum Beispiel die Migration von leistungsfähigen Arbeitskräften oder auch Fluss von Kapital aus anderen Regionen in das wirtschaftlich prosperierende Zentrum.
Nach: Latz, W. (Hg.): Diercke Geographie. 2011, S. 328.

M3 Das Konzept der Wachstumspole

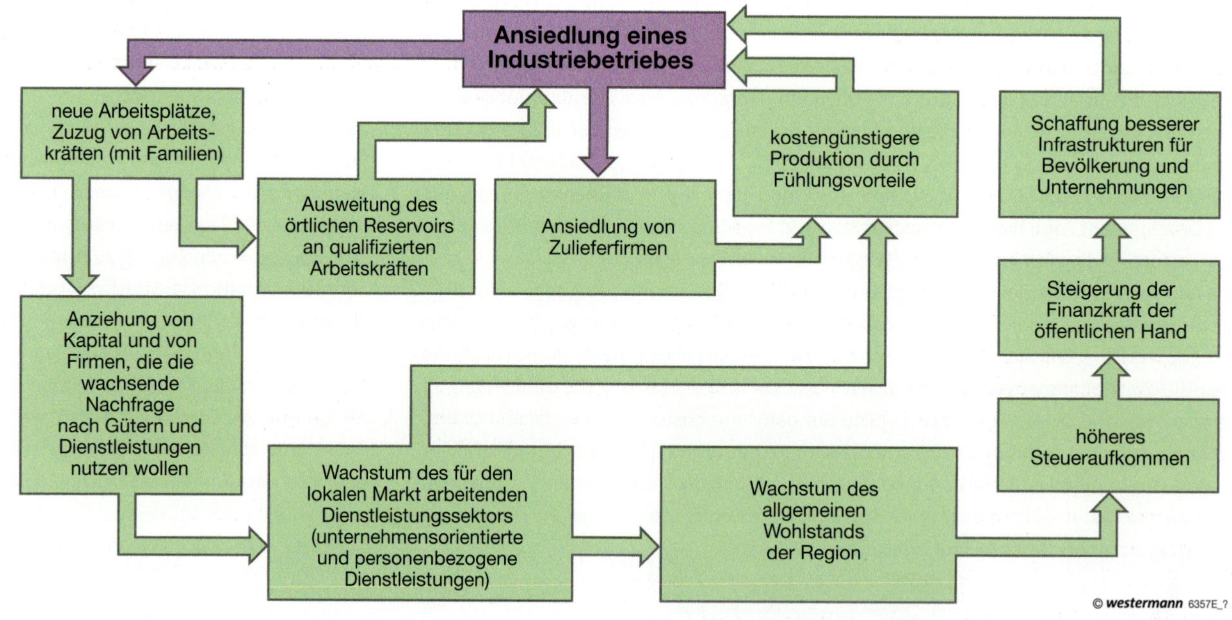

M1 Kumulative Effekte in einem Wachstumspol nach Ansiedlung einer Wachstumsbranche

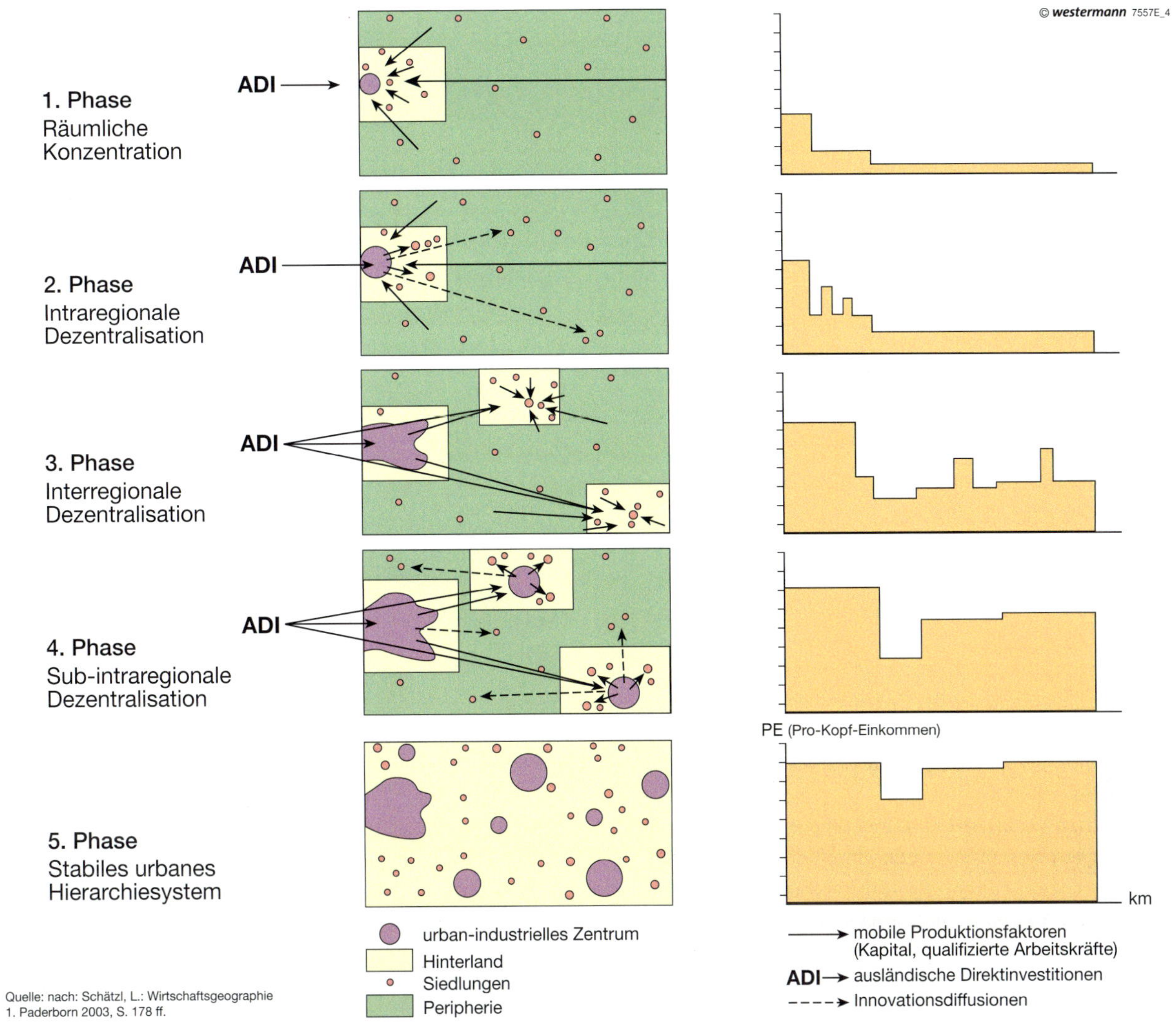

M4 Modell der Veränderung von Raumstruktur und Pro-Kopf-Einkommen nach der Polarisationsumkehr-Theorie (Polarization-Reversal-Hypothese) von H.W. Richardson

1. Der urban-industrielle Prozess nationaler Entwicklung beginnt aufgrund der Knappheit von Investitionsmitteln an einem Ort hoher Standortgunst. Dort wird auch vom Ausland investiert. Es setzt ein kumulativer Wachstumsprozess, ein Polarisationsprozess ein.
2. Durch die hohen Wachstumsraten und die Zuwanderung kommt es in der Zentralregion zu Agglomerationsproblemen (Slums, Umweltprobleme usw.). Dies macht eine Ansiedlung im Umland attraktiv.
3. In einigen ausgewählten Standorten der Peripherie entstehen Subzentren, die eine eigene Wachstumsdynamik mit Agglomerationsvorteilen, Entzugs- und Ausbreitungseffekten entwickeln. Es kommt zu ersten ausländischen Direktinvestitionen, zu Firmenverlagerungen und Wanderbewegungen aus der Zentralregion in die Subzentren.
4. Die Subzentren wirken wiederum wie Wachstumspole: Es kommt zur Bildung weiterer kleiner Subzentren in deren Umland.
5. Diese Mechanismen wirken langfristig der Polarisation entgegen und es kommt zum Abbau der regionalen Disparitäten.

M5 Raumentwicklung nach der Polarisationsumkehr-Theorie

Die [...] Perlfluss-Region gilt in der wissenschaftlichen Diskussion als eine neue Form räumlicher Organisation, ein Fragment. Denn von ihr gehen nicht – wie von Wachstumszentren erwartet – vielfältige wirtschaftliche Anstöße für das Umland aus. Vielmehr konzentrieren sich die ökonomischen, infrastrukturellen und kommunikationstechnischen Verflechtungen auf die innerhalb der Region gelegenen städtischen und sich verstädternden Siedlungen sowie die vorhandenen Industriekomplexe. Dazwischen sind noch ländliche Siedlungen, Ackerland und unentwickelte Gebiete erhalten und befinden sich disjunkt verteilt sogar Fabrikkomplexe. Das Perlfluss-Delta zeichnet sich somit zum einen durch das bruchhafte Nebeneinander von räumlichen Einheiten mit ganz verschiedenen Funktionen und unterschiedlichem Entwicklungsstand sowie zum anderen durch eine geringe Verflechtung mit dem Hinterland und eine extreme Orientierung nach Übersee aus.

Quelle: Scholz, F.: Globalisierung. Braunschweig 2010, S. 87

M6 Fragmentierende Entwicklung im Perlfluss-Delta, der Region um Hongkong

Ausgleich regionaler Disparitäten

Regionalförderung in der Europäischen Union

Die Europäische Union ist ein besonderes Beispiel dafür, wie auf supranationaler Ebene Entwicklungsimpulse für einzelne Regionen gegeben werden. Welche Regionen werden in der EU gefördert? Woher stammen die Fördergelder? Wie erfolgt die Verteilung der (finanziellen) Hilfen?

1. Reorganisieren Sie Ihre Kenntnisse zur politischen Entwicklung der Europäischen Union von 1957 bis heute (Atlas, Internet).
2. Ⓦ Beschreiben Sie die Disparitäten innerhalb der EU (M1–M3, Atlas), indem Sie
   - **A** einen Text schreiben.
   - **B** eine Kartenskizze erstellen.
3. Erklären Sie, wie der EU-Haushalt zustande kommt (M4, M8).
4. Erläutern Sie die europäische Regionalförderung (M5, M6).
5. Stellen Sie das durch EU-Mittel geförderte Projekt in Premnitz/Brandenburg dar (M7, Internet).
6. Beurteilen Sie die Regionalförderung der europäischen Union unter Berücksichtigung des Kohäsionsgedankens (M5–M9).
7. Ⓩ Vergleichen Sie das BNE einzelner Länder (M3) mit der Förderfähigkeit dieser Länder bzw. einzelner Regionen (M6).

→ Aktivraum, Kohäsionspolitik, Passivraum, regionale Disparitäten

	BNE pro Einw. in US-$	Arbeitslosenquote in Prozent
EU 19		
Belgien	45 210	8,5
Deutschland	46 100	5,1
Estland	17 370	7,9
Finnland	47 110	8,5
Frankreich	42 150	10,1
Griechenland	22 530	26,8
Irland	38 970*	11,9
Italien	34 400	12,5
Lettland	14 180	11,4
Litauen (seit 2015)	13 850	11,2
Luxemburg	79 960	6,2
Malta	19 760*	5,8
Niederlande	47 440	7,2
Österreich	48 590	4,8
Portugal	20 670	10,5
Slowakei	17 170*	13,9
Slowenien	22 710*	10,3
Spanien	29 180	25,1
Zypern	26 000	15,5
EU 28		
Bulgarien	7 030	11,9
Dänemark	61 110	6,5
Großbritannien	39 110	6,6
Kroatien	13 330	16,6
Polen	12 960	9,7
Rumänien	9 060	7,1
Schweden	59 130	8,1
Tschechien	18 060	6,4
Ungarn	12 390*	7,9

* Stand 2012; EU 19 sind die Länder, die den Euro als gemeinsame Währung eingeführt haben; Quelle: Fischer Weltalmanach, 2014, 2015

M3 EU-Länder: Wirtschaftsdaten 2013

M1 Kongresszentrum in Dublin

M2 Das Dorf Lukomir in Bosnien-Herzegowina

Die Einnahmen der Europäischen Union legt der Rat der Europäischen Union, also die Mitgliedstaaten, fest. Dies geschieht in dem jeweils auf sieben Jahre zielenden [...] Finanzrahmen [...]. Die derzeitige Finanzplanung läuft von 2014 bis 2020.
Die Einnahmen erzielt die EU aus verschiedenen Quellen [...]:

- aus Zöllen und Abschöpfungen, die Drittstaaten beim Import ihrer Waren [...] entrichten,
- aus einem festgelegten Anteil an der Mehrwertsteuer der Mitgliedstaaten und
- aus einem prozentualen Anteil am Bruttonationaleinkommen (BNE) der Mitgliedsländer.

Zölle und Abschöpfungen [...] fließen der EU direkt zu. Diese „traditionellen Eigenmittel" erheben die nationalen Zollbehörden, beispielsweise beim Import einer Ware aus China im Hamburger Hafen, und leiten sie nach Abzug einer Bearbeitungspauschale von 20 Prozent direkt nach Brüssel weiter. Diese Einnahmen tragen wegen der Verringerung der Zölle im Rahmen des Welthandels nur noch zu elf Prozent zur Finanzierung der EU bei. Der EU-Anteil an der Mehrwertsteuer liegt bei [ungefähr] 0,3 Prozent [...]. Der Betrag, der dann zur Zielmarke des Haushaltes noch fehlt, immerhin gut 73 Prozent, wird als Anteil am Bruttonationaleinkommen (BNE) erhoben. Nach den geltenden Regelungen darf der BNE-Anteil 1,23 Prozent vom gesamten BNE nicht übersteigen.

Quelle: bpb: Europäischer Haushalt. 01.04.2014, www.bpb.de, Zugriff: 26.02.2015.

M4 Welche Mittel füllen den EU-Haushalt?

Die Kohäsionspolitik hat starke Auswirkungen auf viele Bereiche

[...] Bis zum Jahr 2020 möchte die EU fünf konkrete Ziele in den Bereichen Beschäftigung, Innovation, Bildung, soziale Eingliederung und Klima/Energie erreichen. Jeder Mitgliedstaat hat seine eigenen nationalen Ziele in diesen Bereichen definiert. Um diese Ziele zu erreichen und die unterschiedlichen Entwicklungsbedürfnisse in allen EU-Regionen zu berücksichtigen, wurden 351,8 Mrd. EUR – also fast ein Drittel des gesamten EU-Haushalts – für die Kohäsionspolitik im Zeitraum 2014–2020 vorgesehen.

Die Kohäsionspolitik unterstützt die europäische Solidarität

Der Großteil der Kohäsionsmittel konzentriert sich auf weniger entwickelte europäische Länder und Regionen, damit diese aufschließen und so die wirtschaftlichen, sozialen und territorialen Ungleichgewichte, die nach wie vor in der EU vorhanden sind, verringern.

Finanzieller Gesamtumfang

Die Kohäsionspolitik ist ein Katalysator für weitere öffentliche und private Mittel; nicht nur weil sie die Mitgliedstaaten dazu verpflichtet, Projekte über ihren nationalen Haushalt zu kofinanzieren, sondern auch, weil sie Vertrauen für Investoren schafft. Unter Berücksichtigung der nationalen Beiträge und anderer privater Investitionen dürfte sich der finanzielle Gesamtumfang der Kohäsionspolitik für den Zeitraum 2014–2020 auf ca. 450 Mrd. EUR belaufen.

Bereitstellung der Mittel

Die Kohäsionspolitik verfügt über **drei Hauptfonds**:

- Der **Europäische Fonds für Regionale Entwicklung (EFRE)** soll die regionale wirtschaftliche und soziale Kohäsion durch Investitionen in wachstumsfördernde Branchen zur Förderung der Wettbewerbsfähigkeit und Schaffung von Arbeitsplätzen stärken. Der EFRE finanziert auch grenzüberschreitende Kooperationsprojekte.
- **Der Europäische Sozialfonds (ESF)** investiert in Menschen. Sein Schwerpunkt liegt auf der Verbesserung der Beschäftigungs- und Bildungschancen. Er soll auch von Armut oder sozialer Ausgrenzung bedrohte Menschen unterstützen.
- Der **Kohäsionsfonds** investiert in umweltfreundliches Wachstum und nachhaltige Entwicklung und verbessert die Vernetzung in Mitgliedstaaten mit einem BIP, das unter 90 % des EU-27-Durchschnitts liegt.

Gemeinsam mit dem Europäischen Landwirtschaftsfonds für die Entwicklung des ländlichen Raums (ELER) und dem Europäischen Meeres- und Fischereifonds (EMFF) bilden sie die **Europäischen Struktur- und Investitionsfonds (ESI-Fonds)** (ec.europa.eu/esif).

Quelle: Europäische Union: Einführung in die EU-Kohäsionspolitik 2014-2020. 6/2014, ec.europa.eu, 21.01.2015.

M5 Die europäische Regionalförderung

weblinks

- europa.eu
- www.europarl.europa.eu
- www.eu-info.de

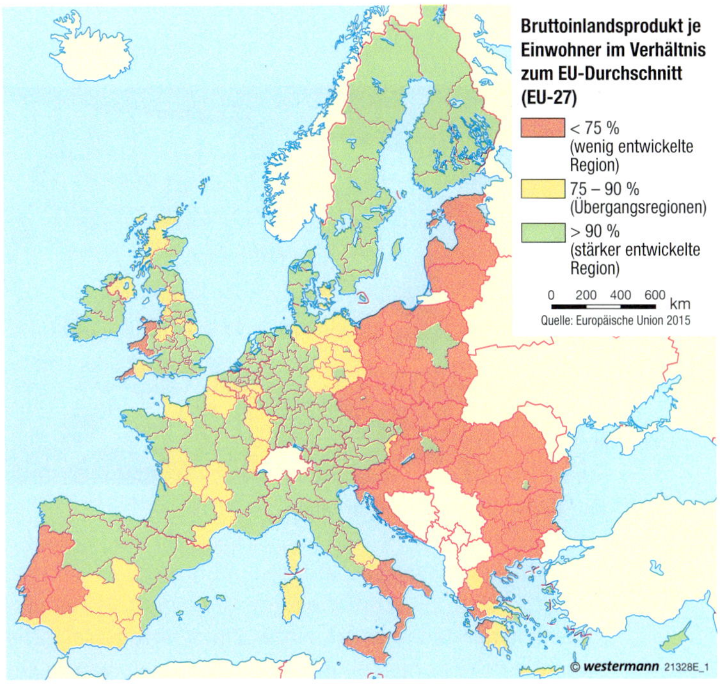

M6 Förderfähigkeit nach Regionen 2014 – 2020

Ziel: Infrastrukturelle Erschließung einer Gewerbefläche im Gewerbe- und Industriepark Premnitz (Brandenburg) – Revitalisierung des Gewerbe- und Industriestandortes

Hintergrund: nach dem Zweiten Weltkrieg eines der größten Chemiekombinate der DDR, mit der Wiedervereinigung einsetzende Deindustrialisierung

Maßnahmen: Flächensanierung, Altlastenentsorgung, Infastrukturausbau

Kosten: 5,5 Millionen Euro (davon EU-Beitrag über EFRE: 3,0 Millionen Euro)

Quelle: Staatskanzlei des Landes Brandenburg: EU-Fonds im Land Brandenburg. www.stk.brandenburg.de, Zugriff: 19.01.2015

M7 Beispiel eines mit EU-Mitteln geförderten Projektes

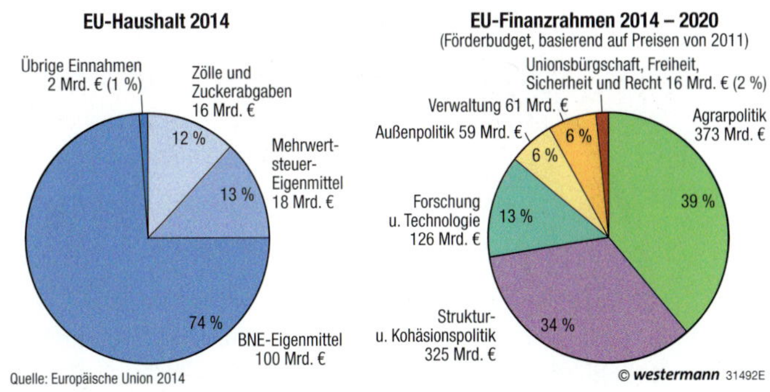

M8 EU-Haushalt und EU-Budget 2014 – 2020

Die Idee der Regionalförderung entspricht in besonderer Weise dem europäischen Gedanken nach einem vereinten Europa. Gleichwohl gibt es auch immer wieder kritische Stimmen. Insbesondere die mitunter fehlende Beteiligung der betroffenen Bevölkerung oder die mangelnde Einbeziehung von örtlichen Fachverbänden wird von verschiedenen Seiten kritisiert. Die finanzierten Projekte passen nicht zu bestehenden wirtschaftlichen und sozialen Strukturen. So gibt es immer wieder erfolglose Projekte wie Kläranlagenruinen oder Brückenpfeiler, die in der Landschaft stehen.

M9 Kritik an der Regionalförderung der Europäischen Union

Das Wichtigste in Kürze

M1 Fachkräfteausbildung in Kenia

M3 Bau eines Damms in Mauretanien

Die Reduzierung von Disparitäten in unterschiedlich entwickelten Räumen scheint eine zentrale globale Herausforderung der nächsten Jahre bzw. Jahrzehnte zu sein. Die im Jahre 2000 aufgestellten Millenniumsziele waren ein wichtiger Schritt. Allerdings sind die Ziele bei Weitem noch nicht erreicht. Das heißt, weitere Anstrengungen sind notwendig.

Dabei sind verschiedene Strategien der Entwicklungszusammenarbeit bzw. Entwicklungshilfe miteinander zu kombinieren. Je nach Land und Region sind unterschiedliche Instrumente notwendig. Als wichtige Ziele erscheinen einzelnen Staaten die Erhöhung ausländischer Direktinvestitionen, die Substitution der Importe und der Ausbau der Exporte. Für andere Länder kann das Konzept der Mikrokredite ein Lösungsansatz sein. Je nach Impuls findet Entwicklung demnach von oben oder von unten statt.
Insbesondere bei Ereignissen, wie kriegerischen Konflikten oder Naturkatastrophen, stellt die Staatengemeinschaft Soforthilfe bereit. In diesem Zusammenhang scheint es wahrscheinlich, dass die Nichtregierungsorganisationen (NRO, engl. NGO) in den nächsten Jahren weiter an Bedeutung zunehmen.
Bei jeder Form der Entwicklungszusammenarbeit steht das Ziel einer nachhaltigen Entwicklung im Fokus. Die schon klassische Formel „Hilfe zur Selbsthilfe" erscheint hier immer noch passend.
Es bleibt abzuwarten, welche Formen der Entwicklungszusammenarbeit sich in den nächsten Jahren als besonders wirksam erweisen. Fest steht, dass ohne globale Anstrengungen auf allen Ebenen die gravierenden Disparitäten auf der Erde nicht behoben werden.

Der Ausgleich regionaler Disparitäten ist nicht nur in Entwicklungs-, sondern auch in Industrieländern ein zentrales Ziel. Die Europäische Union versucht, durch ihre Kohäsionspolitik die Unterschiede zwischen den hoch und den wenig entwickelten Regionen innerhalb der Mitgliedsstaaten auszugleichen.

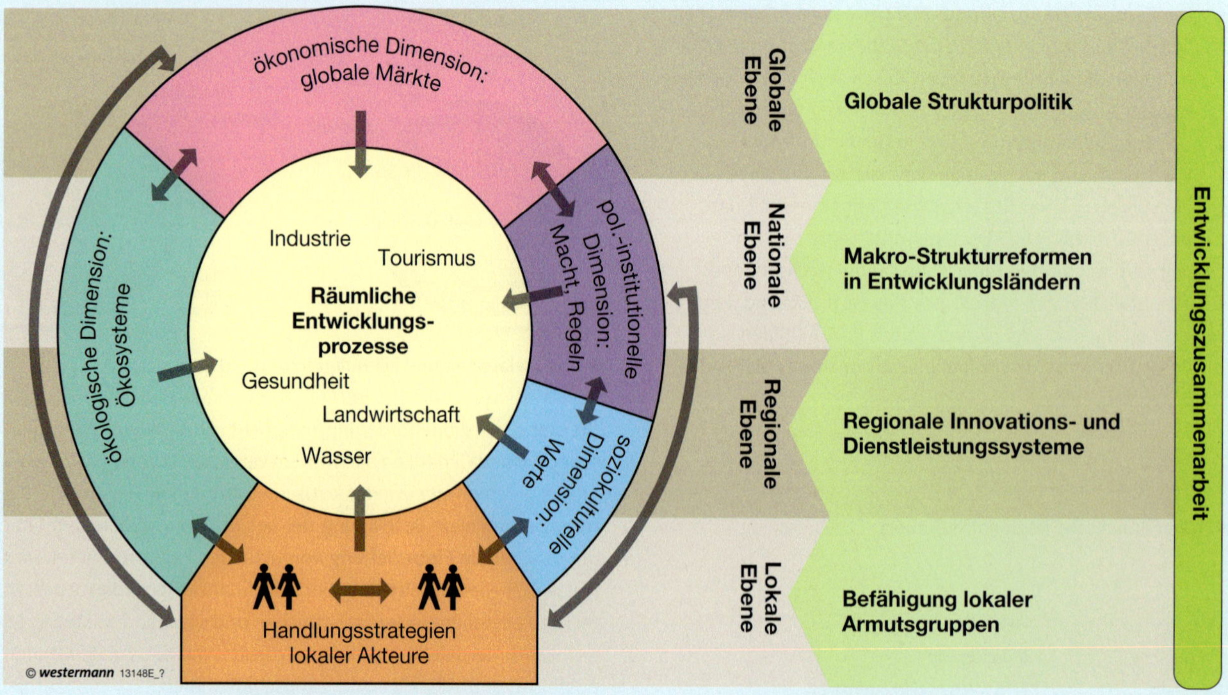

M2 Das Vier-Ebenen-Modell für entwicklungspolitische Interventionen

Kompetenz-Check

Hier sind alle Kompetenzen, die Sie in diesem Kapitel erwerben konnten, aufgelistet.
Sie können selbst beantworten, wie Sie die Kompetenz beherrschen: ***sicher***, ***mäßig*** oder ***kaum***.

Sachkompetenz

Kann ich		Unsicher? Schlagen Sie nach auf Seite
1.	die Millenniumsziele der Vereinten Nationen darstellen?	146/147
2.	die Begriffe Entwicklungszusammenarbeit und Entwicklungspolitik erläutern?	148/149
3.	den Wandel der Entwicklungsstrategien seit 1950 darstellen und insbesondere das Konzept der Nachhaltigkeit beschreiben?	148/149
4.	die notwendigen Standortfaktoren für eine positive industrielle Entwicklung erläutern?	154–159
5.	die Vorteile einer Importsubstitution und einer Exportdiversifizierung für ein Land erklären?	152/153
6.	erläutern, in welcher Weise Sonderwirtschaftszonen zum Abbau von Disparitäten in China beitragen?	160/161
7.	die zentralen Aussagen aus Modellen räumlicher Entwicklung, z.B.Myrdal und Richardson, beschreiben?	162/163
8.	die Entwicklung „von oben“ bzw. „von unten“ anhand von Raumbeispielen miteinander vergleichen?	151/152, 156/157, 160/161
9.	die Bedeutung von Nichtregierungsorganisationen (NRO, engl. NGO) darstellen?	152/153
10.	die europäische Kohäsionspolitik in ihren Grundzügen darstellen?	164/165

Methodenkompetenz

Kann ich		
11.	thematische und digitale Karten zur Orientierung und zur Darstellung differenzierter geographischer Sachverhalte nutzen?	146/147, 158–161
12.	komplexe geographische Sachverhalte unter Verwendung von Fachsprache sachlogisch darstellen, indem ich beispielsweise mögliche Strategien der Entwicklungszusammenarbeit an geeigneten Raumbeispielen erläutere?	148/149, 152/153
13.	aus Modellen allgemeingeographische Kernaussagen entnehmen und diese mit konkreten Raumbeispielen vergleichen?	156/157, 162/163

Urteilskompetenz

Kann ich		
14.	die bei der schwerpunktmäßigen Förderung einzelner Wirtschaftssektoren auftretenden Schwierigkeiten beschreiben, indem ich die Wirtschaftsentwicklung von Brasilien und Mauritius analysiere und beurteile?	154/154, 158/159
15.	die Vor- und Nachteile von Sonderwirtschaftszonen für die räumliche Entwicklung beurteilen?	158–161
16.	das Entwicklungskonzept der „Mikrokredite“ erörtern?	150/151

Handlungskompetenz

Kann ich		
17.	in Raumnutzungskonflikten unterschiedliche Positionen einnehmen und diese vertreten, etwa zu Fragen der Soforthilfe in Krisenregionen oder zur Kohäsionspolitik in der EU?	152/153, 164/165
18.	Lösungsansätze für raumbezogene Probleme entwickeln, indem ich mögliche Hemmnisse für regionale Entwicklungen z. B. in Brasilien, Mauritius oder China darlege?	154/155, 158–161

VIII Dienstleistungen

in ihrer Bedeutung für periphere und unterentwickelte Räume

Dienstleistungen am Strand (nördlich von Mombasa, Kenia) – eine Lebensgrundlage für viele Menschen.

BAMBURI BEACH HOTEL
Fisherman's Cave
HOME MADE ICECREAM
Yul's

Tourismus – eine Dienstleistung zur Entwicklung peripherer und unterentwickelter Räume?

Räumliche Disparitäten gibt es weltweit zwischen Industrie- und Entwicklungsländern, aber auch innerhalb eines Landes. Hier sind es die peripheren und unterentwickelten Räume, die von der Wirtschaftsentwicklung im Land abgeschnitten sind. Es fehlen Arbeitsplätze, sodass die Bevölkerung abwandert. In der Regel haben diese Räume jedoch ein großes naturgeographisches Potenzial, das genutzt werden kann. Außerdem stehen verbliebene Arbeitskräfte zur Verfügung.

→ Devisen, direkte, indirekte und induzierte Effekte, Tourismus

In diesem Kapitel wird untersucht, inwiefern der Tourismus und die zahlreichen mit ihm verbundenen Branchen des Dienstleistungssektors dieses Potenzial nutzen und zu einer Entwicklung dieser Räume beitragen können.
Durch gestiegenen Wohlstand, die zunehmende Bedeutung der Freizeit sowie die größere Mobilität – vor allem in den Industrieländern – hat sich das Reiseverhalten der Menschen verändert. Naturerlebnis, Erholung am Sandstrand im warmen Klima, aber auch Möglichkeiten zu sportlichen Aktivitäten machen periphere und unterentwickelte Räume attraktiv.

Die Effekte der Tourismuswirtschaft in ihrer Gesamtheit sind für Deutschland gut untersucht. Die Daten liefern einen Anhaltspunkt, um die wirtschaftliche Bedeutung des Tourismus einschätzen zu können. Die Tourismusbranche schafft aber nicht nur Arbeitsplätze, sondern ist durch die Reiseausgaben der Touristen auch eine Quelle für Devisen. Am Beispiel der Tourismusanteile nach Wirtschaftszweigen in Deutschland kann auf das Potenzial für beteiligte Dienstleistungen (M1) geschlossen werden.

M2 Direkte und indirekte Effekte des Tourismus

→ direkte, indirekte und induzierte Effekte

Direkte Effekte beziehen sich auf die Güter und Dienstleistungen, die unmittelbar von Touristen konsumiert bzw. genutzt werden, z. B. Nahrungsmittel, Mietwagen. Indirekte Effekte liegen in der Herstellung der Güter für den Tourismus und in der Vorleistung für die benötigten Dienstleistungen, z. B. Verkauf von Dünger an Bauern, Betreiben einer Waschstraße u. a. für Mietwagen. Induzierte Effekte ergeben sich dadurch, dass die im Tourismus erwirtschafteten Einkommen – direkt und indirekt – wieder in andere Wirtschaftsbereiche investiert werden, z. B. Kauf eines neuen Autos durch eine Kellnerin.

Länder	2011	2012	2013
China	72,6	102,0	128,6
USA	78,2	83,5	86,2
Deutschland	85,9	83,8	85,9
Russische Föderation	32,9	42,8	53,5
Großbritannien	51,0	52,3	52,6
Frankreich	44,1	37,2	42,4
Kanada	33,3	35,1	36,2
Australien	26,7	27,6	28,4
Italien	28,7	26,4	27,0

Quelle: Statista 2014

M3 Länder weltweit mit den höchsten internationalen Tourismusausgaben 2011–2013 (in Mrd. US-$)

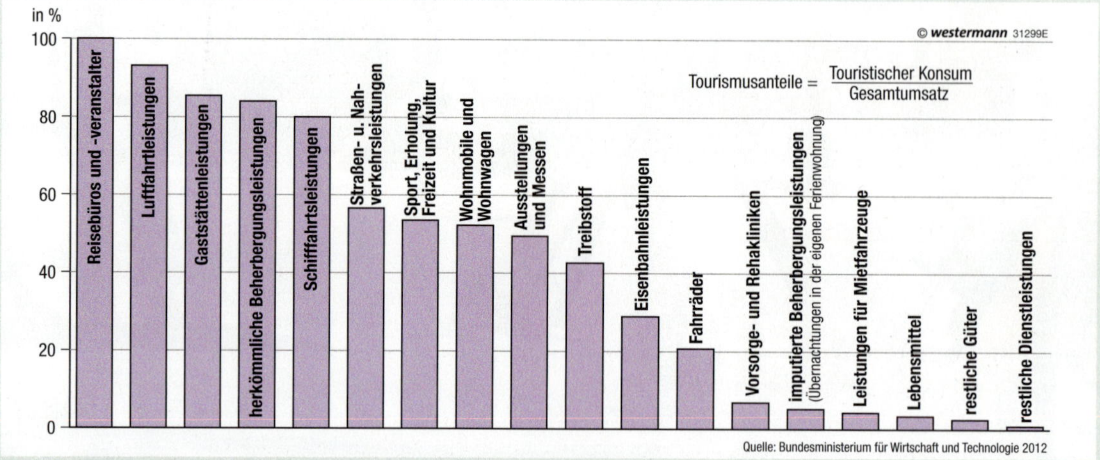

M1 Tourismusanteile nach Wirtschaftszweigen in Deutschland 2010

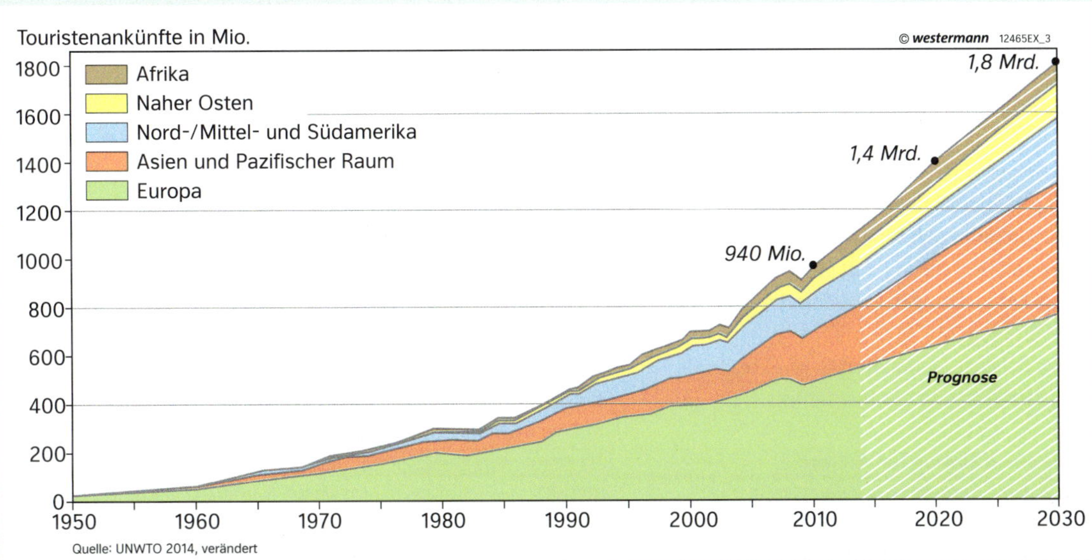

M4 Entwicklung der Touristenankünfte weltweit

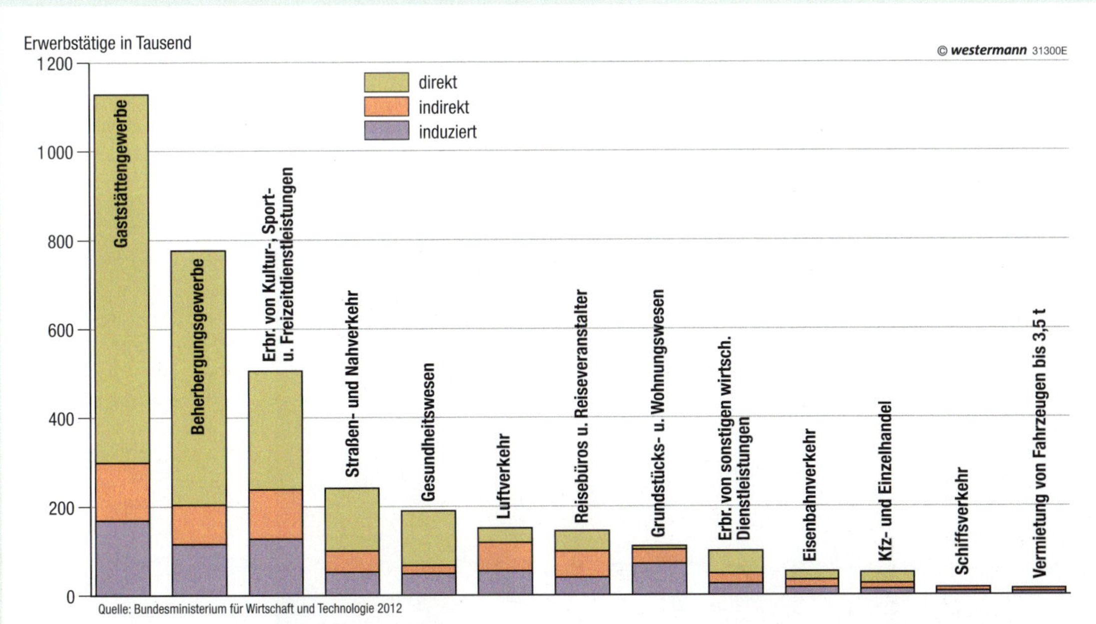

M5 Direkte, indirekte und induzierte Effekte der Tourismuswirtschaft in Deutschland nach Wirtschaftsbereichen (Erwerbstätige 2010)

1. Beschreiben Sie die Entwicklung der Touristenzahlen weltweit nach Regionen und Ländern (M3, M4).
2. a) Ordnen Sie die in M2 abgebildeten Dienstleistungen nach direkten und indirekten Effekten des Tourismus.
b) Erläutern Sie differenziert die Bedeutung des Tourismus für die in M5 aufgeführten Wirtschaftsbereiche.
3. Analysieren Sie die Tourismusanteile für die unterschiedlichen Wirtschaftszweige (M1).
Ⓩ **4.** Wandeln Sie die Tabelle (M3) in ein Diagramm um.

Die Alpen – touristische Erschließung als Erfolgsgeschichte?

Ein peripherer Raum – das Kaunertal in den Alpen

Die Alpen konnten lange Zeit nur auf wenigen befestigten Wegen und Pässen überquert werden. Viele Täler wie das Kaunertal in Österreich lagen abseits der Durchgangswege. Land- und Forstwirtschaft bildeten die Grundlage für das Leben der Menschen. Mit der steigenden Bevölkerungszahl wurde die Lage immer schwieriger, Abwanderung war die Folge. Während 1840 im Kaunertal noch 1034 Menschen lebten, waren es 1951 nur noch 521.

1. Beschreiben Sie die Lage des Kaunertals (M1, Atlas).
2. Begründen Sie, inwiefern das Kaunertal ein peripherer Raum war und beurteilen Sie die heutige Situation (M1–M9).
3. a) Erörtern Sie, welche Möglichkeiten zur wirtschaftlichen Entwicklung das Kaunertal bot (Atlas, M1, M2, M5, M7).
   b) Erklären Sie, warum man sich für den Tourismus als Entwicklungsimpuls entschieden hat (M2).
   c) Erläutern Sie die Entwicklungen im Kaunertal nach dem Zweiten Weltkrieg (M4, M7–M9).
4. (W) Beschreiben Sie am Beispiel des Kaunertals direkte, indirekte und induzierte Effekte des Tourismus (M1, M2, M4).
   A Formulieren Sie einen Eintrag für Wikipedia.
   B Stellen Sie die Zusammenhänge in einer Grafik dar.
5. Erläutern Sie, inwiefern der Ausbau der Infrastruktur einen entscheidenden Entwicklungsimpuls für das Kaunertal gebracht hat.

→ Infrastruktur

Beschreibungen aus dem 19. Jahrhundert schildern das Kaunertal zwar stets als sehr romantisches, zugleich aber auch sehr wildes Tal. Die Enge des Tales sowie der damals höchst unberechenbare Faggenbach [...] machten es über Jahrhunderte sehr mühsam, ins Kaunertal zu gelangen. Die im Tal gelegenen Almen waren wohl der erste Grund, einen Weg ins Tal anzulegen. [...] Die [im 19. Jahrhundert] immer zahlreicher werdenden Besucher [im Tal] brauchten häufiger einheimische Führer. Dies hatte zur Folge, dass zumindest ein Teil der [...] Talbevölkerung sehr direkten Kontakt zu Menschen aus einem ganz anderen Lebensumfeld erhielt. [...] Pionier des „Fremdenverkehrs" im Tal war Josef Alois Praxmarer. Er bewirtschaftete nicht nur das Gepatschhaus, sondern baute [...] schon um die Jahrhundertwende [ein Gasthaus] zu einem Beherbergungsbetrieb aus [...]. Noch vor dem Ersten Weltkrieg waren es nicht mehr allein die reinen Alpinisten, die das Kaunertal besuchten, erstmals kamen auch [sogenannte] „Sommerfrischler" ins Tal [...]. Unterbrochen wurde diese Entwicklung durch den Ersten Weltkrieg. [...] Erst im Zuge der sog. „Goldenen Zwanziger" nahm der Fremdenverkehr ab Mitte der 20er-Jahre einen sichtbaren Aufschwung [...]. Konsequenterweise wurde im März 1930 im Kaunertal der erste Verkehrsverein gegründet, nachdem 1928 bereits das Tal mit einer Postbuslinie an die internationalen Verkehrsverbindungen Anschluss gefunden hatte. [...] Jäh unterbrochen wurde diese sehr positive Aufwärtsentwicklung mit der im Mai 1933 von der deutschen NS-Regierung verfügten sog. „Tausend-Mark-Grenzsperre", die besagte, dass deutsche Staatsbürger, die in Österreich Urlaub machen wollten, eine Gebühr von 1000 RM an die deutschen Behörden zu entrichten hatten. [...] Diese Maßnahme hatte verheerende Auswirkungen. Die Besucherzahlen [...] gingen 1933 gegenüber dem Vorjahr um bis zu 70 % zurück.

Quelle: Frey, M.: Das Kaunertal. Kaunertal 2006, S. 5f, 29

M2 Das Kaunertal im 19. und Anfang des 20. Jahrhunderts

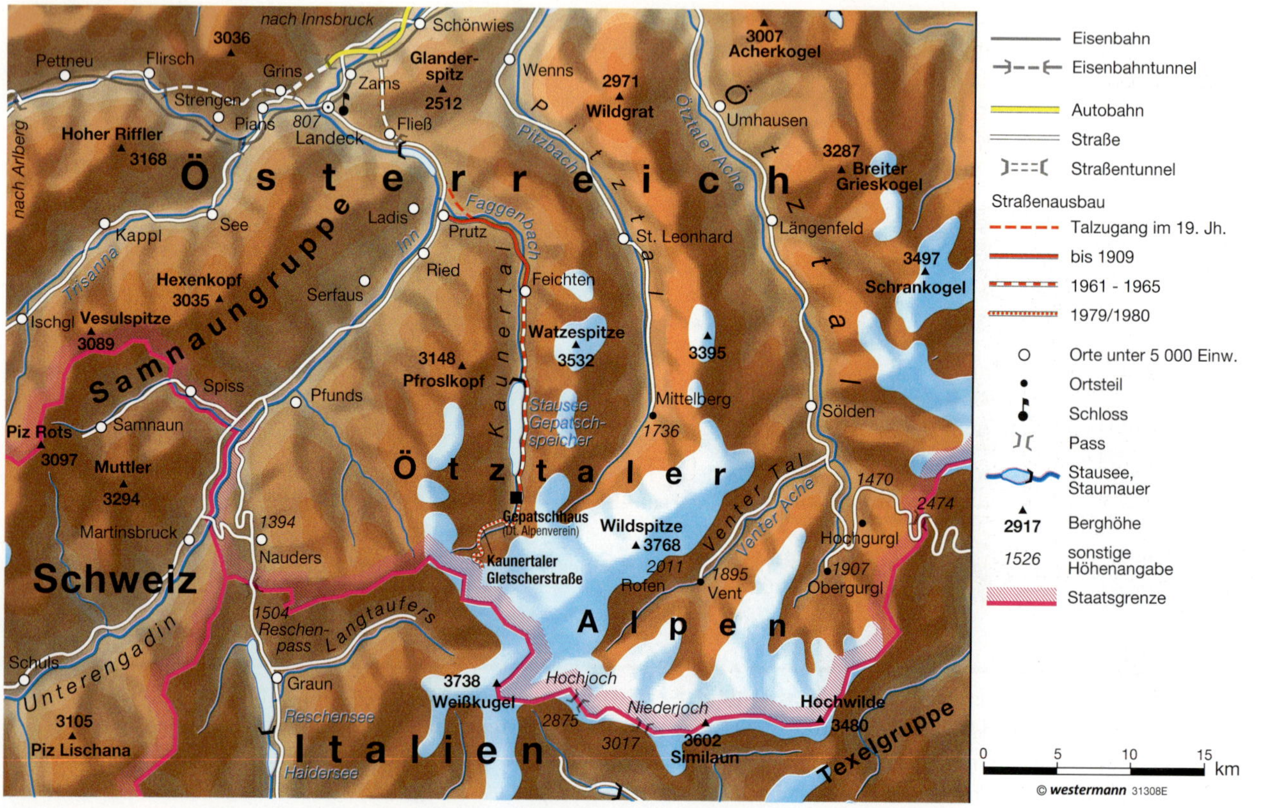

M1* Lage des Kaunertals und Entwicklung der Verkehrsinfrastruktur

M3 Feichten (Feuchten) um 1895

Jahr	Einwohner Kaunertal	Gäste-ankünfte*
1840	1034	k.A.
1981	521	16339
1991	588	48831
2001	593	55821
2013	620	63705

Quelle: Frey, M. 2006 u. Statistik Austria 2014
*Die Zahlen beziehen sich auf das Kalenderjahr

M6 Entwicklung der Einwohnerzahl im Kaunertal

Erst ab Mitte der 50er-Jahre [...] zeichnete sich ein stetig zunehmender Strom von Urlaubern ab. Einen ganz wesentlichen Impuls für die weitere Fremdenverkehrsentwicklung stellte dabei die 1960 begonnene Kooperation mit dem Kolping Familienferienwerk dar, das in den nächsten beiden Jahrzehnten vor allem im Sommer für kontinuierliche Gästezahlen sorgte.
Der Anfang der 60er-Jahre erfolgte Bau des Stausees brachte zwar während der Bauzeit Arbeitsplätze, doch war danach wieder der Fremdenverkehr eine notwendige Einnahmequelle für die Bauern im Tal. Mit der Erschließung des Gletscherskigebiets 1981 und der Fertigstellung der Panoramastraße gelang es, eine touristische Attraktion für den Wintersport, aber auch für den Sommer zu bieten.
Quelle: Frey, M.: Das Kaunertal. Kaunertal 2006, S. 12, 14

M4 Das Kaunertal im 20. Jahrhundert

M7 Ausbau der Infrastruktur

1873 Eröffnung einer Schutzhütte (Gepatschhaus), Nebenverdienst als Bergführer für 6 Bauern im Tal
bis 1909 Straßenausbau bis Feichten, regelmäßiger Postkutschenbetrieb
seit 1932 Postbuslinie über geschotterte Wege bis zum Gepatschhaus
bis 1965 Straßenausbau bis zum Gepatschhaus
ab 1970 Sektionsgebiet der Alpenvereinssektion Frankfurt am Main
1980/81 Fertigstellung der Panoramastraße, Eröffnung des Gletscherskigebiets

„Nach dem Kriege, als der Fremdenverkehr langsam wieder zunahm, baute Josef Praxmarer im Jahre 1953 das Wohnhaus zu einem Beherbergungsbetrieb aus, der anfangs über rd. 25 Betten verfügte. Mitte der 50er-Jahre betrug der Vollpensionspreis 55–65 Schilling, die Halbpension 35–45 Schilling. Die Pension verfügte über Fließwasser, Duschräume sowie Zentralheizung. Noch gab es zudem eine eigene Landwirtschaft."
Quelle: Frey, M.: Das Kaunertal. Kaunertal 2006, S. 141

M8 Aus Bergbauern werden Pensionswirte

M5 Der Postbus auf dem Weg ins Kaunertal 1938

M9 Alm im Kaunertal: Nebenverdienst durch Bewirtung von Wanderern

Die Alpen – touristische Erschließung als Erfolgsgeschichte?

Veränderungen durch Tourismus

Die touristische Entwicklung hat das Kaunertal verändert. Dennoch ist im Entwicklungsprogramm des Gemeinderats der Gemeinde Kaunertal zu lesen: „Wir haben eines der schönsten Täler!" (Entwicklungsprogramm 2013–2017). Damit dies so bleibt, wurde als eine Leitlinie formuliert, dass Tourismus und Landwirtschaft auch weiterhin die wirtschaftliche Lebensgrundlage für die Menschen im Tal bilden sollen. Wie hat das Kaunertal sein Naturpotenzial genutzt und wird es zukünftig dieses Potenzial nutzen und erhalten können?

1. a) Kennzeichnen Sie die Entwicklung einer Tourismusdestination nach dem Modell von Butler (M2).
   b) Wenden Sie das Modell auf die Entwicklung im Kaunertal an (M2, M3).
2. Stellen Sie dar, für welche Zielgruppen das Kaunertal eine attraktive Urlaubsdestination ist (M1, M4–M7).
3. a) Beschreiben Sie die Veränderungen in Feichten seit 1895 (M5, S. 173 M3).
   b) Strukturieren Sie die touristische Infrastruktur des Kaunertals in einer Mindmap (M4, S. 172 M1).
   c) Der Tourismus im Kaunertal wird als „naturnaher Tourismus" bezeichnet. Überprüfen Sie, ob es sich bei diesem Konzept um sanften Tourismus handelt (→ Definition, M4–M7).
4. Erörtern Sie, ob man die Veränderung des Kaunertals als Erfolgsgeschichte bezeichnen kann (M1–M7).
5. Diskutieren Sie, ob der Motorradtourismus im Kaunertal als nachhaltige Form des Tourismus bezeichnet werden kann.
6. ⓩ Erweitern Sie – farblich gekennzeichnet – Ihre Mindmap aus Aufgabe 3b um weitere Aspekte zur touristischen Infrastruktur von Tourismusdestinationen.

→ informeller Sektor, Infrastruktur, sanfter Tourismus, Tourismus-Modell nach Butler, Zielgruppe

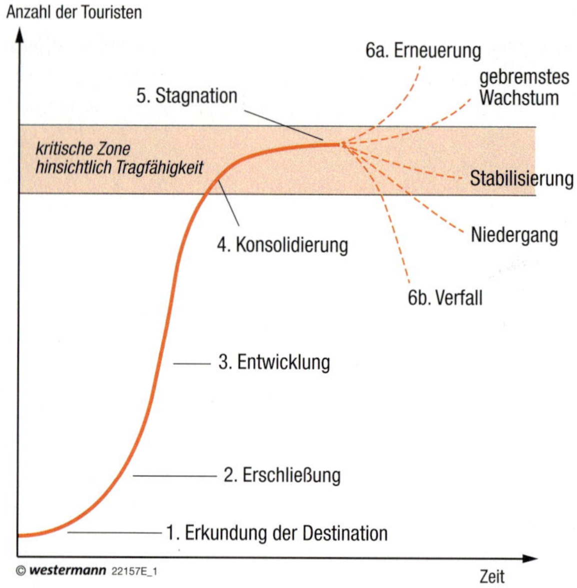

Quelle: Jebbink, K.: Butler konkret. Das Wachstumszyklenmodell von Tourismusregionen als lebendiges Diagramm. In: Praxis Geographie 10/2011, S. 10.

Die Entwicklung des Tourismus wurde von Geographen erforscht und Modelle wurden entwickelt. Eines ist das Wachstumszyklusmodell von Richard W. Butler, das er 1980 veröffentlichte. Es ist angelehnt an das Modell der Phasen des Produktlebenszyklus (vgl. S. 65). Die Entwicklung einer Touristendestination wird im Modell in sechs Phasen beschrieben. Zunächst erkunden einzelne Pioniertouristen die Region aufgrund der Naturlandschaft oder bestimmter Attraktionen. Sie wohnen in einfachen Unterkünften, die behördlich noch nicht erfasst sind, nutzen touristische Dienstleistungen wie Führungen und kaufen zum Beispiel Handwerksprodukte als Souvenirs im Ort ein. Es bildet sich ein touristischer informeller Sektor (TIS) heraus. In der zweiten Phase werden durch den Ausbau der Infrastruktur für die Touristen die Rahmenbedingungen für die weitere Entwicklung verbessert. Dadurch setzt in der dritten Phase ein Anstieg der Nachfrage ein und es kommt zu einer boomartigen Entwicklung der Touristenzahl, verbunden mit einer zunehmenden Belastung der Umwelt. Reiseveranstalter vermarkten die nun formellen Angebote (steuerlich erfasste Beherbergungsbetriebe), sodass die vorherigen TIS-Betriebe nun zum touristischen formellen Sektor (TFS) gehören. Die Tourismusdestination etabliert sich in der vierten Phase auf dem Tourismusmarkt und die Zuwachsrate verringert sich. In der fünften Phase sind durch Übernutzung der Destination keine Zuwächse mehr zu verzeichnen, die Region ist bekannt, aber nicht mehr „in". Die Konkurrenz der Betriebe untereinander verschärft sich. Für die weitere Entwicklung gibt das Wachstumszyklusmodell unterschiedliche Szenarien an: Erneuerung, Stagnation oder Niedergang.

M2 Wachstumszyklusmodell nach Butler

Übernachtungen nach Unterkünften 2012	
5/4 Sterne	59 654
3 Sterne	130 273
2/1 Sterne	3 132
Ferienwohnungen	62 918
Privatzimmer	13 855
Campingplätze	2 872
Sonstige	315

Quelle: Statistik Austria 2013

	Beherbergungsbetriebe	Betten
Winter 2011/12	91	1 690
Sommer 2012	94	1 791

Quelle: Statistik Austria 2013

	Ankünfte Winter (Nov. 2011–April 2012)	Übernachtungen Winter (Nov. 2011–April 2012)	Auslastung in %	Ankünfte Sommer (Mai 2012–Okt. 2012)	Übernachtungen Sommer (Mai 2012–Okt. 2012)	Auslastung in %
Kaunertal	35 644	158 300	51,2	26 029	124 494	34,9*
Ischgl	261 151	1 314 200	63,2	24 808	93 190	4,4
St. Anton a. Arlberg	181 648	979 148	49,8	31 508	109 160	9,4

*Durchschnittliche Auslastung in Österreich im Sommer: 28,3 %; Anmerkung: Durchschnittliche Aufenthaltsdauer im Kaunertal (Winter/Sommer): 4,4 Tage/4,8 Tage

Quelle: Statistik Austria 2013

M1 Daten zum Tourismus im Kaunertal

→ sanfter Tourismus

Form des Tourismus mit dem Ziel, die negativen Auswirkungen des Massentourismus zu vermeiden, wie zum Beispiel die Beeinträchtigung der Landschaft durch den Bau von Hotelburgen. Ökologische Zielsetzungen stehen im Mittelpunkt des sanften Tourismus sowie natur- und kulturorientierte Freizeitaktivitäten.

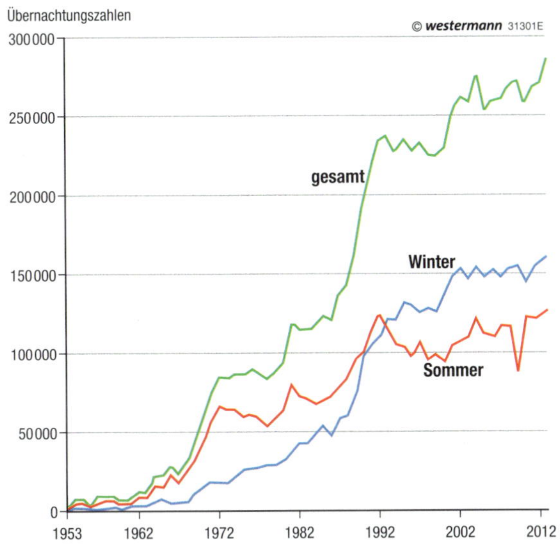

M3* Entwicklung der Übernachtungszahlen im Kaunertal

M5 Feichten 2014

Anfang der 1960er-Jahre: Gründung einer Skischule
1961: erster Schlepplift, zweiter Schlepplift im folgenden Jahr
1966/67: erster moderner Umlaufschlepplift
1968: Klassifikation der Zimmer, Zimmernachweis mit Dorfplan, Anzeigen in 5 großen deutschen Zeitungen sowie weitere Werbekampagnen
1971: zweiter moderner Umlaufschlepplift
1974: Einweihung des „Alpenbades Kaunertal" (Hallen- und Freibad)
1980: Einweihung der Gletscher-Panoramastraße
ab 1980: Motorrad-Tourismus
1981: Eröffnung des Gletscherskigebietes (1 Kabinenbahn, 2 Sessellifte, 5 Schlepplifte)
1985: Eröffnung Snowpark Kaunertal
1998: Gründung des Vereins Naturpark Kaunergrat
1998: erstes Rolli-Hotel in den Alpen
2003: offizielle Anerkennung als Naturpark
seit 2005: begehbare Gletscherspalte

Frey, M.: Das Kaunertal. Kaunertal 2006, S. 138ff

M4 Entwicklung des touristischen Angebotes und der touristischen Infrastruktur im Kaunertal

Der Kaunergrat zwischen Kaunertal und Pitztal gehört zum Naturpark Kaunergrat. Hier werden vielfältige Aktivitäten angeboten, die von den Touristen im Kaunertal genutzt werden können. „Einen wichtigen Schwerpunkt des Naturparks bildet die Förderung eines ‚naturnahen Tourismus'. Zu diesem Zweck ist man dabei, entsprechende attraktive Erholungseinrichtungen und ergänzende touristische Angebote zu schaffen. Ein wesentlicher Teil davon sind die ‚Erlebniswochen im Naturpark Kaunergrat'. Hierbei handelt es sich um ein attraktives, naturnahes Angebot für die Tourismusregion. Durch die Erlebniswochen soll es bei Gästen und Gastwirten zur Bewusstseinsbildung für die sanfte Nutzung der Schutzgebiete kommen. [...] Ein weiteres Ziel besteht darin, die regionaltypische Kulturlandschaft zu erhalten und zugleich den örtlichen Bewohnern Perspektiven zu eröffnen. Mit der Produktion kulinarischer Spezialitäten ist die für die Region wichtige Bewirtschaftung und Pflege des Bodens verbunden und damit auch die Erhaltung der charakteristischen Landschaftsform gesichert."

Quelle: Frey, M.: Das Kaunertal. Kaunertal 2006, S. 224

M6 Naturnaher Tourismus im Naturpark Kaunergrat

2013 wurde das Kaunertal von der Europäischen Kommission „als eines von 19 herausragenden europäischen Reisezielen" ausgezeichnet. [...] Die EU-Kommission lobt vor allem die Barrierefreiheit und rollstuhlfreundliche Infrastruktur. [...] „Mit seiner wunderbaren Naturlandschaft und pittoresken Bergdörfern ist das Kaunertal eine der schönsten und höchst authentischen Landschaften in Tirol."

(Quelle: Wenzel, H.: Kaunertal von EU als herausragendes Tourismusziel ausgezeichnet. In: Tiroler Tageszeitung, 12.11.2013)

M7 Das Kaunertal als herausragende Tourismusdestination

Tourismus als Entwicklungsmotor in einem Entwicklungsland

Eine Insel entwickelt sich zum Fernreiseziel – Phuket (Thailand)

Der internationale Tourismus nach Thailand hatte seinen Durchbruch in den 1960er-Jahren, als mit den „Rest and Recreation"-Programmen kostengünstige Erholungsangebote für die US-amerikanischen Soldaten geschaffen wurden. Seitdem wuchs dieser Sektor rapide und stellt einen wichtigen Teil der thailändischen Wirtschaft dar. In vielen Landesteilen, zum Beispiel auf Phuket, ist der Tourismus durch die intensive touristische Erschließung zu einem wichtigen Wirtschaftszweig geworden.
Welche Voraussetzung bietet Phuket für eine touristische Nutzung und wie hat der Tourismus die Insel verändert?

1. Kennzeichnen Sie das touristische Potenzial von Phuket (M1–M3, M5, M7, Atlas).

Ⓦ **2.** Vergleichen Sie die Touristenankünfte nach Herkunftsregionen (M4).
   A Zeichnen Sie eine Kartenskizze, in der Sie die Touristenzahlen und die Distanz zwischen Herkunfts- und Zielgebiet darstellen.
   B Formulieren Sie in einem Text.

3. a) Beschreiben Sie die raum-zeitliche Entwicklung der Tourismuswirtschaft nach dem Modell von Vorlaufer (M6).
   b) Überprüfen Sie die Wachstumsphasen nach Vorlaufer am Beispiel der touristischen Entwicklung auf Phuket (M2, M6).

Ⓩ **4.** „Ungezügelter Tourismus sägt sich seinen eigenen Ast ab". Nehmen Sie Stellung zu dieser Aussage (M5, M7).

→ Massentourismus, Modell der raum-zeitlichen Entwicklung nach Vorlaufer, regionale Disparitäten, Trickle-Down-Effekt

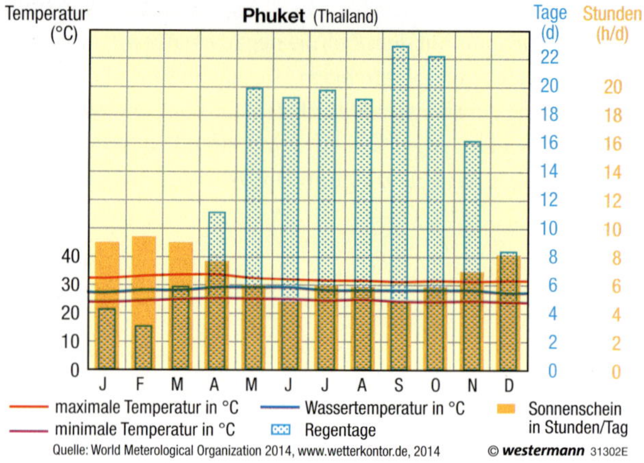

M3 Klimadaten von Phuket

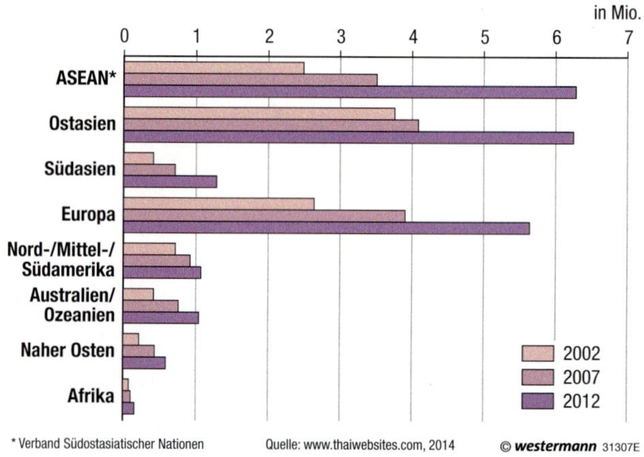

M4 Touristenankünfte nach Herkunftsregionen

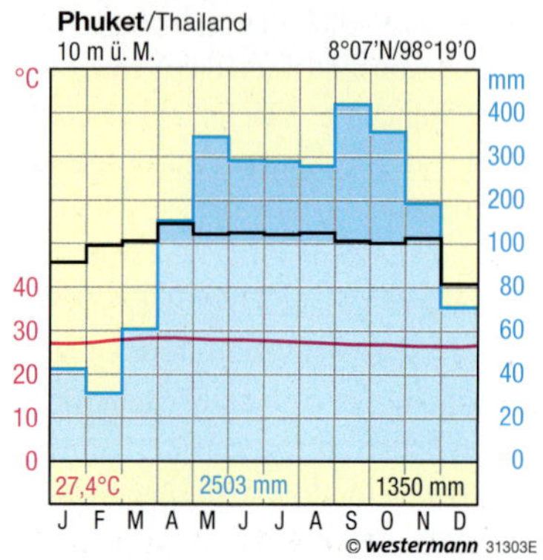

M1 Klimadiagramm Phuket

→ Trickle-Down-Effekt
Der Trickle-Down-Effekt bezeichnet das Durchsickern von Kapital von den wohlhabenden zu den ärmeren Bevölkerungsschichten, die dadurch auch am wirtschaftlichen Wachstum teilhaben. Dies geschieht in Form von Löhnen und Aufträgen.

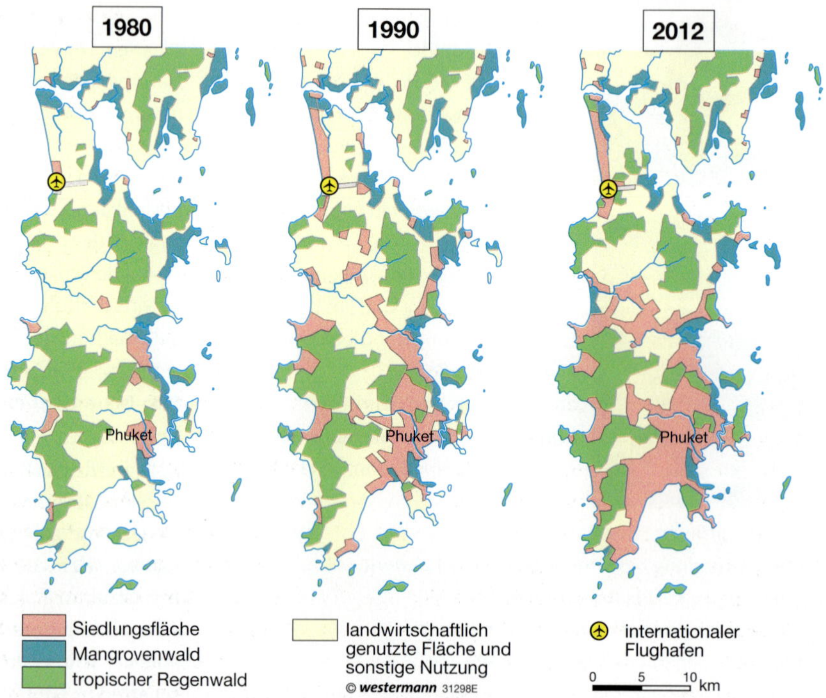

M2 Räumliche Entwicklung des Tourismus auf Phuket

M5 Unberührte Natur auf Phuket

M7 Massentourismus auf Phuket

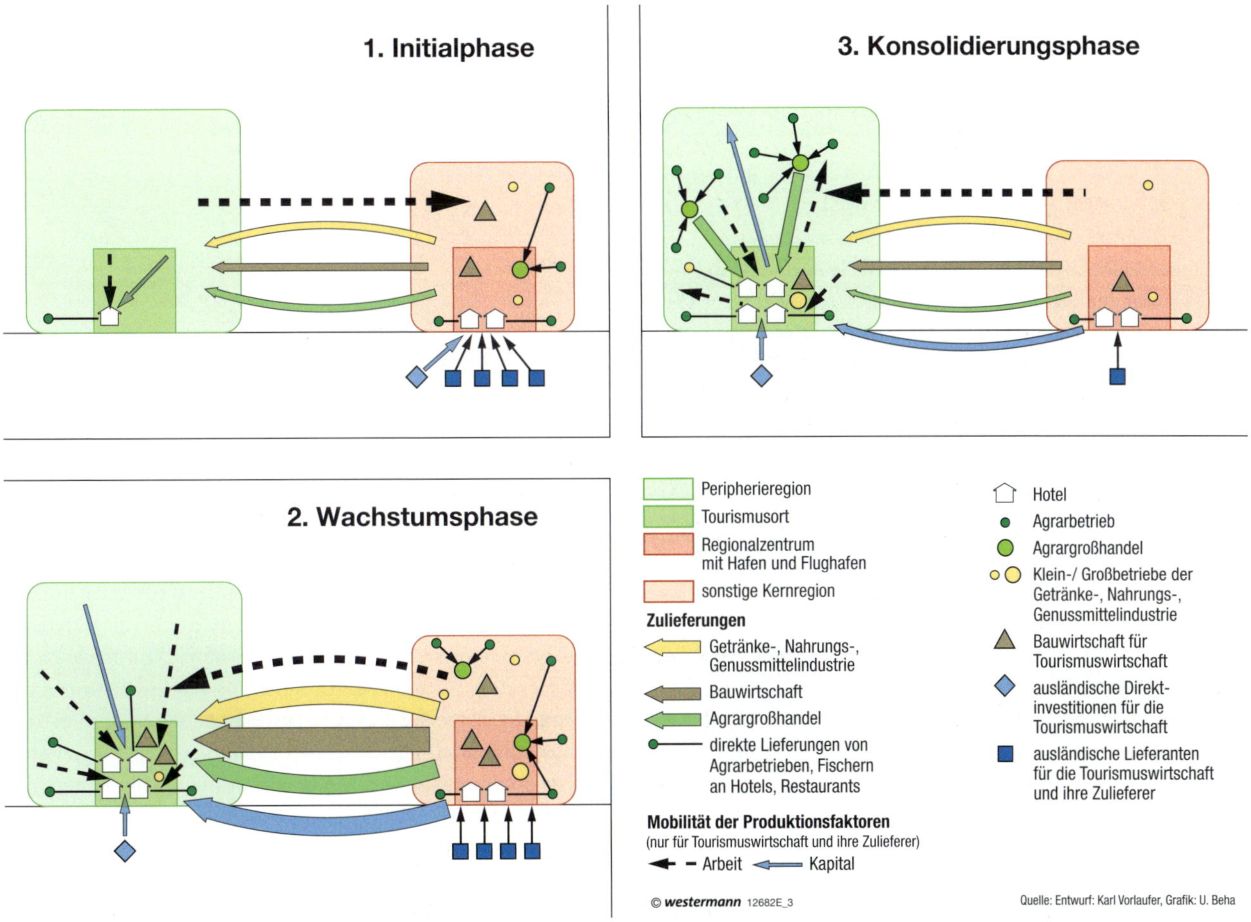

Fast alle Entwicklungsländer weisen extreme räumliche Disparitäten auf. [Verdichtungsräume sind infrastrukturell weiter entwickelt als periphere Räume. Dies führt zu einer Land-Stadt-Wanderung, wodurch die räumlichen Disparitäten noch verstärkt werden.] Entwicklungsländer sehen im Tourismus ein effizientes Instrument zur Milderung dieser Disparitäten. Viele Tourismusarten (u.a. Bade-, Abenteuer-, Trekking-, Wüsten-, Jagd-, Tierbeobachtungs-, Ethno-, Ökotourismus) finden häufig nur in der oft un- oder dünnbesiedelten Peripherie günstige Voraussetzungen („unberührte" Natur, „exotische" Völker usw.), die für andere Wirtschaftszweige oft Standortnachteile sind. Selbst für eine subsistenzorientierte Agrarwirtschaft kaum oder nicht geeignete Standorte (Sandstrände, Koralleninseln, obere Höhenstufen der Hochgebirge, extreme Trockenräume) können evtl. noch touristisch genutzt werden und so zum Wachstum der Volkswirtschaft beitragen. Mit der touristischen Erschließung der Peripherie werden somit sowohl ein Disparitätenabbau als auch eine Optimierung des Wirtschaftswachstums über eine Mobilisierung ansonsten kaum nutzbarer Ressourcen angestrebt. Durch den Tourismus erfolgt in vielen Peripherien zunächst eine intraregionale Polarisation, eine Konzentration des Wachstums auf ein Zentrum, das jedoch bereits die Funktion eines Gegengewichts zur Kernregion übernimmt [...]. Bei Vorhandensein entsprechender Ressourcen kann sich die Regionalwirtschaft der Peripherie auf die touristische Nachfrage einstellen.

Quelle: Vorlaufer, K.: Tourismus in Entwicklungsländern. In: Geographische Rundschau 3/2003, S. 9

M6* Drei-Phasen-Modell der raum-zeitlichen Entwicklung der Tourismuswirtschaft nach K. Vorlaufer

Tourismus als Entwicklungsmotor in einem Entwicklungsland

Zwischen Massentourismus und nachhaltigem Tourismus

Die Auswirkungen des Tourismus auf Phuket zeigen sich im wirtschaftlichen, ökologischen und sozialen Bereich. Doch ist diese Entwicklung nachhaltig? Bei einer Analyse kann das Nachhaltigkeitsdreieck eine Grundlage bilden, jedoch sollte eine vierte Dimension, nämlich die politische, berücksichtigt werden.

1. a) Erklären Sie die Entwicklung der Touristenankünfte auf Phuket (M1, M2, M5).
b) Reflektieren Sie das Butler-Modell (S. 174 M2) unter Berücksichtigung Ihrer Ergebnisse aus Aufgabe 1a.

2. Zeigen Sie die direkten und indirekten sowie induzierten Effekte des Tourismus auf Phuket an Beispielen auf (vgl. S. 170) (M4, M8).

3. a) Stellen Sie in einer Mindmap mögliche Dienstleistungen des informellen Sektors auf Phuket dar (M4, M7, M8).
b) Kennzeichnen Sie die Bedeutung des informellen Sektors auf Phuket (M4).

4. Beurteilen Sie die wirtschaftliche Bedeutung des Tourismus unter Berücksichtigung der Sickerrate (M5).

Ⓦ **5.** Überprüfen Sie, ob der Tourismus auf Phuket ein nachhaltiger Tourismus ist. Berücksichtigen Sie auch die Vulnerabilität der Region (M1–M3, M6, M7, M9, M10).
A Erstellen Sie eine Tabelle mit Pro- und Kontra-Argumenten zu den drei Dimensionen der Nachhaltigkeit.
B Formulieren Sie in einem Text.

6. Vergleichen Sie das Phasenmodell des touristischen informellen Sektors nach Vorlaufer (M7) mit dem Wachstumszyklusmodell nach Butler (S. 174 M2).

7. Beurteilen Sie die Aussagemöglichkeiten und -grenzen der Modelle von Butler und Vorlaufer (M7, M8, S. 174 M2, S. 177 M6).

Ⓩ **8.** Asiatisches Sprichwort: „Der Tourismus ist ein Feuer, mit dem man seine Suppe kochen, aber auch sein Haus abbrennen kann." Nehmen Sie Stellung.

→ informeller Sektor, nachhaltiger Tourismus, Sickerrate

M2 Phuket nach dem Tsunami vom 26.12.2004

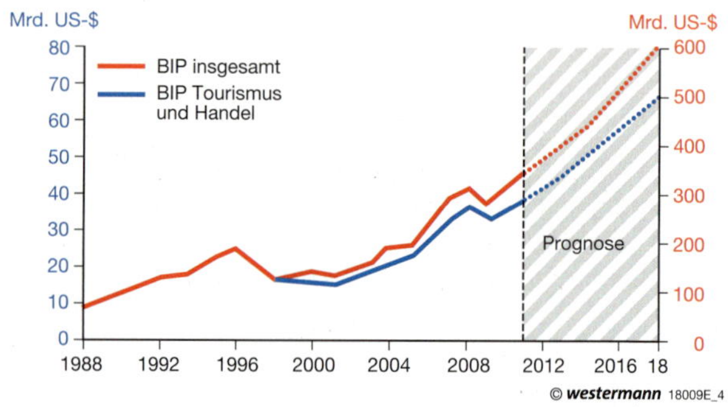

M3 Entwicklung des Bruttoinlandsprodukts in Thailand

Heute findet sich ein großer Teil der im Tourismussektor bestehenden Beschäftigung im informellen Bereich. Das deckt sich mit Befunden zur Gesamtstruktur der thailändischen Wirtschaft. Über 50 Prozent der Beschäftigten sind dem informellen Sektor [...] zuzurechnen. [...] In Abgrenzung zu formellen Unternehmen werden Betriebe des informellen Sektors [...] als solche beschrieben, die einen „niedrigen Organisationsgrad" aufweisen, als Kleinunternehmen operieren, kein oder nur ungesicherte Einkommen für ihre MitarbeiterInnen erzielen und diese nicht durch ein staatliches Sicherungssystem erfassen lassen [...]. Der wirkliche Umfang des informellen Sektors in Thailand, also die Zahl der informellen Unternehmen und damit auch deren MitarbeiterInnen, kann aufgrund [...] der fehlenden behördlichen Registrierung der informellen Betriebe nur ungefähr beziffert werden. [...]

Da für die Ausübung informeller Tätigkeiten weder eine spezifische formale Ausbildung noch eine formelle Arbeitserlaubnis benötigt wird, bietet der TIS [touristischer informeller Sektor] gesellschaftlichen Gruppen, die am formellen Arbeitsmarkt benachteiligt werden (z. B. Frauen, Menschen mit Behinderung, Flüchtlingen), die Möglichkeit, ihren Lebensunterhalt zu verdienen. [...] Darüber hinaus bietet der TIS den vollberuflich Tätigen (z. B. Bauern, Studierenden) die Chance auf ein Nebeneinkommen und schwächt die saisonale Arbeitslosigkeit in landwirtschaftlich geprägten Regionen ab [...].

Quelle: Gantner, B.: Schattenwirtschaft unter Palmen. In: ASEAS – Österreichische Zeitschrift für Südostasienwissenschaften 1/2011, S. 56–58

M4 Der touristische informelle Sektor

→ Sickerrate
Die Sickerrate bezieht sich auf das Kapital, das einem touristisch genutzten Raum verloren geht. Dies ist der Fall, wenn zum Beispiel Nahrungsmittel eingekauft oder importiert werden müssen, die lokal nicht produziert werden. Bei Entwicklungsländern liegt die Sickerrate laut Angaben der UNCTAD (United Nations Conference on Trade and Development) zwischen 40 und 50 %.

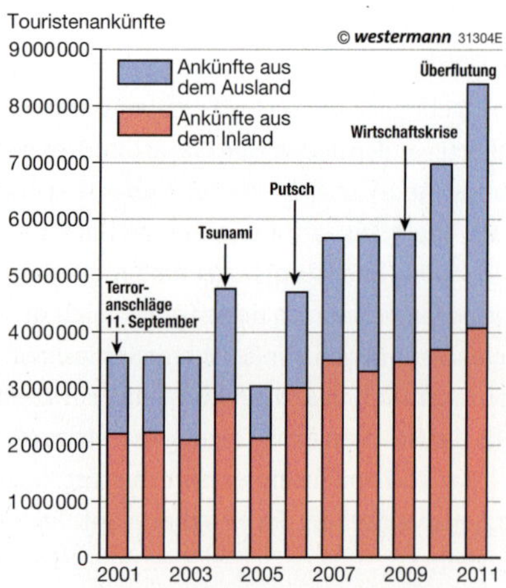

Quelle: www.phuketgazette.net, März 2013, verändert

M1 Touristenankünfte auf Phuket

	Anteil an den Gesamtausgaben (in Prozent)	davon bleiben in Europa (in Prozent)
Buchungen und Reisebüro	20 %	100 %
Flug (mit europäischer Fluglinie)	40 %	90 %
Hotels, Verpflegung	24 %	20 %
Ausflüge, Souvenirs	16 %	70 %

M5 Aufteilung der Kosten für eine Pauschalreise (Sickerrate)

- Küstenveränderungen durch die Überbauung von Stränden mit Gebäuden, Straßen und Uferbefestigungen,
- Schädigung von Nationalparks durch touristische Übernutzung,
- Verlust der Mangrovenwälder an den Küsten (über die Hälfte in den letzten 30 Jahren),
- Schädigung der Wälder durch Erschließungsstraßen und Bauholzentnahme,
- Schädigung der Korallenriffe durch Tauchexkursionen und Bau von Yachthäfen,
- erhöhtes Müllaufkommen, Problem der Müllentsorgung (Verbrennung, undichte Deponien),
- Problematik der unzureichenden Aufbereitung von Abwasser und Fäkalien, ungeklärte Einleitung ins Meer,
- Lärm und Luftverschmutzung.

Quelle: Reuber, P.: Probleme des Tourismus in Thailand. In: Geographische Rundschau, 3/2003, S. 16

M6 Ökologische Probleme

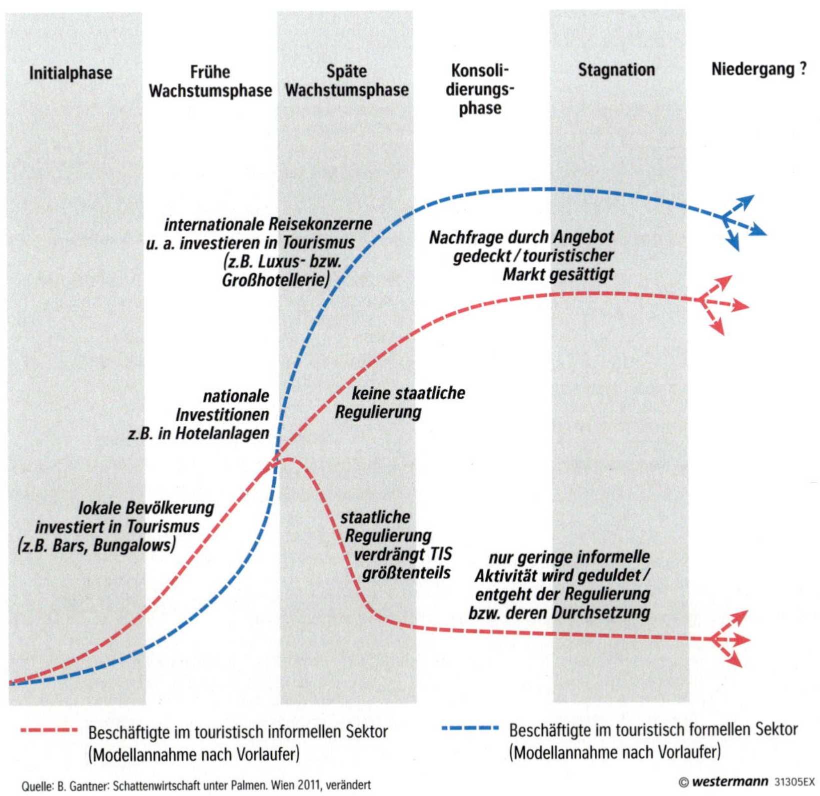

M7* Vereinfachtes Phasenmodell des TIS und TFS nach Vorlaufer

In Patong [wurde] das touristische Angebot in der Initialphase des Tourismus durch Einheimische gestellt, wobei die meisten davon dem TIS zuzurechnen waren [...]. In Bezug auf Unterbringung zeigte sich, dass kleine Bungalow-Anlagen ohne Hotellizenz durch die BesitzerInnen selbst beziehungsweise durch deren enge Familienmitglieder geführt wurden. Fallweise wurden Personen aus Familie oder aus dem Freundeskreis beschäftigt und mit geringem Lohn oder nur mit Kost und Logis entschädigt. [...] Die Straßen, auf denen bereits FahrerInnen von Motorradrikschas (Tuk-Tuks) informell den TouristInnen ihre Transportleistungen anboten, waren unasphaltiert. Mit fortschreitendem Wachstum (frühe Wachstumsphase) der touristischen Aktivität erkannten auch AkteurInnen von außerhalb Patongs das mit dem Tourismus verknüpfte wirtschaftliche Potenzial. In weiterer Folge war es nun schließlich nicht die lokale Bevölkerung, die den größten Profit aus der touristischen Entwicklung schlug, sondern Personen von außerhalb Patongs, [...] in deren Besitz die größeren touristischen Beherbergungsbetriebe waren. Diese wiederum setzten meist in der Leitung ihrer Betriebe die eigenen Vertrauensleute aus der Stadt und nicht Ortsansässige ein. Diese Geschäftsleute ebneten in weiterer Folge den Weg für lukrative Investitionen, da sie [...] Kontakte nach Bangkok und ins Ausland unterhielten. Einheimische, die noch Grund in Strandnähe besaßen, verkauften diesen nun zu hohen Preisen. Und auch in weiterer Folge, als sich immer mehr internationale InvestorInnen für Phuket zu interessieren begannen, stiegen die Grundpreise noch erheblich an [...]. [Nach dem Verkauf ihrer Grundstücke wanderte die einheimische Bevölkerung in die Stadt ab.] An der Versorgung der TouristInnen konnte die Dorfgemeinschaft bereits beginnend mit der frühen Wachstumsphase des Tourismus kaum mehr verdienen, denn Restaurants oder Hotels tätigten ihre Einkäufe in den urbanen Märkten Phuket Towns [...].

Quelle: Gantner, B.: Schattenwirtschaft unter Palmen. In: ASEAS – Österreichische Zeitschrift für Südostasienwissenschaften 1/2011, S. 64–66

M8 Entwicklung des touristischen informellen Sektors in Patong/Phuket

Nach dem Militärputsch im Mai 2014 hat sich die Sicherheitslage in Thailand weitgehend stabilisiert [...]. Nach wie vor gilt jedoch für das gesamte Land Kriegsrecht. Damit verbunden sind u.a. erhebliche Einschränkungen der Versammlungs- und Pressefreiheit. Es wird [...] empfohlen, Demonstrationen und Menschenansammlungen im gesamten Bangkoker Stadtgebiet sowie auch in ganz Thailand zu meiden.
(Quelle: www.auswaertiges-amt.de, 2015)

M9 Politische Probleme

Der deutsche Phuket-Tourismus ist schon seit Jahren rückläufig [...]. Suchten 2007 noch 250 000 Deutsche ihr Urlaubsglück auf der Insel in der Andamansee, sind es jetzt nur noch 170 000. Die Zahl könnte [...] in den kommenden zwei, drei Jahren auf 120 000 sinken. Der teure Baht und die Verschmutzung des Wassers seien Gründe für den schwindenden Phuket-Enthusiasmus. [...] Immer sichtbarer werden [...] die Umweltprobleme. Dem ungebremsten Bauboom fallen Wälder und Küsten zum Opfer, obwohl schon lange ein Überangebot an Hotelbetten herrscht.

Quelle: Lenz, M.: Tuk-Tuk-Mafia hat Phuket fest im Griff. www.stern.de, Zugriff 01.12.2014

M10 Ergebnis einer Umfrage

Das Wichtigste in Kürze

Als weltweit stark anwachsender Wirtschaftsbereich kann der Tourismus Entwicklungsimpulse insbesondere für periphere und unterentwickelte Räume geben. Vorteilhaft ist zu Beginn der touristischen Entwicklung, dass diese Räume gerade als „fast unberührte Naturräume“ eine besondere Attraktivität besitzen. Wie von Butler (vgl. S. 174/175) modellhaft dargestellt, erfahren diese Räume zunächst eine boomartige Entwicklung. Mit steigenden Touristenzahlen und dem Ausbau der Infrastruktur geht der anfängliche Reiz der Naturlandschaft verloren. Es tritt eine Stagnation der Touristenzahlen oder sogar der Niedergang als Touristendestination ein, wenn nicht neue Attraktionen geschaffen oder andere Formen des Tourismus angeboten werden.

Der sanfte Tourismus kann als Konzept zur Vermeidung der negativen Auswirkungen des Massentourismus angesehen werden. Beide Ausprägungen des Tourismus sprechen unterschiedliche Zielgruppen an, die Effekte sind jedoch gleich, nämlich direkt, indirekt sowie induziert spürbar, und zwar in allen drei Wirtschaftsbereichen.

Eine möglichst geringe Beeinträchtigung der Naturlandschaft sowie der Kultur der Bewohner soll beim sanften Tourismus die Attraktivität der Urlaubsdestination erhalten, wie zum Beispiel im Kaunertal. Dies ist nur möglich, wenn der Ausbau der touristischen Infrastruktur und die Zahl der Touristen begrenzt werden. Im Kaunertal konnte man dadurch auch eine relativ ausgeglichene Saisonalität erreichen, denn das Tal ist nicht nur für Wintersportler attraktiv. Der Tourismus in seiner Bedeutung als Entwicklungsmotor für periphere und unterentwickelte Räume bietet im Kaunertal also ein ganzjähriges Angebot an Arbeitsplätzen.

In Urlaubsdestinationen in Entwicklungsländern wirkt der Tourismus ebenfalls als Entwicklungsmotor, weil Arbeitsplätze im formellen und informellen Sektor geschaffen werden und räumliche Disparitäten ausgeglichen werden können, wie das Beispiel Phuket zeigt. Diese raum-zeitlichen Veränderungen in Entwicklungsländern durch den Tourismus hat Vorlaufer in seinem Modell (vgl. S. 177) beschrieben.

Angelehnt an das Modell von Butler beschreibt Vorlaufer in seinem Phasenmodell des touristischen informellen und des touristischen formellen Sektors die Entwicklung dieser beiden Sektoren (vgl. S. 179). Während zu Beginn der touristischen Entwicklung insbesondere der informelle Sektor vom Tourismus profitiert, gewinnt mit zunehmendem Ausbau der Destination der formelle Sektor an Bedeutung. Dadurch vergrößert sich die Sickerrate, denn globale Vermarkter gewinnen große Marktanteile.

Für die Entwicklung von peripheren und unterentwickelten Räumen bietet der Tourismussektor vielfältige Möglichkeiten, die von der Ausstattung der Tourismusdestination abhängig sind und sich nach der Zielrichtung der unterschiedlichen Tourismusarten unterscheiden können. Problematisch kann jedoch die Saisonalität sein, die zu einer ungleichmäßigen Auslastung der touristischen Infrastruktur und saisonabhängiger Beschäftigung führt. Kritisch ist auch die Krisenanfälligkeit des Tourismus. Naturkatastrophen, Wirtschaftskrisen und politische Unruhen wirken sich sofort auf den Tourismusmarkt aus. Für Skigebiete kommt die rückläufige Schneesicherheit durch den globalen Klimawandel hinzu.

Soll der Tourismus auch zukünftig die Wirtschaftsgrundlage der Menschen sichern, dann muss das Ziel ein nachhaltiger Tourismus sein.

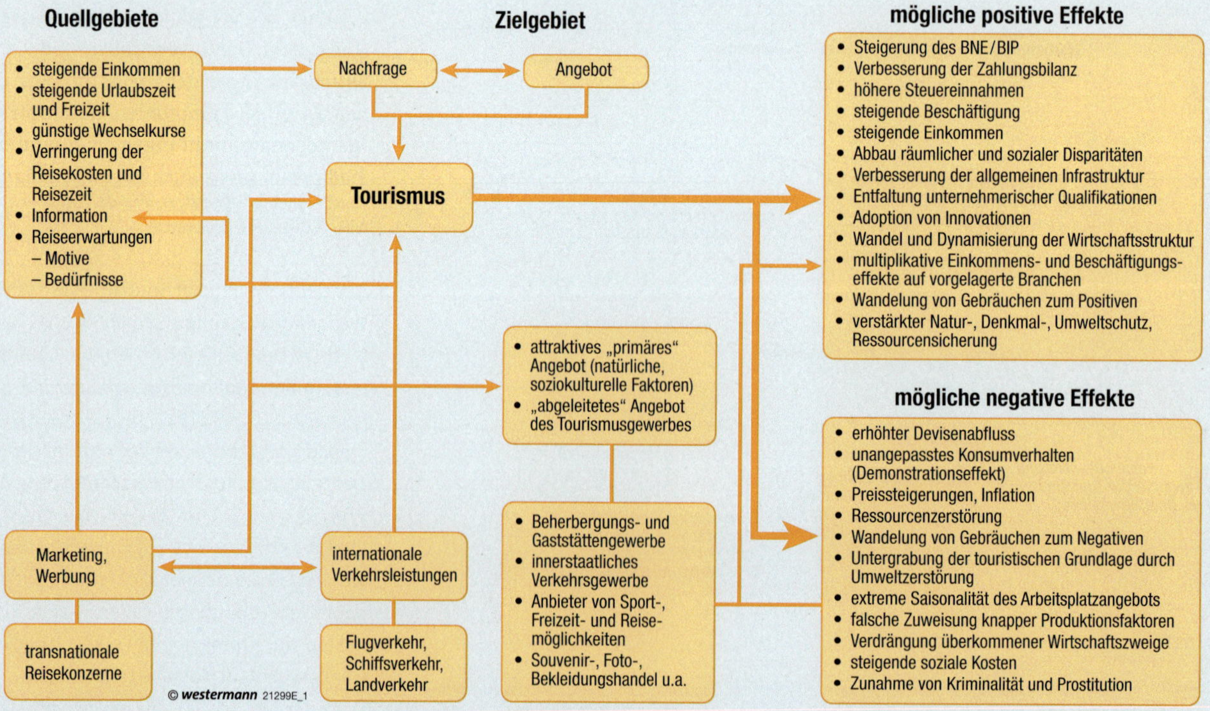

M1 Auswirkungen des Tourismus

Kompetenz-Check

Hier sind alle Kompetenzen, die Sie in diesem Kapitel erwerben konnten, aufgelistet.
Sie können selbst beantworten, wie Sie die Kompetenz beherrschen: ***sicher***, ***mäßig*** oder ***kaum***.

Sachkompetenz

Kann ich		Unsicher? Schlagen Sie nach auf Seite
1.	die naturräumliche und infrastrukturelle Ausstattung einer Tourismusregion erläutern?	172/173, 176–179
2.	den Wandel einer Region aufgrund der touristischen Nachfrage aufzeigen?	174–177
3.	positive und negative Effekte einer touristisch geprägten Raumentwicklung erklären?	174–179
4.	unterschiedliche Formen des Tourismus in verschiedene Konzepte der Nachhaltigkeit einordnen?	178/179

Methodenkompetenz

Kann ich		
5.	die zeitliche Entwicklung und Bedeutung des Tourismus mithilfe des Modells von Butler erklären?	174/175
6.	die raum-zeitliche Entwicklung des Tourismus mithilfe des Modells von Vorlaufer erklären?	176/177
7.	Aussagemöglichkeiten und -grenzen von modellhafter Darstellung der Tourismusentwicklung beurteilen?	174–179

Urteilskompetenz

Kann ich		
8.	positive und negative Effekte einer touristisch geprägten Raumentwicklung erörtern?	174–179
9.	das Dilemma zwischen der Befriedigung individueller Urlaubsbedürfnisse und einer nachhaltigen Entwicklung in Tourismusregionen erörtern?	174/175, 178/179
10.	eigenes und fremdes Urlaubsverhalten hinsichtlich der damit verbundenen Folgen beurteilen?	174/175

Handlungskompetenz

Kann ich		
11.	Arbeitsergebnisse zum Tourismus als Entwicklungsimpuls für periphere und unterentwickelte Räume fachsprachlich angemessen und fachbezogen präsentieren?	172–179

IX Städte als komplexe Siedlungsräume

zwischen Tradition und Fortschritt

Köln 2012 – Altstadt Nord aus der Luft:
Vom Rhein zum Inneren Grüngürtel

Städte – Erbe der Vergangenheit und Lebenswelt der Gegenwart

Seit jeher wurde in Städten die wirtschaftliche, politische, soziale und kulturelle Entwicklung ganzer Epochen vorangetrieben. Städte waren deshalb schon immer Magneten, die unzählige Menschen angezogen haben. Gegenwärtig lebt bereits mehr als die Hälfte der Weltbevölkerung in städtischen Verdichtungsräumen – mit nach wie vor steigender Tendenz. Städte unterliegen aufgrund dieser Entwicklungen einem stetigen Wandel ihrer Funktionen und ihres Aussehens. Die Steuerung der im Lebensraum Stadt stattfindenden vielschichtigen Prozesse stellt eine große Herausforderung an die Stadt- und Raumplanung dar, an der zunehmend auch die Bürger aktiv teilhaben. Die Stadtgeographie untersucht den Lebensraum Stadt anhand seiner Größe, Form, Funktion und Geschichte. Da all diese Faktoren miteinander verknüpft sind, ist es sinnvoll, diese anhand eines einzelnen Raumbeispiels zu untersuchen.

Der geschichtliche Aspekt wird in der historisch-genetischen Gliederung untersucht: Wann wurden Städte wo und weshalb gegründet? Und in welcher Form lassen sich in heutigen Städten historische Epochen und die Baumaßnahmen des vergangenen Jahrhunderts wiederfinden? Köln eignet sich für die historisch-genetische Gliederung der Stadtentwicklung in Mitteleuropa besonders als Raumbeispiel, da die Stadt sehr alt ist und bereits im Römischen Reich gegründet wurde.
Heute gilt es, die historischen Elemente der verschiedenen städtebaulichen Epochen als kulturelles Erbe zu erhalten, was jedoch häufig nicht leicht in Einklang zu bringen ist mit den Anforderungen an moderne Städte.
Doch wie werden die historischen, funktionalen und sozialen Prozesse in ihrer Komplexität erfasst?

Subjektive Wahrnehmung einer Stadt

Jeder Mensch hat ein Bild von der Stadt als Lebensraum und nimmt zugleich „seine Stadt" in ganz individueller Weise wahr. [...] Jeder kann seine Sichtweise auf die Stadt in Mental Maps festhalten, in dem er seine Vorstellungen auf einem Blatt skizziert. Sie unterscheiden sich von Zeichner zu Zeichner, sind nicht „naturgetreu", bilden aber gemeinsame Merkmale der dargestellten Stadt ab.
(Claaßen, K.: Die Stadt, S.6. Braunschweig 2013)

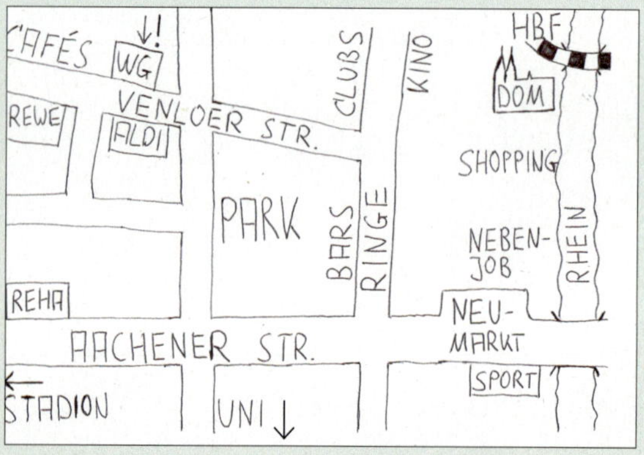

M1 Mental Map einer Kölner Studentin von ihrem Lebensraum

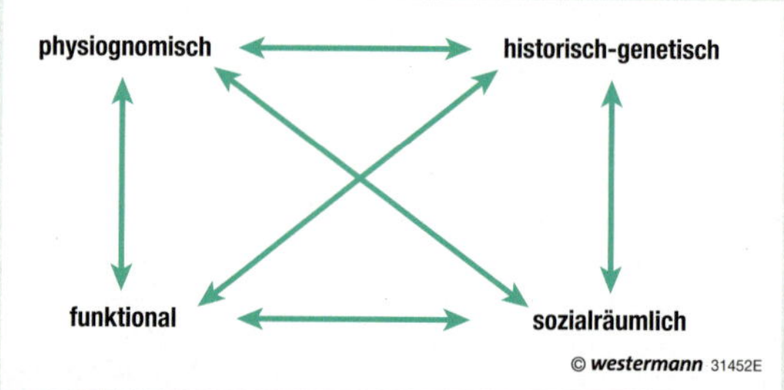

M3 Gliederungskriterien für Städte in der Stadtgeographie

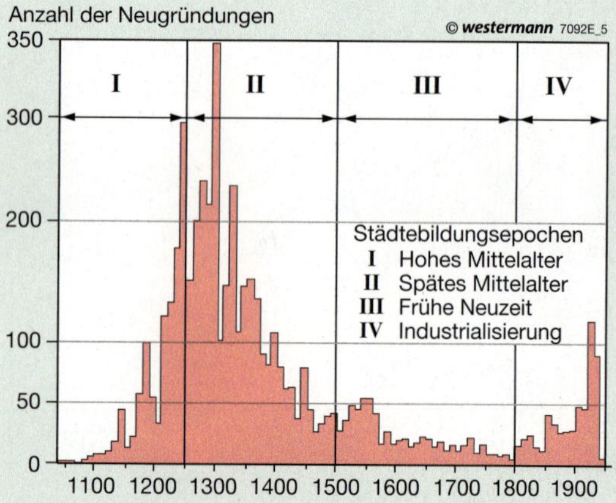

M4 Mitteleuropa: Stadtentstehungen und -bauepochen

- größere und geschlossene Siedlung mit hoher Bebauungsdichte und mehrgeschossigen Gebäuden
- funktionale innere Gliederung (Wohnviertel, City, Erholungsflächen,...)
- differenzierte sozialräumliche Gliederung
- hohe Wohnstätten- und Arbeitsplatzdichte
- Bevölkerungswachstum und Einpendler-Überschuss
- städtische Lebens-, Kultur- und Wirtschaftsformen
- hohe Verkehrswertigkeit und -dichte
- weitgehend künstliche Umweltgestaltung

M2 Teilaspekte des geographischen Stadtbegriffs

Der größte Teil der mitteleuropäischen Städte entstand als Neugründungen während des Mittelalters an Orten, die besondere lagebedingte (z. B. Flussfurt, Bucht, Rohstoffe) und/oder funktionale Vorzüge (z. B. Kreuzung von Handelswegen, leichte Verteidigung) für eine feste Siedlung aufwiesen. Keimzellen der Stadtentwicklung waren Königshöfe entlang von Heer- und Handelsstraßen und Dom- oder Klosterburgen [...].
Quelle: Claaßen, K.: Siedlungsräume, Braunschweig 2011, S. 26

M5 Lagebedingte und funktionale Vorzüge von Stadtgründungen im Mittelalter

Stadtentwicklungsphase und Grundriss	Ausrichtung der Stadt / des Stadtteils / der Straßen auf	sonstige Charakteristika
Mittelalter (8.-15. Jh.): Handels- und Bürgerstadt 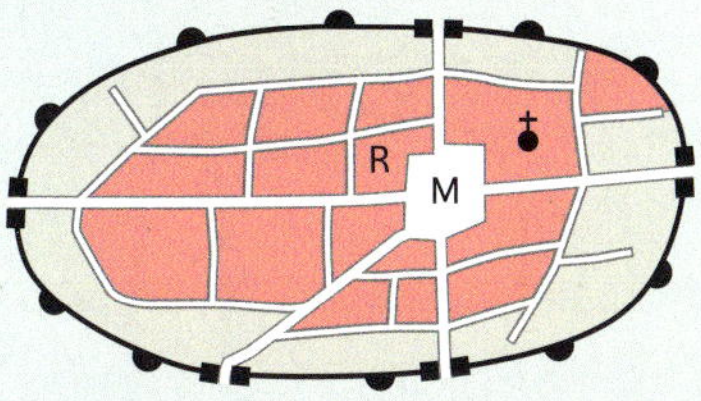	• Marktplatz (M) / Rathaus (R) • Kirche / Kloster • Burg	• dichte Bebauung • meist enge, verwinkelte Straßen • Hauptverkehrsachsen laufen auf zentrale Punkte zu • meist ovale Ummauerung der Stadt (oft mit Stadtgraben) • Stadttore • oft mehrere Marktplätze • Arbeits- und Wohnplatz sehr eng miteinander verbunden
Frühe Neuzeit (17. / 18. Jh.) 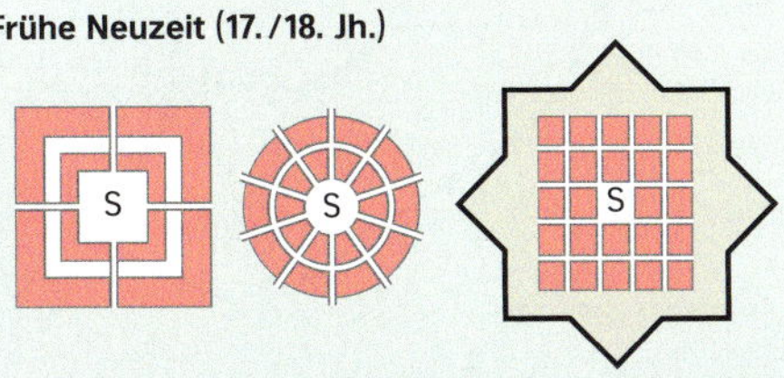	• **Schlossanlage (S)** • **Residenz**	• Verkehrsachsen in geometrischer Form (planmäßige Anlage) • Hauptverkehrsachsen auf die Residenz / Schlossanlage ausgerichtet • Park- und Gartenanlagen in geometrischer Form • Vaubansche Festungswerke

M6 Charakteristische strukturelle und bauliche Merkmale verschiedener Stadtentwicklungsphasen

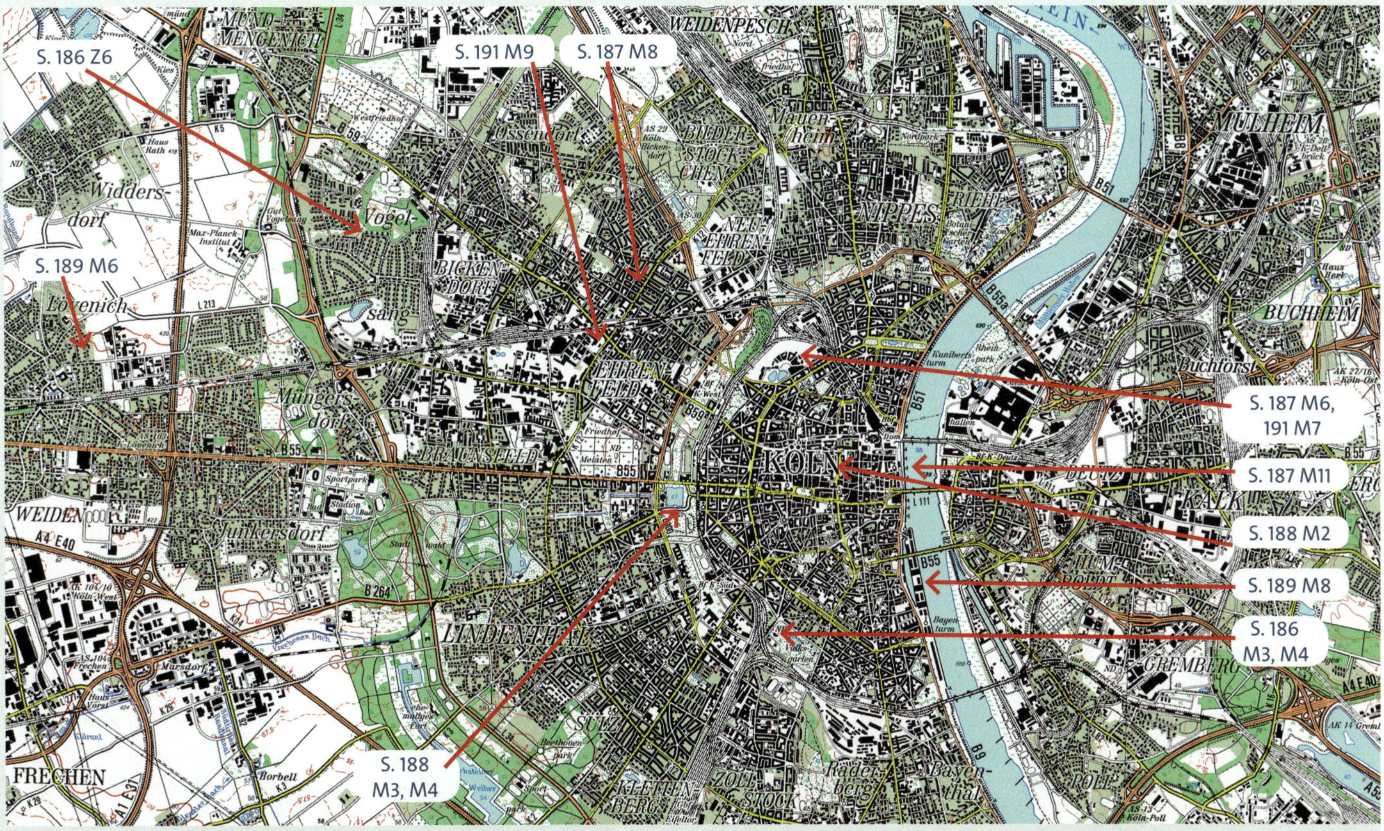

M7 Topographische Karte Köln (1 : 50 000)

1. Erläutern Sie die Merkmale des geographischen Stadtbegriffs anhand ihrer Heimatstadt oder der Ihrem Heimatort nächstliegenden Stadt.

Ⓦ 2. Recherchieren Sie Orte, bei denen
   A die Ortsnamen Auskunft über die Ortslagewahl geben.
   B anhand des Atlas oder Google Earth geklärt werden kann, welche Lagegunstfaktoren maßgeblich für die Wahl der Ortslage gewesen sein könnten.

3. Beschreiben Sie die Strukturelemente der verschiedenen Stadtentstehungsphasen in Deutschland.

Ⓩ 4. Zeichnen Sie eine Mental Map Ihres Lebensraums in Ihrem Heimatort.

Historisch-genetische Stadtentwicklung in Europa

Seit 2000 Jahren von überregionaler Bedeutung – Köln

Die Bausubstanz heutiger Städte ist äußerst vielfältig und im Laufe zahlreicher Jahrhunderte entstanden. Doch woran sind die einzelnen Epochen zu erkennen?
In einer historisch-genetischen Gliederung werden die nacheinander in den einzelnen Stadtentwicklungsphasen entstandenen Stadtteile betrachtet und anhand der baulichen Merkmale der Zeit ihrer Entstehung gegliedert.

1. Beschreiben Sie die Ortslagewahl für das römische Colonia Claudia Ara Agrippinensium sowie dessen Funktion im geographischen Kontext.
2. Beschreiben Sie die Entwicklung Kölns bis zum Beginn der Industrialisierung (M1–M4).
3. Lokalisieren und erklären Sie die städtebaulichen Veränderungen während der Industrialisierung im Nordwesten der Stadt Köln (M3, M5, M6).
4. Erstellen Sie ein Referat zu den Vaubanschen Festungswerken oder zu Bauwerken der Gründerzeit.
5. Ⓦ Erläutern Sie die in den Karten und Abbildungen dieser Seite sichtbaren strukturellen und baulichen Merkmale der verschiedenen Entwicklungsphasen der Stadt Köln anhand
   - **A** der Texte M5 und M10.
   - **B** M6 auf der Vorseite.
6. Ⓩ Lokalisieren Sie Köln-Vogelsang in M7 der Vorseite und vergleichen Sie die erkennbaren Planungsideen mit denen der Gartenstadt von Howard (M7, S. 185 M7).

→ Charta von Athen, Funktionstrennung, Gartenstadtmodell, historisch-genetische Stadtgliederung, Industrialisierung, städtebauliche Leitbilder

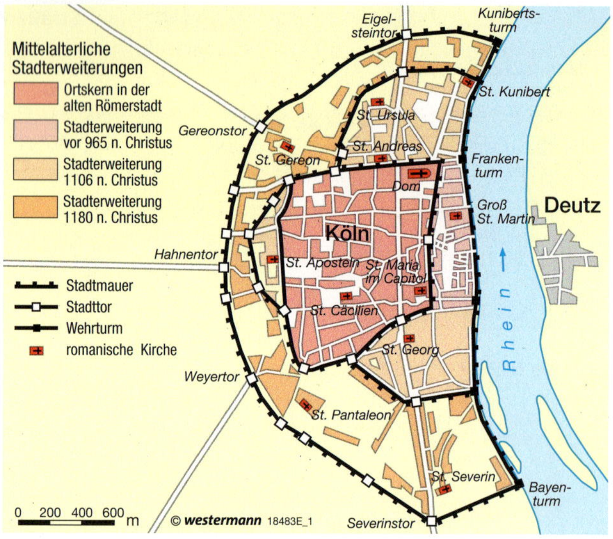

M2 Mittelalterliche Stadt: Colonia Agrippina (lat.) oder Coellen (dt.) 12. Jh.

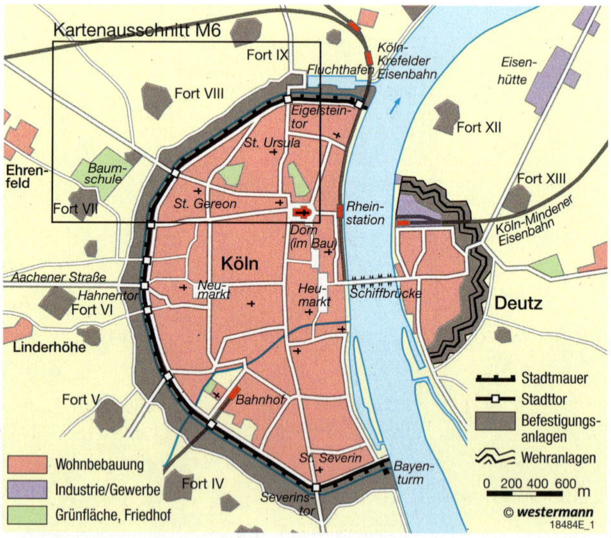

M3 Festungsstadt Köln 1850

M1 Modell des römischen Colonia Claudia Ara Agrippinensium im Römisch-Germanischen Museum Köln

M4 Neuzeitliche Festungsanlagen: Fort IV heute

50 v. Chr.		ca. 1100 bis ca. 1850
	Römerzeit M1, M2	Mittelalter und frühe Neuzeit M2 – M4

Mit der Industrialisierung war die massenhafte Zuwanderung in die Stadt verbunden, die in weiterer Folge zum wichtigsten sozialpolitischen Problem des Industriezeitalters führte: zur Wohnungsnot der Industriearbeiter und ihrer Familienangehörigen. Das [...] Wachstum der Städte wurde von einem infrastrukturellen Ausbau begleitet und gefördert. Der Eisenbahnbau war [...] auf die großen Städte ausgerichtet. [...] Anstelle der Befestigungsanlagen wurden in vielen Fällen Ringstraßen errichtet. [...] Ein wesentliches Kennzeichen des Umbaus der industrialisierten Stadt bestand in der Wohnhausbebauung für die rasch wachsende Zahl an Arbeitskräften, [...] durch die Errichtung von gründerzeitlichen Massenmietshäusern [meist in Blockrandbebauung]. [...] Die Fabriken wurden nur selten in den bestehenden Baukörper integriert, sondern meist am Stadtrand angesiedelt. [...] Die Industrie stellte den Motor der wirtschaftlichen Entwicklung dar, sie sorgte für das Wachstum und den Wohlstand der Staaten des 19. und 20. Jahrhunderts.

Quelle: Fassmann, H.: Stadtgeographie I, S. 96ff., Braunschweig 2009

M5 Stadtentwicklung während der Industrialisierungsphase

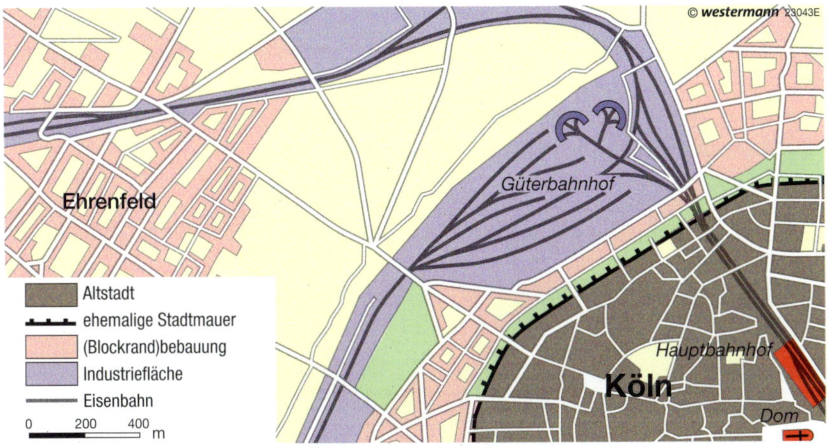

M6 Der Kölner Nordwesten 1895 (Ausschnitt vgl. M3)

Das Gartenstadtmodell von Ebenezer Howard (1898) entstand in einer Phase unkontrollierten Städtewachstums, die mit schlechten sozialen und hygienischen Lebensbedingungen einherging. Es war das erste Planungsmodell, das die städtischen Lebensbedingungen verbessern wollte. [...] Howards Idee sah vor, im Abstand von ca. 6,5 km um eine Großstadt weitgehend autarke kleinere Städte [...] zu errichten. Diese einzelnen Gartenstädte sollten durch einen [...] Grüngürtel von der Zentralstadt getrennt werden. Als Verbindung zwischen den Städten war ein Verkehrsnetz [...] geplant. Jede Gartenstadt sollte über die für die Bevölkerung erforderlichen Arbeitsplätze und zentralen Einrichtungen zur Versorgung der Bevölkerung verfügen. [... In Deutschland blieb] von der eigentlichen Konzeption meist nur die aufgelockerte Bebauung mit Grünflächen, die in Kleinhaus- und Villensiedlungen in den Stadtrandzonen umgesetzt wurde.

Quelle: Claaßen, K.: Siedlungsräume, Braunschweig 2011, S.32.

M7 Das Gartenstadtmodell

M8 Blockrandbebauung

Charta von Athen

Im Modell der Gartenstadt [...] ist ein Konzept angedeutet, das seit der Veröffentlichung der Charta von Athen (1941) als Funktionalismus im Städtebau bekannt geworden ist. Der Kern der Forderungen war die räumliche Trennung der vier Funktionen Wohnen, Freizeit, Arbeiten und Verkehr.

Quelle: Heineberg, H.: Stadtgeographie, Paderborn 2006, S. 128 f.

M9 Köln 1945

Die schärfste und folgenschwerste Zäsur in der Geschichte des deutschen Städtewesens bilden bis heute die Zerstörungen des Zweiten Weltkrieges. [...] Das Problem der Kriegszerstörungen, insbesondere der Wohnungen, wurde im westlichen Deutschland verschärft durch die Problematik der Aufnahme der Vertriebenenbevölkerung [...]. Bis zum Jahre 1956 sollten von Bund, Ländern und Gemeinden zwei Millionen Sozialwohnungen geschaffen werden. [... Ab 1956 räumte man] dem Eigenheimbau [...] einen besonderen Vorrang ein. [...] Als Leitbild des Städtebaus galt die Idee der „gegliederten und aufgelockerten Stadt", [die beeinflusst war durch die Charta von Athen und eine weitgehende Funktionstrennung vorsah.] Im Rahmen der konzeptionellen Überlegungen bestand die grundsätzliche Kontroverse in der Frage „Neubau oder Wiederaufbau". [...] In einer Reihe von (Groß-)Städten wurden [...] erhebliche Umgestaltungen der historischen Stadtkerne vorgenommen, um damit vor allem dem modernen Stadtverkehr gerecht zu werden.

Quelle: Heineberg, H.: Grundriß Allgemeine Geographie: Stadtgeographie, Paderborn 2000, S. 222f.

M10 Stadtentwicklung in der frühen Nachkriegszeit

M11 Teilansicht der Kölner Altstadt heute

ca. 1800 bis 1941	1945 bis 1950er-Jahre
Industrialisierung, Gründerzeit M5, M6, M8/ Gartenstadt M7/ Charta von Athen	Leitbild: gegliederte und aufgelockerte Stadt M10

Historisch-genetische Stadtentwicklung in Europa

Auferstanden aus Ruinen – Köln

Deutsche Städte sind heute vielfach geprägt durch die nach dem Zweiten Weltkrieg erfolgten Baumaßnahmen. Stand in den ersten Jahrzehnten noch die Technik im Fokus der Planungen, fanden im Laufe der Zeit zunehmend ökologische Gedanken Eingang in die Stadtplanung.

1. Analysieren Sie am Raumbeispiel Köln die Veränderungen der Prioritäten in der Stadtplanung nach dem Zweiten Weltkrieg, die sich in den unterschiedlichen Leitbildern widerspiegeln (M1 – M9, Internet).
2. M3 zeigt eine Skizze des Raumes um den Aachener Weiher zu Zeiten der „autogerechten Stadt“ mit nie verwirklichten Plänen einer Stadtautobahn. M4 zeigt den Aachener Weiher und sein Umfeld heute. Bewerten Sie die geänderten Planungen.
3. Erläutern Sie die Auswirkungen der individuellen Motorisierung der Bevölkerung im 20. Jahrhundert auf die Stadtentwicklung Kölns (M1–M3, M5–M7, Internet).
4. Erörtern Sie, in welcher Form das Leitbild der „nachhaltigen Stadt“ bei der Revitalisierung des Rheinauhafens umgesetzt wurde (M8, M9, Internet).
5. Ⓩ Überprüfen Sie, inwiefern das Leitbild der „nachhaltigen Stadtentwicklung“ in Ihrem Heimatort umgesetzt wurde und wie sich dies auf Ihren persönlichen Lebensraum auswirkt.

→ Nachhaltigkeit, Revitalisierung, städtebauliche Leitbilder, Suburbanisierung

Das Auto wurde zum vermittelnden Medium in der gegliederten Stadtlandschaft und die Stadtplanung ab den 1960er-Jahren in erster Linie zur Verkehrsplanung. [Im Leitbild] der „Autogerechten Stadt“ sollten sich alle Planungsmaßnahmen dem ungehinderten Verkehrsfluss des Autos unterordnen. Planziel waren Siedlungsgebilde, deren Verkehrsinfrastruktur, Straßenbau und Grundrissgestaltung optimal auf den privaten Individualverkehr ausgerichtet sein sollten. Zeitgleich begeisterten sich viele Stadtplaner aber auch für das Leitbild „Urbanität durch Dichte“, im Zuge dessen Großwohnsiedlungen am Stadtrand entstanden, die oft durch Freizeit- und Versorgungseinrichtungen ergänzt wurden. Durch diese verdichteten Bauformen sollte die in den Innenstädten verloren gegangene Urbanität wiederhergestellt werden. [...] Die Entwicklung der Großwohnsiedlungen im Hochhausbau wurde durch die Industrialisierung im Bauwesen erleichtert, indem vorgefertigte Betonteile verbaut wurden. Die einzelnen Gebäude konnten somit kostengünstiger hergestellt werden als in der bis dato handwerklich üblichen Stein-auf-Stein-Bauweise. [...] Die überdimensionierten Wohnkomplexe und ihre Verkehrsanbindungen entsprachen aber nur selten den Wohn- und Lebensvorstellungen ihrer Bewohner und gerieten bereits in den 1980er-Jahren in eine Krise (Leerstände, Mieterfluktuation, Verslumung) und mussten aufwändig saniert werden.

Quelle: Claaßen, K.: Die Stadt, Braunschweig 2013, S.35f.

M1 Leitbilder der Stadtentwicklung in den 1960er-Jahren

M2 Sinnvolle Lebensader oder Bausünde? Die Nord-Süd-Fahrt zerteilt die Kölner Altstadt

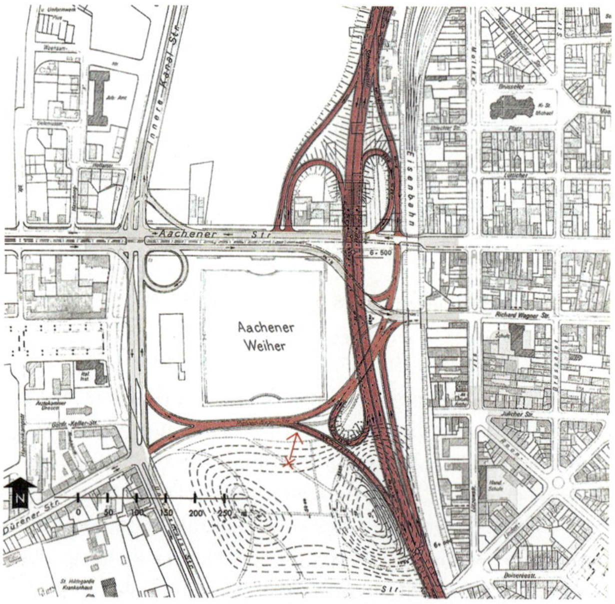

M3 Rot markiert: geplanter Verlauf einer zentrumsnahen Kölner Stadtautobahn durch das Naherholungsgebiet „Innerer Grüngürtel“ auf Höhe des Aachener Weihers in den 1960er-Jahren

M4 Der „Innere Grüngürtel“ als innerstädtischer Naherholungsbereich mit Aachener Weiher heute. Standort und Blickrichtung des Fotografen siehe Pfeil in M3.

1960er-Jahre
Autogerechte Stadt M1, M2, M3/ Urbanität durch Dichte M1

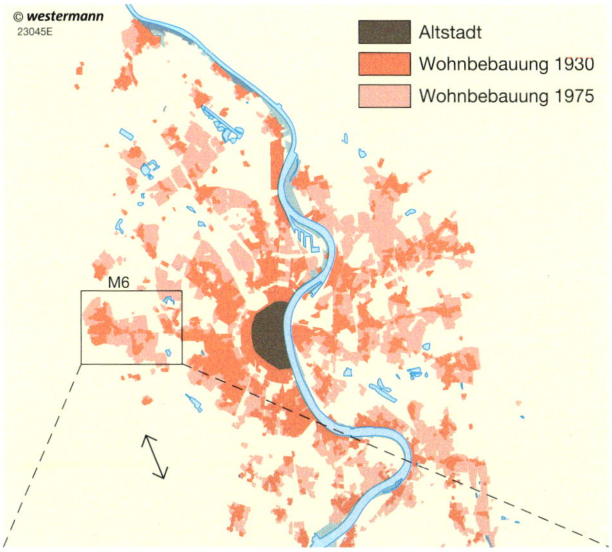

M5 Suburbanisierung (Dekonzentrationsprozess und flächenhaftes Städtewachstum über die Stadtgrenzen hinaus, verursacht durch Stadtrandwanderung von Bevölkerung und Betrieben) von Köln 1930 – 1975

M8 Rheinauhafen Anfang der 1970er-Jahre und 2014

M6 Ausschnitt des Kölner Westens 1862/63 und 2000 (vgl. M5)

„Auf Probleme wie die Zersiedlung der Landschaft durch die Suburbanisierung, die Zunahme des Individualverkehrs, die monotone Architektur der Großwohnsiedlungen, die Flächensanierung der Innenstädte und die zunehmende Stadtflucht reagierten die Stadtplaner Ende des 20. Jahrhunderts mit neuen Ideen. So setzte das Leitbild des „behutsamen Stadtumbaus" [bzw. der erhaltenden Stadterneuerung] in den 1970er-Jahren auf die Restaurierung der historischen Bausubstanz [...]."

„Der dadurch bedingte Erhalt eines großen Teils der historischen oder älteren Bausubstanz hat somit zur Verbesserung der Lebensqualität im Innern der Kernstädte mit beigetragen [...]. Durch die behutsame Stadterneuerung haben nicht nur historische Altstadtkerne, sondern auch ältere Wohngebiete, z. B. aus der Gründerzeit, an neuer städtebaulicher Qualität gewonnen.

In den 1980er-Jahren begann [...] das Bestreben vieler Kommunen, die Städte ökologisch verträglicher zu organisieren[...]. Die Stadtökologie zog im Rahmen von Wohnumfeldverbesserung und Verkehrsberuhigung als Stadtbegrünung in die Planung ein und konnte so mit der behutsamen Stadterneuerung zur „ökologischen Stadterneuerung" verschmelzen.

Quellen: Claaßen, K.: Die Stadt, Braunschweig 2013, S-38 / Heineberg, H.: Stadt geographie S.134 f., Paderborn 2006. ***Anmerkung: Genauere Thematisierung der Suburbanisierung anhand des Raumbeispiels Chicago auf S. 206 – 207***

M7 Leitbilder der Stadtentwicklung in den 1970er-Jahren

Als räumliche Ordnungsprinzipien der nachhaltigen Stadtentwicklung werden u. a. drei Punkte diskutiert:

1. **Dichte im Städtebau,** d. h. die Schaffung kompakterer und dennoch hochwertiger baulicher Strukturen, die ein Ausufern der Siedlungen in die Fläche verhindern sollen [...], durch bessere Ausschöpfung und Erweiterung von Nutzungspotentialen im bereits bebauten Bereich der städtischen Innenentwicklung. Die nachhaltige Stadtentwicklung setzt also in der Flächen-, Gewerbe- und Wohnungspolitik auf die Entwicklung des Bestandes: „Renovierung, Instandsetzung und Umwidmung vorhandener Gebäude sowie Flächenrecycling und Verdichtung [...]."
2. **Nutzungsmischung,** d.h. Ziel [...] ist u. a. die funktionale Mischung innerhalb von Stadtquartieren durch Verflechtungen von Wohnen und Arbeiten, aber auch von Versorgung und Freizeit [...]. Von Bedeutung sind auch die Förderung sozialer Mischungen [...]. Die „Kompakte Stadt" oder auch die „Stadt der kurzen Wege" [...] kann auch zur Reduzierung des motorisierten Individualverkehrs [...beitragen].
3. **Dezentrale Konzentration:** dadurch können der anhaltende Siedlungsdruck im Umland der Städte auf ausgewählte Siedlungsschwerpunkte gebündelt und etwa auch eine größere Tragfähigkeit des ÖPNV erreicht werden. [...]
Diese Strategien [...] erfordern eine Beteiligung bzw. Partizipation von Akteuren aus Politik, Verwaltung, Wirtschaft und Bürgerschaft, wie es von den Lokalen Agenden 21 gefordert wird.

Quelle: Heineberg, H.: Stadtgeographie, Paderborn 2006, S.129 ff.

M9 Das Leitbild der nachhaltigen Stadtentwicklung, formuliert auf Grundlage der Beschlüsse auf der Konferenz der Vereinten Nationen für Umwelt und Entwicklung im Jahr 1992 in Rio de Janeiro

1970er- und 1980er-Jahre
Behutsamer Stadtumbau M7/ Ökologische Stadterneuerung

1990er-Jahre bis zur Gegenwart
Nachhaltige Stadtentwicklung M9

Funktionale Gliederung von Städten in Europa

Viele Funktionen, eine Stadt – Köln

Im Mittelalter waren die Funktionen Wohnen und Arbeiten in der Stadt auf engem Raum vermischt. In den vorangegangenen beiden Jahrhunderten war das Zusammenspiel dieser Funktionen einem mehrfachen räumlichen Wandel unterlegen. Inwiefern war die Stadtplanung an diesem Wandel beteiligt und warum hat sich dieser Wandel vollzogen?

1. Stellen Sie anhand der städtebaulichen Leitbilder die räumlichen Veränderungen bezüglich Arbeiten und Wohnen seit dem Beginn der Industrialisierung dar.
2. Erläutern Sie den Wandel der Funktion Arbeiten im nordwestlichen Teil der Kölner Innenstadt (M7, M8, S. 187 M6).
3. Erläutern Sie die regionale, nationale und internationale Verkehrsfunktion der Stadt Köln (M8, Atlas).
4. Ⓦ Kennzeichnen Sie Köln und seine Funktionen in Form
   A eines Artikels in einer Wirtschaftszeitung inklusive Überschrift und einleitendem Anrisstext (M3–M8).
   B eines Werbetextes für ein Reisemagazin (M8, Internet).
5. Erklären Sie das aktuelle Prinzip der Nutzungsmischung im Rahmen des Leitbildes der „nachhaltigen Stadt" (M7, M9, S. 189 M9, Internet).
6. Recherchieren Sie den aktuellen Stand der Stadtentwicklung bezüglich des Heliosgeländes und erläutern Sie die Zusammenhänge zwischen Nutzungsmischung und Partizipation im Sinne des Leitbildes der „nachhaltigen Stadt" (M9, S. 189 M9, Internet).
7. Ⓩ Stellen Sie in einer Skizze Räume mit Funktionsmischung und solche mit einer funktionalen Trennung eines Ausschnittes Ihrer Heimatstadt dar.

→ Daseinsgrundfunktion, Funktionstrennung, Funktionswandel, Nutzungsmischung, Partizipation

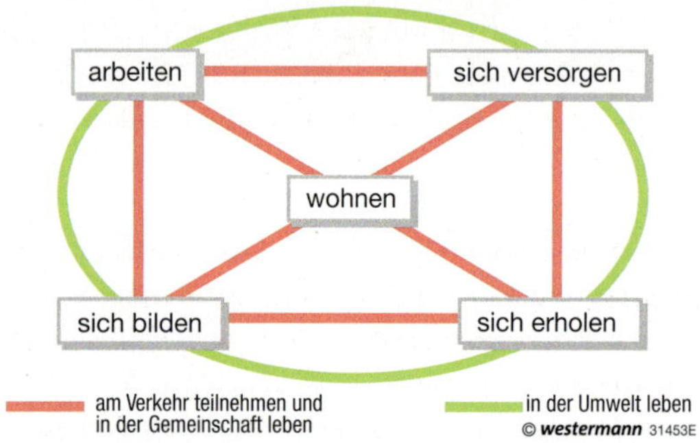

M1 Daseinsgrundfuktionen

Im Rahmen des rasanten Städtewachstums unserer Städte und Stadtregionen konnten sich Entmischungsprozesse ungebremst entwickeln. Es handelte sich dabei um die zunehmende Deintegration der einst eng verflochtenen Funktionsstandorte Wohnen, Arbeiten, Versorgen und Freizeit. Beispiele dafür sind: Einfamilienhausviertel ohne Versorgungs- und Arbeitsfunktion sowie insbesondere Einkaufszentren auf der „Grünen Wiese", Bürostandortdekonzentration [...] oder kommerzielle Sportangebote, die in der Regel für Nutzer nur mit dem Pkw erreichbar sind.

Quelle: Heineberg, H.: Stadtgeographie, Paderborn 2006, S. 52f

M2 Das Erbe des Funktionalismus im Städtebau

Große Flächen Kölns (1,017 Mio. Einwohner) – sowohl in der Altstadt, in Gründerzeitvierteln als auch in durch Suburbanisierung gewachsenen Stadtteilen – sind vornehmlich durch die Funktion Wohnen geprägt. In der City und in sonstigen durch Einzelhandel geprägten Quartieren findet Wohnen ausschließlich in höheren Etagen statt.

M3 Die Wohnfunktion in Köln

Von den aktuell rund 145 000 Mitgliedsunternehmen der Industrie- und Handelskammer, deren Bezirk über die Fläche der Stadt Köln hinaus geht, entfallen etwa 118 000 auf die kleinsten Unternehmen mit bis zu neun Beschäftigten. Die mittleren Unternehmen mit bis zu 250 Beschäftigten (2,8 Prozent) und die Großunternehmen mit mehr als 250 Beschäftigten (0,7 Prozent) vereinen dagegen gerade einmal 3,5 Prozent der Unternehmen. Öffentliche Arbeitgeber, wie beispielsweise Stadt, Bundeswehr, Universität oder WDR, sind nicht berücksichtigt. Laut Experten genießt die Medienmetropole Köln national wie auch international einen hervorragenden Ruf, da sie sich durch eine große Kreativität und Vielfältigkeit auszeichnet.

M4 Facetten der Funktion Arbeiten in Köln

Mit mehr als 300 Schulen und 13 Hochschulen ist Köln als Bildungsstandort bestens aufgestellt. Vom ersten Schuljahr bis zum akademischen Abschluss bieten Kölner Bildungseinrichtungen vielfältige Möglichkeiten, sich auf das spätere Berufsleben vorzubereiten. Eine enge Verbindung zu Unternehmen ist dabei gerade bei den Hoch- und Fachhochschulen sehr gefragt.

Quelle: Stadt Köln, Der Oberbürgermeister, Amt für Wirtschaftsförderung

M5 Bildungsstandort Köln

Einzelhandels- und Zentrenkonzept

- Sicherung und Stärkung der Geschäftszentren in ihrer Versorgungsfunktion,
- Erhaltung der gewachsenen polyzentrischen Zentrensysteme,
- Sicherung und Ausbau der wohnortnahen Versorgung,
- Förderung der Attraktivität des Einzelhandelsstandorts Köln als Oberzentrum der Region,
- Steuerung der Ansiedlung von Einzelhandelsbetrieben,
- Berücksichtigung von Sonderentwicklungen im Einzelhandel sowie der Folgen des demographischen Wandels.

M6* Die Versorgungsfunktion in Köln

M7 Funktionswandel – Güterbahnhof Gereon 1927 (S. 187 M6) und Mediapark heute

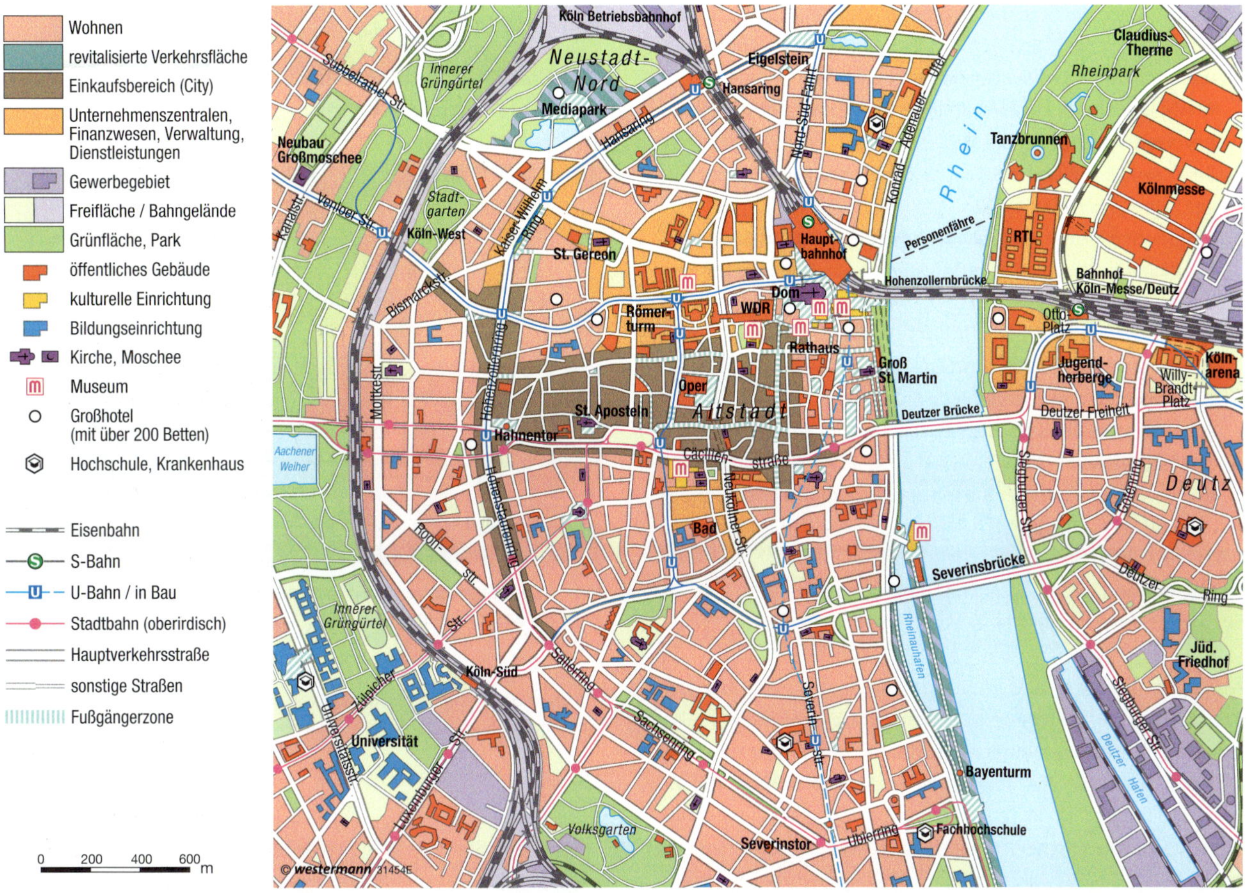

M8 Funktionen der Kölner Innenstadt

2008: [Die Kölner Unternehmensgruppe] Bauwens übernimmt [mit einem Partner] das 40 000 m² Helios-Areal [...]. Nach einiger Zeit wird bekannt, dass die Eigentümer planen, ein großes Shoppingcenter zu bauen. Das weckt Widersprüche und Zweifel in der Bevölkerung und der Kölner Politik.

Mai 2010: Die Bürgerinitiative Helios (kurz: BI Helios) gründet sich, um organisierten Widerstand gegen die Pläne der Areal-Eigentümer zu leisten.

September 2010: Bei einer öffentlichen Versammlung der BI werden die von ihr verfolgten Ziele klar definiert: „Keine Shopping Mall! Bürgerbeteiligung jetzt! An die Veedelsstruktur angepasste Entwicklung – für ein lebenswertes Ehrenfeld!"

November 2010: Der Stadtentwicklungsausschuss beschließt die Durchführung einer Bürgerbefragung zur Entwicklung der Planungsziele für das Helios-Gelände.

Dezember 2010: Die Universität zu Köln äußert die Idee, auf dem Areal eine „Inklusive Universitätsschule" zu errichten. [...] Dieses Konzept stößt sowohl in den Reihen der Bürger als auch in großen Teilen der Kölner Politik auf Zustimmung.

Februar 2012: Das Ergebnis der Bürgerbefragung liegt vor: Die Bürger möchten auf dem Gebiet einen Mix aus Kultur (24 %), Grün (22 %), Kreativ (13 %), Feiern (13 %), Wohnen (12 %), Schule (8 %), Gewerbe (4 %), Einkaufen (4 %).

November 2012: Bauwens gibt bekannt, dass es die Anteile am Helios-Gelände von seinen Geschäftspartnern zurückgekauft hat. „[...] Dieses erhebliche wirtschaftliche Engagement geschieht im Vertrauen auf die von Seiten der Politik und Verwaltung zugesagte zügige Behandlung der anstehenden Themen – vor allen Dingen eine eindeutige Positionierung hinsichtlich der Schulfrage", heißt es in einer Pressemitteilung. Damit ist das Einkaufszentrum endgültig vom Tisch.

Januar 2013: Bauwens [...] hat eine Abrissgenehmigung für einen Teil der Gebäude an der Heliosstraße beantragt. Dies sei erforderlich, da der Boden in Teilen [...] kontaminiert sei und diese Altlasten beseitigt werden müssen.

Quelle: www.koelner.de/blog/2013/03/27/quo-vadis-helios-6425/, Zugriff 07.10.2014

M9 Nutzungsmischung und Partizipation bei der Planung? – Das Heliosgelände in Köln-Ehrenfeld

Sozialräumliche Gliederung von Städten in Europa

Die Boomtown München

München wächst. Allein zwischen 2006 und 2012 hat die Zahl der Einwohner der Landeshauptstadt um 100 000 Personen zugenommen. Hinter dieser nüchternen Zahl steckt aber mehr: Sie resultiert aus einer größeren Zahl von Zuzügen nach München als Wegzügen aus München. Was sind aber die Gründe für die gegenläufige Mobilität?

1. Erklären Sie, welche Faktoren für die sozialräumliche Gliederung einer Stadt herangezogen werden können.
2. Erläutern Sie die Attraktivität Münchens für seine Einwohner und für Unternehmen ausgewählter Branchen (Atlas).
3. Analysieren Sie die sozialräumliche Gliederung der Wohnbevölkerung in München (M7).
4. Erläutern Sie anhand des Raumbeispiels München Prozesse der Segregation (M1–M9).
5. Vergleichen Sie die sozialräumliche Gliederung ausgewählter, möglichst unterschiedlicher Münchener Stadtbezirke miteinander (Internet).
6. Ⓩ Ⓦ Vergleichen Sie die sozialräumliche Gliederung von München mit der von Köln und erläutern Sie dabei Gemeinsamkeiten und Unterschiede anhand
   A der Inhalte der Karten zur sozialräumlichen Gliederung (M7, Atlas).
   B der Aussagekraft der Karten zur sozialräumlichen Gliederung (M7, Atlas).

→ Segregation, sozialräumliche Gliederung

M3 Luxusimmobilie in München

M4 Bedürftige stehen am Stand der Münchener Tafel für Lebensmittel an

München [belegt...] 2013 im Städteranking des Hamburgischen Weltwirtschaftsinstituts den zweiten Platz, dicht hinter Frankfurt am Main. Untersucht wurden die Städte zu ihrer gegenwärtigen ökonomischen Leistungsfähigkeit, zu den Standortfaktoren Bildung, Innovation, Internationalität und Erreichbarkeit sowie zur prognostizierten demographischen Entwicklung. [...] Münchens Stärken lagen besonders bei der Bevölkerungsentwicklung sowie beim Anteil der Beschäftigten in wissensintensiven Wirtschaftszweigen.

Quelle: www.muenchen.de, Zugriff: 01.10.2014

M1 Städteranking des Hamburgischen Weltwirtschaftsinstituts (HWWI) 2013

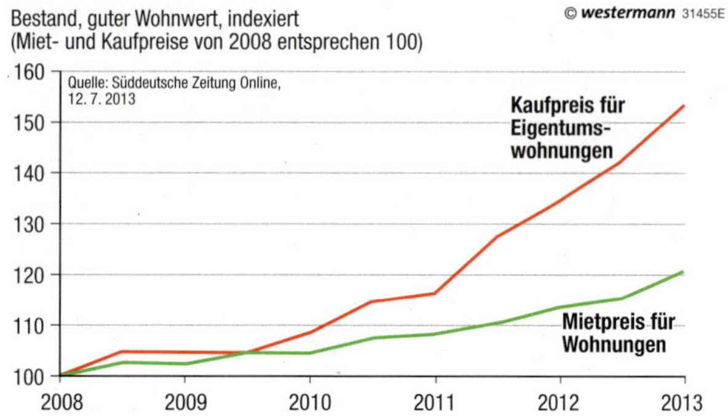

M5 Entwicklung der Wohnungspreise in München

1000 Euro Warmmiete – mehr ist für viele Familien nicht drin. Doch für den Preis findet man in München kaum noch eine Drei- oder Vierzimmerwohnung. Selbst Menschen mit mittlerem Einkommen kämpfen. [...] Die Landeshauptstadt ist laut Mietspiegel die teuerste Kommune Deutschlands, und die Preise im Speckgürtel wachsen in ihrem Schlepptau. Bauflächen sind rar, entlang der S-Bahn-Äste muss man mancherorts pro Quadratmeter – ebenso wie in München – 13,50 Euro für guten, 11,60 Euro für mittleren Wohnwert Kaltmiete hinblättern. Zusehends wird der Landkreis zum Siedlungsraum für Gutverdiener, Mittelschichtler [...] frisst die Pflichtüberweisung an den Vermieter jedoch monatlich ein Loch ins knappe Budget.

Quelle: www.sueddeutsche.de/muenchen/lebenshaltungskosten-die-miete-frisst-das-leben-auf-1.1373108 , 05.06.2012; Zugriff: 01.10.2014

M2 Mietpreise in München

Rund 2500 Euro hat ein Münchner Haushalt netto im Monat, umgerechnet sind das etwa 1.667 Euro pro Kopf – aber die sind höchst ungleich verteilt, auch in den Stadtbezirken. Das geht aus der neuen Bürgerbefragung der Stadt mit 10 055 Teilnehmern hervor [...]. Bürger und Politiker sind sich einig: Die Bilanz macht auch Sorgen. Die Schere geht auseinander: Rund 60 Prozent der Befragten – also eine Mehrheit der Münchner – schätzt die soziale Ungleichheit als zu groß ein. „Die Einkommensunterschiede haben im Vergleich zu 2000 und 2005 sogar noch zugenommen“, schreiben Sozialreferentin Brigitte Meier und Stadtbaurätin Elisabeth Merk in ihrer Analyse. „Die Stärkung der sozialen Integrationskraft der Stadt gehört weiterhin zu den Aufgaben mit hoher Dringlichkeit.“ [...].

Quelle: www.tz.de/muenchen/stadt/muenchen-einkommen-viertel-report-pro-kopf-1519197.html, Zugriff: 01.10.2014

M6 Auszug aus dem Einkommensreport München (2011)

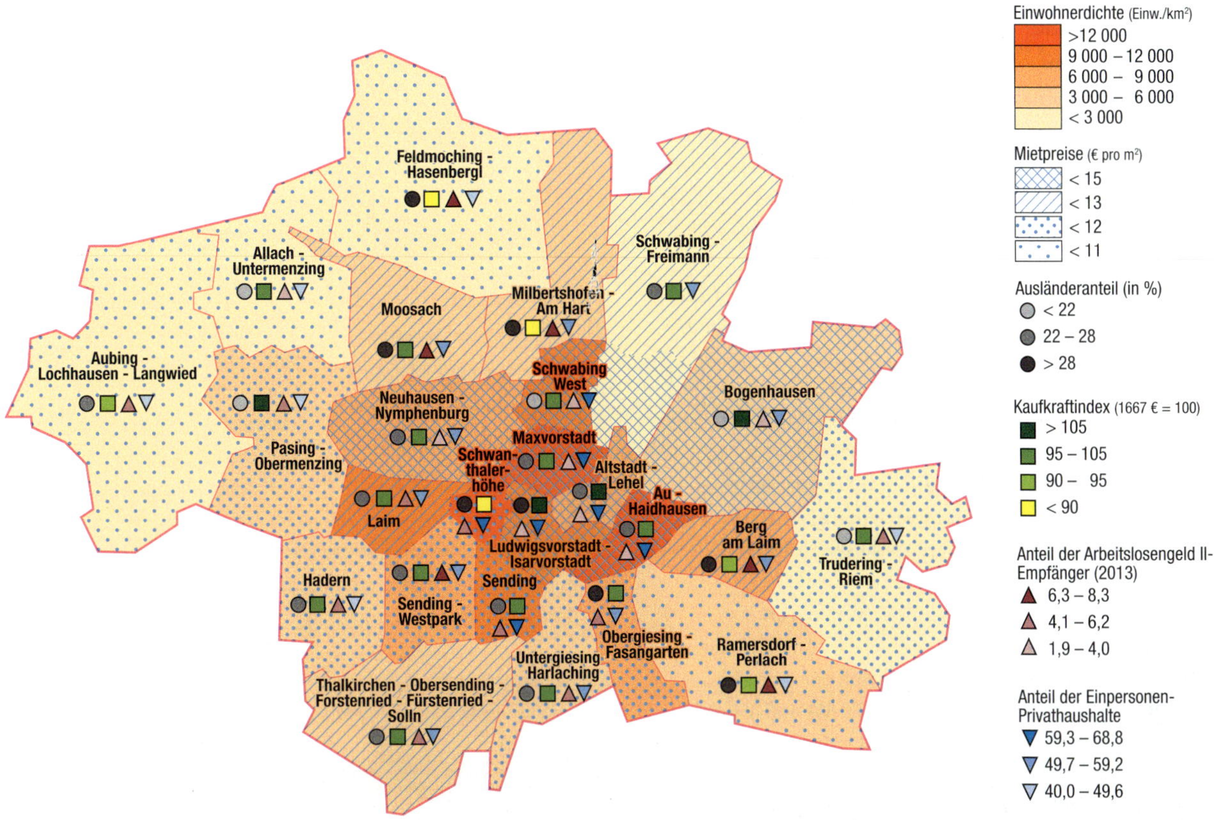

Quelle: Statistisches Amt München

M7 Sozialräumliche Gliederung der Stadt München (2013)

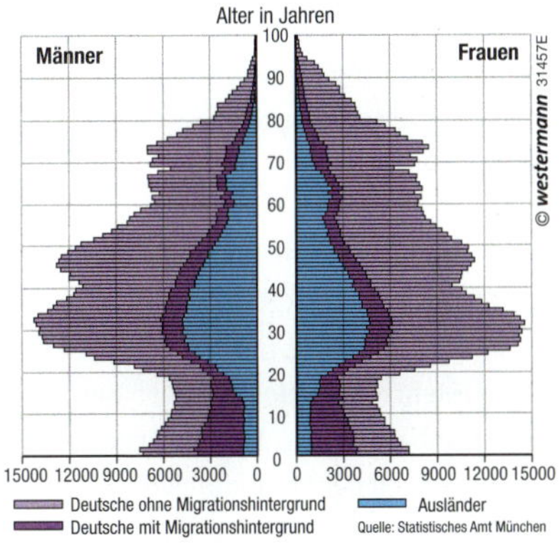

M8 Die Altersverteilung der Münchner Bevölkerung (2013)

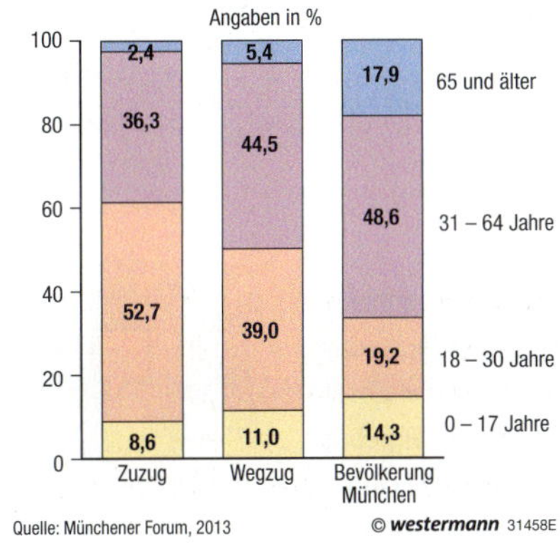

M10 Umzugsbewegungen in München (2013)

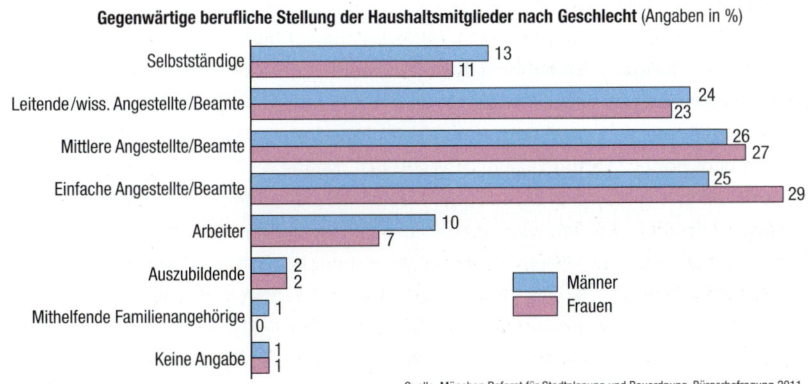

M9 Berufliche Stellung der Münchener Haushaltsmitglieder (2010)

→ Segregation

Der Begriff Segregation bedeutet so viel wie Absondern und Trennen und kennzeichnet sowohl einen Prozess als auch einen Zustand. [...]
Die Bevölkerung separiert sich [...] nach sozialen, demographischen und ethnischen Kriterien. [...] Die gesellschaftliche Differenzierung wird in räumliche Absonderung auf der einen und Konzentration auf der anderen Seite „übersetzt“. [...] Die reiche Bevölkerung, die bestimmte Wohnviertel „in Besitz“ genommen hat, profitiert auch von der möglicherweise sehr guten Verkehrsanbindung, der Lage, der Ausstattung [...] sowie von der gesunden und schönen Umwelt.
Die arme Bevölkerung, die [...] abgedrängt wird, muss zusätzlich die Defizite des räumlichen Kontextes akzeptieren. [...] Die Segregation der Wohnbevölkerung [...] ist eine Folge der Selektionsmechanismen auf dem Immobilienmarkt und der ökonomischen Leistungsfähigkeit der Haushalte. [...] Segregation ist aber nicht nur strukturell bedingt (erzwungene Segregation), sondern besitzt auch den Charakter einer freiwillig gewählten Wohnform. [...]

Quelle: Fassmann, H.: Stadtgeographie, Braunschweig 2009

Stadtentwicklung in Deutschland im Modell

Stadtmodelle der Chicagoer Schule – übertragbar auf Deutschland?

Auch in der Stadtgeographie finden Modelle seit jeher Anwendung. Die physiognomischen, genetischen, funktionalen und sozialräumlichen Gliederungskriterien einer Stadt werden dabei mit unterschiedlicher Aussagekraft und abweichendem Abstraktionsgrad berücksichtigt. Doch weshalb wendet man die Modelle der Chicagoer Schule auf deutsche Städte an? Und: Sind die an dieser Stelle dargestellten klassischen Modelle der Stadtgeographie übertragbar auf die Stadt Köln und andere deutsche Städte?

1. Beschreiben Sie die Modelle der funktionalen Gliederung und erläutern Sie, ob US-amerikanische Modelle auf deutsche Städte angewendet werden können.
2. Analysieren Sie am Modell M4 die Verbindungen zwischen den unterschiedlichen Gliederungskriterien einer Stadt.
3. Ⓦ Wenden Sie in den sechs Schritten zur Auswertung eines Modells (s. Anhang)
   - **A** die Modelle in M2 auf das Raumbeispiel Köln an.
   - **B** das Modell M3 auf das Raumbeispiel Köln an und beziehen Sie kritisch Stellung zur Übertragbarkeit der Modelle.
4. Prüfen Sie die Übertragbarkeit der Modelle M3 und M4 auf die Ihrem Heimatort nächstliegende Stadt. Bedienen Sie sich hierbei auch einer selbst angefertigten Skizze oder eines Screenshots in Google Earth.
5. Ⓩ Erläutern Sie, in welcher Form die Inhalte der Modelle modifiziert werden könnten, um den Realitätsbezug weiter zu verbessern.

→ Chicagoer Schule, Mehrkernmodell, Ringmodell, Sektorenmodell

Die Chicagoer Schule der Soziologie entwickelte nach dem Ersten Weltkrieg ein geschlossenes und theoretisch ausgerichtetes Gedankengebäude über den grundsätzlichen Zusammenhang von gesellschaftlicher und räumlicher Strukturierung. Dieses Gedankengebäude wurde von den Autoren selbst als Sozialökologie (Social Ecology) bezeichnet, womit der zentrale Forschungsgegenstand – nämlich Gesellschaft und deren Lebensraum – zum Ausdruck kommt. [...] Die Chicagoer Schule betrachtet die Stadt als eine Zusammenfassung von sozialräumlichen Einheiten. In diesen sozialräumlichen Einheiten haben bestimmte Bevölkerungsgruppen oder Nutzungen „ihr" Zuhause gefunden. So wie ein Biotop eine ganz spezifische Biotopbevölkerung (=Biozönose) besitzt, so weisen auch Teile der Stadt jeweils ausgesuchte Nutzungen oder Bewohnergruppen auf. Diese Nutzungen oder Bewohnergruppen sind standortadäquat. Wenn externe Rahmenbedingungen die Standorte verändern, dann muss sich die standortadäquate Zusammensetzung der Bevölkerung oder Nutzungen ändern. Jede Änderung der Standortqualität bewirkt Austausch, Verdrängungs- und Nachfolgeprozesse von Nutzungen und Nutzergruppen. Die Sozialökologie betrachtet die innerstädtische Struktur als Ergebnis solcher [...] Prozesse.

Quelle: Fassmann, H.: Stadtgeographie I, Braunschweig 2009

M1 Die Stadtstrukturmodelle der Sozialökologie (Chicagoer Schule)

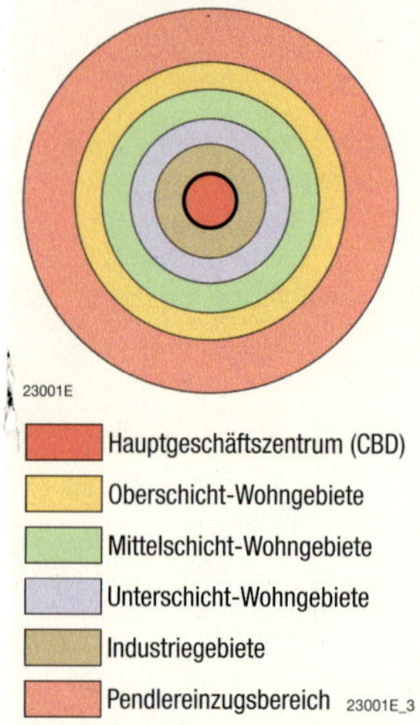

Das Ringmodell

Das 1925 erstmals von dem kanadischen Soziologen Ernest Burgess publizierte Ringmodell ist aufgrund von empirischen Untersuchungen in Chicago entwickelt worden und bildet die Verhältnisse der US-amerikanischen Städte der Zwischenkriegszeit idealtypisch ab. Als Annahmen gelten, dass Städte sich unter dem Einfluss der Konkurrenz um Standortvorteile ständig verändern. Die Stadt dehnt sich in konzentrischen Ringen aus, bleibt aber strukturell gleich. [...] Als Regelhaftigkeit beschreibt das Modell eine Gliederung der Stadt in homogene Ringe um den CBD [Central Business District, das Geschäftszentrum].

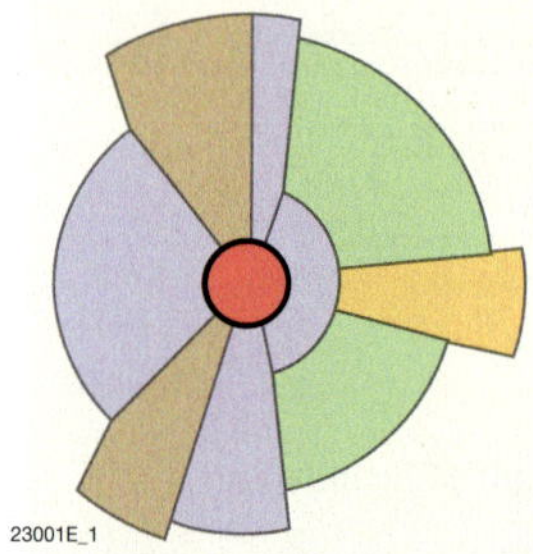

Das Sektorenmodell

Das 1939 publizierte Sektorenmodell von Homer Hoyt, einem Schüler von Burgess, basiert auf empirischen Untersuchungen zur Höhe der Mietpreise in dreißig US-amerikanischen Städten. Es geht von der Annahme aus, dass die Stadtentwicklung von den Effekten der großen Verkehrsachsen [...] sowie vom Wohnstandortverhalten der statushöheren Bevölkerung bestimmt wird. Die Stadt ist in homogene Bänder/Sektoren entlang der Verkehrsachsen und Transportwege gegliedert. [...]

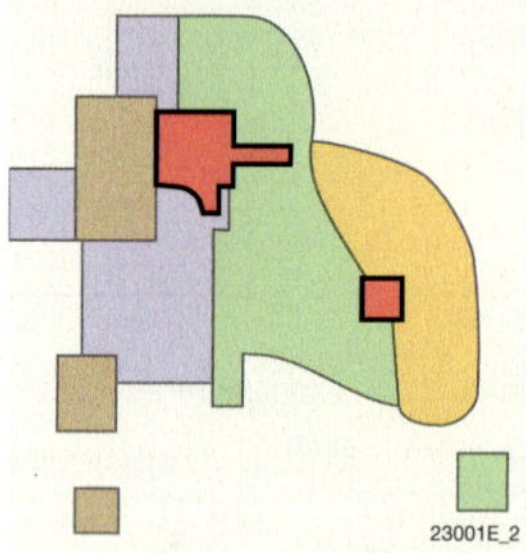

Das Mehrkernmodell

Das 1945 von Chauncy D. Harris und Edward L. Ullman publizierte Mehrkernmodell geht von der Annahme aus, dass die Strukturierung der Stadt durch die Anordnung der Arbeitsplätze ausgelöst wird. Die Wohngebiete der Arbeiter hängen mit den industriellen Zentren einer Stadt zusammen, ebenso wie die Wohngebiete der mittleren und höheren Angestellten mit der Verteilung der Dienstleistungsarbeitsplätze. Damit wird das Prinzip der funktionalen Arbeitsteilung als neues Kriterium neben dem bisherigen Prinzip der sozialen Differenzierung der Wohngebiete beachtet. Die Stadt ist damit durch eine Reihe von sich ständig verändernden und wachsenden Kernen gekennzeichnet. Das traditionelle Stadtzentrum kann den gewerblichen Bedarf nicht mehr decken. Es entstehen Nebenzentren mit Büros und Geschäften am Stadtrand sowie funktionale Cluster unterschiedlicher, miteinander in Beziehung stehender Nutzungen. [...]

Quelle: de Lange, E., Weiss, S.: Die Stadtmodelle der Chicagoer Schule, in: Praxis Geographie extra, Modelle in der Geographie, Braunschweig 2014, S.18ff

M2 Die Stadtmodelle der Chicagoer Schule

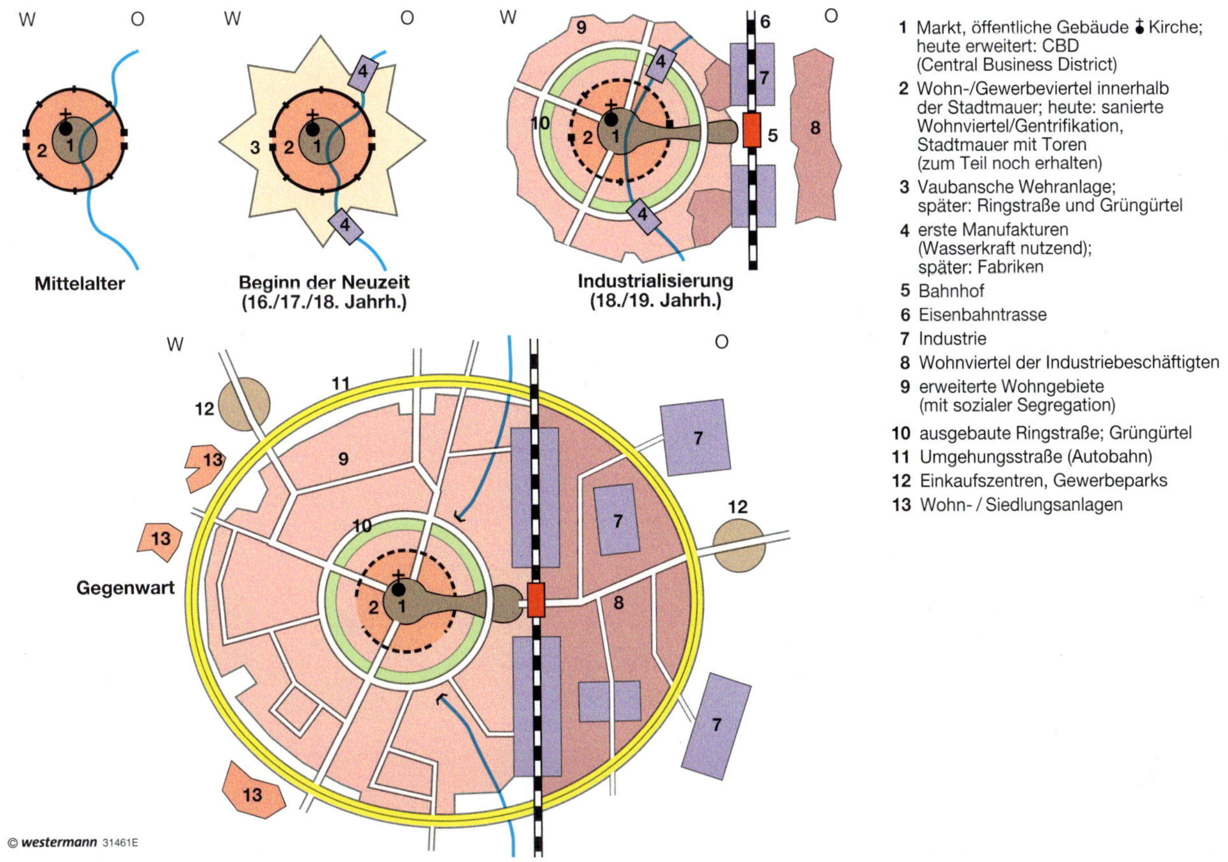

M3 Entstehungs- und Gliederungsmodell der deutschen Stadt

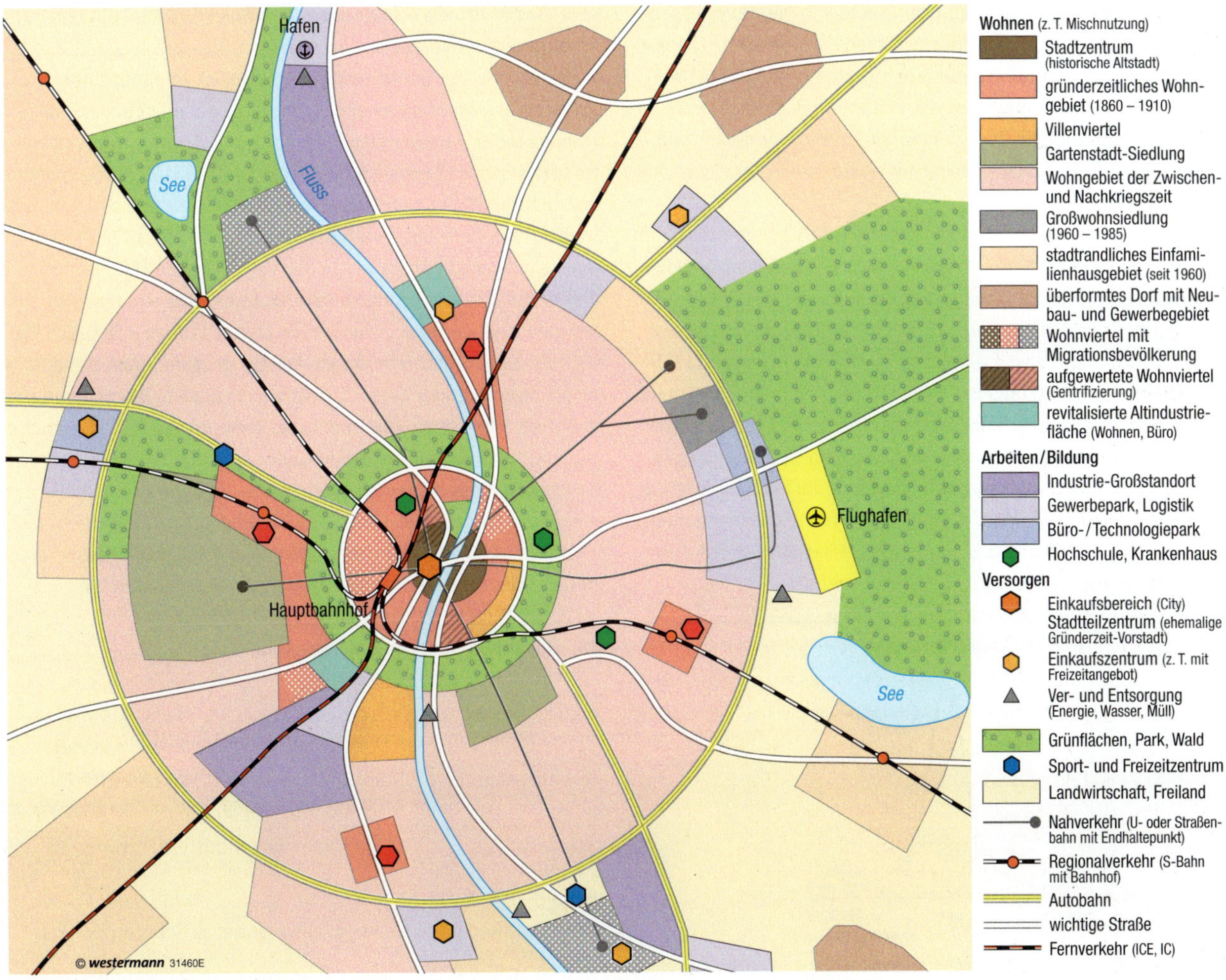

M4 Stadtmodell für Deutschland

Dienstleistungsschwerpunkt City

In der Innenstadt von Bremen

Die in Cities erkennbaren physiognomischen und funktionalen Merkmale sind in Mitteleuropa das Resultat eines historischen Prozesses, der als Citybildung bezeichnet wird. Wie sind heutige Cities strukturiert und welche Zukunftsperspektiven ergeben sich beispielsweise für die City von Bremen?

1. Beschreiben Sie die Merkmale einer City (M1–M2, M4, M8).
2. Erklären Sie, inwieweit die Anforderungen von unternehmens- und kundenorientierten Unternehmen an einen potenziellen Standort voneinander abweichen (M1–M9).
3. Beschreiben Sie die geographische Lage von Bremens City (M3).
4. Ⓦ Erläutern Sie die Standortfaktoren der City Bremens
   A für den Einzelhandel (M2–M5, M7–M9).
   B für unternehmensorientierte Dienstleister (M1–M4, M6).
5. Recherchieren Sie Informationen zur Bremer Überseestadt und bewerten Sie deren Chancen als Erweiterungsraum der City Bremens (Internet).
6. Ⓩ Erklären Sie die negativen Folgen des Prozesses der Citybildung (M1, M2, M4, M8).

→ City, Filialisierung, personenbezogene Dienstleister, unternehmensorientierte Dienstleister

Im deutschen Sprachgebrauch entspricht die City dem städtischen Teilraum mit der höchsten baulichen Dichte sowie der höchsten Konzentration an tertiären [...] Arbeitsplätzen. Sie liegt auch [...] meist in der „Mitte“, im zentralen Bereich der Stadt. Andere Bezeichnungen, die nicht strikt synonym zu gebrauchen sind, aber dennoch in dieselbe Richtung zielen, sind der Stadtkern, die Innenstadt und – wenn die Stadtmitte tatsächlich mit dem historischen Kern identisch ist – die Altstadt. [...]
Es werden in der Regel jene Funktionen in der City konzentriert, die ein relatives Maximum an Umsätzen pro Flächeneinheit erzielen, eine besondere öffentliche Bedeutung besitzen oder das spezifische Prestige der City für sich beanspruchen. In der City finden sich öffentliche Einrichtungen [...], aber auch Kultureinrichtungen. [...] Die heute erkennbaren physiognomischen und funktionalen Merkmale sind das Ergebnis eines in Europa bereits historischen Prozesses, der als Citybildung bezeichnet wird. Darunter ist ein charakteristischer Funktionswandel der Innenstadt zu verstehen, der zur Verdrängung der Wohnbevölkerung und des umsatzschwachen Einzelhandels und Gewerbes führt. Die frei gewordenen [...] Flächen werden durch „Produktionsorte“ des tertiären [...] Sektors gefüllt.
Quelle: Fassmann, H.: Stadtgeographie I, Braunschweig 2009, S. 166ff

M1 Citybildung und Merkmale der City

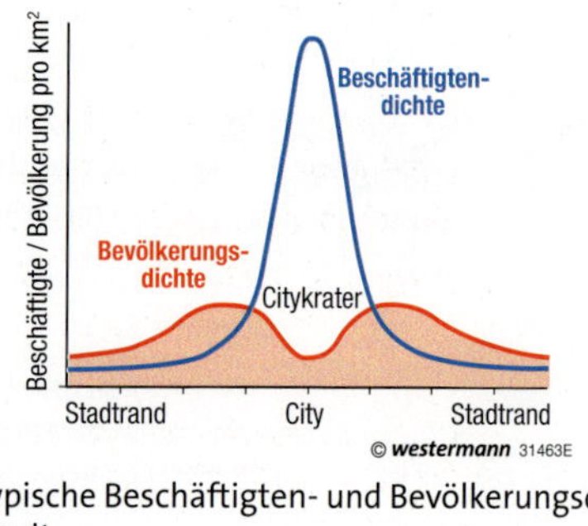

M2 Idealtypische Beschäftigten- und Bevölkerungsdichte einer Großstadt

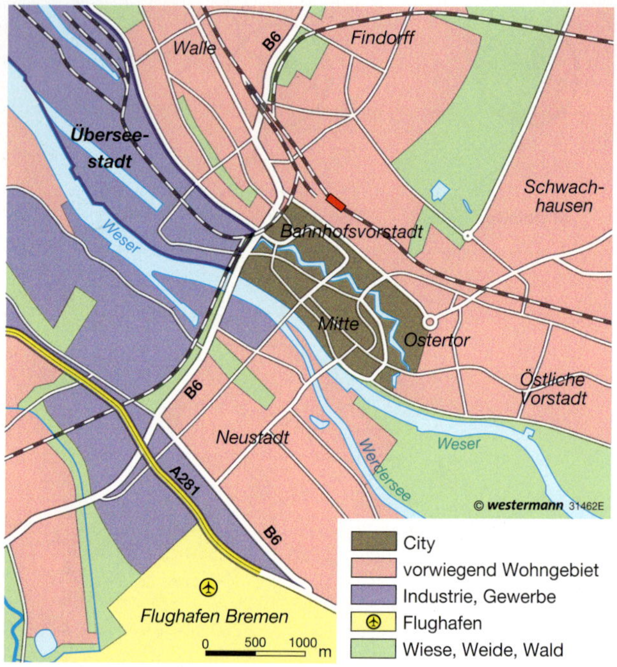

M3 Die Innenstadt Bremens

Die Lage einer Immobilie innerhalb einer Stadt bestimmt über die Lagerente den Kauf- und Mietpreis. Diesen Kauf- und Mietpreis werden nicht alle Nachfrager bezahlen wollen und können. Mit dem Kauf- und Mietpreis erfolgt daher eine Selektion der Nutzung oder der Nutzergruppen. [...]
Manche Nutzungsformen sind auf Immobilien im Stadtzentrum angewiesen und bereit, eine hohe Lagerente zu bezahlen, andere Nutzergruppen ziehen dagegen den Stadtrand vor. [...] Der Einzelhandel und der spezialisierte Dienstleistungssektor benötigen viele Konsumenten und müssen daher einen Standort wählen, der gut erreichbar ist. Das Stadtzentrum oder ausgewählte Knotenpunkte mit guter Erreichbarkeit stellen geeignete Standorte dar. Viele potenzielle Konsumenten können rasch das Zentrum oder die Knotenpunkte erreichen und sorgen möglicherweise für hohe Erträge. Dazu kommen jene Geschäfte, Institutionen und Betriebe, die aus Prestigegründen einen Standort in der prestigeträchtigen Innenstadt vorziehen (Banken, Versicherungen, aber auch Ministerien, Parlament und Regierungssitz). [...] Geschäfte mit Luxusartikeln oder mit einem sehr speziellen Angebot werden Standorte mit guter Erreichbarkeit öfter nachfragen als Geschäfte mit einem Normalsortiment. Große Geschäfte benötigen aus betriebswirtschaftlichen Gründen mehr Konsumenten und müssen daher abermals größeres Gewicht auf eine gute Erreichbarkeit legen als kleine. [...]
Quelle: Fassmann, H.: Stadtgeographie I, Braunschweig 2009, S. 149

M4 Bodenpreis und Nutzungsselektion

Hauptzentrum	historisches Stadtteilzentrum als Einkaufscity oder dominantes Stadtteilzentrum
Nebenzentrum	Stadtteilzentrum bzw. Nahbereichszentrum im Umland
Städtebaulich integriertes Einkaufszentrum	in Funktion eines Stadtteilzentrums
Zentrum auf der „grünen Wiese“	versorgungsorientiert/erlebnisorientiert

M5 Einzelhandelsstandorte

„Bremen ist ein kleines Land. Und das ist Ihr Vorteil. Denn so viele unterschiedliche Entscheidungsträger aus Wirtschaft, Wissenschaft und Politik zusammen auf nur 327 km² Fläche können nur einen äußerst fruchtbaren Brain-Pool ergeben. Und dieser profitiert von den kurzen Entscheidungswegen eines kleinen Bundeslandes. Das heißt: Entscheidungen fallen schneller, Ideen werden leichter umgesetzt, Kooperationen sind unkomplizierter. Kurz: Ziele werden schneller erreicht. Nähe macht sich bezahlt."

M6 Shortway-City – Aus einer Imagekampagne der Wirtschaftsförderung Bremen GmbH

Der innerstädtische Einzelhandel	Geschäftsfläche		Verkaufsfläche	
	m²	%	m²	%
Bücher/Papierwaren/Druckerei	13718	6,4	10700	6,7
Wellness/Parfüm/Frisör	12886	6,0	9664	6,0
Lebensmittel	11386	5,3	7970	5,0
Apotheke/Drogerie/Optiker	6679	3,1	5009	3,1
Blumen/Souvenirs/Tabakwaren	1959	0,9	1469	0,9
kurzfristiger Bedarf	46628	21,7	34812	21,7
Bekleidung	72350	33,7	56433	35,1
Schuhe	14535	6,8	11047	6,9
Sport/Spielwaren	7710	3,6	6014	3,7
mittelfristiger Bedarf	94595	44,1	73494	45,7
Einrichtung/Wohnen	32388	15,1	23319	14,5
Elektro/HIFI/Foto	18535	8,6	12604	7,8
Schmuck/Schirme/Taschen	6545	3,0	4189	2,6
Reisen	4814	2,2	3755	2,3
langfristiger Bedarf	62282	28,9	43867	27,2
Leerstand	11441	5,3	8580	5,4
Einzelhandel gesamt	214946	100,0	160753	100,0

Quelle: Bremen City Report 09/10, Zugriff 09.10.2014

M7 City Bremen – Innerstädtischer Einzelhandel (2010)

Verteilung der Mietflächen nach Branche	m²	%
Einzelhandel	214946	17,0
Dienstleistungen	179309	14,1
Wohnen	185567	14,7
Öffentliche Verwaltung/Einrichtung	133196	10,5
Banken/Finanzen	121703	9,6
Parken	121037	9,6
Versicherungen/Wirtschaftsprüfer/Steuerberater/Unternehmensberater	89424	7,1
Logistik/Reederei	68906	5,4
Gastronomie/Hotel	67337	5,3
Rechtsanwälte/Notare	38050	3,0
Architekten/Bau/Immobilien	21641	1,7
Ärzte/Medizin	13207	1,0
Sonstiges	12683	1,0
Gesamt	1267306	100,0

Quelle: Bremen City Report 09/10, Zugriff 09.10.2014

M9 City Bremen – Verteilung Mietflächen nach Branchen (2010)

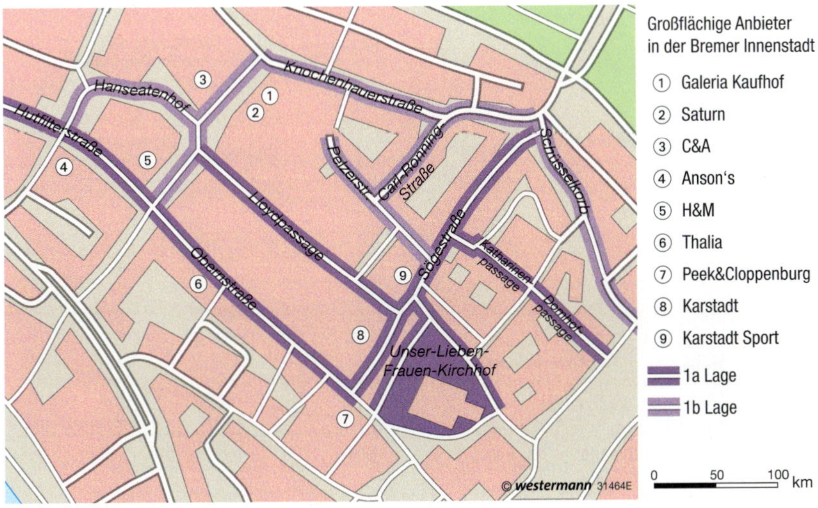

M8 Großflächige Einzelhandelsanbieter in der Bremer City (2013)

→ Filialisierung

Die großen Handelsketten dominieren immer mehr Einkaufsmeilen deutscher Städte. [...] Dortmund hat mit seinen 74,6 Prozent weiterhin den größten Filialistenanteil [in Deutschland], gefolgt von Bremen (72 Prozent) und Nürnberg (70,3 Prozent). Berlin belegt nun Platz 4. [...] „Die Filialisierung in den Innenstädten ist ein Zeichen unserer Zeit und spiegelt das Konsumverhalten wider. [...] In manchen Innenstädten ist deshalb eine gewisse Monotonie des Handels nicht zu übersehen", räumt [...] ein Handelsexperte ein.

Quelle: Schwaldt, N.: Die Welt, www.welt.de/finanzen/article13368161/Ladenketten-erobern-Einkaufsmeilen-der-Staedte.html, 12.05.2011

Wohnen im Kern der Stadt

Der Schmelztigel Berlin-Kreuzberg

Berlin hat trotz seiner Attraktivität im Vergleich zu anderen Großstädten ein niedrigeres Einkommensniveau. Kreuzberg in der Mitte Berlins war über viele Jahre zudem das „Auffangbecken" für die frisch angekommenen „Gastarbeiter". Als in den 1960er-Jahren viele türkische Arbeitskräfte in die Stadt zogen, verfiel der Bezirk gerade nach dem Bau der Berliner Mauer zu einem Randgebiet, das Privatpersonen und Geschäftsleuten wirtschaftlich wenig zu bieten hatte. Heute hingegen ist Kreuzberg für unterschiedlichste soziale Gruppen plötzlich interessant geworden. Was sind die Ursachen dieser Trendwende und welche Prozesse sind die Folge?

1. Stellen Sie die Sozialstruktur von Berlin-Kreuzberg dar (M1–M4, M8).
2. Erklären Sie den Prozess der Gentrifizierung in Berlin-Kreuzberg (M1–M11).
3. Ⓦ Kennzeichnen Sie den Wohnwert von Berlin-Kreuzberg
   A aus Sicht der Alteingesessenen (M3–M4).
   B aus Sicht der Gentrifier (M8).
4. Nehmen Sie kritisch Stellung zur Frage: Wem gehört die Stadt, den Bewohnern oder den Investoren?
5. Erörtern Sie den Prozess der Gentrifizierung.
6. Ⓩ Erläutern Sie die räumliche Verlagerung der Pionierphasen in Berlin in einem zeitgeschichtlichen Zusammenhang (M10, Atlas).

→ Gentrifizierung, Gründerzeit

Berlin ist eine Stadt der Superlative, jedenfalls für deutsche Verhältnisse: Hauptstadt, größtes deutsches urbanes Zentrum und Metropole mit internationalem Flair. [...] Hier steht der Punk neben dem Geschäftsmann auf dem U-Bahnsteig, relaxt der einzelne Alternative neben der türkischen Großfamilie im Park, und kommunizieren Autofahrer mit Straßenartisten. Das Leben nach den eigenen Vorstellungen und die vielfältigen Möglichkeiten, Gleichgesinnte zu finden, sind wohl das größte Plus von Berlin. [...] „Mittendrin" in der Szene ist man im Prenzlauer Berg, im Friedrichshain und in Kreuzberg. [...] Das wahre Leben spielt sich auch in Berlin nicht auf der Ebene eines abstrakten Metropol-Begriffs ab, sondern in den Kiezen. Das sind die unmittelbaren Lebensumfelder mit Eckkneipe, Kaufhalle, Bäcker, Apotheke und Dönerladen. Allerdings haben die meisten Kiezbewohner ein herzlicheres Verhältnis zu dem Currywurst-Budenbesitzer ihres Vertrauens als zu ihrem Wohnungsnachbar. Die Anonymität des Wohnens ist in Berlin sprichwörtlich und wird nur durch alternative Innenhöfe aufgebrochen.

Quelle: www.in-berlin-brandenburg.com, Zugriff 09.10.2014

M3 Vor- und Nachteile vom Leben in Berlin

Kreuzberg ist sehr beliebt und hat [...] einen enormen Zuzug. [Es hat] Studenten, Bildungsbürger und Künstler seit jeher als Zeichen der Ablehnung einer Monokultur zu einem der buntesten Teile Berlins hingezogen. [...] Gemeinsam mit Migranten ist in Kreuzberg ein Miteinander möglich geworden, das nahezu allen Unterschieden getrotzt hat.

Quelle: www.zdf.de/forum-am-freitag/berlin-kreuzberg-wird-schick-24312408.html, Zugriff 09.10.2014

M4 Kreuzberg ist bunt

M1 Protest an einer Hauswand in Berlin-Kreuzberg

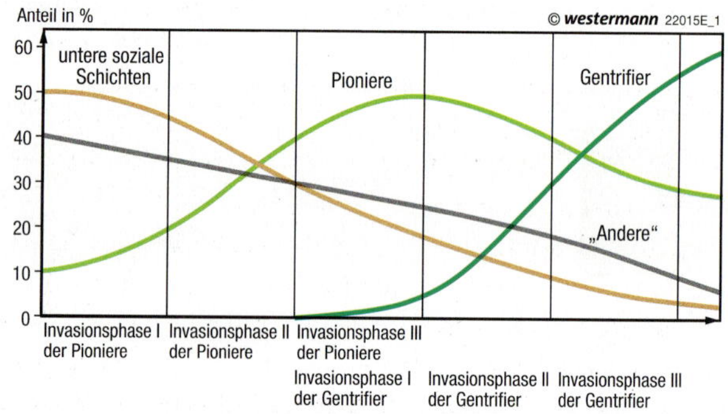

M5* Modell der Gentrifizierung

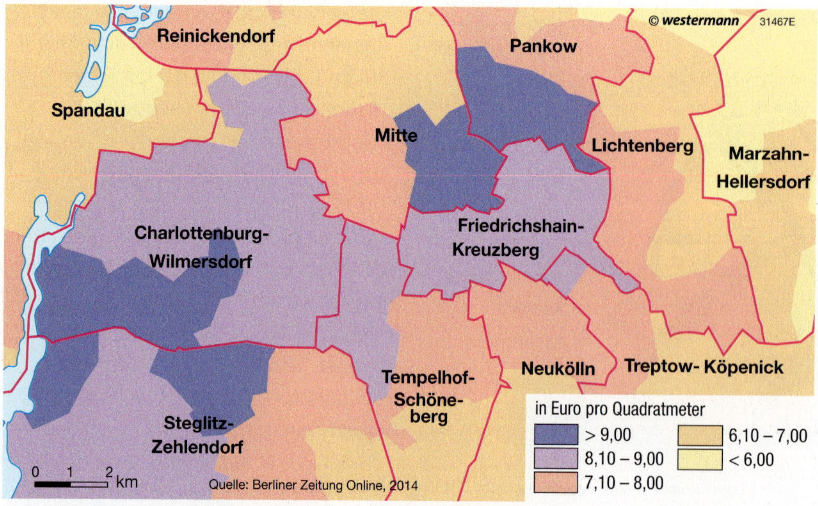

M2 Angebotsmieten Berlin (2013)

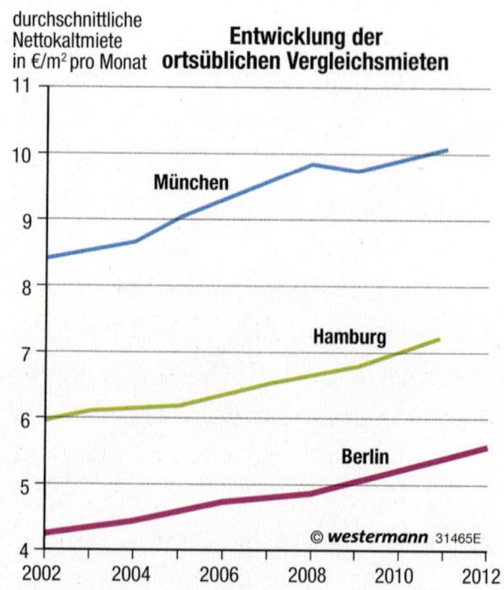

M6 Die Entwicklung ortsüblicher Vergleichsmieten

Phasen der Kulturentwicklung	Art der Akteure	urbaner und wirtschaftlicher Kontext	Art der entstehenden Orte
1. Aneignung	Künstler, Randgruppen, Hausbesetzer, Studenten	Viertel in zentraler Lage, fehlendes wirtschaftliches Interesse	besetzte Häuser, Nischen (ehemalige Fabriken, Lager, Keller)
2. Aufwertung	Künstler, Kreative, Vereine	sanfte Renovierung, Legalisierung	Undergroundclubs, Off-Theater, Ateliers, Cafés
3. Gentrifizierung	Bauunternehmer, Yuppies, Kulturprofis	Sanierung, steigende Grund- und Mietpreise	Lofts, Restaurants, Galerien
4. Sterilisierung	Yuppies, Medienelite, Journalisten, Freiberufler	Herausbildung neue „In-Viertel", hohe Mieten	Bars, Spezialgeschäfte (Mode, Design)

▷ **M9** Kulturentwicklung durch Gentrifizierung

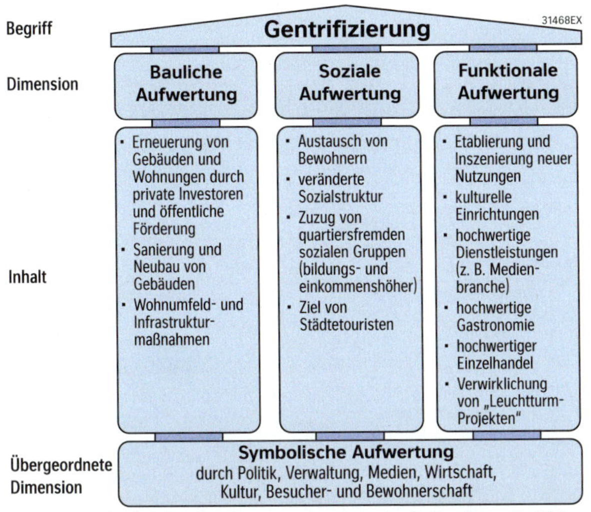

Quelle: Krajewski, C: Urbane Transformationsprozesse in zentrumsnahen Stadtquartieren – Gentrifizierung und innere Differenzierung am Beispiel der Spandauer Vorstadt und der Rosenthaler Vorstadt in Berlin. (Münstersche Geographische Arbeiten, Bd. 48), Münster 2006, S. 62.

M7 Dimensionen der Gentrifizierung

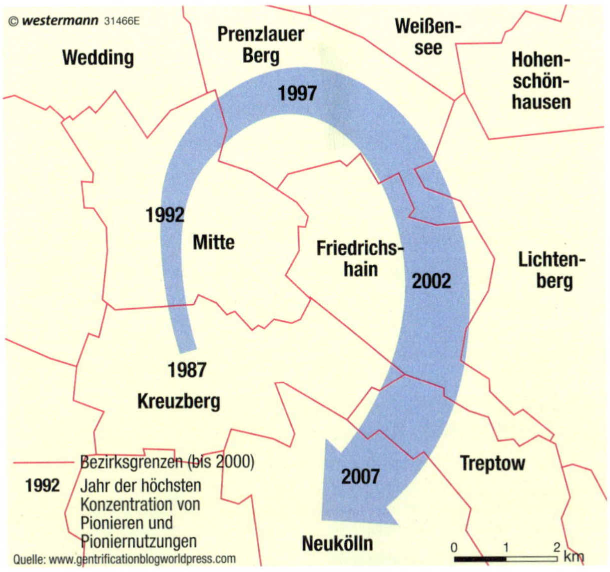

M10 Räumliche Verlagerung der Pionierphasen der Gentrifizierung

In den 1940er-Jahren funktionierten clevere Bauherren in New York City und London leer stehende Hallen, Dachböden, Speicher, Fabrikhallen und Industriegebäude zu Wohnzwecken um. [...] Auch in Berlin steigt die Nachfrage nach diesem beliebten Wohnmodell – und die Landeshauptstadt hält Angebote mit passender Ausstattung bereit. [...] Im aufstrebenden Stadtteil Berlin-Kreuzberg etwa schaffen Architekten in alten Fabriken imposantes, ideenreiches Wohnambiente. Den exklusiven Touch charmanter Individualität erhalten die Lofts durch bis zu vier Meter hohe Decken, riesige Terrassen und geräumige Zimmer [...] Das großzügige Raumangebot bietet ausreichend Stellplatz für extravagante Inneneinrichtungen und viele Gestaltungsmöglichkeiten: Wohnen, Leben, Kochen, Arbeiten, Feiern oder Entspannen. [...] Kleinere Lofts in architektonisch interessant gestalteten Neubauten in den Szenevierteln [...] werden zu Eigentumswohnungen der Extraklasse.

[...] Als Bewohner ermöglicht Ihnen die differenzierte Infrastruktur in der gesamten Hauptstadt kurze, schnelle Wege ins Zentrum oder in die Außenbezirke. [...] In einer Wohnanlage in ruhigen Nebenstraßen eines Szenequartiers, im sanierten Altbau in den historischen Zentren der Stadtbezirke, hinter den ansehnlichen Fassaden denkmalgeschützter Gebäudekomplexe oder beim Erstbezug einer Immobilie mit begrünten Innenhöfen und Parkanlagen finden Loftbesitzer den verdienten Ruhepol. [...] Das schillernde Leben einer bewegenden Weltmetropole hält für Neubürger zahlreiche Ausflugsziele, Erholungsorte und Freizeitbeschäftigungen bereit. Aber auch die Nähe zum Arbeitsplatz bedeutet ein Stück Lebensqualität. [...] Die Lofts bieten sich für Großstadtfans zur Eigennutzung oder Vermietung an, und sind jedoch auch geeignetes Renditeobjekt.

Quelle: www.ziegert-immobilien.de, Zugriff 09.10.2014

M8 Website einer Berliner Immobilienagentur

„Man sollte über eine massive Erhöhung der Grunderwerbssteuer nachdenken"

Was sind die Gründe [für die massiven Aufwertungsprozesse]?

Zum einen gibt es die Mieterhöhungen nach dem Mietspiegel, die sich viele Leute nicht leisten können. Ein zweiter Aspekt ist die große Differenz zwischen Bestands- und Neuvertragsmieten: Bei einem Mieterwechsel steigt die Miete drastisch. Das führt zu einer starken Aufwertung der Sozialstruktur. Die für Großstädte typische Mobilität wird so zum Verdrängungsfaktor. [...]

Schuld sind also nicht mehr die Studenten und Kreativen?

Dieses Phänomen wird völlig überbewertet. Im Kern ist Gentrifizierung vor allem eine immobilienwirtschaftliche Inwertsetzung, die Verdrängung zur Folge hat. Wir beobachten das in vielen Stadtteilen, ohne dass dort je eine Galerie aufgemacht oder ein Student gewohnt hätte. Verbunden ist die Verdrängung jedoch meist mit wohnungswirtschaftlichen Investitionen und Eigentümerwechseln. Das scheint mir viel entscheidender zu sein, als bestimmte Lebensstile.

Quelle: www.berliner-zeitung.de/berlin/interview-mit-andrej-holm-man-sollte-ueber-eine-massive-erhoehung-der-grunderwerbssteuer-nachdenken-,10809148,17265240.html, Zugriff 09.10.2014

M11 Ausschnitt aus einem Interview mit dem Stadtsoziologen Andrej Holm in der Berliner Zeitung am 16.09.2012

Wirtschaftsfaktor Städtetourismus

Das Reiseziel Hamburg

Im Jahr 2013 verbrachten 5,9 Millionen Gäste 11,6 Millionen Nächte in den 334 gewerblichen Beherbergungsbetrieben Hamburgs – einem der attraktivsten Touristenziele in Deutschland. Die durchschnittliche Aufenthaltsdauer betrug demnach zwei Tage. Der Tourismus trägt 6,1 Prozent zum Haushalt der Stadt Hamburg bei und ist damit eine der bedeutendsten und dynamischsten Wertschöpfungsquellen der Stadt.

1. Stellen Sie das touristische Potenzial Hamburgs dar (M1– M5, Atlas).

2. Beschreiben sie mögliche direkte und indirekte Effekte, die in Hamburg vom Wirtschaftsfaktor Tourismus ausgehen könnten (S. 170/171).

Ⓦ **3.** Kennzeichnen Sie
- **A** die Kulturstadt Hamburg
- **B** die Sportstadt Hamburg

und beurteilen Sie den Wert der Kultur bzw. des Sports für die Stadt (M6 – M7, Internet).

4. Stellen Sie für ein ausgewähltes Kundensegment das Programm für eine Reise nach Hamburg zusammen (M1, M2, M5, M8, Internet).

Ⓦ **5.** Erläutern Sie die touristischen Alleinstellungsmerkmale Hamburgs im
- **A** deutschen Vergleich.
- **B** europäischen Vergleich.

Ⓩ **6.** Nehmen Sie kritisch Stellung zur zunehmenden Inszenierung und Festivalisierung von Städten (M4, M7 -M9, Internet).

→ Städtetourismus

M2 Zehn Millionen Besucher sahen das Musical „Der König der Löwen" seit der Uraufführung 2001

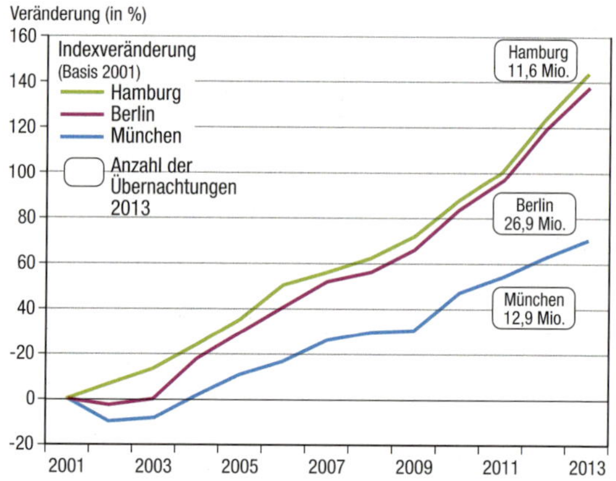

M3 Beherbergungen in Hamburg (Berlin und München im Vergleich)

„Rund 13.000 Seeschiffe aus aller Welt laufen jährlich den zweitgrößten Hafen Europas an. Vom Kreuzfahrtterminal über die Historische Speicherstadt und die Landungsbrücken bis hin zum modernen Containerhafen duftet es nach Freiheit und nach fernen Ländern. [...] Besucher erfahren hautnah, warum Hamburg den Beinamen „Tor zur Welt" trägt."
(Hamburg Tourismus online, 29.11.2014)

„Mit der Elbphilharmonie in der HafenCity erhält Hamburg ein neues kulturelles und städtebauliches Wahrzeichen. Klassische Musikkultur, Musik des 21. Jahrhunderts und anspruchsvolle Unterhaltungsmusik sollen hier einen spektakulären Aufführungsort bekommen."
(Hamburg Tourismus online, 29.11.2014)

„Hamburg hat viele große Kirchen – aber nur einen „Michel": Auf seiner Plattform in 106 Metern Höhe bietet sich ein sagenhafter (und luftiger) Blick über Hamburg, den Hafen und das Umland – den sollte man sich nicht entgehen lassen!"
(Hamburg Tourismus online, 29.11.2014)

„Auf der Reeperbahn nachts um halb eins...". Den Song von Hans Albers kennt fast jeder, und er ließ schon damals die Vielzahl der Vergnüglichkeiten auf Hamburgs „geiler Meile" (Udo Lindenberg) erahnen.
(Hamburg Tourismus online, 29.11.2014)

M1 Eigenwerbung der Stadt Hamburg

[...] Alle großen Städte sind dazu übergegangen, ihre Standortqualität zu vermarkten, wie z. B. eine Automobilfirma ihr Produkt anpreist. Besonders gut eignen sich dafür große Events. Großprojekte dienen dazu, die Stadt zu inszenieren und sie in das richtige Licht zu rücken. [...] Weil Standorte ähnlicher geworden sind und die so genannten „harten" Standortfaktoren in sehr vielen Städten in befriedigender Manier vorzufinden sind, kommt es stark auf die Inszenierung und Festivalisierung der Stadt an, um letztendlich potentiellen Investoren, Touristen oder der Welt zu gefallen.
Die Veranstaltung von Olympischen Spielen, Fußballweltmeisterschaften, Weltausstellungen, Festivals oder politischen Großereignissen wird von vielen Städten angestrebt. Gelingt es der Stadt, diese Großereignisse an sich zu binden, dann funktionieren diese wie eine Lokomotive, welche viele Waggons nach sich zieht. [...]
Städte vermarkten sich, um sich als unverwechselbares Produkt bestmöglich an den Käufer, an Touristen, Investoren aber auch an die Wohnbevölkerung selbst heranzutragen. Stadtmarketing ist dabei aber deutlich mehr als nur eine Werbestrategie, denn es setzt sich auch mit der Produktgestaltung auseinander. Dazu zählt eine umfassende Standortpolitik, die kulturelle Events ebenso mit einschließt wie die Geschichte der Stadt und ihre Architektur.
Quelle: Fassmann, H.: Stadtgeographie I, Braunschweig 2009, S. 163f.

M4 Inszenierung und Festivalisierung

M5 Queen Mary 2 – regelmäßiger Gast im Hamburger Hafen

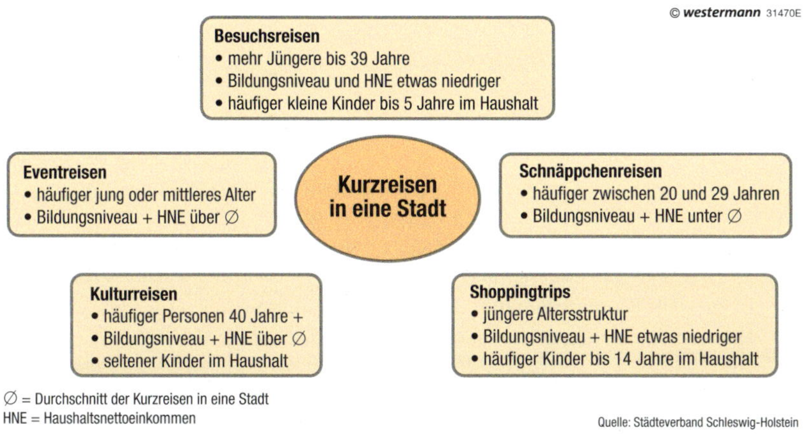

M6 Kundenstruktur bei privaten Städtereisen in Deutschland

M8 Die Elbphilharmonie – ein beispielloses Kulturprojekt (im Bau)

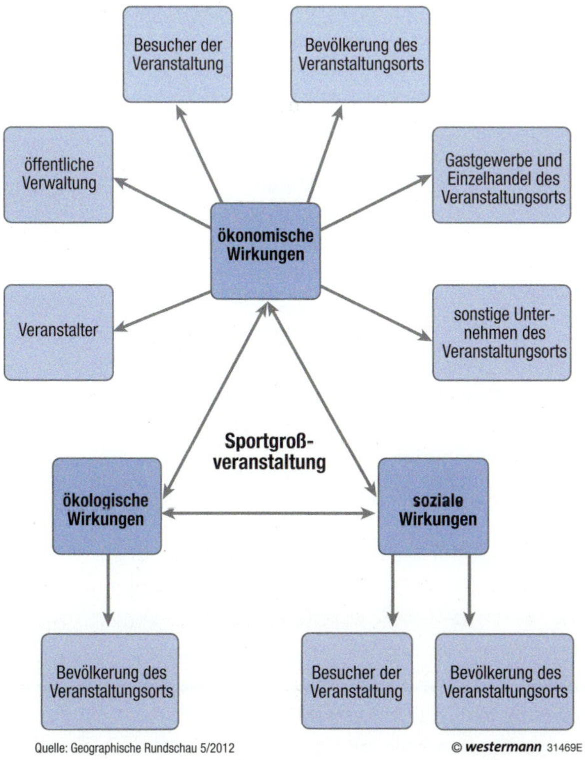

M7 Klassifizierung der Wirkungen von Sportgroßveranstaltungen

Für die Bereitstellung von hochwertigen Sportstätten für den aktiven Sportler sowie für die Durchführung einer Sportgroßveranstaltung sind erhebliche private und öffentliche Investitionen notwendig. Dieser finanzielle Einsatz der öffentlichen Hände und Wirtschaftsunternehmen kommt zustande, da positive Effekte, die durch den Sport in verschiedenen gesellschaftlichen Teilbereichen entstehen können, erwartet werden. Ein attraktives Sportangebot verbessert die „weichen" Standortfaktoren einer Region. Diese erlangen im Rahmen eines internationalen Standortwettbewerbs zwischen Städten und Regionen um die Ansiedlung von Unternehmen, um kaufkräftige Konsumenten sowie um Touristen erheblich an Bedeutung. [...] Die möglichen positiven (Nutzen) und negativen (Kosten) Effekte die von Sportgroßveranstaltungen ausgehen können, lassen sich im Sinne der Nachhaltigkeit entweder ökonomischen, ökologischen oder sozialen Dimensionen zuordnen.

Quelle: Horn, M.: Gans, P. in Geographische Rundschau 5/2012.

M9 Auswirkungen von Sportgroßveranstaltungen

METHODE Stadtexkursion

Eine Stadtexkursion planen – Dortmund – Wirtschaftszentrum Westfalens

Welche Bilder einer Stadt entstehen, wenn Sie an eine bestimmte Stadt denken? Entsprechen diese Bilder der Realität? Erst eine Untersuchung, zum Beispiel im Rahmen einer Stadtexkursion, kann diese Frage beantworten. Bei einer solchen Untersuchung können Sie sich fragen: Erkenne ich in der realen Begegnung Übereinstimmungen zwischen meinem Untersuchungsraum und den im Kapitel behandelten Themen? Lernen und Vertiefen am Original helfen Ihnen, die unterschiedlichen Möglichkeiten der Stadtgliederung besser zu erfassen. Diese Seite soll Ihnen Anregungen geben, eine Stadtexkursion in Ihrem Umfeld zu planen.

M2 Untersuchungsraum in Dortmund

Planung der Exkursion	Methoden	Beispiel Dortmund
Thema der Exkursion festlegen	Thema und Leitfragen formulieren	Die Dortmunder City – Funktionalität und Zentralität – *Welche Bilder einer City entstehen?* – *Wie wird die Dortmunder City genutzt?*
Wie kann ich den Untersuchungsraum kennenlernen?	– Spurensuche (z. B. Relikte des Mittelalters oder der Industrialisierung) – individuelle Raumerkundung – Nutzung von Diercke Globus oder Google Earth	Straßennamen, ehemalige Stadtbefestigung, Kirchen, Plätze Beachten Sie M3. Vergleichen Sie M4–M6.
Wie kann ich Untersuchungsstandorte auswählen?	– Vergleich zweier Standorte bezüglich 1. unterschiedlicher Funktionalität, 2. unterschiedlicher Sozialstruktur, 3. unterschiedlicher infrastruktureller Nutzung/Frequentierung	**Standort 1:** Reinoldikirche/Westenhellweg als Beispiel eines stark frequentierten, zentralen Platzes in der City **Standort 2:** Stadthaus/Friedensplatz als Beispiel eines weniger frequentierten Platzes am Rand der City
Welche Untersuchungsmethoden kann ich anwenden?	– Kartierung: Kartengrundlage besorgen	Standort in der Aufsicht kartieren: Höhe und Nutzung der Gebäude
	– Beobachtung/Messen (ggf. auch in die Kartierung eintragen)	Passantenströme (Passanten pro Minute), Verkehrsströme (Fahrzeuge pro Minute), Personen (welche Personen sind zu beobachten, was tun sie?), infrastrukturelle Einrichtungen
	– Befragung	Ziele und Gründe für den Aufenthalt am Standort, Bedeutung des Standorts für die jeweilige Person
Wie kann ich die Untersuchung reflektieren?	– Vergleich der Untersuchungsergebnisse, – Begründung der Ergebnisse, – Beurteilung des städtischen Raums im Hinblick auf die Passung von Raumstruktur und Handeln der Menschen	Wie unterscheiden sich die beiden Standorte hinsichtlich ihrer Frequentierung, des infrastrukturellen Angebots, ihrer Sozialstruktur und ihrer Funktionalität? Sind Raumstruktur und Handeln der Menschen stimmig?

M1 Planungsschritte zur Erforschung des städtischen Raums

1. Formulieren Sie zwei mögliche Exkursionsthemen mit je zwei Leitfragen (M1).
2. Planen Sie eine Exkursion in Ihrer Stadt oder in einer Stadt in Ihrer Umgebung.
Ⓦ **3.** Erstellen Sie unterschiedliche digitale Erkundungsgänge (M5) für Ihr schulisches Umfeld und erproben Sie diese.

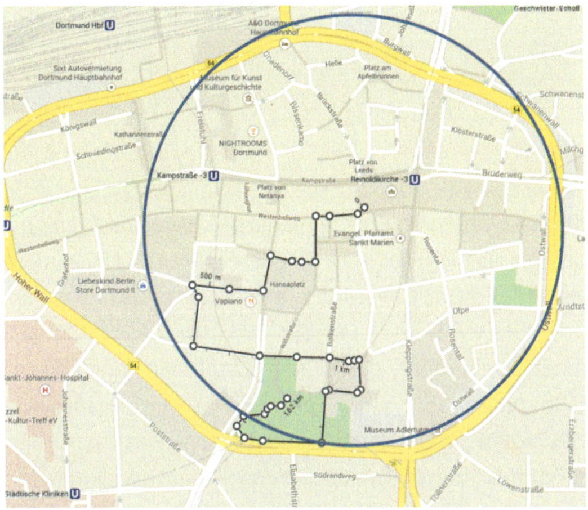

M3 Beispiel der individuellen Raumerkundung in Dortmund

Erkundung mit allen Sinnen – Wie gehe ich vor?

Sie starten Ihre Erkundung am vorgegebenen Ausgangspunkt (Beispiel Reinoldikirche) und bewegen sich für 15 Minuten im Untersuchungsraum. Sie bestimmen die Richtung und den Weg. Tragen Sie diesen in die Übersichtskarte ein. Nach 15 Minuten halten Sie an und zeichnen Ihren persönlichen Erkundungsraum in die Karte ein. Zeichnen Sie diesen als Kreis in die Karte, wobei der Ausgangspunkt der Kreismittelpunkt ist und Ihr Endpunkt auf dem Kreisrand liegt. In den folgenden 45 Minuten haben Sie Zeit, Ihren persönlichen Untersuchungsraum (alle Bereiche innerhalb des Kreises) zu erkunden. Dokumentieren Sie Ihre Erkundung. Beachten Sie dabei folgende Leitfragen:
Wie empfinde ich den Raum (sehen, hören, riechen)?
An welchen Orten verweile ich? Warum?
Welche persönlichen Bilder und Eindrücke entstehen?
Wie würden Sie den Raum zum Beispiel aus der Sicht eines Bewohners oder eines Touristen empfinden?

M4 Satellitenbild: Überblick über den Untersuchungsraum

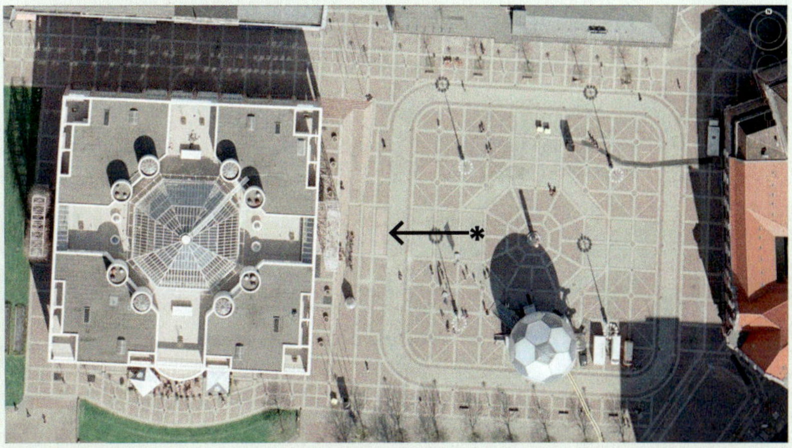

M6 Detailbild 1

Ein Erkundungsgang mit Diercke Globus oder Google Earth kann im Vorfeld einer Exkursion vorbereitet werden. Diese Methode dient dazu, den Exkursionsraum kennenzulernen und bietet auch die Möglichkeit, spezielle Aufgabenstellungen für die jeweiligen Orte zu finden. Mehrere Gruppen können je einen Erkundungsgang vorbereiten, der dann von anderen Gruppen als Rallye durchgeführt wird.

1. Erstellen eines Übersichtsbildes:
Erstellt wird ein Satellitenbild, das den Exkursionsraum darstellt. Dieses Übersichtsbild sollte in der Bilddiagonalen zwischen 2000 m und 3000 m bemessen. Eine Sichthöhe von 1,5 km bis 2,5 km ist praktikabel. Speichern Sie das Übersichtsbild ab.

2. Erstellen von sechs bis acht Detailbildern:
Nun kann man in einzelne Bereiche des Übersichtsbildes hineizoomen, um Detailbilder zu erstellen. Alle Detailbilder müssen im Ausschnitt des Übersichtsbildes liegen. Die Bilddiagonale dieser Bilder beträgt etwa 200 m, eine Sichthöhe von 200–250 m ist zu empfehlen. Speichern Sie die Bilder ebenfalls ab.

3. Arbeitsaufträge für Detailstandorte entwickeln:
Der erste Arbeitsauftrag ist immer die Erstellung eines Gruppenfotos, das erstellt wird, um zu belegen, dass die komplette Gruppe den Zielpunkt erreicht hat. Hierfür wird in der Detailkarte ein Punkt festgelegt (* in M6). Mit einem Pfeil in der Detailkarte gibt man an, in welche Richtung das Gruppenfoto gemacht wird (M6).
Darüber hinaus können auf der Rückseite der Detailbilder Arbeitsaufträge gestellt werden, die zum Thema der Exkursion passen (zum Beispiel: „Dokumentieren Sie die funktionelle Nutzung dieses Ortes" oder „Zählen Sie die Passantenfrequenz in Menschen pro Minute"). Auch können Aufgaben gestellt werden, die während des Erkundungsgangs zu lösen sind (zum Beispiel: „Finde Spuren, die etwas über die Historie Dortmunds aussagen").

4. Durchführung der Erkundungsgänge:
Zu Beginn des Erkundungsgangs müssen die Gruppen die Detailkarten in der Übersichtskarte verorten und einen geeigneten Weg durch den Untersuchungsraum festlegen. Dann werden die Standorte abgelaufen. Nach einem vereinbarten Zeitraum treffen sich alle am Ausgangspunkt wieder.

5. Reflexion der Eindrücke:
Tauschen Sie sich über die gewonnenen Eindrücke aus und halten Sie erste Antworten auf die Leitfragen der Exkursion fest, bevor Sie vertiefend ihre Exkursion fortsetzen.

M5 Nutzung von Diercke Globus oder Google Earth zur Erstellung eines Erkundungsgangs

Stadtentwicklung in Nordamerika

Die Siedlungsgeschichte Nordamerikas

Die historisch-genetische Entwicklung nordamerikanischer Städte ist völlig anders verlaufen als die der Städte in Mitteleuropa. Die andersartige Physiognomie vieler amerikanischer Städte ist in der Siedlungsgeschichte begründet. Wie ging die Besiedlung Nordamerikas vonstatten?

1. Beschreiben Sie die Einwanderung in die und die Erschließung der USA (M1 – M3).
2. Erläutern Sie die Rolle der Eisenbahn für die Besiedlung der USA und vergleichen Sie die zeitliche Abfolge der Besiedlung mit parallelen Ereignissen der Stadtentwicklung in Mitteleuropa (M2 – M4).
3. Erläutern Sie die der Entwicklung des Manufacturing Belts zugrunde liegenden Standortfaktoren (M3, M4, Atlas).
4. Ⓦ **A** Lokalisieren Sie die heutigen städtischen Verdichtungsräume der USA (M6).
   B Vergleichen Sie die Verteilung der Städte mit den Standorten der Industrie und der Lage landwirtschaftlich geprägter Räume (M6, Atlas).
5. Ⓩ Die Landvermessung von 1785 ist noch heute prägend für die USA. Überprüfen Sie diese These (M5, M7).

→ Einwanderung, Kolonialismus, Manufacturing Belt

Man schätzt die Zahl der Indianer im Bereich des heutigen Kanada und der USA vor der Ankunft der Europäer auf 1 bis 2 Mio. Menschen. Diese Indianerbevölkerung war kulturell überaus differenziert [...]. Die höchste Dichte wurde in den Waldregionen des Ostens erzielt. [...] Mit dem stetigen Vordringen der Besiedlung [durch die europäischen Kolonisten...] wurde die indianische Bevölkerung immer stärker ihrer ursprünglichen Lebensräume beraubt und vernichtet. Selbst aus den zugewiesenen Siedlungsgebieten und Reservaten wurden zahlreiche Stämme erneut vertrieben. Überdies fielen unzählige Indianer [...] nach 1860 den von der amerikanischen Armee mit großer Härte geführten „Indianerkriegen" zum Opfer. [...] Erst 1924 erhielten die Indianer die volle amerikanische Staatsbürgerschaft.

Quelle: Laux, H. D. und G. Thieme auf www.diercke.de

M1 Ausrottung der indianischen Ureinwohner

Nordamerika wurde von unterschiedlichen europäisch-kolonialen Einflüssen geprägt [...]. Spanische Einflüsse [waren] [...] ausschließlich im Süden und Westen, französische an der Golfküste und in Kanada und niederländisch-britische an der Ostküste sowie in Kanada zu verzeichnen. Die Anfänge dieser Inbesitznahmen gehen bis in das frühe 17. Jh. zurück, als [sich] [...] europäische Mächte anschickten, einerseits Siedler-, andererseits Handelskolonien in Übersee zu erwerben. Zwangsläufig ging es dabei zunächst um die Identifizierung geeigneter Hafenplätze entlang der Küste oder großer Flüsse, denen sich eine Siedlungstätigkeit anschloss. [...]
Bis zum Beginn des 19. Jh. blieben die Städte räumlich isoliert und bestanden als Zentren für den Umschlag landwirtschaftlicher Güter und Rohstoffe für den Export nach Übersee. [...] Städtebildend waren zunächst nur jene Standorte, die (Segel-) Schiffsverkehr ermöglichten. Dieses Muster sollte sich mit der Entwicklung der Dampfmaschine und der flächigen Erschließung des Landes mittels Eisenbahn dramatisch ändern. Die Lagevorteile entlang von Eisenbahnlinien und an Eisenbahnknotenpunkten ließen neue Siedlungen entstehen: Umfasste das Eisenbahnnetz 1850 14.480 km, waren es im Jahr 1870 85.277 km. Die großen Städte entwickelten sich zu Zentren des Handels, der industriellen Produktion und der Finanzen und profitierten vom Zufluss europäischen Kapitals und billiger Arbeitskräfte, die in verschiedenen Herkunftswellen zu Hunderttausenden aus Europa kamen. [...]
Die Interkontinentalverbindungen der Eisenbahn führten dazu, dass sich Stadtgründungen in den Westen ausbreiteten. Neben technischen Innovationen profitierte diese Entwicklung aber auch davon, dass sich – nach ihrer Unabhängigkeit – die USA territorial ständig vergrößerten und damit Rechtssicherheit versprachen, der Bürgerkrieg einen gewaltigen Industrialisierungsschub für die Städte im Nordosten bedeutete [wo sich mit dem Manufacturing Belt das größte Industriegebiet der Welt entwickelte] und der „Goldrausch" an der Pazifikküste umfangreiche Investitionen nach sich zog.

Quelle: Bähr, J. und U. Jürgens: Stadtgeographie II, Braunschweig 2009, S. 168ff.

M3 Siedlungsgeschichte Nordamerikas

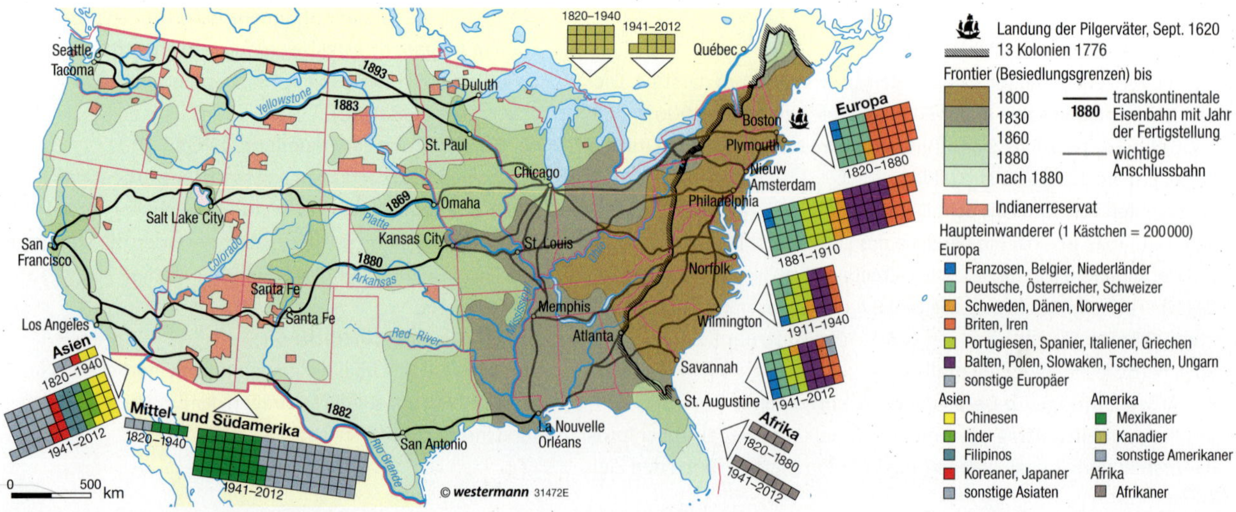

M2 Einwanderung in die USA und deren Erschließung

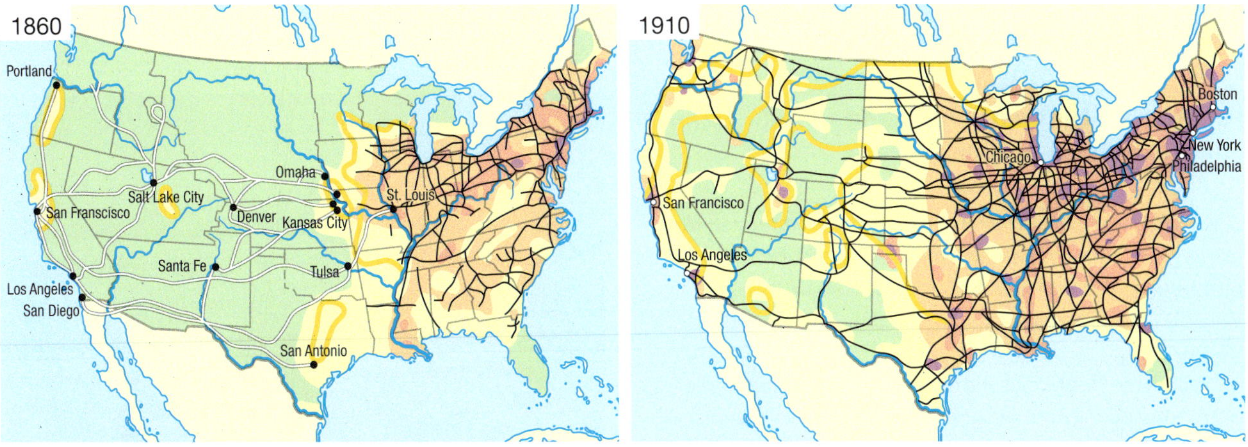

Postkutschenverkehr mit Endstationen
Eisenbahn
Staatsgrenze
Grenze des Weizenanbaus

Bevölkerungsdichte der Siedlungsräume europäischer Einwanderer
Bewohner pro km²
< 1 | 1–5 | 6–15 | 16–35 | > 35

M4 Die Erschließung des Westens

Die Überhöhung von Gebäuden in die Vertikale, die dem Zeitgeist entsprach, um das technisch Machbare auch architektonisch umzusetzen – weniger wichtig war offensichtlich ein objektiver Mangel an Wohn- oder Gewerbeflächen – sollte der nordamerikanischen Stadt eine völlig neue und für andere Stadttypen bislang unbekannte Silhouette verschaffen. [...]
Eingepasst sind die Gebäude in eine für die US-amerikanischen Städte typische, nach Himmelsrichtungen orientierte Straßenführung in Form eines Schachbrettmusters (Gridiron Pattern). Dieses System teilte 1785 im Rahmen des so genannten Township and Range System das gesamte Bundesland westlich der Appalachen in Siedlungsparzellen auf [vgl. Seite 35 M5]. In den Städten existieren typischerweise Straßenblöcke von 100 m x 100 m, die ihnen einerseits eine gewisse Monotonie, andererseits große verkehrliche Übersicht verleihen. [...]
Auch in einer Stadt wie New York, die außerhalb der Land Ordinance lag, wurde 1811 nachträglich ein Rasterplan beschlossen, der eine geregelte Expansion entlang von enger beieinander liegenden O-W-Straßen und großzügiger angelegten N-S-verlaufenden Avenues vorsah.

Quelle: Bähr, J. und U. Jürgens: Stadtgeographie II, Braunschweig 2009, S. 171f.

M5 Ursachen der Physiognomie nordamerikanischer Städte

M7 West-Ost-Blick auf Denver, Colorado

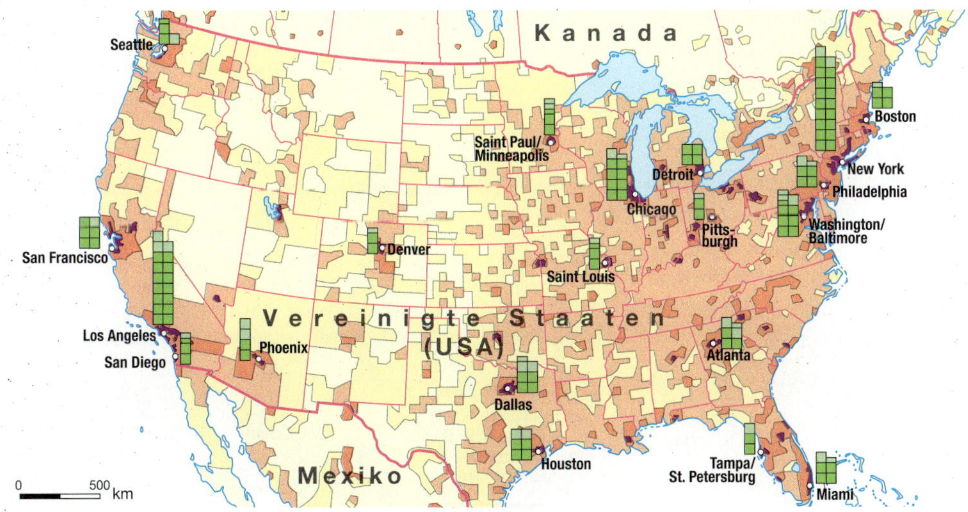

Bevölkerungsdichte (Einwohner pro km²)
unter 1
1 – 10
10 – 100
über 100

Ballungsräume der USA
dicht bebautes Stadtgebiet (bis über 25 000 Einw./km²)
Kernstadt einer großen MSA (Metropolitan Statistical Area)

Wachstum der größten Ballungsräume (MSA mit über 2,5 Millionen Einwohnern, 1 Kästchen = 1 Mio. Einw.)
Bevölkerung 1990
Bevölkerungszuwachs bis 2010

Grenzen
Staatsgrenze
Bundesstaat

M6 Bevölkerungsdichte und Stadtregionen der USA heute

Stadtentwicklung in Nordamerika

Funktionale Differenzierung und Suburbanisierung – Chicago

Die Vereinigten Staaten von Amerika werden häufig als „Stadtland USA" bezeichnet. Die großen Ballungsräume (Metropolitan Areas) umfassen 241 Millionen Einwohner. Das sind rund 83 Prozent der Gesamtbevölkerung. Welche Probleme ergeben sich für die Städte und ihr Umland?

1. Lokalisieren Sie Chicago und nennen Sie Gunstfaktoren, die zur Entwicklung der Stadt geführt haben (S. 204 M3, Atlas).
2. Beschreiben Sie die physiognomischen Merkmale der Stadt Chicago (M2, M4, S. 205 M5).
3. Erläutern Sie Merkmale und Ausmaße des Urban Sprawl im Großraum Chicago (M3).
4. Ⓦ Analysieren Sie das Modell der nordamerikanischen Stadt, indem Sie
   - **A** die darin dargestellten Prozesse erklären (M5).
   - **B** es mit den Modellen der funktionalen Gliederung der Chicagoer Schule vergleichen (M5, S. 194 M2).
   - **C** es mit den Modellen deutscher Städte vergleichen (M5, S. 195 M3, M4).
5. Erklären Sie, weshalb die USA häufig als Stadtland bezeichnet werden.
6. Ⓩ In M7 werden mehrere negative Auswirkungen des Urban Sprawl aufgelistet. Erklären Sie dessen negative Auswirkungen.

→ Downtown, CBD, Edge Cities, funktionale Differenzierung, Suburbanisierung, Urban Sprawl

M2 Blick vom Willis Tower, dem höchsten Gebäude Chicagos, nach Norden...

→ City

Der City im deutschen Sprachgebrauch entspricht die Downtown bzw. der CBD (Central Business District) im US-amerikanischen Sprachraum. Der CBD ist der funktionale Kernbereich und das Hauptgeschäftszentrum der nordamerikanischen Großstadt. War ursprünglich damit nur jenes Stadtzentrum gemeint, in dem sich der Einzelhandel konzentrierte, so versteht man heute unter CBD den multifunktionalen Versorgungs- und Dienstleistungsbereich, insbesondere im hochwertigen [tertiären] Sektor.

Als Synonym für Blüte und Niedergang [nordamerikanischer Städte] stehen einerseits die Wolkenkratzer in den Cities, wo sich das Geschäftsleben vertikal bündelt, andererseits Ghettos des Verfalls und die suburbane Peripherie von Eigenheimen, in denen sich die sozialen Kontraste der Stadt manifestieren. Allein die schiere Fläche des Landes hat dabei zu räumlichen Entwicklungen geführt, die als Urban Sprawl, d.h. das bauliche Auseinanderfließen der Stadt in die Fläche, charakterisiert worden sind. [...] Emotionale Bindungen zu Kernstädten, die in der Regel ein sehr kurzes baulich-historisches Erbe vorweisen können [...], sind eher von geringer Bedeutung.
Da die Bevölkerung [im 20. Jahrhundert] räumlich mobiler wurde und ein umfangreiches Netz staatlich finanzierter Highways hierbei half, verlagerten sich immer mehr Kapitalinteressen (Einkaufszentren, Freizeiteinrichtungen) an die Peripherie [und folgten so der in den suburbanen Raum gezogenen Bevölkerung]. Hierdurch wurde der Trend wohnräumlicher Suburbanisierung noch verstärkt. [...] Besser Verdienende und damit potentielle Steuerzahler zogen in die Vororte und machten in den Kernstädten Platz für weniger gut Situierte, die keine andere Wohnalternative bezahlen konnten. Ein langfristiger Prozess von sozialer Degradation und Urban Blight setzte ein, der [im 20. Jahrhundert] über mehrere Jahrzehnte kulminierte.

Quelle: Bähr, J. und U. Jürgens: Stadtgeographie II, S. 166 ff.

M1 Blüte und Niedergang amerikanischer Städte

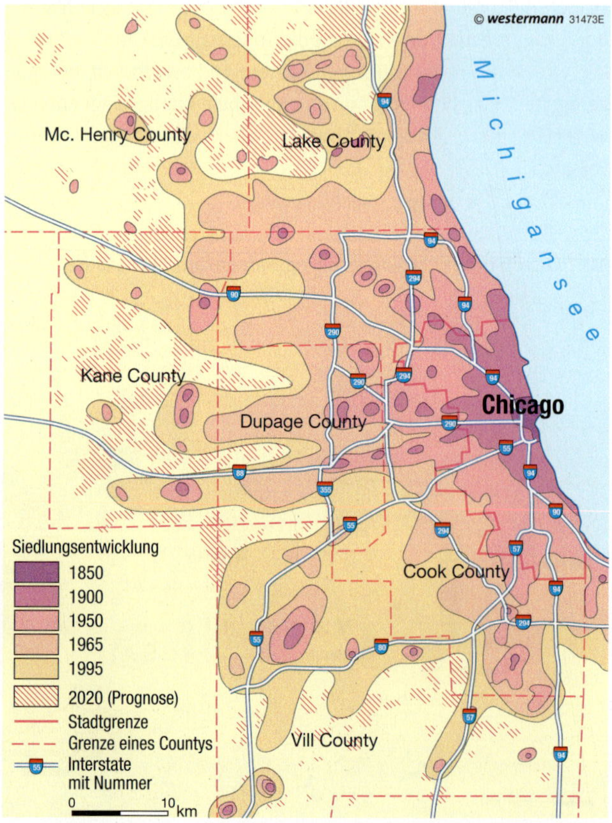

M3 Urban Sprawl im Großraum Chicago

M4 ... und nach Süden

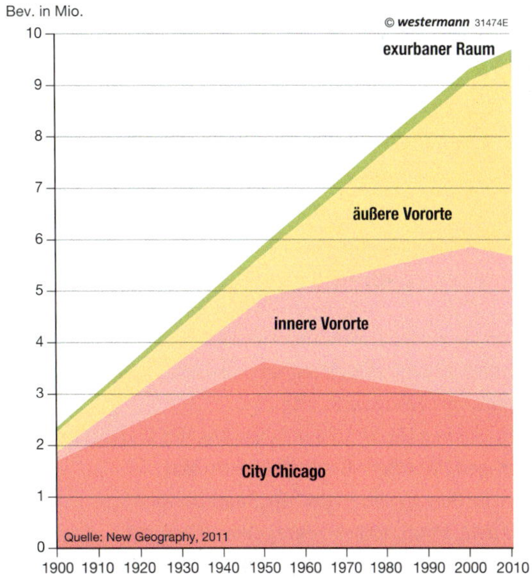

M6 Bevölkerungsverteilung in der Metropolregion Chicago

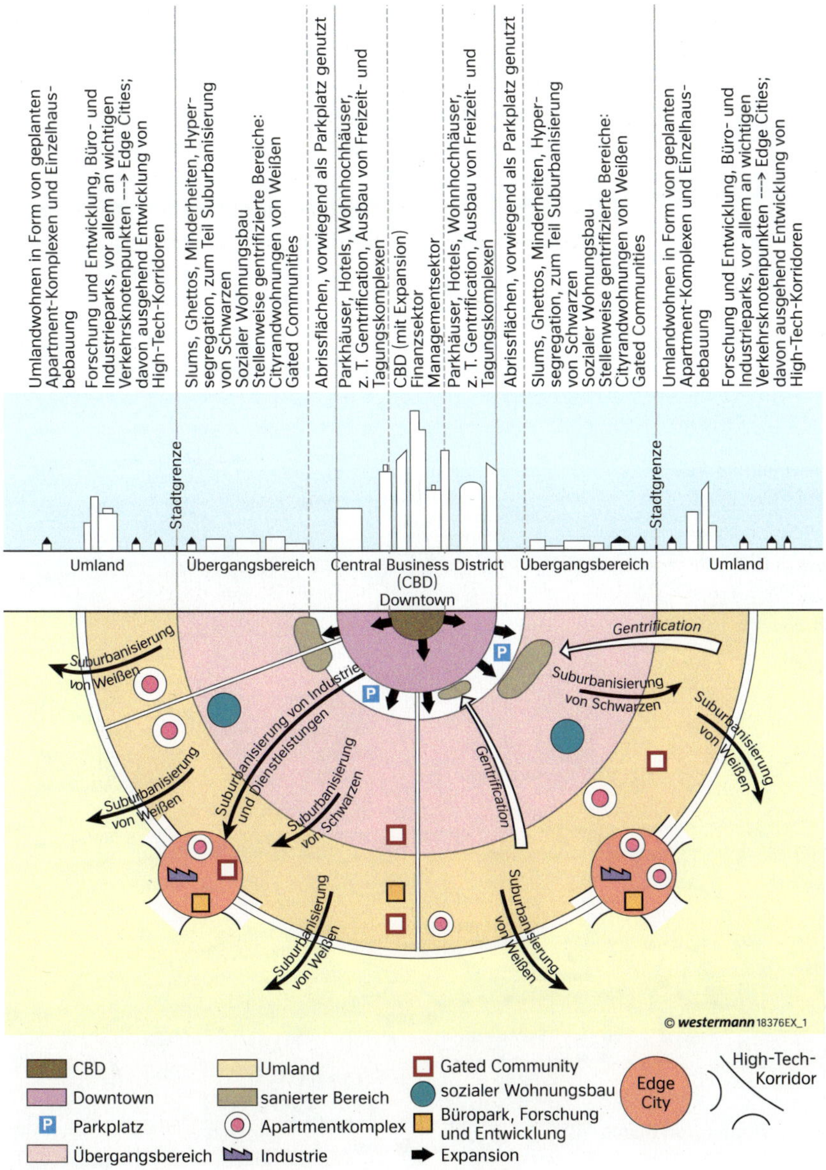

M5 Modell der nordamerikanischen Stadt

→ Übergangsbereich (Zone in Transition)

Die Entwicklung von Ghettos [...] in den an die CBDs bzw. Downtowns anschließenden Wohnvierteln (Zone in Transition nach dem Ringmodell von Burgess, [S.194 M2]) war bzw. ist ein weiteres Kennzeichen der US-amerikanischen Stadt. [...] Da in den USA der Anteil des sozialen Mietwohnungsbaus [...] gering ist, musste die einkommensschwache Bevölkerung stets in die vom Mittelstand freigegebene ältere Bausubstanz in den inneren Stadtteilen umziehen, [...die somit] zu Auffangquartieren [...] der sogenannten urban underclass geworden [...sind].

→ Edge Cities

[Im Zuge der] Suburbanisierung entstanden in der Nähe von Ab- und Auffahrten der Umgehungsautobahnen die Edge Cities, [...] Siedlungen in der Peripherie [...] mit Büro- und Industrie-Parks, die alle Funktionen einer City aufweisen [...]. Ihre verkehrsgünstige Lage erleichtert die Erreichbarkeit [...]. Der früher radial auf den CBD ausgerichtete Berufs- und Einkaufsverkehr wird nun zusätzlich von einem tangential verlaufenden Verkehr [...] überlagert.

Quelle: Claaßen, K.: Siedlungsräume, Braunschweig 2009

- More pollution
- Loss of wildlife habitats
- Traffic jams
- Farmland loss
- Increased taxes
- Increased school costs
- Deteriorated downtown areas
- Loss of community

M7* Why is sprawl bad?

Stadtentwicklung in Nordamerika

Ethnische und soziale Segregation – Los Angeles

[...] Die Amerikaner streiten wieder über Rassismus in ihrem Land: Die Kluft zwischen den Gruppen in der US-Gesellschaft sei geringer geworden, sagte der US-Politologe Jackson Janes im Deutschlandfunk. Obama sei die Personifizierung dessen. Aber viele seien auf der Strecke geblieben.

Quelle: Müller, D., Deutschlandradio: Interview mit J. Janes, 20.08.2014

1. Verfassen Sie ein Kurzreferat über aktuelle Ereignisse im Zusammenhang mit dem Streit um Rassismus in den USA (Tageszeitungen, Magazine, Internet).
2. Erläutern Sie den Urban Sprawl in Los Angeles und dessen physisch-geographische Begleitfaktoren (M1).
3. Erklären Sie den „White Flight“ am Raumbeispiel Los Angeles (M2, M4, S. 193 → Segregation, Internet).
4. Ⓦ Kennzeichnen Sie in Form eines Kurzreferates einen Stadtteil von Los Angeles
   A mit weißer Bevölkerungsmehrheit.
   B mit afroamerikanischer Bevölkerungsmehrheit.
   C mit hispanischer Bevölkerungsmehrheit (M4, Internet).
5. Vergleichen Sie die landesweite ethnische Verteilung der US-amerikanischen Bevölkerung mit der Verteilung in ausgewählten Städten und der in Los Angeles (Atlas, Internet: Quelle siehe M4).
6. Beziehen Sie Stellung zur ethnischen Segregation in den USA (M2 – M10, Atlas).
7. Ⓩ Erklären Sie die ethnische Zusammensetzung der Bevölkerung in Los Angeles vor dem Hintergrund der Geschichte der Einwanderung (M5, S.204 M2).

→ demographische Entwicklung, Segregation, Ghetto

„Verlierer“ des Urban Sprawl wurden die Innenstädte, da hier ein sozialer und ethnischer Ausdünnungsprozess stattgefunden hat. Besserverdienende und vor allem Personen weißer Hautfarbe kehrten der Kernstadt den Rücken. Dieser Prozess wird „White Flight“ genannt. Umgekehrt zogen Schwarze bereits ab den 1920er-Jahren aus den von Diskriminierung geprägten Südstaaten in den Norden der USA. Auf der Suche nach Arbeitsplätzen in den so genannten Blue Collar Jobs [blue collar = Arbeitsanzug, Blaumann] sowie auf der Flucht vor Gewaltandrohung zog man in Stadtteile, die man sich gerade noch leisten konnte. Dies wiederum ist begriffsprägend für die Entstehung von „Ghettos“, die im Modell der nordamerikanischen Stadt einen festen Platz einnehmen.

M2 White Flight und Ghettoisierung

[Barack Obama am 18.07.2013, nachdem ein Nachbarschaftswachmann, der einen 17-jährigen Afroamerikaner in seinem Viertel erschossen hatte, freigesprochen wurde:] „Es gibt sehr wenige afroamerikanische Männer, die noch nicht die Erfahrung gemacht haben, beim Einkaufen in einem Geschäft vom Sicherheitspersonal verfolgt zu werden. Das ist mir auch passiert. Es gibt sehr wenige afroamerikanische Männer, die noch nicht die Erfahrung gemacht haben, dass sie eine Straße überqueren und hören, wie Autotüren verriegelt werden. Das habe ich auch erlebt – zumindest bis ich Senator wurde. Und es gibt sehr wenige afroamerikanische Männer, die noch nicht die Erfahrung gemacht haben, dass sie in einen Aufzug steigen und bemerken, dass die Frau gegenüber aufgeregt ihre Handtasche umklammert und den Atem anhält, bis sie aussteigen kann. Das passiert oft.“ [...] Die New York Times schrieb auf ihrer Meinungsseite [zu Obamas Rede...]: „Er hat die in Amerika existierenden Grenzlinien zwischen den Rassen aufgezeigt, indem er über seine eigenen seelischen Schmerzen gesprochen hat.“

Quelle: M. Kolb: Der Präsident als Kellner, www.sueddeutsche.de, 20.07.2013

M3 Obama spricht über seine Erfahrung mit Rassismus

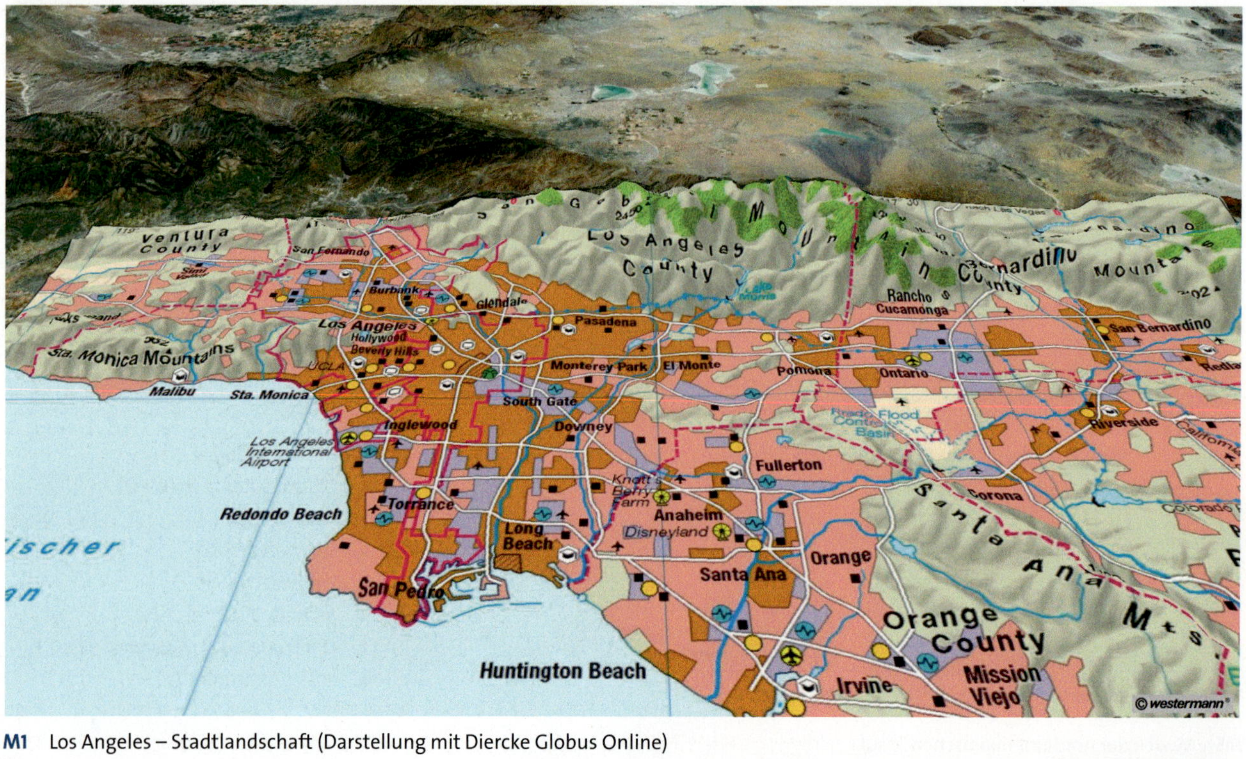

M1 Los Angeles – Stadtlandschaft (Darstellung mit Diercke Globus Online)

M4 Ethnische Verteilung der Bevölkerung in Los Angeles (2014) (Quelle: http://demographics.coopercenter.org/DotMap/index.html)

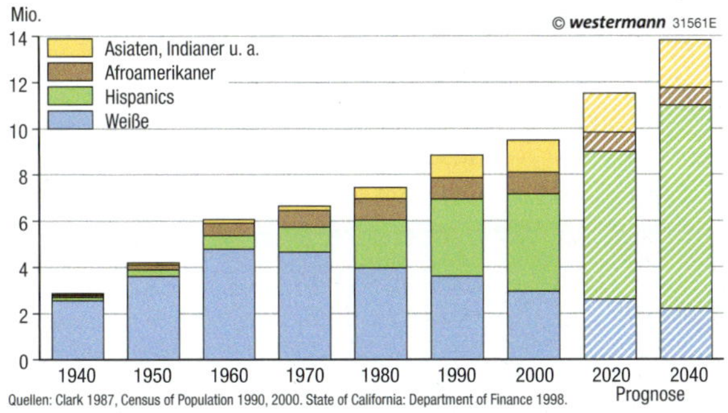

M5 Los Angeles County: Demographische Entwicklung und ethnische Differenzierung

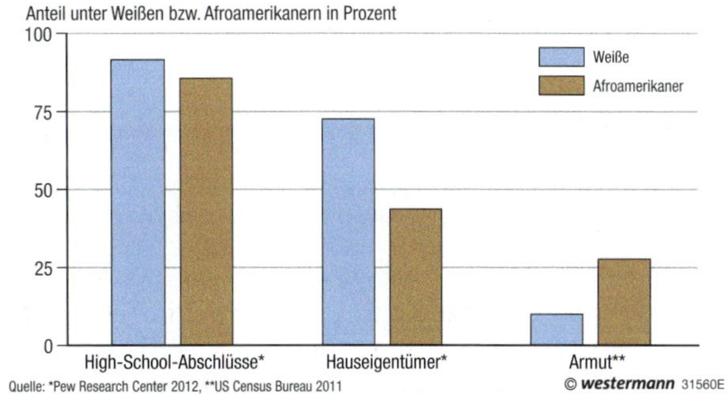

M8 Soziale Ungleichheit in den USA (2011/2012)

Race	General Population	Homeless Population
Latino	47 %	33 %
White	30 %	14 %
African American	9 %	50 %
Asian/Pacific Islander	12 %	2 %
other	2 %	less than 1 %

M6 Ethnische Verteilung der Obdachlosen in Los Angeles 2011 (gesamt: ca. 254 000)

Rund 12 Millionen illegale Einwanderer leben in den USA. Sie fristen ihr Dasein im Schatten der Gesellschaft. [...] Die meisten [...] von ihnen sind Latinos [Hispanics]. Sie kommen aus Mexiko, Latein- oder Mittelamerika. Gleichzeitig stellen die Latinos, die legal eingewandert sind, mit rund 50 Millionen Einwohnern die größte und wichtigste Minderheit in den USA.
Quelle: Klein, V., Deutsche Welle, 24.11.2012

M9 Die Angst lebt mit: Illegale Einwanderer in den USA

M7 Malibu

M10 Grenzsicherung zwischen San Diego, USA (links) und Tijuana, Mexiko (rechts)

Das Wichtigste in Kürze

Die Stadtgeographie befasst sich unter anderem mit der historisch-genetischen, der funktionalen und der sozialräumlichen Gliederung städtischer Verdichtungsräume.
In der historisch-genetischen Gliederung werden beginnend mit den Lagegunstfaktoren der betrachteten Städte die Stadtentwicklungsphasen der aufeinanderfolgenden historischen Epochen thematisiert. In der Epoche der Industrialisierung fand in Mitteleuropa ein flächenhaftes Städtewachstum statt. Zu dieser Zeit waren die Lebensbedingungen in den schon im Mittelalter entstandenen Stadtkernen und den angrenzenden Arbeitervierteln meist sehr schlecht. Mit dem Gartenstadtmodell und der Charta von Athen beschritt die Stadtplanung in der ersten Hälfte des 20. Jahrhunderts neue, auf einer Funktionstrennung basierende Wege zur Verbesserung der Lebensqualität. Die städtebaulichen Leitbilder der Nachkriegszeit knüpften hieran an. Ab der Zeit des Wirtschaftswunders war die Stadtentwicklung in Mitteleuropa geprägt von einer ausgeprägten Suburbanisierung, die häufig in einer sich verfestigenden Trennung der Daseinsgrundfunktionen Arbeiten und Wohnen mündete. Mit dem gesteigerten Umweltbewusstsein in den letzten Jahrzehnten des 20. Jahrhunderts gerieten dann Gedanken der Nachhaltigkeit in den Fokus der Planungen. Auf durch Revitalisierung geprägten Arealen wurde ein Funktionswandel hin zu einer Nutzungsmischung vollzogen. Heute ist in der Stadt- und Raumplanung im Idealfall die Partizipation der Bürger erwünscht.
Für die sozialräumliche Gliederung von Städten ist häufig eine ausgeprägte Segregation charakteristisch. Gerade Viertel der Gründerzeit unterliegen diesbezüglich häufig einer massiven Gentrifizierung.
Die Cities der Städte beherbergen überwiegend kunden- und unternehmensorientierte Dienstleister als Arbeitgeber. In den Einkaufszonen herrscht eine umfassende Filialisierung vor. Im Wettbewerb mit anderen Städten wird heute nicht nur auf ein weitgefächertes Shoppingangebot gesetzt. Heute findet eine Inszenierung und Festivalisierung von Städten statt, um unter anderem den Städtetourismus als Wertschöpfungsquelle auszubauen.
Das Ringmodell, das Sektorenmodell und das Mehrkernmodell der Chicagoer Schule können sowohl auf mitteleuropäische als auch auf nordamerikanische Städte angewendet werden.
In Nordamerika wurden im Zuge der Einwanderung in den Zeiten des Kolonialismus aber auch bei der späteren Erschließung des Kontinentes große Teile der indianischen Ureinwohner vertrieben und vernichtet. Im Nordosten der USA entstand in der Zeit des transkontinentalen Eisenbahnbaus mit dem Manufacturing Belt das ehemals größte Industriegebiet der Welt.
Heute werden die USA häufig als „Stadtland USA" bezeichnet, da durch den Urban Sprawl riesige zusammenhängende Stadtregionen entstanden sind, die sich nach wie vor ausdehnen. Charakteristisch für nordamerikanische Städte ist der CBD, welcher sich physiognomisch durch eine ausgeprägte Skyline auszeichnet. In der Peripherie der Städte sind in den vergangenen Jahrzehnten Edge Cities entstanden, die alle Cityfunktionen aufweisen und den ursprünglichen CBD entlasten bzw. sogar eine Konkurrenzrolle eingenommen haben.
In der an die Downtown grenzenden Zone in Transition haben sich in der Vergangenheit Ghettos der urban underclass gebildet, die wiederum einen weit überdurchschnittlichen Anteil an Afroamerikanern aufweist. Die ethnische Segregation ist in den USA nicht zu verkennen. Die demographische Entwicklung weist eine abnehmende weiße Bevölkerung und vor allem einen starken Anstieg der Latinos auf.

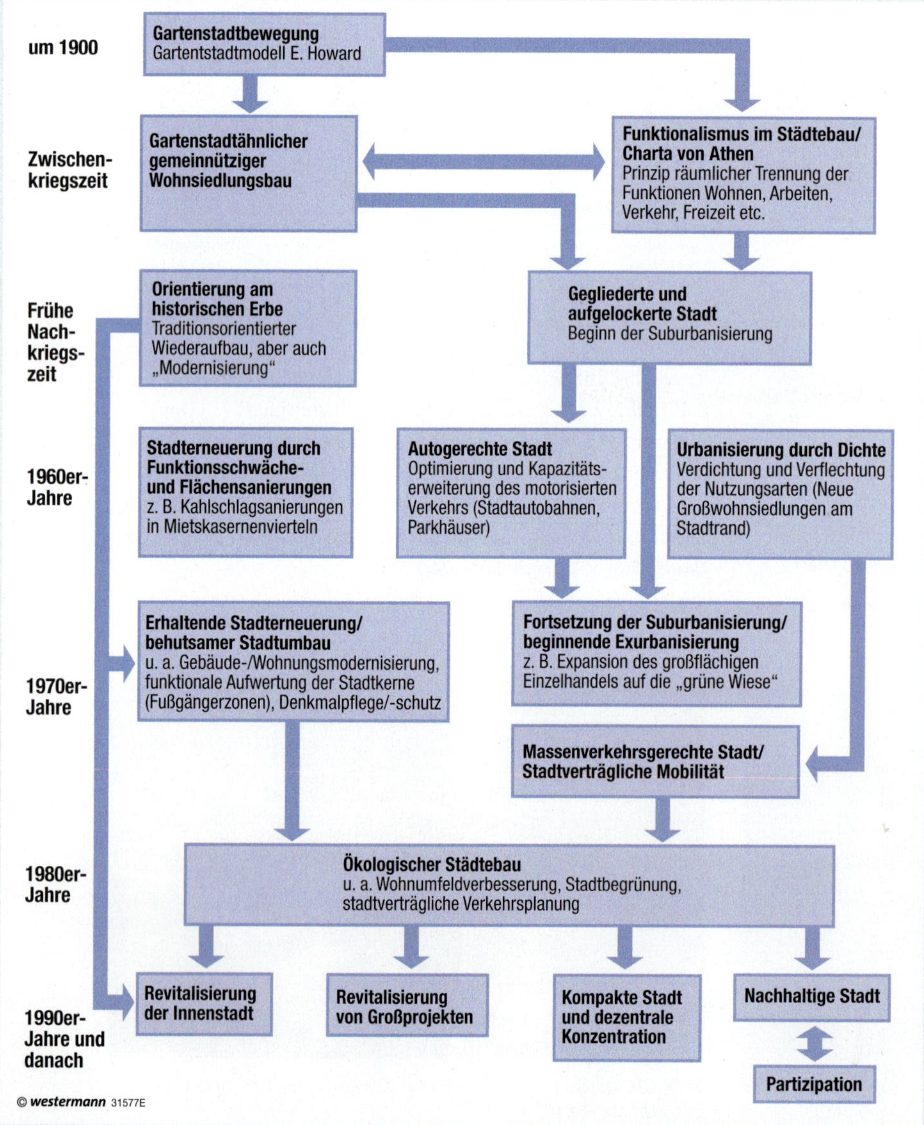

M1 Leitbilder der Stadtentwicklung in Westdeutschland (20. Jahrhundert)

Kompetenz-Check

Hier sind alle Kompetenzen, die Sie in diesem Kapitel erwerben konnten, aufgelistet.
Sie können selbst beantworten, wie Sie die Kompetenz beherrschen: ***sicher***, ***mäßig*** oder ***kaum***.

Sachkompetenz

Kann ich		Unsicher? Schlagen Sie nach auf Seite
1.	städtische Räume nach genetischen, funktionalen und sozialen Merkmalen, z. B. mithilfe der Raumbeispiele Köln und München, gliedern?	185–193
2.	die Genese kulturraumspezifischer städtischer Strukturen mit Bezug auf verschiedene Stadtentwicklungsmodelle beschreiben?	194/195, 206/207
3.	den Einfluss von Suburbanisierungs- und Segregationsprozessen auf gegenwärtige Stadtstrukturen beschreiben, z. B. anhand der nordamerikanischen Stadt?	206–209
4.	die Vielfalt des tertiären Sektors am Beispiel der Branchen Handel sowie personen- und unternehmensorientierter Dienstleistungen darstellen?	196/197, 200/201

Methodenkompetenz

Kann ich		
5.	mich unmittelbar vor Ort und mittelbar mithilfe von komplexen physischen, thematischen und digitalen Kartendiensten orientieren?	190/191
6.	komplexen Modellen allgemeingeographische Kernaussagen entnehmen und diese anhand konkreter Raumbeispiele überprüfen?	194/195, 206/207
7.	selbstständig mittels geeigneter Suchstrategien im Internet und in internetbasierten Geoinformationsdiensten Informationen recherchieren und diese fragebezogen auswerten?	208/209

Urteilskompetenz

Kann ich		
8.	die Aussagekraft von Stadtentwicklungsmodellen hinsichtlich ihrer Übertragbarkeit auf Realräume beurteilen?	194/195, 206/207
9.	die Folgen von Suburbanisierungs- und Segregationsprozessen unter ökologischen Aspekten und hinsichtlich des Zusammenlebens sozialer Gruppen bewerten?	206–209

Handlungskompetenz

Kann ich		
10.	themenbezogen Unterrichtsgänge und Exkursionen planen und organisieren, diese durchführen und die Ergebnisse fachspezifisch angemessen präsentieren?	202/203
11.	Möglichkeiten der Einflussnahme auf raumbezogene und raumplanerische Prozesse präsentieren?	190/191

Klausurtraining

Historisch-genetische Entwicklung und funktionaler Wandel von Städten – das Beispiel Regensburg

1. Lokalisieren Sie Regensburg und kennzeichnen Sie die historisch-genetische Entwicklung der Stadt. (30 Punkte)
2. Erläutern Sie die Bedeutung, die Struktur und den funktionellen Wandel Regensburgs. (25 Punkte)
3. Beurteilen Sie kritisch die Auswirkungen der Regensburg Arcaden auf die Innenstadt. (25 Punkte)

Diese Materialien benötigen Sie ergänzend zur Lösung der Aufgaben:

M1 Atlaskarten nach Wahl
M2 Regensburg – funktionale Gliederung/historische Entwicklung, Diercke Weltatlas (2008), S. 69,5
M3 Regensburg – Altstadt, Diercke Weltatlas (2008), S. 69,6
M4 Regensburg – Einkaufszentrum, Diercke Weltatlas (2008), S. 69,7

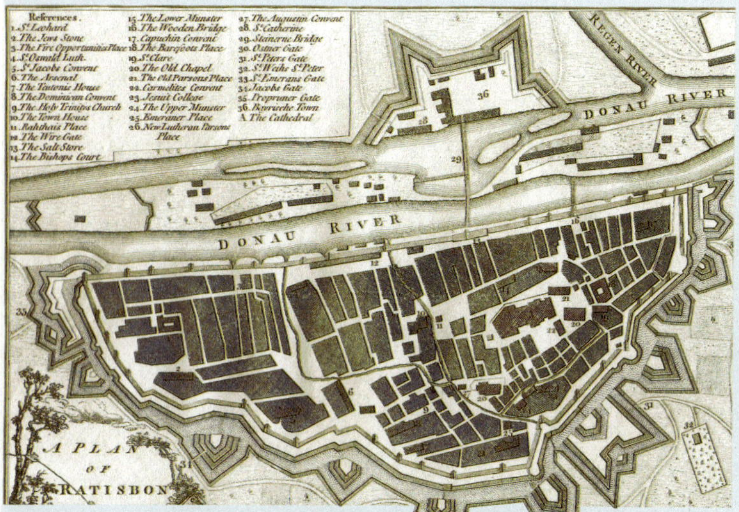

M5 Regensburg um 1800

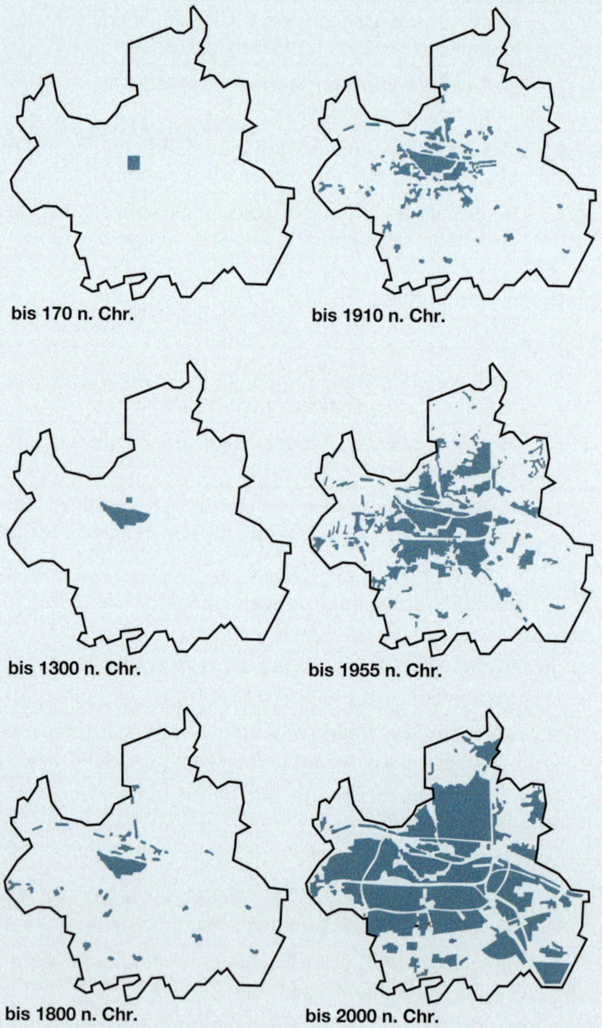

M7 Entwicklung der Siedlungsfläche im Regensburger Stadtgebiet

Ein wichtiges Instrument zum Erhalt der „Altstadt Regensburg mit Stadtamhof" ist die in Regensburg mit großer Sorgfalt durchgeführte, nachhaltig orientierte Altstadtsanierung.
Seit 1945 ist die Regensburger Altstadt die einzige erhaltene mittelalterliche Großstadt Deutschlands. In der Nachkriegszeit ergaben sich daraus zwei denkmalpflegerische Herausforderungen: Zum einen musste eine wirtschaftlich attraktive Innenstadt geschaffen werden, zum anderen mussten die Lebensbedingungen der Altstadtbewohner verbessert werden. Andernorts führten großflächige Kriegszerstörungen zu einer Neubebauung, in Regensburg galt es die bereits bestehenden, oft Jahrhunderte alten Wohnquartiere zu sanieren.

Allgemeine Ziele der Sanierung:

Bei der Stadtsanierung geht es nicht nur darum, Regensburg als ein gewachsenes historisches Ensemble zu konservieren; vielmehr sollen Bewohner und Besucher die gebaute Substanz früherer Epochen als Bestandteil eines lebendigen Stadtorganismus erfahren. Der Stadtrat hat 1977 daher mehrere Sanierungsgrundsätze beschlossen:

Zu den Grundsätzen:

- Die Erhaltung der historischen Altstadt in ihrer groß- und kleinräumlichen Gestalt ist oberstes Ziel.
- Die Struktur der Flächennutzung in der Altstadt ist zu wahren.
- Bestehende Wohnnutzungen haben grundsätzlich Vorrang. Sie dürfen nicht von anderen Nutzungen verdrängt werden.
- Die kleinräumige Eigentümerstruktur soll bestehen bleiben.
- Die Existenzfähigkeit von Läden sowie kleinerer Dienstleistungs- und Handwerksbetriebe ist zu sichern.

Etwa die Hälfte aller Anwesen des Welterbegebiets „Altstadt Regensburg mit Stadtamhof" ist zwischenzeitlich baulich saniert. Der Schwerpunkt der Aktivitäten lag bisher in der westlichen Altstadt.

Quelle: www.regensburg.de, Zugriff 11.10.2014

M6 Moderne Stadtentwicklung und Sanierung

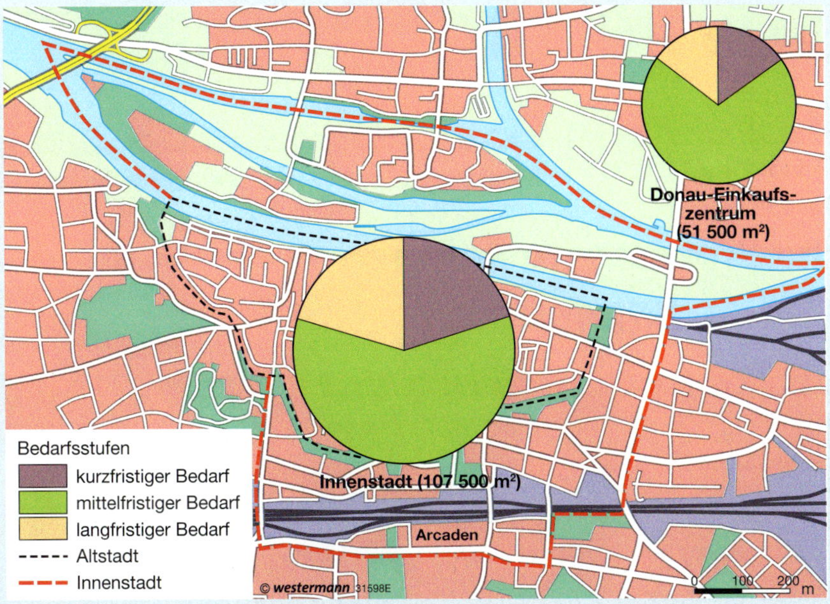

M8 Oberzentrale Standorte – Bedarfsstufen der Sortimente

Einst blühende europäische Handelsmetropole und politisches Zentrum des Heiligen Römischen Reiches ist Regensburg heute deutschlandweit die am besten erhaltene mittelalterliche Großstadt und seit 2006 UNESCO-Welterbe.
(Quelle: https://www.regensburg.de/welterbe)

Mit dieser Ernennung zum UNESCO-Welterbe verbinden sich viele Erwartungen. Unter anderem verspricht man sich davon mehr Aufmerksamkeit im nationalen und internationalen Umfeld, mehr Besucher von nah und fern, einen weichen Standortfaktor für die Wirtschaft, einen Baustein für die Strategie einer nachhaltigen Stadtentwicklung und nicht zuletzt eine Profilierung und Identitätsstiftung für die Stadt.
Quelle: Ripp, M. in: Informationen zur Raumentwicklung, 2011

M10 UNESCO-Welterbe Altstadt Regensburg mit Stadtamhof

Shopping Center gelten als Gefahr für die Innenstädte. Ein wesentlicher Grund ist die Marktmacht der dort konzentrierten Filialisten und des sie koordinierenden Centermanagements, die besonders dann zum Tragen kommt, wenn die Verkaufsfläche in Relation zur übrigen Innenstadt überdimensioniert ist. In der Diskussion wird allerdings zu wenig berücksichtigt, dass für die Zukunftschancen der historisch gewachsenen Innenstadt nicht nur die Relation der Verkaufsflächen bzw. Betriebe maßgeblich ist, sondern es ganz wesentlich auf die Ausrichtung der Angebote ankommt. [...]
Regensburg ist ein ungewöhnlicher Sonderfall. Nachdem zunächst in Wirtschaftswunderzeiten eine Anpassung der unzerstörten Altstadt an die Erfordernisse eines modernen Haupteinkaufsbereichs begonnen worden war, besann man sich Mitte der 1960er-Jahre auf den Wert des historischen Erbes. Als Konsequenz stimmte man der Ansiedlung des Donau-Einkaufszentrums [DEZ] (1967 eröffnet) in 1,5 km Entfernung von der Altstadt nördlich der Donau und dessen schrittweiser Erweiterung von 16 000 m^2 auf rund 52 000 m^2 Verkaufsfläche (2010) zu. [...] Da die Altstadt den expandierenden Einzelhandels-Filialisten nicht die gewünschten Ansiedlungsmöglichkeiten (insbes. für größere Flächen) bieten konnte, ermöglichte die Stadt nach längeren Diskussionen die Ansiedlung eines weiteren Einkaufszentrums 600 m südlich der Altstadt auf der Rückseite des Hauptbahnhofs. 2002 eröffnete die MFI (Management für Immobilien) dort die Regensburg Arcaden mit 22 700 m^2 Einzelhandelsverkaufsfläche (Handelsfläche insgesamt rund 33 000 m^2, inklusive Gastronomie/Dienstleistungen, 2010). Damit ist die Gesamt-Verkaufsfläche der beiden Center gegenüber den rund 78 500 m^2 in der eigentlichen Altstadt (Sept. 2010) weitaus größer als allgemein als verträglich angesehen wird [...]. Für viele Umlandbewohner ist das Donau-Einkaufszentrum sogar an die Stelle der Innenstadt getreten, wenn sie „zum Einkaufen in die Stadt fahren". [...] Den 100 Betrieben im DEZ und 73 Betrieben in den Arcaden stehen in der Altstadt [jedoch] rund 600 Betriebe (2010) gegenüber. Dadurch entfallen auf die Innenstadt (ohne Arcaden) zwar nur 24 % der Regensburger Verkaufsfläche, aber 50 % der Betriebe. [...]
Die in der Altstadt gelegenen Betriebe haben zu 52 % nicht mehr als 50 m^2 [...]; 67 % sind Einbetriebsunternehmen, 4 % Hauptsitz von Ketten und nur 29 % Filialisten oder Franchise-Nehmer.
Quelle: Monheim, R.: Die Regensburger Altstadt - Shopping-Spezialisierung im Schatten zweier Einkaufszentren. In: Berichte des Arbeitskreises Geographische Handelsforschung Nr. 28, 2010, S. 18-25.

M9 Struktur des Regensburger Einzelhandels

Regensburg ist mit rund 133 000 Einwohnern die fünftgrößte Stadt des Bundeslandes Bayern. [...] Neben einer deutlich erkennbaren architektonischen Verbindung zum Süden, aber vor allem wegen seines außergewöhnlichen Lebensgefühls wird Regensburg oft als die „nördlichste Stadt Italiens" bezeichnet. In den letzten Jahren hat sich Regensburg auf einen der vorderen Plätze im Wirtschafts-Ranking in Bayern hochgearbeitet. Die Stadt profitiert vom herausragenden Wissenschaftspotential des Klinikums, der Universität und der Hochschule für angewandte Wissenschaften (zusammen rund 23 000 Studenten), [...]. Die Stadt am nördlichsten Punkt der Donau belegt nach einer Studie des renommierten PROGNOSInstituts Platz 10 unter den deutschen Technologiestandorten.
Quelle: www.regensburg.de

M11 COMFORT Städtereport Regensburg 2010

X Metropolisierung und Marginalisierung

Unvermeidliche Prozesse im Rahmen einer weltweiten Verstädterung?

Mumbai (Indien) – die Metropole weist einen hohen Anteil an marginalisiert lebenden Menschen auf.

Die Welt der Städte

Megastädte – größer, bedeutungsvoller, vulnerabler

„Verstädterung ist einer der Mega-Trends unserer Zeit – und als solcher mit einer ungeheuren Vielschichtigkeit verbunden. Während in den Industrieländern unter der Zugkraft der Städte vor allem die ländlichen Regionen leiden, stellt ein massives urbanes Bevölkerungswachstum die Metropolen in vielen Entwicklungsländern vor große Herausforderungen. Denn nicht selten wächst eine Stadt schneller als die Behörden mit geeigneten Anpassungsmaßnahmen auf das Wachstum reagieren können." (Weltrisikobericht, 2014, S. 11)
2007 ging als Wendepunkt in die Geschichte ein, da seitdem erstmals mehr Menschen in Städten als in ländlichen Räumen leben. Im Jahr 2014 sind es schon 54 %, 1950 waren es erst 30 %.
Was sind die Ursachen des städtischen Wachstums? Welche Auswirkungen hat die zunehmende Verstädterung auf das Stadtbild?

Durch die zunehmende Verstädterung bilden sich vor allem in den Entwicklungs- und Schwellenländern Zentren politischer und ökonomischer Macht. Aber es gibt genau in diesen Städten auch viele Menschen, die daran nicht teilhaben. Dieser Problematik, die sich mit den Begriffen Metropolisierung und Marginalisierung umschreiben lässt, gehen wir in diesem Kapitel nach. Sind Metropolisierung und Marginalisierung zwei Prozesse, die unweigerlich zusammengehören? Wie organisieren sich die Menschen in Marginalvierteln? Welche Auswirkungen hat dies auf die Regierbarkeit der Städte?

M2 Lima: Eine Stadt, ...

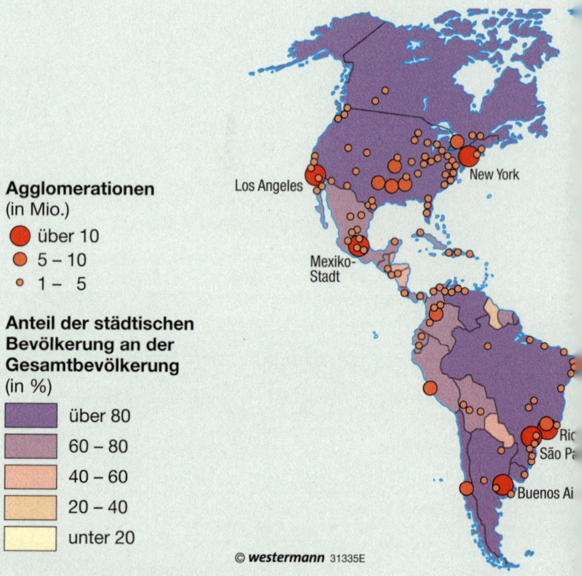

Quelle: World Urbanization Prospects 2014, S. 9

M3 Städtische Agglomerationen (2014)

Unter **Verstädterung** versteht man eine Ausdehnung, Vermehrung und Vergrößerung der Städte eines Raumes nach Zahl, Fläche und Einwohnern. **Megastädte** werden zumeist nach quantitativen Merkmalen abgegrenzt, wobei unterschiedlichen Definitionen zufolge mindestens fünf, acht oder zehn Millionen Einwohner zugrunde gelegt sind. Einige Autoren legen zusätzlich einen Schwellenwert der Einwohnerdichte fest (mindestens 2 000 Einw./km²) und beziehen nur Städte mit monozentrischer Struktur ein, andere zählen auch polyzentrisch strukturierte Räume hinzu und sprechen von „megaurbanen Regionen" (UN 2008). Städte, die über 20 Millionen Einwohner aufweisen, werden als **Metastädte** bezeichnet.
Bei der statistischen Erfassung ergeben sich jedoch Probleme. Durch die Verstädterung wachsen viele Städte über ihre eigentlichen administrativen Grenzen hinaus. Daraus resultieren unterschiedliche Bevölkerungsangaben von Städten. Manche Bevölkerungszahlen beziffern die Menschenmenge innerhalb der Stadtgrenze, andere Quellen gehen weiter und betrachten die Bevölkerungszahl in der Metropolregion (Agglomerationsraum), auch jenseits der administrativen Grenze der Stadt (vgl. M5, M6). Außerdem unterliegen viele Städte einer hohen Entwicklungsdynamik, sodass Zahlen schnell veraltet sind oder auch zugewanderte Menschen, vor allem in den Marginalsiedlungen, gar nicht erfasst werden.
Als **Agglomerationsräume** werden regionale Konzentrationen von Wohn- und Wirtschaftsgebäuden, Einwohnern, Arbeitsplätzen und dazugehöriger Infrastruktur bezeichnet. Agglomerationsräume bestehen in der Regel aus einer größeren Stadt (monozentrischer A.) oder mehreren solchen Städten (polyzentrischer A.).
Der Begriff **Metropole** bezeichnet die Hauptstadt bzw. den politischen, gesellschaftlichen und wirtschaftlichen Mittelpunkt eines Landes. Von **Metropolisierung** spricht man, wenn eine Stadt eines Landes die anderen Städte des Landes an Größe und Bedeutung überragt.
Marginalisierung bedeutet die wirtschaftliche, politische, soziale und räumliche Ausgrenzung eines Teils der Bevölkerung.

M1 Definitionen

M4 ... unterschiedliche Gesichter

	Mega-/ Metastadt	Staat
Bevölkerungszahl	Pearl River Delta: 48 Mio. Tokio: 35,5 Mio. Mexiko City: 19,5 Mio.	Spanien/Portugal: 48 Mio. Kanada: 30,8 Mio. Australien: 19,2 Mio.
Migrationsvolumina	Volumen der Arbeits-Binnenwanderung in fünf Megastädten Chinas: ca. 25 – 30 Mio. Menschen	Einwanderer von Mexiko in die USA: legal 7 Mio., illegal 2 – 2,5 Mio. Menschen
CO_2-Emissionen (kg pro Kopf/Jahr) bei etwa gleicher Bevölkerungszahl	Bejing: 253 Mexiko City: 101 Los Angeles: 166	Belgien: 101 Niederlande: 43 Ungarn: 73

Quelle: Praxis Geographie 7-8/2009 S. 5

M6 Mega-/ Metastädte und Staaten: Vergleichsdimensionen

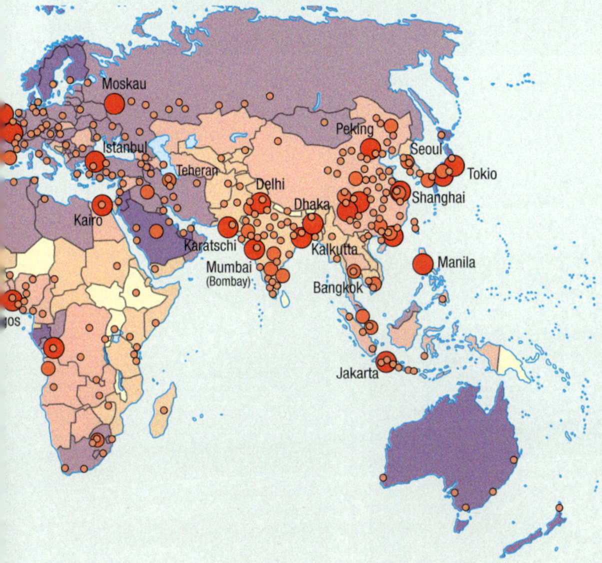

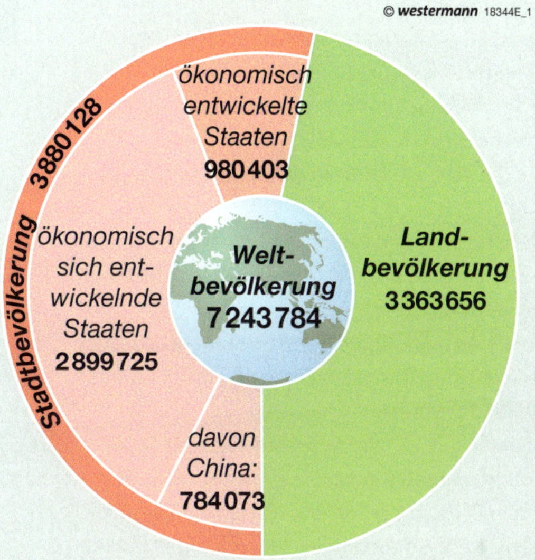

Quelle: United Nations: World Urbanization Prospects, 2014

M7 Weltweite Verstädterung (2014) in Tausend

Rang	1950		1990		2014		2030*	
	Agglomeration	Einw.	Agglomeration	Einw.	Agglomeration	Einw.	Agglomeration	Einw.
1	New York / Newark	12,34	Tokio	32,53	Tokio	37,83	Tokio	37,19
2	Tokio	11,27	Osaka-Kobe	18,39	Delhi	24,95	Delhi	36,06
3	London	8,36	New York / Newark	16,09	Shanghai	22,99	Shanghai	30,75
4	Paris	6,28	Mexiko City	15,64	Mexiko City	20,84	Mumbai	27,80
5	Moskau	5,36	São Paulo	14,78	São Paulo	20,83	Peking	27,71
6	Buenos Aires	5,10	Mumbai	12,44	Mumbai	20,74	Dhaka	27,37
7	Chicago	5,00	Kalkutta	10,89	Osaka-Kobe	20,12	Karachi	24,84
8	Kalkutta	4,51	Los Angeles	10,88	Peking	19,52	Kairo	24,50
9	Shanghai	4,30	Seoul	10,52	New York / Newark	18,59	Lagos	24,24
10	Osaka-Kobe	4,15	Buenos Aires	10,51	Kairo	18,42	Mexiko City	23,87

M5 Die zehn größten Agglomerationen 1950 – 2030 (*Prognose) in Mio. Quelle: UN Population Division (2012), World Urbanization Prospects (2014)

1. Beschreiben Sie die Verteilung der städtischen Agglomerationen weltweit (M3).
Ⓦ 2. **A** Analysieren Sie M5.
   B Begründen Sie die Veränderung der Zusammenstellung der zehn größten Städte weltweit von 1950 bis 2030?
3. Wählen Sie zwei Mega- bzw. Metastädte aus. Recherchieren Sie fünf unterschiedliche Quellen, die die Einwohnerzahl angeben. Begründen Sie unterschiedliche Werte (M3 oder M5).
4. Erläutern Sie die Bedeutung von Megastädten (M6, M7).
5. Recherchieren Sie zu den Städten größer als zehn Millionen Einwohner (M3) den HDI des Landes und die Wachstumsrate. Ziehen Sie Rückschlüsse aus den Ergebnissen.
Ⓩ 6. Bestimmen Sie mithilfe des Atlas alle Städte größer als fünf Millionen Einwohner in M3.

Ursachen für das Wachstum der Megastädte

Der Sog der Städte – China

Die weltweite Verstädterung schreitet voran. Vor allem in den Entwicklungs- und Schwellenländern wird es in den nächsten Jahrzehnten zu einer drastischen Zunahme der urbanen Bevölkerung kommen. Wodurch kommt das immense Wachstum der Städte zu Stande? Was sind die Wanderungsmotive der Menschen?

1. Analysieren Sie die Entwicklung der Stadtbevölkerung (M5).

2. Recherchieren Sie das Bevölkerungswachstum von je drei Industrie-, Schwellen- und Entwicklungsländern. Erläutern Sie anschließend, welchen Einfluss diese Werte im jeweiligen Land haben könnten:
a) auf die rural-urbane Migration.
b) auf das städtische Wachstum.

Ⓦ **3.** **A** Interpretieren Sie die Karikatur von Luisa Beyer (M9).
B Zeichnen Sie eine Karikatur zur Push-Pull-Problematik.

4. Kennzeichnen Sie mithilfe des Atlas die demographische und wirtschaftliche Struktur Chinas.

5. Beschreiben Sie die Altersstruktur in den ländlichen Regionen Chinas (M3).

6. Erläutern Sie die Ursachen und Folgen der Migration in China.

7. Beurteilen Sie den Einfluss des natürlichen Wachstums auf das Wachstum der Städte (M1).

8. Diskutieren Sie die Auswirkungen der vom Staat erlassenen und mittlerweile leicht gelockerten Ein-Kind-Politik Chinas auf das Wachstum der Städte.

Ⓩ **9.** Gehen Sie auf Spurensuche in Ihrer nächstgelegenen Großstadt (real oder auch digital). Finden Sie Einrichtungen, die von überregionaler Bedeutung sind und listen Sie diese auf. Diskutieren Sie, ob diese Einrichtungen Pullwirkungen haben.

Ⓩ **10.** Ein Migrant, der in Europa war und wieder nach Afrika zurückkam, wird gefragt, warum er nicht in seinen Heimatort zurückgegangen ist. Seine Antwort lautete: „Ha! Da wollte ich mich nicht blicken lassen. Alle wussten ja Bescheid. Das ist schon eine Schande, wenn man es nicht geschafft hat." Diskutieren Sie, welchen Effekt das für Stadt- und Landbewohner hat.

→ Migration, Pull-Faktoren, Push-Faktoren

→ Migration

Migration ist die Wanderung von menschlichen Individuen oder Gruppen mit dem Ergebnis eines nicht nur kurzfristigen Wohnsitzwechsels. Findet diese Migration von ländlichen Regionen in städtische Gebiete statt, so spricht man von einer rural-urbanen Migration.

	1995	2014	2025*
China	1,0	0,4	0,0
Südkorea	0,8	0,2	-0,1
Indien	1,9	1,3	1,0
Argentinien	1,2	1,0	0,7
Nigeria	2,5	2,5	2,3
Deutschland	0,3	-0,2	-0,3

Quelle: www.census.gov

M1 Natürliches Bevölkerungswachstum in Prozent (* Prognose)

M2 Dorf im Hinterland Chinas

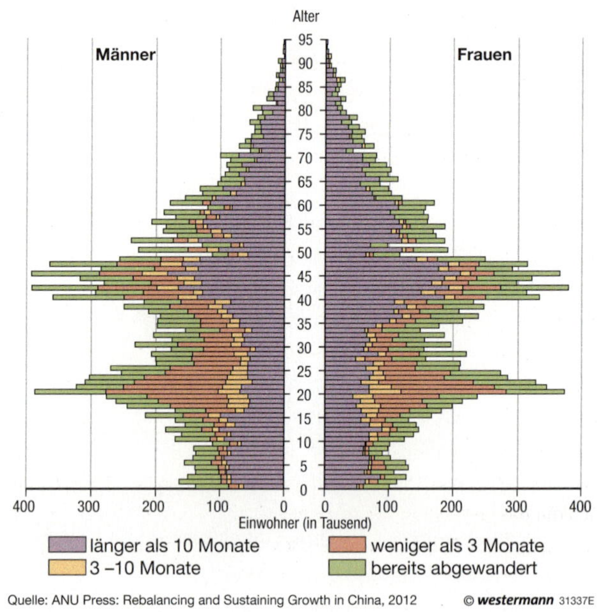

M3* Alterspyramide der ländlichen Regionen Chinas mit Darstellung der Aufenthaltsdauer im Heimatort (2012)

Arbeitslosenquote	
Städtische Regionen	4,0 %
Ländliche Regionen	30,0 %

M4 Arbeitslosigkeit in China (2012)

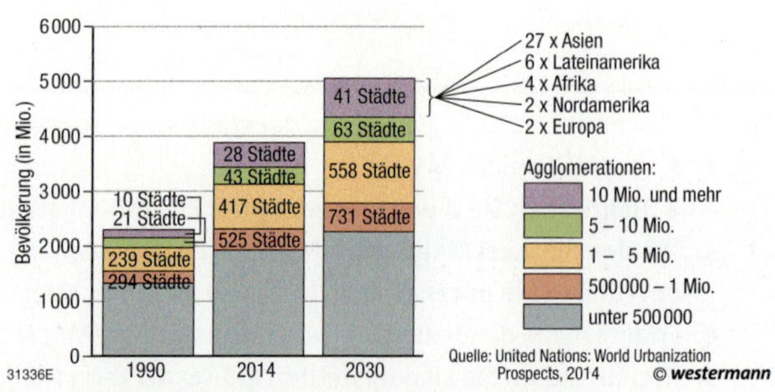

M5 Wachstum der Stadtbevölkerung nach Stadtgrößen (2030 Prognose)

M6 Wanderarbeiter in Shanghai

M9 Karikatur der Schülerin Luisa Beyer, Q1

„Mein Name ist Quang Phong. Ich bin 20 Jahre alt und komme aus der Provinz Qinghai, einer der ärmsten Regionen Chinas. Bei uns sind viele Menschen arbeitslos. Auch ich habe in den letzten Jahren keine Arbeit gefunden – das Geld reichte kaum zum Überleben. Viele arbeiten als Bauern, aber außerhalb der Landwirtschaft gibt es zu wenige Arbeitsplätze. Auch als Bauer können nicht alle arbeiten, denn die Familien hier wachsen, die Anbaufläche aber nicht. Meine Eltern sind Analphabeten, aber ich durfte auf die Schule gehen. Später will ich Ingenieur werden. Daher entschloss ich mich – wie viele meiner Freunde – nach Shanghai zu gehen. Dort arbeite ich auf einer Baustelle eines neuen Wolkenkratzers. Die Arbeit ist wirklich sehr hart und gefährlich, aber wenigstens ist die Bezahlung viel besser als in meiner Heimat. Zur Reisernte fahre ich nach Hause und helfe meinen Eltern. Einen Großteil meines verdienten Geldes bringe ich ihnen dann mit, damit sie sich auch mal Fleisch oder neue Kleidung leisten können. In der Stadt kann ich mir das viel eher leisten. Zu Hause ist es schöner, nicht so laut und schmutzig, aber ich will meine Entscheidung für ein neues Leben nicht missen."

M7 Ein Wanderarbeiter erzählt

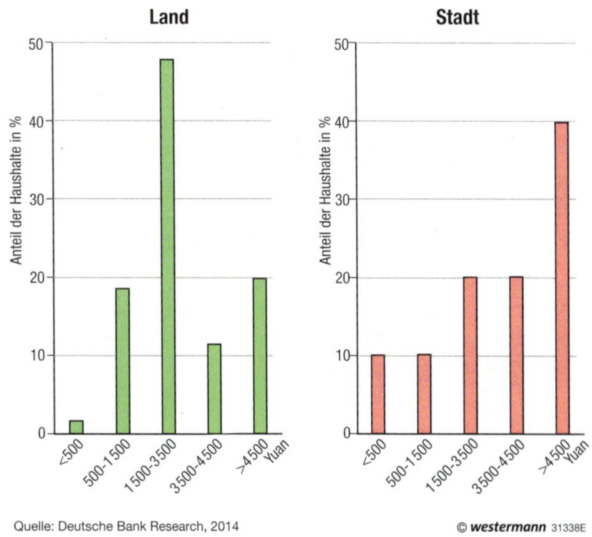

M10 Jahresnettoeinkommen pro Kopf in ländlichen und städtischen Räumen in China (in Yuan; 1 Euro = 8,16 Yuan) (2013)

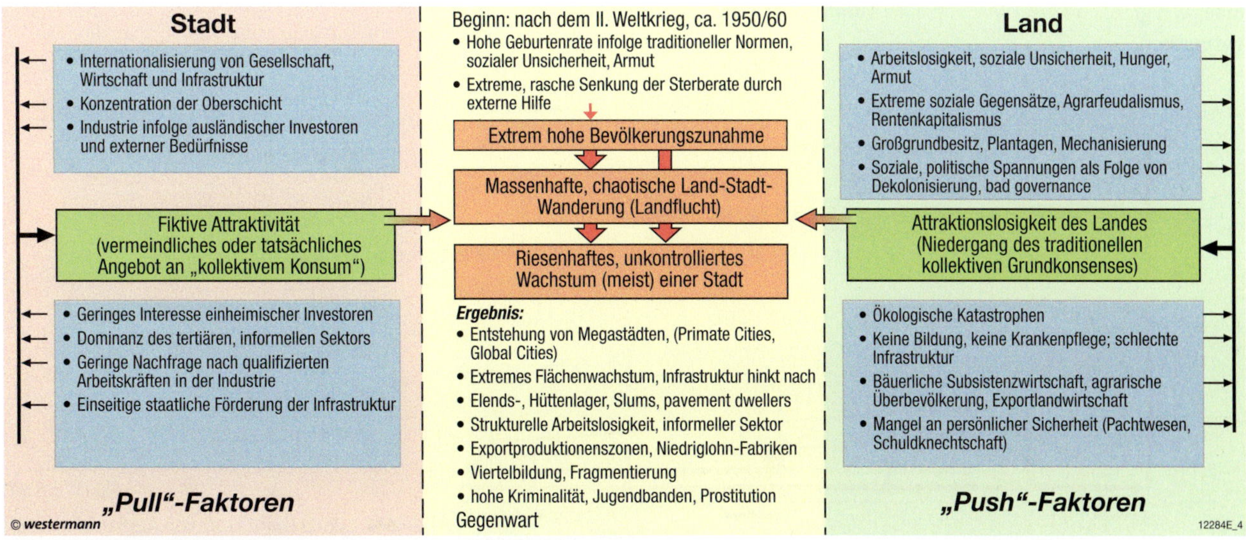

M8 Verstädterung und Bevölkerungszunahme in Entwicklungsländern

Primatstädte – Dominanz in allen Bereichen

Unipolare Ausrichtung in Südkorea – das Beispiel der Seoul Metropolitan Area

Durch das demographische und wirtschaftliche Wachstum verändert sich das Städtesystem im Land. Häufig ist dieses Wachstum auf ein Zentrum hin ausgerichtet. Wieso bilden sich solche Gravitationszentren? Welche Bedeutung haben sie?

1. Erklären Sie die Begriffe demographische und funktionale Primatstadt (M3).
2. Errechnen Sie für Seoul den Primacy Index und vergleichen Sie ihn mit Deutschland (Fischer Weltalmanach 2014) (M3, M5, M7):
   Seoul 10 388 055 — Berlin 3 375 222
   Busan 3 492 518 — Hamburg 1 734 272
3. Erklären Sie Vor- und Nachteile des Primatstadtcharakters.
4. In der Seoul Metropolitan Area konzentrieren sich die ausländischen Direktinvestitionen.
   a) Begründen Sie, warum dies so ist.
   b) Schildern Sie die Folgen für Seoul und Südkorea.
5. Beschreiben Sie den Polarisationsprozess (M1).
6. Überprüfen Sie die Übertragbarkeit des Modells des Polarisationsprozesses auf Seoul (M1, M6, M8, M9).
7. Ⓦ Erläutern Sie den Primatstadtcharakter von Seoul. Nutzen Sie auch den Atlas.
   A Schreiben Sie einen Text im Klausurstil.
   B Erstellen Sie ein Plakat.
   C Bereiten Sie das Material zu einer digitalen Präsentation auf.
8. Ⓩ Arbeiten Sie anhand der Bilder (M2) heraus, welche Funktionen erkennbar sind, die zu einer Vormachtstellung von Seoul führen könnten.

→ Entzugseffekt, Polarisation, Primacy Index, Primatstadt, Ausbreitungseffekt

→ Primacy Index
(auch Metropolisierungsquote oder Index of Primacy genannt)
Mit dem Primacy Index wird die demographische Vormachtstellung ausgedrückt. Hierfür wird das Verhältnis der größten zur zweitgrößten Stadt eines Staates errechnet. Bei einem Primacy Index von größer als zwei wird von einer Vormachtstellung gesprochen.

M2 Eindrücke aus der Seoul Metropolitan Area ...

In vielen Ländern dieser Welt kommt es zu einem starken Metropolisierungsprozess. Das heißt, dass eine Stadt, meist die Hauptstadt des Landes, zu einem demographischen und wirtschaftlichen Zentrum heranwächst. Eine Primatstadt entsteht, die von der Bevölkerungszahl, der Wirtschaftskraft und der politischen Macht alle anderen Städte des Landes überragt.
Dominiert eine Stadt alle anderen hinsichtlich der Bevölkerungszahl, so spricht man vom demographischen Primatstadtcharakter. Beim funktionalen Primatstadtcharakter existiert eine Vormachtstellung in allen lebenswichtigen Bereichen. Wirtschaftlich, kulturell, politisch und auch infrastrukturell ist die funktionale Primatstadt allen anderen Städten des Landes überlegen. Dabei ist nicht nur die Quantität an Einrichtungen, sondern auch die Qualität besser. So weist die funktionelle Primatstadt auch die besten Standortfaktoren für Unternehmen auf. Es kommt zur Polarisation, da immer bessere Standortfaktoren der Primatstadt immer mehr Unternehmen und Menschen aus der Peripherie anlocken, sodass das Hinterland, die Peripherie, zunehmend an Bedeutung verliert. Ein Selbstverstärkungsprozess entsteht. Dadurch wird die Entwicklung des ländlichen Raumes behindert. Es entsteht ein immenses Gefälle zwischen armen ländlichen Regionen und reichen städtischen Räumen. Die zunehmende Polarisation verstärkt damit die Migration in die Primatstadt. Besonders häufig gibt es funktionale Primatstädte in Entwicklungs- und Schwellenländern.

M3 Bedeutung von Primatstädten

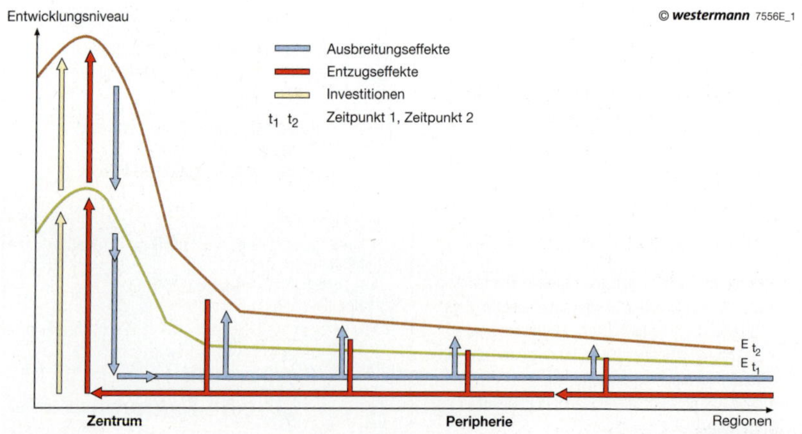

M1 Der Polarisationsprozess (nach Myrdal)

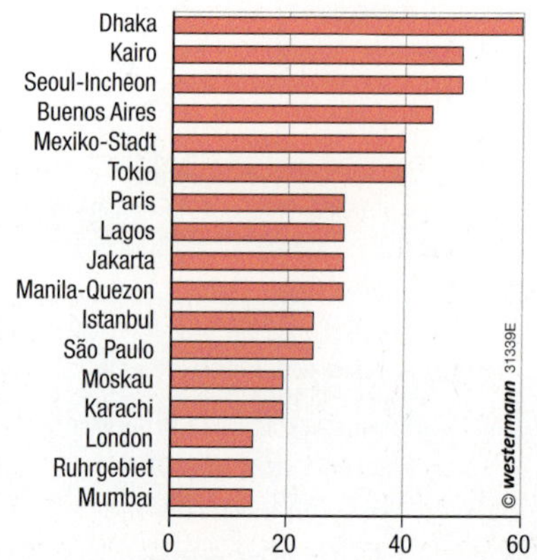

M4 Wirtschaftskraft von Agglomerationen (in Prozent des BIP des Landes) (2012)

Seoul Nightlife

Hafen Incheon

National Assembly Building

Die fortschreitende „unipolare“ Konzentration ist aus ökologisch-regionalpolitischer Sicht bedenklich, bietet jedoch aus rein ökonomischer Perspektive sehr große Vorteile und erklärt sich durch folgende „Verstädterungsvorteile“:

- enges Zusammenspiel von Politik, Administration und Wirtschaft,
- Konzentration der Hauptverwaltungen fast aller großen Unternehmen am Ort wichtiger Entscheidungen,
- Bedeutung persönlicher Kommunikation („Face-to-Face-Kontakte“),
- Standortprestige,
- verstärkte internationale Wettbewerbsfähigkeit der Wirtschaft im Hinblick auf immer höhere Niveaus durch Konzentration höchstrangiger Funktionen,
- Verfügung über höchste Informationsdichte,
- Lagevorteile inmitten des größten und differenziertesten Arbeits- und Verbrauchermarktes,
- Verkehrsdrehscheibe mit hervorragender Infrastruktur,
- faszinierendes Bildungs- und Kulturangebot,
- Chancen des wirtschaftlichen und sozialen Aufstiegs,
- Weltstadt mit ihren Möglichkeiten für Begegnungen, Lebensgenuss und Zerstreuung.

Quelle: Flüchter, W.: Geographische Fragestellungen, Strukturen, Probleme. In: Länderbericht Japan. Bonn 1994, S.17–53

M5 Verstädterungsvorteile

Die Metropolregion der südkoreanischen Hauptstadt Seoul (Seoul Metropolitan Area), bestehend aus den Städten Seoul und Incheon sowie der Provinz Gyeonggi mit der Provinzhauptstadt Suweon, hat rund 24 Mio. Einwohner und bildet das wirtschaftliche, politische und kulturelle Zentrum des Landes. Sie ist Sitz der meisten großen südkoreanischen Konzerne wie Hyundai Corp, LG Group, Pantech Curitel und Samsung Group. Dank des internationalen Flughafens Incheon ist Seoul eine wichtige Drehscheibe für den Interkontinentalverkehr nach Nordamerika und Europa, der Hafen von Incheon wird mit dem Bau eines internationalen Kreuzfahrerterminals zu einem Zentrum für Kreuzfahrtschiffe in Ostasien ausgebaut. Ähnlich wie in Japan geht diese einseitige Konzentration auf die Hauptstadtregion auch in Südkorea auf Kosten einer ausgeglichenen Landesentwicklung.

Quelle: Feldhoff, T.: Ostasien. Diercke Spezial, Braunschweig 2014, S. 89

M7 Unipolare Konzentration auf Seoul

	1970	1990	2010
Seoul	5,5 (17,6 %)	10,6 (24,4 %)	10,1 (20,4 %)
Provinz Gyeonggi	3,3 (10,7 %)	8,0 (18,4 %)	14,2 (28,7 %)
SMA	8,9 (28,2%)	18,6 (42,8 %)	24,3 (49,2 %)
Südkorea	31,4	43,4	49,4

Quelle: Diercke Spezial – Ostasien, Braunschweig 2014

M8 Bevölkerungswachstum in der Seoul Metropolitan Area (SMA) in Mio. (% = Anteil am Gesamtland)

		Stadt			Provinz	
	Südkorea	Seoul	Busan	Gyeonggi	Gangwon	Gyeongbuk
Bevölkerung (in Mio.)	49,4	10,1	3,5	11,6	1,5	2,6
Fläche (in km²)	99392	605 (0,6 %)*	526 (0,5)*	10189 (10,3 %)*	16894 (17,0 %)*	19440 (19,6 %)*
Bevölkerungsdichte (in Einw./km²)	497	16613	6589	1136	88	135
BIP (in Mrd. Won)	1243	284 (22,8 %)*	62,7 (5,0 %)*	243 (19,6 %)*	30,3 (2,4 %)*	81 (6,5 %)*
Verfügbares Einkommen/Einw. (in 1 000 Won)	14 472 (100,0)**	16 840 (116,4)**	14 844 (102,6)**	13 529 (93,5)**	11 122 (84,5)**	10 813 (82,2)**
Privater Konsum/Einw. (in 1 000 Won)	13 160 (100,0)**	16 834 (127,9)**	13 064 (99,3)**	14 199 (107,9)**	12 525 (86,5)**	13 157 (90,9)**

(*Anteil am Gesamtland; ** relativ zum Landesdurchschnitt); Quelle: Diercke Spezial – Ostasien, Braunschweig 2014

M6 Demographische und regionalwirtschaftliche Indikatoren in Teilen von Korea und Gesamtkorea (2011)

M9 Zentren wirtschaftlicher Aktivitäten

Marginalisierung in Megastädten

Der informelle Sektor prägt das Stadtbild – Mumbai

Dharavi ist mit ungefähr 600 000 Bewohnern einer der größten Slums Asiens und nicht erst seit dem Kinoerfolg „Slumdog Millionaire" weltbekannt. Er liegt eingekesselt zwischen zwei Bahnstrecken und ist daher in seiner Ausdehnung begrenzt. Die meisten Menschen haben häufig keine offizielle Arbeit und leben in einfachen Behausungen. Was passiert mit den Menschen? Wie ist die Lebenssituation in Dharavi? Wie organisieren sie ihr Leben?

Ⓦ **1.** **A** Beschreiben Sie die Anzahl und die Entwicklung der Slumbevölkerung weltweit (M4).
B Errechnen Sie den prozentualen Anteil der Slumbevölkerung an der Stadtbevölkerung der jeweiligen Region und schlussfolgern Sie daraus auf die Probleme für die Verwaltungen (M4).
2. Informell wird häufig mit illegal verwechselt. Erläutern Sie die Bedeutung und Funktion des informellen Sektors (M1, M2).
3. Analysieren Sie die Stärken und Probleme des informellen Sektors in Mumbai. Gehen Sie speziell auf Dharavi ein (M3).
4. Beurteilen Sie die Teilhabe der marginalisierten Bevölkerung an gesellschaftlichen Prozessen.
5. Analysieren Sie die Folgen des Megawachstums von Mumbai.
6. Diskutieren Sie das Vorhaben, den Slum Dharavi abzureißen und neu aufzubauen (M8, M9).
Ⓩ **7.** In Dharavi können Touristen eine Tour buchen, die durch den Slum führt (2,5 Std., ca. 7,50€). Der Guide sagt: „Keine Fotos! Und wenn es auch mal streng riecht, bitte rümpft nicht die Nase oder zieht Grimassen. Das hat etwas mit Respekt zu tun!" Diskutieren Sie solche Tourismusformen.

→ informeller Sektor, Marginalsiedlung

→ Marginalisierung

Haben Menschen keine Teilhabe am offiziellen gesellschaftlichen, politischen, sozialen und wirtschaftlichen Leben, so sind sie marginalisiert. Im Prozess der Marginalisierung kommt es zur Herausbildung von informellen, also nicht genehmigten oder geplanten Siedlungen (Marginalsiedlungen).
Die Menschen in Marginalsiedlungen verfügen nicht oder nur unzureichend über grundlegende Rechte und institutionelle Absicherung (keine Steuern, keine Krankenversicherung, keinen politischen Einfluss). Die Siedlungen sind in der Regel nicht genehmigt und ungeplant. Sie befinden sich meist an Standorten mit schlechten Besiedelungsvoraussetzungen (zum Beispiel an Müllhalden, Vernässungszonen oder Steilhängen). Die dort lebenden Menschen sind häufig im informellen Sektor tätig.

→ informeller Sektor

Der informelle Sektor ist ein alternativer Beschäftigungssektor der marginalisierten Bevölkerung, v.a. in weniger entwickelten Ländern. In Entwicklungsländern sind die häufigsten Betätigungsfelder des informellen Sektors Straßenverkauf, Transport, Herstellung und Verkauf eigener Produkte auf lokalen Märkten und Durchführung von Kleinreparaturen.

Wirtschaftliche Aktivitäten	**Handel Selbstversorgung Produktion**	
Bauen und Siedeln	Gemeinschaftliche Landnahme Wohnungsbau ohne Genehmigung Infrastruktur in Selbsthilfe	
Sozio-politische Organisation	Stadtviertel-Organisationen Zusammenschlüsse von Selbsthilfeorganisationen Politische Demonstrationen	
Gemeinschaftliche Dienste	Kinderhorte Müllbeseitigung	Volksküchen Wachdienste
Kommunikation	Stadtviertel-Zeitungen Stadtviertel-Radio	Lokale Musik Straßentheater

M1 Bereiche des informellen Sektors

Stadt	Informelle Beschäftigung
Bamako (Mali)	83,4 %
Indische Städte	65,0 %
Santiago (Chile)	22,0 %
Lagos (Nigeria)	69,0 %
La Paz (Bolivien)	57,1 %
Ankara (Türkei)	5,5 %

M2 Bedeutung des informellen Sektors (Quelle: URBAN 21)

Zwischen den Gassen und Hütten des indischen Slums ist neben sozialen Problemen auch eine ganz eigene Ökonomie entstanden. Menschen leben hier, sie arbeiten hier und manche von ihnen bringen es zu respektablem Wohlstand. Etwa durch das Recycling von Plastik, ein großes Geschäft im Slum. Offizielle Schätzungen gehen von einer Wirtschaftskraft des Slums von einer halben Milliarde Euro pro Jahr aus. Die mindestens 600 000 Menschen, die hier leben, arbeiten in schätzungsweise 10 000 bis 15 000 Kleinbetrieben. Knapp ein Drittel der Slumbewohner kommt aus dem nordindischen Uttar Pradesh, das als das Armenhaus Indiens gilt. Sie betreiben Recyclingbetriebe oder kleine Nähfabriken.

Quelle: Mauer, S.: Gute Geschäfte im tiefsten Elend. Handelsblatt 14.01.2012

M3 Dharavis Wirtschaft

	Slumbevölkerung (in % der globalen Slumbevölkerung) 1990	2010	Stadtbevölkerung 2010 (in Mio.)	Davon Slumbevölkerung 2010 (in Mio.)
Entwickelte Regionen				
Europa	4,47	2,95	k.A.	k.A.
andere	2,59	2,01	k.A.	k.A.
Sich entwickelnde Regionen				
Nordafrika	3,01	1,84	89	12
Subsahara-Afrika	13,99	21,81	324	200
Lateinamerika	15,36	12,49	471	111
Ostasien	20,89	20,77	672	190
Südasien	28,76	27,74	546	191
Südostasien	6,79	5,59	287	89
Westasien	4,09	4,75	145	36
Ozeanien	0,05	0,06	2	0,6

M4 Stadt- und Slumbevölkerung

M5 Bildeindrücke aus Dharavi (Mumbai) – ein sich selbst regierender Stadtteil?

Die Sonne versinkt im Smog

Die Luft Bombays einzuatmen ist ungefähr so, als würde man täglich zweieinhalb Schachteln Zigaretten rauchen. Früher ging die Sonne im Meer unter. Heute versinkt sie im Smog."

Suketu Mehta: Bombay – Maximum City

M6 Smog in Mumbai

M7* Mumbai – Lage der Marginalsiedlungen

„Wenn wir weiter in die Höhe bauen, können wir nicht nur die Einwohner dort unterbringen, sondern ein Geschäfts- und Einkaufszentrum in bester Lage schaffen. Der Neuaufbau nutzt allen Beteiligten. Die Investoren können endlich das begehrte Land erschließen, und die Slumbewohner bekommen einen Lebensstandard, wie ihn zumindest die untere Mittelklasse in dieser Stadt genießt."

Mukesh Mehta, indischer Architekt

„Mehtas Ziel ist Profit, nicht Sanierung. Der Plan ist weit davon entfernt, was die Gemeinschaft will."

D.M. Sukthanker, Politiker im Bundesstaat Maharashtra

„Warum Dharavi sanieren? Entwickelt Dharavi oder helft ihm, sich selbst zu entwickeln."

Lutz Konermann, deutscher Filmemacher

M8 Unterschiedliche Stellungnahmen zur Zukunft Dharavis

Ursprünglich lag Dharavi am Rande der Stadt. Das schnelle Wachstum der Stadt hat den Slum eingeschlossen und so befindet er sich heute direkt neben dem Geschäftszentrum in bester Innenstadtlage. Die Regierung will die Stadt bis 2015 zu einem „Finanzzentrum der Weltklasse" entwickeln. Seit Jahren wird daher versucht, den Slum „abzureißen" und das teure Land für andere Zwecke zu nutzen. [...] Für die Produktionsstätten Dharavis ist allerdings kein Platz vorgesehen.

Quelle: Banerjee, B.K.; Stöber, G.: Südasien. 2012

M9 Sanierungspläne von Dharavi

	1976	1983	2001	2010
Einwohner (in Mio.)	5,9	10,0	11,4	14,3
davon Slumbewohner (in Mio.)	2,8	5,0	6,2	9,0
Verhältnis von Slum- zur Gesamtbevölkerung	47 %	50 %	54 %	63 %
Anzahl der Slums	1680	1930	1959	k.A.

M10 Bevölkerungsentwicklung Mumbais

Sanitäranlagen	
benötigte Toiletten insgesamt	125 000
bereits bestehende Toiletten	77 526
im Bau befindliche Toiletten	6 050

M11 Sanitäre Anlagen in Slums in Mumbai

Art der Wasserversorgung	Prozent der Slumhaushalte
Einzelzapfstellen im Haus	5,26
Gemeinschaftszapfstellen	49,77
Hydrant	11,69
Brunnen	0,51
keine Versorgung	0,87

M12 Zugang zu Trinkwasser in Slums von Mumbai (2010)

Marginalisierung in Megastädten

Fragmentierung – Elendsviertel und Gated Communities in Buenos Aires

In Megastädten lebt reiche und arme, integrierte und ausgegrenzte (desintegrierte) Bevölkerung häufig eng nebeneinander. Das heißt, dass Slums oft unmittelbar neben wirtschaftlich aktiven Stadtgebieten entstehen. Dies geschieht in vielen Metropolen dieser Welt. Ein besonderer Fokus soll hier auf lateinamerikanischen Städten und speziell auf Buenos Aires liegen. Welche Struktur hat das Stadtbild? Welche sozioökonomischen Folgen gehen damit einher?

Ⓦ **1.** Erklären Sie die Ursachen und Folgen der Fragmentierung in Megastädten vor dem Hintergrund der Globalisierung (M3, M4, M7, M8).
A Erstellen Sie ein Wirkungsgefüge.
B Schreiben Sie eine Ausarbeitung im Stil einer Klausuraufgabe.

2. Analysieren Sie die sozioökonomische Struktur von Buenos Aires (M2, M5, M6, M9).

3. Kennzeichnen Sie das Modell der lateinamerikanischen Stadt (M10).

4. Überprüfen Sie die Übertragbarkeit des Modells der lateinamerikanischen Stadt auf Buenos Aires.

Ⓩ **5.** Gehen Sie auf eine virtuelle Exkursion (M1).

→ Fragmentierung, Gated Communities, Marginalsiedlung

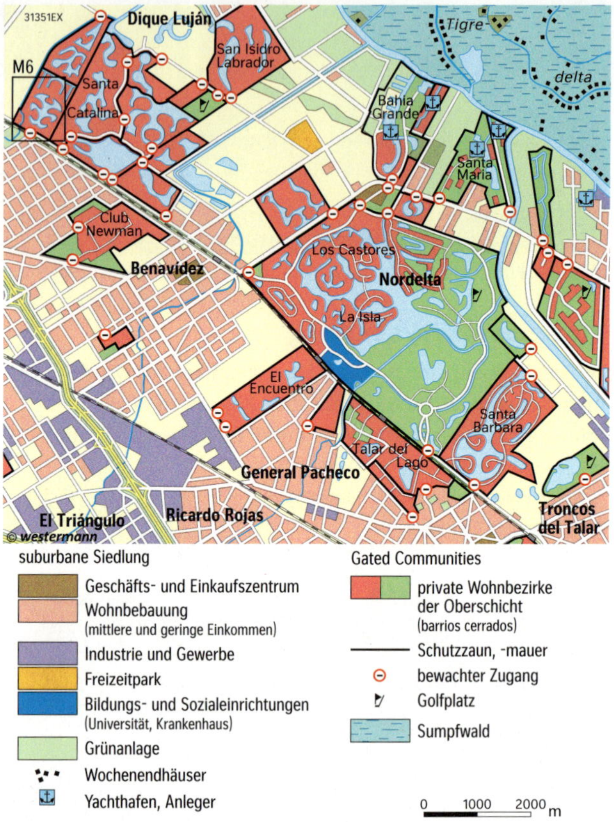

M2 Buenos Aires – Segregation

Schritt 1: Suchen Sie sich eine lateinamerikanische Megastadt aus und recherchieren Sie im Internet für diese Stadt nach Gated Communities und anderen Merkmalen einer lateinamerikanischen Stadt.
Schritt 2: Nutzen Sie Diercke Globus, Google Earth oder Google Maps und zoomen Sie in die recherchierten Gebiete hinein. Speichern Sie jeweils Bilder ab.
Bonus: Für viele Bereiche können Sie Google Streetview nutzen.
Schritt 3: Erstellen Sie eine Präsentation. Tipp: Fügen Sie als erste Folie eine Übersichtskarte der gewählten Stadt ein, in der sie alle weiteren Bildeindrücke lokalisieren können.

M1 Durchführung einer virtuellen Exkursion

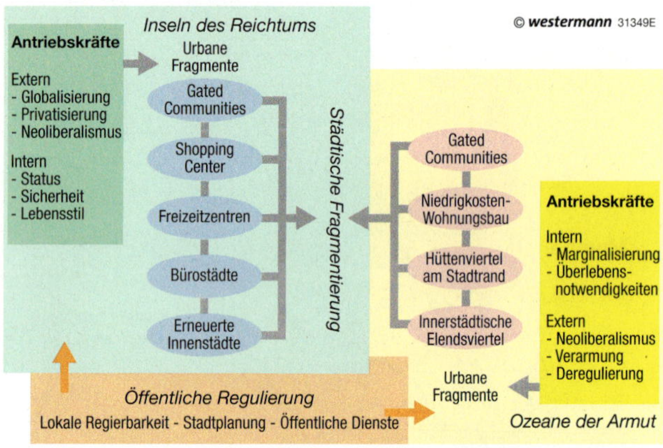

M3 Fragmentierte Städte in Entwicklungsländern (nach Scholz)

→ Fragmentierung
zeigt sich im Nebeneinander räumlich segregierter Stadtfragmente mit unterschiedlichem globalen Integrationsgrad. Ein Indikator für die Fragmentierung ist in vielen Entwicklungsländern die ungleiche Versorgung der Bevölkerung mit öffentlichen Dienstleistungen (z. B. Trinkwasser).

→ Gated Communities
sind abgeschlossene und gegen unbefugten Zugang gesicherte Wohnanlagen. Sie sind gekennzeichnet durch eine Kombination von Gemeinschaftseigentum und individuellem Eigentum, der Selbstverwaltung und Zugangsbeschränkung.

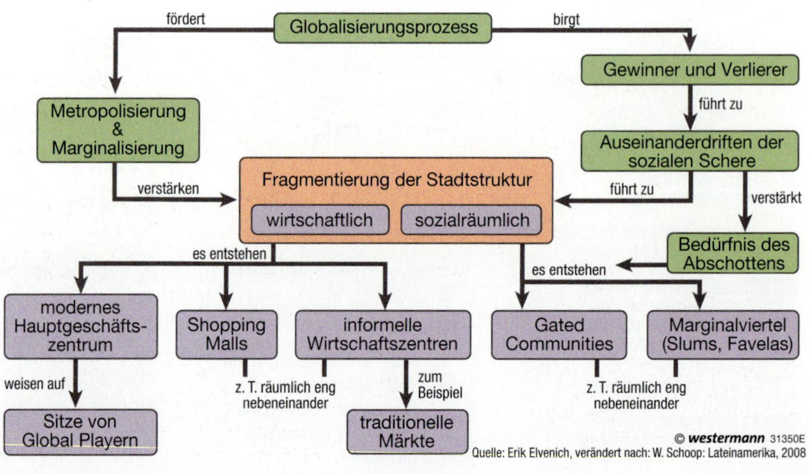

M4 Fragmentierung der Stadtstruktur dargestellt in einer Concept Map

M5 Buenos Aires – Sozialstruktur

M6 Oberschichtwohngebiet im Norddelta (1 km Sichthöhe)

M9 Innenstadtnahes Unterschichtviertel (1 km Sichthöhe)

„[Megastädte] sind nicht nur bevölkerungsreich, sondern zeichnen sich auch durch große Horizontalerstreckung, Verkehrschaos, infrastrukturelle Unter- oder Nichtversorgung aus. Sozialräumlich sind sie punkthaft fragmentiert: Einerseits die Wohlstandsinseln (Paradiese), die isolierten Gated Communities in Form räumlich eng begrenzter, von Mauern oder Zäunen umschlossener und bewachter Hochhaus- (vertikale Paradiese) und Villenkomplexe (No-Entrance-Areas). Andererseits die flächenweiten Armutsviertel (Höllen), die ausgedehnten Hütten- und Slumareale (No-Go-Areas), die wegen der herrschenden Gewalt und Kriminalität von Ortsfremden nicht betreten werden und die selbst für die Bewohner nicht ungefährlich sind.“

Quelle: Claaßen, K.: Die Stadt. Diercke Spezial, Braunschweig 2012, S. 105.

M7 „Höllen“ und „Paradiese“ (nach Scholz)

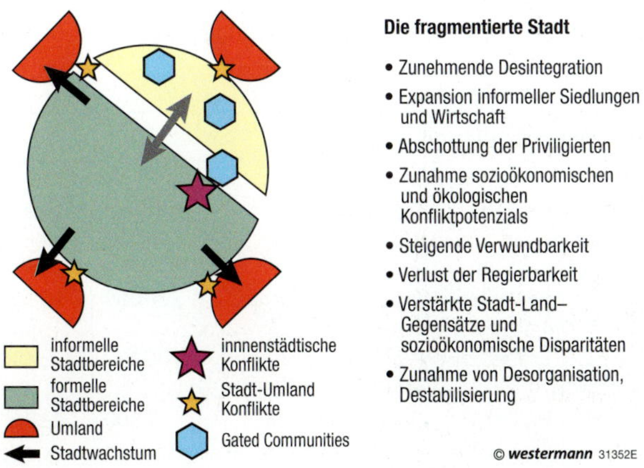

M8 Modell der fragmentierten Stadt in Entwicklungsländern

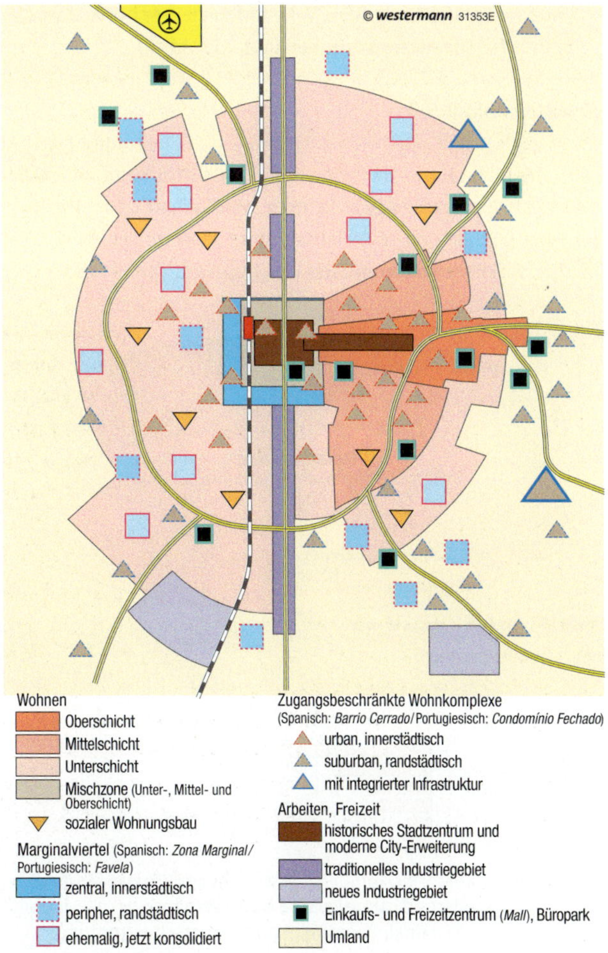

M10* Modell der lateinamerikanischen Stadt

Megastädte – mit hoher Vulnerabilität

Bedrohung durch natürliche und anthropogen verursachte Gefahren – Tokio

Megastädte haben weltweit untereinander mehr Gemeinsamkeiten als mit ihrem eigenen Hinterland. Durch die Globalisierung ist so eine enge Vernetzung entstanden. Das birgt viele Vorteile, aber auch Gefahren, da ein desaströses Ereignis in einer Megastadt auch Auswirkungen auf die Weltwirtschaft haben kann.
Doch welche Gefahren sind es im Einzelnen, die Megastädte bedrohen? Warum sind es gerade Megastädte, die einer besonderen Gefahr ausgesetzt sind? Sind auch Megastädte in Industrieländern gefährdet?

1. Erstellen Sie eine Tabelle zu menschlich verursachten (man made hazards) und natürlichen Gefahren (environmental hazards), die Städte bedrohen können (M3, M4, M8).
2. Recherchieren Sie im Atlas und im Internet, ob weitere Megastädte besonderen Gefahren ausgesetzt sind.
3. Auch der hohe Anteil an Marginalisierung erhöht in Megastädten die Vulnerabilität. Erklären Sie.
4. Erklären Sie die Begriffe Naturereignis, Naturgefahr und Naturkatastrophe (M1).
5. Erläutern Sie Tokios Vulnerabilität (M2, M3, M8, M10, M11).
6. „Megacities in developing countries – ticking social time bombs“ lautet der Titel eines geographischen Artikels. Nehmen Sie Stellung zu dieser Aussage (M4).
7. ② Es war schon mehrfach in Planung, Tokio die Hauptstadtfunktion zu entziehen und weiter im Landesinneren eine neue Hauptstadt mit allen Ministerien zu errichten. Beurteilen Sie dieses Vorhaben (M3, M7, Atlas).

→ Vulnerabilität

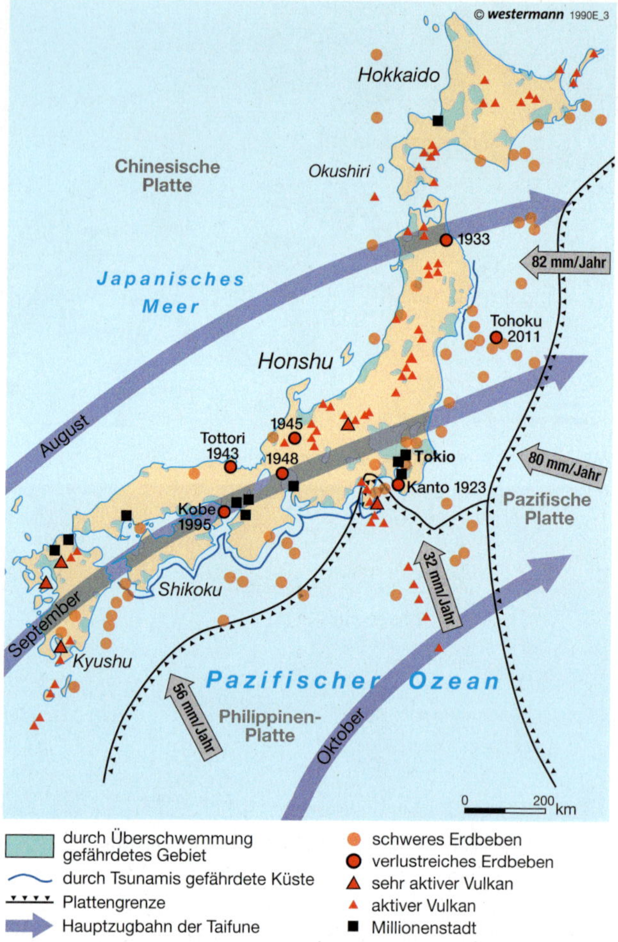

M3* Japan – Naturrisiken

→ Vulnerabilität

Die Vulnerabilität beschreibt die Anfälligkeit bzw. Empfindlichkeit oder auch Verletzbarkeit von Mensch, Gesellschaft und Infrastruktur eines Lebens- und Wirtschaftsraumes. Man spricht von ökologischer, sozialer und technischer Vulnerabilität.

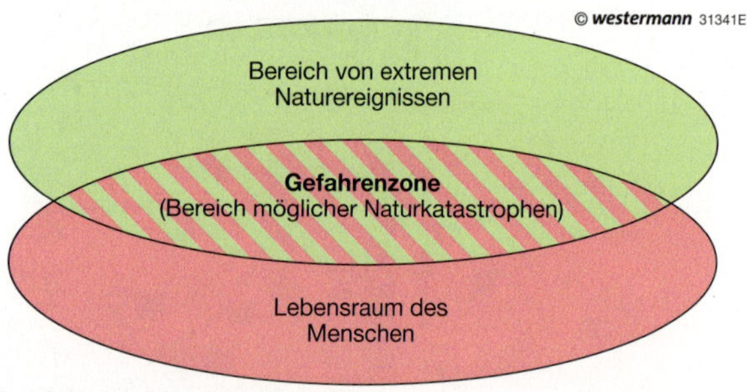

Quelle: verändert nach: P. Kunz: Klimarisiken, 1998

M1 Gefahrenzone

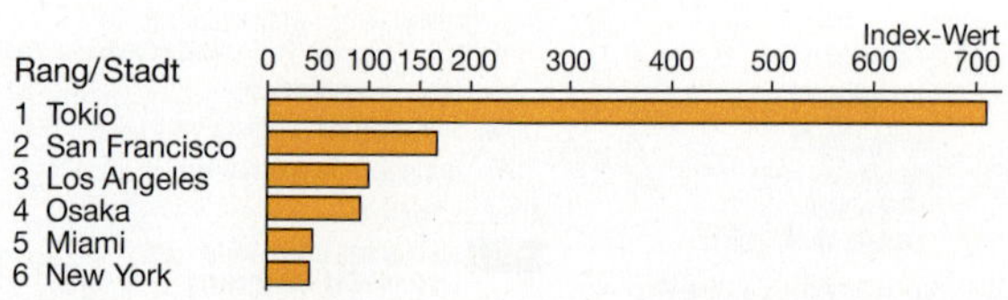

M2 Naturgefahren-Risikoindex der Münchener Rückversicherungsgesellschaft. Als relevante Naturgefahren berücksichtigt sind Erdbeben (inkl. Tsunami), Sturm, Überschwemmung, Vulkanismus, Buschfeuer, Frost.

Megastädte unterliegen dem globalen ökologischen, sozioökonomischen und politischen Wandel ebenso wie sie ihn umgekehrt durch ihre hohe Entwicklungsdynamik erheblich mitbestimmen. Zumeist werden sie deshalb als globale Risikogebiete eingestuft, in denen Naturgefahren oder Ressourcenverknappung für eine hohe Anzahl von Menschen verheerende Auswirkungen haben können. Auch vom Menschen verursachte Risiken, wie Wirtschaftskrisen, Emissionen, Industrieunfälle, ethnisch-religiöse Auseinandersetzungen oder Terrorismus können weit über die betroffene Megastadt hinaus globale Folgen mit sich bringen. [...]
Dabei wird oft vernachlässigt, dass in Megastädten tief greifende Transformationsprozesse stattfinden, die sie zugleich zu Innovationszentren machen durch hohe Entwicklungsdynamik sowie eine oft breite Palette verfügbaren Humankapitals und global vernetzter Akteure.

Quelle: Kraas, F.: Megastädte. In: Gebhardt u.a.: Geographie, (2011), S. 881

M4 Vulnerabilität von Megastädten

Datum	Ereignis	Gebiet	Schäden (in Mio. US$)	Todesopfer
11.03. 2011	Erdbeben, Tsunami	Japan, Fukushima	210 000	16 000
17.01. 1995	Erdbeben	Präfektur Hygogo, Kobe, Osaka, Kyoto	100 000	6 430
01.09. 1923	Erdbeben	Tokio, Yokohama	2 800	143 800

M5 Die drei teuersten Erdbeben / Tsunamis in Japan

M6 Tokio mit Blick auf den Fujisan (Fujijama)

Jeder sechste Japaner lebt in einer Küstenregion, die höchstens fünf Meter über dem Meeresspiegel liegt. 21,8 Millionen von 128 Millionen Japanern leben demnach in Gebieten, die einem Riesen-Tsunami wie vom 11. März 2011 mehr oder weniger schutzlos ausgesetzt wären. [...] Eine komplette Umsiedlung ist schon alleine wegen der bergigen japanischen Topographie unmöglich. Das Land ist nur zu einem Drittel bewohnbar. Die Ebenen nahe der Küste bieten sich als ideale Wohngebiete an.

Quelle: Knüsel, J. In: Die Stadt. Diercke Spezial 2013, S. 104

M7 Tsunamirisiko von Japan

Da sich Personen, Werte und Infrastruktur auf engstem Raum konzentrieren, bergen Megastädte im Vergleich zu ländlichen Gebieten sehr viel höhere Schadenspotenziale. Dabei können auch kleinere Ereignisse große Schäden verursachen. So führt bereits der Ausfall einer zentralen Pendlerzuglinie in der morgendlichen Rushhour in Metropolen wie Tokio [...] kurzfristig zu einem gewaltigen Chaos und riesigen Produktionsausfällen. Weitaus schwerwiegender sind jedoch die langfristigen Risiken. So sind viele Megacities für große Naturkatastrophen geradezu prädestiniert. [...] Schließlich sind Megacities auch besonders exponiert für eine der größten Gefahren unserer Zeit – den Terrorismus.

Quelle: Münchener Rück In: Siedlungsräume. Diercke Spezial, 2005, S. 76

M8 Risikobeurteilung durch eine Versicherung

Datum	Ereignis	Gebiet	Schäden (in Mio. US$)	Todesopfer
26.-28.09.1991	Taifun Mireille (Nr. 19*)	Japan	10 000	62
06.-08.09.2004	Taifun Songda (Nr. 18*)	Japan, Südkorea	9 000	41
22.-25.09.1999	Taifun Bart (Nr. 18*)	Japan, Südkorea	5 000	29
17.-22.09.1998	Taifune Viki und Waldo (Nr. 7/8*)	Japan	3 000	121

M9 Die fünf teuersten Wirbelstürme in Japan
(* Taifun-Nr. innerhalb eines Jahres)

Achtspurige, wie übereinander gestapelte Stadtautobahnen; Fahrschulen, die auf Hochhaus-Dächer ausweichen müssen: Der Verkehr in der japanischen Millionenstadt Tokio scheint für den europäischen Autofahrer geradezu absurd zu sein. Stundenlange Staus sind normal und um überhaupt ein Fahrzeug zulassen zu können, bedarf es eines Parkplatznachweises.

Nirgends auf der Welt wirkt das europäisch-amerikanische Auto-Motto „größer, schneller, stärker" deplatzierter als in Tokio [...]. In dem asiatischen Ballungsraum bewegt der Autofahrer seinen mobilen Untersatz mit einer Durchschnittsgeschwindigkeit von 15 Kilometer pro Stunde. [...] Wer sich in der japanischen Hauptstadt in den Verkehr stürzt, weiß sofort, warum man hier nicht in Größen- oder Tempo-Rekorden denken kann. 36 Millionen Menschen leben in einem Stadtareal, in der sich die Höhe der Mieten nach der Erreichbarkeit des nächsten Bahnhofs richtet. Jeder vierte Tokioter besitzt ein Auto. Zum Vergleich: In Hamburg ist es jeder zweite. Es ist aber die unterschiedliche Bevölkerungsdichte, die das spezielle Problem von Tokio widerspiegelt: 20 500 Einwohner je Quadratkilometer, in Hamburg sind es gerade mal 2 300.

Quelle: www.welt.de, 14.11.2013

M10 Verkehr in Tokio

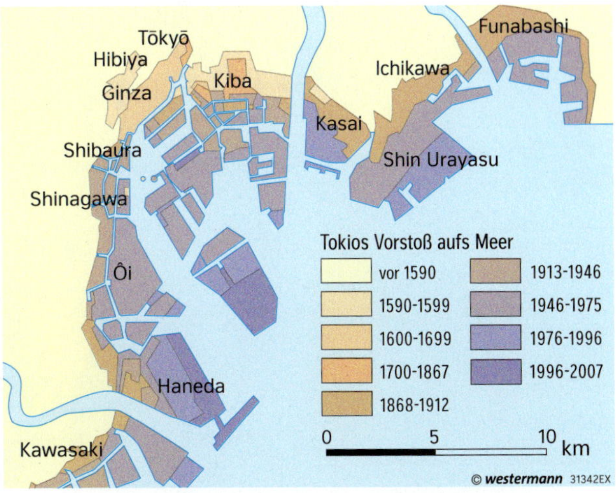

M11 Vorstoß aufs Meer in Tokio

Megastädte – mit hoher Vulnerabilität

Gefährdung und Wachstum von Städten weltweit

Ein hohes Risiko entsteht, wenn eine problematische Lage, d.h. eine hohe Gefährdung durch Naturgefahren, auf eine hohe Vulnerabilität, also eine hohe gesellschaftliche Verwundbarkeit, trifft. Dieses Risikopotenzial wurde 2014 erstmals auch für urbane Räume in 140 Ländern analysiert. Das höchste Risiko in Städten ist für Costa Rica, die Philippinen, Chile, Japan und Jamaica zu verzeichnen.

1. Listen Sie je fünf Länder mit sehr hoher und sehr geringer städtischer Verwundbarkeit gegenüber Naturgefahren auf.

2. Benennen Sie die drei Städte...
  a) mit der höchsten Wachstumsrate.
  b) der höchsten Bevölkerungsanzahl.

Ⓦ **3. A** Arbeiten Sie die Problemregionen heraus, bei denen eine hohe Verwundbarkeit mit hohen städtischen Wachstumsraten einhergeht.
B Erarbeiten Sie sich das Material im Partnerpuzzle (M2).

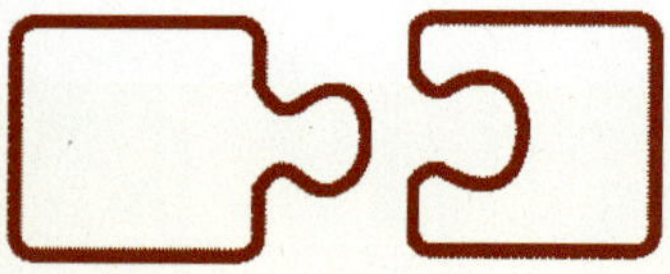

Stammgruppen:
Teilen Sie sich die Themen auf und erarbeiten Sie Ihr Thema in Einzelarbeit.

Thema 1: Verwundbarkeit
Analysieren Sie die Verwundbarkeit der urbanen Bevölkerung gegenüber Naturgefahren. Nutzen Sie den Atlas, um die Art der Gefährdung herauszufinden.

Thema 2: Städtewachstum
Analysieren Sie die Wachstumsraten von Städten. Überprüfen Sie dabei, ob es sich um Primatstädte handelt und/oder wie hoch die Wachstumsraten der Bevölkerung im jeweiligen Land sind. Argumentieren Sie auch mit dem HDI (Atlas).

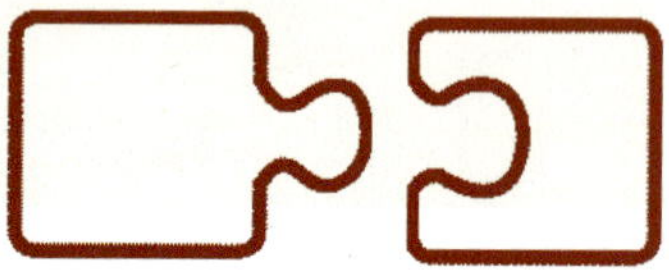

M2 Ablauf des Partnerpuzzles

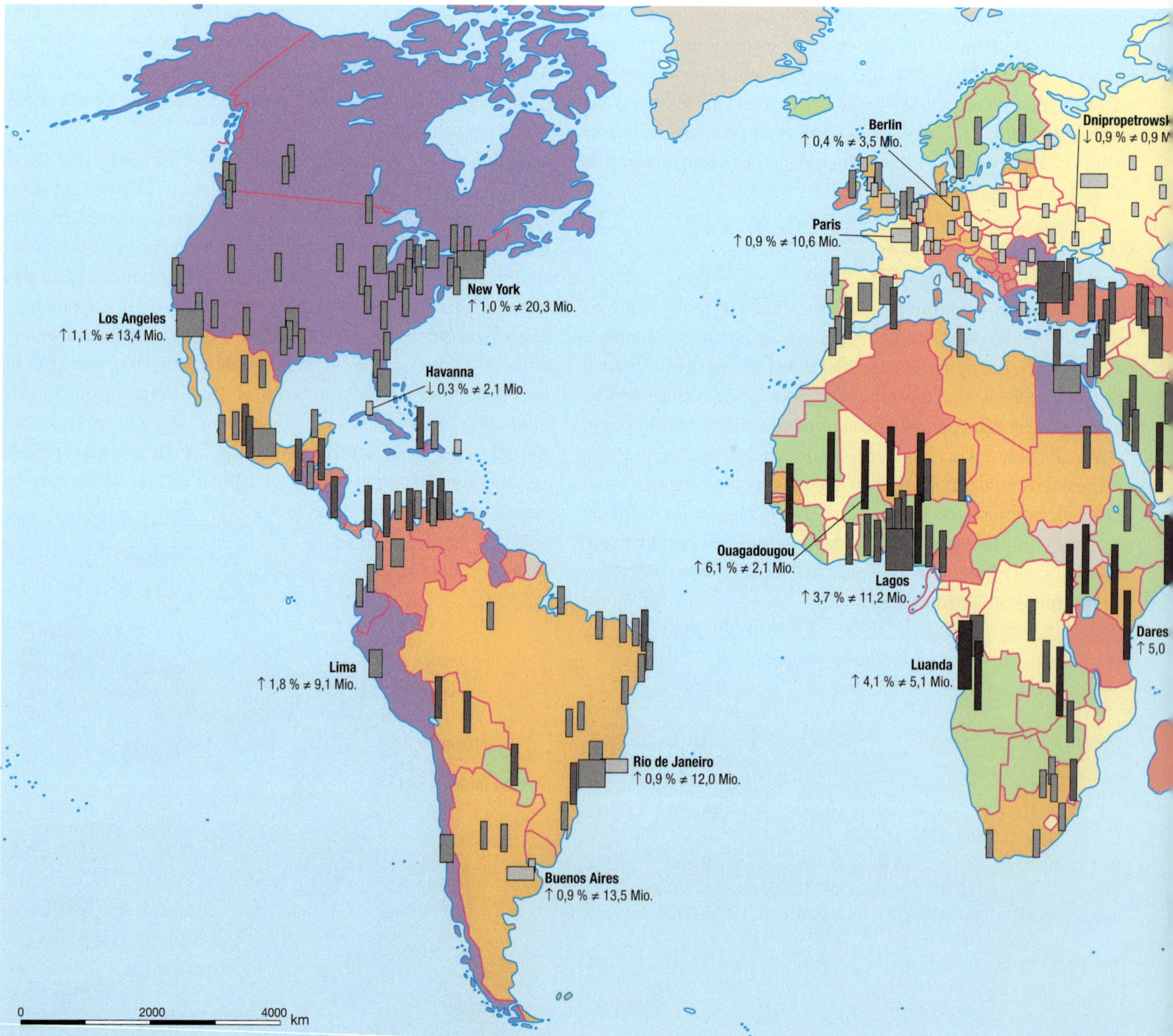

M1 Verwundbarkeit und Wachstumsraten von Städten weltweit

Stammgruppen:
Gehen Sie mit Ihrem Anfangspartner / ihrer Anfangspartnerin zusammen und erklären Sie Ihren erarbeiteten Schwerpunkt. Nehmen Sie anschließend zum Thema „Megastädte – mit hoher Vulnerabilität“ Stellung und formulieren Sie ein gemeinsames Fazit.

Expertengruppe:
Gehen Sie mit einer Schülerin oder einem Schüler (themengleich) zusammen und vergleichen Sie ihre Ergebnisse. Einigen Sie sich auf ein Musterergebnis. Halten Sie dies schriftlich in Stichpunkten fest.

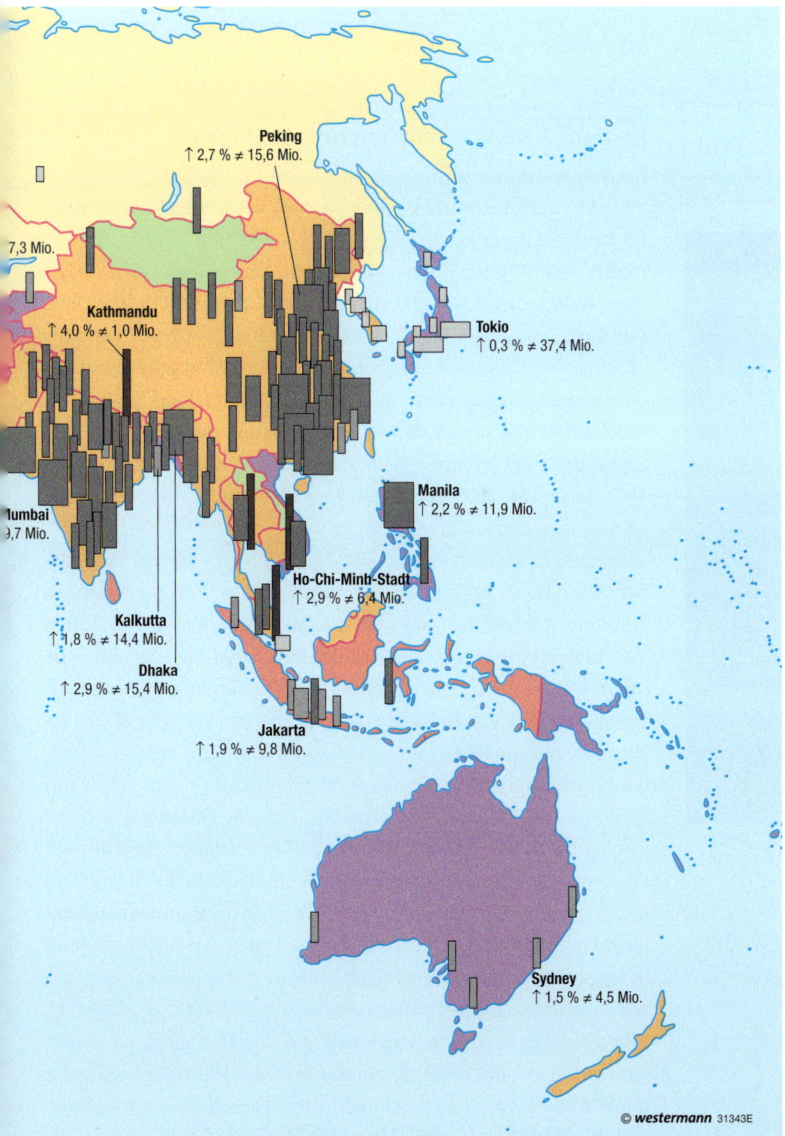

Verwundbarkeit der Stadtbevölkerung durch Naturgefahren.
Berücksichtigt sind Erdbeben, Wirbelstürme, Überschwemmungen, Dürren und Meeresspiegelanstieg

sehr gering	0,01 – 0,31
gering	0,32 – 0,64
mittel	0,65 – 1,20
hoch	1,21 – 2,81
sehr hoch	2,82 – 27,40
keine Daten	

max. Gefährdung = 100 %
Klasseneinteilung gemäß Quantile-Methode

Wachstumsraten von Städte im Zeitraum 2010 – 2025

> 10 Mio. / 5 – 10 Mio. / 1 – 5 Mio. — **< 1 % Wachstum**

> 10 Mio. / 5 – 10 Mio. / 1 – 5 Mio. — **1 – 2 % Wachstum**

> 10 Mio. / 5 – 10 Mio. / 1 – 5 Mio. — **2 – 4 % Wachstum**

> 10 Mio. / 5 – 10 Mio. / 1 – 5 Mio. — **> 4 % Wachstum**

Lösungsstrategien in Megastädten und Metropolen

Die Handlungsfelder Verkehr, Emissionen und Marginalisierung

„Gesellschaftlicher Wandel und Reformprozesse nehmen meist in den großen Städten ihren Anfang. Zudem sind sie die Brückenköpfe zur globalisierten Wirtschaft und damit auch – zumindest im Idealfall – die Anknüpfungspunkte für wirtschaftliche Entwicklung.“ (Claaßen, K., 2013, S. 99)
Welche Strategien werden angeboten?

Ⓦ **1.** Analysieren Sie die unterschiedlichen Handlungsfelder:
   A Erstellen Sie zu den dargestellten Handlungsfeldern Steckbriefe, die das jeweilige Handlungsfeld stichpunktartig darstellen. Recherchieren Sie ggf. weitere Fakten.
   B Werden Sie Experte für ein Handlungsfeld und arbeiten Sie arbeitsteilig. Bereiten Sie Ihr Ergebnis visuell auf (Plakat oder Präsentation).
2. Recherchieren Sie weitere Fakten zu den dargestellten Handlungsfeldern im Internet. Notieren Sie Ihre Ergebnisse stichpunktartig.
3. Diskutieren Sie Chancen und Risiken der dargestellten Handlungsfelder.
Ⓩ **4.** Formulieren Sie weitere mögliche Handlungsfelder, an denen die zukünftige Stadtplanung ansetzen sollte.

→ Emission, Marginalisierung, Megastadt, Slum

M1 Mautstation in Singapur

HANDLUNGSFELD: VERKEHR

Konzept 1: Verkehrsminimierung in Ulaanbaatar / Mongolei

In der Stadt überwiegt heute der Individualverkehr, öffentliche Busse werden wenig benutzt und andere Verkehrsmittel für den öffentlichen Personenverkehr gibt es bisher nicht. [...] Bereits heute ist das Straßennetz weitgehend überlastet [...].
Ein besonderes Problem in der Zukunft wird der Verkehr zwischen den neuen Wohngebieten [...] sein. Hier entstehen derzeit Wohngebiete für mehr als fünfzigtausend Einwohner und es existieren nur zwei völlig ungenügende Straßenverbindungen, die bereits heute überlastet sind. In der Stadt gilt derzeit eine Regelung, wonach Fahrzeuge mit bestimmten Nummern an festgelegten Tagen nicht am Straßenverkehr teilnehmen dürfen. Man erhofft sich damit eine Verkehrsreduzierung. (ulaanbaatar.de)

Die erste Nummer des Nummernschildes entscheidet, an welchem Wochentag der Wagen nicht bewegt werden darf (z. B. am Dienstag stehen alle Schilder mit einer drei beginnend still). Die Folge: reiche Mongolen melden ein zweites Auto an.
Quelle: http:// ulaanbaatar.de/12.html

M2 Verkehr in Ulaanbaatar

Konzept 2: Verkehrsminimierung in Singapur

Bei jedem, der sich in Singapur auf die Straße wagt, piepst es. Denn ohne ERP läuft hier nichts, schon gar kein Verkehr. Das Kürzel steht für das 1998 eingeführte „Electronic Road Pricing“ und kostet den motorisierten Fahrer Geld.
Jedes Auto, jedes Motorrad in der Tropenstadt braucht deshalb eine Chipkarte, die „Cash Card“. Über allen, wirklich allen Straßen ins Stadtzentrum und den meisten Autobahnen sind große Brücken mit Lesegeräten montiert. Fährt man unter ihnen hindurch, ziehen sie einen Betrag von 50 Cent oder auch schon mal mehr als einen Singapur-Dollar (etwa ein halber Euro) automatisch von der Karte ab. In diesem Moment ertönt dann jeweils ein kurzes Signal im Auto. Ist die Innenstadt zu Stoßzeiten voll, wird es teurer.
„Wer mehr fährt, zahlt mehr“ heißt das einfache Prinzip der Verkehrsbehörde. „Dafür bekommen diejenigen, die mehr zahlen, nahezu staufreie Straßen“, heißt es. Will um drei Uhr morgens niemand in die Stadt, ist der Eintritt frei. Die Behörde misst alle Viertelstunde die Verkehrsdichte, danach wird der Preis für die Einfahrt berechnet. Signaltafeln vor den Brücken zeigen die gerade gültige Gebühr an. Und eine Minute bevor der Preis etwa um zehn Uhr morgens sinkt, wartet der sparsame Singapurer Autofahrer schon mal gerne, um billiger in die Stadt zu kommen. Hat sich der Restbetrag auf der Chipkarte bis auf weniger als drei Dollar verringert, beginnt ein Dauerpiepen, um den Fahrer daran zu erinnern, dass er nachladen muss. Tut er es nicht, wird das Nummernschild beim Durchfahren der Brücken fotografiert, und eine Strafe wird fällig. So wird Autofahren in Singapur noch teurer, als es durch die hohe Straßenzulassungsgebühr, die den Kaufpreis eines Autos verdoppeln kann, eh schon ist. Allerdings bietet die Stadt all jenen, die sich kein Fahrzeug leisten können, ein billiges und sehr gut ausgebautes Nahverkehrssystem.
Quelle: www.faz.net/aktuell/gesellschaft/singapur-gebuehren-werden-ueber-die-cash-card-abgebucht-1462845.htm, Zugriff 9.10.2014

M3 Verkehr in Singapur

HANDLUNGSFELD: EMISSIONEN

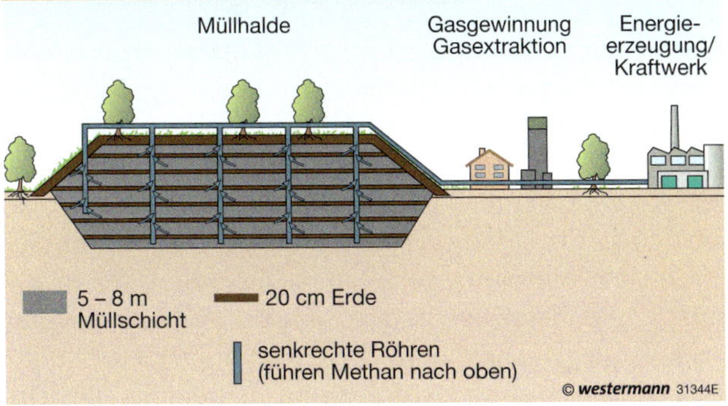

M4* Biogasgewinnung aus Müllhalden

Konzept 1: Müll-zu-Gas-Projekt in São Paulo

The Bandeirantes Landfill Gas to Energy Project (BLFGE) aims to provide an environmental, social and financial solution to the release of landfill gas into the environment by utilizing this methane gas produced by the Bandeirantes landfill to generate electricity. The BLFGE is located in the metropolitan region of São Paulo. The São Paulo inhabitants generate nearly 15 000 tons of waste daily. Half of this waste was disposed in the Bandeirantes landfill, up until 2007 when the landfill became inactive.

[...] In order to deal with the environmental dangers that resulted from methane emissions, Biogás proposed the "Bandeirantes Landfill Gas to Energy Project", which generates renewable energy through 24 engines with a capacity of 20 MW.

The Bandeirantes project is the largest landfill gas recuperation plant in the world with an annual generation of 170 000 MWh. Since the landfill stopped accepting waste in April 2007 the site has been remediated, covered over and planted with grass.

The current strategy is to extract methane gas until 2018. The collected biogas is sold as fuel to the Bandeirantes Thermoelectric power plant, a clean energy power plant that began its operations in 2003. The electricity generated through the project's biogas provides enough energy to supply 400 000 inhabitants per year.

Quelle: www.iclei.org, Zugriff 9.10.2014

M5 Das BLBFGE-Projekt in São Paulo

Konzept 2: Verbesserte Architektur

Urban areas are responsible for more than 70 percent of global energy consumption and CO_2 emissions, mostly from buildings, and over the next two decades an area roughly equal to 60 percent of the world's total building stock is projected to be built and rebuilt in urban areas. In light of this, the International Union of Architects (UIA) has made a significant move by pledging to phase out carbon emissions by buildings by 2050.

The pledge is captured in the 2050 Imperative which represents about 1,3 million architects in 124 countries worldwide.

The 2050 Imperative was initiated and drafted by ‚Architecture 2030', a non-profit organization whose mission is to rapidly transform the built environment from being a major contributor of greenhouse gas emissions to a central part of the solution to the climate and energy crises.

The action items in the 2050 Imperative are based in part on the recent "Roadmap to Zero Emissions" developed by Architecture 2030 and presented at the UN Climate Change Conference in Bonn in June 2014.

Quelle: www.newsroom.unfccc.int, 22.08.2014

M6 Architecture 2030

HANDLUNGSFELD: MARGINALISIERUNG

M7 Das PSUP-Team

Das Participatory Slum Upgrading Programme (PSUP)

Frau Sommer, Sie sind Leiterin des PSUP des UNHABITAT. Was sind die Ziele dieses Programms?

Das PSUP hat zum Ziel, die Lebenssituation der marginalisierten Bevölkerung zu verbessern. „Halving the number of slum dwellers by 2020" ist der Leitsatz unseres Programms. Damit soll dem Millenniumsziel 7 der Vereinten Nationen [Bis 2020 eine deutliche Verbesserung der Lebensbedingungen von mindestens 100 Millionen Slumbewohnerinnen und Slumbewohnern; Anm. d. Red.] Rechnung getragen werden. Ursache für die Gründung des Programms war der rapide Verstädterungsprozess, der zu einer größer werdenden urbanen Armut geführt hat.

Wer nimmt an dem PSUP teil?

Das Programm spricht die afrikanischen, karibischen und pazifischen Staaten an. Seit Gründung des Programms haben 35 Länder über 50 Entwicklungspläne und Strategien entwickelt, die Slumaufwertungen und Prävention beinhalten.

Wie läuft das PSUP ab?

Das PSUP gliedert sich in drei Phasen:

Phase 1 hat zum Ziel, Motivation und den politischen Willen für Slumaufwertung zu erzeugen. Es wird eine Koordination, Kooperation und Austausch zwischen allen beteiligten Gruppen, Politikern und Bewohnern etc. geschaffen.

Phase 2 zielt auf eine neue politische Zielsetzung ab. Dies beinhaltet, eine Kooperation mit Nichtregierungsorganisationen, NGOs, Community Based Organisations, CBOs, und direkt mit der Slumbevölkerung.

In Phase 3 werden Pilotprojekte umgesetzt, die direkt eine Lebensverbesserung der Slumbevölkerung erzeugen. Darüber hinaus wird der Slum Upgrading Prozess immer stärker in die Verantwortung der Slumbevölkerung gegeben, damit sie selbst die Projekte durchführen können. [Hilfe zur Selbsthilfe]

Was kann man sich genau unter „Participatory" vorstellen? Ist es für die Slumbewohner möglich, Ziele und Maßnahmen mit zu definieren?

Ja, das PSUP fördert das ‚bottom up' Prinzip. Erfahrungen haben gezeigt, dass ein wichtiger Erfolgsfaktor für die Implementation eines Projekts die Beteiligung von Bevölkerungsgruppen aus der Slumbevölkerung oder CBOs war. Diese wurden in die Planung und Durchführung mit einbezogen. Daher sind auch die Projekte in unterschiedlichen Ländern und Regionen anders und auf die Bedürfnisse der jeweiligen Slumbevölkerung abgestimmt.

Wie lange dauert es bzw. ist prognostiziert, dass der Durchlauf durch alle Phasen dauert?

Normalerweise sind zwei bis vier Jahre für die Implementation des Programms angestrebt. Das meint, dass Prozesse so initialisiert sind, dass sie nachhaltig ablaufen können.

M8 Interview mit Kerstin Sommer (Projektleiterin PSUP)

Das Wichtigste in Kürze

Im Zuge der weltweiten Verstädterung hat sich vor allem in den Entwicklungs- und Schwellenländern eine Vielzahl an Metropolen herausgebildet. Die Metropolen werden zu Gravitationszentren, sowohl für die Wirtschaft als auch für die Gesellschaft. Oftmals bilden sich Primatstädte aus, die demographisch und funktional alle anderen Städte im Land überragen. Neben einem ohnehin häufig hohen natürlichen Bevölkerungswachstum werden die Menschen durch die wachsende Bedeutung der Städte immer mehr angezogen, Push- und Pullfaktoren greifen ineinander und führen durch die rural-urbane Migration zu einem Anwachsen der Städte.

Mit dem Metropolisierungsprozess geht ein Marginalisierungsprozess einher, da nicht alle Menschen einen formellen Arbeitsplatz und/oder Unterkunft erhalten. Diese Menschen haben keine oder nur eine geringe Teilhabe am formellen gesellschaftlichen, wirtschaftlichen und politischen Leben in der Metropole. Sie marginalisieren zunehmend und organisieren sich informell. Dies bringt Veränderungen im Stadtbild mit sich. Marginalviertel entstehen, in denen infrastrukturelle Defizite bestehen. Im Gegenzug dazu schotten sich stellenweise die wohlhabenderen Schichten ab und gründen Gated Communities. Oftmals liegen Marginalviertel und Gated Communities eng nebeneinander und über das Stadtgebiet verteilt. Eine zunehmende Fragmentierung entsteht. Durch die Globalisierung nimmt diese Fragmentierung zu, da die Disparitäten im Stadtbild zwischen Hauptgeschäftsviertel der Global Player und den marginalisierten Arealen extremer werden.

Häufig werden Marginalviertel in Ungunsträumen errichtet, wo eine formelle Baugenehmigung niemals erteilt werden würde. Diese Gefahrenzonen können zum Beispiel in Überschwemmungsgebieten in Flussnähe oder an abrutschgefährdeten Berghängen sein. Durch die Ansiedlung in diesen Regionen erhöht sich die Vulnerabilität der Stadt. Metropolen und Megastädte sind in vielerlei Hinsicht vulnerabel. Häufig liegen sie an der Küste, vor allem im Mündungsbereich von Flüssen. Durch ihre Lage sind viele Metropolen und Megastädte natürlichen Gefahren ausgesetzt, die sich durch die hohe Bevölkerungsdichte und das damit verbundene Schadenspotenzial desaströs auswirken können. Durch den Metropolisierungsprozess steigern sich aber auch die menschlich verursachten Gefahren. So kommt es, dass Megastädte heute als Risikoräume eingestuft werden. Lösungsstrategien müssen her, die die Vulnerabilität abfedern. Das Kapitel hat gezeigt, dass die Probleme und Lösungsansätze vielschichtig, aber gleichsam schwierig sind. Dennoch ist nicht zu vernachlässigen, dass von den Metropolen und Megastädten ein großes innovatives und wirtschaftliches Potenzial ausgeht, das vor allem im zunehmenden Globalisierungsprozess eine größer werdende Rolle einnehmen wird.

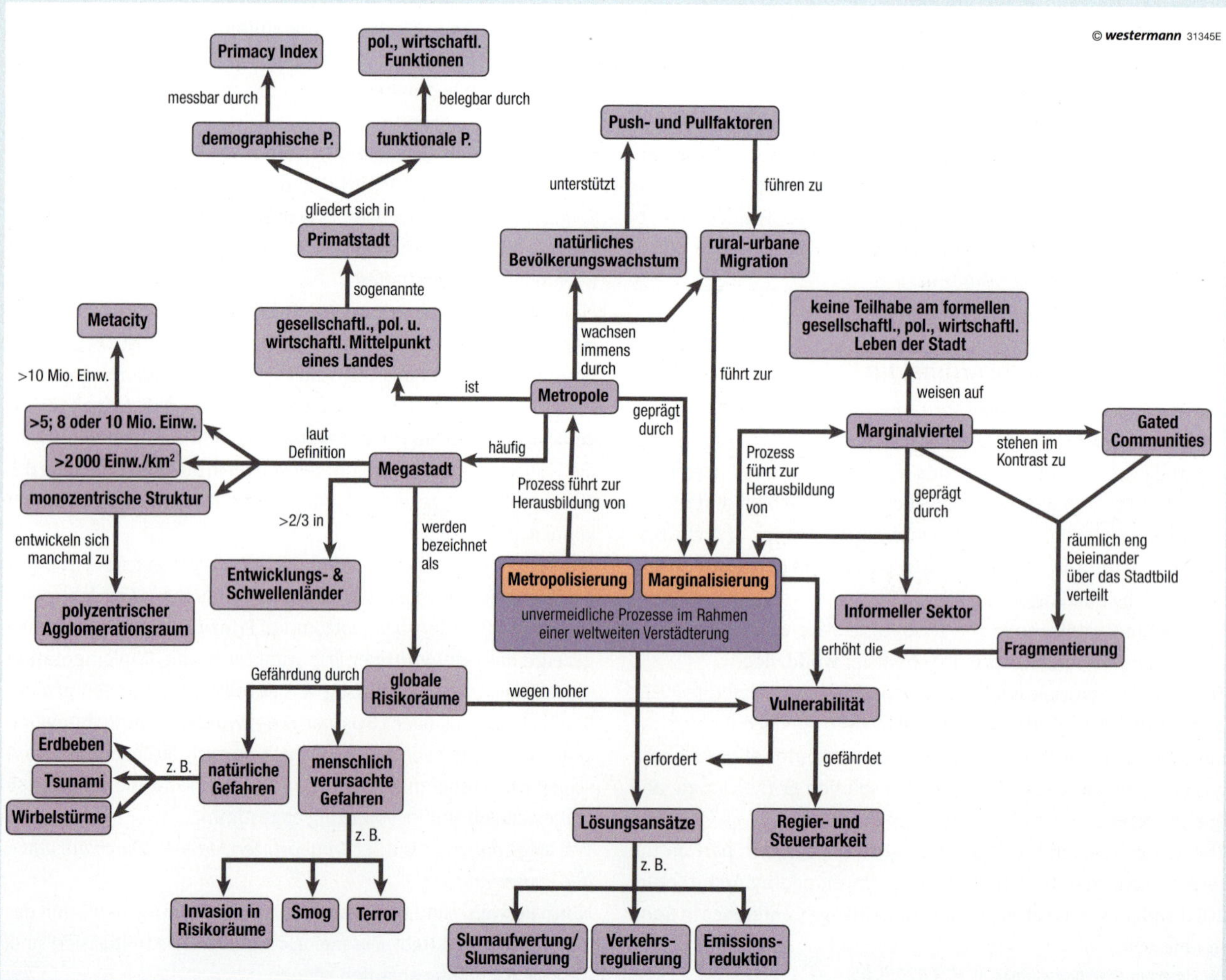

M1 Vorschlag für eine Concept Map zur Zusammenfassung des Themas

Kompetenz-Check

Hier sind alle Kompetenzen, die Sie in diesem Kapitel erwerben konnten, aufgelistet.
Sie können selbst beantworten, wie Sie die Kompetenz beherrschen: ***sicher***, ***mäßig*** oder ***kaum***.

Sachkompetenz

Kann ich		Unsicher? Schlagen Sie nach auf Seite
1.	das Herausbilden von Megastädten als Ergebnis einer rural-urbanen Migration erläutern?	218/219
2.	die rural-urbane Migration mithilfe der Push- und Pullfaktoren erläutern?	218/219
3.	die Metropolisierung als Prozess der Konzentration von Bevölkerung, Wirtschaft und hochrangigen Funktionen erläutern?	220/221
4.	die zunehmende räumliche und soziale Marginalisierung in Städten in Entwicklungs- und Schwellenländern darstellen?	222/223
5.	die lokale Fragmentierung als einen durch die Globalisierung verstärkten Prozess erklären?	224/225
6.	geographische Prozesse und Strukturen mittels eines inhaltsbezogenen Fachbegriffsnetzes systematisieren?	216–231, spez. 231

Methodenkompetenz

Kann ich		
7.	mich mithilfe von physischen und thematischen Karten und digitalen Kartendiensten orientieren?	216–231
8.	problemhaltige geographische Sachverhalte identifizieren und selbstständig entsprechende Fragestellungen und Hypothesen zu Metropolisierungs- und Marginalisierungsprozessen entwickeln?	216–231
9.	komplexe Darstellungs- und Arbeitsmittel (Karte, Bild, Statistiken, Grafiken und Texte) nutzen, um Hypothesen zu Metropolisierungs- und Marginalisierungsprozessen zu überprüfen?	216–231
10.	komplexere geographische Sachverhalte zu Marginalisierungs- und Metropolisierungsprozessen mündlich und schriftlich unter Verwendung der Fachsprache differenziert darstellen?	216–231
11.	schriftliche und mündliche Aussagen durch differenzierte und korrekte Materialverweise und Materialzitate belegen?	216–231
12.	komplexe geographische Informationen grafisch darstellen?	234

Urteilskompetenz

Kann ich		
13.	Chancen und Risiken konkreter Maßnahmen zur Entwicklung städtischer Räume, wie z. B. das Slum Upgrading oder die Emissionsbekämpfung, erörtern?	230/231
14.	die Problematik der zunehmenden ökologischen und sozialen Vulnerabilität städtischer Agglomerationen im Zusammenhang mit fortschreitender Metropolisierung und Marginalisierung erörtern?	226/227, 228/229
15.	Maßnahmen für eine nachhaltige Stadtentwicklung, wie z. B. die Müllproblematik oder die Emissionsreduktion, bewerten?	230/231

Handlungskompetenz

Kann ich		
16.	Arbeitsergebnisse sach-, problem- und adressatenbezogen sowie fachsprachlich angemessen präsentieren?	216–231
17.	differenzierte Lösungsansätze für das Problem der Metropolisierung und Marginalisierung entwickeln?	230/231

Klausurtraining

Das Beispiel Lagos (Nigeria)

1. Lokalisieren Sie Lagos und kennzeichnen Sie die Bedeutung der Stadt.
2. Analysieren Sie die Ursachen und Folgen der Migration nach Lagos.
3. Beurteilen Sie die Chancen und Risiken der zukünftigen Entwicklung von Lagos.

Diese Materialien benötigen Sie ergänzend zur Lösung der Aufgaben:
M1 Atlaskarten nach Wahl

Bruttonationaleinkommen pro Person	1 200 US-$
Einwohner Nigeria	162 471 000
Wachstumsrate Nigeria ****	2,5 %
Größte Städte	
Lagos (2011)	11,22 Mio.
Ibadan (2010) *	5,18 Mio.
Benin-Stadt (2010) *	2,41 Mio.
Kano (2010) *	2,10 Mio.
Bevölkerungsdichte in einigen Stadtvierteln Lagos (Einw./km²) ***	Etwa 30 000
Bevölkerungsdichte Berlins (Einw./km²) ***	3 800
HDI (2012)*	0,471 (Rang 153)
In Elendsvierteln lebende Menschen in Lagos ***	50-70 %
Informelle Beschäftigung in Lagos **	69 %
Haushalte in Armut in Lagos ***	53 %

Quelle: Fischer Weltalmanach, *Wikipedia, **URBAN21; ***bpb.de; **** Census.gov

M2 Strukturdaten von Lagos und Nigeria (2011)

Wie viele Menschen tatsächlich in der Stadt am Golf von Guinea leben, ist unbekannt. Täglich strömen Menschen aus dem Umland nach Lagos, in der Hoffnung auf Arbeit und eine bessere Zukunft für sich und ihre Familien. Doch das stetige Anwachsen der Bevölkerung – ein wahres Hyperwachstum – bringt die Stadt und ihre Infrastruktur an den Rand des Kollaps. [...] Das Leben in Lagos quillt förmlich auf die Straßen hinaus – das Private wird zum Öffentlichen. Auf den Marktplätzen und entlang der Straßen spielt sich das städtische Leben ab: unmittelbar, chaotisch, kraftzehrend.
[...] Nach der Privatisierung der Müllabfuhr und der Trinkwasserversorgung funktionieren beide kaum bis gar nicht mehr. Die Umwelt- und Gesundheitsprobleme nehmen stetig zu und treffen die Ärmsten zuerst. Und wie für ganz Nigeria herrscht auch in Lagos der braindrain.

Quelle: www.bpb.de/internationales/weltweit/megastaedte/64606/lagos?p=all; Zugriff 09.10.2014

M4 Quellentext zu Lagos

Jahr	Lagos	Nigeria	Grad der Urbanisierung
1950	+9,74 %	k.A.	k.A.
1980	+6,61 %	k.A.	k.A.
1990	+5,82 %	k.A.	k.A.
2000	+5,13 %	+2,24 %	43,9 %
2010	+3,26 %	+1,95 %	52,2 %
2020*	k.A.	1,58 %	59,3 %

Quelle: Bundeszentrale für politische Bildung; * Prognose

M5 Bevölkerungswachstum von Lagos und Nigeria

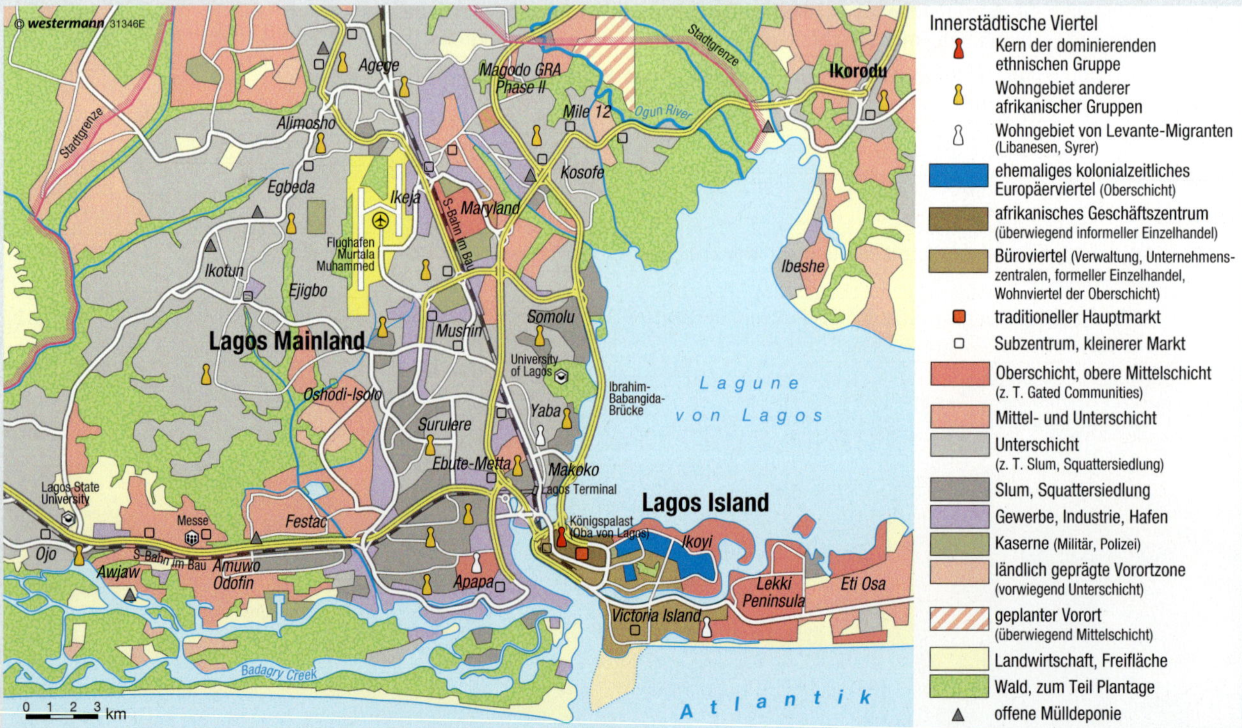

M3 Lagos – Stadtstruktur

M6 Eindrücke aus Lagos

Bei einer Explosion einer Pipeline in der nigerianischen Metropole Lagos sind mindestens 850 Menschen getötet worden. Der Unglücksort sei mit verkohlten Leichen übersät und es würden immer mehr Todesopfer gezählt, sagte ein Sprecher des Roten Kreuzes. (...) Nach Berichten von Augenzeugen hatten zwei Diebesbanden die Explosion ausgelöst, als sie nacheinander dieselbe Leitung anbohrten, um illegal den hochentzündlichen Treibstoff abzuzapfen.

Quelle: www.stern.de/panorama/:Pipeline-Explosion--850-Tote-Flammeninferno/579328.html, 26.12.2006

M7 Pipeline-Explosion in Lagos

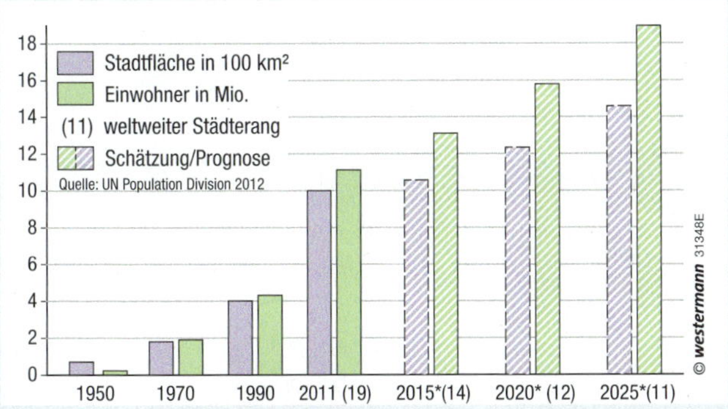

M8 Einwohner- und Flächenentwicklung von Lagos

- Finanz- und Bankenzentrum Nigerias
- Verfügt über drei Häfen: größter Umschlagplatz für Importe nach Nigeria
- Internationaler Flughafen Ikeja
- Sitz vieler Industrien (unter anderem Volkswagen)
- Sitz von Universitäten, Hoch- und Fachschulen sowie Forschungsinstitutionen

M10 Bedeutung von Lagos

Die Metropolregion Lagos hat keine übergreifende Stadtregierung. [...]. Der informelle Sektor macht einen großen Teil des Wirtschaftslebens aus. Die nach Lagos strömenden Menschen aus dem Umland bauen immer mehr informelle Siedlungen, es wird spontan gebaut. Genauso werden die Menschen von der Regierung wieder vertrieben, ohne Vorwarnung und ohne Alternative. [...] Auch das Leben in den abgeschirmten Luxus-Siedlungen lässt den Moloch vor der Tür nicht verschwinden.

www.bpb.de/gesellschaft/staedte/megastaedte/64606/lagos?p=all; Zugriff 09.10.2014

M11 Megastadtprobleme von Lagos

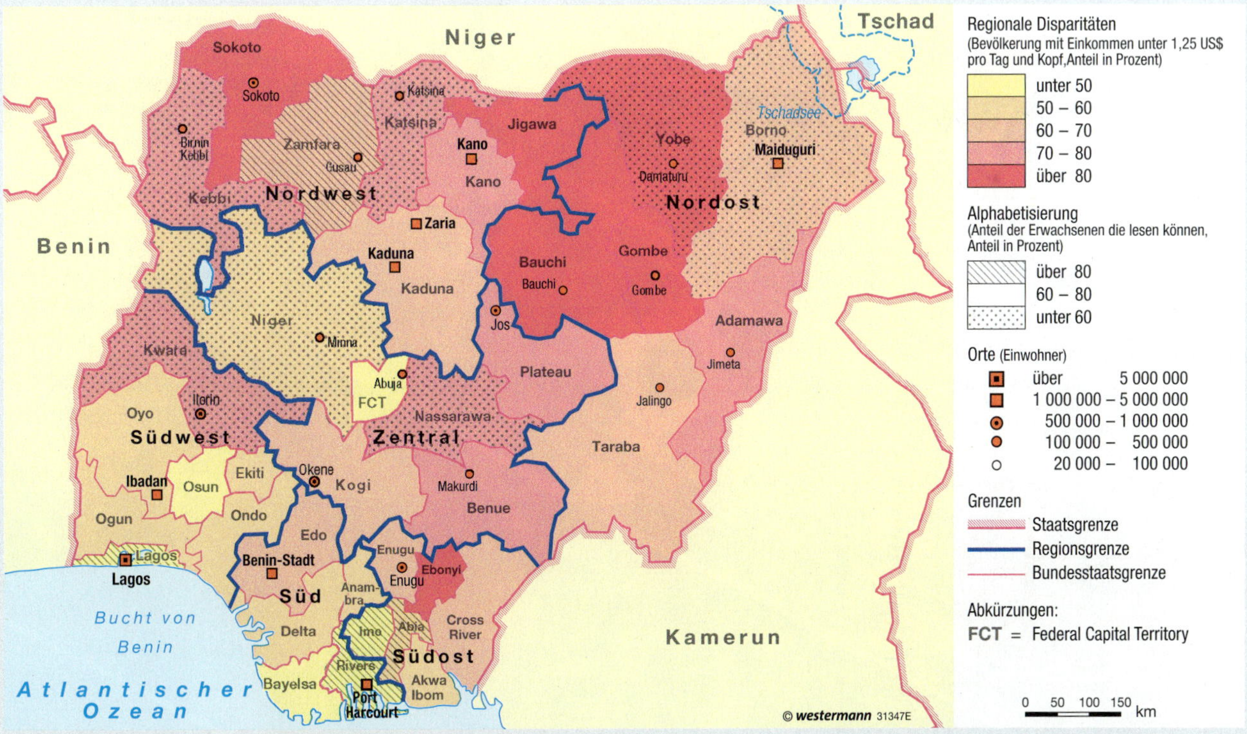

M9 Nigeria – Entwicklungsunterschiede

XI Die Stadt als lebenswerter Raum für alle?

Probleme und Strategien einer zukunftsorientierten Stadtentwicklung

Chicago – eine lebenswerte Stadt?

Städte als Lebensräume – unterschiedliche Ansprüche – unterschiedliche Funktionen

weblink

- Denkwerk Zukunft lebenswerte Stadt

Städte sind der Lebensraum vieler Menschen und sie müssen viele Funktionen erfüllen, um den Ansprüchen als Lebensraum gerecht zu werden. Dies gelingt nicht allen Städten gleichermaßen. So sind weltweit zwei Tendenzen zu beobachten: Es gibt Städte, die einen Zuzug verzeichnen, also wachsen, und Städte, deren Bevölkerungszahl abnimmt, weil viele Bewohner wegziehen. Die Bedürfnisse der Bewohner werden also erfüllt oder – zumindest für einen Teil der Bevölkerung – nicht erfüllt. Ein extremes Wachstum verzeichnen zum Beispiel Städte in China infolge der Binnenmigration, einen extremen Niedergang erlebt zum Beispiel die Stadt Detroit in den USA.
Je nach Land und Bevölkerungsgruppe können die Bedürfnisse unterschiedlich sein, die eine Stadt erfüllen soll. In Studien zur Lebensqualität von Städten werden oft folgende Kriterien analysiert: politische Stabilität, Kriminalität, ökonomische Bedingungen (Arbeitsplätze), Freiheit des Individuums und der Presse, Gesundheitsversorgung, das Schulsystem, die Wohnsituation, die Umweltverschmutzung, Strom- und Wasserversorgung, das Telefon- und Verkehrsnetz sowie die Verfügbarkeit von Lebensmitteln und auch die Freizeitangebote. Allerdings muss einschränkend gesagt werden, dass ein Ranking von Städten nach diesen Kriterien für den Einzelnen nicht ausschlaggebend sein muss, denn die persönliche Lebenssituation, zum Beispiel Arbeitslosigkeit, kann zu einer schlechten Lebensqualität in einer als lebenswert eingestuften Stadt führen.
Wie versucht nun der Staat, lenkend einzugreifen? Wie können die Bedürfnisse aller Bewohner einer Stadt berücksichtigt werden? Welche Probleme müssen gelöst werden und mit welchen Strategien kann eine zukunftsorientierte Stadtentwicklung erreicht werden? Darum geht es in diesem Kapitel. Es geht aber auch um die Bewertung unterschiedlicher Strategien und die Einbindung der Bewohner in die Planungsprozesse. Wie die Stiftung „Das Denkwerk Zukunft" in einem Leitsatz formuliert, werden „Städte künftig noch stärker als bisher auf die Mitwirkung ihrer Bürger angewiesen sein [und] die politisch Verantwortlichen [müssen] diese umfassend in die Gestaltungsprozesse einbeziehen. Die Bürger müssen ihre Städte wieder als das begreifen, was sie eigentlich sind: der von ihnen zu gestaltende und zu verantwortende Lebensraum." (www.denkwerkzukunft.de) Wie kann das erreicht werden?
Abschließend wird der Fragestellung nachgegangen, wie man sich mithilfe der digitalen Medien darüber informieren kann, ob eine Stadt oder ein Stadtteil die persönlichen Bedürfnisse erfüllen kann oder nicht.

M1 Stadtvisionen

M2 Detroit

M3 Freiburg

M4 Karikatur

M6 Karikatur

M5 Karikatur

Lass uns gehen – Revolverheld (23.9.2014)

Hallo, hallo
Bist du auch so gelangweilt,
Genervt und gestresst von der Enge der Stadt
Bist du nicht auch längst schon müde
der Straßen, der Menschen, der Massen
Hast du das nicht satt?

Ich kann nicht mehr atmen
Seh kaum noch den Himmel
Die Hochhäuser haben meine Seele verbaut
Bin immer erreichbar und erreiche doch gar nichts
Ich halte es hier nicht mehr aus
[...]
Die Stadt frisst die Ruhe
Mit flackernden Lichtern
Schluckt Tage und Nächte in sich hinein
Gehetzte Gesichter in der drängelnden Masse
Jeder muss überall schnell sein
[...]
Lass uns hier raus
[...]
Lass uns gehen, lass uns gehen, lass uns gehen
[...]

M7 Songtext der Band Revolverheld

1. Entwerfen Sie eine Stadtvision für „Ihre" Stadt.
2. Begründen Sie, ob die Stadt, in der Sie leben, für Sie persönlich lebenswert bzw. nicht lebenswert ist.
3. Laut Statistik sind Suhl und Greiz Städte mit hohen Abwanderungsquoten und München und Potsdam Städte mit hohen Zuzugsquoten.
   a) Lokalisieren Sie die genannten Städte (Atlas).
   b) Begründen Sie, in welche Stadt Sie ziehen würden bzw. nicht ziehen würden.
4. a) Vergleichen Sie die Karikaturen in Bezug auf ihre Aussage und Darstellung (M4, M5, M6).
   b) Nehmen Sie Stellung zur Darstellung der Problematik in den Karikaturen.
5. ② Planen Sie ein „lebenswertes" Stadtviertel für alle Bevölkerungsgruppen. Zeichnen Sie dazu den Grundriss dieses Stadtviertels mit erklärender Legende.

Ehemalige Hafengebiete – Probleme und Perspektiven

Die Revitalisierung des Londoner East Ends

Der ehemals größte Hafen der Welt verlor durch die Entwicklung von Containerschiffen, die wegen ihrer Größe die Themse nicht befahren konnten, in den 1980er-Jahren endgültig seine Funktion. Schon in den Jahrzehnten zuvor war die Textilindustrie abgewandert und viele Hafenanlagen waren flussabwärts verlagert worden. Im angrenzenden East End, dem Arbeiterviertel mit den Stadtteilen Tower Hamlets und Hackney, verloren hunderttausende Arbeiter ihre Existenzgrundlage – allein 58 000 zwischen 1971 und 1981. Das Gebiet war dem Niedergang preisgegeben. Gleichzeitig entstand eine 22 Quadratkilometer große Hafenbrache. Kann die Stadtentwicklung eine solche Situation meistern?

1. Lokalisieren Sie die Londoner Docklands und beschreiben Sie die Geschichte der Docklands bis zu ihrem Niedergang.
2. Erläutern Sie die soziale Segregation Londons in Bezug auf das Londoner East End (Atlas, M3, M4).
3. Erklären Sie die Revitalisierungsmaßnahmen in den Londoner Docklands (M2, M6–M9).
4. Analysieren Sie weitere Strategien zur Revitalisierung des Londoner East Ends (M1, M5, M10–M12).
5. ⓩ Beziehen Sie Stellung zu den sozialen Auswirkungen der Maßnahmen (M12).

→ Revitalisierung, Segregation

M2 West India Docks (Areal der heutigen Docklands) im Jahr 1962

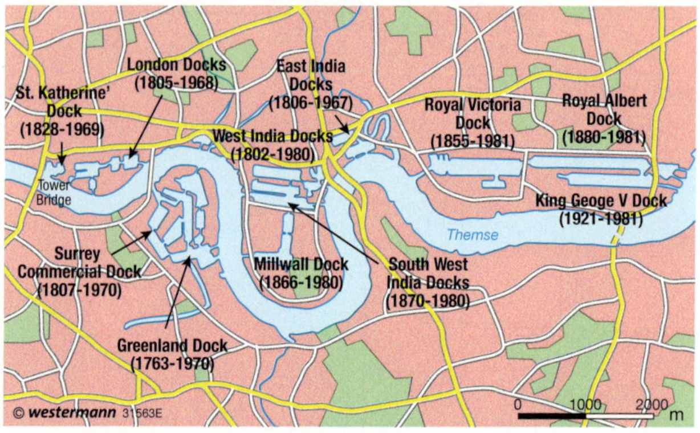

M3 Die historischen Londoner Docklands

The East End: Das war in London lange Zeit ein Ort des Grauens mit Untertönen von Verwerflichkeit der verkommensten Art. Kein Wunder, schließlich sündigte hier Dorian Gray ungestraft und nach Herzenslust, während Jack the Ripper unerkannt in nebeligen Nächten Prostituierte meuchelte [...]. Über Jahrhunderte hinweg hat London alles, was unerwünscht war, in das Niemandsland jenseits der östlichen Stadtmauern verbannt. Der Wind blies ostwärts, also dorthin bitte auch mit allem, was schlecht roch und schmutzig war – Industrien wie Immigranten.

„Als ich im East End ankam und mein erstes Restaurant eröffnete, schüttelten alle nur den Kopf. Wer lebte hier schon außer Einwanderern und Künstlern? Geld hatte von denen niemand", sagt der Meisterkoch Nuno Mendes. Sein erstes Lokal ging in Konkurs, der Portugiese aber blieb. Sein zweites Restaurant, das mit einem Michelin-Stern ausgezeichnete „Viajante" im Hotel Town Hall in Bethnal Green, ist an jedem Tag ausgebucht [...]. „Es war hier damals wie in New York in den Achtzigern. Den Künstlern folgte erst das Geld, dann kamen die Touristen. Man wurde neugierig auf uns. Und davon profitieren wir jetzt alle." [...] Das East End ist nicht mehr nur das Londoner Stadtviertel mit der höchsten Künstlerdichte, [...] sondern inzwischen auch die neue kulinarische Hochburg der britischen Hauptstadt.

Quelle: Alpsten, E.: Der lockende Stern des Jesus von Nazareth, www.faz.net, 01.03.2014, Zugriff 09.09.2014

M1 Londoner East End

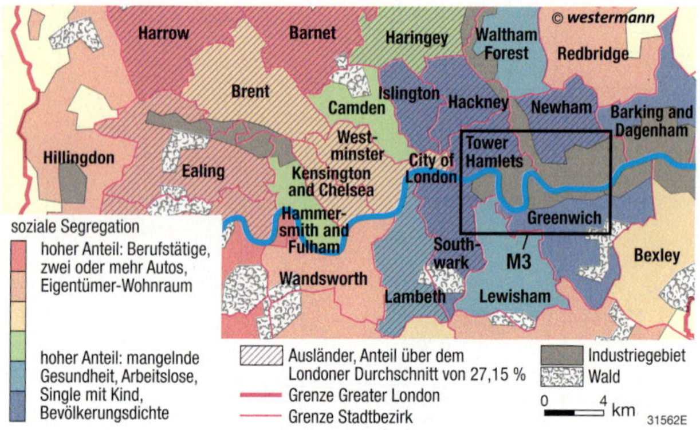

M4 Soziale Segregation nach Stadtteilen in London (Ausschnitt)

„Mit dem Bedeutungszuwachs des produktionsorientierten und wirtschaftsnahen Dienstleistungssektors und dem Bedeutungsverlust des industriellen Sektors geht in den Städten ein erheblicher sozialer Wandel vor sich. Auf der einen Seite finden sich die gut bezahlten Arbeitsplätze in weltweit operierenden Unternehmen. Die Yuppies („Young Urban Professionals"), die Dinks („Double Income, no Kids") oder die Bobos (die „Bourgeois Bohemians") stellen verkürzte Bezeichnungen für die neuen urbanen Eliten dar, die auf einem internationalen Arbeitsmarkt agieren und ein hohes Einkommen erzielen. Auf der anderen Seite zeigen sich die Verlierer dieses Prozesses, die alte Arbeiterschicht, die politisch und ökonomisch an Einfluss verloren hat. [...]

Quelle: Fassmann, H.: Stadtgeographie I, Braunschweig 2009

M5 Die Stadt als entindustrialisierte Steuerungszentrale

M6 Die Londoner Docklands heute

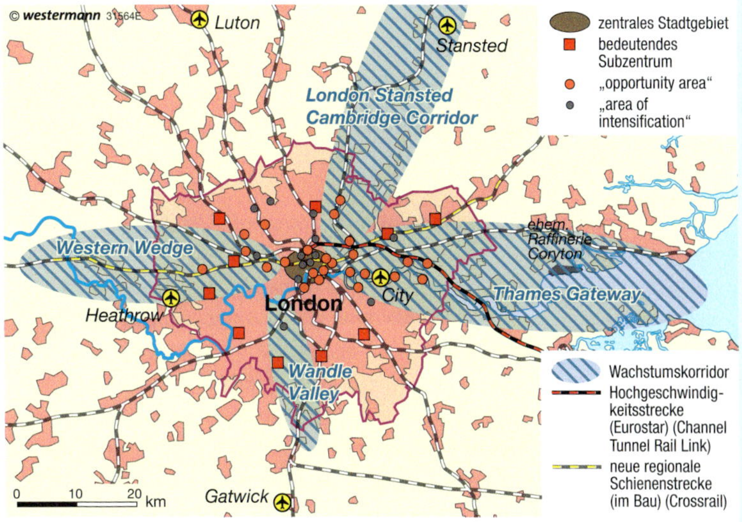

M11 The London Plan (Greater London Authority)

„Why not convert a disused banana warehouse into a back office for Credit Suisse First Boston?"
„How about the Isle of Dogs as a front-office location, a state-of-the-art solution to the bank´s accomodation problem?"

Quelle: London – von der Hauptstadt des British Empire zur Alpha-Global-City

M7 Er hatte eine Idee: Michael von Klemm, Investmentbanker (1935–1997)

England saniert seine größte Ruine: Das gesamte Gebiet des einstmals mächtigsten Handelshafens der Welt wird umgekrempelt und aufgemöbelt – ein Areal von 22 Quadratkilometern, achteinhalbmal so groß wie die Quadratmeile der Londoner City. [...] Der Hafen [...] zeigt jähe Blüte als „Stadtentwicklungsgebiet". Ein unvergleichlicher Stadtteil entsteht, mit schicken Wohnungen in alten Speicherbauten, mit Wolkenkratzern für die Hochfinanz, mit Flughafen und Schnellboot-Verbindungen und U-Bahn-Anschluß zur City [...]

Quelle: Krüger, K.-H., Der Spiegel, 04.08.1986

M8 Zeitungsartikel: Wall Street auf dem Wasser

Now the wider area of Canary Wharf is one of London's two main financial centres and is home to the likes of Barclays, HSBC and KPMG.
The 97-acre estate got its name from the fact that many of the imports which arrived there in the past when it was a dock were from the Canary Islands.
Around 15 million sq ft of office and retail space now exist on the site, with the first tenants arriving in 1991. Now more than 93,000 people work there.

Quelle: www.dailymail.co.uk

M9 Finanzzentrum Canary Wharf

London [ist...] der wichtigste Finanzplatz in Europa und neben New York das wichtigste Finanzzentrum weltweit. Im Vergleich zu den Finanzplätzen New York, Shanghai oder Tokio, die ihre Bedeutung zu einem Großteil aus den inländischen Volkswirtschaften ziehen, profitiert London von seiner globalen Ausrichtung und dem europäischen Markt. [...] Der Finanzsektor hat in Großbritannien mit einem Wertschöpfungsanteil von 7,9 Prozent eine im internationalen Vergleich große volkswirtschaftliche Bedeutung. Die Finanzindustrie trägt überproportional zum Steueraufkommen bei. [...]

Quelle: Auswärtiges Amt

M10 Finanzplatz London

taz: [...] ***Der frühere linke Bürgermeister Ken Livingstone hatte [die Olympischen Spiele 2012 in London] dem IOC als Möglichkeit verkauft, etwas für den Londoner Osten, das letzte große arme Gebiet der Innenstadt, zu tun. Immer wieder war von der „Legacy", dem Vermächtnis der Spiele, die Rede. Was ist denn nun davon geblieben?***

Michael Edwards: Heute werden eine Reihe von Dingen als Folge der Spiele verkauft, die damit gar nichts zu tun haben, die besseren öffentlichen Verkehrsmittel im Osten der Stadt etwa oder das Einkaufszentrum in Stratford. Das war alles längst geplant, bevor London den Zuschlag bekam. Originäres Ergebnis ist der Olympische Park [...].

taz: ***Viele haben statt einer Verbesserung der Verhältnisse die Vertreibung der Armen aus dem East End befürchtet, also Gentrifizierung.***

Die Gegend ist in der Tat unter starkem Gentrifizierungsdruck. Die Häuserpreise und die Höhen der Mieten sind vor und nach den Olympischen Spielen stark gestiegen. Dazu kommt die Politik von Newham, dem Bezirk, in dem das Olympiagelände liegt. Obwohl dort Labour regiert, konzentriert man sich im Rathaus darauf, immer mehr Menschen mit höherem Einkommen in den Bezirk zu locken. [...] Es ist ein extremer Fall, aber die Tendenz geht in anderen Labour-regierten Bezirken in dieselbe Richtung, etwa im benachbarten Hackney oder in Greenwich. Der Labour-Stadtrat von Tower Hamlets, ebenfalls im East End, versucht dagegen, den Bau von Sozialwohnungen voranzutreiben. [...]

taz: ***Wohin zieht denn der ärmere Teil der Bevölkerung, wenn er sich das East End nicht mehr leisten kann – einfach weiter nach Osten, nach Barking und Dagenham?***

Zum Teil. Manche verlassen London auch ganz. Andere leben in überfüllten Wohnungen. Es gibt sogar vereinzelte Fälle, wo sich Bewohner die Betten teilen: Der eine schläft nachts, der andere tagsüber ...

taz: ***... wie die sogenannten Schlafburschen in Berlin zu Zeiten der Industrialisierung ...***

... ja, die Scheußlichkeiten des 19. Jahrhunderts kehren zurück. [...]

Interview: Reeh, M.: Alles ist außer Kontrolle, www.taz.de, Zugriff 09.09.2014

M12 Interview mit dem Londoner Stadtplaner Michael Edwards

Bevölkerungsschwund und Lösungskonzepte

Schrumpfende Stadt Wittenberge – Problemlösung durch Rückbau

„Erstens muss man anerkennen, dass man schrumpft. Und zweitens muss man versuchen, eine Kultur daraus zu machen", sagt ein Wittenberger Stadtarchitekt. Dies ist leichter gesagt, als getan, denn Wittenberge schrumpft stetig. Noch wohnen hier rund 18 000 Einwohner, aber innerhalb von fünf Jahren werden es laut Prognose 2 000 bis 3 000 weniger sein. Wohnraum gibt es mehr als genug, doch viele Wohnungen stehen leer. Der Leerstand verursacht Kosten. So wurde ein Stadtumbaukonzept entwickelt, das beim bundesdeutschen Wettbewerb 2002 den 1. Preis gewann. Mittlerweile hat der Stadtumbau begonnen. Inwiefern kann das Konzept dem Schrumpfungsprozess entgegenwirken?

1. Analysieren Sie die Entwicklung der Bevölkerungszahl in Wittenberge und ihre Auswirkungen (M4, M1).
2. Begründen Sie die Entwicklung der Altersstruktur (M5).
3. Erörtern Sie das Stadtumbaukonzept am Beispiel des Allende-Viertels (M2, M3, M6–M8).

Ⓦ 4. Formulieren Sie eine Stellungnahme zum Stadtumbaukonzept in Form eines Leserbriefs.
   - **A** Vertreten Sie den Standpunkt eines Jugendlichen aus dem Allende-Viertel (M6, M7, M9).
   - **B** Nehmen Sie die Perspektive einer Familie ein (M6, M7, M9).

5. Die ehemalige Ölmühle wurde zu einem hochwertigen Hotel umgebaut. Sie ist ein Beispiel für die Umnutzung und Sanierung alter Bausubstanz. Diskutieren Sie die Möglichkeit der Altstadtsanierung als Stadtumbaukonzept zur Verminderung der Abwanderung.

Ⓩ 6. Erarbeiten Sie eine Präsentation zu den Plattenbauten des sozialistischen Städtebaus in der ehemaligen DDR (Internet).

→ demographischer Wandel, Schrumpfungsprozess, schrumpfende Stadt, Rückbau

M2 In der Allendestraße im Allende-Viertel vor dem Rückbau

M3 Rückbau im Allende-Viertel. Jede leer stehende Wohnung kostet durchschnittlich 633 € pro Jahr an Betriebskosten.

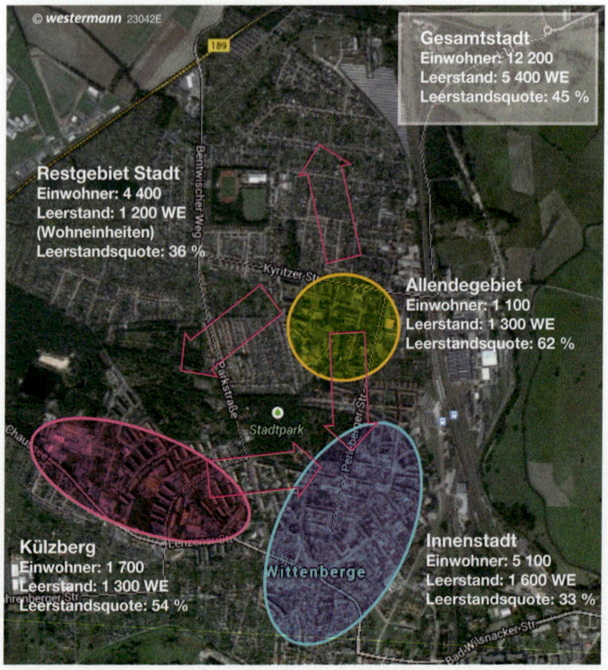

M1 Szenario ohne Rückbau 2030 (WE = Wohneinheit)

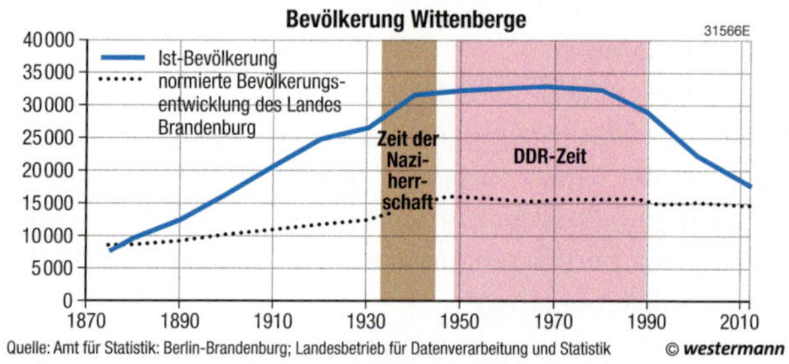

M4* Bevölkerungsentwicklung in Wittenberge

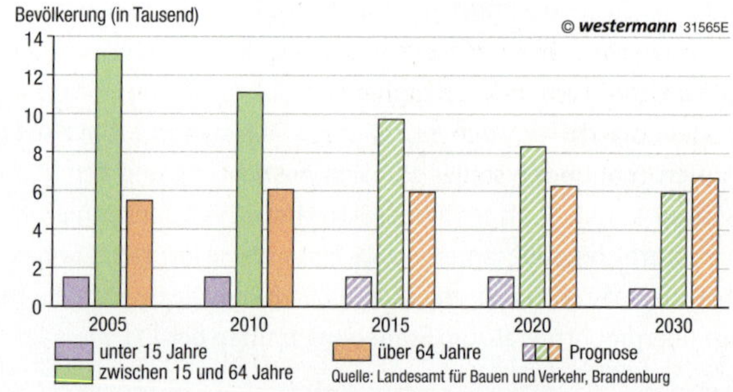

M5 Entwicklung der Altersstruktur von Wittenberge

Steckbrief Allende-Viertel

- benannt nach dem sozialistischen Präsidenten Chiles
- Plattenbausiedlung
- 2000 Einwohner
- Durchschnittsalter 65 Jahre
- hoher Leerstand (2012: 364 Wohneinheiten = 21 %)

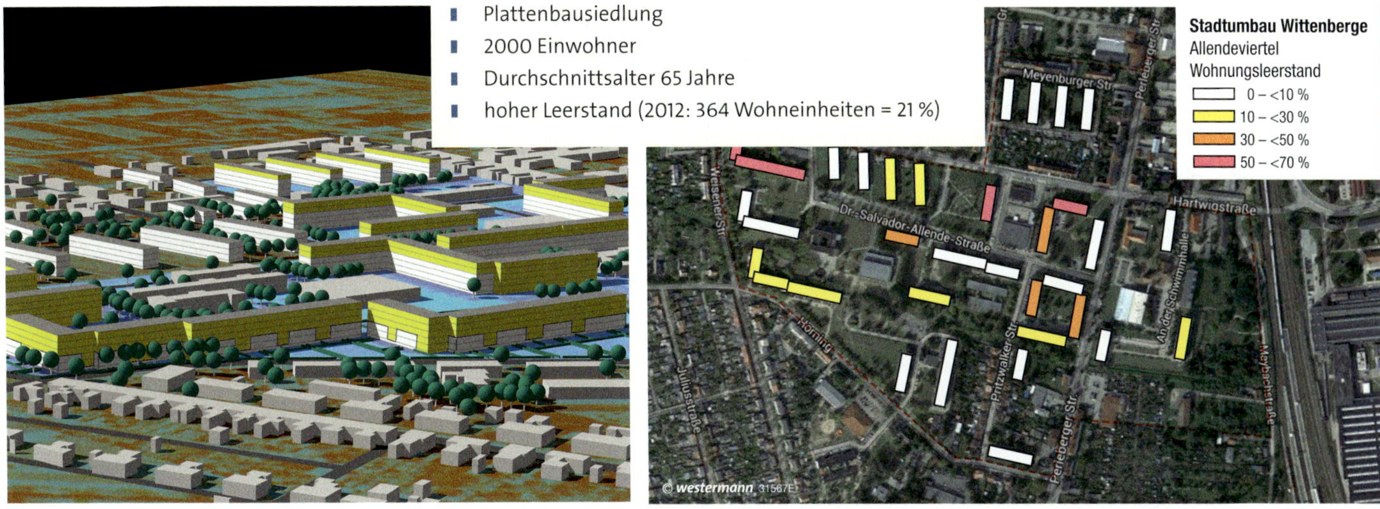

M6 Das Allende-Viertel 2012

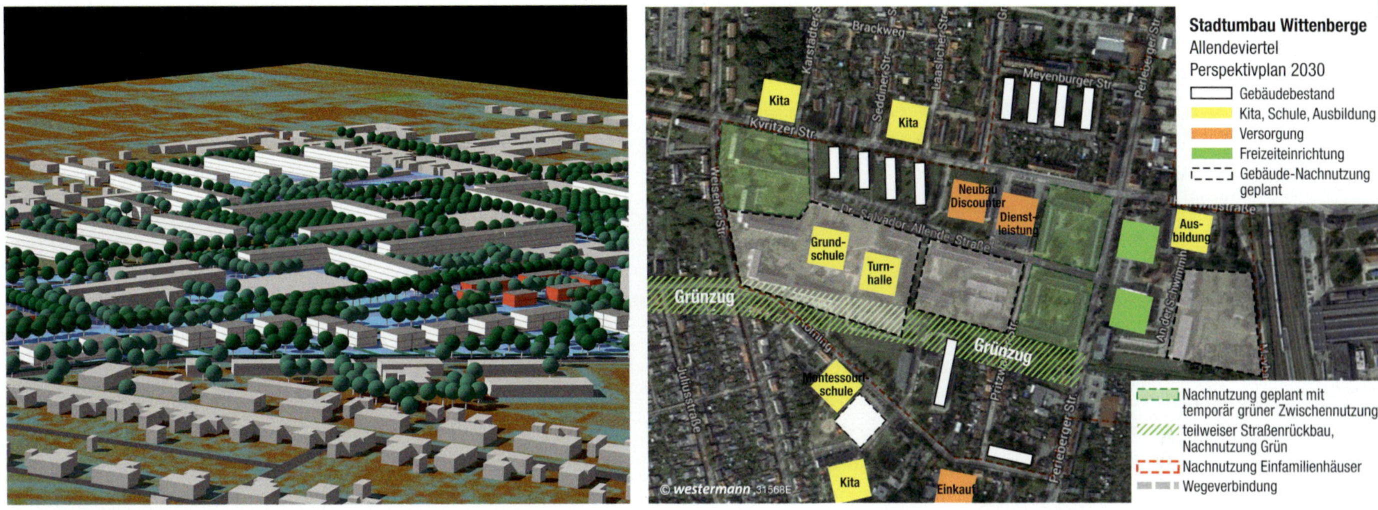

M7 Das Allende-Viertel nach dem Rückbau

1823 Ölmühle (heute geschlossen)
1835 Einweihung des Elbhafens
1846 Anschluss an die Eisenbahnlinie Berlin–Hamburg
1846 Seifenfabrik (heute geschlossen)
1849 chemische Fabrik (heute geschlossen)
1875 Eisenbahn-Ausbesserungswerk (heute Instandhaltungswerk der Deutschen Bahn AG)
1903 Nähmaschinenfabrik (heute geschlossen)
1935 Norddeutsche Maschinenfabrik (heute geschlossen)
1937/38 Zellstoff- und Zellwollefabrik (heute geschlossen)

Neuansiedlungen nach der Wende 1989:
Dämmstoffhersteller Austrotherm
Frankiermaschinenhersteller Francotyp-Postalia
Transformatorenhersteller Schacht GmbH

M8 Wittenberge als Industriestandort

- Die Plattenbauten sollten vollständig abgerissen werden.
- Rückbau finde ich nicht gut, es leben viele ältere Menschen dort, die sich in ihrer gewohnten Umgebung wohlfühlen.
- Stadtumbau? Diese Heuchlerei. Erst wurde der Industriestandort Wittenberge bewusst zerstört und jetzt ein Stadtviertel, das die beste Infrastruktur, was die Versorgung betrifft, in ganz Wittenberge besitzt.
- Es ist ein Jammer, so ein schönes Wohngebiet zu zerstören. Fahrstuhl und Rückbau, das wär's, dann würden die Menschen auch wohnen bleiben.
- Man kommt schnell in die Innenstadt. Gute Einkaufsmöglichkeiten. Und es ist verhältnismäßig ruhig.
- Hier kann man im Grünen wohnen, die. Infrastruktur ist gut.

Online-Umfrage der Lokalzeitung „Prignitzer", nicht repräsentativ www.svuz.de/lokales/prignitz/was-wird-aus-dem-allende-viertel-id6092541.html

M9 Meinungen zum Stadtumbaukonzept

Millionenstadt im Niedergang

Shrinking City Detroit

Als Henry Ford vor etwa hundert Jahren die Fließbandfertigung entwickelte, begann der Aufstieg der damals mittelgroßen Stadt Detroit im Bundesstaat Michigan. Rasch wuchs sie zur Metropole, galt als fortschrittlich und verkörperte den amerikanischen Traum. Mittlerweile gleicht sie für viele einem Albtraum und gehört zu den Musterbeispielen einer Shrinking City. Fast jedes fünfte Haus in Detroit steht leer. Zudem gilt die Stadt als die gefährlichste der USA.
Wie konnte eine Stadt in so kurzer Zeit ihren Glanz wieder verlieren? Inwiefern hat sich die Stadtlandschaft durch den Niedergang verändert? Und welche Chancen sehen diejenigen, die die Hoffnung auf eine lebenswerte Stadt nicht aufgeben wollen?

Ⓦ **1.** Detroit erlebte einen drastischen Auf- und Abstieg seiner Einwohnerzahlen.
A Stellen Sie die Einwohnerentwicklung und Arbeitslosenzahlen Detroits in einem Diagramm dar (M1).
B Erörtern Sie Gründe für die Entwicklung der Einwohner- und Arbeitslosenzahlen seit 1950 (M1, M3–M5, M7).

2. a) Erläutern Sie die Bedeutung der Automobilindustrie für die wirtschaftliche und soziale Situation Detroits (M2, M3, M7, Atlas).
b) Vergleichen Sie die sozioökonomischen Daten Detroits mit denen der gesamten USA (M4).

3. a) Beschreiben Sie die Nutzung und die Veränderung der Downtown Detroits (M5, Atlas).
b) Beschreiben Sie die Auswirkungen der Krise anhand von Film-, Foto- und Presseberichten aus dem Internet.

4. Der Wirtschaftswissenschaftler Myrdal spricht in seiner Theorie vom ungleichen ökonomischen Wachstum von „kumulativen Wachstums- und Schrumpfungsprozessen" (S. 162/163). Diskutieren Sie, inwieweit sich diese Theorie auf Detroit anwenden lässt.

5. Beschreiben Sie die Revitalisierungsbemühungen der Stadt und ihrer engagierten Akteure (M6, M7).

6. Recherchieren Sie weitere Shrinking Cities. Stellen Sie deren Gründe für eine Schrumpfung sowie die vorhandenen Potenziale gegenüber (Internet, S. 242/243).

→ Shrinking City

M2 General Motors im architektonischen Spannungsfeld

Die einst blühende US-Autometropole Detroit hat Konkurs angemeldet. [...] Es ist das erste Mal in der Geschichte der USA, dass eine Stadt dieser Größe Insolvenz anmeldet. [...] Die Stadt hat Medienberichten zufolge Schulden von etwa 19 Milliarden Dollar.
Autobauer wie General Motors, Ford und Chrysler verhalfen der Stadt mit zeitweise zwei Millionen Einwohnern zur Blüte. Doch die scharfe Konkurrenz aus Japan, Fehlentscheidungen in den Unternehmen und Misswirtschaft in der Stadtverwaltung ließen Detroit in einem „60 Jahre andauernden Niedergang" abstürzen, wie Snyder [Konkursverwalter der Stadt] den Verfall der Stadt bezeichnete. Die Autoindustrie verlagerte ihre Standorte, viele Fabriken schlossen, die Arbeitslosigkeit schoss ebenso in die Höhe wie die Kriminalität. Obwohl sich die noch immer in der Region beheimateten Auto-Konzerne General Motors und Ford zuletzt erholten, steckt die Stadt in einer tiefen Krise. Die Ausgaben zum Betrieb der städtischen Dienste überstiegen seit 2008 die Einnahmen jährlich um etwa 100 Millionen Dollar. [...] Heute stehen in Detroit 78.000 Gebäude leer, 40 Prozent der Straßenlaternen sind außer Betrieb. Weil das Geld für Reparaturen fehlt, fährt nur ein Drittel der Rettungswagen. Wie Snyder in seinem Schreiben erklärte, müssen die Bürger in Detroit nach einem Notruf durchschnittlich 58 Minuten auf die Polizei warten – landesweit liegt der Durchschnitt bei elf Minuten. Zugleich ist die Mordrate auf dem höchsten Stand seit knapp 40 Jahren.
Quelle: www.sueddeutsche.de, Zugriff 13.01.2015

M3 Detroit ist bankrott

Jahr	Einwohner	Jahr	Arbeitslosenrate in %
1900	285 704	2000	7,3
1920	993 078	2002	12,0
1940	1 623 452	2004	14,0
1960	1 670 144	2006	16,3
1980	1 203 339	2008	15,9
2000	951 270	2010	23,0
2013	688 701	2013	19,9

M1 Einwohnerentwicklung und Arbeitslosenzahlen in Detroit

	Detroit	USA
Einwohner*	688 701	316 Mio.
Afroamerikaner**	82,7%	13,1%
Minimum Bachelorabschluss Personen über 25 Jahre**	12,7%	28,8%
durchschnittl. pro Kopf Einkommen in US-$*	14 870	28 155
Armutsrate*	39,3%	14,5%
Arbeitslosenrate*	19,9%	8,9%
ohne Krankenversicherung*	21,8%	15,3%
Bevölkerungszuwachs*	-3,5%	2,4%

* 2013, **2010; Quelle: www.census.com

M4 Sozioökonomische Daten für Detroit und die USA

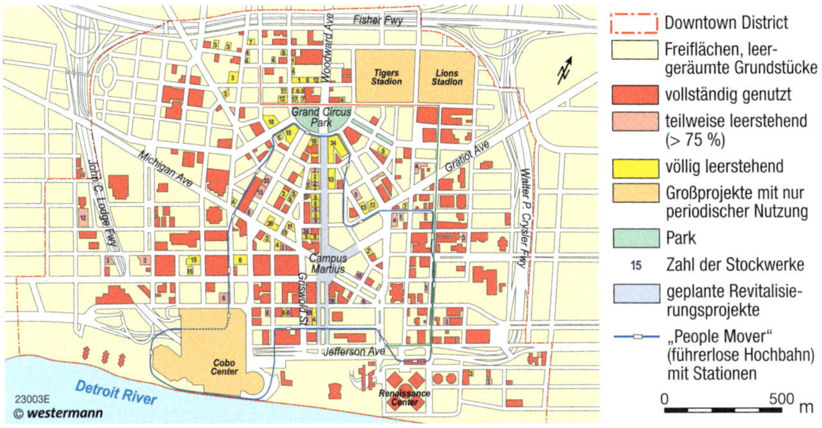

M5 Leerstand in Detroit

Seit Mitte 1960er-Jahre	Ansiedlung von Shopping Malls, Bürozentren und Gewerbeparks entlang von Ausfallstraßen
1977	Eröffnung des Renaissance Centers am Detroit River (Hochhauskomplex mit General Motors Hauptverwaltung, Hotels, Geschäften, Restaurants und Büros)
1999	Bau von drei Spielcasinos in der Downtown mit 8 200 Arbeitsplätzen und 38 000 Besuchern täglich
2000	Eröffnung des Comerica Park Baseball Stadions für 42 000 Zuschauer
2002	Einweihung des Ford Field Football Stadions mit 65 000 Sitzplätzen
2004	Belebung zentraler Plätze durch Anlage breiter Gehwege und Pavillons

M6 Ausgewählte räumliche Veränderungen der Agglomeration Detroit

M8 Das im Stil der französischen Renaissance erbaute Michigan Theater ist Teil eines 13-stöckigen Bürogebäudes in Downtown Detroit. Seine Funktion als Theater verlor es bereits 1977 und dient seither als Parkhaus.

weblinks
- www.shrinkingcities.com
- http://future.arte.tv/geisterstaedte

A cloudy day could not dampen the spirits of people gathered for the official opening of Downtown Detroit's newest garden, Lafayette Greens. The garden covers about three-quarters of an acre and grows fruits, vegetables and herbs.

The sponsor of the new garden, Compuware Corporation, turned a vacant lot on W. Lafayette and Shelby into this urban garden and relaxing green space in Downtown. Compuware has made arrangements with Gleaners Community Food Bank to give the food bank the fresh produce that is grown at the garden. For Peter Karmanos, Jr., the executive chairman and founder of Compuware, today's celebration was significant. Not only is he a master gardener, the volunteer effort made by Compuware employees shows they understand the culture of giving back to the community he has tried to build.

„A sense of community is embedded in Compuware's culture," he said. „We believe, as this place shows it is vital for our employees to be active and creative members of their communities. Lafayette Greens brings together this point through two great passions of mine, gardening and the City of Detroit."

Quelle: blog.thedetroithub.com, Zugriff 13.01.2015

[...] Positiver ist der Bau einiger Bürogebäude in der Innenstadt in neuerer Zeit zu bewerten. Zu Beginn der 1970er-Jahre haben drei Junge Leute die Firma Compuserve im suburbanen Raum gegründet. Ende der 1990er-Jahre ist es der Stadt Detroit gelungen, mit Steuervergünstigungen und dem Versprechen, nur noch Software von Compuserve zu nutzen, das Unternehmen für Detroit zu gewinnen.

[...] Bürgermeister Bing hat erkannt, dass Detroit nicht durch teure Baumaßnahmen gerettet werden kann, sondern die Freiflächen vernünftig genutzt werden müssen. Bing möchte die noch vorhandene Bevölkerung in ausgewählten Standorten konzentrieren, um wieder lebendige Nachbarschaften zu schaffen. Rund ein Viertel der Fläche Detroits soll in Parks und Wälder umgewandelt werden. Die Umsetzung dieses Plans ist schwierig. Zunächst muss entschieden werden, welche Nachbarschaften dem Erdboden gleichgemacht und welche revitalisiert werden sollen. Auf jedenfall sind der Abriss von Häusern und die Einebnung ganzer Stadtviertel teuer. [...]

Quelle: Hahn, B.: Die US-amerikanische Stadt im Wandel, Berlin Heidelberg 2014, 145f

[...] Over the past several years at least seven bicycle makers have set up shop in the Detroit metro area, touting sleek, artisanal models. „Everybody in this town knows somebody who worked for the Big Three," says Steven Bock, a Ford Motor Co. clay sculptor who is now applying his car skills to bicycles. „It's kind of in the Detroit DNA to build things." Bock founded Detroit Bicycle Co. in 2011, where he makes custom handcrafted single-speed and fixed-gear bikes when he's not sculpting full-size clay models of cars for Ford. [...] The biggest Motor City bike maker, though, is Detroit Bikes. Founder Zak Pashak invested $2.5 million in a 50,000-square-foot factory [...] that mints about 10 bikes a day. Eventually he aims to produce as many as 50,000 a year. [...] Several factors seem to be driving the renaissance of the bike industry in Detroit. Beat-up by the Great Recession, Detroit's vacant factories and cheap rent have lured young entrepreneurs and artists to set up shop in the city. The vestiges of car manufacturing – leftover machinery, abundant powdercoat shops and of course, skilled auto industry veterans seeking work – have proven a treasure to bike makers and other craftspeople.

Quelle: www.fortune.com, Zugriff 13.01.2015

M7 Revitalisierungsbemühungen

Neue Millionenstädte entstehen

Stadtneugründungen in China

Kein anderes Land weltweit steht hinsichtlich seiner Stadtentwicklung vor vergleichbar großen Aufgaben wie China. In relativ kurzer Zeit muss für Millionen Menschen städtischer Wohnraum geschaffen werden. Wo werden neue Städte gebaut? Wer soll sie bewohnen? Was sind die Konzepte, Modelle für diese Stadtneugründungen?

1. a) Beschreiben Sie das Ausmaß der Verstädterung in China (M1, M2, M3, M5).
   b) Erklären Sie die Hintergründe für diese Entwicklung. Gehen Sie dabei vor allem auf die wirtschaftliche Entwicklung und die räumlichen Disparitäten ein (M3, M4, Atlas).
2. Erläutern Sie die beiden Strategien der Stadtentwicklung anhand der Beispiele Hongkong-Shenzhen und Meixi Lake bei Changsha (M4, M6, Atlas).
3. Erläutern Sie das Konzept der Stadt Meixi Lake (M6, M7, M9).
4. (W) Analysieren Sie anhand von Medien aus dem Internet die bisherige Entwicklung einer der folgenden Städte:
   A Meixi Lake (bei Changsha).
   B Dongtan (bei Shanghai).
   C Tianducheng (bei Hangzhou).
   D Ordos (Provinz Innere Mongolei).
5. (Z) Zeichnen Sie auf Basis der Angaben aus dem Masterplan eine grobe Skizze des Stadtplans von Meixi Lake (M7).

→ ökologische Stadtentwicklung, Urbanisierung

In den kommenden 15 Jahren werden rund 221 Städte über mehr als eine Million Einwohner haben – Europa hat derzeit im Vergleich dazu gerade einmal 35 solcher Städte. Zu den bereits bestehenden zwei Megastädten Beijing und Shanghai werden insgesamt sechs weitere Städte mit mehr als zehn Millionen Einwohnern und 15 Städte mit fünf bis zehn Millionen Einwohnern kommen. Das Straßennetz wird um fünf Milliarden Quadratmeter und die Städte um fünf Millionen neue Gebäude erweitert werden. Darunter könnten bis zu 50 000 Wolkenkratzer sein – das entspricht der zehnfachen Fläche von New York City.

Quelle: Hefele, P., Bade, J.: Die Stadt neu erfinden? In: Konrad Adenauer Stiftung (KAS) Auslandsinformationen 9/10 2011 S. 13

M1 Neue Städte in China

Entwicklung der Bevölkerungsverteilung 1950 – 2030				
Indikator	**1950**	**1990**	**2010**	**2030**
Landbevölkerung (in Tausend)	480 632	840 095	718 307	557 019
Anteil an Gesamtbevölkerung (in %)	88,2	73,6	53,0	38,1
Stadtbevölkerung (in Tausend)	64 19	301 995	635 839	905 449
Anteil an Gesamtbevölkerung (in %)	11,8	26,4	47,0	61,9
Gesamtbevölkerung (in Tausend)	544 951	1 142 090	1 354 146	1 462 468

Hefele, P. und Bade, J.: Die Stadt neu erfinden? In: Konrad Adenauer Stiftung (KAS) Auslandsinformationen 9/10 2011 S. 13

M2 Entwicklung der Bevölkerungsverteilung

Schon 2020 werden 850 Millionen Chinesen und zehn Jahre später rund eine Milliarde Menschen in urbanen Zentren des Reichs der Mitte wohnen. Nur 400 bis 500 Millionen Bauern bleiben auf dem Land zurück. In einer plakativen Kurzformel umschrieb Premier Li die [...] Urbanisierung bis zum Jahr 2020 als „dreifaches 100-Millionen-Projekt." Li will als erstes 100 Millionen, die Hälfte der heute in Chinas Städten ansässigen Wanderarbeiter, im Melderegister eintragen und sie zu regulären Stadtbewohnern machen.
Sein zweiter Vorstoß zielt auf hundert Millionen Bauern, die in Slum-ähnlichen Behausungen am Rande mittelgroßer Städte leben. Sie sollen in Sozialwohnungen umgesiedelt werden. Weitere 100 Millionen Bauern sollen ermuntert werden, aus ihren Dörfern in die Mittelstädte der unterentwickelten Regionen Westchinas abzuwandern.

Quelle: Erling, J.: China startet sein riskantes Urbanisierungsprojekt. In: Die Welt 25.03.14 www.welt.de/126186975, Zugriff 13.01.2015

M3 Das „dreifache 100-Millionen-Projekt"

Im Rahmen der Go-West-Strategie (xibu dakaifa) werden Städte intensiv auf- und ausgebaut, um so das regionale Ungleichgewicht in den Griff zu bekommen und die Migrationsströme von den übervölkerten Ostprovinzen ins Landesinnere zu lenken.
Jüngste Überlegungen zielen darauf ab, Ballungsgebiete zu schaffen anstatt wie bisher eine zerstreute Urbanisierung zu forcieren. Städte in Ballungsgebieten können sich nicht nur gegenseitig finanziell und wirtschaftlich unterstützen, sondern sorgen dadurch auch für eine geringere Belastung der Umwelt.
Die wichtigsten Pläne für die Verdichtung zu Ballungsräumen betreffen das Perlflussdelta im Süden Chinas rund um Shenzhen, die Region am Yangtsedelta rund um Shanghai und den Beijing-Tianjin-Hebei-Nexus.

Quelle: Hefele, P. & Bade, J.: Die Stadt neu erfinden? In: Konrad Adenauer Stiftung (KAS) Auslandsinformationen 9/10 2011 S. 21,22

M4 Strategien zur weiteren Verstädterung

Stufen der Städte		Bevölkerung
Super-Megastadt		über 10 Mio.
Megastadt		5 Mio. bis 10 Mio.
Großstadt	Großstadt I	3 Mio. bis 5 Mio.
	Großstadt II	1 Mio. bis 3 Mio.
Mittelstadt		500 000 bis 1 Mio.
Kleinstadt	Kleinstadt I	200 000 bis 500 000
	Kleinstadt II	unter 200 000

Quelle: Super-Megastadt: Chinas neuer Stadttyp. In: German.people.cn, Freitag, 21. November 2014

M5 Neue Klassifizierung der Städte durch die chinesische Regierung 2014

M6 Meixi Lake – eine Stadtneugründung für ca. 200 000 Menschen (Computeranimation)

M8 Meixi Lake im Bau – schon jetzt Touristenziel

Meixi proposes to offer a new model for the future of the Chinese city. [...] This lake provides for boat transport linkages, [...] and makes places for cultural venues. Around the circular heart of this water body is wrapped the mixed use CBD. Here, high rise building districts are connected by a pedestrian tram street, reducing the need for car use in the city center.

[...] a series of canals, allowing for boat transport from the city center to any one of eight neighbor-hood clusters. Each cluster houses about 10,000 people, and includes a village center featuring a school, shopping area, and other public functions. These neighborhoods are separated from one another by green buffers which accommodate exercise fields and natural landscape zones. The architecture of each "village" will be different. [...]

The radial geometry of the city plan allows for a highly efficient transport system, reducing potential pollution and energy use. Other environmental strategies include collective gray and black water systems, distributed energy plants, and urban agriculture. A river flood plane is turned into a linear park which includes recreational areas, micro farms, and residential rows.

[...] Meixi Lake will serve as the head of the West Changsha Pioneer Zone; as an urban model, we expect it to lead the way to a new way of thinking about the city of the future.

Quelle: www.kpf.com/project.asp?ID=135, Zugriff 13.01.2015

M7* Meixi Lake – der Masterplan: ökologische Stadtentwicklung

Wir haben noch keine Modelle, Chinas Städte zu verstehen. Und vielleicht haben die Chinesen die auch noch nicht. Viel urbanes Wachstum geschieht jedenfalls nach dem Prinzip „try and error". Was in einer Stadt nicht funktioniert hat, wird anderswo nicht weiterverfolgt. Das ist vielleicht gar nicht so unzweckmäßig. Beispiel Umweltbelastung. Chinesische Politiker sind sich der immensen Versmogung ihrer Metropolen durchaus bewusst. Folgerichtig versuchen sie, in anstehenden urbanen Entwicklungen auch ökologisch neue Wege zu gehen. 15 „slow carbon cities" sind in der Planung. Was die bringen, ist offen. Aber die komplette ökologische Ignoranz sähe anders aus.

Quelle: Gutzmer, A.: Urbanisierung im Reich der Mitte, Chinas Millionenstädte – Charakter kann man nicht planen. FOCUS-Online, 25.06.2013

M9 Try and error und ökologische Stadtentwicklung

Einfluss überregionaler Planungen

Stuttgart 21 – Bürgerbeteiligung als Mittel nachhaltiger Planung

„Kaum ein anderes Bauprojekt hat in der jüngeren deutschen Geschichte die Gemüter im Land derart erhitzt wie der Plan, in Stuttgart den Bahnhof komplett umzubauen. Das Projekt Stuttgart 21 ist zum Synonym für Bürgerproteste und Auseinandersetzungen mit der Polizei geworden." (Märkische Oderzeitung: 21.11.2014) Dies erklärt auch, warum der Begriff Stuttgart 21 bei der Wahl zum Wort des Jahres 2010 auf den zweiten Platz gewählt wurde (hinter Wutbürger). Vorausgegangen waren mehrtägige Demonstrationen Anfang Oktober gegen das Bahnprojekt in Stuttgart, an denen bis zu 150 000 Menschen teilnahmen und über 400 verletzt wurden. Was ist das Ziel des Bahnprojekts Stuttgart 21 (Stuttgart–Ulm)? Warum stellten sich so viele Menschen gegen das Projekt?

1. Erläutern Sie die Ziele der Projektplanung Stuttgart 21 (Stuttgart–Ulm) (M1, M3 – M6).
2. Recherchieren Sie mithilfe des Themenfilms zum Bahnprojekt Stuttgart-Ulm (YouTube), welche Argumente die Befürworter des Projekts anführen.
3. Ⓦ Begründen Sie die Bürgerproteste gegen das Projekt Stuttgart 21 (M7, M8, M11), indem Sie
   - **A** ein Protestschreiben aus der Sicht eines Gegners des Projekts verfassen.
   - **B** in einem Radio- oder Fernsehkommentar die Gründe der Gegner des Projekts darstellen.
4. Analysieren Sie die Berichterstattungen über das Projekt sowie die Kommentare in Bezug auf Informationen, Widersprüche und Wirkungsabsicht (M3, M4, M6, M7, M11).
5. Erstellen Sie eine Präsentation zum aktuellen Stand der Baumaßnahmen (Animationen YouTube).
6. Erörtern Sie Chancen und Risiken überregionaler Planungen am Beispiel von Stuttgart 21 (M1 – M6).
7. Werten Sie die Karikatur aus (M10).
8. Ⓩ Bewerten Sie die Bedeutung der Bürgerbeteiligung bei Großprojekten wie Stuttgart 21 in Bezug auf eine nachhaltige Raumplanung. Berücksichtigen Sie dabei die Dimension, die die Bürgerbeteiligung durch die Live-Übertragung der Debatte über Stuttgart 21 erreichte (M9).

→ überregionale Planung, Verkehrsinfrastruktur, verkehrsinfrastrukturelles Großprojekt

weblinks

Themenfilm zum Bahnprojekt Stuttgart-Ulm / YouTube

- Stuttgart 21, Schlichtung / YouTube
- Bahnprojekt Stuttgart-Ulm / YouTube

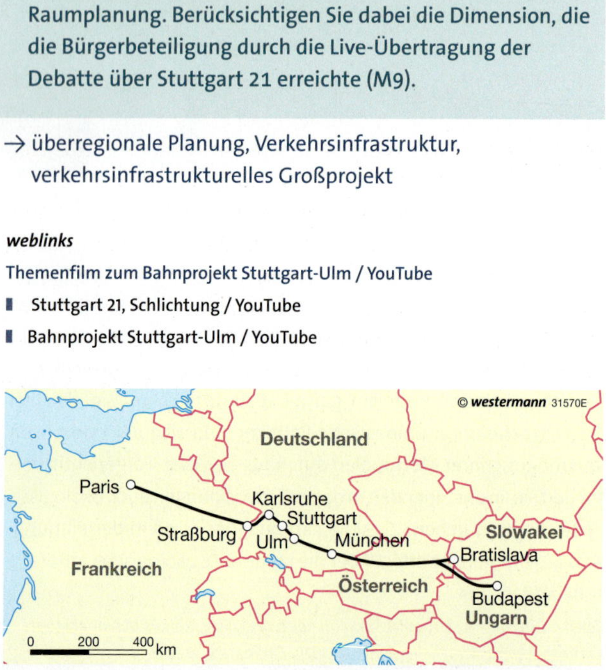

M1 Lage der Ausbaustrecke in der Verkehrsachse Paris–Budapest

M2 Kopfbahnhof Stuttgart vor dem Umbau

Metropolregion zu sein, verpflichtet. Zentrale Drehkreuze wie die Messe Stuttgart und der Landesflughafen müssen schnell und bequem erreichbar sein. Mit dem neuen Filderbahnhof erhalten diese „Eingangstore" einen direkten Zugang zum Regional- und Fernverkehr. Durch den Fildertunnel liegt die Stuttgarter City nur noch 8 Minuten entfernt. Im Wettbewerb mit deutschen und europäischen Regionen ist dies ein ausgezeichneter Standortvorteil. Die Metropolregion Stuttgart wird durch umsteigefreie Direktverbindungen besser vernetzt. [...] Diese Investition lohnt sich. Denn Mobilität ist ein bedeutender Standortfaktor in unserer wirtschaftsstarken, exportorientierten Region.

Quelle: http://www.region-stuttgart.org/aufgaben-und-projekte/stuttgart-21/, Zugriff 13.12.2014

M3 Standortfaktor Verkehrslage

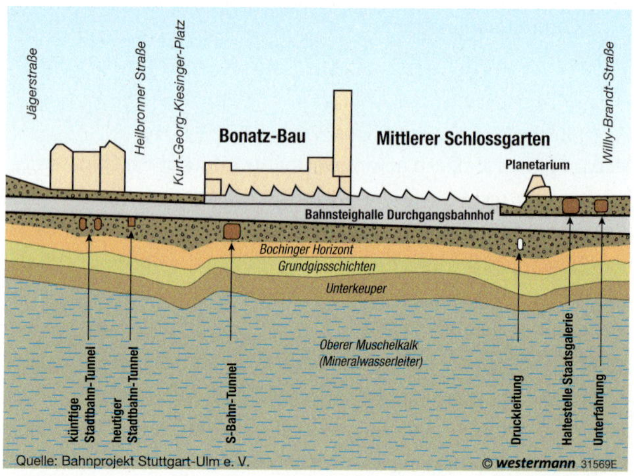

In Stuttgart wird zwischen oberflächennahem Grundwasser und dem tiefer liegenden Mineralwasser im Oberen Muschelkalk unterschieden. Keine der Baumaßnahmen für Stuttgart 21 greift in die mineralwasserführende Schicht ein. Selbst die Betonpfähle des neuen Bahnhofs, die 15 Meter unter der Bodenplatte enden, berühren die mineralwasserführenden Schichten nicht, denn dazwischen liegt immer noch eine mehr als 30 Meter dicke Trennschicht (Gips- und Unterkeuper).
Die Deutsche Bahn hat Auflagen zum Heilquellenschutz erhalten. Die umfangreichen Vorschriften sind Bestandteil der Planfeststellungsbeschlüsse und müssen zwingend umgesetzt werden. Dies wird während der gesamten Bauzeit kontrolliert.

Quelle: Bahnprojekt Stuttgart–Ulm e.V.: Flyer

M4 Mineralquellenschutz

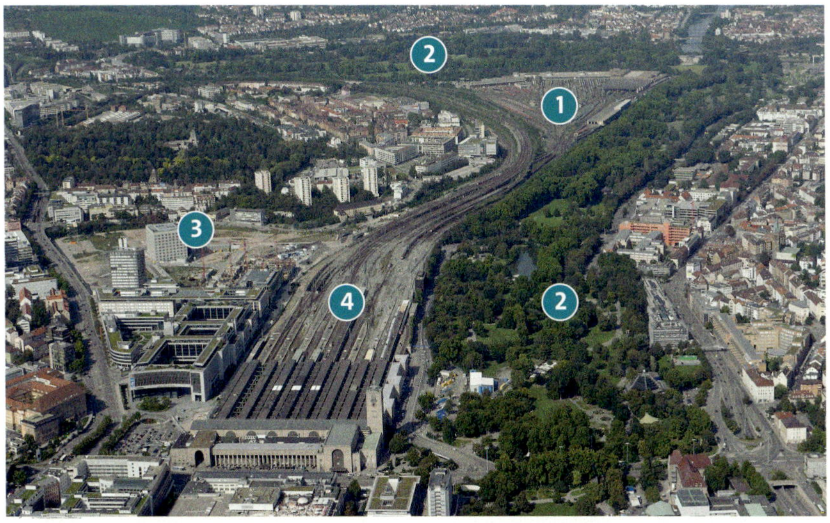

① **Neues Wohnviertel Rosensteinviertel:** weitestgehend autofrei, Vorbildcharakter für ökologisches Bauen (CO_2-neutrale Gebäude), Radwegenetz, S- und U-Bahn-Station
② **Schlossgarten und Rosensteinpark:** Erweiterung der bisherigen Parkanlagen um 20 Hektar, 5 000 neue Bäume, Naherholung und Verbesserung des Stadtklimas
③ **Europaviertel:** Wohnungsbau, Dienstleistungsarbeitsplätze (Rosensteinviertel und Europaviertel insgesamt 35 000 Arbeitsplätze)
④ **ehemalige Gleisflächen:** Nutzung von mehr als 100 Hektar für die Stadtentwicklung, Wohnungsbau

Quelle: Bahnprojekt Stuttgart–Ulm e.V., Flyer.

M5 Überblick über die Umbaumaßnahmen

Das Grundwasser wird über ein rund 17 Kilometer langes Netz von oberirdisch verlegten Wasserleitungen abgepumpt und gereinigt, bevor es rund um die Baugrube wieder in den Untergrund eingeleitet wird. [...] Im Zuge eines umfassenden Grundwassermonitorings werden laufend Grundwasserstände und Quellschüttungen gemessen sowie Wasserproben entnommen und analysiert.

Quelle: Bahnprojekt Stuttgart–Ulm e.V., Flyer

M8 Die Grundwasserproblematik

Unter der Vermittlung von Dr. Heiner Geißler kamen vom 22. Oktober bis 30. November 2010 im Stuttgarter Rathaus alle Beteiligten an und alle Fakten auf den Tisch. [...] Weil die Schlichtung öffentlich war, konnten die Bürger per Fernsehen, Radio oder Internet live dabei sein. [...] Jeder sollte mit dieser Sach- und Faktenschlichtung in die Lage versetzt werden, sich ein eigenes Urteil über Stuttgart 21 zu bilden.

Quelle: Bahnprojekt Stuttgart–Ulm e.V., Flyer

M9 Schlichtung im Streit um Stuttgart 21 live im Fernsehen

Die heutige Bahnverbindung zwischen Stuttgart und Ulm [...] ist seit 1850 in Betrieb. Mit dem Bahnprojekt Stuttgart–Ulm realisieren die Deutsche Bahn AG, das Land Baden-Württemberg, der Verband Region Stuttgart, die Stadt Stuttgart, der Bund und die Europäische Union eines der umfassendsten Bahnprojekte Europas.
Die grundlegende Umgestaltung des Stuttgarter Bahnknotens mit dem Anschluss des Flughafens sowie der Neubau der Schnellfahrstrecke zwischen Wendlingen (Neckar) und Ulm gehören zu den wichtigsten Infrastrukturvorhaben in Baden-Württemberg. [...]
Regionale, nationale und internationale Reisezeiten werden deutlich verkürzt. Und Baden-Württemberg wird dauerhaft an das europäische Hochgeschwindigkeitsnetz – die Magistrale zwischen Paris und Bratislava/Budapest – angeschlossen.

Quelle: www.bahnprojekt-stuttgart-ulm.de, Zugriff 13.12.2014

M6 Bahnprojekt mit überregionaler Bedeutung

Der Schwabe: Er kann alles, vor allem rechnen

M10 Karikatur

Zehntausende Demonstranten gingen gegen das geplante Milliardenprojekt Stuttgart 21 auf die Straße. Die Bürger fühlten sich von der Landespolitik überfahren und forderten mit Nachdruck Mitsprache an einem der größten Verkehrsprojekte Europas. Der Widerstand hat die Kraft, die politischen Machtverhältnisse in Baden-Württemberg zu verändern – und bereits eine bundesweite Debatte über mehr direkte Demokratie ausgelöst. [...]
An Stuttgart 21 wird fleißig gebaut, und weder die Stadt noch die grün-rote Landesregierung will mehr an diesem Projekt rütteln. Dabei sind die politischen und juristischen Folgen des Konflikts längst nicht aufgearbeitet.

Quelle: Kelnberger, J.: Das umstrittene Bahnprojekt, Süddeutsche Zeitung vom 11. Oktober 2014; www.sueddeutsche.de/thema/Stuttgart_21,

M7 Direkte Demokratie bei Großprojekten wie Stuttgart 21?

Mit Blick auf ‚Stuttgart21' schreibt Sebastian Beck in der ‚Süddeutschen': „Wie viele solch unsinniger Großprojekte kann sich der Wirtschaftsstandort Deutschland noch leisten?" Er betont und macht nun öffentlich, was der Bundesrechnungshof bereits vor geraumer Zeit in seiner Stellungnahme feststellte: Würden die wahnsinnigen Milliardensummen für ‚Stuttgart 21' stattdessen für den Ausbau des Güterverkehrs ausgegeben, könnte man wesentliche Teile des Lkw-Verkehrs durch Deutschland auf die Schiene verlegen, was eine Halbierung der Schadstoffe über Deutschland bedeuten könnte. [...]
Der Artikel ist überschrieben mit „Der Irrsinn deutscher Verkehrspolitik". Auch ‚Stuttgart 21', würde es je fertiggestellt, wäre eine reine ICE-Investition. Der eigentlich sinnvolle Teil der neuen Strecke des Albaufstiegs zwischen Ulm und Stuttgart wird nicht für Güterzüge zu befahren sein.

Quelle: Kommentar von Karl Weiss zum Artikel von Sebastian Beck in der Süddeutschen Zeitung, 28.10.2013; www.karl-weiss-journalismus.de

M11 Kommentare von Journalisten

Raumordnung und Landesplanung in Deutschland

Das punkt-axiale Raumkonzept

In einer Großstadt leben oder in einer Kleinstadt oder auf dem Land – wer die Chance hat zu wählen, kann die Vor- und Nachteile der verschiedenen Möglichkeiten für sich abwägen. Für den Lebensraum Deutschland insgesamt können sich allerdings Probleme ergeben, wenn die Lebensbedingungen in den Räumen extrem unterschiedlich sind und es zu einer Überlastung einiger Räume oder auch zu Nutzungskonflikten kommt. Mit welchen Maßnahmen kann der Raum „geordnet" und „geplant" werden, damit ein sozial, ökologisch und ökonomisch nachhaltiges Zusammenleben möglich ist?

1. a) Beschreiben Sie die Verflechtung von Orten verschiedener Zentralitätsstufen in Christallers Modell, berücksichtigen Sie auch die funktionale Ausstattung der Orte (M1, M3).
b) Notieren Sie mögliche Gründe dafür, dass das idealtypische Muster der zentralen Orte wie im Modell von Christaller in der Realität nicht vorhanden ist.

2. Wenden Sie das Modell auf Ihren Wohnort und Ihren Nahraum an:
a) Stellen Sie fest, ob Sie in einem Ober-, Mittel- oder Unterzentrum (A-Ort, B-Ort bzw. C-Ort) leben (M1, S. 253 M5).
b) Legen Sie eine Tabelle zur Ausstattung Ihres Wohnorts an (M3, M4).
c) Stellen Sie die Entfernung zum nächsten Mittel- bzw. Oberzentrum fest.

3. Überprüfen Sie am Beispiel der regionalen Infrastrukturversorgung, ob die Ziele der Raumordnung in Deutschland erfüllt sind (M2, M4, M5).

Ⓦ **4.** Erörtern Sie, ob die Schaffung gleichwertiger Lebensbedingungen durch das punkt-axiale System erreicht werden kann (M2, M3, Definition), indem Sie
A Pro- und Kontra-Argumente in einer Tabelle gegenüberstellen.
B einen Text verfassen.

5. a) Erklären Sie das von Hans-Peter Gatzweiler angeregte Umdenken bezüglich eines Leitbilds der Raumentwicklung (M5).
b) Nehmen Sie Stellung dazu.

Ⓩ **6.** Zeigen Sie die Chancen und Risiken von Maßnahmen der Raumplanung auch im Hinblick auf zukünftige Entwicklungen auf (M2, M3, M5).

→ Entwicklungsachse, punkt-axiales Raumordnungskonzept, System der zentralen Orte

→ System der zentralen Orte
Die Raumordnung in Deutschland greift auf ein theoretisches Konzept zurück, das von Walter Christaller in den 1930er-Jahre entwickelt wurde, das System der zentralen Orte: Ein zentraler Ort übernimmt Versorgungsfunktionen für sein Umland. Die idealtypische Verteilung von zentralen Orten unterschiedlicher Zentralitätsstufen ergibt ein Wabenmuster.

→ Entwicklungsachsen
Entwicklungsachsen verbinden einzelne Verdichtungsräume, sie sind Verkehrs- und Kommunikationsbänder. Ihre Funktion ist es, Entwicklungsimpulse für die angrenzenden Räume zu geben. Aus dem System der zentralen Orte und der Entwicklungsachsen ergibt sich das punkt-axiale Raumordnungskonzept.

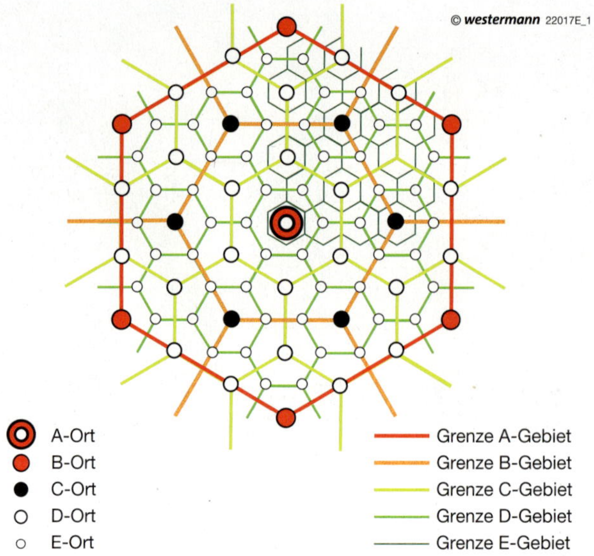

M1 Konzept der zentralen Orte nach Christaller im Modell

- Schaffung gleichwertiger Lebensbedingungen in allen Teilräumen Deutschlands,
- Erhalt der dezentralen Siedlungsstruktur mit ihren leistungsfähigen Stadtregionen,
- Erhalt und Entwicklung der großräumigen Freiraumstruktur,
- Erhalt der gewachsenen Kulturlandschaften,
- Schutz, Pflege und Entwicklung von Natur und Landschaft,
- Entwicklung der ländlichen Räume als eigenständige Lebens- und Wirtschaftsräume,
- räumliche Konzentration der Siedlungstätigkeit auf ein leistungsfähiges System zentraler Orte,
- in verdichteten Räumen: Ausrichtung der Siedlungstätigkeit auf ein integriertes Verkehrssystem und Sicherung der Freiräume,
- Verringerung der Verkehrsbelastung durch Mischung der Raumnutzungen,
- Vorrang der Innenentwicklung vor der Inanspruchnahme von Freiflächen,
- Stärkung regionaler Kooperation und damit der Zukunftsfähigkeit der Regionen in einem vereinten Europa.

Quelle: Priebs, A.: Raumordnung und Raumentwicklung als Zukunftsaufgabe. In Geographische Rundschau, Heft 3/2005, S. 4–9.

M2 Ziele und Aufgabenschwerpunkte der Raumordnung in Deutschland

	Einwohnerzahl	schulische Versorgung	Gesundheit/ Soziales
Oberzentrum	i.d.R. > 100 000	Fachhochschule, Hochschule, Universität	Spezialkliniken, Fachärzte
Mittelzentrum	i.d.R. > 20 000	Gymnasium, Realschule, berufliche Schulen	Krankenhaus der Regelversorgung, Altenheim, Beratungs-/ Informationszentren
Unterzentrum	i.d.R. > 30 000	Grundschule, Hauptschule	Allgemeinärzte

M3 Ausstattung zentraler Orte (Auswahl)

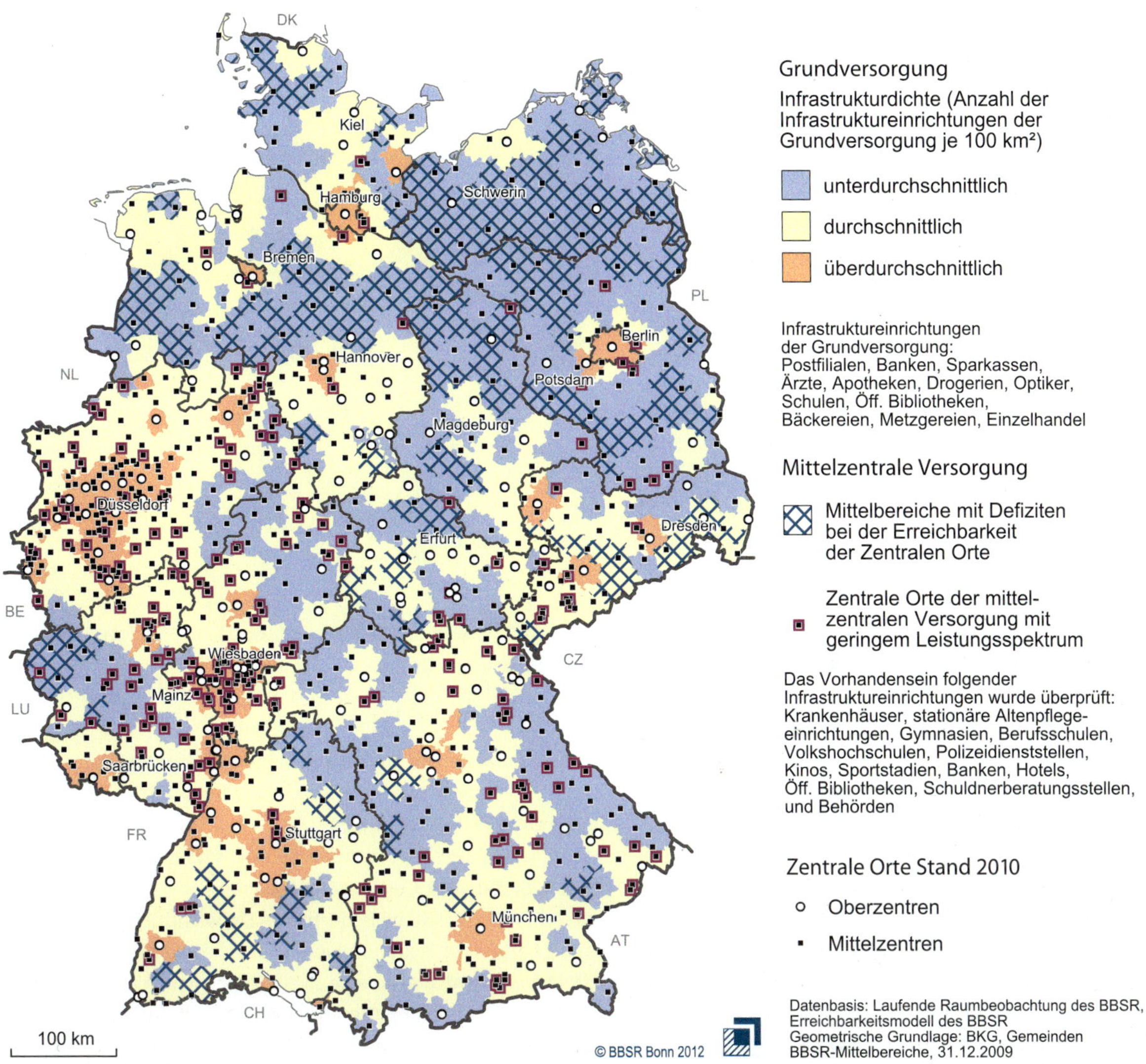

M4 Regionale Infrastrukturversorgung

In vielen ländlichen Regionen, vor allem im Norden und Nordosten des Bundesgebietes, benötigt mehr als ein Drittel der Bevölkerung mehr als 15 Minuten Pkw-Fahrzeit, um das nächste Mittelzentrum zu erreichen. Disparitäten verschärfend wirkt hierbei, dass viele dieser Orte nur über ein eingeschränktes Infrastrukturangebot bzw. geringes Leistungsspektrum verfügen.

Schon heute und erst recht mittelfristig wird der demographische Wandel zu Tragfähigkeitsproblemen für Versorgungseinrichtungen an zentralen Orten führen. Der von Bevölkerungsrückgang und Alterung ausgelöste Handlungsbedarf im Bereich der Infrastrukturversorgung verdeutlicht, dass es – abgesehen vom ostbayerischen Grenzraum – in erster Linie die ländlichen Räume in den neuen Ländern sind, wo auch künftig eine angemessene Infrastrukturversorgung sicherzustellen ist. [...]

In der Bundesrepublik hat die staatliche Ausgleichspolitik infolge der grundgesetzlichen Vorgabe der „Herstellung gleichwertiger Lebensverhältnisse" eine lange Tradition. Mit zahlreichen nationalen Förderprogrammen und den europäischen Strukturfonds besitzt Deutschland eine ausdifferenzierte Vielfalt an Fördermaßnahmen. Darüber hinaus sind unter raumentwicklungspolitischen Aspekten auch die Finanzausgleichspolitik und die sozialen Sicherungssysteme von überragender Bedeutung. Die Finanzausgleichspolitik greift unmittelbar in das Finanzgefüge zwischen den Ländern (Finanzausgleich) und den Gemeinden (kommunaler Finanzausgleich) mit dem Ziel ein, Länder und Gemeinden in die Lage zu versetzen, öffentliche Aufgaben ohne größere regionale Unterschiede wahrnehmen zu können (Gleichwertigkeitsziel). Die Ausgleichsleistung der sozialen Sicherungssysteme kommt darin zum Ausdruck, dass Regionen, die mehr Beiträge erwirtschaften, als sie Leistungen erhalten, indirekt jene Regionen finanziell unterstützen, die mehr Leistungen empfangen, als sie Beiträge zahlen. [...]

Auch künftig, das zeigen die Analysen, steht eine ausgleichsorientierte Raumentwicklungspolitik vor großen Herausforderungen: es gilt, bundesweit in allen Teilräumen hinreichende Erwerbsmöglichkeiten zu schaffen sowie eine angemessene Infrastrukturversorgung zu sichern. Raumentwicklungspolitik kann (und will) allerdings Schrumpfungsprozesse nicht aufhalten. Vielmehr geht es darum, bestehende Strukturen und Systeme an veränderte Bedingungen anzupassen. [Ziel ist ein Minimum an wirtschaftlicher Leistungsfähigkeit und Infrastrukturausstattung], um eine sich selbst verstärkende weitere Abwärtsentwicklung zu vermeiden. Im Prinzip bedeutet dies ein Abschiednehmen vom wohlfahrtsstaatlich geprägten Leitbild der Gleichwertigkeit der Lebensverhältnisse zum europarechtlich inspirierten Leitbild des wirtschaftlichen, sozialen und territorialen Zusammenhalts. Den Realitäten ins Auge sehend sollten sich auch die Raumentwicklungspolitik, Raumordnung und Landesplanung in Deutschland dazu bekennen.

Quelle: Gatzweiler, H.-P.: Regionale Disparitäten in Deutschland – Herausforderung für die Raumentwicklungspolitik. In: Geographische Rundschau, Heft 7–8/2012, S. 59–60

M5 Räumliche Disparitäten in Deutschland und ausgleichsorientierte Raumentwicklungspolitik

Raumordnung und Landesplanung in Deutschland

Landesentwicklungsplan Nordrhein-Westfalen

Am 25. Juni 2013 beschloss die Landesregierung Nordrhein-Westfalen, einen neuen Landesentwicklungsplan zu erarbeiten. Der Entwurf wurde der Öffentlichkeit vorgestellt und Stellungnahmen konnten zwischen August 2013 und Februar 2014 eingereicht werden. Der neue Landesentwicklungsplan wird den alten von 1995 ablösen. Welche Entwicklungen erforderten die Erarbeitung eines neuen Landesentwicklungsplans? Welche Ziele und Grundsätze, welche Strategien einer zukunftsorientierten Stadtentwicklung berücksichtigt der Landesentwicklungsplan?

Ⓦ **1.** Stellen Sie die veränderten Rahmenbedingungen für die räumliche Entwicklung in Nordrhein-Westfalen grafisch dar (M1),
   A mithilfe einer Mindmap.
   B mithilfe eines Wirkungsgefüges.

2. a) Beschreiben Sie die zentralörtliche Gliederung in Nordrhein-Westfalen (M5).
   b) Nehmen Sie konkret Bezug auf Ihren Nahraum und geben Sie eine detaillierte Beschreibung.
   c) Begründen Sie die Abweichungen von der Struktur der zentralen Orte im Modell (M5, S. 250/251 M1).

3. Beurteilen Sie die Zentrenstruktur in Nordrhein-Westfalen im Hinblick auf gleichwertige Lebensbedingungen (M5). Konkretisieren Sie Ihre Argumentation durch Beispiele.

4. Analysieren Sie die Leitbilder, Ziele und Grundsätze der Landesentwicklungsplanung in Nordrhein-Westfalen im Hinblick auf eine nachhaltige Entwicklung (M4).

5. Zu einer zukunftsorientierten Stadtentwicklung gehört auch der Schutz von Freiräumen. Nehmen Sie Stellung zu dieser Aussage.

Ⓩ **6.** Die Stadt als Lebensraum für alle! Erörtern Sie, inwiefern die Landesentwicklungsplanung dieses Ziel erreichen kann.

→ dezentrale Konzentration, Freiraumplanung, Gender Mainstreaming, Landesentwicklungsplan, Nachhaltigkeit

M2 Lebensraum für alle – Gender Mainstreaming in der Raumplanung

Mädchen und Jungen, Frauen und Männer, ältere Menschen, Einzelpersonen, Paare, Familien oder Gruppen – alle wollen den öffentlichen Raum gleichberechtigt nutzen.
Menschen haben unterschiedliche Ansprüche an den Freiraum. Abhängig von Alter, Geschlecht, Ausbildung oder Familienstruktur entstehen verschiedene Bedürfnisse. Ein wichtiger Aspekt in der Landschafts- und Freiraumplanung ist es, diesen vielfältigen Ansprüchen den entsprechenden „Frei"-Raum anzubieten.
Gender Mainstreaming (Berücksichtigung der unterschiedlichen Lebenssituationen und Interessen von Frauen und Männern) ist daher eine wichtige Grundlage für alle landschaftsplanerischen Bearbeitungen.

Quelle. www.wien.gv.at

M3 Gender Mainstreaming

weblink
▮ **www.nrw.de/landesplanung**

Infolge der dichten Besiedelung und der damit einhergehenden Konkurrenz verschiedenster Ansprüche an den begrenzten Raum ist die Raumordnung gerade in Nordrhein-Westfalen von besonderer Bedeutung [...]. Das Land ist inzwischen „überplant" und der vorliegende LEP kann insofern auf früheren Landesentwicklungsplänen und den flächendeckend vorliegenden Regionalplänen aufbauen.
Aber seit der Aufstellung des bisher gültigen LEP in den 1990er Jahren haben sich die Rahmenbedingungen für die räumliche Entwicklung geändert und machen eine Anpassung der raumordnerischen Ziele und Grundsätze erforderlich. Dies betrifft insbesondere die absehbare Bevölkerungsentwicklung in Nordrhein-Westfalen („demographischer Wandel"), die fortschreitende Globalisierung der Wirtschaft, den Klimawandel sowie die Entwicklungen im Einzelhandel. [...]
Der Anteil älterer Menschen an der Gesamtbevölkerung wird landesweit deutlich zunehmen. [...] Insofern gewinnen die Ausrichtung der Siedlungsstruktur auf eine wohnortnahe Versorgung und die barrierefreie Erreichbarkeit von Dienstleistungen an Bedeutung. Damit wird zugleich die gesellschaftliche Teilhabe von Menschen mit Behinderungen verbessert werden. [...]

Der wirtschaftliche Strukturwandel und die Internationalisierung der Märkte haben zu einer Intensivierung des Wettbewerbs zwischen den Städten und Regionen geführt. [...] Gemeinden sehen sich zunehmend einem internationalen Wettbewerb ausgesetzt. [...] Parallel hierzu wird sich – verursacht durch den demographischen Wandel – der Wettbewerb um qualifizierte Fachkräfte verschärfen. Da Beschäftigte bei der Wahl ihres Arbeits- und Wohnortes neben rein beruflichen Angeboten verstärkt „weiche Standortfaktoren" berücksichtigen, gewinnt im Standortwettbewerb die Verbesserung der Raumqualität, die „Kulturlandschaftsentwicklung" sowie eine familienfreundliche und barrierefreie Infrastruktur an Bedeutung. [...]
Siedlungs- und Verkehrsplanung beeinflussen sich gegenseitig bzw. sind voneinander abhängig. Die Verkehrsplanung führt einerseits zur Aufwertung von Siedlungsbereichen durch Verbesserung ihrer Erreichbarkeit, andererseits verursacht Verkehr auch Störwirkungen innerhalb und außerhalb von Siedlungsbereichen. Mit der verbesserten Abstimmung von Siedlungs- und Verkehrsplanung soll eine Verminderung der Flächeninanspruchnahme und der Verkehrsbelastung [...] erreicht werden.

Quelle: Landesentwicklungsplan Nordrhein-Westfalen, www.nrw.de/landesplanung

M1 Veränderte Rahmenbedingungen für die räumliche Entwicklung

- **Leitbild „dezentrale Konzentration“**
  Die Siedlungsstruktur soll dem Leitbild der „dezentralen Konzentration“ entsprechend weiterentwickelt werden. Dabei ist die zentralörtliche Gliederung zugrunde zu legen.
- **Keine bandartigen Entwicklungen und Splittersiedlungen**
  Eine bandartige Siedlungsentwicklung entlang von Verkehrswegen ist zu vermeiden. Die Entstehung, Verfestigung oder Erweiterung von Splittersiedlungen ist zu verhindern.
- **Leitbild „nachhaltige europäische Stadt“**
  Die Siedlungsentwicklung soll im Sinne der „nachhaltigen europäischen Stadt“ kompakt gestaltet werden und das jeweilige Zentrum stärken. [...] Große Siedlungsbereiche sollen siedlungsstrukturell und durch ein gestuftes städtisches Freiraumsystem gegliedert und aufgelockert werden. Dies soll auch Erfordernisse zur Anpassung an den Klimawandel erfüllen.
- **Stärkung des Einzelhandels in Zentren**
  Wegen des demographischen Wandels gewinnen die Zentren als Versorgungsstandorte noch stärker an Bedeutung. Vor allem ältere Menschen und auch Familien benötigen ein wohnortnahes Versorgungsangebot, das auch ohne Auto auf kurzem Wege erreichbar ist. Auch deshalb sind die vorhandenen Zentren als Arbeits-, Handels- und Wohnstandorte konsequent zu stärken. So wird dafür Sorge getragen, öffentliche und private Einrichtungen der Daseinsvorsorge auch in Zukunft effektiv auszulasten, die Inanspruchnahme von Freiraum auf ein Mindestmaß zu begrenzen und Verkehr zu vermeiden.
- **Erhaltung von Freiräumen**
  Freiraum erfüllt wichtige ökologische, wirtschaftliche und soziale Funktionen und Leistungen. Er ist Voraussetzung für den Erhalt von Böden mit ihren Lebensraum-, Regulations- und Produktionsfunktionen und ist Lebensraum für wildlebende Tiere und Pflanzen. Die Sicherung unversiegelter Flächen im Freiraum dient der Regulation eines ausgeglichenen Wasserhaushaltes, insbesondere der Regeneration von Grundwasservorkommen und dem unschädlichen Abfluss von Hochwässern. Freiraum hat klimatisch-lufthygienische Ausgleichswirkungen, die bis in klimatisch belastete Siedlungsgebiete hineinwirken.

Quelle: LEP NRW Landesentwicklungsplan Nordrhein-Westfalen, Entwurf, Stand 25.06.2013, S. 2, 29, 30, 53, 72
Urheber / Autor: Staatskanzlei des Landes Nordrhein-Westfalen, Landesplanungsbehörde, Stadttor 1, 40219 Düsseldorf

M4 Leitbilder, Ziele und Grundsätze der Landesentwicklungsplanung NRW

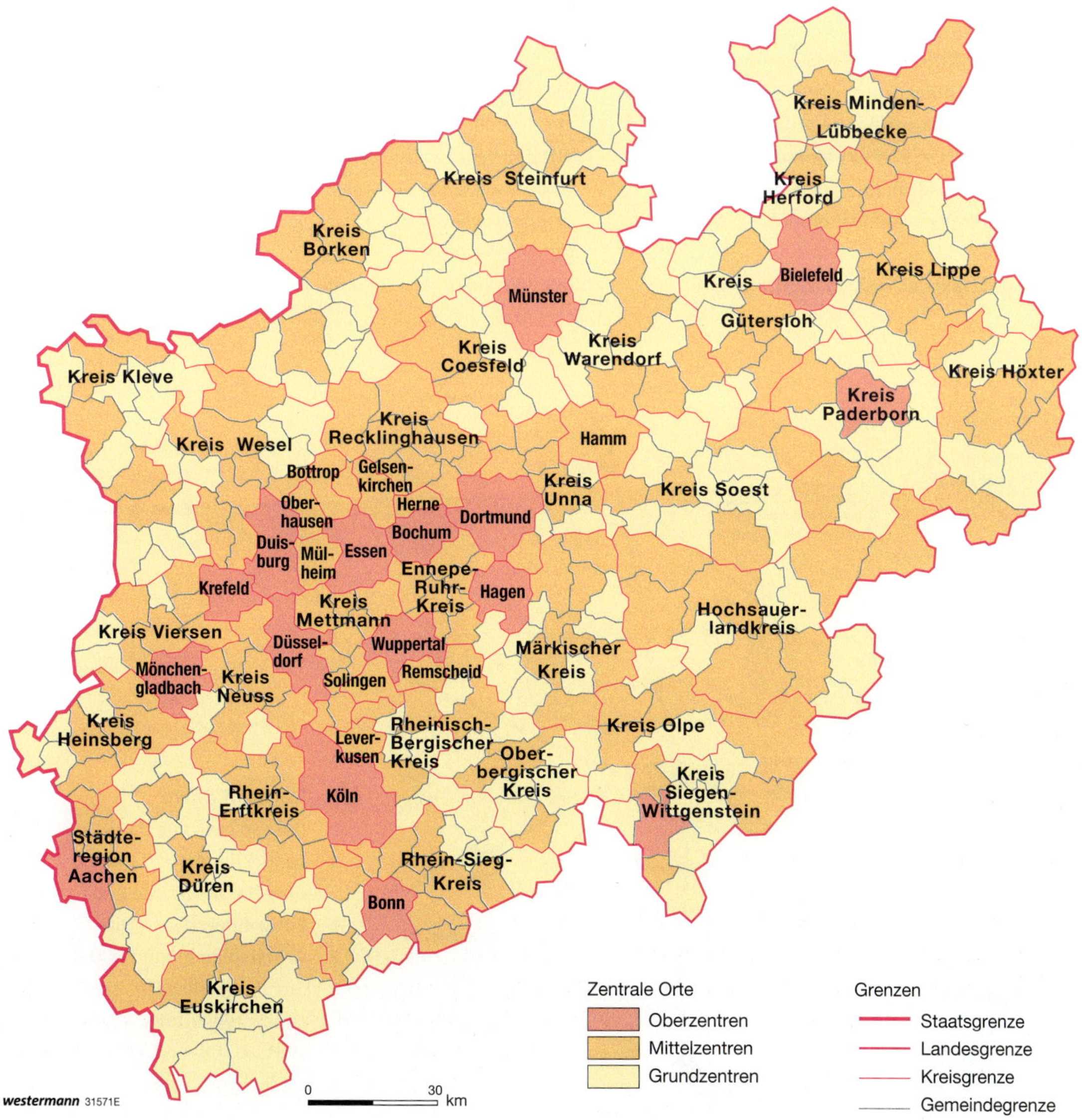

M5 Zentralörtliche Gliederung in Nordrhein-Westfalen, Landesentwicklungsplan NRW

Raumordnung und Landesplanung in Deutschland

Die Region und Metropolregion Hannover

„Es sind in erster Linie die wirtschaftliche Stärke, die exzellente Wissenschaftslandschaft und die Lage an bedeutenden europäischen Verkehrsachsen, die die Region um die Städte Hannover, Braunschweig, Göttingen und Wolfsburg zur Metropolregion von europäischer Bedeutung machen" (www.metropolregion.de). Die Region Hannover innerhalb dieser Metropolregion hat als Landeshauptstadt eine besondere Funktion. Wie bewältigt die Raumplanung die konkurrierenden Nutzungsansprüche in der Region Hannover und in der Metropolregion? Inwiefern können die Maßnahmen der Raumplanung als nachhaltig bezeichnet werden?

1. Erläutern Sie die Raumstruktur der Region Hannover. (M1, M2, M4, M5, M8, S. 250/251, Atlas).
2. Für das neue Regionale Raumordnungsprogramm wurde mit Bürgerbeteiligung ein Zukunftsbild entworfen. Bewerten Sie diesen Planungsschritt (M3).
3. Ⓦ Stellen Sie die regionale, nationale und europäische Ebene der Zusammenarbeit in der Metropolregion Hannover–Braunschweig–Göttingen–Wolfsburg dar (M6, M7, M9, M10), indem Sie
   - **A** eine Tabelle anlegen.
   - **B** eine Grafik entwerfen.
4. Erörtern Sie Chancen und Risiken der großräumigen Zusammenarbeit sowie Dekonzentration in der Metropolregion Hannover–Braunschweig–Göttingen–Wolfsburg unter ökonomischen, ökologischen und sozialen Aspekten.
5. Ⓩ Zeigen Sie anhand der Automobilindustrie die Verflechtungen in der Metropolregion auf (Atlas).

→ Metropolregion, punkt-axiales System, zentraler Ort

M2 Fußgängerzone im Oberzentrum Hannover

Wie soll die Region Hannover im Jahr 2025 aussehen? Das Zukunftsbild 2025 hat die Verwaltung der Region Hannover in Zusammenarbeit mit vielen Menschen erarbeitet.
In der Zukunft stellen sich vielfältige, teilweise konkurrierende Anforderungen an die Räume und Flächen der Region Hannover. [...] Die Themen demografischer Wandel, Energiewende, Entwicklung des Wohn- und Wirtschaftsstandortes sowie Klima- und Freiraumschutz müssen bei der Planung angemessen berücksichtigt werden.
In Veranstaltungen, Workshops und im Internet haben etwa 12 000 Menschen die Möglichkeit genutzt, sich zu informieren, auf Vorschläge zu reagieren und eigene Ideen zu formulieren. Das mit der Politik, Fachleuten und zahlreichen Bürgerinnen und Bürgern entwickelte Zukunftsbild Region Hannover 2025 wurde von der Regionsversammlung am 17.12.2013 einstimmig beschlossen. Die Anregungen aus den Veranstaltungen sind in die Zukunftsbilder eingeflossen.
Quelle: www.hannover.de/Leben-in-der-Region-Hannover/Planen,-Bauen,-Wohnen/Raumordnung-Regionalentwicklung/Zukunftsbild-Region-Hannover/Ein-Zukunftsbild-für-die-Region-Hannover, Zugriff 25.01.2015

M3 Ein Zukunftsbild für die Region Hannover

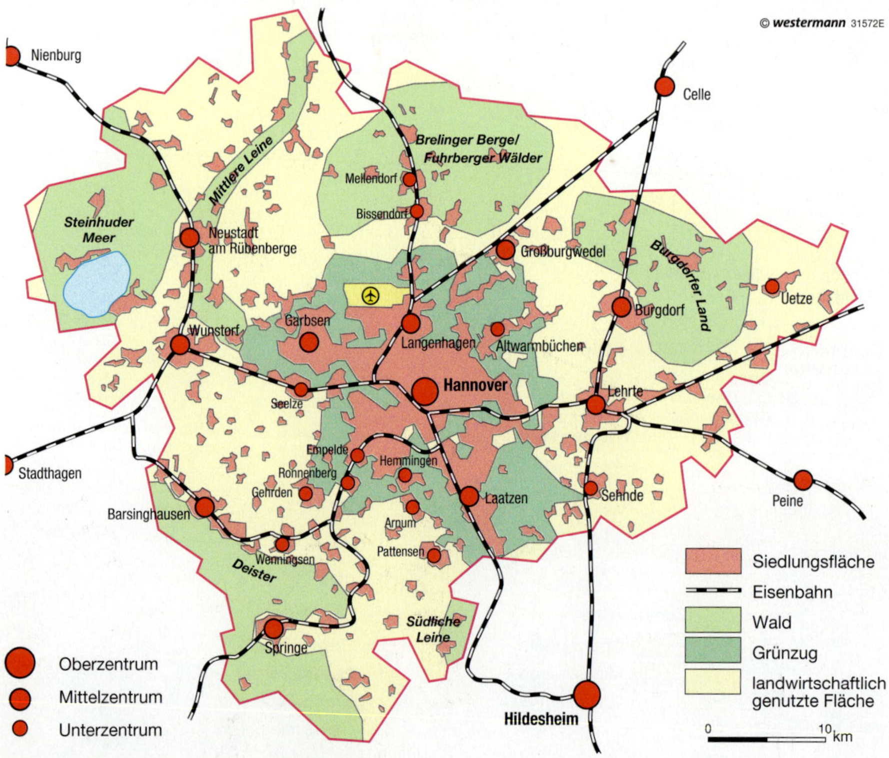

M1 Raumstruktur in der Region Hannover

weblinks
- www.hannover.de
- www.metropolregion.de

- **Fläche:** 2287 km² (fast so groß wie das Saarland)
- Landeshauptstadt und 20 umgebende Städte und Gemeinden
- **Einwohner:** über 1 Mio.
- **Arbeitsplätze:** rund 600 000
- Sitz der niedersächsischen Landesregierung
- Wirtschafts- und Messestandort
- Hochschulstandort

M4 Daten zur Region Hannover

M5 Einkaufsstraße im Unterzentrum Ronnenberg

M8 Am Steinhuder Meer

Im Kontext der elf deutschen Metropolregionen hat sich die Metropolregion Hannover-Braunschweig-Göttingen-Wolfsburg zu einem gesuchten Kooperationspartner auf regionaler, nationaler und zunehmend auch auf europäischer Ebene entwickelt. Hier werden der Nutzen einer großräumigen Zusammenarbeit von staatlichen und nichtstaatlichen Institutionen sowie die Vorteile der Einbeziehung von Unternehmen, wirtschaftsnahen Verbänden und Hochschulen in die Entwicklung und Durchführung von Projekten deutlich. Innovative Vorhaben der Stadt-Land-Kooperationen und Wissensvernetzung sowie die Schwerpunktsetzung in den Zukunftsfeldern Energie und Mobilität prägen das inhaltliche Profil. Hinzu kommt die internationale Ausrichtung mit der deutsch-französischen Antenne Métropole und dem europäischen Konferenzformat better transport forum. Die Metropolregion präsentiert sich mit Partnern auf der größten Standortmesse Expo Real in München und mit Mobilitätsprojekten auf der HANNOVER MESSE. Die Metropolregion plant eine engere Zusammenarbeit der Kommunen im Bereich der Kultur sowie eine neue Schwerpunktsetzung in der Gesundheitswirtschaft und beteiligte sich am niedersächsischen Modellvorhaben Offene Hochschule.

Quelle: www.metropolregion.de, Zugriff 25.01.2015

M6 Regionale, nationale und europäische Zusammenarbeit in der Metropolregion

→ Metropolregion

Metropolregionen sind stark verdichtete Regionen von hoher internationaler Bedeutung. Es sind Stadtregionen mit mindestens 500 000 Einwohnern [...].

Die Metropolregion Hannover – Braunschweig – Göttingen – Wolfsburg ist ein Zusammenschluss von 21 Landkreisen und kreisfreien Städten. Hier leben auf einer Fläche von 18 500 km² rund vier Millionen Menschen.

M7 Daten zur Metropolregion Hannover – Braunschweig – Göttingen – Wolfsburg

Die Metropolregion erprobt den Nutzen überregionaler Kooperation entlang von Magistralen anhand der Autobahn A7 (Energieallee: Wind- und Solaranlagen) und der Bahnstrecke Hamburg-Göttingen (Kunstschiene).

[Die Kunstschiene ist ein Projekt] entlang der 300 Bahnkilometer von Hamburg durch die Lüneburger Heide über die niedersächsische Landeshauptstadt bis nach Göttingen und Kassel. Hier entwickelt sich eine neuartige Zusammenarbeit von großen und kleinen Städten. Im Mittelpunkt steht das Bahnfahren als klimafreundliche und komfortable Form des Reisens. Bahnhöfe sollen stärker in den Fokus der Stadt- und Ortsentwicklung rücken und funktionale Erweiterungen erhalten. [...] Die Kunstschiene wird die Bahnstrecke auch als kulturtouristische Route platzieren und Kunst und Kultur in Bahnhöfen und Zügen fördern.

Quelle: www.metropolregion.de, Zugriff 25.01.2015

M9 Projekte überregionaler Kooperation in der Metropolregion

M10 Die Metropolregion Hannover – Braunschweig – Göttingen – Wolfsburg

Ökologische Stadtentwicklung

Freiburg-Vauban – ein Musterbeispiel für eine ökologische Stadtentwicklung?

„Vauban, der Freiburger Stadtteil mit Flair und Lebensqualität" – so wird der Stadtteil Freiburg-Vauban auf der Homepage beschrieben. Es ist ein neuer Stadtteil, der zwischen 1994 und 2014 auf dem Gelände einer ehemaligen Kaserne entstand, ein Stadtteil mit Modellcharakter für ökologische Stadtentwicklung. Was zeichnet diesen Stadtteil aus? Können Planung und Entwicklung dieses Stadtteils als gelungen bezeichnet werden?

Ⓦ **1.** Beschreiben Sie die bauliche Struktur des Stadtteils Vauban, indem Sie
- **A** eine virtuelle Exkursion durch den Stadtteil Freiburg-Vauban unternehmen und Ihren Eindruck beschreiben (Internet: Vauban im Bild, Quartiersplan (interaktiv).
- **B** Bilder und Karte auswerten (M2, M6, Atlas).

2. Kennzeichnen Sie das ökologische Konzept der Stadtentwicklung von Vauban (Atlas, M3, M4, M5, M7 – M9).

Ⓦ **3.** Erörtern Sie die Lebensqualität im Stadtteil Vauban aus folgenden Perspektiven (M1, M2, M4, M6, M7, M8):
- **A** berufstätiger Familienvater.
- **B** berufstätige / nicht berufstätige Mutter.
- **C** Kleinkind.
- **D** Jugendlicher.
- **E** gehbehinderter älterer Mann oder gehbehinderte ältere Frau.

4. Diskutieren Sie, ob außer der ökologischen auch die soziale Dimension einer nachhaltigen Stadtentwicklung realisiert werden konnte (M7, M8, M10).

Ⓩ **5.** Wägen Sie Vor- und Nachteile des Wohnens in Vauban aus Ihrer eigenen Perspektive ab.

→ Nachhaltigkeit, ökologische Stadtentwicklung

weblinks
- Wie der (grüne) Zeitgeist wohnt (YouTube)
- Ein Stadtteil der Zukunft? (YouTube)
- Wohnen in Freiburg-Vauban (YouTube)

Lage: 3,5 km südlich der Innenstadt von Freiburg
Fläche: 41,3 Hektar, davon 2,6 Hektar öffentliche Grünflächen
Aufgabe der Kaserne durch die französischen Streitkräfte: 1992
Erster Bauabschnitt: 1994 – 1998
Bewohner 2013: 5 300 (Freiburg: 210 000)
Zahl der Privathaushalte: 2 336
durchschnittliche Haushaltsgröße: 3,0 Personen
Zahl der Wohngebäude 2012: 343
Anteil Mietwohnungen: 20 %
durchschnittliche Kaltmiete: 9,40 Euro/m²
durchschnittliche Wohnfläche p.P.: 31,6 m²
Anteil Haushalte mit Kindern <18 Jahren: 36,3 %
Anteil der Bevölkerung <10 Jahre: 20 %
Ausländeranteil: 10,7 % (Freiburg 12,1 %)
Anteil Bewohner mit Pkw: 17,5 % (Freiburg: 40 %)
Quelle: Sommer, U. & C. Wiechert: Lernen von Vauban. Ein Studienprojekt. RWTH Aachen, 2014

M1 Daten zum Stadtteil Vauban (Stand: September 2013)

M2 Fahrrad statt Auto

Ökologische Planungsziele betreffen
- die Gebäudetechnik (energieeffizientes Bauen),
- die Energieversorgung (ein Holzhackschnitzel-Kraftwerk und Solaranlagen liefern die benötigte restliche Wärmeenergie (erwartete CO_2-Reduktion: 60 %) sowie 65 % der Elektrizität auf umweltfreundliche Weise),
- die Dachflächennutzung,
- die Flächenversiegelung,
- das Verkehrskonzept (autoreduzierter, stellplatzfreier Stadtteil),
- den Erhalt alten Baumbestands.

Quelle: Sperling, C.: www.carstensperling.de, Zugriff 13.09.2014

M3 Dimensionen der ökologischen Planungsziele

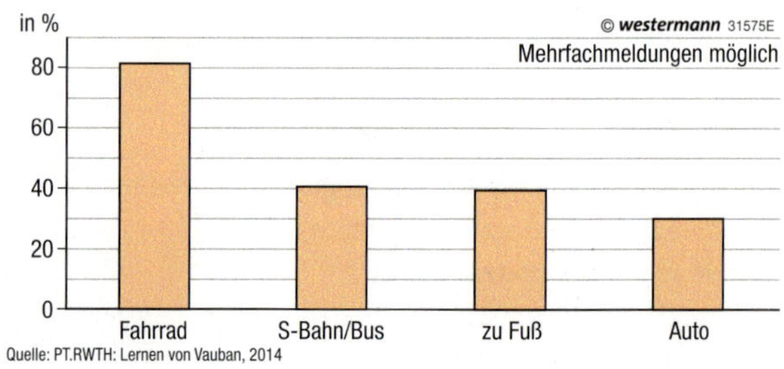

M4 Umfrage zur Verkehrsmittelnutzung

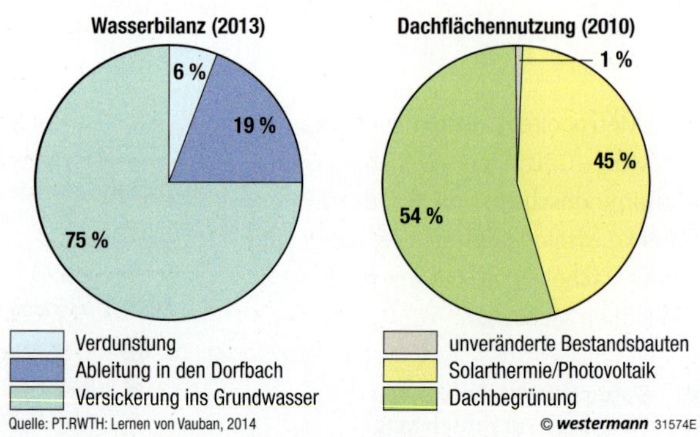

M5 Wasserbilanz und Nutzung der Dachflächen

M6 Freiburg-Vauban

„Ist das die grünste Stadt der Welt?", fragt der britische „Observer" [Zeitung]. Vielerorts wird der Freiburger Stadtteil Vauban [...] als Vorbild dafür gesehen, wie Städte in Zukunft aussehen sollten. Das ökologische Modellviertel ragt in Sachen Energieversorgung und Mobilität sehr hervor. [...] Autobesitzer sind verpflichtet, in einer der Quartiersgaragen einen Stellplatz für 18 000 Euro zu kaufen. Nur wer sich „autofrei" meldet, ist davon ausgenommen. Der Straßenraum ist Lebensraum, alle Wohnstraßen sind Spielstraßen. Das Vauban ist vielleicht das kinderreichste Viertel Deutschlands. [...] Heute machen sich [jedoch] die Kosten des Erfolgs bemerkbar: Je attraktiver die „Green City" Freiburg wird und ganz besonders das Vauban, umso stärker steigen die Grundstückspreise und Mieten. [...] Zwar gebe es im Vauban eine Reihe von sozialintegrativen Gemeinschaften, [...] doch insgesamt wurde das Ziel nicht erreicht, einen sozial durchmischten Stadtteil zu schaffen.

Quelle: Lay, C.: Eine Stadt der Zukunft? Freiburger Vorzeigeviertel Vauban wird Opfer seines eigenen Erfolgs. www.deutschlandradiokultur.de

M7 Die Kehrseite der Medaille

Plusenergiehaus: Ein Plusenergiehaus produziert mehr Energie, als seine Bewohner verbrauchen.
Passivhaus: Gebäude, das aufgrund seiner sehr guten Wärmedämmung sehr wenig Heizwärme benötigt. Der Heizenergieverbrauch liegt um ein Vielfaches unter dem eines Niedrigenergiehauses.
Niedrigenergiehaus: Gebäude, das sehr gut wärmegedämmte Außenbauteile hat und eine sehr effiziente Heizungsanlage und somit wenig Energie für die Beheizung benötigt.

M9 Energiestandards der Gebäude in Freiburg-Vauban

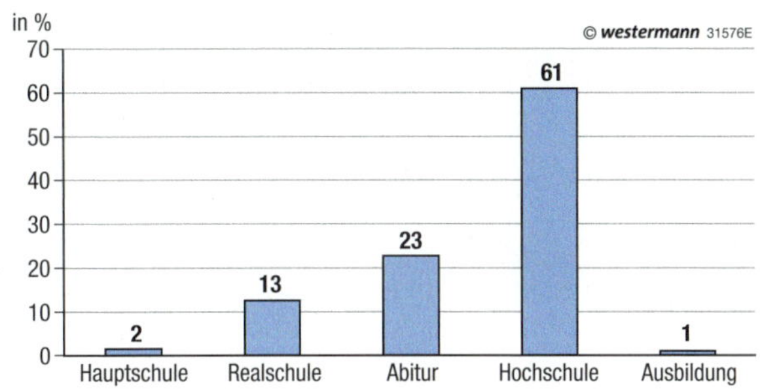

Quelle: Ökoinstitut Freiburg: Nachhaltige Stadtteile, Freiburg 2007 *neuere Daten nicht verfügbar

M10 Bildungsabschlüsse der Bewohner von Vauban

„Ein autoreduziertes Verkehrskonzept ist erreicht. Wenn ich in einer anderen Stadt bin, fühle ich mich um 20 Jahre zurückversetzt. Woanders ist es ja schwer, über die Straße zu kommen."

„Die autoreduzierten Straßen bringen eine hohe Qualität. Kinder können sich schon sehr früh selbständig durch das Quartier bewegen."

„Das Car Sharing wird gut angenommen."

„Für die Nachbarschaft ist auch die Straße ein Lebensraum. Zum Feiern werden z.B. einfach ein paar Tische und Stühle auf die Straße gestellt."

„Auf der Vaubanallee befinden sich vor allem im Bereich des Quartiersladens, des Bäckers und des Second-Hand-Ladens für Kinder wichtige Treffpunkte."

„Durch die Stellplatzfreiheit ist ein ruhiges Wohnen möglich."

„Das Parkhaus an der Merzhauser Straße ist nicht bedarfsgerecht geplant worden: Kurven sind zu eng, Wohnmobile passen nicht hinein. Es ist zudem ein Angstraum, was auf den Platz vor der Grundschule ausstrahlt."

„Für einige/viele/manche Autofahrer sind die Garagen doch zu weit entfernt. Sie parken auf Besucherparkplätzen oder vor dem Haus. Das Problem ließe sich ggf. durch eine 24-Std.-Parkraumbewirtschaftung und höhere Preise eindämmen."

„Auch der Notarzt darf seinen Wagen nicht vor dem Haus parken. Außerdem ist die Stellplatzfreiheit für Menschen mit Behinderung ein Problem."

„In der Garage gibt es Vandalismus. Wir zahlen da 21 Euro Miete im Monat, was ich sehr viel finde. In der Garage wird viel geschmiert und kaputt gemacht. Wenn es Vandalismus gibt, werden die Kosten auf die Stellplatzinhaber umgelegt. Wir finanzieren das alles mit."

Quelle: Studienprojekt der RWTH Aachen, Befragung durch Studenten 2013. www.pt.rwth-aachen.de/files/dokumente/pt_materialien/pt_materialien_32.pdf (17.06.2003, Spiegel online)

M8 Anwohnerbefragung zum Verkehrskonzept (Auswahl)

METHODE Ein Raum – verschiedene Bewertungen

Die Arbeit mit internetbasierten digitalen Geodaten

Digitale Karten, Satelliten- und Luftbilder können zahlreiche unterschiedlichste Informationen über einen Raum geben.
Google Earth und der Diercke Online Globus liefern beispielsweise wertvolle Informationen. Zudem stellen internetbasierte Geodatendienste von Ministerien und Behörden digitale Geodaten kostenfrei zur Verfügung. TIM-online NRW dient zur Bereitstellung und Anzeige digitaler Geodaten in einem Viewer. TIM steht hierbei für Topographisches Informationsmanagement. Die Viewer verschiedener anderer Dienste sind ähnlich aufgebaut.

Arbeits- und Bedienungsanleitung für TIM-online NRW

1. SCHRITT

- Legen Sie für Ihre Raumbewertung vorab ein Word- oder Powerpoint-Dokument an. Dokumentieren Sie hierin Ihr Vorgehen.
- Fertigen Sie Screenshots der verwendeten Karten und Kameraaufnahmen an (die „Druck"-Taste fotografiert den Bildschirm ab, Einfügen des Screenshots in das Dokument über die rechte Maustaste) und versehen Sie diese mit erläuternden Texten.

2. SCHRITT

- Öffnen Sie ***www.tim-online.nrw.de***, starten Sie TIM-online.

3. SCHRITT

- Die in M1 markierten Bereiche 1.– 3. sind die zentralen Navigationsfelder von TIM-online:
- In Bereich „**1.**" finden Sie die Werkzeuge zum Navigieren innerhalb der Karte.
- Mit den +/-Buttons zoomen Sie in die Karten hinein und heraus.
- Mit dem Handbutton verschieben Sie den Kartenausschnitt.
- Der Haus-Button führt Sie zurück zur Übersichtskarte NRW, die Rechts- und Linkspfeile führen Sie zum vorangegangenen Kartenausschnitt bzw. umgekehrt.
- Je nach Thema kann der 3D-Button zu einer dreidimensionalen Darstellung des Raumes von Interesse sein.
- Alle Buttons der Seite werden in der Hilfefunktion „?" erläutert.

4. SCHRITT

- Die zentralen Navigationselemente von TIM-online finden Sie im linken, mit „**2.**" markierten Bereich. Hier können Sie die einzelnen Karten in den Ausschnitt laden (siehe auch M2).
- Unterhalb des Buttons „Dienste hinzuladen" können Sie Standardkarten, wie etwa Topographische Karten, Liegenschaftskarten oder auch Luftbilder einladen.
- Durch ein Anklicken des Buttons „Hinzuladen von Diensten" öffnen Sie das rechts von dieser Bedienungsanleitung abgebildete Feld. Hier können Sie Spezialkarten, wie etwa Karten zur Hochwassergefährdung, einladen.

5. SCHRITT

- In dem mit „**3.**" markierten rechten Werkzeugbereich besteht unter anderem mit dem rechten oberen Button die Möglichkeit, eine Legende zur dargestellten Karte hinzuzuladen.

1. **Skizzieren Sie die Informationen, die Sie als wichtig für eine fundierte Raumbewertung erachten.**
2. **Geben Sie mithilfe von Google Earth und Google Street View einen Überblick über Köln-Riehl /-Niehl.**
Ⓦ **3.** **Dokumentieren Sie mithilfe von TIM-online NRW**
A ausgewählte Verkehrsfunktionen der beiden Stadtteile.
B ausgewählte Freizeitfunktionen der beiden Stadtteile.
Ⓩ **4.** **Stellen Sie analog zu den Aufgaben 2 und 3 die drei für Sie interessantesten Informationen zu Ihrem Heimatraum dar.**

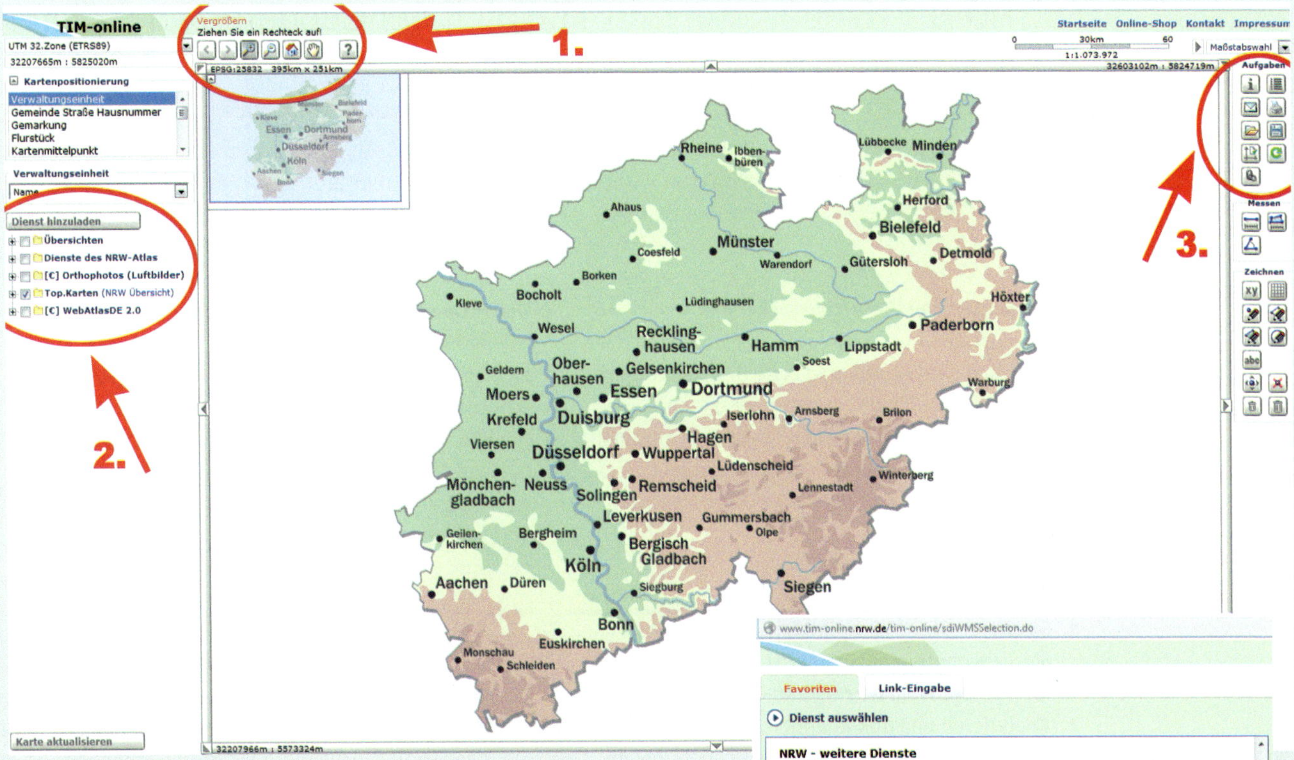

M1 TIM-online-Basiskarte mit Navigationsfeldern

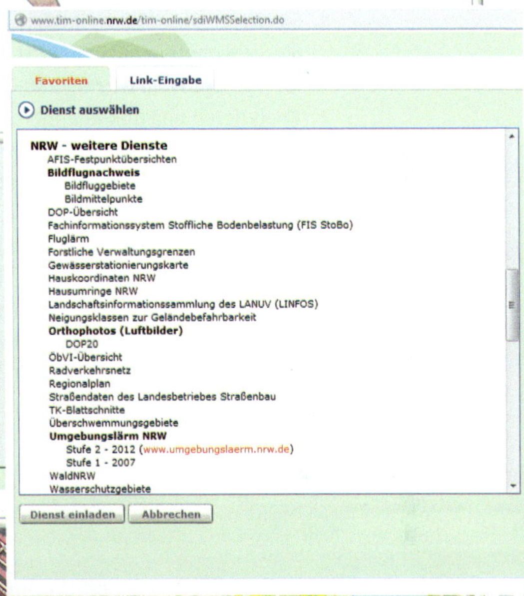

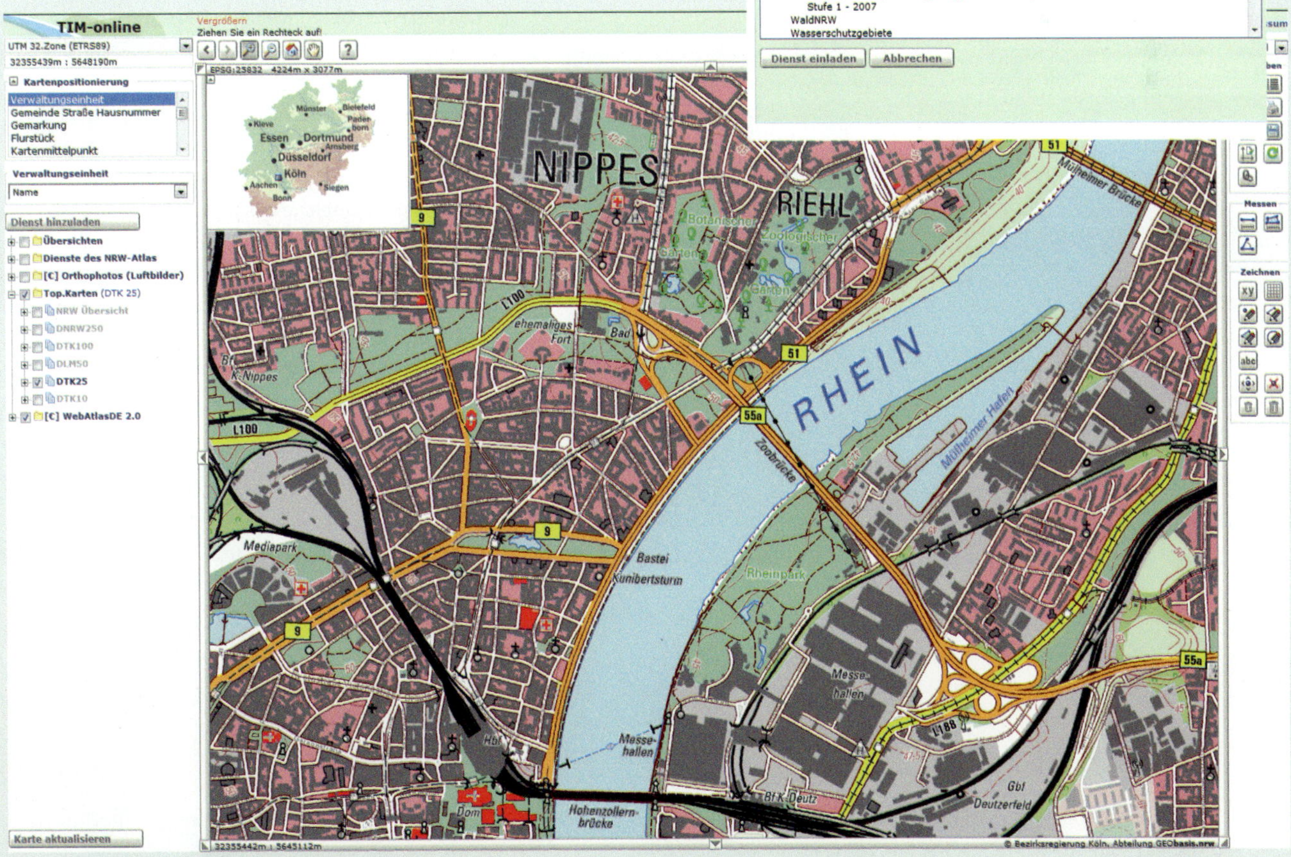

M2 Topographische Karte DTK25 mit zugeladenen Daten des Freizeitkatasters NRW

METHODE Einen Raum mithilfe digitaler Geodaten analysieren

Die mehrperspektivische Raumbewertung von Köln-Riehl und Köln-Niehl

Die Wünsche und Ansprüche an einen Raum sind sehr unterschiedlich, auch der Informationsbedarf hinsichtlich bestimmter räumlicher Strukturen. Jeder Raum kann aus äußerst unterschiedlichen Perspektiven erkundet, kennengelernt und bewertet werden.

Die Perspektive des Wohnungssuchenden

Sie haben gerade Abitur gemacht und starten bald ein Studium oder eine Ausbildung in Köln. Sie benötigen eine kleine Wohnung, um dort einzeln oder mit einer Wohngemeinschaft einzuziehen. Ihre Eltern bezahlen die Miete. Sie haben aber zur Vorgabe gemacht, dass sich die Wohnung in Köln-Riehl oder Köln-Niehl befinden muss.

1. Skizzieren Sie in Stichpunkten Aspekte, die für Sie als wohnungssuchender Student oder Azubi für Ihre Ortswahl wichtig und interessant sind.
2. Analysieren und dokumentieren Sie den Raum Köln-Niehl/Köln-Riehl aus der eingenommenen Sichtweise hinsichtlich der von Ihnen aufgelisteten Aspekte. Nutzen Sie dazu Google Earth, Google Street View und TIM-online.
3. Bewerten und dokumentieren Sie einige Straßen, bzw. bei längeren Straßen bestimmte Straßenabschnitte, in denen Sie zukünftig bevorzugt auf Wohnungssuche gehen würden. Begründen Sie Ihre Auswahl.

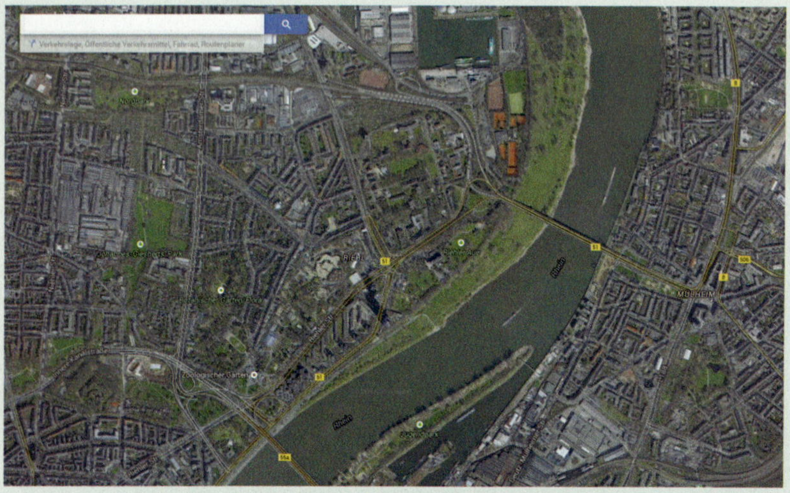

M1 Screenshot Google Earth vom thematisierten Raum

Die Perspektive eines Mitarbeiters der Kölner Hochwasserschutzzentrale

Sie haben einen neuen Job in der Kölner Hochwasserschutzzentrale angenommen und müssen sich mit den Gegebenheiten in Köln-Niehl und Köln-Riehl vertraut machen. Ihr Vorgesetzter erwartet, dass Sie zukünftig die unterschiedlichen Hochwassergefahren in diesem Bereich einzuschätzen wissen. Welchen Hochwassergefahren unterliegt der zu bewertende Raum?

1. Analysieren Sie das Einzugsgebiet des Rheins. Stellen Sie im Anschluss Überlegungen an, welche Naturereignisse eintreten müssen, damit eine akute Hochwassergefahr für Köln eintritt. Greifen Sie hierfür auf Ihr Wissen aus den Vorstunden zurück. Nutzen Sie für diese Aufgabe die Internetseite der Internationalen Kommission zum Schutz des Rheins (www.iksr.org).
2. Nennen Sie mithilfe der Internetseiten der Stadtentwässerungsbetriebe Köln und der Hochwasserschutzzentrale Köln die Hochwasserschutzmaßnahmen, die für Köln bereits ergriffen wurden (www.steb-koeln.de und www.hw-karten.de).
3. Erläutern Sie, bis zu welchen Pegelständen die Hochwasserschutzmaßnahmen im thematisierten Raum wirkungsvoll sind.
4. Erläutern Sie das Szenario, das eintritt, falls die Hochwasserschutzmaßnahmen nicht mehr greifen sollten. Vergleichen Sie hierbei die unterschiedlichen Bereiche des gewählten Raumes.
5. Stellen Sie die Überschwemmungstiefe analysierter Straßenzüge mit deren Entfernung zum Rhein in ein Verhältnis und finden Sie eine Erklärung für Ihre Entdeckungen!

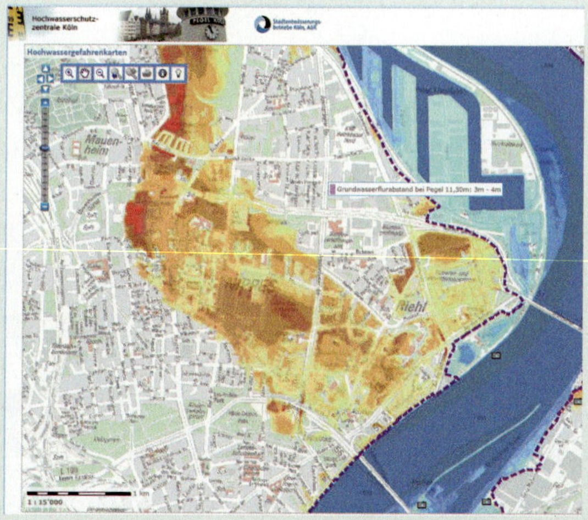

M2 Hochwassergefahrenkarte vom thematisierten Raum

Die Perspektive des Hauskäufers

Sie möchten sich langfristig mit Ihrer Familie (zwei schulpflichtige Kinder) in Köln niederlassen und im thematisierten Raum in einen Haus- oder Wohnungskauf investieren.

Da Sie zukünftig nicht mehr nur Mieter, sondern Immobilienbesitzer sein möchten, stellt auch die potenzielle Hochwassergefahr einen in die Bewertung zu nehmenden Faktor dar. Beziehen Sie deshalb Ihre Kenntnisse bezüglich der Hochwasserproblematik in Köln mit in Ihre Analyse ein. Da Sie eine Investition „fürs Leben" tätigen wollen, versuchen Sie, möglichst viele Faktoren mit in Ihre Raumbewertung zu integrieren. Sie bedienen sich deshalb aller Ihnen bekannten Informationsmöglichkeiten.

1. Bewerten Sie den Raum aus der eingenommenen Perspektive eines Hauskäufers.
2. Grenzen Sie in Ihrer Bewertung abschließend Straßenzüge ein, in denen Sie gezielt nach einer Immobilie in Form eines Hauses oder einer Wohnung bzw. nach einem freien Grundstück suchen wollen.
3. Begründen Sie Ihre Raumwahl möglichst detailliert in Ihren schriftlichen Ausführungen und präsentieren Sie diese!

Neben den Ihnen schon bekannten Informationsplattformen stehen Ihnen zusätzlich die im Folgenden genannten Internetseiten zur Verfügung: Da Sie nicht unbegrenzt viel Geld zur Verfügung haben, ist eine Analyse der Bodenrichtwerte im bewerteten Raum interessant. Die Homepage des Oberen Gutachterausschusses für Grundstückswerte des Landes NRW stellt diesbezüglich raumbezogene Informationen zur Verfügung, die einen Richtwert geben. In M3 sind diese Richtwerte am Kartenbeispiel dargestellt.

(www.boris.nrw.de)

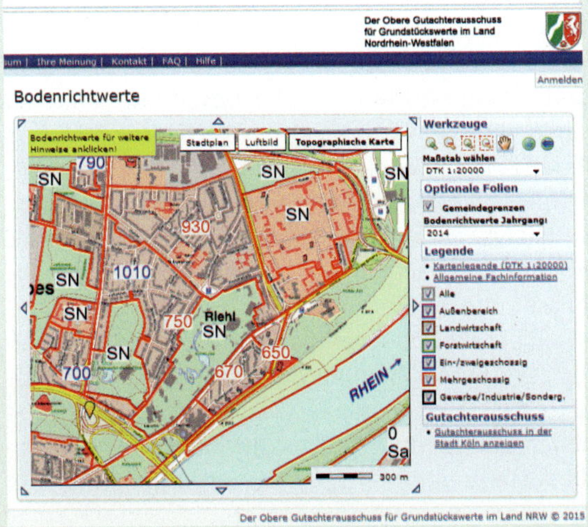

M3 Bodenrichtwertkarte von Köln-Riehl

Nicht nur eine eventuelle Hochwassergefährdung des Wohnobjektes stellt einen negativen Faktor in Ihrer Bewertung dar. Auch der Umgebungslärm z. B. an einer viel befahrenen Hauptstraße kann sich negativ auf die subjektiv empfundene Wohnqualität auswirken. In M4 ist beispielsweise der Straßenlärm (24h-Lärmpegel) im thematisierten Raum verzeichnet.

Die Internetseite des Ministeriums für Klimaschutz, Umwelt, Landwirtschaft, Natur- und Verbraucherschutz des Landes NRW hält hierzu Informationen bereit.

(www.umgebungslaerm-kartierung.nrw.de)

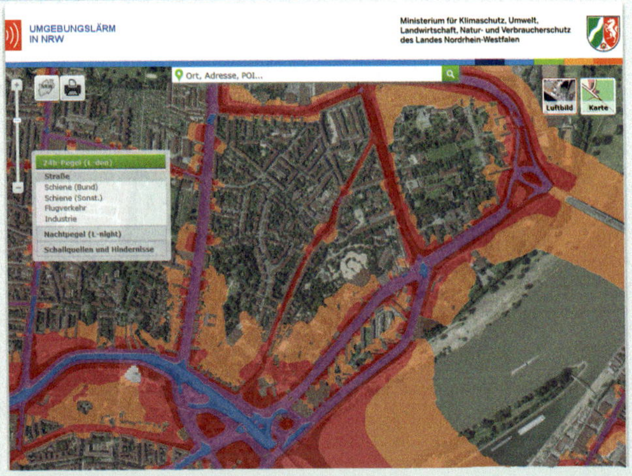

M4 Straßenlärm 24h-Pegel in Köln-Riehl

Das gleiche Ministerium unterhält eine weitere Internetseite, die sehr breit gefächert Informationen zu Natur, Wasser, Forst, Luft, Lärm und Abwasser bereit hält. Auch hier finden Sie positive und negative Standortfaktoren für Ihre Ortswahl. Sie können auf dieser Seite unterschiedliche Informationen übereinanderlegen. In M5 ist dies in einer Auswahl dargestellt.

(www.uvo.nrw.de)

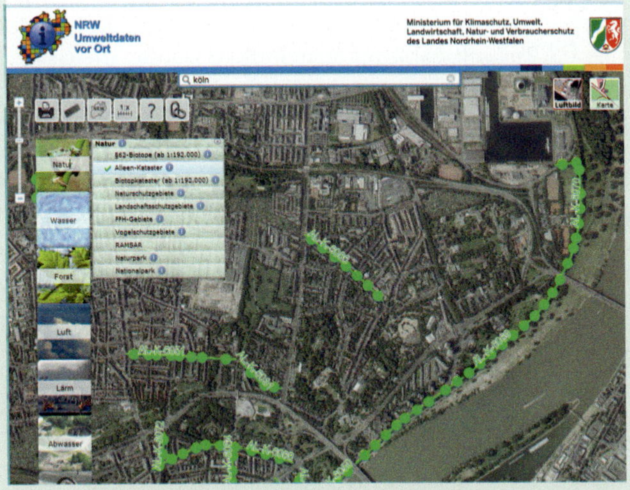

M5 Umweltdaten zum Raum Köln-Riehl (Alleen-Kataster)

Das Wichtigste in Kürze

M1 Karikatur

Die Entwicklung der Städte weltweit zeigt zwei Tendenzen: Viele Städte wachsen, einige sogar extrem, wie Beispiele in China zeigen, in anderen geht die Bevölkerungszahl zurück. Es kommt zu Leerstand, der extreme Ausmaße annehmen kann, wie das Beispiel Detroit zeigt. Beide Entwicklungen verursachen Probleme, auf die der Staat, das Bundesland oder die jeweilige Stadtverwaltung lenkend reagiert.

In China wird versucht, dem wachsenden Migrantenstrom vom Land in die Stadt mit dem Bau von neuen Städten zu begegnen. Durch die Vielzahl neu zu planender Städte kann hier die Zukunftsfähigkeit von Stadtkonzepten erprobt werden.

In Deutschland ist man bemüht, die großen Städte mithilfe des punkt-axialen Konzepts zu entlasten, also eine Dekonzentration zu erreichen. Die städtischen Funktionen werden auf zentrale Orte unterschiedlicher Kategorien aufgeteilt und im Idealfall ergeben sich gleichwertige Lebensbedingungen in einer Stadt-Umland-Region. Dieses hochgesteckte Ziel kann in der Realität nur ansatzweise erreicht werden, wie das Beispiel der Region Hannover zeigt, da infolge der topographischen und verkehrstechnischen Lage und der historischen Entwicklung von Räumen nicht gleiche Bedingungen herrschen.

Maßnahmen und Strategien gegen den Bedeutungsverlust der Stadt als Lebensraum sind von der jeweiligen Situation abhängig. In Wittenberge begegnet man dem Leerstand in den Plattenbausiedlungen durch Rückbau, in Detroit werden ganze Viertel abgerissen. Die fragmentierte Stadt soll nun durch neue Konzepte wie das Urban Gardening revitalisiert werden. Im Londoner East End wird dem Niedergang durch eine wirtschaftliche Umnutzung entgegengewirkt. Wo sich einst der größte Hafen der Welt befand, ragen nun Bürogebäude empor, ehemalige Docks werden als Yachthäfen genutzt und alte Lagerhäuser wurden zu Appartementhäusern umfunktioniert.

Der Stadt als Lebensraum für alle wird das Leitbild der nachhaltigen Stadtentwicklung gerecht. Freiburg-Vauban kann als ein Beispiel für die Umsetzung dieses Leitbilds bei der Stadtplanung und Stadtentwicklung angeführt werden. Die Analyse dieser Umsetzung zeigt jedoch auch die Schwierigkeit auf, nachhaltige Stadtentwicklung für alle Bedürfnisse zu realisieren.

Was jedoch bei allen Maßnahmen wichtig ist, ist eine Bürgerbeteiligung bei der Planung, denn nur so können die Bedürfnisse erfasst und koordiniert werden. Die Erarbeitung eines neuen Landesentwicklungsplans Nordrhein-Westfalen sieht deshalb einen Zeitraum für Stellungnahmen der Bürgerinnen und Bürger vor.

Kompetenz-Check

Hier sind alle Kompetenzen, die Sie in diesem Kapitel erwerben konnten, aufgelistet.
Sie können selbst beantworten, wie Sie die Kompetenz beherrschen: ***sicher***, ***mäßig*** oder ***kaum***.

Sachkompetenz

Kann ich		Unsicher? Schlagen Sie nach auf Seite
1.	Stadtumbaumaßnahmen als notwendige Anpassung auf sich verändernde soziale, ökonomische und ökologische Rahmenbedingungen darstellen?	240–243
2.	Entwicklungsachsen und Entwicklungspole als Steuerungselemente der Raumentwicklung darstellen?	250–253
3.	die Verflechtung von Orten verschiedener Zentralitätsstufen mit deren unterschiedlicher funktionalen Ausstattung erklären?	250/251

Methodenkompetenz

Kann ich		
4.	unterschiedliche Darstellungs- und Arbeitsmittel zur Beantwortung von Fragestellungen zur Stadt als lebenswertem Raum analysieren?	238–247
5.	Karikaturen frage- und themenbezogen auswerten?	239, 249, 262
6.	mithilfe der neuen Medien eine multiperspektivische Raumanalyse durchführen?	258–261
7.	schriftliche und mündliche Aussagen (z. B. zu Stadtumbaumaßnahmen) durch angemessene und konkrete Materialverweise und Materialzitate belegen?	240–247
8.	Chancen und Risiken konkreter Maßnahmen zur Entwicklung städtischer Räume mündlich und schriftlich unter Verwendung der Fachsprache problembezogen und sachlogisch strukturiert darstellen?	240/241 244/245

Urteilskompetenz

Kann ich		
9.	Chancen und Risiken konkreter Maßnahmen zur Entwicklung städtischer Räume erörtern?	242/243
10.	städtische Veränderungsprozesse aus unterschiedlichen Perspektiven bewerten?	248/249
11.	Maßnahmen für eine nachhaltige Stadtentwicklung im Spannungsfeld von Mobilität und Lebensqualität bewerten?	256/257
12.	die Auswirkungen von Revitalisierungsmaßnahmen unter Aspekten nachhaltiger Stadtentwicklung bewerten?	240–241
13.	Chancen und Risiken von Maßnahmen zur Dekonzentration unter ökonomischen, ökologischen und sozialen Aspekten erörtern?	252/253
14.	den Wandel städtebaulicher Leitbilder als Ausdruck sich verändernder ökonomischer, demographischer, politischer und ökologischer Rahmenbedingungen erörtern?	252/253
15.	Umfang und Grenzen von Großprojekten als Impuls für die Revitalisierung von Innenstädten erörtern?	240/241 248/249

Handlungskompetenz

Kann ich		
16.	Möglichkeiten der Einflussnahme auf raumbezogene Prozesse (z. B. Bürgerbeteiligung bei der Stadt- und Landesplanung) präsentieren?	248/249

XII Moderne Städte

Ausschließlich Zentren des Dienstleistungssektors?

Global City London

Moderne Städte – mehr als Zentren des Dienstleistungssektors

Was ist eine „moderne Stadt"?

New York ist für viele der Inbegriff einer modernen, pulsierenden Stadt. Moderne Hochhausarchitektur kennzeichnet die Skyline der Stadt. Als Global City ist sie nicht nur ein regionales, sondern auch globales Dienstleistungszentrum. Andere Global Cities in Europa und Deutschland weisen ähnliche Strukturen auf, zum Beispiel London und Frankfurt, auch wenn ihre Bedeutung als globales Dienstleistungszentrum geringer ist. Sind sie aber mehr als Dienstleistungszentren? Und können nur sie als moderne Städte bezeichnet werden?

Nach einer Definition, was eine moderne Stadt ist, sucht man in der Fachliteratur vergeblich. Städte, die als moderne Städte bezeichnet werden, findet man dagegen zahlreich im Internet. Dabei handelt es sich allerdings überwiegend um Werbung für eine bestimmte Stadt. Das Merkmal „modern" wird als Attraktivitätskennzeichen verwendet.

In Zeitungsartikeln im Internet ist das am häufigsten genannte Kriterium für eine moderne Stadt die Architektur. „Gläserne High-Tech-Wolkenkratzer" (Der Spiegel, 29.3.2011) prägen das Stadtbild einer modernen Stadt im Bewusstsein vieler Menschen. Ein weiteres Kriterium ist eine „hoch technologisierte Infrastruktur" (Der Spiegel, 29.3.2011), die eine moderne Stadt zu einem Zentrum des Dienstleistungssektors macht. Moderne Städte „sind austauschbar", meint Harald Mieg vom Georg-Simmel-Zentrum für Metropolenforschung, und bieten gerade dadurch Standortvorteile für das Geschäftsleben, denn ähnliche Infrastrukturen „verbessern die Übersicht und erleichtern das Geschäftsleben" (Der Spiegel, 29.3.2011). Somit könnte eine moderne Stadt als Zentrum des globalen Geschäftslebens definiert werden.

Andere Vorstellungen einer modernen Stadt zeigen, dass eine moderne Stadt mehr als ein Zentrum des Dienstleistungssektors sein sollte. In Leserzuschriften zu einem Zeitungsartikel werden zum Beispiel Kriterien genannt, die die Funktion Wohnen berücksichtigen. Eine moderne Stadt ist demnach eine „lebenswerte, grüne" Stadt mit bezahlbaren Wohnungen auch für Familien. Außerdem wird genannt, dass eine moderne Stadt eine Stadt ist, „in die Menschen nicht nur zum Arbeiten fahren" (DIE ZEIT Wissen 5/2014). Sie bietet also auch Versorgungs-, Bildungs- und Freizeitangebote. Somit erfüllt eine moderne Stadt mehrere Funktionen.

Für Stadtplaner, die moderne Städte entwerfen, die mehr als Dienstleistungszentren sind, stellt sich die Frage, welches Leitbild für die Stadtplanung sie festlegen. Insbesondere, wenn es sich nicht um neu geplante, am Reißbrett entworfene Städte handelt, sind die vorhandenen gewachsenen Strukturen bei der Festlegung von Leitbildern für die Stadtplanung zu berücksichtigen. Für die Stadtplanung in Europa wurde auf der Europäischen Konferenz in Aalborg am 27. Mai 1994 als Leitbild moderner Stadtplanung die nachhaltige Stadtentwicklung formuliert (vgl. M1). Eine moderne Stadt weist demnach zukunftsfähige Strukturen auf, die sowohl die ökonomische als auch die ökologische als auch die soziale Dimension umfassen – die also allen Dimensionen der Nachhaltigkeit gerecht wird.

Bei Stadtplanungen am Reißbrett können auch Visionen einer modernen Stadt deutlich werden, die das Leitbild einer nachhaltigen Stadtentwicklung mit unterschiedlichen Schwerpunkten verwirklichen sollen. Dies kann zum Beispiel das Konzept des New Urbanism sein wie bei Lavasa (vgl. S. 276) oder das Konzept der „intelligenten" Stadt wie bei Fujisawa (vgl. S. 274).

- Charta von Aalborg (Charta der Europäischen Städte und Gemeinden auf dem Weg zur Zukunftsbeständigkeit): Schaffung kompakter, dichter und dennoch hochwertiger baulicher Strukturen, Vermeidung von Urban Sprawl: Erhalt und Sanierung des Bestands
- funktionale Aufwertung der Stadtkerne (nicht nur Dienstleistungszentren)
- Vermeidung von Verdrängungsprozessen (Gentrification)
- Ressourcenschonung
- Umweltverträglichkeit
- räumliche Mengung der Funktionen Wohnen, Arbeiten, Freizeit und Versorgung
- kurze Wegstrecken, umweltverträgliche Verkehrsmittel oder fußläufige Erreichbarkeit wichtiger Versorgungseinrichtungen

Quelle: Fassmann, H.: Stadtgeographie I, Braunschweig 2009

M1 Leitbild der Moderne: nachhaltige Stadtentwicklung

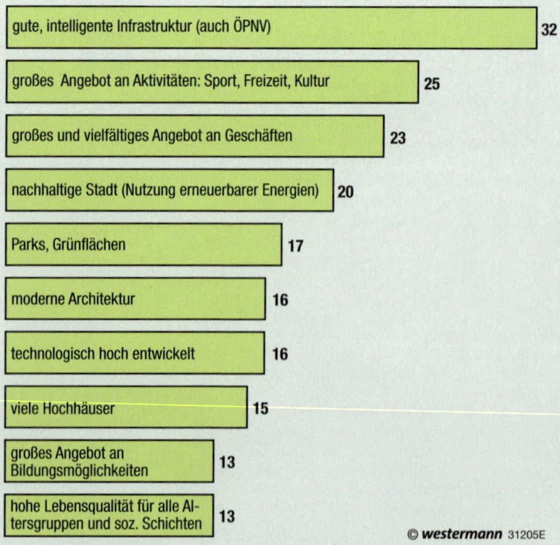

M2 Ergebnis (die zehn häufigsten Nennungen) einer Umfrage in Geographiekursen der Sekundarstufe II zur Frage: Was ist für Sie eine moderne Stadt? Befragt wurden 34 Schülerinnen und Schüler.

New York (USA)

Frankfurt am Main (Deutschland)

Global Cities

MODERNE STÄDTE: mehr als Zentren des Dienstleistungssektors?

neue Konzepte

Seoul: Sharing City

geplante Städte

Fujisawa: Smart City

Lavasa: multifunktionale Stadt

1. Begründen Sie, ob die auf den Seiten 264/265 abgebildete Stadt für Sie eine moderne Stadt ist.
2. **a)** Notieren Sie Merkmale, die eine moderne Stadt Ihrer Meinung nach haben muss.
   b) Vergleichen Sie diese mit den Vorstellungen anderer Jugendlicher (M2).
3. Moderne Städte – mehr als Zentren des Dienstleistungssektors? Überprüfen Sie Ihre Merkmalliste aus Aufgabe 2 in Bezug auf die drei Wirtschaftssektoren.
4. Überprüfen Sie, welche von Schülern genannten Merkmale einer modernen Stadt dem Leitbild einer nachhaltigen Stadtentwicklung entsprechen (M1, M2).
5. Belegen Sie mithilfe einer Auswertung der BIlder auf dieser Seite, dass Städte mehr als Dienstleistungszentren sein können .
6. ② Führen Sie selbst eine Befragung zu Kriterien einer modernen Stadt in Ihrem Kurs durch (M2).

Global Cities – moderne Zentren der Weltwirtschaft

New York – Global City Number One?

Manhattan, Wolkenkratzer, Central Park, Broadway – das verbinden viele Menschen mit New York. Doch die Stadt ist auch ein Paradebeispiel für eine Global City. Sie ist ein zentraler Knotenpunkt der Weltwirtschaft wie keine andere Stadt. Welche Merkmale kennzeichnen New York als Global City und moderne Weltstadt?

Ⓦ **1. A** Erstellen Sie eine Liste von Merkmalen, die New York als eine moderne Weltstadt kennzeichnen (M1–M7, Atlas).
B Erstellen Sie eine Mindmap zu den Merkmalen, die New York als eine moderne Weltstadt kennzeichnen (M1–M7, Atlas).

2. Es ist nicht alles Gold, was glänzt. Erörtern Sie anhand einiger Beispiele, inwiefern dies für die Weltstadt New York gilt (M5, Atlas).

3. Erläutern Sie die weltweite Verteilung der Global Cities nach Bronger (M6, M7).

4. Erörtern Sie Folgen, die sich möglicherweise aufgrund der weltweiten Verteilung der Global Cities ergeben (M6, M7).

Ⓩ **5.** Vergleichen Sie die räumliche Struktur Manhattans mit der City of London und Canary Wharf (Atlas).

→ Dienstleistungsgesellschaft, FIRE-Sektor, Global City

M1 Das UN-Hauptquartier in New York City ist der wichtigste Standort und Hauptsitz der Vereinten Nationen

Mit etwa 18 Millionen Einwohnern im Großraum stellt New York bei weitem die größte Stadt der USA dar, aufgrund ihrer globalen und nationalen Bedeutung nimmt die Bevölkerung ständig zu. Es konzentrieren sich hier so viele Unternehmenshauptsitze, Finanz- und Medienunternehmen wie in keiner anderen Stadt der USA. Von den 500 umsatzstärksten Unternehmen weltweit haben im Jahr 2013 18 ihren Hauptsitz in der Metropole New York (1. Platz Peking (48 Unternehmen), 2. Platz Tokyo (46), 3. Platz Paris (19)). Bei den 500 umsatzstärksten Unternehmen der USA sind es 47 – gegenüber 25 im nächstrangigen Großraum Houston.

New York ist mit weitem Abstand der wichtigste Börsenplatz der USA, sämtliche große Banken, Broker und Versicherungen haben hier ihren Hauptsitz. Auch in der Medienindustrie ist New York führend. Historisch bedingt konzentrieren sich in Manhattan Unternehmen aus der Werbeindustrie, den Printmedien und der Fernsehindustrie. Der Trend zur globalisierten Dienstleistungsgesellschaft spiegelt sich auch in der Beschäftigtenstruktur New Yorks wider. Heute arbeiten rund ein Viertel aller Erwerbstätigen in dem sogenannten FIRE-Sektor, (Finanzen, Versicherungen und Immobilien).

Die hohe Bedeutung New Yorks im Finanzsektor spiegelt sich auch bei den Börsenumsätzen der NYSE (New York Stock Exchange) und des NASDAQ wider. Beide Börsen haben weltweit das höchste Handelsvolumen und gelten als globale Leitbörsen. An der NYSE werden täglich für mehr als 2000 Firmen 200 Millionen Aktien gehandelt.

Der Sitz der Vereinten Nationen (UN) am East River verhalf New York auch zu einer wichtigen politischen Bedeutung.

Die Stadt genießt mit ihrer großen Anzahl an Sehenswürdigkeiten, den 500 Galerien, etwa 200 Museen, mehr als 150 Theatern und mehr als 18 000 Restaurants Weltruf und verzeichnet jedes Jahr etwa 50 Millionen Besucher.

New York setzt seit Jahrzehnten Trends in Mode, Gastronomie und Nachtleben. New York ist Kult – und das immer wieder, egal, ob beim ersten Besuch oder beim hundertsten. Das liegt auch daran, dass sich die Stadt immer wieder neu erfindet. Was gestern noch hip war, ist heute out – um hier ein Trendsetter zu sein, muss man früh aufstehen und Augen und Ohren offenhalten.

M2 New York City – eine moderne Weltstadt

Börse	Sitz	Handelsvolumen in Mrd. US-Dollar
NYSE Euronext US	New York City	13,7
NASDAQ QMX US	New York City	9,6
Japan Exchange Group	Tokio	6,5
Shenzhen Stock Exchange	Shenzhen	3,9
Shanghai Stock Exchange	Shanghai	3,8
London Stock Exchange Group	London	2,3
NYSE Euronext Europe	New York City	1,7
Deutsche Börse	Frankfurt	1,7
Korea Exchange	Busan	1,3

Quelle: Statista, http://de.statista.com

M3 Größte Börsen nach Handelsvolumen 2013

NYC-Rang	US-Rang	Weltrang	Unternehmen	Einnahmen in Mrd. US-Dollar	Beschäftigte weltweit	Branche
1	16	48	Verizon Communication	115,8	183 400	Telekommunikation
2	18	55	J.P. Morgan Chase & Co	108,2	258 965	Kreditinstitut
3	26	79	Citigroup	90,8	259 000	Kreditinstitut
4	38	125	American International Group	70,1	63 000	Versicherung
5	39	128	INTL FC Stone	69,3	1 074	div. Finanzgeschäfte
6	40	129	MetLife	68,2	64 000	Krankenversicherung
7	48	148	Pfizer	61,2	91 500	Pharmazie
8	68	254	Goldman Sachs Group	41,7	32 400	Kreditinstitut
9	75	279	Hess	38,4	14 775	Erdölaufbereitung
10	89	324	New York Life Insurance	34,3	11 165	Krankenversicherung

Quelle: fortune.com/global500

M4 Die zehn größten Industrie- und Dienstleistungsunternehmen in New York City (2013)

New York ist der klassische Melting Pot, ein Schmelztiegel, in dem seit Jahrhunderten Millionen von Menschen aus allen Teilen der Welt zugewandert sind und eine neue amerikanische Gesellschaft mit multikulturellem Flair bilden. Während in den 1980er-Jahren vor allem die Zahl der chinesischen Einwohner expandierte, steigt gegenwärtig besonders die Zahl der Zuwanderer aus Lateinamerika und Osteuropa. Mit rund 180 ethnischen Gruppen ist die Bevölkerung New Yorks sehr heterogen. Die größte Gruppe sind mit 34,4 Prozent nicht-hispanische Weiße. Der Anteil der nicht-hispanischen Schwarzen bzw. Afroamerikaner beträgt 24,3 Prozent. Hingegen bilden Hispanics mit insgesamt 28 Prozent inzwischen die zweitgrößte Bevölkerungsgruppe. Die Asiaten sind die am stärksten wachsende Gruppe und machen mittlerweile 11,3 Prozent der Bevölkerung New Yorks aus.
Innerhalb des Stadtgebietes haben sich zum Teil räumlich getrennte Ballungspunkte der verschiedenen Ethnien und Einwanderergruppen gebildet. So ist beispielsweise Manhattan überwiegend ein Wohngebiet der Weißen und die Bronx und Harlem ein Gebiet der afroamerikanischen und hispanischen Bevölkerung. Entsprechend ist New York auch eine Stadt der Kontraste – Arm und Reich leben häufig direkt nebeneinander.
zusammengefasst: http://projects.nytimes.com/census/2010/explorer?ref=us und M. Felsch, R. Köhler www.diercke.de/kartenansicht.xtp?artId=978-3-14-100700-8&seite=203&id=5190&kartennr=2

M5 Melting Pot New York City

Definitionen für eine Global City gibt es zahlreiche (z. B. von Friedmann, Sassen, Kulke). Gleiches gilt für Merkmale und Rankings. Der Globalization and World Cities Research (GaWC) verwendet z. B. für sein Ranking folgende Aspekte:
- ökonomische (wie das Bankwesen oder die Anzahl von Anwaltskanzleien, Buchhaltungsbüros)
- kulturelle (z. B. Medienkonglomerate, Architektur- und Ingenieurbüros)
- politische (Botschaften, UNO-Sitze) und
- soziale (NGOs, wissenschaftliche Veröffentlichungen)

Nur New York und London erhalten hier die höchste Kategorie Alpha +++.

Der Geograph Dirk Bronger hat acht ausschließlich ökonomische Indikatoren gewählt, um Global Cities vergleichbar zu machen.
1. Hauptsitz der 500 größten Global Player nach Anzahl
2. ... und nach Umsatz
3. Hauptverwaltung der 500 größten Banken nach Umsatz
4. Sitz der größten Börsen nach Umsatz
5. größte internationale Flughäfen nach Passagieren
6. ... und nach Frachtmenge
7. größte Seehäfen nach Umschlag
8. Sitz bedeutender weltweiter (internationaler) Institutionen

M7 Merkmale einer Global City (nach D. Bronger)

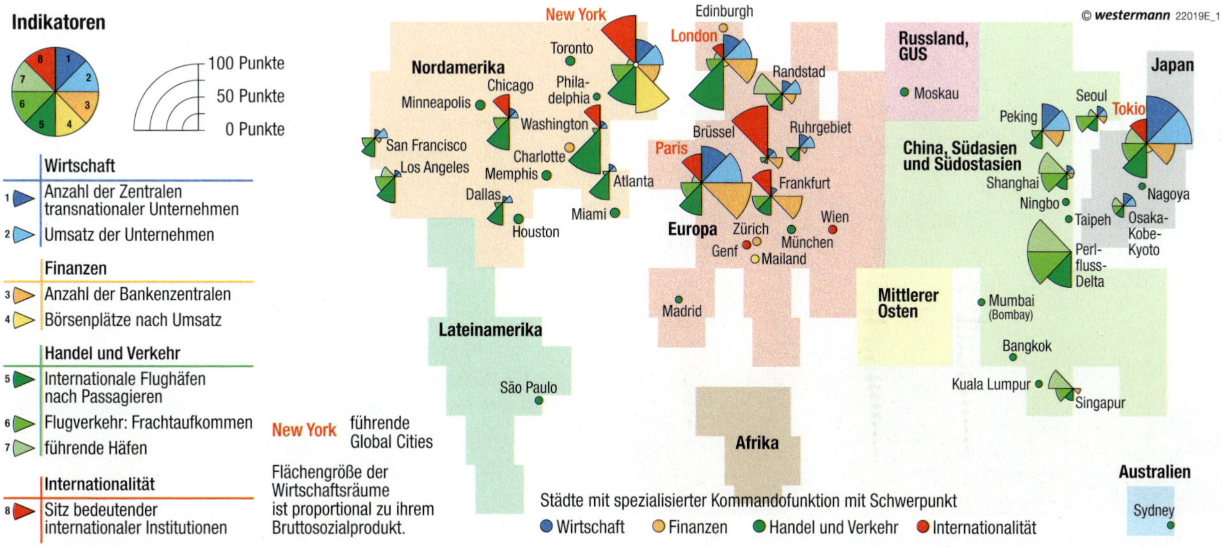

M6* Global Cities (nach D. Bronger)

Global Cities – moderne Zentren der Weltwirtschaft

Mainhattan – Deutschlands Global City?

„Frankfurt is known worldwide as one oft the richest business regions in Europe. As a city of banks, service providers and communicators Frankfurt is an eyecatching district in the global village. And it's a highly productive region. Only the Brussels, London and Paris conurbations score higher per capita GDP (gross domestic product, BIP) rates than Frankfurt Rhine-Main."

Mit Superlativen wirbt die Industrie- und Handelskammer Frankfurt am Main weltweit für den Wirtschaftsstandort Frankfurt am Main. Die Stadt kann sich mittlerweile in einigen Bereichen durchaus mit europäischen Global Cities wie London und Paris messen. Welche Merkmale zeichnen Frankfurt am Main überhaupt als Global City aus? Welchen Stellenwert hat Frankfurt am Main als deutsche Großstadt weltweit heute und in der Zukunft?

Ⓦ **1. A** Erstellen Sie eine Liste von Merkmalen, die Frankfurt am Main als Global City kennzeichnen (M1–M4, Atlas).
B Erstellen Sie eine Mindmap zu den Merkmalen, die Frankfurt am Main als Global City kennzeichnen (M1–M4).
C Erstellen Sie einen Steckbrief, der Frankfurt am Main als Global-City kennzeichnet (M1–M4, Atlas).
2. Erläutern Sie die Lage der Banken in Frankfurt am Main (Atlas, Internet)
3. Erläutern Sie beispielhaft problematische Entwicklungen in Frankfurt am Main (M7–M10, Internet).
4. „Mainhatten – eine deutsche Global City mit Zukunft?"– diskutieren Sie (M1–M10).
Ⓩ **5.** Beurteilen Sie anhand der Merkmale von Bronger die Stellung von Frankfurt als Global City weltweit (S. 269 M7).

→ CBD, Emerging Financial Center, Finanzzentrum, Global City, Verkehrsknoten

M1* Neubau der Europäischen Zentralbank (EZB) in Frankfurt am Main (April 2014)

Branchenfokus am Standort Frankfurt

„Frankfurt am Main genießt seit langem Weltruf als europäisches Finanzzentrum, hoch vernetzte Verkehrs- und Distributionsdrehscheibe und internationaler Messe- und Handelsplatz. Seit einigen Jahren nimmt der Standort auch als Telekommunikationsknoten und europäisches Zentrum für Internetverkehr und -dienstleistungen eine herausragende Stellung ein. Neue Entwicklungen im Bereich Biotechnologie eröffnen weitere wichtige Perspektiven."

Quelle: Wirtschaftsförderung Frankfurt GmbH, www.frankfurt-business.net/de/standortfrankfurt-de/branchenfokus-de.html, Zugriff 02.01.2015

Der Weg zur internationalen Finanzmetropole

Mit dem Anspruch „Wirtschaftshauptstadt" und Dienstleistungsmetropole zu werden sowie aufgrund der zentralen Lage und der günstigen Standortbedingungen entwickelte sich die Stadt Frankfurt am Main ab den 1950er Jahren schnell zu eine überregional bedeutsamen Finanzmetropole der deutschen Wirtschaft. Die Schwelle von einem nationalen ökonomischen Zentrum zu einem zentralen Knotenpunkt im Netzwerk der globalen Wirtschaft überschritt die Main-Metropole aber erst mit Beginn der 1980er-Jahre.
Die Bedeutung Frankfurts als Finanz- und Wirtschaftsmetropole stärkte sich noch als 1998 der Sitz der Europäischen Zentralbank nach Frankfurt am Main gelegt wurde. Die Europäische Zentralbank regelt die gesamte Geldpolitik für den Euroraum. Weitere wichtige Institutionen folgten und es entbrannte ein Konkurrenzkampf um die führende Stellung im europäischen Finanzsystem. Die Stadt Frankfurt am Main positionierte sich öffentlichkeitswirksam und ganz bewusst auf Englisch als „The City of the Euro", deutsche Großbanken stiegen verstärkt in das internationale Investment Banking ein.
Neben dem vielbeschworenen Wettbewerb wurde auch gezielt Aufmerksamkeit auf die Intensivierung von Verflechtungen gelegt. So ist beispielsweise die Beziehung von Frankfurt am Main zur Global City London nicht nur durch Konkurrenz geprägt, sondern auch durch Synergien. Der Erfolg Londons als Zentrum globaler Vernetzung kommt Frankfurt zugute, die Bedeutung Frankfurts als Tor zum deutschen Markt stärkt auch London.

M2 Finanzmetropole Frankfurt am Main

Frankfurt am Main – einer der bedeutendsten Finanzplätze:

- drittgrößter Finanzplatz Europas nach London und Paris,
- achtgrößter Finanzplatz weltweit
  (nach International Financial Centres Development Index - 2013)
- Sitz der Europäischen Zentralbank
- Sitz der Deutschen Bundesbank
- Sitz der Deutschen Wertpapierbörse
- Sitz von über 220 Banken, z.B. Commerzbank AG, Deutsche Bank AG, DZ Bank Gruppe, Helaba Konzern (Hessische Landesbank)
- Sitz von über 190 Auslandsbanken
- Beschäftigte im Finanzwesen: rund 61.000

Quelle: Helba https://www.helaba.de/de/DieHelaba/MaerkteUndAnalysen/ResearchUndVolkswirtschaft/FinanzplatzFrankfurt

M3 Finanzmetropole Frankfurt am Main im Überblick

Die Region Frankfurt-Rhein-Main ist eines der bedeutendsten Verkehrsdrehkreuze in Europa. Auf Straße, auf Schiene, zu Wasser und zu Luft – hier bewegt sich was. In einem Radius von 200 km können 35 Millionen Menschen erreicht werden

Flughafen Frankfurt Rhein / Main

Passagiere:	58,04 Mio. (rd. 159 000/ Tag) (Platz 12 weltweit)
Flugbewegungen:	472 692 pro Jahr 122,8 Passagiere / Bewegung
Fluggesellschaften:	108
Zielländer:	105
Luftpost:	79,165 t (216,9 t / Tag)
Luftfracht:	2,05 Mio. t (rd. 5613 t / Tag) (Platz 8 weltweit)

Quelle: Frankfurt Airport, http://www.frankfurt-airport.de/content/frankfurt_airport/de/business_standort/daten_fakten.html

Frankfurter Hauptbahnhof

Passagiere Werktags:	350 000
Züge pro Werktag:	1732

Quelle: Wirtschaftsförderung Frankfurt GmbH, www.frankfurt-business.net/de/standortfrankfurt-de/zahlen-daten-fakten-de/infrastruktur-de/106-unterseiten-zentralitaetverkehr/218-hauptbahnhof-de.html

Frankfurter Binnenschiffshafen

Hafen- und Industriefläche:	162 ha
Schiffe pro Jahr:	1934
Schiffsgüterumschlag pro Jahr:	2,65 Mio. t

Quelle: Management für Hafen und Markt Frankfurt, www.hfm-frankfurt.de

M4 Verkehrsknoten Frankfurt am Main – Daten und Fakten 2013

[...] Die Finanzmetropole am Main steht für Stabilität und Wertarbeit, für Technologieführerschaft im Zahlungsverkehr, für zuverlässigen voll integrierten Börsenhandel, für den Mittelpunkt des europäischen Anleihegeschäfts und nicht zuletzt für eine solide Geldpolitik. [...]
Zugleich steht der Finanzplatz Frankfurt für exzellente, praxisnahe Forschung und Lehre im Bereich der Wirtschafts- und Finanzwissenschaft. Dies belegen die hier angesiedelten Forschungs- und Ausbildungseinrichtungen sowie deren enge Vernetzung mit Banken, Versicherungen und anderen Finanzdienstleistern. [...]
Diese Kernkompetenz verhilft Frankfurt zu einer hervorragenden Startposition in einem Wettbewerb neuer Qualität: Es sind insbesondere die Finanzplätze der aufstrebenden Nationen, die Emerging Financial Centers, die im Sog der Dynamik ihrer Volkswirtschaften zu immer stärkeren Wettbewerbern werden. Für den Finanzplatz Frankfurt bedeutet das eine komplexe Herausforderung: Es geht nämlich nicht ausschließlich darum, die Geschäftschancen zu erschließen und die eigene Wettbewerbsposition zu festigen, sondern ebenso darum, die Beziehungen als wertvolle Dialogpartner zu pflegen und auszubauen. [...]
Während 2007 noch 24 von 50 aufgeführten Finanzplätzen in Europa lagen, waren es 2012 nur noch 34 von 77. Von dieser Dynamik kann Frankfurt profitieren, denn Frankfurt hat sich als verlässlicher und kenntnisreicher Partner für den Aufbau der Finanzzentren in den Emerging Markets profiliert.

Quelle: Raettig, L.: www.frankfurt-main.ihk.de/finanzplatz/allgemein/wissenswertes/kompetenzzentrum/index.htmld

M5 Europäisches Kompetenzzentrum mit Zukunft?

M6 Frankfurter Flughafen

[...] In den Global Cities gibt es infolge der Ballung von Unternehmenssitzen und unternehmensorientierten Dienstleistern grundsätzlich ein großes Spektrum an hochwertigen Büromietern. Weil diese Firmen in der Regel nach einer entsprechenden physischen Infrastruktur verlangen, um Kontroll- und Managementaufgaben in der Weltwirtschaft wahrnehmen zu können, richtet sich deren Flächennachfrage für gewöhnlich auf Bürogebäude in 1a-Lagen. Die steigende Nachfrage nach erstklassigen Büroflächen treibt die Mietpreise in diesen Teilmärkten in die Höhe. [...]

Quelle: IREBS Immobilienakademie, www.irebs-immobilienakademie.de/irebs-standpunkt/irebsstandpunkt-nr-30/#sthash.MR35gsLQ.dpuf

M7 Global Cities und Büroimmobilienmärkte

In 2013 wurden auf dem Frankfurter Bürovermietungsmarkt insgesamt ca. 445 000 Quadratmeter Bürofläche umgesetzt. [...]
Wie schon im Vorjahr sorgten auch 2013 wieder Banken und Finanzdienstleister für die meisten Flächenumsätze, gefolgt von den Beratungsgesellschaften. Die flächenmäßig größte Anmietung tätigte die Commerzbank in Frankfurt-Hausen mit ca. 50 000 Quadratmetern. Nach einem vielversprechenden Jahresauftakt ist für 2014 mit einem Flächenumsatz von etwa 500 000 Quadratmetern zu rechnen.

Quelle: IHK Frankfurt am Main, www.frankfurt-main.ihk.de/imperia/md/content/pdf/standortpolitik/bau-undimmobilienstudie/gewerbemarktbericht2014.pdf, S. 8

M8 Frankfurter Büroimmobilienmarkt

Büromarkt		Miete in Euro / m² von	Miete in Euro / m² bis
CBD = Central Business District (Bankenviertel, Westend, City, City West)	durchschnittlicher Standard	10,00	24,00
	gehobener Standard	18,00	38,00
Ost = u. a. Ostend, Bornheim	durchschnittlicher Standard	8,00	12,00
	gehobener Standard	11,00	16,00

Quelle: IHK Frankfurt am Main, www.frankfurt-main.ihk.de/imperia/md/content/pdf/standortpolitik/bau-undimmobilienstudie/gewerbemarktbericht2014.pdf

M9 Mietpreise für Büros in Frankfurt am Main (2014)

	2004	2013
Pendlersaldo	243 984	258 998
Einpendlerquote	65,2 %	65,3 %

Quelle: IHK Frankfurt am Main, www.frankfurt-main.ihk.de/imperia/md/content/pdf/standortpolitik/bau-undimmobilienstudie/gewerbemarktbericht2014.pdf

M10 Pendler in Frankfurt am Main

Moderne Städte – nachhaltige Planungskonzepte?

Seoul – eine Sharing City

Seoul ist eine Megastadt (vgl. S. 220), in der rund 10 Millionen Menschen leben, die Einwohnerdichte ist extrem hoch (16 175 Einw./m²). Wohnungsnot, soziale Disparitäten, Verkehrsprobleme, Luftverschmutzung, hoher Energieverbrauch und 9000 t Müll täglich sind einige der Probleme, die gelöst werden müssen. Seoul scheint einen Weg gefunden zu haben. Die Stadt soll ein Modell innovativer Stadtentwicklung werden. Das Konzept wurde 2012 entwickelt und basiert auf dem Teilen von Ressourcen. Seoul will als Sharing City das Leben der Einwohner verbessern sowie Ressourcen und Kapital maximal ausnutzen, eine „Sharing Economy" soll entstehen. Aber das Konzept beinhaltet noch mehr. Die Bewohner der Stadt sollen ein Wir-Gefühl entwickeln, das Teilen soll sich zu einer „Sharing Culture" entwickeln. Dann könnte Seoul mehr als ein Dienstleistungszentrum sein. Wie kann das gelingen und wie ist das Konzept zu bewerten?

Ⓦ 1. Erläutern Sie an Beispielen die beiden „Säulen" des Sharing-Konzepts der Stadt Seoul: Sharing Economy und Sharing Culture (M3, M6, M8).
   A Verfassen Sie einen Text.
   B Stellen Sie die beiden Säulen in einer Grafik dar.
2. Begründen Sie, welche Sharing-Angebote Sie nutzen und welche Sie nicht nutzen würden (M1, M2, M5, M7).
3. Erklären Sie, inwiefern das Konzept wirtschaftliche, ökologische und soziale Vorteile bringt (M3, M6, M8).
4. Seoul wirbt mit dem Slogan: Sharing City Seoul: a Model for the World. Nehmen Sie Stellung zu dieser Aussage,
   a) indem Sie auf Ihre persönliche Lebenswelt Bezug nehmen.
   b) die notwendigen Voraussetzungen für die Umsetzung des Konzepts in anderen Städten darlegen.
5. Diskutieren Sie die Frage im Titel des Artikels (M6).

Ⓩ 6. Entwerfen Sie für Ihren Wohnort ein Sharing-Konzept. Erstellen Sie dazu eine Liste möglicher Sharing-Dienstleistungen.

→ Sharing City, Sharing Economy

Das Share Hub von Seoul:
- größte Nutzergruppe: zwischen 20 und 30 Jahre
- häufigste Suchanfragen:
  1. Werkzeug
  2. Parkplätze
  3. Bücher
- Partner:
  2 internationale Unternehmen
  11 nationale Unternehmen
  50 sharing Unternehmen

M2 Nutzer und Partner des Share Hub (Stand 2014)

Das Sharing-Konzept in Seoul umfasst:
- Vergabe von Gütesiegeln für Sharing-Dienste und Sicherheitsprüfungen (Ziel: Vertrauen schaffen),
- Förderung von Sharing-Unternehmen, Zahlung von Subventionen,
- Veröffentlichung des Markennamens „Sharing-City" (Ziel: internationale Aufmerksamkeit),
- Förderung von ungefähr 20 Sharing-Start-up-Unternehmen (neu gegründete Firmen): Bereitstellung von Büroflächen, Beratung und Hilfen zur Finanzierung,
- Einrichtung eines Seoul-Sharing Werbekomitees mit Vertretern aus unterschiedlichen Wirtschaftsbereichen,
- Einrichtung einer Sharing City Conference. Hier können sich andere Städte über das Projekt informieren,
- enge Zusammenarbeit und Vereinfachung der Kommunikation zwischen Unternehmen und der Stadtverwaltung (eigene Abteilung für Vorschläge aus der Öffentlichkeit),
- Angebote auf Plattformen, z. B. Zimmer- und Wohnungsangebote, Warenverzeichnis mit Angabe ungenutzter Kapazitäten, Car-Sharing-Dienste, Nahrungsmittel-Sharing.

Quelle: www.ourworld.unu.edu/en/is-seoul-the-next-great-sharing-city

M3 Das Sharing-Konzept von Seoul

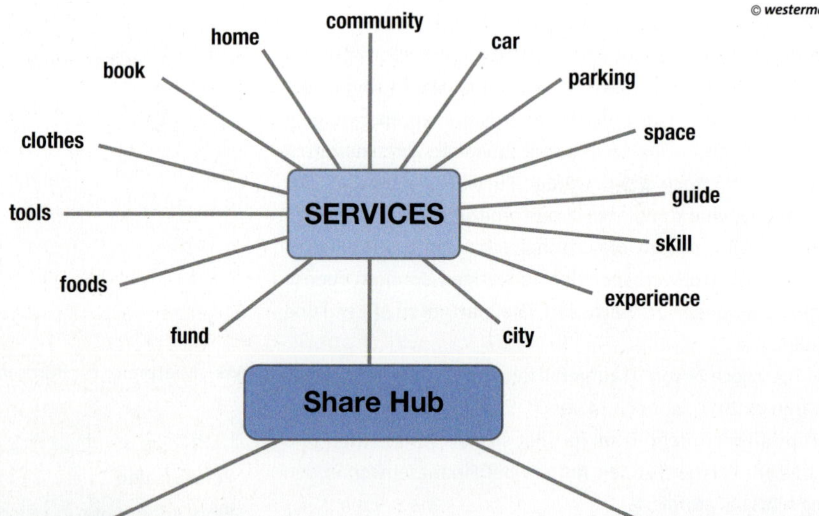

M1 Bereiche des Sharing-Konzepts. Alle Sharing-Angebote können im sogenannten Share Hub, einer Online-Plattform, erfragt werden. Sie können dann per Smartphone gebucht werden. An rund 2 000 öffentlichen Zugangsstellen kann WLAN kostenlos genutzt werden. ▷

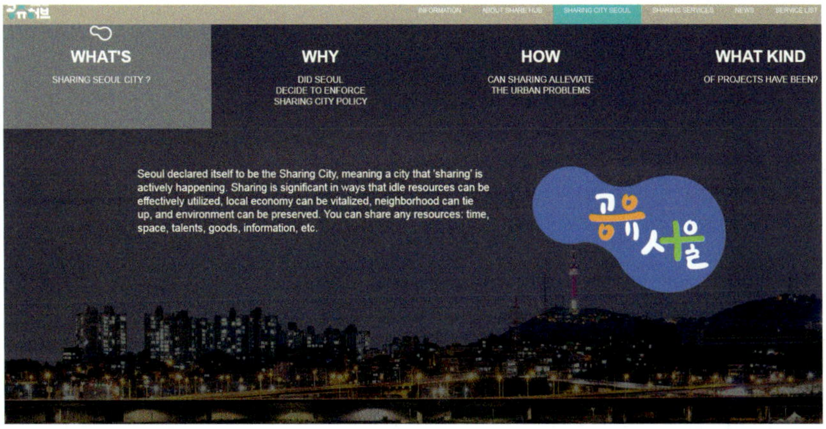

M4 Der Internetauftritt des Share Hub Seoul ist seit 2013 aktiv und hatte bis Ende 2014 bereits 1,5 Mio. Besucher auf der Internetseite.

M7 Ein Geschäft hat sich auf den Verleih von Anzügen spezialisiert.

M5 Auf dem Weg zu einer „Sharing Culture“

Can a ‚sharing culture‘ make cities more sustainable?

Seoul has started investing in supporting, encouraging and developing enterprises that deliver sharing. [...]
Sharing is not new. Parks and green spaces in cities have always existed as shared spaces. Libraries share books. Public transport is a shared method for getting around. But the advent of digital communications facilitates sharing in a way never seen before.
The excellent website Shareable.net shows many case-studies of sharing initiatives. Car-sharing, bike-sharing, shared housing, shared jobs, shared offices, tool sharing, shared ownership of energy generation, local currencies, shared green space for relaxation or growing food, even shared dogs! [...]
What difference could sharing make? Seoul has spotted the strategic benefits that could flow from the development of a Sharing City.
Sharing, for example, leads to increased resource efficiency and greater resilience to the increasing costs of resources. It creates active communities and social cohesion, both critical to engaging people in society and politics. It also helps provide support for the weakest in society. And it enables the poorest in society to access services and opportunities that would otherwise be closed to them, thereby reducing inequalities.
Sharing is also a way of grabbing hold of technological developments and using them for the common good. It builds a community of people who can collaborate in further developing and shaping them. It creates a culture of innovation.

Mike Childs, Projektleiter von Big Ideas Change the World, sustainablecities.eu
Quelle: www.sustainablecities.eu/local-stories/seoul-city

M6 Sharing, ein nachhaltiges Konzept?

Seoul hat sich einiges vorgenommen: die dicht besiedelte Stadt möchte zur „Sharing City“ werden. Was das bedeutet? Angeschoben vom Bürgermeister der Stadt sollen Sharing-Angebote innerhalb der Stadt ausgebaut werden. Das von der Stadt geförderte Projekt „Sharing City Seoul" soll allen Bewohnern der Stadt die Sharing Economy näher bringen, indem bereits existierende Sharing-Anbieter und Start Ups unterstützt werden, begleitet von Informationskampagnen. [...]
„Die Sharing City schafft nicht nur neue Jobs, erhöht das Einkommen und nutzt Ressourcen effizienter, sondern wird auch die mit der rapiden Urbanisierung und Industrialisierung verschwundenen Gemeinschaften mit Hilfe von Kommunikationstechnologien auf moderne Art wiederbeleben", sagt Kim Tae Kyoon, Direktor der Social Innovation Division in Seoul.

Quellen: http://reset.org/blog/wird-seoul-die-naechste-sharing-city;
http://ourworld.unu.edu/en/is-seoul-the-next-great-sharing-city
(Original auf Englisch)

M8 Ziele des Sharing-Projekts in Seoul

What should European cities do?

Sharing is the future, according to Professor Julian Agyeman from Tufts University. [...]
But a sharing economy cannot be imposed upon a city. Participation in developing, enacting and owning the plan is as obvious as it is critical. And cities themselves need significant autonomy from national governments to develop this agenda.

Mike Childs, Projektleiter von Big Ideas Change the World, sustainablecities.eu
Quelle: www.sustainablecities.eu/local-stories/seoul-city

M9 Sharing – auch ein Konzept für europäische Städte?

Moderne Städte – nachhaltige Planungskonzepte?

Fujisawa – eine „intelligente" Stadt in der Stadt

In Fujisawa , einer Stadt südlich von Tokio, entstand auf einem ehemaligen Industriegelände in nur zwei Jahren Bauzeit eine vollelektronische Fertighaus-Stadt mit 1000 Wohneinheiten: Fujisawa Sustainable Smart Town (Fujisawa SST). Geplant und gebaut wurde sie vom Elektrokonzern Panasonic. Die Energieversorgung der Stadt erfolgt aus regenerativen Energien. Ein Zentralrechner regelt die effiziente Energienutzung. Aber auch der Lebensstil der Bewohner soll den Slogan „Bringing Energy to Life" widerspiegeln. „Vitalität" soll sich in der Gemeinschaft, Mobilität, Sicherheit und im Gesundheitswesen äußern. Kann Fujisawa ein Modell für die Stadt der Zukunft werden?

1. Beschreiben Sie die physiognomische und funktionale Stadtstruktur von Fujisawa SST (M1, M4, M5).
2. Erläutern Sie, inwiefern Fujisawa SST eine „smart city" ist (M1, M2, M3, M4, M5).
3. Ⓦ „The „Fujisawa model" is a revolutionary town-creation scheme that will bring energy to life, enhancing people's lives with solar power, security, mobility, community, and healthcare. Energy will be brought to life in a sustainable smart town that will open its doors to a new age of hope." (Quelle: http://panasonic.net)
   Diskutieren Sie diese These, indem Sie
   - **A** Argumente notieren, die diese These unterstützen (M1–M7).
   - **B** eine kritische Stellungnahme gegen diese These formulieren (M1–M7).
4. Erörtern Sie Chancen und Risiken einer zukunftsorientierten Stadtplanung, die von privaten Investoren wie Panasonic getragen wird (M2, M4, M5, M7).
5. Bewerten Sie, inwiefern Fujisawa als Chance für die Nutzung von Industriebrachen in städtischen Räumen angesehen werden kann (M2, M6).
6. Begründen Sie, ob Sie in Fujisawa leben möchten.
7. Ⓩ Analysieren Sie die Stadtplanung im Hinblick auf die besondere Gefährdung japanischer Städte durch Naturkatastrophen (M1, M5).

→ nachhaltige Stadtentwicklung, Smart City

[Fujisawa Sustanaible Smart Town (FSST) ist ein Stadtteil von Fujisawa], eine Stadt in der Stadt. [...] Ziel des Projekts war es nicht nur, Ökohäuser mit viel Technik aufzubauen. Die Fujisawa Smart Sustainable Town (FSST) soll auch in sozialer Hinsicht ein Modell für die Zukunft werden.
Die Idee und das Geld dazu kamen nicht etwa von der Regierung, sondern vom Mischkonzern Panasonic, der ein Konsortium von insgesamt 18 privaten Firmen anführt und ein ehemaliges Werksgelände zur Verfügung gestellt hat. Die Häuser werden mit der modernsten Technik versehen sein, die man aufbieten kann. Mit Solarmodulen und Brennstoffzellen werden sie die Energie für ihre etwa 3 000 Bewohner weitgehend selbst erzeugen, so wie das auch bei anderen grünen Modellsiedlungen geschieht [...]. In Fujisawa soll zudem ein ganzes Netz aus Dienstleistungen dazu beitragen, Beziehungen zwischen den Bewohnern und so eine Art Ökogemeinschaft zu schaffen, in der zum Beispiel Senioren Kinder betreuen und sich die Bewohner Elektroautos teilen können. Zur Wahl stehen frei stehende Häuser mit etwa 120 bis 140 Quadratmetern Wohnfläche und Apartments für betreutes Wohnen im Alter.
Jeder, der vom Frühjahr 2014 an einzieht, erhält neben dem Schlüssel einen Zugang zur FSST-Internet-Community. Damit kann man sich nicht bloß etwa einen Friseur bestellen, sondern in einem sozialen Netzwerk – einer Art Facebook für die Zukunftsstadt – lassen sich auch Kontakte zu anderen knüpfen.
Nicht nur im Internet sollen sich die Menschen treffen, auch auf dem gemeinsamen Sportfeld, in den geplanten Cafés und Geschäften oder bei einem Plausch auf dem Hauptplatz, den die Planer pathetisch Wellness Square nennen [...].
Auch eigene Sicherheitsleute wird es geben, Kameras an allen Eingängen und Lampen, die sich automatisch einschalten, wenn jemand nachts des Weges kommt [...].
In den Modellhäusern gibt es noch weitere Sicherungen: Sie enthalten einen Batteriepuffer aus Lithium-Zellen. [...] Gesteuert wird das Ganze über Energie-Management-Systeme für das einzelne Haus, für Mehrfamilien-Anlagen sowie für die gesamte Siedlung. [...] Ganz fertiggestellt werden soll die Modellstadt 2018 – in dem Jahr, in dem der Konzern sein 100-jähriges Bestehen feiert und sich dann als Vorreiter nachhaltigen Wirtschaftens präsentieren möchte.
Quelle: Martin-Jung, H., Süddeutsche Zeitung, 20.11.2013

M2 Fujisawa, eine vollelektronische Stadt

M1 Fujisawa SST hat mehrere Funktionsebenen. Zentralrechner (untere Ebene) steuern das Energie- und Informationsnetz (mittlere Ebene), das wiederum die einzelnen Schaltzentralen der Häuser lenkt. Die Stadt kann sich im Katastrophenfall drei Tage lang selbst versorgen.

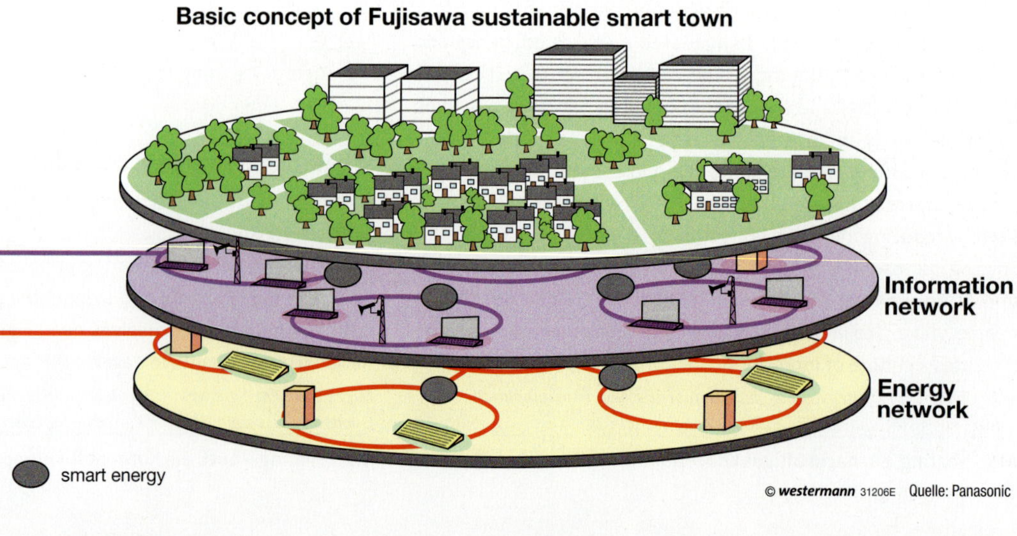

M3 Fujisawa: Planung und Bauzustand 2014.
Fujisawa, die erste aus energiesparenden Fertighäusern geplante Stadt der Welt, sie könnte ein Modell für Städte in Massenproduktion werden. Die Siedlung ist um einen zentralen Platz herum geplant, die Bewohner sollen sich dort begegnen (vgl. M1 und M2).

→ Smart City
Smart bedeutet schlau, intelligent, clever. Smart Cities sind Städte, die technologiebasierte Innovationen umsetzen, um die Nutzung von Ressourcen effizienter zu gestalten.

In Fujisawa SST ist alles mit allem vernetzt. Die Zentralrechner lenken eine Vielzahl von Computern in den Häusern, die via Internetfernseher als Schaltzentrale die gesamte Bandbreite von Haushaltsgeräten lenken können. Um Strom zu sparen, können Kühlschränke oder Klimaanlagen ihre Kühlleistung der Umgebung anpassen. So messen die neuesten Kühlschränke von Panasonic das Umgebungslicht, die Temperatur inner- und außerhalb des Kühlschranks und erlernen den Lebensrhythmus ihrer Besitzerfamilien. Der Kühlschrank nutzt die Daten, um das Nutzerverhalten vorherzusagen und die Kühlung gezielt zu steuern. Allein dadurch wird der Stromverbrauch nach Konzernangaben im Vergleich zum Modell ohne Sensoren im Sommer um zwölf und im Winter um 15 Prozent gesenkt.
Quelle: Koelling, M: www.welt.de Zugriff 09.10.2014

M4 Die „smarte" Welt von Fujisawa

Can you tell us what Panasonic is hoping to accomplish with this new endeavor?
Mr. Ishio: From the business perspective, we [want to establish] new business models for our energy solutions businesses.
When and why did Panasonic decide to create the smart town?
Mr. Ishio: In the beginning of 2007, Panasonic started to consult with Fujisawa City about how Panasonic could utilize the vacant land after we stopped production in our plants there. Fujisawa City focused on being an "Ecology-Oriented Town" in its city development strategy, while Panasonic has set its focus on becoming the "Number 1 Green Innovations Company in the Electronics Industry by 2018."
Quelle: www.inhabitat.com

M6 Interview mit Haruyuki Ishio (Direktor bei Panasonic)

Experten sagen einen riesigen Markt für voll vernetzte Ökostädte voraus. [...] Die Stichworte der kommenden Revolution des Lebensstils beginnen dabei nicht mit Verzicht, sondern mit „smart" (intelligent). Smart City (smarte Stadt), Smart Grid (smartes Stromnetz) und „smarte" Produkte. Aufgerüstet mit Sensoren sollen sie ihre Umwelt wahrnehmen, miteinander kommunizieren und Ressourcen effizienter nutzen können. [...] Diese Woche fand in Yokohama die Smart-City-Woche statt, auf der Experten aus aller Welt das Potenzial der neuen Welt ausgelotet haben. Nicht nur Panasonic, sondern auch die anderen Elektronikkonzerne wie Hitachi, Fujitsu und Toshiba bereiten das Leben in intelligenten, umweltfreundlichen Städten vor.
Quelle: Koelling, M.: http://www.welt.de/print/die_welt/wissen/article13687020/In-zwei-Jahren-schluesselfertig.html 29.10.2011, Zugriff 09.10.2014

M7 Smart – das Zauberwort einer nachhaltigen Zukunft?

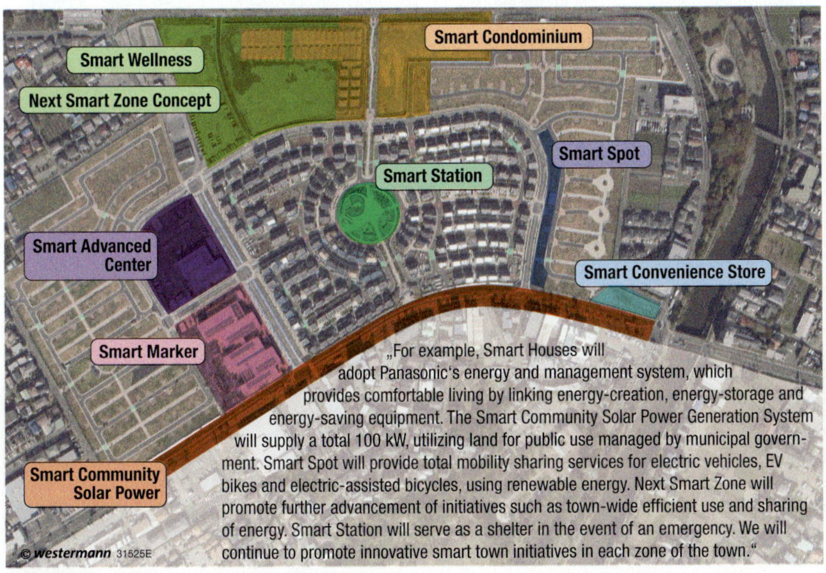

M5 Stadtanlage von Fujisawa SST

weblink
http://panasonic.net/es/fujisawasst (Film)

Moderne Städte – nachhaltige Planungskonzepte?

Lavasa – eine multifunktionale Stadt

Die Stadt Lavasa, ca. 200 km südöstlich von Mumbai, besteht aus fünf „Towns". Zwei sind bereits fertiggestellt, die anderen sind noch im Bau. Grundlage für die „Towns" ist das Nachbarschaftsprinzip. Dadurch wird erreicht, dass die für über 200 000 Menschen geplante Stadt überschaubar bleibt und die Wege kurz sind. Die Stadt erstreckt sich über mehrere Hügel und entlang eines Sees. Vom Stadtzentrum zieht sich eine Serie von Zonen unterschiedlicher Bebauung die Hügel hinauf. Die Stadt wurde nach den Prinzipien des New Urbanism geplant. Außerdem wird das „Transect-Modell" umgesetzt. Wie zeigen sich diese Leitlinien der Planung in Lavasa?

1. a) Erläutern Sie das Transect-Modell (M1).
   b) Beurteilen Sie die Umsetzung in Lavasa unter Berücksichtigung der naturgeographischen Bedingungen (M4).
2. Stellen Sie in einer Tabelle dar, inwiefern alle drei Wirtschaftssektoren in Lavasa berücksichtigt wurden (M2, M5).
3. (W) „Live, work, learn, play" werden als Funktionen der Stadt auf der Homepage genannt. Zeigen Sie an Beispielen, wie diese Funktionen realisiert werden (M2, M5, Internet).
   A Formulieren Sie einen erklärenden Text.
   B Stellen Sie die Beispiele in einer Grafik dar.
4. Beurteilen Sie das Konzept des New Urbanism als Grundlage des Städtebaus der Zukunft, indem Sie auch konkrete Beispiele aus der Umsetzung in Lavasa mit einbeziehen (M5).
5. Moderne Städte – ausschließlich Zentren des Dienstleistungssektors? Nehmen Sie Stellung zur Frage unter Berücksichtigung der Raumbeispiele Seoul, Fujisawa und Lavasa.
6. (Z) Vergleichen Sie die Stadtplanungskonzepte von Seoul, Fujisawa und Lavasa in Bezug auf die jeweiligen Bedürfnisse von Männern, Frauen und Kindern.

→ Nachbarschaftsprinzip, New Urbanism, Smart Mobility

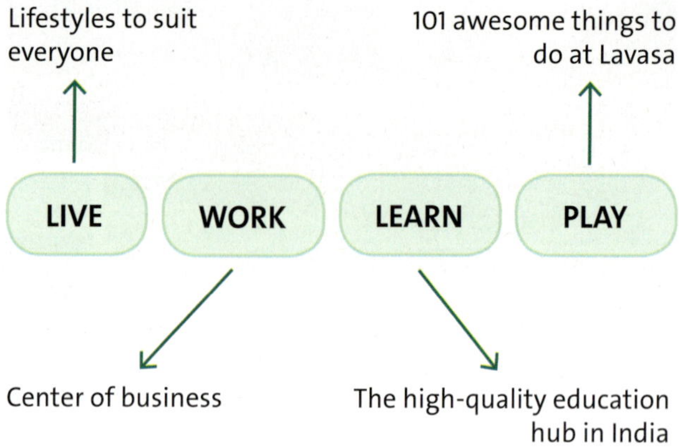

M2 Funktionen der Stadt

- Geplante Stadt, bestehend aus 5 „Towns" auf 7 Hügeln
- **Lage:** 200 km südöstlich von Mumbai im Distrikt Pune und Poona am Warasgaon-Stausee,
- 60 km Uferlinie
- **Fläche:** 100 km²
- **Größe:** 200 000 bis 250 000 Einwohner (geplant), 30 000 bis 50 000 Einwohner pro „Town"
- **Bauträger (privates Bauprojekt):** Hindustan Construction Company (HCC) (globales Wirtschaftsunternehmen)
- **Baubeginn:** 2002, bisher fertiggestellt: 2 „Towns"
- **Geplante Fertigstellung:** 2020
- **Funktionsmischung:** Wohnsiedlungen, Industrie (nicht-emittierende; Branchen: Hightech, Biotechnologie, Medizintechnik, Bambusmöbelfabrik) und Gewerbe, Dienstleistungen (Verwaltung, Versorgung, Bildung/Ausbildung, Freizeit, Tourismus)

M3 Steckbrief von Lavasa

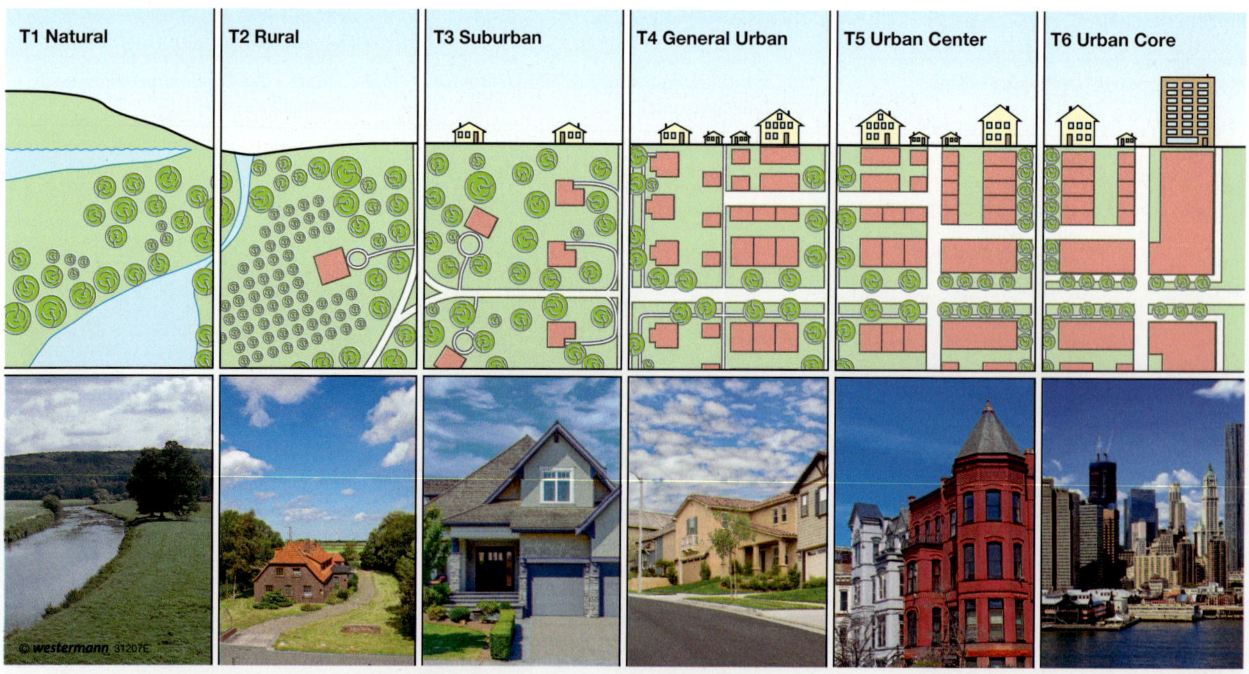

M1* Das Transect-Modell, entwickelt von Andrés Duany auf der Grundlage des New Urbanism. Die Stadtplanung nach diesem Modell soll auch dem Urban Sprawl (vgl. S. 206) entgegenwirken.

M4 Lavasa 2014

→ Nachbarschaftsprinzip
Die Gesamtplanung einer größeren Siedlung wird in kleinere bauliche Einheiten strukturiert, die für die Bewohner noch überschaubar sind, Versorgungseinrichtungen für die Grundbedürfnisse bieten und in denen sich durch persönliche Kontakte der Bewohner eine Gemeinschaft bilden kann.

weblink
www.lavasa.com

	Prinzipien des New Urbanism	Umsetzung im Masterplan
Pendeln, Erreichbarkeit	Fußläufigkeit, 10-Minuten-Radius zwischen Wohnung und Arbeitsplatz	Straßen-Verbundsystem und Wegenetz, die meisten Einrichtungen sind fußläufig erreichbar
verkehrstechnische Erschließung	Straßensystem, das die Verkehrsströme trennt und leitet	Kombiniertes Haupt- und Nebenstraßen- sowie Wegesystem
Nutzungsmischung	Nutzung der Grundstücke in einer Nachbarschaft* oder in einem Block durch Gewerbe und Wohnen	Die Stadthalle befindet sich im Zentrum der Stadt mit Wohngebäuden und gewerblich genutzten Gebäuden, von da aus Ausweitung in die nächste Zone
Gemischte Wohnnutzung	Unterschiedliche Wohnangebote nach Größe, Mietpreis und Lage zum Stadtzentrum	Wohnungsangebote für unterschiedliche soziale Bevölkerungsschichten, Wohnungen unterschiedlicher Größe vom Apartment bis zur Villa
Qualitativ hochwertige Architektur und städtisches Design	Verbindung von Ästhetik und Komfort	Zeitgenössische Architektur verbunden mit zeitlosen Elementen und architektonischen „Themen“ (z. B. italienische Stadt Portofino)
Traditionelle Nachbarschaftsstruktur	Ein erkennbares Stadtzentrum und mehrere öffentliche Plätze mit einem vielfältigen Nutzungsangebot	Fußgängerwege und Plätze, die eine Kommunikation unter der Bevölkerung ermöglichen, weiterhin Arkaden, Galerien, Straßencafés und Gärten sowie offene Flächen
Geplante Intensivierung der Bebauungsdichte	Transect-Planung, sodass die Bevölkerungsdichte vom Zentrum aus abnimmt	Dichteste Bebauung im Stadtzentrum und Abnahme der Dichte nach außen. Die Villen auf den Hügeln sind in geplanten Nachbarschaften angelegt
Smartes Transportsystem	Effektiv gestaltetes Pendlerverkehrsnetz, Smart Mobility	Integriertes Transportsystem mit unterschiedlichen Verkehrsträgern; geplantes System von Fußwegen, Busspuren und Straßen; Geographische Informationssysteme (GIS) und GPS
Nachhaltigkeit	Minimale Beeinträchtigung der Umwelt	Optimale Nutzung und minimale Schädigung der vorhandenen natürlichen Ressourcen. Maßnahmen zur Verhinderung der Erosion an den Hängen durch hangparallele „Gräben“, Aufforstung und Begrünung (70 % der Fläche begrünt); Nutzung von Bionik als wissenschaftliche Grundlage bei der Stadtplanung (Bionik = Nachahmung der Natur)
Lebensqualität	Hohe Lebensqualität	Vielfältige Angebote von Organisationen und Dienstleistern in Bezug auf Bildung, Kultur, Beschäftigung, Erholung und Wirtschaft.

*Nachbarschaft = kleinere, überschaubare bauliche Einheit in einem Wohnbezirk
Quelle: übersetzt nach: http://www.corruptioninmaharashtra.com/uploads/2011/03/Lavasa_EBrochure.pdf

M5 Die Prinzipien des New Urbanism (Bewegung im Städtebau, die Ende der 1980er-Jahre in den USA entstand) und ihre Umsetzung in Lavasa

Das Wichtigste in Kürze

Moderne Städte sind im Bewusstsein vieler Menschen Städte mit moderner Architektur und moderner Infrastruktur, zum Beispiel Global Cities, also Städte mit weltweiter Bedeutung als Dienstleistungszentren. Die Ergebnisse von Umfragen unter Schülern zeigen jedoch, dass andere Merkmale mit einer modernen Stadt assoziiert werden, nämlich Merkmale, die sich auf das Leben in einer modernen Stadt beziehen. Moderne Technologie, aber auch soziale Gerechtigkeit und umweltschonende Gestaltung machen eine Stadt zu einer modernen Stadt, in der sich auch städtisches Leben abspielt. Eine moderne Stadt ist also mehr als ein Dienstleistungszentrum. Wie können Städte der Zukunft aussehen, wenn sie diese Kriterien erfüllen sollen?

Städte der Zukunft – Smart Cities?

Die Nutzung „intelligenter" Technologie ist Grundlage vieler Stadtentwicklungs- und Stadtplanungskonzepte, die moderne Städte als nachhaltige Städte sehen. Die Vernetzung von Wohnen, Mobilität, Energieversorgung, Gesundheitswesen, Verwaltung und Dienstleistungen führt zur Steigerung der Effizienz bei der Nutzung von Ressourcen, sowohl im wirtschaftlichen als auch sozialen Bereich, was sich wiederum positiv auf die Umwelt auswirkt. Nachteilig können sich allerdings die wirtschaftlichen Interessen von Unternehmen auswirken, die in dieser Entwicklung Vorteile für sich sehen, wie dies am Beispiel von Fujisawa deutlich wird.

Städte der Zukunft – Sharing Cities?

Teilen verbindet, Sharing Konzepte für die Stadtentwicklung beinhalten also mehr als wirtschaftliche Interessen. Die Stadt als Lebensraum, die Bewohner der Stadt als Gemeinschaft stehen im Fokus der „Sharing Culture", wie sie in Seoul umgesetzt werden soll. Dies ist eine Stadtentwicklung, die darauf abzielt, städtische Funktionen wieder aufleben zu lassen, die durch Verdrängungsprozesse des Dienstleistungssektors verloren gegangen sind. Car-Sharing, Bike-Sharing und Food-Sharing sind Beispiele, die auch in Deutschland schon bekannt sind. Um das Konzept der Sharing City zu unterstützen, ist aber auch ein Umdenken notwendig, denn es geht ein Teil der Privatsphäre verloren.

Moderne Städte – nachhaltige Städte?

Die Vorstellungen von modernen Städten in den Köpfen von Menschen sind sicherlich vom kulturellen Umfeld abhängig. In Europa und Nordamerika sind die Vorstellungen von Stadtplanern zumindest durch das Prinzip der nachhaltigen Entwicklung geprägt, wie das Konzept des New Urbanism zeigt. Die Stadt erfüllt die Funktion eines Dienstleistungszentrums, nimmt aber auch die Funktion als Lebenswelt der städtischen Bevölkerung wahr, und zwar auf der Basis der sozialen und ökologischen Dimension des Nachhaltigkeitsdreiecks. Beispielhaft ist das Konzept der neuen Stadt Lavasa. Durch eine übersichtliche Stadtplanung in Zonen unterschiedlicher Nutzung sowie die Gliederung in mehrere Stadtzentren bleibt die Stadt überschaubar und kann ein Wir-Gefühl vermitteln. Eine Mischnutzung in den „Nachbarschaften" gewährleistet kurze Wege zu Versorgungseinrichtungen und zum Arbeitsplatz. Das Wohnungsangebot berücksichtigt unterschiedliche soziale Schichten, ein Stadtzentrum mit öffentlichem Raum bietet die Möglichkeit zur Kommunikation, das Dienstleistungsangebot umfasst auch Bildung und Freizeit und das Verkehrssystem ist auf eine geringe Umweltbelastung ausgerichtet, und zwar auch durch die Nutzung moderner Technologien.

Eine multifunktionale Stadt, in der alle Ressourcen effizient genutzt werden, in der sich die Kommunikation nicht nur auf „intelligente Systeme" beschränkt, sondern die zwischenmenschliche Ebene berücksichtigt, kann als moderne Stadt bezeichnet werden.

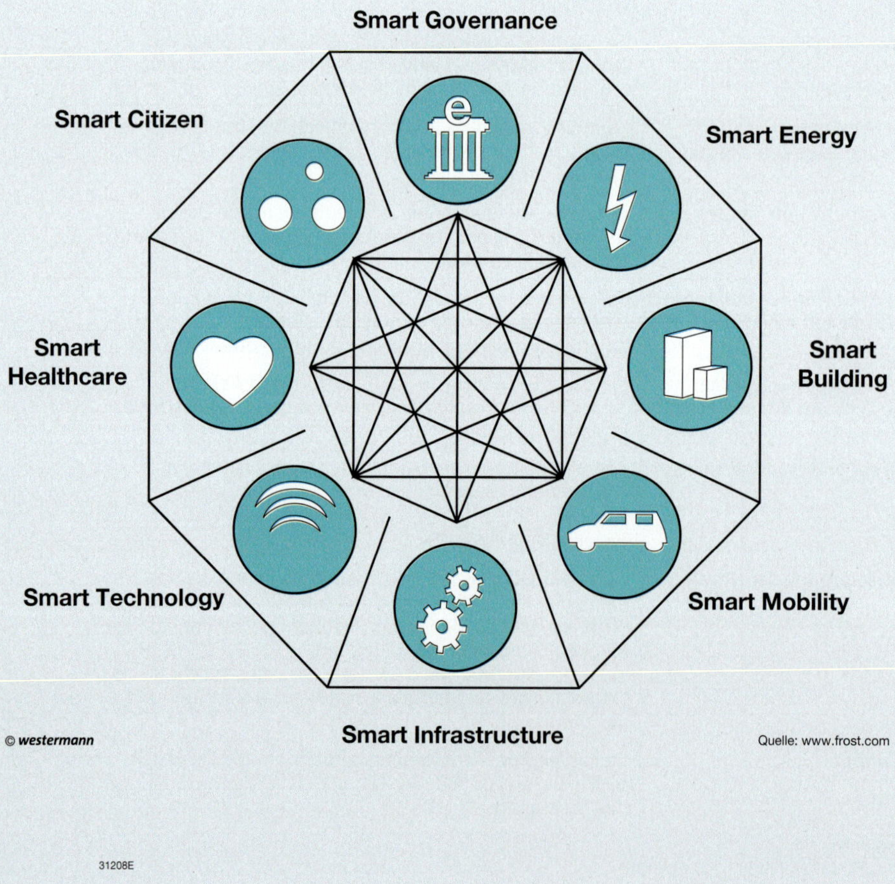

M1 Moderne Städte – Smart Cities?

Kompetenz-Check

Hier sind alle Kompetenzen, die Sie in diesem Kapitel erwerben konnten, aufgelistet.
Sie können selbst beantworten, wie Sie die Kompetenz beherrschen: ***sicher***, ***mäßig*** oder ***kaum***.

Sachkompetenz

Kann ich		Unsicher? Schlagen Sie nach auf Seite
1.	die Herausbildung von Global Cities zu höchstrangigen Dienstleistungszentren als Ergebnis der globalen Wirtschaftsentwicklung erklären?	268–271
2.	die Folgen des überproportionalen Bedeutungszuwachses von Global Cities erklären?	268–271
3.	den Wandel von Städten als notwendige Anpassung an sich verändernde soziale, ökonomische und ökologische Rahmenbedingungen darstellen?	272–277

Methodenkompetenz

Kann ich		
4.	selbstständig mittels geeigneter Suchstrategien in Bibliotheken, im Internet und in internetbasierten Geoinformationsdiensten Informationen recherchieren und diese frage- und hypothesenbezogen auswerten?	274
5.	geographische Sachverhalte mündlich und schriftlich unter Verwendung der Fachsprache problembezogen, sachlogisch strukturiert, aufgaben-, operatoren- und materialbezogen sowie differenziert darstellen?	268–277

Urteilskompetenz

Kann ich		
6.	städtische Veränderungsprozesse als Herausforderung und Chance zukünftiger Stadtplanung auch unter Berücksichtigung der Bedürfnisse von Männern, Frauen und Kindern bewerten?	272/273, 276/277
7.	Maßnahmen für eine nachhaltige Stadtentwicklung im Spannungsfeld von Mobilität und Lebensqualität bewerten?	272–275

Handlungskompetenz

Kann ich		
8.	Arbeitsergebnisse zur Thematik im (schul-)öffentlichen Rahmen sach-, problem- und adressatenbezogen sowie fachsprachlich angemessen darstellen?	268–277
9.	Arbeitsergebnisse zu raumbezogenen Sachverhalten im Unterricht sach-, problem- und adressatenbezogen sowie fachsprachlich angemessen präsentieren?	268–277

Nächtlicher Hochbetrieb am Leipziger Hub-Flughafen

XIII Waren und Dienstleistungen

– immer verfügbar?

Waren und Dienstleistungen in einer globalen Weltwirtschaft

Welthandel und Kommunikation – die Welt wird immer kleiner

Ein Mausklick genügt und ein Apparat aus Logistik und Warentransport ist in Gang gesetzt. Einzelne Abläufe in der Bereitstellung und dem Versand von Waren laufen vollautomatisch ab, der Mensch ist überflüssig. Telefonauskünfte sind jederzeit möglich, die moderne Kommunikationstechnologie ist nicht an Standorte und Zeitzonen gebunden. Transaktionen können in Sekundenschnelle online getätigt werden und auch der Arbeitsplatz im Büro ist oft nicht mehr notwendig, weil das „Home Office", der Arbeitsplatz zu Hause, global vernetzt ist. Per Videokonferenz können Absprachen getroffen werden. Die Innovationen der Informations- und Kommunikationstechnologie haben das tägliche Leben verändert, auch die zwischenmenschlichen Beziehungen haben sich verändert. Jeder ist jederzeit erreichbar, Freundschaften werden in sozialen Netzwerken gepflegt.

War früher der Markt in einer Stadt der Umschlagplatz für Waren, so sind es heute die Containerhäfen, die Flughäfen und Güterverkehrszentren, die unsere Großmärkte und Internetkaufhäuser beliefern. Durch steigende Transportkapazitäten und moderne Transportlogistik ist der Anteil der Transportkosten am Gesamtpreis einer Ware gering. Dies ist auch notwendig, wenn die Kostenvorteile des Outsourcing von Produktionsschritten in zum Beispiel Niedriglohnländer Vorteile bringen soll. Die zeitgenaue Lieferung von notwendigen Teilen für die Produktion ist eine weitere Bedingung, die die moderne Logistik leisten muss. Am globalen Welthandel sind allerdings nicht alle Länder gleichermaßen beteiligt.

Die Überwindung von Raum und Zeit – inwiefern haben wir diese Utopie bereits erreicht? Und welchen „Preis" müssen wir dafür bezahlen? Der Flächenverbrauch für Straßen, Lkw-Parkplätze, Flugplätze und Hafenanlagen sowie der Energieverbrauch beim Transport von Waren nehmen zu. Kosten entstehen bei der Instandhaltung von Straßen und Brücken, aber auch beim Verschrotten von Transportmitteln. Die Umwelt wird zunehmend belastet. Dienstleistungen sind in allen Bereichen jederzeit verfügbar, aber die Auswirkungen auf den individuellen Lebensraum sind gravierend.

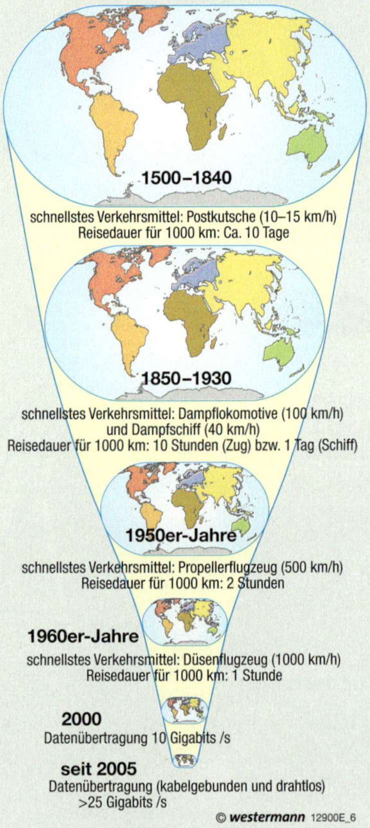

M2 Die Welt „schrumpft"

M1* Globale Handelsströme ▷

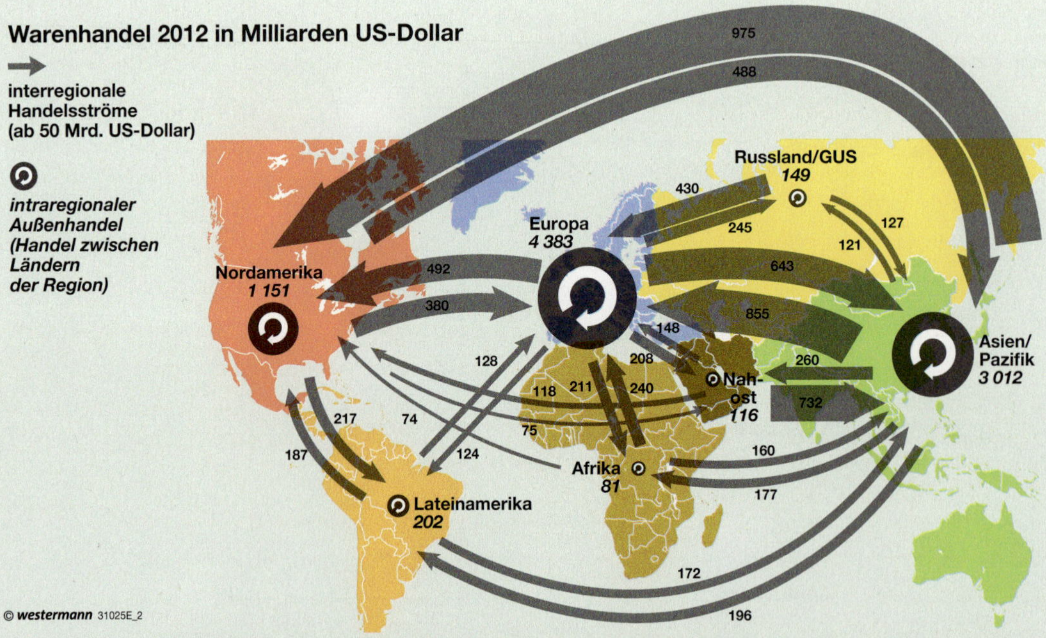

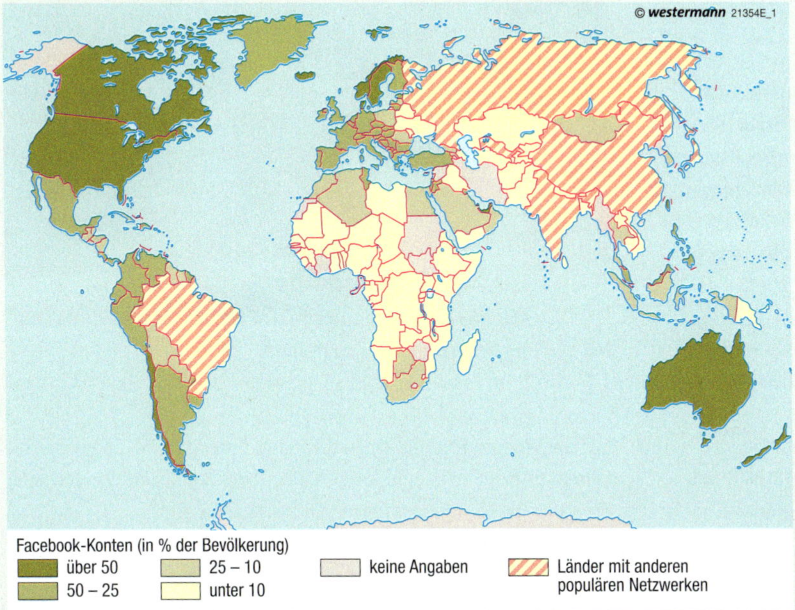

M3 Facebook-Konten 2012

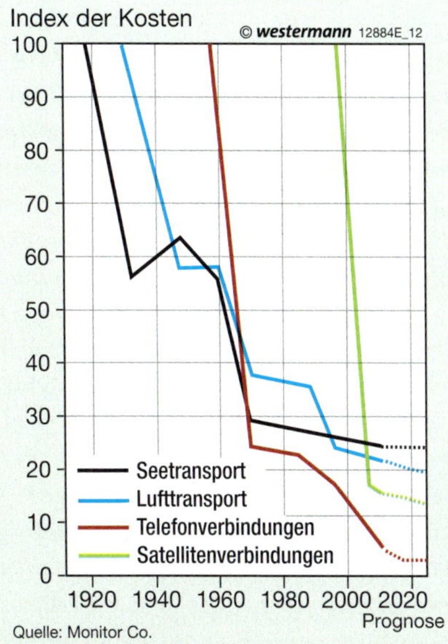

M5 Entwicklung der Kosten des Welthandels

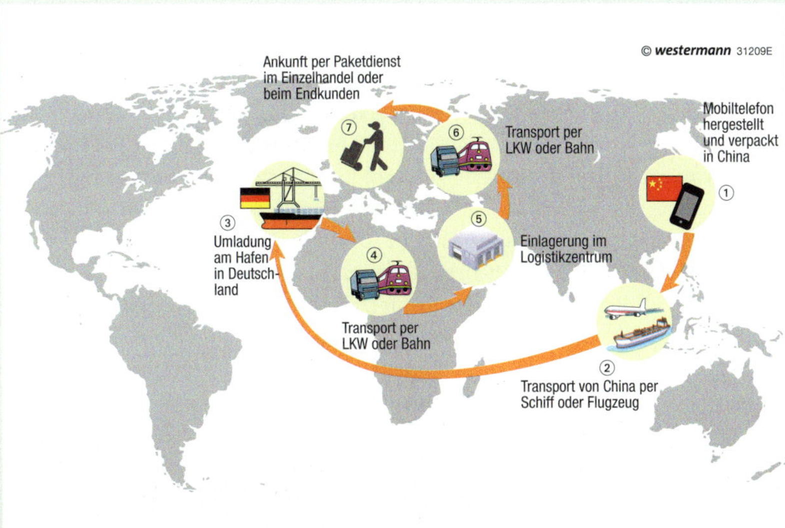

M4 Transportkette für ein Smartphone aus China

M6 Karikatur: Zustellerdienste der Zukunft

1. Die Welt wird immer kleiner. Erläutern Sie diese Aussage (M2).
2. Kennzeichnen Sie die wichtigsten Welthandelsströme (M1).
3. a) Fassen Sie die Kernaussage der Karikatur in M6 zusammen.
   b) Nehmen Sie Stellung zur Karikatur.
4. Begründen Sie die Entwicklung der Kosten des Welthandels (M5, M4).

Ⓦ 5. Stellen Sie Ihre persönliche „Vernetzung" dar, indem Sie
   A eine Karikatur entwerfen.
   B eine Grafik zeichnen.
   C einen Text formulieren.

Ⓩ 6. Stellen Sie die Bedeutung der modernen Informations- und Kommunikationstechnologie in einer Mindmap dar.

Nahrungsmittel aus aller Welt – immer verfügbar

Apfel ist nicht gleich Apfel – global versus regional

Äpfel aus Deutschland werden exportiert, Äpfel aus Neuseeland werden importiert. Dies erscheint unsinnig, wenn man den langen Transportweg bedenkt, doch der Verbraucher bestimmt, welchen Apfel er kaufen möchte. Technische Innovationen wie die Kühltechnik ermöglichen den Transport über lange Strecken oder eine Lagerung über mehrere Monate. So ist also eigentlich immer Saison. Welcher Preis muss aber dafür gezahlt werden, dass Nahrungsmittel aus aller Welt immer verfügbar sind?

1. Vergleichen Sie die Klimabilanz eines Apfels aus Chile mit der Klimabilanz eines Apfels aus Deutschland (M1, M3, M4).
2. Der Verbraucher trägt zur Klimabilanz des Apfels bei. Nehmen Sie Stellung zu dieser Aussage (M3, M5, M7, M8).
3. Erörtern Sie die Möglichkeit, für die Versorgung der in Deutschland lebenden Bevölkerung nur noch regionale Obstsorten zu verwenden (M3, M5, M6).

Ⓦ 4. Erklären Sie den Einfluss des Verbrauchers in Deutschland auf die Warenströme
   - **A** mithilfe einer grafischen Darstellung.
   - **B** in einem Text.

Ⓩ 5 Reflektieren Sie Ihren Obstkonsum. Stellen Sie dazu „Ihre" Obstsorten nach Monaten geordnet in einer Tabelle dar.

→ Off-Season

Ein Apfel aus Deutschland ist nicht per se klimafreundlicher als ein Apfel aus Chile oder Neuseeland. Das liegt daran, dass die monatelange Lagerung deutscher Äpfel im Kühlhaus viel Energie benötigt und CO_2-Emissionen verursacht. Die Klimabilanz heimischer Äpfel verschlechtert sich daher mit jedem Monat der Lagerung.
Einheimische Äpfel sind nur in der Zeit von ihrer Ernte im September bis Mai klimafreundlicher als ausländische. Von Juni bis zur neuen Ernte im September haben Äpfel aus Chile oder Neuseeland eine bessere Klimabilanz. Die monatelange Lagerung im Kühlhaus hat dann mehr Energie verbraucht als der Transport um die halbe Welt.
Unabhängig davon ist es für die Klimabilanz wichtig, mit welchem Verkehrsmittel der Einkauf erfolgt. Ein Einkauf zu Fuß, mit dem Fahrrad oder öffentlichen Verkehrsmitteln ist daher ein wesentlicher Beitrag, den der Konsument zum Klimaschutz leisten kann.
Zum Vergleich: Neben dem Herkunftsort wirkt sich auch die Transportart der Waren auf die Klimabilanz aus. Die Bilanz großer Frachtdampfer ist mindestens zehnmal besser als die von Flugzeugen. Für Obst und Gemüse aus der Region schlägt der Transport mit durchschnittlich 230 Gramm CO_2 pro Kilogramm Ware zu Buche. Aus Europa sind es 460 Gramm, aus Übersee mit dem Schiff 570 Gramm. Eine Lieferung mit dem Flugzeug belastet die Umwelt mit 11 000 Gramm CO_2 pro Kilo Obst oder Gemüse.

Quelle: Blanke, M.: Handelsblatt, 23.7.2009

M1 Michael Blanke vom Institut für Nutzpflanzenwissenschaften und Ressourcenschutz der Universität Bonn äußerte sich in einem Interview zur Frage: Ist ein Apfel aus Chile oder Neuseeland immer klimaschädlicher als ein deutscher Apfel?

M2 Immer verfügbar – nur zugreifen!

Für die Versorgung der in Deutschland lebenden Bevölkerung mit Lebensmitteln [ist] eine Verkehrsleistung [erforderlich, die] eine Emission an klimarelevantem CO_2 [mit sich bringt].
[...] [Die in dem Bericht ausgewerteten Daten zeigen], dass die größten Einsparpotentiale durch geringere Transportstrecken und in besonderem Maß durch Ersatz von Flugzeugtransporten möglich sind.
[...] Die Entfernung, über die die Güter transportiert werden, wirkt sich in besonderem Maß auf die Verkehrsleistung und damit auf den Umweltverbrauch aus. Dementsprechend schlagen Verminderungen der Strecken, insbesondere die Reduktion von Überseetransporten, stark zu Buche.
[...] Ein Ersatz von Importen durch deutsche Lebensmittel setzt jedoch voraus, dass diese Produkte in Deutschland in ausreichender Menge erzeugt werden und bisher für den Export vorgesehen sind. Die Fläche im Ausland, die für deutsche Importe belegt wird, ist größer als diejenige Fläche im Inland, die für Exporte genutzt wird.
[...] Dies bedeutet, dass eine Fläche so groß wie ein Drittel der inländischen Anbaufläche zusätzlich in Deutschland benötigt würde, um den bisherigen Konsum beibehalten zu können. Eine 100%ige Selbstversorgung ist für Deutschland [...] mit dem derzeitigen Ernährungsverhalten [...] nicht machbar.
Ein Ersatz von Importen durch deutsche Lebensmittel setzt jedoch voraus, dass diese Produkte in Deutschland in ausreichender Menge erzeugt werden [können].
[...] Nicht anbaubar sind z. B. Südfrüchte und ernährungsrelevante Genussmittel wie Kaffee, Kakao und Kakaoerzeugnisse, Tee und Gewürze.
[...] Eine Verschiebung hin zu den günstigeren Verkehrsmitteln ist ebenfalls mit Einsparungen verbunden, die sehr unterschiedlich ausfallen. Grundsätzlich hat eine Verschiebung vom Lkw zur Schiene und insbesondere zum Binnenschiff (sofern möglich) positive Auswirkungen. [...] Je höher der Anteil der Schiene, umso umweltverträglicher. In ganz besonderem Maße wirkt sich aus, ob Güter per Seeschiff oder Flugzeug importiert werden. Bereits geringfügige Verschiebungen haben im Vergleich zu allen anderen Berechnungen eine überproportionale Auswirkung. [...] Durch die Verlagerung von 0,17 % der transportierten Gesamtmenge auf das Flugzeug würde die Gesamtemission für alle Transporte im Ernährungssektor um 40 % ansteigen.

Quelle: Hoffmann I. u. I. Lauber: Gütertransporte im Zusammenhang mit dem Lebensmittelkonsum in Deutschland, 2001

M3 Auszug aus einem Bericht zur Auswertung des Nationalen Klimaschutzprogramms der Bundesregierung

Verrückte Welt! Wenn es draußen schneit, bietet der Handel frische Trauben an, vor den Feiertagen sogar Spargel und Erdbeeren. Was manchen Kunden eigenartig vorkommt, ist im Fruchthandel ein wichtiger Bestandteil des Geschäfts. Es geht um so genannte Off-Season-Ware. [...]
Wenn bei uns in Europa Winter herrscht, freuen sich die Bewohner der südlichen Erdhalbkugel über sommerliche Temperaturen. Dann werden dort typische Sommerfrüchte geerntet, wie zum Beispiel Trauben. Lieferungen aus Übersee treffen ab Mitte November bei uns ein. Im Handel hat sich dafür der Begriff „Off-Season"-Ware eingebürgert. Es handelt sich also um Frischware, die bei uns zu dieser Zeit eigentlich keine Saison hat. Die bedeutendsten Anbieter solcher Produkte sind Südafrika, Chile und Argentinien sowie Neuseeland.
Quelle: H. Mittler: Off-Seasons. Lebensmittel Praxis, 14.1.2010

M4 Saison ist immer

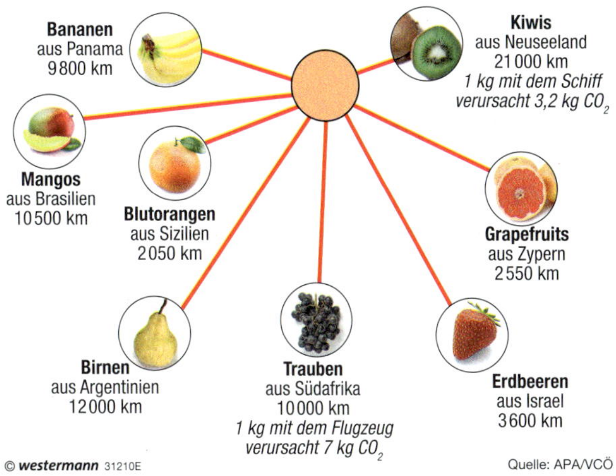

M7 Der lange Weg unseres Obstes

Kühllagerung:

In einem Kühllager wird durch Kältemaschinen die Temperatur je nach Sorte konstant auf einem Wert von 0 °C bis +4 °C gehalten und dadurch der Reifeprozess verlangsamt. Zusätzlich gibt es Luftbefeuchtungsanlagen, die eine Luftfeuchtigkeit zwischen 90 % und 95 % gewährleisten und dadurch das Austrocknen der Früchte verringern.

CA-Lagerung:

Unter CA-Lagerung (Controlled Atmosphere) versteht man die Lagerung in einer Atmosphäre mit wenig Sauerstoff. In den „luftdichten" Lagerräumen sinkt durch das Veratmen der Früchte der Sauerstoffgehalt auf etwa einen Prozent, der CO_2-Gehalt erhöht sich auf etwa 1,5 Prozent. Dadurch fällt das Obst in eine Art „Winterschlaf". Im CA-Lager sind Äpfel deutlich länger zu lagern.
Quelle: www.apfelparadies.de

M5 Kühl- und Lagertechniken

„Die Transporteffizienz ist – auf den einzelnen Apfel umgerechnet – zweitrangig. Wichtiger als die Wahl zwischen regionalem und Überseeapfel ist nämlich die Frage, ob der Käufer per Auto oder zu Fuß vor dem Obstregal gelandet ist. Wer mit dem Auto fährt, hat der niederländische Bio-Großhändler Eosta ausgerechnet, macht den Umweltvorteil des regionalen Apfels zunichte. Für ein gutes Klimagewissen heißt das also: Wenn Sie mit dem Auto einkaufen, nehmen Sie den regionalen Apfel. Sind zu Fuß oder mit dem Fahrrad unterwegs, ist auch der Neuseeland-Apfel okay."
„Was allerdings ein absolutes No-Go in Sachen Klimaschutz bleibt, sind Früchte, die statt per Containerschiff mit dem Flieger nach Deutschland kommen. Dazu zählen beispielsweise Ananas oder Mangos. Die Umweltbelastung, die durch den Flugtransport dieser Früchte entsteht, ist derart hoch, dass auch versierte Radler sehr lange treten müssen."
Quelle: Bäuerlein, T.: DIE ZEIT, 19.10.2010;
F. Ehrenfried: Leben, 26.7.2013

M8 Ökologisch einkaufen

Monat	Obst, das in diesem Monat frisch aus heimischem Anbau verfügbar ist
Januar, Februar, März	eingelagerte Äpfel
April	Rhabarber
Mai	Erdbeeren, Rhabarber
Juni	Heidelbeeren, Erdbeeren, Himbeeren, Johannisbeeren, Kirschen, Rhabarber, Stachelbeeren
Juli	Aprikosen, Heidelbeeren, Brombeeren, Erdbeeren, Himbeeren, Johannisbeeren, Kirschen, Mirabellen, Pflaumen, Stachelbeeren, Wassermelonen, Zwetschgen
August	Äpfel, Aprikosen, Birnen, Heidelbeeren, Brombeeren, Himbeeren, Johannisbeeren, Kirschen, Mirabellen, Pflaumen, Stachelbeeren, Wassermelonen, Zwetschgen
September	Äpfel, Birnen, Heidelbeeren, Brombeeren, Holunderbeeren, Mirabellen, Pflaumen, Quitten, Wassermelonen, Weintrauben, Zwetschgen
Oktober	Äpfel, Birnen, Holunderbeeren, Quitten, Weintrauben, Zwetschgen
November	Äpfel, Quitten
Dezember	eingelagerte Äpfel

M6 Saisonkalender für Obst aus Deutschland

Global Sourcing – eine Herausforderung für Logistik und Warentransport

Transportketten im globalen Warenverkehr

Brückensperrungen, Staus, Verspätungen sind Hindernisse im Warenverkehr. Der Erfolg der deutschen Volkswirtschaft ist jedoch ohne ein gut funktionierendes Transportsystem nicht möglich. Das in der Zukunft noch wachsende Güterverkehrsaufkommen sollte aber auch die Erfordernisse des Klima- und Umweltschutzes sowie die gesellschaftlichen Bedürfnisse berücksichtigen. Um das zu erreichen, muss die Effizienz aller Verkehrsträger gesteigert werden. Wie kann dies mit modernen Verkehrsmanagementsystemen gelingen?

1. Die Erfindung des Containers hat den Warenverkehr revolutioniert. Erklären Sie, welche Vorteile der Transport von Waren in Containern mit sich bringt (M3).
2. Erläutern Sie die Veränderungen der Transportkette (M2).
3. Erklären Sie, wie sich Dienstleister dem veränderten Warenverkehr anpassen (M1, M4, M6).
4. Ⓦ Bewerten Sie die Bedeutung einer leistungsfähigen Infrastruktur in einer synergetisch vernetzten Wirtschaft aus drei Perspektiven: Verbraucher, global agierendes Unternehmen, Logistikdienstleister.
   A Erstellen Sie ein Schaubild.
   B Formulieren Sie die Bewertung in einem Text.
5. **a)** Beschreiben Sie die Entwicklung des Güterverkehrs in Deutschland nach Verkehrsträgern (M5).
   b) Nehmen Sie Stellung zur Diskussion um die Zulassung von Lang-Lkw (M7).
6. Ⓩ Erörtern Sie den Einsatz von Drohnen im Warenverkehr.

→ Direktverkehr, Logistik, Roll-on-roll-off, Supply-Chain-Management, Transportkette

→ Transportkette

Die Verknüpfung von Ausgangs- und Zielort durch ein oder mehrere Transportmittel ergibt die sogenannte Transportkette. Der Güterverkehr erfolgt in unterschiedlichen Transportketten. Monomodale Transportketten, die keinen Umschlag der Güter enthalten, werden auch als Direktverkehr bezeichnet. Ein Wechsel zwischen Transportmitteln oder sogar Verkehrsträgern findet im Rahmen von Umschlagvorgängen statt.

→ Supply-Chain-Management

Supply-Chain-Management (= Lieferkettenmanagement) umfasst die Organisation komplexer und dynamischer Lieferanten- und Kundennetzwerke.

M1 RoRo-Schiff für den Roll-on-roll-off-Verkehr

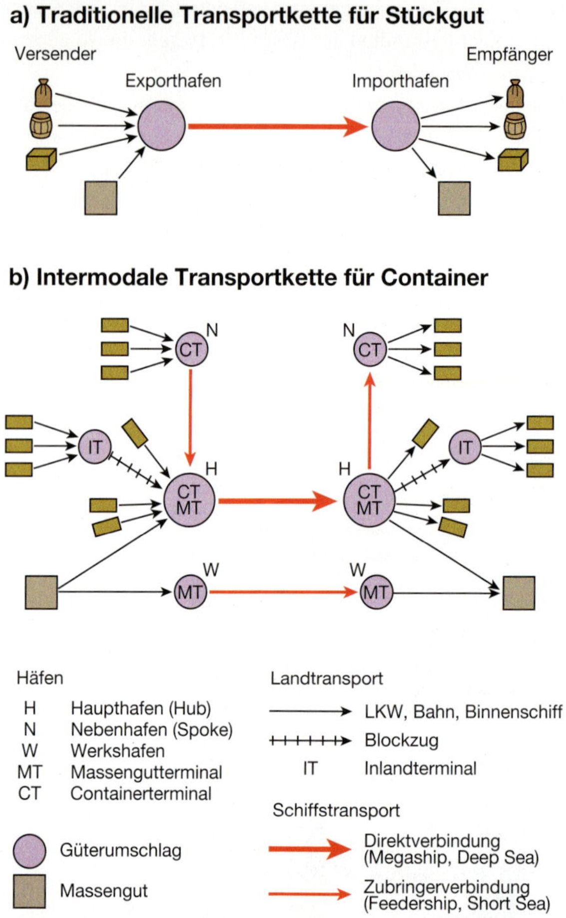

Quelle: Nuhn, H.: Strukturwandlungen im Seeverkehr und ihre Auswirkungen auf die Häfen, Geographische Rundschau 46 (1994) H. 5, S. 285 (verändert) © westermann 31211E

M2* Veränderung der Transportkette

M3 GVZ Köln-Eifeltor: Deutschlands größter Containerumschlagbahnhof für den kombinierten Frachtverkehr Schiene/Straße. Der alte Güterbahnhof in Köln ist mittlerweile zum Mediapark mutiert. Der Platz reichte am alten Standort nicht aus, um einen modernen Containerumschlagbahnhof zu bauen.

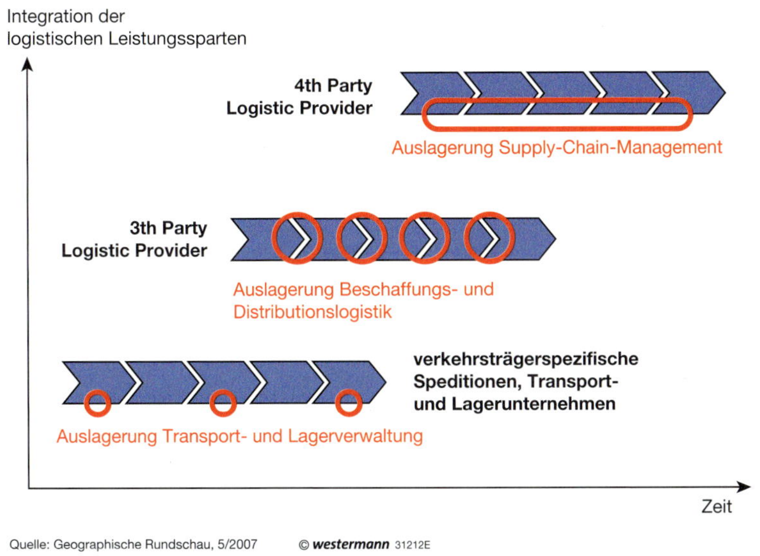

M4 Entwicklung der Logistik vom Speditionsunternehmen zum Supply-Chain-Management

4th Party Logistics Provider (4LP):

Firmenexterne Dienstleister, die logistische Abläufe eines Unternehmens koordinieren, ohne eigene Fahrzeuge, Lagerhallen oder anderweitige logistische Ausrüstungen einzubringen. Sie übernehmen die Dienstleistungsangebote verschiedener Logistikdienstleister und koordinieren diese.

3rd Party Logistics (3LP):

Firmenexterne Logistikdienstleister, die Transport und Lagerung und andere Dienstleistungen für ihre Kunden übernehmen.

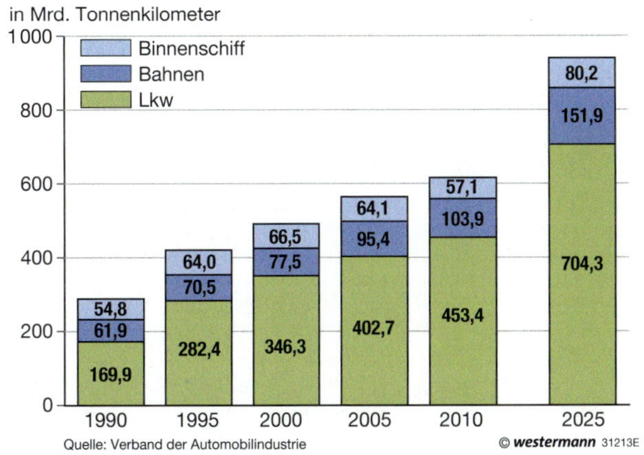

M5 Güterverkehr in Deutschland nach Verkehrsträgern

Die Schweizer Kühne + Nagel AG, 1890 in Bremen als Transportunternehmen für Baumwolle gegründet, wurde schnell zur Import-Export-Spedition.
1903 wurde eine erste Niederlassung in Hamburg eröffnet. Nach den schwierigen Jahren der Weltkriege, in denen die zivile Seeschifffahrt zusammenbrach, begann man **1950** auch als Luftfrachtspedition.
Seit den 1950er Jahren wurden erste Niederlassungen in Kanada, Bagdad, Beirut und Vertretungen in Fernost gegründet.
1974 erfolgte die Übersiedlung des Geschäftssitzes in die Schweiz. In Erwartung des europäischen Binnenmarktes wurde ab Mitte der 1980er Jahre ein europaweites Transport-, Lager- und Distributionsnetz ausgebaut.
Seit 1993 ist eine verstärkte Tätigkeit weltweit zu verzeichnen. Seitdem wurden 70 Unternehmen der Sparten Landverkehr, Schienenverkehr, Seefracht, Luftfracht und Kontraktlogistik [...] aufgekauft und in das bestehende Unternehmen integriert. Heute ist das Unternehmen in allen logistischen Leistungssparten tätig.

Quelle: Neiberger, C.: Logistikunternehmen im Globalisierungsprozess. In: Geographische Rundschau, Heft 5/2007, S. 25

M6 Firmengeschichte eines Logistikdienstleisters

Bisher ist die Länge von Lkw in Deutschland auf maximal 18,75 Meter begrenzt. Das Bundesverkehrsministerium will nun in einem auf fünf Jahre angelegten Feldversuch Lkw mit einer Länge von bis zu 25,25 Meter und einem zulässigen Gesamtgewicht von bis zu 44 Tonnen testen. Diese Laster [werden] auch „Eurocombi“ oder „Gigaliner“ genannt. In den schwach besiedelten Regionen von Schweden und Finnland sind solche Lkw (mit einem Gewicht bis zu 60 Tonnen) schon seit 40 Jahren unterwegs. Eine EU-Richtlinie von 1996 erlaubt ihren Einsatz in den Ländern der Europäischen Union, eine allgemeine Zulassung gibt es jedoch nicht.
Zu den Kritikern gehören einige Landesregierungen, Gewerkschaften, kommunale Verbände, Autoclubs, Bahnverbände und Umweltschützer. Sie sehen eine Reihe von Nachteilen: Sie befürchten, dass die überlangen Lkw zu einem Sicherheitsrisiko werden könnten. Die Riesenlaster könnten Bahnübergange oder Kreuzungen verstopfen, im Kreisverkehr stecken bleiben oder das Überholen unsicherer machen.

Quelle: Lilienthal, B.: Öko- oder Monstertruck? www.web.ard.de/themenwoche_2011/?p=898, Zugriff 05.09.2014

Lang-Lkw belasten die Infrastruktur weniger als herkömmliche Lkw. Denn das Gesamtgewicht wird auf mehr Achsen verteilt. Während bei herkömmlichen Kombinationen das Gewicht von maximal fünf Achsen getragen wird, sind es bei einem Lang-Lkw sieben bis acht Achsen. Das hat eine günstigere Achslastverteilung zur Folge. Die Bundesanstalt für Straßenwesen schätzt, dass die Straßenbeanspruchung (Fahrbahnermüdung, Spurrinnen) dadurch um 30 Prozent je Lkw abnimmt. Wenn außerdem weniger Lkw unterwegs sind, sind die Straßen länger nutzbar. Das spart bei der Erhaltung rund 5 Prozent der Kosten. Auch Brücken sind nicht gefährdet: Bei einem unverändertem Gesamtgewicht von maximal 44 Tonnen sind Tragfähigkeit und Dauerfestigkeit der Bauwerke sichergestellt.

Quelle: VDA Verband der Automobilindustrie

M7 Diskussion um den Einsatz von Lang-Lkw

Märkte müssen erreichbar sein

Häfen passen sich an – Singapur

„1819 gründete der englische Agent Thomas Stamford Raffles in Singapur eine Niederlassung der ostindischen Handelskompanie, die damals den gesamten Handel zwischen Großbritannien und Südostasien abwickelte. Aus der damals kaum besiedelten Insel wurde eines der größten kommerziellen Zentren Südostasiens. Heute befindet sich in dem Stadtstaat einer der größten Häfen der Welt." (www.wasistwas.de) Die Entwicklung des Hafens von Singapur ist ein Musterbeispiel für die Anpassung von Häfen an die Bedürfnisse im globalen Containerverkehr.

1. a) Erklären Sie den Struktur- und Funktionswandel von Häfen (M2, M6).
b) Stellen Sie die Auswirkungen des Wandels auf die Hafenanlagen dar (M2, M5, M6).
c) Erläutern Sie, wie Seehäfen wie Singapur auf die Veränderungen im Seeverkehr reagieren (M3, M5).

2. a) Die größten Schiffe sind nicht unbedingt die kostengünstigsten. Nehmen Sie Stellung zu dieser Aussage (M4).
b) Begründen Sie, warum die Langstrecke (Anlaufen möglichst weniger Häfen) von Vorteil ist (M4).

3. a) Vergleichen Sie die Lage der größten Containerhäfen mit den weltweiten Containerrouten (M1, M9).
b) Kennzeichnen Sie die Lage Singapurs als Hafenstandort (M1, M10, Atlas).
c) Erläutern Sie die Bedeutung Singapurs als Hafenstandort (M3, M9, M10).

4. Stellen Sie die Vor- und Nachteile des Containerschiffs im Vergleich zum Flugzeug und Lkw zusammen (M7, M8).

ⓩ **5.** Hamburg hat einen neuen Containerhafen weiter flussabwärts gebaut. Begründen Sie diese Entscheidung. Recherchieren Sie, wie der alte Hafen heute genutzt wird.

→ TEU, Transportkette

→ TEU = Twenty-foot Equivalent Unit
deutsche Bezeichnung: Standardcontainer, ist eine international standardisierte Maßeinheit im Containerverkehr (20 Fuß-Container = 6,10 m x 2,44 m x 2,59 m).

weblink
www.singapur.net/singapur-hafen.php (Film)

Häfen unterliegen seit Mitte der 1960er Jahre einem Struktur- und Funktionswandel. [...] Mit der Einführung des Containers entfiel [...] eine Zwischenlagerung, Seeverpackung, sachgerechte Stauung oder Aufbereitung und Pflege der Güter im Hafen. Arbeitskräfte haben deshalb ihre Beschäftigung verloren und Stückgutzentren, Lagerhäuser und Kaispeicher sind funktionslos geworden. [...] Zugleich verlor der Hafen mit der Fokussierung auf den raschen Durchlauf der Container auch die früher bedeutsame Steuerungsfunktion in der Logistikkette.

Quelle: Nuhn , H.und S. Pfister: Seehäfen in der globalen Transportkette. In: Praxis Geographie, Heft 2/2012, S. 30

M2 Häfen im Wandel

Laut Angaben der Deutsch-Singapurischen Industrie- und Handelskammer (AHK) sind insgesamt 5 000 Logistik- und Vertriebskettenanbieter in Singapur vertreten; darunter die weltgrößten wie Schenker, NYK, Keppel Logistics und YCH. Angaben der Maritime Port Authority (MPA) zufolge sind in Singapur 4 200 ausländische, multinationale Unternehmen angesiedelt und 26 000 internationale Firmen – oftmals wegen der strategischen Lage des Landes und der exzellenten Logistik-Infrastruktur, die es ihnen erlaubt, Singapur als Verteilzentrum für die Region Südostasien zu nutzen.

Quelle: Wälterlin, U.: Handelsblatt 22.11.2011

M3 Standortvorteile des Hafens Singapur

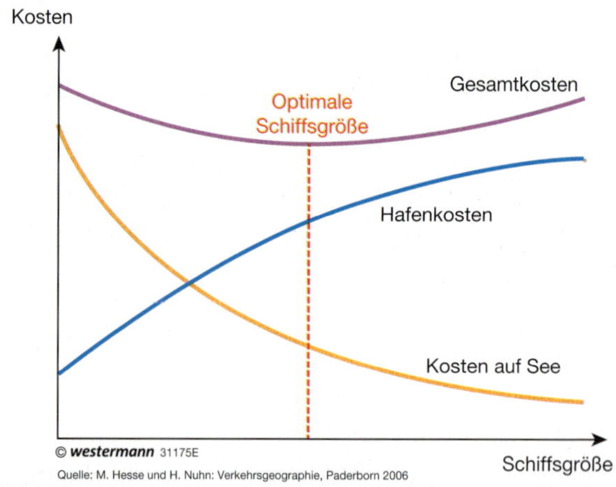

M4* Betriebskosten und optimale Schiffsgröße

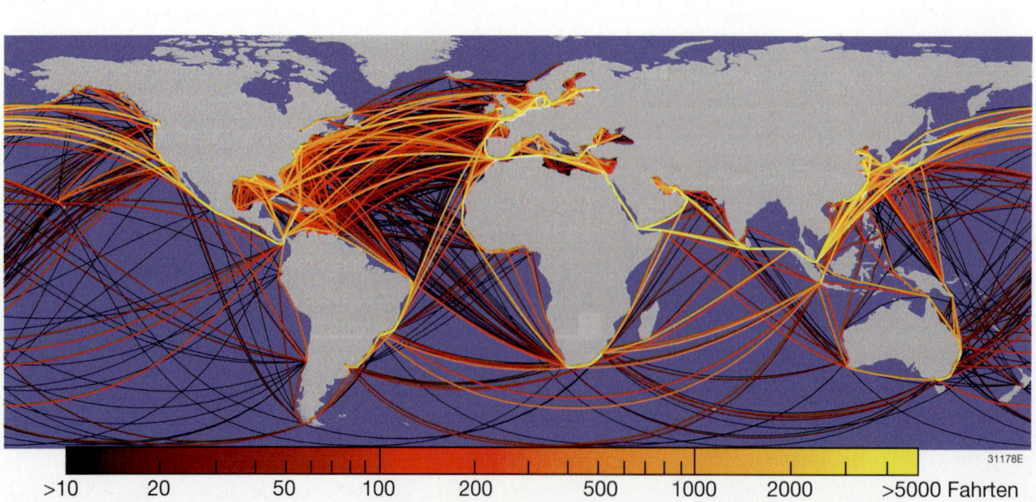

M1 Weltweite Containerrouten (Fahrten pro Jahr)

M5 Der Containerhafen von Singapur gilt als Musterbeispiel für Effizienz.

Umschlagvolumen 2013 in Millionen TEU	
Shanghai (China)	33,6
Singapur (Singapur)	32,6
Shenzhen (China)	23,3
Hongkong (China)	22,3
Busan (Südkorea)	17,7
Ningbo (China)	17,3
Tsingtau (China)	15,5
Kanton (China)	15,3
Los Angeles (USA)	14,6
Dubai (VAE)	13,6

Quelle: www.statista.com

M9 Rangliste der zehn größten Containerhäfen

Jahr	Kapazität (TEU)	Länge (m)	Breite (m)	Tiefgang (m)
1956–1970	500 1000	135 200	< 25,0	< 9,0
1970–1980	1000–3000	200–215	< 28,0	10,8
1980–1988 Panamax*	3000 4500	250 294	32,2 32,2	11,0 12,0
1988–1995 Post-Panamax	4500–5000	280–305	41,1	11,4–12,7
1995–2005 Super-Post-Panamax	5000–10000	300–350	40–43	13–14,5
2006 Suezmax**	10000–15000	350–400	50–60	15–17
seit 2013 Triple E	18000	400	59	15,5

*maximale Schiffsgröße für die Durchfahrt durch den Panamakanal vor dem Ausbau
**maximale Schiffsgröße für die Durchfahrt durch den Suezkanal
Quelle: Rodrigue, J.-P. u.a.: Geography of Transport Systems. New York.

M6 Größenwachstum der Containerschiffe

Singapur platzt aus allen Nähten. Obwohl die Nation zu den urbanisiertesten Ländern der Welt gehört, ist über die Hälfte des Stadtstaates von Vegetation bedeckt – etwa Regenwald, Parkanlagen. Und das soll auch so bleiben. So expandiert Singapur über Landgewinnung – Aufschüttungen im Küstenbereich. Seit den sechziger Jahren hat sich Singapur auf diese Weise von 581,5 auf 704 Quadratkilometer vergrößert.
Ein wesentlicher Grund für den hohen Bedarf an mehr Land ist die expandierende Logistikindustrie. Seit Jahrhunderten ist Singapur wegen seiner verteidigungs- und wirtschaftspolitisch einzigartigen geografischen Lage im Herzen Südostasiens ein Zentrum des Handels, des Austauschs, der Präsenz von Unternehmen.
Quelle: Wälterlin, U.: Handelsblatt, 22.11.2011

M10 Logistik hat Tradition in Singapur

[Ein Suezmax-Containerschiff hat] bei voller Leistung [einen] Treibstoffverbrauch [von] 0,171 kg/kWh, was rund 14 380 l Brennstoff pro Stunde entspricht. Dies ergibt 2,1 l Schweröl pro Container mit 14 t und 100 km Transportweg. Der relativ geringe Verbrauch des Dieselmotors hängt mit seinem hohen Wirkungsgrad von 49,0 Prozent zusammen (moderne Pkw-Motoren liegen heute erst bei 35 bis 45 Prozent). Eine Tankfüllung kostet 5,3 Mio. €.
(zusammengestellt nach www.wikipedia.de und www.faz.net)

M7 Treibstoffverbrauch eines Containerschiffs (Suezmax)

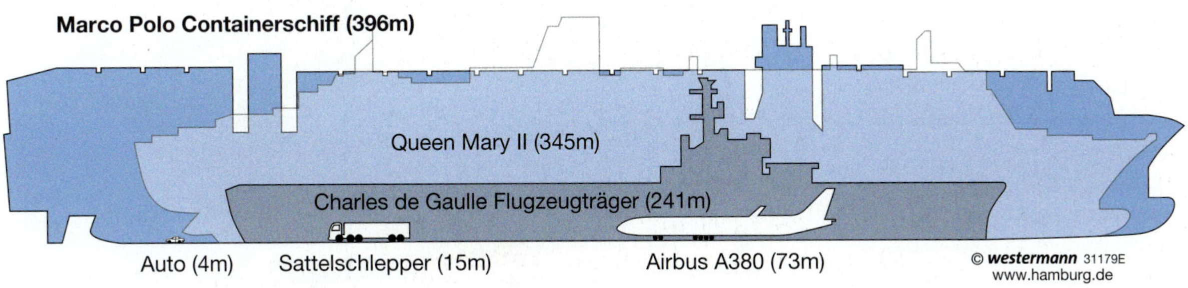

M8 Größenvergleiche Auto/Lkw/Flugzeug/Schiff/Containerschiff

Märkte müssen erreichbar sein

Kanäle passen sich an – Panama und Nicaragua

Wie können Schiffstransporte vom Atlantischen Ozean zum Pazifischen Ozean den 15 000 km langen Weg um die Südspitze Südamerikas herum vermeiden, denn lange Wege verursachen Kosten und brauchen Zeit. Die Lösung war der Bau des Panamakanals vor hundert Jahren. Heute ist dieser Schifffahrtsweg nicht mehr zeitgemäß, denn die Schiffe sind größer geworden und haben einen größeren Tiefgang. Ein Post-Panamax-Containerschiff kann den Kanal nicht befahren. Der Kanal muss ausgebaut werden, doch es wird auch ein anderes Projekt diskutiert: der Bau eines Kanals durch Nicaragua.

1. Erläutern Sie die wirtschaftliche Bedeutung des Panamakanals für das Land (M1, M3, M4).
2. Beurteilen Sie die Bedeutung Panamas als Wirtschaftsstandort für ausländische Unternehmen (M3, M4).
3. Begründen Sie die Notwendigkeit des Ausbaus des Panamakanals (M1, M5–M7, M11).
Ⓦ **4.** Erörtern Sie den Bau des Nicaragua-Kanals (M7–M10).
  A Stellen Sie Vor- und Nachteile in einer Tabelle zusammen.
  B Formulieren Sie einen Text.
5. Der Panamakanal wurde mithilfe der USA gebaut, der Nicaragua-Kanal soll mithilfe einer chinesischen Firma gebaut werden. Erläutern Sie die Problematik (M1, M8, M9, M10).
Ⓩ **6.** Recherchieren Sie den aktuellen Stand (Nicaragua-Kanal).

→ Sonderwirtschaftszone

- offene Marktwirtschaft mit verfassungsmäßig garantierten Eigentumsrechten,
- Panama-Kanal mit Häfen an beiden Ozeanen,
- modernes Finanzzentrum, Anbindung an den Dollar,
- beste Flugverbindungen in Lateinamerika,
- Freizone Colón (wichtigste Freihandelszone des Kontinents, weltweit zweitgrößte)
- Index der Wettbewerbsfähigkeit des Weltwirtschaftsforums WEF: Rang 40 (2012) (zweitbestes lateinamerikanisches Land nach Chile),
- Schwächen beim Vertrauen in die staatlichen Institutionen (u.a. Korruption),
- Dienstleistungssektor (Transport-, Handels- und Finanzwesen): 82 % Beitrag zur Wirtschaftsleistung (Logistik allein 24 %).

Quelle: Auswärtiges Amt, März 2014

M2 Wirtschaftliche Rahmenbedingungen in Panama

Panama verfügt über insgesamt 16 verschiedene Sonderwirtschaftszonen, von denen aktuell jedoch nur elf betrieben werden. [...] Die beiden größten Freihandelszonen sind die Ciudad del Saber (dt. Stadt des Wissens; Forschungs- und Bildungsstandort), sowie Panamà Pacífico (v.a. Logistik- und Finanzdienstleistung, High-Tech-Produktion). [...] In Bezug auf eine Ansiedlung einer Unternehmung in einer der Sonderwirtschaftszonen bestehen steuerrechtliche Vorteile. [...] Das Gesetz 32 (2011) befreit Unternehmen, die in den Freihandelszonen niedergelassen sind, von allen direkten und indirekten Steuern und Gebühren.

Quelle: www.panama.ahk.de/investieren-in-panama/sonderwirtschaftszonen-swz/, Zugriff 15.10.2014

M3 Die Sonderwirtschaftszonen (SWZ) in Panama

- Bauzeit: 1881 – 1914,
- zunächst französisches Projekt,
- Abbruch der Arbeiten,
- Fertigstellung durch die USA am 15.8.2014,
- Nutzung durch die USA gegen Gebühr bis 1999,
- dann Übergabe an Panama,
- Auslastung: 39 Schiffspassagen pro Tag,
- Dauer der Durchfahrt: 8–10 Stunden,
- mögliche Wartezeiten: bis zu 48 Stunden,
- Gebühren (unterschiedlich nach Schiffsgröße): durchschnittlich 48 000 US-Dollar,
- jährliche Einnahmen der Kanalgesellschaft: 1 Mrd. Dollar (etwa 792 Mio. Euro) (z. Vgl. Suezkanal: 5 Mrd. Dollar),
- Steuern an den Staat: rund 980 Mio. Dollar (wichtigste Einnahmequelle des Staats),
- Ausbau seit 2007,
- geplante Fertigstellung 2015 (Durchfahrt für Schiffe bis 12 000 TEU)

M1 Steckbrief zum Panamakanal

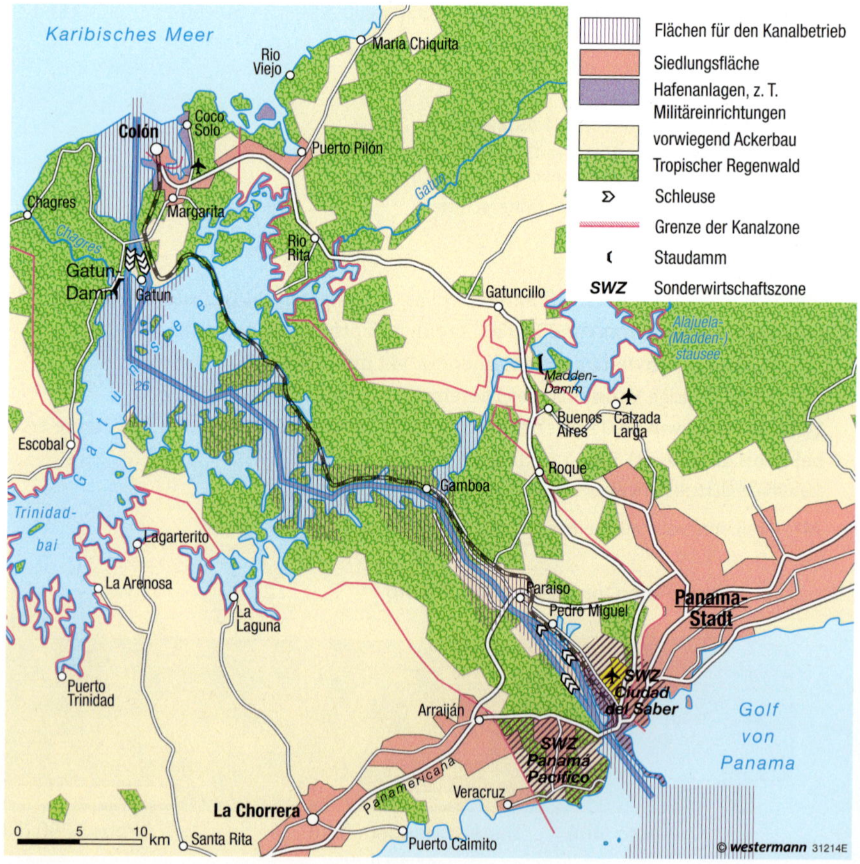

M4 Panamakanal mit Kanalzone

M5 Alte Schleuse am Panamakanal. Die neuen Schleusen bei Colón werden 427 m lang und 55 m breit sein (vier Fußballfelder). 30 Mio. m³ Erde wurden bewegt, nur um die Einfahrt vom Atlantik über den See Gatun zu vertiefen und zu erweitern.

Das dringend nötige Lifting des Panamakanals hinkt den Plänen dramatisch hinterher. [...] Fehlkalkulation, die Explosion der ursprünglich auf 5,35 Milliarden Dollar kalkulierten Erweiterungskosten, [...] ein wochenlanger Baustopp – all das ließ die Runderneuerung immer länger dauern.
Angeblich soll die Kanalerweiterung nun 2015 fertig sein. Auch diese Schätzung ist ausgesprochen optimistisch. Aber der Kanal braucht die Erweiterung dringend, um im Frachtrennen um die Welt weiter konkurrenzfähig zu bleiben.

Quelle: Düstere Zukunft für den Panamakanal, www.handelsblatt.de, 4.10.2014, Zugriff 15.10.2014

M6 Der Ausbau verzögert sich

Panama ist eines der wenigen nicht links regierten Länder Lateinamerikas. Die USA wachen bis heute mit Argusaugen darüber, dass nichts den Kanal gefährdet oder in Gefahr bringt. Nicaragua will eine zweite Wasserstraße öffnen, die die US-amerikanische Vorherrschaft in der Region brechen soll. Russland, China und viele lateinamerikanische Linksregierungen würden die Gebühren für eine Durchfahrt viel lieber an eine ihr politisch nahestehende Regierung wie Nicaragua zahlen. Sie wären damit strategisch vom Panamakanal unabhängig.

Quelle: Käufer, T.: Panamakanal auf dem Weg in eine neue Dimension, www.welt.de, Zugriff 15.8.2014

M8 Der Nicaragua-Kanal, auch ein politisches Projekt

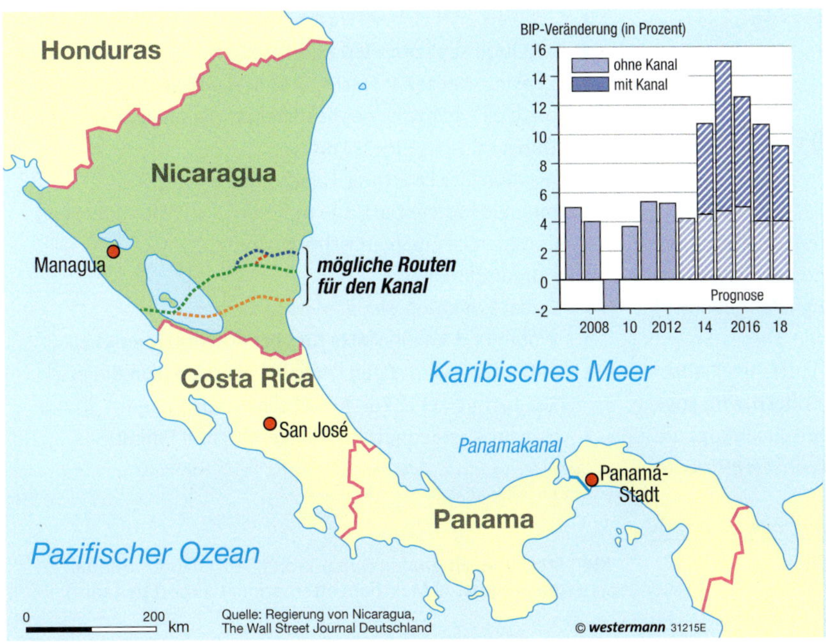

M7 Nicaragua-Kanal und Panamakanal und BIP-Veränderung in Nicaragua

Nicaragua will [...] einen 278 Kilometer langen Kanal zwischen Atlantik und Pazifik bauen. [...] Mit dem Projekt will Nicaragua dem berühmten Panamakanal Konkurrenz machen. Allerdings ist der Bau der Wasserstraße sehr umstritten. 40 Milliarden Dollar (etwa 30 Milliarden Euro) sind dafür veranschlagt – eine gewaltige Summe [...]. Nicaragua hofft auf die Beteiligung weiterer lateinamerikanischer Länder, Zusagen gibt es aber bisher keine.
Das Projekt steht auch in der Kritik von Umweltschützern, weil für den Bau Regenwälder gerodet und Flüsse umgeleitet werden müssen. Gegner des Kanals fürchten zudem um die Souveränität Nicaraguas. Die chinesische Baufirma darf den Kanal auf Grundlage eines Konzessionsvertrags 100 Jahre lang betreiben.

Quelle: Nicaragua startet Kanal-Bau im Dezember, www.sueddeutsche.de, 12.1.2014, Zugriff 15.10.2015

M9 Neuer Kanal in Nicaragua

Derzeit gehen Mitarbeiter einer chinesischen Firma von Haus zu Haus, um Anwohner und Grundstücke zu erfassen. Begleitet werden sie von Polizisten und Soldaten mit Kalaschnikows. In den Gemeinden wächst der Widerstand, Tausende Einwohner protestieren gegen die drohende Enteignung [...] [und Umsiedlung].
Das Kanalprojekt hat das Land gespalten. Viele Nicaraguaner begrüßen die Investition der Chinesen und hoffen, dass der Kanal ihnen die versprochenen Arbeitsplätze und Wohlstand bringt. Andere fürchten eine chinesische Invasion.
[...] „Die Regierung hat uns den Chinesen ausgeliefert", sagt die Anwältin Mónica López Baltodano. „Wir übertragen ihnen das Recht auf Schiffahrt und Wasser. Das verletzt unsere Souveränität."

Quelle: Glüsing, J.: Der rote Kanal. In: Der Spiegel, 3.11.2014, S. 100–102.

M10 Der Nicaragua-Kanal, auch ein politisches Projekt

Größenvergleich			
	Tiefe	Länge	max. Tiefgang
Nicaragua-Kanal	22 m	278 km	20 m
Panamakanal	21 m	80 km	12,3 m 15,2 m nach Ausbau

M11 Größenvergleich des Nicaraguakanals mit dem Panamakanal

Märkte müssen erreichbar sein

Flughäfen passen sich an – Dubai

In Dubai scheint nichts unmöglich. Jetzt entsteht mit dem Dubai-World Central International Airport ein gigantisches Luftverkehrsdrehkreuz für Luftfracht und Passagiere. Gleichzeitig soll der neue Flughafen wirtschaftliche Impulse für die regionale Wirtschaftsentwicklung geben. Geplant ist der Bau einer Aerotropolis. Welche Bedeutung hat ein Luftverkehrsdrehkreuz wie Dubai im globalen Weltverkehr?

1. Beschreiben Sie die Entwicklung des Luftverkehrs (M2).
2. Erklären Sie, warum das Hub-and-Spoke-Sytem effizienter als das Point-to-Point-System ist (M1).
3. Erläutern Sie die Bedeutung Dubais als Luftverkehrsdrehkreuz und kombiniertes See-Luft-Drehkreuz (M3, M4, Atlas).
4. Bewerten Sie den Standort Dubai im globalen Luftverkehr (M3, M4, M8, Atlas).
5. Der Luftverkehr wird immer eine problematische Branche bleiben. Nehmen Sie Stellung zu dieser Aussage (M6).
6. Beschreiben Sie die Struktur einer Aerotropolis (M9).
7. Ⓦ Vergleichen Sie das Aerotropolis-Konzept von John D. Kasarda mit dem geplanten Ausbau des neuen Flughafens von Dubai (M4, M5, M7, M9).
   A Stellen Sie die Strukturelemente des Modells und der Planung in Dubai in einer Tabelle gegenüber.
   B Verfassen Sie einen erklärenden Text.
8. Ⓩ Entwerfen Sie eine digitale Präsentation der Luftverkehrsdrehscheibe Dubai.

→ Aerotropolis, Hub-and-Spoke, Lowcost-Carrier

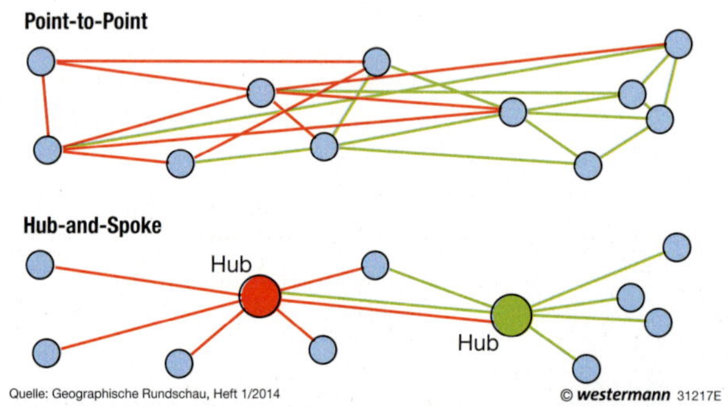

[Im Luftverkehr optimierten die Fluggesellschaften] als sogenannte Netzwerk-Carriers den Umsteigeverkehr in Hub-and-Spoke-Systemen. Dabei werden Flugrouten an großen Umsteigeflughäfen gebündelt, während kleinere Flughäfen als Zubringer dienen. Dieses System ist eng verbunden mit dem Entstehen großer Luftfahrtallianzen [...], die über gemeinsame Buchungssysteme, Codesharing (zwei oder mehrere Fluggesellschaften teilen sich einen Linienflug) und gegenseitige Zubringerflüge ausgedehnte Streckennetze effizienter bedienen können.

Quelle: Braun, B. und J. Schlaack, Geographische Rundschau 1/2014, S. 4/5

M1 Hub-Flughafen mit Hub-and-Spoke-System

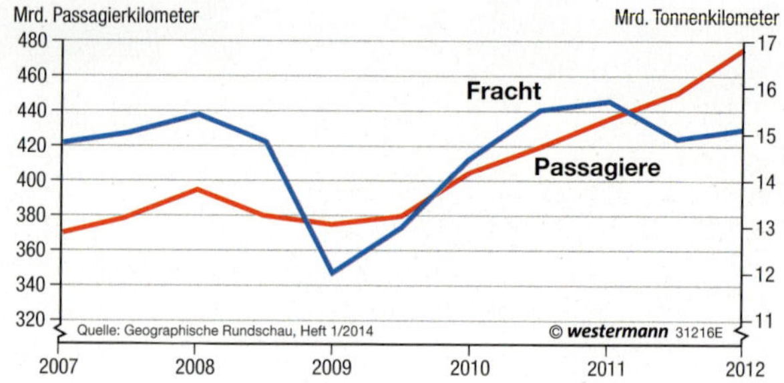

M2 Entwicklung des Luftverkehrs

Kombinieren Sie die Vorteile von See- und Luftfrachtsendung. Die Hermes Transport Logistics bietet die optimale Verbindung von Geschwindigkeit und Wirtschaftlichkeit. Nutzen Sie die Schnelligkeit der Luftfracht und die attraktiven Preise der Seefracht. Unsere Drehkreuze in Dubai und Singapur stehen Ihnen zur Verfügung.

Das zeichnet den Sea & Air Service aus:
- Schnell und wirtschaftlich attraktiv
- Überzeugende Laufzeiten:
  - ab Hongkong per Seefracht nach Singapur mit Anschluss Luftfracht nach Leipzig innerhalb von nur 9 Tagen
  - ab Hongkong per Seefracht nach Dubai mit Anschluss Luftfracht nach Leipzig innerhalb von nur 12 Tagen
- Regelmäßige Abfahrten, definierte Transportzeiten
- Komplette Transportkette aus einer Hand

Quelle: www.hermesworld.com/de/unsere_dienstleistungen/transport_logistics/luftfracht/sea_air_services/sea-air-services.html

M3 Homepage der Hermes Transport Logistics GmbH

- Gesamtfläche 140 km²
- Frachtverkehr seit 2010
- Passagierverkehr seit 2013
- Abschluss des Endausbaus 2025
- Schwerpunkt zurzeit: Fracht-, Großraum- und Billigflüge
- geplante Kapazität: 160 Mio. Passagiere
- geplante Kapazität Fracht: 12 Mio. t Luftfracht
- bis 2025 Ergänzung des bestehenden Flughafens Dubai, Dubai Logistics City 25 km²
- Aviation City (Wartung, Forschung u.a.) 12 km²
- mehrere Residential Cities und Golf City (Wohnquartiere)
- Commercial City (gemischte Nutzung)
- Humanitarian City
- Dubai Exhibition World (Messegelände)
- Wohn- und Arbeitsstätte für über 800 000 Menschen
- Entfernung vom Hafen Dschabal Ali 10 km (kombinierter See-Luft-Verkehr), Zeit für Umschlag von Waren: 4 Stunden
- Hub im Streckennetz der Fluggesellschaft Emirates

Quelle http://de.wikipedia.org/wiki/Flughafen_Dubai-World_Central_International

M4 Steckbrief Flughafen Dubai-World Central International (auch Dubai Al Maktoum International Airport genannt)

M5 Dubai-World Central International Airport, ein gigantisches Projekt in der Wüste

Gerade mal vier Anbieter sind es [...] bislang, mehr haben noch nicht zugesagt, den neuen Flughafen in ihr Streckennetz aufzunehmen [Wizz Air, Condor, Jazeera Airways, Gulf Air]. Doch Paul Griffith, Geschäftsführer der Betreibergesellschaft Dubai Airports, gab sich bei der Eröffnung optimistisch, dass andere Gesellschaften „in den nächsten Monaten" hinzukommen werden. Er verwies darauf, dass bereits 36 Frachtunternehmen den neuen Flughafen bedienen – im Jahr 2010 waren es erst zwei.

Quelle: Terminal-Eröffnung: Billigflieger weiht neuen Dubai-Airport ein, www.spiegel.de, 29.10.2013, Zugriff 05.09.2014

M8 Attraktivität des Flughafens Dubai für Luftverkehrsgesellschaften

Das Bild vom mythologischen Vogel Phönix, der verbrennt, um sich immer wieder aus seiner Asche zu erheben, wurde schon oft bemüht und ist daher sicherlich nicht originell. Allerdings trifft es den Nagel auf den Kopf, wenn man die jüngste Entwicklung im globalen Luftverkehr beschreibt. Denn die Branche hat sich mit beeindruckender Geschwindigkeit von ihrer tiefen Krise erholt, weist wieder hohe Wachstumsraten aus und hat inzwischen sogar ihre früheren Rekorde bei der Verkehrsleistung übertroffen. Dennoch herrscht nicht eitel Sonnenschein, denn trotz des wirtschaftlichen Aufschwungs bleibt die Luftfahrtbranche mit schwerwiegenden Problemen konfrontiert. [...]

Treiber für das Wachstum sind vor allem die aufstrebenden Volkswirtschaften in Asien, Lateinamerika und auch Afrika. Hier konnten die größten Zuwächse im Luftverkehr verzeichnet werden; dies gilt für Passagiere und Fracht gleichermaßen. Das hohe Wirtschaftswachstum sowie der Nachholbedarf im Luftverkehr stimulieren in diesen Regionen die Nachfrage: Viele Menschen in den Emerging Markets werden in den nächsten Jahren ihre erste Flugreise überhaupt unternehmen.

Trotz dieser zuletzt erfreulichen Entwicklung werden die Perspektiven für die Luftfahrt durch einige strukturelle und konjunkturelle Probleme getrübt: Die Branche dürfte die strukturellen Überkapazitäten dauerhaft nicht in den Griff bekommen. Ein Grund hierfür ist, dass die Kapazitäten auf Spitzenlastzeiten ausgelegt werden; außerhalb dieser Zeiten ist das Fluggerät naturgemäß dann weniger stark ausgelastet.

Quelle: Deutsche Bank Research, 26. Juli 2010

M6 Entwicklung und Problematik des Luftverkehrs

Al Maktoum International liegt etwa 50 Kilometer südlich vom Flughafen Dubai International, einem der weltgrößten Drehkreuze für den internationalen Passagierverkehr.

Für Reisende aus Europa auf dem Weg nach Asien oder Australien ist es heute der wichtigste Zwischenstopp. 57 Millionen Passagiere wurden dort im Jahr 2012 abgefertigt. Der neue Flughafen wurde gezielt in Dubai World Central angesiedelt, einer Gewerbezone, die die Regierung der Vereinigten Arabischen Emirate in eine Art „Aerotropolis" verwandeln will.

Al Maktum International soll dort die Entwicklung Dubais als Handels-, Logistik- sowie Tourismuszentrum verstärken.

Quelle: Terminal-Eröffnung: Billigflieger weiht neuen Dubai-Airport ein, www.spiegel.de, 29.10.2013, Zugriff 05.09.2014

M7 Dubai plant eine Aerotropolis

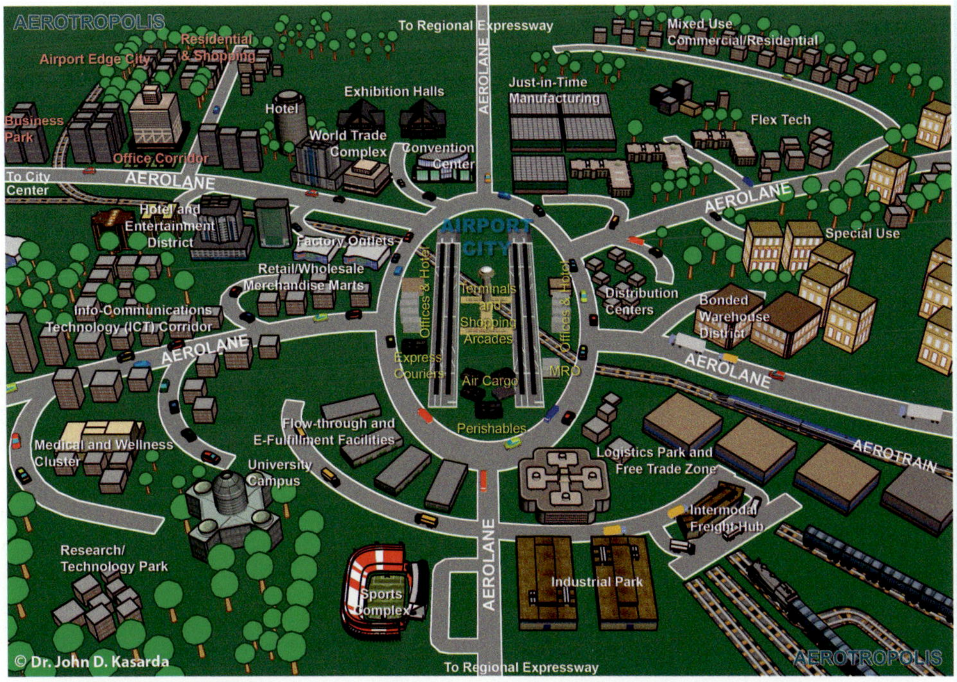

M9 Schema des Aerotropolis-Konzepts von J. D. Kasarda. Der Flughafen wird das Zentrum einer neuen „Stadt".

Märkte müssen erreichbar sein

Das internationale Luftverkehrsnetz im Umbruch

Der Dubai-World Central International Airport ist kein Einzelfall. Der Aufbau und Ausbau von Hub-Flughäfen gilt weltweit als Entwicklungsstrategie.
Wo werden neue Hub-Flughäfen gebaut? Wie verändern sie die globalen Luftverkehrsströme? Und welche Auswirkungen könnte das auf den Luftverkehr in Deutschland haben?

1. Beschreiben Sie die prognostizierten Veränderungen im Luftverkehrsaufkommen bis 2032 (M1).
2. Welchen Einfluss hat der Ausbau der Hub-Flughäfen möglicherweise
   a) auf die globalen Luftverkehrsströme (M2, M4, M6)?
   b) auf die deutschen Hub-Flughäfen Frankfurt und München (M2, M4, M6)?

Ⓦ 3. „Flughäfen gelten vielerorts als gut geeignet für die Einrichtung eines Wachstumspols." Erklären Sie anhand
   A eines selbst gewählten Beispiels (M2, M3, M5, M6, M7).
   B der Aerotropolis Dubai (S. 293).

Ⓦ 4. Beschreiben Sie den Ausbau eines Hub-Flughafens Ihrer Wahl auf Basis von Internet-Quellen:
   A Dubai.
   B Doha.
   C Mexiko-City.
   D Istanbul.

Ⓩ 5. Zeichnen Sie eine Weltkarte, in die Sie
   a) die wichtigsten Hub-Flughäfen entsprechend ihrer Passagierzahl eintragen (M6).
   b) das Wachstum der wichtigsten Hub-Flughäfen verdeutlichen (M7).

→ Aerotropolis, Hub-Flughafen

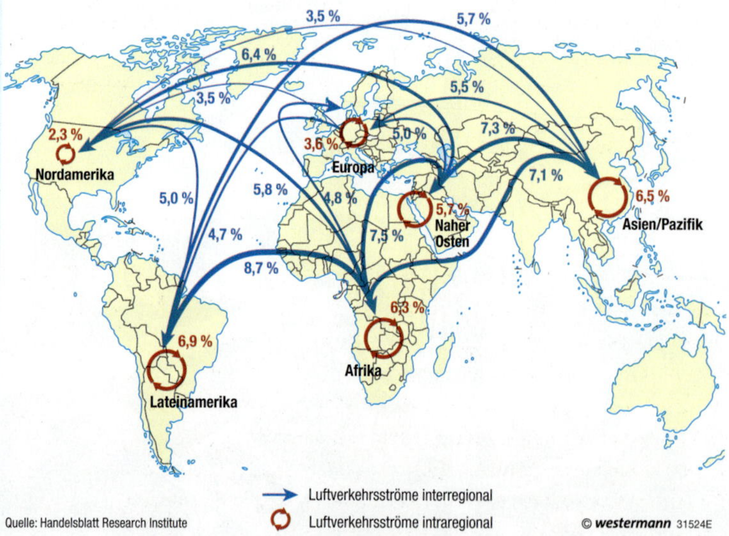

M1 Wachstumsraten der Passagierströme 2012–2032

Mexikos Präsident [...] präsentierte die Pläne für einen gigantischen neuen Flughafen in Mexiko-Stadt. [...] Der neue Airport ist nur eines von mindestens sechs Großprojekten, die das Potenzial dazu haben, die Verkehrsströme in der Luftfahrt massiv zu verändern. Vier davon – Doha, Dubai, Abu Dhabi und Istanbul – sind dabei so günstig gelegen, dass sie gemeinsam mit den dort beheimateten Fluggesellschaften Qatar Airways, Emirates, Etihad und Turkish Airlines die alten Drehkreuze in Europa wie Frankfurt, Paris oder London ernsthaft bedrohen. Von den kleineren Standorten wie Zürich, Wien oder Mailand ganz zu schweigen. [...]

Flughäfen haben tatsächlich längst die Funktion übernommen, die früher Seehäfen hatten – zumindest für den Passagierverkehr und hochwertige Fracht. Staaten wie die VAR oder die Türkei pumpen Milliarden in die Projekte, weil sie erwarten, dass dadurch auch der Rest der Wirtschaft profitiert. Auffällig ist auch, wie sehr sich die wirtschaftspolitischen Ziele Mexikos und der Türkei ähneln. Beide wollen mit Hilfe von Strukturreformen und Investitionen wichtige Handelsplätze werden und neue Industrien ansiedeln.

Auch in China sind innerhalb weniger Jahre Dutzende neuer Flughäfen entstanden. Der Beijing Capital International Airport (BCIA) war im vergangenen Jahr mit 83 Millionen Fluggästen [...] der zweitgrößte der Welt. Doch bereits in wenigen Jahren soll im Süden der Stadt eine neue Anlage entstehen – angeblich für bis zu 200 Millionen Passagiere jährlich – das ist mehr als das Fünffache des aktuellen Aufkommens in München. [...]

Damit wird der neue Flughafen von Dubai [...] gar nicht der größte der Welt, denn er soll nur für 160 Millionen Passagiere ausgelegt sein. Er ist aber für Frankfurt oder München und die hier ansässigen Airlines viel gefährlicher. Dubai (und Abu Dhabi, Doha und Istanbul) liegen geografisch so günstig, dass mit modernen Langstreckenflugzeugen praktisch jedes Ziel auf der Welt nonstop erreicht werden kann. [...] Emirates kann also Reisende auf Langstrecken, die bisher in Frankfurt umgestiegen sind, über die eigene Drehscheibe umlenken. [...] Noch vor wenigen Jahren schlummerte der internationale Flughafen von Abu Dhabi vor sich hin, das Emirat hatte vor allem das Ölgeschäft auf dem Radar, nicht so sehr allgemeinen Handel. Doch das änderte sich. 2003 gründete die Regierung die Fluggesellschaft Etihad Airways. [...] Um Zugang zu mehr Passagieren für das Drehkreuz Abu Dhabi zu bekommen, beteiligt sich die Airline sogar an europäischen Fluggesellschaften wie Air Berlin oder Alitalia.

Womöglich noch bedrohlicher als Dubai, Doha und Abu Dhabi könnte bald Istanbul werden. Dort soll im Oktober 2017 ebenfalls ein neuer Flughafen für bis zu 150 Millionen Passagiere eröffnet werden. [...] Istanbul und Turkish Airlines haben damit den Vorteil, dass das Drehkreuz mindestens drei Flugstunden näher an Europa ist als die Golf-Airports. Somit könnte Turkish Airlines Deutschland und alle anderen Märkte in der Europäischen Union bequem mit Kurzstreckenmaschinen wie dem Airbus A 320 erreichen. Das ist billiger und auch Städte mit geringerem Aufkommen können erschlossen werden. Die Umsteigepassagiere fehlen künftig in Frankfurt oder München.

Quelle: Flottau, J.: Landung in der Zukunft. In: Süddeutsche Zeitung, 5.9.2014, S. 18

M2 Landung in der Zukunft

M3 Flughafen Mexiko-Stadt – ein neues Drehkreuz in Amerika (Entwurf: Norman Forster)

Flughafen	Passagiere in Mio.	Veränderung zu 2008 in %
Peking PEK	81,9	+ 81,9
London Heathrow (LHR)	70,0	+4,6
Chicago O´Hare (ORD)	66,8	-5,7
Paris Charles de Gaulle (CDG))	61,6	+1,2
Dubai (DXB)	57,7	+54,1
Frankfurt Main (FRA)	57,5	+ 7,6
Amsterdam Schip-hol (AMS)	51,0	+ 7,6
Madrid Barajas (MAD)	45,2	- 11,1
Istanbul Atatürk (IST)	45,1	+ 57,9
München (MUC)	38,4	+ 11,1
Doha (DOH)	21,2	+72,4
Abu Dhabi (AUH)	14,7	+ 63,1

Quelle: Handelsblatt Research Institute: Determinanten der Wettbewerbsfähigkeit im Internationalen Luftverkehr 2014, S. 52

M6 Passagieraufkommen an den größten internationalen Hub-Flughäfen 2012

Flughafen	Passagiere in Mio.		Rang	
	2000	2013	2000	2013
Atlanta	80	94	1	1
Peking	k.A.	84	2	k.A.
London Heathrow	64	72	4	3
Tokio	56	72	6	4
Chicago	67	69	2	5
Los Angeles	66	67	3	6
Dubai	k.A.	66	k.A.	7
Paris	48	62	8	8
Dallas	61	60	5	9
Jakarta	k.A.	60	k.A.	10
Hongkong	33	60	22	11
Frankfurt	49	58	7	12
Singapur	29	53	28	13
Amsterdam	40	53	10	14
Denver	39	53	11	15
Guangzhou	k.A.	52	k.A.	16
Bangkok	30	51	26	17
Istanbul	k.A.	51	k.A.	18
New York	33	50	21	19
Kuala Lumpur	k.A.	47	k.A.	20
Shanghai	k.A.	47	k.A.	21

M4 Flughäfen mit dem größten Passagieraufkommen

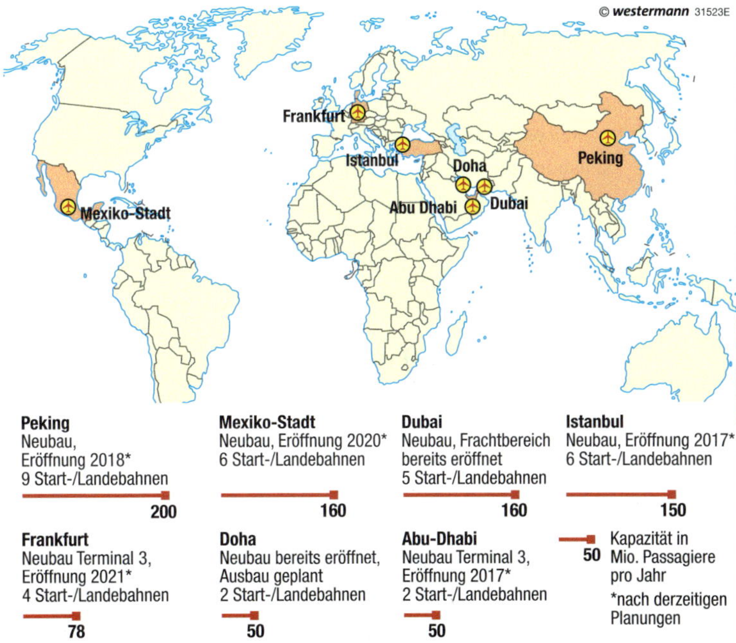

M7 Die größten Flughafenbaustellen der Welt (Stand 2014)

Kathedralen unserer Zeit

Gigantische Hallen mit atemberaubenden Höhen [...]. Die Architektur zielt darauf ab, die Passagiere zum Staunen zu bringen. So gesehen sind diese Flughäfen die neuen Kathedralen unserer Zeit. So eröffnete in Shenzhen, China, Ende vergangenen Jahres ein 500 000 Quadratmeter großer Terminal komplett in Weiß. [...] Eine Million Quadratmeter [...] wird der Hauptterminal des Flughafens Istanbul. Hier sollen schlanke weiße Säulen ein Kreuzgewölbe tragen, das jeden gotischen Kirchenbauer vor Neid hätte erblassen lassen.

Die Zeit, in der ein Flughafen nur zum Fliegen da war, ist endgültig vorbei. Schon heute verdienen Flughäfen mehr über den Einzelhandel auf dem Boden als durch das Abfertigen ihrer Passagiere. Da heute kaum ein größeres Unternehmen ohne internationale Geschäftsbeziehungen auskommt, dürfte das noch mehr werden.

Für den amerikanischen Wirtschaftswissenschaftler John D. Kassarda heißt denn auch die urbane Zukunft „Aerotropolis“: an den Flughafen angedockte Städte, die den eingeflogenen Geschäftsleuten nicht nur perfekte Arbeitsbedingungen für ihre Meetings, sondern auch genügend Freizeitmöglichkeiten für die Zeit danach bieten.

[...] Kein Wunder, dass ein Flughafen hoch im Kurs steht. Den neuen für Mexiko-Stadt hat der Brite Norman Forster entworfen. [...] Anfang der 80er Jahre entwarf er Stansted-Airport, 2008 für Peking den damals größten Flughafen der Welt. [...] Das will er in Mexiko noch übertreffen. Forster geht von 50 Jahren Bauzeit aus. Eine Kathedrale braucht eben ihre Zeit.

Quelle: Weissmüller, L.: Landung in der Zukunft. In: Süddeutsche Zeitung, 5.9.2014, S. 18

M5 Großflughäfen nur Prestigeobjekte?

Einkaufen weltweit – Tag und Nacht – World Wide Web

Leipzig, Zentrum im Warenversandhandel

Einkaufen im Internet wird immer populärer. 60 Prozent der Verbraucher mit Internetzugang nutzen laut einer Studie diese Einkaufsmöglichkeit – und nur noch vier von zehn netzaffinen Bürgern kaufen am liebsten alles im Geschäft. Die Zukunft gehört den Experten zufolge dem Online-Handel und dem Einkauf per Smartphone, und zwar dem Einkauf rund um die Uhr. Die Logistik-Branche reagiert auf diesen Trend. Der Standort Leipzig-Halle ist zu einem Warendrehkreuz für den Versandhandel geworden. Am Flughafen Leipzig-Halle besteht kein Nachtflugverbot, sodass ein 24-Stunden-Service geboten werden kann (www.logistik-heute.de).

1. Stellen Sie die Standortfaktoren zusammen, die zur Ausbildung des Logistik-Clusters Leipzig-Halle geführt haben (M2, M4, M5, M7).
2. Das Logistik-Cluster bietet personen- und unternehmensorientierte Dienstleistungen. Erklären Sie mithilfe von Beispielen (M1, M5, M6, M7, M8).
3. Ⓦ Alle drei Wirtschaftssektoren sind in Leipzig verknüpft. Erläutern Sie (M7)
   A in einem Text.
   B mithilfe einer grafischen Darstellung.
4. Begründen Sie, inwiefern der Standort Leipzig-Halle ein Beispiel für Synergieeffekte ist (M7).
5. Überprüfen Sie die Aussage der Werbung für den neuen Airportpark bezüglich seiner Standortgunst (M8, Atlas).
6. Ⓩ Erstellen Sie eine digitale Präsentation zum Wirtschaftsstandort Leipzig.

→ Cluster Logistikzentrum, End of Runway-Konzept, Hub, Synergieeffekt, Warendrehkreuz

M3 Logistikzentrum Leipzig

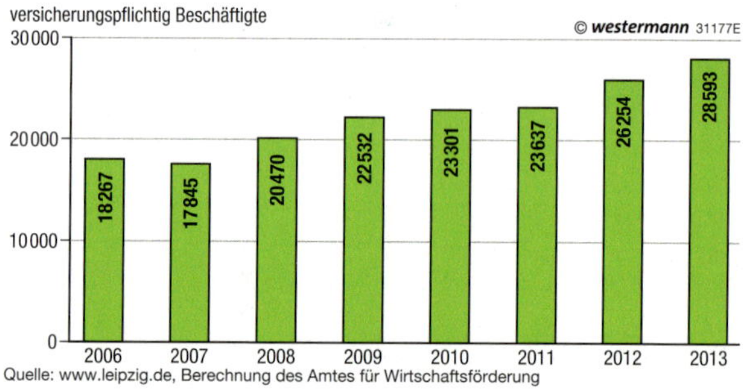

M4 Entwicklung der Beschäftigtenzahlen im Logistik-Cluster Leipzig

Laut bev [Bundesverband E-Commerce und Versandhandel] stammt jedes zweite Paket aus dem B2C-Geschäft [B2C = business to consumer (Gewerbe zu Verbraucher); B2C ist also der Handel zwischen Firma (meist Einzelhandel) und Verbraucher] und nicht mehr aus dem B2B-Geschäft (business to business, Handel von Gewerbe zu Gewerbe)

Das Wachstum des E-Commerce stellt den interaktiven Handel und den Paketmarkt vor neue Herausforderungen.

[...] Die vier umsatzstärksten Warengruppen Bekleidung, Bücher, Bild- und Tonträger sowie Unterhaltungselektronik decken mit 54 Prozent etwas mehr als die Hälfte des Paketvolumens im B2C-Segment ab.

Quelle: EXTRA „E-Commerce und Versand“, LOGISTIK HEUTE, Ausgabe 9/2014, 5.9.2014

M1 Einkaufen im Internet

- 413 m langes Warehouse (Größe insgesamt entspricht 5 Fußballfeldern)
- größte Verteil- und Sortieranlage Deutschlands für Pakete und Dokumente
- Hightech-Sortieranlage (Kosten: rund 70 Mio €)
- stündliche Leistung: 100 000 Sendungen
- 24 Stunden in Betrieb, 365 Tage im Jahr
- Abfertigung von 60 Flugzeugen aus aller Welt pro Nacht
- 3 600 m lange Piste
- Flugzeughangar für Wartungsarbeiten

M5 Der DHL-Hub in Zahlen

M2 Lage des Warendrehkreuzes Leipzig

Unser End of Runway-Konzept bündelt folgende Eigenschaften:

- Späteste Auftragsannahmezeiten für zeitsensible Warensendungen
- Integrierte Retouren- und Reparaturdienstleistungen für schnellste Umlaufzeiten und höchste Produktverfügbarkeit
- Flexibilität durch Anbindung an die gesamte Bandbreite der DHL-Transportnetzwerke

Quelle: www.dhl.de

M6 Werbung für das End of Runway-Konzept von DHL

Rewe eröffnet in Leipzig erstes Kopflager

Die Kölner Rewe-Zentral-Aktiengesellschaft hat im April 2014 im Leipziger Güterverkehrszentrum (GVZ) ihr bundesweit erstes Kopflager für Obst und Gemüse in Betrieb genommen. [...] Der Neubau umfasst 10 000 Quadratmeter Logistikfläche. Das täglich frisch angelieferte Obst und Gemüse wird vor dem weiteren Transport in zwei Kühlzonen zwischengelagert. Die erste Zone lässt sich von 4 bis 5 °C regulieren, die zweite deckt ein Temperaturspektrum von 10 bis 12 °C ab. Verladerampen, Außenwände und das Dach sind speziell isoliert. Insgesamt 38 An- und Auslieferungstore ermöglichen einen schnellen Warenumschlag.
Das Kopflager in Leipzig versorgt künftig die Rewe-Regionallager in den Ballungsräumen Berlin, Dresden und Leipzig/Halle. Das soll den Warenbestand an Obst und Gemüse in den betroffenen Lägern verringern. Denn bisher mussten große Teile des gesamten Obst- und Gemüsesortiments in jedem der Regionalläger vorrätig gehalten werden. Künftig ist dies nur noch im Kopflager notwendig.
Quelle: Anja Kiewitt (akw), in: Logistik heute, 4.4.2014

Logistikzentrum von Amazon

Unser Logistikzentrum in Leipzig ist 75 000 m² groß, dies entspricht der Größe von elf Fußballfeldern. Leipzig ist eine sehr lebendige Stadt mit etwas mehr als einer halben Million Einwohnern. Die Stadt ist seit dem Mittelalter ein wichtiger europäischer Knotenpunkt und bis heute ein Ort, an dem sich Kommerz und Kultur treffen. Leipzig [verfügt] über ein reiches kulturelles Erbe. Dazu gibt es unzählige Kunstschätze und Sammlungen, die sich auf zahlreiche Galerien und Museen verteilen. Im Sommer finden auf dem Marktplatz Veranstaltungen und Konzerte statt. In der Stadt finden Sie zudem eine Vielzahl an Sportvereinen und -einrichtungen, einen außergewöhnlichen Zoo, hervorragende Einkaufsmöglichkeiten sowie unzählige Restaurants und Bars mit unvergleichlichem Charme. Eine Stadt, die tatsächlich für jeden etwas zu bieten hat.
Quelle: http://amazon-operations.de/standorte/deutschland/leipzig

DB Schenker Logistics erhöht Kapazität im Logistikzentrum Leipzig

Ab Sommer 2013 versorgen insgesamt rund 1500 Mitarbeiter Automobilwerke von BMW in China und Südafrika mit Bauteilen. Täglich sollen mehr als 100 Container gepackt werden. Seit Sommer 2011 werden in der 63 000 Quadratmeter großen Anlage rund 8 000 verschiedene Auto-Bauteile für BMW-Modelle in Empfang genommen, verpackt und sicher in Container gestaut. Auch die Konservierung, zum Beispiel von Blechteilen, für den Seeweg durch unterschiedliche Klimazonen wird hier in Leipzig vorgenommen. Derzeit verlassen täglich bis zu 50 Container das Logistikzentrum. Über den Seeweg gelangen sie ins südafrikanische Rosslyn. Nach Shenyang in China werden die Container auf dem Schienenweg transportiert. Den Transport über die knapp 11 000 Kilometer lange Strecke realisiert seit gut einem Jahr DB Schenker Rail mit seinen Partnern.
Quelle: www.dbschenker.com4

Leipzig/Halle – Basis für Frachtfluggesellschaft der DHL/Lufthansa Cargo

Der Flughafen Leipzig/Halle ist seit 2007 Heimatflughafen für die erste Frachtfluggesellschaft in Mitteldeutschland. Durch die Ansiedlung der neuen, global agierenden Frachtlinie von DHL und Lufthansa Cargo ist Leipzig/Halle wichtigster Logistikstandort in der Region geworden. Der Warenverkehr wird über den Flughafen Halle-Leipzig abgewickelt. Logistik und Lagerung werden vom Logistikzentrum aus gesteuert. Das Verteilzentrum wird werbewirksam „Warenhotel" genannt..
Quelle: nach: www.lifepr.de

M7 Synergieeffekte am Standort Leipzig: Pressemitteilungen und Werbung führender Unternehmen am Standort Leipzig-Halle

weblink
- www.dpdhl.com/de/logistik_populaer/aus_den_unternehmensbereichen/hub_leipzig.html (Film DHL)

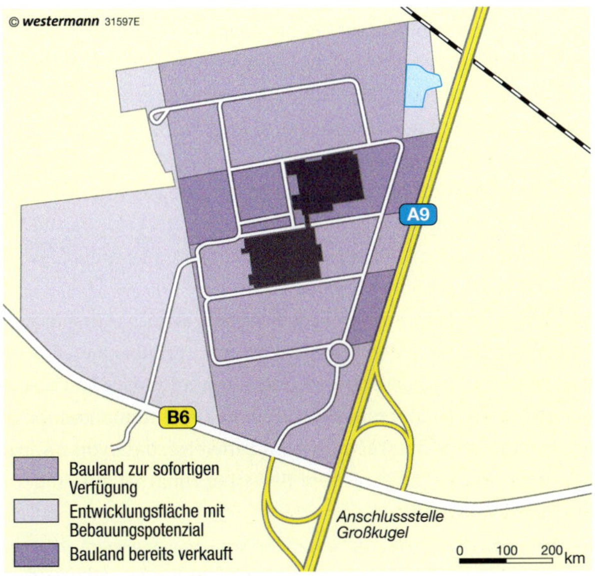

M8 Neuer Airportpark Leipzig-Halle

Airportpark Leipzig-Halle

- Flächen für Produktion & Logistik in der Mitte Deutschlands [seit Juli 2013 werden die Flächen vermarktet]
- 317 000 m² baufertiges Gelände
- Immoblie zur sofortigen Nutzung
- voll erschlossen
- Individualisierungen möglich
- alle Genehmigungen vorhanden
- staatliche Förderung noch möglich
- im 30 Minuten-Lkw-Radius sind viele große Unternehmen ansässig (BMW, Porsche, Amazon, DHL)
- Erweiterungsflächen bereits geplant
- große und zusammenhängende Flächen
- direkt an der A9 Abfahrt Großkugel und B6
- gegenüber dem Flughafen Leipzig
- an der Bahnstrecke Magdeburg–Leipzig

Callcenter – Vernetzung globaler Dienste

Calling Manila – Dienstleistungen rund um die Uhr

Ausgerechnet heute Abend streikt das Elektrogerät: schnell die Nummer des Herstellers wählen und den Service anfordern. Am Telefon meldet sich eine Dame mit leichtem Akzent und notiert die nötigen Daten. Die Reparatur wird in den nächsten Tagen erfolgen. Das Callcenter, in dem die Dame arbeitet, befindet sich aber nicht in Deutschland, sondern in Dublin, Istanbul oder sogar Manila, der „Call Center Capital of the World" (Manila Bulletin), und dort ist es schon nach Mitternacht. Trotzdem steht die Dienstleistung zur Verfügung. Inwiefern profitieren Kunden und Unternehmen vom Outsourcing von Kunden-Dienstleistungen in Länder wie die Philippinen?

1. Skizzieren Sie in einer Kartenskizze die Lage von Manila sowie die Lage von Europa und den USA (Atlas).
2. a) Stellen Sie die Ortszeit in Manila fest, wenn ein Kunde aus Deutschland um 17 Uhr Ortszeit in Deutschland anruft (Atlas).
   b) Insbesondere nordamerikanische Firmen nutzen die Callcenter in Manila. Berechnen Sie die Zeitunterschiede zwischen Los Angeles sowie New York und Manila (Atlas).
3. „Die Beschäftigten lieben ihre nächtliche Arbeit und freuen sich über den üppigen Monatslohn von 260 Euro." (Focus, 8.3.2008) Überprüfen Sie diese Aussage (M1, M3, M5, M7).
4. Ⓦ Outsourcing als Jobmotor? Nehmen Sie Stellung zu dieser Frage, indem Sie
   A einen Leserbrief aus Sicht eines Callcenter Agenten schreiben.
   B die Stellungnahme als Erörterung verfassen.
5. Ⓩ Callcenter bieten eine Dienstleistung im Rahmen von Logistik und Warentransport. Zeigen Sie die Verflechtungen auf (M3, M6).

→ Callcenter, Outsourcing

- **Zahl der Callcenter auf den Philippinen:** ungefähr 800
- **Beschäftigte in Callcentern:** ungefähr 350 000
- **Umsatz 2010:** 6 Milliarden US-$
- **Zuwachsrate in den letzten Jahren:** 15 – 20 %
- **vertretende Unternehmen (Auswahl):**
  IBM, Shell, HSBC, Procter & Gamble, Bosch, Henkel, Ericsson, Nestlé
- **Qualifikationen eines Callcenter-Agenten:**
  sprachliche Anpassungsfähigkeit
  kulturelle Anpassungsfähigkeit
  Freundlichkeit
  Kundenrespekt
  Geduld
  Ärgertoleranz
- Personalfluktuationsrate: 60 – 80 % im Jahr

Quelle: Bethge, W.: Callcenter auf den Philippinen – Eine „Sonnenschein" - Branche? http://bethge.freepage.de/callcenters.htm2011, Zugriff 05.09.2014

M1 Daten zu Callcentern auf den Philippinen

M2 Freundlichkeit und Geduld sind eine Voraussetzung für die Beschäftigung im Callcenter

Beim Business Process Outsourcing (BPO) lagert ein Unternehmen bestimmte Firmenaktivitäten aus, die auch anderswo kostengünstiger erstellt werden können und konzentriert sich dabei auf das eigentliche Kerngeschäft. Ausgliederungssparten können unter anderem sein: das Finanz- und Rechnungswesen (Buchhaltung), Logistik, die Abwicklung des Zahlungsverkehrs, Webdesign sowie Computerauswertungen generell. Die Customer Care (Kundenkontakt und -pflege) gehört ganz wesentlich dazu und hier liegt die Hauptaufgabe der Call-Center. Sie generieren auf den Philippinen etwa zwei Drittel des BPO-Umsatzes.

Bei den Call-Center-Aktivitäten unterscheidet man die „Inbound Calls" und die „Outbond Calls". Bei den „Inbound Calls" ruft der Kunde an. Er erkundigt sich beispielsweise über ein Produkt, er bucht und bestellt. Bei „Outbond Calls" ruft ein Angestellter eines Call-Centers bei (potenziellen) Kunden an. In der Regel wird es dabei um den Verkauf von Produkten und Dienstleistungen gehen. Die Ermittlung der Kundenzufriedenheit oder Marktforschungserhebungen sind andere Erhebungsziele des Telefonmarketings. Erfolgreiche Verkaufsgespräche sind in der Regel schwieriger und werden deshalb auch in aller Regel höher honoriert.

[...] Die Call-Center-Branche will auch nur die „Besten". Entsprechend anspruchsvoll und fordernd sind auch die sich oft über zwei Wochen hinziehenden Auswahlverfahren. Getestet werden mit Simulationen unter anderem die Stimmqualität, Geduld, Konzentrationsvermögen und Argumentationsstärke. Es gibt Hinweise, dass von zwanzig Bewerbern oft nur zwei bis fünf Bewerber zunächst auf Probezeit übernommen werden.

Quelle: Bethge, W.: Callcenter auf den Philippinen – Eine „Sonnenschein" - Branche? http://bethge.freepage.de/callcenters.htm2011, Zugriff 05.09.2014

M3 Business Process Outsourcing

Im Eastwood Cyberpark in Manila wird die Nacht zum Tag. Es ist 2.30 Uhr morgens, und die Straßen sind bevölkert wie am helllichten Tag. Ringsum recken sich Bürohochhäuser in den Nachthimmel, die Etagen hell erleuchtet. Dort gehen die Uhren anders, im Gleichklang mit den USA und Kanada, die mehr als 10 000 Kilometer und zig Zeitzonen von Manila entfernt liegen. In Eastwood sitzen Tausende Telefonagenten, die Kunden am anderen Ende der Welt beraten. Die Ministadt ist eines der vielen Outsourcing-Zentren, die auf den Philippinen aus dem Boden schießen. [...]
Christopher Boughton hat die technische Abteilung des Verlages Cambridge University Press auf den Philippinen aufgebaut. „Für das Geld, das wir für fünf Leute in Großbritannien ausgegeben haben, bekommen wir hier 35“, sagt er. Der Manager ist begeistert von der Ausbildung der IT-Fachkräfte und der Flexibilität, mit der sie auf die Kundenwünsche reagieren. „Wir mögen den Arbeitsstil: Sie machen genau das, was man verlangt“, sagt er.

Quelle: Outsourcing als Jobmotor, www.focus.de, Zugriff 05.09.2014

M4 Callcenter in Manila

Callcenter sind eine der am schnellsten wachsenden Industrien auf den Philippinen. Dafür gibt es zwei Gründe: Zum einen gibt es zu wenige andere Jobs mit vergleichbaren Einkommen im Inland. Zum anderen versuchen Unternehmen in den Industrieländern, Lohnkosten zu sparen. [...]
Die Arbeitsbedingungen ähneln denen in einer Fabrik. So müssen Kundenbetreuer um die 80 Anrufe am Tag entgegennehmen (also 10 Anrufe pro Stunde) und sie werden ständig überwacht. [...] Da die Callcenter-Agenten dann arbeiten, wenn die Anrufenden wach sind [...], bedeutet die Arbeit vor allem Nachtarbeit. [...]
Nachtarbeit, die zuweilen auch mit Wechselschichten einhergeht, bedeutet für die Agenten, dass sie in einem anderen Zeitrhythmus leben als ihre Familien, ihr Freundeskreis. [...] Das alltägliche Leben beginnt, sich um die Callcenter zu drehen. So bilden sich neue Freundeskreise, die vornehmlich aus Kollegen aus der Callcenter-Branche bestehen.
Unter den aufgezählten Umständen ist die Arbeit im Callcenter de facto eine andere Form von Arbeitsmigration, eine, die zwar nicht räumlich, aber soziokulturell und zeitlich abläuft.

Quelle: Reese, N.: Wir leben in einer anderen Zeitzone. Praxis Geographie, Heft 3/2011, S. 36

M5 Arbeiten im Callcenter

Verdienst eines Callcenter-Agenten

USA: 12–15 US-Dollar/Stunde
Philippinen: 2–3 US-Dollar/Stunde

Verdienst auf den Philippinen

Lehrer:
10 000 – max. 13 000 Pesos/Monat
(220–300 US-Dollar/Monat)

Callcenter-Agent*:
10 000–25 000 Pesos/Monat
(220–570 US-Dollar/Monat)

*Aufstieg zum Team Leader oder Manager bei höherer Bezahlung möglich

Quelle: Reese, N.: Wir leben in einer anderen Zeitzone. Praxis Geographie, Heft 3/2011, S. 36

M7 Bezahlung im Vergleich

Kundendienst erfordert in der Regel räumliche und zeitliche Nähe. Wenn man wie bei Telefondienstleistungen das Gegenüber nicht sehen kann, muss diese Nähe vom Dienstleister besonders hergestellt werden. Kunden sollen das Gefühl bekommen, dass die Gespräche „zu Hause“ stattfinden.
Daher wird den agents von speziellen Trainern beigebracht, ein Englisch mit amerikanischem Akzent zu sprechen (vgl. Foto). Außerdem wird von ihnen erwartet, amerikanisches Fernsehen zu gucken und sich auf dem Laufenden zu halten, was in den USA (bzw. je nach Auftraggeber auch Australien, Kanada) los ist, um darüber ein kurzes Schwätzchen halten zu können und auf diese Weise eine gute Stimmung zu erzeugen. Immer noch wird von einigen Agenten sogar erwartet, so zu tun, als arbeiteten sie irgendwo in den USA und man rufe sie dort an. Das war bis vor ein paar Jahren sogar die Regel. Manche müssen auch einen neuen Namen annehmen, wenn ihr philippinischer Name für westliche Ohren zu fremd klingt. Und alle agents müssen eine Art „Mentalitätstraining“ durchlaufen. So müssen sie sich etwa an die direkte, fordernde Art, die viele westliche Kunden an den Tag legen, gewöhnen. Sie sind eher einen nichtkonfrontativen Umgangsstil gewöhnt, den man in den Philippinen „smooth interpersonal relationships“ nennt. Wenn sich die Kunden dann aber über eine solche Inszenierung ärgern, dann ist es auch die Aufgabe der agents, diesen Ärger aufzufangen.

Quelle: Reese, N.: Wir leben in einer anderen Zeitzone. In: Praxis Geographie, Heft 3/2011, S. 37

M6 Arbeiten in „verschiedenen Zeitzonen“ und „verschiedenen Identitäten“. Die Callcenter auf den Philippinen werden insbesondere von Firmen aus Nordamerika genutzt.

Der ökologische Rucksack im Warentransport

Wohin führt der Weg?

Mit jedem Produkt, das wir kaufen, kaufen wir auch einen ökologischen Rucksack, ohne es zu wissen. Wie schwer der ökologische Rucksack eines Produkts ist, sieht man ihm nicht an. Ein Goldring, der 5 g wiegt, hat zum Beispiel einen ökologischen Rucksack von 2 000 kg. Je größer der ökologische Rucksack eines Produktes ist, desto umweltschädlicher ist es. Wie kann das Spannungsfeld von Ökonomie und Ökologie zukünftig geregelt werden?

Ⓦ **1.** Erläutern Sie, inwiefern der Warentransport zum ökologischen Rucksack eines Produkts beiträgt (M2–M5, S. 283 M4, S. 285 M7).
   A Entwerfen Sie eine Grafik zur Veranschaulichung.
   B Verfassen Sie einen Text.

2. Für eine intelligente Energie- und Warennutzung werden Smartphones eingesetzt (S. 272, S. 274). Der ökologische Rucksack eines Smartphones wiegt 73 kg. Diskutieren Sie die Dilemma-Situation.

3. Nehmen Sie Stellung zur globalen Verantwortung des Konsumenten in Deutschland (M1, M3).

4. Erörtern Sie das Wiege-zu-Wiege-Konzept in Bezug auf den Warentransport (M6, M7, M8).

5. Nehmen Sie Stellung zur Aussage: Cradle to Cradle ist die nächste industrielle Revolution (M7).

Ⓩ **6.** Stellen Sie das Modell des ökologischen Rucksacks als Karikatur dar.

→ Material-Input pro Serviceeinheit (MIPS), ökologischer Rucksack, Wiege-zu-Wiege-Konzept (Cradle to Cradle, C2C)

→ ökologischer Rucksack

Der ökologische Rucksack (Modell von Friedrich Schmidt-Bleek 1994) eines Produkts umfasst sämtliche Primärstoffe, die der Natur für dessen Herstellung und Gebrauch entnommen werden. Er gibt damit die Menge an Abfällen und Emissionen an, die von der Rohstoffgewinnung bis zur Entsorgung mit diesem Produkt verbunden sind.

→ MIPS

Als Messgröße für den ökologischen Rucksack wird der „Material-Input pro Serviceeinheit" (MIPS) verwendet.
Der Naturverbrauch wird durch die Anzahl der Serviceeinheiten (Nutzen des Produkts) dividiert.

So wird der ökologische Rucksack leichter:

- leihen, teilen, tauschen statt kaufen
- gebrauchte Sachen kaufen
- je weniger Transport, desto besser
- sparsam verbrauchen
- pflegen, reparieren, putzen und so lange wie möglich nutzen
- Abfall vermeiden, Produkte weitergeben oder wiederverwerten

Quelle: http://wupperinst.org/uploads/tx_wupperinst/MIPS_fuer_Kids_Brosch.pdf, S. 25

M1 MIPS-Tipps für den Alltag

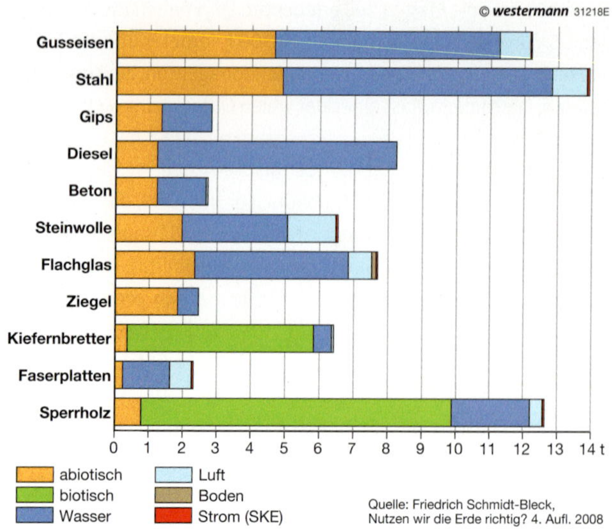

M2* Ökologische Rucksäcke ausgewählter Produkte im Vergleich

Die gehandelten Güter haben unterschiedlich große ökologische Rucksäcke. Sehr vereinfacht lässt sich sagen, dass Metalle im Allgemeinen größere Rucksäcke haben als Biomasse. Biomasse wiederum hat in der Regel größere ökologische Rucksäcke als fossile Brennstoffe und fossile Brennstoffe wiederum größere als Mineralien. Das heißt, dass zur Gewinnung eines Kilogramms Kupfererz stärkere Eingriffe in die Umwelt nötig sind als zur Gewinnung eines Kilogramms Weizen. Natürlich gibt es erhebliche Unterschiede innerhalb der vier Stoffkategorien und auch zwischen einzelnen Produkten. [...]
Die Bilanzierung der ökologischen Rucksäcke von Im- und Exporten gibt Hinweise darauf, in welchen Ländern Umweltbelastungen verbleiben und welche diese über ihr Territorium hinaus verlagern. [...]
Werden die ökologischen Rucksäcke aller im- und exportierten Güter miteinander verrechnet und nach Großregionen gruppiert, lässt sich erkennen, [welche Kontinente durchweg Umweltbelastungen übernommen haben]. Ihre Exporte tragen größere ökologische Rucksäcke als ihre Importe. [...] [Andere Kontinente wälzen Umweltbelastungen auf andere Weltregionen ab.] [...] Innerhalb der Kontinente gibt es [allerdings] große Unterschiede.

Quelle: Dittrich, M.: Verlagert der Norden Umweltbelastungen in den Süden? In: Geographische Rundschau, Heft 4/2010, S. 19

M3 Ungleiche globale Verteilung der Umweltbelastung

Deutschland gehört zu den Ländern, die in großem Maße Umweltbelastungen auf andere Weltregionen und Länder abschieben. [...] Besonders betroffen sind ressourcenreiche Länder wie Brasilien, Chile, Russland und Indonesien, aus denen Deutschland einen großen Anteil seiner industriellen Rohstoffe bezieht. Oftmals können einzelne Bodenschätze ausgemacht werden, die für einen Großteil der Umweltbelastungen verantwortlich sind. So sind beispielsweise die Kupferimporte Deutschlands zu 92 % für die auf Chile verlagerten Umweltlasten [verantwortlich]. Fast die Hälfte aller ökologischen Rucksäcke, die Indonesien trägt, ist indes auf den Export von Palm- und Kokosnussölen zurückzuführen.

Quelle: Dittrich, M.: Verlagert der Norden Umweltbelastungen in den Süden? In: Geographische Rundschau, Heft 4/2010, S. 21

M4 Deutschlands Umweltbelastung

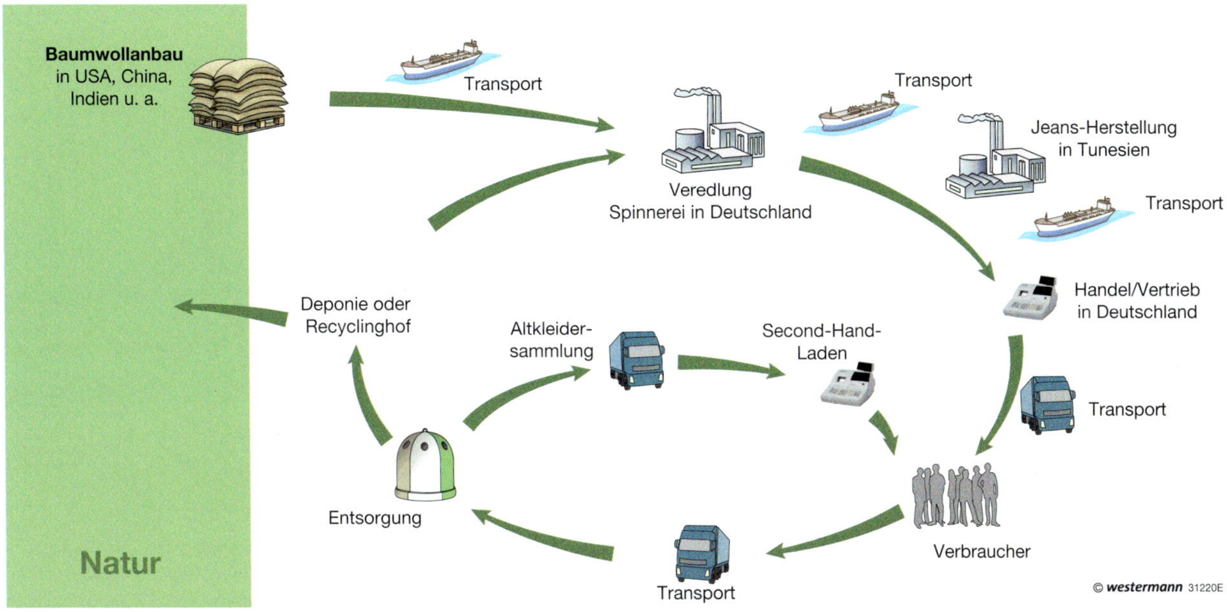

M5 Lebensweg einer Jeans, Gewicht 600 g, ökologischer Rucksack 32 kg. Zum ökologischen Rucksack einer Jeans trägt insbesondere bei: Wasserverbrauch beim Anbau von Baumwolle, Pestizid- und Düngemitteleinsatz, Wasser- und Energieverbrauch bei der Verarbeitung der Baumwolle, Chemikalieneinsatz beim Färben sowie Energieverbrauch beim Transport, Energie-, Wasser- und Waschmittelverbrauch beim Tragen, Energie-, Material- und Flächenverbrauch bei der Entsorgung.

[Der Hamburger Forscher Michael Braungart entwickelte in den 90er Jahren] ein Konzept, damit Produkte auf ihrem „Lebensweg" nicht von der Wiege ins (Müll-)Grab kommen, sondern von der „Wiege zur Wiege" (englisch: Cradle to Cradle). [...]

Das Produkt kehrt entweder als Kompost in die Natur zurück, da es schadstofffrei und natürlich ist, oder es wird wieder industrieller Rohstoff. Das war die Vision von einer völlig abfallfreien Wirtschaft nach dem Vorbild der Natur. Braungart: „Die Natur produziert keinen Müll, deswegen muss sie auch keinen vermeiden."

Nun steht der ehemalige Greenpeace-Aktivist Braungart in einer Halle der Frankfurter Messe und kann sich feiern lassen. Die „Cradle to Cradle"-Idee, kurz C2C, hat Kreise gezogen. Turnschuhe, T-Shirts, Damen-Unterwäsche, Bürostühle, Möbelstoffe, Teppichböden und Lampen werden dort ausgestellt, die nach Braungarts Prinzip hergestellt wurden. [...] Trigema tritt mit einem „kompostierbaren Wellness-Shirt" an. Statt in die Mülltonne kann es nach dem Gebrauch auf den Komposthaufen oder in die Biotonne. Tests zeigten: Die Textilfasern werden von Pilzen und Bakterien rückstandsfrei abgebaut. Nach sechs Monaten ist es praktisch weg. [...]

Ähnliches, sagt Braungart, käme etwa auch für die Elektronik-Industrie in Frage. Er schlägt vor, Geräte wie Fernseher, Computer, MP3-Player vom Hersteller bloß noch zu leihen, damit der sich mehr Gedanken über sein Produkt macht und es auf maximale Wiederverwertbarkeit trimmt. Neuartige Produkte sind am Ende ihres Lebens kein Müll, sondern Rohstoffe für die nächsten Waren.

Quelle: Wille, J.: Frankfurter Rundschau, 14.11.2008

M6 Das Wiege-zu-Wiege-Konzept

Während gegenwärtig der Begriff Nachhaltigkeit vor allem mit Verzicht, Sparsamkeit und Effizienz gleichgesetzt wird, lautet hingegen das Credo von Cradle to Cradle: Weniger schlecht ist noch lange nicht gut. Es geht darum, die Qualität in sämtlichen Bereichen des täglichen Lebens so zu gestalten, dass Mensch und Natur davon profitieren.

Cradle to Cradle ist kein Umweltschutzkonzept im herkömmlichen Sinne. Es ist vielmehr eine neue Wirtschaftsweise, bei der sämtliche Materialien und Verfahren so gestaltet werden, dass sie nicht nur unschädlich, sondern nützlich sind. Kurz gesagt: Cradle to Cradle ist die nächste industrielle Revolution.

Quelle: https://www.c2c-verein.de/c2c-allgemein.html

M7 Nachhaltigkeit vs. Cradle to Cradle

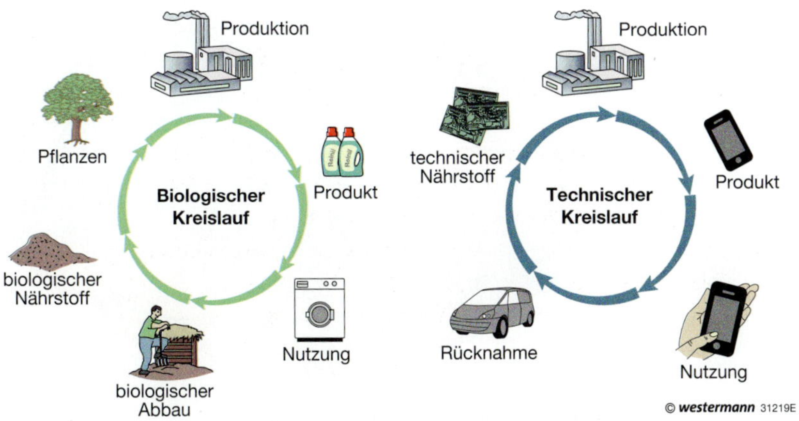

◁ **M8** Kreislaufwirtschaft

Die Welt im Globalisierungsprozess

Vernetztes Denken – Globalisierung

Das Wort Globalisierung löst bei den Menschen ganz unterschiedliche Assoziationen aus. Sie reichen von unbegrenzter IT-Kommunikation und der weltweiten Verbreitung bestimmter Markenprodukte bis hin zu Ausbeutung, Arbeitslosigkeit und Hunger. Dementsprechend unterschiedlich und widersprüchlich ist der Gebrauch des Begriffs „Globalisierung". Häufig wird Globalisierung als ein weltumspannender Durchdringungsprozess verstanden. Wissenschaftler sprechen von einer zunehmenden Vernetzung der Welt in wirtschaftlicher, kultureller und politischer Hinsicht.
Es ist auch nicht einfach, den Beginn der Globalisierung festzulegen, da er nicht mit einem bestimmten Ereignis verbunden werden kann. Ist Globalisierung eine Fortschreibung historischer Prozesse oder etwas gänzlich Neues?
Bei vielen Themen aus der Qualifikationsphase wurden bereits Merkmale und Folgen der Globalisierung direkt oder indirekt angesprochen. Genau diese Themen werden nach einer allgemeinen Einführung in die Thematik auf dieser Doppelseite in Form einer Spurensuche im Kontext der Globalisierung wieder aufgegriffen.

1. Beschreiben Sie, was Sie unter Globalisierung verstehen.
2. Beschreiben Sie mithilfe der Materialien M1–M8 Voraussetzungen, Merkmale und Folgen der Globalisierung, indem Sie eine Mindmap erstellen.
3. (W) „Die Welt im Globalisierungsprozess": Gehen Sie auf Spurensuche zu diesem Thema. Wählen Sie aus den Themenfeldern A–F mindestens ein konkretes Beispiel aus, mit dem Sie einzelne Merkmale und Folgen der Globalisierung erläutern können. Fertigen Sie dazu eine Mindmap oder ein Wirkungsgefüge an.
   - **A** Wirtschaftsregionen im Wandel (S. 54–81).
   - **B** Förderung von Wirtschaftszonen (S. 82–97).
   - **C** Bevölkerungsentwicklung und Migration (S. 122–143).
   - **D** Dienstleistungen in ihrer Bedeutung für periphere und unterentwickelte Räume (S. 168–181).
   - **E** Waren und Dienstleistungen immer verfügbar (S. 280–307).
   - **F** beliebiges anderes Beispiel aus der Qualifikationsphase.
4. „Globalisierung – Fluch oder Segen?" Nehmen Sie kritisch Stellung dazu.
5. Die globale Welt im Jahre 2050: Diskutieren Sie mögliche Perspektiven.

→ Globalisierung, Neoliberalismus, transnationale Unternehmen

"You drive a Japanese car, drink French wine, eat Chinese food, own an American computer, buy Canadian lumber and vacation in Mexico. How can you be AGAINST free trade?!"

M1 Gedanken zur Globalisierung

M2 Ansichten zur Globalisierung

→ Globalisierung

Das Phänomen Globalisierung beruht auf einer Reihe von Faktoren. Zu diesen Determinanten gehören technische Neuerungen, produktionsorganisierte Innovationen, weltpolitische Veränderungen, wirtschaftliche Ereignisse und wissenschaftliche Konzepte. Zwischen diesen Determinanten bestehen vielseitige Verknüpfungen und Wechselbeziehungen, die die Globalisierung ausmachen.

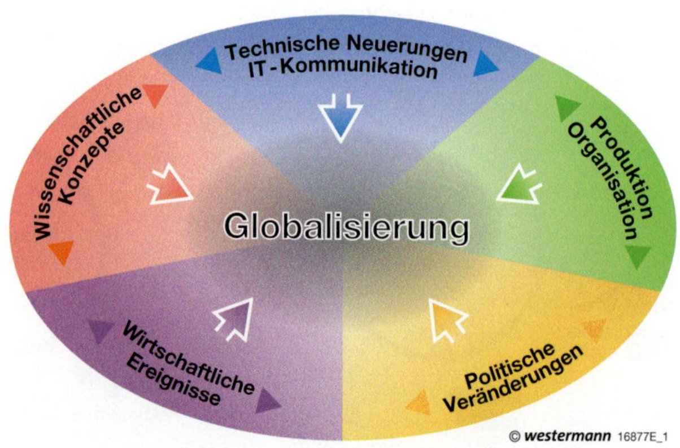

M3 Determinanten der Globalisierung

Phasen	Europäisierung		(Atlantisierung)			Globalisierung
Zeit	ca. 1500	ca. 1750-1770	ca. 1850	1945	ca. 1990	
Wirtschaftsregime	Orienthandel	Kolonialhandel	Freihandel / Industrialisierung	Imperialistischer Handel	„Block"-Handel	Globaler Handel
Idee/Motive	Scholastik	Entdeckung, Kolonialismus	Freihandel	Imperialismus	Kalter Krieg	Entwicklungs-zusammenarbeit, Neo-liberalismus
Wiss./techn. Neuerungen	Kummetgeschirr (Pferd) Nackenjochgeschirr (Ochse)	Globus	Dampfmaschine	Dampfschifffahrt, Automobil, Flugzeug	Elektronik	IT, Internet, Container
Akteure	Kaufleute	Seefahrer, Handelskompanien		Staaten, Regierungen, Internationale Firmen	Transnationale	Unternehmen, virtuelle Firmen
Ursprungsherd	Südeuropa	SW-Europa	W-Europa (England)	Europa, USA, Japan	USA, UdSSR	Triade
Räumliche Erstreckung	Alte Welt	Kolonien-Mutterländer/Peripherie-Zentrum		Mutterland-Kolonien (Imperien)	Erste, Zweite, Dritte Welt	Welt: globale-/globalisierte Orte - Regionen
Produktionsweise	Tausch-Kapitalismus	Handelskapitalismus	Industrie- kapitalismus		(Markt-/Planwirtschaft)	Informationskapitalismus

! ?

M4* Schema der Globalisierung

Der grenzüberschreitende Handel mit Waren und Dienstleistungen ist in den letzten Jahrzehnten deutlich gestiegen und zwar erheblich stärker als das weltweite Bruttoinlandsprodukt (BIP). Die Liberalisierung der Kapitalmärkte wurde später eingeleitet als der grenzüberschreitende Handel mit Gütern und Dienstleistungen. Erst die technischen Revolutionen der 80er und 90er Jahre (Computer, Internet, E-Mail) ermöglichten das Entstehen eines globalen Kapitalmarkts. Gleichzeitig stiegen die Risiken für weltweite Finanzkrisen. Investitionen von Unternehmen in anderen Ländern haben in den vergangenen Jahrzehnten erheblich zugenommen. Angetrieben wird diese Dynamik vor allem von multinationalen Unternehmen. Die Revolution der Kommunikationstechnologie machte in Verbindung mit drastisch gesunkenen Transportkosten breit gestreute, auf viele Länder verteilte Produktions- und Dienstleistungsunternehmen technisch und wirtschaftlich möglich. Rund 80.000 multinationale Unternehmen bestimmen heute den internationalen Güterhandel. [Und] auch die Mobilität von Menschen ist in den vergangenen Jahrzehnten – wenngleich sehr viel langsamer – gestiegen.

Quelle: www.bpb.de/veranstaltungen/netzwerke/teamglobal/67281/oekonomie, Zugriff 11.12.2014

M5 Die ökonomische Dimension der Globalisierung – „Weltbinnenmarkt"

Bevölkerungswachstum, riesige Müllberge, das tagtägliche Artensterben, ein übermäßiger Energie- und Rohstoffverbrauch sowie die zunehmende Verschmutzung von Luft, Böden und Gewässern sind Ausdruck für den zunehmenden Balanceakt am Rande der Belastungsgrenzen des Ökosystems Erde. Zwar hat sich spätestens seit dem Brundlandt-Bericht von 1987 und der 1992 in Rio verabschiedeten Agenda 21 im öffentlichen Bewusstsein und in der Politik die Einsicht durchgesetzt, dass ökologisch nachhaltige Produktions- und Konsummuster eine Voraussetzung für die künftige menschliche Entwicklung darstellen, doch es mangelt noch an der tatsächlichen Umsetzung.

Quelle:www.bpb.de/veranstaltungen/netzwerke/teamglobal/67332/oekologie

M6 Umwelt als Dimension der Globalisierung – „Welt als Risikogemeinschaft"

Ohne den technischen Fortschritt in den Bereichen Kommunikation und Transport wäre der seit den 1970er-Jahren zu verzeichnende Globalisierungsschub nicht möglich gewesen.
Ein seit Jahren wichtiger Anwendungsbereich moderner Technik ist die Telekommunikation. Es entstanden neue digitale Übertragungstechniken und die Preise für Telefongespräche sanken aufgrund technischer Neuerungen, Marktliberalisierungen und der Entstehung eines Massenmarktes. [...]
Eine neue Dimension erreichte die weltweite Datenübertragung, seitdem mit dem Internet die Möglichkeit besteht, dass ein Computer mit nahezu jedem Computer auf der Welt Daten austauschen kann. [...]
Technische Neuerungen und Entwicklungen legten auch die Grundlage für die Ausweitung der Transportkapazitäten, ohne die ein globaler Handel in den heutigen Größenordnungen nicht möglich wäre. So wurde seit den 1980er-Jahren der Bau immer leistungsfähigerer Tanker und Frachtschiffe, Cargosysteme, Personen- und Frachtflugzeuge möglich, entstanden neue, preisgünstige Airlines und hochmoderne Flughäfen weltweit.

Quelle: Scholz, F.: Globalisierung, Braunschweig 2010, S. 27–29

M7 Die Kommunikation als Dimension der Globalisierung – „Vernetzte Welten"

[Das Nationalstaatensystem verändert seine Bedeutung im Prozess der Globalisierung. Der Nationalstaat als territorial abgrenzbarer „Behälter" mit homogener Bevölkerung und einer Nationalwirtschaft verliert an Bedeutung.]
Durch die Globalisierung hat der kulturelle Austausch, repräsentiert durch die globale Verbreitung vormals lokaler Werte, Normen, Symbole stark zugenommen. Durch diesen Austausch werden Menschen mit anderen Wertsystemen und anderen Lebensstilen konfrontiert. Dies kann als Bereicherung gewertet werden, zum Beispiel, wenn sich die kulinarische Vielfalt der Restaurants in der Umgebung vergrößert. Doch wird auch vom Kulturverlust gesprochen, zum Beispiel durch die Amerikanisierung des Lebensstils.

Quelle: Backhaus, N.: Globalisierung, Braunschweig 2009, S. 42

M8 Die gesellschaftliche Dimension der Globalisierung – „Welt als globales Dorf"

Das Wichtigste in Kürze

M1 Waren und Dienstleistungen, rund um die Uhr verfügbar

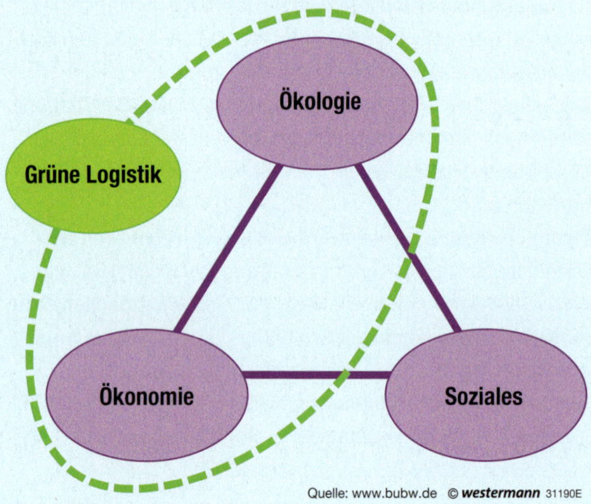

M2 Grüne und nachhaltige Logistik

Mobilität sowie weltweite Finanz- und Datenströme sind zum Motor der Globalisierung geworden. Laut einer Studie der Unternehmensberatungsfirma McKinsey wurden allein 2010 weltweit 6,4 Billionen Euro für den Transport von Menschen und Waren ausgegeben. Mit der steigenden Mobilität steigt der globale CO_2-Ausstoß des Transportsektors. Bis 2050 soll er laut dieser Studie um rund 80 Prozent gegenüber heute zunehmen.

Bis Waren ihren Bestimmungsort erreichen, haben sie oft eine lange Reise hinter sich. Auf dem Seeweg werden immer größere Containerschiffe eingesetzt, Häfen entwickeln sich zu Drehscheiben im Warentransport, Kanäle wie der Panamakanal passen sich der technischen Entwicklung an, um nicht vom Weltverkehr abgeschnitten zu werden. Auch der Warentransport mit dem Flugzeug passt sich an. Globale Hubs erfüllen die Funktion von Drehscheiben und bewirken Synergieeffekte. Die Logistikunternehmen, die sich an den Standorten der Flughäfen ansiedeln, sind längst keine Speditionen mehr, sie sind „Logistik Provider" geworden.

Waren und Dienstleistungen sind rund um die Uhr verfügbar. Dafür sorgt auch ein globales Kommunikationsnetz. In Manila bestellt, über Leipzig geliefert, das geschieht in kürzester Zeit. Für die Standortwahl des Warenversandhandels sind die Verkehrslage und ein großes Flächenangebot entscheidende Standortfaktoren geworden. Besteht kein Nachtflugverbot am Standort, so ist dies ebenfalls als Vorteil zu werten.

Die zunehmende Bedeutung von Logistik und Warentransport steht einer nachhaltigen Entwicklung entgegen, denn die ökonomische Dimension bestimmt das Wirtschaftsgeschehen. Eine „grüne Logistik", die zum Beispiel durch technische Innovationen die Umweltbelastung verringert, wäre ein erster Schritt in Richtung Nachhaltigkeit.

Eine nachhaltige Entwicklung kann allerdings nicht ohne das Mitwirken des Konsumenten erreicht werden. Das Bewusstsein der Verbraucher, sich aktiv über nachhaltige Produkte zu informieren, ist in Deutschland vergleichsweise gering. Konzepte wie das Wiege-zu-Wiege-Konzept setzen voraus, dass der Verbraucher auch höhere Preise für ein Produkt in Kauf nimmt. Die Kreislaufwirtschaft dieses Konzepts würde sogar über das Prinzip der nachhaltigen Entwicklung hinausgehen, weil nicht mehr „verbraucht", sondern „benutzt" wird.

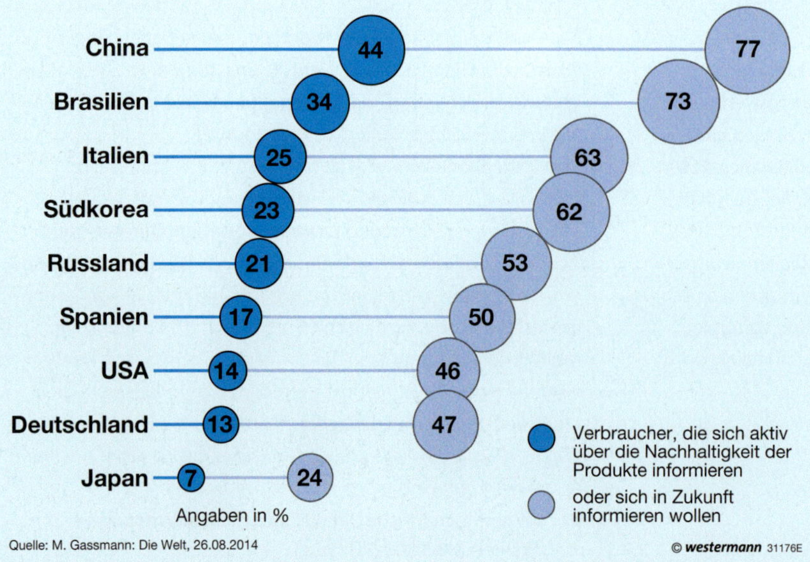

M3 Umfrage über nachhaltigen Konsum unter 30 000 Konsumenten weltweit

Kompetenz-Check

Hier sind alle Kompetenzen, die Sie in diesem Kapitel erwerben konnten, aufgelistet.
Sie können selbst beantworten, wie Sie die Kompetenz beherrschen: ***sicher***, ***mäßig*** oder ***kaum***.

Sachkompetenz

Kann ich		Unsicher? Schlagen Sie nach auf Seite
1.	die Vielfalt des tertiären Sektors am Beispiel der Branchen Handel, Verkehr sowie personen- und unternehmensorientierte Dienstleistungen darstellen?	282–303
2.	die Wechselwirkungen des tertiären Sektors mit dem sekundären Sektor am Beispiel der Branchen Handel, Verkehr darstellen?	284/285, 296/297
3.	die Bedeutung von Logistik und Warentransport für personen- und unternehmensorientierte Dienstleitungen erklären?	282–303
4.	den fortschreitenden Prozess der Tertiärisierung mit sich verändernden sozioökonomischen und technischen Gegebenheiten erklären?	298/299
5.	die räumlichen Entwicklungsprozesse durch den Warentransport beschreiben?	282/283, 288–295
6.	Raumnutzungsansprüche und -konflikte im Zusammenhang mit Logistik und Warentransport beschreiben?	300/301
7.	die durch den globalen Welthandel verursachten geographischen Prozesse und Strukturen mittels eines inhaltsfeldbezogenen Fachbegriffsnetzes systematisch darstellen?	302/303

Methodenkompetenz

Kann ich		
8.	geographische Sachverhalte zur Bedeutung von Logistik und Warentransport mündlich und schriftlich unter Verwendung der Fachsprache sachlogisch strukturiert und materialbezogen darstellen?	282–302
9.	geographische Informationen zur Thematik grafisch darstellen (Kartenskizzen, Diagramme, Fließschemata/Wirkungsgeflechte)?	282/283, 284–287, 296–299
10.	schriftliche und mündliche Aussagen durch differenzierte und korrekte Materialverweise und Materialzitate belegen?	282–302

Urteilskompetenz

Kann ich		
11.	die Bedeutung einer leistungsfähigen Infrastruktur für Unternehmen des tertiären Sektors bewerten?	286–292
12.	die Bedeutung von Logistik und Warentransport für die Entwicklung von Räumen beurteilen?	288–298
13.	die Entwicklung des globalen Warentransports und seine Auswirkungen beurteilen?	282/283, 294/295, 296/297
14.	unterschiedliche Handlungsweisen sowie mein eigenes Verhalten hinsichtlich der verursachten Waren- und Kommunikationsströme beurteilen?	284/285, 300/301
15.	die sich aus Widersprüchen (z. B. Smartphone-Nutzung) ergebenden Probleme bei der Beurteilung raumbezogener Sachverhalte erörtern?	282/283
16.	die Bedeutung einer leistungsfähigen Infrastruktur für die Herausbildung einer synergetisch vernetzten Wirtschaft bewerten?	288–294

Handlungskompetenz

Kann ich		
17.	Arbeitsergebnisse zur Thematik im Unterricht sach-, problem- und adressatenbezogen sowie fachsprachlich angemessen präsentieren?	282–302
18.	in Raumnutzungskonflikten unterschiedliche Perspektiven und Positionen einnehmen und diese differenziert bewerten?	300

Klausurtraining

Häfen als Drehscheibe im Warentransport – das Beispiel Duisburg

1. Beschreiben Sie die Lage von Duisburg und den Strukturwandel seit 1985.
2. Kennzeichnen Sie die aktuelle Bedeutung des Standorts Duisburg für Logistik und Warentransport.
3. Bewerten Sie den Strukturwandel im Hinblick auf eine nachhaltige Wirtschaftsentwicklung.

Diese Materialien benötigen Sie ergänzend zur Lösung der Aufgaben:

M1 Atlaskarten nach Wahl
M2 Duisburg – Binnenhafen, Diercke Weltatlas (2008), S. 63,5
Duisburg – Binnenhafen, Diercke Weltatlas (2015), S. 65,5

Stadt Duisburg

Bevölkerung: 495 668 (2007)
488 005 (2012)
Beschäftigte (2012): 158 486
Anteil der Beschäftigten in Verkehr und Lagerei: 8,1 %
Anteil der Beschäftigten in Handel, Instandh. u. Rep. v. Kfz u. Gebrauchsgütern: 13,8 %
Arbeitslosenquote: 12,4 % (2014)
Berufseinpendler: 95 178
Berufsauspendler: 87 681

Quellen: IT NRW, Landesdatenbank NRW, Agentur für Arbeit Duisburg, GFW Duisburg; www.gfw-duisburg.de/standort_duisburg/daten/arbeitsmarkt.php

M5 Bevölkerung und Beschäftigung in Duisburg

Duisport

- größter Binnenhafen Europas
- international bedeutender Logistikstandort
- Hinterland-Hub der Seehäfen Amsterdam, Rotterdam, Zeebrügge, Antwerpen
- rund 36 000 Arbeitsplätze (direkt und indirekt)
- 21 Hafenbecken
- 5 intermodale Containerterminals
- 2 Roll-on-roll-off-Anlagen
- Standort von rund 300 logistikorientierten Unternehmen
- Wertschöpfung pro Jahr: rund 3 Milliarden Euro

Logistikzentrum logport

- Teil des Duisburger Hafens Duisport
- trimodaler Logistikstandort (Wasser, Schiene, Straße)
- logport I auf dem Gelände des ehemaligen Stahlwerks Rheinhausen (Schließung des Stahlwerks 1993)
- logport II auf dem Gelände einer ehemaligen Metallhütte
- logport I: 2 trimodale Containerterminals
- Roll-on-roll-off-Anlage für Binnen- und Seeschiffe
- regelmäßige Zugverbindungen im kombinierten Verkehr
- Bahn- und Binnenschiffshuttles nach Rotterdam, Antwerpen, Amsterdam und Zeebrügge
- Abfertigung: 18 000 Züge, 2 000 flussgängige Seeschiffe, mehr als 20 000 Seeschiffe jährlich
- logport I und II: 50 Firmen, darunter 25 national und international führende Logistikunternehmen
- logport III: bimodaler Terminal bei Uerdingen
- logport IV: bimodales Logistikzentrum bei Kamp-Lintfort

Quellen: http://www.duisport.de; Prossek, A. u.a. (Hrsg.): Atlas der Metropole Ruhr.2009, S. 122/123.

M3 Informationen zu Duisport

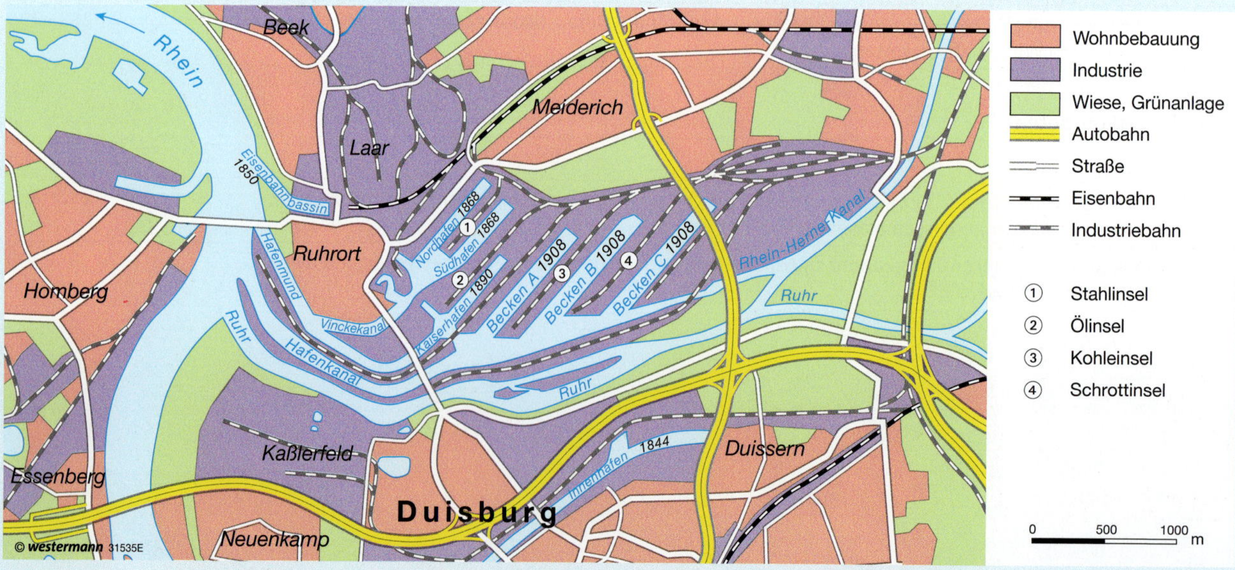

M4 Binnenhafen Duisburg 1985: Umschlag von Massengütern (Kohle, Erz, Öl)

Duisburg feiert China-Bahnverbindung

[...] Der Zug, der nur 16 Tage für die Fahrt von China [Chongqing] in den Rhein/Ruhr-Raum benötigt, fährt schon seit zwei Jahren auf der transeurasischen Verbindung. [...] „Der Zug ist doppelt so schnell wie der Transport auf dem Seeweg, aber nur halb so teuer wie die Luftfracht. Auf chinesischer Seite wird er bereits als neue Seidenstraße bezeichnet“, sagt Erich Staake, Vorstandsvorsitzender der Duisburger Hafen AG [...].
Die Verbindung hat das internationale Netzwerk [in Bezug auf globale Lieferketten] von duisport erweitert. [...] Zahlreiche Unternehmen aus der Elektro-, Computer- und Hightech-Industrie, beispielsweise der US-Hersteller Hewlett Packard (HP), der taiwanische Zulieferer für elektronische Geräte, Foxconn, oder der ebenfalls taiwanische Computerhersteller Acer, aber auch Automobilhersteller und -zulieferer sowie Maschinenbau-Unternehmen haben in [Chongqing] ihre Produktionsstätten. [...]
Entwickelt wurde die 10 300 km lange transeurasische Verbindung durch China, Kasachstan, Russland, Weißrussland, Polen und Deutschland von DB Schenker Rail und Trans Eurasia Logistics, einem 2008 gegründeten Joint Venture der DB AG und der Russischen Eisenbahnen RZD, als Alternative zur viel befahrenen und 2000 km längeren Nordroute über die transsibirische Eisenbahn.
10.9.2013 Verkehrs Rundschau

Audi-Drehscheibe ist für Duisport ein Erfolgsmodell

Jüngste Erfolgsgeschichte für Duisport ist die Ansiedlung des Audi-Verteilzentrums für Auto-Komponenten auf dem Logport II-Gelände in Wanheim. Dort wachsen derzeit 53 000 m^2 Hallenflächen aus dem Boden. Über 800 000 m^3 Autoteile lässt Audi künftig über ein Logistikpartner-Unternehmen aus den Fertigungen nach Duisburg bringen und dort in den Duisport-Hallen in Containern nach China, Indien und Mexiko verschiffen und dort zu A 4, A 6 oder Q 7 zusammenbauen. 25 Millionen Euro investiert Duisport in sein logistisches „Vollsortiment“ und freut sich über Audis weltweit größten Verteil-Standort.
10.4.2013 WAZ (Westdeutsche Allgemeine Zeitung)

Duisport steigert Containerumschlag um 16 Prozent

Am Duisburger Hafen sind in diesem Jahr deutlich mehr Container im Kombinierten Verkehr umgeschlagen worden als noch 2012. Nach aktuellen Hochrechnungen liegt das Jahresergebnis bei rund drei Millionen TEU, was einem Zuwachs von rund 16 Prozent gegenüber dem Vorjahr entspricht, meldet die Duisport-Gruppe. Mit dem neuen Rekordergebnis zählt Duisburg zu den 50 größten Containerhäfen weltweit. Damit bleibt der Hafen auch weiterhin größter Containerumschlagplatz im Hinterland.
13.12.2014 Verkehrs Rundschau

M6 Duisport – ein Erfolgsmodell? Berichterstattungen über Duisport

M7 Verbindungen des Hafens Duisburg im kombinierten Verkehr

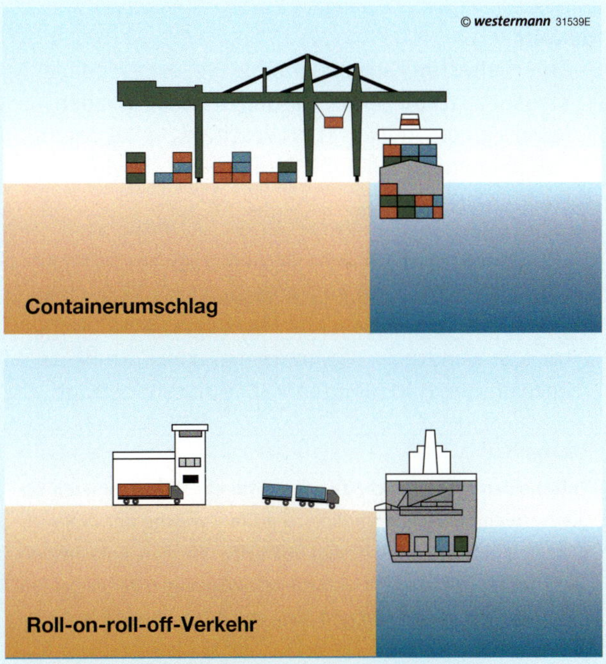

M8 Kombinierter Verkehr

Schriftliches Abitur

Grundlage für die zentral gestellten schriftlichen Aufgaben der Abiturprüfung sind in allen Fächern die Kernlehrpläne für die gymnasiale Oberstufe (Kernlehrplan für die Sekundarstufe II – Gymnasium/Gesamtschule in Nordrhein-Westfalen, Frechen 2013).

In der Qualifikationsphase haben Sie im Geographieunterricht Kompetenzen im Bereich der Sach-, Methoden-, Urteils- und Handlungskompetenz erworben und sind somit bestens auf die zentrale Prüfung vorbereitet. Und falls Sie noch unsicher sind: am Ende eines jeden Kapitels im Buch finden Sie einen Kompetenz-Check, wo Sie selbst überprüfen können, ob Sie ausreichend vorbereitet sind und gegebenenfalls noch einmal auf den angegebenen Seiten nachlesen können. Denn in den Abiturklausuren wird auf die Kompetenzen zurückgegriffen, die Sie im Verlauf der gesamten Qualifikationsphase erworben haben.

Die Abiturklausur

Die Abiturklausur unterscheidet sich von der Struktur her nicht von den Klausuren, die Sie in der Qualifikationsphase bereits geschrieben haben. Jede geschriebene Klausur stellt somit auch eine Übung dar, was die Notwendigkeit der intensiven Nachbereitung einer Klausur und der vom Lehrer kommentierten Stärken und Schwächen Ihrer eigenen Ausführungen unterstreicht. Die letzte Klausur in der Q2, die Abitur-Vorklausur, wird unter Abiturbedingungen geschrieben, hier können Sie das Zeitmanagement und die Aufgabenauswahl schon einmal erproben.

Die Besonderheiten der Abiturklausur:

Zentral gestellte Klausur

→ Im Unterschied zu den Klausuren in der Qualifikationsphase wird die Abiturklausur nicht von Ihrem Lehrer, sondern landesweit zentral gestellt.

Auswahl

→ Sie erhalten im Fach Geographie drei verschiedene Klausuren zur Auswahl. Die drei Klausuren haben jeweils einen anderen Themenschwerpunkt, der in der Themenformulierung bereits deutlich wird.

Auswahlzeit

→ Für die Auswahl erhalten Sie zusätzlich zur Bearbeitungszeit noch 30 Minuten Auswahlzeit, sodass die Dauer der Abiturklausur im Leistungskurs 285 Minuten (255 Minuten + 30 Minuten) und im Grundkurs 210 Minuten (180 Minuten + 30 Minuten) beträgt.

Hinweis:

Entscheiden Sie sich nicht zu schnell für ein Thema. Nutzen Sie die Auswahlzeit, um gründlich zu prüfen, welche der drei Aufgabenstellungen Sie am besten bearbeiten können. Entscheiden Sie sich erst, nachdem Sie die Arbeitsanweisungen der einzelnen Klausuren genau gelesen und auch das dazugehörige Material gesichtet haben.

Vorbereitung auf die Abiturklausur

Kontinuierliche Mitarbeit

→ Die beste Vorbereitung ist natürlich die durchgängige Mitarbeit im Geographieunterricht während der gesamten Qualifikationsphase. Dazu gehören Vor- und Nacharbeit der Unterrichtsgegenstände, konsequente Mitarbeit und Mitschriften im Unterricht, Vor- und Nachbereitung der Klausuren (s.o.), aber vor allem auch Interesse für das Fach!
Die modernen Medien ermöglichen Ihnen Informationen und somit den Zugang zu nahezu allen Räumen der Welt, Sie können sich über naturräumliche, wirtschaftliche, soziale oder auch ökologische Entwicklungen weltweit informieren. Eine Vielzahl an teilweise hervorragenden Dokumentationen und Berichten eröffnet Ihnen die Möglichkeit, Ihr Wissen über Räume und deren Entwicklungen zu vertiefen. Dieser kontinuierliche Aufbau Ihres räumlichen Wissens kommt Ihnen dann sicherlich auch in der Abiturklausur zugute. Ein breites Wissen über Räume und räumliche Zusammenhänge ist in jedem Fall von Vorteil.

Methodische Fähigkeiten

→ Genauso wie die Klausuren in der Qualifikationsphase ist auch die Abiturklausur materialgestützt, das heißt, auch hier gilt es, verschiedene Materialien (Karten, Statistiken, Diagramme, ...) aufgabenbezogen auszuwerten und Vernetzungen zwischen den Einzelaussagen herzustellen.
Im Laufe der Qualifikationsphase werden Sie mit einer Vielzahl an unterschiedlichen Materialien konfrontiert, die es auszuwerten gilt. Stellen Sie sicher, dass Sie unterschiedliche Materialtypen differenziert auswerten können. Die Methodenseiten im Buch, aber auch die jeweiligen Methodenkompetenzchecks am Ende eines jeden Kapitels geben Ihnen noch einmal die Möglichkeit der Überprüfung Ihrer eigenen Fähigkeiten.

Übung

→ Nutzen Sie die in der Qualifikationsphase geschriebenen Klausuren, die in diesem Buch zu einzelnen Themenschwerpunkten erstellten Klausuren, aber auch die im Internet (s.u.) zugänglichen Abiturklausuren der zurückliegenden Jahre als Übung. Nehmen Sie sich die auch in der Abiturprüfung zur Verfügung stehende Zeit und schreiben Sie die Klausuren am Stück. Überprüfen Sie anschließend anhand des Lösungsschlüssels, ob Sie alle wesentlichen Inhalte erkannt, alle Aspekte bedacht und wichtige Vernetzungen hergestellt haben.

weblinks

- **www. www.standardsicherung.schulministerium.nrw.de/abitur-gost/fach.php?fach=9....**

Schreiben der Abiturklausur

Eigentlich sind Sie ja nach Durchlaufen der Qualifikationsphase schon ein Klausurprofi! Aber rufen Sie sich die wichtigsten Aspekte, die es beim Schreiben einer Geographieklausur zu beachten gilt, noch einmal in Erinnerung.

→ ***Lesen Sie das Thema der Klausur genau!*** Aus der problemorientierten Themenformulierung können Sie bereits die Bearbeitungsrichtung der Klausur entnehmen. Ebenso wird im Thema das Raumbeispiel angegeben, an dem Sie die Aufgabenstellung bearbeiten sollen.

→ ***Die – in der Regel drei – Teilaufgaben stellen eine Strukturierungshilfe für die Lösung der Aufgabe dar (Grobgliederung).*** Die Arbeitsanweisungen enthalten Operatoren, die Sie leiten. Anhand der Operatoren können Sie auch erkennen, welchem Anforderungsbereich die einzelne Teilaufgabe zugeordnet ist.

→ ***Ordnen Sie zunächst das Raumbeispiel topographisch ein*** (M1: Atlaskarten nach Wahl, ggf. Informationen weiterer Materialien).

→ ***Analysieren Sie nun die Arbeitsmaterialien aufgabengeleitet***! Markieren Sie wichtige Aussagen, nutzen Sie ggf. den Taschenrechner, um Entwicklungen oder Vergleiche anhand statistischer Angaben zu verdeutlichen. Achten Sie auch auf mögliche Anmerkungen (Fußnoten), Erläuterungen und Quellenangaben. Notieren Sie bereits jetzt wichtige Fachbegriffe, die die Situation oder Entwicklung prägnant beschreiben.

→ ***Strukturieren Sie nun Ihre Ergebnisse sinnvoll*** („Roter Faden"). Zur Beantwortung der Aufgabenstellung ist in der Regel eine Vernetzung der Einzelaussagen der Arbeitsmaterialien erforderlich.

→ ***Erst nachdem Sie alle Aufgabenstellungen der Teilaufgaben gedanklich durchdrungen und die Arbeitsmaterialien gründlich ausgewertet haben, beginnen Sie mit der Reinschrift.***
Formulieren Sie eine Einleitung in die Gesamtaufgabe. In der Regel wird eine aufgabenbezogene Lokalisierung verlangt, die einleitend wie auch die leitende Problemstellung an den Anfang gestellt werden kann. Vergessen Sie nicht kurze Überleitungen oder auch Einleitungen zu den Teilaufgaben.

→ ***Argumentieren Sie materialgestützt***, das heißt, Ihre Ausführungen müssen konkrete Materialbelege enthalten. Geben Sie jeweils an, aus welchen Materialien Sie Ihre Angaben beziehen (z. B. M1) am Ende des Satzes bzw. Abschnitts.

→ ***Beziehen Sie sich auch in der letztenTeilaufgabe, in der Sie zur Beurteilung, Stellungnahme, Bewertung, aufgefordert werden, konkret auf das Raumbeispiel***. Nehmen Sie Rückbezug auf die in den ersten Teilaufgaben erarbeiteten Ergebnisse.

→ ***Formulieren Sie ein abschließendes Fazit.***

Denken Sie daran, dass ein Fünftel der erreichbaren Punkte bei der Bewertung für die Darstellungsleistung vergeben wird. Planen Sie von daher genügend Zeit für die Abschlusskontrolle ein.
Prüfen Sie Ihre Ausführungen noch einmal genau auf sprachliche Richtigkeit, also Rechtschreibung, Zeichensetzung, grammatikalische Korrektheit.

Den Kernlehrplan für die gymnasiale Oberstufe, die Liste der verbindlichen Operatoren, die jährlichen Vorgaben, die die schriftliche Abiturprüfung für Ihren Jahrgang konkretisieren sowie Beispiele für Abituraufgaben aus den letzten Jahren finden Sie im Netz unter
www.standardsicherung.schulministerium.nrw.de

Operatoren

Diese Übersicht enthält die für die Zentralabiturklausuren in Geographie in NRW verbindlichen Operatoren. Die Erläuterungen in der Operatorenliste müssen Sie kennen, um zu wissen, was genau von Ihnen in den einzelnen Aufgabenteilen verlangt wird.

Operator	Definition	AFB*
analysieren	komplexe Materialien/Sachverhalte in ihren Einzelaspekten erfassen mit dem Ziel, Entwicklungen/Zusammenhänge zwischen ihnen aufzuzeigen	II–III
anwenden	Theorien/Modelle/Regeln mit konkretem Fall-/Raumbeispiel/Sachverhalt in Beziehung setzen	II–III
beschreiben	Materialaussagen/Sachverhalte mit eigenen Worten geordnet und fachsprachlich angemessen wiedergeben	I–II
beurteilen/bewerten	auf der Basis von Fachkenntnissen/Materialinformationen/eigenen Schlussfolgerungen unter Offenlegung/Reflexion der angewendeten Wertmaßstäbe zu einer sachlich fundierten, qualifizierenden Einschätzung gelangen/eine begründete, differenzierte eigene Meinung entwickeln	III
darstellen	aus dem Unterricht bekannte oder aus dem Material entnehmbare Informationen und Sachzusammenhänge geordnet (grafisch/verbal) verdeutlichen	I–II
ein-/zuordnen	einem Raum/Sachverhalt auf der Basis festgestellter Merkmale eine bestimmte Position in einem Ordnungsraster zuweisen	II
erklären	Begründungszusammenhänge, Voraussetzungen und Folgen bestimmter Strukturen und Prozesse darlegen	II
erläutern	Sachzusammenhänge mithilfe ergänzender Informationen verdeutlichen	II
erörtern	einen Sachverhalt unter Abwägen verschiedener Pro- und Kontra-Argumente klären und abschließend eine schlüssige Meinung entwickeln	III
kennzeichnen	einen Raum/Sachverhalt auf der Basis bestimmter Kriterien begründet charakterisieren	II
lokalisieren	Einordnen von Fall-/Raumbeispielen in bekannte topographische Orientierungsraster	I–II
nennen	Informationen/Sachverhalte ohne Kommentierung wiedergeben	I
(kritisch) Stellung nehmen	unter Abwägung unterschiedlicher Argumente zu einer begründeten Einschätzung eines Sachverhalts/einer Behauptung gelangen	III
überprüfen	(Hypo-)Thesen/Argumentationen/Darstellungsweisen auf ihre Angemessenheit/Stichhaltigkeit/Effizienz hin untersuchen	III
vergleichen	Gemeinsamkeiten und Unterschiede zwischen (vergleichbaren) Strukturen/Prozessen erfassen und kriterienbezogen verdeutlichen	II–III

*** Bandbreite des Anforderungsbereiches**

Mündliches Abitur

Exportorientierte Agrarproduktion als Chance für Entwicklungsländer? Das Beispiel des Schnittblumenanbaus in Naivasha/Kenia

1. Beschreiben Sie die naturräumlichen Voraussetzungen für den Schnittblumenanbau in Naivasha.
2. Kennzeichnen Sie den Schnittblumenanbau in Naivasha und die wirtschaftliche Bedeutung des Schnittblumenanbaus für Kenia.
3. Erörtern Sie, inwieweit der Schnittblumenanbau in Naivasha eine Chance für eine nachhaltige Entwicklung bietet.

Diese Materialien benötigen Sie zur Lösung der Aufgaben:
M1 Atlaskarten nach Wahl

Im Fach Geographie können Sie in Nordrhein-Westfalen eine mündliche Abiturprüfung im 4. Prüfungsfach machen, was natürlich voraussetzt, dass Sie in der Qualifikationsphase das Fach Geographie im Grundkurs belegt haben.
Weiterhin ist eine mündliche Prüfung im 1.–3. Abiturfach möglich, und zwar als Abweichungsprüfung, falls die Note der Abiturklausur mehr als 4 Punkte von der Vornote abweicht, oder als freiwillige Prüfung, wenn Sie Ihre Abiturdurchschnittsnote noch verbessern wollen.

Ablauf einer mündlichen Prüfung

Der Ablauf der mündlichen Abiturprüfungen ist in allen Fächern identisch. Die Prüfung, die mindestens 20 Minuten und höchstens 30 Minuten dauert, besteht aus zwei Prüfungsteilen.

Im ersten Prüfungsteil tragen Sie eine vorbereitete Aufgabe vor. Sie erhalten – ähnlich wie bei einer Klausur – eine Aufgabe, die Sie in einer 30-minütigen Vorbereitungszeit bearbeiten. Ihre Lösung tragen Sie dann in einem mindestens 10-minütigen Vortrag vor.
Der zweite Prüfungsteil besteht aus einem 10–15-minütigen Prüfungsgespräch. Hier wird Ihr Fachlehrer bzw. Ihre Fachlehrerin Fragen zu weiteren Themenschwerpunkten aus der Qualifikationsphase stellen, die Sie möglichst umfassend und differenziert beantworten sollten.

Der erste Prüfungsteil

Für den ersten Prüfungsteil erhalten Sie eine von Ihrem Fachlehrer erstellte Aufgabe in der Form, wie Sie sie bereits von den gestellten Klausuren her kennen. Es handelt sich gleichermaßen um eine mehrgliedrige Aufgabe mit Material, die allerdings so konzipiert ist, dass Sie die Aufgabe in der 30-minütigen Vorbereitungszeit auch lösen können. Im Unterschied zu einer Klausur ist die Aufgabenstellung begrenzt, die Teilaufgaben sind weniger komplex und auch der Materialumfang ist deutlich geringer. Ein Beispiel, das Sie zur Übung nutzen können, finden Sie auf dieser Doppelseite.

In der ***Vorbereitungsphase*** bearbeiten Sie die Aufgabenstellung, so wie Sie es vom Bearbeiten von Klausuren gewohnt sind. Die Hinweise zum Schreiben einer Abiturklausur (S. 308–309) gelten hier gleichermaßen. Anders als in der schriftlichen Klausur tragen Sie nun jedoch Ihre Ergebnisse mündlich vor. Für die Vorbereitung bedeutet dies, dass Sie sehr sorgfältig wichtige Materialinformationen kennzeichnen, Fachbegriffe und Stichworte für den Vortrag notieren und vor allem auch eine Gliederung erstellen. Wie in der Klausur stellt auch hier die mehrgliedrige Aufgabenstellung eine Strukturierungshilfe dar. Als praktikabel hat sich erwiesen, wichtige Aspekte zu nummerieren und den einzelnen Aufgabenstellungen zuzuordnen. Diese Vorarbeit ist besonders wichtig, da Sie in Ihrem Vortrag die Lösung der Aufgabenstellung möglichst sachlogisch präsentieren sollten. Es erweist sich als sehr ungünstig, wenn Sie „vergessene" Aspekte anhängen, nachdem Sie den Begründungszusammenhang bereits dargelegt haben.
In Ihrem Vortrag werden Sie von der Prüfungskommission in der Regel nicht unterbrochen. Sie erhalten auch keine unmittelbare Rückmeldung zu Ihrem Vortrag.

Der zweite Prüfungsteil

Im ***zweiten Prüfungsteil*** wird nun Ihr Wissen zu weiteren Themenschwerpunkten aus der gesamten Qualifikationsphase geprüft.

Im ***Prüfungsgespräch*** werden Sie auf Fragen und Impulse der Prüferin oder des Prüfers eingehen und fachliche und fachübergreifende Kenntnisse und Ihr Problemverständnis unter Beweis stellen.
Zur Vorbereitung auf das Prüfungsgespräch gelten die gleichen Hinweise wie zur Vorbereitung auf die Abiturklausur (S. 308–309). Je intensiver Sie sich in der Qualifikationsphase mit den geographischen Themen auseinandergesetzt haben, desto einfacher wird es Ihnen fallen, auf gestellte Fragen zu reagieren und nicht nur gelernte Einzelaspekte aufzuzählen, sondern – und darauf kommt es an – Antworten in übergeordnete Sachzusammenhänge einzuordnen und auch weiterzuentwickeln.

M2 Naivasha-See: ca. 180 km² großer abflussloser Süßwassersee im ostafrikanischen Graben, Zuflüsse aus dem etwa 3 400 km² großen Einzugsgebiet, Seewasser speist auch Grundwasser

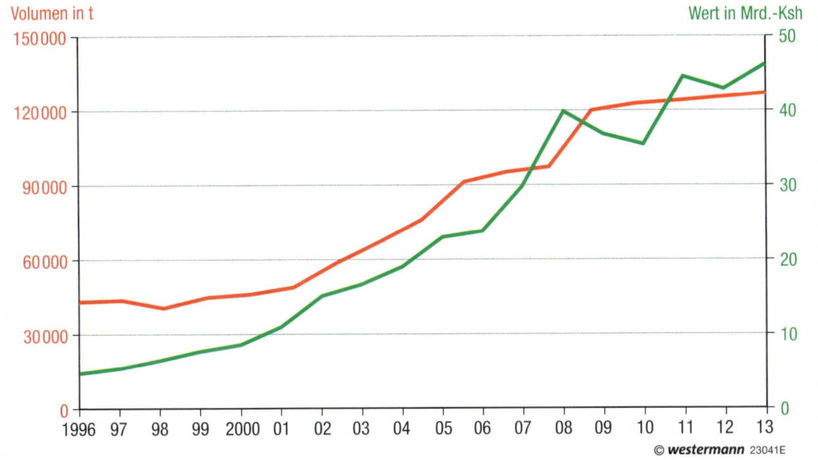

M3 Entwicklung der Schnittblumenexporte aus Kenia (Ksh = Kenia-Schilling)
(Anmerkung: 46,3 Mrd. Ksh entsprechen ca. 545 Mio. US-$, Stand 2013)

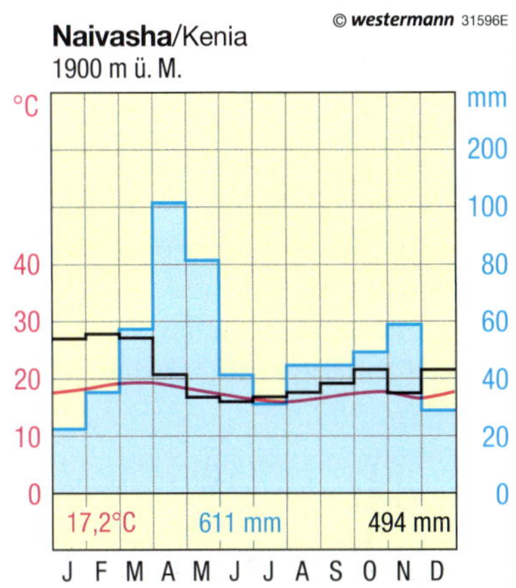

M5 Klimadiagramm Naivasha

Schnitt-blumen	– Rosen, Lilien, Astern und andere – Schnittblumen benötigen konstante Wärme und – kontinuierliche Versorgung mit Frischwasser – keine Beregnung der Knospen und Blüten – Wasserbedarf: 60 m³ Wasser pro ha/Tag (Rosenfarm) (in der Naivasha Region: Wasserentnahme aus dem Naivasha See, Fairtrade-Farmen nutzen teilweise Grundwasser)
Beschäftigten-zahlen	2013: 90 000 direkt Beschäftigte und insgesamt über 500 000 (direkt und indirekt) Beschäftigte in der Blumenindustrie
Anbau in der Region Naivasha	– Naivasha: Zentrum der kenianischen Schnittblumenindustrie – ca. 70% der Schnittblumenproduktion, ca. 60 Blumenfarmen, mit je nach Größe bis zu 1 500 Beschäftigten – ca. 1 900 ha Anbaufläche, davon 1 200 ha in Gewächshäusern, – Blumenindustrie der Region: ca. 9% der kenianischen Devisen-einnahmen
Außenhandel Kenia 2012	Import: 16,3 Mrd. US-$, Export: 6,1 Mrd. US-$

Fischer Weltalmanach 2015 The Dutch Ministry of Economic Affairs, Agriculture und Innovation (2012): A Study on the Kenyan-Dutch Horticultural Supply Chain. The Hague
WWF (2011): Hintergrundinformation: Rosen, Wasser und der Naivashasee. Berlin.

M4 Daten zur kenianischen Blumenindustrie

In: Diercke Weltatlas (2015), S. 269, 3
Anmerkung: 1969: ca. 7 000 Einwohner in Naivasha, 2009: 91 933 Einwohner (FW 2015)

M6 Naivasha – Rosenanbau für den EU-Markt

Facharbeit

Selbstständiges fachwissenschaftliches Arbeiten

In der Qualifikationsphase wird nach Festlegung durch die Schule eine Klausur durch eine Facharbeit ersetzt (§14 Abs.(3) APO-GOSt (Abiturprüfung in der Gymnasialen Oberstufe, NRW)).
Diese Facharbeit können Sie auch im Fach Geographie schreiben.
Die Facharbeit hat den Notenwert einer Klausur.

Aufgaben und Ziele der Facharbeit

Die Facharbeit ist eine umfangreiche, selbstständig zu verfassende schriftliche Hausarbeit, die als besonders geeignet gilt, Schülerinnen und Schüler mit Prinzipien und Formen selbstständigen, wissenschaftspropädeutischen Lernens vertraut zu machen.
Durch das Erstellen einer Facharbeit sollen Sie beispielhaft lernen, eine wissenschaftliche Arbeit abzufassen. Eine umfassende wissenschaftliche Erarbeitung eines Themas ist jedoch nicht Aufgabe der Facharbeit. Dies unterscheidet sie z. B. von der besonderen Lernleistung gemäß § 17 APO-GOSt (siehe S. 313).

Bei der Anfertigung der Facharbeit sollen Sie lernen,
- → Themen zu suchen, einzugrenzen und zu strukturieren,
- → ein komplexes Arbeitsvorhaben zu planen und unter Beachtung der schulseitigen (thematischen, formalen und terminlichen) Vorgaben durchzuführen,
- → sich notwendige Informationen und Materialien zu beschaffen und auszuwerten,
- → unterschiedliche Lösungsmöglichkeiten zu überprüfen und gegebenenfalls notwendige Überarbeitungen vorzunehmen,
- → die wissenschaftlichen Darstellungskonventionen (z. B. bei Zitation und Literaturangaben) anzuwenden,
- → zu einer sprachlich angemessenen schriftlichen Darstellung zu gelangen.

Die Facharbeit im Fach Geographie

Im Fach Geographie bieten sich eine Vielzahl von Themen zu raumbezogenen Entwicklungen oder Problemen an. Dabei können Sie sowohl Themen wählen, die sich auf die Region des Schulstandortes beziehen und die Möglichkeit eigener Untersuchungen und Kartierungen bieten oder Themen, die Sie über eine Materialrecherche erschließen. Es könnte sein, dass Sie durch Beobachtungen während Ihrer Urlaubsreisen oder im Rahmen eines Schüleraustausches auf ein Sie interessierendes Thema stoßen, vielleicht erhalten Sie auch Anregungen aufgrund einer aktuellen Diskussion über raumrelevante Veränderungen an Ihrem Schulort oder es ergeben sich Ideen aus dem Unterricht.
Da sowohl die Arbeitszeit (6 Wochen) als auch die Vorgabe an den Umfang der Facharbeit begrenzt ist, ist es wichtig, ein Thema zu wählen, das im Rahmen der Vorgaben zu bewältigen ist. Geeignet sind in der Regel Themen, die sich auf einen abgrenzbaren Raum (z. B. einen Stadtteil, eine Region) beziehen.
Bereits aus der Themenformulierung sollte erkennbar sein, mit welcher Fragestellung Sie sich beschäftigen. So geht es z. B. in der Facharbeit zum Thema „Skitourismus in den Alpen – Zukunftssicher trotz Klimawandel?" nicht allgemein um den Skitourismus in den Alpen, sondern hier soll untersucht werden, ob angesichts der klimatischen Entwicklungen der Wintertourismus langfristig noch eine Chance hat. Eine weitere Einengung des Themas erfolgt durch die Wahl eines abgegrenzten Raumbeispiels, hier wäre z. B. Oberstdorf möglich.

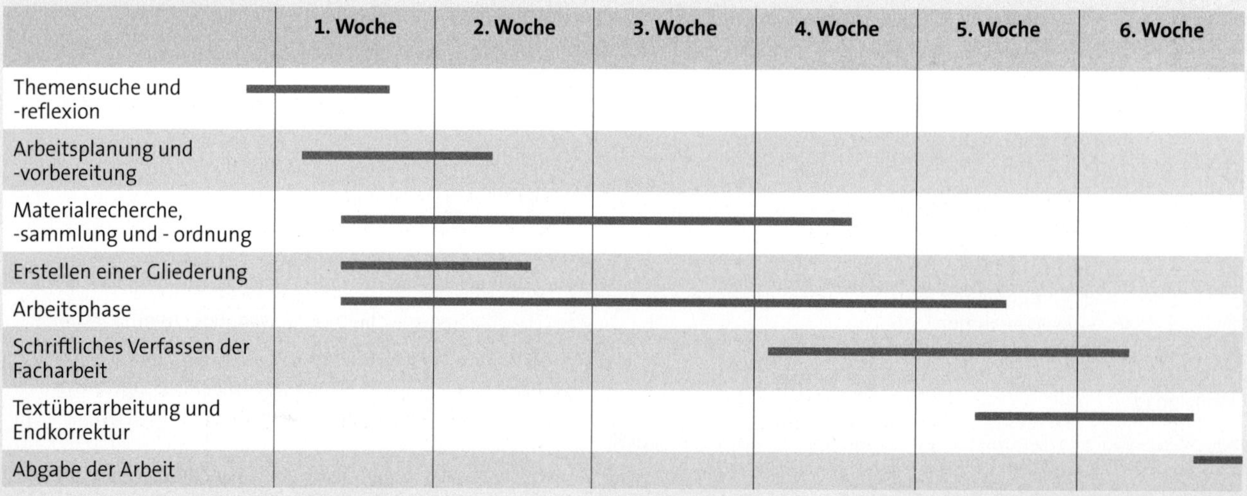

M1 Zeitplan für Erstellung einer Facharbeit

Die Erstellung einer Facharbeit – Arbeitsschritte

Die Arbeit an der Facharbeit gliedert sich in mehrere Phasen, die sich teilweise überschneiden (vgl. M1). Beachten Sie in jedem Fall die konkreten Vorgaben für die Erstellung von Facharbeiten an Ihrer Schule. Die folgende Übersicht kann eine Orientierung bieten.

1. SCHRITT
Themensuche und Reflexion

→ Überlegungen zum Thema
(Welcher Gegenstand interessiert mich? Welche Fragestellung verbinde ich mit dem Gegenstand? Finde ich zugängliches Material? Lässt sich das Thema sinnvoll abgrenzen (s.o.)?
→ Diskussion und Absprachen über das Thema mit dem Fachlehrer/der Fachlehrerin
→ Formulierung des Themas

2. SCHRITT
Arbeitsplanung und -vorbereitung

→ Aufstellen eines Zeitplans
→ Anlage eines Arbeitsprotokolls

3. SCHRITT
Materialrecherche, -sammlung und -ordnung

→ Recherche in Bibliotheken (gegebenenfalls Universitätsbibliothek) in Büchern, Zeitschriften, etc.
→ Recherche im Internet (Abspeichern geeigneter Internetseiten)
→ gegebenenfalls Kontaktaufnahme mit Experten, Ansprechpartnern in Behörden, etc.

4. SCHRITT
Erstellung einer Gliederung

→ sachlogische Durchdringung des Themas
→ Entwurf einer Gliederung (Grob- und Feingliederung)
→ Absprache der Gliederung mit dem Fachlehrer/ der Fachlehrerin

5. SCHRITT
Arbeitsphase: Materialauswertung, ggf. eigene empirische Untersuchungen

→ Auswertung und Ordnung der Materialinformationen
→ gegebenenfalls Recherche nach weiteren Informationen, um die Fragestellung zu beantworten
→ gegebenenfalls Arbeit vor Ort: Befragungen, Kartierungen, Messungen, ...
→ gegebenenfalls Modifikation der Gliederung

6. SCHRITT
Schriftliches Verfassen der Facharbeit

→ inhaltliche Klarheit
→ Vermeidung von Gedankensprüngen, Wiederholungen, ..
→ angemessene Verwendung der geographischen Fachsprache,
→ Einbindung geeigneter Bilder, Karten, Grafiken, Tabellen, ... (gegebenenfalls eigene Erstellung von Tabellen, Grafiken, ...)
→ Erstellung des Inhalts-, Abbildungs-, Literatur- und Quellenverzeichnisses

7. SCHRITT
Textüberarbeitung und Endkorrektur

→ Vermeidung von sprachlich-stilistischen Unebenheiten (Leerformeln, Umgangssprache, Füllwörter,...)
→ Beachtung formaler Aspekte (Sprachrichtigkeit, richtige Zitierweise, Fußnoten, ...)

Hinweis:
Eine gedruckte Fassung lässt sich leichter korrigieren als eine Fassung am Bildschirm. Ein PC-Korrekturprogramm reicht in der Regel nicht aus!

8. SCHRITT
Abgabe der Arbeit

Themenbeispiele für geographische Facharbeiten

- **Skitourismus in den Alpen – Zukunftssicher trotz Klimawandel?** Das Beispiel x in y.
- **Desertec – Strom aus der Wüste?!**
- **Die Fußball Weltmeisterschaft in Katar 2022** – ein sportliches Großereignis um jeden Preis?
- **Das Leben im Slum – Eine ausweglose Situation?** Das Beispiel des Slums Kibera (Nairobi)
- **Erfolg oder Enttäuschung im Stadtteil x?** Der Prozess der Gentrifizierung im Stadtteil x in y.
- **Regenerative Energie – ein Beitrag zur regionalen Stromversorgung?** Das Beispiel des Windparks x in y.

Besondere Lernleistung

Sie können in die Gesamtqualifikation auch eine besondere Lernleistung einbringen, die im Rahmen oder Umfang eines mindestens zwei Halbjahre umfassenden Kurses erbracht wird. Als besondere Lernleistung können ein umfassender Beitrag aus einem von den Ländern geförderten Wettbewerb, die Ergebnisse des Projektkurses oder eines umfassenden fachlichen oder fächerübergreifenden Projektes gelten. Die Arbeit ist spätestens bis zur Zulassung der Abiturprüfung abzugeben. In einem 30-minütigen Kolloquium stellen Sie vor einem Fachprüfungsausschuss die Ergebnisse der besonderen Lernleistung dar. Genauere Informationen hierzu können Ihnen Ihre Fachlehrer/innen und die Oberstufenkoordinatoren geben.

Quelle: Kernlehrplan für die Sekundarstufe II. Geographie. www.standardsicherung,nrw.de

Methodenlexikon

Interpretation

Prinzipiell können die meisten der in der Geographie genutzten Materialien (z. B. Tabellen, Diagramme, Karten) nach einem ähnlichen Schema ausgewertet bzw. interpretiert werden (M1). In der Schule ist in der Regel keine umfassende Interpretation eines Materials nötig. Meist steht ein Thema im Vordergrund, sodass nicht alle Inhalte interpretiert werden. Bei der Interpretation von Tabellen und Diagrammen sollte man auf folgende Aspekte besonders achten:

- **Zeitpunkt der Erhebung** (der Zeitpunkt der Erhebung liegt oft relativ weit zurück, das muss bei Beurteilung und Folgerungen beachtet werden)
- **Maßeinheiten / Werte:** absolut, relativ (Ew./km²). Vorsicht! Der Trend relativer und absoluter Werte kann scheinbar widersprüchlich sein.
- **Sonderfall Indexzahlen in Tabellen und Diagrammen**: Mit Indexzahlen können Entwicklungen besonders gut sichtbar und vergleichbar gemacht werden. Die Werte des Basisjahres werden auf hundert gesetzt und die vorhergehenden und folgenden Jahre (prozentual) darauf bezogen. Vorsicht! Indexzahlen erlauben keine Rückschlüsse auf die absoluten Zahlen!

Tabellen und Diagramme

In Tabellen können Mengen und Entwicklungen sehr genau dargestellt werden. Sie dienen oft als Basis zur Erstellung von Diagrammen.

Diagramme setzen die Werte aus Tabellen grafisch um und machen sie damit anschaulicher und leichter fassbar. Vor allem Trends lassen sich damit besser ablesen, besonders da durch grafische Mittel und die Wahl bestimmter Diagrammtypen (Kreis-, Stab-, Säulen, Kurven-, Blockdiagramm u. a.) inhaltliche Betonungen möglich sind. Durch die Aufbereitung wird auch die Vergleichbarkeit erhöht (zum Beispiel beim Klimadiagramm).

Tipp zur Anfertigung von Diagrammen
Die Farbwahl sollte der dargestellten Thematik angemessen sein: Verwenden Sie nach Möglichkeit „sprechende Farben“ (zum Beispiel Blau für Wasser oder Kälte; Grün für Landwirtschaft beziehungsweise Vegetation).

Vorgangsweise bei der Interpretation von Materialien

1. Beschreibung

→ **Thema** (Angabe zum Raum, Zeitraum usw.) Achtung: meist nicht identisch mit der Abbildungsbezeichnung!
→ **Gesamttendenz:** grober Überblick über die dargestellten räumlichen, zeitlichen Zustände oder Entwicklungen
→ **Extremwerte**: Nennung der wichtigsten Minima und Maxima (in Karten: besonders Konzentrationen oder das Fehlen bestimmter Strukturen), sie bestätigen oder differenzieren die Tendenz
→ **Ausnahmen**: Angaben, die nicht in die erarbeitete Gesamttendenz hineinpassen
→ **Verknüpfung**: Aufzeigen von Zusammenhängen zwischen einzelnen Werten oder Tendenzen

2. Erklärung (mithilfe des Vorwissens)

→ Erklärung der Gesamttendenz
→ Erklärung der Extremwerte
→ Erklärung der Ausnahmen
→ Erklärung der erarbeiteten Zusammenhänge

3. Bewertung / Folgerungen (mithilfe des Vorwissens)

→ Zusammenfassung der wichtigsten Aussagen, Darstellung der wichtigsten Trends
→ Schlussfolgerungen oder Probleme
→ Kritik an den dargestellten Sachverhalten, evtl. Lösungsvorschläge für aufgezeigte Probleme

evtl.: 4. Kritik der Darstellung

→ *Ist die Darstellung dem Thema angemessen?*
→ *Ist die Darstellung eindeutig, übersichtlich, stimmig? (Sind zum Beispiel die Abstände in Zeitreihen gleich, sind sie sinnvoll gewählt?) Werden durch die Art der Darstellung Inhalte tendenziös dargestellt, verzerrt oder gar verfälscht?*

M1 Schema zur Interpretation von Materialien

Säulendiagramm / Balkendiagramm

Gut geeignet:

- zur anschaulichen Darstellung statistischer Größen in zeitlicher, räumlicher, sachlicher Folge.

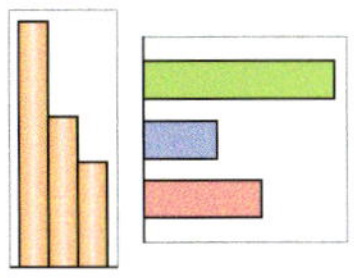

Achtung:

- In vielen Darstellungen beginnt die Skala nicht bei Null. Die Werte werden dadurch auf den ersten Blick verfälscht (z. B. scheinen die Unterschiede zwischen den einzelnen Säulen größer).
- Die Säulen bzw. Balken können in sich noch einmal unterteilt werden, um Teilgrößen zu verdeutlichen.
- Durch unterschiedliche Balken- bzw. Säulendicke kann eine weitere Größe angegeben werden.

Dreiecksdiagramm (Strukturdreieck)

Gut geeignet:

- zur Darstellung eines Strukturwandels, wenn die Struktur aus drei Teilgrößen einer Gesamtgröße (= 100 %) besteht (z. B. Wirtschaftsstruktur, Erwerbsstruktur, Altersstruktur) und
- zum Vergleich des Strukturwandels in verschiedenen Bereichen/Regionen.

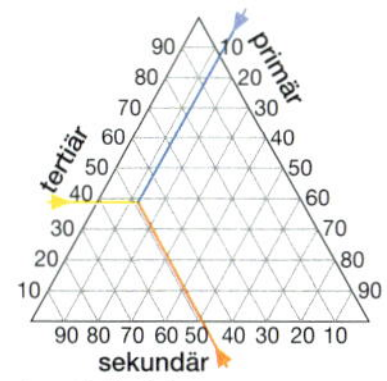

Lesebeispiel:
Bundesrep. Deutschland 1960:

Primärer Sektor	ca. 13%
Sekundärer Sektor	ca. 49%
Tertiärer Sektor	ca. 38%

Auswertung

- Aus jedem Punkt im Dreieck lassen sich drei Werte ablesen (die in der Summe 100 % ergeben). Die Werte kann man an den Seiten des Dreiecks ablesen.
- In welcher Richtung man abliest, wird in der Regel durch Pfeile im Diagramm angezeigt.

Flächendiagramm

Gut geeignet:

- zur Darstellung von Zeitreihen/Entwicklungen einer Gesamtgröße mit unterschiedlichen Teilgrößen,
- sowohl bei relativen Werten (meist: Summe der Flächen = 100 %), als auch bei absoluten Werten, die oberste Fläche gibt dann den Gesamtwert an.

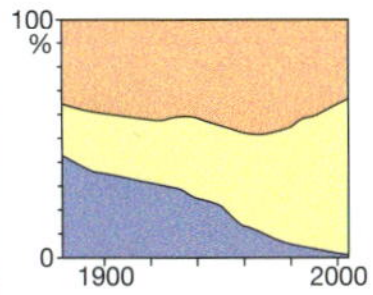

Achtung:

- Gerade in Computergrafiken werden Liniendiagramme gerne dreidimensional als „hintereinander stehende Flächen" dargestellt. Dann dürfen die Werte natürlich nicht addiert werden.

Kreisdiagramm

Gut geeignet:

- zur Darstellung der Aufteilung einer Gesamtmenge (Kreis = 100 %, 1 % = 3,6°) in Teilmengen,
- zum Vergleich der absoluten Größe verschiedener Gesamtmengen (unterschiedliche Kreisgrößen).

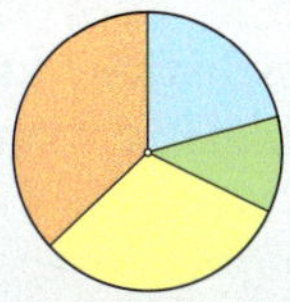

Achtung:

- Werden in einer Darstellung mehrere Kreisdiagramme verwendet, so benutzt man meist die Kreisfläche, um Größen auszudrücken (nicht den Durchmesser).
- Start der Kreissektoren ist nicht immer „12 Uhr".

Konzentrationsdiagramm (Lorenzkurve)

Gut geeignet:

- um darzustellen, wie sich etwas über verschiedene Gruppen verteilt (z. B. Verteilung des Einkommens, des Landbesitzes).

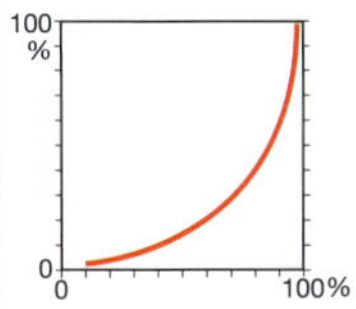

Auswertung:

- Ablesen der Werte wie beim Liniendiagramm

Achtung:

- Konzentrationen werden deutlich, wenn man besonders aussagekräftige Werte gegenüberstellt (Beispiel: In Brasilien haben 20 % der Bevölkerung nur 2 % Anteil am Volkseinkommen, die reichsten 10 % haben dagegen einen Anteil von 47 %.)

Kurvendiagramm (Liniendiagramm)

Gut geeignet:

- zur Darstellung von Zeitreihen und Entwicklungen,
- zum Vergleich verschiedener Zeitreihen und Entwicklungen.

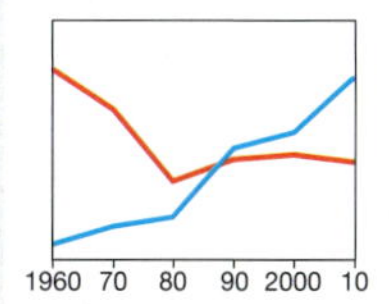

Achtung:

- Durch Stauchung bzw. Zerrung der Abszisse oder der Ordinate können zum Beispiel Tendenzen übertrieben dargestellt beziehungsweise suggeriert werden.
- Der Maßstab bei Abszisse oder Ordinate wird manchmal zur Verdeutlichung logarithmisch gewählt.

Daten kritisch hinterfragen

M1 Durchschnittswerte – nicht immer aussagekräftig

In Fachbüchern, den Medien oder dem Internet veröffentlichte Zahlen suggerieren Aktualität und Verlässlichkeit. Doch viele Daten sind fehlerhaft, ungenau oder sogar manipuliert. Folgende Aspekte gilt es zu beachten:

Geschätzte Daten sind in Statistiken keine Ausnahme. So kennt z. B. niemand die augenblickliche Einwohnerzahl Deutschlands, da Bevölkerungszählungen nur selten durchgeführt werden; die letzte fand 2011 statt. Alle aktuelleren Daten werden von Fachleuten „fortgeschrieben".

„Uralte" Daten sind oft die neuesten, die zum Veröffentlichungszeitpunkt zu bekommen sind. Nur wenige Daten werden regelmäßig erhoben und veröffentlicht. Das gilt für die Industrieländer und in besonderem Maße für die Entwicklungsländer.

Unterschiedliche Abgrenzungskriterien führen zu unterschiedlichen Angaben. Bei der Einwohnerzahl von Städten kommt es daher besonders oft zu stark abweichenden Angaben.

Zu genaue Daten sollten auch misstrauisch machen. Oft ergeben komplizierte Rechenwege scheinbar sehr genaue Werte. Die zugrunde liegenden Daten sind dann aber oft nur grob geschätzt oder errechnet.

Die Gefahr der Verfälschung, der Verzerrung, der bewussten oder unbewussten Fehlinformation ist gerade im Internet besonders groß. Viele Seiten sind tendenziös, es soll oft nicht informiert, sondern manipuliert werden.

Tendenziöse grafische Darstellungen sind nicht korrekt, aber durchaus üblich. Um eine bestimmte Tendenz zu betonen, gibt es verschiedene Möglichkeiten (M5):

- durch die Wahl der Abmessungen (Höhe, Breite);
- durch die Eingrenzung der Werteskala;
- durch das Weglassen missliebiger Zeiträume;
- durch Hinzufügen von Schätzungen, die einen gewünschten Trend verstärken.

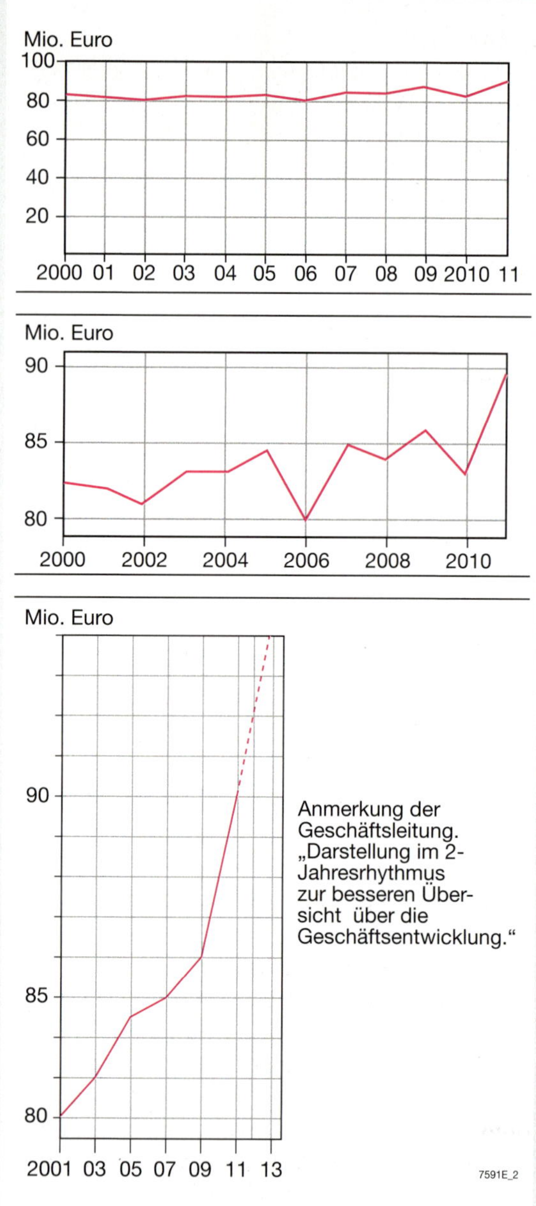

M2 Umsatzentwicklung der Musterfirm-AG – Varianten 1 bis 3

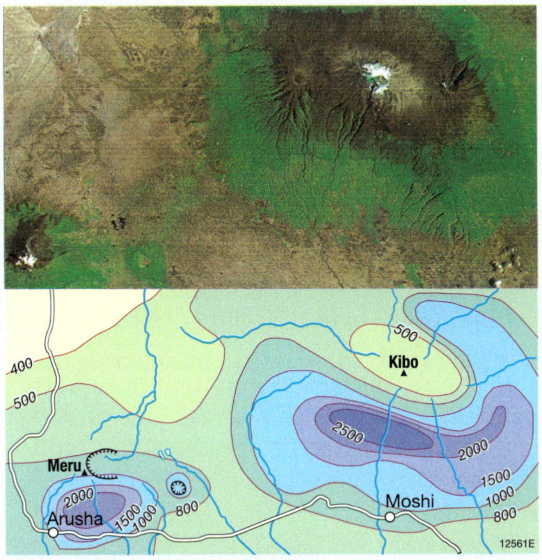

M3 Kilimandscharo: Satellitenbild / Karte der Niederschlagsverteilung

Karten

Karten gehören zu den wichtigsten geographischen Arbeitsmitteln. Ihre Interpretation gleicht der anderer geographischer Materialien. Es gibt jedoch einige Besonderheiten:
Bei der Beschreibung kann man zwischen zwei Vorgehensweisen wählen:

- **regionaler Zugriff:** sukzessive Beschreibung der einzelnen Teilräume (z. B. Landschaftsräume, Staaten);
- **thematischer Zugriff:** sukzessive Beschreibung einzelner Faktoren (z. B. Gewässernetz, Standorte der Industrie). Dabei wird stets der gesamte Kartenausschnitt betrachtet.

Tipps

- Sichten Sie zunächst in der Legende alle Signaturen und Farben bzw. Farbabstufungen und verschaffen Sie sich damit einen Überblick über die Karteninhalte.
- Bei der Interpretation von Karten geht es meist um die Verteilung von Signaturen, wie eine besondere Häufung (z. B. Verdichtung von Industrie) oder das Fehlen von Signaturen (z. B. siedlungsleere Räume).
- Beides, die Konzentration und das Fehlen von Signaturen, muss erklärt und bewertet werden. Dazu ist es sinnvoll, andere Karten (auch solche mit anderem Maßstab) hinzuzuziehen.

Bilder – Luftbilder – Satellitenbilder

Bilder bieten die Möglichkeit, einen Raumausschnitt genauer zu analysieren – gleichsam als Ersatz für die originale Raumbetrachtung. Aber Vorsicht! Ein Bild stellt nur einen bestimmten Ausschnitt zu einer bestimmten Zeit dar. Grundsätzlich ist daher immer zu berücksichtigen:

- die Tageszeit (z. B. wichtig bei der Interpretation des Verkehrsaufkommens, hilfreich ist oft der Schattenfall) und die Jahreszeit (Bodennutzung, Vegetation),
- die Lage im Raum (ist beispielsweise eine Einnordung möglich?).

Bei den üblichen Fotografien vom Boden aus ist die Gefahr einer Manipulation besonders groß, allein durch die Wahl der Perspektive (zum Beispiel Froschperspektive, Vogelperspektive). Zudem wählt ein guter Fotograf einen Bildausschnitt sehr genau aus. So kann er Unerwünschtes weglassen. Ein Foto ist eben immer nur ein – bewusst gewählter – Ausschnitt der Wirklichkeit.
Bei der Interpretation sollte man sich daher immer fragen, ob es sich bei dem gezeigten Bild um etwas Typisches oder etwas Singuläres handelt – oder ob durch ein gestelltes (oder gar retuschiertes) Foto eine Manipulation zu befürchten ist.
Bei der Interpretation gliedert man ein Bild am besten in Vordergrund, Bildmitte und Hintergrund und geht von den das Bild bestimmenden Strukturen aus.

Schräg- oder **Senkrechtluftbilder** zeigen größere Raumausschnitte. Sie sind nicht selten Grundlage für thematische Karten.
Satellitenbilder werden aus mehreren Hundert Kilometern Höhe aufgenommen. Sie verdichten die Strukturen auf der Erdoberfläche so sehr, dass in der Regel nur grobe Übersichtsstrukturen erkennbar sind.
Die Interpretation von Luft- und Satellitenbildern ist ähnlich der Karteninterpretation.

Tipps

- Die Anfertigung einer Übersichtsskizze mit Signaturen und Schraffuren (zum Beispiel auf Pergamentpapier oder Folie) erleichtert die Interpretation.
- Die Verortung des Bildausschnittes in einer Karte und der Vergleich mit verschiedenen Karten ist hilfreich für die Erklärung und Bewertung.

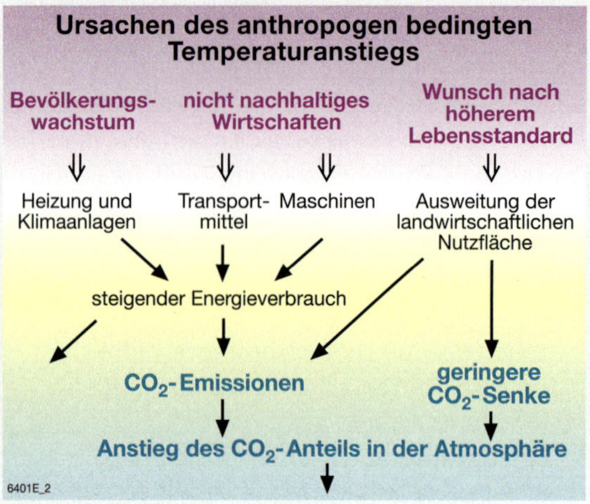

M1 Wirkungsschema

Wirkungsschema und Mindmap – gedankliche Strukturen sichtbar gemacht

Um die für die Geographie typischen komplexen Zusammenhänge darzustellen, eignet sich das **Wirkungsschema** (Kausalkette, Wirkungskette, Flussdiagramm, Wirkungsgeflecht) besonders gut. Dabei werden Folgewirkungen in Stichworte gefasst und mit Linien oder Wirkungspfeilen untereinander verbunden. Die Pfeile haben die Bedeutung „daraus folgt“ oder „wirkt auf“. Durch unterschiedliche Ebenen können räumliche oder thematische Zusammenhänge (z. B. Zeitabläufe, Hierarchien) angedeutet werden.

Tipps

- Die einzelnen Elemente der Kausalkette können durch unterschiedliche Farbgebung oder Markierung, zum Beispiel durch Einkreisungen, unterschiedlichen Gruppen zugeordnet werden.
- Die Verbindung zwischen einzelnen Elementen kann in Form, Farbe und Strichstärke variiert werden.

Achtung

- Pfeile/Linien gleicher Form oder Farbe müssen dieselbe Bedeutung haben (z. B. „daraus folgt“, „wirkt auf“).

Auch eine **Mindmap** visualisiert gedankliche Strukturen: Hier steht in der Mitte das Thema. Von dort aus führen einzelne Äste und Nebenäste, sie bilden einzelne Cluster (= 1 Hauptast + Nebenäste).

Die **Concept Map** geht über die Mindmap hinaus. Sie ähnelt im Aufbau dem Wirkungsschema. Allerdings werden bei der Concept-Map die Pfeile beschriftet.

Sachgerechter Umgang mit geistigem Eigentum

Bei der Verwendung von Materialien aus gedruckten oder elektronischen Medien in schriftlichen Arbeiten muss in jedem Fall die Quelle angegeben werden. Dies ist gerade angesichts der zahlreichen Manipulationsmöglichkeiten, der Unsicherheit hinsichtlich der Autorenschaft im Internet oder auch zur Darstellung unterschiedlicher Fachmeinungen unumgänglich.

Die Form der **Quellenangaben** ist nicht einheitlich geregelt. Wichtig ist, dass bei der eigenen Arbeit (z. B. Referat, Facharbeit) eine einheitliche Form beibehalten wird, zum Beispiel die folgende:

- **Bücher:**
  Autor, Vorname: Titel. Ort der Veröffentlichung Jahr der Veröffentlichung, Seitenzahl
  Beispiel: Scholz, Fred: Entwicklungsländer. Braunschweig 2006, S. 88
- **Zeitschriftenaufsätze:**
  Autor, Vorname: Titel. In: Name der Zeitschrift, Jahrgang, Heftnummer, Seitenzahl
  Beispiel: Scholz, Fred: The Theory of Fragmenting Development. In: GR International Edition 2/2005, S. 4–11
- **Internetquellen:**
  Autor, Vorname: Titel der Seite (Überschrift) Entstehungsjahr der Seite o. Aktualisierungsjahr, URL, Datum des Zugriffs
  Beispiel: Max-Planck-Institut für Meteorologie: Einführung in die Erdsystemforschung o.J., www.mpimet.mpg.de/ausbildung/, 2.2.2007
  Achtung! Internetquellen haben oft kein Impressum und machen keine Angaben über den Autor. Solche anonymen Quellen sind jedoch häufig unseriös und sollten nur im Notfall verwendet werden.

Plagiate – Vorsicht!

Gerade das Internet verleitet dazu, Abbildungen und Texte herunterzuladen und zu verwenden, ohne sie als fremdes geistiges Eigentum zu kennzeichnen. Solche Plagiate sind unter Umständen strafbar und werden streng geahndet. In vielen Universitäten werden schriftliche Arbeiten, in denen Plagiate entdeckt werden, nicht oder mit „ungenügend“ gewertet. Auch viele Schulen haben für Referate und Facharbeiten diese Regelung übernommen.

Standortfakor	sehr wichtig	wichtig	weniger wichtig	unwichtig
Absatzmarkt				
Nähe zu einem Hauptabnehmer				
günstiger Preis des Ansiedlungsgeländes				
gute Verkehrsanbindung				
qualifizierte Arbeitskräfte				

M2 Gebundene Fragen: Frage- / Auswertungsbogen

Erhebung eigener Daten

Befragung

Das Wichtigste bei einer Befragung ist die Formulierung einer zielgerichteten Frage. Will man die Antworten hinterher auswerten, dann müssen die Fragen auch so gestellt sein, dass sich die Antworten gut weiterverarbeiten lassen.
Gebundene Fragen geben verschiedene Antworten vor und werden oft mit einer Tabelle und Wertungen kombiniert. (Tipp: keine ungerade Anzahl von Wertungen vorgeben, sonst wird gerne die mittlere Zahl, sozusagen das Unentschieden gewählt.) Am Ende jeder der vorgegebenen Fragen sollte man immer noch Platz lassen für zusätzliche Anmerkungen. Diese Art von Antworten lassen sich auch gut miteinander vergleichen, grafisch darstellen und mit Computerprogrammen verarbeiten.
Offene Fragen lassen dem Befragten die Möglichkeit, frei und beliebig lang zu antworten. Diese Antworten lassen sich zwar schwerer auswerten und mit den Antworten anderer Interviewpartner vergleichen, aber sie geben auch Informationen und Anregungen.

Befragungen können sowohl durch Einzelbefragung in Form eines Interviews als auch durch Umfragen – mündlich bzw. schriftlich mit Fragebögen – durchgeführt werden. Wichtig bei schriftlichen Befragungen ist, sich das Ziel der Umfrage zu verdeutlichen.
Bei einem **Interview** ist Folgendes zu beachten:

- Vor einem Interview sollten Sie sich genau über das Thema informieren, nur dann können Sie gute und zielgerichtete Fragen stellen. Und nur dann sind Sie für Ihren Interviewpartner auch ein interessanter Gesprächspartner, bei dem es sich lohnt, ausführliche Antworten zu geben.
- Einen Interviewpartner zu finden, der über eine Thematik viel weiß und sich zudem auch die Zeit nimmt, Ihre Fragen zu beantworten, ist nicht immer einfach.
- Informieren Sie sich zunächst, wer ein geeigneter Ansprechpartner sein könnte (zum Beispiel über das Internet). Firmen haben häufig jemanden, der sich um die Öffentlichkeitsarbeit kümmert.
- Rufen Sie bei der Firma oder Behörde an, stellen Sie sich vor (z. B. Schule, Name) und beschreiben Sie kurz, was Sie genau erwarten. Sollten Sie weiterverbunden werden, notieren Sie die Namen, die man Ihnen nennt.
- Erstellen Sie eine Frageliste mit zielgerichteten Antworten.
- Achten Sie beim Interview auch auf die formalen Rahmenbedingungen (angemessene Kleidung, Aufnahme des Gesprächs nur bei Einwilligung des Interviewpartners).

Kartierung

Durch eine Kartierung kann die Verbreitung bestimmter Phänomene im Raum gut verdeutlicht werden. Folgende Arbeitsschritte sind dabei sinnvoll:

1. Fragestellungen der Kartierung genau formulieren.
2. Den zu kartierenden Raumausschnitt genau festlegen (Ist er repräsentativ? Hat er eine angemessene Größe?)
3. Festlegung der zu kartierenden Themen und daraus resultierend Festlegung der Legende (evtl. Anfertigung einer Mindmap, Erstellung je einer Karte für ein Cluster der Mindmap).
4. Wahl des Kartenmaterials, das als Grundlage dienen soll (in der Regel topographische Karten).
5. Anfertigung mehrerer Kopien der Kartengrundlage (mehrere für die Kartierung, eine für die spätere Reinzeichnung).
6. Durchführung der Kartierung. Hier gilt: Je genauer man die Informationen einträgt, desto weniger Arbeit hat man hinterher. ***Tipp:*** Auf gut unterscheidbare Farben achten!
7. Reinzeichnung der Ergebnisse in eine weitere Kopie (mit Titel und Legende).

Geographische Informationssysteme (GIS)

Als **G**eographisches **I**nformations**s**ystem (GIS) wird eine Software bezeichnet, mit deren Hilfe man Daten, wie zum Beispiel Strukturdaten (M1), über einen Raum

- mit einer Dateneingabe erfassen,
- in einer Datenbank verwalten,
- über eine Datenauswertung analysieren und
- mit einer Datenausgabe präsentieren kann (Karte).

Zwei unterschiedliche GIS Anwendungen sind zu unterscheiden: In einem **WebGIS** (z. B. www.diercke.de/webgis/, http://webgis.bildung-rp.de) werden Datensätze vorgegeben, die zu Karten verarbeitet, aber nicht verändert werden können. Das wesentlich aufwendigere **Desktop-GIS** wird auf lokalen Rechnern und Netzwerken installiert und bietet die Möglichkeit, eigene Daten einzugeben und auch zum Beispiel eigene Klassifizierungen zu erstellen. Unterschiedliche Formen des Desktop-GIS finden sich in nahezu allen mit Planungsaufgaben befassten Behörden und Firmen sowie in Schulen (z. B. Diercke-GIS, GDV Spatial Commander; siehe CD-Beilage).

Eine GIS-Karte besteht aus verschiedenen Layern (M2). Ein Layer beinhaltet entweder einzelne Punkte, Linien oder Flächen. Jeder dieser Layer kann einzeln sichtbar und aktiv geschaltet werden. Dadurch ist es auf einfache Weise möglich, Karten zu vergleichen, sie neu zu zeichnen sowie Datenbankabfragen durchzuführen, die wiederum sofort in einer neuen Karte dargestellt werden können.

Zudem verfügt jedes GIS über zahlreiche Werkzeuge (Tools). So können über das Tool „i" (für „identifizieren") zusätzliche Daten abgerufen werden (z. B. Wirtschaftssektoren, Bevölkerung). Weitere Tools beinhalten zum Beispiel eine Suchfunktion (Abfragemanager) oder Entfernungsmessungen.

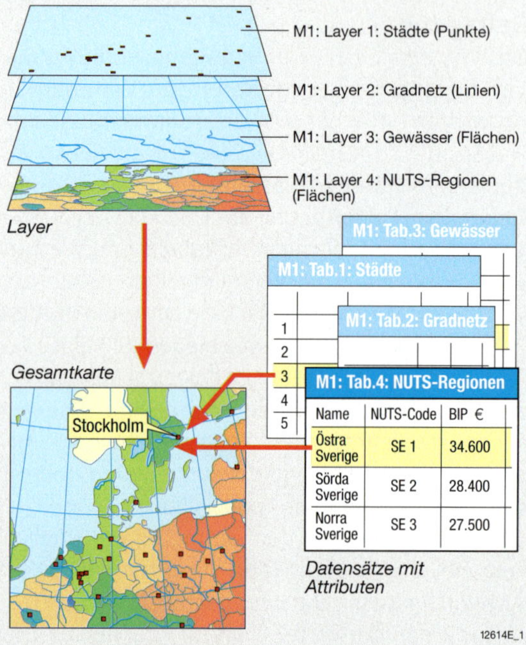

M2 Das Prinzip der Layer

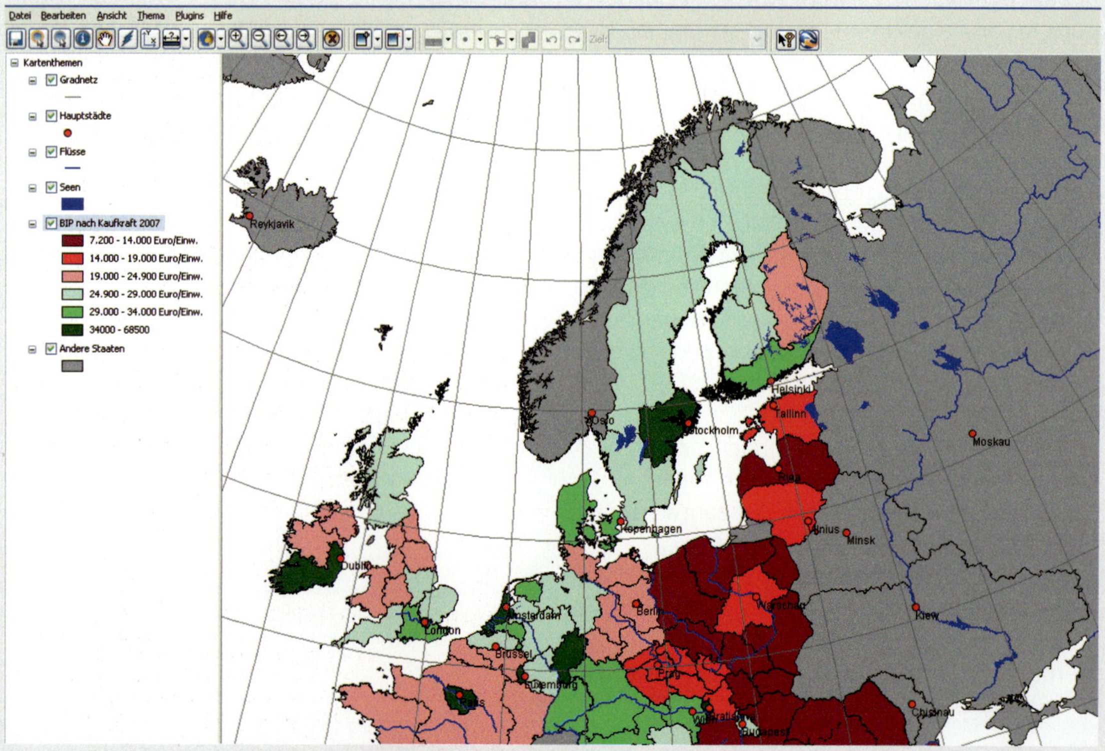

M1 GIS-Karte: Bruttoinlandsprodukt in der EU 2009 (Web-GIS)

Concept Map

Die einzelnen Aspekte der entsprechenden Problematik ergänzen und verstärken sich gegenseitig. Viele Folgen einzelner Bereiche werden zu neuen Ursachen: So ist beispielsweise eine intensivere landwirtschaftliche Nutzung durch eine wachsende Bevölkerung eine Ursache für Desertifikation. Ist eine bestimmte Bevölkerungsdichte erreicht, so sind die Menschen gezwungen abzuwandern, was andernorts erneut zur Desertifikation führt. Eine Concept Map geht über eine Mindmap hinaus, da Linien mit Erklärungen eingefügt werden. Eine Begriffslandkarte entsteht. Sie dient der Vernetzung Ihres Wissens. Die Concept Map ist kein Präsentationsmedium, sondern eignet sich zur Wiederholung, z. B. vor Klausuren.

Schritte zur Erstellung einer **Concept Map**:

- Sie benötigen eine leere DIN A3 Seite, kleine Kärtchen mit Begriffen (z. B. die Fachbegriffe des Kapitels), Kleber, Stift und Lineal.
- Ordnen Sie die Begriffe auf der A3 Seite an.
- Begriffe, die zueinander passen, legt man näher zusammen.
- Begriffe, die man nicht einordnen kann, legt man zunächst beiseite.
- Nach dem Festkleben der Begriffe ziehen Sie Verbindungslinien und beschriften diese.
- Überlegen Sie, in welche Richtung die Pfeile zeigen. Es müssen nicht alle Begriffe zwingend miteinander verbunden sein.
- Auch farblich lassen sich bestimmte Begriffsgruppen gliedern (siehe M1).
- Widmen Sie sich nun den unbekannten Begriffen. Recherchieren Sie diese.

Klimadiagramme themenbezogen auswerten

Klimadiagramme zeigen die Verteilung der Niederschläge über das Jahr und die Temperaturschwankungen im Laufe des Jahres. Darüber hinaus geben sie Auskunft über den Jahresniederschlag und die Jahresdurchschnittstemperatur. Aus einigen Klimadiagrammen lässt sich auch die potenzielle Landschaftsverdunstung (M3) ablesen.
Alle Werte in Klimadiagrammen sind Durchschnittswerte, die über einen Zeitraum von 30 Jahren ermittelt wurden.
Bei vielen Diagrammen werden die Temperatur- und Niederschlagswerte auf den beiden senkrechten Achsen im Verhältnis 1 : 2 einander gegenübergestellt. 10 °C auf der Temperaturachse entsprechen demnach 20 mm auf der Niederschlagsachse. Man geht also davon aus, dass bei 10 °C 20 mm Wasser verdunsten.
Als Faustregel gilt: Wenn die Niederschlagssäule unterhalb der Temperaturkurve endet, handelt es sich um einen ariden (trockenen) Monat, wenn die Niederschlagssäule über der Temperaturkurve endet, handelt es sich um einen humiden (feuchten) Monat.

Potenzielle Landschaftsverdunstung

Die tatsächlich stattfindende Verdunstung wird als aktuelle Landschaftsverdunstung bezeichnet.
Darüber hinaus ist es wichtig zu wissen, wie viel Wasser verdunsten könnte, wenn stets ausreichend Wasser zur Verfügung stünde. Dieser Maximalwert wird als potenzielle Landschaftsverdunstung (pLV) bezeichnet.

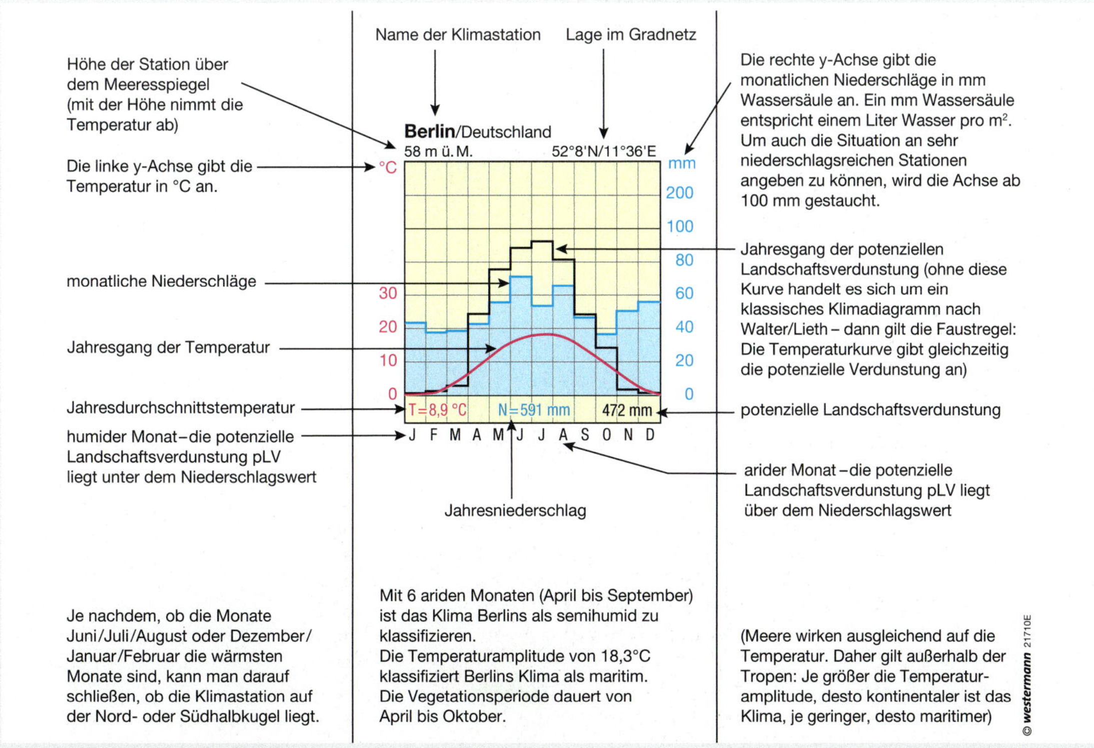

M3 Elemente des Klimadiagramms

Interpretation von Modellen

Thema

→ Wie heißt das Thema des Modells? (Was? Wann? Welcher Raum?)

Kernaussagen

→ Welche Zusammenhänge sind wie dargestellt?
→ Wie lauten die wichtigsten Aussagen?

Erklärung

→ Wie sind die Zusammenhänge und Kernaussagen zu erklären?

Anwendbarkeit

→ Welche Schlussfolgerungen können gezogen werden?
→ Welche Probleme werden verdeutlicht?

Grenzen

→ Wo verallgemeinert das Modell so stark, dass bei der Untersuchung eines Einzelraums weitere Informationen hinzugenommen werden müssen?

Kritik

→ Wann ist das Modell falsch, nicht aktuell, unzureichend, ausbaufähig?

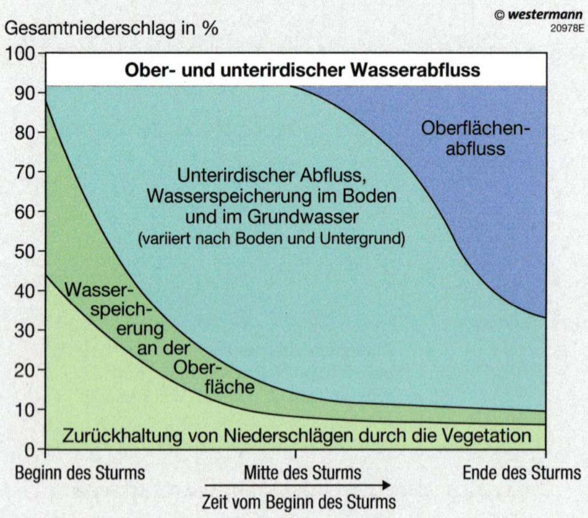

M1 Modell zum Verhältnis von Niederschlag und Wasserabfluss während eines tropischen Wirbelsturms

Geographische Urteilsbildung

Ein Urteil muss von fundierten Sachinformationen ausgehen. Erst auf der Grundlage von sachlichen Informationen sind Sie in der Lage, sich ein echtes Werturteil zu bilden.

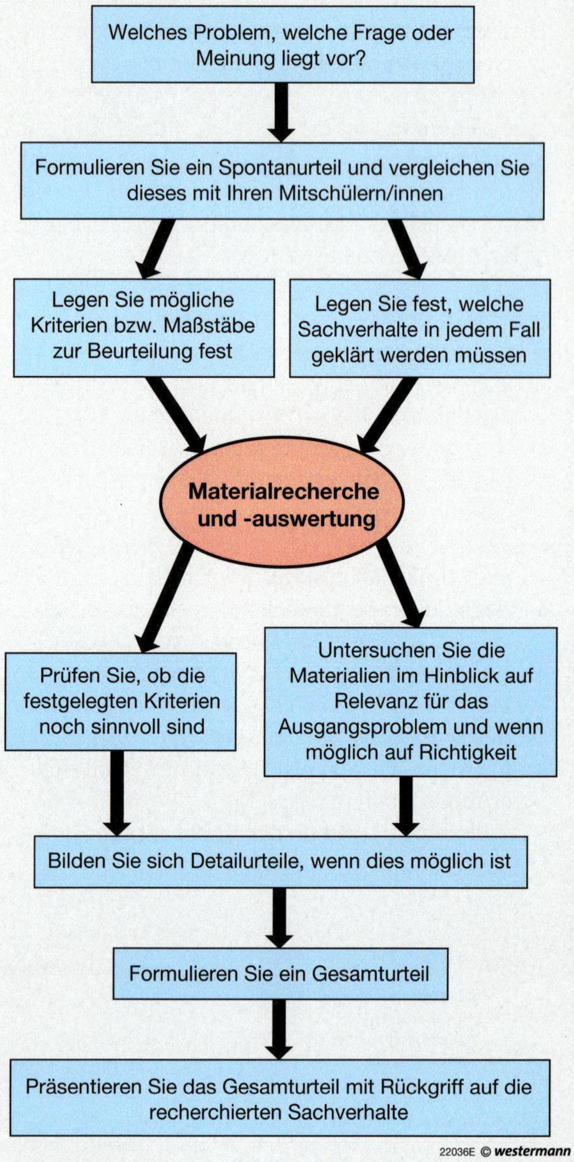

M2 Urteilsbildung

TIPPS ZUR KLAUSUR

1. **Klärung von Autor und Thema**
2. **Herausarbeiten der zentralen Begriffe der Kernaussagen und der Textstruktur**
3. **Einordnung in einen größeren Sachzusammenhang**
4. **Bewertung und Fazit**

Materialverknüpfung

→ Schauen Sie sich die Materialien nacheinander an und überlegen Sie, zu welchen Aufgaben sie zu verwenden sind.
→ Achten Sie hierbei besonders darauf, dass Sie nach Verknüpfungen und/oder Widersprüchen zu anderen Materialien suchen.
→ Machen Sie auch in Ihren Formulierungen die Zusammenhänge deutlich

Darstellung der Arbeitsergebnisse

Die Anwendung der Fachterminologie ist eine Selbstverständlichkeit. Eine Erdkunde-Klausur verlangt aber auch eine sachliche Analyse und Argumentation und eine sachlich begründete Stellungnahme. Materialbezüge und Verweise werden am Ende eines Satzes oder eines Absatzes in Klammern angegeben.

Der Anforderungsbereich III

Das eigene Urteil ist in der Klausur deutlich durch geeignete Formulierungen zu kennzeichnen. Eine Hilfe, um zu einem differenzierten Urteil zu gelangen, kann die sogenannte SWOT-Analyse darstellen:

SWOT-Analyse

S(trength) = Stärken	**W(eakness) Schwächen**
O(pportunities) = Chancen	**T(hreats) Gefahren**

Analyse schafft einen Überblick über die vorhandenen Stärken und Schwächen eines Sachverhaltes und wirft gleichsam einen Blick in die Zukunft, indem Chancen und Gefahren klar formuliert werden. Die Gewichtung der Chancen im Vergleich zu den Gefahren stellt dann den letzten Schritt bei der Urteilsbildung dar.

Kompetenzen

Kompetenzen sind Fähigkeiten, die man z.B.in der Schule erwirbt und ständig weiter entwickelt. Kompetenzen kann man in den unterschiedlichsten Lebenssituationen nutzen.

- Unter geographischer **Sachkompetenz** versteht man die Fähigkeit, sich geographische Kenntnisse zu erwerben und diese anzuwenden. Hierzu gehören auch Kenntnisse über die Wechselwirkungen zwischen Mensch und Raum sowie damit verbundene Folgen.
- **Methodenkompetenz** zeigt sich vor allem in der Fähigkeit und Fertigkeit, sich räumliche Strukturen und Prozesse selbstständig zu erschließen, z.B.durch die Beschaffung und Auswertung von Informationen oder durch originale Begegnungen wie zum Beispiel Exkursionen.
- **Urteilskompetenz** zeigt sich vor allem in der Fähigkeit, raumbezogene Sachverhalte nach fachlichen Kriterien zu beurteilen, mögliche Belastungen oder Konflikte zu erörtern und Lösungsansätze bezüglich ihrer möglichen Auswirkungen einzuschätzen.
- **Handlungskompetenz** zeigt sich vor allem in zielgerichteten, selbstständigen Handlungen, bei denen die im Unterricht angeeigneten Sach-, Methoden- und Urteilskompetenzen angewendet werden.

In Anlehnung an: Ministerium für Schule und Weiterbildung des Landes Nordrhein-Westfalen: Kernlehrplan für die Sekundarstufe II Geographie. Düsseldorf 2013

Hilfen und Impulse zu den Materialien

S. 14/15

M2

Ursache für den Ausreißer im Jahr 2011: Ernteverluste durch Flutkatastrophen in Australien und Pakistan bei gleichzeitig steigender Nachfrage nach Baumwolle.
Einheit: ein Pfund (US) sind 435g. Pfund und Ballen sind Standardeinheiten für Baumwolle.

S. 16/17

M2

Überlegen Sie, was Bio-Bananen teurer macht und wem dieser höhere Preis zugutekommt (siehe auch M10).

M5

Bei den Exporten handelt es sich z.T. um intra-europäischen Handel. Die Bananen kommen per Kühlschiff aus Übersee z. B. nach Belgien, in die Niederlande und nach Deutschland. Von dort werden die importierten Bananen wiederum in andere europäische Länder exportiert. Deutschland exportiert z. B. größere Mengen nach Österreich, Polen und Dänemark.

S. 18/19

M2

Faktoren, die zu steigenden Nahrungsmittelpreisen führen sind z. B.

- knappes Angebot (z. B. durch Missernten)
- erhöhte Nachfrage (z. B. durch Bevölkerungswachstum, Spekulationen an den internationalen Börsen)

Steigende Preise sind attraktiv für Investoren. Sie versuchen Produkte zu kaufen, deren Preis noch steigen wird und die sie dann später teurer verkaufen können.

M5

Gehen Sie beim Auswerten der Karte Schritt für Schritt vor:

- Betrachten Sie zunächst die Verteilung des Ackerland-Anteils in den verschiedenen Regionen. Nehmen Sie zur Erklärung eine Klima- oder Vegetationskarte zu Hilfe.
- Um die Größenordnung der Landgrabs zu ermessen, vergleichen Sie z. B. die Fläche Äthiopiens (1,1 Mio km²) mit der gekauften / gepachteten Fläche (Äthiopien 1 Mio ha = 10 000 km² = ca. 1/10 der Landesfläche).
- Überlegen Sie, welche Probleme sich aus diesen Verhältnissen ergeben.
- Erfassen Sie nun die weiteren Aussagen der Karte: Wer investiert? Welche Motivation / welcher Verwendungszweck steht hinter den Landkäufen?
- In einem letzten Schritt fassen Sie die Hauptaussage zusammen und benennen die Aspekte, die auf ein hohes Konfliktpotential hindeuten.

S. 36/37

M8

Die schwarzen Zahlen sind Prozentangaben. Sie geben an, welcher Anteil der Nachfrage nach Geflügelfleisch im Jahr 2030
a) dem Bevölkerungswachstum
b) dem geänderten Lebensstil
c) einer Mischung von beidem zuzuschreiben ist.

S. 38/39

M3

1960 Hühnerhalter insgesamt, nicht nur Masthühnerhalter

S. 44/45

M6

1970er/1980er Jahre: „internationale Friktionen": Transaktions- und Koordinationshemmnisse
Post 2013: „Greening": Dauergrünlanderhalt, Anbaudiversifizierung und Vorhalten ökologischer Vorrangflächen

S. 56/57

M5

Die Grundlage des Modells ist die Einteilung der Wirtschaft in drei Sektoren. Die x-Achse hat keine konkreten Jahresangaben, sodass jeder Staat je nach aktueller sektoraler Aufteilung der Wirtschaft auf die Zeitleiste eingeordnet werden kann.

S. 58/59

M4

Die Linien „Anzahl der Stollen bzw. Schachtanlagen" und die „Belegschaft in 1000" beziehen sich auf die rechte Y-Achse und die Linie „Steinkohlenförderung" auf die linke Y-Achse. Beispielsweise gab es 1880 eine Belegschaft von ungefähr 80 000.

S. 60/61

M8

Um die Veränderungen von 1965 bis 2014 zu beschreiben, ist es hilfreich, wenn Sie zunächst die Nummern 1–8 aus M7 in dem Bild M8 lokalisieren und dann die neuen Funktionen für die gewählten Räume in der Legende ablesen. Erst im Anschluss sollten weitere Veränderungen in dem Bild M8 lokalisiert und benannt werden.

S. 62/63

M8

Die einzelnen „Gewichte" der Materialfundorte sowie des Fertigerzeugnisses ziehen je nach Intensität den Produktionsort an sich. Ist das Gewicht eines Materials größer als die Summe der restlichen Faktoren, wird sich der Produktionsstandort zum Materialfundort verlagern.

S. 64/65

M8

Jedes Industrieprodukt durchläuft einen in Phasen gegliederten Zyklus von der Produktionsidee bis zum Ausscheiden. Für die Auswertung des Modells ist es hilfreich, wenn Sie sich den Produktlebenszyklus durch ein Produkt aus Ihrem Alltag veranschaulichen. Erfassen Sie dabei vor allem auch den Zusammenhang zwischen den einzelnen Linien „Produktpreis, Stückkosten und Verkaufserlöse" in den einzelnen Phasen des Modells.

S. 68/69

M1

Die Zulieferbetriebe transportieren „Just-in-time" ihre Module zum Werk. Über Förderbrücken, Transportgondeln und Rollenbahnsysteme kommen die Teile wie durch eine Nabelschnur zum richtigen Zeitpunkt „Just-in-sequence" an der jeweiligen Montagestation an.

S. 70/71

M4

Bei den Veränderungen der Beschäftigten von 2007 bis 2013 kann nur ein Gesamtprozentwert für die gesamten sechs Jahre ermittelt werden. Lediglich für den Zeitraum 2012 bis 2013 kann eine jährliche Veränderung abgelesen werden. Damit können Sie ein Verhältnis zur Gesamtveränderung ermitteln, sodass Sie daraus gegebenenfalls auch Rückschlüsse ziehen können, ob eine Berufszweig konstant von Jahr zu Jahr gewachsen oder geschrumpft ist.

S. 72/73

M1

McKinsey & Company ist eine in 52 Ländern vertretene Unternehmens- und Strategieberatung, die weltweit mehr als 9 000 Berater beschäftigt.

M2

Das Modell „Porter-Diamant" können Sie sich durch ein konkretes Beispiel aus einer Wirtschaftsbranche veranschaulichen. Da auf den vorherigen Seiten bereits die Automobilindustrie thematisiert wurde, eignet sich insbesondere diese Branche um die dargestellten Zusammenhänge zu verdeutlichen.

S. 74/75

M5

Die Bruttowertschöpfung gibt den Gesamtwert aller produzierten Waren und Dienstleistungen an, abzüglich der sogenannten Vorleistungen. Das sind alle Waren und Dienstleistungen, die während der Produktion verarbeitet oder verbraucht wurden.

S. 76/77

M2

Dem komplexen System des Finanzplatzes Frankfurt am Main können Sie sich anhand konkreter Beispiele nähern. Dazu könnten Sie beispielsweise für die einzelnen Akteure oder Berufszweige auf regionaler Ebene konkrete Unternehmen oder Dienstleistungen benennen und dann die Zusammenhänge (durch Pfeile dargestellt), die sich durch die regionale Nähe ergeben, herausarbeiten.

S. 84/85

M7

Soziale Opportunitätskosten: Kosten, die die Gesellschaft finanziell belasten, indem die Region mit ihrer Infrastruktur durch die in der SWZ tätigen Firmen und Mitarbeiter genutzt wird.

S. 86/87

M6

Bruttolohn = Lohn inklusive Steuern und Sozialversicherung

S. 88/89

M5

Masterplan = Leitplanung, Rahmenplan der Flächennutzung auf Basis des städtebaulichen Leitbildes, ohne Details

M8

Repatriierung = Rücküberweisung von Kapital in das Heimatland bzw. zum Hauptsitz des Investors
One-stop-Service = alle Dienstleistungen werden von einer Stelle bzw. einem Ansprechpartner durchgeführt

S. 92/93

M3

ASEAN:	Verband Südostasiatischer Staaten (Association of Southeast Asian Nations)
NAFTA:	Nordamerikanisches Freihandelsabkommen (North American Free Trade Agreement)
SADC:	Südafrikanische Entwicklungsgemeinschaft (Southern African Development Community)

S. 102/103

M3

Betrachten Sie zunächst die beiden Achsen und setzen Sie die prozentuale Bevölkerung in Beziehung zum Prozentanteil des Vermögens. Werten Sie zunächst die Kurve mit einem Gini-Index von 0 aus.

M4

Daten in der sogenannten Kaufkraftparität (KKP) oder im Kaufkraftstandard (KKS) gleichen die Preisunterschiede in verschiedenen Staaten aus. Man muss sich vorstellen, dass man für einen fiktiven Warenkorb z. B. in Rumänien viel weniger bezahlen muss als etwa in Luxemburg.

S. 108/109

M5

Erleichtern Sie sich die Kartenauswertung, indem Sie zunächst die naturräumlichen Aspekte und anschließend die sozialen Konfliktpotenziale in den Blick nehmen. Zur Thematik der Desertifikation (= Verwüstung) reorganisieren Sie ihr Wissen aus der Einführungsphase.

S. 110/111

M 11

Berücksichtigen Sie, dass Exporterfolge sehr stark von den Preisentwicklungen der zu exportierenden Produkte abhängen. Insbesondere landwirtschaftliche Produkte und Bergbauprodukte sind von starken Preisschwankungen betroffen.

S. 114/115

M4

Setzen Sie die Branchenschwerpunkte in Verbindung mit den Entwicklungsständen der Regionen

M6

Werten Sie die zwei Aspekte des Modells nacheinander aus. Beginnen Sie mit der globalen Fragmentierung. Lesen Sie dazu auch den Text in M5.

S. 124/125
M3
Beachten Sie das Lesebeispiel. Beginnen Sie die Auswertung mit den größten, auffälligsten Migrationsströmen und suchen Sie dann nach Mustern: Finden sich z. B. aus benachbarten Ländern Migrationsströme mit ähnlichen Zielen oder gehen Sie nach Kontinenten vor.

S. 150/151
M9
In diesem Modell geben flächendeckende Entwicklungsimpulse für große Teile der Bevölkerungen (hier Mikrokredite) den Anstoß für nachhaltige Entwicklung. Dadurch verbessert sich im Idealfall die wirtschaftliche Situation ganzer Regionen und am Ende des ganzen Landes.

S. 156/157
M10
Ein Anstoß von oben könnten z. B. Steuererleichterungen sein, die Firmenansiedlungen erleichtern. So können regionale Entwicklungsschwerpunkte die Bedingungen auf lokaler Ebene im Idealfall innerhalb des ganzen Landes verbessern.

S. 172/173
M1
Achten Sie auf die Lage des Tals in Bezug auf die Hauptverkehrsströme durch die Alpen sowie auf die raum-zeitliche Verkehrserschließung.

S. 174/175
M3
Vergleichen Sie die Touristenzahlen im Sommer und Winter. Stellen Sie Bezüge zum Ausbau der touristischen Infrastruktur im Kaunertal her.

S. 176/177
M6
Achten Sie auf die Pfeilrichtung und Pfeildicke. Analysieren Sie die Pfeile schrittweise.

S. 178/179
M7
Analysieren Sie zunächst die Entwicklungen im formellen Sektor, anschließend im informellen Sektor und vergleichen Sie schließlich die Entwicklungen.

S. 190/190
M6
polyzentrisch = mehrere (Sub)zentren

S. 198/199
M5
Gentrifier
Person, die Gentrifzierung bewirkt, indem sie alte Gebäude renoviert und dadurch eine wohlhabendere Klientel anzieht.

S. 206/207
M7
traffic jams = Verkehrsstaus
deteriorated = Verschlechterung

S. 218/219
M3
Mithilfe dieser Grafik können Sie beurteilen, wie viele Menschen vom Land weg migrieren. Es kann aber auch herausgearbeitet werden, wie viele Migranten eine enge Anbindung an den Heimatort haben und für einige Monate (z. B. zur Ernte) nach Hause kommen.

S. 222/223
M7
Betrachten Sie die Lage Dharavis unter dem Aspekt der räumlichen Enge und der Entwicklung der Slumbevölkerung. Berücksichtigen Sie auch die Lage bzgl. der Überschwemmungsgefahr.

S. 224/225
M10
Beachten Sie in der Abbildung die räumliche Nähe zwischen Marginalvierteln, abgeschotteten Wohngebieten und Mittel- / Oberschichtwohngebieten.

S.226/227
M3
Nehmen Sie sich eine Atlaskarte (Welt – Erdbeben und Vulkanismus) zu Hilfe. Stellen Sie einen Zusammenhang zwischen Subduktion der Erdplatte, Erdbeben und Tsunami her.

S.230/231
M4
Der Müll in São Paulo enthält einen hohen Anteil an organischem Material. Dieses gärt und bildet das verwendbare Methan. Damit es nicht flächenmäßig aufsteigt, wird alle 6-8 m eine Erdschicht zur Abdichtung aufgebracht.

S.242/243
M4
Um die Entwicklung der Geburten und Sterbefälle verschiedener Gemeinden oder unterschiedlicher regionaler Einheiten miteinander vergleichen zu können, wird der Geburtensaldo normiert, d. h. auf 1 000 Einwohner einer Gemeinde bezogen.

M5/M6

landfill	Mülldeponie
to utilize sth	etw. vewenden
to propose	etw. vorschlagen; hier: gründen
gas recuperation plant	Gasgewinnungskraftwerk
to remediate sth.	etw. sanieren
power plant	Kraftwerk
pledge	Versprechen
imperative	Verpflichtung

S. 246/247
M7
Masterplan: umfassenden Gebietsentwicklungsplan in der Stadtplanung
gray and black water: Relatively clean waste water, such as from kitchen, bathroom (not the toilet), and laundry cycles. This water can be reused or recycled with little or no treatment for landscape irrigation and other non-portable uses. Also called sanitary water.
Quelle: www.businessdictionary.com

S. 268/269

M6

Beachten Sie, dass die Flächengrößen der Wirtschaftsräume proportional zu ihrem Bruttosozialprodukt dargestellt sind. Die Fläche Afrikas ist beispielsweise in Wirklichkeit etwa dreimal so groß wie die von Europa.

S. 270/271

M1

Die Europäische Zentralbank (EZB) ist die Notenbank für die gemeinsame Währung Europas, den Euro. Ihre Hauptaufgabe ist es, die Kaufkraft des Euro und somit Preisstabilität im Euroraum zu gewährleisten.

S. 276/277

M1

Vergleichen Sie zunächst die Grundrisse und stellen Sie die Veränderungen von der Innenstadt zum Umland fest. Vergleichen Sie dann die Höhe der Gebäude.

S. 282/283

M1

Notieren Sie zunächst Ihren ersten Eindruck von den Handelsströmen. Analysieren Sie dann genauer, indem Sie die Zahlenangaben in den Pfeilen mit berücksichtigen. Zwischen welchen Ländern/ Ländergruppen bestehen besonders intensive Handelsbeziehungen? Welche Länder/ Ländergruppen sind weniger stark am Welthandel beteiligt? Woran könnte das liegen?

S. 286/287

M2

Verfolgen Sie jeweils den Weg einer Ware vom Versender zum Empfänger.

S. 288/289

M4

Analysieren Sie die Kosten auf See und stellen Sie bei der Begründung einen Bezug zur Schiffsgröße her. Gehen Sie dann auf die Hafenkosten ein. Berücksichtigen Sie beides, wenn Sie eine Erklärung für die optimale Schiffsgröße geben.

S. 300/301

M2

Wählen Sie zunächst die Produkte mit dem größten ökologischen Rucksack aus und vergleichen Sie, warum der ökologische Rucksack so schwer ist.

S. 302/303

M4

Seit dem ausklingenden Mittelalter lassen sich immer wieder Phasen feststellen, in denen bestimmte gesellschaftliche Vorstellungen, politische Forderungen und wissenschaftliche Neuerungen das wirtschaftliche Geschehen und damit auch den Handel prägen. Diese Phasen, hier als Wirtschaftsregime bezeichnet, markieren einen historischen Prozess, der konsequent in der heutigen Globalisierung gipfelt.

Glossar

Absatzmarkt (S. 62) Markt, an dem die Produkte eines Unternehmens verkauft werden. Bei den Akteuren kann es sich um Privatpersonen oder Firmen handeln.

Aerotropolis (S. 292, 294) Geplante Stadt um einen Flughafen mit Zentrum, Wohn- und Gewerbegebieten und guter Infrastruktur.

Agglomerationsraum (S. 216) Regionale Konzentrationen von Wohn- und Wirtschaftsgebäuden, Einwohnern, Arbeitsplätzen und dazugehöriger Infrastruktur.

Agglomerationsvorteil/ -nachteil (S. 70) Kostenvorteil für die Produktion und die Vermarktung von Produkten durch räumliche Nähe (z. B. geringere Transportkosten und bessere Absatzchancen). Agglomerationsnachteile sind beispielsweise hohe Bodenpreise, steigende Lohnkosten und Fachkräftemangel.

Agrargesellschaft (S. 57) Vorindustrielle Gesellschaft mit einem hohen Anteil an Beschäftigten im primären Sektor.

agrarökologisches Konzept (S. 48) → S. 49, M8

Agrobusiness (S. 32, 154) Agrarindustrielle Organisations- und Produktionsform, die in Ansätzen bereits aus der kolonialzeitlichen Plantagenwirtschaft bekannt ist. Beim modernen, aus den USA stammenden Agrobusiness handelt es sich um ein weit verzweigtes, komplexes landwirtschaftliches Produktionssystem, das die Gesamtheit aller an einem vertikalen Nahrungsmittelsystem Beteiligter (vom Rohstofflieferanten bis zum Endverbraucher) einschließt und damit von der Inputbeschaffung über die Produktion bis zur Verarbeitung und Vermarktung reicht.

Agrochemikalien (S. 14) Sammelbegriff für Chemikalien, die in der Landwirtschaft verwendet werden: vor allem Pestizide, aber auch Kunstdünger, Pflanzenhormone und konzentrierter natürlicher Dünger wie Gülle.

Aktivraum (S. 164) Teilraum (z. B. eine Region), in dem die Wirtschaftsleistung im Vergleich mit dem Gesamtraum (z. B. Staat) überdurchschnittlich ist.

Alterspyramide auch: Bevölkerungspyramide (S. 136) → S. 136

Altersstruktur (S. 136) Altersaufbau einer Bevölkerung, oft nach Geschlechtern und Jahrgangsgruppen geordnet

Altersstruktureffekt (S. 140) → S. 140

altindustrialisierter Raum (S. 58) Region mit einem Industriebestand aus der Frühphase der Industrialisierung.

Aquakultur (S. 42) Kontrollierte Aufzucht von im Wasser lebenden (aquatischen) Organismen, insbesondere Fischen, Muscheln, Krebsen und Algen.

Aquifer (S. 34) Grundwasserleiter, d. h. Gesteinskörper mit Hohlräumen, der zur Leitung von Grundwasser geeignet ist.

Arbeitsorganisation (S. 68) Organisatorische Gestaltung des Arbeitens nach Art, Umfang und Bedingungen (z. B. Betriebsorganisation, Arbeitsgestaltung).

Ausbreitungseffekt (S. 162, 220) auch: Spread-Effekt. Vorgang, bei dem von einem (wirtschaftlichen) Zentrum aus positive Effekte auf das (weniger entwickelte) Umland ausgehen und dort Wirtschaftswachstum hervorrufen, z. B. Innovationen, Investitionen, Remigranten mit Know-how. Ausbreitungseffekte kann es auf allen räumlichen Maßstabsebenen geben. Gegensatz zum Entzugseffekt.

ausländische Direktinvestition (S. 66, 92, 156, 160) Form der Auslandsinvestition. Dabei werden von einem ausländischen Investor Immobilien erworben oder eigenständige Firmen bzw. Tochterunternehmen neu errichtet. Häufig werden auch schon bestehende Unternehmen erworben oder es wird sich an ihnen beteiligt.

Basisinnovation (S. 64) Grundlegende technologische Neuerung (z. B. neue Produkte, Produktionstechniken oder Organisationsformen). Die Basisinnovationen sind bedeutsame Elemente der Theorie der langen Wellen (nach Kondratieff).

Bestandserhaltungsniveau (S. 138) → S. 138

Bevölkerungsdruck (S. 108) Krisenhafte Situation, die in einem Raum eintritt, wenn starkem Bevölkerungswachstum keine entsprechende Vergrößerung des Nahrungsmittel-, Arbeitsplatz-, Wohnungsangebots gegenübersteht.

Bio-Anbau (S. 16) auch: biologische Landwirtschaft. Eine an Naturfunktionen orientierte Landwirtschaft. Die verschiedenen Produktionsverfahren zielen auf die Erzeugung gesundheitlich unbedenklicher und zugleich biologisch hochwertiger Agrarprodukte bei gleichzeitiger Ressourcenschonung. Sie verwenden nur organischen Dünger, vor allem keinen Stickstoffdünger, keine chemischen Bekämpfungsmittel gegen Unkraut, Schädlinge und Krankheiten.

Braindrain (S. 130) → S. 130

Braingain (S. 130) Zugewinn von qualifizierten Arbeitskräften durch Zuwanderung

BRICS-Staaten (S. 106) Die Abkürzung „BRICS" steht für die Anfangsbuchstaben der fünf Staaten: Brasilien, Russland, Indien, China und Südafrika. Diese gelten als besonders aufstrebende Volkswirtschaften.

Bruttoinlandsprodukt (BIP) (S. 102) → S. 102

Bruttonationaleinkommen (BNE) (S. 102) → S. 102

Business Process Outsourcing (BPO) (S. 90) Sonderform des Outsourcings. Auslagerung ganzer Geschäftsprozesse in andere Unternehmen (v. a. im Bereich der IT-Branche).

Callcenter (S. 298) Telefon-Beratungszentrum mit der Funktion der Kundenberatung und Kundenbetreuung.

Cash Crop (S. 14) Für den (Welt-)Markt erzeugtes Agrarprodukt. Cash Crops stehen im Gegensatz zu Erzeugnissen, die der Selbstversorgung dienen.

CBD (S. 206, 270) Central Business District = angloamerikanische Bezeichnung für das Einzelhandelszentrum in der Mitte einer Großstadt. Bezüglich der Versorgungsfunktion umfasst der CBD den Inhalt der in Deutschland üblichen Bezeichnung City.

Charta von Athen (S. 186) 1933 verfasstes städtebauliches Manifest. Es hat als städtebauliches Leitbild den Städtebau in der Folgezeit stark geprägt. Eine der wichtigsten Zielvorstellungen der Charta ist die Funktionstrennung von Wohnen, Arbeiten, Erholen und Verkehr.

Chicagoer Schule (S. 194) Forschungsrichtung, die seit den 1920er-Jahren Werke zur soziologischen Stadtgliederung hervorbrachte und damit die Stadtstrukturforschung einleitete. Im Rahmen der Sozialökologie entwickelte man drei Stadtstrukturmodelle, die weltweit wichtige Impulse zur Sozialraumanalyse lieferten.

City (S. 196) Der überwiegend durch Versorgungsfunktionen mittel- und oberzentraler Art, durch Behörden-, Verwaltungs- und Bürostandorte sowie kulturelle Einrichtungen geprägte Stadtkern großer Städte.

Cluster (S. 38, 70, 72, 76, 90, 296) Der Cluster bezeichnet eine räumliche Konzentration kooperierender Unternehmen und Institutionen (u. a. Forschungseinrichtungen, Hochschulen) innerhalb eines bestimmten Wirtschaftszweiges.

Daseinsgrundfunktion (S. 190) auch: Grunddaseinsfunktion. Grundlegende menschliche Daseinsäußerung, die allen sozialen Schichten immanent ist und sich räumlich auswirkt (wohnen, arbeiten, sich versorgen, sich bilden, sich erholen, am Verkehr teilnehmen und in Gemeinschaft leben).

Deindustrialisierung (S. 58) Übergang von der Industrie- zur Dienstleistungsgesellschaft. Es kommt zu einem Bedeutungsverlust des produzierenden Gewerbes im Vergleich zu den Dienstleistungen.

demographische Dividende (S. 140) „Bonus", der dadurch entsteht, dass bei sinkenden Geburtenraten in einer zuvor kinderreichen Gesellschaft der Anteil der Erwerbstätigen wächst, während die Zahl der zu versorgenden Menschen wie Kinder oder alte Menschen (noch) gering ist.

demographische Entwicklung (S. 208) vgl. S. 208/209

demographischer Übergang (S. 136) Modell, das abgeleitet von der Entwicklung in Europa, die typische Entwicklung der Geburten- und Sterberate darstellt.

demographischer Wandel (S. 138, 242) Veränderungen in der Bevölkerung nach Zahl und Struktur. Der demographische Wandel heute lässt sich durch die vier Komponenten „weniger, grauer, vereinzelter, bunter" beschreiben.

Dependenztheorien (S. 116) Eine Richtung von Entwicklungstheorien, die versuchen, ungleiche wirtschaftliche Entwicklung in verschiedenen Ländern durch Abhängigkeitsstrukturen zu erklären. Dependenztheorien gehen davon aus, dass die Ursachen für die Unterentwicklung von Ländern nicht in inneren, sondern in äußeren Faktoren zu suchen sind, historisch im Kolonialismus, aktuell in den Abhängigkeitsstrukturen innerhalb der Weltwirtschaft.

Deregulierung (S. 44) Abbau von staatlichen Regelungen (Gesetzen, Verordnungen, Richtlinien) mit dem Ziel, mehr Entscheidungs- und Wahlfreiheiten zu eröffnen. Mit der Rücknahme zwingender Vorschriften oder verbindlicher Standards sollen technische, wirtschaftliche und soziale Innovationen angeregt werden. Zudem soll die Deregulierung dazu beitragen, wirtschaftliche Entscheidungen schneller zu realisieren.

Devisen (S. 170) Zahlungsmittel für ausländische Währungen, z. B. in Form von Schecks, Wechseln oder auch Fremdwährungsguthaben bei einem ausländischen Kreditinstitut.

dezentrale Konzentration (S. 252) In der Raumordnung eine Konzeption, die eine großräumige Verteilung von Agglomerationen anstrebt. Die dezentrale Konzentration soll dadurch auch Wachstumseffekte im ländlichen Raum ermöglichen, ohne zu einer Zersiedelung zu führen.

Dienstleistung (personenbezogene und unternehmensorientierte) (S. 74, 76) Bei Dienstleistungen steht nicht die materielle Produktion im Vordergrund, sondern die in einem Zeitraum erbrachten Leistungen zur Deckung eines Bedarfs. Der Erbringer solcher Leistungen wird als Dienstleister bezeichnet. Es wird zwischen personenbezogenen Dienstleistungen, die von Privatpersonen nachgefragt werden (z. B. medizinische Dienstleistungen, Gastronomie) und unternehmensorientierten Dienstleistungen, die von Unternehmen nachgefragt werden (z. B. Sicherheitsdienste, Unternehmensberatung) unterschieden.

Dienstleistungsgesellschaft (S. 57, 60, 268) Gesellschaft, in der mindestens 60 % der Beschäftigten im tertiären Sektor arbeiten und dieser den größten Anteil am Bruttoinlandsprodukt hat.

direkte, indirekte und induzierte Effekte (S. 170) → S. 170

Direktverkehr (S. 286) Transport auf direktem Weg vom Versender zum Empfänger, oft mit Wechsel des Transportmittels oder mit Umschlagsvorgängen verbunden.

Disparitäten (S. 100) → S. 100

Diversifizierung (S. 58) Ausweitung der Produktions- und Exportstruktur. Es erfolgt beispielsweise eine Verbreiterung der Produktion auf verschiedene Produkte, um Probleme der Monostruktur entgegenzuwirken.

Downtown (S. 206) In nordamerikanischen Städten Bezeichnung für die City. Innerhalb der Downtown bildet der CBD das höchstzentrale Einkaufsgebiet.

Edge Cities (S. 206) → S. 206

Einwanderung (S. 204) → Immigration

Emerging Financial Centers (S. 270) Finanzzentren der aufstrebenden Länder, die zu immer stärkeren Wettbewerbern werden.

Emigration (S. 130) Bei der Emigration handelt es sich um die Auswanderung aus dem Heimatland.

Emission (S. 230) Abgabe von Stoffen, die die Umwelt belasten (z. B. Abgase, Abwasser, Wärme, Geräusche). Verursacher (Emittenten) sind z. B. Industriebetriebe, Kraftwerke und Kraftfahrzeuge.

End of Runway-Konzept (S. 296) Beim End of Runway-Konzept übernimmt der Logistikdienstleister auch die Lagerung, die Annahme von Warensendungen sowie integrierte Retouren- und Reparaturdienstleistungen, also Kundendienstleistungen. Er erledigt also alle Dienstleistungen am Ende der „Ablaufbahn".

Entwicklung von oben (S. 156) Entwicklungsstrategie, die davon ausgeht, dass Impulse von der Regierung, großen Organisationen oder Unternehmen ausgehen.

Entwicklung von unten (S. 150) Entwicklungsstrategie, die davon ausgeht, dass Impulse von großen Teilen der Bevölkerung ausgehen.

Entwicklungsachsen (S. 250) → 250

Entwicklungshilfe (S. 148) Gesamtheit der Maßnahmen zur Unterstützung des wirtschaftlichen Wachstums und der sozialen Entwicklung in Entwicklungsländern.

Entwicklungsland (S. 106) Ein Land, welches im Vergleich zu einem Industrieland weniger weit entwickelt ist. Die Grundbedürfnisse der meisten Menschen sind dort nicht befriedigt. In der Regel ist auch das BNE pro Kopf niedrig.

Entwicklungspolitik (S. 148) → S. 148

Entwicklungszusammenarbeit (S. 148, 152) Neuerer Begriff für die Förderung der Entwicklungsländer, der betont, dass es sich um partnerschaftliche Zusammenarbeit handelt und nicht um eine einseitige Hilfe.

Entzugseffekt (S. 162, 220) auch: Backwash-Effekt. Vorgang, bei dem periphere Räume Ressourcen an das Zentrum verlieren z. B. durch Migration oder Kapitalflucht. Entzugseffekte kann es auf allen räumlichen Maßstabsebenen geben. Gegensatz zum Ausbreitungseffekt.

EU-Marktregelung (S. 44) Marktregelung der EU; Instrument der Agrarpolitik zur Regulierung von Angebot und Nachfrage auf dem Markt. Marktregelungen existieren für alle wichtigen Agrarerzeugnisse der EU. Sie regeln wann und wie die Beeinflussung von Warenströmen und Produktpreisen auf den Agrarmärkten durch die öffentliche Hand erfolgt.

Exportdiversifizierung (S. 156) Strategie zur Diversifizierung einer von Monostruktur geprägten Exportstruktur. Dies geschieht z. B. durch den Aufbau von Industrien, die im Land vorhandene Rohstoffe weiterverarbeiten.

Exportorientierung (S. 110, 157) Industrialisierungsstrategie, mit dem Ziel, Industrien aufzubauen, deren Erzeugnisse vornehmlich oder ausschließlich im Ausland verkauft werden können. Dies ist wichtig für Länder, deren Binnenmarkt nur sehr klein und wenig kaufkräftig ist.

Exportproduktionszone (S. 158) Besondere Form von Sonderwirtschaftszonen, in denen die regulären Zoll- und Steuerbestimmungen außer Kraft gesetzt sind. In Mittelamerika spricht man von Maquiladoras.

Feedlot (S. 32) Großer, meist hochtechnisierter Viehmastbetrieb, der als sogenannter Offenstall nur einen Wetterschutz hat.

Fertigungstiefe (S. 68) Zahl der Produktionsschritte zur Herstellung eines Produktes, die innerhalb eines Unternehmens durchgeführt werden. Hohe Fertigungstiefe heißt: Viele Produktionsschritte innerhalb des Betriebes. Geringe Fertigungstiefe bedeutet: Viele Produktionsschritte werden in der Zulieferindustrie erledigt.

Fertilität (S. 134) → S. 134

Filialisierung (S. 197) → S. 197

Finanzzentrum (S. 270) Ein Finanzzentrum (auch Finanzplatz) ist ein Ort, an dem es eine hohe Konzentration von Banken und anderen Finanzinstitutionen (z. B. Börsen) gibt.

FIRE-Sektor (S. 268) Zum FIRE-Sektor gehören Unternehmen aus den Bereichen Finanzen („Finance"), Versicherungen („Insurance") und Immobilien („Real Estate").

Flächenproduktivität (S. 34) engl. output per unit-area. Der Ertrag der Produktion, bezogen auf die Fläche, auf der die Produktion erfolgte, z. B. t/ha.

Flucht (S. 124) Erzwungene Wanderungen, oft schwer von „freiwilliger" Migration abzugrenzen

Food Crop (S. 14) (Grund-)Nahrungsmittel, die vorrangig zur Selbstversorgung angebaut werden.

Forschung und Entwicklung (FuE) (S. 156) Unter FuE fallen alle Aktivitäten, die darauf abzielen, mit wissenschaftlichen Methoden neues Wissen zu schaffen: Grundlagenforschung und experimentelle Forschung findet vor allem in Universitäten und Wissenschaftseinrichtungen statt, anwendungsorientierte Entwicklung (neuer Produkte und Herstellungsverfahren) vor allem in der Industrie.

fragmentierende Entwicklung (S. 116, 162) Entwicklung, bei der die positiven Effekte der Globalisierung nie ganzen Ländern oder der gesamten Bevölkerung zugutekommt, sondern nur bestimmten Regionen (z. B. Global Cities, Sonderwirtschaftszonen) und Bevölkerungsgruppen. Andere Regionen und Bevölkerungsgruppen bleiben von der Entwicklung abgekoppelt.

Fragmentierung (S. 224) → S. 224

Fragmentierung (lokal, global) (S. 114) Reichweite der fragmentierenden Entwicklung, die sich sowohl auf die lokale Ebene (innerhalb eines Stadtviertels), als auch auf die globale Ebene (zwischen Industrie und Entwicklungsländern) beziehen lässt.

Freihandel (S. 94) Internationaler Güterhandel (Außenhandel), der frei von jeglicher handelspolitischer Beeinflussung ist. In der Außenhandelstheorie theoretisch angestrebtes Ziel – vollständige Liberalisierung des Außenhandels und Wegfall aller Handelsbarrieren.

Freihandelsabkommen (S. 84) Vertragliche Regelung des schrittweisen Abbaus aller Zölle und Kontingente zwischen Partnerländern.

Freihandelszone (S. 92) Spezifisches Konzept zur regionalen Integration/ Handelsliberalisierung. Bei einer Freihandelszone werden zwischen den Partnerländern schrittweise alle Zölle und Kontingente, d. h. alle tarifären und nicht tarifären Handelshemmnisse, abgebaut. Innerhalb der Freihandelszone werden keine Zölle erhoben.

Freiraumplanung (S. 252) Teil der Stadt- und Landesplanung. Räume werden im Hinblick auf den Natur- und Umweltschutz von Bebauung freigehalten.

funktionale Differenzierung (S. 206) Untergliederung einer Stadt in Teilräume nach ihrer Funktion (z. B. Versorgungsfunktion, Wohnfunktion, Erholungsfunktion)

Funktionstrennung (S. 186, 190) vgl. S. 186/187

Funktionswandel (S. 190) → S. 190

GAP (S. 44) Gemeinsame Agrarpolitik der Europäischen Union. Entwicklung und Zielsetzungen siehe S. 45, M6

Gartenbau (S. 40) Arbeitsintensive, teilweise auch recht kapitalintensive Form des Landbaus, v. a. wenn der Gartenbau als Glashausanbau auf verbrauchernahem teuren Grund betrieben wird (Erwerbsgartenbau). Zum Gartenbau zählen Gemüsebau, Blumengärtnerei, Obstbau, Weinbau, Samenbau und Baumschulen.

Gartenstadtmodell (S. 186) → S. 186

Gated Community (S. 224) → S. 224

Geburtenrate (S. 134) → S. 134

gemeinsamer Wirtschaftsraum (S. 92) Raum, in dem Freihandel zwischen den Partnerländern sowie ungehinderte Mobilität der Produktionsfaktoren Arbeit, Boden und Kapital möglich ist.

Gender Mainstreaming (S. 252) Berücksichtigung der unterschiedlichen Lebenssituationen und Interessen von Frauen und Männern bei allen Entscheidungen auf allen gesellschaftlichen Ebenen, um so die Gleichstellung der Geschlechter durchzusetzen.

Gentrifizierung (S. 198) Soziale Aufwertung von innerstädtischen, insbesondere zentrumsnahen Wohngebieten durch den Zuzug von Angehörigen höherer sozialer Schichten.

Gewächshausanbau (S. 38) Gärtnerischer Anbau von Gemüse und Blumen in Gewächshäusern. Dabei sind Klimatisierung und Bewässerung künstlich, nicht selten automatisiert. Der Anbau erfolgt auf Bodensubstrat, einem speziellen Nährboden.

Ghetto (S. 208) auch: Getto. Wohnviertel ethnischer oder sozialökonomischer Minderheiten.

Gini-Index (S. 102) auch: Gini-Koeffizient. Statistisches Maß zur Berechnung von Ungleichverteilung.

Global City (S. 268, 270) Eine Weltstadt, die durch eine besondere Häufung international agierender Unternehmen, besonders aus den Bereichen Finanzen, Versicherungen und unternehmensorientierten Dienstleistungen gekennzeichnet ist. Global Cities sind die internationalen Steuerungs- und Kontrollzentren der globalisierten Wirtschaft.

Global Player (S. 66) Multinationales Unternehmen, das mindestens in einem fremden Land produziert oder investiert (ausländische Direktinvestitionen) und die Weltmärkte beliefert. Sie treffen betriebswirtschaftliche Entscheidungen unter dem Gesichtspunkt sich international bietender Alternativen.

Globalisierung (S. 63, 302) → S. 63

Greenwashing (S. 24) Greenwashing ist eine kritische Bezeichnung für PR-Methoden, die das Ziel haben, ein Unternehmen in der Öffentlichkeit als umweltfreundlich und verantwortungsbewusst darzustellen, ohne dass es dafür eine hinreichende Grundlage gibt. „Green" steht in diesem Zusammenhang für Natur- und Umweltschutz.

Gross National Product (GNP) (S. 102) Die englische Bezeichnung für das Bruttonationaleinkommen (BNE), auch Gross National Income (GNI).

Großgrundbesitz (S. 154) vgl. 154/155

Gründerzeit (S. 198) vgl. 198/199

Grüne Gentechnik (S. 24) → S. 24

Grüne Revolution (S. 24) Kombination biologisch-technischer Maßnahmen mit dem Ziel der Produktivitätssteigerung in der Landwirtschaft v. a. in Entwicklungsländern, um die Ernährungssicherheit zu gewährleisten. Neben Erfolgen auf dem Gebiet der Ernährungssicherheit gibt es auch kritisch zu hinterfragende Begleiterscheinungen v. a. im Bereich der Ökologie.

Hightech-Branche (S. 70) Wirtschaftszweig, der forschungs- und entwicklungsintensiv (FuE) ist und auf modernster Technologie basiert (z. B. Computerbranche).

Hightech-Region (S. 70) Region, in der es eine hohe Konzentration von Betrieben aus der Hightech-Branche gibt.

Hilfe zur Selbsthilfe (S. 151, 230) Eine Form der Entwicklungszusammenarbeit. Sie versucht, die Bewohner der Entwicklungsländer so zu unterstützen, dass sich das Land aus eigener Kraft weiterentwickeln kann.

historisch-genetische Stadtgliederung (S. 186) Untergliederung einer Stadt in Teilräume nach ihrer Genese.

Hub-and-Spoke (S. 292) Transport- und Logistiksystem, das v. a. im Luftverkehr angewandt wird. Zur besseren Auslastung der Kapazitäten werden die Passagiere oder Waren zunächst im Kurzstreckenverkehr entlang von Speichen („spokes") zu Großflughäfen gebracht, die als Naben („hubs") dienen, und von dort im Langstreckenverkehr zu anderen „hubs" transportiert werden, von wo aus sie wieder auf kleinere Flughäfen verteilt werden.

Hub-Flughafen (S. 294, 296) Großflughafen, der als Nabe im Warenverkehr fungiert. Er übernimmt die Funktion des zentralen Sammelpunkts für Waren bei Annahme und Weiterleitung.

Human Development Index (HDI) (S. 104) → S. 104

Immigration (S. 128) Bei der Immigration handelt es sich um die Einwanderung in ein Zielland und die dortige Wohnsitznahme.

Importsubstitution (S. 94, 157) → S. 157

Industrialisierung (S. 58) Prozess, bei dem es zu einer Ausbreitung der Industrie und der damit verbundenen Form des rationellen arbeitsteiligen Wirtschaftens kommt.

Industriegesellschaft (S. 57, 186) Gesellschaftsform moderner Industriestaaten, in denen das wirtschaftliche und gesellschaftliche Leben weitgehend von nicht agrarischen Wirtschaftsformen bestimmt wird.

Industrieland (S. 106) Ein Land, welches im Vergleich zu einem Entwicklungsland weit entwickelt ist. Die Grundbedürfnisse der meisten Menschen sind dort befriedigt. In der Regel ist auch das BNE pro Kopf hoch und die Wirtschaft leistungsfähig.

Industriestandorttheorie (nach A. Weber) (S. 62) Standorttheorie (von Alfred Weber, 1909) zur Bestimmung des optimalen Standortes für ein einzelnes Industrieunternehmen.

Informationsgesellschaft (S. 57) Art der Dienstleistungsgesellschaft, deren Beschäftigte sich vorwiegend mit der Entwicklung und Produktion von Informations- und Kommunikationstechniken (z. B. Softwareentwicklung) befassen.

informeller Sektor (S.106, 112, 174, 222) Bereich einer Wirtschaft, der sich der staatlichen Kontrolle in jeder Weise entzieht. Die dort Tätigen sind statistisch nicht erfassbar, sie zahlen keine Steuern, haben keine geregelten Arbeitsverträge und keine Sozialversicherung. In Entwicklungsländern vor allem der Arbeitsbereich marginalisierter Bevölkerungsschichten. Betätigungsfelder sind vor allem Straßenverkauf, Transport, Herstellung und Verkauf eigener Produkte auf lokalen Märkten und Durchführung von Kleinreparaturen.

Infrastruktur (S. 172, 174) Alle Einrichtungen, die zur Entwicklung eines Raumes notwendig sind, wie Verkehrswege, Wasser- und Stromleitungen, Entsorgungsanlagen, Bildungs- und Erholungseinrichtungen, Krankenhäuser. Häufig wird der Begriff nur im engeren Sinne für Verkehrsinfrastruktur verwendet. Unter touristischer Infrastruktur versteht man die Ausstattung eines Raumes mit Einrichtungen, die die Grundlage für den Tourismus darstellen, z.B. Hotels, Erschließung durch Straßen und Flughäfen, Freizeiteinrichtungen.

Integration (vertikale und horizontale) (S. 32) Horizontale Integration: Zusammenschluss von Einzelbetrieben mit einem identischen Produktionsziel zum Zwecke der gemeinsamen Beschaffung von Betriebsmitteln und/oder der Vermarktung von Erzeugnissen. In der Landwirtschaft z. B. Feedlots, Geflügelmastbetriebe
Vertikale Integration: Organisationsform der Produktion, in der mehrere Elemente einer Produktionskette („supply chain") unter einer einheitlichen Unternehmensführung zusammengefasst sind, die auch die wirtschaftlichen Entscheidungen trifft. In der Landwirtschaft ist dabei die Erzeugung industriell organisiert.

Intensivierung (S. 36) In der Agrarwirtschaft die Verstärkung aller Bemühungen um eine Verbesserung der Bodennutzung, v. a. beim Anbau.

Interventionsregelung (S. 44) Intervention: das Eingreifen in eine Situation. Beispiel für eine Interventionsregelung siehe S. 45, M7.

Irreguläre Zuwanderung (S. 132) vgl. S. 132/133

IT-Industrie (S. 114) Industriebranchen aus dem Bereich der Informationstechnologie.

Joint Venture (S. 86) Langfristige Zusammenarbeit zweier oder mehrerer Unternehmen in einem Gemeinschaftsunternehmen. Die Partnerunternehmen bringen Kapital in das Joint Venture ein und nehmen gemeinsam Führungsfunktionen wahr. Häufig kommen die Partner aus verschiedenen Ländern, z. B. aus einem Industrie- und einem Entwicklungsland.

Just-in-sequence (S. 68) Bei der Bereitstellung der Materialien nach der Just-in-sequence-Produktion sorgt der Zulieferer nicht nur dafür, dass die benötigten Materialien rechtzeitig in der notwendigen Menge angeliefert werden (Just-in-time), sondern auch, dass die Reihenfolge der benötigten Materialien stimmt.

Just-in-time (S. 68) Die Zulieferung der Materialien erfolgt in passender Stückzahl erst exakt zum Zeitpunkt des Bedarfs. An einem Fertigungsband zur Montage eines Autos werden beispielsweise die zur Montage benötigten Einzelteile von den Zulieferfirmen zeitlich genau abgestimmt geliefert, sodass dadurch u. a. die Lagerkosten reduziert werden können.

Kationenaustauschkapazität (S. 12, 18) Maß für die Fähigkeit eines Bodens, Kationen (Nährsalze) temporär zu binden und bei Bedarf an die Pflanzen abzugeben.

Kaufkraftparität (KKP) (S. 102) engl. purchasing power parity (PPP). Maßeinheit zum Vergleich verschiedener Währungen. Dies geschieht nicht über den Wechselkurs, sondern über die Kaufkraft. Diese wird über einen repräsentativen Warenkorb ermittelt.

kleinbäuerliche Landwirtschaft / Kleinbauer (S. 14, 154) Landwirtschaft auf kleinen Flächen mit geringer technischer Ausstattung. Die Erträge dienen oft sowohl zur Selbstversorgung als auch zum Verkauf.

Kohäsionspolitik (S. 164) Politische Richtung der Regionalförderung in der Europäischen Union, die darauf ausgerichtet ist, durch Strukturmaßnahmen regionale Disparitäten auszugleichen.

Kolonialismus (S. 108, 204) Staatliche Aneignung, Beherrschung und Ausbeutung von Gebieten, die außerhalb des eigenen Staatsgebietes liegen.

Korruptionswahrnehmungsindex (S. 112) Index, der seit 1995 von der nichtstaatlichen Organisation Transparency International weltweit erhoben wird. Dieser gibt dabei die Wahrnehmung von Korruption an. Er listet Länder nach dem Grad auf, in dem dort Korruption bei Amtsträgern und Politikern wahrgenommen wird. Auch: Internationaler Korruptionsindex, Bestechungsindex oder Corruption Perception(s) Index (CPI).

Lagegunstfaktoren (S. 184) vgl. S. 184/185

Landakquisition (S. 18) Landkauf, hier: zur agrarischen Nutzung großer Flächen. Oft werden großflächige Landakquisitionen vollzogen, ohne dass alle Betroffenen ausreichend gehört werden und ohne dass traditionelle Nutzungsrechte der indigenen Bevölkerung beachtet werden. In diesen Fällen spricht man auch von Land Grabbing.

Landesentwicklungsplan (S. 252) Mit dem Landesentwicklungsplan werden in den Bundesländern Festlegungen zur Raumordnung auf Landesebene festgeschrieben.

Land Grabbing (S. 18) → S. 18

Landlocked Developed Countries (LLDC) (S. 106) Entwicklungsländer ohne Zugang zum Meer.

Landreform (S. 154) auch: Bodenreform. Gesamtheit aller Maßnahmen zur Veränderung des Bodenrechts. Landreformen werden in Entwicklungsländern häufig durchgeführt, um Großgrundbesitz zu zerschlagen und neue kleinbäuerliche Betriebe zu schaffen.

Lean Production (S. 68) Unternehmensstrategie mit dem Ziel, in allen Bereichen Ressourcen und Kosten zu minimieren („Schlanke Produktion"). Es ist ein Konzept der Steigerung der Effizienz, oft im Sinne von Outsourcing, flacher Hierarchien, Leistungsverdichtung und damit weniger Personal.

Least Developed Countries (LDC) (S. 106) International Bezeichnung für Entwicklungsländer, also weniger entwickelte Länder.

Logistik (S. 286) Bezeichnung für den Bereich der Wirtschafts- und Verkehrswissenschaft, der sich mit dem Transport und der Lagerung von Gütern und den dazu notwendigen Planungs- und Steuerungsvorgängen beschäftigt.

Logistikzentrum (S. 296) Zusammenschluss mehrerer Betriebe, die gemeinsam Anlieferung und Versand im Warenverkehr durchführen. In einem Logistikzentrum werden die Waren nicht gelagert.

Lowcost-Carrier (S. 292) Englische Bezeichnung für Billigfluggesellschaft.

Manufacturing Belt (S. 204) Älteste und ehemals größte Industrieregion der USA, heute oft auch „Rust Belt" genannt. Er erstreckt sich im Nordosten der USA entlang der Großen Seen von Chicago über Detroit und Pittsburgh bis an die Ostküste.

Marginalisierung (S. 216) Wirtschaftliche, politische, soziale und räumliche Ausgrenzung eines Teils der Bevölkerung.

Marginalsiedlung (S. 222) → S. 222

Massentourismus (S. 176) Eine Form des Tourismus, der sich in organisierter Form und in größeren Gruppen abspielt und als Ziel stark frequentierte Tourismusgebiete aufweist.

Material-Input pro Serviceeinheit (MIPS) (S. 300) vgl. S. 300/301

Mechanisierung (S. 32) Ersatz menschlicher Arbeitskraft im Arbeitsprozess durch Maschinen und Gerätschaften.

Megastadt (S. 216) Zumeist nach quantitativen Merkmalen abgegrenzt, je nach Definition mindestens 5, 8 oder 10 Millionen Einwohner, eine Einwohnerdichte von mehr als 2000 Einwohner pro Quadratkilometer und eine monozentrische Struktur.

Mehrkernmodell (S. 194) Stadtmodell, bei dem das Flächennutzungsmuster nicht aus dem Wachstum eines einzigen Siedlungskerns resultiert, sondern aus dem Zusammenwachsen mehrerer z. T. ehemals selbstständiger Siedlungskerne.

Metastadt (S. 216) Stadt mit über 20 Mio. Einwohnern.

Metropole (S. 216) Hauptstadt bzw. politischer, gesellschaftlicher und wirtschaftlicher Mittelpunkt eines Landes.

Metropolisierung (S. 216) Entwicklung einer die anderen Städte eines Landes an Größe und Bedeutung überragenden Metropole.

Metropolregion (S. 254) Räumlicher Standort mit herausragenden Funktionen im internationalen Maßstab, in den 1990er-Jahren durch die Ministerkonferenz für Raumordnung in die deutsche Raumordnungspolitik eingeführter Begriff.

Migration (S. 124, 126, 160, 218) Wanderung einzelner Menschen oder von Menschen in Gruppen, die mit einem Wechsel des Wohnsitzes verbunden ist. Gründe für die Migration können die Suche nach einem Arbeitsplatz, aber auch die Flucht vor Hunger und Krieg sein.

Mikrokredite (S. 150) Kleinstkredite von 1 bis 1 000 Euro. Mikrokredite sind häufig eine Starthilfe zur Aufnahme einer selbstständigen Tätigkeit.

Milpa-Solar-System (S. 12) Traditionelles Wirtschaftssystem in Mexiko, bei dem der Stockwerkbau des tropischen Regenwaldes nachgeahmt wird. Durch die Kombination spezieller Feldfrüchte wird ein Auslaugen des Bodens verhindert und Erosionsschutz gewährleistet sowie eine ausgewogene Ernährung ermöglicht.

Modell der raum-zeitlichen Entwicklung nach Vorlaufer (S. 176) → S. 177, M6

Modernisierungstheorien (S. 116) Eine Richtung von Entwicklungstheorien, die versuchen, ungleiche wirtschaftliche Entwicklung in verschiedenen Ländern zu erklären. Sie gehen von der Annahme aus, dass die Ursachen für die Unterentwicklung von Ländern hauptsächlich endogene, also innere Ursachen sind. Strategien zur Entwicklung sehen vor allem eine Modernisierung des Landes durch Nachahmung des westlichen Entwicklungsweges vor.

Monokultur (S. 16, 158) Bodennutzung, bei der nur eine Kulturpflanze auf (überwiegend) großen Flächen angebaut wird. Monokulturen sind sowohl im Ackerbau als auch in der Forstwirtschaft verbreitet. Ihre Verbreitung wird mit ihrer hohen Wirtschaftlichkeit begründet. Monokulturen haben weitreichende ökologische Folgen, von einseitigem Nährstoffmangel im Boden über die starke Vermehrung von Schädlingen und Pflanzenkrankheiten bis zur Bodenerosion. Beim Ackerbau kommt hinzu, dass Böden und Gewässer durch hohe Gaben an Dünger und Pestiziden belastet werden.

Monostruktur (S. 58, 110) Einseitige Wirtschaftsstruktur an einem Standort, in einer Wirtschaftsregion oder in einem Land.

Montanindustrie (S. 58, 60) Bezeichnung für den Bergbau sowie die Eisen- und Stahlindustrie.

Multidimensional Poverty Index (MPI) (S. 104) Der MPI erfasst die Armut in insgesamt 104 Ländern. Er wird errechnet aus drei Bestandteilen: Bildung, Gesundheit und Lebensstandard. Der Index wird seit 2011 jährlich für 104 Länder erhoben.

multinationales Unternehmen (S. 66) → S. 66

Nachbarschaftsprinzip (S. 277) → S. 277

nachhaltige Entwicklung (S. 150) Entwicklungsprozesse, die Kriterien der Nachhaltigkeit entsprechen.

nachhaltige Stadtentwicklung (S. 274) Leitbild der Stadtentwicklung, mit dem Ziel, den Raum und seine Ressourcen zum Nutzen der jetzigen und künftigen Generationen zu entwickeln.

nachhaltiger Tourismus (S. 178) Bezeichnung für einen Tourismus, der die Bewahrung und zugleich stetige und optimale Nutzung von Ressourcen zum Nutzen der jetzigen und künftigen Generation als Ziel hat.

Nachhaltigkeit (S. 16, 22, 188, 252, 256) engl. „sustainability", „sustainment". Leitgedanke für eine zukunftsfähige Entwicklung in allen Lebensbereichen. Dabei sollte so gehandelt werden, dass künftigen Generationen ein intaktes ökologisches, soziales und wirtschaftliches Gefüge bleibt.

naturräumliches Potenzial (S. 108, 110) Jene Teile des Naturraumdargebotes, die für bestimmte Nutzungen durch den Menschen von Interesse sind.

Neokolonialismus (S. 88) Machtausübung vor allem über Entwicklungsländer mit ähnlichen Instrumenten wie zur Zeit des Kolonialismus: über die Strukturen der Weltwirtschaft sowie über militärische, politische, kulturelle, technologische, finanzielle und wirtschaftliche Abhängigkeiten.

Newly Industrialized Countries (NIC) (S. 106) → Schwellenland

New Urbanism (S. 276) Bewegung im Städtebau, die Ende der 1980er-Jahre in den USA mit dem Ziel entstanden ist, eine Zersiedelung zu verhindern.

Nichtregierungorganisationen (NRO, engl. NGO) (S. 148, 152) vgl. S. 148/149

Niedriglohnland (S. 64) Entwicklungs- oder Schwellenland mit niedrigem Lohnniveau.

Nutzungsmischung (S. 190) vgl. S. 190/191

Off Season (S. 284) Off Season bezeichnet in der Landwirtschaft den Zeitraum der Wachstumsruhe der Pflanzen, sodass der Markt nicht beliefert werden kann.

Official Development Assistance (ODA) (S. 148) → S. 148

ökologische Stadtentwicklung (S. 256) Orientierung der Stadtentwicklung am gesamten Stadtökosystem mit dem Ziel, das Stadtökosystem zu schonen.

ökologischer Fußabdruck (S. 46) → S. 47, M5

ökologischer Landbau (S. 46) → S. 46, M1

ökologischer Rucksack (S. 300) → S. 300

ökonomische Indikatoren (S. 102) Messgrößen, die sich auf die Ökonomie eines Landes, die Wirtschaft beziehen (z. B. BNE).

Outsourcing (S. 74, 298) Auslagerung von Teilen der Produktion, aber auch von Dienstleistungen (z. B. Datenverarbeitung), die bisher im Betrieb erbracht wurden. Siehe auch Business Process Outsourcing.

Palmöl (S. 24) Palmöl aus dem Fruchtfleisch der Ölpalme und Palmkernöl aus ihren Kernen sind Öle, die vielfältigen Einsatz im Bereich der Ernährung und der Nahrungsmittelindustrie finden. Sie sind Bestandteil fast jeden zweiten Produkts in Supermärkten, z. B. von Speiseeis, Fertigsuppen, Waschmitteln und Kosmetika. Darüber hinaus spielt Palmöl eine wichtige Rolle als Biodiesel. Die extreme Ausweitung der Anbauflächen für Ölpalmen führt zu Landnutzungskonflikten mit der indigenen Bevölkerung und zu einem großen Verlust an Biodiversität.

Partizipation (S. 190) Mitbestimmung Betroffener im Planungsprozess

Passivraum (S. 164) Teilraum (z. B. eine Region), in dem die Wirtschaftsleistung im Vergleich mit dem Gesamtraum (z. B. Staat) unterdurchschnittlich ist.

Pestizid (S. 20) Sammelbegriff für Schädlingsbekämpfungsmittel. Zu Pestiziden gehören u. a. Herbizide gegen Unkräuter, Fungizide gegen Pilze oder Insektizide gegen Schadinsekten.

personenorientierte Dienstleister, auch **personenbezogene** (S. 196) Dienstleister, die Dienstleistungen an oder mit Personen vollziehen, z. B. Ärzte, Servicekräfte.

Plantage (S. 16) Kapital- und arbeitsintensiver landwirtschaftlicher Großbetrieb, v. a. in tropischen, subtropischen und mediterranen Klimaten. Charakteristisch für Plantagen sind der Anbau von mehrjährigen Nutzpflanzen oder Dauerkulturen (z. B. Zuckerrohr, Kaffee, Tee, Kautschuk, Ölpalmen) und technische Einrichtung zum Aufbereiten, Verpacken und z. T. Verarbeiten der Produkte. Die moderne Plantagenwirtschaft wird weitgehend von großen (ausländischen) Kapitalgesellschaften organisiert und ist in hohem Maße mechanisiert. Der Anbau auf Plantagen geschieht in Monokultur.

Polarisationsumkehr-Theorie (S. 162) Modellvorstellung, nach der durch die Ausbreitungseffekte eines Wachstumspols neue Subzentren auch in peripheren ländlichen Gebieten entstehen und es dadurch zu einer ausgeglichenen Raumstruktur kommt.

Porter-Diamant (S. 72) Nach diesem Modell gibt es Bestimmungsfaktoren, die sich in einem System wechselseitig beeinflussen und die Innovationsfähigkeit eines Unternehmens maßgeblich beeinflussen. Das Modell liefert einen Erklärungssatz für die räumliche Konzentration von Unternehmen an einem Standort.

Primacy Index (S. 220) auch: Metropolisierungsquote oder Index of Primacy. Demographische Vormachtstellung einer Stadt gegenüber den anderen Städten des Landes. Hierfür wird das Verhältnis der größten zur zweitgrößten Stadt eines Staates errechnet. Bei einem Primacy Index von größer als zwei wird von einer Vormachtstellung gesprochen.

primärer Sektor (S. 56, 58, 60, 74) Wirtschaftsbereich, der sich mit der Urproduktion von Rohstoffen befasst.

Primärwald (S. 24) Urwald, der keine oder allenfalls eine schwach spürbare Veränderung durch den Menschen erfahren hat.

Primatstadt (S. 220) Großstadt, oft die Hauptstadt, die alle anderen Städte des betreffenden Landes an Einwohnerzahl und Wirtschaftskraft weit übertrifft.

Produktlebenszyklus (S. 64) Die Produktion und der Absatz eines Produktes verlaufen in verschiedenen Phasen, im sogenannten „Lebensweg" eines Produktes: Entwicklungs- und Einführungsphase, Wachstumsphase, Reifephase, Schrumpfungsphase.

Protektionismus (S. 94) Handelspolitische Konzeption, die durch eine ausgeprägte Neigung zur Protektion (also den Schutz der heimischen Wirtschaft) geprägt ist.

Pullfaktor (S. 218) Auslösende Ursache für die Wanderung von Menschen aus Räumen mit geringer Attraktivität in Räume mit vermeintlich hoher Attraktivität. Pullfaktoren sind Anziehungskräfte des Zuwanderungsgebietes (z. B. Hoffnung auf Arbeit, auf Einkommen). Sie führen zur Verstädterung.

punkt-axiales Raumordnungskonzept (S. 250) vgl. S. 250/251

punkt-axiales System (S. 254) → punkt-axiales Raumordnungskonzept

Push- und Pull-Faktoren (S. 126) Einflüsse auf Menschen, die sie aus einem Raum abwandern und in einen Raum zuwandern lassen.

Pushfaktor (S. 218) Auslösende Ursache für die Wanderung von Menschen aus Räumen mit geringer Attraktivität in Räume mit vermeintlich hoher Attraktivität. Pushfaktoren (z. B. keine Arbeitsmöglichkeiten, geringes Einkommen) bewegen die Menschen zum Verlassen einer Region. Sie führen zur Landflucht.

quartärer Sektor (S. 74) Der quartäre Sektor ist aus dem tertiären Sektor hervorgegangen und umfasst einen Teil von Dienstleistungen, zu dem vor allem höherwertige Tätigkeiten mit spezialisierten Kenntnissen der Beschäftigten zählen. Üblicherweise gehören dazu Dienstleistungen aus den Bereichen Forschung und Entwicklung, Banken und Versicherungen, Steuer-, Rechts- und Unternehmensberatung.

Quotenregelung (S. 44) In der Wirtschaft versteht man unter Quote die Menge an Produkten, die aufgrund von getroffenen Vereinbarungen zu einem bestimmten Zeitpunkt produziert bzw. abgesetzt werden darf (z. B. Milchquote).

regionale Disparitäten (S. 164, 176) Ungleiche wirtschaftliche Entwicklung, ungleiche Lebensbedingungen von Menschen in sozialer und/oder wirtschaftlicher Hinsicht in zwei Regionen.

regionale Integration (S. 84, 92) Zusammenarbeit benachbarter Staaten im Rahmen von Freihandelsabkommen oder Abschluss von Wirtschaftsbündnissen zur Vereinfachung und Steigerung von Handel und Kapitalverkehr.

regionale Konzentration (S. 38) Regionale Konzentration von wirtschaftlichen Aktivitäten in einer Region aufgrund von speziellen Standortvorteilen. Agglomerationsvorteile können die regionale Konzentration verstärken.

Regulierung (S. 44) Direkte staatliche Eingriffe in wirtschaftliche Prozesse sowie staatliche Beeinflussung des Verhaltens von Unternehmern und Konsumenten, um im allgemeinen Interesse bestehende Ziele zu verfolgen.

Reindustrialisierung (S. 58) Entwicklungsprozess mit erneuter Orientierung auf die industrielle Produktion.

Revitalisierung (S. 188, 240) städtebauliche Sanierungsmaßnahme, bei der historische Bausubstanz so umgestaltet wird, dass eine zeitgemäße Nutzung erfolgen kann.

Ringmodell (S. 194) Modellvorstellung zum Aufbau einer Stadt. Sie geht davon aus, dass sich in einer größeren Stadt Ringe oder Gürtel unterschiedlicher Struktur und Funktionen in annähernd konzentrischen Kreisen anordnen.

Roll-on-roll-off (S. 286) auch: RoRo-Verkehr. Verfahren beim Schiffstransport, das ein schnelles Be- und Entladen des Schiffes ermöglicht. Kraftfahrzeuge und Eisenbahnzüge befahren das Schiff aus eigener Kraft.

Rückbau (S. 242) Rückbau bezeichnet im Bauwesen das komplette oder teilweise Zerstören von Bausubstanz. In ostdeutschen Städten sind es v. a. die Plattenbauten aus der Zeit der DDR, die vollständig abgetragen oder bei denen die oberen Geschosse entfernt werden.

Rücküberweisungen (Remissen) (S. 130) → S. 130

sanfter Tourismus (S. 175) Form des Tourismus mit dem Ziel, die negativen Auswirkungen des Massentourismus zu vermeiden, wie z. B. die Beeinträchtigung der Landschaft durch den Bau von Hotelburgen. Ökologische Zielsetzungen stehen im Mittelpunkt des sanften Tourismus sowie natur- und kulturorientierte Freizeitaktivitäten.

schrumpfende Stadt (S. 242) Stadt mit negativem Bevölkerungssaldo, v. a. verursacht durch ein negatives Wanderungssaldo.

Schrumpfungsprozess (S. 242) Vorgang des Bevölkerungsrückgangs z. B. in Städten.

Schuldenerlass (S. 152) Vertrag zwischen Gläubiger und Schuldner, der zum teilweisen oder ganzen Erlöschen der betroffenen Schulden führt.

Schwellenland (S. 107) → S. 107

Segregation (S. 189, 208, 240) Prozess der räumlichen Trennung und Abgrenzung von sozialen Gruppen (z. B. ethnisch, religiös, sozial), insbesondere innerhalb einer Siedlung.

Sektorenmodell (S. 194) Stadtstrukturmodell zur Darstellung der innerstädtischen funktionalen Differenzierung.

sekundärer Sektor (S. 56, 58, 60, 74) Wirtschaftsbereich, in dem Rohstoffe be- und verarbeitet werden.

Sharing City (S. 272) Stadt, in der ein weitreichendes System des Teilens existiert, z. B. Carsharing, das Teilen von Kleidung oder auch Essen. Ein Teilen in allen Lebensbereichen wird gefördert.

Sharing Economy (S. 272) Beruht auf der Annahme, dass sich der Wohlstand in einer Gesellschaft für alle erhöht, wenn sich alle Marktteilnehmer Güter und Dienstleistungen teilen.

Shrinking City (S. 178) → schrumpfende Stadt

Slum (S. 230) Elendsviertel, das im Gegensatz zu den randstädtischen Hüttenvierteln als in der Regel innerstädtisches Notquartier zu verstehen ist. Die Slums sind durch eine heruntergekommene Bausubstanz gekennzeichnet.

Smart City (S. 274) → S. 275

Smart Mobility (S. 276) Intelligente Vernetzung der Verkehrsangebote in Städten. Damit soll erreicht werden, dass energieeffiziente, emissionsarme, komfortable, kostengünstige und flexible Mobilitätsangebote genutzt werden.

Sonderwirtschaftszone (S. 84, 86, 88, 90, 158, 160, 162, 290) Meist räumlich vom Binnenland abgegrenztes Gebiet innerhalb des Wirtschaftsraumes eines Staates, für das zoll-, steuer- und andere rechtliche Sonderbestimmungen und administrative Vergünstigungen für Güter gelten, die nicht in den inländischen Warenverkehr gebracht werden. In Sonderwirtschaftszonen (SWZ) werden Sonderkonditionen zur Ansiedlung vor allem transnationaler Unternehmen angeboten, die in der Regel für den Export produzieren.

soziale Indikatoren (S. 102) Messgrößen, die sich auf soziale Aspekte beziehen (z. B. Alphabetisierungsgrad).

sozialräumliche Gliederung (S. 192) Gliederung eines Raumes nach dem typischen Vorkommen sozialer Gruppen.

Spezialisierung (S. 36) Spezialisierung ist die Beschränkung auf einen Teil eines Ganzen.

städtebauliche Leitbilder (S. 186, 188) programmatische Zielvorstellungen zur Stadtentwicklung.

Städtetourismus (S. 200) Kurzbesuch von Städten mit hoher Attraktivität (z. B. Stadtbild, Einkaufsmöglichkeiten, Kulturangebot).

Standortfaktor (weicher, harter) (S. 62, 74, 86, 88) Örtliche Gegebenheiten, die die Standortwahl eines Betriebes beeinflussen. Dabei wird zwischen harten Standortfaktoren (z. B. Rohstoffe, Arbeitskräfte, Verkehrsanbindung) und weichen Standortfaktoren (z. B. Wohn- und Freizeitwert) unterschieden.

Sterberate (S. 134) → S. 134

Strukturwandel (sektoraler, intrasektoraler, regionaler) (S. 32, 56, 58, 60) Langfristige Veränderung der sozioökonomischen Struktur z. B. einer Region, eines Sektors. Durch Maßnahmen der Strukturpolitik kann ein Strukturwandel gesteuert oder beeinflusst werden. Unterschieden werden ein sektoraler, intrasektoraler und ein regionaler Strukturwandel.

Subsistenzwirtschaft (S. 12, 154) Wirtschaftsweise, deren Ziel die Eigenversorgung ist.

Suburbanisierung (S. 188, 206) Dekonzentrationsprozess von Agglomerationsräumen bzw. Stadtregionen.

Subventionspolitik (S. 44) Politik, die Subventionen festlegt und regelt. Subventionen sind staatliche bzw. generell aus öffentlichen Mitteln stammende Unterstützungszahlungen, die eine lenkende, korrigierende und strukturumschichtende Wirkung haben.

Supply-Chain-Management (S. 286) → S. 286

Synergieeffekt (S. 296) Zusammenwirken zur gegenseitigen Förderung. In der Wirtschaft setzt man etwa bei vertraglicher Zusammenarbeit zum Beispiel im Forschungs- und Entwicklungsbereich auf Synergien. Im Transportwesen bezieht sich die Zusammenarbeit auf die Optimierung der Logistik.

System der zentralen Orte (S. 250) → S. 250

Terms of Trade (TOT) (S. 111) Verhältnis aus dem Index der Exportgüterpreise und dem Index der Importgüterpreise. Vereinfacht ausgedrückt, die reale Austauschrelation zwischen den Import- und Exportprodukten.

tertiärer Sektor (S. 56, 58, 60, 74) Wirtschaftsbereich, der die Dienstleistungen zusammenfasst. Der tertiäre Sektor umfasst beispielsweise die Bereiche Handel, Verkehr, Verwaltung und Bildung.

Tertiärisierung (S. 58, 74, 76) Prozess, bei dem es zu einer Umwandlung einer Industriegesellschaft zu einer Dienstleistungsgesellschaft kommt. Es kommt zu einer Zunahme des Anteils der Beschäftigten im tertiären Sektor. Infolgedessen nimmt auch der Anteil von Dienstleistungstätigkeiten, die in Betrieben des sekundären Sektors übernommen werden, ab.

TEU (S. 288) → S. 288

Theorie der langen Wellen nach Kondratieff (S. 64) → S. 65

Totalherbizid (S. 20) Herbizide, die alle Pflanzen abtöten, mit Ausnahme derer, die über eine spezifische Resistenz gegen dieses Herbizid verfügen. Die Totalherbizide werden in der Regel zusammen mit dem herbizidresistenten, transgenen Saatgut gehandelt.

Tourismus (S. 170) früher auch Fremdenverkehr; Tourismus bezeichnet zusammenfassend alle Erscheinungen und Wirkungen, die mit der Reise von Personen an einen Ort, der nicht ihr längerfristiger Wohn-, Arbeits- oder Versorgungsort ist, sowie mit dem Aufenthalt an diesem Ort zusammenhängen. Nicht zum Tourismus gehören daher Pendel- und Einkaufsverkehr. Je nach dem Zweck der Reise unterscheidet man verschiedene Arten von Tourismus, z. B. Wintersport-, Messe-, Bildungstourismus. Je nach Zeitdauer unterscheidet man zwischen Tages-, Wochenend-, Kurzzeit- und Langzeittourismus.

Tourismus-Modell nach Butler (S. 174) Entwicklung einer Tourismusdestination nach Butler → S. 174, M2

Tragfähigkeit (S. 12) Zahl der Menschen, die ein Raum bei einer bestimmten Wirtschaftsweise langfristig ernähren kann.

transnationales Unternehmen (S. 302) Transnationale Unternehmen unterhalten in verschiedenen Ländern eigenständige Vertriebs- und Produktionsstätten oder auch FuE-Abteilungen. Sie haben zwar eine gemeinsame Firmenstrategie, werden aber nicht zentral von einem Land aus geführt. In weitgehender Selbstständigkeit berücksichtigen die Führungen innerhalb der einzelnen Länder die jeweiligen nationalen Gegebenheiten.

Transportkette (S. 286, 288) vgl. S. 286/287

Triade (S. 117, 302) Die Triade umfasst die weltweit drei mächtigsten Wirtschaftsregionen – EU, Nordamerika und Japan bzw. Ost- und Südostasien.

Trickle-Down-Effekt (S. 176) Der Trickle-Down-Effekt bezeichnet das Durchsickern von Kapital von den wohlhabenden zu den ärmeren Bevölkerungsschichten, die dadurch auch am wirtschaftlichen Wachstum teilhaben. Dies geschieht in Form von Löhnen und Aufträgen.

tropische Böden (S. 12) Durch die hohe Verwitterungsintensität in den feuchten Tropen fehlt tropischen Böden eine dicke Humusschicht. Die Böden sind tiefgründig verwittert, sodass die Pflanzen keinen Kontakt zum Ausgangsgestein haben. Es herrschen Zweischichttonminerale vor und der Humusgehalt des Bodens ist gering. Daher weisen tropische Böden eine geringe Kationenaustauschkapazität auf.

Übergangsbereich (S. 207) vgl. S. 206/207

überregionale Planung (S. 248) Bei der Raumordnung wird nach regionaler und überregionaler Planung unterschieden. Die überregionale Planung bezieht sich auf größere Räume, geht also über die Region hinaus.

unternehmensorientierte Dienstleister (S. 196) Dienstleister, die Dienstleistungen für Unternehmen oder öffentliche Institutionen erbringen, z. B. Reinigungs- und Sicherheitsdienste, Fachanwälte, Werbeagenturen.

Urbanisierung (S. 246) Zunahme der Stadtbevölkerung gegenüber der Landbevölkerung. Dabei Ausdehnung, Vermehrung und Vergrößerung der Städte eines Raumes nach Zahl, Fläche und Einwohnern.

Urban Sprawl (S. 206) In der USA übliche Bezeichnung für ein starkes Flächenwachstum von Großstädten und ihren Vororten, vor allem als Folge der Suburbanisierung.

Veredlungswirtschaft (S. 38) Derjenige Teil der Wirtschaft, der sich mit der Umwandlung und der damit verbundenen Wertsteigerung von Produkten befasst. Bei der landwirtschaftlichen Veredlungswirtschaft erfolgt eine Umwandlung von Bodenerzeugnissen als Futterstoffe in hochwertige Vieherzeugnisse (Fleisch, Milch, Eier, Wolle).

Verkehrsinfrastruktur (S. 248) Teil der Infrastruktur. Ausstattung eines Raumes mit Verkehrsmitteln und -wegen.

verkehrsinfrastrukturelles Großprojekt (S. 248) Projekt mit dem Ziel der Verbesserung der Verkehrsinfrastruktur, das mit erheblichem Einsatz an Kapital und Arbeitskräften durchgeführt wird und einen starken Veränderungscharakter aufweist.
Es ist mit einem erheblichen wirtschaftlichen Risiko für die beteiligten Unternehmen verbunden.

Verkehrsknoten (S. 270) Ort, an dem sich Verkehrsströme kreuzen oder verbinden und Umsteige- bzw. Umladebeziehungen bestehen.

verlängerte Werkbank (S. 90) Auslagerung gewisser vor- oder nachgelagerter Arbeiten/ Dienstleistungen einer Produktions-/ Wertschöpfungskette in ein Entwicklungs- oder Schwellenland zur Kostenersparnis, in dem nur die einfachsten und kostengünstigsten Bereiche durchgeführt werden.

Vulnerabilität (S. 116, 226) Anfälligkeit bzw. Empfindlichkeit oder auch Verletzbarkeit von Mensch, Gesellschaft und Infrastruktur in einem Lebens- und Wirtschaftsraum. Man spricht von ökologischer, sozialer und technischer Vulnerabilität.

Wachstumspol (160, 162) → S. 160

Wachstumsrate (S. 134) → S. 134

Wanderarbeiter (S. 160) Arbeiter ohne feste Anstellung, der seinen Arbeitsplatz weit entfernt von seinem Wohnort aufsuchen muss. Dazu gehören auch Werkvertragsarbeitnehmer oder illegal Beschäftigte, die sich für die Dauer der Beschäftigung am Arbeitsort aufhalten.

Warendrehkreuz (S. 296) vgl. S. 296/297

Wechselwirtschaft / Fruchtwechsel (S. 14) Um dem Boden nicht einseitig Nährstoffe zu entziehen und die Bodenqualität langfristig aufrechtzuerhalten, werden mehrere Feldfrüchte im Wechsel miteinander angebaut. Meist wechseln mehrere Anbaujahre mit einer Brachephase, in der sich der Boden regenerieren kann.

Wertschöpfung (S. 68) Summe der erbrachten wirtschaftlichen Leistungen in einzelnen Wirtschaftsbereichen in einem bestimmten Zeitraum.

Wertschöpfungskette (S. 70) Der Begriff Wertschöpfungskette beschreibt die Wertsteigerung eines Produktes vom Rohstoff über die Produktionsherstellung bis hin zum Verkauf. An jedem Glied dieser „Kette" wird der Wert des Produktes gesteigert.

Wiege-zu-Wiege-Konzept (Cradle to Cradle, C2C) (S. 300) Kreislaufwirtschaft, bei der die eingesetzten Rohstoffe über den Lebenszyklus einer Ware hinaus wieder vollständig in den Produktionsprozess zurückgelangen.

Wirtschaftsförderung (S. 72) Meist staatlich betriebene Förderung, um die Wirtschaft in einer bestimmten Region zu stärken (z. B. finanzielle Unterstützung, Kredite).

Wirtschaftssektor (S. 56, 58, 60, 74) Wirtschaftsbereich, in dem ähnliche Wirtschaftszweige zusammengefasst sind. Unterschieden werden primärer Sektor, sekundärer Sektor und tertiärer Sektor.

zentraler Ort (S. 254) vgl. System der zentralen Orte

Zertifizierung (S. 24) Durch das Einhalten bestimmter Kriterien (hier: Umwelt- und Sozialstandards) können Firmen zertifiziert werden. Sie sind dann berechtigt, für ihre Produkte mit bestimmten Siegeln zu werben. Beispiele sind „Fair-Trade" für fairen Handel, Bioland für biologisch produzierte Agrarprodukte, RSPO für Palmöl, FSC für Holz oder Rugmark für Teppiche, die ohne Kinderarbeit produziert wurden.

Zielgruppe (S. 174) Unter einer Zielgruppe im Tourismus versteht man die Gruppe an Menschen, die durch ein touristisches Angebot angesprochen werden soll.

Zulieferindustrie (S. 68) Die Unternehmen der Zulieferindustrie liefern Rohmaterialien oder Fertigwaren, die von anderen Unternehmen zur Ver- oder Weiterverarbeitung verwendet werden.

Bildquellenverzeichnis

123RF.com, Hong Kong: 41 M7 (Jan Kranendonk); adpic Bildagentur, Bonn: 73 M7.5 (Yuri Arcurs); Aerophoto-Schiphol b.v., Schiphol: 40 M2; afronline.org, Mailand: 19 M6 (GLEZ); agrarfoto.com, Kremsmünster: 44 M3; akg-images, Berlin: 57 M4 (arkivi UG); alamy images, Abingdon/Oxfordshire: Titel o.li. (Dinodia Photos), Titel m.m. (John Warburton-Lee), 10 M2 (Edward Parker), 114 M3 (Mira), 219 M6 (chuck); Berger, Andreas, Hameln: 10 M1 li.o.; Beyer, Luisa: 219 M9; Bioland e.V., Mainz: 46 M3 Logo; BluePlanetPicture, Wathlingen: 223 M5 li.; BMW Group, München: 81 M12; Brinkmann-Brock, Ursula, Paderborn: 42 M2; Brot für die Welt, Stuttgart: 20 M1 li.o. und u. (Florian Kopp); Bundesanstalt für Landwirtschaft und Ernährung (BLE), Bonn: 46 M3 Logo; Bundesinstitut für Bau-, Stadt- und Raumforschung (BBSR), Bonn: 251 M4; Canary Wharf Group, London: 241 M6; CartoonStock, GB-Bath: 302 M1 (David Brown); Colourbox.com, Odense: 268 M1; Corbis, Berlin: Titel u.li. (Timothy Fadek), 90 M1 (Parivatran Sharma/Reuters), 96 M1 (Akintunde Akinleye/Reuters), 118 M1 (Ed Kashi), 133 M4 (STRINGER/Reuters), 150 M1 (Phillip Lissac), 154 M6 (Paulo Fridman), 178 M2 (Ascui), 214/215 (Viviane Moos), 235 M6 m. (Tim Graham), 285 M5 (GIL COHEN MAGEN/X01316/Reuters), 291 M5 (Diego Lezama Orezzoli), 298 M2 (ERIK DE CASTRO/Reuters); Creative Commons License - All content is licensed by Paul Rogé under a CC Attribution 4.0 International License unless specified otherwise: 13 M7; Daimler AG, Stuttgart: Titel u.m., 68 M1; Demeter e.V., Darmstadt: 46 M3 Logo; Dessel, Jochen, Sprockhövel: 149 M4 d (T. Gaupp); Deutsche Lufthansa AG, Frankfurt/M.: 171 M2 re. (Rolf Bewersdorf); Deutsche Welthungerhilfe e.V., Bonn: 144/145; Diercke Globus online: 208 M1, 311 M1; Doering, Svenja, Köln: 228/229 Puzzleteile; dreamstime.com, Brentwood: 91 M9 (JoeRavi), 118 M2 (Owalsphotography), 149 M4 a (Samrat35); Druwe&Polastri, Cremlingen/Weddel: 10 M1 li.u.; Elvenich, Erik, Hennef: 230 M1, 230 M2; eoVision, Salzburg: 236/237 (GeoEye, 2010, distributed by e-GEOS); Europäische Kommission, Luxemburg: 46 M3 Logo; Fechner, Horst, Halle (Saale): 62 M1; Fotex Medien Agentur, Hamburg: 170 M2 li. (MLP); fotolia.com, New York: 10 M1 re.o. (Maria P.), 10 M3 li.u. (Kaarsten), 14 M1 (womue), 31 M7 (TMAX), 59 M9 (lofik), 73 M7.2 (fotofuerst), 73 M7.3 (Gernot Krautberger), 73 M7.4 (fdsmsoft), 74 M2 li. (contrastwerkstatt), 74 M2 re. (contrastwerkstatt), 76 M1 (stefan welz), 164 M1 (spectrumblue), 170 M2 re. (erwinova), 177 M5 (think4photop), 216 M2, 267 u.li. (jdavenport85), 270 M1 (Kristan), 304 M1 (vichie81); Frankfurter Allgemeine Zeitung FAZ, FR-Karikatur/Thomas Plaßmann: 136 M2, 139 M8, 142 M2; Fraport AG, Frankfurt/M.: 271 M6 (Stefan Rebscher); Fritz, Martin, Tokyo: 275 M3 li.; Geobasis NRW, Köln: 185 M7, 189 M6; Gerber, Wolfgang, Leipzig: 276 M1.1; Getty Images, München: Titel o.re. (Karim Sahib/AFP), 23 M8 (AFP/ROMEO GACAD), 32 M2 (Cloyd Teter/The Denver Post), 103 M5 o. (Mario Tama), 103 M5 u. (Dado Galdieri/Bloomberg), 104 M2 (AFP/Issouf Sanogo), 110 M3 (Bernetti/AFP), 114 M2 (Lonely Planet Images/Johnny Haglund), 129 M4 (Karim Sahib/AFP), 168/169 (MyLoupe/UIG), 244 M2 (Jeff Kowalsky/Bloomberg), 245 M8 (Bill Pugliano); Go West Project / www.gowestproject.com: 82/83; Google Earth: 203 M4, 203 M6, 225 M6, 225 M9, 260 M1; Greenpeace Deutschland e.V., Hamburg: 19 M8 (Paul Hilton), 24 M1; Greser & Lenz, Aschaffenburg: 249 M10; Günther, Holger, Berlin: 10 M1 re.m. und re.u., 10 M3 li.o., re.o. und re.u.; HafenCity Hamburg: 201 M8 (Herzog & DeMeuron); Hannover Marketing und Tourismus GmbH, Hannover: 254 M2 (Christian Wyrwa); Helvetas, Zürich: 14 M4, 108 M1 (Swiss Intercooperation/Tanja Demarmels); Historic-Maps, Hamburg: 212 M6; HOK and Arvind Photography, St. Louis, MO: 267 u.re. und 277 M4 (Arvind Photography); Huniewicz, Michal, London: 223 M5 m.; i.m.a - Information.Medien.Agrar e.V., Berlin: 137 M4 li.; INTERFOTO, München: 56 M1 (Friedrich), 240 M2 (Simmons Aerofilms/SSPL), 249 M5 (imageBROKER/eyb); Island Press, Washington, D.C.: 48 M2 (From: Agriculture at a Crossraod: Global Report, by the IAASTD. Copyright © 2009 IAASTD. Reproduced by permission of Island Press); iStockphoto.com, Calgary: Titel o.m. (xxz114), Titel u.re. und 177 M7 (gionnixx), 10 M6 (guenterguni), 17 M9 (generacionx), 30 M1 (Pgiam), 73 M7.1 (ollo), 84 M2 (JESPG2), 100 M1 re. (vinhdav), 106 M1 (ranplett), 113 M9 (edfuentesg), 117 M6 (holgs), 146 M1 (Vikram Raghuvanshi), 152 M1 (Claudiad), 160 M2 o. (rest), 160 M2 u. (Tarzan9280), 171 M2 m. (1001nights), 199 M11 (querbeet), 201 M5 (horstgerlach), 217 M4 (zxvisual), 218 M2 (jameslee999), 220 M2 (SeanPavonePhoto), 221 M2 li. (SeanPavonePhoto), 221 M2 m. (TanjalaGica), 221 M2 re. (SeanPavonePhoto), 238 M2 (imagixian), 238 M3 (justhavealook), 267 o.li. (amriphoto), 267 o.re. (Deejpilot), 276 M1.6 (pawel.gaul), 289 M5 (grahamnorris); Kaunertal Gletscherbahnen, A-St.Leonhard im Pitztal: 175 M4 o.; Kaunertal Tourismus, Kaunertal: 175 M4 u. (Daniel Zangerl), 175 M5; Kaunertalarchiv, Kaunertal: 173 M3, 173 M5; Kiese, Prof. Dr., Matthias: 72 M1; Klohn, Werner Prof. Dr., Vechta: 52 M4; Kohn Pedersen Fox Associates, Courtesy of: 247 M6; Kowalke, Hartmut Prof. Dr. habil., Dresden: 242 M3; Kreuzberger, Christine, Hennef: 173 M9; laif, Köln: 112 M2 (Carlos Villalon/Redux); Liebermann, Erik, Steingaden: 239 M5; Luftbild Hans Blossey, Hamm: 78 M1; Magistrat der Stadt Eschborn: 77 M4 (Fotos); Masterfile Deutschland, Düsseldorf: 28/29 (Peter Christopher); Matzel, Markus, Essen: 235 M6 li.; mauritius images, Mittenwald: 30 M2 (Lehn), 155 M10 (imageBROKER/Florian Kopp), 227 M6 (IPS), 235 M6 re. (Alamy), 248 M2 (Achim Keiper); Mester, Gerhard, Wiesbaden: 25 M7; Mette, Til, Hamburg: 262 M1; NASA, Houston/Texas: 35 M5, 317 M3 o.; NASA - Earth Observatory: Vorsatz hinten alle kleinen; NASA/GSFC, Houston/Texas: Vorsatz hinten groß (Visible Earth); National Geographic Image Collection, USA-Washington, DC: 8/9 (Robin Hammond), 124 M1 (John Stanmeyer Llc); Naturland - Verband für ökologischen Landbau e.V., Gräfeling: 46 M3 Logo; Panasonic, Hamburg: 267 u.m., 275 M3 re.; Pelikan Vertriebsgesellschaft, Hannover: 10 M3 m.; Picture-Alliance, Frankfurt/M.: Titel m.li. (Heinrich Bäsemann), Titel m.re. (CHROMORANGE/TipsImages/Guido Alberto Rossi), 31 M5 (Maxppp Sy Djibril), 45 M8 (dpa/Thomas Frey), 46 M2 (dpa/Florian Schuh), 56 M3 (Imaginechina/Gao yuwen), 57 M7 (euroluftbild.de/Hans Blossey), 60 M2 (dpa/Peter Brenneken), 86 M3 (dpa/Stephan Scheuer), 87 M8 (ROPI/An Ming/Featurechina), 92 M1 (dpa/Nyein Chan Naing), 107 M6 (EFE/Jarbas Oliveira), 109 M6 (AP/Rebecca Blackwell), 116 M3, 122/123 (ROPI/Alessandro Puglia), 151 M5 (Philippe Lissac/GODONG), 152 M2 (Michael Laughlin), 187 M8 (Ralph Goldmann), 192 M3 (Marc Müller), 192 M4 (dpa/Andreas Gebert), 197 M6 (dpa-ZB/euroluftbild.de/Ulli Müller), 198 M1 (dpa/Wolfram Steinberg), 200 M2, 264/265 (brunswickgroup.com), 286 M3 (dpa/Henning Kaiser), 293 M5 (dpa/Abaca 119569), 295 M3 (EPA/Presidency of Mexico /HANDOUT), 296 M3 (dpa-ZB/Peter Endig); PSUP - Participatory Slum Upgrading Programme / mirror.unhabitat.org: 231 M7; Reese, Niklas: 299 M6 (aus: Praxis Geographie 3/2001); Reuters, Berlin: 98/99 (Carlos Barria); Römisch-Germanisches Museum, Köln: 186 M1 (Roderic Stokes); Sander, Nikola - Institut für Demographie (ÖAW), Wien: 125 M3 („The Global Flow of People" von Nikola Sander, Guy Abel, Ramon Bauer, Inst. für Demographie der Österreichischen Akademie der Wissenschaften, publiziert online auf www.global-migration.info und in „Science" am 28. März 2014/Vol: 343: 1520-1522); Schaper, Oliver, Dortmund: 54/55; Scholz, Fred, Berlin: 158 M4; Schopf, Oliver, Wien: 283 M6; Schoßig, Uwe, Leipzig: 280/281; Schray, Björn, Köln: 188 M4, 205 M7, 206 M2, 207 M4; Shepard, Wade, www.VagabondJourney.com, Farmington, NY: 247 M8; Shutterstock.com, New York: 11 M7 (Madlen), 11 M9 (Volosina), 22 M2 (think4photop), 33 M6 (trekandshoot), 41 M3 (Gemenacom), 100 M1 li. (Marchan), 137 M4 re. (Ionia), 149 M4 c (Tracing Tea), 159 M8 (Sapsiwai), 164 M2 (SorinVidis), 171 M2 li. (THONGCHAI PITTAYANON), 187 M11 (Tupungato), 209 M7 (Steve Heap), 252 M2 (joyfull), 255 M8 (gn fotografie), 276 M1.2 (Kirschner), 276 M1.3 (romakoma), 276 M1.4 (Johnny Habell), 276 M1.5 (Andrei Madvedev), 284 M2 (nanD_Phanuwat); siliconangle.com: 70 M2; Stadt Freiburg - Amt für Projektentwicklung und Stadterneuerung, Freiburg: 257 M6; Stark, Friedrich, Dortmund: 126 M2; theopencloset.net, Seoul: 273 M7; ThyssenKrupp Steel AG, Duisburg: 61 M7; U.S. Department of Defense: 209 M10; UN World Food Programme (WFP) - Welternährungsprogramm der Vereinten Nationen, Berlin: 149 M4 b (Franco Mattioli), 166 M1 (Rein Skullerud), 166 M3 (Marcus Prior); United Nations Publications, New York, NY: 48 M5 (From: „Trade and Environment Review 2013", © 2013 United Nations. Reprinted with the permission of the United Nations); United States Federal Government: 93 M7; Vogt, Stefan, Berlin: 255 M5; Volkswagen AG, Wolfsburg: 67 M3; W&R IMMOCOM / fm, Leipzig: 297 M7; Werkladen Conzen Kunst Service GmbH , Köln: 182/183 (Dr. Frank Warda), 186 M4, 187 M9, 188 M2 (Dr. Frank Warda), 189 M8 o. (Reinald Witsch), 189 M8 u. (Picasa), 190 M4 (Dr. Frank Warda), 191 M7 li., 191 M7 re. (Dr. Frank Warda); WFB Wirtschaftsförderung Bremen GmbH: 69 M5 (terra-air-services); wikipedia.org: 223 M5 re.; Wiktorin, Dorothea, Köln: 188 M3 (aus: Wiktorin, D. et al.: Köln. Der historisch-topographische Atlas, Köln 2001, ISBN 3-89705-229-6, Seite 85, verändert), 189 M5 (aus: Wiktorin, D. et al.: Köln. Der historisch-topographische Atlas, Köln 2001, ISBN 3-89705-229-6, Seite 23, verändert); www.aerotropolis.com, Chapel Hill, NC: 293 M9; www.passivhaus-vauban.de, Freiburg: 256 M2; www.umbaustadt.de - Studien für eine Umstrukturierung des Allendeviertels im Rahmen des Stadtumbaukonzeptes für die Stadt Wittenberge im Jahr 2002, Büro Eichstädt/Emge, seit 2006 Büro UmbauStadt: 243 M6 li., 243 M7 li.; Zeitungsverlag Schwerin: 242 M2 (Redaktion Prignitzer); Zentralverband der Deutschen Geflügelwirtschaft, Vechta: 37 M6.

Das Buch entstand unter Mitwirkung von Urs Piazolo und Wolfgang Stark.

Online-Schlüssel
KB4M-RZE9-5YTF

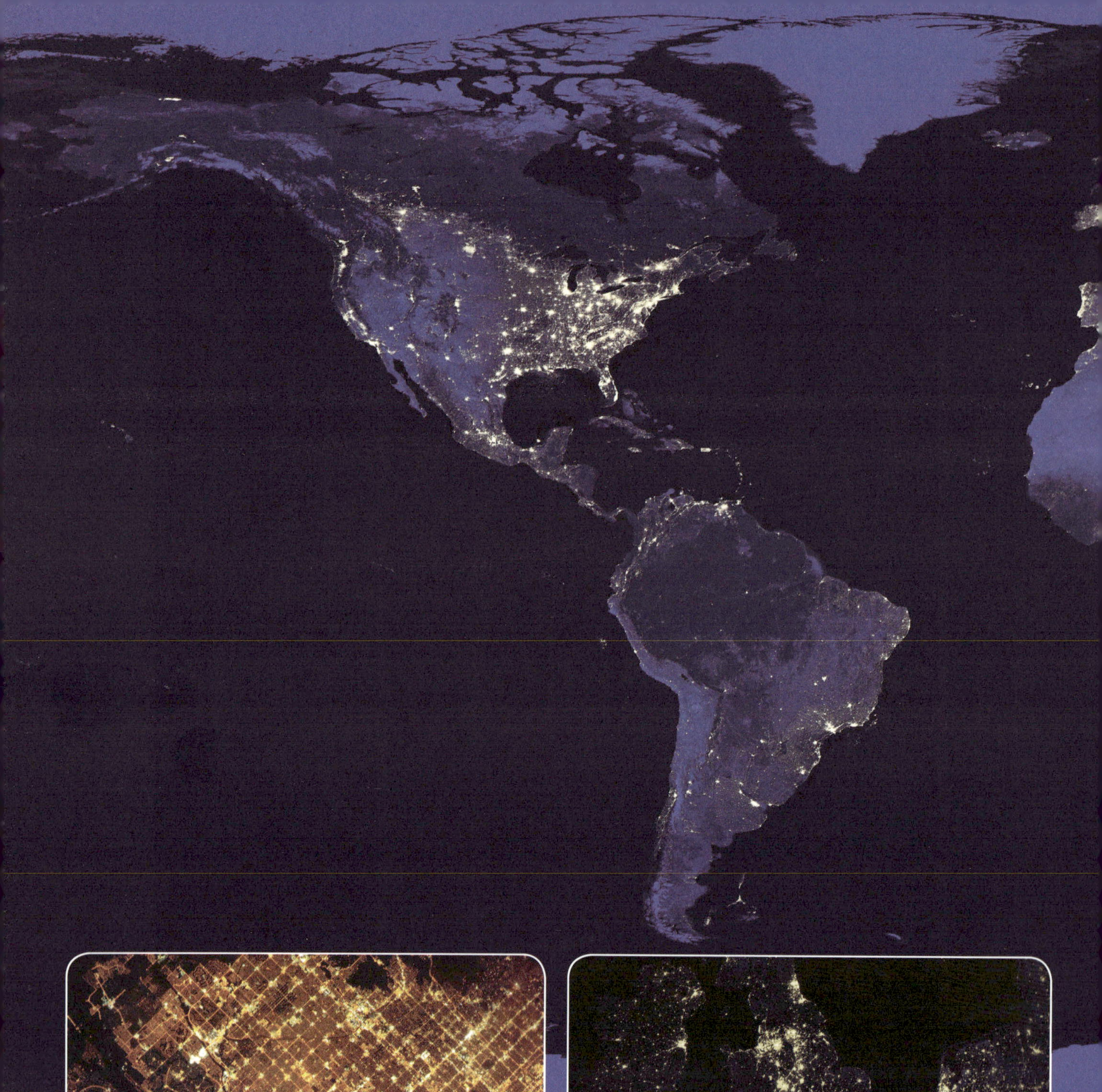

Phoenix im US-Bundesstaat Arizona

Westeuropa

São Paulo und Rio de Janeiro;
Gas- und Ölförderung vor der Küste

Öl- und Gasförderung
im Golf von Mexiko